Biologie heute entdecken S II

Berlin · Brandenburg · Mecklenburg-Vorpommern

Herausgegeben und bearbeitet von
Dr. Jürgen Braun

Unter Mitarbeit von
Prof. Dr. Andreas Christian
Iris Fiedler
Heinrich Joußen
Dr. Wolfgang Jungbauer
Dr. Harald Kähler
Hans-Peter Konopka
Prof. Dr. Dirk Krüger
Dr. Eckhard R. Lucius
Ulrike Marx
Dr. Johannes Müller
Dr. Andreas Paul
Gisela Telgmann
Dr. Frank Thomas

Druck A[1] / Jahr 2006

Alle Drucke der Serie A sind im Unterricht parallel verwendbar.

Redaktion: Dirk Boehme
Illustrationen:
Birgitt Biermann-Schickling, Brigitte Karnath, Liselotte Lüddecke,
Karin Mall, Tom Menzel, Heike Möller
Lay-out: Jesse Konzept & Text GmbH
Einbandgestaltung: Janssen Kahlert Design & Kommunikation GmbH
Satz und Repro: Druckhaus „Thomas Müntzer" GmbH, Bad Langensalza
Druck und Bindung: Westermann Druck GmbH, Zwickau

ISBN 978-3-507-10603-1
alt: 3-507-10603-5

BIOLOGIE HEUTE SII entdecken

Ein Lehr- und Arbeitsbuch

Schroedel

Inhalt

Zellbiologie

Stoffwechsel

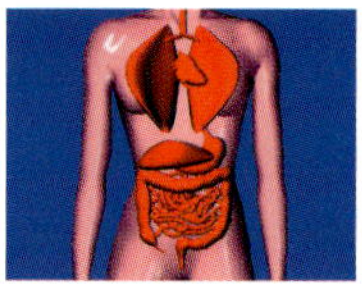

Organsysteme

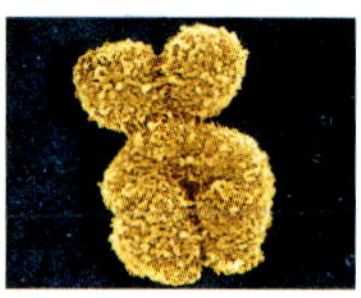

Genetik

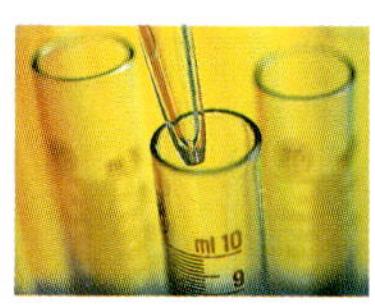

Angewandte Biologie

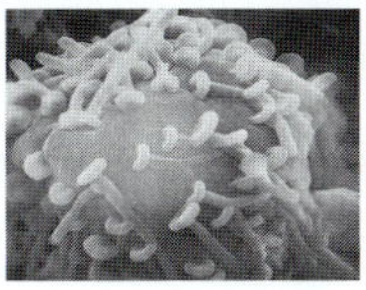

Informationsverarbeitung

Ökologie

Evolutionsbiologie

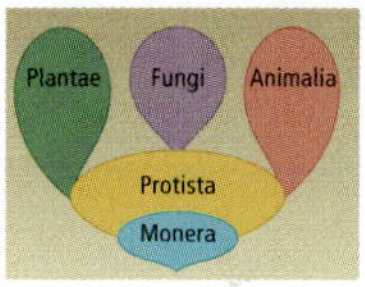

Das System der Lebewesen

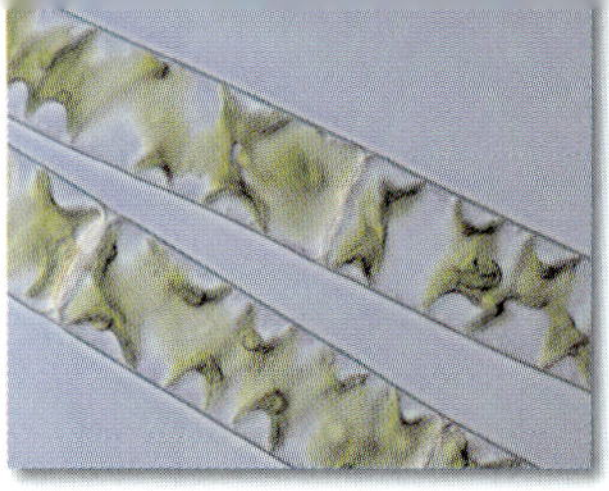

Zellbiologie

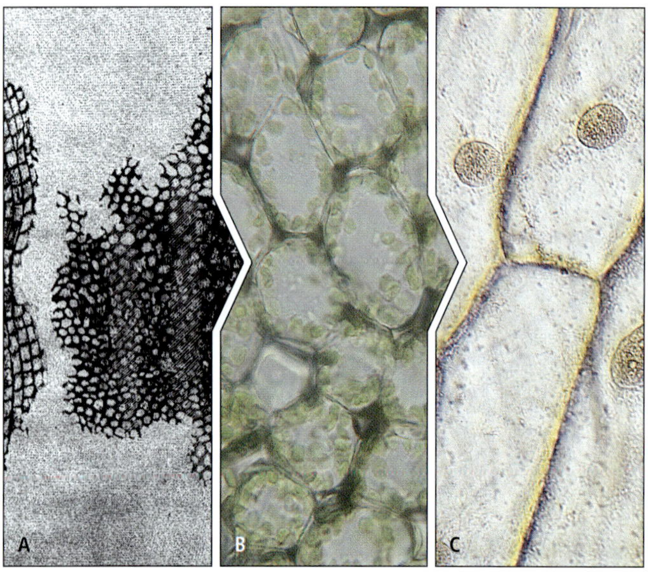

8.1 Entdeckung von Zellbestandteilen. **A** Zellwände in Korkzellen (1665); **B** Chloroplasten in Laubblattzellen (1700); **C** Zellkerne in Zwiebelzellen (1831)

1665	Beschreibung von „cells" als „little boxes" in Korkgewebe durch Robert HOOKE (1635–1703)
1831	Entdeckung von Zellkernen in Pflanzenzellen durch Robert BROWN (1773–1858)
1839	Begründung der „Zelltheorie" durch Theodor SCHWANN (1810–1882) und Matthias SCHLEIDEN (1804–1881)
1855	Erkenntnis, dass „omnis cellula e cellula" („Jede Zelle geht aus einer Zelle hervor") durch Rudolf VIRCHOW (1821–1902)
1869/71	Entdeckung der Nucleinsäuren durch Friedrich MIESCHER (1844–1895)
1877	Beschreibung der Plasmolyse durch Wilhelm PFEFFER (1845–1920) und Hugo DE VRIES (1848–1935)
1925	Beschreibung von Biomembranen als Lipid-Bilayer durch E. GORTER und F. GRENDEL
1931	Bau des ersten Elektronenmikroskops durch Max KNOLL (1897–1969) und Ernst RUSKA (1906–1988)
1940/43	Zellfraktionierung durch Albert CLAUDE (1899–1983)

8.2 Zeittafel zur Zellbiologie

1 Die Entwicklung der Zellbiologie

Tiere, Pflanzen, Pilze, Einzeller und Bakterien zeigen eine äußerst große Vielgestaltigkeit und besiedeln unterschiedliche Lebensräume. Alle Lebewesen zeigen aber trotz der Vielfalt im äußeren Erscheinungsbild im mikroskopischen Bereich eine große Einheitlichkeit: Sie sind aus *Zellen* aufgebaut. Die *Kennzeichen des Lebendigen* wie Organisation und Individualität, Bewegung, Stoffwechsel, Reizbarkeit, Entwicklungsfähigkeit, Fortpflanzung und Vererbung lassen sich gemeinsam nur auf der Ebene der Zelle, nicht aber an Teilen einer Zelle nachweisen. Die Zelle stellt also die kleinste lebens- und vermehrungsfähige Einheit dar.

Die meisten Zellen sind mit bloßem Auge nicht erkennbar. Daher erfolgte ihre Entdeckung erst nach der Entwicklung leistungsfähiger optischer Geräte. Der Begriff „Zelle" stammt von dem englischen Naturforscher HOOKE (1665). Er untersuchte die Rinde von Korkeichen und hielt als Erster seine mikroskopischen Beobachtungen in Form von Zeichnungen fest. Weitere mikroskopische Entdeckungen und wesentliche Verbesserungen von Optik und Mechanik des Mikroskops führten zu der Vorstellung, dass alle Lebewesen aus Zellen aufgebaut sind. Diese von SCHLEIDEN und SCHWANN um 1840 aufgestellte allgemeine *Zelltheorie* wurde im Jahre 1855 durch VIRCHOW erweitert. Er beobachtete die Zellteilungsvorgänge und erkannte, dass Zellen immer nur wieder aus Zellen entstehen.
In den folgenden Jahrzehnten wurden nun Zellen und Zellbestandteile auf ihren Bau und ihre Funktion hin gründlich erforscht. Durch die Entwicklung der Elektronenmikroskopie gelang es, seit 1931 auch den Feinbau der Zellen zu untersuchen.

1. Nennen Sie mögliche Gründe für die zeitlich unterschiedliche Entdeckung von Zellbestandteilen!

2 Untersuchungstechniken der Zellbiologie

2.1 Lichtmikroskopie

Durch Annähern an das *Auge* kann ein Blatt der Wasserpest vergrößert betrachtet werden. Wird das Objekt näher als 25 Zentimeter herangeführt, sind keine weiteren Einzelheiten zu sehen. Je näher ein Objekt an das Auge rückt, desto größer wird das Netzhautbild, desto mehr Einzelheiten des Objektes sind erkennbar. Das Auge kann jedoch nur dann zwei Punkte eines Gegenstandes getrennt wahrnehmen, wenn die Bildpunkte auf verschiedene Sehzellen fallen. Dieser noch auflösbare Mindestabstand zweier Objektpunkte wird als **Auflösungsgrenze** bezeichnet. Sie entspricht bei einer Betrachtung aus 25 Zentimetern Entfernung einem Abstand der Punkte von 0,1 Millimetern.
Liegen die Objektpunkte dichter als 0,1 Millimeter zusammen, benötigt man optische Hilfsmittel wie *Lupen* oder *Lichtmikroskope.* Die Vergrößerung erfolgt beim Lichtmikroskop mit Hilfe der Linsensysteme *Objektiv* und *Okular.* Das Objektiv erzeugt wie bei einem Projektionsapparat ein vergrößertes Bild des Objektes. Dieses „Zwischenbild" entsteht im oberen Teil des Tubus und wird mit dem Okular wie durch eine Lupe noch einmal vergrößert. Die **Gesamtvergrößerung** ergibt sich also aus dem Produkt der Vergrößerungen von Objektiv und Okular. Sie lässt sich nicht beliebig steigern. Man gelangt an die Auflösungsgrenze, die bei etwa 0,25 Mikrometern liegt. Das entspricht der Hälfte der durchschnittlichen Wellenlänge des Lichtes.

Damit Lichtwellen Objekte durchstrahlen können, müssen die Objekte für lichtmikroskopische Untersuchungen dünn und lichtdurchlässig sein. So lassen sich die durchscheinenden Blättchen der Wasserpest leicht untersuchen: Auf einen Objektträger pipettiert man einen Tropfen Wasser, gibt das Objekt hinzu und bedeckt es mit einem Deckgläschen. Den so vorbereiteten Objektträger nennt man **Präparat.** Da die Objekte unbehandelt, also „frisch" verwendet werden, spricht man auch von *Frischpräparaten.* Zur Herstellung von Schnitten gleicher Dicke verwendet man häufig ein Schneidegerät, ein *Mikrotom.* Es enthält eine Objekthalterung, die mit einer Mikrometerschraube gleichmäßig gehoben werden kann. Ein Metall-, Glas- oder Diamantmesser wird flach durch das Objekt geführt. Weiche Objekte müssen zuvor gefestigt werden. Dies erreicht man durch *Dauerpräparation.* Hierzu tötet man die Zellen durch geeignete chemische Fixierungsmittel ab. Danach wird das Objekt entwässert, in geschmolzenes Paraffin eingebettet, geschnitten, gefärbt, anschließend mit einem Einschlussmittel aus Kunstharz umgeben und mit einem Deckglas bedeckt.

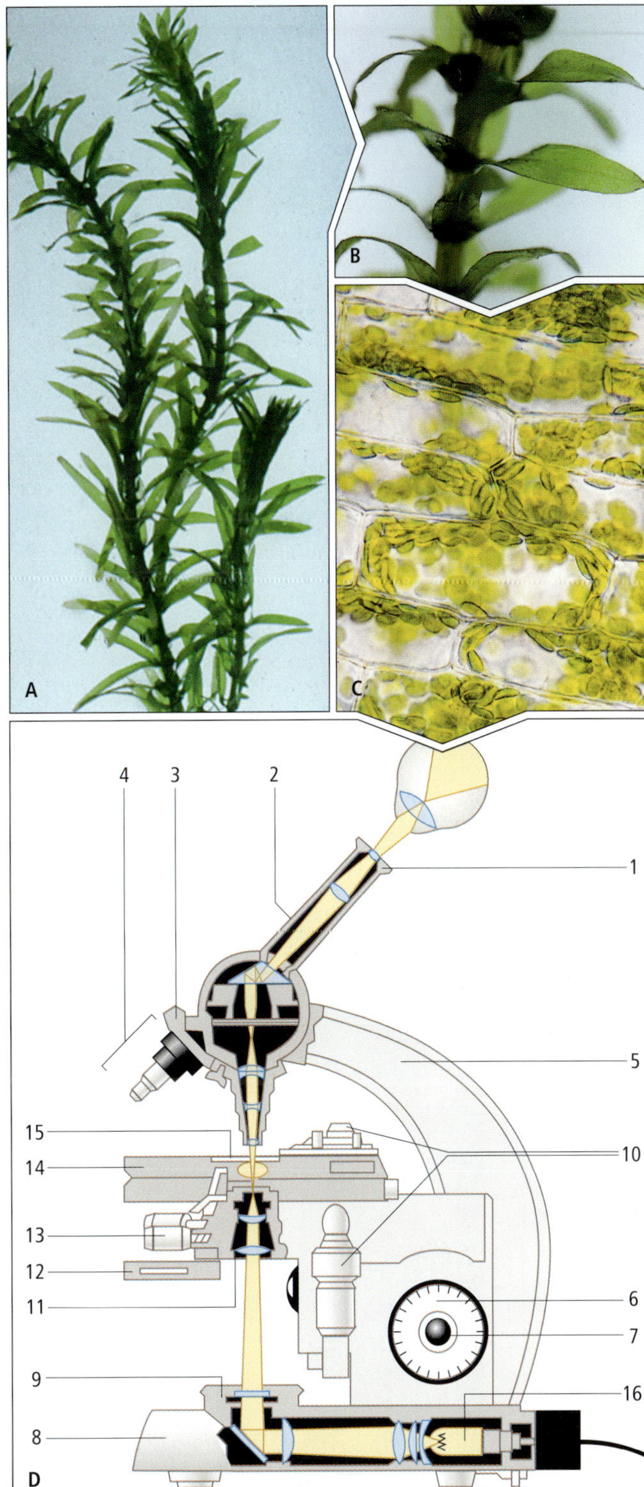

9.1 Vergrößerungen. A Wasserpest mit Auge betrachtet; **B** Wasserpest mit Lupe; **C** Wasserpest mit Mikroskop; **D** Lichtmikroskop mit Strahlengang: 1 Okular, 2 Tubus, 3 Objektivrevolver, 4 Objektiv, 5 Stativ, 6 Grobtrieb, 7 Feintrieb, 8 Fuß, 9 Kollektor, 10 Objektführer, 11 Kondensor, 12 Filterring, 13 Kondensorblende, 14 Objekttisch, 15 Präparat, 16 Lampe

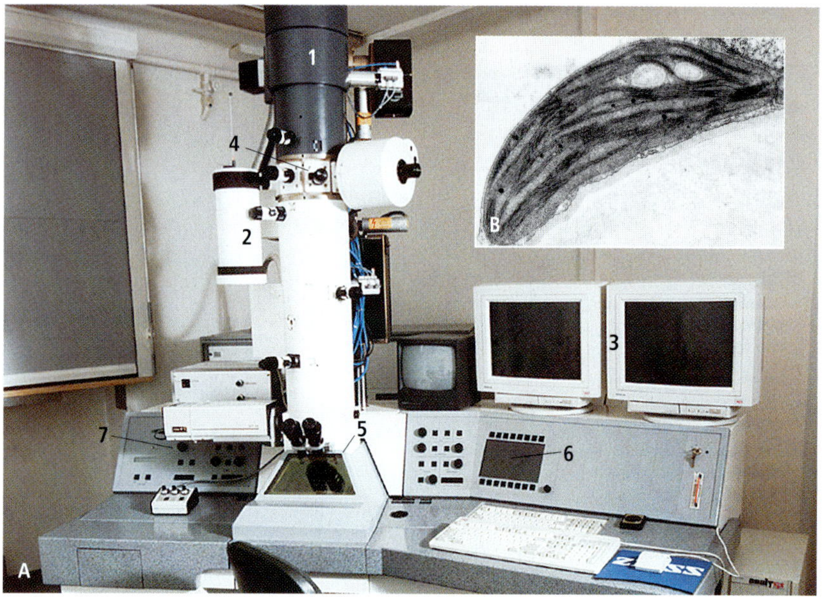

Mit Hilfe einer Fernsehkamera kann das Bild vom Fluoreszenzschirm auf einen Monitor übertragen werden.

1 Elektronenstrahlquelle mit Anode
2 Behälter für flüssigen Stickstoff (Objektraumkühlung)
3 Monitor
4 Objektschleuse
5 Einblickfenster auf Fluoreszenzschirm
6 Kamerasteuerung für Fotos
7 Bedienpult für die Elektronenstrahlquelle und Justierung des Elektronenstahls

10.1 Elektronenmikroskop (EM). A Aufbau; **B** EM-Bild eines Chloroplasten

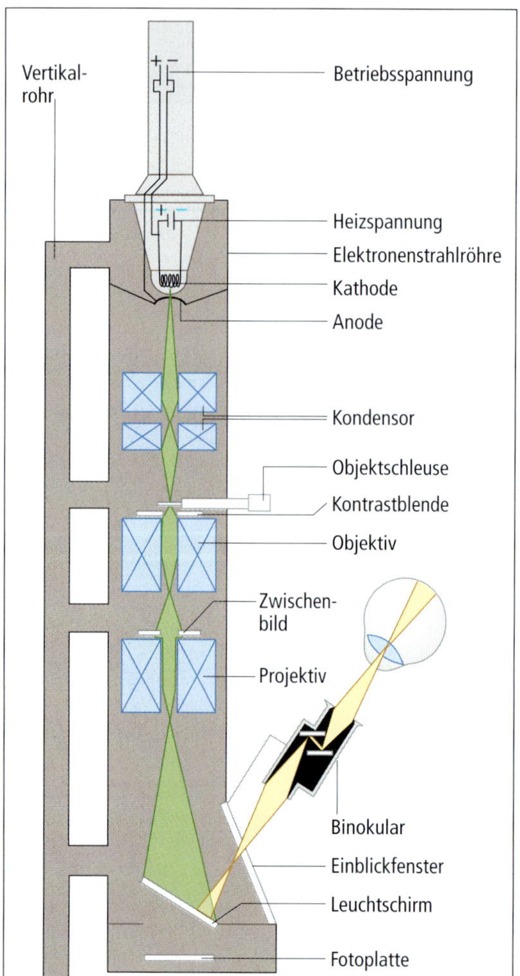

10.2 Bildentstehung im Elektronenmikroskop

2.2 Elektronenmikroskopie

Das Auflösungsvermögen des Lichtmikroskops wird durch die Eigenschaften der Glaslinsen sowie durch die Wellenlänge des Lichtes begrenzt. Zur Untersuchung des Feinbaus einer Zelle müssen daher Strahlen verwendet werden, die eine kürzere Wellenlänge als das Licht haben.

Im Jahre 1924 erkannte Louis DE BROGLIE, dass schnell bewegten Elementarteilchen wie Elektronen eine Wellenlänge zugeordnet werden kann. Bei dieser Teilchenstrahlung verhalten sich Elektronen ähnlich wie Lichtstrahlen extrem kurzer Wellenlänge. Dabei besteht folgende Beziehung: Je größer die Geschwindigkeit der Elektronen, desto kleiner ist die Wellenlänge des Elektronenstrahls. So lassen sich beispielsweise Wellenlängen von etwa 0,004 Nanometern erreichen. Elektronen werden hierbei durch elektrische Hochspannungsfelder von bis zu 100 000 Volt auf Geschwindigkeiten bis zu 200 000 Kilometern pro Sekunde beschleunigt. Dies erfolgt in einem luftleeren Raum, einem Vakuum, damit die Elektronen nicht durch Luftteilchen abgebremst werden. Elektronen können auch nicht durch Glas dringen. Sie können jedoch durch elektrische und magnetische Felder aus ihrer Bahn abgelenkt werden.

Besonders konstruierte Felder zeigen so eine Sammellinsenwirkung auf Elektronenstrahlen. Sie ist der von Glaslinsen so ähnlich, dass man von elektromagnetischen Linsen spricht.

Diese physikalischen Gegebenheiten sind im Elektronenmikroskop berücksichtigt. Als Elektronenquelle verwendet man Wolframdraht, der elektrisch zum Glühen gebracht wird. Dabei entweichen Elektronen, die durch ein elektrisches Hochspannungsfeld im Vakuum einen Elektronenstrahl bilden. Dieser durchstrahlt das Objekt ähnlich wie Lichtstrahlen im Lichtmikroskop. Man spricht vom **Durchstrahlungselektronenmikroskop** (Transmissions-Elektronenmikroskop, TEM). Der Strahlengang wird durch *Kondensor, Objektiv* und *Projektionsokular* gesteuert.

Die Erzeugung des Elektronenstrahls erfordert eine lange Röhre, den *Tubus*. Daher ist der Strahlengang aus praktischen Erwägungen heraus umgekehrt zu dem im Lichtmikroskop. Man kann so das Bild bequem am unteren Ende des Tubus über einen Leuchtschirm beobachten. Dieser *Fluoreszenzschirm* wandelt die für das menschliche Auge unsichtbaren Elektronenstrahlen in sichtbare Lichtpunkte um. Elektronenstrahlen lassen sich durch die elektromagnetischen Linsen nicht so gut sammeln wie Lichtstrahlen im Lichtmikroskop. Daher wird die theoretisch zu erwartende Auflösungsgrenze der halben Wellenlänge, das heißt etwa 0,002 Nanometer, praktisch nicht erreicht. Gewöhnlich liegt sie für biologische Objekte bei ein bis drei Nanometern.

Das Vakuum im Tubus des Elektronenmikroskops sowie die Eigenschaften von Elektronenstrahlen schließen eine Beobachtung lebender Objekte aus. Zur elektronenmikroskopischen Untersuchung gibt es daher verschiedene Präparationstechniken.

1. Im Elektronenmikroskop können keine Frischpräparate untersucht werden. Erläutern Sie!

METHODE Rasterelektronenmikroskopie

Beim Rasterelektronenmikroskop (REM) werden die Objekte nicht von Elektronen *durch*strahlt, sondern nur *be*strahlt. Dabei trifft ein eng gebündelter Elektronenstrahl, der *Primärelektronenstrahl*, punktförmig auf die Oberfläche des Objektes. Von dem getroffenen Oberflächenpunkt werden sowohl die Primärelektronen teilweise reflektiert als auch neue Elektronen aus der Oberfläche herausgeschleudert. Diese herausgeschleuderten Elektronen heißen *Sekundärelektronen*. Ihre Anzahl ist abhängig vom Einfallswinkel des Primärelektronenstrahls sowie vom Material des Objektes. Die Sekundärelektronen sind energieärmer und leichter ablenkbar als die Primärelektronen. Sie können daher von einem *Detektor*, einer Anode (= positiv geladene Elektrode), „abgesaugt" werden. Die Sekundärelektronen eines Oberflächenpunktes steuern über eine elektronische Signalverarbeitung die Helligkeit eines entsprechenden Bildpunktes auf dem Fluoreszenzschirm einer Fernsehbildröhre. Um die gesamte Oberfläche des Objektes abzubilden, wird der Primärelektronenstrahl zeilenweise über die Oberfläche geführt (= Rasterung): Auf dem Bildschirm erscheint ein räumliches Bild von der Objektoberfläche.

Ein ebenfalls dreidimensionales Bild erhält man mit dem **Rastertunnelmikroskop** und dem daraus weiter entwickelten **Rasterkraftmikroskop.** Diesen Mikroskopen liegt ein völlig anderes Prinzip zu Grunde als dem Lichtmikroskop und den Elektronenmikroskopen: Eine sehr feine Sondenspitze tastet die Oberfläche eines Objektes ab. Der Vorgang ist vergleichbar mit dem Abtasten des Rillenprofils einer Schallplatte durch die Nadel eines Plattenspielers. Die Spitze besteht aus wenigen Siliciumatomen, wodurch eine sehr hohe Auflösung erreicht werden kann. Die bei der Rasterung auftretenden elektrischen Wechselwirkungen zwischen der Sondenspitze und der Objektoberfläche werden über einen Laserstrahl von einer Photodiode registriert. Ein Computer zeichnet diese Informationen auf und verarbeitet sie zu einem räumlichen Bild. Mit Hilfe des Rasterkraftmikroskops können Vorgänge an lebenden Zellen bei hoher Auflösung beobachtet werden.

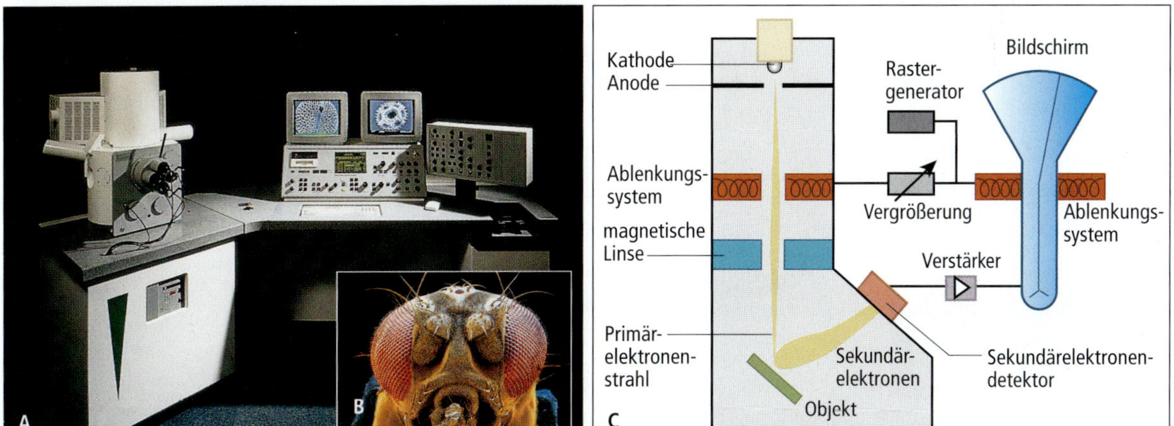

11.1 Rasterelektronenmikroskopie (REM). A Foto; **B** REM-Aufnahme einer Fruchtfliege (angefärbt); **C** Schema

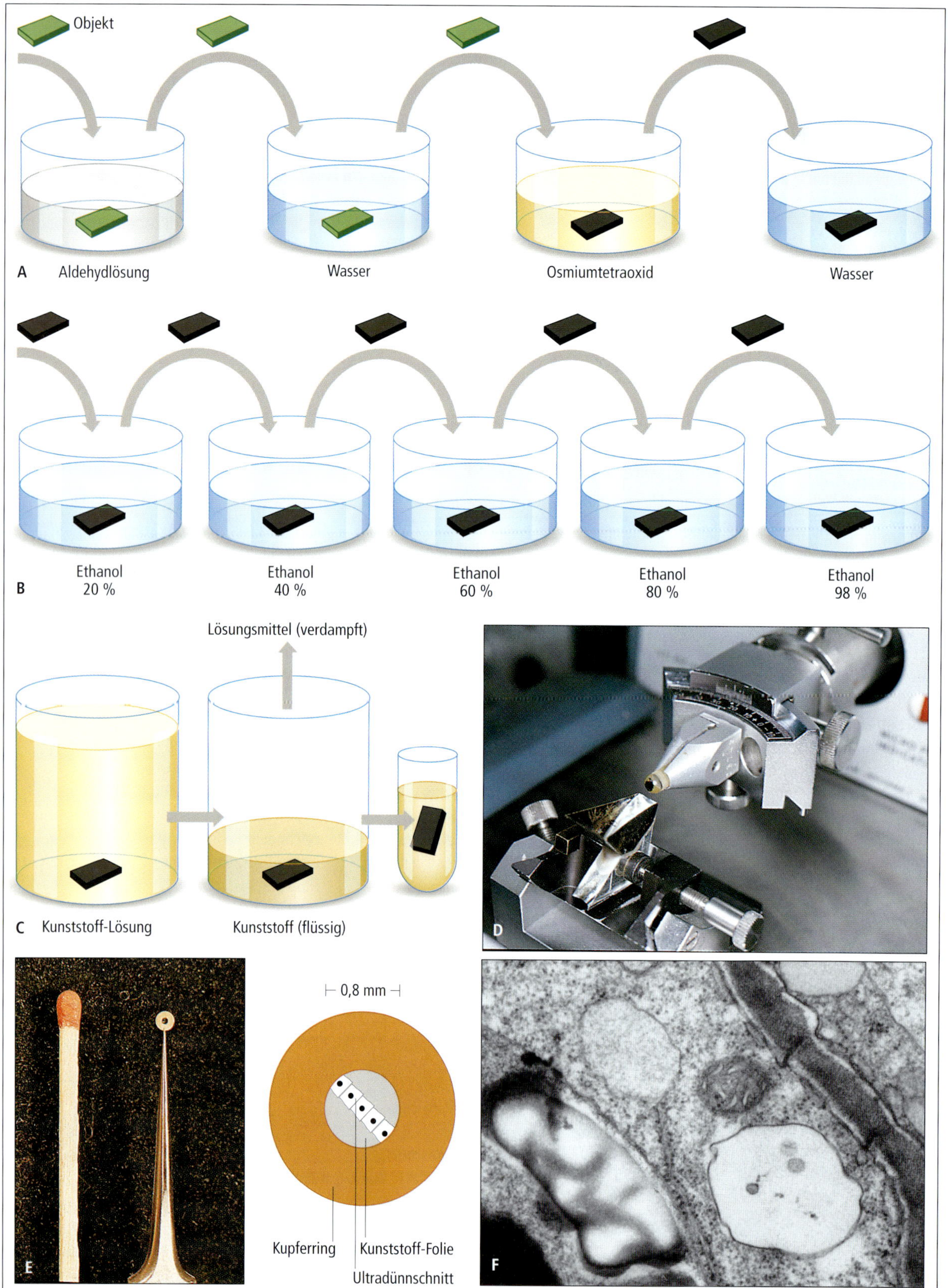

12.1 Ultradünnschnitt-Technik. A Fixierung; **B** Entwässerung; **C** Einbettung in Kunstharz; **D** Präparat- und Messerbereich an einem Ultramikrotom; **E** Präparat für die Elektronenmikroskopie (links Foto, rechts Schema); **F** EM-Bild einer Wurzelzelle (Ausschnitt)

Präparationstechniken. Bei der am häufigsten angewandten Präparationstechnik, der **Ultradünnschnitt-Technik,** werden die Objekte zunächst chemisch fixiert. Dies geschieht meist mit Aldehyd- und Osmiumtetraoxid-Lösungen. Anschließend werden die Objekte entwässert und in Kunstharze eingebettet. Die zunächst flüssigen Kunstharze diffundieren in das Objekt und erhärten anschließend. Da Elektronenstrahlen nicht tief in die Materie eindringen, müssen Dünnschnitte hergestellt werden. Eine Bakterienzelle von einem Mikrometer Durchmesser zum Beispiel erscheint auf dem Leuchtschirm im Elektronenmikroskop als schwarzer Fleck, das heißt, es werden keine Elektronen hindurchgelassen. Erst Scheiben von 10 bis 100 Nanometern Dicke (etwa $^{1}/_{1000}$ der Dicke dieser Buchseite) ermöglichen das Erkennen von Einzelheiten. Zur Herstellung solcher äußerst dünnen Schnitte, der *Ultradünnschnitte,* dient das *Ultramikrotom.* Dies ist ein Präzisionsschneidegerät mit Diamantmessern oder Glasmessern. Die Ultradünnschnitte werden dann auf Objektträger übertragen. Als Objektträger verwendet man kleine Kupfernetze oder Kupferringe, die mit einer hauchdünnen Kunststoff-Folie überzogen sind. Bei der chemischen Fixierung kann es zu Zellveränderungen kommen. Um diese *Artefakte* auszuschließen, müssen die Ergebnisse verschiedener Präparationsmethoden miteinander verglichen werden. Führen sie zu gleichen Ergebnissen, ist eine Artefaktbildung unwahrscheinlich.

Vor allem die **Kryofixierung** erlaubt eine Aussage über den ursprünglichen Lebenszustand der Zelle: Die lebenden Objekte werden extrem schnell auf sehr tiefe Temperaturen, zum Beispiel –196 °C, abgekühlt. Das in jeder Zelle vorhandene Wasser erstarrt hierdurch zu einer glasigen Eismasse, in der die Zellstrukturen eingepackt sind. Beim Gefrieren muss die Bildung von Eiskristallen verhindert werden, um Zellstrukturen nicht zu zerstören. Nach der Kryofixierung kommen die Lebensvorgänge zum Stillstand. Das tiefgefrorene Objekt wird dann im Vakuum mit einem tief gekühlten Messer „aufgebrochen“. Bei dieser *Gefrierbruchmethode* erhält man eine Relief ähnliche Bruchfläche des Objekts. Hieran kann sich die Gefrierätzung anschließen: Von der Bruchfläche lässt man Eis sublimieren (man „ätzt“), sodass wasserärmere Strukturen als Relief stehen bleiben. Anschließend erfolgt das Aufdampfen einer Platin-Kohle-Schicht unter einem bestimmten Winkel. Der so entstandene Reliefabdruck wird vom Objekt gelöst und kann elektronenmikroskopisch untersucht werden. Durch die Schrägbedampfung entstehen „Schatten“, die nahezu elektronendurchlässig sind. Das elektronenmikroskopische Bild vermittelt einen räumlichen Eindruck des Abdrucks der Objektoberfläche.

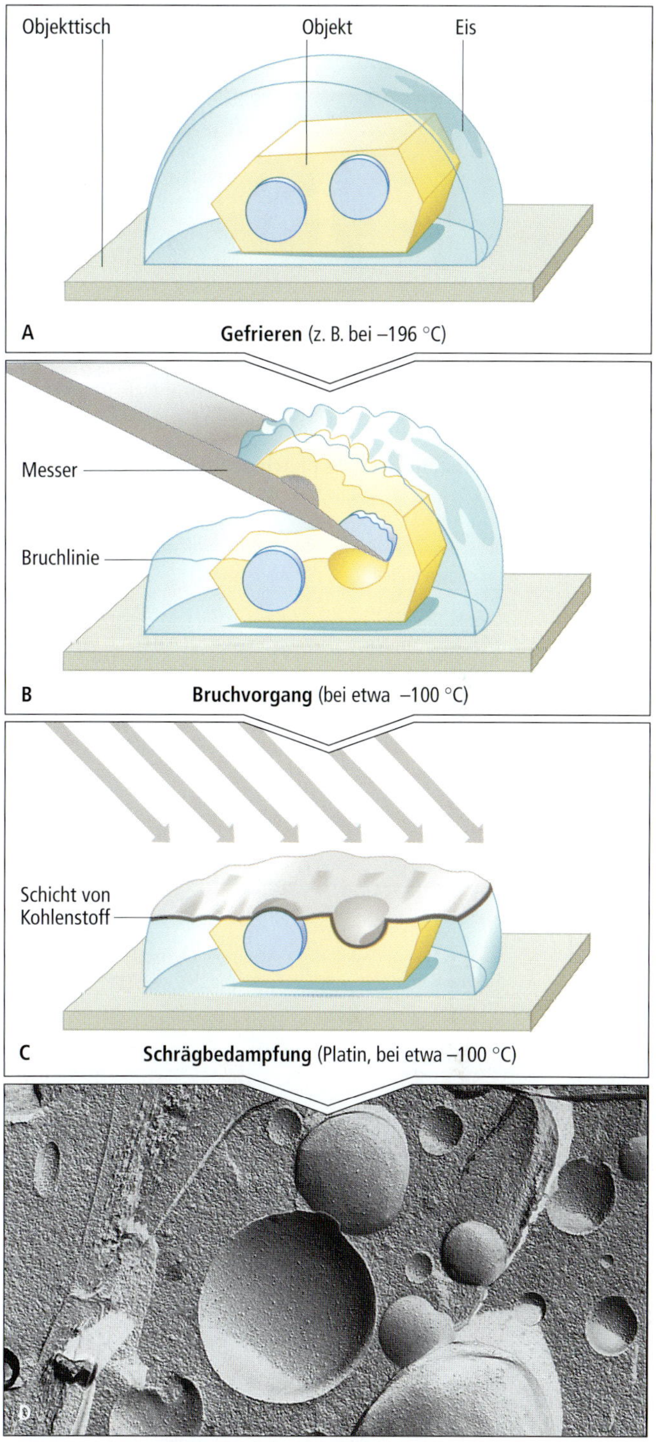

13.1 Gefrierbruch-Technik. A Gefrieren (bei –196 °C); **B** Bruchvorgang (bei etwa –100 °C). Anschließend kann die Bruchoberfläche von Eiskrümeln durch eine Vakuum-Sublimation des Eises („Gefrierätzung“) befreit werden (Messer wird auf –196 °C gekühlt und über Objektrelief geführt).
C Schrägbedampfung mit Platindämpfen. Vor der Schrägbedampfung erfolgte eine Senkrechtbedampfung mit Kohlenstoff. Die Schatten entstehen durch die Schrägbedampfung. Diese sind weitgehend Elektronen durchlässig.
D EM-Bild einer Wurzelzelle (Ausschnitt). Der Abdruck der Objektoberfläche erscheint im EM-Bild räumlich.

3 Bau- und Inhaltsstoffe der Zelle

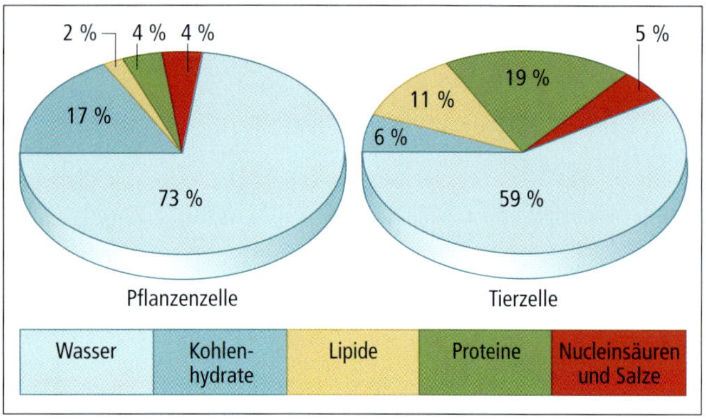

14.1 Bau- und Inhaltsstoffe der Zelle (durchschnittlicher Gehalt)

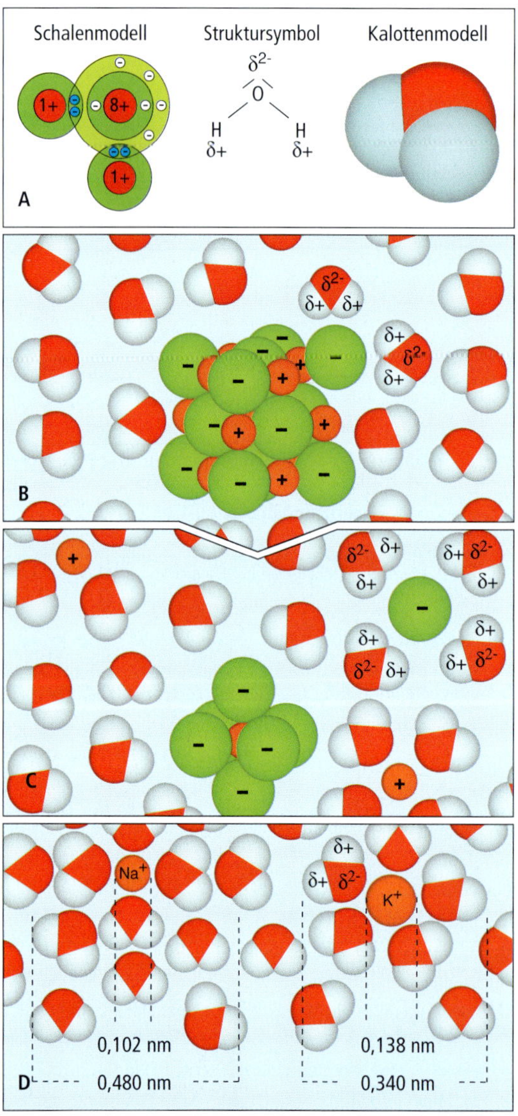

14.2 Wasser. A Wassermolekül; **B, C** Lösungsvorgang eines Salzkristalls in Wasser; **D** Hydrathüllen von Ionen

3.1 Chemische Grundlagen

Die Zellen eines Bohnensamens enthalten etwa 10 % **Wasser,** die der ausgewachsenen Bohnenpflanze 70 bis 80 % Wasser und die eines Kaktus bis über 90 % Wasser. Die Zellen der Ohrenqualle bestehen durchschnittlich zu 98 % aus Wasser. Menschliche Zellen haben einen durchschnittlichen Wassergehalt von 60 %.

Die große Bedeutung des Wassers für Lebewesen ist auf die Eigenschaften des Wassermoleküls (H_2O) zurückzuführen. Die Wasserstoffatome im Wassermolekül sind in einem Winkel von etwa 105° angeordnet. Aufgrund der größeren *Elektronegativität (EN)* des Sauerstoffatoms (EN_O 3,5) gegenüber den beiden Wasserstoffatomen (EN_H 2,1) werden die Bindungselektronen stärker vom Sauerstoffatom angezogen. Es kommt zu einer Ladungsverschiebung innerhalb des Moleküls: Das Sauerstoffatom bildet den negativen Pol (δ^- = negative Teilladung), die Wasserstoffatome bilden den positiven Pol (δ^+ = positive Teilladung). Diese Bindung heißt polare **Elektronenpaarbindung,** ein solches Molekül *Dipol.*

Die positiv teilgeladenen Wasserstoffatome eines Wassermoleküls treten mit den nicht bindenden Elektronenpaaren des Sauerstoffatoms eines anderen Wassermoleküls in Wechselwirkung: Sie ziehen sich gegenseitig an, und es bildet sich eine Wasserstoffbrücke. Die Bindungsstärke einer solchen **Wasserstoffbrückenbindung** beträgt etwa $^1/_{20}$ der einer Elektronenpaarbindung. Auf diese Weise bildet Eis ein Molekülgitter mit Hohlräumen. Eis hat daher eine geringere Dichte als flüssiges Wasser. Beim Schmelzen des Eises wird der geordnete Zustand des Gitters zerstört. Die Dichte nimmt zu und hat bei 4 °C den größten Wert von 1 g/cm^3 erreicht. Man spricht auch von der *Dichteanomalie* des Wassers. Bei weiterem Erwärmen vergrößern sich die Abstände zwischen den Molekülen, und die Dichte nimmt wieder ab.

Aufgrund ihres Dipolcharakters treten Wassermoleküle auch mit *Ionen* und polaren Gruppen anderer Moleküle in Wechselwirkung. So werden beim Lösen von Salzen in Wasser die Anziehungskräfte der Ionen des Ionengitters überwunden, indem sich Wasserdipole an die Ionen lagern und sie schließlich umhüllen. Mit der *Hydrathülle* sind die Ionen frei beweglich. Auch die Ionen im Cytoplasma der Zellen werden durch die Hydrathüllen gegeneinander abgeschirmt und bleiben so in Lösung. Die Polarität des Wassermoleküls bedingt die Löslichkeit vieler Verbindungen und ermöglicht Vorgänge wie Quellung und Wasseraufnahme. Moleküle mit polaren Gruppen wie $-OH$, $-COO^-$ und $-NH_3$ ziehen Wassermoleküle an, sie sind *hydrophil* („wasserfreundlich"). Überwiegen in einem Molekül dagegen apolare Gruppen wie die Methylgruppe ($-CH_3$), so ist der Stoff nicht mit Wasser mischbar, er ist *hydrophob* („wasserfeindlich").

Außer Wasser und den anorganischen Ionen sind alle anderen Stoffe in der Zelle Verbindungen des Elements **Kohlenstoff.** Kohlenstoffverbindungen (organische Verbindungen) machen etwa 90% aller chemischen Verbindungen aus. Die Ursache für diese Vielfalt ist die Eigenschaft der Kohlenstoff-Atome, miteinander stabile Bindungen einzugehen.

Das Kohlenstoff-Atom hat vier Außenelektronen, die Bindungen ausbilden können. Die vier Aufenthaltsbereiche dieser Elektronen, die *Elektronenwolken,* sind nach den Ecken eines *Tetraeders* ausgerichtet. Bei dieser Anordnung ist die Abstoßung der gleich geladenen Elektronenwolken am geringsten. Um stabile Bindungen zu bilden, fehlen dem Kohlenstoff-Atom noch vier Elektronen. Diese erhält es entweder von anderen Kohlenstoff-Atomen oder von Atomen wie Wasserstoff, Sauerstoff oder Stickstoff. Im Methanmolekül zum Beispiel kommen zu den vier Außenelektronen des Kohlenstoff-Atoms noch vier Elektronen der vier Wasserstoffatome hinzu. Das ergibt ein *tetraedrisches* Kohlenwasserstoff-Molekül mit vier Bindungselektronenpaaren. Eine solche Elektronenverteilung des Kohlenstoff-Atoms entspricht dem Elektronenoktett in der Außenschale eines Edelgas-Atoms *(Oktettregel).*

Ersetzt man ein Wasserstoffatom im Methanmolekül durch eine Hydroxylgruppe ($-OH$), erhält man Methanol, einen *Alkohol.* Diese Verbindung zeigt völlig andere Eigenschaften als das Methan. Atome oder Atomgruppierungen, die die Eigenschaften einer Verbindung weitgehend bestimmen, bezeichnet man als **funktionelle Gruppe.** Man fasst Verbindungen mit der gleichen funktionellen Gruppe in einer *Stoffklasse* zusammen.

Im Ethanol-Molekül (H_3C-CH_2OH) ist zwischen den Kohlenstoff-Atomen eine *Einfachbindung* ausgebildet. Diese Kohlenstoff-Atome können sich einschließlich der gebundenen Atomgruppen frei um die Bindungsachse drehen. Werden jedoch zwei Kohlenstoff-Atome über zwei Elektronenpaare zusammengehalten, liegt also eine *Doppelbindung* vor, ist wegen der räumlichen Verteilung der Bindungselektronen keine freie Drehbarkeit möglich. Moleküle mit Doppelbindungen sind reaktionsfähiger als Moleküle mit Einfachbindungen. Kohlenstoff-Atome können auch zu einem Ring verbunden sein.

1. „Die Dichteanomalie des Wassers ist für das Überleben Wasser bewohnender Lebewesen von großer Bedeutung." Erläutern Sie diese Aussage!

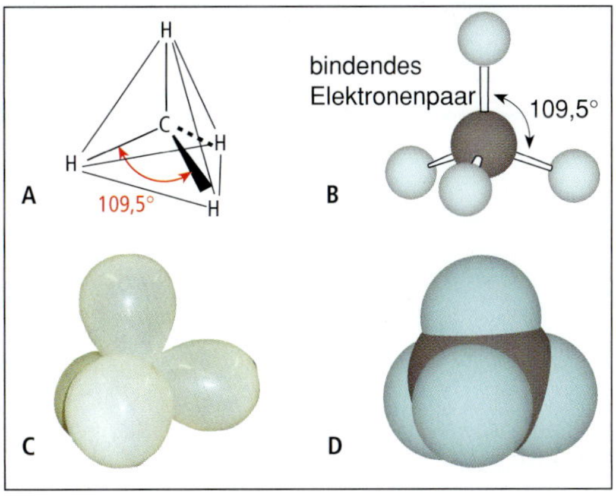

15.1 Methan-Molekül. A Molekülstruktur; **B** Kugelstab-Modell; **C** Elektronenwolken-Modell; **D** Kalotten-Modell

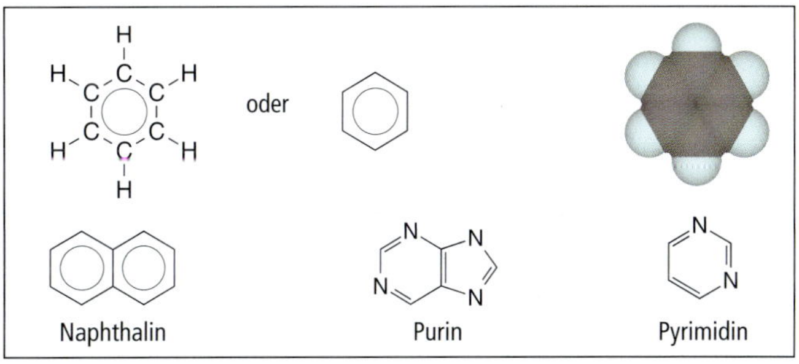

15.2 Ringförmige Kohlenstoffverbindungen. Im Benzol sind die C-Atome untereinander und mit den H-Atomen durch Einfachbindungen verbunden. An jedem C-Atom ist damit noch ein Außenelektron übrig. Diese sechs Elektronen bilden ein ringförmiges Elektronensystem, das durch einen Kreis dargestellt wird (aromatische Kohlenwasserstoffe).

Funktionelle Gruppe	Eigenschaften
Hydroxyl-Gruppe 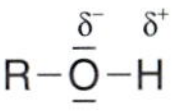	*Stoffklasse:* Alkohole Polare Elektronenpaarbindung führt zur Ladungsverschiebung. Die Hydroxyl-Gruppe wirkt wie ein Dipol.
Carboxyl-Gruppe 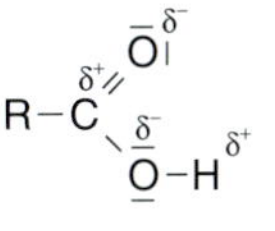	*Stoffklasse:* Carbonsäuren Auf Grund der hohen Elektronegativität des Sauerstoffatoms ist das Kohlenstoffatom der Carboxyl-Gruppe stark positiv polarisiert. Dadurch wird die Polarität der OH-Bindung verstärkt; es wird daher das Proton (H^+-Ion) leicht an Basen abgegeben: Die Carboxyl-Gruppe reagiert als Säure.
Amino-Gruppe 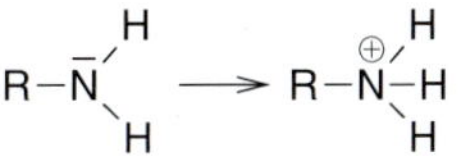	*Stoffklasse:* Amine An das freie Elektronenpaar des Stickstoffatoms kann sich ein Proton anlagern: Die Aminogruppe reagiert als Base. Durch Dehydrierung der NH_2-Gruppe erhält man die Imino-Gruppe (NH); sie ist unbeständig.

15.3 Funktionelle Gruppen (Auswahl)

METHODE

Trennung von Zellbestandteilen

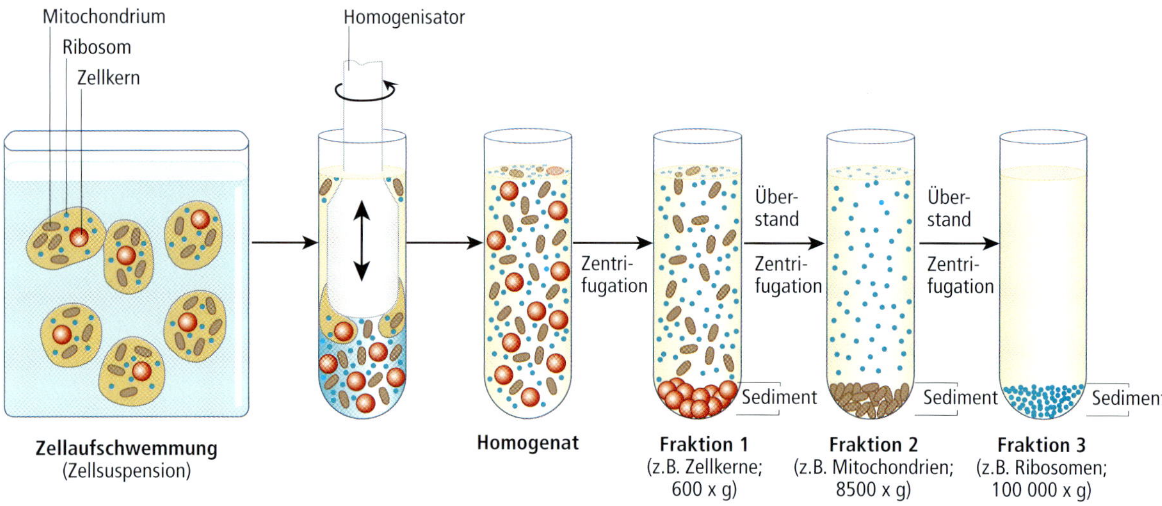

16.1 Differenzialzentrifugation

Mit Hilfe der Mikroskopie ist die Gestalt und Größe von Zellstrukturen erkennbar. Will man ihre chemische Zusammensetzung und die Funktion untersuchen, ist es erforderlich, die Zellbestandteile aus der Zelle zu isolieren. Hierzu müssen die Zellen „aufgebrochen" werden. Diesen Vorgang bezeichnet man als **Homogenisierung.** Zellwände von Pflanzenzellen und Bakterien werden oft vorher durch bestimmte Wirkstoffe (Enzyme) abgebaut. Die so entstandenen Protoplasten werden weiter verwendet.

Die Homogenisierung erfolgt auf verschiedenen Wegen. Durch Hinzufügen von destilliertem Wasser oder stark verdünnten Lösungen kommt es zum „Platzen" der tierischen Zellen beziehungsweise der Protoplasten bei pflanzlichen und bakteriellen Zellen. Auch durch Ultraschallbehandlung oder mechanisch mit einem Homogenisator können Zellen oder Protoplasten aufgebrochen werden. Ein Homogenisator ist ein Glasgefäß mit eng angepasstem Kolben. Durch drehende Auf- und Abbewegung des Kolbens werden die Zellen zum Platzen gebracht. Die entstehende Suspension von Zellbestandteilen, das Homogenat, ist ein Gemisch aus Zellbestandteilen, Membranstücken und Molekülen.

Die Trennung der Zellbestandteile des Homogenats erfolgt häufig mit der **Differenzialzentrifugation** in einer *Ultrazentrifuge*. Ultrazentrifugen können im Gegensatz zu herkömmlichen Zentrifugen sehr hohe Umdrehungsgeschwindigkeiten erreichen. Die dabei auftretenden Zentrifugalbeschleunigungen werden als Vielfaches der Erdbeschleunigung g ($g = 9{,}81\ m \cdot sec^{-2}$) gemessen. So lassen sich Beschleunigungen bis zu 500 000 g erreichen, was einer Umdrehungszahl von etwa 70 000 pro Minute entspricht. Große und schwere Zellbestandteile setzen sich bei niedriger, kleine und leichte bei hoher Drehzahl auf dem Boden des Zentrifugenröhrchens ab. Diesen Bodensatz nennt man *Sediment*, die überstehende Flüssigkeit *Überstand*. Jedes Sediment einer bestimmten Umdrehungszahl bildet eine *Zellfraktion*. Das Homogenat wird in mehreren Zentrifugationsschritten fraktioniert. Nach jedem Zentrifugenlauf wird der Überstand abgegossen und bei höherer Geschwindigkeit erneut zentrifugiert. Anschließend kann man die Fraktionen mikroskopisch und chemisch untersuchen. Auf diese Art und Weise kann der Zusammenhang zwischen Struktur und Funktion von Zellbestandteilen aufgeklärt werden.

Mithilfe der **Dichtegradientenzentrifugation** kann man Zellbestandteile von gleicher Größe, aber mit geringem Dichteunterschied voneinander trennen. Dabei bringt man eine Probe des Zellhomogenats oder auch einer Zellfraktion auf einen *Dichtegradienten*. Ein Dichtegradient ist beispielsweise eine Lösung von Saccharose (Rohrzucker) mit ansteigender Konzentration: In einem Zentrifugenröhrchen befindet sich die Lösung geringster Dichte oben, die dichteste und damit konzentrierteste Lösung unten. Während der Zentrifugation wandern nun die Zellpartikel bis zu der Stelle, der ihrer Eigendichte entspricht. Die so entstandenen „Dichtebanden" können mit Spritze und Kanüle abgesaugt und zu Untersuchungen verwendet werden.

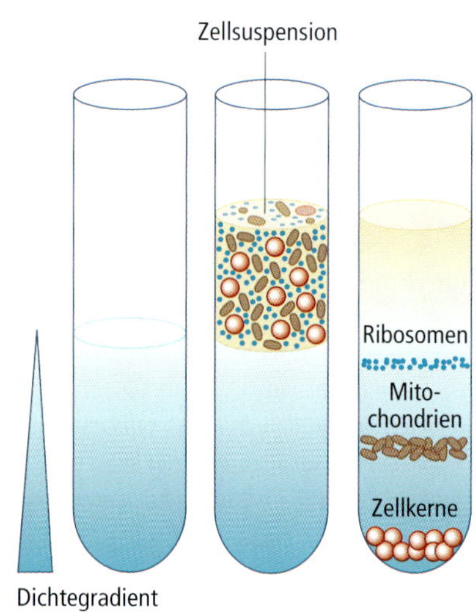

16.2 Dichtegradienten-zentrifugation

METHODE Trennung von Stoffgemischen

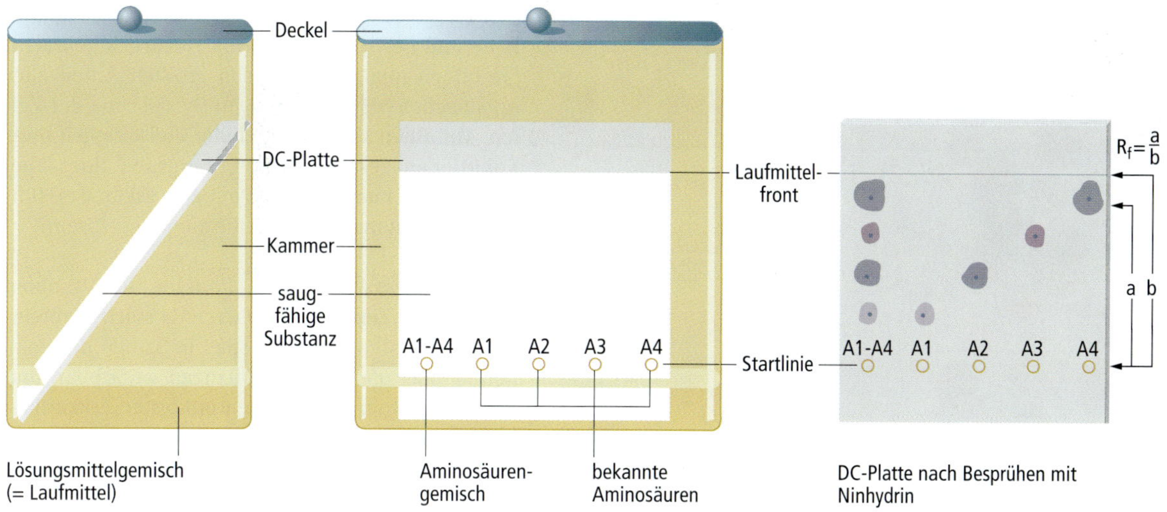

17.1 Dünnschichtchromatografie

Um die einzelnen Bau- und Inhaltsstoffe einer Zelle qualitativ und quantitativ genauer erfassen zu können, muss man sie voneinander trennen. Dazu stellt man sich zunächst ein *Zellhomogenat* her. Die Trennung verschiedener Aminosäuren zum Beispiel wird durch die **Chromatografie** ermöglicht. Bei der *Dünnschicht-chromatografie* (DC) verwendet man Platten aus Glas oder Aluminiumfolie, die mit einer saugfähigen Substanz (z. B. Kieselgel) beschichtet sind. Auf eine DC-Platte wird an einem Ende das wässerige Aminosäuregemisch aufgetragen. Nach dem Trocknen wird die DC-Platte in einem verschließbaren Gefäß in ein Lösungsmittelgemisch (Fließmittel) gestellt. Dieses wird in der Schicht nach oben gesaugt. Dabei werden die Aminosäuremoleküle je nach Bau in der gleichen Zeit verschieden weit mitgenommen. Man erhält ein *Chromatogramm*. Zur Identifikation der Aminosäuren lässt man bekannte Aminosäuren parallel auf derselben DC-Platte mit dem Aminosäuregemisch den Trennungsvorgang durchlaufen. Die so getrennten Aminosäuren werden durch Besprühen der DC-Platte mit Ninhydrin sichtbar und können identifiziert werden.

Auch durch **Elektrophorese** lassen sich Stoffgemische trennen. Hierbei beruht die Trennung auf der unterschiedlich schnellen Wanderung von elektrisch geladenen Teilchen zwischen den Elektroden eines Gleichspannungsfeldes. Bei der *Papierelektrophorese* wird ein mit einer Pufferlösung von bestimmtem pH-Wert getränkter Papierstreifen zwischen die negativ geladene Elektrode, die Kathode, und die positiv geladene Elektrode, die Anode, gelegt. Auf diesen Träger wird die zu untersuchende Lösung aufgetragen. Nach Anlegen der Gleichspannung wandern die negativ geladenen Teilchen zur Anode, die positiv geladenen zur Kathode. Die Wanderungsgeschwindigkeit ist abhängig von der Gesamtladung, der Größe und der Gestalt der Teilchen. Auf diese Weise erfolgt die Trennung. Durch geeignete Farblösungen werden die Fraktionen anschließend als hintereinanderliegende Banden sichtbar. Verwendet man Agarose-Gel als Träger, spricht man von einer *Gel-Elektrophorese*.

Ein wichtiges Verfahren zur quantitativen Bestimmung eines gelösten Stoffes ist die **Fotometrie.** Bei der Fotometrie misst man Lichtintensitäten: Bringt man eine farbige Lösung in ein Glasgefäß, eine Küvette, und durchstrahlt sie mit Licht einer bestimmten Wellenlänge, so wird ein Teil des Lichtes absorbiert.
Die Absorption ist abhängig von der Stoffkonzentration sowie von der Schichtdicke der durchstrahlten Lösung. Das Ausmaß der Lichtschwächung wird über eine Fotozelle gemessen. Hieraus lässt sich dann die Konzentration bestimmen. Trägt man die Absorptionen von Lösungen bekannter Konzentrationen, von so genannten Eichlösungen, in einem Koordinatensystem gegen die Konzentration auf, erhält man eine Eichkurve. Mit ihrer Hilfe lässt sich über die gemessene Absorption einer unbekannten Lösung deren Konzentration direkt ablesen.

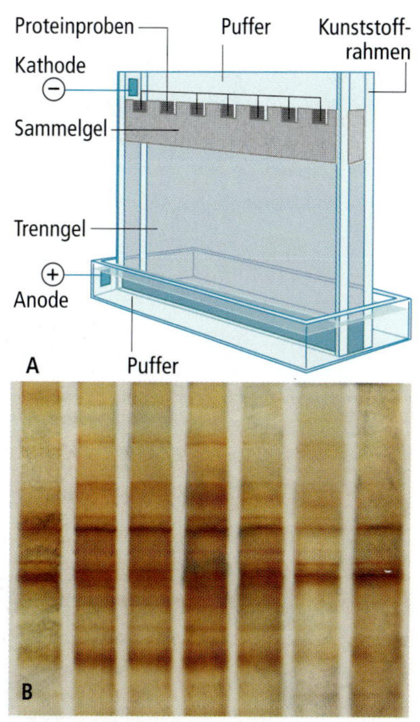

17.2 Elektrophorese. A Vorrichtung (Schema); **B** gefärbte Proteine im Gel

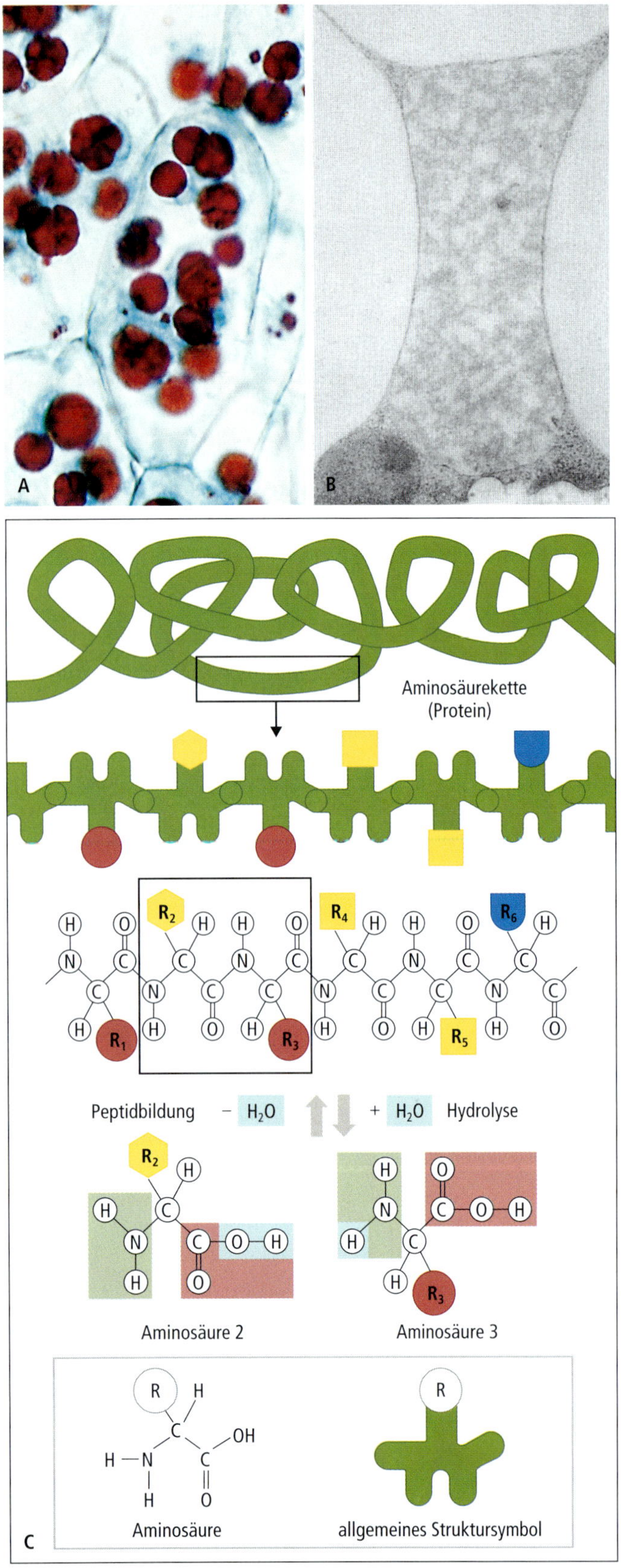

18.1 Proteine. A Aleuronkörner (LM-Bild); **B** Proteinvakuole (EM-Bild); **C** Aufbau der Proteine

3.2 Proteine

Der Name „Protein" bedeutet sinngemäß „an erster Stelle stehend" (griech. *protos*, zuerst). Damit wird bereits der besondere Wert der Proteine für pflanzliche und tierische Zellen zum Ausdruck gebracht. Sie bilden mengenmäßig den größten Anteil aller organischen Verbindungen im Cytoplasma der Zellen. Vor allem sind sie durch die Vielseitigkeit ihrer Funktionen gekennzeichnet. Aufgrund ihres chemisch ähnlichen Verhaltens mit dem Eiklar des Hühnereis, nennt man die Proteine auch *Eiweißstoffe*.

Als *Reservestoffe* werden Proteine in Vakuolen pflanzlicher Zellen gespeichert. Als solche Proteinvakuolen sind sie zum Beispiel in Samen der Sojabohne oder der Getreidepflanzen anfärbbar und lichtmikroskopisch als Aleuronkörner erkennbar. Für Menschen und Tiere sind die Proteine ein wichtiger Bestandteil der Nahrung. Sie sind am Aufbau aller Zellstrukturen und der *Enzyme* (= Biokatalysatoren) beteiligt. Auch einige Hormone sind Proteine. Ein Beispiel ist das Insulin, dessen Mangel die Zuckerkrankheit (Diabetes) hervorruft. Neben den Elementen Kohlenstoff, Wasserstoff und Sauerstoff enthalten die Proteinmoleküle stets Stickstoff als kennzeichnendes Element. Molekülmassenbestimmungen ergeben Werte von 10 000 u bis über 500 000 u. Proteinmoleküle sind *Makromoleküle*.

Durch Reaktion mit Wasser lassen sich die Proteinmoleküle unter bestimmten Bedingungen, zum Beispiel durch Kochen in starker Salzsäure, in ihre Bausteine, die **Aminosäuren**, zerlegen. Eine solche Umsetzung, bei der Bindungen unter Aufnahme von Wasser gespalten werden, nennt man *Hydrolyse*. Aminosäuremoleküle zeigen einen einheitlichen Bau: An ein zentrales Kohlenstoffatom sind – nach den Ecken eines Tetraeders ausgerichtet – vier verschiedene Atome oder Atomgruppen gebunden. Es handelt sich um eine *Amino-Gruppe* ($-NH_2$), eine *Carboxyl-Gruppe* ($-COOH$), ein *Wasserstoffatom* ($-H$) und um einen für die jeweilige Aminosäure typischen *organischen Rest* ($-R$).
Der Säurecharakter der Aminosäure wird durch die funktionelle Gruppe $-COOH$ bewirkt. Dagegen verleiht die Aminogruppe dem Molekül basische Eigenschaften. Durch einen Übergang des positiv geladenen Wasserstoffions der Carboxylgruppe zur Aminogruppe erhalten die beiden funktionellen Gruppen Ionenladungen. Das Aminosäuremolekül stellt dann ein *Zwitterion* dar. Wenn die Zahl der positiven und negativen elektrischen Ladungen gleich ist, ist es nach außen hin neutral. Nach den funktionellen Gruppen des organischen Restes werden die 20 in Proteinen vorkommenden Aminosäuren in vier Gruppen eingeteilt.

Die Carboxylgruppe einer Aminosäure kann mit der Aminogruppe einer anderen Aminosäure unter Wasserabspaltung reagieren. Dabei entsteht ein *Dipeptid.* Die Bindung bezeichnet man als Peptidbindung. Drei Aminosäuren verbinden sich zu einem Tripeptid. Durch Verbindung vieler Aminosäuren entstehen *Polypeptidketten,* die ab etwa 100 Aminosäuremolekülen *Proteine* genannt werden. Die Proteine unterscheiden sich nicht nur in der Anzahl und Art, sondern vor allem in der Reihenfolge der Aminosäuren, der Sequenz. Diese *Aminosäuresequenz* wird auch als **Primärstruktur** bezeichnet.
Bei einem Protein aus 100 Aminosäuremolekülen lassen sich unter Berücksichtigung der 20 vorkommenden Aminosäuren 20^{100} (= 10^{130}) Möglichkeiten errechnen. Diese unvorstellbare Vielzahl von Kombinationsmöglichkeiten übersteigt sogar die Anzahl aller Atome in Verbindungen des Universums. Sie beträgt „nur" 10^{71}.
Die Polypeptidketten liegen in bestimmten räumlichen Anordnungen vor, den *Konformationen.* So findet man in den Haaren der Säugetiere eine Schrauben- oder *Helixstruktur* der Proteinmoleküle. Sie kommt durch Wasserstoffbrückenbindungen zustande. Beim Seidenfaserprotein der Seidenraupe ergeben Wasserstoffbrückenbindungen zwischen Proteinmolekülen eine *Faltblattstruktur.* In ihr sind die Peptidketten verschiedener Moleküle nebeneinander und zickzackförmig angeordnet. Die Helix- und die Faltblattstrukturen werden als **Sekundärstrukturen** bezeichnet.
Häufig sind die Sekundärstrukturen noch zusätzlich geschraubt, gefaltet oder anderweitig geformt. Eine solche Raumanordnung der Sekundärstruktur bezeichnet man als **Tertiärstruktur.** Sie kann außer durch Wasserstoffbrückenbindungen noch durch Elektronenpaar- und Ionenbindungen sowie durch VAN-DER-WAALS-Kräfte stabilisiert werden.
Sind mehrere in ihrer Tertiärstruktur vorliegende Polypeptidketten am Aufbau eines Proteinmoleküls beteiligt, spricht man von **Quartärstruktur,** wobei die Einzelmoleküle als Untereinheiten bezeichnet werden. Diese Struktur findet man beim Hämoglobinmolekül, dem roten Blutfarbstoff. Es besteht aus vier Polypeptidketten (2 α- und 2 β-Ketten), die der Tertiärstruktur des *Myoglobins* ähnlich sind. Im Myoglobin besteht die Peptidkette aus 153 Aminosäuren, die die Farbstoffgruppe *Häm* mit Eisen als Zentral-Ion umgeben.

Proteine können neben Aminosäuren auch noch andere Stoffgruppen enthalten wie Lipide, Kohlenhydrate, Farbstoffe, Nucleinsäuren und Phosphorsäure. Solche Eiweißverbindungen heißen **Proteide** oder zusammengesetzte Proteine. Je nach dem hinzugefügten Bestandteil spricht man von Lipo-, Glyko-, Chromo-, Nucleo- und Phospoproteiden.

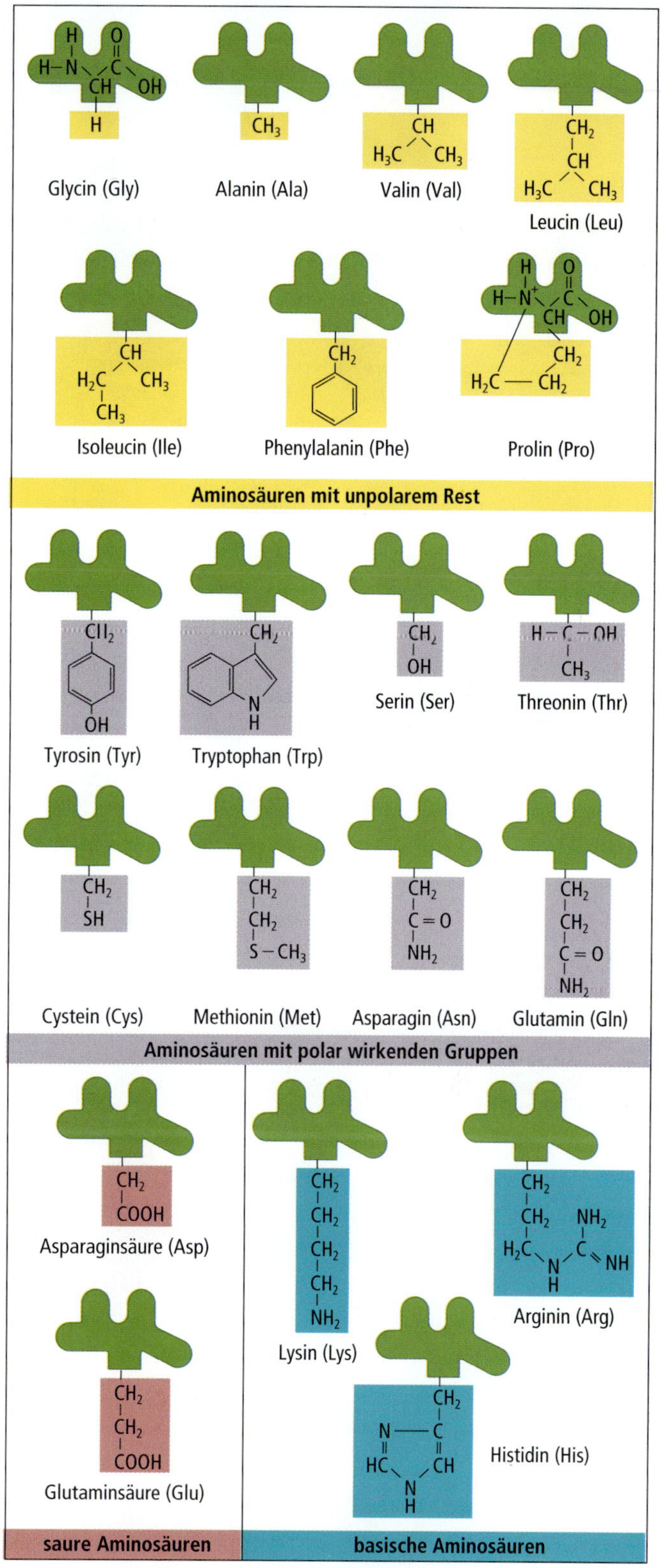

19.1 Natürlich vorkommende Aminosäuren

1. Formulieren Sie anhand von Strukturformeln der Abbildung 19.1 die Reaktionsgleichung der Bildung eines Tripeptids aus Phenylalanin, Threonin und Glycin!

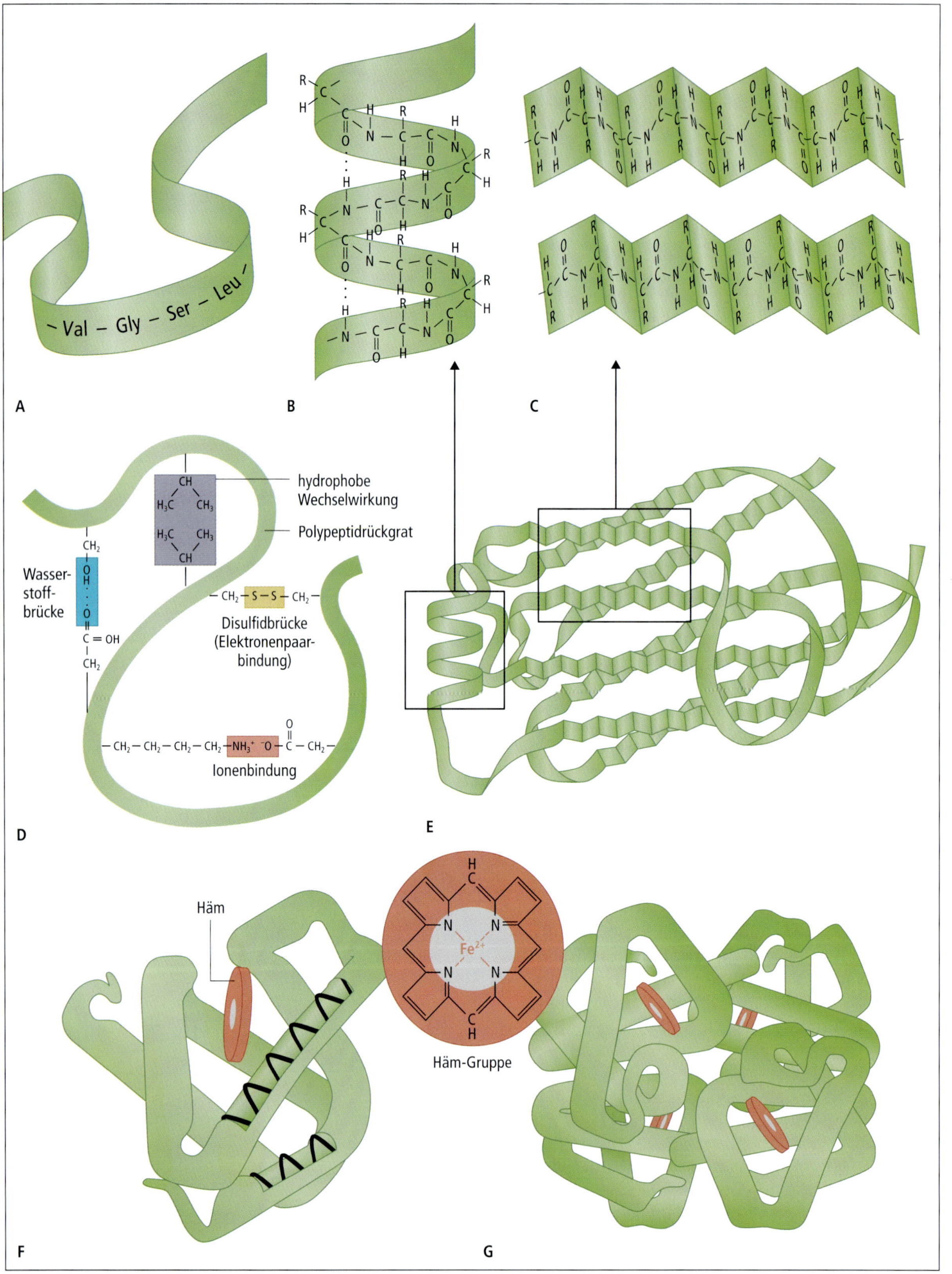

20.1 Proteinstrukturen. A Primärstruktur (Aminosäuresequenz); **B** Sekundärstruktur (Schrauben- oder Helixstruktur); **C** Sekundärstruktur (Faltblattstruktur); **D** Haftpunkte (bewirken Tertiärstruktur); **E** Tertiärstruktur (Bändermodell); **F** Tertiärstruktur (Myoglobin); **G** Quartärstruktur (Hämoglobin)

3.3 Lipide

Unter dem Begriff Lipide fasst man Fette und fettähnliche Verbindungen zusammen. Fette sind in organischen Lösungsmitteln wie Ether oder Chloroform sehr gut löslich, in Wasser dagegen kaum oder nicht löslich. Solche Verbindungen nennt man *lipophil* (= fettlöslich) oder *hydrophob* (= wasserfeindlich). Fette werden sowohl in tierischen als auch in pflanzlichen Zellen als Reservestoffe gespeichert. Diese **Speicherlipide** sind in Form mikroskopisch kleiner Öltröpfchen, den *Oleosomen*, im Cytoplasma oder in Plastiden abgelagert. Besonders reich an Fetten sind Früchte und Samen bestimmter Samenpflanzen wie Raps oder Sonnenblume. Mensch und Tier speichern Fette hauptsächlich im Unterhautfettgewebe. Hier dienen sie der Wärmeisolation (zum Beispiel bei Walen und Robben), dem Organschutz (zum Beispiel Nieren-, Leberfett) und als Speicherstoff.

Bei der Verwertung im Körper werden pro Gramm Fett etwa 39 Kilojoule (kJ = 9,7 kcal) frei. Fette sind also eine sehr gute Energiereserve. Bei der Fettverdauung werden die Fettmoleküle hydrolytisch in Glycerin- und Fettsäuremoleküle gespalten. **Glycerin** ist ein Alkohol, der drei Hydroxyl-Gruppen (–OH) im Molekül besitzt. Bei den **Fettsäuren** handelt es sich um langkettige Carbonsäuren. Carbonsäuren mit Doppelbindungen im Molekül wie die Ölsäure, Linolsäure und Linolensäure werden als *ungesättigte Fettsäuren* bezeichnet. Der menschliche Körper kann die ungesättigten Fettsäuren nicht selbst aufbauen. Sie sind daher lebenswichtige (= essenzielle) Nahrungsbestandteile. Ölsäure kommt vor allem im Erdnuss-, Oliven- und Rapsöl vor, Linol- und Linolensäure vor allem im Leinöl. Zu den gesättigten Fettsäuren gehören Buttersäure, Palmitinsäure und Stearinsäure.

Säuren und Alkohol reagieren unter Bildung von Wasser zu einem **Ester.** Fette sind Ester aus Fettsäuren (= Monocarbonsäuren) und dem Alkohol Glycerin. Weil ein Glycerinmolekül mit drei Fettsäuren reagieren kann, sind Fette *Triglyceride (= Triacylglycerole)*. Man spricht auch von Neutralfetten. Reine Triglyceride kommen in der Natur selten vor. Meist handelt es sich um Gemische von Glycerinestern mit unterschiedlichen Fettsäureanteilen.

Den Triglyceriden ähnlich sind die *Phospholipide.* Hierbei handelt es sich um in Membranen eingebaute **Strukturlipide**, bei denen das Glycerinmolekül mit zwei Fettsäuremolekülen und einem Phosphorsäuremolekül verestert ist. Die Phosphorsäure ihrerseits ist noch einmal verestert, zum Beispiel mit dem Aminoalkohol Cholin. Ein bekanntes Phospholipid ist das *Lecithin.* Das Molekül besitzt einen hydrophilen Pol (den Phosphorsäureester) und einen hydrophoben Pol (die Fettsäurereste).

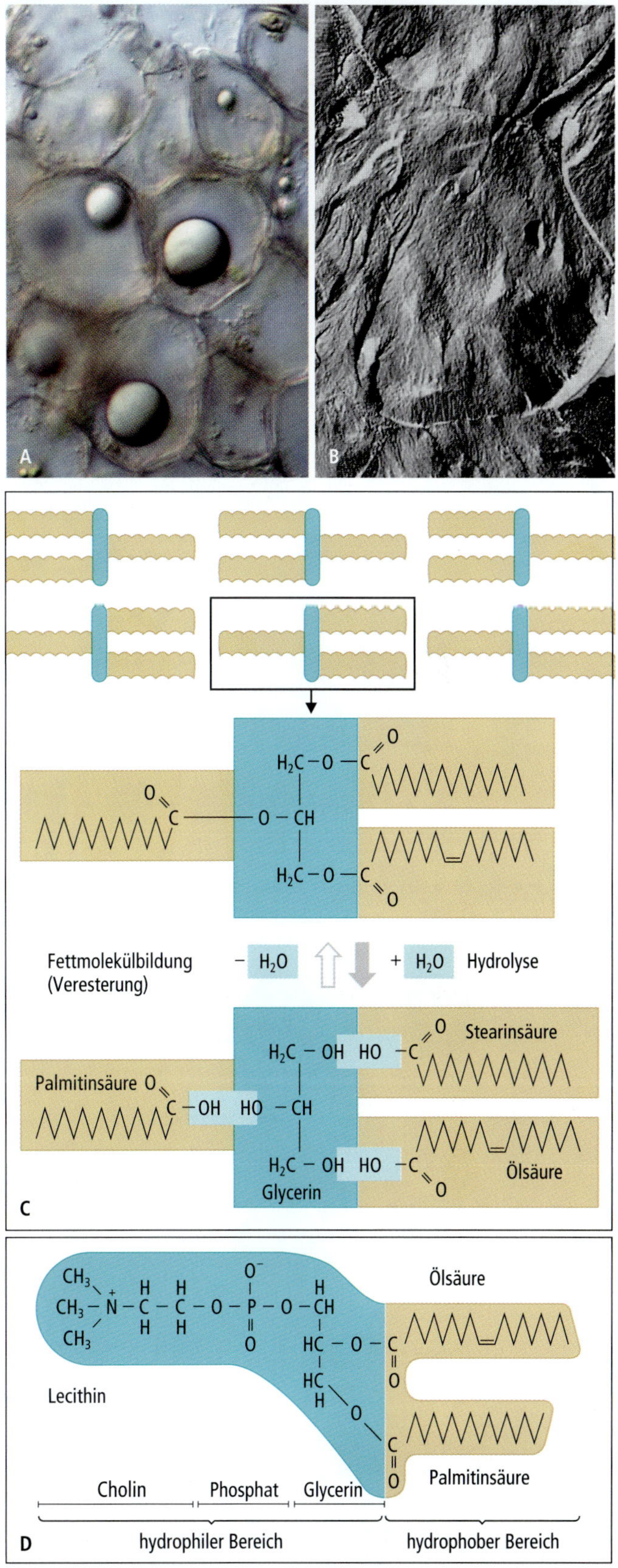

21.1 Lipide. A Öltröpfchen (= Oleosom, LM-Bild); **B** Oleosom (EM-Bild); **C** Aufbau eines Triglycerids; **D** Phospholipid (Lecithin)

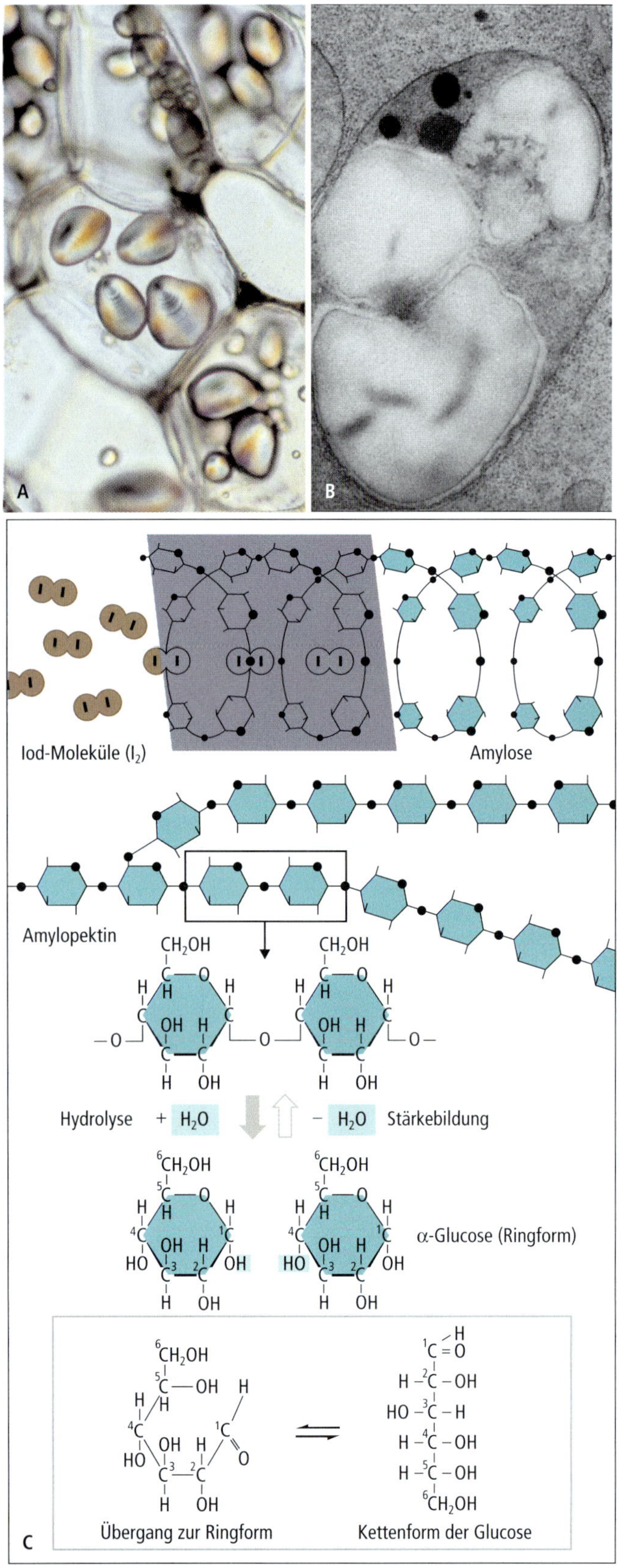

22.1 Kohlenhydrate. A Stärkekörner (LM-Bild); **B** stärkehaltiger Plastid (Amyloplast, EM-Bild); **C** Amylose und Amylopektin

3.4 Kohlenhydrate

Ein Getreidekorn enthält in seinem Innern eine weiße Substanz, das Mehl. Chemisch handelt es sich dabei um Stärke. Kocht man Stärke mit verdünnter Säure, erhält man *Glucose* (Traubenzucker). Stärke ist demnach ein Makromolekül, das aus den Bausteinen (= Monomeren) Glucose aufgebaut ist.

Glucose gehört zu den Einfachzuckern oder **Monosacchariden.** Beispiele zeigt die Abbildung 23.1. Bei fünf Kohlenstoffatomen im Molekül spricht man von *Pentosen,* bei sechs von *Hexosen.* Glucose ist eine Hexose. Die sechs Kohlenstoffatome sind untereinander verbunden und tragen fünf Hydroxyl-Gruppen (–OH) und eine Aldehyd-Gruppe (–CHO). Untersuchungen haben ergeben, dass die Aldehydgruppe am Kohlenstoffatom C-1 meist mit der Hydroxylgruppe am Kohlenstoffatom C-5 reagiert. So entsteht ein sechsgliedriges, ringförmiges Molekül aus fünf Kohlenstoffatomen und einem Sauerstoffatom. Es gibt zwei mögliche Ringstrukturen. Am C-1-Atom kann die Hydroxylgruppe unter oder über der Ringebene angeordnet sein. Man spricht dann von α-Glucose oder β-Glucose. In einer Glucoselösung stehen Kettenform und Ringstrukturen im Gleichgewicht.

Bei der Bildung von Zweifachzuckern oder **Disacchariden** reagieren zwei Monosaccharide unter Wasserbildung miteinander. Die entstehende Bindung bezeichnet man als *glykosidische Bindung.* Bei der Reaktion zweier α-Glucosemoleküle miteinander kann eine Umsetzung der Hydroxylgruppe am C-1-Atom des einen Moleküls und am C-4-Atom des anderen Moleküls stattfinden. Die gebildete glykosidische Bindung ist eine α-1,4-Bindung. Das entstandene Disaccharid ist *Maltose,* der Malzzucker.

Verbindungen aus vielen Monosacchariden heißen **Polysaccharide** (Vielfachzucker). Sie kommen als *Reservestoffe* (= Speicherstoffe) vor. Die räumliche Gestalt der Polysaccharide hängt davon ab, durch welche glykosidische Bindung die Bausteine verknüpft sind. Die Untersuchung der Kartoffelstärke zeigt, dass sie sich aus zwei verschiedenen Arten von Molekülen zusammensetzt, der *Amylose* (griech. *amylon,* Stärke) und dem *Amylopektin.* Amylose ist in Wasser löslich und zeigt mit Iodmolekülen eine tiefe Blaufärbung. Amylopektin dagegen ist nicht wasserlöslich und ergibt mit Iodmolekülen eine rote bis violette Färbung. Bei Amylose ist das Molekül schraubig gewunden und bei Amylopektin zusätzlich verzweigt. Noch stärker verzweigt als das Amylopektin-Molekül ist das Glykogen-Molekül. *Glykogen* ist ein Reservestoff in tierischen Zellen und wird daher als tierische Stärke bezeichnet. Außer als Reservestoffe kommen Polysaccharide wie Cellulose und Chitin auch als *Strukturbildner* vor.

Monosaccharide – Pentosen

	β-Ribose	β-Desoxyribose	Ribulose
Strukturformel	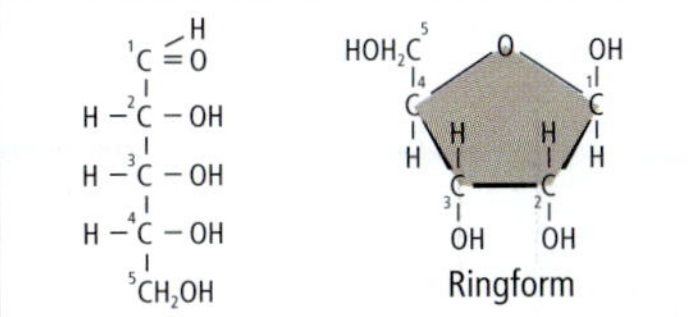	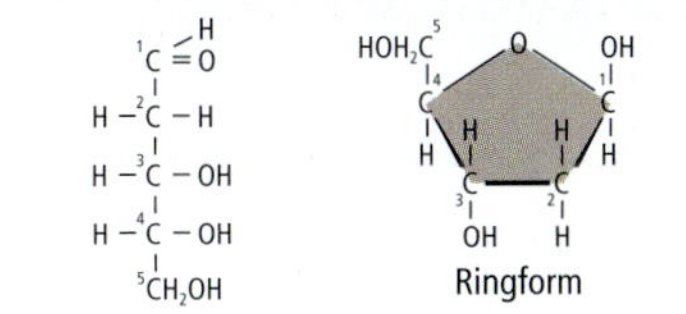	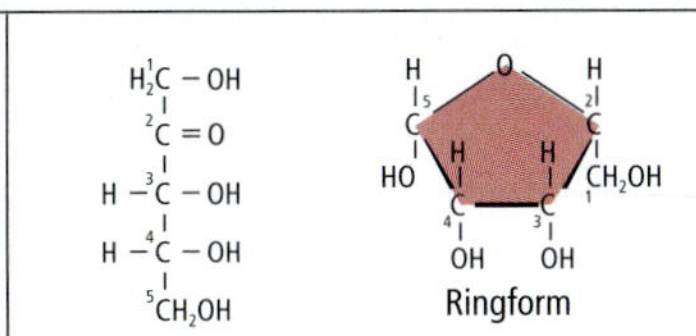
Vorkommen, Bedeutung	Bestandteil der Ribonucleinsäuren (RNA); wird aus Glucose gebildet	Bestandteil der Desoxyribonucleinsäure (DNA); wird aus Glucose gebildet	wichtige Verbindung bei der Fotosynthese

Monosaccharide – Hexosen

	β-Fructose	α-Glucose	β-Glucose	β-Galactose	β-N-Acetyl-Glucosamin
Strukturformel	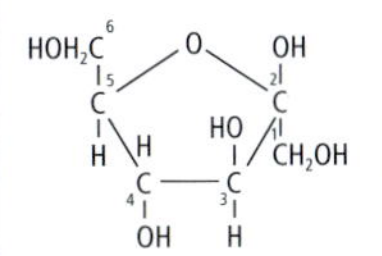	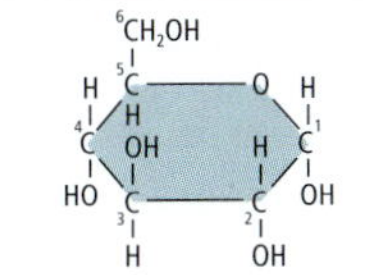	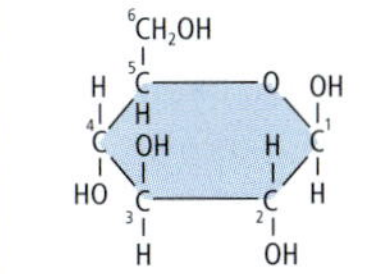	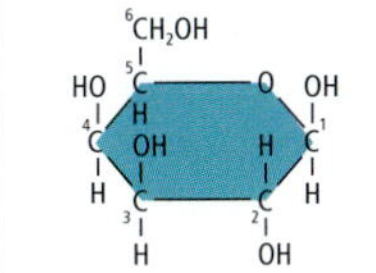	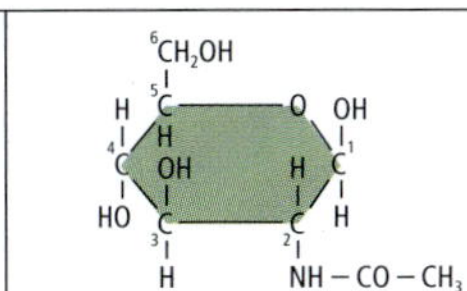
Vorkommen, Bedeutung	Vorkommen in freier Form in süßen Früchten, in Pollenkörnern einiger Pflanzen und im Honig; Bestandteil von Saccharose und vom Polysaccharid Insulin; dient als Süßstoff	wichtiges Monosaccharid; Vorkommen in freier Form in süßen Früchten, im Honig und als Blutzucker; Bestandteil von Maltose, Saccharose und Polysacchariden	Vorkommen wie α-Glucose; Monomer von Cellulose; Bestandteil im Milchzucker und der Cellulose	Vorkommen in der Milch; Bestandteil von Milchzucker	Aminozucker; Vorkommen nur in gebundener Form, z. B. Chitin, in Blutgruppensubstanzen und anderen Polysacchariden

Disaccharide

	Saccharose	Maltose	Cellobiose	Lactose	Chitobiose
Struktursymbol	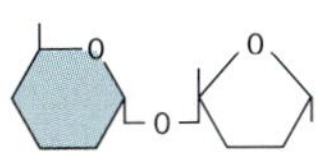	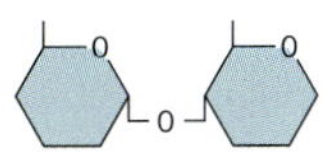	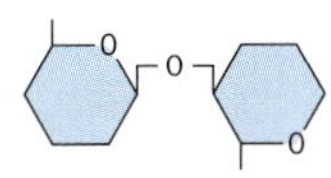	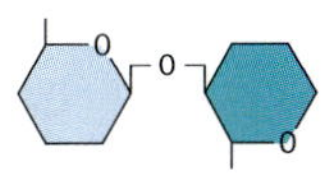	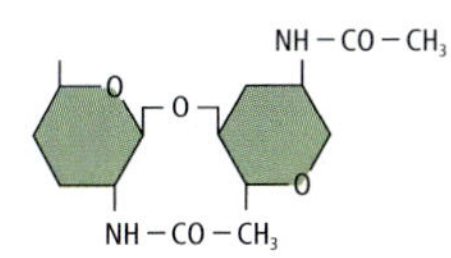
Bindung	α-1→ β-2-glykosidisch	α-1→ 4-glykosidisch	β-1→ 4-glykosidisch	β-1→ 4-glykosidisch	β-1→ 4-glykosidisch
Vorkommen, Bedeutung	Reservestoff in Pflanzen wie Zuckerrohr, Zuckerrüben; kann von tierischen Zellen nicht aufgebaut werden; Verwendung als Nahrungsstoff	Vorkommen bei der Spaltung von Stärke, z. B. im Mund oder bei der Keimung der Gerste zur Bierherstellung	Abbauprodukt der Cellulosespaltung, z. B. bei Pilzen oder durch Kleinstlebewesen bei Wiederkäuern	bedeutendes Kohlenhydrat in der Milch der Säugetiere (Mensch 6 – 8 %), Rind 4 – 5 %); wichtiges Nährsubstrat für Pilze bei der Penicillinherstellung	wiederkehrende Baueinheit des Chitins

Polysaccharide

	Amylose	Amylopektin	Glykogen	Cellulose	Chitin
	250 bis 500 Monomere	> 2000 Monomere	bis 100000 Monomere	> 10000 Monomere	> 2000 Monomere
Struktursymbol	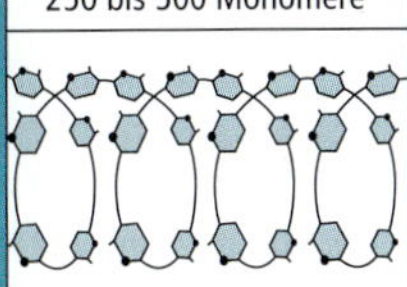	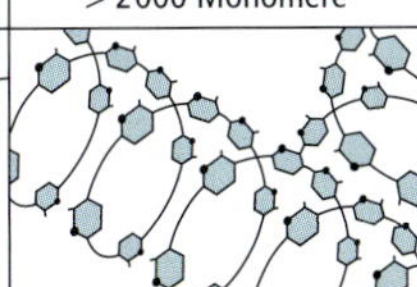	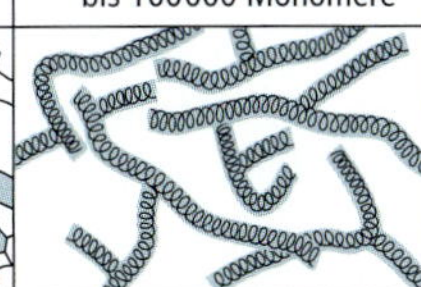	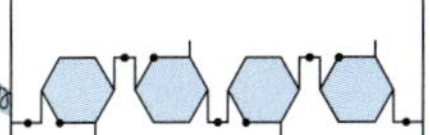	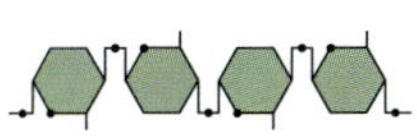
	schraubig	verzweigt	stark verzweigt	fadenförmig	fadenförmig
Bindung	α-1→ 4-glykosidisch	α-1→ 4-glykosidisch und α-1→ 6-glykosidisch	α-1→ 4-glykosidisch und α-1→ 6-glykosidisch	β-1→ 4-glykosidisch	β-1→ 4-glykosidisch
Vorkommen, Bedeutung	Reservestoff in Pflanzen, wichtigste Kohlenhydratquelle für den Menschen; kommt zu 20 – 30 % im Gemisch mit Amylopektin in natürlicher Stärke vor	wie bei Amylose; kommt zu 70 – 80 % im Gemisch mit Amylose in der natürlichen Stärke vor	oft „tierische Stärke" genannt; Reservestoff in der Leber, im Muskel und in vielen anderen Körperzellen	mit anderen Stoffen zusammen als Gerüstsubstanz für Zellwände der Pflanzen; reine Cellulose in Zellwänden der Baumwollhaare	Gerüstsubstanz des Außenskeletts von Insekten und Krebstieren; Bestandteil der Zellwände von Pilzen

23.1 Kohlenhydrate (Auswahl)

4 Feinbau und Funktion der Zelle

4.1 Prokaryoten und Eukaryoten

Im Dickdarm von Vögeln und Säugetieren lebt das Bakterium *Escherichia coli*. Das EM-Bild zeigt eine stäbchenförmige Zelle von etwa einem Mikrometer (µm) Breite und etwa vier Mikrometern Länge. Bakterien sind *einzellige Lebewesen*, die neben Stäbchenformen auch Kugel- und Spiralformen aufweisen können. Manche Bakterienarten lagern sich zu zwei- oder mehrzelligen Verbänden zusammen. Zu den Bakterien gehören die kleinsten bisher gefundenen Zellen, die *Mycoplasmen*. Sie haben einen Durchmesser von nur 0,1 bis 0,25 Mikrometern. Eine Bakterienzelle wird nach außen hin begrenzt durch eine *Zellwand*. Diese besteht im Unterschied zur pflanzlichen Zellwand aus einer dicken Schicht eiweißhaltiger Polysaccharide (Peptidoglykane), die auch als Mureinschicht bezeichnet wird. Bakterien, deren Zellwände sich mithilfe eines bestimmten Farbstoffes färben lassen, bezeichnet man als gram-positiv, andere als gram-negativ. Viele Bakterien scheiden klebrige Stoffe (Schleim) aus, die die Zellwand schützend umhüllen. Mit solchen *Kapseln* können sich Bakterien an einem Untergrund festheften oder sich gegenseitig zusammenhalten. Eine andere Möglichkeit des Festhaltens sind fädige Oberflächenstrukturen, die *Pili* (Einzahl *Pilus*). Viele Bakterien besitzen Geißeln (Flagellen) zur Fortbewegung.

Das *Cytoplasma* der Bakterienzelle wird von einer *Zellmembran* begrenzt. Zwischen Zellmembran und Zellwand liegt ein schmaler periplasmatischer Raum. Die Zellmembran weist häufig ins Zellinnere ragende Einstülpungen auf. Bei den Fotosynthese betreibenden *Cyanobakterien*, auch Blaualgen genannt, gibt es Einfaltungen, die in ihren Membranen Chlorophyllmoleküle enthalten. Auffallend im Cytoplasma ist ein hell erscheinender Bereich aus faserigen Strukturen. Es handelt sich um die Erbsubstanz, die aus einem ringförmigen, stark geknäulten *Chromosom* besteht. Bakterien haben also keinen Zellkern mit Hülle sondern ein Kernäquivalent, das *Nucleoid*. Sie werden daher als **Prokaryoten** (griech. *pro*, vor; griech. *karyon*, Kern) bezeichnet. Zusätzlich zum Chromosom können im Cytoplasma kleine Ringe aus der Kernsäure DNA auftreten, die man *Plasmide* nennt. Neben den Bakterien gibt es noch eine zweite Gruppe prokaryotischer Einzeller, die *Archaeen*.

Die **Eukaryoten** (griech. *eu*, wahr, echt) besitzen dagegen einen „echten" Zellkern mit einer Kernhülle. Betrachtet man das EM-Bild einer pflanzlichen Zelle, erkennt man die begrenzende *Zellwand*, die *Zellmembran* und im *Cytoplasma* eine Vielzahl von

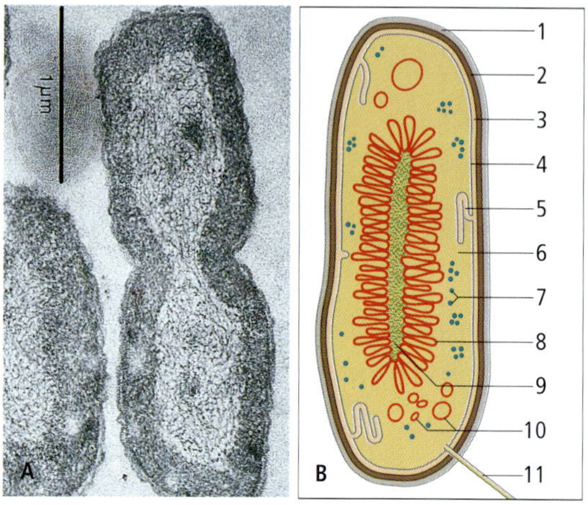

24.1 Bakterienzelle *(Escherichia coli)*. **A** EM-Bild; **B** Schema: 1 äußere Zellmembran; 2 Zellwand (aus Murein); 3 periplasmatischer Raum; 4 innere Zellmembran; 5 Einstülpung; 6 Cytoplasma; 7 Ribosomen; 8 Nucleoid; 9 Protein; 10 Plasmide; 11 Pilus

Punkten und dunklen Linien. Die Punkte stellen Ribosomen dar, die dunklen Linien sind Membranen. Sie dienen innerhalb der Zelle dazu, Räume zu umschließen und gegeneinander abzugrenzen. Solche Membran begrenzten Räume in der Zelle heißen *Kompartimente*. Diese Zellbestandteile, die auch als Zellorganellen bezeichnet werden, erfüllen bestimmte Aufgaben im Zellstoffwechsel. Kompartimente sind also Reaktionsräume. So können innerhalb einer Zelle gegenläufige Stoffwechselvorgänge wie Oxidations- neben Reduktionsvorgängen gleichzeitig ablaufen. Außer den lichtoptisch sichtbaren Zellkompartimenten wie *Zellkern*, *Plastiden* und *Vakuolen* sind im EM-Bild des Cytoplasmas weitere Zellbestandteile zu erkennen: *Mitochondrien*, *Dictyosomen*, *Lysosomen*, *Peroxisomen* und das *Endoplasmatische Retikulum (ER)*. Es gibt auch Zellbestandteile ohne Membranbegrenzung. Zu ihnen gehören *Ribosomen*, *Oleosomen*, *Mikrotubuli* und *Mikrofilamente*.

Bei Einzellern finden sich Zellgrößen von 0,1 Mikrometern bis sogar neun Zentimetern. Die Größe von Pflanzenzellen beträgt etwa zehn Mikrometer bis 100 Mikrometer, von tierischen Zellen etwa zehn Mikrometer bis 30 Mikrometer. Es gibt aber auch faserartige Pflanzenzellen von mehr als 250 Millimetern sowie pflanzliche Milchröhren von mehreren Metern Länge. Nervenzellen können mit ihren Fortsätzen mehr als einen Meter lang werden. Zellen werden jedoch nicht beliebig groß: Dies liegt vermutlich an einem bestimmten Verhältnis zwischen der Größe des Zellkerns und der Menge des von ihm zu kontrollierenden Zellplasmas.

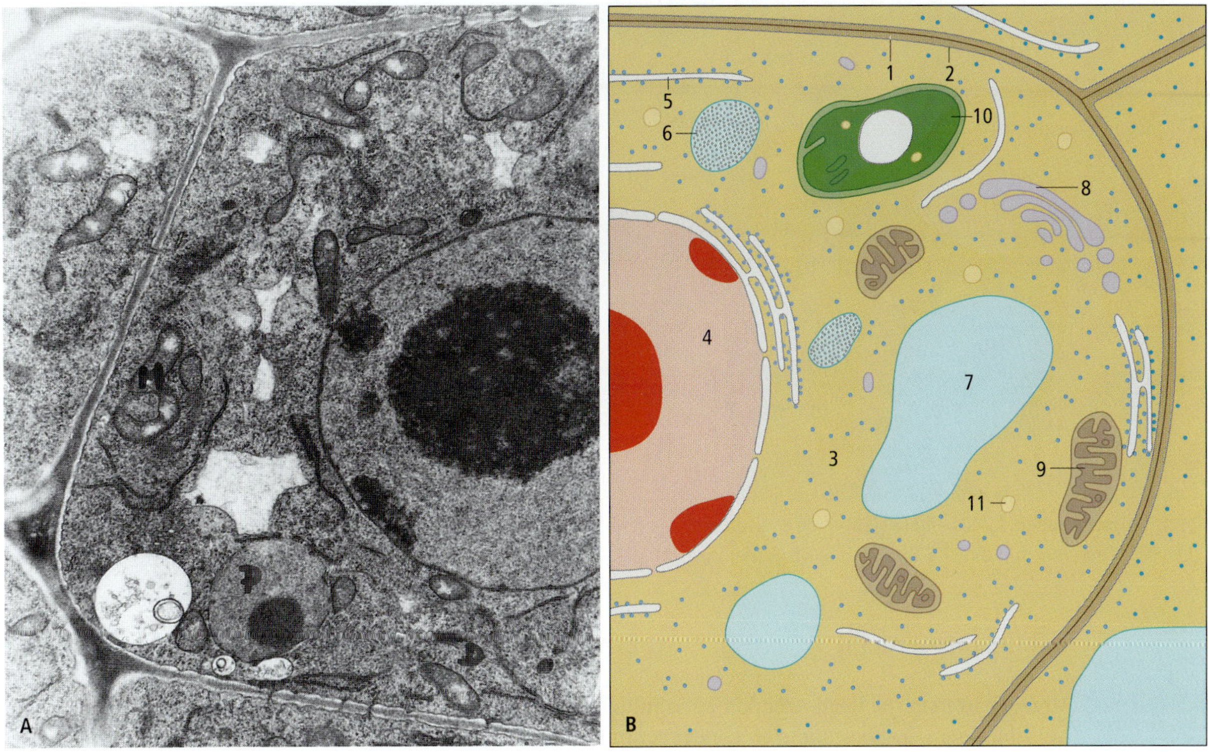

25.1 Wurzelzelle. A EM-Bild (Ultradünnschnitt-Technik); **B** Schema: 1 Zellwand, 2 Plasmalemma, 3 Cytoplasma, 4 Zellkern, 5 Endoplasmatisches Retikulum (ER), 6 Peroxisom, 7 Vakuole, 8 Dictyosom, 9 Mitochondrium, 10 Plastid, 11 Oleosom

Dimension								
	10^{-3} m	10^{-4} m	10^{-5} m	10^{-6} m	10^{-7} m	10^{-8} m	10^{-9} m	10^{-10} m
	= 10^{-1} cm	= 10^{-2} cm	= 10^{-3} cm	= 10^{-4} cm	= 10^{-5} cm	= 10^{-6} cm	= 10^{-7} cm	= 10^{-8} cm
	= 1 mm	= 10^{-1} mm	= 10^{-2} mm	= 10^{-3} mm	= 10^{-4} mm	= 10^{-5} mm	= 10^{-6} mm	= 10^{-7} mm
	= 10^{3} µm	= 10^{2} µm	= 10^{1} µm	= 1 µm	= 10^{-1} µm	= 10^{-2} µm	= 10^{-3} µm	= 10^{-4} m
	= 10^{6} nm	= 10^{5} nm	= 10^{4} nm	= 10^{3} nm	= 10^{2} nm	= 10^{1} nm	= 1 nm	= 10^{-1} nm

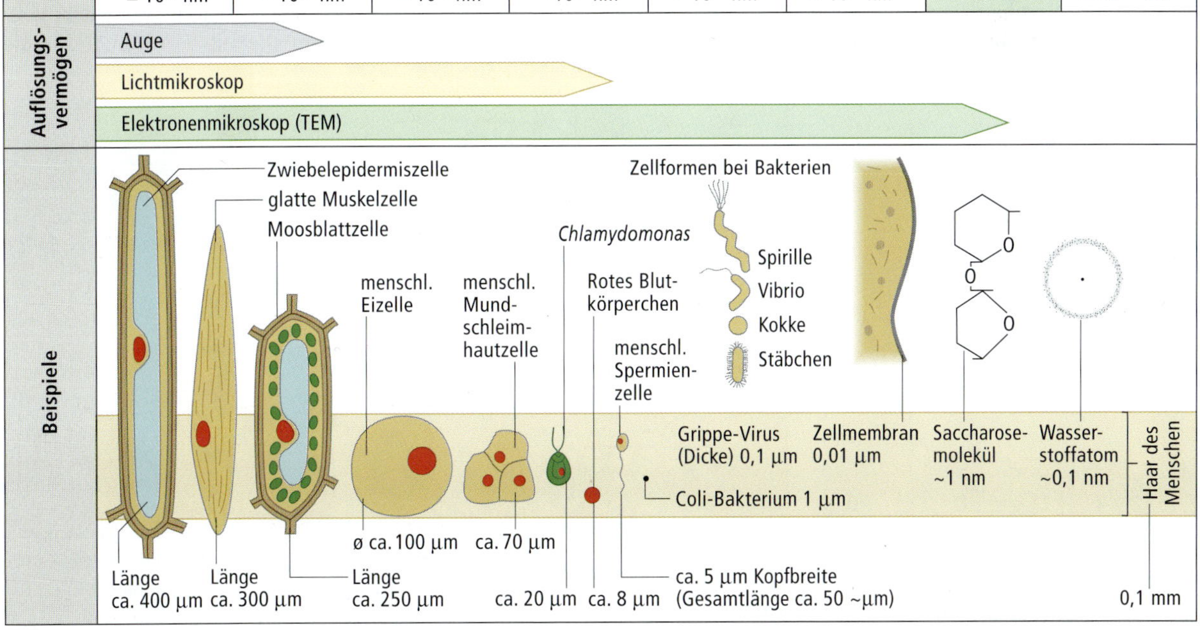

25.2 Größen- und Formenvergleich von Zellen

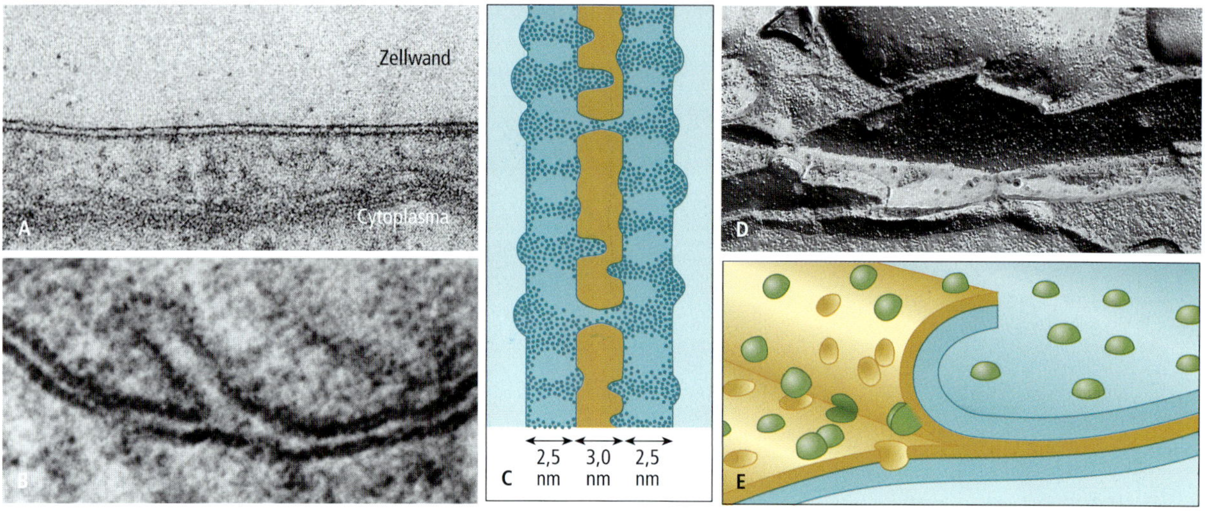

26.1 **Biomembranen.** **A** Zellmembran (EM-Bild); **B** Mitochondrium (EM-Bild, Ausschnitt); **C** Elementarmembran (Schema); **D** Plasmalemma (EM-Bild, Gefrierbruch-Technik); **E** Biomembran im Gefrierbruch (Modell)

4.2 Biomembranen

Untersucht man die begrenzenden Membranen der verschiedenen Zellbestandteile elektronenmikroskopisch, erhält man nach Anwendung der Ultradünnschnitt-Technik folgendes Bild: Zwei elektronendichte Linien von jeweils etwa 2,5 Nanometern (nm) Dicke begrenzen einen hellen Bereich von etwa drei Nanometern Dicke. Diesen dreischichtigen Aufbau kann man bei allen Biomembranen beobachten. Man spricht daher auch von der *Elementarmembran*. Biomembranen sind jedoch nicht einheitlich gebaut. Wegen der unterschiedlichen Aufgaben der Zellbestandteile müssen die Membranen unterschiedliche Eigenschaften haben. So werden je nach Art des Kompartiments bestimmte Stoffe durchgelassen oder zurückgehalten. Man sagt, die Membranen sind *selektiv permeabel* oder semipermeabel. Elektronenoptisch lässt sich ein unterschiedlicher Membranaufbau mit Hilfe der Gefrierbruch-Technik feststellen. Je nach Bruchvorgang zeigen Flächenabdrücke von Membranen kugelförmige Partikel sowie Vertiefungen. Die Membranen der verschiedenen Kompartimente unterscheiden sich in Größe und Verteilung solcher Erhebungen und Vertiefungen.
Chemische Analysen von Membranen ergeben, dass in allen Biomembranen vor allem Lipide und Proteine und in geringen Mengen Kohlenhydrate vorkommen. Unter den Membranlipiden bilden die Phospholipide den mengenmäßig größten Anteil. Trotz der chemischen Vielfalt der Membranlipide

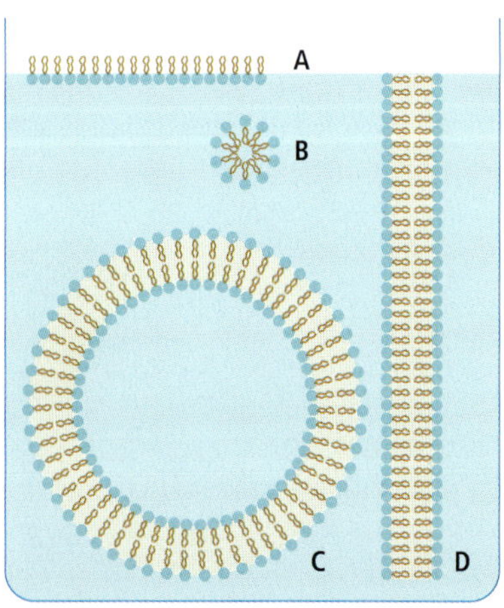

26.2 **Membranlipide.** Künstliche Anordnungen auf und im Wasser: **A** monomolekulare Schicht (Monolayer); **B** Micelle (Phospholipid-Tropfen); **C** Liposom (Vesikel); **D** Bilayer

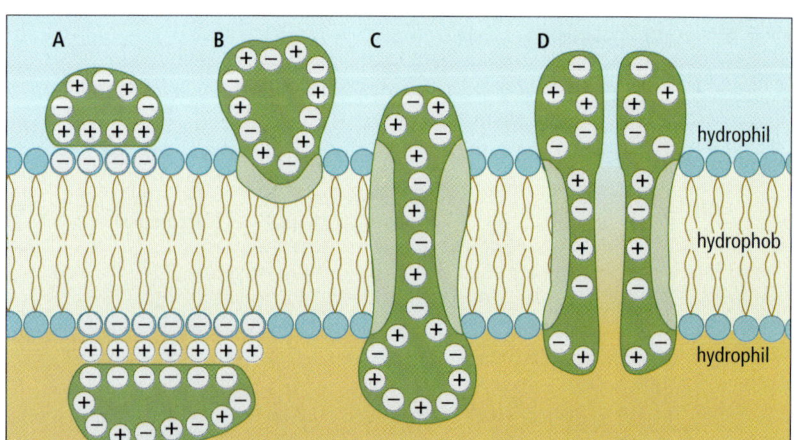

26.3 **Membranproteine.** **A** peripheres Protein (an der Lipidfläche liegendes Protein mit an der Oberfläche wirkenden Ladungen); **B** halbintegrales Protein (in eine Monolayer tauchend); **C** integrales Protein (durch die Bilayer dringend); **D** Tunnelprotein

Membranen	Lipide (%)	Proteine (%)
Kernhülle (Leberzelle)	17	70
ER (Leberzelle)	30	70
Zellmembran (Leberzelle)	30–50	50–70
Mitochondrium (Leberzelle)		
Außenmembran	48–59	41–51
Innenmembran	20–30	70–80
Chloroplast		
Thylakoidmembran	50–56	44–50
Zellmembran (Erythrocyt des Menschen)	40	60

27.1 Zusammensetzung von Membranen verschiedener Zellbestandteile (in % der Gesamttrockenmasse)

sind diese einheitlich gebaut: Jedes Lipid-Molekül besteht aus einem wasserabweisenden (lipophilen) und einem wasseranziehenden (hydrophilen) Bereich. Gibt man einen Tropfen eines solchen Lipids auf Wasser, so ordnen sich die Moleküle auf der Wasserfläche in einer monomolekularen Schicht (Monolayer) an. In diesem Lipidfilm stehen die hydrophilen Molekülbereiche mit dem Wasser in Berührung, während die lipophilen in die Luft ragen. GORTER und GRENDEL stellten 1925 fest, dass diese Filmfläche der Lipide aus Plasmamembranen menschlicher Erythrocyten etwa der doppelten Oberfläche dieser Roten Blutkörperchen entspricht. Die beiden Forscher schlossen daraus, dass die Lipide in Biomembranen zu einer Doppelschicht angeordnet sind. Solche **Lipid-Doppelschichten** (Bilayer) lassen sich auch künstlich herstellen. In diesem Lipid-Doppelschicht-Membran-Modell sind die Proteine noch nicht berücksichtigt. Die Anordnung der Membranproteine in Biomembranen stellt man sich heute so vor, dass Proteinmoleküle in und auf der mehr oder weniger flüssigen Lipid-Doppelschicht „wie Eisberge in der See" frei beweglich sind. SINGER und NICOLSON haben ihr Membranmodell 1972 daher auch **Flüssig-Mosaik-Modell** genannt.

Biomembranen können auch Kohlenhydrate enthalten. Dies ist nur beim *Plasmalemma* der Fall, der Zellmembran, die das Zellplasma begrenzt. Die extrazelluläre Plasmalemma-Oberfläche ist mit einer dünnen Lage aus Kohlenhydratmolekülen überzogen. Diese glykogenähnlichen Moleküle können an die Lipidmoleküle und an die Proteinmoleküle der Membran gebunden sein. Man spricht dann von Glykolipiden und von Glykoproteiden. Diese Schicht nennt man **Glykokalyx.** Die Glykokalyx kann bei Roten Blutkörperchen die Blutgruppen-Antigene ausbilden. Außerdem verleiht sie tierischen Zellen ihre mechanische Festigkeit.

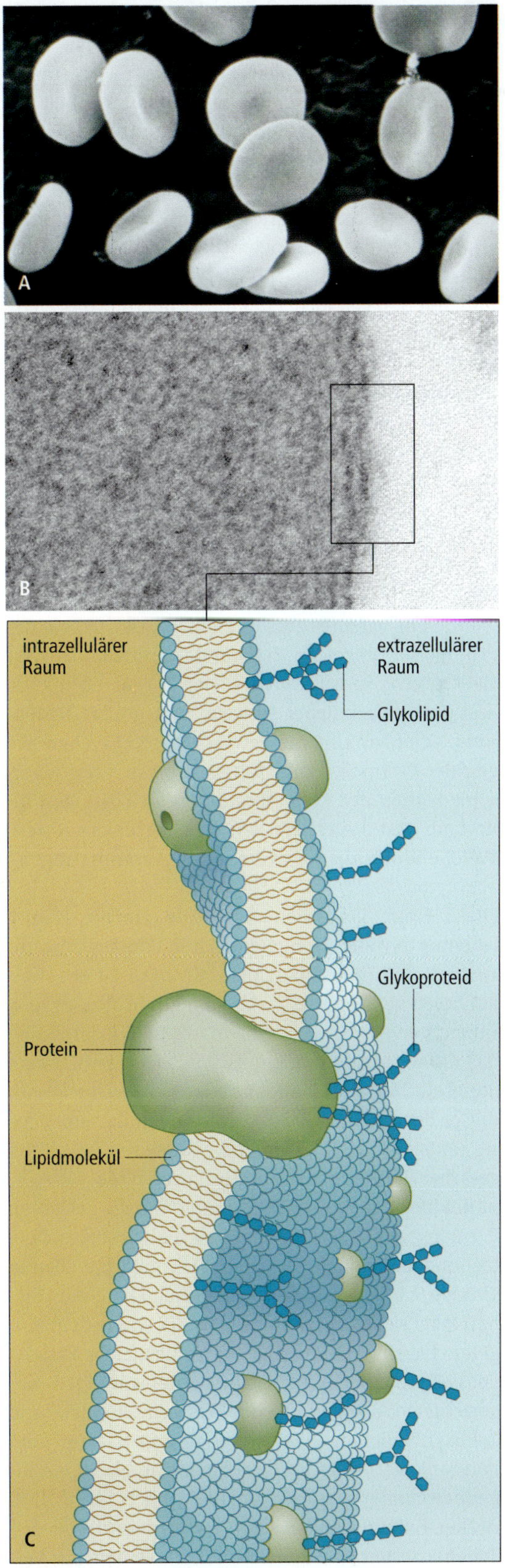

27.2 Zellmembran (Plasmalemma). **A** Erythrocyten (REM-Bild); **B** Erythrocyt (EM-Bild, Ausschnitt); **C** Modellvorstellung zur Erythrocyten-Zellmembran

4.3 Stofftransport durch Biomembranen

In salzhaltiger Salatsoße zubereitete, frische Schuppenblätter der Roten Küchenzwiebel erschlaffen nach einiger Zeit. Wie kommt das?
In einer Versuchsreihe werden Frischpräparate der rot gefärbten unteren Epidermis eines Schuppenblattes mit verschieden stark konzentrierten Kochsalz-(Natriumchlorid-)Lösungen behandelt und lichtmikroskopisch untersucht. Bei Lösungen mit einem höheren Salzgehalt als 0,3 mol/l beginnt das Cytoplasma der Zellen zu schrumpfen: Das Plasmalemma löst sich von den Zellwänden, und die Vakuolen mit dem roten Zellsaft verkleinern sich. Man nennt diesen Vorgang **Plasmolyse** (griech. *lysis*, Lösung).
Gibt man zu plasmolysierten Zellen destilliertes Wasser oder Salzlösungen mit niedrigerem Gehalt als 0,3 mol/l, so dehnt sich das Cytoplasma mit den Vakuolen, der Protoplast, wieder aus und wird schließlich gegen die Zellwände gedrückt. Bei dieser **Deplasmolyse** verhindert die Festigkeit der Zellwände ein weiteres Ausdehnen. Diesen Druck des Protoplasten gegen die Zellwände nennt man **Turgor** (lat. *turgere*, aufschwellen). Der Turgor ist für die Festigkeit pflanzlicher Gewebe von großer Bedeutung. Offenbar sind die beobachtbaren Erscheinungen der Plasmolyse und Deplasmolyse auf die Verschiedenheit der Konzentrationen an Lösungen innerhalb und außerhalb der Zelle zurückzuführen. Welche Kräfte aber bewirken diese Veränderungen?

Diese Frage lässt sich mit Hilfe einiger grundlegender physikalisch-chemischer Vorgänge beantworten: Kaliumpermanganat ($KMnO_4$) ist ein dunkelviolett gefärbtes Salz, das sich gut in Wasser löst. Einen solchen Kristall gibt man auf Filtrierpapier, das die weite Öffnung einer Glasglocke mit langem Steigrohr begrenzt. Taucht man nun die Glocke mit dieser Seite in ein Glasgefäß mit destilliertem Wasser, entsteht im eingetauchten Bereich eine kräftig gefärbte Lösung. Die hindurchtretenden Wassermoleküle haben die Kalium-Ionen und die gefärbten Permanganat-Ionen aus dem festen Gitterverband gelöst und umhüllt (*hydratisiert*). Die gefärbte Lösung sinkt in Schlieren auf den Boden. Nach längerem Stehen zeigt sie im gesamten Glasgefäß sowie dem eingetauchten Bereich der Glasglocke die gleiche Farbe.
Diese Durchmischung beruht auf der ständigen, ungerichteten Bewegung von Wassermolekülen und gelösten Teilchen (hier hydratisierten Kalium- und Permanganat-Ionen). Die temperaturabhängige Eigenbewegung von Teilchen heißt nach ihrem Entdecker BROWN*sche Bewegung*. Dabei wird von den Teilchensorten eine Gleichverteilung in dem zur Verfügung stehenden Raum erreicht. Diese auf der Eigenbewegung von Teilchen beruhende gegenseitige Verteilung von Stoffen bis zum Konzentrationsausgleich bezeichnet man als **Diffusion** (lat. *diffundere*, sich ergießen). Eine Diffusion durch Grenzschichten heißt **Permeation** (lat. *permeare*, durchdringen). So können zum Beispiel Wassermoleküle sowie Kalium- und Permanganat-Ionen im obigen Versuch durch die Poren des Filtrierpapiers nahezu ungehindert permeiren. Eine solche Grenzschicht wird als *omnipermeabel* (lat. *omnis*, jeder) bezeichnet. Auch die pflanzliche Zellwand ist omnipermeabel.

Anders liegen die Verhältnisse bei Biomembranen wie der Zellmembran. Sie ist durchlässig für Wassermoleküle, nicht aber für gelöste Teilchen. Die Zellmembran ist also **selektiv permeabel** oder semipermeabel. Die Diffusion durch eine selektiv permeable Membran bezeichnet man als **Osmose.**
Bringt man eine wässerige Lösung von Kaliumpermanganat in eine Glasglocke mit Steigrohr, dessen weite Öffnung durch eine künstliche selektiv permeable Membran wie Cellophanfolie vom destillierten Wasser getrennt ist (*Osmometer*), beobachtet man ein Ansteigen der Flüssigkeit im Steigrohr. Da die hydratisierten Ionen nicht durch die Membran hindurchtreten können, diffundieren Wassermoleküle zunächst nur in Richtung der Salzlösung, um einen Konzentrationsausgleich zu erreichen. Hierdurch nimmt das Volumen der Salzlösung zu. Dies geschieht so lange, bis sich ein Gleichgewicht zwischen den osmotisch einströmenden und den durch den hydrostatischen Druck ausgepressten Wassermolekülen einstellt. Man bezeichnet diesen hydrostatischen Druck als den **osmotischen Druck** der Ausgangslösung.
Die Konzentration an gelösten Stoffen im Innern einer Zelle nennt man auch den *osmotischen Wert* der Zelle. Bei einer Kochsalz-Konzentration von etwa 0,3 mol/l in der obigen Versuchsreihe ist die Grenze zur Plasmolyse erreicht (*Grenzplasmolyse*): Die Konzentration außerhalb der Zelle entspricht dann der Konzentration im Zellinneren. Eine solche Lösung heißt **isotonisch** (griech. *isos*, gleich; *tonos*, Spannung). Die Salzlösung in der Salatsoße dagegen muss eine höhere Konzentration als das Zellinnere aufgewiesen haben. Sie ist **hypertonisch** (griech. *hyper*, über). Bei der Deplasmolyse ist die Flüssigkeit außerhalb der Zelle **hypotonisch** (griech. *hypo*, unter), das heißt, die umgebende Lösung ist geringer konzentriert gegenüber dem Zellinneren: Wassermoleküle diffundieren aus dem hypotonischen Außenmedium durch die Lipid-Doppelschicht der Zellmembran in das hypertonische Zellinnere. Für diese **einfache Diffusion** muss die Zelle keine Energie aufwenden. Eine solche Diffusion durch eine Biomembran bezeichnet man daher als **passiven Transport.** Die Diffusion von kleinen hydrophilen Molekülen ist möglich durch Unregelmäßigkeiten in der Lipid-Doppelschicht.

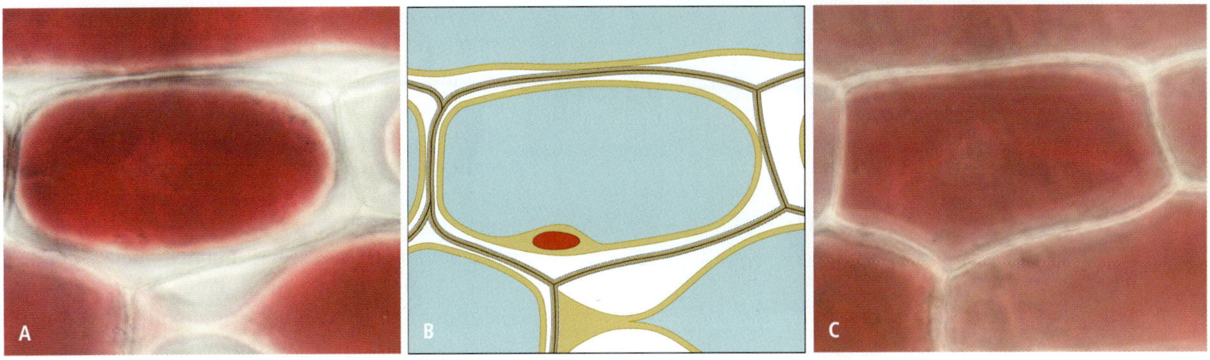

29.1 Zellen der unteren Epidermis eines Schuppenblattes der Roten Küchenzwiebel.
A Plasmolyse (LM-Bild); **B** Schema zu A; **C** Deplasmolyse

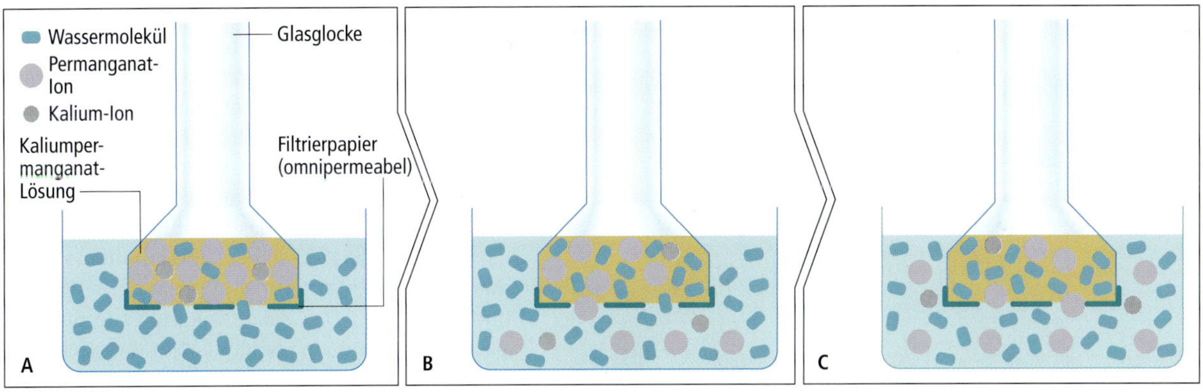

29.2 Diffusion (Schema)

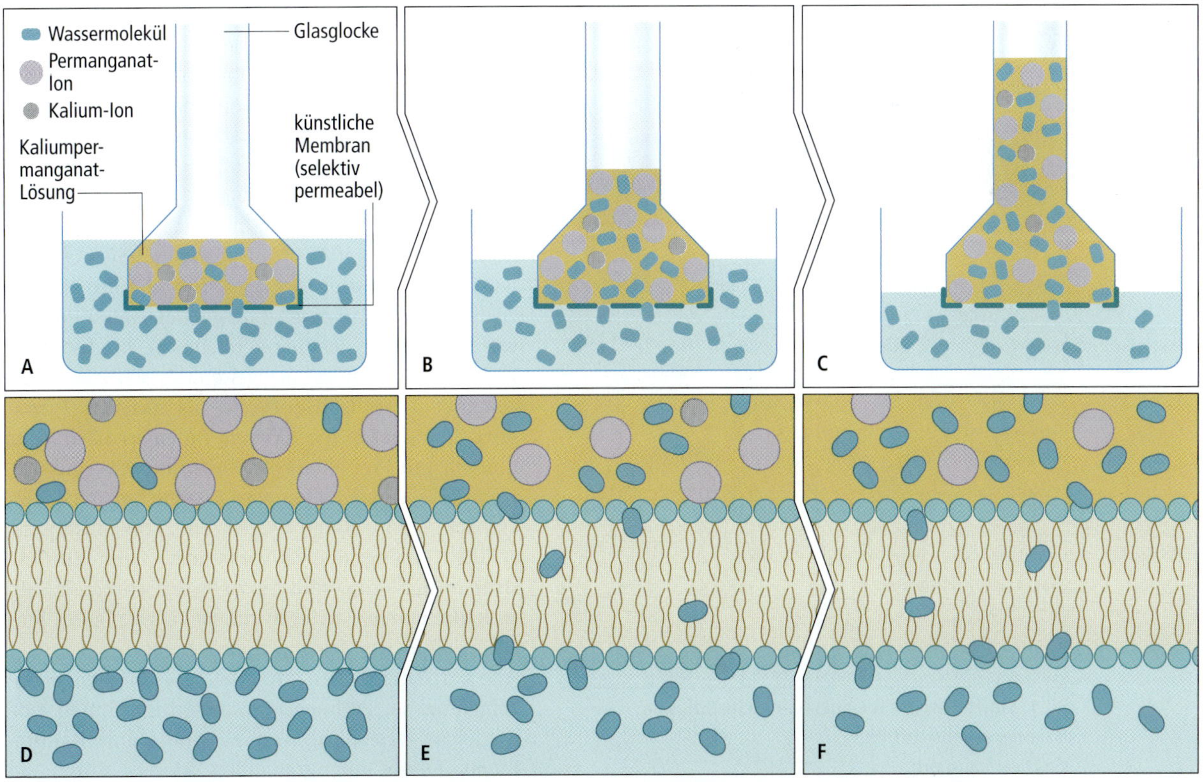

29.3 Osmose (Schema). **A** bis **C** Osmometer; **D** bis **F** einfache Diffusion durch eine Lipid-Doppelschicht

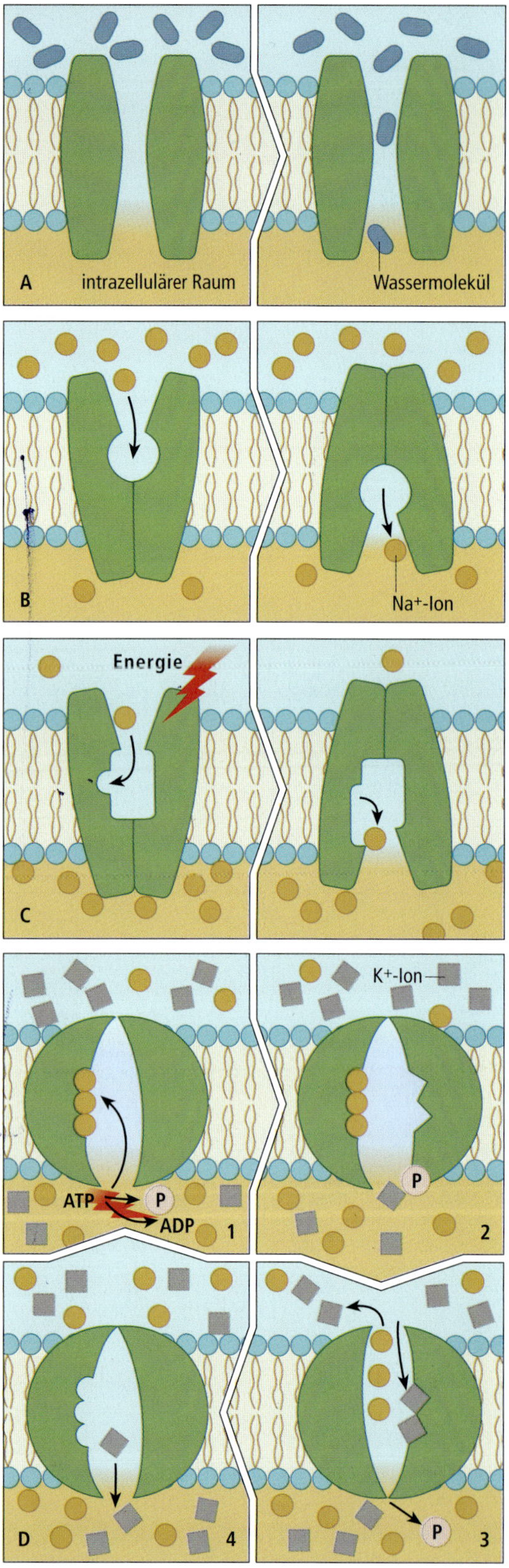

30.1 Stofftransport. A Tunnel vermittelte Diffusion;
B Carrier vermittelte Diffusion;
C aktiver Transport;
D Natrium-Kalium-Ionenpumpe

Wasserlösliche Moleküle sowie hydratisierte Ionen können die Lipid-Doppelschicht im Gegensatz zu hydrophoben Molekülen nicht frei passieren. Für den selektiv gesteuerten Stofftransport verfügt die Zelle über ein **spezifisches Transportsystem** mit spezifischen *Membran-Transport-Proteinen*. Dabei handelt es sich überwiegend um integrale Proteine. Eine Möglichkeit ist der Transport durch *Tunnel bildende Proteine*. An den Innenwänden eines solchen „Tunnels" tragen die Proteine polare Gruppen. Hierdurch können Wassermoleküle, hydrophile Moleküle und Ionen bestimmter Größe und Art die hydrophobe Lipid-Doppelschicht passieren. Diese **Tunnel vermittelte Diffusion** erfolgt häufig erst auf ein bestimmtes Signal hin. Durch Stoffe wie Hormone oder auch auf elektrischem Wege kann der Öffnungsgrad gesteuert werden. Da die Diffusion entsprechend dem Konzentrationsgefälle ohne Energiezufuhr erfolgt, bezeichnet man diesen passiven Transport als **erleichterte Diffusion.**
Bei einer anderen Form der erleichterten Diffusion binden die Transportproteine kurzfristig den zu transportierenden Stoff, das Substrat. Solche Membranproteine heißen daher Trägerproteine oder **Carrier.** Sie besitzen für die Substrate bestimmte Bindungsstellen. Das zu transportierende Substrat „passt" dabei wie ein „Schlüssel" in das „Schloss". Kommt es zu einem Carrier-Substrat-Komplex, ändert der Carrier seine Konformation: Das Substrat wird durch die Membran geschleust und auf der anderen Seite freigesetzt. Es gibt auch Carrier, die Bindungsstellen für zwei verschiedene Substrate haben. Erst wenn beide Bindungsstellen besetzt sind, verändert sich die Konformation des Carrierproteins. Dabei kann der Transport auch in entgegengesetzter Richtung erfolgen *(Cotransport)*.

Manche Carrier können Substrate auch gegen ein Konzentrationsgefälle transportieren. Sie arbeiten wie Pumpen unter Energieaufwand und müssen deshalb immer an einen Energie liefernden Prozess wie die Spaltung der energiereichen Verbindung *ATP* (*A*denosin-*T*ri-*P*hosphat) gekoppelt sein. Man bezeichnet diese Transportform als **aktiven Transport.** Beim *primären aktiven Transport* ist für das Binden und Freisetzen des Substrates Energie notwendig. In vielen Fällen wird Energie zunächst zum Transport von Ionen gegen ein Konzentrationsgefälle (Ionengradient) verwendet. Beim Zurückströmen der Ionen wird das zu transportierende Substrat von einem Carrier mittransportiert. Dieser Vorgang heißt *sekundärer aktiver Transport*.
Alle tierischen Zellen, vor allem aber Nervenzellen, zeigen an der Zellmembran außen und innen eine ungleiche Verteilung von Natrium- und Kalium-Ionen. Diese Ionengradienten werden durch ein aktives Transportsystem, die **Natrium-Kalium-**

Ionenpumpe, aufrechterhalten. Sie pumpt pro zerlegtes ATP-Molekül drei Natrium-Ionen aus der Zelle hinaus und zwei Kalium-Ionen in die Zelle hinein. Dabei wird die Phosphatgruppe des ATP-Moleküls an den Carrier gebunden. Durch diese *Phosphorylierung* wird die Konformation des Transportproteins verändert, wodurch die Natrium-Ionen nach außen befördert und Kalium-Ionen gebunden werden. Durch die anschließende Dephosphorylierung werden die Kalium-Ionen transportiert. Die ursprüngliche Konformation wird wieder hergestellt.

Makromoleküle wie Proteine oder Polysaccharide gelangen in der Regel nicht über Transportproteine in die Zelle. Berührt beispielsweise die einzellige *Amöbe* mit ihrer Zellmembran ein Nahrungsteilchen, stülpt sich die Membran an dieser Stelle so weit ein, bis es „umflossen" ist. Dann schnürt sich dieses Vesikel (lat. *vesica*, Blase), das *Endosom* (griech. *endon*, innen; *soma*, Körper), mit dem Substrat ab. Die Aufnahme von Stoffen über Endosomen heißt **Endocytose** (griech. *kytos*, Zelle). Die Endocytose von festen Partikeln bezeichnet man als *Phagocytose*, die von Flüssigkeitstropfen als *Pinocytose*. Das Endosom wird in das Zellinnere transportiert. Hier fusioniert es mit einem *primären Lysosom*, das aus GOLGI-Vesikeln gebildet wurde und Verdauungsenzyme enthält. In diesem *sekundären Lysosom* werden die Partikel verdaut und die nicht verwertbaren Stoffe ausgeschieden: Das sekundäre Lysosom verschmilzt mit der Zellmembran, sodass eine Öffnung entsteht. Der Inhalt wird nach außen abgegeben. Diese Abgabe von Stoffen aus der Zelle heißt **Exocytose** (griech. *exo*, außerhalb). Das Ineinanderübergehen von Membranen nennt man **Membranfluss**.

Auch bei der Endocytose kennt man Vorgänge, die eine selektive Aufnahme von Makromolekülen aus der Zellumgebung erlauben. Ein Beispiel ist die Aufnahme von Cholesterin als Material für Biomembranen oder als Synthesevorstufe für Hormone: Die Zelle bildet Rezeptorproteine und baut diese an bestimmten Stellen in der Zellmembran ein. In der Regel liegen sie gehäuft in *coated pits* (engl. *coat*, überziehen; *pit*, Grube), die auf der Cytoplasmaseite mit einer Proteinschicht bedeckt sind („Stachelsaum"). An diese Rezeptoren bindet Cholesterin. Sind die Rezeptoren besetzt, stülpt sich die Membran ein: Es entstehen mit Proteinschicht ummantelte Vesikel, die *coated vesicles*. Mit Hilfe dieser **Rezeptor vermittelten Endocytose** gelangt viel gebundenes Cholesterin aus dem Blut in die Zelle. Auf diese Weise kann die Zelle ganz bestimmte Stoffe in großen Mengen aufnehmen, auch wenn diese Stoffe im umgebenden Milieu nicht in besonders hoher Konzentration vorliegen.

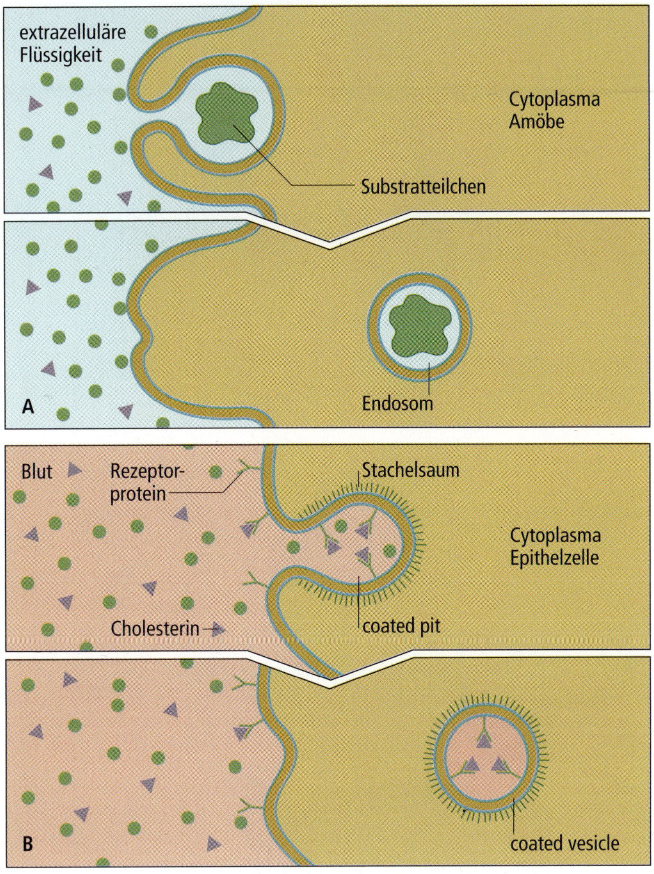

31.1 Endocytose. A Phagocytose; **B** Rezeptor vermittelte Endocytose

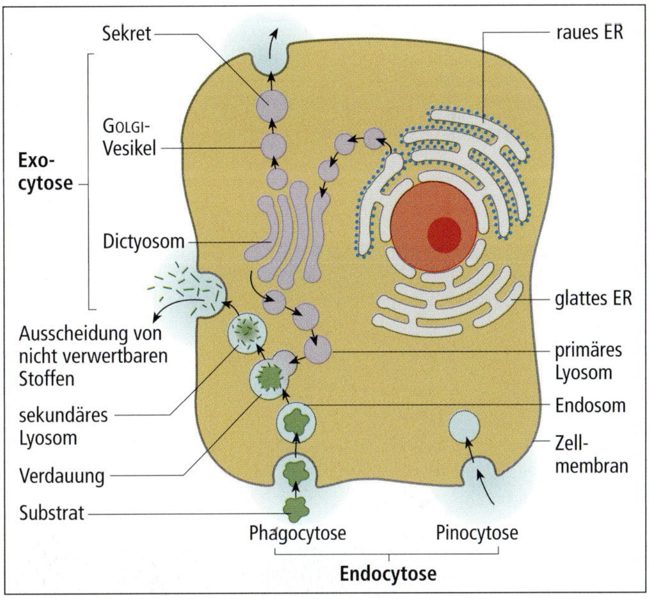

31.2 Endocytose und Exocytose (Übersicht)

1. Entwerfen Sie in Anlehnung zur Abbildung 30.1 Schemata für einen gleich- und einen entgegengesetzt gerichteten Cotransport!

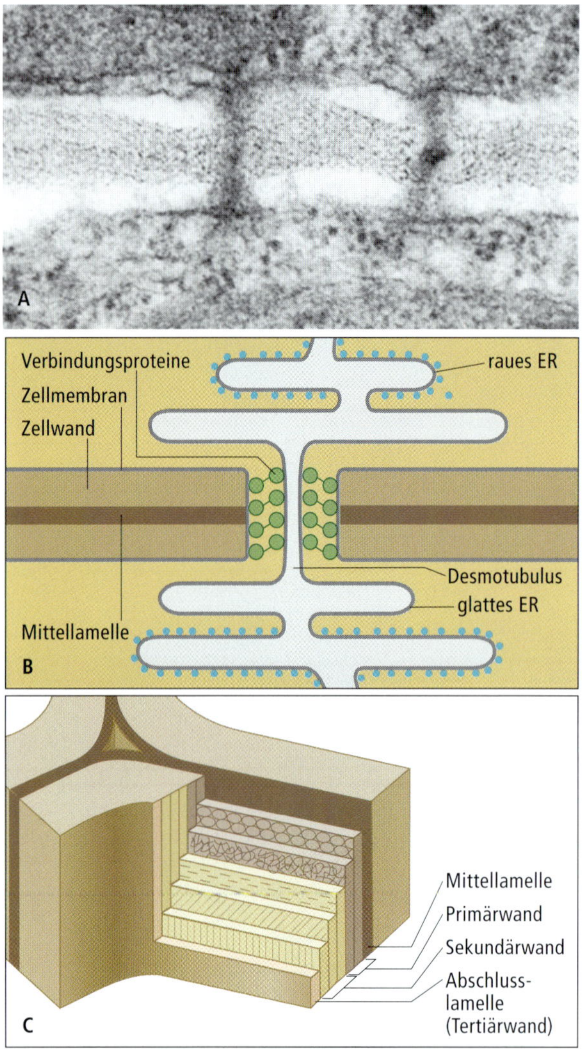

32.1 Zellwand und Zellverbindung bei pflanzlichen Zellen.
A EM-Bild; **B** Schema mit Plasmodesmos; **C** Schichtenbau (Schema)

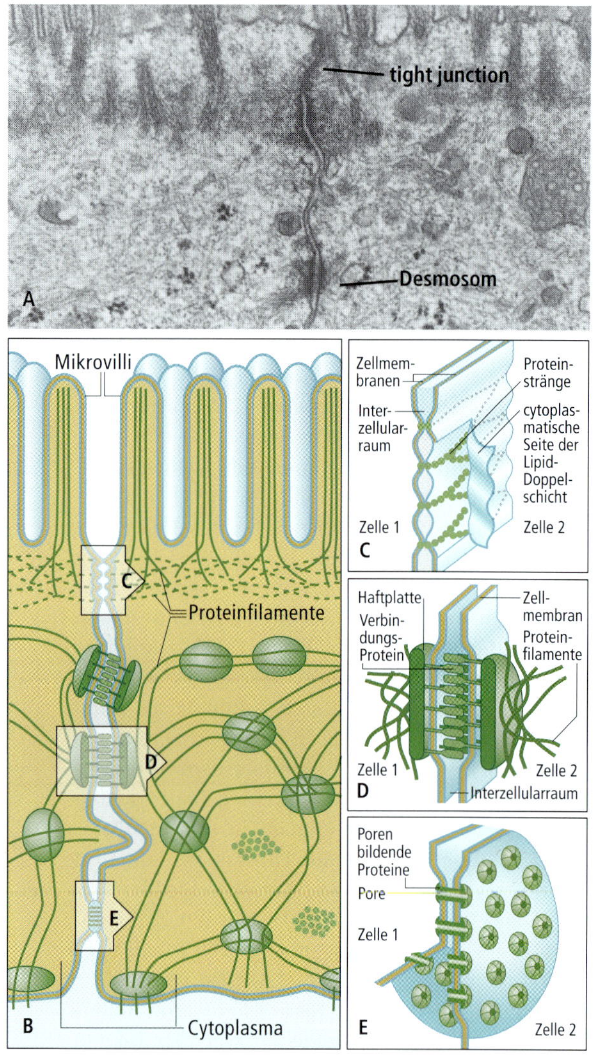

32.2 Zellverbindungen zwischen tierischen Zellen.
A Zellkontakte zwischen Epithelzellen des Dünndarms (EM-Bild);
B Schema zu A; **C** tight junction (Schema); **D** Desmosom (Schema);
E gap junction (Schema)

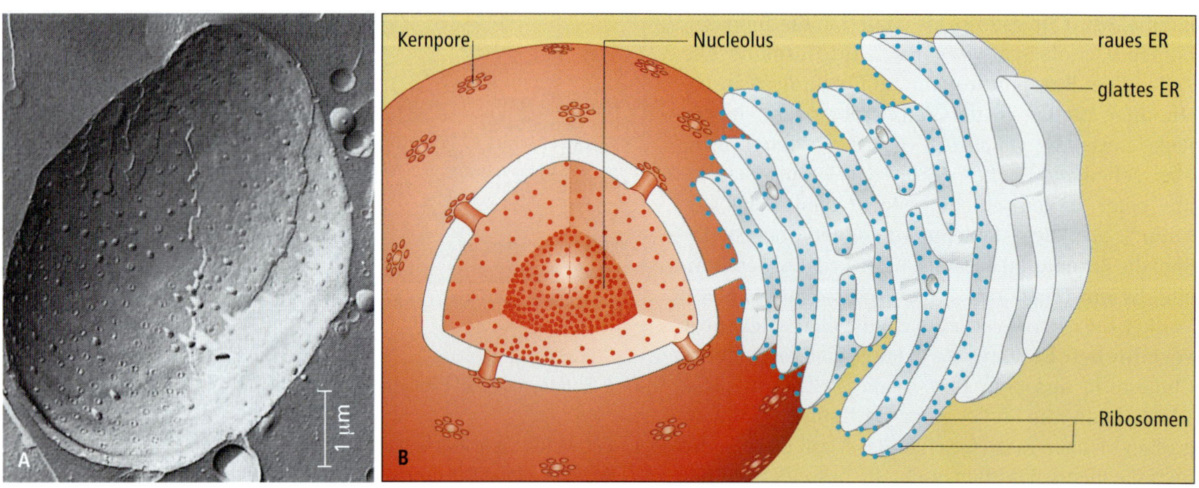

32.3 Zellkern. A EM-Bild (Gefrierbruch-Technik); **B** Schema (Kernhülle mit ER verbunden)

4.4 Bau und Funktion von Zellorganellen

Die Zelltheorie von Theodor SCHWANN und Matthias SCHLEIDEN (1839) besagt, dass alle Pflanzen und Tiere aus Zellen bestehen. In der weiteren Entwicklung der Zellbiologie führten chemische und physikalische Verfahren zur weiteren Aufklärung über den Bau von Zellen sowie die Funktion ihrer Zellbestandteile.

Zellwand. Zellwände sind typisch für pflanzliche Zellen. Bei jeder Zellteilung wird als erste Trennwand der entstehenden Tochterzellen eine Schicht aus langkettigen Kohlenhydratmolekülen, den *Pektinen*, angelegt: Diese *Mittellamelle* hält beide Zellen zusammen. Jede Tochterzelle beginnt nun, neues Wandmaterial aufzulagern. Die Auflagerung bildet die *Primärwand*. Sie enthält *Mikrofibrillen*, die regellos in einer Grundsubstanz aus Pektinen verstreut sind (*Streuungstextur*). Die Mikrofibrillen bestehen aus dem Polysaccharid *Cellulose*. Die fadenförmigen Cellulosemoleküle lagern sich zu *Mikrofibrillenbündeln* zusammen. Während des Wachstums der Tochterzellen, muss sich auch die elastische Primärwand dehnen. Bei diesem Flächenwachstum werden ständig neue Schichten von Mikrofibrillen angelagert, die die *Sekundärwand* bilden. Da die Mikrofibrillen meist parallel angeordnet sind, spricht man von einer *Paralleltextur*. Während des Dickenwachstums können verschiedene Stoffe wie der Holzstoff *Lignin* oder der Korkstoff *Suberin* in die Sekundärwand eingelagert werden. Verholzte Zellwände halten hohen Druck- und Zugbelastungen stand. Die Sekundärwand wird zum Zellinneren hin meist durch eine dünne Schicht, die *Tertiärwand*, abgeschlossen.

Zellverbindungen. Die Zellwände sind an verschiedenen Stellen durch zylinderförmige Kanäle (Durchmesser 20 bis 40 Nanometer) unterbrochen. Durch diese **Plasmodesmen** (griech. *desmos*, Band) ist das Cytoplasma benachbarter Zellen verbunden. Oft verlaufen in der Mitte eines Plasmodesmos röhrenförmige Strukturen, die *Desmotubuli*. Sie sind mit Teilen des glatten ERs verbunden. Plasmodesmen dienen dem gegenseitigen Stoffaustausch.
Auch tierische Gewebe enthalten Zellverbindungen, über die Stoffe ausgetauscht und auch chemische Signale weitergegeben werden. Solche Kommunikations-Kontaktstellen oder **gap junctions** (engl. *gap*, Lücke; *junction*, Verbindung) sind Bereiche, in denen die Zellmembranen zweier benachbarter Zellen durch eine einheitliche, etwa zwei bis vier Nanometer breite Lücke getrennt werden. Sie wird durch Poren bildende Proteinmoleküle überspannt. Durch diese Poren können Stoffe von einer in die andere Zelle gelangen.

Es gibt aber auch Verbindungen zwischen tierischen Zellen, die nicht dem Stoffaustausch dienen. Die Zellen eines Gewebes werden durch Haftpunkte oder **Desmosomen** mechanisch zusammengehalten. Ein Desmosom besteht aus proteinhaltigen Haftplatten (Plaques), an denen sich auf der Cytoplasma-Seite Bündel von Filamenten anheften. Die Haftplatten benachbarter Zellen werden über Proteine durch die beiden Zellmembranen hindurch miteinander verbunden. Desmosomen sorgen für eine hohe mechanische Festigkeit tierischer Gewebe. Eine weitere Verbindung sind die **tight junctions** (engl. *tight*, dicht). Dabei werden zwei benachbarte Zellmembranen nicht nur durch Proteine zusammen gehalten, sondern sie sorgen gleichzeitig für die Abdichtung der Zellzwischenräume gegen das Eindringen extrazellulärer Flüssigkeiten.

Cytoskelett. Das Cytoplasma ist von einem komplexen Geflecht aus verschiedenen Proteinstrukturen, den **Proteinfilamenten**, durchzogen. Sie bilden in ihrer Gesamtheit das *Cytoskelett*. Im Gegensatz zum Skelett aus Knochen ist das Cytoskelett jedoch eine sich ständig verändernde Struktur. Es sorgt für die mechanische Festigkeit der Zelle und ist verantwortlich für Bewegungsvorgänge wie Plasmaströmungen, Muskelkontraktionen oder Formveränderungen. Proteinfilamente können faden- oder röhrenförmig sein. Die röhrenförmigen, langgestreckten **Mikrotubuli** (Durchmesser etwa 25 Nanometer) bestehen aus schraubig angeordneten Proteinpartikeln. Sie dienen der Versteifung von Plasmabereichen innerhalb von Zellen. Auch **Centriolen** setzen sich aus Mikrotubuli zusammen und sind in den Zellen der meisten Tiere sowie einiger Pflanzen zu finden. Sie spielen bei der Zellteilung eine Rolle.

Zellkern. Der häufig kugelförmige Zellkern oder *Nucleus* ist der größte Zellbestandteil in einer Zelle. Im EM-Bild erkennt man, dass die begrenzende *Kernhülle* ein flacher, membranumgrenzter Hohlraum ist. Sie ist von zahlreichen *Kernporen* unterbrochen. Durch diese Kernporen können Makromoleküle zwischen dem Cytoplasma und dem Inneren des Zellkerns, dem *Karyoplasma*, ausgetauscht werden. Das Karyoplasma enthält Proteine sowie die Kern- oder Nucleinsäuren RNA (Ribonucleinsäure) und DNA (Desoxyribonucleinsäure). Mit Hilfe der DNA steuert der Zellkern alle Lebensvorgänge innerhalb der Zelle. Die DNA-Bereiche lassen sich anfärben und sind dann bereits lichtoptisch als *Chromatin* zu erkennen. Besonders stark anfärbbare Einschlüsse des Karyoplasmas sind die Kernkörperchen (*Nucleoli*). Sie besitzen einen hohen RNA-Gehalt und sind an der Bildung der cytoplasmatischen Ribosomen beteiligt.

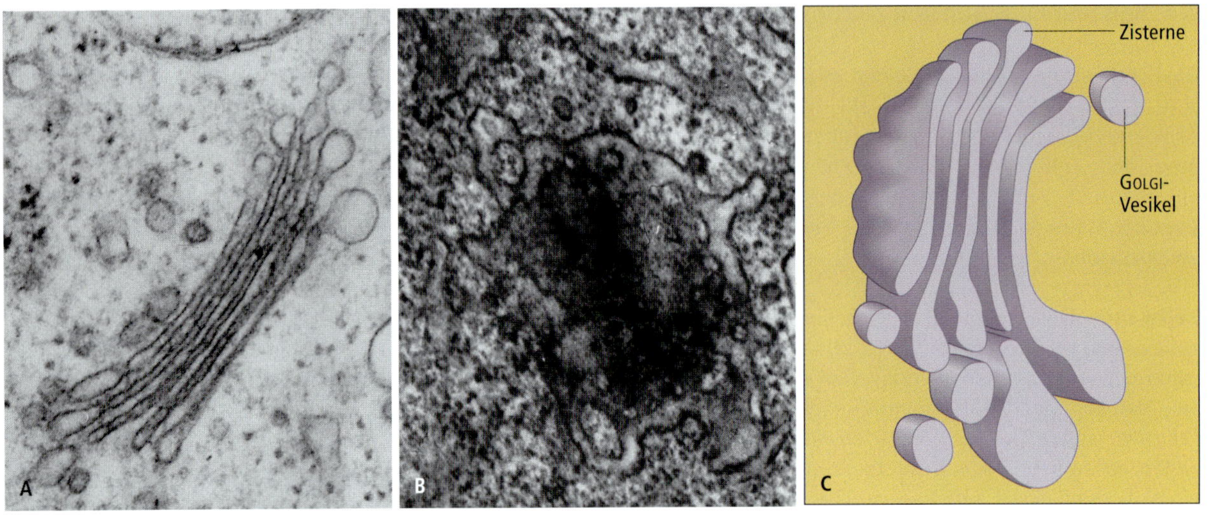

34.1 Dictyosom. **A** EM-Bild (Querschnitt); **B** EM-Bild (Flachschnitt); **C** Schema (räumlich)

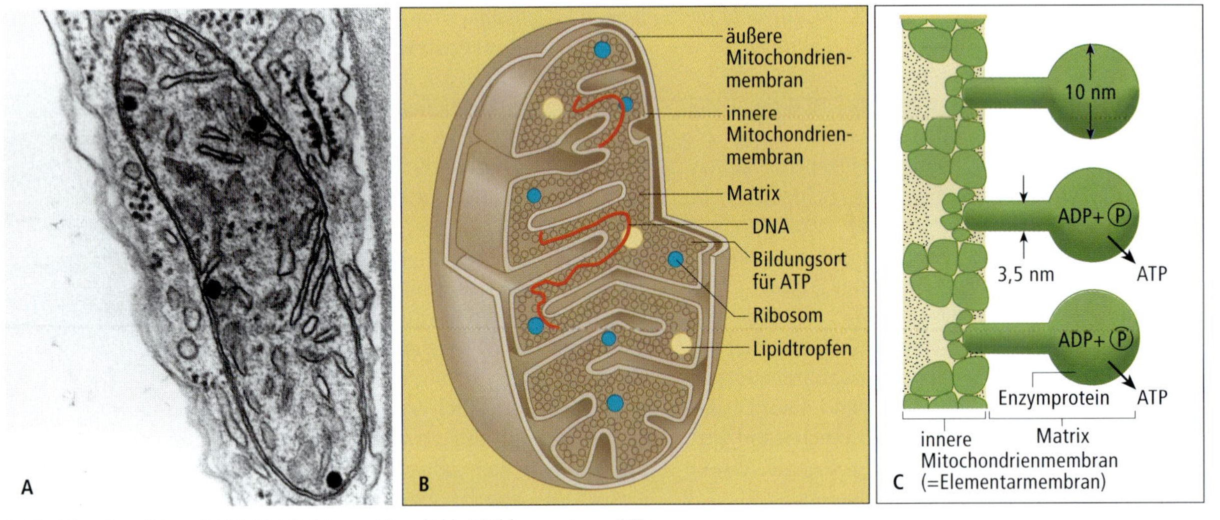

34.2 Mitochondrium. **A** EM-Bild; **B** Schema (räumlich); **C** Bildungsort von ATP

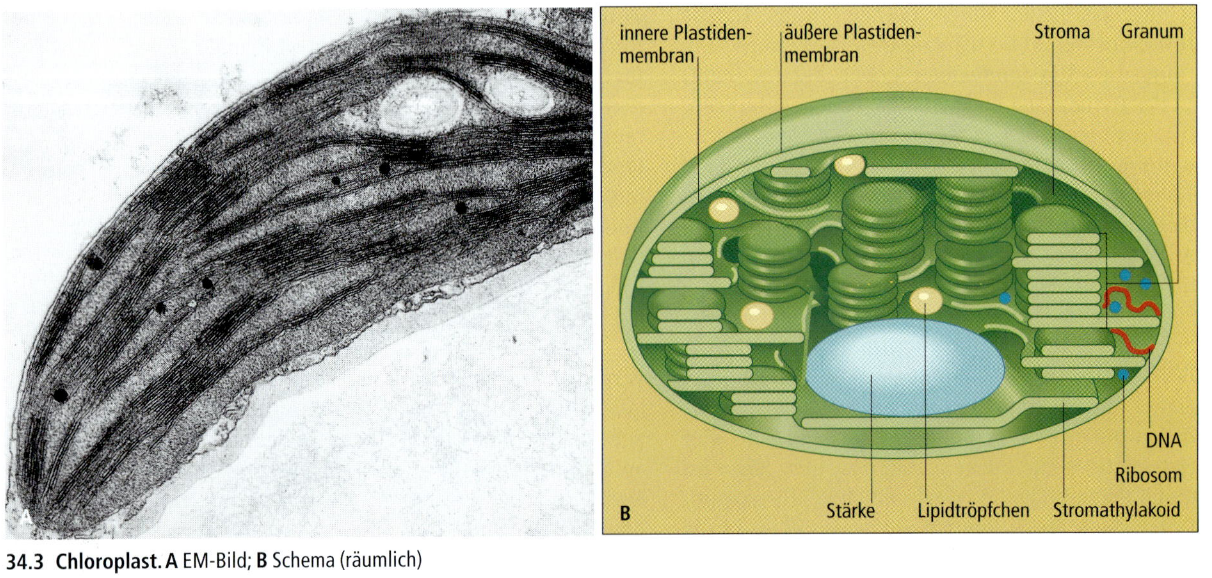

34.3 Chloroplast. **A** EM-Bild; **B** Schema (räumlich)

Endoplasmatisches Retikulum (ER). Das ER ist ein flaches, röhren- und bläschenförmiges Membransystem, das die gesamte Zelle durchzieht. Es steht zum Beispiel mit der Kernhülle in Verbindung. Die untereinander verbundenen, membranumgrenzten Hohlräume heißen *Zisternen*. Das ER tritt in zwei Formen auf: Das *raue ER* trägt auf seinen Membranflächen Ribosomen, das *glatte ER* ist ribosomenfrei. Bei den **Ribosomen** handelt es sich um etwa 25 Nanometer große kugelige Partikel. Sie bestehen aus Ribonucleinsäuren (40%) und Proteinen (60%) und sind Orte der Proteinbiosynthese. Die gebildeten Proteinmoleküle gelangen in die Zisternen und können nun wie in einem „Kanalsystem" ungehindert transportiert werden.

Vakuolen. In Pflanzenzellen kommt es im Verlaufe des Zellwachstums zum Zusammenfließen von Vesikeln. Es entstehen große, mit Flüssigkeit gefüllte Hohlräume, die *Vakuolen* (lat. *vacuus*, hohl). Zentralvakuolen füllen nahezu das gesamte Zellinnere aus. Sie sorgen für den Innendruck der Zelle, den Turgor. In Kronblattzellen von Blüten können die Zentralvakuolen Farbstoffe enthalten. In besonderen Vakuolen von Speichergewebszellen der Wurzeln oder Keimblätter können Eiweißstoffe als Reservestoffe gelagert werden.

Peroxisomen. In pflanzlichen und tierischen Zellen kommen Vesikel mit einem Durchmesser von 200 bis 500 Nanometern vor. Diese *Peroxisomen* enthalten verschiedene Enzyme wie zum Beispiel Katalase, mit dem sie das Zellgift Wasserstoffperoxid zerlegen.

Dictyosomen. Jede Zelle enthält kleine Stapel von Membranzisternen (Höhe 0,1 bis 0,5 Mikrometer, Durchmesser 1 bis 3 Mikrometer). Einen einzelnen Membranstapel bezeichnet man als *Dictyosom* (griech. *dictyon*, Netz), während die Gesamtheit aller Dictyosomen einer Zelle nach ihrem Entdecker den **GOLGI-Apparat** bildet. Am Rande des Dictyosoms kommt es zur Bildung und Abschnürung von GOLGI-*Vesikeln*. Die wesentlichen Aufgaben der Dictyosomen sind die Anreicherung und der Transport von verschiedenen Sekretstoffen wie in Drüsenzellen. Darüber hinaus sind sie am Aufbau von Zellwandmaterial beteiligt.

Mitochondrien. Mitochondrien sind langgestreckte Zellbestandteile im Größenbereich von Bakterienzellen. Jedes Mitochondrium wird von zwei Membranen begrenzt. Durch diese *Doppelmembran* wird gegenüber dem Cytoplasma eine doppelte Kompartimentierung geschaffen: das nicht-plasmatische Kompartiment zwischen den beiden Membranen (perimitochondrialer Raum) und das plasmatische Kompartiment innerhalb der inneren Membran, die *Matrix*. Die innere Membran bildet Einstülpungen in die Matrix. Diese *Cristae* können flächig, röhrenförmig oder unregelmäßig ausgebildet sein.
Jede Zelle benötigt zur Aufrechterhaltung ihres Stoffwechsels Energie. Diese Energie, die aus der Zellatmung freigesetzt wird, wird in Form von Adenosintriphosphat (ATP) gespeichert. Die innere Mitochondrienmembran enthält auf der der Matrix zugewandten Fläche gestielte Partikel mit einem Durchmesser von etwa zehn Nanometern. An diesen Elementarpartikeln findet im Verlaufe der Zellatmung die ATP-Bildung statt. Die Mitochondrien werden daher als „Kraftwerke" in der Zelle bezeichnet. Mikroskopische Untersuchungen haben ergeben, dass sich Mitochondrien durch Teilung vermehren. Sie enthalten in ihrer Matrix neben Proteinen, Lipiden und Ribosomen auch eigene, ringförmige DNA.

Plastiden. In pflanzlichen Embryonalzellen findet man einen weiteren Zellbestandteil, der von einer Doppelmembran begrenzt ist, die *Proplastiden*. Sie können sich zu verschiedenen Plastidentypen entwickeln. So finden sich farblose *Leukoplasten* in unterirdischen Pflanzenteilen. Sie haben oft Speicherfunktion. Je nach Art des Speicherstoffes spricht man von *Amyloplasten* (Stärkespeicherung), *Proteinoplasten* (Proteinspeicherung) und *Elaioplasten* (Lipidspeicherung).
Bei der Entwicklung von Blattzellen wandeln sich die Proplastiden zu grünen, linsenförmigen *Chloroplasten* um. Durch Einwirkung von Licht kommt es dabei zu Einstülpungen der inneren Membran. Diese ins Innere, das *Stroma*, reichenden, flachen Membranzisternen heißen *Thylakoide*. An verschiedenen Stellen falten sie sich mehrfach und werden übereinandergeschichtet. Solche geldrollenartig dicht gestapelten Thylakoidbereiche nennt man *Grana*.
Biochemische Analysen ergaben, dass sich etwa ein Viertel der Thylakoidmembranlipide aus den Farbstoffen Chlorophyll und Carotin zusammensetzt. Diese Farbstoffe absorbieren Licht bestimmter Wellenlängen. In den Thylakoidmembranen läuft dann mit Lichtenergie die Fotosynthese ab. Dabei werden einerseits organische Stoffe aus anorganischen aufgebaut, andererseits wird Sauerstoff produziert. Die organischen Stoffe können als Stärke im Stroma gelagert werden. Diese Stärke in Chloroplasten wird als Assimilationsstärke bezeichnet. Neben Lipidtröpfchen und Ribosomen liegt im Stroma auch ringförmige DNA. Plastiden können sich daher wie die Mitochondrien durch Teilung vermehren.
Plastiden sind unter bestimmten Bedingungen ineinander umwandelbar. Beim Reifeprozess der Tomaten werden die Chloroplasten zu gelb-rot gefärbten *Chromoplasten* umgewandelt.

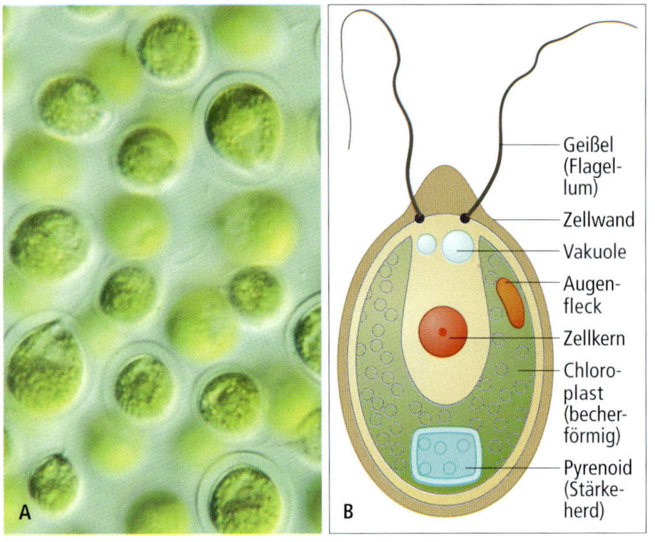

36.1 *Chlamydomonas.* **A** LM-Bild; **B** Schema

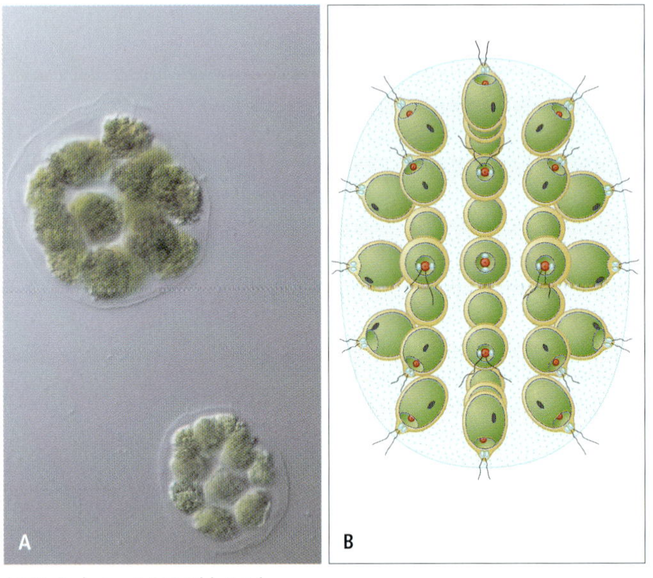

36.2 *Eudorina.* **A** LM-Bild; **B** Schema

4.5 Vom Einzeller zum Vielzeller

Bei der lichtmikroskopischen Untersuchung einer Teichwasserprobe kann man auch die begeißelte Grünalge *Chlamydomonas* finden. Sie besteht aus einer einzigen Zelle, die von einer Zellwand umgeben ist. Im Innern fallen der becherförmige Chloroplast sowie ein roter Pigmentfleck auf. Der Zellkern ist von einer Kernhülle umgeben. *Chlamydomonas* gehört zu den **kernhaltigen Einzellern,** den *Protisten*. Bei der Teilung der Zelle kommt es zur Ausbildung von zwei Tochterzellen, die sich trennen und zur Größe der Mutterzelle heranwachsen. Die Tochterzellen können sich erneut teilen.

Andere Grünalgen scheinen aus mehreren „Einzellern" aufgebaut zu sein. So sind bei der Grünalge *Gonium* vier bis sechzehn *Chlamydomonas* ähnliche Zellen zu einem Zellverband in Form einer Platte angeordnet. Die Zellen dieser *Zellkolonie* sind nur durch eine Gallerthülle miteinander verbunden. Jede Einzelzelle ist im Stoffwechsel und in ihrer Zellteilung selbständig. So bildet jede Zelle der Kolonie eine Tochterkolonie, die aus gleich vielen Zellen wie die Mutterkolonie besteht. Bei der nah verwandten *Eudorina* sind die 32 Zellen der Kolonie in den Gallertmantel einer Hohlkugel eingelagert. Bei der Grünalge *Volvox* bilden sogar mehrere tausend *Chlamydomonas* ähnliche Zellen eine gallertige Hohlkugel. Ihre Zellen sind jedoch durch Plasmabrücken miteinander verbunden, wodurch ein Stoffaustausch ermöglicht wird. Durch die verschiedenartige Ausbildung, die **Differenzierung** (lat. *differe*, sich unterscheiden), in Körper- und Fortpflanzungszellen kommt es bei *Volvox* zu einer **Arbeitsteilung:** Körperzellen dienen der Ernährung und Fortbewegung, Fortpflanzungszellen können dagegen Geschlechtszellen oder *Gameten* erzeugen oder durch Teilung Tochterkugeln bilden, die im Inneren der Mutterkugel heranwachsen und nach dem Ab-

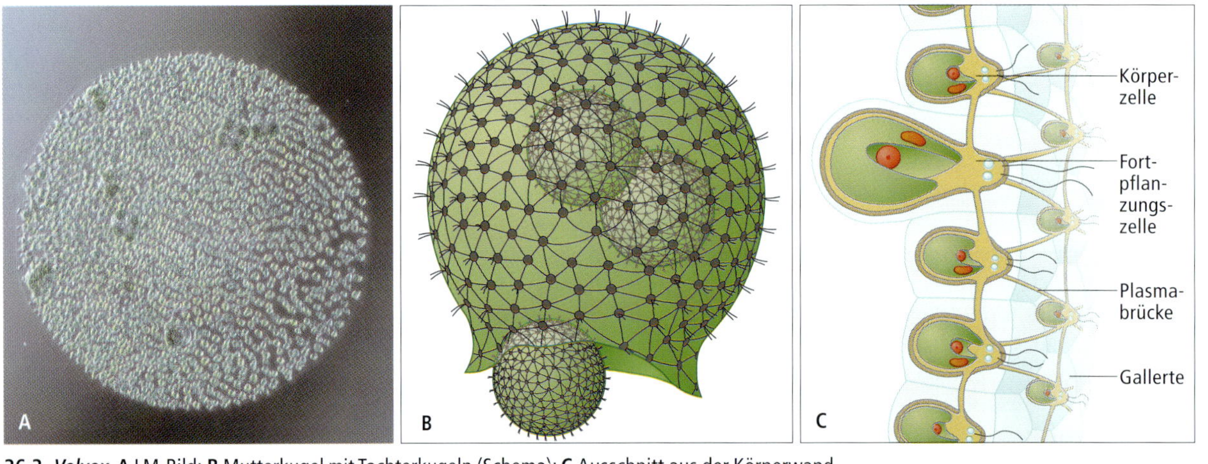

36.3 *Volvox.* **A** LM-Bild; **B** Mutterkugel mit Tochterkugeln (Schema); **C** Ausschnitt aus der Körperwand sterben der Mutterkugel entlassen werden. Durch die Differenzierung verlieren die Zellen ihre Selbständigkeit. *Volvox* weist daher einige für **Vielzeller** typische Eigenschaften auf.

Zu den Protisten gehört auch die Kragengeißelzelle *Monosiga*. Im Gegensatz zur Grünalge *Chlamydomonas* besitzt *Monosiga* keine Zellwand und keinen Chloroplasten. Auch die Ernährung erfolgt anders als bei der Grünalge: Um den unteren Teil der Geißel ist ein zylinderförmiger Plasmakragen ausgebildet. Er ist eine stäbchenförmige Umbildung der Zellmembran und wirkt wie ein Reusenapparat: Durch die Geißelbewegung wird bei der festsitzenden *Monosiga* Wasser durch die „Plasmastäbe" gesogen. Dabei bleiben Nahrungsteilchen an der Außenseite der mit Schleim überzogenen „Plasmastäbe" haften, wandern mit dem Schleim zum Kragengrund und gelangen hier endocytotisch in die Zelle.

Bei der mehrzelligen kugelförmigen Kolonie *Protospongia* ragen die Kragenreusen wie „Fangsiebe" aus der Gallerte heraus. Jede Einzelzelle ist gleichartig in Bau und Funktion. So entsteht aus jeder Einzelzelle der Kolonie eine Tochterkolonie. Beim *Süßwasserschwamm* können nicht mehr aus jeder Zelle neue Schwämme gebildet werden. Hier findet man verschiedene Zelltypen für verschiedene Aufgaben: Aus Urzellen, den *Archaeocyten*, können sich Deckzellen (Schutzfunktion), Kragengeißelzellen (Ernährungsfunktion), Fortpflanzungszellen oder Bildungszellen von Kalknadeln und Hornsubstanzen (Gerüstfunktion) entwickeln. Der Zellenverband des Schwammes bildet mehrere Zellschichten. Es kommt durch Differenzierung von Zellen zu einer Arbeitsteilung und damit zu einer größeren Leistungsfähigkeit des Lebewesens. Schwämme gehören zu den Tieren. Bei den Hohltieren wie den Süßwasserpolypen liegt eine noch weitergehende Differenzierung zu Drüsen-, Muskel-, Sinnes- und Nervenzellen vor.

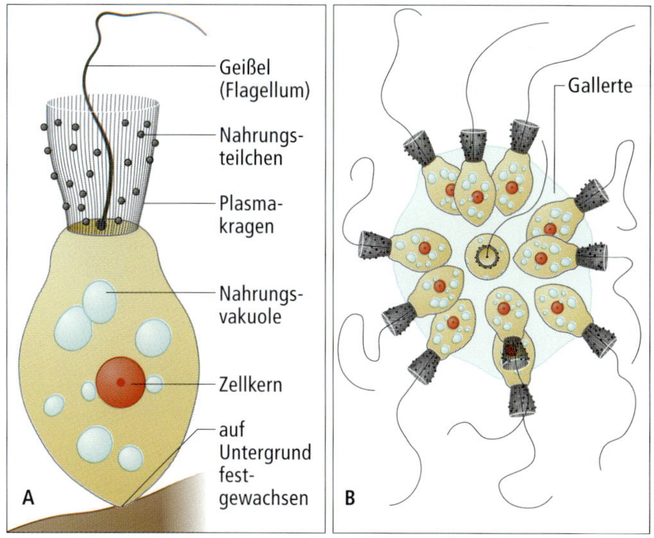

37.1 Geißeltierchen. **A** *Monosiga*; **B** *Protospongia*

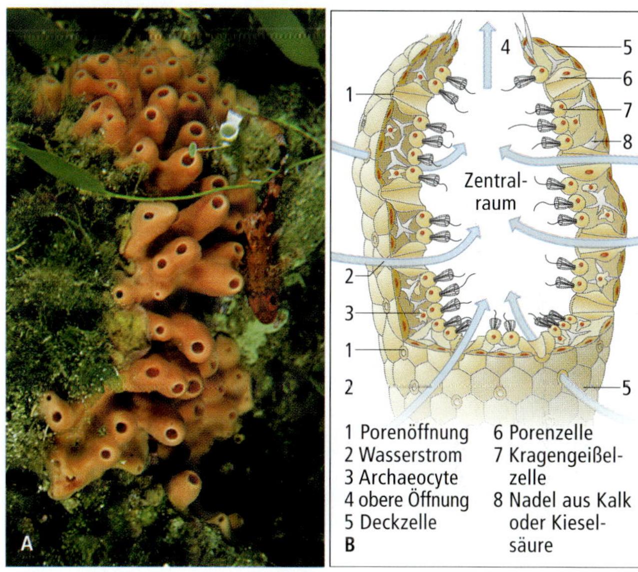

37.2 Schwamm. **A** Foto; **B** Schema

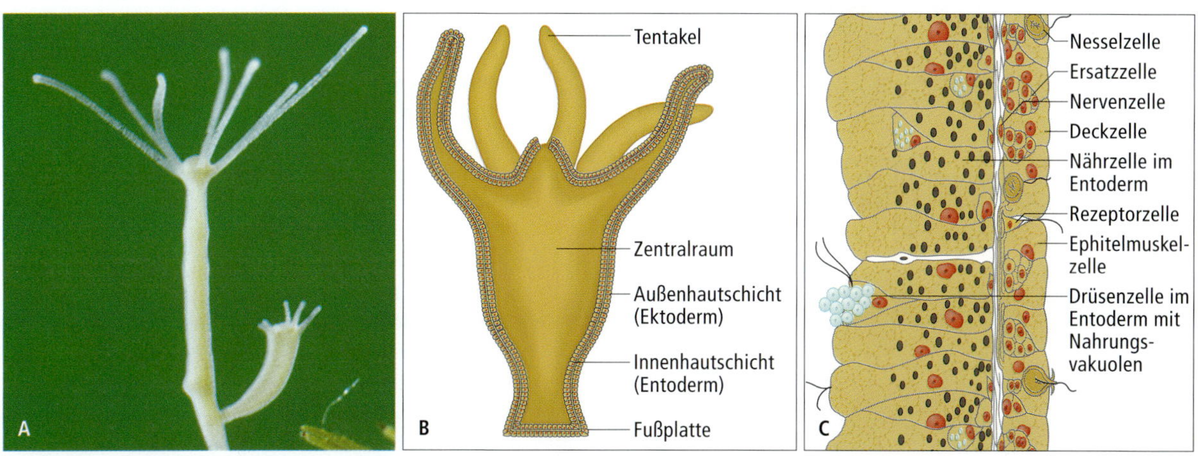

37.3 Süßwasserpolyp. **A** Foto; **B** Schema (Längsschnitt); **C** Ausschnitt aus der Körperwand

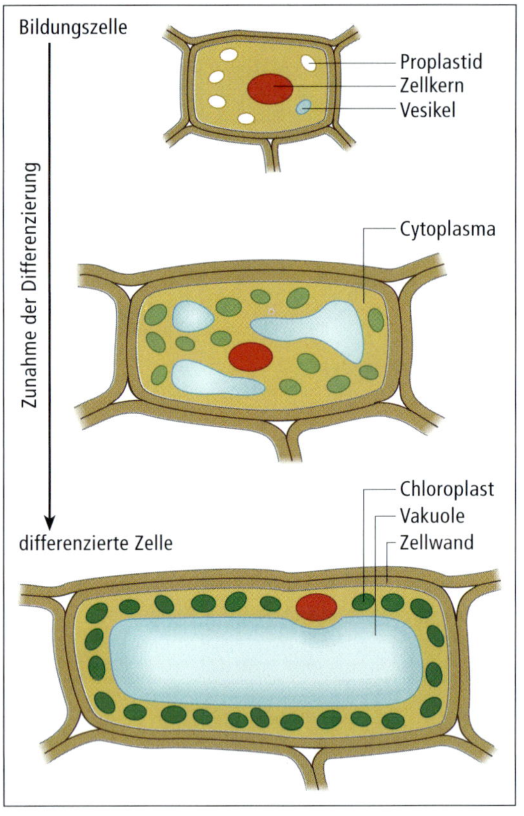

38.1 Zelldifferenzierung einer Laubblattzelle (Schema)

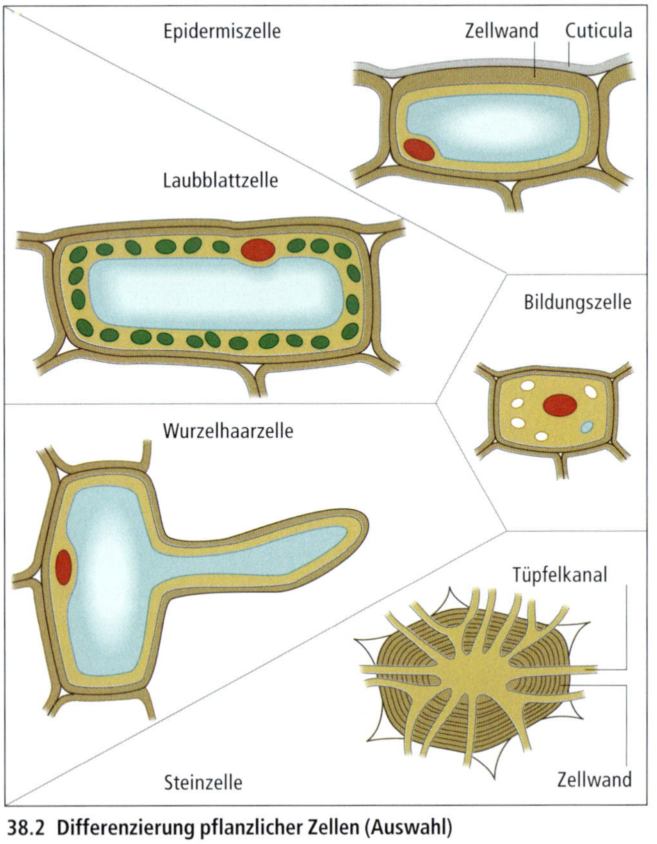

38.2 Differenzierung pflanzlicher Zellen (Auswahl)

4.6 Differenzierung pflanzlicher und tierischer Zellen

In der Sprossspitze von Pflanzen findet man einen Bereich von gleich großen Zellen gleicher Gestalt und Größe. Sie sind würfelförmig, dünnwandig, ohne Vakuolen und ständig in Teilung. Verbände aus Zellen gleichen Baues und gleicher Aufgabe bezeichnet man als **Gewebe.** Ein Gewebe, dessen Aufgabe in der Bildung von Zellen besteht, heißt **Bildungsgewebe** oder *Meristem*.

Verfolgt man die Entwicklung von Laubblattzellen aus den Bildungszellen des Sprossmeristems, so werden die Zellen zunächst langgestreckter und dickwandiger. Im Zellinnern fusionieren Vesikel zu größeren Vakuolen bis schließlich eine Zentralvakuole das Cytoplasma an den Zellwandbereich drängt. Im Cytoplasma verändern sich die Proplastiden zu grün gefärbten Chloroplasten. Solche *differenzierten* Laubblattzellen bilden ein **Dauergewebe.** Es übernimmt die Aufgabe der Fotosynthese und wird als *Assimilationsgewebe* bezeichnet.

Ein Dauergewebe schließt auch das Laubblatt nach außen hin ab. Die Zellen besitzen verdickte Außenwände sowie Zentralvakuolen. Man spricht von *Abschlussgewebe* oder **Epidermis.** Sie schützt die innen gelegenen Gewebe gegen Verdunstung, Feuchtigkeit, zu starke Sonneneinstrahlung, mechanische Verletzungen oder gegen Schädlinge. Im lichtmikroskopischen Bild sind an den Wurzelspitzen *Wurzelhaare* als lange Auswüchse von einzelnen Epidermiszellen erkennbar. Diese differenzierten Epidermiszellen der *Wurzelhaarzone* dienen der Aufnahme von Wasser mit den darin gelösten Salzen. Die Wurzel- und auch die Sprossachsen-Epidermis schließen das *Grundgewebe* oder **Parenchym** des Pflanzenkörpers ein. Je nach Lage kann das Parenchym verschiedene Aufgaben übernehmen. Zum Beispiel werden im *Speicherparenchym* der Wurzel Reservestoffe wie Stärke oder Eiweißstoffe gespeichert.

Im Parenchym liegt das Stütz- oder **Festigungsgewebe.** Es setzt sich aus Zellen mit stark verdickten Zellwänden zusammen. Es erhöht in Grashalmen die Biegungsfestigkeit und in Wurzeln die Zug- und Druckfestigkeit. Auch im Parenchym der Sprossachse und im Fruchtfleisch findet man bei einigen Pflanzen Zellen mit stark verdickten Zellwänden. Die Zellwände dieser *Steinzellen* enthalten Aussparungen, so genannte *Tüpfel*.

Die verschiedenen Gewebe eines Blattes wie Epidermis und Assimilationsgewebe ergänzen sich bei der Fotosynthese der Pflanze. Einen solchen Verband verschiedenartiger Gewebe, die sich zur Erfüllung einer Aufgabe ergänzen, bezeichnet man als **Organ.** Bei der Blüte einer Pflanze ergänzen sich verschiedene Organe wie Kelch-, Kron-, Staub- und Fruchtblätter, um die Aufgabe der Fortpflanzung zu erfüllen. Die Blüte der Pflanze ist damit ein **Organsystem.** Aus vielen Organsystemen setzt sich der **Organismus** Samenpflanze zusammen.

Der Tierkörper wird wie bei den Pflanzen nach außen hin durch ein Abschlussgewebe begrenzt. Bei Tieren heißt es *Deckgewebe* oder **Epithel.** Nach der Gestalt der Zellen unterscheidet man Platten-, Pflaster- und Zylinderepithel. Bei wirbellosen Tieren bildet ein einschichtiges Pflasterepithel die schützende Hülle des Körpers. Häufig scheiden die Epithelzellen nach außen hin eine **Cuticula** aus. In diese Cuticula kann Calciumcarbonat eingelagert werden wie bei den Kalkschalen der Muscheln und Schnecken oder Chitin wie beim Panzer der Insekten.
Bei Wirbeltieren sind die Deckgewebe mehrschichtig. Dabei verhornen oft die Zellen der obersten Schicht, sterben ab und werden schließlich an der Oberfläche abgerieben. Sie werden durch Nachbilden neuer Zellen von tiefer gelegenen Schichten ersetzt. Dies übernimmt ein Bildungsgewebe, die *Keimschicht*. Weitere Hornbildungen sind Hornhaut, Nägel, Krallen und Hufe. Das Deckgewebe ist bei Vögeln und Säugern an der Bildung von Federn und Haaren beteiligt. Reptilien haben eine durch Schuppen oder Schilder geschützte Haut. Amphibien und Fische besitzen ein drüsenreiches Deckgewebe.

Epithelien können sowohl Körperoberflächen bedecken als auch Körperhohlräume auskleiden. Das Darmepithel resorbiert verdaute Stoffe, die dann von Blutgefäßen aufgenommen werden. Die Blutgefäße liegen in einem **Bindegewebe,** das an die Zellschichten des Darmepithels grenzt. Bindegewebszellen können auch faserartige Eiweißstoffe ausscheiden. Derartige Fibrillen erhöhen die Festigkeit des Gewebes. So zeigen Bänder und Sehnen eine hohe Zugfestigkeit durch gleiche Ausrichtung der Fibrillen.
Knorpel- und Knochengewebe als **Stützgewebe** sind Abkömmlinge des Bindegewebes. Die Knorpelzellen liegen in einer feinfaserigen Grundsubstanz. In diese ist beim Knochengewebe Calciumcarbonat eingelagert. Bindegewebe bauen also Innenskelette auf, füllen Zwischenräume im Körper aus und umschließen und verbinden Gewebe.
Auch **Muskelgewebe** werden durch Bindegewebe untereinander verbunden. Die spindelförmigen Muskelzellen bilden in ihrem Cytoplasma längs verlaufende Fibrillen aus. Diese können sich verkürzen. Im Mikroskop erscheinen die Fibrillen der Skelettmuskulatur quergestreift. Muskelzellen stehen auch in Kontakt mit Nervenzellen. Nervenzellen sind durch verzweigte Fortsätze gekennzeichnet. Über deren Endverästelungen stehen sie untereinander in Verbindung und bilden das **Nervengewebe.**

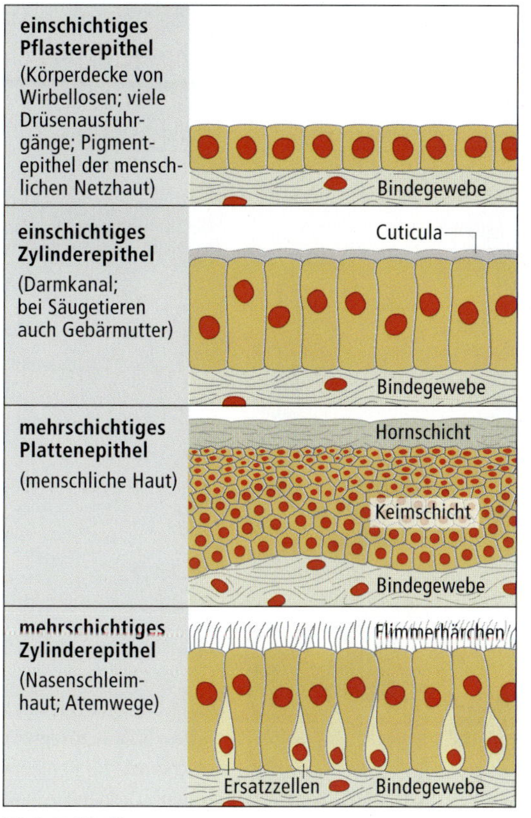

39.1 Epithelien

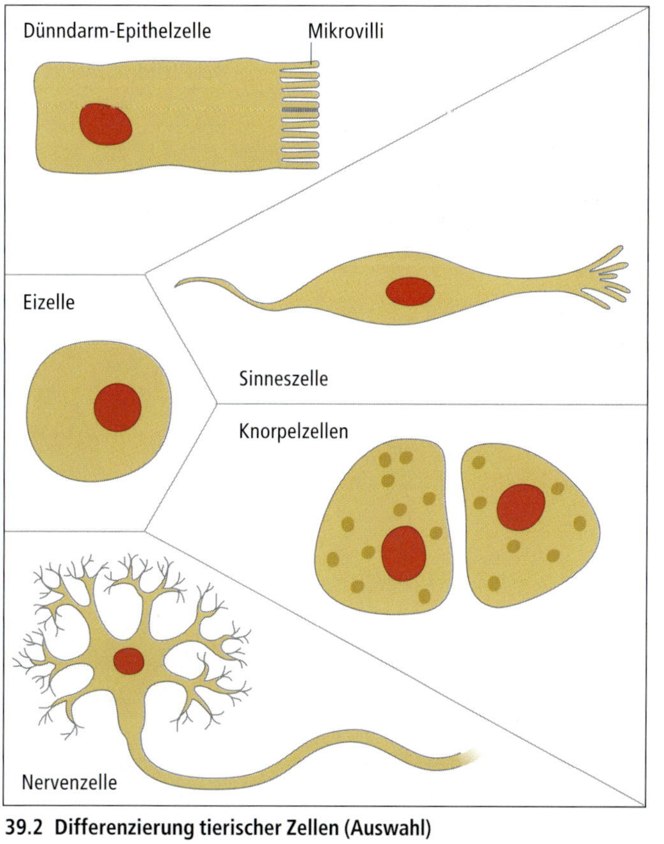

39.2 Differenzierung tierischer Zellen (Auswahl)

AUFGABEN Lichtmikroskopisches (LM) und elektronenmikroskopisches (EM) Bild der Zelle

1 Licht- und Elektronenmikroskop

a) Erläutern Sie, weshalb das LM auf dem Kopf stehend abgebildet wurde!

b) Stellen Sie in einer Tabelle die wichtigsten Unterschiede zwischen dem Bau und der Arbeitsweise eines LMs und eines EMs zusammen!

c) Begründen Sie, weshalb eine Lebendbeobachtung von Objekten im EM nicht möglich ist!

2 Größenbereiche

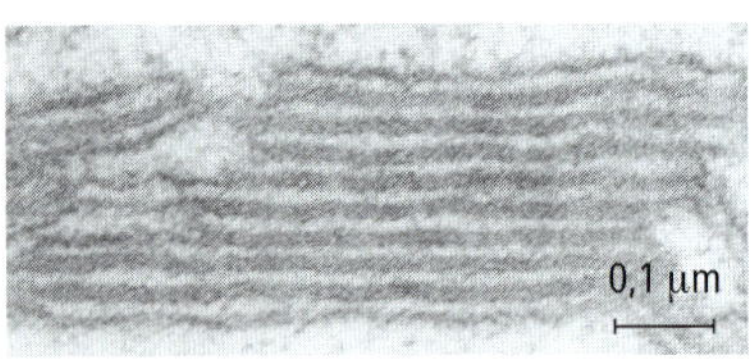

In dem abgebildeten Membranstapel beträgt die Dicke einer „dunklen" Linie 1,2 mm. In dem Zellbestandteil ist sie tatsächlich 16 nm dick.

a) Berechnen Sie die Vergrößerung des EM-Bildes! Überprüfen Sie ihr Ergebnis an dem angegebenen Maßstab!

b) Um welche Strukturen handelt es sich auf dem Foto?

3 Speicherzelle

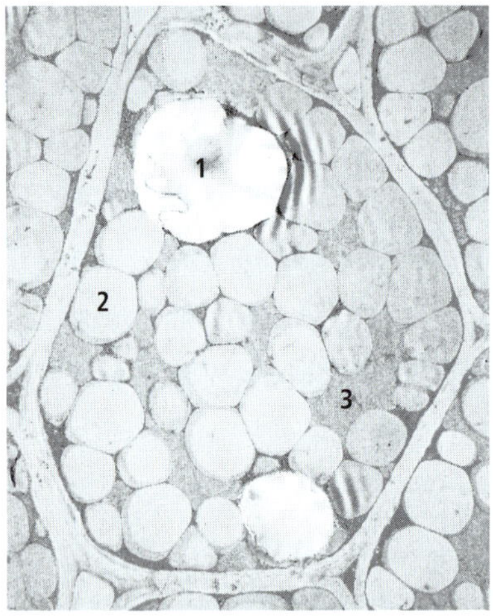

Das EM-Bild der Speicherzelle eines Keimblattes des Kakaosamens zeigt die Speicherorte für Kohlenhydrate, Lipide und Proteine. Ordnen Sie diese Nährstoffe den bezifferten Zellbestandteilen zu und benennen Sie sie!

4 Milchdrüsenzelle

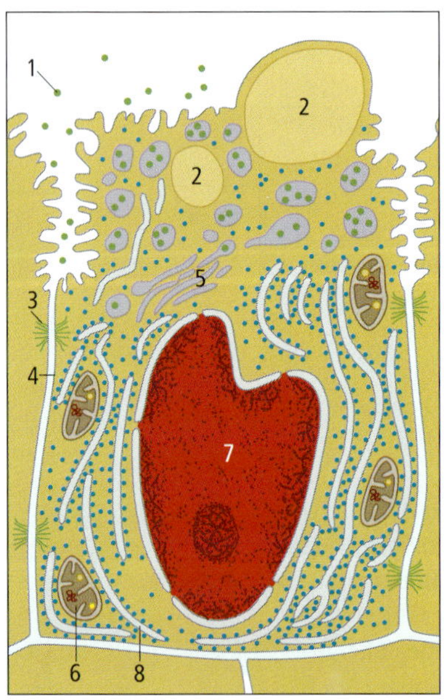

Ordnen Sie den Zahlen in der EM-Schemazeichnung einer Milchdrüsenzelle die entsprechenden Begriffe zu!

5 Zellbestandteile

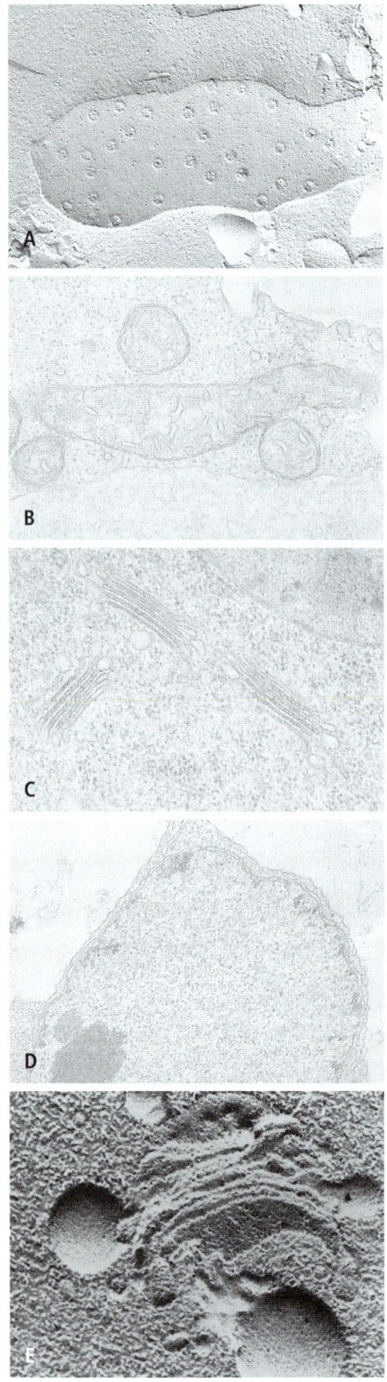

a) Finden Sie für die Teilbilder A bis E jeweils eine Bildunterschrift!

b) Nennen Sie die Funktion der abgebildeten Zellbestandteile!

6 Zellverbindungen in tierischen Zellen

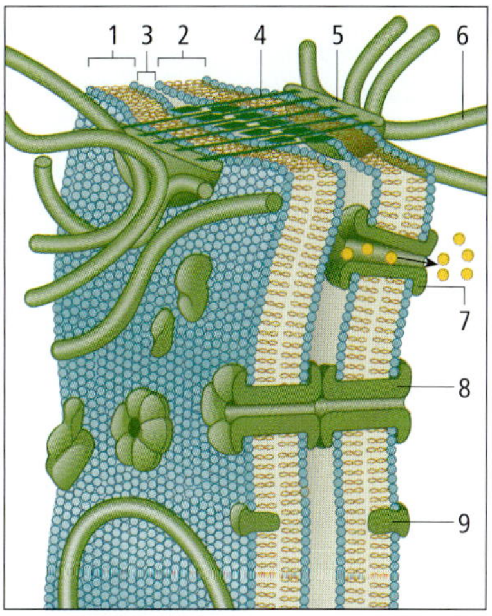

a) Ordnen Sie den Zahlen der dargestellten Zellkontakte zwischen zwei tierischen Zellen (Ausschnitt) entsprechende Begriffe zu!

b) Nennen Sie die Funktionen der bezifferten Teile!

7 Die Rote Küchenzwiebel

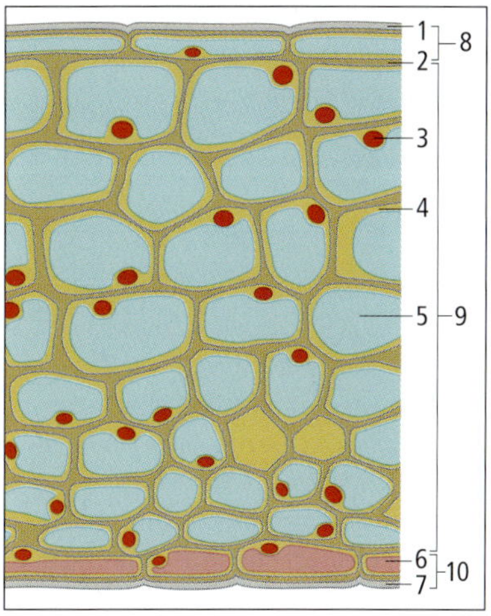

Die Schemazeichnung zeigt das LM-Bild eines Zwiebelschuppenblattes der Roten Küchenzwiebel im Querschnitt.

a) Ordnen Sie den Zahlen die richtigen Begriffe zu!

b) Zu welcher Organisationsstufe gehört die Küchenzwiebel? Erläutern Sie!

8 Stofftransport durch Membranen

Innerhalb einer Sekunde werden etwa 10^8 Natrium (Na^+)-Ionen durch eine erregte Nervenzellmembran transportiert. Diese hohe Transportrate wird von Carriern erreicht, die Tunnel (Poren) durch die Bilayer der Membran bilden. Ein solcher Poren bildender Carrier ist beispielsweise das Gramicidin A. Dabei handelt es sich um ein Polypeptid, das aus 15 meist hydrophoben Aminosäuren aufgebaut ist.
Das Molekül bildet eine Schraube mit einer zentralen Pore von etwa 0,4 nm Durchmesser, durch die Alkali-Ionen gelangen können. Die Höhe eines Gramicidin A-Moleküls entspricht aber nur der Höhe einer monomolekularen Membranlipidschicht, also der Monolayer. Erst wenn sich zwei Gramicidin A-Moleküle übereinander lagern und ein so genanntes Dimer bilden, überbrückt der entstandene „Tunnel" die Bilayer.

Versuchsaufbau

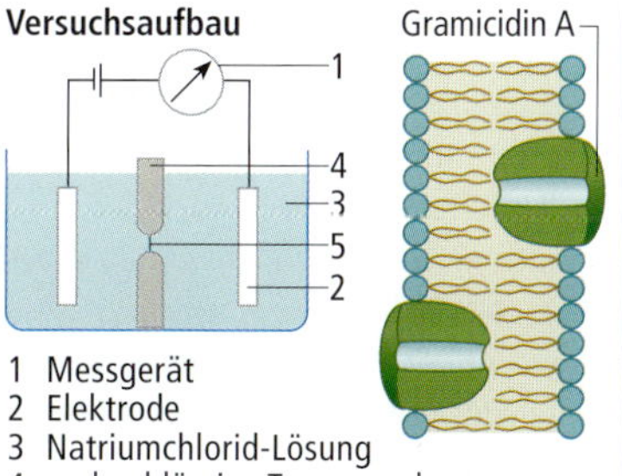

1 Messgerät
2 Elektrode
3 Natriumchlorid-Lösung
4 undurchlässige Trennwand
5 bimolekulare Lipidschicht (künstliche Membran), die geringe Mengen Gramicidin A enthält

Beobachtung

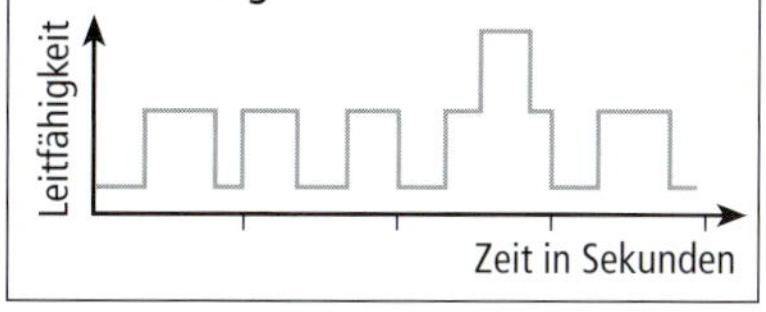

Mit dem dargestellten Versuch kann die Bildung und der Zerfall von Gramicidin A-Dimeren nachgewiesen werden. Ohne Gramicidin A in der künstlichen Lipid-Doppelschicht fließt bei vorgegebener Spannung kein Strom.
Erläutern Sie die Leitfähigkeitsmessung, wenn die Membran geringe Mengen Gramicidin A enthält!

9 Blutzellen

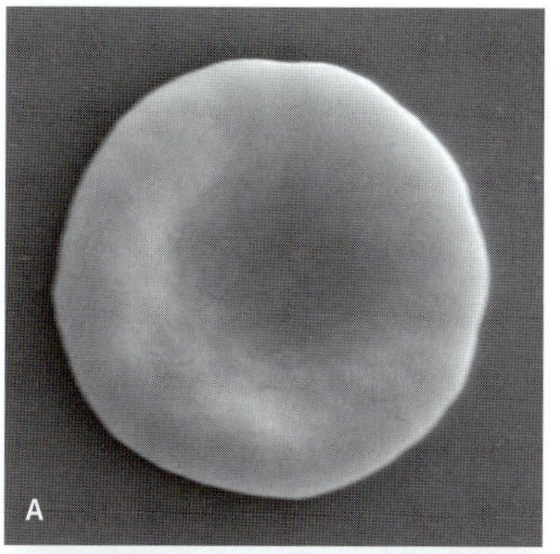

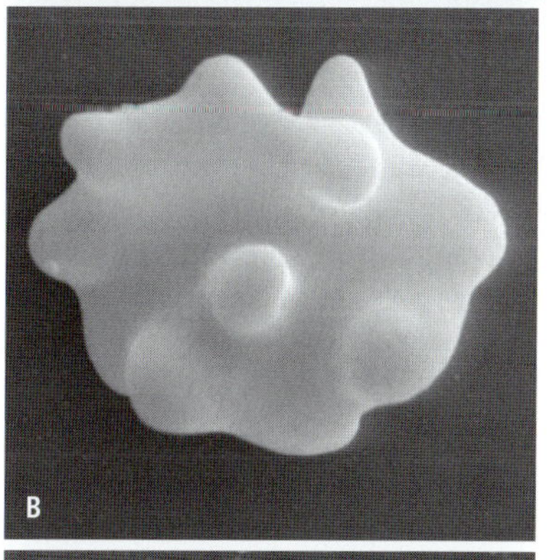

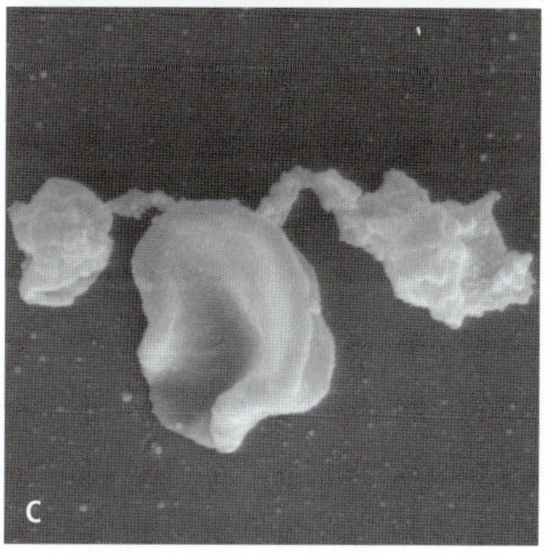

Die Abbildung A zeigt Rote Blutkörperchen (Erythrocyten, REM-Bild) aus einem isotonischen Medium.

a) Welchen Außenmedien wurden die Erythrocyten in B und C ausgesetzt? Erläutern Sie!

b) Zellen der unteren Epidermis von Schuppenblättern der Roten Küchenzwiebel werden in Medien von B und C gegeben! Erläutern Sie die Beobachtungen im Vergleich zu den Blutzellen!

PRAKTIKUM

Untersuchungen zur Zellbiologie

1 Mikroskopie von Leberzellen

Material: Mikroskop und Zubehör; Becherglas (50 ml); Pipette; Messzylinder; Saccharose- (Rohrzucker-)Lösung (8 %ig); kleines Stück frische Rinderleber; Zeichenmaterial

Durchführung: Geben Sie in das Becherglas mit etwa 5 ml Rohrzuckerlösung ein kleines Stück frische Rinderleber! Zerschneiden Sie das Leberstück mit einer spitzen Schere im Becherglas so lange, bis eine braunrote Suspension entsteht! Geben Sie einen Tropfen dieser Suspension auf einen Objektträger und legen Sie ein Deckglas auf!

Aufgaben:

a) Mikroskopieren Sie das Frischpräparat bei etwa 400facher Vergrößerung! Zeichnen Sie mehrere Zellen und beschriften Sie Ihre Darstellung!

b) Leberzellen speichern tierische Stärke, das Glykogen, in Form intrazellulärer Granula. Worin unterscheidet sich das Glykogen in Leberzellen von der Stärke in pflanzlichen Zellen?

2 Mikroskopie von Epidermiszellen

Material: Mikroskop und Zubehör; Messer; Rasierklinge; Pipette; Zeichenmaterial; Wasser; Rote Küchenzwiebel

Durchführung: Schneiden Sie die Küchenzwiebel längs durch! Schneiden Sie dann eine Hälfte in zwei Viertel! Lösen Sie ein Schuppenblatt heraus! Schneiden Sie vorsichtig (!) mit der Rasierklinge in die rot gefärbte, nach außen gewölbte Haut ein Muster von vier kleinen Quadraten (Kantenlänge etwa 3 mm)!
Geben Sie in die Mitte eines Objektträgers einen Tropfen Wasser! Lösen Sie dann mit einer spitzen Pinzette vorsichtig ein quadratisches Stückchen der rot gefärbten Zwiebelhaut so ab, dass möglichst wenig darunter liegendes Blattmaterial mitgerissen wird!
Übertragen Sie das Objekt in den Tropfen Wasser und setzen Sie ein Deckglas seitlich an den Wassertropfen und legen Sie es vorsichtig auf!

Aufgaben:

a) Mikroskopieren Sie das Frischpräparat bei etwa 200facher Vergrößerung! Fertigen Sie eine Zeichnung an und beschriften Sie sie!

b) Ordnen Sie das „Zwiebelhäutchen", das Schuppenblatt sowie die Zwiebel den jeweiligen Organisationsstufen zu! Erläutern Sie Ihre Zuordnung!

3 Plasmolyse bei der Küchenzwiebel

Material: Mikroskop und Zubehör; Messzylinder; Filtrierpapierstreifen; destilliertes Wasser; Kaliumnitrat-Lösung (1 mol/l: 10,1 g Kaliumnitrat (O) mit destilliertem Wasser auf 100 ml auffüllen); Frischpräparat der rot gefärbten Zwiebelhaut aus Versuch 2

Durchführung: Mikroskopieren Sie das Frischpräparat aus Versuch 2 und zeichnen Sie eine Zelle! Setzen Sie an den Rand des Deckgläschens einen Tropfen der Kaliumnitrat-Lösung (1 mol/l) und saugen Sie ihn mithilfe eines Filtrierpapierstreifens unter das Deckgläschen!
Beobachten Sie die Veränderungen in den Zellen und zeichnen Sie eine Zelle!
Saugen Sie nach dem Zeichnen einen Tropfen destillierten Wassers durch das Präparat!

Aufgabe:
Erläutern Sie die Veränderungen in der Zelle nach dem Durchsaugen der Kaliumnitrat-Lösung und des destillierten Wassers!

4 Bestimmung des osmotischen Wertes von Zellen der Küchenzwiebel

Material: Mikroskop und Zubehör; 9 Blockschälchen mit Deckel (Kunststoff-Petrischalen); Filzstift; Messzylinder; destilliertes Wasser; Saccharose-Lösungen (die in Klammern angegebenen Zuckermengen jeweils mit destilliertem Wasser auf 100 ml auffüllen):
0,1 mol/l [3,42 g], 0,2 mol/l [6,84 g], 0,3 mol/l [10,26 g], 0,35 mol/l [11,97 g], 0,4 mol/l [13,69 g], 0,5 mol/l [17,10 g], 0,6 mol/l [20,52 g], 0,8 mol/l [27,36 g], 1,0 mol/l [34,22 g]; Messer; Rasierklinge; Rote Küchenzwiebel

Durchführung: Geben Sie in die Blockschälchen die unterschiedlich konzentrierten Zuckerlösungen und markieren Sie mit dem Filzstift auf jedem Schälchen die jeweilige Konzentration! Isolieren Sie ein Viertel eines Schuppenblattes und schneiden Sie ein Muster von zehn kleinen Quadraten (Kantenlänge etwa 3 mm) in die rot gefärbte Außenhaut! Legen Sie jeweils ein quadratisches Stück in jedes Schälchen und verschließen Sie sie mit den Glasdeckeln! Belassen Sie die Zwiebelhautstücke etwa zehn Minuten lang in den jeweiligen Lösungen! Fertigen Sie dann Frischpräparate an und mikroskopieren Sie!

Aufgaben:

a) Ermitteln Sie die Konzentrationen, bei denen Plasmolyse ausgelöst wurde! Stellen Sie fest, bei welchen molaren Konzentrationen sich das Cytoplasma gerade noch von der Zellwand abhebt (Grenzplasmolyse)! Dies ist nahezu der osmotische Wert der Zelle.
Erläutern Sie!

b) Wie müssten Sie den Versuch verändern, um einen genaueren osmotischen Wert zu erhalten?

5 Stofftransport in Vakuolen

Sachinformation: Mit dem Farbstoff Neutralrot (NR) kann man Vakuolen in lebenden Zellen anfärben (= Vitalfärbung). In saurer Lösung kommt es zur Addition von H^+-Ionen an die lipophilen NR-Moleküle und damit zur Bildung von großen NRH^+-Ionen. Eine saure NR-Lösung ist kirschrot gefärbt, eine neutrale dagegen gelb-braunrot.

Material: Mikroskop und Zubehör; Messer; Rasierklinge; Pinzette; Pipette; Neutralrot-Lösung (0,1 g Neutralrot in 100 ml Leitungswasser lösen); Küchenzwiebel

Durchführung: Isolieren Sie ein Viertel eines Zwiebelschuppenblattes (siehe Versuch 2)! Schneiden Sie ein Muster von etwa vier kleinen Quadraten (Kantenlänge

etwa 5 mm) in die nach innen gewölbte, matt aussehende, leicht ablösbare Haut des Blattes (obere Epidermis). Lösen Sie dann mit einer spitzen Pinzette vorsichtig zwei quadratische Stückchen des Zwiebelhäutchens ab! Legen Sie eines für etwa 15 Minuten in einen Tropfen neutraler Neutralrot-Lösung! Stellen Sie vom anderen ein Frischpräparat her (siehe Versuch 2) und mikroskopieren Sie bei etwa 200facher Vergrößerung!
Übertragen Sie dann das Objekt aus der Neutralrot-Lösung auf einen Objektträger in einen Tropfen Wasser und setzen Sie ein Deckglas seitlich an und legen Sie es vorsichtig auf! Mikroskopieren Sie bei etwa 200facher Vergrößerung!

Aufgaben:

a) Vergleichen Sie die Zwiebelhautzellen ohne und mit Färbung durch Neutralrot-Lösung! Erläutern Sie Ihre Beobachtung der Vakuolenfärbung!

b) Der Farbstoff kann aus den Vakuolen nicht austreten („Ionenfalle"). Erläutern Sie diese Erscheinung! Wie können Sie experimentell Ihre Erläuterung bestätigen?

6 Modellversuch zur Schrägbedampfung bei der Gefrierbruchtechnik

Material: Farbsprühflasche; Zeitungspapier; Transparentfolie; Klebeband (beidseitig klebend); Petrischale mit Deckel (Kunststoff); Glasröhrchen; Arbeitsprojektor (Overhead-Projektor)
Durchführung: Kleben Sie auf eine Transparentfolie ein Glasröhrchen und die Hälften einer Petrischale, die einmal nach oben und einmal nach unten hin offen liegen! Legen Sie die Folie auf einen mit Zeitungspapier abgedeckten Tisch! Sprühen Sie Farbe aus einer Sprühflasche in einem Winkel von 20° bis 30° und aus etwa 50 cm Entfernung gleichmäßig auf die Folie! Legen Sie die getrocknete Folie auf die Nutzfläche eines Arbeitsprojektors!
Aufgabe:
Betrachten Sie das Projektionsbild und vergleichen Sie es mit der Abbildung 13.1D!

7 Speicherung von Stärke

Material: Mikroskop und Zubehör; Zeichenmaterial; Pipette; Filtrierpapierstreifen; Iod-Kaliumiodid-Lösung (3 %ig); Kartoffelknolle
Durchführung: Schneiden Sie eine Kartoffel in zwei Hälften! Schaben Sie mit dem Messer über eine Schnittfläche! Fertigen Sie von dem abgeschabten Kartoffelteilchen ein Frischpräparat an! Mikroskopieren Sie bei etwa 400facher Vergrößerung! Setzen Sie an den Rand des Deckgläschens einen Tropfen der Iod-Kaliumiodid-Lösung und saugen Sie ihn mithilfe eines Filtrierpapierstreifens unter das Deckgläschen! Mikroskopieren Sie erneut!
Aufgabe:
Beschreiben Sie den Aufbau eines Stärkekorns! Erläutern Sie die Beobachtung nach Behandlung des Objekts mit Iod-Lösung!

8 Membranzusammensetzung

Material: Messer; 4 Bechergläser (100 ml); 3 Reagenzgläser mit passenden Stopfen; Bunsenbrenner; Dreifuß mit Drahtnetz; Wasser; Seifenlösung; Essigsäure (4 %ig); Öl (z. B. Olivenöl); Hühnereiklar; Rote Rübe oder Blätter von Rotkohl
Durchführung: Rote Rübe oder Rotkohlblätter besitzen Zellen mit Zentralvakuolen, die Farbstoffe enthalten. Schneiden Sie die Pflanzenteile in etwa gleich große Streifen und wässern Sie sie so gründlich, bis kein Farbstoff mehr aus den Wundflächen austritt! Verteilen Sie die Streifen dann auf vier Bechergläser! Geben Sie in ein Becherglas kaltes, in das zweite kochendes Wasser, in das dritte Seifenlösung (schütteln Sie kräftig um!) und in das vierte Essigsäure! In das erste Reagenzglas geben Sie etwas Öl und Wasser, in das zweite Öl und Seifenlösung, verschließen Sie die Gläser und schütteln Sie kräftig um! In das dritte Reagenzglas gießen Sie zu etwas Eiklar Essigsäure!
Aufgabe:
Erläutern Sie die Beobachtungen zu den einzelnen Experimenten!

9 Modellversuch zu Membranlipiden

Material: Reagenzglas (verschlossen) mit einer Lösung von Stearinsäure in Benzin (0,6 g/l, F); Bärlappsporen im Pfefferstreuer (alternativ Schwefelpulver); runde Kunststoffschüssel (etwa 40 cm Durchmesser); Messpipette (1 ml); Lineal
Durchführung: Füllen Sie die Schüssel zur Hälfte mit Wasser! Vermeiden Sie Erschütterungen des Arbeitsplatzes sowie Luftzug! Streuen Sie gleichmäßig und möglichst dünn Bärlappsporen (Schwefelpulver) auf die Wasseroberfläche! Bestimmen Sie nun das Volumen eines Stearinsäure-Benzin-Tropfens, indem Sie 1 ml der Lösung tropfenweise auslaufen lassen und die Anzahl der Tropfen zählen!
Lassen Sie dann aus etwa 1 cm Höhe einen Tropfen des Stearinsäure-Benzin-Gemisches auf die Mitte der Wasseroberfläche fallen! Verschließen Sie danach sofort das Reagenzglas! Das Gemisch breitet sich kreisförmig aus, wobei das Benzin verdunstet. Wenn die Ausbreitung des Stearinsäurefilms abgeschlossen ist, messen Sie den Durchmesser des kreisförmigen Fettsäure-Films!
Aufgaben:

a) Berechnen Sie die Schichtdicke des Stearinsäure-Films! (Dichte$_{\text{Stearinsäure}}$ 0,94 mg/mm^3; Zylindervolumen-Formel $V_Z = \pi \cdot r^2 \cdot h$)

b) Auf ähnliche Weise ermittelten GORTER und GRENDEL 1925 die Dicke der Zellmembran von menschlichen Erythrocyten. Sie gingen von folgenden Ergebnissen aus: 1) 1 mm^3 menschliches Blut enthält $5{,}2 \cdot 10^6$ Erythrocyten. 2) Die Oberfläche eines Erythrocyten beträgt 145 µm^2. 3) Der Anteil der Membranlipide von Erythrocyten in 1 mm^3 Blut beträgt 0,007 mm^3. 4) Der Membranlipidanteil ergibt auf der Wasseroberfläche eine Kreisfläche mit einem durchschnittlichen Durchmesser von 4,4 cm. Berechnen Sie die Dicke der Schicht der Membranlipide! Vergleichen Sie die Fläche der Lipidschicht mit der Oberfläche der zu Grunde liegenden Erythrocyten!

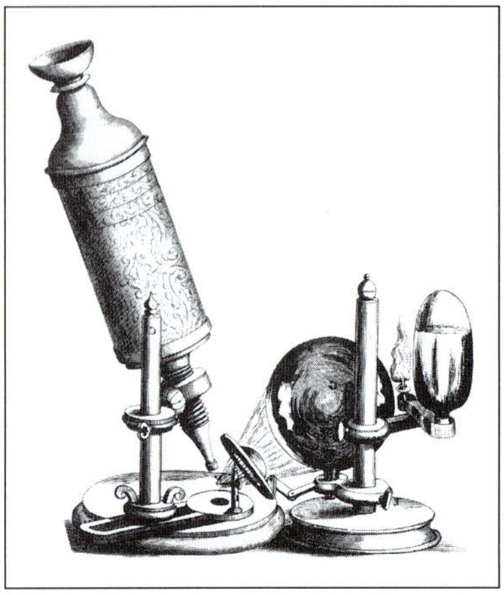

44.1 Mikroskop von HOOKE

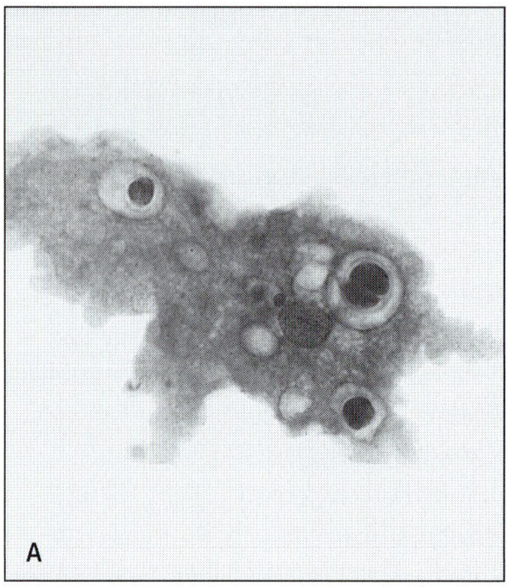

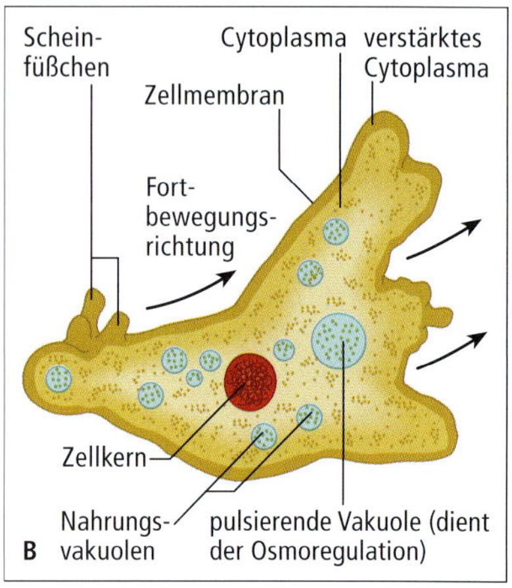

44.2 Amöbe (einzelliges Wechseltierchen). A Foto (LM-Bild); B Schema

„. . . Our MIKROSKOPE informs us that the substance of Cork is altogether fill'd with Air, and that Air is perfectly enclosed in little Boxes or Cells distinct from one another . . .".
So beschreibt Robert HOOKE 1667 in seinem Buch „Micrographia" die Untersuchung von Kork. Mithilfe seines einfach gebauten Mikroskops entdeckte er ein Muster von hohlen Kämmerchen, die er als **Zellen** bezeichnete. Tatsächlich hatte er von der toten Borke der Korkeiche ein Abschlussgewebe beschrieben, das aus abgestorbenen Zellen besteht. Daher konnte er keinen Zellinhalt, sondern lediglich die Zellwände erkennen.

In den folgenden Jahrzehnten wurden die Mikroskope ständig verbessert. Die Fortschritte in dieser Richtung hatten nun ständig neue Entdeckungen über den Bau von Lebewesen zur Folge. So konnten SCHLEIDEN und SCHWANN um 1840 eine allgemeine **Zelltheorie** aufstellen, die besagt, dass alle Lebewesen aus Zellen aufgebaut sind.
Mit der Entwicklung des Elektronenmikroskops um 1931 wurde das lichtmikroskopische Bild erweitert. Es ermöglichte Aussagen über den Feinbau von Zellbestandteilen.

Grundsätzlich stimmen alle Lebewesen im Aufbau ihrer Zellen überein: Sie enthalten alle eine Zellmembran, die den Protoplasten mit dem Cytoplasma begrenzt. Zellwand, Vakuolen und Plastiden kommen nur bei einigen Protisten und bei pflanzlichen Zellen vor. Nach der Ausbildung eines Zellkerns unterscheidet man zwischen **Eukaryoten** und **Prokaryoten.** Dies ist ein Beispiel für das **Basiskonzept „Geschichte und Verwandtschaft".**

Prokaryoten wie Bakterien und Cyanobakterien sind einzellige Lebewesen, deren Zellen keine membranbegrenzten Zellbestandteile enthalten. Eukaryotische Zellen hingegen zeigen das **Basiskonzept „Kompartimentierung":** Membranbegrenzte Zellbestandteile gliedern das Cytoplasma in verschiedene Reaktionsräume auf.

Der größte **Zellbestandteil** in einer eukaryotischen Zelle ist der Zellkern. Er enthält die Erbinformation DNA, über die auch alle Lebensvorgänge in der Zelle gesteuert werden. Die Kernhülle ist eine besondere Ausbildung des Endoplasmatischen Retikulums (ER). Die Zisternen des ERs durchziehen wie ein Kanalsystem die Zelle. Auf diese Weise können Stoffe innerhalb des Cytoplasmas ungehindert transportiert werden. Dies gilt zum Beispiel für Proteine, die an den Ribosomen des rauen ERs gebildet werden. Die Stoffwechselprodukte des ERs können in den Zisternen der Dictyosomen weiter verarbeitet werden. Über die GOLGI-Vesikel werden sie von Zisterne zu Zisterne weiter gereicht und zu verschiedenen Stoffen umgewandelt. Solche Stoffe können zur Zellwandsynthese in pflanzlichen Zellen, zur Sekretion in verschiedenen Drüsenzellen oder zur Bildung von Enzymen beitragen. GOLGI-Vesikel mit lokalisierten Enzymen verschmelzen mit ER-Vesikeln zu primären Lysosomen. Durch Fusion mit Endosomen erfolgt in den entstandenen sekundären Lysosomen die Verdauung von aufgenommenen Partikeln. Unverwertbare Bestandteile werden dann im Verlaufe der Exocytose ausgeschieden.
In pflanzlichen Zellen können GOLGI-Vesikel als auch ER-Vesikel zu größeren Vakuolen verschmelzen. Ihre Aufgaben bestehen in der Speicherung von Stoffen sowie in der Aufrechterhaltung des Turgors.

ER, Dictyosomen, Lysosomen, Peroxisomen und Vakuolen sind Zellbestandteile, die von einer einfachen Membran umgeben sind. Zellkern, Mitochondrien und Plastiden hingegen besitzen eine Doppelmembran. In Mitochondrien und Chloroplasten finden Stoffwechselvorgänge zur Energieumwandlung statt: In den Chloroplasten pflanzlicher Zellen erfolgt die Synthese energiereicher Fotosyntheseprodukte wie Glucose und Stärke. Die Mitochondrien als „Kraftwerke" der Zelle setzen bei der Zellatmung Energie zur Aufrechterhaltung der Lebensvorgänge frei. Chloroplasten und Mitochondrien weisen eine Oberflächenvergrößerung ihrer inneren Membran auf. Dadurch wird eine Steigerung der Stoffwechselleistung dieser Organellen erreicht. Die Oberflächenvergrößerung ist ein Beispiel für das **Basiskonzept „Struktur und Funktion"** auf zellulärer Ebene.

Die Funktion der verschiedenen Kompartimente wird durch die Abgrenzung von **Biomembranen** gegenüber dem Cytoplasma ermöglicht. Biomembranen regulieren den Austausch von Stoffen zwischen den Zellbestandteilen und dem Cytoplasma sowie zwischen der Zelle und ihrer Umgebung. Biomembranen sind selektiv permeabel. Diese Eigenschaft ist bedingt durch ihre **chemische Zusammensetzung.**
Elektronenmikroskopische und biochemische Analysen führten zur heutigen Vorstellung eines Flüssig-Mosaik-Membranmodells: Eine Bilayer aus Phospholipiden bildet die „Elementarstruktur" der Membran. Phospholipide zeigen sowohl hydrophobe als auch hydrophile Eigenschaften. In diese *Lipid-Doppelschicht* tauchen Proteine wie „Eisberge in der See". Dabei unterscheidet man integrale, halbintegrale und periphere Proteine.
Der bipolare Aufbau von Phospholipiden sowie die verschiedenen Membranproteine verdeutlichen das **Basiskonzept „Struktur und Funktion"** auf molekularer Ebene.

Proteine sind Makromoleküle aus Aminosäuren. Für die Konformation und die Funktion eines Proteinmoleküls ist die Sequenz der Aminosäuren von Bedeutung. Die **Selektivität** einer Membran ist also in erster Linie auf die Konformation der Membran-Transport-Proteine zurückzuführen. Je nach Art der Membranproteine spricht man von einer Tunnel vermittelten oder einer Carrier vermittelten Diffusion. Bei diesem passiven Transport, der erleichterten Diffusion, erfolgt der Stofftransport entsprechend einem Konzentrationsgefälle ohne Energiezufuhr. Bei der Diffusion gegen ein Konzentrationsgefälle, dem aktiven Transport, wird Energie aufgewendet, die aus der Spaltung der energiereichen Verbindung ATP freigesetzt wird.

Der **Stoffaustausch** zwischen der Zelle und ihrer Umgebung erfolgt über die Zellmembran, das Plasmalemma. Die extrazelluläre Oberfläche des Plasmalemmas enthält Glykolipide und Glykoproteide. Diese membrangebundenen Kohlenhydrate bilden die Glykokalyx. Kompliziert gebaute Glykoproteide können der Kommunikation der Zellen untereinander dienen, indem sie als Rezeptoren für Hormone oder Neurotransmitter fungieren. Dies ist ein Beispiel für das **Basiskonzept „Information und Kommunikation"** auf zellulärer Ebene.

Bei eukaryotischen Einzellern, den **Protisten,** laufen alle Vorgänge des Lebendigen in einer einzigen Zelle ab. Die Grünalge *Volvox* besteht aus einem kugelförmigen Verband von Zellen, die durch Plasmabrücken miteinander verbunden sind. Auf diese Weise erfolgt ein Stoffaustausch zwischen den einzelnen Zellen. Durch Differenzierung und Arbeitsteilung verlieren die Zellen bei *Volvox* ihre Selbstständigkeit. Diese Eigenschaft kennzeichnet **Vielzeller.** Hierbei handelt es sich um ein Beispiel für das **Basiskonzept „Geschichte und Verwandtschaft".** Das **Basiskonzept „Kompartimentierung"** wird auch bei komplexen organisierten vielzelligen Tieren und Pflanzen deutlich. Sie zeigen eine Differenzierung und Arbeitsteilung in verschiedene Gewebe, Organe und Organsysteme.

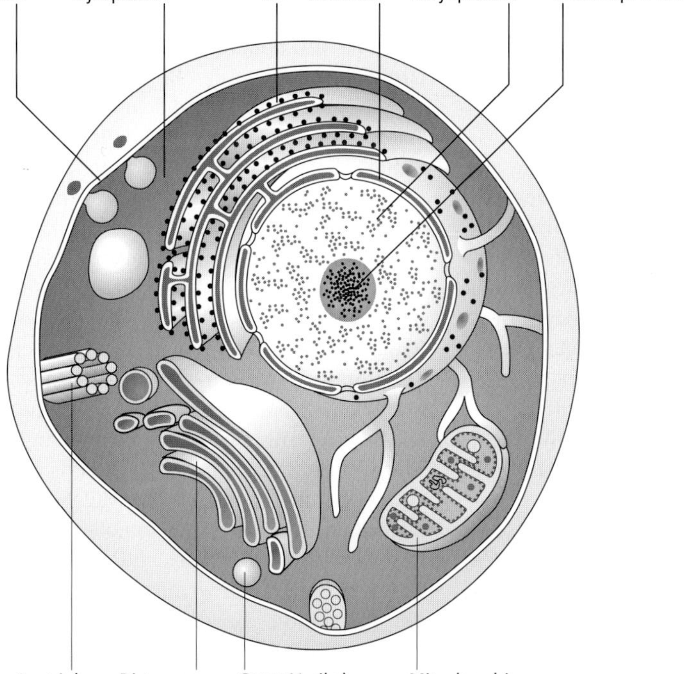

45.1 Tierzelle (EM-Schema)

Kategorie	Zellbestandteile
Zellbegrenzung	Zellwand Zellmembran (Plasmalemma)
Zellbestandteile ohne Membran	Ribosomen Oleosomen Mikrofilamente Mikrotubuli Centriolen
Zellbestandteile mit einfacher Membran	ER (rau, glatt) Dictyosomen Vakuole Lysosomen Peroxisomen
Zellbestandteile mit Doppelmembran	Zellkern Mitochondrien Plastiden (Proplastid, Leukoplast, Chloroplast, Chromoplast, Elaioplast, Amyloplast)

45.2 Zellbestandteile in Eukaryoten

Stoffwechsel

46.1 Stoff-Wechsel

1 Enzyme bewirken Stoffwechsel

1.1 Enzyme als Biokatalysatoren

Der Mensch in der Karikatur nimmt Nahrung auf. Die in der Nahrung enthaltenen Stoffe werden im Körper einerseits zu körpereigenen Substanzen umgewandelt *(Assimilation)* und andererseits zu körperfremden oder nicht weiter verwertbaren Stoffen abgebaut *(Dissimilation)*. Körperfremde oder unverwertbare Stoffe werden ausgeschieden. Solche **Stoff-Wechsel-Vorgänge** erfordern entweder Energie (Assimilation) oder es wird Energie freigesetzt (Dissimilation). Dieser Energieumsatz ist zur Aufrechterhaltung der Lebensvorgänge eines jeden Lebewesens erforderlich.

Stoffwechselvorgänge sind chemische Reaktionen, die außerhalb des Körpers, zum Beispiel im Reagenzglas, extrem langsam ablaufen würden. Verfolgt man aber die vom Menschen mit der Nahrung aufgenommene Stärke, stellt man fest, dass sie recht schnell in Maltosemoleküle zerlegt wird. Im Reagenzglas gelingt die Zerlegung von gelöster Stärke in Maltose nur unter erhöhter Energiezufuhr: Die Stärkemoleküle und die Wassermoleküle der Lösung müssen erst aktiviert werden, um zu Maltose zu reagieren. Gibt man allerdings einen Wirkstoff aus dem Speichel des Menschen, die α-Amylase, in die Lösung, läuft die Reaktion schnell ohne zusätzliche **Aktivierungsenergie** ab. Die α-Amylase hat die Aktivierungsenergie herabgesetzt und damit die Reaktion beschleunigt. Nach der Reaktion liegt die α-Amylase unverändert vor. Wirkstoffe wie die α-Amylase, die eine chemische Reaktion durch Absenken der Aktivierungsenergie beschleunigen und nach der Reaktion unverändert sind, nennt man *Katalysatoren*. Die in lebenden Zellen wirkenden *Biokatalysatoren* heißen **Enzyme.**

Das Enzym α-Amylase findet man nicht im Magen. Hier, bei einem pH-Wert von 2, verliert es sofort seine Wirkung. Die Aktivität von Enzymen ist allgemein vom pH-Wert abhängig. Die α-Amylase hat ihr **pH-Optimum** im neutralen Bereich bei einem pH-Wert von etwa 7, entsprechend dem Milieu im Speichel.
Wie auch bei anderen chemischen Reaktionen nimmt die Reaktionsgeschwindigkeit bei Enzymreaktionen mit der Temperatur zu. Gewöhnlich verdoppelt bis verdreifacht sich die Reaktionsgeschwindigkeit bei einer Temperaturerhöhung von zehn Grad (Reaktionsgeschwindigkeits-Temperatur(RGT)-Regel). Bei hohen Temperaturen fällt die Reaktionsgeschwindigkeit allerdings wieder ab. Das **Temperaturoptimum** der meisten menschlichen Enzyme liegt nahe der Körpertemperatur von 37 °C. Die Zunahme der Reaktionsgeschwindigkeit mit der Temperatur unterhalb des Optimums ist vor allem auf die schneller werdenden Molekülbewegungen zurückzuführen. Die Enzymmoleküle treffen dann häufiger auf die umzusetzenden Moleküle, die als **Substrat** bezeichnet werden. Außerdem beeinflusst die Temperatur die dreidimensionale Gestalt der Enzyme. Enzyme bestehen ganz oder zum großen Teil aus Eiweißstoffen. Eiweißstoffe nehmen als Tertiärstruktur eine bestimmte Konformation ein.

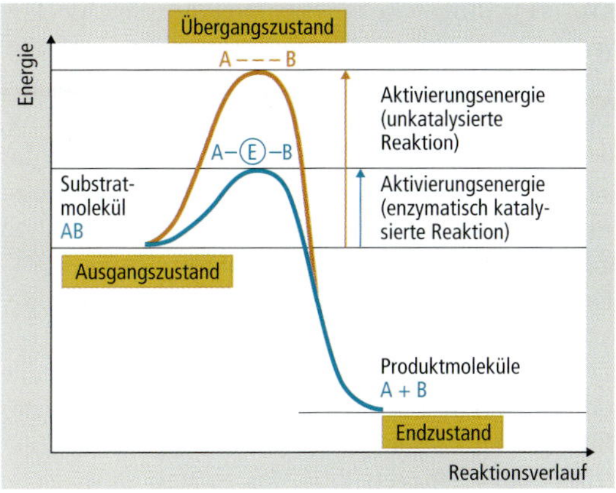

47.1 Aktivierungsenergie bei unkatalysierter und katalysierter Reaktion

Diese Konformation wird durch Energiezufuhr verändert. Oberhalb des Temperaturoptimums eines Enzyms wird dessen Konformation so verändert, dass seine Wirksamkeit nachlässt. Die Konformationsänderung eines Eiweißstoffes kann irreversibel sein. Man spricht dann von *Denaturierung.*

Offenbar hängt die Konformation eines Enzyms eng mit seiner Wirkungsweise zusammen. Enzyme binden ganz spezifisch nur an solche Substrate, die in ihren Raumstrukturen und Ladungsverteilungen wie Schlüssel und Schloss zum Enzym passen. Enzyme sind **substratspezifisch.** Nach diesem **Schlüssel-Schloss-Prinzip** vereinigen sich Enzym und Substrat vorübergehend zum Enzym-Substrat-Komplex. Hierbei zeigen beide Reaktionspartner häufig Konformationsänderungen. Die Bindung des Substrates an das Enzym erfolgt durch eine Vielzahl schwacher chemischer Wechselwirkungen. Sie beschränkt sich auf einen eng umgrenzten Enzymbereich, das *aktive Zentrum,* in dem die Reaktion stattfindet. Der Rest des Enzyms dient vor allem dazu, die an der Bildung des aktiven Zentrums beteiligten Strukturen in die richtige Lage zueinander zu bringen. Das aktive Zentrum lässt nur bestimmte chemische Reaktionen zu. Enzyme sind daher auch **reaktionsspezifisch (wirkungsspezifisch).**

Die Substratspezifität der α-Amylase zeigt sich darin, dass sie nur Stärke und Glykogen abbaut. Beide Makromoleküle setzen sich aus Ketten von α-Glucose-Molekülen zusammen. Auch Cellulose ist aus Ketten von Glucose-Molekülen aufgebaut. Allerdings handelt es sich dabei um β-Glucose-Moleküle. Cellulose wird daher von der α-Amylase nicht zerlegt. Die spezifischen von der α-Amylase katalysierten Reaktionen sind Spaltungen der Bindungen zwischen den Glucosemolekülen im Inneren der Stärkemoleküle und des Glykogens. Dabei spaltet sie jeweils eine Einheit aus zwei Glucosemolekülen ab. Das Endprodukt der Reaktion ist daher der Zweifachzucker Maltose.

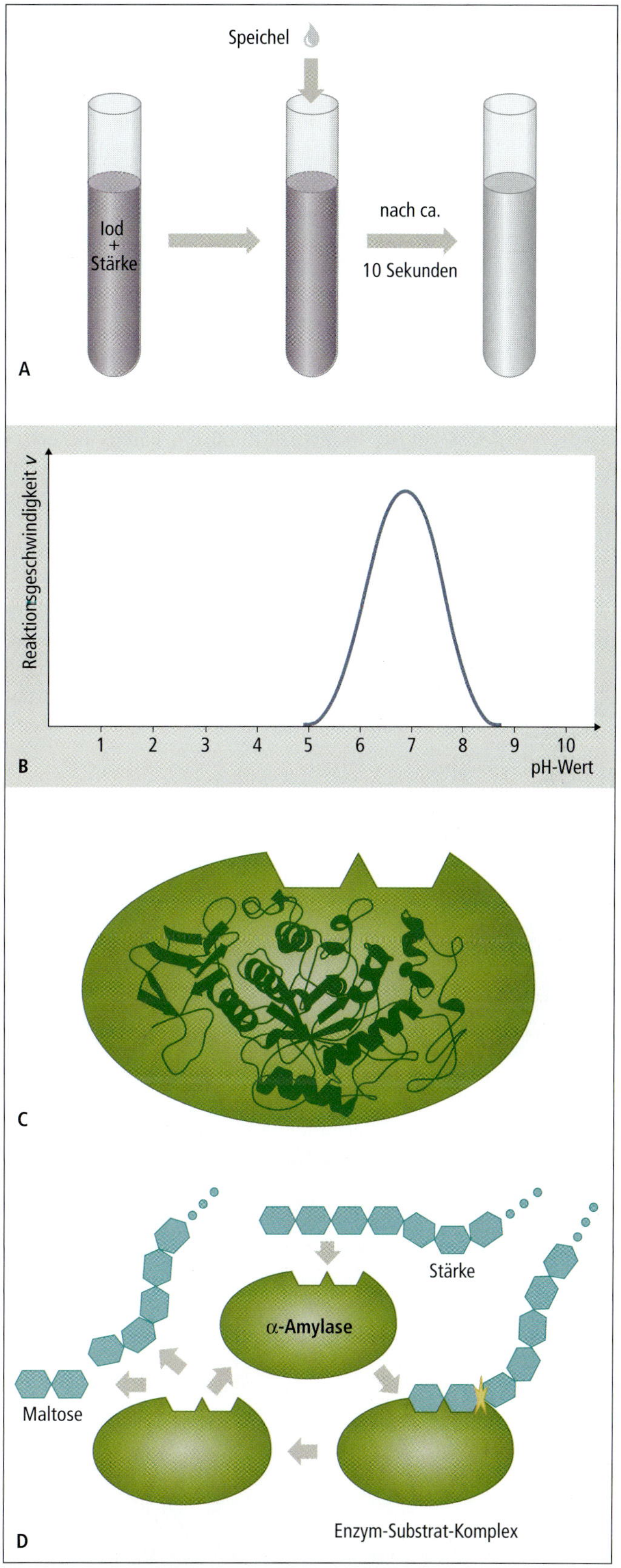

47.2 Enzymatische Zerlegung der Stärke. A Experiment; **B** pH-Abhängigkeit; **C** Bändermodell der α-Amylase; **D** Enzymzyklus

1.2 Enzymhemmung

Das Enzym Bernsteinsäuredehydrogenase wandelt durch Abspaltung von zwei Wasserstoffatomen Bernsteinsäure in Fumarsäure um. Die Reaktionsgeschwindigkeit, das heißt die pro Zeiteinheit umgewandelte Anzahl von Substratmolekülen, ist umso größer, je höher die Konzentration der Bernsteinsäure ist. Bei höherer Substratkonzentration ist nämlich die Wahrscheinlichkeit des Aufeinandertreffens von Enzym- und Substratmolekülen höher. Dann werden mehr Enzym-Substrat-Komplexe pro Zeiteinheit gebildet und entsprechend mehr Substratmoleküle pro Zeiteinheit umgesetzt. Mit einer höheren Substratkonzentration wird es wahrscheinlicher, dass ein Substratmolekül auf ein bereits besetztes Enzym trifft. Die Reaktionsgeschwindigkeit nähert sich daher mit zunehmender Substratkonzentration asymptotisch einem Maximalwert.

In Gegenwart von Malonsäure verringert sich die Geschwindigkeit der Umwandlung von Bernsteinsäure. Malonsäure wirkt als Hemmstoff oder **Inhibitor.** Ein Molekül Malonsäure ist chemisch ähnlich gebaut wie ein Molekül Bernsteinsäure. Es kann daher kurzzeitig das aktive Zentrum der Bernsteinsäuredehydrogenase besetzen und es somit blockieren. Entsprechend sinkt die Reaktionsgeschwindigkeit um so mehr, je höher die Konzentration der Malonsäure ist. Diese Form der Enzymhemmung, bei der Substrat und Inhibitor in Konkurrenz um das aktive Zentrum stehen, heißt **kompetitive Hemmung.** Durch Erhöhung der Substratkonzentration kann sie wieder rückgängig gemacht werden.
Es gibt auch Inhibitoren, die die enzymatische Reaktion behindern, indem sie außerhalb des aktiven Zentrums am Enzym binden. Diese Bindungsstelle heißt allosterisches Zentrum. Durch die Bindung des Inhibitors wird die Konformation des aktiven Zentrums so verändert, dass das Enzym unwirksam wird. Dabei wird die Bindung des Substrates an das aktive Zentrum zwar nicht verhindert, aber das Substrat geht keine Reaktion ein. Bei einer solchen **nichtkompetitiven Hemmung** wird somit ein Teil der Enzyme deaktiviert, ohne dass die Hemmung durch eine Erhöhung der Substratkonzentration aufgehoben werden könnte. Die Bindung des Inhibitors ist aber wie bei der kompetitiven Hemmung reversibel. Durch einen Entzug des Inhibitors aus der Lösung kann sie rückgängig gemacht werden. Hierdurch ist die katalytische Wirkung solcher Enzyme regulierbar.

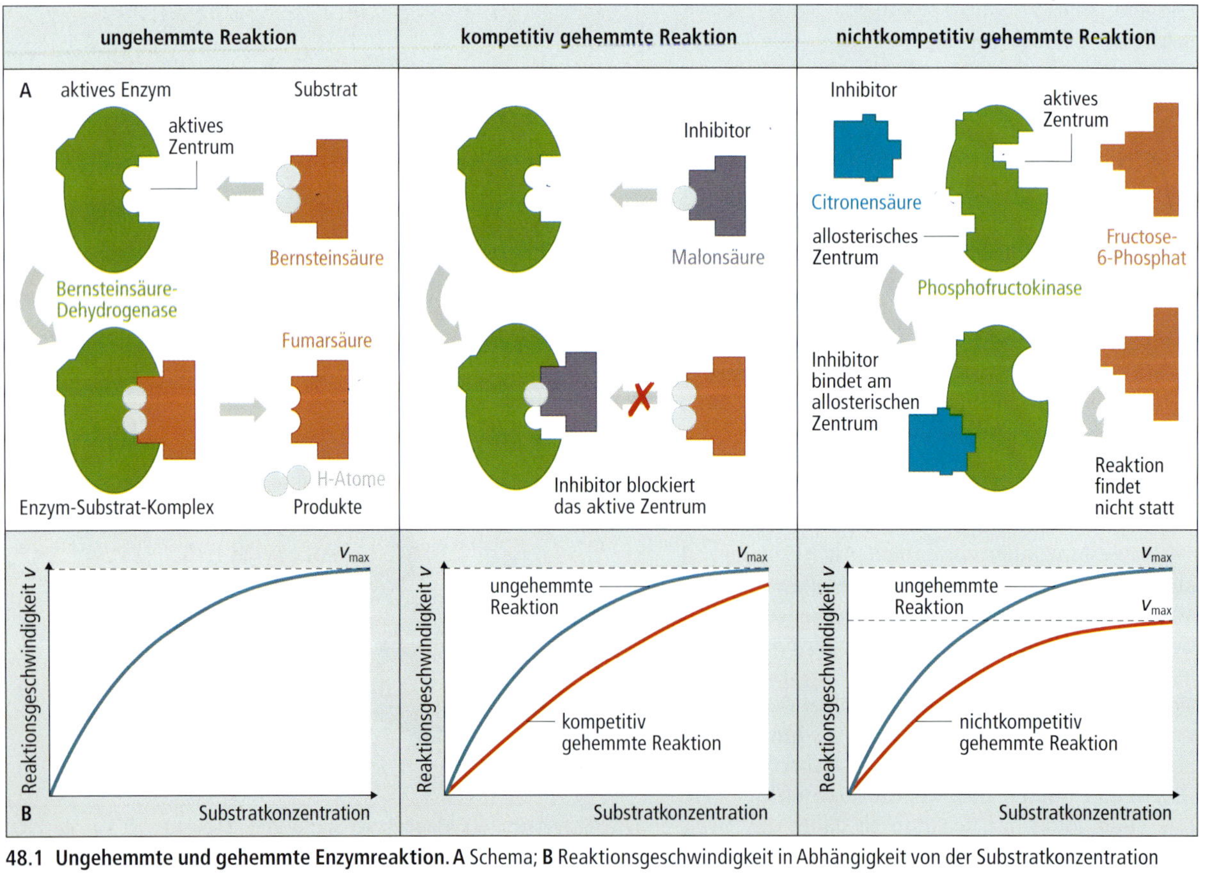

48.1 Ungehemmte und gehemmte Enzymreaktion. **A** Schema; **B** Reaktionsgeschwindigkeit in Abhängigkeit von der Substratkonzentration

Das Enzym Phosphofructokinase katalysiert die Umwandlung von Fructose-6-Phosphat zu Fructose-1,6-bisphosphat. Über weitere Umwandlungsschritte entsteht im Stoffwechsel Citronensäure. Die Citronensäure kann an ein allosterisches Zentrum der Phosphofructokinase binden und sie dadurch hemmen. Eine hohe Konzentration von Citronensäure in der Zelle wirkt daher der Bildung von weiterer Citronensäure entgegen **(Rückkopplungshemmung).** Man bezeichnet ein Enzym wie die Phosphofructokinase, das von zentraler Bedeutung für die Regulierung einer ganzen Reaktionssequenz ist, als **regulatorisches Enzym.**

Ein weiteres Beispiel für eine Rückkopplungshemmung stellt die bakterielle Umwandlung von Threonin in Isoleucin dar. Dieser Prozess wird nacheinander von fünf verschiedenen Enzymen katalysiert. Isoleucin, das Endprodukt der Reaktionsabfolge, wirkt hemmend auf das erste an der Reaktionskette beteiligte Enzym. Wenn das Endprodukt einer Reaktionsabfolge ein daran beteiligtes Enzym hemmt, spricht man von einer **Endprodukthemmung.**

1. Weshalb ist Enzymhemmung notwendig?

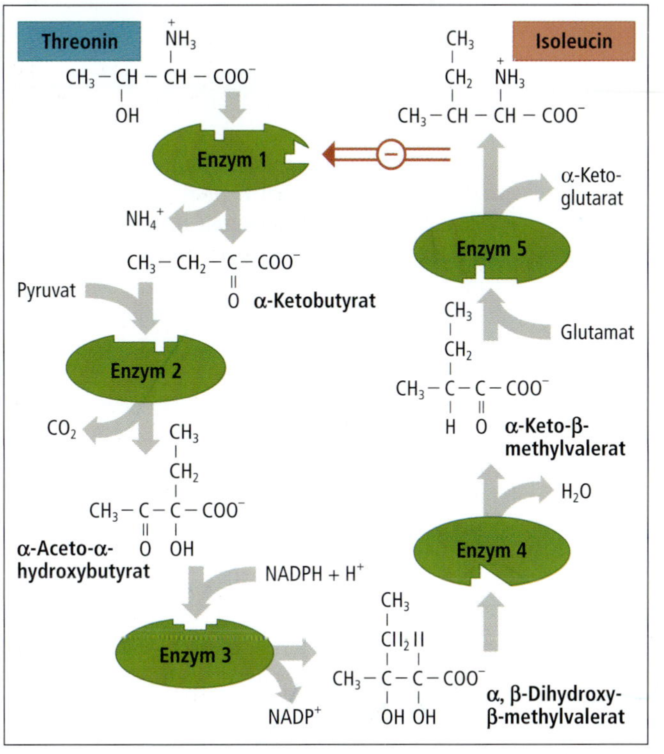

49.1 Endprodukthemmung

EXKURS Regulation der Enzymaktivität durch kovalente Modifikation

In der Leber und in den Skelettmuskeln ist Glykogen gelagert, das durch die *Glykogen-Phosphorylase* (im Folgenden nur Phosphorylase genannt) zu Glucose abgebaut werden kann. Sinkt der Blutzuckerspiegel auf einen kritischen Wert, so wird durch Hormone wie Glukagon und Adrenalin eine Signalkette zur Aktivierung der Phosphorylase in Gang gesetzt.

Letztes Glied in dieser Signalkette ist das Enzym *Phosphorylase-Kinase*. Es überträgt einen Phosphatrest auf die inaktive Form der Phosphorylase und überführt das Enzym dadurch in seine aktive Form. Da der Phosphatrest kovalent an das Enzymmolekül gebunden wird, spricht man von **Aktivierung durch kovalente Modifikation**.

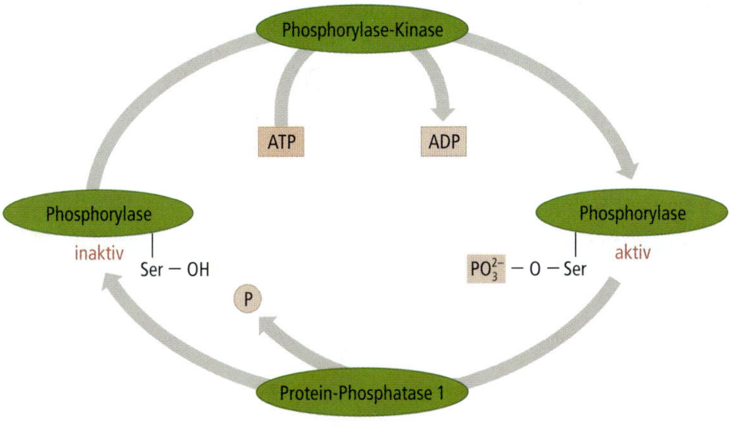

Soll der Glykogenabbau gestoppt werden, wird – wieder aufgrund einer Signalkette, die diesmal vom Insulin ausgeht – durch die so genannte *Protein-Phosphatase 1* von der aktiven Phosphorylase der Phosphatrest abgespalten und das Enzym dadurch in die inaktive Form überführt.

Durch kovalente Anlagerung spezifischer Moleküle können Enzyme auch *irreversibel gehemmt* werden. So bindet das Nervengas DFP irreversibel an einen Aminosäurerest im aktiven Zentrum der *Acetylcholinesterase* und hemmt so dieses Enzym, das eine wichtige Rolle bei der Weiterleitung von Nervenimpulsen spielt. Die Folge ist eine tödliche Lähmung. Das Medikament *Fluouracil*, das erfolgreich in der Krebs-Chemotherapie eingesetzt wird, hemmt auf ähnliche Weise ein Enzym, das für den Aufbau der Erbsubstanz DNA unverzichtbar ist. Dadurch wird in den Krebszellen der Zellzyklus gestört und so das Wachstum von Tumoren verlangsamt.

1.3 Cofaktoren

Einige Enzyme, wie die Ribonuclease, bestehen ausschließlich aus Proteinen. Viele Enzyme haben jedoch neben dem Proteinanteil, dem **Apoenzym,** noch andere chemische Bestandteile, die man **Cofaktoren** nennt. Dabei handelt es sich um verglichen mit dem Proteinanteil niedermolekulare Verbindungen *(Coenzyme)* oder um Metallionen. So ist im aktiven Zentrum des Enzyms Katalase eine Nichtproteinverbindung (Häm-Gruppe), die ein Eisenion (Fe^{3+}) enthält, mit dem Proteinanteil verbunden. Die Katalase zerlegt das für die Zelle giftige Wasserstoffperoxid (H_2O_2). Viele Coenzyme oder deren Vorstufen können nicht selbst vom Körper hergestellt werden. Solche lebensnotwendigen Verbindungen, die mit der Nahrung aufgenommen werden müssen, nennt man *Vitamine.*

Cofaktoren, die fest mit dem Apoenzym verbunden sind, wie bei der Katalase, bezeichnet man als **prosthetische Gruppen.** Hingegen sind bei dem Enzym Lactat-Dehydrogenase, das Brenztraubensäure zu Milchsäure umwandelt, das Apoenzym und das Coenzym zunächst voneinander getrennt. Das Apoenzym ist allein nicht funktionsfähig. Erst wenn Apoenzym und Coenzym miteinander verbunden sind **(Holoenzym),** ist das Enzym aktiv. Als Coenzym benötigt die Lactat-Dehydrogenase das **Nicotinamidadenindinucleotid** (NAD^+ bzw. $NADH + H^+$). Die Übertragung des Wasserstoffs (H) von $NADH + H^+$ auf die Brenztraubensäure erfolgt durch den gleichzeitigen Transfer von einem Elektron. Das entspricht der Übertragung eines Hydrid-Ions (H^-). Das noch fehlende Proton wird aus der umgebenden Lösung entnommen. Also wird $NADH + H^+$ bei diesem Vorgang zu NAD^+ oxidiert. Um dem Stoffwechsel erneut als $NADH + H^+$ zur Verfügung zu stehen, muss das NAD^+ von einem anderen Enzym (Apoenzym) reduziert werden. Das Coenzym geht also jedesmal verändert aus der Reaktion hervor. Es hat sich damit wie ein Substrat verhalten. Daher spricht man besser von **Cosubstraten** als von Coenzymen.

Auch das **Adenosintriphosphat (ATP)** ist ein solches Cosubstrat. In den Zellen sämtlicher Lebewesen dient ATP als universelles Speicher- und Transportmittel für Energie. Die Energie, die das ATP speichert, liegt in den chemischen Bindungen von zwei Phosphatresten Ⓟ. Aufgrund der Ladungsverteilung und der Konformation im ATP wird zum Beispiel beim Abspalten des äußeren Phosphatrestes sehr viel Energie freigesetzt (30,5 kJ/Mol). Man kennzeichnet diese „energiereiche Bindung" mit einer gewellten Linie. Durch Hydrolyse von ATP zu Adenosindiphosphat **(ADP)** und Ⓟ wird also Energie frei, die für verschiedene Vorgänge in der Zelle benötigt wird. ATP muss ständig aus ADP regeneriert werden. Ein Mensch setzt täglich ungefähr sein Körpergewicht an ATP um.

1. Erläutern Sie die Begriffe Holoenzym, Apoenzym, Cosubstrat, prosthetische Gruppe und Cofaktor!
2. Begründen Sie anhand des ATPs, weshalb sich die Bezeichnung Cosubstrat besser eignet als Coenzym!
3. Erläutern Sie das Schema zur Überträgerfunktion von Cofaktoren in Abbildung 51.1C!

Metallionen/ -atome als Cofaktoren	Beispiele von Enzymen mit diesen Cofaktoren
Fe^{2+}/Fe^{3+}	Cytochrom-Oxidase Katalase Peroxidase
Cu^{2+}	Cytochrom-Oxidase
Zn^{2+}	Alkohol-Dehydrogenase
Mg^{2+}	Hexokinase Glucose-6-Phosphatase
Mn^{2+}	Ribonucleotid-Reductase
K^+	Pyruvat-Kinase
Ni^{2+}	Urease
Mo	Dinitrogenase
Se	Glutathion-Peroxidase

Cosubstrate als Cofaktoren	Beispiele für übertragene chemische Gruppen	mit der Nahrung aufgenommene Vorstufen
Nicotinamidadenin-dinucleotid (NAD^+)	Wasserstoff	Nicotinsäure (Niacin)
Flavinadenin-dinucleotid (FAD)	Wasserstoff	Riboflavin (Vitamin B_2)
Coenzym A	Acylgruppen	Panthothensäure
Coenzym B_{12}	H-Atome und Alkyl-Gruppen	Vitamin B_{12}
Thiaminpyro-phosphat	Aldehyde	Thiamin (Vitamin B_1)
Biocytin	CO_2	Biotin
Tetrahydrofolat	C_1-Gruppen	Folat
Pyridoxalphosphat	Aminogruppe	Pyridoxin (Vitamin B_6)

50.1 Cofaktoren

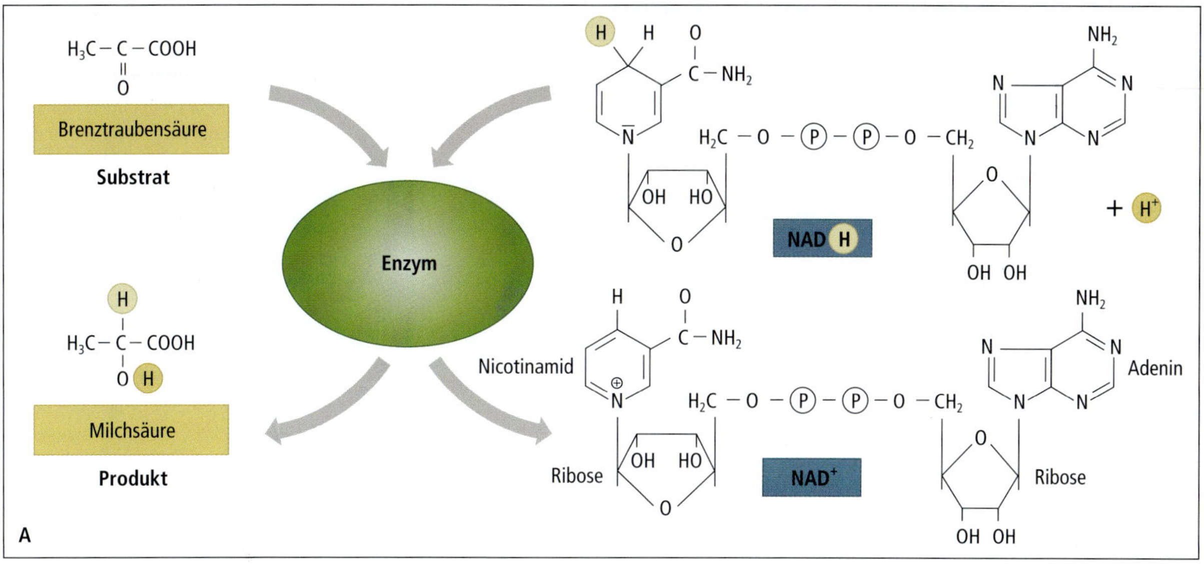

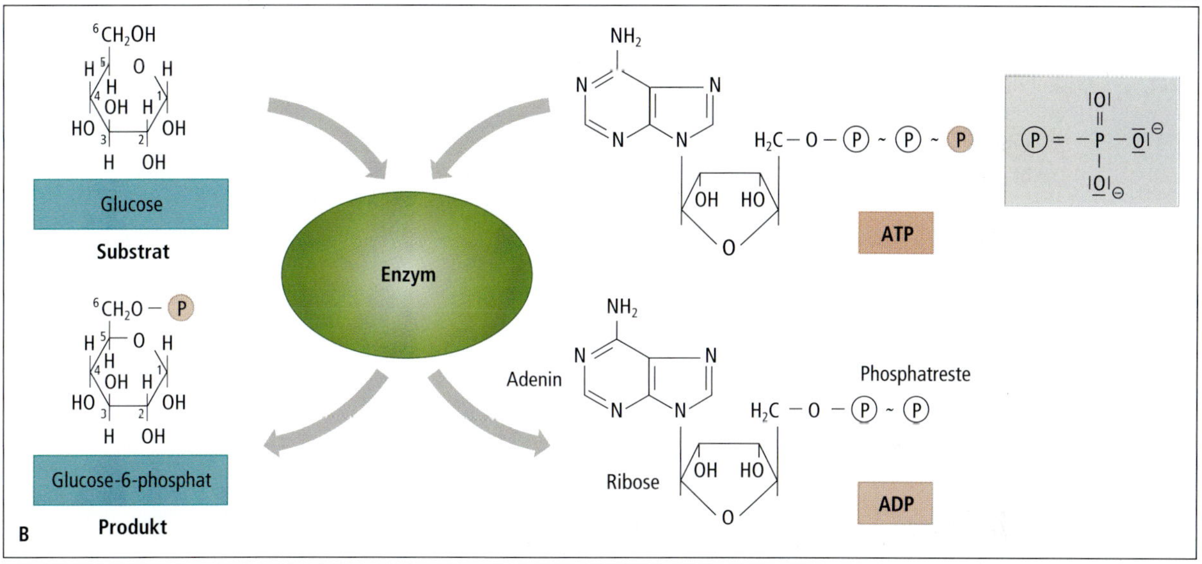

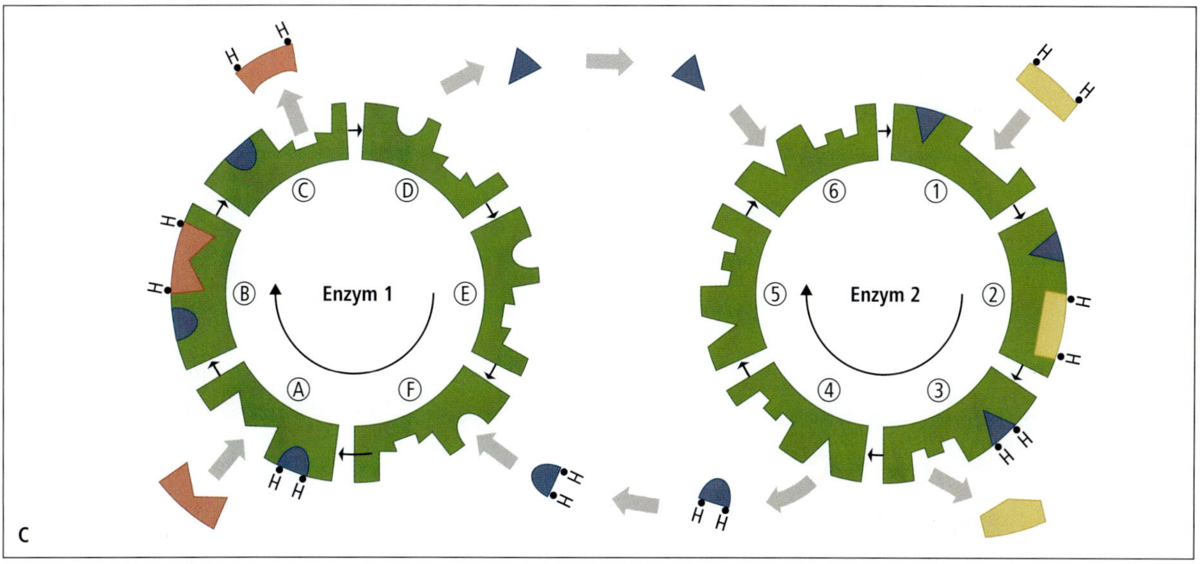

51.1 Cofaktoren als Überträger. A Wasserstoffübertragung durch NADH + H^+/NAD^+; **B** Energieübertragung durch ATP/ADP; **C** Schema

2 Die Zelle als offenes System

2.1 Stoff- und Energieaustausch

Lebewesen existieren nicht im luftleeren Raum, sondern tauschen Stoffe und Energie mit ihrer Umgebung aus. Darüber hinaus stehen sie mit anderen Organismen in Beziehung. Man kann Organismen in ihrer Umwelt als System betrachten. Ein System definiert sich aus Systemelementen (Stoffe, Energie), Systemgrenzen (Membranen, Haut) und Wechselwirkungen (Stoffflüsse).
Organismen und damit auch die Zelle als kleinste Baueinheit stehen mit ihrer Umwelt in Wechselwirkung und sind daher **offene Systeme.** Sie können nur durch ständige Energieaufnahme existieren. Pflanzen und fotosynthetische Bakterien verwenden hierfür als Energiequelle Lichtenergie sowie Kohlenstoffdioxid und weitere anorganische Stoffe. Menschen und Tiere erhalten chemische Energie durch den Verzehr von Pflanzen oder Tieren. Mit einem Teil der Energie werden lebenswichtige Funktionen wie Wachstum und Vermehrung ausgeführt. Der Rest der Energie geht als Wärme verloren. Dabei betreibt jede Zelle einen Kreislauf chemischer Reaktionen, den *Stoffwechsel*. Zellen nehmen notwendige Stoffe auf, bauen diese in körpereigene organische Stoffe um und geben auch Zellprodukte ab. Im **katabolischen** (gr. *katabolein*, abbauen) Stoffwechsel werden Nährstoffmoleküle in kleinere Moleküle, Bausteine für die Biosynthese, zerlegt. Damit einher geht ein Energiegewinn. Demgegenüber werden im **anabolischen** (gr. *anabolein*, aufbauen) Stoffwechsel unter Energieaufwand Makromoleküle – zum Beispiel Proteine, Kohlenhydrate, Fette – produziert, aus denen die Zelle besteht. Dabei ist es eine einzigartige Fähigkeit der Lebewesen, bei diesen Prozessen Ordnung zu erzeugen und aufrecht zu erhalten.

Eine ausdifferenzierte Zelle, die sich nicht teilt oder wächst, nimmt je Zeiteinheit etwa die gleiche Menge an Stoffen auf wie abgegeben wird. Auch der Zufluss von Lichtenergie in einer pflanzlichen oder chemischer Energie in einer tierischen Zelle entspricht dem Abfluss von Wärme- oder chemischer Energie aus diesen Zellen an die Umwelt. Jeder zelluläre Stoff- und Energiewechsel und damit auch jede einzelne Zelle befinden sich deswegen in einem **Fließgleichgewicht.** Dabei bestimmt die langsamste Zwischenreaktion in der Zelle die Durchflussrate durch dieses offene System. Gesteuert und kontrolliert wird der Zu- und Abfluss von Stoffen selektiv durch die *Zellmembran*. Die Zelle ist in der Lage, auf Störungen wie Nährstoff- oder Energiemangel zu reagieren. Dieses geschieht in der Zelle durch Regelung der Enzymaktivität oder Enzymsynthese. Die Zelle ändert dabei ihre Membrandurchlässigkeit oder steuert Transportvorgänge um. Mit dem Tod des Organismus endet dieses Fließgleichgewicht und die Zelle stirbt.

1. Erläutern Sie die Folgen für eine Zelle, wenn sie kein offenes System darstellen würde!

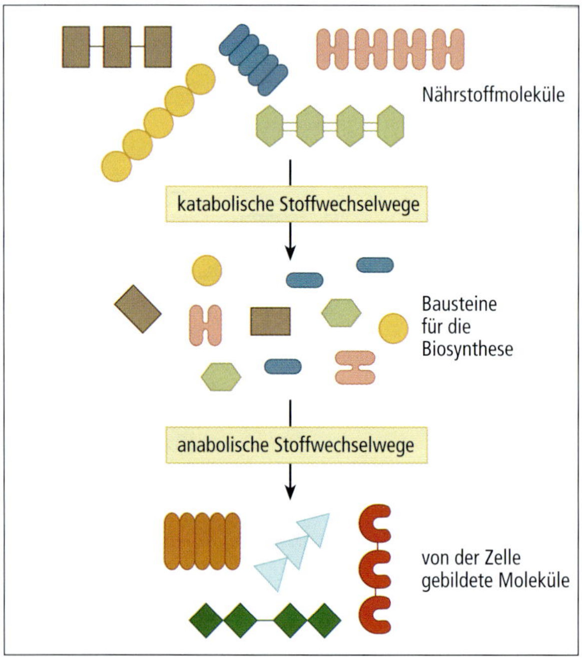

52.1 Katabolische und anabolische Stoffwechselwege

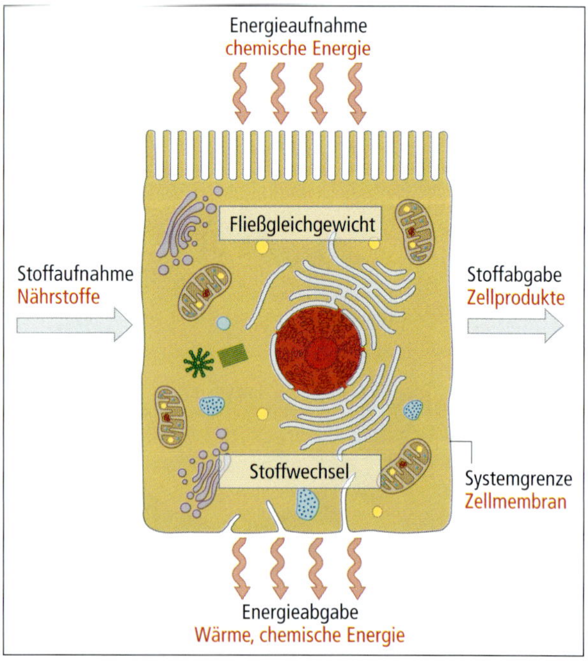

52.2 Fließgleichgewicht am Beispiel der tierischen Zelle

EXKURS Thermodynamik

Überlässt man leblose Dinge sich selbst, so geraten sie spontan in Unordnung: ein altes Haus zerfällt, tote Lebewesen verwesen. Um dieser Unordnung entgegenzuwirken, ist ein ständiger Energieinput notwendig. Im Kühlschrank zum Beispiel wird elektrische Energie aufgewendet, um den spontanen Prozess der Verwesung von Lebensmitteln zu verlangsamen. Das Fachgebiet, das sich mit der Energieumwandlung beschäftigt, ist die **Thermodynamik.**

Der **erste Hauptsatz der Thermodynamik** sagt, dass Energie weder geschaffen noch vernichtet werden kann. Eine Energieform kann nur in eine andere umgewandelt werden. So sind chemisch gebundene Energie, elektrische Energie, Bewegungsenergie, Lageenergie und Wärmeenergie ineinander überführbar. Der **zweite Hauptsatz der Thermodynamik** besagt, dass in einem System ohne Energiezufuhr der Grad der Unordnung stets zunimmt. Dies ist ein spontaner Prozess.

Das Maß der Unordnung eines Systems ist die **Entropie.** Die Entropie ist umso größer, je größer die Unordnung ist. Lebende Zellen erzeugen molekulare Ordnung, indem sie zum Beispiel aus kleineren Molekülen größere synthetisieren. Dies steht scheinbar im Widerspruch zum zweiten Hauptsatz. Wie kann das funktionieren?

Eine Zelle ist ein offenes System, das nur mit andauerndem energetischen Aufwand die innere Ordnung aufrecht erhalten kann. Sie nimmt Energie in Form von Lichtenergie oder Nährstoffen aus ihrer Umgebung auf und verwendet diese, um Ordnung zu schaffen. Dabei wird ein Teil der aufgewendeten Energie in Wärme umgewandelt. Die Wärme wird an die Umgebung der Zelle abgegeben. Die molekulare Teilchenbewegung nimmt zu und bringt die Umgebung in Unordnung. Damit nimmt die gesamte Entropie, die der Zelle und der Umgebung, zu, so wie es der zweite Hauptsatz der Thermodynamik verlangt.
Eine Größe, aus der man ableiten kann, ob eine Reaktion spontan abläuft, ist die **Freie Energie G.** Sie ist die Triebkraft der Stoffwechselreaktionen. Ihre Veränderung beim Übergang eines Systems von einem Ausgangs- in einen Endzustand wird als Delta G (ΔG) bezeichnet. Spontan ablaufende Reaktionen sind solche, die ein negatives ΔG aufweisen. Man nennt sie **exergonische Reaktionen.** Damit ein Vorgang exergonisch ablaufen kann, muss das System entweder Energie abgeben, seine Ordnung verringern oder beides. Reaktionen mit positivem ΔG, **endergonische Reaktionen,** schaffen Ordnung im System. Diese Reaktionen können nur stattfinden, wenn sie an eine zweite Reaktion gekoppelt sind, deren negatives ΔG so groß ist, dass auch das ΔG der Gesamtreaktion negativ ist. Sind exergonische und endergonische Reaktionen räumlich oder zeitlich getrennt, übermitteln *Trägermoleküle*, wie zum Beispiel ATP, die Energie. ATP-Moleküle können so Energie verbrauchende Zellvorgänge, wie Transportarbeit in den Membranen oder mechanische Arbeit in den Muskeln, ermöglichen.

1. Formulieren Sie die beiden Hauptsätze der Thermodynamik in eigenen Worten!
2. Erläutern Sie die Bedeutung der beiden Hauptsätze der Thermodynamik für die Funktion einer lebenden Zelle!
3. Erklären Sie, wodurch die abgegebene Wärmeenergie einer Zelle zu einer Zunahme der Entropie in ihrer Umgebung führt!

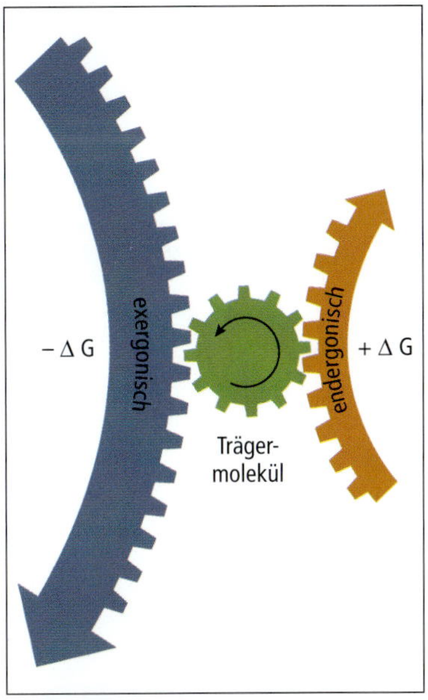

53.1 Antrieb einer endergonischen Reaktion durch Kopplung mit einer exergonischen

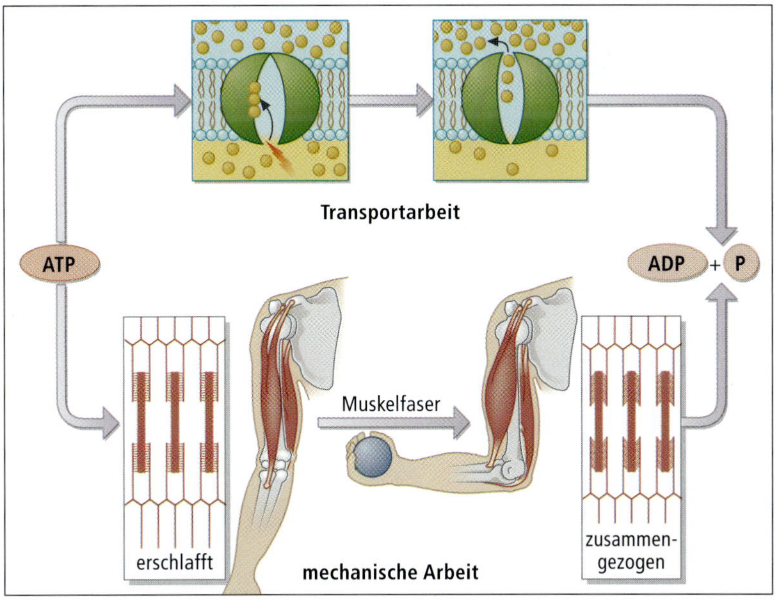

53.2 ATP als universeller Energieträger

2.2 Energieübertragung in der Zelle

Alle Lebewesen müssen Arbeit leisten. Dabei tauschen sie als offene Systeme Stoffe und Energie mit ihrer Umgebung aus. Dieser Austausch dient auf molekularer Ebene chemischer Arbeit wie bei der Synthese von DNA oder Proteinen. Auf zellulärer Ebene findet Transportarbeit statt, mit der Konzentrationsgradienten aufrecht erhalten oder Ionen über die Membran aufgenommen werden. Auch die Bewegung der Chromosomen durch Spindelfasern gehört dazu. Auf organischer Ebene ist mechanische Arbeit zu leisten, wenn beispielsweise Muskelzellen kontrahieren.

Solche Energie verbrauchenden, endergonischen Reaktionen können nur stattfinden, wenn der Energiebedarf durch Kopplung mit Energie liefernden, exergonischen Reaktionen gedeckt wird. Läuft eine exergonische Reaktion ab, soll die frei werdende Energie nicht als Wärme an die Umgebung verschwendet, sondern eine endergonische Reaktion angetrieben werden. Man bezeichnet diesen Prozess, bei dem sich Energie liefernde und Energie verbrauchende Reaktionen wechselseitig antreiben, als **Energiekopplung.**

Ort und Zeitpunkt der Energiebildung und des Energieverbrauchs können unterschiedlich sein. Zu diesem Zweck wird in der Zelle Energie von Reaktionen, die diese freisetzen, wie zum Beispiel der Abbau von Nährstoffmolekülen, zeitweise gespeichert. Zu einem späteren Zeitpunkt und an anderer Stelle kann diese Energie dann beispielsweise zum Aufbau von Makromolekülen verwendet werden. In den meisten Fällen erfolgt die Speicherung der Energie als chemische Bindungsenergie in **Trägermolekülen.** Diese lagern Energie in einer leicht austauschbaren Form zwischen, entweder als übertragbare chemische Gruppen in Form von **ATP** oder als Elektronen etwa in Form von reduziertem **NADH + H$^+$** und **NADPH + H$^+$.** Solche Energieträger diffundieren sehr schnell durch die Zelle und tragen die gebundene Energie von dem Ort der Energieerzeugung zu den Stellen Energie erfordernder Zellaktivitäten.

Das wichtigste und am vielseitigsten einsetzbare Trägermolekül für Energie in der Zelle ist ATP. Die drei Phosphatgruppen des ATPs stoßen sich durch vier negative Ladungen auf engstem Raum stark ab, vergleichbar mit einer gespannten Feder. Deshalb kann die endständige Phosphatgruppe des ATPs leicht abgespalten werden, die Feder entspannt sich. Dabei entsteht durch Zufuhr von Wasser ADP und anorganisches Phosphat. Bei dieser Reaktion wird Energie in der Größenordnung von etwa 30 Kilojoule pro Mol frei, womit Energie verbrauchende Reaktionen angetrieben werden können. Das dabei gebildete ADP wird in einer endergonischen Phosphorylierungsreaktion durch Anlagerung einer Phosphatgruppe unter Wasserabspaltung in ATP zurückverwandelt.

Die ATP-Regeneration muss mit einer exergonischen Reaktion gekoppelt sein. Beispiele für Vorgänge, die genügend Energie zur Regeneration von ATP liefern, sind die Glykolyse, die Atmungskette, der Fettabbau und die lichtabhängige Reaktion der Fotosynthese.

ATP ist somit ein *universelles Speicher- und Transportmittel für Energie* und kann – wie Geld – eingesetzt werden, um für chemische Reaktionen zu zahlen, die sonst nicht stattfinden könnten.

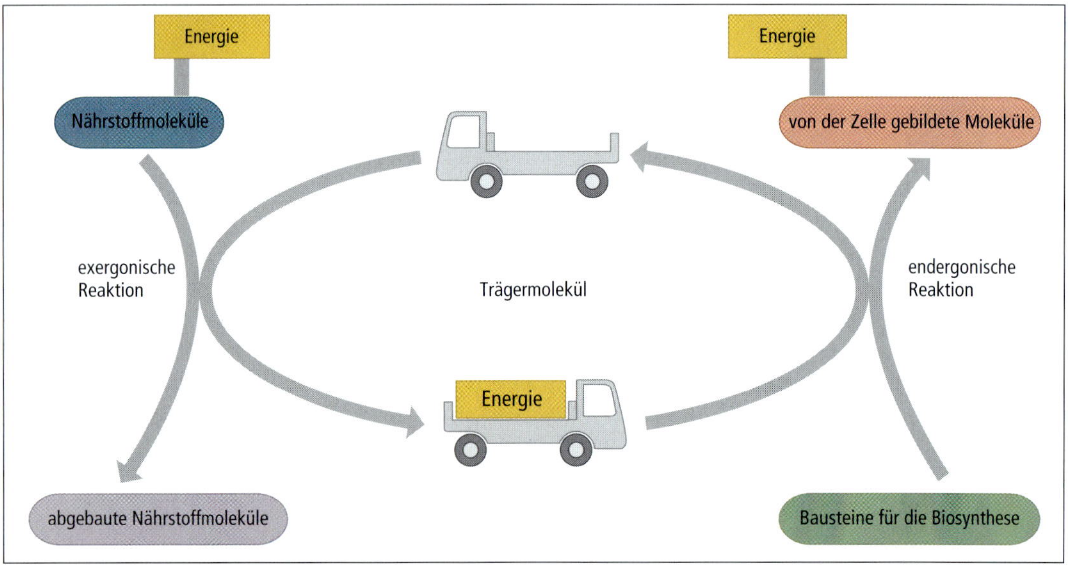

54.1 Die Rolle von Trägermolekülen im Stoffwechsel

PRAKTIKUM Energetische Kopplung

1 Muskelkontraktion

Material: Rindfleisch von Bauch- oder Zwerchfellmuskeln (möglichst schlachtfrisch); Präparierbesteck; Zahnstocher; Baumwollbindfaden; Glaspetrischalen; 2 Erlenmeyerkolben Weithals (250 ml); Pasteurpipetten; Pasteurpipetten mit kleiner, kugeliger Spitze (durch Glühen herstellen); Stereolupe; Mikroskop mit Zubehör; Millimeterpapier; wässrige, auf etwa 0 °C gekühlte Glycerin-Lösungen (50 %ig und 25 %ig); ATP-Lösung (3 %ig) in Kaliumchlorid-Lösung (KCl, 0,05 mol/l); Magnesiumchlorid-Lösung ($MgCl_2$, 0,001 mol/l); TRIS-Puffer (0,01 mol/l, Xi); Eisbad

Durchführung: Entfernen Sie die Muskelhaut des Fleischstücks mit einer feinen Pinzette und einem Skalpell!

Präparieren Sie 2 bis 5 mm dicke und mindestens 3 bis 5 cm lange Muskelfaserstücke unter Zuhilfenahme von Pinzette, Skalpell und Pasteurpipetten mit kugeliger Spitze, ohne die Fasern in der Mitte zu quetschen! Binden Sie die isolierten Faserstücke mit dem Faden an die Zahnstocher an und strecken Sie diese vorsichtig!

Legen Sie die Muskelfaserstücke sofort in vorgekühlte 50 %ige Glycerin-Lösung im Erlenmeyerkolben und halten Sie die Temperatur auf 0 °C! Erneuern Sie die eisgekühlte Glycerin-Lösung nach 24 Stunden!

Führen Sie die Muskelfasern für eine Stunde in eisgekühlte 25 %ige Glycerin-Lösung über! Waschen Sie die Muskelfasern in TRIS-Puffer! Teilen Sie die Muskelfasern unter der Stereolupe in möglichst dünne Faserbündel auf! Fassen Sie dabei nur die Faserbündelenden fester an!

Bringen Sie die Feinfaserbündel in eine Petrischale und bestimmen Sie mit einem untergelegten Millimeterpapier ihre Länge!

Geben Sie mit einer Pipette einige Tropfen $MgCl_2$-Lösung und KCl-Lösung hinzu!

Geben Sie nun einige Tropfen ATP-Lösung dazu!

Verfolgen Sie die Änderung der Faserlänge unter Zuhilfenahme der Stereolupe! Bestimmen Sie nach 3 Minuten die Endlänge der Faser!

Beobachten Sie die Kontraktion unter dem Mikroskop, indem Sie Feinfaserbündel in TRIS-Puffer auf einen Objektträger legen und dann wenig KCl-Lösung, $MgCl_2$-Lösung und ATP-Lösung zugeben!

Aufgaben:

a) Vorausgesetzt die kleinste Muskeleinheit einer Faser kontrahiert sich um 3 nm: Berechnen Sie, wie viele solcher Muskeleinheiten der Faser aktiv sind, um die Muskelfaser um 3 mm zu verkürzen!

b) Erläutern Sie, warum die Kontraktion weniger stark ausfällt, wenn eine ATP-Lösung geringerer Konzentration eingesetzt wird!

2 Stärkesynthese

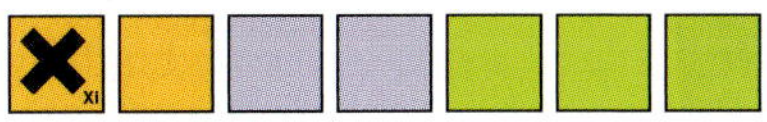

Sachinformation: Zur Vermeidung eines Anstiegs des osmotischen Wertes in der Kartoffelknolle wird aus Glucose-1-Phosphat (G-1-P) der wasserunlösliche Speicherstoff Stärke gebildet.

Die Synthese von Stärke läuft in den Leukoplasten wie folgt ab:

$$\text{G-1-P} + \text{ATP} \xrightarrow{\text{ADP-Glucose-Phosphorylase}} \text{ADP-Glucose} + \text{Pyrophosphat}$$

$$\text{ADP-Glucose} \xrightarrow{\text{Stärkesynthase}} \text{Stärke} + \text{ADP}$$

In vitro ist eine Stärkesynthese aus G-1-P und Kartoffelpresssaft möglich, der die Enzyme zum Aufbau von Stärke enthält.

Material: Reibe; Saugflasche; BÜCHNER-trichter mit passendem Rundfilter; Wasserstrahlpumpe; Reagenzgläser; Reagenzglasständer; Tüpfelplatte mit 3 × 4 Vertiefungen; Tropfpipetten; Stoppuhr; frische Kartoffelknolle; LUGOLsche Lösung (Xi); Glucose-Lösung (1 %ig), G-1-P-Lösung (1 %ig)

Durchführung: Reiben Sie eine mittelgroße Kartoffel! Filtrieren Sie den Reibebrei unter Vakuum durch den BÜCHNER-trichter! Benutzen Sie den Presssaft innerhalb von 30 Minuten!

Geben Sie mit der Tropfpipette je 5 Tropfen Kartoffelpresssaft in die 12 Vertiefungen der Tüpfelplatte! Starten Sie die Stoppuhr und geben Sie zügig in die oberste waagerechte Reihe der Tüpfelplatte je 2 Tropfen Glucose-Lösung, in die mittlere Reihe je 2 Tropfen G-1-P-Lösung! In der untersten Reihe erfolgt keine Zugabe!

Geben Sie nach exakt 5 Minuten je 2 Tropfen LUGOLsche Lösung in die erste senkrechte Spalte der Tüpfelplatte! Wiederholen Sie die Zugabe der LUGOLschen Lösung nach 10 Minuten in der zweiten Spalte, nach 15 Minuten in der dritten und nach 20 Minuten in der letzten Spalte der Tüpfelplatte! Die obere Abbildung zeigt die Stärkesynthese nach 10 Minuten, die untere das Experiment nach 20 Minuten.

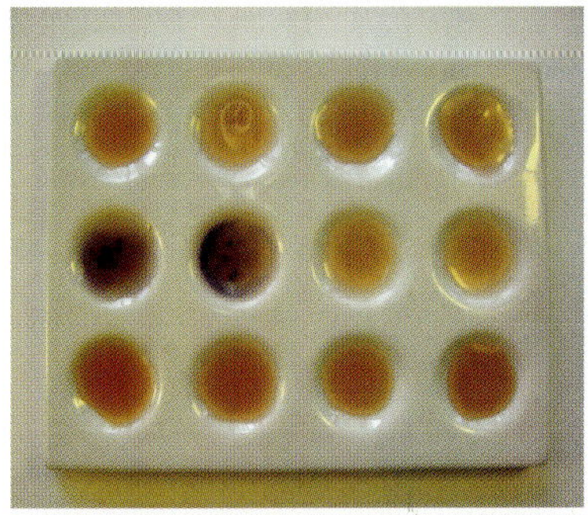

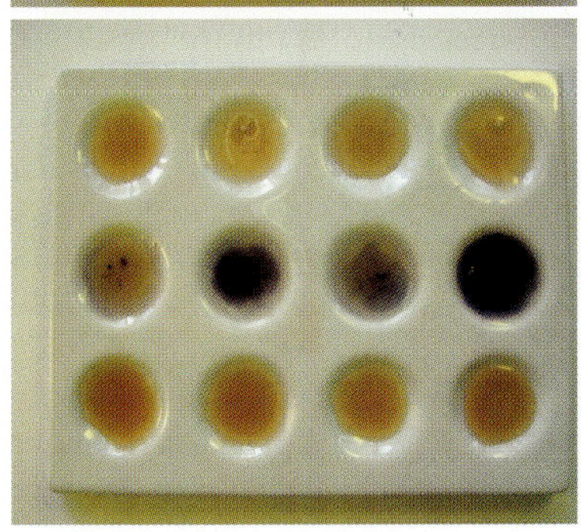

Aufgaben:

a) Beobachten und protokollieren Sie die Versuchsansätze nach Zugabe der LUGOLschen Lösung!

b) Welche Bedeutung hat der filtrierte Kartoffelpresssaft im Experiment?

c) Welche Bedeutung hat die Zugabe von LUGOLscher Lösung?

d) Erklären Sie die Versuchsergebnisse der drei Reihen!

e) Beschreiben Sie am Beispiel der keimenden Kartoffelknolle die biologische Bedeutung der Energiespeicherung!

3 Energiegewinnung bei heterotrophen Organismen

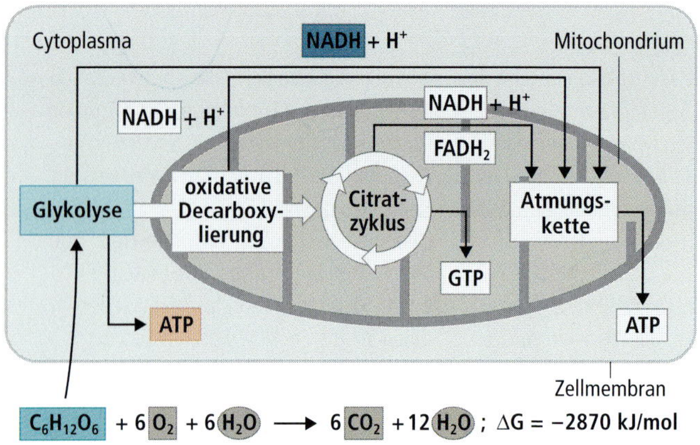

56.1 Dissimilation: Glykolyse

3.1 Glykolyse

Verbrennt man Glucose in reinem Sauerstoff vollständig, entstehen Kohlenstoffdioxid und Wasser. Dabei wird Energie freigesetzt, die mit einem Kalorimeter gemessen werden kann. Diese Oxidation erfolgt nach folgender Reaktionsgleichung:

$$C_6H_{12}O_6 + 6\,O_2 \longrightarrow 6\,CO_2 + 6\,H_2O; \quad \Delta H < 0$$

In Lebewesen wird bei der Atmung ebenfalls Glucose oxidiert. Diese Oxidation verläuft jedoch nicht als Verbrennung mit offener Flamme. Zur Aufklärung der Stoffwechselprozesse bei der Umwandlung von Glucose mit Hilfe von Sauerstoff, der *Zellatmung* oder **Dissimilation**, können beteiligte Moleküle mit seltenen Isotopen markiert werden. Nach einiger Zeit kann dann untersucht werden, an welchen Orten innerhalb der Zelle und in welchen chemischen Verbindungen diese Isotope nachweisbar sind. Beim Verfolgen von radioaktiven Isotopen in der Zelle spricht man von *Autoradiografie*.
Werden die bei der Atmung zugeführten Sauerstoffmoleküle mit dem schweren Isotop ^{18}O markiert, so finden sich diese Sauerstoffisotope anschließend in Wassermolekülen. Demnach wird der Sauerstoff zur Herstellung von Wasser und nicht zur Oxidation des Kohlenstoffs der Glucose verwendet. Die Reaktionsgleichung der Glucoseoxidation bei der Zellatmung lautet also:

$$C_6H_{12}O_6 + 6\,{}^{18}O_2 + 6\,H_2O \longrightarrow 6\,CO_2 + 12\,H_2{}^{18}O; \quad \Delta G = -2870\ \text{kJ/mol}$$

Durch radioaktive Markierung der Kohlenstoffatome mit dem Isotop ^{14}C in der Glucose lassen sich weitere Informationen über die Reaktionsschritte bei der Atmung gewinnen. Die Radioaktivität kann man zunächst im Zellplasma nachweisen. Hier finden sich schließlich die markierten Kohlenstoffatome in einer sich anhäufenden Verbindung mit drei Kohlenstoffatomen, der *Brenztraubensäure*. Säuren und Salze liegen im wässerigen Milieu der Zelle vorwiegend dissoziiert vor. Ein Brenztraubensäure-Molekül dissoziiert daher in ein *Pyruvat-* (= Säurerest-Anion) und ein Wasserstoff-Ion.

Der Stoffwechselweg, der von der Glucose zum Pyruvat führt, wird als **Glykolyse** bezeichnet (griech. *glycos*, süß, *lysis*, Auflösung). Er beginnt mit einer Aktivierung des Glucosemoleküls durch die Übertragung einer Phosphatgruppe vom Cofaktor ATP auf die Glucose mithilfe des Enzyms Hexokinase. Es entsteht *Glucose-6-phosphat*. Dieses wird anschließend durch das Enzym Glucose-6-phosphat-Isomerase zu *Fructose-6-phosphat* umgelagert. Ein weiteres Enzym, die Phosphofructokinase, überträgt dann eine zweite Phosphatgruppe vom Cofaktor ATP auf Fructose-6-phosphat. Das Produkt, *Fructose-1,6-bisphosphat*, wird durch das Enzym Aldolase in zwei C_3-Verbindungen gespalten, nämlich *Glyceral-3-phosphat* und *Glyceron-3-phosphat*. Diese Verbindungen sind isomer und stehen miteinander im chemischen Gleichgewicht. Die Umwandlung dieser Isomere ineinander wird durch das Enzym Triosephosphat-Isomerase erleichtert. Glyceral-3-phosphat wird zu *1,3-Bisphosphoglycerat* umgewandelt. Dieser Reaktionsschritt wird durch das Enzym Glycerinaldehyd-3-phosphat-Dehydrogenase katalysiert. Die Bezeichnung Dehydrogenase weist auf die Abspaltung von zwei Wasserstoffatomen hin, deren Elektronen auf NAD^+ übertragen werden. Außerdem wird eine anorganische Phosphatgruppe aus dem Cytoplasma auf das Substratmolekül übertragen.
1,3-Bisphosphoglycerat reagiert dann über drei Zwischenstufen weiter bis zum *Pyruvat*. Zunächst wird durch das Enzym Phosphoglycerat-Kinase eine Phosphatgruppe auf ADP übertragen. Eine solche Übertragung einer Phosphatgruppe bezeichnet man als *Phosphorylierung*. Das Produkt, *3-Phosphoglycerat*, wird durch die Enzyme Phosphoglycerat-Mutase und Enolase über *2-Phosphoglycerat* zu *Phosphoenolpyruvat* umgewandelt. Schließlich erfolgt mithilfe des Enzyms Pyruvat-Kinase eine weitere Phosphorylierung unter Bildung von Pyruvat.
Ein Teil der im Verlauf der Glykolyse umgewandelten Energie wird als chemische Energie gespeichert: Pro Mol Glucose werden zwei Mol ATP und zwei Mol des reduzierten Cosubstrates $NADH + H^+$ gebildet.

1. Erläutern Sie den Einsatz von radioaktiven Isotopen bei der Aufklärung von Stoffwechselprozessen am Beispiel der Glykolyse!

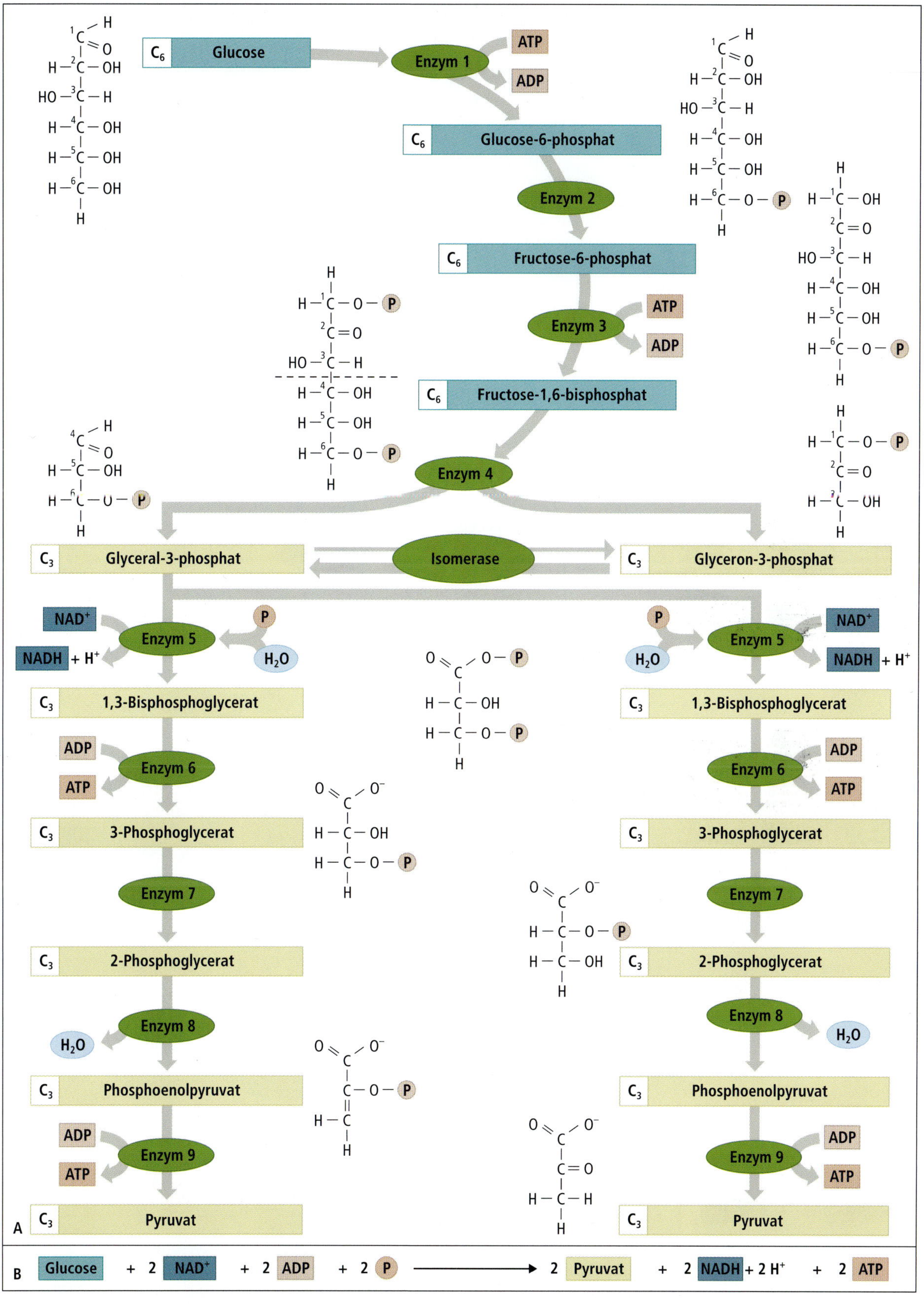

57.1 Glykolyse. A Schema; **B** Bilanzgleichung

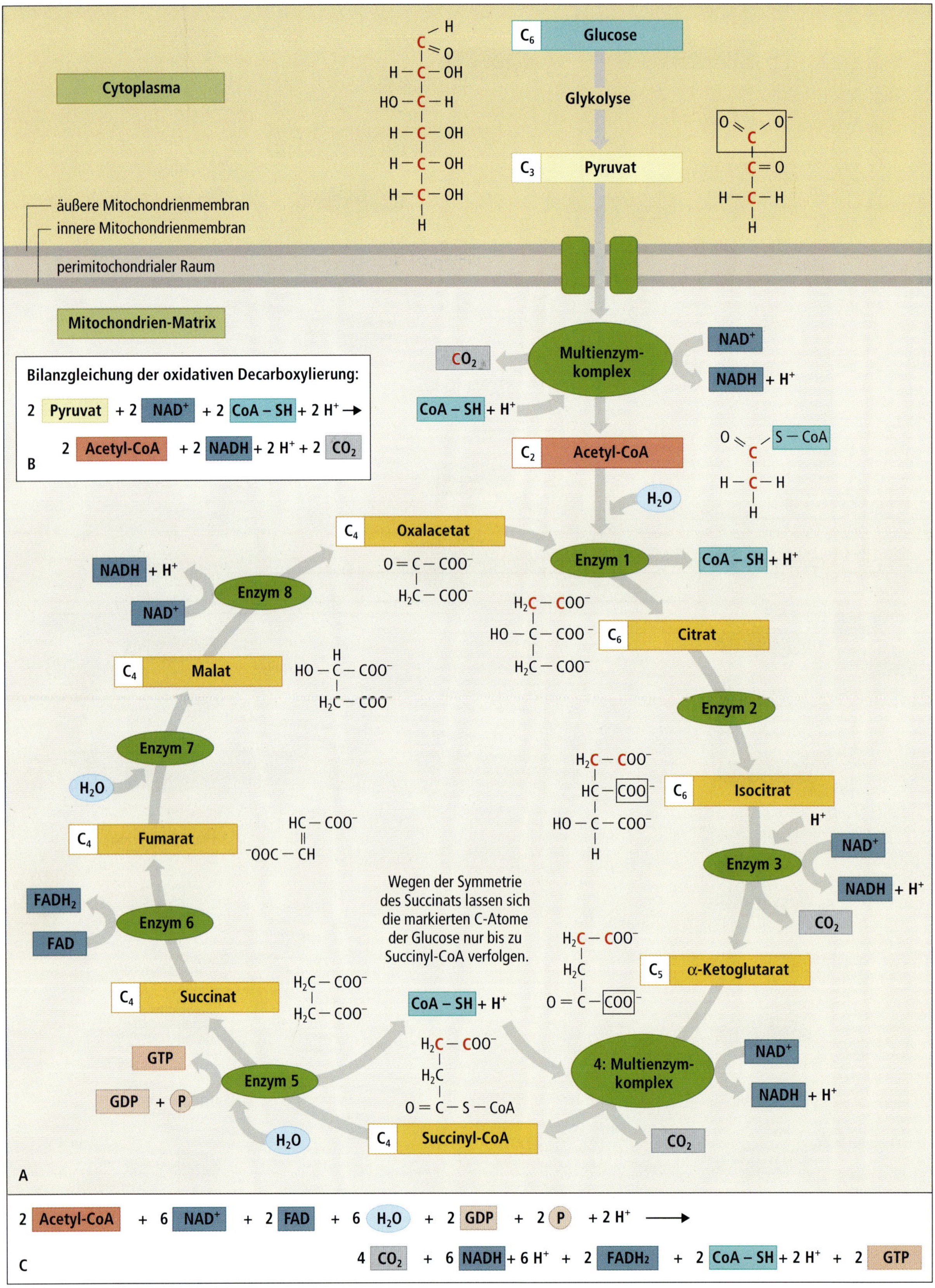

58.1 Oxidative Decarboxylierung und Citratzyklus. A Schema; **B** Bilanzgleichung der oxidativen Decarboxylierung; **C** Bilanzgleichung des Citratzyklus

3.2 Citratzyklus

Verfolgt man nach der Glykolyse den Weg der markierten Kohlenstoffatome der Glucosemoleküle weiter, so findet man sie nach einiger Zeit in der Matrix der Mitochondrien. Offenbar wird das Produkt der Glykolyse, das Pyruvat, in die Mitochondrien eingeschleust. Dieses geschieht mithilfe von Transportproteinen, den Carriern.

Schon kurz nachdem die Pyruvat-Ionen in die Mitochondrien gelangt sind, entweicht ein Teil der markierten Kohlenstoffatome in Form von Kohlenstoffdioxid aus der Zelle. Die übrigen markierten Kohlenstoffatome lassen sich zunächst in Acetyl-Gruppen nachweisen. Das freigesetzte Kohlenstoffdioxid stammt aus der Carboxylgruppe des Pyruvats. Unmittelbar nach der Abspaltung des Kohlenstoffdioxids (Decarboxylierung) vom Pyruvat-Ion wird das verbleibende Ion durch Elektronenentzug oxidiert. Man spricht daher bei diesem Prozess von einer **oxidativen Decarboxylierung.** Die Elektronen werden gemeinsam mit zwei Protonen auf NAD^+ übertragen, das dadurch zu $NADH + H^+$ reduziert wird. Die resultierende Acetylgruppe wird auf ein Cosubstrat (Coenzym A, kurz: CoA) übertragen und dadurch aktiviert. Der gesamte Prozess wird von einem Multienzymkomplex, dem Pyruvat-Dehydrogenase-Komplex, katalysiert.
Später findet man die markierten Kohlenstoffatome in Verbindungen, die über einen Kreisprozess miteinander in Beziehung stehen. Die an das Cosubstrat gebundene Acetylgruppe aus der oxidativen Decarboxylierung des Pyruvats wird in diesen Kreisprozess eingebracht, indem sie an ein Ion mit vier Kohlenstoffatomen, das *Oxalacetat*, geknüpft wird. Für diese Reaktion ist das Enzym Citrat-Synthase verantwortlich. Es entsteht *Citrat*, das Säurerest-Anion der *Citronensäure*, eine C_6-Verbindung. Nach dieser Verbindung wurde der gesamte Kreisprozess benannt (**Citratzyklus** oder *Citronensäurezyklus*).
Das Citrat wird nun durch das Enzym Aconitat-Hydratase (kurz: Aconitase) in eine isomere Verbindung, das *Isocitrat*, umgewandelt. Das Enzym Isocitrat-Dehydrogenase oxidiert anschließend das Isocitrat unter Abspaltung von Kohlenstoffdioxid zu *α-Ketoglutarat*, einem C_5-Körper. Dabei wird NAD^+ zu $NADH + H^+$ reduziert. Es folgt eine weitere oxidative Decarboxylierung durch den α-Ketoglutarat-Dehydrogenase-Komplex: Wiederum wird ein Kohlenstoffdioxidmolekül abgespalten und NAD^+ zu $NADH + H^+$ reduziert. Das Produkt dieser Reaktion wird an ein Cosubstrat A geknüpft, sodass schließlich *Succinyl-CoA* entsteht. Das Cosubstrat A wird dann von einer Phosphatgruppe ersetzt, die anschließend durch Phosphorylierung auf Guanosindiphosphat (GDP) übertragen wird. Dadurch bilden sich *Succinat*, das Säurerest-Anion der *Bernsteinsäure*, und Guanosintriphosphat (GTP). Katalysiert wird dieser Schritt von der Succinyl-CoA-Synthetase. Succinat ist eine C_4-Verbindung. GTP ist eine energiereiche Verbindung mit gleichem Energiegehalt wie ATP. Unter Reduktion von Flavinadenindinucleotid (FAD) zu $FADH_2$ wird aus dem *Succinat* das *Fumarat*, welches wiederum zu *Malat*, dem Säurerest-Anion der *Äpfelsäure*, umgewandelt wird. Die dabei wirksamen Enzyme heißen Succinat-Dehydrogenase und Fumarat-Hydratase (kurz: Fumarase). Schließlich wird das Malat durch die Malat-Dehydrogenase unter Reduktion von NAD^+ zu $NADH + H^+$ zu Oxalacetat oxidiert. Damit wird der Akzeptor für eine Acetylgruppe regeneriert. Der Kreisprozess kann von neuem beginnen.
Neben zwei Mol Kohlenstoffdioxid entstehen pro Umlauf des Citratzyklus, also pro eingeschleustem Mol Acetyl-CoA, insgesamt drei Mol $NADH + H^+$ aus der Reduktion von NAD^+ sowie ein Mol $FADH_2$ aus der Reduktion von FAD. Außerdem wird ein Mol GTP aus GDP und anorganischem Phosphat gebildet.

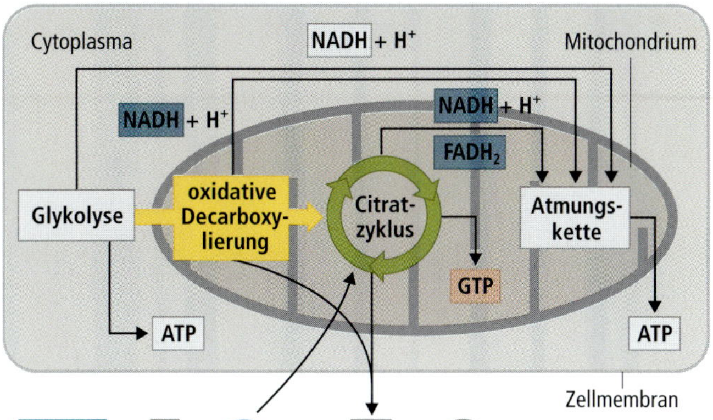

$C_6H_{12}O_6 + 6\,O_2 + 6\,H_2O \longrightarrow 6\,CO_2 + 12\,H_2O$; $\Delta G = -2870$ kJ/mol

59.1 Dissimilation: Citratzyklus

Der Citratzyklus steht mit vielen anderen Stoffwechselwegen direkt oder indirekt in Verbindung. Man kann ihn geradezu als Drehscheibe des Stoffwechsels bezeichnen. So können etwa Aminosäuren an verschiedenen Stellen in den Zyklus eingeschleust werden oder durch Umwandlungen aus Zwischenstufen des Citratzyklus hergestellt werden. Auch Fettsäuren gelangen bei ihrer Zerlegung über die Zwischenstufe Acetyl-CoA in den Citratzyklus.

1. Stellen Sie selbst eine Bilanz des Citratzyklus auf! Nehmen Sie nur Abbildung 58.1 A zu Hilfe!
2. Wie ist es möglich, dass die Reaktionsschritte des Citratzyklus in der richtigen Reihenfolge ablaufen, obwohl die beteiligten Verbindungen frei in der Matrix des Mitochondriums beweglich sind?
3. In welchen Verbindungen befinden sich die markierten Kohlenstoffatome nach langer Zeit?

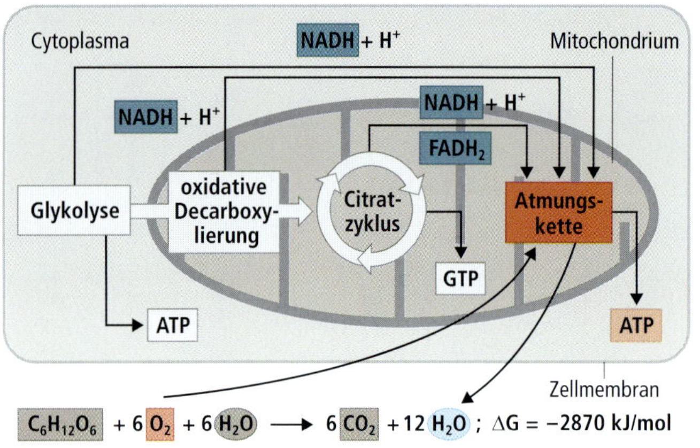

60.1 Dissimilation: Atmungskette

3.3 Atmungskette

Zieht man eine Bilanz aus der Glykolyse und dem Citratzyklus, stellt man fest, dass Sauerstoff noch nicht verwendet wurde. Als Produkte sind Kohlenstoffdioxid und die Wasserstoffträger NADH + H^+ und $FADH_2$ entstanden. Da NAD^+ (oxidierte Form) durch 2 Elektronen und 2 Protonen zu NADH + H^+ (reduzierte Form) umgewandelt wurde, bezeichnet man NAD^+/NADH + H^+ und FAD/$FADH_2$ als Redoxpaare und NADH + H^+ sowie $FADH_2$ als Reduktionsäquivalente. Ein Glucosemolekül ist demnach in Kohlenstoffdioxid und Wasserstoff zerlegt worden, der in Form von Reduktionsäquivalenten in der Mitochondrienmatrix vorliegt.

Im Raum zwischen der äußeren und der inneren Membran eines Mitochondriums, dem *perimitochondrialen Raum*, häufen sich Protonen (H^+-Ionen) an. Sie stammen aus der Oxidation von $FADH_2$ und NADH + H^+ zu FAD und NAD^+. Die dabei abgegebenen Elektronen werden getrennt von den Protonen auf Sauerstoff übertragen. Formal entspricht diese Reaktion einer Knallgasreaktion, bei der Wasserstoff und Sauerstoff explosionsartig zu Wasser reagieren. In den Mitochondrien erfolgt die Bildung von Wasser aus der Reaktion von Wasserstoff mit Sauerstoff schrittweise in einer Reaktionskette, der **Atmungskette.** Auf diese Weise wird die Zelle bei der Energiefreisetzung nicht geschädigt.
An der Atmungskette sind einige Proteine wie die NADH-Dehydrogenase (FMN) und verschiedene Cytochrome sowie eine lipidartige Verbindung, das Ubichinon, beteiligt. Abgesehen von Ubichinon und Cytochrom c sind diese Verbindungen in vier Enzymkomplexen in die innere Mitochondrienmembran eingelagert. Die Moleküle der Atmungskette sind Elektronentransporter, die durch abwechselnde Aufnahme und Abgabe von Elektronen zwischen einem oxidierten und einem reduzierten Zustand wechseln. Bei den Cytochromen sind Eisenionen für die Reduktions- und Oxidationsvorgänge verantwortlich. Solche gekoppelten Reduktions- und Oxidationsreaktionen bezeichnet man als **Redoxreaktionen.** Zwischen der reduzierten und der oxidierten Form eines Redoxpaares lässt sich eine Spannung messen, das **Redoxpotenzial.** Verschiedene Redoxsysteme haben unterschiedliche Redoxpotenziale, zwischen denen eine Potenzialdifferenz besteht. Die Elektronen fließen vom niedrigeren (negativeren) zum höheren (positiveren) Redoxpotenzial und erhalten dabei einen Energiebetrag, der proportional zur Potenzialdifferenz ist.
In der Atmungskette werden Elektronen von $FADH_2$ und NADH + H^+ nacheinander an Redoxpaare mit positiveren Redoxpotenzialen weitergegeben. Schließlich werden sie auf Sauerstoff übertragen, der dann mit Protonen zu Wasser reagiert. Bei diesem Elektronentransport wird portionsweise Energie abgegeben. Diese Energie wird zum Pumpen von Protonen durch die innere Mitochondrienmembran in den perimitochondrialen Raum verwendet. Die Protonenpumpen sind die Enzymkomplexe I, III und IV der Atmungskette. Es resultiert ein Protonengradient an der inneren Mitochondrienmembran. In diesem *elektrochemischen Gradienten* ist Energie gespeichert. Protonen, die entlang des Gradienten zurück in die Matrix fließen, setzen dabei Energie frei. Diese wird genutzt, um aus ADP und Ⓟ das ATP zu bilden. Ort der *ATP-Synthese* ist der Enzymkomplex ATP-Synthase. Da dieser Vorgang durch Oxidationen angetrieben wird, spricht man von einer **oxidativen Phosphorylierung.** Ein Mol NADH + H^+ liefert höchstens drei Mol ATP. Ein Mol $FADH_2$ liefert maximal zwei Mol ATP, da es über den Enzymkomplex II später in die Atmungskette gelangt.

Die Energiebilanz der Zellatmung ergibt sich also wie folgt: Bei der Glykolyse eines Mols Glucose fallen zwei Mol ATP an. Im Citratzyklus kommen zwei Mol des energetisch gleichwertigen GTPs hinzu. Die Atmungskette liefert bis zu 34 Mol ATP. Zwei Mol ATP gehen allerdings beim Transport der energiereichen Elektronen in das Mitochondrium verloren, die das NADH + H^+ aus der Glykolyse trägt. Netto verbleibt Energie im Gegenwert von maximal 36 Mol ATP. Bei der Phosphorylierung von ADP zu ATP werden rund 30,5 kJ/mol gespeichert. Insgesamt werden pro Mol Glucose somit maximal 1098 kJ in Form von chemischer Bindungsenergie gespeichert. Bei der Oxidation von Glucose zu Wasser und Kohlenstoffdioxid werden aber insgesamt 2870 kJ/mol frei. Derjenige Anteil, der für weitere Stoffwechselprozesse nutzbar gemacht werden kann, der **Wirkungsgrad,** beträgt also höchstens 38 Prozent. Der Rest wird als Wärme abgeführt.

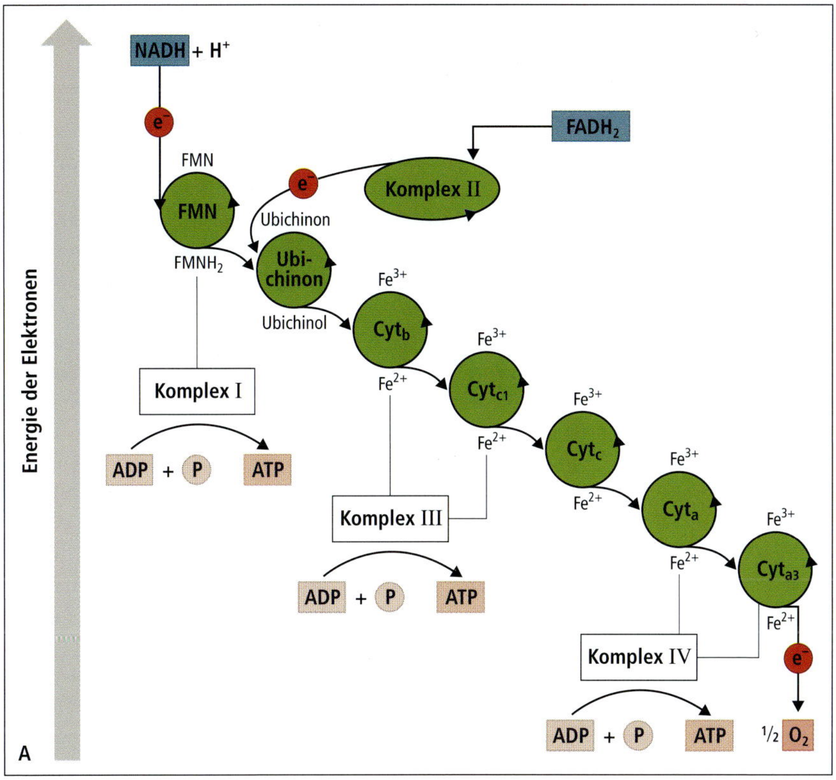

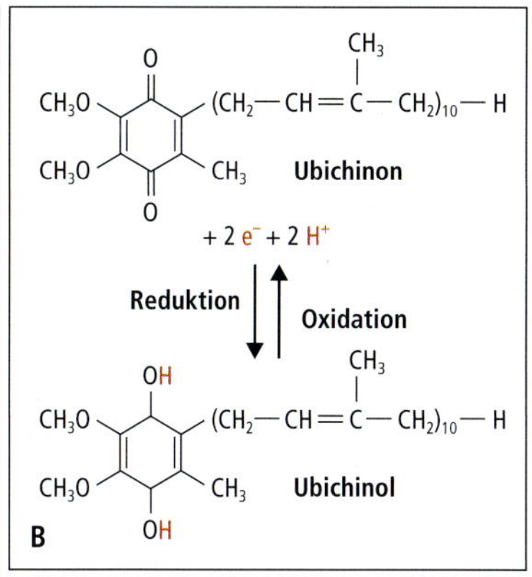

Redoxpotenziale (25 °C, pH 7)

Redoxpaar	E^0 (V)
$NAD^+/NADH$	– 0,320
$FAD/FADH_2$	– 0,219
$FMN/FMNH_2$	– 0,190
Ubichinon/Ubichinol	0,045
$Cyt_b(Fe^{3+})/Cyt_b(Fe^{2+})$	0,077
$Cyt_{c1}(Fe^{3+})/Cyt_{c1}(Fe^{2+})$	0,220
$Cyt_c(Fe^{3+})/Cyt_c(Fe^{2+})$	0,254
$Cyt_a(Fe^{3+})/Cyt_a(Fe^{2+})$	0,290
$Cyt_{a3}(Fe^{3+})/Cyt_{a3}(Fe^{2+})$	0,385
$\frac{1}{2}O_2/H_2O$	0,816

C

61.1 Atmungskette. A Elektronentransport von NADH + H^+ und $FADH_2$ bis zum Sauerstoff; **B** Redoxpaar am Beispiel von Ubichinon/Ubichinol; **C** Redoxpotenziale (FMN = NADH-Dehydrogenase, Cyt = Cytochrom)

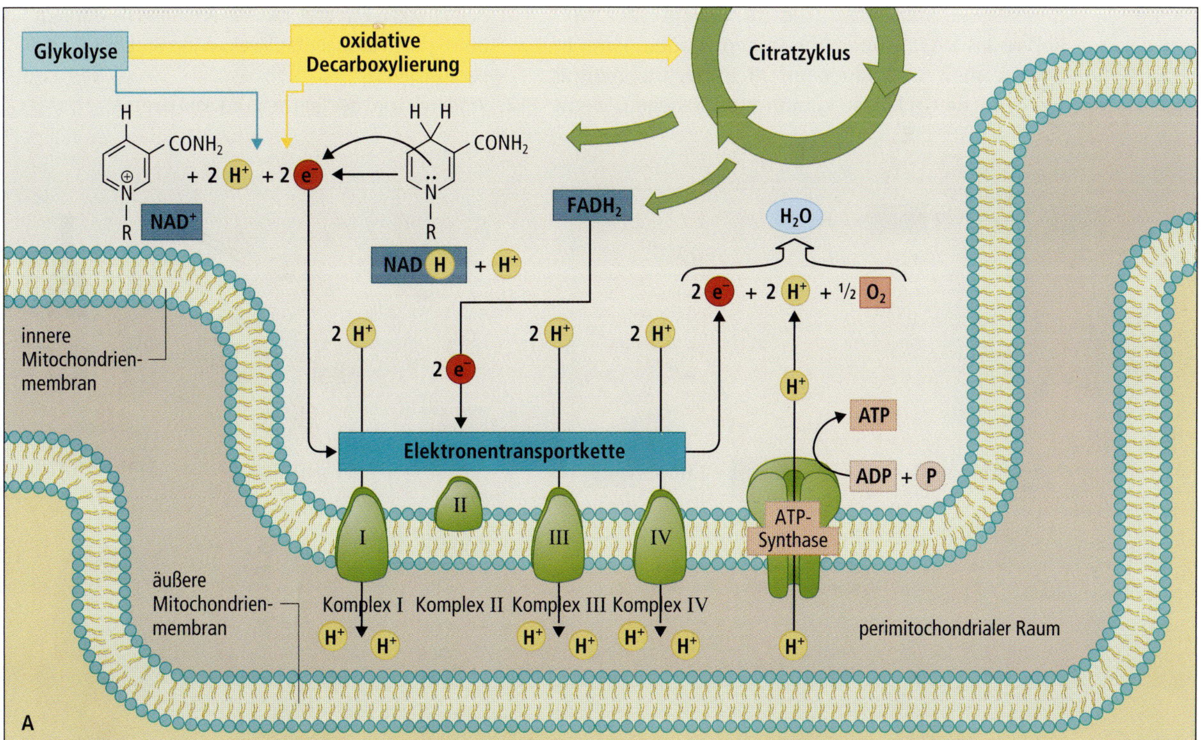

B $10\ NADH + 10\ H^+ + 2\ FADH_2 + 6\ O_2 + 34\ ADP + 34\ P \longrightarrow 10\ NAD^+ + 2\ FAD + 34\ ATP + 12\ H_2O$

61.2 Verknüpfung von Atmungskette und oxidativer Phosphorylierung

3.4 Gärungen

Den meisten Lebewesen steht Sauerstoff als Oxidationsmittel zur Verfügung. Unter solchen *aeroben* Bedingungen kann Glucose vollständig zu Wasser und Kohlenstoffdioxid oxidiert werden. Einige Lebewesen kommen jedoch dauernd oder zeitweilig mit sehr wenig oder ganz ohne Sauerstoff aus. Unter solchen *anaeroben* Bedingungen leben beispielsweise Bakterien im Faulschlamm von Gewässern, Spulwürmer im Darm von Säugetieren und einige Tiere der Gezeitenzonen wie Muscheln, manche Schnecken und Würmer, die sich während der Ebbe luftdicht einkapseln oder tief in den Boden zurückziehen. Einige Lebewesen wie Hefen und manche Bakterien, aber auch unsere Muskelzellen, können ihren Energiebedarf sowohl unter aeroben als auch unter anaeroben Bedingungen decken. Ohne Sauerstoff ist nur eine unvollständige Oxidation der Nährstoffe möglich. Stoffwechselwege, bei denen ATP durch unvollständige Oxidationen von Nährstoffen gewonnen wird, bezeichnet man als **Gärungen.**

Glucose kann auf verschiedenen Wegen vergoren werden. Jeder Weg beginnt mit der Glykolyse. Dabei werden pro Mol Glucose zwei Mol *Pyruvat* und zwei Mol ATP gebildet. Diese zwei Mol ATP stellen die gesamte Energieausbeute der Gärung dar, ein achtzehntel der Ausbeute bei der Zellatmung. Die hohe Energie der Elektronen, die im Verlaufe der Glykolyse auf NAD^+-Ionen übertragen werden, kann in Abwesenheit von Sauerstoff nicht weiter genutzt werden. Die Glykolyse kommt zum Erliegen, wenn sämtliche NAD^+-Ionen zu NADH + H^+ reduziert worden sind. Daher müssen bei der Gärung die NAD^+-Ionen wieder regeneriert werden. In der Art, wie das geschieht, unterscheiden sich die Gärungen. Bei der **alkoholischen Gärung** wird das Pyruvat unter Abspaltung von Kohlenstoffdioxid zunächst in das giftige *Acetaldehyd* umgewandelt. Dieses reagiert sofort mit dem NADH + H^+ zu Ethanol. Bei der **Milchsäuregärung** wird das Pyruvat durch NADH + H^+ direkt zu Milchsäure reduziert.

Gärungen spielen eine wichtige Rolle bei der Herstellung von Lebensmitteln. Vermutlich haben bereits in vorgeschichtlicher Zeit viele Völker entdeckt, dass süße Früchte oder Säfte den Geschmack verändern und berauschend wirken können, wenn man sie eine Weile stehen lässt. In Mesopotamien, im vorderen Orient, nutzten die Sumerer bereits im vierten vorchristlichen Jahrtausend die alkoholische Gärung zur Herstellung verschiedener Biersorten. Auch das Backen von Brot mit porösem Teig anstelle von festem Fladenbrot wurde bereits von den frühen Hochkulturen im vorderen Orient erfunden. Die Milchsäuregärung dient in der Lebensmittelindustrie zur Herstellung von Sauerkraut, Jogurt, Sauermilch und bestimmten Käsesorten. Milchsäuregärung findet bei Sauerstoffmangel auch in menschlichen Muskelzellen statt.

1. Beim Backen von Brot wird die alkoholische Gärung durch Hefen ausgenutzt. Wieso wirkt Brot nicht berauschend?
2. Wodurch wird der Teig beim Backen porös?

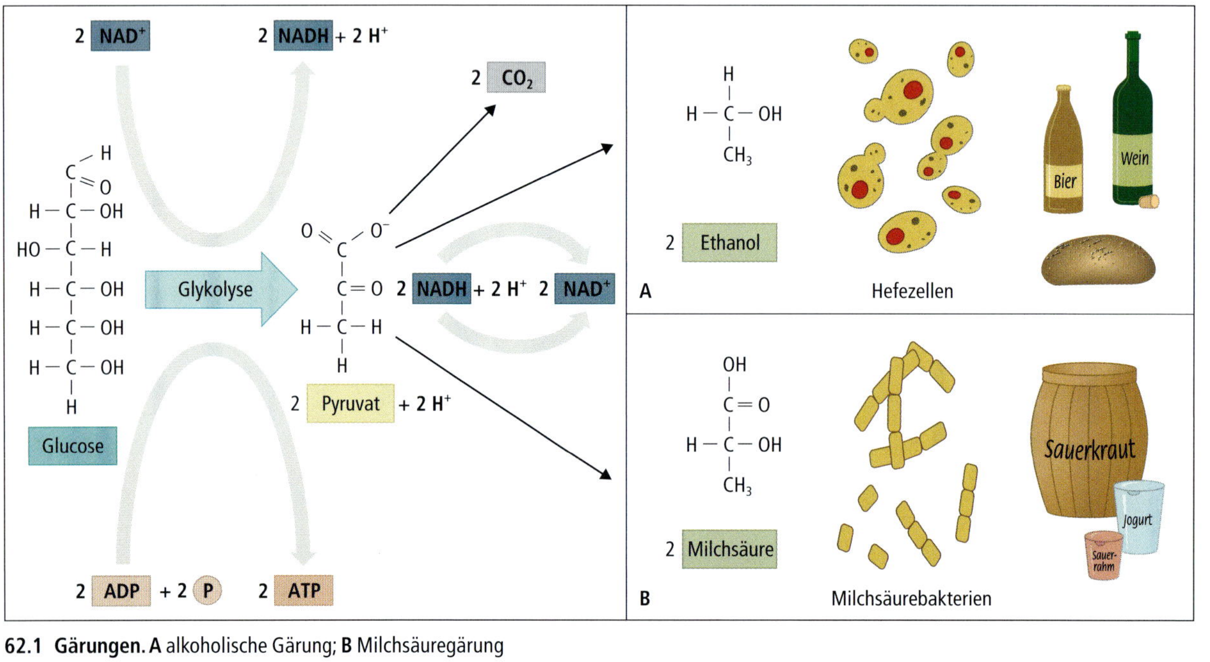

62.1 Gärungen. A alkoholische Gärung; **B** Milchsäuregärung

3.5 Fettabbau und Harnstoffzyklus

Fettmoleküle sind energiereiche Verbindungen. Fette werden im Zellplasma von Fettzellen gespeichert. Der Fettabbau beginnt im Cytoplasma mit einer Spaltung der Fettmoleküle in *Glycerin* und *Fettsäuren.* Das Glycerin-Molekül wird über *Dihydroxyacetonphosphat* zu *Glycerinaldehyd-3-phosphat* umgewandelt und in der Glykolyse weiterverarbeitet.
Der Abbau der Fettsäure-Moleküle beginnt mit einer Aktivierung des Moleküls unter ATP-Verbrauch. Das Fettsäure-Molekül wird bei dieser Reaktion an Cosubstrat A gebunden und in ein Mitochondrium transportiert. In der Matrix erfolgt eine Dehydrierung, bei der Wasserstoff-Atome auf das Cosubstrat FAD übertragen werden, das somit zu $FADH_2$ reduziert wird. Diese Dehydrierung, also eine Oxidation, findet am β-C-Atom des Fettsäure-Moleküls statt **(β-Oxidation).** Durch die Dehydrierung tritt eine Doppelbindung auf, an die im nächsten Reaktionsschritt Wasser angelagert wird. Danach findet erneut eine Dehydrierung unter Reduktion von NAD^+ zu $NADH + H^+$ statt. Schließlich wird unter Einsatz eines weiteren Cosubstrates A Acetyl-CoA abgespalten. Hierdurch wird das Fettsäure-Molekül um zwei Kohlenstoff-Atome kürzer. Das verkürzte Molekül wird nun wieder in den Zyklus eingeschleust. Fettsäure-Moleküle mit einer geraden Anzahl an Kohlenstoffatomen können ganz zu Acetyl-CoA abgebaut werden. Ein Mol *Stearat,* das Ion der Stearinsäure, wird somit in neun Mol Acetyl-CoA zerlegt. Dieses kann im Citratzyklus weiter abgebaut werden. Insgesamt werden pro Mol Stearat 146 Mol ATP beziehungsweise GTP gebildet. Der Wirkungsgrad beträgt rund 40 Prozent. Der Abbau von Fettsäure-Molekülen mit einer ungeraden Anzahl an Kohlenstoffatomen erfolgt bis zum *Propionyl-CoA,* das im Stoffwechsel weiter abgebaut werden kann.

Die Bausteine der Proteine, die Aminosäuren, können in den Mitochondrien der Leber zerlegt werden. Hierbei entsteht aus der abgespaltenen Aminogruppe das starke Zellgift Ammoniak (NH_3). Säugetiere entfernen Ammoniak aus dem Körper, indem sie wasserlöslichen **Harnstoff** bilden und diesen im Urin ausscheiden. Dabei reagiert Ammoniak unter Verbrauch von ATP zunächst mit gelöstem Kohlenstoffdioxid zu *Carbamoylphosphat.* Dieses Ion wird durch Bindung an die Aminosäure *Ornithin* in einen Kreisprozess, den **Harnstoffzyklus,** eingebracht. Ornithin wird in einer zyklischen Reaktion über *Citrullin, Argininosuccinat* und *Arginin* immer wieder neu gebildet. Dabei wird weiteres ATP verbraucht. Bei der Umwandlung von *Argininosuccinat* zu *Arginin* entsteht *Fumarat,* das zu *Aspartat* umgewandelt und wieder in den Zyklus eingebracht werden kann.

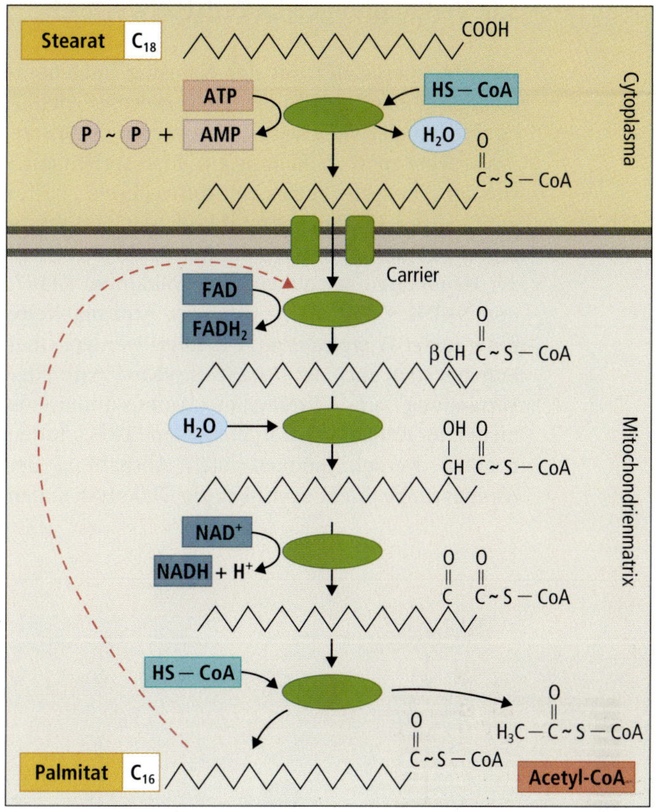

63.1 Fettsäureabbau

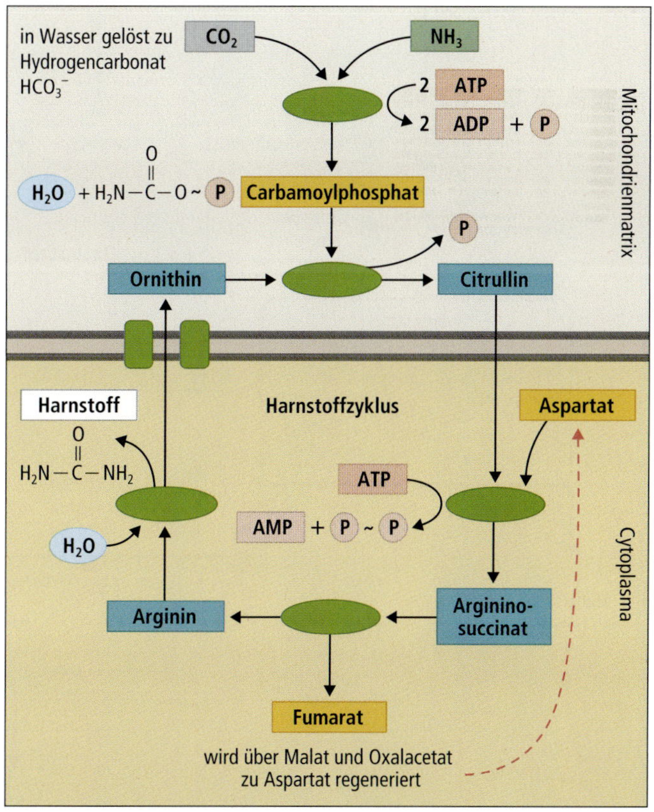

63.2 Harnstoffzyklus

3.6 Verknüpfungen im Zellstoffwechsel

Die Abbauwege der mit der Nahrung aufgenommenen Nährstoffe sind in einem Lebewesen vielfältig miteinander verknüpft. Dabei nimmt der Citratzyklus eine zentrale Stellung ein. Man spricht auch von der „Drehscheibe des Zellstoffwechsels". In ihn münden der **Kohlenhydratabbau,** der **Fettabbau** und der **Proteinabbau** ein. Im Citratzyklus entsteht der Hauptanteil der reduzierten Cofaktoren $FADH_2$ und NADH + H^+, die dann in der **Atmungskette** unter hoher Energieausbeute oxidiert werden. Über Fumarat steht auch der **Harnstoffzyklus** in direkter Verbindung zum Citratzyklus. Aminosäuren, die nicht zum Aufbau von körpereigenen Eiweißstoffen benötigt werden, können nach Abspaltung der Aminogruppe direkt oder über die Glykolyse in den Citratzyklus eingeschleust werden. Dadurch kann ihre Bindungsenergie zur ATP-Synthese genutzt werden.

Der überwiegende Teil dieser Stoffwechselvorgänge läuft in den Mitochondrien ab. Die Bildung von ATP als Ergebnis des Stoffabbaus erlaubt eine Fülle von **Biosynthesen.** Im Prinzip kann jedes Zwischenprodukt des Stoffwechsels zum Aufbau zelleigener Verbindungen verwendet werden. Acetyl-CoA, das im Kohlenhydrat- und Fettabbau anfällt, kann wieder zu Speicherfett aufgebaut werden. Aus den Aminosäuren werden in der *Proteinbiosynthese* körpereigene Eiweißstoffe synthetisiert.

Diese vielfältigen Verknüpfungen machen verständlich, dass der Zellstoffwechsel geregelt ablaufen kann, auch wenn dem Körper mit der Nahrung ganz verschiedene Nährstoffe zugeführt werden.

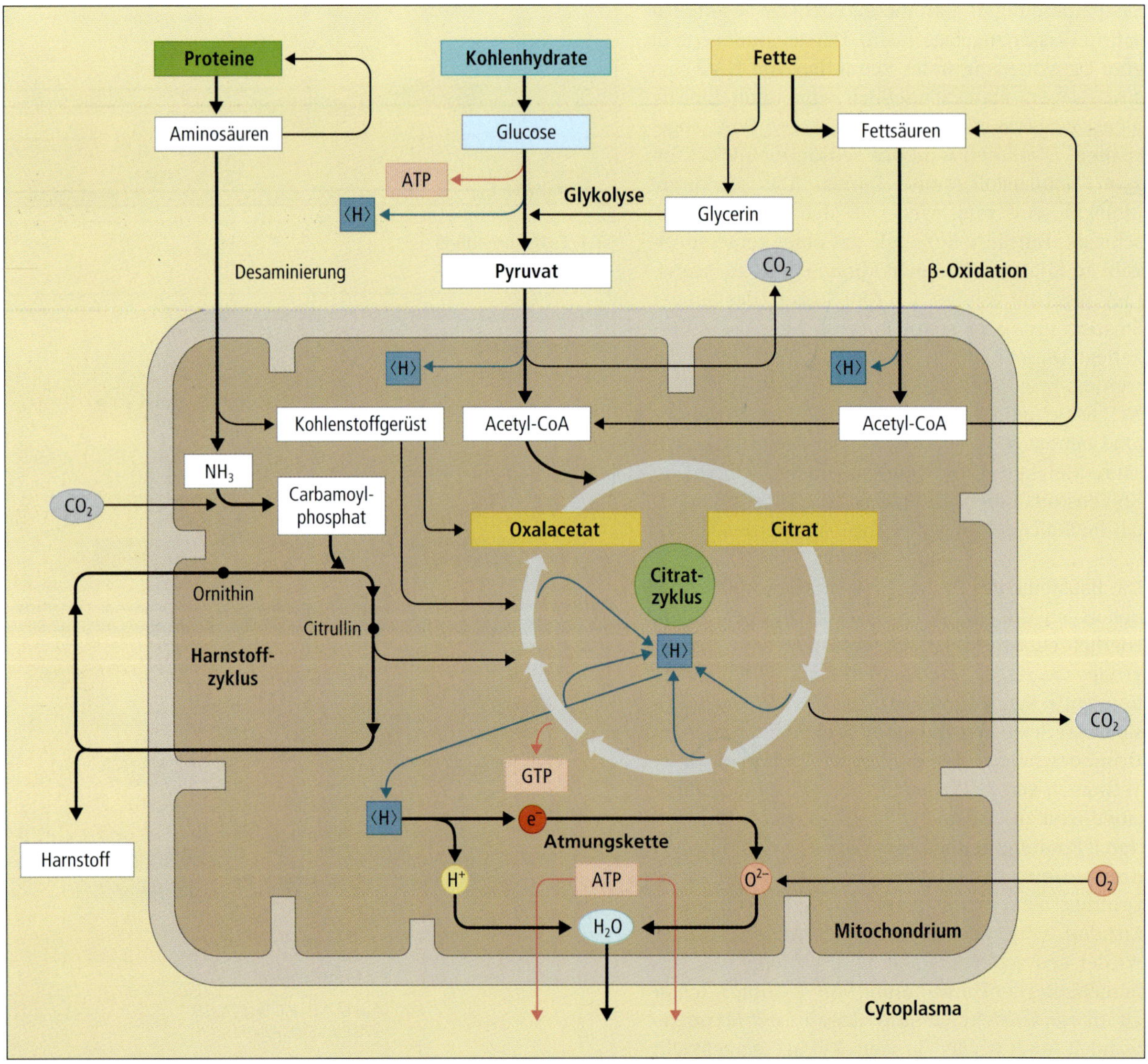

64.1 Verknüpfungen im Zellstoffwechsel (Schema). <H>: Reduktionsäquivalente NADH + H^+ bzw. $FADH_2$

AUFGABEN Energiegewinnung bei heterotrophen Organismen

1 Kalorimeter und Zelle im Vergleich

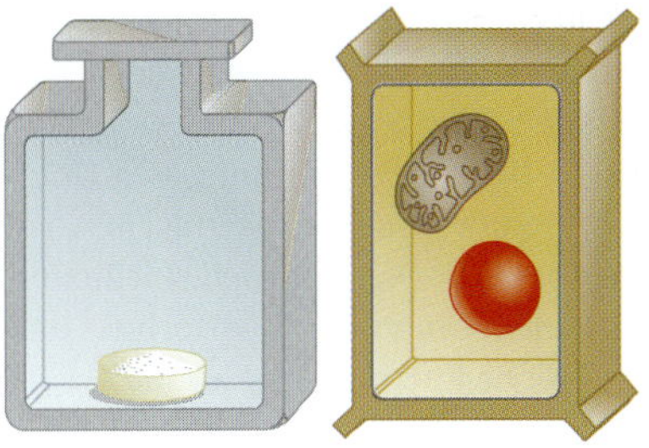

Kalorimeter Zelle

Wenn Glucose in einer abgeschlossenen Kammer (Kalorimeter) vollständig verbrannt (oxidiert) wird, entstehen Kohlenstoffdioxid und Wasser. Auch beim Abbau von Glucose im Stoffwechsel der Zelle entstehen Kohlenstoffdioxid und Wasser.

a) Vergleichen Sie beide Vorgänge in Bezug auf den Energieumsatz!

b) In welcher Form liegt die freigesetzte Energie nach den jeweiligen Reaktionen vor?

2 Redoxreaktionen

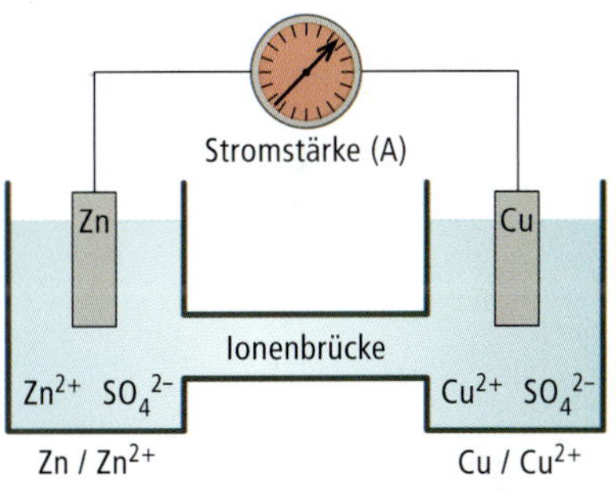

In der Abbildung sind zwei so genannte Halbzellen der Redoxpaare Zn/Zn^{2+} und Cu/Cu^{2+} miteinander verbunden. Jede Halbzelle besteht aus einer Elektrode des nicht oxidierten Metalls, die in eine einmolare Lösung einer oxidierten Form des jeweiligen Metalls getaucht ist. Man beobachtet einen Elektronenfluss in Richtung der Kupfer-Elektrode.

a) Weshalb findet ein Elektronenfluss statt?

b) Welche Reaktionen finden jeweils an den Elektroden statt? Formulieren Sie die zugehörigen Reaktionsgleichungen!

c) Übertragen Sie diesen Modellversuch für ein Redoxsystem auf Redoxsysteme der Atmungskette! Analogisieren Sie und üben Sie Kritik!

3 Redoxsysteme in der Zelle

Redoxpaar	Redoxpotenzial
$NAD^+/NADH+H^+$	–0,32 V
Pyruvat/Lactat	–0,19 V

a) Bei welchem Redoxpaar ist die Tendenz Elektronen aufzunehmen größer?

b) Formulieren Sie die Reaktionsgleichung zwischen den beiden Redoxpaaren! Nennen Sie dabei Reduktionsmittel und Oxidationsmittel!

c) Welche Bedeutung hat diese Reaktion für die Milchsäuregärung?

4 Energiegehalt von Fettsäuren

Die Fettsäure Palmitinsäure hat die Summenformel $C_{16}H_{32}O_2$. Bei der vollständigen Oxidation von Palmitinsäure durch Sauerstoff zu Kohlenstoffdioxid und Wasser wird eine Energiemenge von rund 9800 kJ/mol freigesetzt.

a) Formulieren Sie die Reaktionsgleichung der Oxidation von Palmitinsäure durch Sauerstoff!

b) Beschreiben Sie den oxidativen Abbau von Palmitinsäure in der Zelle! Bei welchen Reaktionsschritten wird ATP gebildet oder verbraucht?

c) Wie viele Mol-Äquivalente ATP werden beim Abbau von einem Mol Palmitinsäure in der Zelle netto produziert (Hinweis: die Spaltung von ATP zu AMP und P ~ P entspricht dem Verbrauch von zwei ATP-Äquivalenten)?

d) Berechnen Sie den Wirkungsgrad des Abbaus von Palmitinsäure in der Zelle (ATP: 30,5 kJ/mol)!

5 Stoffwechselwasser

Viele Tiere kommen lange Zeit ohne Trinkwasser aus. Sie beziehen ihr Wasser aus dem Nährstoffabbau (Stoffwechselwasser).

Grizzlybären halten einen mindestens sieben Monate langen Dauerschlaf. Der Stoffwechsel bleibt bei 32 °C bis 35 °C Körpertemperatur sehr aktiv. Durch die Atmung und über die Haut geht ständig Wasser verloren. Energie- und Wasserbedarf werden durch die Oxidation von Körperfetten gedeckt.

Die meisten Rennmäuse leben in Trockengebieten. Trockene, kohlenhydratreiche Samen sind oft die einzige Nahrung. Durch Atmung, Urin, Kot und Verdunstung über die Haut verlieren die Rennmäuse ständig Feuchtigkeit.

a) Weisen Sie die Wasserfreisetzung beim Kohlenhydrat- und Fettabbau anhand der Stoffwechselwege nach!

b) Stellen Sie die Reaktionsgleichungen der vollständigen Oxidation von Glucose sowie von einem Triglycerid mit drei Palmitinsäure-Molekülen auf!

c) Berechnen Sie für die Beispiele aus b) die Menge des pro Gramm Zucker und Fett produzierten Stoffwechselwassers! Nehmen Sie folgende Molmassen an: H: 1 g/mol, C: 12 g/mol, N: 14 g/mol, O: 16 g/mol.

d) Wie viele Kohlenhydrate müsste ein Mensch zur Deckung des Wasserhaushaltes täglich essen?

4 Energiegewinnung bei autotrophen Organismen

4.1 Bedeutung der Fotosynthese

An einem einzigen Tag im Hochsommer werden von einem großen Laubbaum etwa zwölf Kilogramm Kohlenhydrate, vor allem in Form von *Cellulose* und dem Holzstoff *Lignin* gebildet. Dabei verarbeitet der Baum rund 6700 Liter Kohlenstoffdioxidgas und setzt mehr als 9000 Liter Sauerstoffgas frei. Alle grünen Pflanzen zusammen auf der Erde nehmen jährlich etwa 200 Milliarden Tonnen Kohlenstoff aus der Atmosphäre auf und erzeugen daraus Zucker, Holz, Fette, Eiweißstoffe und viele weitere organische Substanzen. Diese Stoffe werden als **Biomasse** bezeichnet. Sie würden jährlich einen Güterzug füllen, der etwa 2000-mal um die Erde reicht.

Zum Aufbau von Biomasse wird neben Kohlenstoffdioxid und Wasser auch Energie gebraucht. Als Energiequelle nutzen die Pflanzen die Sonne. Sie strahlt ständig riesige Energiemengen in den Weltraum ab. Davon gelangt nur ein winziger Bruchteil auf die Erde. Beim Durchdringen der Atmosphäre werden die extrem kurzwelligen und langwelligen Strahlungsanteile absorbiert oder reflektiert. Deshalb trifft vorwiegend Strahlung mit Wellenlängen zwischen 280 und 3000 nm auf die Erdoberfläche. Besonders intensiv ist der Strahlungsanteil des *sichtbaren Lichtes* mit Wellenlängen von 400 bis 700 nm.

Die Energie dieser Strahlung wird von den grünen Pflanzen in erster Linie zur Herstellung von Traubenzucker (Glucose) genutzt. Weil die Energie für den Zuckeraufbau aus dem Licht stammt, nennt man den Vorgang **Fotosynthese.** Vereinfacht kann man diese als chemische Reaktion auffassen, bei der **Kohlenstoffdioxid** mit **Wasser** zu **Kohlenhydrat** reagiert. Dabei wird **Sauerstoffgas** als „Abfallprodukt" freigesetzt. Jedoch würde sich in Mineralwasser, einer Lösung von Kohlenstoffdioxid in Wasser, auch bei langdauernder, intensiver Belichtung kein Zucker bilden. Die Fotosynthese kann nämlich nur an den Biomembranen im Inneren der grünen Chloroplasten in lebenden Pflanzenzellen ablaufen. Hier sind sowohl die Farbstoffe zur Bindung der Lichtenergie als auch die notwendigen chemischen Voraussetzungen vorhanden. Dabei wird die Lichtenergie vom Blattgrün, dem Chlorophyll, absorbiert und in chemisch gebundene Energie umgewandelt.

Bei Versuchen mit Wassermolekülen, markiert mit radioaktiven Sauerstoffisotopen ^{18}O, stellte man fest, dass alle freigesetzten Sauerstoffmoleküle markiert waren und daher aus der Zerlegung von Wassermolekülen stammen mussten. Aus diesem Grund kann der gesamte Fotosynthesevorgang folgendermaßen dargestellt werden:

$$6\,CO_2 + 12\,H_2{}^{18}O \xrightarrow[\text{Chlorophyll}]{\text{Lichtenergie}} C_6H_{12}O_6 + 6\,H_2O + 6\,{}^{18}O_2$$

$$\Delta G^{0'} = +2880\ \text{kJ/mol}$$

Die Energieverwertung der Sonneneinstrahlung ist unter natürlichen Bedingungen schwierig zu messen. Eine Untersuchung an einem See hat ergeben, dass von schätzungsweise 7,1 Millionen Kilojoule Energieeinstrahlung pro Quadratmeter der Seeoberfläche etwa 87 000 Kilojoule durch die Fotosynthese der Wasserpflanzen und des Phytoplanktons gebunden werden. Davon wird rund ein Sechstel in Biomasse festgelegt. Dies entspricht weniger als 0,2 Prozent der eingestrahlten Energiemenge.

66.1 Stoffwechselleistung eines Laubbaums an einem Sommertag

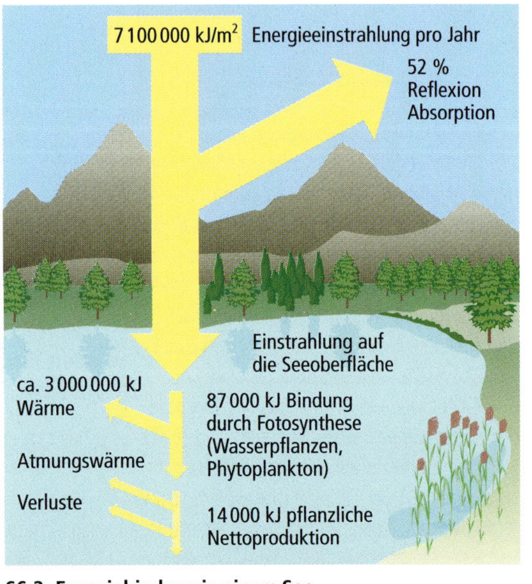

66.2 Energiebindung in einem See

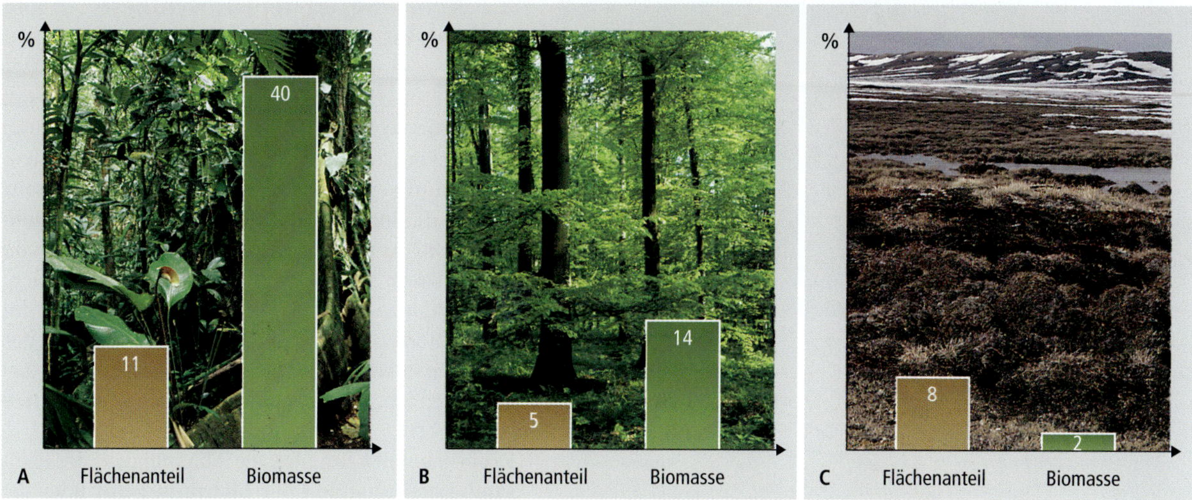

67.1 Biomasseproduktion in verschiedenen Vegetationszonen. A Tropischer Regenwald; **B** Laubwald, **C** Tundra

Die Biomasseproduktion ist deshalb so schwierig zu messen, weil sie von vielen geografischen und ökologischen Faktoren abhängig ist. Die Meere bedecken etwa 70 Prozent der Erdoberfläche, liefern aber jährlich nur etwa halb so viel Biomasse wie die Landpflanzen. Im Meer ist vor allem das Phytoplankton im Bereich der Wasseroberfläche fotosynthetisch aktiv. Seine Menge ist von der Wassertemperatur und dem Mineralstoffangebot abhängig. Deshalb wird in den großen ozeanischen Räumen weit weniger Biomasse erzeugt als in küstennahen Bereichen. In tieferen Wasserschichten ist aufgrund des Lichtmangels kein pflanzliches Leben mehr möglich. Hier wird keine Biomasse mehr gebildet, statt dessen werden absinkende und abgestorbene Algen von Bakterien und anderen Kleinstlebewesen abgebaut. Sie liefern in der Nahrungskette die lebensnotwendigen Nährsalze und die Energie.

Auch auf dem Land ist die von den Pflanzen durch Fotosynthese gebildete Biomasse die Grundlage allen Lebens. Es besteht ein direkter Zusammenhang zwischen Vielfalt und Besiedelungsdichte von Lebewesen und der Biomasseproduktion in den verschiedenen Vegetationszonen. Der größte Teil der Biomasse wird in den Wäldern, besonders im Tropischen Regenwald, gebildet. Man schätzt, dass im Tropischen Regenwald ebenso viele Pflanzen- und Tierarten beheimatet sind wie in allen übrigen Landlebensräumen zusammen. Auf einer Fläche von 10 000 m^2 kann man bis zu 300 Baumarten, manche davon 60 Meter hoch, finden. Ein Laubwald ist deutlich niedriger und offener; auch die Biomasseproduktion ist wesentlich geringer. Eine arktische Tundra bildet aufgrund des kalten Klimas die Grenze des pflanzlichen Lebens. Die wenigen Gräser und niedrigen Sträucher erzeugen nur wenig Biomasse, die einige spezialisierte Tierarten nutzen.

In der Biomasse aller heute auf der Erde vorkommenden Lebewesen sind etwa 500 bis 1000 Milliarden Tonnen Kohlenstoff festgelegt. Um ein Vielfaches höher sind die Mengen an Kohlenstoff, die in vergangenen Erdzeitaltern durch die Fotosynthese der damals lebenden Pflanzen gebunden wurden. Ein Teil dieser Biomasse wurde unter entsprechenden klimatischen und geologischen Bedingungen in die fossilen Brennstoffe *Kohle, Erdöl* und *Erdgas* umgewandelt. Schätzungsweise wurden so im Lauf von etwa drei Milliarden Jahren rund 10^{16} Tonnen Kohlenstoff festgelegt. In der Atmosphäre befinden sich heute nur mehr etwa 0,03 Prozent Kohlenstoffdioxid. Diese Menge reicht aber völlig aus, um die Fotosynthese aller autotrophen Organismen zu ermöglichen, denn über Atmung und biologischen Abbau kehrt etwa gleich viel Kohlenstoffdioxid in die Atmosphäre zurück, wie bei der Fotosynthese verbraucht wird. Der Kohlenstoff befindet sich also in einem *Kreislauf,* der heute zunehmend gestört wird. Denn bei der Verbrennung von fossilen Brennstoffen wird ein Teil des in der Erdgeschichte gebundenen Kohlenstoffdioxids wieder freigesetzt. So erhöht sich seit Beginn der Industrialisierung weltweit der Kohlenstoffdioxidgehalt der Luft, wobei die ökologischen Konsequenzen noch kaum abgeschätzt werden können.

1. Die Biomasseproduktion ist in der Wipfelregion eines Laubwaldes deutlich höher als am Boden des Waldes. Erläutern Sie diese Beobachtung!
2. „Ohne Pflanzen kein Leben." Erläutern Sie diese Aussage!
3. Vorgänge, die eine Absenkung der Kohlenstoffdioxidkonzentration in der Atmosphäre bewirken, nennt man „Kohlenstoffsenken". Oft wird das Wachstum von Wäldern als Kohlenstoffsenke bezeichnet.
   Nehmen Sie zu dieser Aussage begründend Stellung!

68.1 Abhängigkeit der Fotosynthese von der Lichtintensität. A Wiesensalbei (Sonnenpflanze); **B** Sonnenpflanzen und Schattenpflanzen im Vergleich; **C** Hasenlattich (Schattenpflanze)

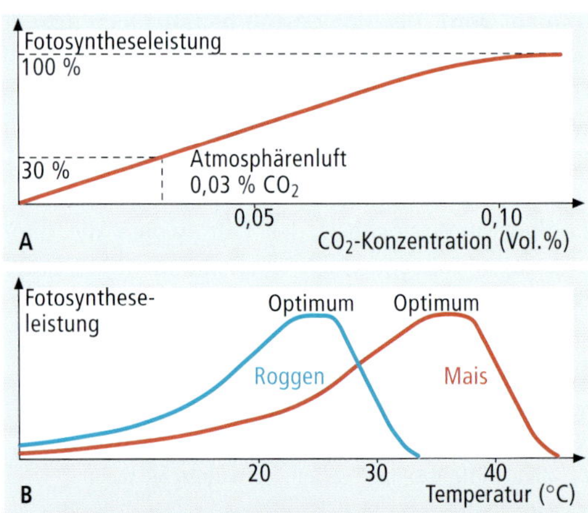

68.2 Abhängigkeit der Fotosynthese von Umweltfaktoren. A Kohlenstoffdioxidkonzentration; **B** Temperatur

1. Erläutern Sie für Sonnen- und Schattenpflanzen die Lage der Lichtkompensationspunkte!

4.2 Abhängigkeit der Fotosynthese von Umweltfaktoren

Der Wiesensalbei ist bevorzugt an Standorten mit hoher Sonnenbestrahlung, wie an Wegrändern und auf Trockenwiesen, zu finden. Er weist bei intensiver Bestrahlung eine besonders hohe Fotosyntheseleistung auf. Solche Pflanzen nennt man **Sonnenpflanzen.** Auf den stark beschatteten Böden von Laubwäldern wächst dagegen oft der Hasenlattich. Diese Pflanze kann niedrige Lichtintensitäten gut nutzen und erreicht schon bei etwa zehn Prozent des vollen Sonnenlichtes eine maximale Fotosyntheseleistung. Sie wird deshalb als **Schattenpflanze** bezeichnet.

Experimentell kann man die Abhängigkeit der Fotosyntheseleistung von der **Lichtintensität** über die *Fotosyntheserate* messen. Dabei ist zu berücksichtigen, dass lebende Zellen ständig Zucker aufgrund der Zellatmung abbauen. Man kann deshalb die Fotosyntheseleistung nicht direkt über den CO_2-Verbrauch oder die O_2-Produktion bestimmen. Man erhält immer nur die *apparente* (scheinbare) Fotosyntheseleistung. Zur Bestimmung der *reellen* (wirklichen) Fotosyntheseleistung muss der Stoffumsatz bei der Atmung berücksichtigt werden. Die Lichtintensität, bei der genau so viel Kohlenhydrat durch Atmung verbraucht wie durch Fotosynthese erzeugt wird, nennt man *Lichtkompensationspunkt.* Bei geringerer Lichtintensität werden weniger Nährstoffe erzeugt als gleichzeitig durch Atmung verbraucht werden. Auf Dauer gesehen stirbt die Pflanze ab. Andererseits lässt sich die Fotosyntheseleistung nicht beliebig durch Steigerung der Belichtung erhöhen. Bei einer bestimmten Lichtintensität, der *Lichtsättigung,* wird ein Maximum der Fotosyntheseleistung erreicht.

Auch die **Temperatur** beeinflusst die Fotosyntheseleistung erheblich. Die volle Leistung wird nur in einem engen Temperaturbereich, dem *Optimum,* erzielt. Als Angepasstheit an die Bedingungen der natürlichen Standorte kann dieses Optimum ganz unterschiedlich liegen. Außerhalb des Optimums fällt die Fotosyntheseleistung stark ab. Bei Kälte laufen alle chemischen Reaktionen, auch diejenigen der Fotosynthese, langsamer ab. Bei zu hoher Temperatur werden Enzyme der Fotosynthese geschädigt.

Im Experiment kann man die Fotosyntheseleistung auch durch Erhöhung des **Kohlenstoffdioxidgehalts** der Luft deutlich steigern. In der Atmosphärenluft beträgt die CO_2-Konzentration 0,03 Prozent. Weil dieser Wert deutlich unter dem für Pflanzen optimalen Wert von etwa 0,1 Prozent liegt, wird im Allgemeinen die Fotosyntheseleistung durch diesen Umweltfaktor begrenzt.

4.3 Blattfarbstoffe: Absorptionsspektren und Wirkungsspektrum

Belichtet man die grünen Algenfäden der Schraubenalge, sammeln sich in ihrer Umgebung sauerstoffbedürftige *(aerophile)* Bakterien. Die Algen bilden nämlich in der Fotosynthese Sauerstoffgas und geben dieses an die Umgebung ab. Besonders wirksam ist das weiße Sonnenlicht. Weißes Licht kann jedoch durch ein Glasprisma in ein *Lichtspektrum* mit den Regenbogenfarben zerlegt werden. Die Farben entsprechen verschiedenen Wellenlängen der Strahlung. Violettes Licht ist mit etwa 400 Nanometer besonders kurzwellig, während rotes Licht den Bereich von 600 bis 700 Nanometern umfasst. Theodor Wilhelm ENGELMANN projizierte 1882 ein solches farbiges Lichtspektrum auf einen Faden der Schraubenalge. Daraufhin sammelten sich die Bakterien vorwiegend an den Stellen der Alge, die mit blauem oder rotem Licht bestrahlt wurden. Dieses Licht bewirkt eine besonders hohe Fotosyntheseleistung, während grünes Licht kaum wirksam ist.
Extrahiert man aus Schraubenalgen die Farbstoffe, erhält man eine grüne Farbstofflösung. Durchstrahlt man diese Lösung mit weißem Licht und erzeugt auf einem Bildschirm ein Spektrum, fehlen die Bereiche Violett, Blau und Hellrot. Beim Durchdringen der Farbstofflösung sind demnach diese Wellenlängenbereiche des weißen Lichts von den Algenfarbstoffen aufgenommen (absorbiert) worden. Diesen Vorgang nennt man **Lichtabsorption.** Die Farben Grün und Gelb werden kaum absorbiert.

Grünalgen, aber auch die Laubblätter von höheren Pflanzen, enthalten ein Gemisch meist grüner und gelber Farbstoffe. Diese **Blattfarbstoffe** wie das dunkelgrüne *Chlorophyll a* und das orangerote *β-Carotin* können durch Chromatografie getrennt werden. Mit einem Spektralfotometer kann man die Absorption der einzelnen Farbstoffe bei jeder Wellenlänge des Lichtes messen. Die grafische Darstellung der Messwerte ergibt jeweils ein **Absorptionsspektrum.**

Das **Wirkungsspektrum** dagegen wird an der lebenden Pflanze gemessen. Bestrahlt man grüne Pflanzen mit einfarbigem Licht, also Lichtstrahlung von einer bestimmten Wellenlänge, kann man aus der entstehenden Sauerstoffmenge die Fotosyntheseleistung bestimmen. Das Licht der einzelnen Wellenlängen ist unterschiedlich wirksam. Die grafische Darstellung dieser Messwerte ergibt das Wirkungsspektrum. Vergleicht man dieses mit den Absorptionsspektren der einzelnen Farbstoffe aus der Farbstofflösung, fällt die weitgehende Übereinstimmung mit dem Chlorophyll-a-Spektrum auf. Dies bedeutet, dass die für die Fotosynthese benötigte Lichtenergie hauptsächlich vom Chlorophyll absorbiert wird.

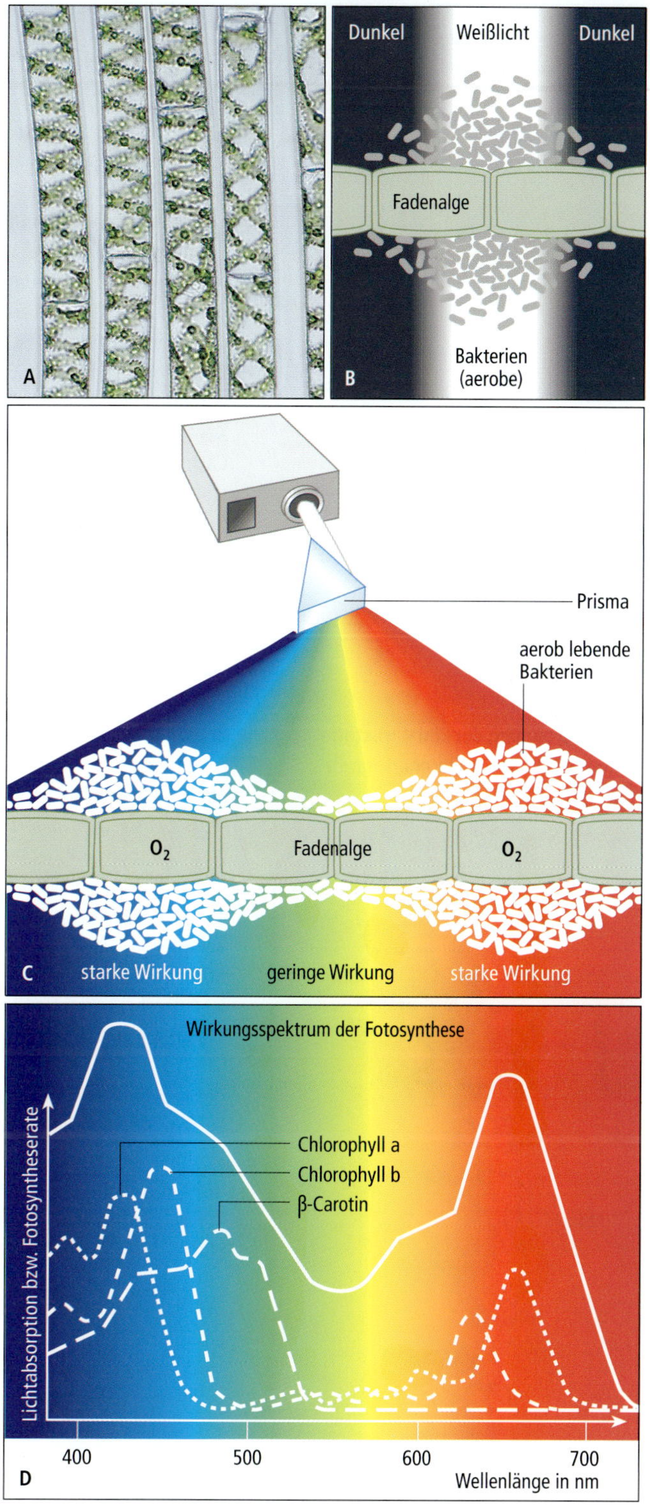

69.1 Wirkung von Licht auf Grünalgen. A *Spirogyra* (Schraubenalgen); **B** Wirkung von Weißlicht; **C** ENGELMANN-Versuch (1882); **D** Absorptionsspektren und Wirkungsspektrum

1. Welches Ergebnis ist zu erwarten, wenn in der Versuchsanordnung des ENGELMANN-Versuchs die Schraubenalge mit einfarbigem Licht der Wellenlänge 520 nm bestrahlt wird? Erläutern Sie!

EXKURS Blattfarbstoffe – chemisch-physikalisch betrachtet

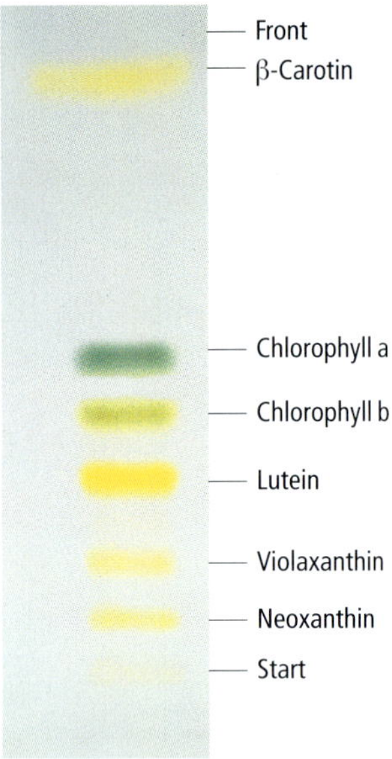

70.1 Trennung der Blattfarbstoffe durch Dünnschichtchromatografie

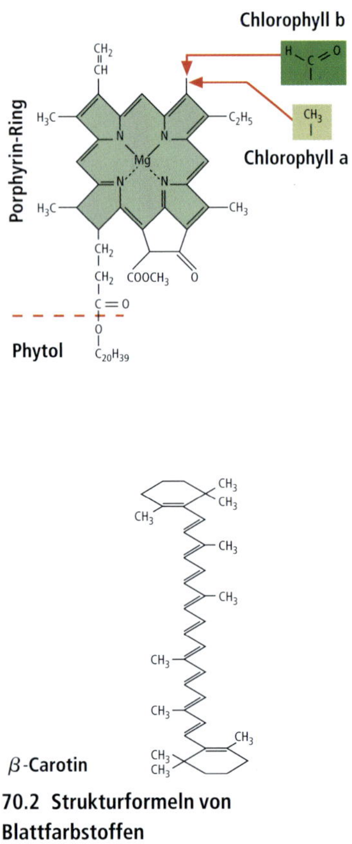

70.2 Strukturformeln von Blattfarbstoffen

Aus grünen Laubblättern können die Blattfarbstoffe mit Ethanol extrahiert werden. Anschließend kann man diese durch Chromatografie trennen. Deutlich sind zwei grüne Farbstoffe, das blaugrüne Chlorophyll a und das gelbgrüne Chlorophyll b, zu erkennen. Daneben erhält man gelb- und orangefarbene Banden, die durch Carotinoide verursacht werden. Hier unterscheidet man die sauerstoffhaltigen Xanthophylle von den sauerstofffreien Carotinen. Die Trennbarkeit der Blattfarbstoffe beruht auf ihrer Molekülstruktur. Carotine sind aufgrund ihrer Struktur unpolar, Xanthophylle und Chlorophylle polar. Polare Stoffe sind in polaren Lösungsmitteln wie Wasser und Ethanol löslich, während unpolare Stoffe in unpolaren Lösungsmitteln wie Benzin löslich sind.

In grünen Blättern werden die gelben und roten Carotinoide von den grünen Chlorophyllen überdeckt. Wenn die Blätter im Herbst absterben, ändert sich ihre Farbe, weil Chlorophyll abgebaut wird. Dadurch kann vor dem Laubfall das wichtige Spurenelement Magnesium, das im Zentrum des komplexen Moleküls sitzt, in die Sprossachse zurückgeholt werden. Es steht dann im Frühjahr wieder für den Neuaufbau von Chlorophyll in den Blättern zur Verfügung.

Die wichtigste chemisch-physikalische Eigenschaft der Blattfarbstoffe ist die Absorption von Licht. Dabei nehmen Elektronen der Farbstoffmoleküle die Energie auf und werden so aus dem *Grundzustand* in einen *Anregungszustand* gehoben.

Besonders leicht können Elektronen aus umfangreichen Systemen von Doppelbindungen – wie sie auch in den Farbstoffmolekülen vorliegen – angeregt werden. Ein Elektron kann nur die Energiemenge aufnehmen, die der Differenz von Grund- und Anregungszustand entspricht. Jeder Wellenlänge im Spektrum des weißen Lichtes entspricht eine bestimmte Energiemenge und damit eine bestimmte Farbe. Bei Anregung von Elektronen werden dem weißen Licht einzelne Wellenlängen entnommen. Das Restlicht ist nicht mehr weiß, sondern farbig.

In einem Chlorophyll-Molekül gibt es zwei Anregungszustände. Durch Absorption von Lichtenergie aus dem langwelligen roten Bereich werden Elektronen in den ersten Anregungszustand, durch Lichtenergie aus dem kurzwelligen blauen Bereich in den energiereicheren zweiten Anregungszustand gehoben. Elektronen verbleiben aber nur kurze Zeit in einem Anregungszustand. Sie kehren wieder in den Grundzustand zurück. Dabei wird die Energie meist als Wärme oder Licht (Fluoreszenzlicht) wieder frei.

Für die Fotosynthese ist jedoch eine dritte Möglichkeit entscheidend: Ein angeregtes Elektron des Chlorophyll-Moleküls kann nämlich auch aus dem ersten Anregungszustand auf ein angekoppeltes Protein übertragen werden und dieses reduzieren. Chlorophyll kann also nach einer Lichtanregung fotochemische Arbeit leisten.

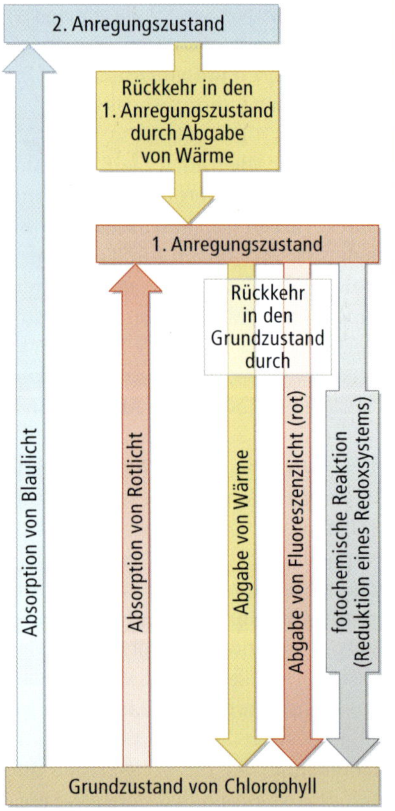

70.3 Lichtanregung von Chlorophyll

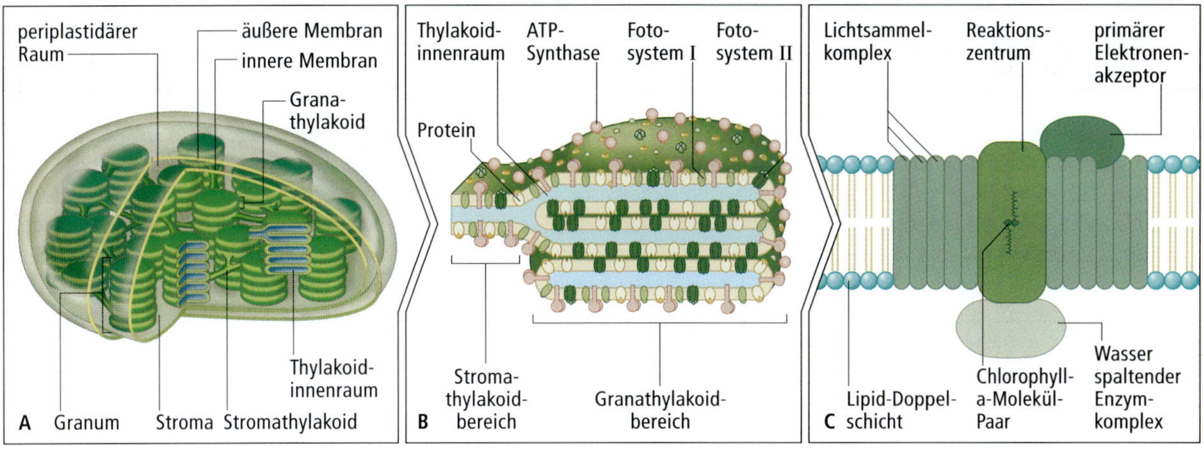

71.1 Feinbau von Chloroplasten. A EM-Schema; **B** Bau von Granathylakoiden (Schema); **C** Lichtsammelkomplex (Schema)

4.4 Feinbau der Chloroplasten

In den Mesophyllzellen von Laubblättern liegen die grünen **Chloroplasten.** Im Elektronenmikroskop erkennt man, dass ein Chloroplast von einer Doppelmembran umschlossen ist. Der Innenraum wird von flachen Doppelmembranen, den **Thylakoiden,** durchzogen. Besonders auffällig sind Bereiche, in denen Thylakoide geldrollenartig dicht gestapelt sind. Diese Bereiche werden als *Grana* (Einzahl: *Granum*) bezeichnet. In den dazwischen liegenden Bereichen, dem *Stroma*, sind die Thylakoide als einzeln liegende Stromathylakoide angeordnet. Grana- und Stromathylakoide bilden ein zusammenhängendes Membransystem, das den Innenraum eines Chloroplasten in zwei komplett getrennte Reaktionsräume gliedert. Diese Gliederung ist der Grund, weshalb Fotosynthese nur in völlig intakten Chloroplasten erfolgen kann.

In ihrem Feinbau besteht eine Thylakoidmembran aus einer Lipiddoppelschicht mit auf- und eingelagerten Eiweißstoffen. Diese sind im Wesentlichen Enzyme und Komplexe aus Protein- und Farbstoffmolekülen. Chlorophylle und Carotinoide sind in der Membran mit bestimmten Proteinen zu Funktionseinheiten zusammengefasst, die als **Fotosysteme** bezeichnet werden. Man hat zwei etwas unterschiedlich gebaute Fotosysteme gefunden, die man *Fotosysteme I und II* nennt. In unmittelbarer Nachbarschaft zu den Fotosystemen finden sich die *Antennenkomplexe (LHC: light harvesting complex)*. Diese kann man sich modellhaft als einen aus hunderten von Farbstoffmolekülen bestehenden „Energie einfangenden Sammeltrichter“ vorstellen. Das Licht trifft auf die obersten Farbstoffmoleküle und regt sie an. Von hier wird die Energie auf die daneben und darunter liegenden Farbstoffmoleküle übertragen und weitergeleitet. Die Lichtenergie wird also auf einer größeren Fläche eingefangen und zum Zentrum der „Lichtsammelfalle“ transportiert. In diesem *Reaktionszentrum* sitzt jeweils ein spezielles Paar von Chlorophyll-a-Molekülen. Im Fotosystem I absorbiert dieses Paar vorwiegend Licht der Wellenlänge 700 nm und wird deshalb als P700 bezeichnet. Im Fotosystem II sind etwas andere Proteine eingebaut. Das Chlorophyll-a-Paar im Reaktionszentrum absorbiert hier besonders Licht der Wellenlänge 680 nm und wird deshalb P680 genannt. Von dem Reaktionszentrum werden als Folge der Lichtanregung Elektronen an einen *primären Elektronenakzeptor* abgegeben. Dieses Protein wird somit reduziert. Hier wird also die Lichtenergie in chemisch gebundene Energie umgewandelt. Die Nähe und die geordnete Aufeinanderfolge aller dieser Moleküle in der Thylakoidmembran bildet die Voraussetzung für den geordneten Ablauf der Fotosynthese.

Die Lichtabsorption ist eine fotochemische Reaktion und verläuft wie alle diese Reaktionen weitgehend temperaturunabhängig. Man hat aber festgestellt, dass ein Teil der Fotosynthesereaktionen der *RGT-Regel* unterliegt. Nach dieser Regel steigt bei einer Temperaturerhöhung um 10 °C die Reaktionsgeschwindigkeit etwa um das Doppelte. Die *RGT-Regel* gilt zum Beispiel für biochemische Reaktionen. Die Fotosynthese setzt sich zusammen aus einer fotochemischen und einer biochemischen Reaktionsfolge. Den ersten Teil nennt man *Primärprozesse* oder **lichtabhängige Reaktionen,** den zweiten Teil die *Sekundärprozesse* oder **lichtunabhängige Reaktionen.** In den fotochemischen Reaktionen werden Stoffe gebildet, die in den biochemischen Reaktionen verarbeitet werden.

1. Die lichtunabhängigen Reaktionen der Fotosynthese wurden früher oft als „Dunkelreaktion“ bezeichnet. Erläutern Sie, warum dieser Begriff nicht richtig ist!

EXKURS Fotosynthese – lichtabhängige Reaktionen

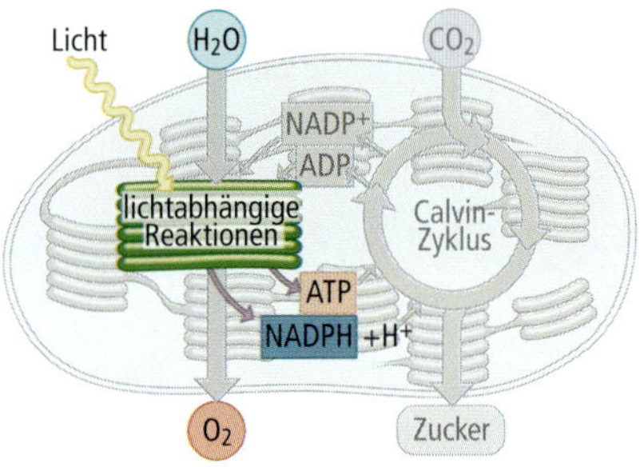

72.1 Schema der Fotosynthese

In den **lichtabhängigen Reaktionen** wird die Lichtenergie in chemische Energie umgewandelt. Dabei arbeiten die in der Thylakoidmembran liegenden Fotosysteme zusammen. Nach der zeitlichen Reihenfolge ihrer Entdeckung nennt man ein Fotosystem mit einem Reaktionszentrum P700 ein Fotosystem I, eines mit P680 ein Fotosystem II.

Zuerst wird durch Absorption von Lichtenergie das Chlorophyll-a-Paar im Fotosystem II angeregt. Es werden zwei Elektronen abgespalten und auf ein direkt daneben liegendes Protein, den primären Elektronenakzeptor, übertragen. Dieser wird durch die Elektronenaufnahme reduziert, gibt aber sofort die Elektronen an ein anderes Protein ab. Der Akzeptor wird also wieder oxidiert und ist zur Aufnahme weiterer Elektronen bereit. Ein Protein, das ständig zwischen oxidiertem und reduziertem Zustand wechselt, nennt man ein **Redoxsystem.** Das Fotosystem II ist mit einer Reihe von solchen Redoxsystemen, die in der Membran nebeneinander liegen, verbunden. Weil in dieser Kette Elektronen transportiert werden, spricht man von einer *Elektronentransportkette.*

Eines dieser Redoxsysteme ist der *Cytochrom-bf-Komplex.* Er reicht durch die ganze Thylakoidmembran hindurch und pumpt Protonen von der einen Seite der Thylakoidmembran zur anderen Seite. Dieser Vorgang erfolgt gegen das Konzentrationsgefälle der Protonen, sodass sich eine ungleiche Protonenkonzentration, ein **Protonengradient,** an der Membran aufbaut. Die dazu notwendige Energie wird von den Elektronen der Transportkette geliefert. Nach der *MITCHELL-Hypothese* wird, entsprechend den Vorgängen an der Mitochondrienmembran, der Protonengradient zur Energiebindung genutzt. Die Protonen wandern nämlich – jetzt im Konzentrationsgefälle – durch Tunnelproteine in der Membran zurück. An diese Kanäle ist das Enzym **ATP-Synthase** gekoppelt. Hier wird die Energie der Protonen zur ATP-Synthese genutzt. Man nennt diesen Vorgang die **Fotophosphorylierung.**

Der Elektronentransport zwischen den Redoxsystemen der Transportkette wirft zwei Fragen auf:
1. Durch die Abgabe der Elektronen am P680 ist dort eine „Elektronenlücke" entstanden. Diese muss wieder aufgefüllt werden, damit eine erneute Lichtanregung erfolgen kann. Woher kommen die Elektronen für diese Auffüllung?
2. Wohin werden die Elektronen der Transportkette geliefert?

Auf der Innenseite der Thylakoidmembran hat man ein Enzym gefunden, das Wassermolekülen Elektronen entziehen kann. Aus einem Wassermolekül werden zwei Elektronen abgespalten. Die Elektronen werden dann von dem Enzym auf das Chlorophyll-a-Paar im Fotosystem II übertragen, sodass die „Elektronenlücken" wieder aufgefüllt werden. Bei diesem Prozess werden die Wassermoleküle in Sauerstoffatome und Protonen gespalten. Die Sauerstoffatome verbinden sich zu Sauerstoffmolekülen. Die Protonen sammeln sich an der Innenseite der Membran. Der „Motor" für diesen Vorgang ist die Lichtanregung im Fotosystem II. Die Zerlegung des Wassers durch die Lichtenergie bezeichnet man als **Fotolyse des Wassers.**

Wohin wandern nun die Elektronen in der Transportkette? Wie im Fotosystem II wird auch im Fotosystem I durch Lichtanregung eine „Elektronenlücke" eröffnet. Diese Lücke wird nun durch die Elektronen aus der Elektronentransportkette aufgefüllt. Das angeregte P700 gibt Elektronen an das eisenhaltige Protein Ferredoxin ab. Von hier wandern die Elektronen zu dem Enzym NADP-Reduktase. Dieses Enzym führt die in der Fotolyse getrennten Elektronen und Protonen wieder zusammen. So entstehen Wasserstoffatome. Diese werden auf das wichtige, Wasserstoff übertragende, Cosubstrat $NADP^+$ übertragen und reduzieren es zu NADPH + H^+.

In den lichtabhängigen Reaktionen fließen also ständig Elektronen von Wasser zu $NADP^+$. Dieser Elektronenfluss wird durch die beiden Motoren der Fotosysteme ständig angetrieben. So wird die zur Herstellung des NADPH + H^+ notwendige Energie aufgebracht. Ein Teil der Energie wird aber auch in der Fotophosphorylierung zur Bildung von ATP verwendet, sodass durch die lichtabhängigen Reaktionen zwei energiereiche Cosubstrate für den zweiten Teil der Fotosynthese, die lichtunabhängigen Reaktionen, zur Verfügung gestellt werden.

Wenn genügend NADPH + H^+ entstanden ist, kommt der Elektronentransport vom Wasser zum $NADP^+$ zum Erliegen. Es kann aber über die Lichtanregung des Fotosystems I weiter ATP gebildet werden. Die angeregten Elektronen können nämlich vom Ferredoxin auf den Cytochrom-bf-Komplex übertragen werden und von dort zum P700 zurückkehren. Dabei wird die Energie ebenfalls zum Aufbau des Protonengradienten genutzt und ATP gebildet. Dies bezeichnet man als *zyklische Fotophosphorylierung.* Im Gegensatz dazu wird die in Zusammenhang mit dem Elektronentransport vom Wasser zum $NADP^+$ stattfindende ATP-Synthese als *nichtzyklische Fotophosphorylierung* bezeichnet.

1. Erläutern Sie am Beispiel des primären Elektronenakzeptors die Aufgaben eines Redoxsystems in einer Elektronentransportkette!
2. „Der Thylakoidinnenraum eines Chloroplasten entspricht in seiner Funktion dem Intermembranraum eines Mitochondriums." Erläutern Sie diese Aussage! Gehen Sie in diesem Zusammenhang auch auf die MITCHELL-Hypothese ein und vergleichen sie die Anordnung der maßgeblichen Membranproteine!

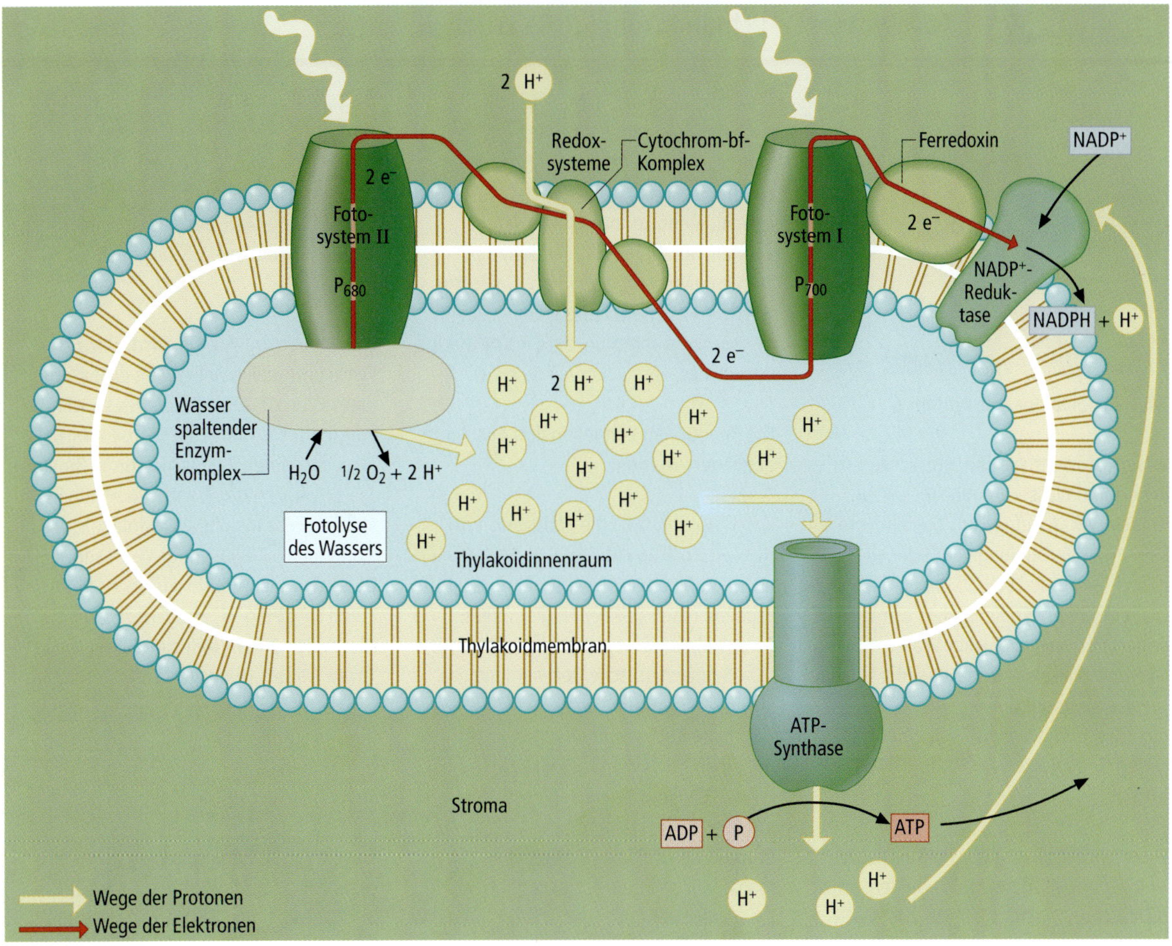

73.1 **Vorgänge an den Thylakoidmembranen**

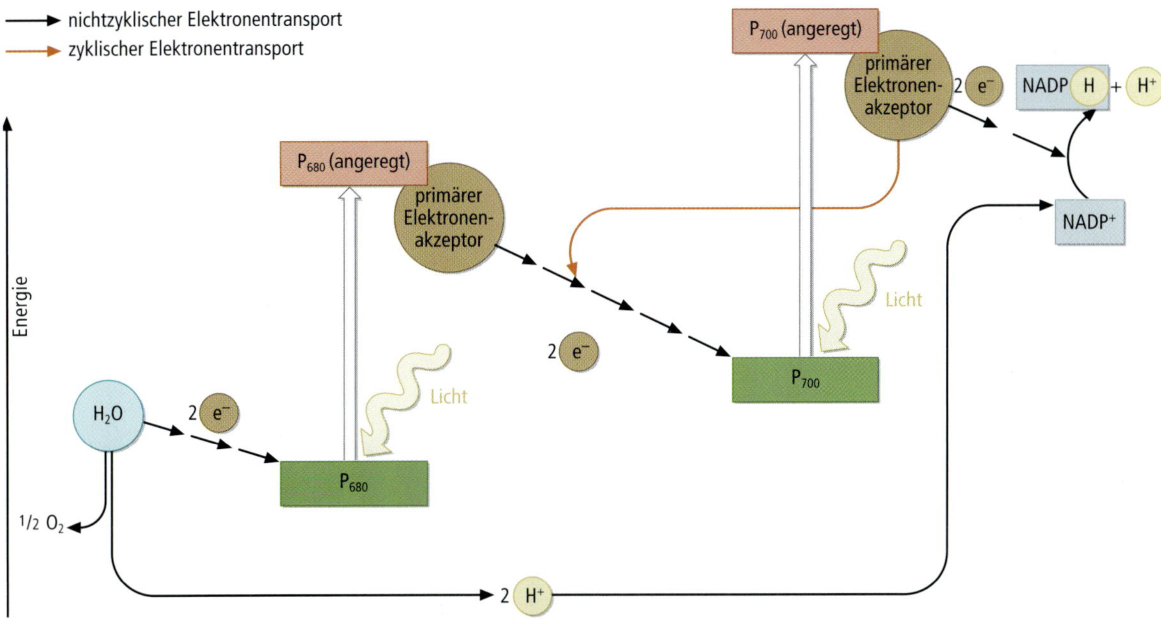

73.2 **Energieschema der lichtabhängigen Reaktionen**

EXKURS

Fotosynthese – lichtunabhängige Reaktionen

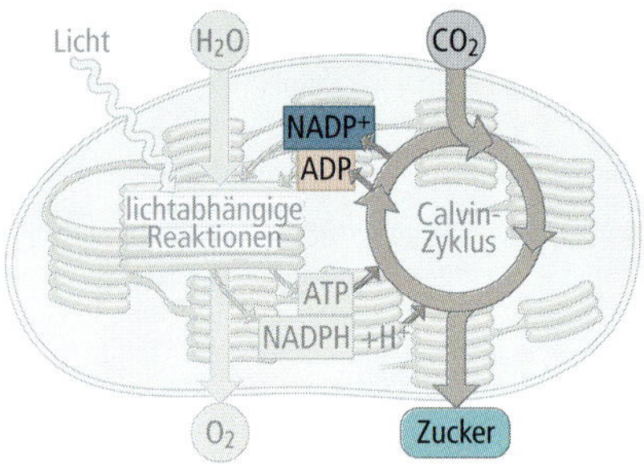

74.1 Schema der Fotosynthese

In der Fotosynthese wird aus Kohlenstoffdioxid und Wasser Traubenzucker, ein Kohlenhydrat, aufgebaut. Kohlenhydrate sind meist Verbindungen mit der allgemeinen Formel $(CH_2O)_n$. Im Verhältnis zu CO_2 enthält ein Kohlenhydrat weniger Sauerstoff, aber zusätzlich Wasserstoff. Chemisch gesehen ist deshalb die Fotosynthese eine Reduktion von Kohlenstoffdioxid, die während der **lichtunabhängigen Reaktionen** der Fotosynthese erfolgt.

Diese Vorgänge erfolgen im Stroma der Chloroplasten. Sie wurden von dem amerikanischen Biochemiker Melvin CALVIN mithilfe einer eigens entwickelten Methode, der *Autoradiografie,* untersucht. Bei diesem Verfahren verfolgt man den Weg von radioaktiv strahlenden Kohlenstoffatomen im Stoffwechsel. CALVIN baute das radioaktive Kohlenstoffisotop ^{14}C in Kohlenstoffdioxid ein und leitete dieses Gas durch eine belichtete Grünalgenkultur. Der markierte Kohlenstoff wurde von den Grünalgen aufgenommen und in der Fotosynthese verarbeitet. CALVIN unterbrach die Reaktionen zu verschiedenen Zeitpunkten, indem er die Algen in siedendem Alkohol abtötete. Dann stellte er Zellextrakte dieser Algen her und trennte die Substanzen chromatografisch. Auf das Chromatogramm wurde eine für radioaktive Strahlung besonders empfindliche Fotoplatte gelegt. Hier erzeugten nur die Substanzen, die das radioaktiv strahlende Kohlenstoffisotop enthielten, bestimmte Spuren. Nach Entwicklung der Fotoplatte waren dann an diesen Stellen schwarze Flecken sichtbar. Die Stoffe wurden chemisch identifiziert.

Als erste Substanz, in der ^{14}C unmittelbar nach der Aufnahme gefunden werden konnte, wurde *3-Phosphoglycerinsäure* nachgewiesen.
Anschließend konnte CALVIN den gesamten, aus vielen Teilreaktionen bestehende Vorgang aufklären. Nach ihm werden diese Reaktionen, die in einem Kreisprozess ablaufen, als **CALVIN-Zyklus** bezeichnet.

Die Reaktionen können in drei Abschnitte gegliedert werden:

Der 1. Abschnitt ist die **Fixierung von Kohlenstoffdioxid.** Das CO_2-Molekül wird an ein Kohlenhydrat mit fünf Kohlenstoffatomen, einen *C_5-Körper*, gebunden. Dieses Molekül ist also der *Akzeptor* für CO_2. Seine chemische Bezeichnung ist *Ribulose-1,5-bisphosphat.*
Durch die Anlagerung von Kohlenstoffdioxid an den Akzeptor sollte eigentlich ein Molekül mit sechs Kohlenstoffatomen entstehen. CALVIN fand aber als erstes Produkt das *3-Phosphoglycerat (3-PGS, Glycerinsäure-3-phosphat),* einen *C_3-Körper*. Der durch die CO_2-Bindung entstehende *C_6-Körper* ist nämlich instabil und zerfällt sofort nach seiner Entstehung in zwei Ionen 3-Phosphoglycerat.

Im 2. Abschnitt werden die Produkte der lichtabhängigen Reaktionen verarbeitet. NADPH + H^+ und ATP reduzieren 3-Phosphoglycerat zu *3-Phosphoglycerinaldehyd (3-PGA, Glycerinaldehyd-3-phosphat)*. Der 2. Schritt ist eine **Reduktion.** Dies ist der entscheidende Schritt der Fotosynthese, denn mit Glycerinaldehyd entsteht eine *Triose,* ein Kohlenhydrat mit drei Kohlenstoffatomen.
Anschließend können sich zwei Moleküle Triose zu einem Molekül Hexose vereinigen. Zuerst bildet sich Fructose-1,6-bisphophat, das sich dann unter Phosphatabspaltung in Glucose umlagert. Jedoch gehen nur zwei von zwölf Triose-Molekülen diesen Weg, denn ein kontinuierlicher Ablauf der Glucosebildung findet nur dann statt, wenn immer wieder genügend Ribulose-1,5-bisphosphat als CO_2-Akzeptor zur Verfügung gestellt wird.

Deshalb erfolgt im 3. Abschnitt die **Rückbildung des Akzeptors** aus den verbleibenden zehn Triose-Molekülen. In einer komplizierten Folge von Reaktionen werden unter ATP-Verbrauch wieder sechs Moleküle Ribulose-1,5-bisphosphat aufgebaut.

Nun kann man eine **Gesamtbilanz der Fotosynthese** erstellen. Für die Synthese eines Glucose-Moleküls, eines C_6-Körpers, werden sechs Moleküle CO_2 benötigt, die an sechs Moleküle des Akzeptors Ribulose-1,5-bisphosphat gebunden werden. Es entstehen sechs instabile C_6-Moleküle, die in zwölf Ionen 3-Phosphoglycerat zerfallen. Diese werden mithilfe von sechs Molekülen NADPH + H^+ und ATP zu zwölf Molekülen 3-PGA reduziert. Zehn dieser Triose-Moleküle werden unter Zerlegung von sechs ATP-Molekülen zur Rückbildung des Akzeptors verwendet. Aus den verbleibenden beiden Triose-Molekülen entsteht ein Glucose-Molekül.

Für die lichtabhängigen Reaktionen gilt demnach: Um zwölf Moleküle NADPH + H^+ und 18 Moleküle ATP herzustellen, müssen 24 Wassermoleküle durch Fotolyse zerlegt werden und 24 Elektronen über die Fotosysteme fließen. Dies erfordert insgesamt 48 Lichtanregungsprozesse. Aus deren Energieinhalt kann man den fotochemischen **Wirkungsgrad** der Fotosynthese berechnen. Die Lichtanregung eines Elektrons in einem der beiden Fotosysteme erfordert etwa 200 kJ. Daraus berechnet sich eine absorbierte Energiemenge von 9600 kJ pro Mol Glucose. Beim Abbau von einem Mol Glucose in der Zellatmung werden dagegen 2870 kJ freigesetzt. Der Vergleich der Energiemengen zeigt, dass etwa 30 Prozent der von den Fotosystemen aufgenommenen Lichtenergie in Glucose gebunden wird.

1. Erläutern Sie folgende Aussage: „3-Phosphoglycerinaldehyd ist ein Kohlenhydrat, nicht jedoch 3-Phosphoglycerinsäure."
2. Erläutern Sie die Verwertung des in den lichtabhängigen Reaktionen gebildeten ATPs!

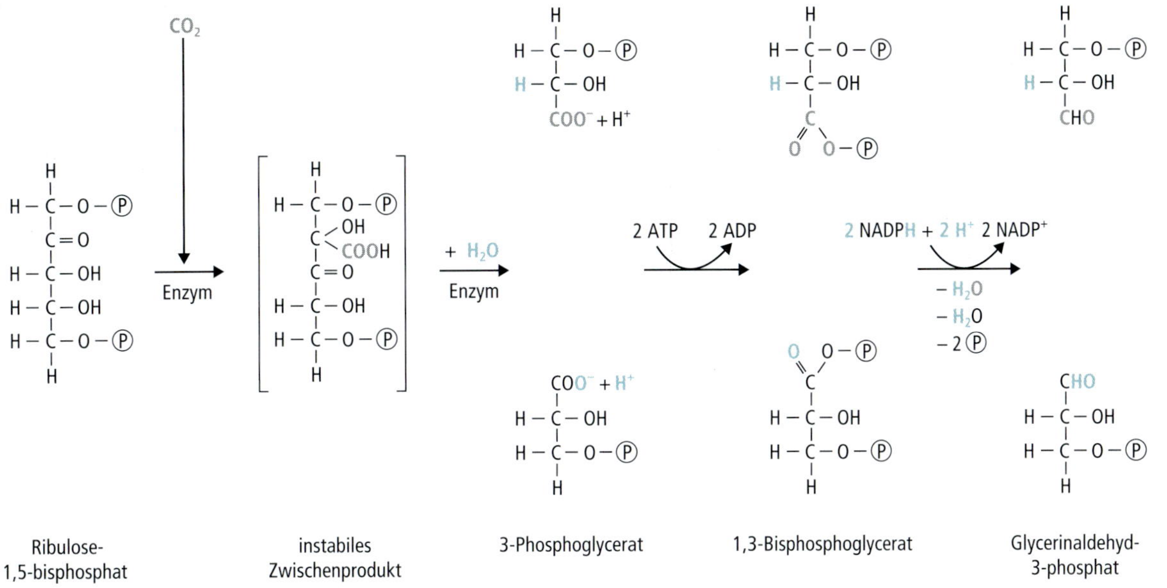

75.1 Kohlenstoffdioxid-Fixierung und Reduktion

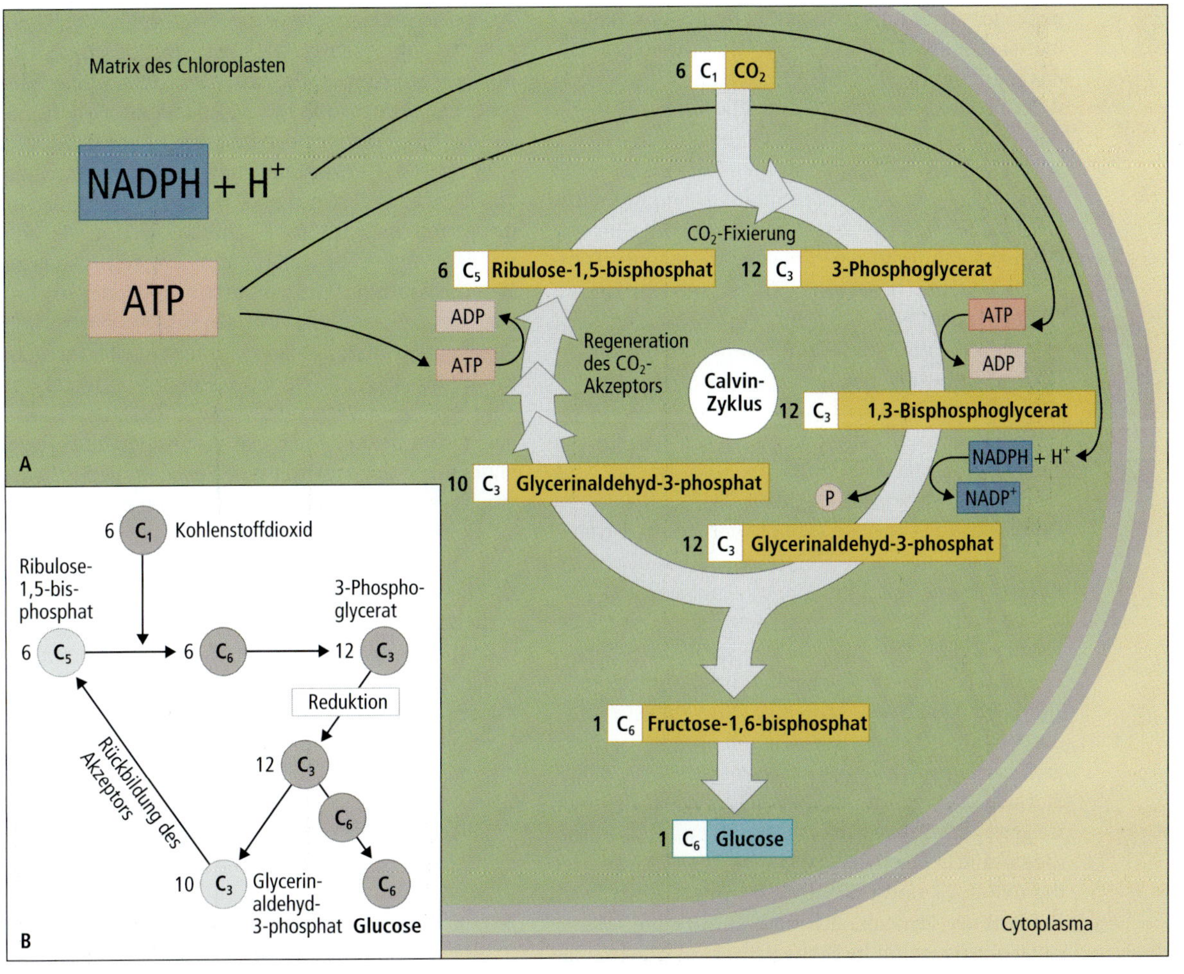

75.2 CALVIN-**Zyklus. A** Ablauf; **B** Schema

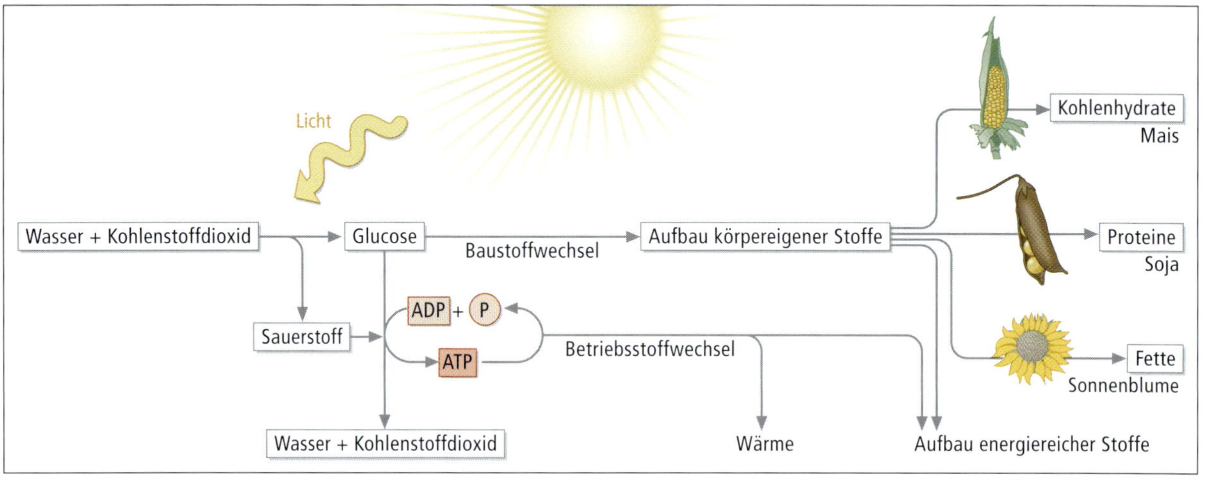

76.1 Verwertung von Fotosyntheseprodukten

4.5 Die Weiterverarbeitung der Fotosyntheseprodukte

Die Samen der Maispflanze enthalten in großer Menge das Kohlenhydrat Stärke. Sojabohnen dagegen sind reich an Eiweißstoffen, und in Sonnenblumenkernen findet man ein Gemisch flüssiger Fette, das Sonnenblumenöl. Pflanzen speichern Nährstoffe nicht nur in Samen, sondern auch in Pflanzenorganen wie Wurzeln, Zwiebelschuppenblättern und Sprossknollen. Nährstoffe werden auf verschiedene Weise aufgebaut. Ausgangsstoff für diesen **Baustoffwechsel** ist jeweils das Monosaccharid Glucose. Glucose wird unmittelbar im Anschluss an die Fotosynthese weiterverarbeitet. Zuerst entsteht in den Chloroplasten der grünen Blätter das Polysaccharid Stärke. Diese wird als *primäre Stärke* oder *Assimilationsstärke* bezeichnet.

Am frühen Morgen kann man in den Blättern keine Assimilationsstärke mehr nachweisen. Nachts wird die Stärke also wieder abgebaut. Es bildet sich das Disaccharid Saccharose (Rohr- oder Rübenzucker). Dieses wird mit dem Siebröhrensaft in Wurzeln, Knollen, Samen und Früchte transportiert und dort oft wieder in Stärke umgewandelt. Diese lagert sich als *sekundäre Stärke* oder *Speicherstärke* in farblosen Plastiden, den Leukoplasten, ab. Solche Stärke speichernden Leukoplasten heißen *Amyloplasten*. Bei der Keimung oder beim Austreiben im Frühjahr greifen die Pflanzen auf diese Vorräte zurück. Die Stärke wird dann enzymatisch gespalten und aus der freigesetzten Glucose baut die Pflanze alle Stoffe auf, die sie zum Leben benötigt. Ein wichtiges Produkt ist die Cellulose, der Baustoff pflanzlicher Zellwände. Auch Fette, Proteine, Farbstoffe, Giftstoffe, Harze und Duftstoffe sind im Stoffwechsel auf Glucose zurückzuführen.

Glucose dient der Pflanze jedoch nicht nur als Baustoff. Die in der Fotosynthese pro Mol Glucose gebundene Energie von 2880 kJ wird in der *Zellatmung* wieder verfügbar gemacht. Bei diesem aeroben Abbau von Glucose wird mithilfe von Sauerstoff aus ADP und anorganischem Phosphat ATP hergestellt. Zum Aufbau von einem Mol ATP sind 30 kJ notwendig. Da im Rahmen der Zellatmung aus einem Mol Glucose 36 Mol ATP gebildet werden, entspricht dies einer verfügbaren Energie von 1080 kJ, die nun in ATP gespeichert vorliegt. Beim Abspalten eines Phosphatrestes aus ATP kann diese Energie für das Betreiben von Stoffwechselvorgängen genutzt werden. Auch Fette und Proteine können in diesem **Betriebsstoffwechsel** von Pflanzen wieder in Glucose umgewandelt und dann in der Zellatmung abgebaut werden. Sie können aber auch in andere Produkte wie aktivierte Essigsäure (Acetyl-Coenzym A) zerlegt werden. Diese Stoffe können dann ebenfalls zur ATP-Synthese verwendet und somit energetisch genutzt werden. Bei allen diesen Vorgängen wird auch Wärme frei, die von den Pflanzen an die Umgebung abgegeben wird.

Die relativ hohe Energieausbeute von fast 40 Prozent, die in der Zellatmung erreicht wird, ist auf die Oxidation von Reduktionsäquivalenten wie NADH durch den Luftsauerstoff zurückzuführen. Dieser Sauerstoff entstand im Lauf von etwa 2,3 Milliarden Jahren durch die Fotosynthese von Sauerstoff produzierenden Bakterien, später von grünen Pflanzen.

1. Erläutern Sie, weshalb eine klare Trennung von Baustoffwechsel und Betriebsstoffwechsel nicht möglich ist!
2. Durch die Fotosynthese wurde die Entwicklung des Lebens auf der Erde grundlegend beeinflusst. Erläutern Sie diese Aussage!

4.6 Energiebindung bei Prokaryoten

Die meisten Prokaryoten sind heterotroph und benötigen organische Stoffe als Energiequelle. Einige Bakteriengruppen sind jedoch zur Fotosynthese befähigt. Die *Cyanobakterien* enthalten Chlorophyll a und ihre Fotosynthese erfolgt genauso wie bei den grünen Pflanzen. Die *Schwefelpurpurbakterien* dagegen enthalten *Bakteriochlorophyll*, das in der chemischen Struktur einige Unterschiede zum Chlorophyll der grünen Pflanzen aufweist. Außerdem besitzen diese Bakterien nur ein Fotosystem, mit dem sie Lichtenergie nutzen können. In der Fotolyse wird nicht Wasser, sondern Schwefelwasserstoff gespalten. Als Abfallprodukt entsteht dann kein Sauerstoffgas, sondern Schwefel. Die Kohlenhydratsynthese verläuft über den CALVIN-Zyklus.

Einige farblose Bakterien können ohne Lichtenergie autotroph leben. Der Kohlenstoff für die Synthese organischer Stoffe wird Kohlenstoffdioxid entnommen. Als Energiequelle nutzen sie die Oxidation anorganischer Schwefel-, Stickstoff- und Eisenverbindungen. Wegen dieser Energienutzung werden sie als *chemoautotroph* bezeichnet. Man nennt diese Prozesse **Chemosynthese.** Einige aerobe Bakterienarten führen die Oxidationen mithilfe des Luftsauerstoffs durch. Andere Arten sind Anaerobier.

Bei der Oxidation werden den anorganischen Verbindungen Elektronen entzogen. Mit diesen wird das Cosubstrat NAD^+ zu $NADH + H^+$ reduziert. Ein Teil der Elektronen wird zur ATP-Synthese genutzt. Durch $NADH + H^+$ und ATP wird Kohlenstoffdioxid reduziert. Die Synthese von Kohlenhydraten erfolgt über den CALVIN-Zyklus.

Eine weitere Gruppe der Prokaryoten sind die *Archaeen*. Sie besiedeln meist Standorte mit extremen Lebensbedingungen. So findet man im Toten Meer, das aufgrund der hohen Salzkonzentration sehr lebensfeindliche Bedingungen aufweist, die roten *Halobakterien* (griech. *halos*, Salz). Diese Prokaryoten absorbieren Lichtenergie mit dem purpurroten Farbstoff *Bakteriorhodopsin*. Dabei handelt es sich um ein integrales Membranprotein mit einem Molekül Retinal. Dieser Farbstoff-Protein-Komplex spaltet infolge der Energieaufnahme ein Proton in den Zellaußenraum ab. Dann wird wieder ein Proton aus dem Zellinnenraum an das Retinal-Molekül angelagert. Die Lichtenergie dient also dazu, Protonen aus dem Zellinnenraum nach außen zu pumpen. So wird entsprechend den Vorgängen an der Thylakoidmembran der Chloroplasten ein Protonengradient aufgebaut. Die Protonen wandern dann im Konzentrationsgefälle durch Ionenkanäle wieder zurück, wobei an dem Enzym ATP-Synthase ATP aufgebaut wird. Es liegt hier also eine Fotophosphorylierung vor, jedoch ohne Elektronentransportkette.

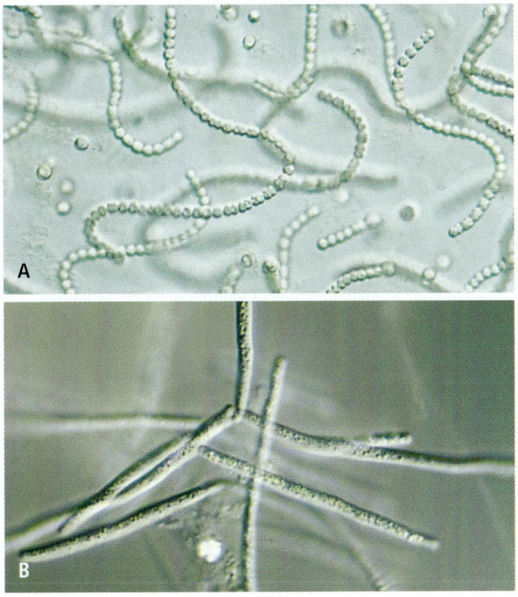

77.1 Fotoautotrophe Bakterien. A Cyanobakterien; **B** Schwefelpurpurbakterien

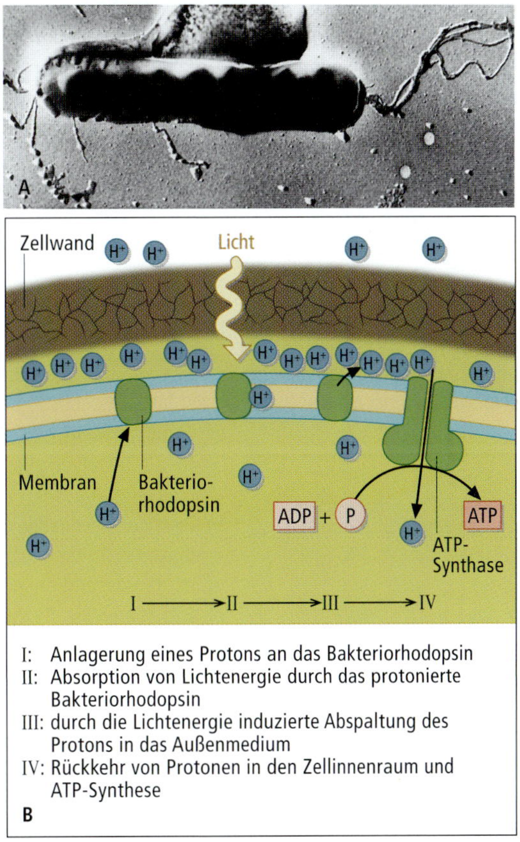

77.2 Energiebindung bei Halobakterien.
A Halobakterium; **B** ATP-Synthese

1. Erläutern Sie die Schemadarstellung in Abbildung 77.2! Vergleichen Sie sie mit den Vorgängen an der Thylakoidmembran eines Chloroplasten!

AUFGABEN Stoffwechsel

1 Enzymaktivität

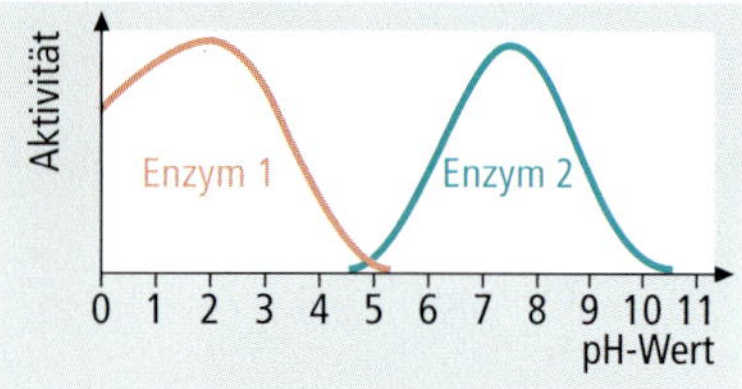

Enzym 1 und Enzym 2 stammen aus verschiedenen Abschnitten des menschlichen Verdauungstraktes.

a) Beschreiben Sie den Verlauf der Aktivitätskurven und vergleichen Sie die pH-Abhängigkeit beider Enzyme!

b) Im Magen herrschen saure Bedingungen, während im Darm alkalische Bedingungen vorliegen. In welchen Abschnitten des Verdauungstraktes könnten Enzym 1 und 2 jeweils wirken?

c) Weshalb ist die Enzymaktivität vom pH-Wert abhängig?

d) Nennen Sie weitere Faktoren, die die Enzymaktivität beeinflussen!

2 Enzymhemmung

Die Geschwindigkeit *v* einer enzymatischen Reaktion wird für verschiedene Substratkonzentrationen [S] ohne Inhibitor I und in Anwesenheit eines Inhibitors gemessen.

[S] in µmol/l	*v* in µmol/(l · min) ohne I	mit I
5	16	10,7
10	24	16
15	28,8	19,2
20	32	21,3
25	34,3	22,9
30	36	24

a) Stellen Sie die Abhängigkeit der Reaktionsgeschwindigkeit von der Substratkonzentration grafisch dar!

b) Welcher Typ der Enzymhemmung liegt hier vor? Erklären Sie den Kurvenverlauf!

c) Welchen anderen Typ der Enzymhemmung kennen Sie? Beschreiben und erklären Sie die Unterschiede im Mechanismus und im Kurvenverlauf!

3 Enzymaktivität in Abhängigkeit von der Substratkonzentration

Das Enzym Katalase zersetzt das Zellgift Wasserstoffperoxid (H_2O_2) in Sauerstoff und Wasser.
In einem Experiment zur Untersuchung der Aktivität der Katalase erhalten Sie die folgenden Messergebnisse:

Substratkonzentration (H_2O_2/100 ml Lösung)	Reaktionsgeschwindigkeit (ml O_2/5 min)
1	3,2
2	5,0
3	6,1
4	6,9
5	7,4
6	7,9
7	8,2
8	8,4
25	8,5
30	8,5

a) Formulieren Sie die Reaktionsgleichung für die Zersetzung von Wasserstoffperoxid mit Katalase!

b) Zeichnen Sie die Reaktionsgeschwindigkeit in Abhängigkeit von der Substratkonzentration in einem Diagramm!

c) Diskutieren Sie die Kurven!

d) Weshalb hat eine weitere Erhöhung der Substratkonzentration keinen Einfluss mehr auf die Reaktionsgeschwindigkeit? Erläutern Sie!

e) Ein Maß für die Enzymaktivität ist die MICHAELIS-MENTEN-Konstante (K_M-Wert). Sie wird als Substratkonzentration bei halbmaximaler Reaktionsgeschwindigkeit gemessen. Bestimmen Sie diesen Wert grafisch aus dem Diagramm!

4 Substratspezifität von Enzymen

Das Enzym Urease zersetzt Harnstoff. Thioharnstoff wird nicht umgesetzt.

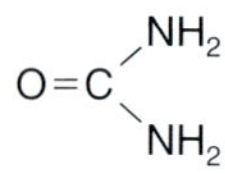

Harnstoff

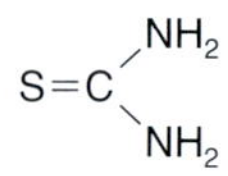

Thioharnstoff

Begründen Sie den Sachverhalt!

5 Alkoholische Getränke anders hergestellt

Noch heute stellen manche Völker alkoholische Getränke folgendermaßen her: Sie setzen sich um ein großes Gefäß mit Wasser. Alle kauen stärkehaltige Wurzelstücke oder Früchte und spucken das Ganze anschließend in einen Topf. Nach einigen Tagen ist ein alkoholisches Getränk entstanden, das abfiltriert werden kann. Erklären Sie die Bildung des alkoholischen Getränkes!

6 Bakteriochlorophyll

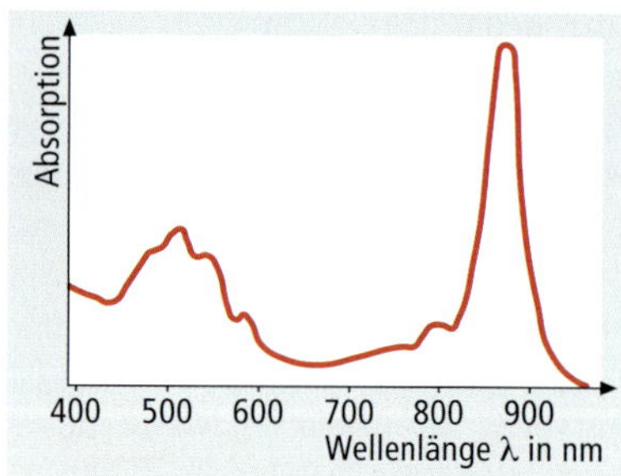

Der Farbstoff des Bakteriums *Rhodospirillum rubrum* hat das abgebildete Absorptionsspektrum.

a) Begründen Sie aufgrund des Absorptionsspektrums, welche Farbe das Bakterium hat!

b) Vergleichen Sie die Absorptionsspektren dieses Farbstoffs und des Chlorophylls grüner Pflanzen! Nennen Sie auffällige Gemeinsamkeiten und Unterschiede!

7 Faktoren der Fotosynthese

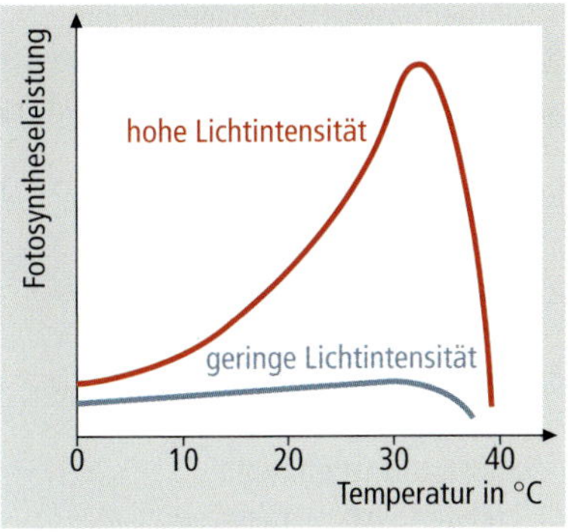

a) Beschreiben Sie den in der Grafik dargestellten Sachverhalt!
b) Erläutern Sie die Schlussfolgerung, die man aus diesem Versuchsergebnis gezogen hat!
c) Erläutern Sie den Rückgang der Fotosyntheseleistung bei höheren Temperaturen!

8 Absorptionsspektrum eines Laubblatts

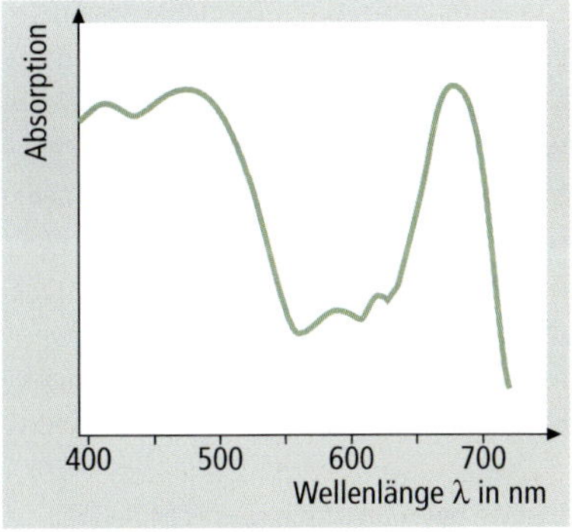

Aus einem grünen Blatt eines Laubbaums wurden die Blattfarbstoffe extrahiert. Mit einem Spektralfotometer wurde dann das Absorptionsspektrum der Farbstofflösung bestimmt.

a) Übertragen Sie das abgebildete Absorptionsspektrum in Ihr Arbeitsheft und erläutern Sie den Kurvenverlauf!
b) Welche Kurve erwarten Sie für ein gelb gefärbtes Herbstblatt dieses Baums? Tragen Sie die Kurve in ihr Arbeitsheft ein und erläutern Sie!

9 Modelldarstellung der lichtabhängigen Reaktionen

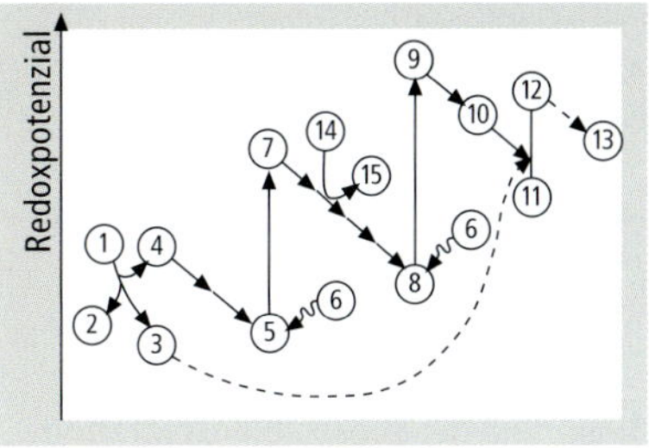

Die lichtabhängigen Reaktionen der Fotosynthese werden oft durch das abgebildete Schema veranschaulicht.

a) Ordnen Sie den Zahlen die richtigen Begriffe zu!
b) Erläutern Sie anhand dieses Schemas den „zyklischen" und den „nichtzyklischen" Elektronentransport!

10 Autoradiografie

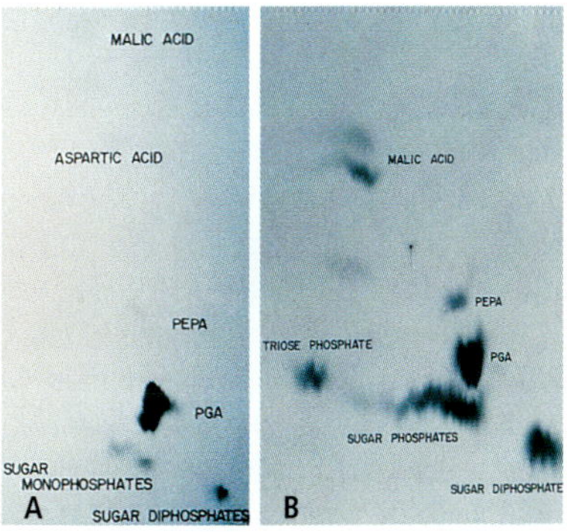

Autoradiogramme. A Abtötung der Algen zwei Sekunden nach der Einwirkung von $^{14}CO_2$; **B** Abtötung der Algen fünf Sekunden nach Einwirkung von $^{14}CO_2$

Melvin CALVIN entwickelte zur Untersuchung der lichtunabhängigen Reaktionen der Fotosynthese die Methode der Autoradiografie. Er verfolgte den Weg von radioaktiv markiertem Kohlenstoff in den Fotosynthesereaktionen in Grünalgen.

a) Beschreiben Sie die Herstellung eines Autoradiogramms!
b) Vergleichen Sie die beiden abgebildeten Autoradiogramme und erläutern Sie die Ergebnisse!

11 Einfluss eines Kohlenstoffdioxidstopps auf die Bildung von Stoffen

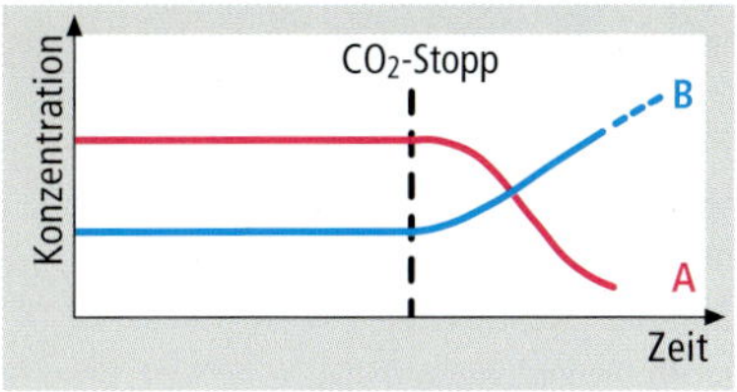

In einem Versuch wird eine Grünalgensuspension unter gleichmäßigen Bedingungen belichtet. In zeitlichen Abständen werden Proben der Algen entnommen und analysiert. Man kann feststellen, dass sich die Konzentrationen der untersuchten Verbindungen nicht ändern.
Nun wird die Kohlenstoffdioxidzufuhr unterbrochen. Die Untersuchung der Stoffkonzentrationen ergibt für zwei Stoffe (A und B) das dargestellte Versuchsergebnis.

a) Beschreiben und begründen Sie das Versuchsergebnis für die Stoffe A und B!
b) Benennen Sie beide Stoffe! Erläutern Sie deren Funktion im Stoffwechsel der Pflanze!
c) Welchen weiteren Verlauf nimmt die Kurve B? Begründen Sie Ihre Antwort!

12 ATP-Synthese in isolierten Chloroplasten

André JAGENDORF führte 1966 folgende Versuche durch:
1) Aus Pflanzenzellen isolierte er vorsichtig Chloroplasten.
2) Dann brachte er die Chloroplasten in eine Pufferlösung mit dem pH-Wert 4. Der Puffer drang langsam in die Chloroplasten ein und senkte dort in allen Reaktionsräumen den pH-Wert ab.
3) Dann gab JAGENDORF im Dunkeln zu der Chloroplasten-Suspension ADP und Phosphat und erhöhte schlagartig im äußeren Medium den pH-Wert auf pH 8.
JAGENDORF stellte fest, dass die Chloroplasten im Dunkeln ATP bildeten.

a) Zeichnen Sie eine beschriftete Schemadarstellung eines Chloroplasten!
b) Erläutern Sie das Ergebnis des JAGENDORF-Experiments!

1 Katalytische Zersetzung von Wasserstoffperoxid

Material: Kartoffel oder Leber; Messer; Mörser mit Pistill; Glimmspäne; Streichhölzer; Spatel; 3 Reagenzgläser mit Ständer; Messzylinder (50 ml); Wasserstoffperoxidlösung (H_2O_2, Xi, 5 %ig); Braunstein (MnO_2, Xn, B2)

Durchführung: Füllen Sie in drei Reagenzgläser je 10 ml Wasserstoffperoxidlösung! Zerkleinern Sie im Mörser ein Stück Kartoffel oder Leber zu Brei! Geben Sie diesen Brei in das erste Reagenzglas! In das zweite Reagenzglas geben Sie eine Spatelspitze Braunstein!
Führen Sie anschließend vorsichtig den glimmenden Span nacheinander in die drei Reagenzgläser ein!

Aufgaben:

a) Beschreiben Sie Ihre Beobachtungen!
b) Welche Wirkung hat Braunstein auf Wasserstoffperoxid? Formulieren Sie die Reaktionsgleichung!
c) Welche Schlussfolgerung ziehen Sie aus den Versuchen bezüglich der Kartoffel- oder Leberzellen?
d) Welchen Zweck erfüllt der Ansatz im dritten Reagenzglas?

2 Einfluss von Hitze auf die Enzymwirkung

Material: Kartoffel; Gasbrenner; Münze; Tiegelzange; Wasserstoffperoxidlösung (H_2O_2, 3 %ig); Pasteurpipette; Petrischale

Hinweis: Die Kartoffel enthält das Enzym Katalase, das Wasserstoffperoxid unter Bildung von Sauerstoff spaltet.

Durchführung: Schneiden Sie die Kartoffel durch! Legen Sie eine Kartoffelhälfte mit der Schnittfläche nach oben in eine Petrischale!
Halten Sie dann die Münze mit der Tiegelzange kurz in die Flamme des Gasbrenners! Legen Sie die heiße Münze für einen kurzen Moment auf die Schnittfläche der Kartoffel! Tropfen Sie nun mit der Pasteurpipette etwas Wasserstoffperoxidlösung auf die gesamte Schnittfläche der Kartoffel!

Aufgaben:

a) Beschreiben Sie Ihre Beobachtungen!
b) Welchen Einfluss übt Hitze auf das Enzym Katalase aus?
c) Erklären Sie die Wirkung der Hitze auf das Enzym aus chemischer Sicht!

3 Einfluss der Substratkonzentration auf die Geschwindigkeit einer enzymatischen Reaktion

Material: Kartoffel oder Leber (100 g); 5 Messzylinder (100 ml); Messzylinder (50 ml); Messzylinder (10 ml); 5 Reagenzgläser mit Ständer; Pipette (5 ml); Reibe; Küchensieb; 2 Bechergläser (250 ml); Glasstab; Waage; Wasserstoffperoxidlösung (H_2O_2, Xi, 8 %ig); destilliertes Wasser; Phosphat-Puffer (50 ml, pH 7,5: 43 ml 0,1 mol/l Kaliumhydrogenphosphat, 7 ml 0,1 mol/l Kaliumdihydrogenphosphat)

Durchführung: Stellen Sie Wasserstoffperoxidlösungen von 0,5 %, 1 %, 2 %, 4 % und 8 % her!
Füllen Sie dazu nacheinander in fünf 100 ml-Messzylinder 2,5 ml, 5 ml, 10 ml, 20 ml bzw. 40 ml 8 %ige Wasserstoffperoxidlösung! Füllen Sie die Messzylinder anschließend mit destilliertem Wasser bis auf 40 ml auf!
Zerkleinern Sie die Leber oder eine gewaschene Kartoffel mit der Reibe! Verrühren Sie den Brei in einem Becherglas mithilfe eines Glasstabes mit 50 ml Phosphatpuffer! Filtrieren Sie die Aufschwemmung mit einem Sieb in ein zweites Becherglas!
Von der filtrierten Lösung pipettieren Sie fünf mal 5 ml in je ein Reagenzglas! Entleeren Sie zügig nacheinander je ein Reagenzglas in die Messzylinder mit den Wasserstoffperoxidlösungen! Nach fünf Minuten messen Sie die Schaummenge, die sich gebildet hat!
Ziehen Sie das Ausgangsvolumen von 45 ml vom Messwert ab!

Aufgaben:

a) Tragen Sie in einem Diagramm die gemessene Schaummenge in Millilitern gegen die Konzentration der Wasserstoffperoxidlösung auf!
b) Welcher Zusammenhang besteht zwischen der gebildeten Schaummenge und der Reaktionsgeschwindigkeit?
c) Beschreiben Sie die Abhängigkeit der Reaktionsgeschwindigkeit von der Substratkonzentration!
d) Erklären Sie das Ergebnis!

4 Einfluss von Säure auf die Wirkung der α-Amylase

Material: 3 Reagenzgläser mit Ständern; Pipette; Messzylinder (10 ml); Stärkelösung (1 %ig); Speichel; LUGOLsche Lösung; Salzsäure (HCl, Xi, 3 %ig)

Durchführung: Füllen Sie in drei Reagenzgläser je 8 ml Stärkelösung! Geben Sie in das erste Reagenzglas 1 ml Salzsäure! Fügen Sie in dieses und in das zweite Reagenzglas jeweils rund 1 ml Speichel hinzu!
Versetzen Sie die drei Lösungen nach zehn Minuten mit ein paar Tropfen LUGOLscher Lösung!

Hinweis: LUGOLsche Lösung ist braunrötlich. Sie färbt Stärke blau-violett.

Aufgaben:

a) Vergleichen Sie die Farben der Lösungen!
b) Wie beeinflusst ein saures Milieu die Aktivität der α-Amylase?
c) Erläutern Sie das Ergebnis aus chemischer Sicht!
d) Woran liegt es, dass die Aktivität eines Enzyms vom pH-Wert des Milieus abhängt?
e) Nehmen Sie die Abbildung 47.2 B zur Deutung Ihrer Ergebnisse hinzu. In welchem pH-Bereich ist eine deutliche Farbreaktion nach Speichelzugabe zu erwarten und wo nicht? Stimmt das Versuchsergebnis mit den Erwartungen überein?

5 Atmung von Kronblättern

Material: Kronblätter von Rosen; großes Reagenzglas mit Stopfen und U-förmig gebogenem Kapillarrohr; Becherglas (100 ml); Drahtnetz als Einsatz für Reagenzglas; Kaliumhydroxidplätzchen (C, B1); Wasser gefärbt mit z. B. Methylenblau (Xn); Filzschreiber

Durchführung: Legen Sie etwa zehn Kaliumhydroxid-Plätzchen in das Reagenzglas! Legen Sie das Drahtnetz darüber und füllen Sie das Reagenzglas mit Kronblättern! Verschließen Sie dann das Reagenzglas mit dem Stopfen! Tauchen Sie das andere Ende des U-Rohrs in das Becherglas mit der Farblösung! Markieren Sie nach fünf Minuten den Stand der Farblösung in dem U-Rohr mit Filzschreiber!

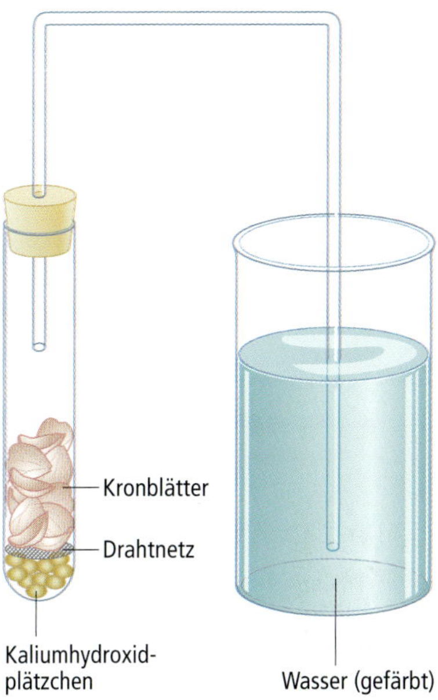

Aufgaben:

a) Messen Sie mit dem Lineal die Veränderung des Flüssigkeitsstandes im Kapillarrohr nach je zehn Minuten!
b) Erläutern Sie das Versuchsergebnis!
c) Welches Ergebnis ist zu erwarten, wenn an Stelle der Kronblätter der Versuch mit grünen Laubblättern durchgeführt wird? Erläutern Sie!

6 Herstellung einer Blattfarbstofflösung

Material: grüne Blätter (z. B. Brennnessel); Brennspiritus (F); Reibschale mit Pistill; Quarzsand; Filtrierpapier; Trichter; Reagenzglas mit Stopfen; Schere

Durchführung: Zerschneiden Sie die Blätter in kleine Stückchen und zerreiben Sie diese mithilfe von etwas Quarzsand unter Zusetzen von Brennspiritus in der Reibschale! Filtrieren Sie die grüne Suspension und fangen Sie die abfiltrierte Blattfarbstofflösung in einem Reagenzglas auf! Die Lösung kann im Dunkeln einige Stunden aufbewahrt werden.

Aufgabe:
Erläutern Sie die Schritte zur Herstellung einer Blattfarbstofflösung!

7 Lichtabsorption einer Blattfarbstofflösung

Material: Diaprojektor; Sammellinse; Bildschirm; flache Glasküvette; Schlitzblende; Grünfilter; Prisma; grüne Blattfarbstofflösung aus Versuch 2

Durchführung: Füllen Sie die Küvette zur Hälfte mit der Blattfarbstofflösung und bauen Sie entsprechend der Abbildung die Versuchsanordnung auf! Auf dem Bildschirm ist das volle Lichtspektrum und das Absorptionsspektrum der Blattfarbstofflösung zu erkennen.

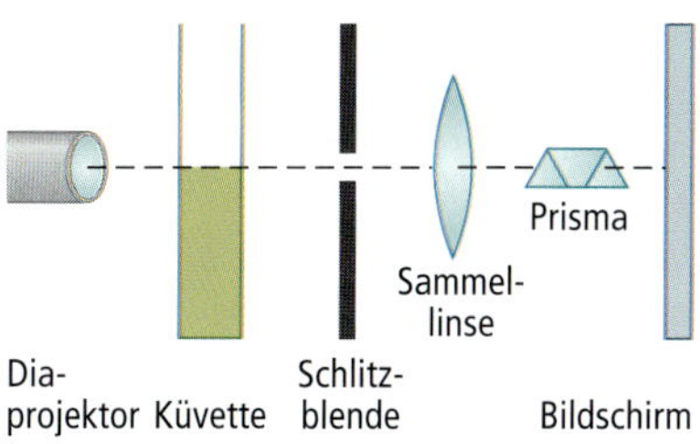

Aufgaben:

a) Erläutern Sie das Versuchsergebnis!
b) Wiederholen Sie den Versuch mit einem Grünfilter! Vergleichen Sie mit dem Spektrum der Blattfarbstofflösung und erläutern Sie!

8 Dünnschichtchromatografie (DC) einer Blattfarbstofflösung

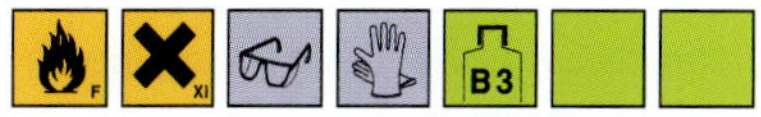

Material: DC-Platte und DC-Küvette; Kapillarröhrchen; Fließmittel (Gemisch aus Benzin (F) und Isopropanol (F, Xi) im Volumenverhältnis 10 : 1); Blattfarbstofflösung aus Versuch 2

Durchführung: Tragen Sie mit der Kapillare einen schmalen Streifen der Blattfarbstofflösung etwa 2 cm über dem unteren Rand der DC-Platte auf! Wiederholen Sie den Vorgang nach dem Trocknen einige Male! Füllen Sie das Fließmittel etwa 5 mm hoch in die Küvette und stellen Sie die Platte hinein! Decken sie die Küvette ab und warten Sie, bis das aufsteigende Fließmittel fast die Oberkante der Platte erreicht hat!

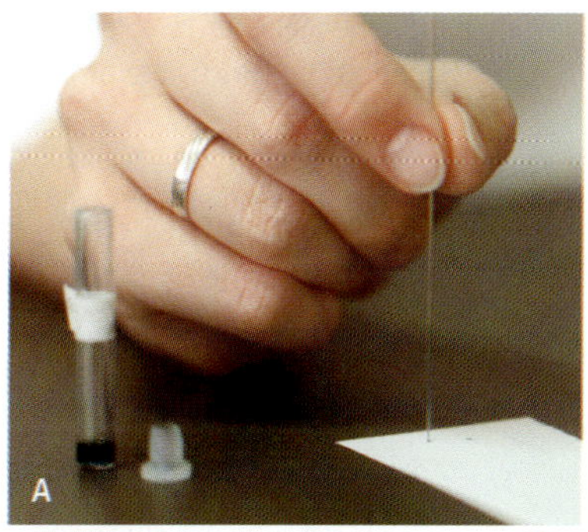
A

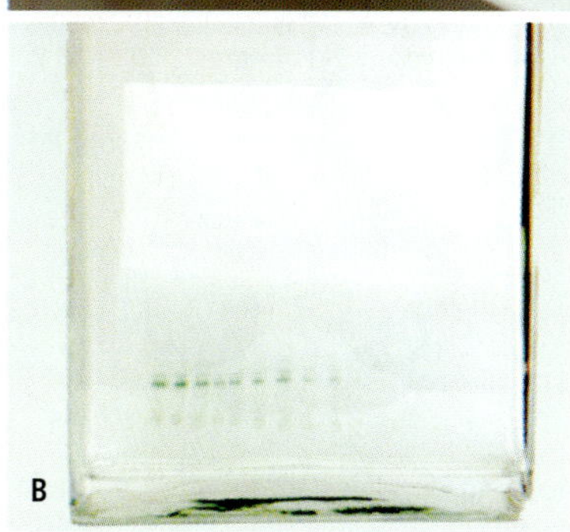
B

Aufgaben:

a) Beschreiben und erläutern Sie das Versuchsergebnis!
b) Welches Ergebnis ist zu erwarten, wenn die Platte erst nach mehreren Stunden aus der Küvette mit dem Fließmittel genommen wird? Erläutern Sie!

BASISKONZEPT Stoff- und Energieumwandlung

Organismen und deren Zellen sind **offene Systeme**, die mit ihrer Umgebung Stoffe und Energie austauschen. Darüber hinaus treten sie auch mit anderen Organismen in Wechselwirkung.

Organismen als offene Systeme

Eine Pflanze nimmt Wasser und Mineralsalze mit ihren Wurzeln aus dem Boden auf, ihre Blätter Kohlenstoffdioxid. Aus diesen Stoffen stellt sie unter Aufnahme von Lichtenergie der Sonne unter anderem Glucose und Sauerstoff her. Sauerstoff sowie überschüssige Wärmeenergie gibt sie an die Umwelt ab. Als **Produzent** ist jede Pflanze somit *autotroph*. Blätter dienen Tieren als Nahrung und damit als Quelle chemischer Energie. **Konsumenten** der Pflanzen sind somit *heterotroph*. Abgestorbene Tiere und Pflanzen werden von Mikroorganismen zur Gewinnung chemischer Energie abgebaut. Diese **Destruenten** sind auch *heterotroph*.

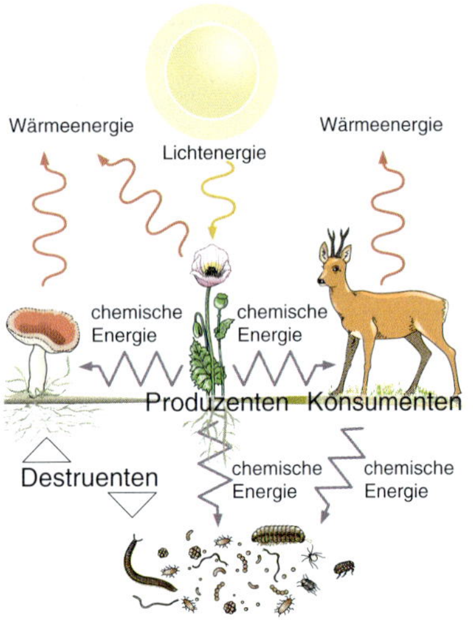

Auch ein Einzeller stellt ein offenes System dar. Stoffe aus seiner Umgebung werden aufgenommen, umgesetzt und verändert. Dabei wird Energie gewonnen und auch abgegeben. Nicht verwertbare Stoffe werden an die Umwelt ausgeschieden. Damit sind alle Zellen und ihre chemischen Reaktionen, die man in der Gesamtheit als *Stoffwechsel* bezeichnet, in ihre Umwelt eingebunden.

Der Stoffwechsel

Stoffwechselprozesse sind vergleichbar mit einem komplizierten Wegenetz aus vielen tausend chemischen Reaktionen.

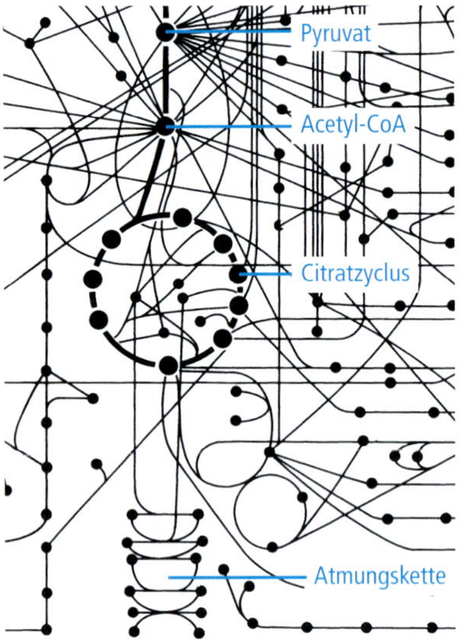

Jede Stoffwechselreaktion wird von einem *Enzym* selektiv katalysiert. Die Regulation der Enzymaktivität, zum Beispiel durch Endprodukthemmung, steuert Angebot und Nachfrage von Stoffen innerhalb des Stoffwechselweges.
Insgesamt werden durch den Stoffwechsel Material- und Energieressourcen der Zelle organisiert. **Katabolische Stoffwechselwege** setzen Energie frei, indem sie komplexe Moleküle in einfachere Verbindungen umbauen. Ein Hauptweg des Katabolismus ist die Zellatmung, bei der aus Glucose und anderen organischen Molekülen mithilfe von Sauerstoff Kohlenstoffdioxid und Wasser gebildet werden. Die dabei frei werdende Energie steht der Zelle durch *universelle Speicher- und Transportmittel für Energie,* wie zum Beispiel ATP, NADH + H^+ oder NADPH + H^+, zur Verfügung. Diese tragen die gespeicherte Energie zu Energie verbrauchenden Orten in der Zelle. Mithilfe **anabolischer Stoffwechselwege** werden unter Verbrauch von Energie aus einfachen Molekülen komplexere Verbindungen aufgebaut. Ein Beispiel ist die Bildung eines Dipeptids aus zwei Aminosäuren.

Stoffwechselgemeinsamkeiten

Dem Stoffwechsel aller Organismen liegen gemeinsame biologische Phänomene zugrunde: In der Regel haben Stoffwechselreaktionen einen Bedarf an Aktivierungsenergie. Eine unbegrenzte Zufuhr von Wärme würde jedoch der Zelle schaden. Um diese Reaktionen auch bei niedriger Temperatur zu ermöglichen, müssen sie durch Biokatalysatoren angetrieben werden. Der Zelle dienen dazu Enzyme, die den Bedarf an Wärmeenergie senken. Biokatalysatoren beschleunigen eine chemische Reaktion stark und gehen selbst unverändert aus dieser hervor.

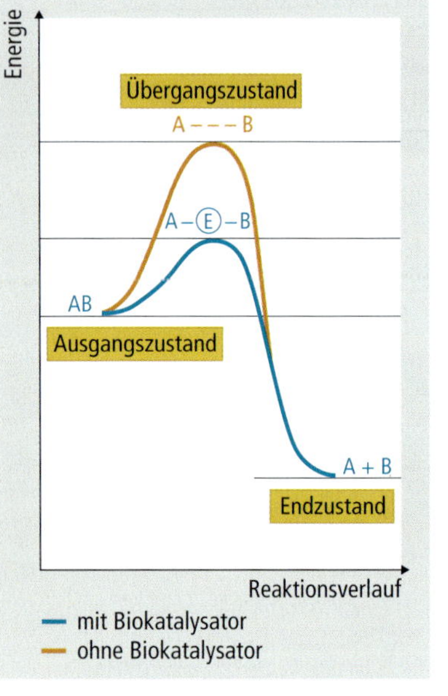

In allen Organismen werden im Verlauf von oxidierenden Stoffwechselreaktionen Elektronen zusammen mit Protonen aus Ausgangsmolekülen auf *Trägermoleküle,* wie **NAD**$^+$ oder **NADP**$^+$, übertragen. Diese werden dadurch reduziert und können Elektronen bei Bedarf an reduktive Stoffwechselreaktionen, wie etwa im CALVIN-Zyklus der Fotosynthese, weitergeben. Die aus den Stoffwechselreaktionen frei gesetzte Energie wird in dem universellen Energiespeicher **ATP** konserviert. ATP-Moleküle können die Energie an anderer Stelle oder zu einem späteren Zeitpunkt Energie verbrauchenden Prozessen zur Verfügung stellen.

Energieumwandlung

Energie ist die Voraussetzung, Arbeit zu verrichten und Stoffe umzubauen. Sie kommt in verschiedenen Formen vor. Die in der Zelle verrichtete Arbeit hängt von der Fähigkeit der Zelle ab, Energie in eine andere Energieart umzuwandeln.

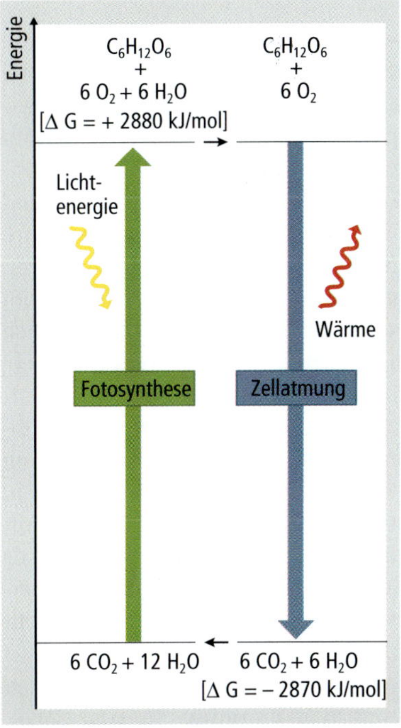

In der Fotosynthese wird Kohlenstoffdioxid und Wasser mithilfe von Lichtenergie in chemische Energie in Form von Glucose umgewandelt. Die energiereiche Glucose wird in der Zellatmung oxidativ in energiearmes Kohlenstoffdioxid zurückverwandelt. Die dabei frei werdende Energie wird in Form von **ATP** als chemische Energie gespeichert. Ein Teil der Energie der Stoffwechselreaktionen wird als Wärme an die Umgebung abgegeben.
ATP als universeller Energiespeicher besitzt einen leicht abspaltbaren Phosphatrest. Bei dessen Abspaltung wird Energie frei, die Stoffwechselreaktionen antreiben kann. Aus ATP entsteht durch Wasseranlagerung die energieärmere Form **ADP**. Die Zellatmung liefert die Energie, um aus ADP und anorganischem Phosphat wieder ATP herzustellen.

Thermodynamik

Gemäß der Lehre von der Energieumwandlung ist nach dem **ersten Hauptsatz der Thermodynamik** die Energie des Universums konstant. Energie kann übertragen oder umgewandelt, jedoch nie erzeugt oder zerstört werden. Durch Umwandlung von Lichtenergie in chemische Energie werden fotosynthetisch aktive Organismen zum Energieumwandler, nie jedoch zum Energieerzeuger. Warum gibt der Organismus Energie ab und recycelt die Energie nicht vollständig? Nach dem **zweiten Hauptsatz der Thermodynamik** vergrößert jeder Energietransfer oder jede Energieumwandlung die Unordnung des Universums. Als Maß für diese gilt die **Entropie.** Je ungeordneter ein System ist, desto größer ist dessen Entropie. Die Zunahme der Entropie ist ein spontaner Prozess, der ohne Energieaufwand nicht verhindert werden kann. Erzeugt eine Zelle Ordnung, zum Beispiel durch Synthese von Makromolekülen aus Monomeren, und verringert damit ihre Entropie, so nimmt die Gesamtentropie der Zelle und ihrer Umgebung dennoch zu. Diese entsteht durch eine Erhöhung der molekularen Teilchenbewegung bedingt durch die frei werdende Wärmeenergie.

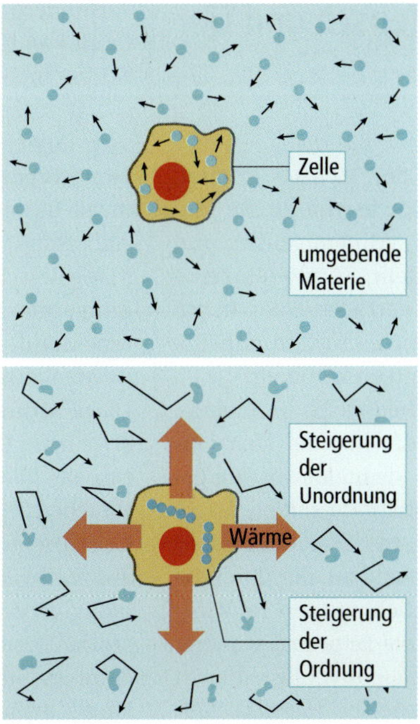

Energiekopplung

Freie Energie ist der Teil der Energie eines Systems, der es ermöglicht, Arbeit zu verrichten. In einer **exergonischen Reaktion,** wie zum Beispiel der Zellatmung, entsteht freie Energie: ΔG ist negativ. Solche Reaktionen laufen spontan ab. Eine **endergonische Reaktion,** wie die Fotosynthese, benötigt dagegen freie Energie aus der Umgebung. Die Änderung der freien Energie ΔG ist positiv. Vorgänge dieser Art laufen nicht freiwillig ab, sondern nur in Verbindung mit exergonischen Reaktionen. Die Schlüsselstrategie ist dabei die **Energiekopplung,** indem ein exergonischer Vorgang als Antrieb für einen endergonischen benutzt wird. Das Molekül ATP ist für die meisten Energiekopplungen in der Zelle verantwortlich.

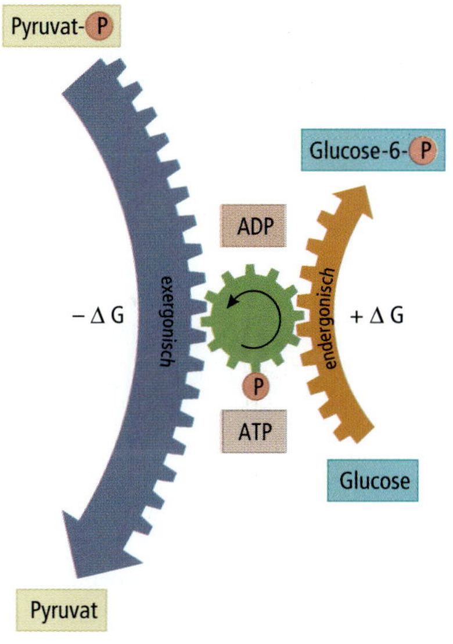

Dass chemische Reaktionen in einer Zelle nicht einen Gleichgewichtszustand erreichen und damit keine freie Energie mehr besitzen (ΔG = 0), wird durch Folgendes verhindert:
Die Zelle baut ständig Stoffe um, sodass sich keine Stoffe bis in den Gleichgewichtszustand anhäufen können. Zudem erfolgt ein ständiger Stoffaustausch mit ihrer Umgebung. Dieses **Fließgleichgewicht** ist eines der Hauptkennzeichen des Lebendigen.

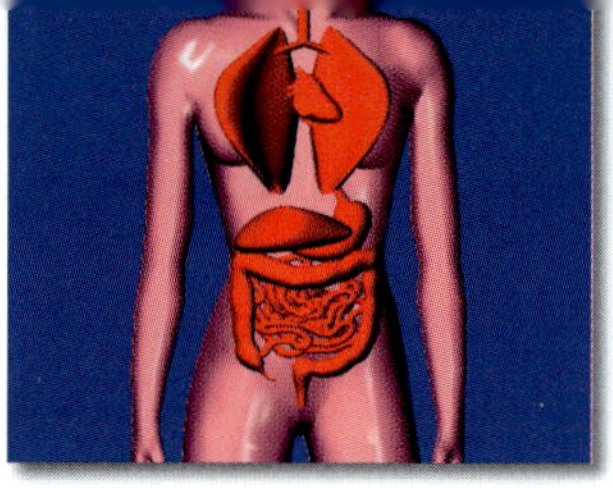

Organsysteme

empfohlene tägliche Zufuhr	Mangelerscheinungen	Gefahren der Überdosierung
Kohlenhydrate 55 %–60 % 	– verminderte Leistungsfähigkeit – Stoffwechselstörungen	– Übergewicht – Karies durch Zucker
Fette 25 %–30 % 	– mangelnde Resorption fettlöslicher Vitamine – Hautveränderungen – Stoffwechselstörungen – Fortpflanzungsstörungen	– Übergewicht – Arteriosklerose – Herz-Kreislauf-Erkrankungen – Darmkrebs
Eiweißstoffe 15 % 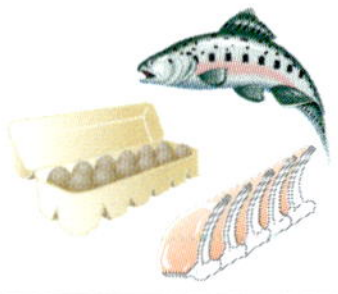	– Hungerödeme (Wasseransammlungen im Gewebe) – bei Kindern Entwicklungsstörungen – Resistenzminderung – Störungen zahlreicher Funktionen des Nervensystems	

84.1 Bedeutung von Nährstoffen in der Nahrung des Menschen

1 Aufnahme und Ausscheidung von Stoffen bei Mensch und Tier

1.1 Ernährung

Mit gemischter Kost nimmt der Mensch Kohlenhydrate, Fette, Eiweißstoffe sowie eine Reihe von Vitaminen, Spurenelementen, Mineralstoffen und Ballaststoffen auf. Werden dem Körper einzelne Nahrungsbestandteile in zu geringen oder in zu großen Mengen zugeführt, kann es zu Gesundheitsschäden wie Mangelerscheinungen kommen.

Kohlenhydrate, Fette und Eiweißstoffe bezeichnet man als **Nährstoffe.** Nährstoffe können sich teilweise gegenseitig ersetzen, da sie ineinander umgebaut werden können. Kohlenhydrate sollten zu 55 bis 60 Prozent, Fette zu 25 bis 30 Prozent und Eiweißstoffe zu rund 15 Prozent an der Energiezufuhr beteiligt sein. Tatsächlich werden in Westeuropa durchschnittlich zu viele Fette und weniger Kohlenhydrate verzehrt. Kohlenhydrate dienen hauptsächlich als Energiequelle *(Betriebsstoffwechsel)*. Wegen des ständigen Bedarfs an Glucose durch Nervenzellen sollten täglich zwei bis drei Gramm Kohlenhydrate pro Kilogramm Körpermasse in der Nahrung enthalten sein. Fette dienen sowohl als Energiequelle als auch als Baustoffe in Zellmembranen und Fettpolstern, die Organe schützend umgeben. Einige der in Fetten enthaltenen ungesättigten Fettsäuren werden vom menschlichen Körper benötigt, können aber nicht selbst hergestellt werden. Diese *essenziellen Fettsäuren* sollten täglich mit der Nahrung zugeführt werden. Eiweißstoffe bestehen aus Aminosäuren, aus denen im *Baustoffwechsel* körpereigene Proteine gebildet werden. Einige der 20 benötigten Aminosäuren können vom menschlichen Körper nicht selbst gebildet werden, sondern müssen als *essenzielle Aminosäuren* aufgenommen werden. Werden täglich weniger als 0,8 Gramm Eiweißstoffe pro Kilogramm Körpermasse verzehrt, kommt es zum Abbau von Eiweißstoffen aus der Körpersubstanz.

Stoffe, die das Entstehen von Mangelkrankheiten verhindern, nennt man **Vitamine.** Sie sind Cofaktoren von Enzymen oder deren Vorstufen, die vom Körper nicht selbst hergestellt werden können.

Einige chemische Elemente, gewöhnlich in Form von Ionen, werden in geringen Konzentrationen vom Körper benötigt. Solche **Spurenelemente** sind meist Bestandteile von Enzymen. Eine zu geringe Aufnahme von Spurenelementen führt ebenfalls zu Mangelerscheinungen.

Einige anorganische Salze wie Natriumchlorid, Kaliumchlorid, Magnesiumcarbonat und Calciumsulfat werden vom Körper in größeren Mengen benötigt. Diese **Mineralstoffe** haben vielfältige Funktionen, etwa beim Ladungstransport durch Membranen von Nerven- und Muskelzellen oder beim Aufbau von Knochen.

Cellulose aus pflanzlichen Zellwänden oder Chitin aus Zellwänden von Pilzen können vom Körper nicht verwertet werden. Sie erfüllen als **Ballaststoffe** dennoch eine wichtige Funktion bei der Verdauung, indem sie die Verweildauer von Nahrung im Magen erhöhen und die Darmtätigkeit anregen.

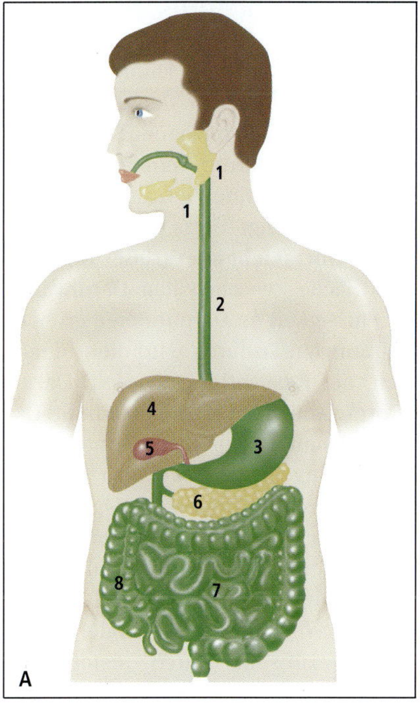

B

	Verdauungsorgan (Sekret) *Wirkstoff*	Wirkung Substrat → Produkt
①	Speicheldrüsen (Speichel, pH 6–7)	
	α-Amylase	Polysaccharide → Oligosaccharide, Maltose
②	Speiseröhre	
③	Magen (Magensekret, pH 2)	
	Salzsäure, Pepsin	Proteine → Polypeptide
④	Leber (Galle)	
⑤	Gallenblase (Galle)	
	Gallensäuren	Lipide (Emulgierung) → Lipidtröpfchen
⑥	Bauchspeicheldrüse (Bauchspeicheldrüsensekret, pH 8)	
	α-Amylase	Poly-, Oligosaccharide → Maltose
	Lipase	Lipide → Di-, Monoglyceride, Glycerin, Fettsäuren
	Trypsin/Chymotrypsin	Proteine → Polypeptide
	Carboxypeptidase	Polypeptide → Oligopeptide
⑦	Dünndarm (Dünndarmsekret, schwach alkalisch)	
	Enzyme der Darmwand	Disaccharide → Monosaccharide Oligopeptide → Tri-, Dipeptide, Aminosäuren
⑧	Dickdarm	Eindickung durch Wasserentzug

85.1 Verdauungssystem. A Verdauungsorgane; **B** Abbau der Nahrung

1.2 Verdauung

Bereits im Mund wird die Nahrung durch die Zähne mechanisch zerkleinert und mit Speichel aus den *Mundspeicheldrüsen* durchmischt. Speichel macht die Nahrung gleitfähig, enthält aber auch das Enzym α-Amylase. Es beginnt bereits im Mund mit der Zerkleinerung von Kohlenhydraten. Bei dieser Mundverdauung wird Stärke zu Maltosezucker umgewandelt.

Der eingespeichelte, gleitfähige Speisebrei wird durch die Speiseröhre in den **Magen** befördert. Im Magen wird dem Speisebrei Salzsäure aus der Magenwand zugesetzt. In diesem sauren Milieu (pH 2) werden Krankheitserreger wie Bakterien, die mit der Nahrung aufgenommen wurden, getötet. Auch werden durch die Salzsäure Zellverbände aus der Nahrung aufgelöst und Eiweißstoffe denaturiert. Proteine werden dann durch Enzyme, die *Pepsine*, in lange Aminosäureketten (Polypeptide) gespalten. Pepsin entsteht in einer inaktiven Form, dem Pepsinogen, in der Magenwand und wird erst im sauren Magensaft zu dem wirksamen Pepsin umgewandelt. Dadurch und durch die Schleimbildung der Mageninnenwand wird verhindert, dass die Magenwände sich selbst verdauen. Durch die Nahrung werden die Magenwände zur Abgabe des Hormons *Gastrin* stimuliert, das den Magen zur weiteren Sekretion von saurem Magensaft anregt.

Durchschnittlich zwei bis sechs Stunden nach einer Mahlzeit entleert sich der Magen portionsweise über einen muskulären Verschluss, den *Pylorus*, in den etwa fünf Meter langen **Dünndarm.** Hier wird die Hauptarbeit der Verdauung geleistet. Wesentliche Mengen von Verdauungsenzymen stammen aus der **Bauchspeicheldrüse,** dem Pankreas. Pro Tag werden etwa zwei Liter *Pankreassekret* in den ersten Abschnitt des Dünndarms, den *Zwölffingerdarm,* abgegeben. Darin sind verschiedene Enzyme enthalten: Eiweißstoffe verdauende Enzyme (Trypsin und Chymotrypsin), Peptidasen, die Polypeptide zu kürzerkettigen Oligopeptiden abbauen, Kohlenhydrate spaltende Enzyme wie α-Amylasen und Fette spaltende Lipasen. Das basische Pankreassekret (pH 8) neutralisiert den sauren Magensaft. In den Zwölffingerdarm wird zusätzlich *Gallensaft* abgegeben, der in der **Leber** gebildet und in der *Gallenblase* gespeichert wird. Er dient zur Emulgierung des Fettes in kleinste Tröpfchen, wodurch es von Lipasen leichter zerlegt werden kann. Die im Dünndarm wirksamen Verdauungsenzyme haften zum Teil an der stark gefalteten und mit Schleim überzogenen Wand des Dünndarms. Dazu gehören Maltase, Lactase und Saccharase zur Spaltung von Disacchariden sowie Peptidasen zur Hydrolyse von Poly- und Oligopeptiden.

Als Endprodukte der Nährstoffverdauung liegen schließlich vor allem Einfachzucker aus dem Abbau der Kohlenhydrate, Tripeptide, Dipeptide und Aminosäuren aus der Spaltung von Eiweißstoffen sowie Fettsäuren und Monoglyceride aus der Zerlegung von Fetten vor.

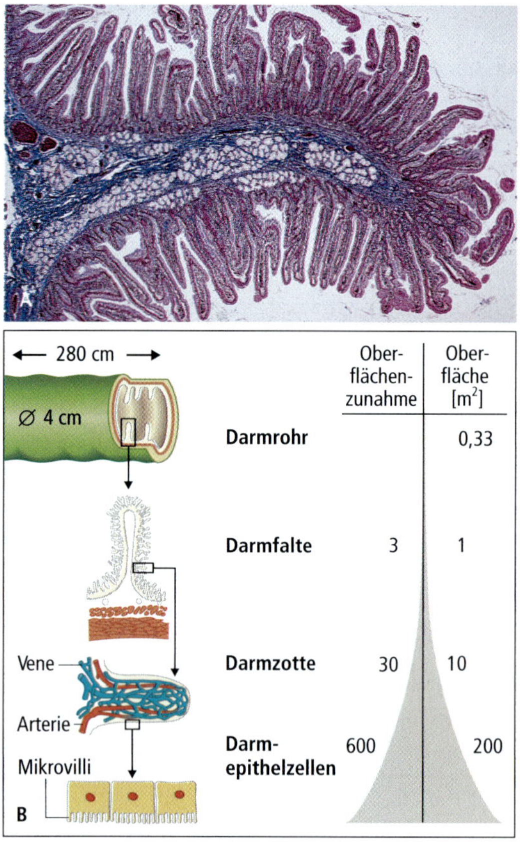

86.1 Dünndarmwand. A Darmfalte mit Darmzotten (LM-Bild); **B** Schema der Oberflächenvergrößerung

1.3 Resorption der Nährstoffe

Betrachtet man die Wand des Dünndarms im Mikroskop, so erkennt man auf den *Darmfalten* fingerartig in das Darmlumen reichende Strukturen, die *Darmzotten*. Diese wiederum werden von Zellen begrenzt, deren Oberfläche eine Vielzahl feiner Ausstülpungen *(Mikrovilli)* zeigt. Diese mehrfache Auffaltung dient der **Oberflächenvergrößerung.** Die gesamte Kontaktfläche zwischen den Darmwandzellen und der Flüssigkeit im Darminneren erreicht rund 200 Quadratmeter. Dadurch wird die Aufnahme von Stoffen, die **Resorption,** aus dem Darmlumen in die Darmwandzellen erheblich erhöht. Die Aufnahme von Substanzen aus dem Darminneren und ihre Weiterleitung in das Blut- oder Lymphsystem kann durch einfache Diffusion oder mithilfe von Transportproteinen *(Carrier)* geschehen. Carrier können den Durchtritt bestimmter Moleküle durch eine Membran erleichtern und somit die Diffusion beschleunigen *(erleichterte Diffusion)* oder Moleküle unter Energieaufwand durch Membranen transportieren *(aktiver Transport).* Einige Carrier, zum Beispiel für Glucose, Galactose und Aminosäuren, funktionieren nur in Gegenwart von Natrium-Ionen.

Monosaccharide aus dem Kohlenhydratabbau, wie Glucose, Fructose und Galactose, werden mithilfe von Carriern zunächst in die Darmwandzellen auf-

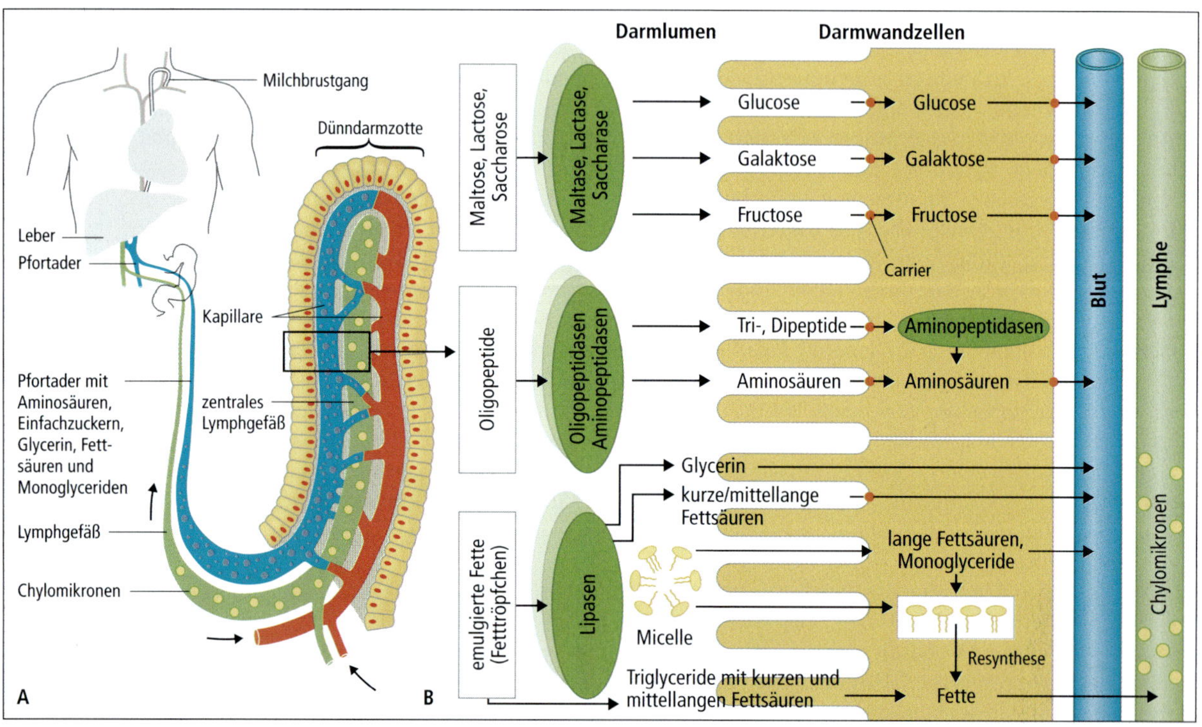

86.2 Resorption der Nährstoffe. A Dünndarmzotte und Pfortadersystem; **B** Schema

genommen. Von dort gelangen sie wiederum über Carrier direkt in das Blut. Die Blutgefäße aus den Darmzotten sammeln sich in der **Pfortader,** die das Blut zur Leber leitet. Auch die **Aminosäuren, Dipeptide** und **Tripeptide** aus dem Proteinabbau werden mithilfe von Carriern in die Darmwandzellen geleitet. Dort werden die Di- und Tripeptide von Aminopeptidasen schnell zu den Bausteinen, den Aminosäuren, gespalten, die dann über Carrier in das Blut transportiert werden.
Fette werden in verschiedenen Abbaustufen durch die Darmwand aufgenommen. Der Abbau eines Fettmoleküls endet meist mit einem Glycerinmolekül, an das noch ein Fettsäurerest gebunden ist (Monoglycerid). Triglyceride mit kurzen oder mittellangen Fettsäuren werden oft ungespalten resorbiert. Im Darminneren bleiben Mono-, Di- und Triglyceride gemeinsam mit langkettigen Fettsäuremolekülen und Cholesterin in den von der Gallensäure gebildeten Fetttröpfchen *(Micellen).* Kommt eine Micelle in Kontakt mit einer Darmwandzelle, so wird ihr Inhalt von der Darmwandzelle aufgenommen. Dort werden aus den Fettabbauprodukten rasch körpereigene Fette aufgebaut. Diese gelangen dann in Form kleiner Micellen, in die Proteine eingelagert sind, als *Chylomikronen* in die Lymphbahn und von dort in das Blut. Vor allem kurze und mittellange Fettsäuren sowie Glycerin können direkt aus dem Darmlumen bis in das Blut diffundieren. Viele lebensnotwendige Substanzen, wie eine Reihe von Vitaminen, sind fettlöslich und können nur gemeinsam mit Fetten resorbiert werden.

Mit den Verdauungssekreten gelangen täglich rund sieben Liter Flüssigkeit in den Verdauungstrakt. Hinzu kommen noch zwei bis drei Liter aus der Nahrung. Zudem verlieren wir durch Schwitzen und Abgabe von Harn zwei bis drei Liter Wasser pro Tag. Die Rückresorption von **Wasser** aus dem Verdauungstrakt ist daher lebensnotwendig. Starke Durchfälle, die häufig auf eine durch Bakteriengifte gestörte Wasserrückresorption zurückgehen, schwächen den Körper sehr und können lebensbedrohlich sein. Die Rückresorption von Wasser erfolgt durch Osmose sowohl im Dünndarm als auch im Dickdarm. Von den fast zehn Litern Wasser, die täglich in den Verdauungstrakt gelangen, werden nur rund 100 Milliliter mit dem Kot ausgeschieden. Auch **Salze** gehen dem Körper ständig verloren, wie zum Beispiel durch Schwitzen. Sie müssen daher im Darm unbedingt resorbiert werden. Durch die Darmwand werden besonders leicht Natriumionen aufgenommen. Diese Aufnahme ist so effektiv, dass fast das gesamte im Nahrungsbrei enthaltene Kochsalz (Natriumchlorid) resorbiert wird. Dies kann bei einem Überangebot an Kochsalz in der Nahrung allerdings schädlich sein.

1. Erläutern Sie die Rolle der einzelnen Verdauungsorgane beim Abbau und bei der Resorption der Nahrung!

EXKURS Leber und Bauchspeicheldrüse

Die **Leber** ist das zentrale Organ des Stoffwechsels. Sie übt wesentliche Funktionen innerhalb des Stoffwechsels von Kohlenhydraten, Eiweißstoffen und Fetten sowie bei der Entgiftung des Körpers aus. Daher wird sie pro Minute von etwa 1,5 Litern sauerstoffreichem Blut durchströmt und erhält die meisten der im Darm resorbierten Nährstoffe über die Pfortader.

Zu den Aufgaben der Leber zählt die Synthese von *Gallenflüssigkeit.* Diese dient nicht nur zur Emulgierung von Nahrungsfetten im Dünndarm. Sie enthält auch Abbauprodukte des Blutfarbstoffes Hämoglobin und bindet Schwermetalle, die so aus dem Körper entfernt werden können. Im *Fettsäurestoffwechsel* spielt die Leber eine wichtige Rolle beim Abbau von Fettsäuren sowie bei ihrem Aufbau aus Kohlenhydraten. Es werden auch Leberlipide und Cholesterin gebildet. In Hungerphasen kann zur Energiefreisetzung auf die Leberlipide zurückgegriffen werden. *Aminosäuren* werden in der Leber je nach Bedarf aufgebaut, abgebaut, ineinander umgewandelt und teilweise auch zu lebereigenen Proteinen und zu Proteinen des Blutplasmas verknüpft. Beim Abbau von Aminosäuren und anderen stickstoffhaltigen Verbindungen entsteht das giftige Ammoniak, das von der Leber in den ungiftigen *Harnstoff* überführt wird. Glucose wird in der Leber zu *Glykogen* umgewandelt und in dieser Form gespeichert. Die Leber speichert zudem fettlösliche *Vitamine* und Spurenelemente wie *Eisen.* Hormone, Medikamente und Schadstoffe, wie Alkohol, werden inaktiviert.

Im Kohlenhydratstoffwechsel arbeitet die Leber eng mit der **Bauchspeicheldrüse** zusammen. Neben verschiedenen Verdauungsenzymen bildet die Bauchspeicheldrüse auch die beiden Hormone *Insulin* und *Glucagon.* Die Produktion dieser Hormone erfolgt in inselartig in die Bauchspeicheldrüse eingestreuten Zellen, den *LANGERHANSschen Inseln.*

Insulin und Glucagon regulieren gemeinsam den Blutzuckerspiegel. Steigt dieser über den Sollwert von etwa 0,9 Milligramm pro Milliliter, so wird Insulin ausgeschüttet. Insulin stimuliert die meisten Körperzellen zur vermehrten Aufnahme von Glucose und hemmt die Hydrolyse von Glykogen zu Glucose in der Leber. Als Folge sinkt der Blutzuckerspiegel. Bei zu niedrigem Blutzuckerspiegel setzt die Bauchspeicheldrüse Glucagon frei, das die Leber zur Produktion von Glucose aus Glykogen anregt.

1.4 Ausscheidung

Im Stoffwechsel von Tieren und Menschen fallen für den Körper nicht mehr verwertbare Produkte an, die ausgeschieden werden müssen. Eine solche Ausscheidung oder **Exkretion** erfolgt ebenfalls bei giftigen Stoffwechselprodukten.

Besonders giftig sind stickstoffhaltige Reaktionsprodukte. So fällt beim Abbau von Proteinen das sehr giftige **Ammoniak** (NH_3) an. Ammoniak-Moleküle sind sehr wasserlöslich. Daher können Tiere, die im Wasser leben, überschüssigen Stickstoff einfach als Ammoniak in das Wasser abgeben. Bei Knochenfischen wird das meiste Ammoniak in Form von Ammonium-Ionen (NH_4^+) über die Kiemen ausgeschieden.
Diese Form der Stickstoffausscheidung ist energetisch am günstigsten. Tiere, die nicht ständig im Wasser leben, können Ammoniak allerdings nicht stark genug verdünnen oder schnell genug ausscheiden. Sie verwenden daher weniger giftige Alternativen zur Stickstoffausscheidung. Säugetiere, die meisten Amphibien, Haie und einige Knochenfische geben überschüssigen Stickstoff als **Harnstoff** ab. Dieser wird in der Leber im Verlaufe eines Kreisprozesses, dem *Harnstoffzyklus,* gebildet. Harnstoff ist etwa 100 000-mal weniger giftig als Ammoniak. Daher kann er auch in entsprechend höheren Konzentrationen gespeichert und mit geringem Wasserverlust ausgeschieden werden.
Vögel, Insekten, viele Reptilien und Landschnecken müssen aufgrund ihrer Lebensweise noch besser mit Wasser haushalten. Sie wandeln Ammoniak in **Harnsäure** um. Diese ist fast wasserunlöslich und kann daher, nachdem nahezu das gesamte Wasser aus dem Urin zurückgewonnen wurde, sehr konzentriert abgegeben werden.

Die Ausscheidung von schädlichen oder nicht mehr verwertbaren Stoffen kann durch die Körperoberfläche oder durch spezielle **Exkretionsorgane** erfolgen. Exkretionsorgane dienen auch der Regulierung des Wasser- und Salzhaushaltes des Körpers, der *Osmoregulation.*

So besitzen bereits Einzeller des Süßwassers wie die Pantoffeltierchen Zellbestandteile zur Osmoregulation. Ihre **kontraktilen Vakuolen** pumpen ständig Wasser aus der Zelle, die gegenüber dem umge-

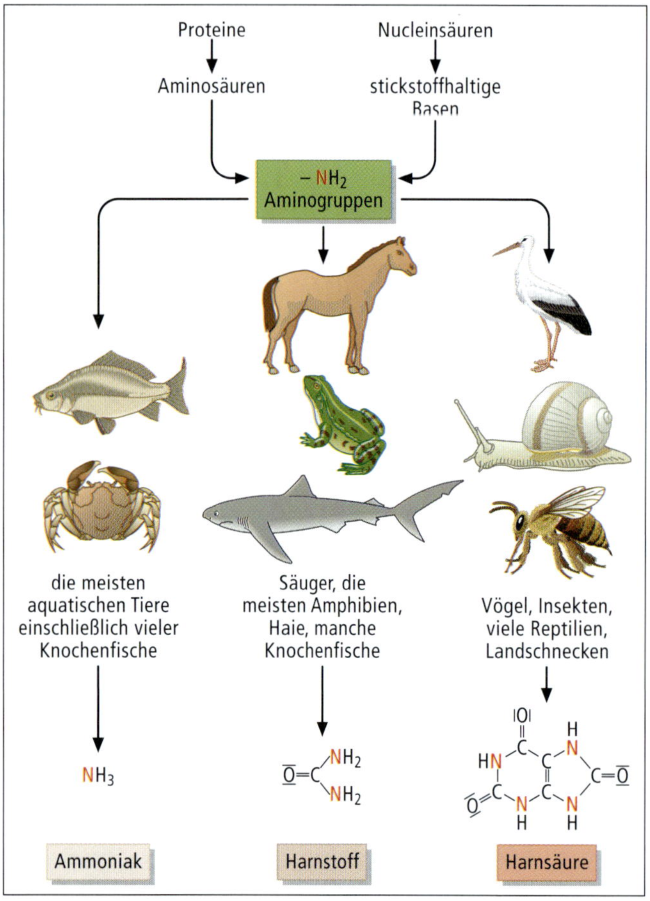

88.1 Formen der Stickstoffausscheidung

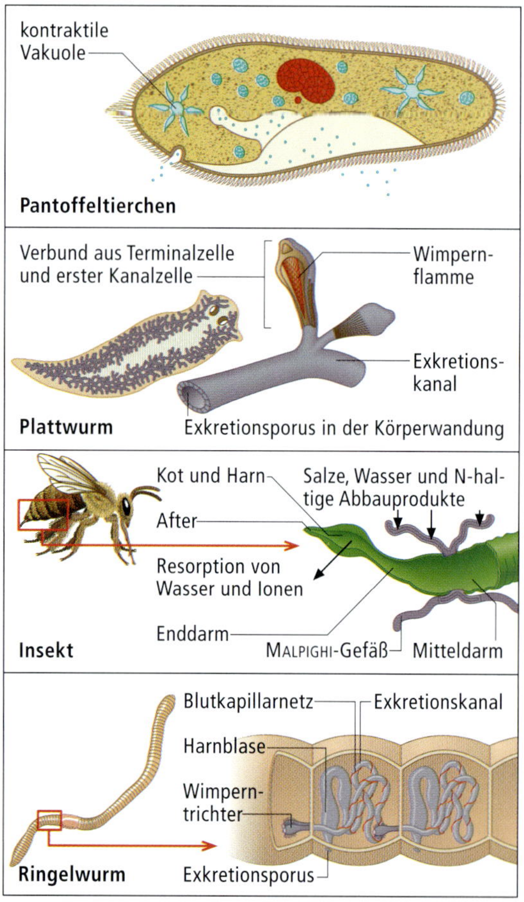

88.2 Exkretionstypen

benden Milieu hypertonisch wirkt, sodass ständig Wassermoleküle über die Zellmembran in das Zellinnere diffundieren.

Plattwürmer haben im Körper blind endende Exkretionskanäle, die an der Körperoberfläche frei nach außen münden. An dem inneren Ende eines solchen **Protonephridiums** befindet sich ein Reusenapparat, durch den Flüssigkeit in das Innere gelangt. Dort sorgt eine Zelle mit zahlreichen Cilien (Wimpernflamme) für einen Wasserstrom nach außen. Protonephridien dienen wie die kontraktilen Vakuolen vor allem der Osmoregulation.

Exkretionsorgane von Insekten und Spinnentieren sind blind endende, schlauchförmige Darmanhänge, die **MALPIGHI-Gefäße.** Diese nehmen durch ihr dünnes Epithel stickstoffhaltige Abbauprodukte, gelöste Salze und Wasser aus dem Körper auf. Durch das Darmepithel werden Ionen und Wassermoleküle wieder zurückgewonnen; die stickstoffhaltigen Abbauprodukte werden ausgeschieden.

Die segmentweise angeordneten **Metanephridien** der Ringelwürmer bestehen aus einem Wimperntrichter, der Flüssigkeit aus der Leibeshöhle sammelt, und einem Exkretionskanal, der mit einer Öffnung an der Körperwand endet. Über Blutkapillaren, die den Exkretionskanal umspinnen, können gelöste Salze und Wasser teilweise dem Körper zurückgeführt werden.

Säugetiere besitzen zwei bohnenförmige **Nieren** an der hinteren Bauchwand beiderseits der Wirbelsäule. Im Querschnitt erkennt man eine äußere Rindenschicht, die *Nierenrinde,* und eine darunter liegende, dunklere Markschicht, das *Nierenmark*. Innen schließt sich ein Hohlraum an. Dieses *Nierenbecken* mündet in den *Harnleiter*. Jede Niere wird über eine Nierenarterie sehr gut mit Blut versorgt.
Die Rinde und das Mark jeder Niere zeigen über eine Million mikroskopisch kleine Exkretionskanälchen, die Nephrone. Jedes *Nephron* beginnt in der Nierenrinde mit einer becherartigen Erweiterung, der *BOWMAN-Kapsel*. In den Becher ist ein Knäuel aus Blutgefäßen, der *Glomerulus,* eingesenkt. An die BOWMAN-Kapsel schließt sich das zunächst stark gewundene, lange *Nierenkanälchen (Tubulus)* an. In der *HENLEschen Schleife* steigt das Nierenkanälchen bis in das Nierenmark hinab. Am kapselfernen Ende führt die HENLEsche Schleife zurück in die Nierenrinde. Hier mündet das Nierenkanälchen nach einigen Windungen gemeinsam mit anderen Nephronen in ein *Sammelrohr*. Jedes Nierenkanälchen ist von einem dichten Netz von Blutkapillaren umgeben. Die vielen Sammelrohre einer Niere münden in das Nierenbecken.

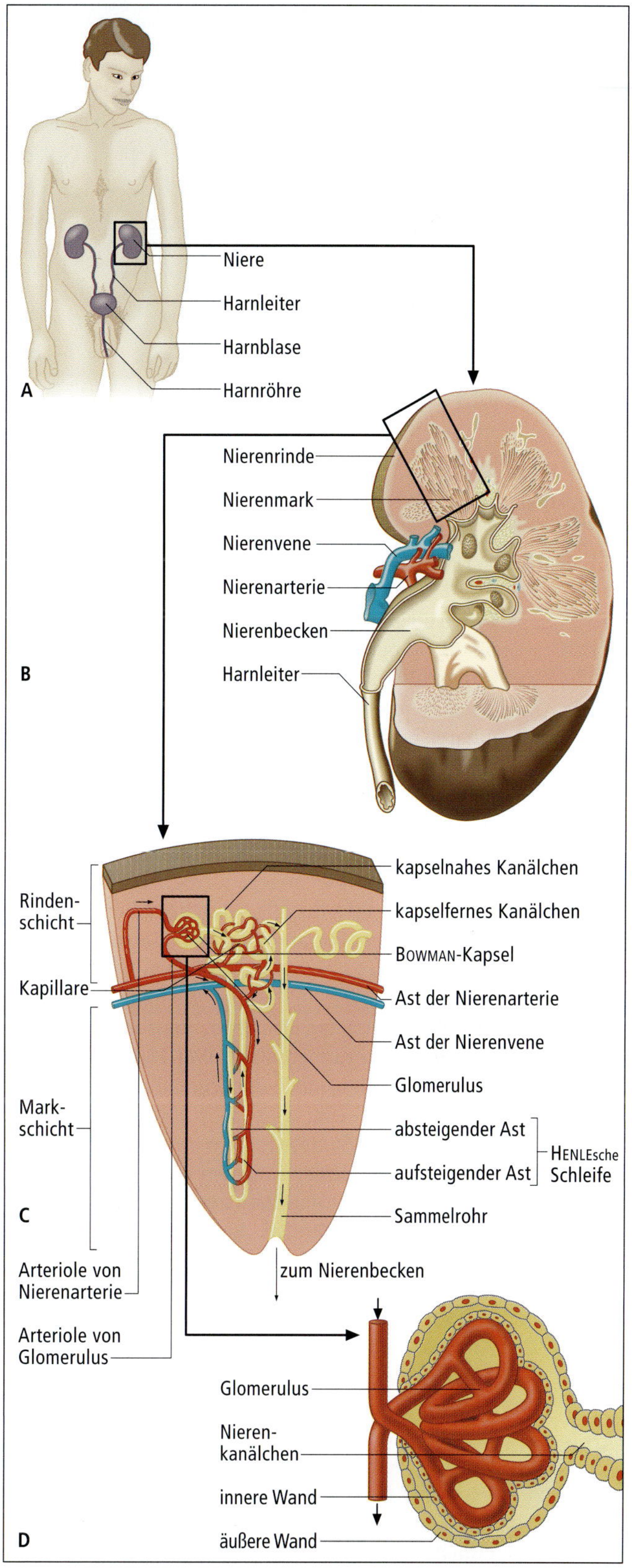

89.1 Niere des Menschen. A Lage der Nieren im Körper; **B** schematischer Querschnitt durch eine Niere; **C** vergrößerter Ausschnitt einer Niere; **D** BOWMAN-Kapsel

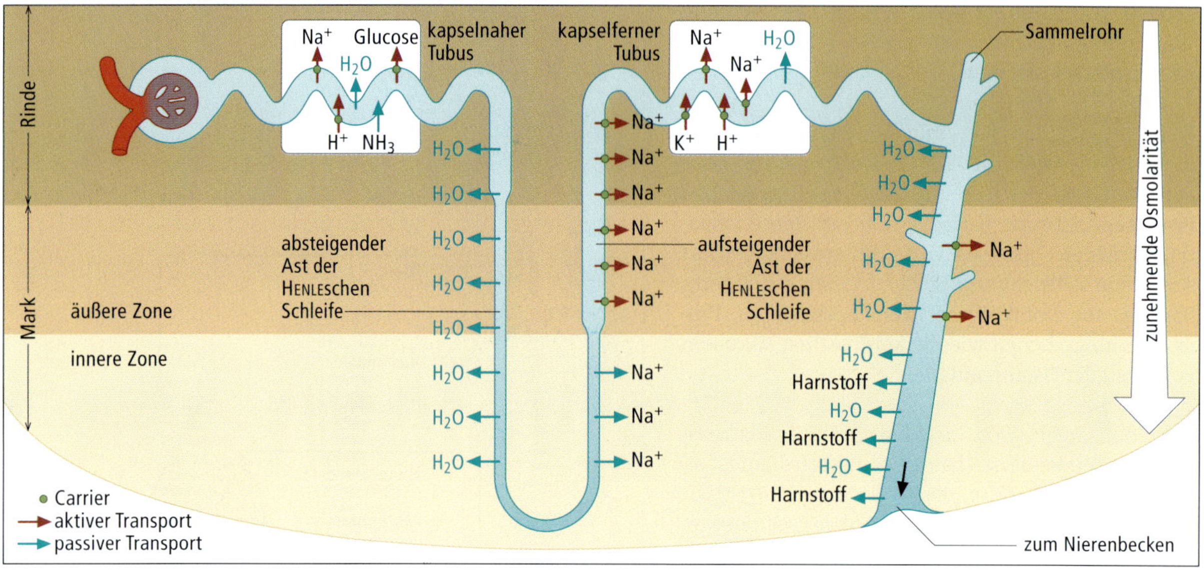

90.1 Harnbildung in der menschlichen Niere

Durch die menschlichen Nieren fließen täglich 1000 bis 2000 Liter Blut. In den engen Blutkapillaren des Glomerulus staut sich das Blut. Durch den Staudruck wird ein Teil des Blutplasmas durch die Kapillarwände in das Lumen der BOWMAN-Kapsel gepresst. Die von einer porösen Zellschicht umgebenen Kapillarwände lassen nur kleine Moleküle passieren. Während Wasser, Harnstoff, Zucker, Aminosäuren, Vitamine und gelöste Salze in das Lumen der BOWMAN-Kapsel gelangen, werden Blutzellen und die meisten Eiweißstoffe zurückgehalten. Das Ergebnis dieser Filtration ist ein *Ultrafiltrat*, der **Primärharn.**

Täglich produzieren die Nieren eines Menschen von 70 Kilogramm Körpermasse etwa 180 Liter Primärharn. Es werden jedoch nur ungefähr 1,5 Liter **Urin** ausgeschieden. Auf dem Weg durch die Nierenkanälchen und Sammelrohre wird demnach Flüssigkeit zurückgewonnen. Auf dem Weg zum Harnleiter erfolgt aus dem Primärharn auch eine **Rückresorption** von gelösten Stoffen, die für den Körper wichtig sind.
Im kapselnahen Abschnitt des Nierenkanälchens werden Natrium-Ionen (Na^+), Glucose-Moleküle, Aminosäuren und einige andere Stoffe durch aktiven Transport in das umliegende Gewebe zurückgeführt. Es werden auch Stoffe aktiv in das Kanälchen transportiert, wie Protonen zur Regulation des pH-Wertes. Der Wassertransport erfolgt stets passiv. Das Wasser folgt dem osmotischen Gefälle dorthin, wo die Konzentration an gelösten Substanzen, die *Osmolarität*, größer ist. Dadurch werden schon im kapselnahen Abschnitt des Nierenkanälchens rund zwei Drittel des Wassers aus dem Primärharn zurückgewonnen.

In der HENLEschen Schleife verliert der Harn weiteres Wasser. Dabei wird die zum Niereninneren hin zunehmende Osmolarität ausgenutzt. Der absteigende, kapselnahe Ast der HENLEschen Schleife ist durchlässig für Wasser, nicht aber für Natrium-Ionen. Bis zum Bogen der HENLEschen Schleife im Nierenmark wird der Harn durch osmotischen Wasserverlust daher stark konzentriert. Der aufsteigende Ast der HENLEschen Schleife ist kaum wasserdurchlässig. Ein osmotischer Rückfluss des Wassers in das Kanälchen wird somit verhindert. Im unteren Teil des aufsteigenden Astes der HENLEschen Schleife können die stark angereicherten Natrium-Ionen durch Diffusion nach außen gelangen. Im weiteren Verlauf werden Natrium-Ionen aktiv nach außen befördert. Durch die Abgabe von Natrium-Ionen trägt die HENLEsche Schleife zum Aufrechterhalten des osmotischen Gradienten in der Niere bei.

Wegen der wieder verringerten Konzentration an gelösten Stoffen im Harn kann im kapselfernen Tubulus erneut Wasser in die Umgebung abgegeben werden. Der kapselferne Tubulus des Nierenkanälchens ist durch den aktiven Transport verschiedener Ionen an der Regulation des pH-Wertes und des Verhältnisses von Kalium- und Natrium-Ionen im Blut beteiligt.
Eine weitere Konzentrierung des Harns erfolgt im Sammelrohr, das den Harn wieder durch die Zone hoher Osmolarität im Nierenmark führt. Durch die Membran des Sammelrohres wird die Abgabe von Natrium-Ionen mit dem Urin reguliert. Im unteren Teil gelangt etwas Harnstoff nach außen, der zur Erhöhung der Osmolarität im Nierenmark beiträgt.

2 Aufnahme und Transport von Stoffen bei Pflanzen

2.1 Wasserhaushalt einer Pflanze

Schneidet man den Stängel eines Bohnenkeimlings ab, tritt aus der Schnittstelle des verbliebenen Stumpfes sofort ein Flüssigkeitstropfen aus. Dies wird durch den **Wurzeldruck** erzeugt. Die Pflanze nimmt über ihre Wurzeln Wasser mit Mineralstoffen aus dem umgebenden Boden auf und drückt dieses in einem aktiven Transport aus den lebenden Zellen des Wurzelgewebes in die Leitungsbahnen des Leitbündels. Diese Leitungsbahnen sind enge, kapillarenähnliche Röhrchen, in denen das Wasser auch aufgrund von **Kohäsion** (Anziehungskräfte zwischen den Wassermolekülen aufgrund der Dipoleigenschaft) und **Adhäsion** (Anziehungskräfte zwischen Wassermolekülen und Stoffen, welche die Röhrenwand besetzen) hochsteigt. Aber weder Wurzeldruck noch Kapillarwirkungen sind groß genug, um Wasser bis in die Wipfel hoher Bäume zu befördern.

Eine andere Beobachtung hilft weiter: Wenn eine Topfpflanze nicht genügend gegossen wird, beginnt sie zu welken. Ihre Blätter und Stängel werden schlaff und hängen nach unten. Die Zellen verlieren ihren Zellinnendruck, den *Turgor.* Die Blätter geben nämlich ständig Wasser an die Luft ab. Dieser Vorgang wird als Verdunstung oder **Transpiration** bezeichnet.

Aufgrund der Transpiration entsteht ein **Sog,** der durch die Zellen hindurch auf die Wassersäulen in den Leitungsbahnen wirkt und über diese auf die Wurzeln. So wird aus dem Boden ständig Wasser, in dem Mineralstoffe gelöst sind, nachgesaugt. Die Pflanze wird auf diese Weise mit wichtigen Mineralstoffen und Spurenelementen versorgt.

Für die Wasserversorgung der Pflanzengewebe spielt also die „Saugkraft" der Wurzel gegenüber dem Boden eine wichtige Rolle. In den Zellen der Wurzelgewebe liegt eine bestimmte Stoffkonzentration (= osmotisches Potenzial) vor. Deshalb findet aufgrund von Osmose ein Wassereinstrom statt. Diesem wirkt die Wandspannung der Zellen (= Druckpotenzial) entgegen, sodass sich die Saugkraft der Wurzelzellen aus dem *osmotischen Potenzial* (negatives Vorzeichen) und dem *Druckpotenzial* (positives Vorzeichen) zusammensetzt. Auch der Atmosphärenluft kann eine bestimmte „Saugkraft" gegenüber den Blättern zugeordnet werden.
Um diese Kraftwirkungen genauer beschreiben zu können, verwendet man den Begriff **Wasserpotenzial.** Diese Größe gibt an, inwieweit Wasser von einem System zu einem anderen System gelangen kann. Die Stärke eines Wasserpotenzials wird durch den Druck definiert, der notwendig wäre, die Bewegung des Wassers zu stoppen. Da eine Gegenkraft mit negativem Vorzeichen gekennzeichnet wird, sind die Zahlenwerte von Wasserpotenzialen stets negativ. Reines Wasser hat definitionsgemäß das Wasserpotenzial 0. Trockene Luft dagegen hat ein sehr negatives Wasserpotenzial, sodass von einer Wasserfläche oder auch feuchtem Boden ständig Wasser an die Luft abgegeben wird.
Eine Pflanze nutzt nun diese Wasserpotenzialdifferenz zwischen Boden und Atmosphärenluft. Sie schaltet sich dazwischen und nimmt mit der Wurzel Wasser aus dem Boden auf, das dann über die Blätter an die Luft abgegeben wird. So kann sie ohne Energieaufwand Wasser und darin gelöste Mineralstoffe transportieren.

1. Erläutern Sie die unterschiedlichen Wasserpotenziale von feuchtem und trockenem Boden!

91.1 Wurzeldruck. A junge Bohnenpflanze; **B** gleiche Pflanze mit abgeschnittenem Stängel

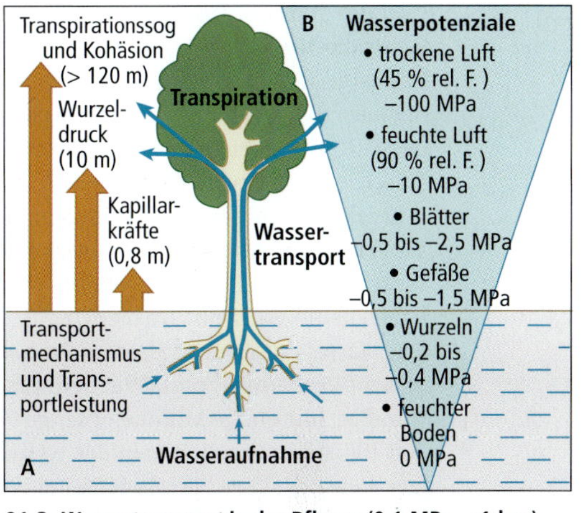

91.2 Wassertransport in der Pflanze (0,1 MPa = 1 bar). **A** Transportmechanismen; **B** Wasserpotenziale

2.2 Blatt, Sprossachse und Wurzel

Bau des Blattes. Ein Blatt der Christrose erscheint wie viele andere Laubblätter auf der Oberseite dunkelgrün, auf der Unterseite hellgrün. Der Farbunterschied ist durch den inneren Bau bedingt. Unter dem Mikroskop zeigt ein Blattquerschnitt in der Regel vier Schichten. Als oberste und unterste Schicht hat ein Blatt ein Abschlussgewebe. Dieses nennt man **Epidermis.** Die Zellen in der Epidermis sind meist in einer Lage angeordnet und enthalten keine Chloroplasten. Sie sind also farblos. Die Epidermis ist mit einer wachsartigen Schicht, der **Cuticula,** überzogen. Diese behindert den Wasserdurchtritt und stellt so einen wirksamen Verdunstungsschutz dar. Das Blattinnengewebe besteht meist aus zwei Zellschichten: Im **Palisadengewebe** sind chloroplastenreiche, walzenförmige Zellen fast lückenlos nebeneinander angeordnet. Dadurch erscheint die Oberseite des Blattes meist dunkler als die Unterseite. Dieses Gewebe führt im Wesentlichen die Fotosynthese durch. Das darunter liegende lockere **Schwammgewebe** dient dagegen – neben der Fotosynthese – vorwiegend dem Gasaustausch. Es enthält viele weiträumige, mit Luft gefüllte Interzellularen. Diese Hohlräume stehen über die **Spaltöffnungen** (Stomata) mit der Außenluft in Verbindung.

Bau der Sprossachse. Eine abgeschnittene Christrose beginnt zu welken, weil die Verdunstung über Blätter und Blüte weitergeht, durch den Stängel aber kein Wasser nachgeliefert wird. Stellt man sie in ein Gefäß mit gefärbtem Wasser, kann man den Wassertransport in der Sprossachse sichtbar machen. Im mikroskopischen Bild eines Querschnitts der Sprossachse sieht man jetzt den Farbstoff nur in den innen liegenden Bereichen der **Leitbündel.** Hier verlaufen also die Leitungsbahnen, in denen Wasser und Salze nach oben geleitet werden. Man nennt dieses Gewebe den *Gefäßteil* oder das **Xylem** eines Leitbündels. Im äußeren Abschnitt des Leitbündels verlaufen ebenfalls Leitungsbahnen, die aber die Produkte der Fotosynthese von den Blättern weg transportieren. Dieser Teil heißt *Siebteil* oder **Phloem.** Bei Zweikeimblättrigen liegt meist zwischen Xylem und Phloem ein Streifen von undifferenziertem, teilungsfähigem Gewebe, das **Kambium.** Die Leitbündel werden durch Zellen mit verdickten Zellwänden, die man *Sklerenchymzellen* nennt, verfestigt.
Nach außen wird die Sprossachse durch das *Rindengewebe* abgegrenzt, im Zentrum liegt das farblose *Markgewebe,* das der Stoffspeicherung dient und bei manchen Pflanzenarten später zugrunde geht. Diese Stängel sind dann hohl.

Bau der Wurzel. Im Querschnitt erkennt man den **Zentralzylinder,** der von einem umfangreichen Rindengewebe umgeben ist. Die Außenhaut im Bereich der Wurzelspitze ist die **Rhizodermis,** die innerste Rindenschicht die **Endodermis.** Auch in der Längsrichtung ist die Wurzel deutlich gegliedert. Die Wurzelspitze mit der Wachstumszone wird von der **Wurzelhaube** geschützt. Dahinter schließt sich die Wurzelhaarzone an. Die älteren Wurzelbereiche haben keine Wurzelhaare mehr.
Die Wasser- und Mineralstoffaufnahme erfolgt nur in der Wurzelhaarzone. **Wurzelhaare** sind dünnwandige, nur einige Millimeter lange Fäden, die von den Rhizodermiszellen gebildet werden. Sie zwängen sich zwischen die Bodenteilchen und vergrößern die Wurzeloberfläche. Eine Roggenpflanze hat schätzungsweise mehr als zehn Milliarden Wurzelhaare. Hintereinander gelegt würden diese eine Strecke von mehr als 10 000 Kilometern ergeben. Sie werden nur wenige Tage alt; an der weiter wachsenden Wurzelspitze werden jedoch ständig neue Wurzelhaare gebildet. Mit ihrem Absterben zerfallen auch die Zellen der Rhizodermis. In die Zellen der darunter liegenden Rindenschicht wird wasserundurchlässige Korksubstanz eingelagert. Deshalb können ältere Wurzelteile kein Wasser aufnehmen.
Der Zentralzylinder der Wurzel besteht aus Leitungs- und Festigungsgewebe. Die zentrale Anordnung bewirkt eine hohe Zugfestigkeit und leichte Biegbarkeit der Wurzeln. Dies ist wichtig für die Verankerung der Pflanze im Boden.

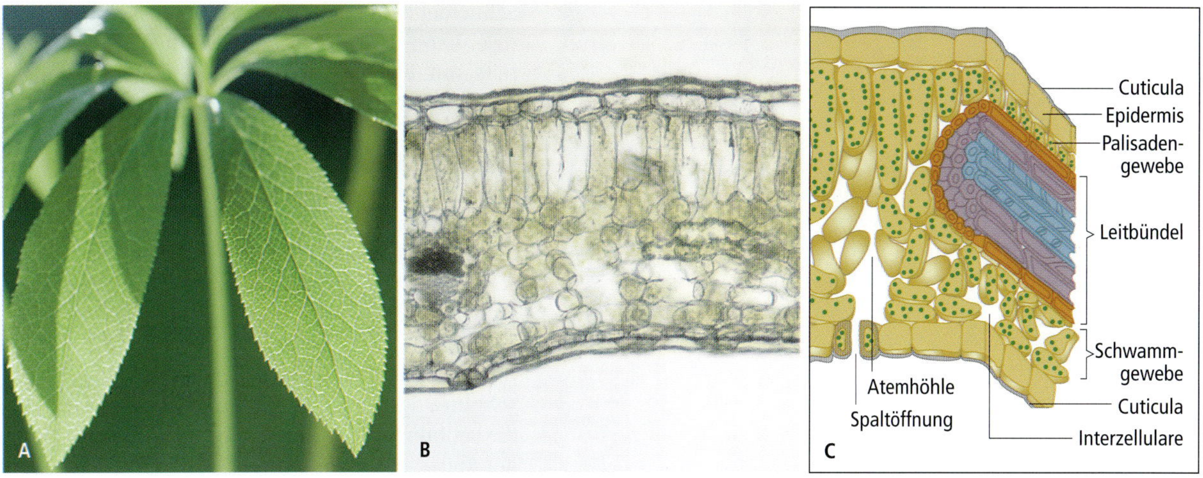

93.1 Christrose. A Blätter; **B** Blattquerschnitt (LM-Aufnahme); **C** Blattquerschnitt (Schema)

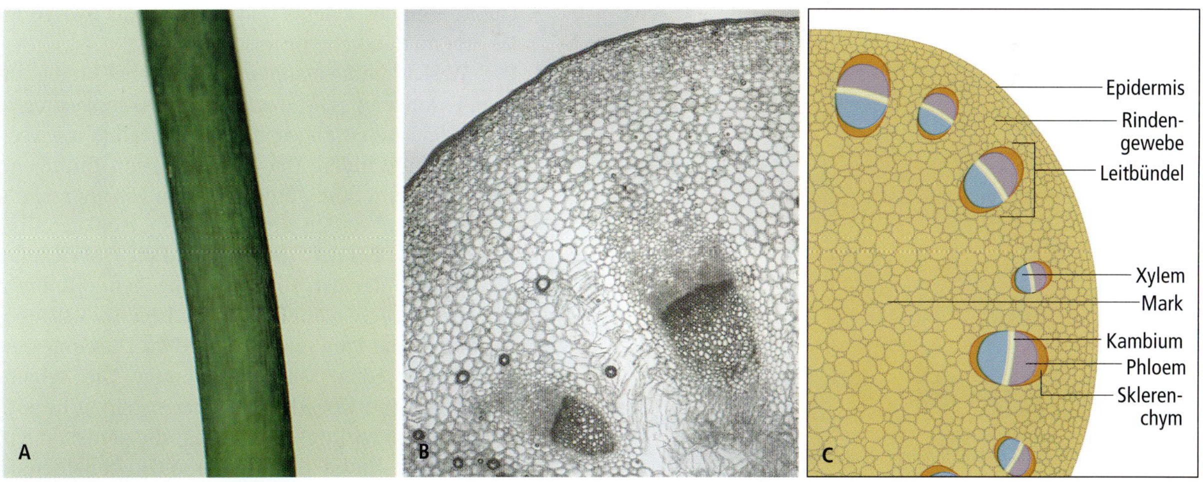

93.2 Christrose. A Sprossachse; **B** Querschnitt durch die Sprossachse (LM-Aufnahme); **C** Querschnitt (Schema)

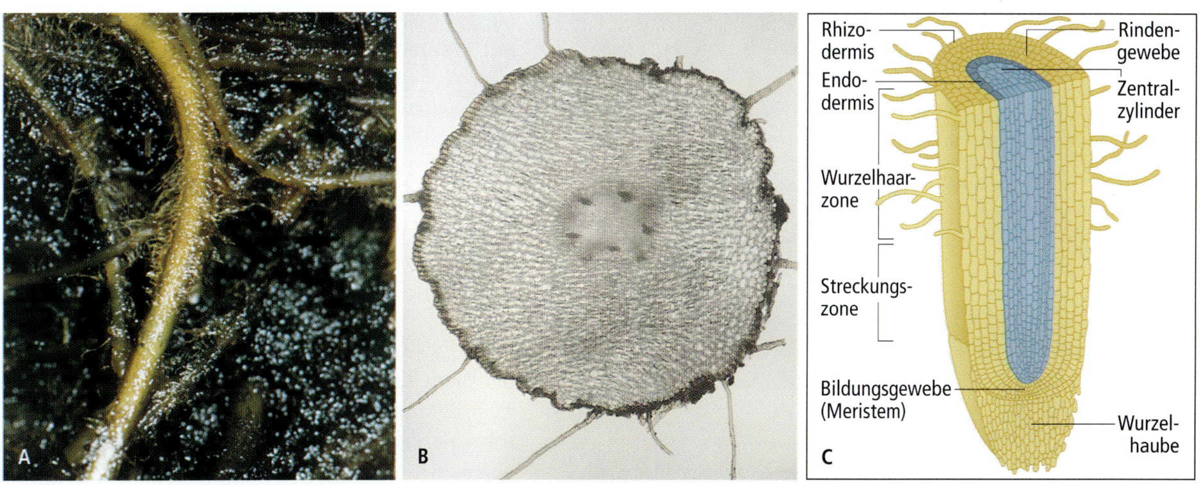

93.3 Christrose. A Wurzel mit Wurzelhaaren; **B** Querschnitt durch eine Wurzel (LM-Aufnahme); **C** Aufbau der Wurzelspitze (Schema)

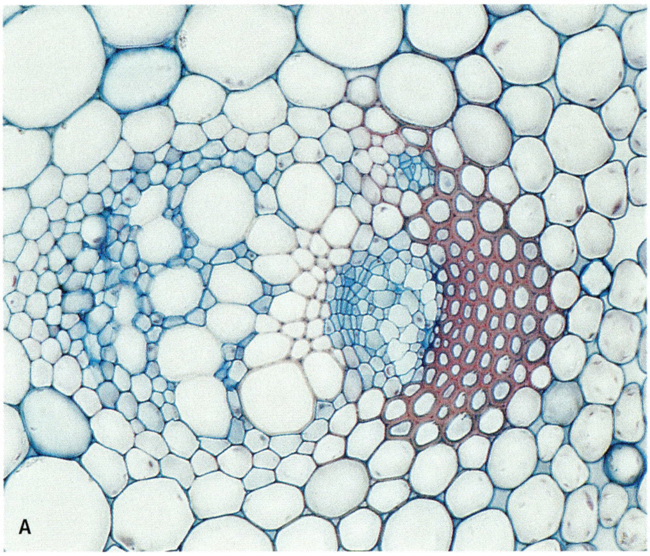

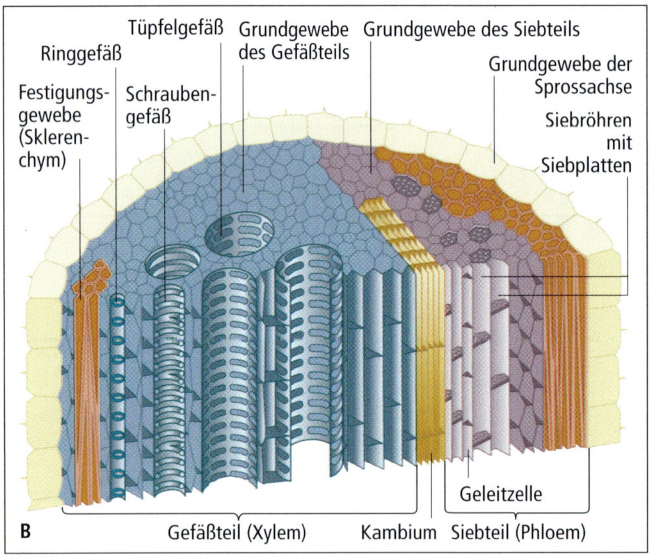

94.1 Leitbündel einer zweikeimblättrigen Pflanze.
A LM-Aufnahme; **B** Schema

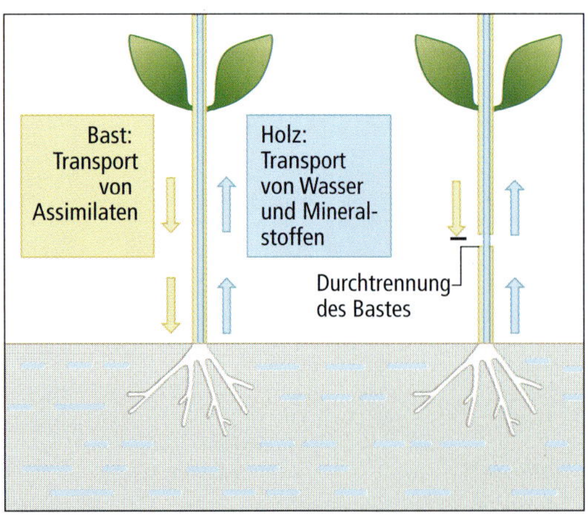

94.2 Ringelungsversuch. Nachweis des getrennten Transports von Wasser (im Holz) und Assimilaten (im Bast)

2.3 Leitbündel

Schneidet man quer durch den Stängel einer Christrose, kann man in der angeschnittenen Fläche bereits mit bloßem Auge die Leitbündel erkennen. Diese durchziehen von den Wurzeln bis zu den Blättern die Pflanze. Sie sind – wie bei allen zweikeimblättrigen Pflanzen – in einem konzentrischen Ring angeordnet. Jedes Leitbündel besteht aus dem Wasser leitenden Teil, dem *Xylem,* und dem Assimilate leitenden Teil, dem *Phloem.* Im Sprossquerschnitt liegt das Xylem nach innen, das Phloem nach außen.

Bei der mikroskopischen Untersuchung eines Längsschnittes der Sprossachse kann man erkennen, dass die Leitbündel aus Röhren aufgebaut sind. Bereits an der Spitze der Sprossachse, also unmittelbar unterhalb des Vegetationskegels, beginnt die Bildung dieser Röhren. Hier strecken sich Zellen in die Länge und lösen ihre Querwände teilweise oder ganz auf. Die Röhren des Xylems und des Phloems weisen in ihrem Bau deutliche Unterschiede auf.
Die Wasserleitungsbahnen des **Xylems** treten in zwei Formen auf. Die *Tracheiden* sind langgestreckte, an den Enden zugespitzte Einzelzellen mit verholzten Zellwänden. Die Wände haben Öffnungen, die *Tüpfel,* durch die Stoffe mit den Nachbarzellen ausgetauscht werden können. Das Cytoplasma ist abgestorben. Bei den *Tracheen* sind die Querwände der Zellen aufgelöst, sodass durchgehende Röhren entstehen. Diese können zum Beispiel bei Lianen mehrere Meter lang sein, während ihr Durchmesser weniger als einen Millimeter beträgt. Die Xylemröhren sind tote Gebilde und besitzen keinen Turgor. Durch die Sogwirkung der Transpiration entsteht ein Unterdruck. Damit die Röhren nicht kollabieren, sind ihre Wände durch netz-, ring- oder schraubenförmige Verdickungen verfestigt.
Das **Phloem** enthält *Siebröhren.* Sie bestehen aus langgestreckten, dünnwandigen, lebenden Zellen mit Plasmainhalt, jedoch ohne Zellkerne. Sie sind über ihr Plasma mit den kleinen angrenzenden *Geleitzellen* verbunden, deren Zellkerne die Steuerung der Stoffwechselvorgänge im Plasma der Siebröhren mit übernehmen. Die Querwände sind siebartig durchbrochen; durch die Siebporen hindurch stehen die Protoplasten miteinander in Verbindung. Wenn Siebröhren verletzt werden, verstopfen die Siebporen, sodass kaum Siebröhrensaft verloren geht.

Bei Nadelhölzern und verholzten zweikeimblättrigen Pflanzen wie Laubbäumen bilden die Xylemröhren einen zentralen *Holzzylinder,* der ringförmig von dem aus Siebröhren bestehenden *Bast* umgeben wird. Hier lässt sich experimentell besonders deut-

lich zeigen, dass der Transport von Wasser und Mineralstoffen im Xylem, der Transport der Assimilate jedoch im Phloem erfolgt. Durchtrennt man an einem Stamm ringförmig den Bast, welken die Blätter nicht. Der Wassertransport wird also nicht unterbrochen. Er findet in den Leitungsröhren des Holzes statt. Die Wurzel wird jedoch nicht mehr mit Assimilaten versorgt, weil die Siebröhren unterbrochen wurden, und der Baum stirbt ab.
Auf welche Weise werden aber die Assimilate im Phloem transportiert? Ein dem Xylemtransport vergleichbarer Mechanismus, also ein Transpirationssog, kommt hier ja nicht in Frage.

Der Transport der Assimilate konnte durch den Einsatz radioaktiver Substanzen, die man allgemein als *Tracer* (engl. *trace,* Spur) bezeichnet, genauer untersucht werden. Wenn eine Pflanze das radioaktiv strahlende Kohlenstoffisotop ^{14}C in Zucker einbaut, kann man den Weg des Zuckers in der Pflanze verfolgen. So konnte man nachweisen, dass die an einer Sprossachse oben stehenden Blätter ihre Assimilate vorwiegend in die Sprossspitze leiten, die unteren Blätter dagegen in die Wurzel. Während der Fruchtbildung wird fast der gesamte Assimilatstrom in die Früchte und Samen gelenkt.
Auch die Geschwindigkeit des Assimilattransports konnte mit der Tracer-Methode leicht gemessen werden. Sie ist wesentlich geringer als die des Wassertransports und beträgt 50 bis 100 Zentimeter in der Stunde.
In den Blattzellen ist aufgrund der Fotosynthese die Zuckerkonzentration sehr hoch. Zuckermoleküle werden mit dem Siebröhrensaft in Pflanzenteile wie die Wurzeln transportiert, in denen die Konzentration niedriger ist. Zuerst werden die Zuckermoleküle aktiv aus den Zellen des Blattinnengewebes in die Geleitzellen gebracht. Von dort wandern sie über die zahlreichen Plasmaverbindungen in die Siebröhren ein. Hier erhöht sich also die Zuckerkonzentration. Das führt zu einem osmotischen Wassereinstrom in die Siebröhren aus den Nachbargeweben, vor allem aus den Xylemröhren. In der Wurzel ist die Zuckerkonzentration niedrig; hier wird der Siebröhrensaft wieder entladen. Die Zuckermoleküle diffundieren aus den Siebröhren in die Geleitzellen. Von dort werden die Moleküle durch aktiven Stofftransport in die Wurzelzellen abgegeben. Die Verringerung der Zuckerkonzentration in den Siebröhren führt zu einem osmotischen Wasseraustritt in die Nachbarzellen. Somit strömt der Siebröhrensaft langsam von den Orten der Phloembeladung zu den Orten der Phloementladung. Man nennt diese Theorie die *Druckstromtheorie* des Assimilattransports.

1. Stellen Sie in einer Tabelle Aufbau und Funktion von Xylem- und Phloemelementen zusammen!

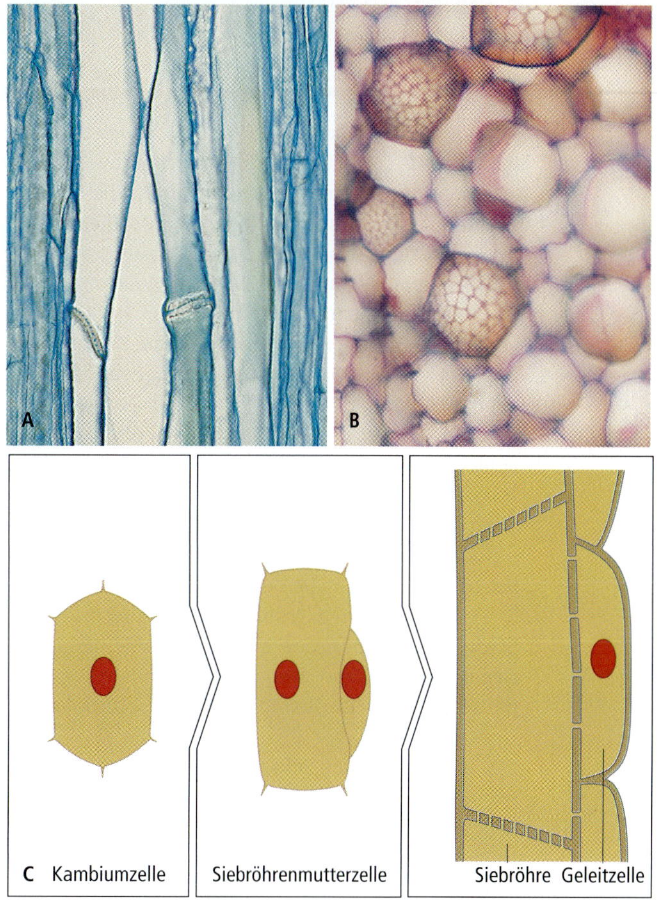

95.1 Phloem-Elemente. A Siebröhren und Geleitzellen (LM-Aufnahme); **B** Siebplatten (LM-Aufnahme); **C** Bildung

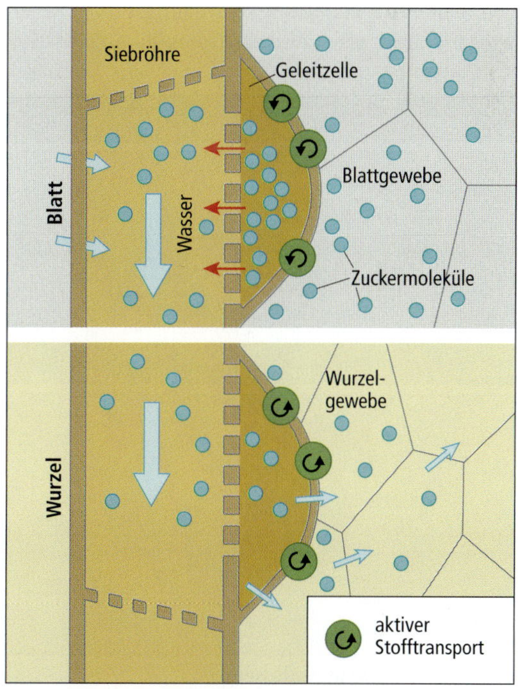

95.2 Phloemtransport (Druckstromtheorie)

2.4 Der Spaltöffnungsapparat

Je größer ein Laubblatt, desto höher ist seine Wasserverdunstung. Dies führt zu einer Gefährdung der Pflanze durch hohe Wasserverluste. Einen Ausweg haben die Pflanzen in der Regulierung der Transpiration gefunden. Einerseits wird durch die wasserundurchlässige Cuticula die unkontrollierte Verdunstung über die Blattfläche verhindert, andererseits steuert die Pflanze die Wasserabgabe durch den Spaltöffnungsapparat, indem sie die Spaltenweite verändert. Hierüber wird auch Kohlenstoffdioxid in das Mesophyll aufgenommen und Sauerstoff abgegeben.

Spaltöffnungsapparate liegen häufig auf der Unterseite der Blätter. Jeder Spaltöffnungsapparat besteht aus zwei bohnenförmigen *Schließzellen* und den unmittelbar angrenzenden Epidermiszellen, den *Nebenzellen*. Der zwischen den Schließzellen liegende Spalt führt in einen großen Interzellularraum des Schwammgewebes, den man *Atemhöhle* nennt. Im Gegensatz zu den übrigen Epidermiszellen enthalten die Schließzellen meist einige Chloroplasten.

Der Spalt kann sich öffnen und schließen. Die Bewegung beruht auf einer Steigerung des Zellinnendrucks (Turgor) in den Schließzellen, deren Wände ungleichmäßig verdickt sind: Die Außen- und Innenwände sind dick, die Wände zu den Nebenzellen dünn. Bei Turgorerhöhung werden die unverdickten Wände gedehnt, die Schließzellen krümmen sich, und der Spalt wird geöffnet.
Die Steuerung der Schließbewegung erfolgt überwiegend über die Kohlenstoffdioxidkonzentration im Blattinnengewebe. Bei Licht wird durch die Fotosynthese Kohlenstoffdioxid verbraucht. Die Konzentration nimmt ab und der pH-Wert in den Mesophyllzellen verändert sich. Dadurch werden Ionenpumpen in Gang gesetzt. Unter ATP-Verbrauch werden Kaliumionen aus den Nachbarzellen in die Schließzellen transportiert. Zum Ladungsausgleich werden auch negativ geladene Ionen, vor allem Chlorid-Ionen, in dieser Richtung befördert. Außerdem werden in den Schließzellen organische Anionen wie die Malat-Ionen (Anionen der Äpfelsäure) synthetisiert. Die Zunahme der Konzentration dieser Ionen erhöht die osmotische Saugkraft der Schließzellen, sodass Wasser aus den Nebenzellen einströmt: Der Spalt öffnet sich.
Bei Dunkelheit dagegen reichert sich aufgrund der Zellatmung Kohlenstoffdioxid im Blattinnengewebe an. Dies führt zu gegenläufigen Prozessen, und die Spalten schließen sich.

Auch bei Austrocknung des Bodens sowie bei Temperaturen über 30 °C, wie um die Mittagszeit im Hochsommer, schließen sich die Spalten. Dadurch wird der Wasserverlust durch Verdunstung verringert und die Pflanze vor dem Austrocknen geschützt. Andererseits kann jedoch kein Kohlenstoffdioxid mehr in das Mesophyll aufgenommen werden und die Fotosyntheseleistung sinkt beträchtlich.

1. Eine veraltete Lehrbuchmeinung ging davon aus, dass die Chloroplasten in den Schließzellen bei Belichtung Zucker aufbauen, wodurch die Öffnung des Spaltes erfolgen würde. Nehmen Sie zu dieser Aussage begründend Stellung!

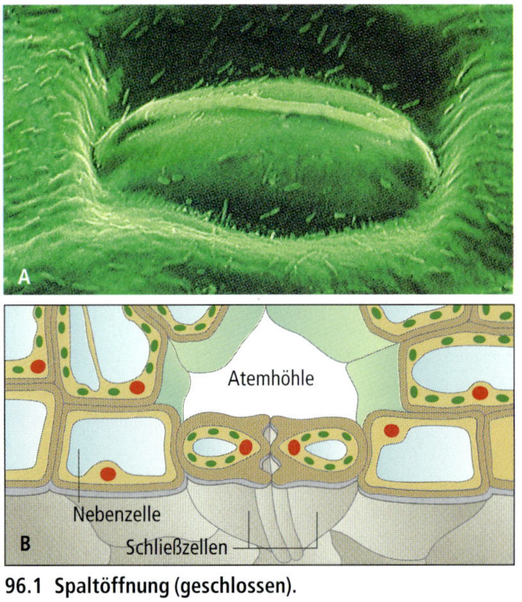

96.1 Spaltöffnung (geschlossen).
A Aufsicht (REM-Aufnahme); **B** Querschnitt (Schema)

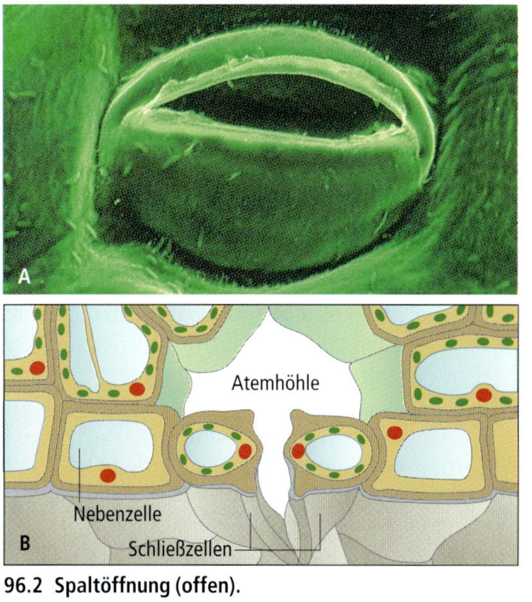

96.2 Spaltöffnung (offen).
A Aufsicht (REM-Aufnahme); **B** Querschnitt (Schema)

2.5 Die Wurzeln

In den Hohlräumen zwischen den Bodenkrümeln befindet sich das *Kapillarwasser*, während an die Oberfläche der Bodenteilchen das *Hydratwasser* gebunden ist. Dieses Bodenwasser kann im Konzentrationsgefälle in die Wurzelhaare eindringen. Von hier gibt es zwei Möglichkeiten, zum Zentralzylinder zu gelangen. Der erste Weg führt zwischen den Cellulosefasern der Zellwände bis zur **Endodermis.** Dort verhindert eine korkartige Einlagerung in den Zellwänden ein weiteres Vordringen auf diesem Wege. Dieser *CASPARYsche Streifen* ist wasserundurchlässig, und das Wasser kann nur über die Protoplasten der Endodermiszellen weitergelangen. Der andere Weg führt osmotisch durch die Protoplasten der Wurzelrindenzellen ebenfalls bis zum Plasma der Endodermiszellen. Von hier aus gelangt das Wasser in die Wasserleitungsgefäße des Zentralzylinders. In den Gefäßen des Zentralzylinders herrscht aufgrund der Transpiration der Blätter ein Unterdruck, der das Wasser aus den Endodermiszellen zieht.

Mit dem Wasser nehmen die Wurzelhaare auch Mineralstoffe aus dem Boden auf. Etwa 98 Prozent der Salze sind allerdings in schwerlöslicher Form festgelegt und können nur langsam freigesetzt werden. Ungefähr 0,2 Prozent sind im Bodenwasser gelöst und sofort verfügbar. Der Rest ist an die Oberfläche der Bodenteilchen absorbiert. An negativ geladene Teilchen wie Tonmineralstoffe sind Kationen gebunden. Die Pflanze gewinnt diese Ionen über Ionenaustauschprozesse. So nimmt sie Kationen auf, indem sie Protonen abscheidet. Anionen werden gegen Hydrogencarbonat-Ionen (HCO_3^-) ausgetauscht. Die Ionenaufnahme erfolgt unter ATP-Verbrauch, hat aber den Vorteil der selektiven Aufnahme. Darunter versteht man die Möglichkeit, bestimmte Ionen aus dem Mineralstoffvorrat des Bodens auszuwählen und aufzunehmen. So versorgt sich die Pflanze vorwiegend mit Kalium- und Phosphat-Ionen. Die Ionen werden über die Protoplasten der Rindenzellen bis zur Endodermis transportiert. Die Endodermiszellen geben sie dann aktiv in die Wasserleitungsgefäße ab.

Zur Atmung benötigen die Wurzeln auch Luft. Sie nutzen die in den Hohlräumen des Bodens enthaltene Bodenluft. Bei Staunässe wird die Luft durch Wasser verdrängt. Die Wurzeln sterben dann ab, verfaulen, und die Pflanze geht zugrunde.

1. Erläutern Sie die Bedeutung der Endodermis für die Wasseraufnahme durch eine Wurzel!
2. Erläutern Sie die Aufnahme von Kationen und Anionen durch eine Wurzel!

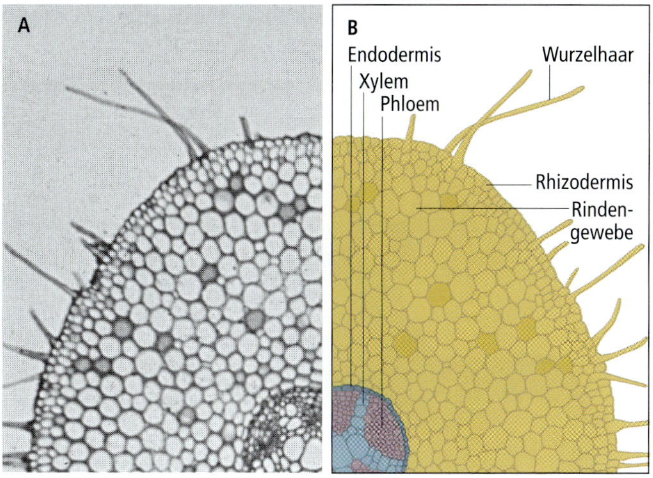

97.1 Wurzelquerschnitt in der Wurzelhaarzone. A LM-Aufnahme; **B** Schema

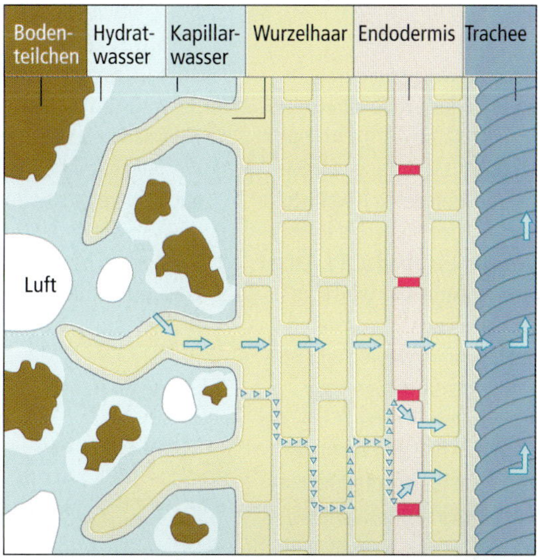

97.2 Wasseraufnahme durch die Wurzel

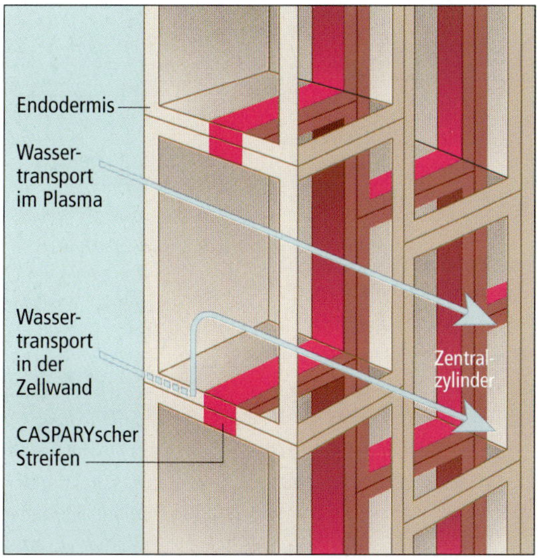

97.3 Wege des Wassers durch die Endodermis

AUFGABEN Organsysteme

1 Hormonale Regulation der Verdauung

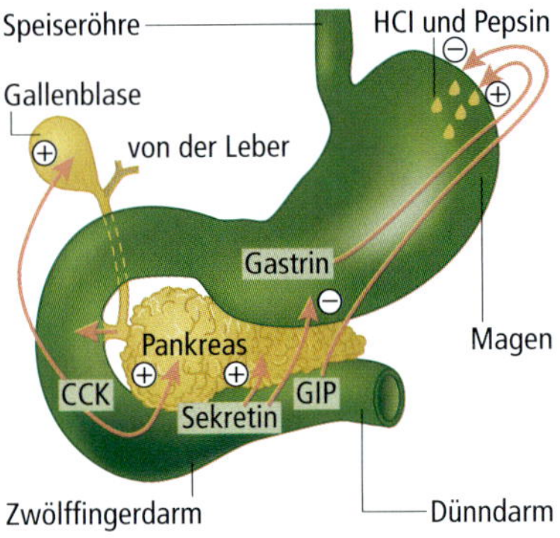

Das Hormon Gastrin wird im unteren Magenabschnitt produziert. Es stimuliert die Abgabe von Salzsäure (HCl) und Pepsin in den Magen. Die Ausschüttung von Gastrin wird unter anderem durch Eiweißstoffe und durch Dehnung des Magens angeregt. Gastrin-inhibitorisches Peptid (GIP) hemmt die Wirkung vom Gastrin. GIP wird vom Dünndarm bei hoher Fettsäurekonzentration abgegeben. Aminosäuren und Fettsäuren im Zwölffingerdarm führen zur Freisetzung von Cholecystokinin (CCK), das die Abgabe von Galle und von Pankreassekreten bewirkt. Ein hoher Fettgehalt im Zwölffingerdarm bewirkt die Abgabe von Sekretin, das die Magenaktivität hemmt und die Bauchspeicheldrüse zur Sekretion anregt.

a) Welche Rolle spielen Magen, Galle und Bauchspeicheldrüse jeweils bei der Verdauung der unterschiedlichen Nährstoffe?
b) Erläutern Sie die Reaktion des Verdauungssystems auf sehr eiweißstoffreiche beziehungsweise auf sehr fettreiche Kost!
c) Das Verdauungssystem stellt sich auf die Zusammensetzung der Nahrung ein. Begründen Sie diese Aussage!
d) Bei einer Gallenkolik, die zum Beispiel durch Gallensteine verursacht wird, wird die Galle entfernt.
Wie sollte sich ein solcher Patient nach der Operation ernähren? Begründen Sie!

2 Durst bei Schiffbrüchigen

Ein Schiffbrüchiger, der längere Zeit auf See treibt, ist trotz des vielen Wassers um ihn herum hochgradig gefährdet zu verdursten. Bereits nach einem Tag hat er großen Durst. Wird der Durst so stark, dass er Meerwasser trinkt, verschlimmert sich sein Durst noch. Bald bekommt er Fieber, beginnt zu phantasieren und wird schließlich bewusstlos.
Hinweise: In einem Liter Harn werden ungefähr 8 g Kochsalz ausgeschieden.
In einem Liter Meerwasser sind etwa 27 g Kochsalz enthalten. Über die Haut werden täglich etwa 0,9 Liter Wasser durch Verdunstung verloren. Zur Entgiftung des Körpers müssen täglich etwa 0,5 Liter Harn ausgeschieden werden

a) Weshalb hat der Schiffbrüchige bereits nach einem Tag großen Durst?
b) Weshalb steigt der Durst nach dem Trinken von Meerwasser?
c) Erklären Sie die weiteren Folgen!

3 Länge der HENLEschen Schleifen

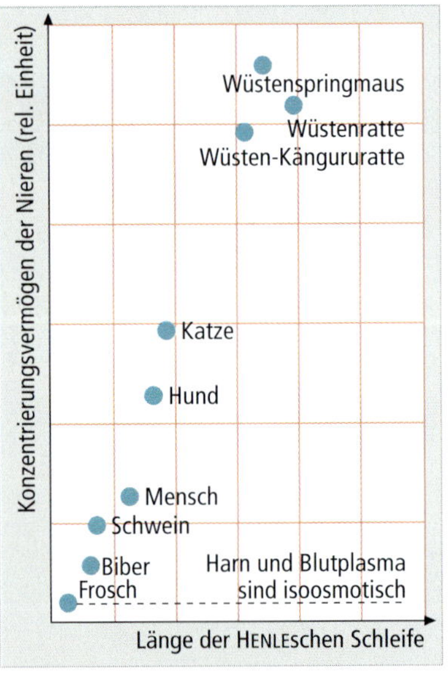

a) Nennen Sie die Abschnitte eines Nephrons und deren Aufgaben!
b) Beschreiben Sie den in der Abbildung dargestellten Zusammenhang!
c) Erklären Sie die Ergebnisse!

4 Guttation

Blatt des Frauenmantels

Bei manchen Pflanzen, z. B. Gräsern, Kapuzinerkresse oder Frauenmantel, kann man am frühen Morgen oft Wassertropfen an den Blatträndern beobachten. Es handelt sich nicht um Tautropfen, sondern um Wasser, das aus speziellen Wasserspalten (Hydathoden) oder Wasserdrüsen an den Blattspitzen und Blatträndern ausgeschieden wird. Man nennt diesen Vorgang Guttation.
Die Guttation wird durch die Endodermiszellen der Wurzel verursacht. Diese geben ständig unter Energieaufwand Ionen an das Wasser in den Xylemröhren des Zentralzylinders ab.

a) Wie könnte man experimentell zeigen, dass das Guttationswasser aus dem Xylem und nicht aus dem Phloem stammt?
b) Erläutern Sie, weshalb der Ionentransport durch die Zellen der Endodermis die Ausscheidung von Wassertropfen an den Blatträndern zur Folge hat!
c) Begründen Sie, weshalb die Guttation meist am frühen Morgen zu beobachten ist!
d) Welchen Nutzen zieht die Pflanze aus diesem Vorgang?
e) Durch bestimmte Hemmstoffe kann die Zellatmung der Wurzelzellen blockiert werden. Erläutern Sie, weshalb nun die Guttation unterbleibt!

PRAKTIKUM Organsysteme

1 Fettverdauung

Material: Vollmilch; Pankreatin; 2 Reagenzgläser; Messzylinder (10 ml); Pipette; Phenolphthalein (F), Natriumcarbonatlösung (Na_2CO_3, Xi, 1%ig)
Hinweise: Pankreatin ist ein Enzymgemisch aus der Bauchspeicheldrüse (Pankreas) von Säugetieren. Der Indikator Phenolphthalein ist im alkalischen Bereich pH > 8,4 rot und bei pH ≤ 8,4 farblos.
Durchführung: Füllen Sie in zwei Reagenzengläser je 10 ml Milch und wenige Tropfen Phenolphthalein! Tropfen Sie nun nacheinander mit der Pipette in beide Reagenzgläser so lange Natriumcarbonatlösung, bis eine leichte Rotfärbung entsteht, die auch beim Schwenken des Reagenzglases erhalten bleibt! Geben Sie anschließend etwas Pankreatin in eines der Gläser!
Aufgaben:
a) Beschreiben und erklären Sie Ihre Beobachtungen!
b) Welche Bedeutung haben die Natriumcarbonatlösung und der Indikator für den Versuch? Berücksichtigen Sie das Milieu, in dem die Bauchspeicheldrüsenenzyme normalerweise wirken!

2 Organsystem Niere

Material: Schweine- oder Rinderniere mit zu- und ableitendem Gefäß; Kunststoffmodell einer Niere
Durchführung: Schneiden Sie die Niere mit einem scharfen Messer waagerecht in zwei gleich große Hälften und klappen Sie das Präparat auf!
Aufgaben:
a) Vergleichen Sie die Strukturen im Inneren einer der Nierenhälften mit dem Modell der Niere!
b) Fertigen Sie eine Zeichnung an und weisen Sie die folgenden Begriffe Ihrer Zeichnung zu: Nierenrinde, Nierenmark, Nierenvene, Nierenarterie, Nierenbecken!

3 Messung der Transpiration

Material: Erlenmeyerkolben mit seitlichem Ansatz und Gummistopfen mit einer Bohrung; 1-ml-Messpipette; kurze Gummischlauchstücke; Vaseline; Zweig mit Blättern (z. B. Buche); Zweig mit Nadeln (z. B. Fichte); Waage
Durchführung: Wiegen Sie den Zweig mit Blättern! Bauen Sie dann die Versuchsanordnung, die man als *Potetometer* bezeichnet, entsprechend der Abbildung zusammen! Dichten Sie die Öffnung des Stopfens, in der der Zweig steckt, mit Vaseline luftdicht ab! Drücken Sie nun kurz auf den Stopfen! An der Spitze der Kapillare wird eine Luftblase gebildet.

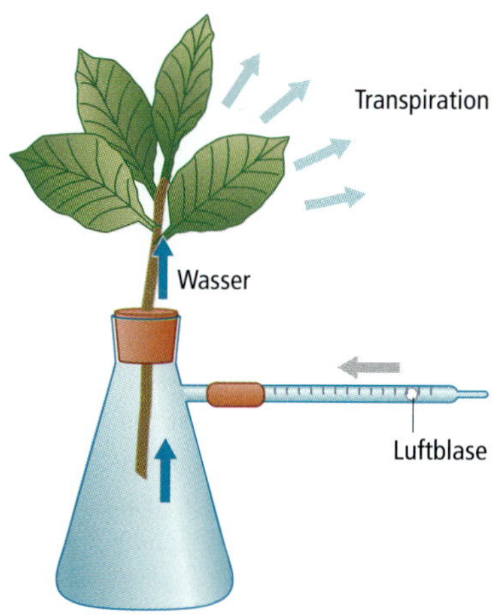

Aufgaben:
a) Beobachten Sie etwa 20 Minuten das Wandern der Luftblase! Notieren Sie nach jeweils zwei Minuten den Messwert! Fertigen Sie für Ihre Messwerte eine grafische Darstellung an!
b) Wiederholen Sie den Versuch mit einem gleich schweren Zweig eines Nadelbaums!
c) Vergleichen Sie die Versuchsergebnisse aus a) und b) und erläutern Sie!
d) Bestreichen Sie die Blätter des Zweiges aus Versuch a) auf beiden Seiten dünn mit Vaseline, wiederholen Sie den Versuch a) und erläutern Sie!
e) Welches Ergebnis erwarten Sie, wenn nur die Oberseiten bzw. die Unterseiten der Blätter mit Vaseline bestrichen würden? Begründen Sie!

4 Randeffekt

Material: 2 Petrischalen (Kunststoff); Bohrmaschine; Präzisionswaage; Pipette (20 ml); Wasser
Durchführung: Bohren Sie mithilfe der Bohrmaschine in die Deckel der beiden Petrischalen entsprechend der Abbildung Löcher (∅ etwa 1 mm bzw. 10 mm)!

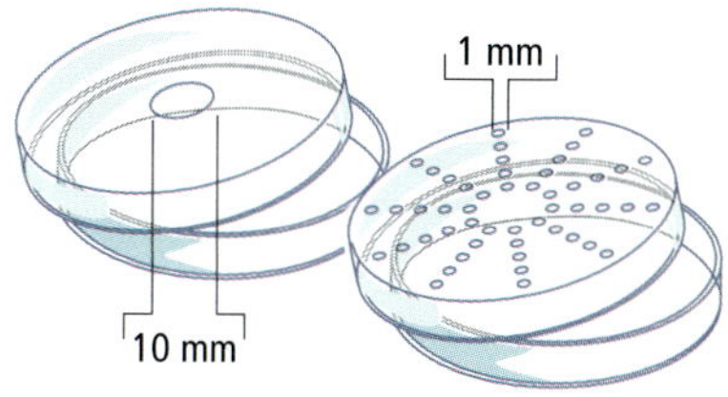

Geben Sie nun in jede Petrischale 20 ml Wasser, bedecken Sie die Schalen mit den Deckeln und bestimmen Sie die Masse der beiden Schalen! Messen Sie eine halbe Stunde lang nach je fünf Minuten die Masse beider Schalen!
Aufgaben:
a) Berechnen Sie nach der Formel $F = r^2 \cdot \pi$ ($\pi \approx 3{,}14$) die Gesamtfläche der Löcher in beiden Deckeln! Welche Verdunstungsleistung könnte man aufgrund dieser Berechnung in beiden Schalen erwarten?
b) Stellen Sie das Versuchsergebnis grafisch dar und vergleichen Sie das Ergebnis beider Messreihen!
c) Begründen Sie den Bezug dieses Versuchs zur Transpiration der Blätter einer Pflanze!
d) Erläutern Sie Möglichkeiten und Grenzen des Modellversuchs!

Hinweis: Am Rand einer Öffnung können aufgrund von Streuwirkung mehr Wasserteilchen die Oberfläche verlassen als in der Mitte, wo die Teilchen wegen der störenden Nachbarteilchen nur senkrecht nach oben entweichen können. Diesen Unterschied bezeichnet man als Randeffekt.

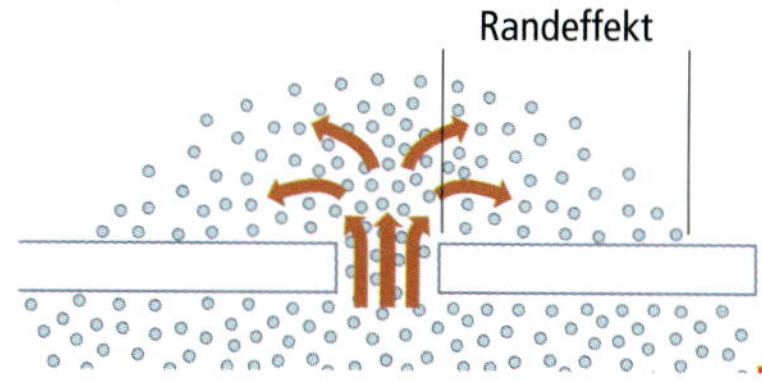

BASISKONZEPT Struktur und Funktion

In der Biologie sind Struktur und Funktion auf allen Ebenen des Lebens, angefangen von den Molekülen bis hin zu den Organismen miteinander gekoppelt. Die Analyse einer biologischen Struktur gibt Hinweise auf ihre Funktionsweise. Umgekehrt liefert die Kenntnis der Funktion einer Struktur Einsichten über ihren Aufbau. Diese Struktur-Funktions-Beziehung ist die Folge von evolutionärer Angepasstheit und natürlicher Selektion.

Molekülstruktur

Am Beispiel der Strukturlipide wird deutlich, dass die Kenntnis der Architektur eines Makromoleküls die Erklärung seiner Funktion erleichtert. Das mengenmäßig häufigste Strukturlipid ist das Phospholipid Lecithin.

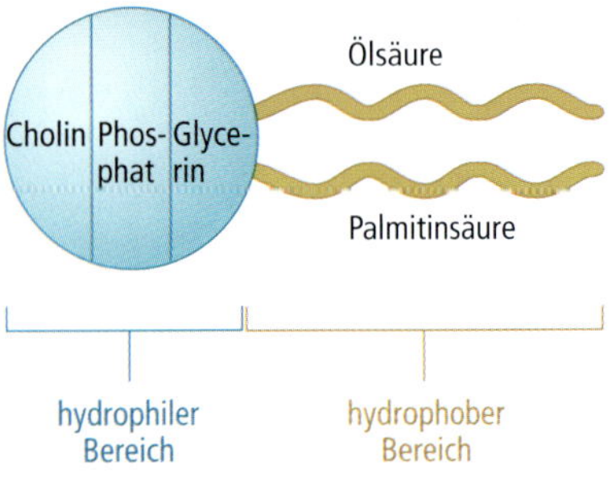

Durch seinen chemischen Bau ist dieses Molekül bipolar. Es besitzt einen hydrophilen Teil, den Phosphorsäureester und einen hydrophoben Teil, die Fettsäurereste. Aufgrund dieser Eigenschaften bilden Lecithinmoleküle, sobald sie in wässrige Umgebung gelangen, geordnete Molekülverbände. Dabei ordnen sich die Moleküle stets so an, dass nur die hydrophilen Teile mit Wassermolekülen in Kontakt treten. Die unpolaren Teile berühren sich gegenseitig und weisen vom Wasser weg. Phospholipid-Doppelschichten bilden damit Grenzflächen aus. Diese Fähigkeit macht Phospholipide zu geeigneten Bausteinen für Biomembranen. Sie sind die Hauptkomponenten der Lipid-Doppelschichten. Membranen dienen der Abgrenzung zum Beispiel zwischen der Zelle und ihrer Umwelt oder zur Kompartimentierung innerhalb der Zelle.

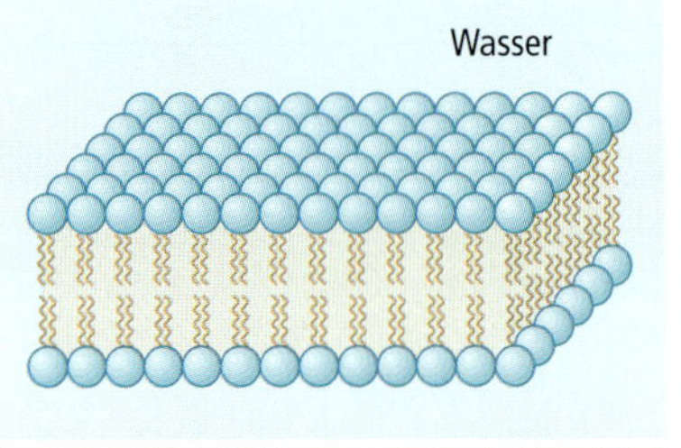

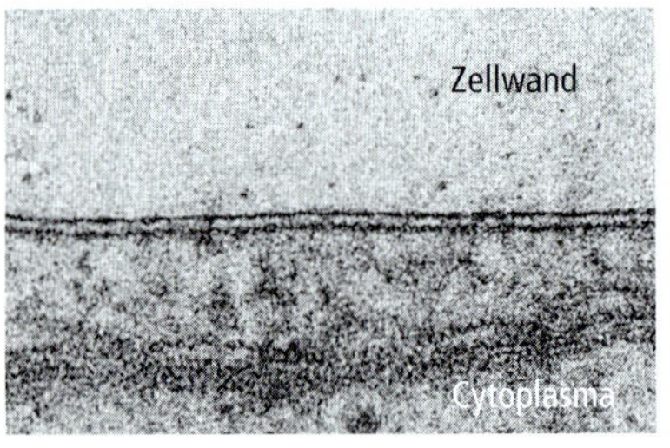

Die Beziehung zwischen Struktur und Funktion wird auch in der DNA-Doppelhelix offensichtlich. Die lineare Abfolge der vier Basen kann in unendlichen Abwandlungen variiert werden, und jedes Gen besitzt eine einzigartige Basensequenz. Dennoch kann aus der Basensequenz eines Stranges durch Anwendung der Paarungsregeln der komplementäre Strang ermittelt werden. In der DNA enthält jeder Einzelstrang die Information zur Synthese des anderen. Bei der Replikation wird dies zur Weitergabe der Information genutzt. Nur die Basenpaarungen Guanin mit Cytosin sowie Adenin mit Thymin passen wie Schlüssel und Schloss und lassen eine stabile Doppelhelix zu.

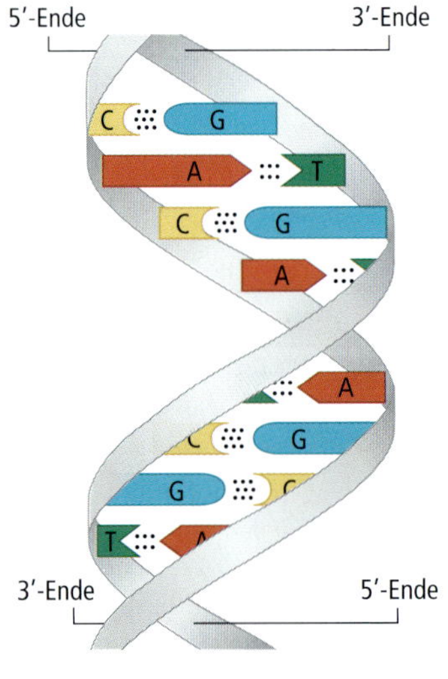

Organellenstruktur

Ein an der Funktion orientierter Aufbau offenbart sich ebenso auf subzellulärer Ebene. Chloroplasten und Mitochondrien sind von einer Doppelmembran umgeben, deren innere Membran eingefaltet ist. Hierbei handelt es sich um eine strukturelle Lösung für das Problem, eine relativ große Membranoberfläche auf kleinstem Raum unterzubringen. In den inneren Membranen liegt eine große Zahl von Enzymen des Energiestoffwechsels. Die Oberflächenvergrößerung bewirkt eine Steigerung der Stoffwechselleistung dieser Organellen.

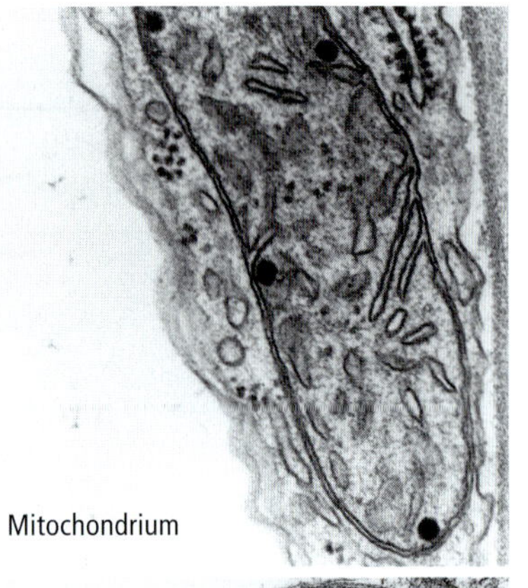

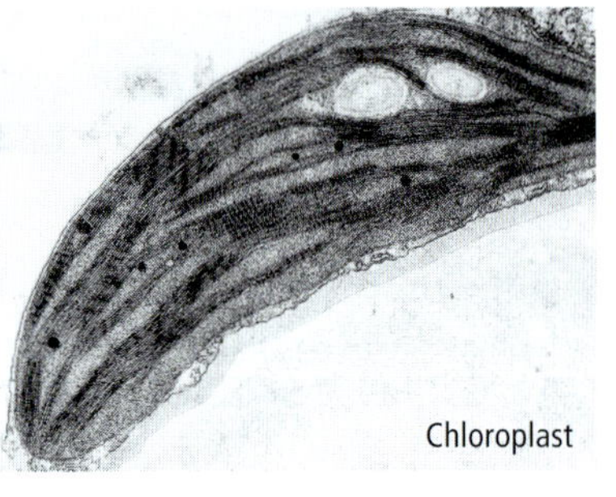

Zellstruktur

Die Gestalt einer Zelle ist ihrer spezifischen Funktion angepasst: Die von Sinneszellen aufgenommene Information wird über Nervenzellen weitergeleitet. Deren vielfach verzweigte Dendriten nehmen Informationen auf, die im Soma verarbeitet werden. Über das beim Menschen bis zu einem Meter lange Axon werden Informationen zu anderen Neuronen, Muskel- oder Drüsenzellen geleitet.

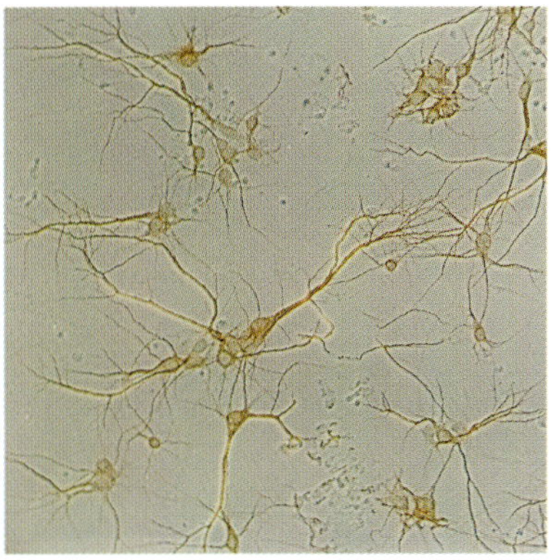

Pflanzenzellen, die der Wasserleitung dienen, sind extrem langgestreckt. Bei den Tracheen sind die Querwände der Zellen aufgelöst, sodass durchgehende Röhren entstehen, durch die Wasser ungehindert fließen kann. Damit ihre Röhren durch den Transpirationssog nicht kollabieren, sind ihre Wände durch netz-, ring- oder schraubenförmige Verdickungen verfestigt.

Menschliche Erythrocyten sind durch ihre geringe Größe, ihre abgeflachte und eingedellte Form charakterisiert. Sie enthalten weder einen Zellkern noch Mitochondrien. Erythrocyten gewinnen ihr ATP ausschließlich auf anaerobem Weg. Die Hauptfunktion der Erythrocyten ist der Sauerstofftransport. Mit einem aeroben Stoffwechsel würden sie einen Teil des transportierten Sauerstoffs selbst verbrauchen und wären damit weniger effizient. Auch ihre geringe Größe dient ihrer Funktion. Um transportiert zu werden, muss der Sauerstoff durch die Zellmembran der Erythrocyten diffundieren. Je kleiner die Zellen, desto größer ist bei gleichem Volumen die Gesamtoberfläche der Zellmembran. Auch ihre eingedellte Form trägt zur Vergrößerung der Oberfläche und damit zur Optimierung der Sauerstoffdiffusion bei.

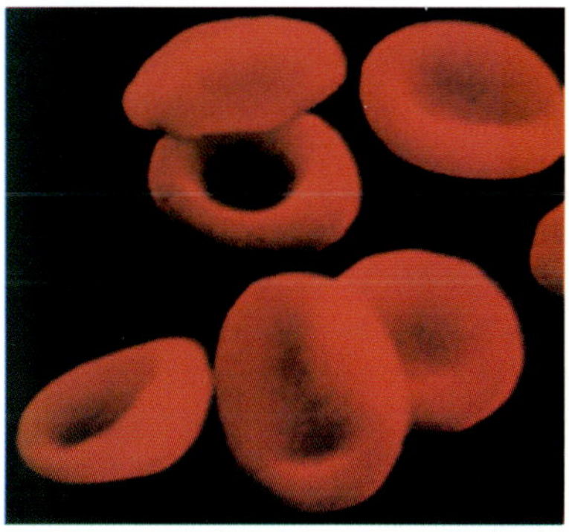

Organstruktur

Die Struktur des Dünndarms passt zu seiner resorbierenden Funktion. Seine Ringfalten tragen fingerförmige Darmzotten, und deren Epithelzellen haben zahlreiche mikroskopisch kleine Mikrovilli. Dadurch erhält der Dünndarm eine Oberfläche von etwa 200 Quadratmetern. Im Innern einer Darmzotte befinden sich ein Netzwerk aus Blutkapillaren und ein zentrales Lymphgefäß, welche die resorbierten Nährstoffe aufnehmen und abführen. Im Vergleich zu nicht strukturierten Flächen ist auf demselben Raum die Resorption um ein Vielfaches höher.

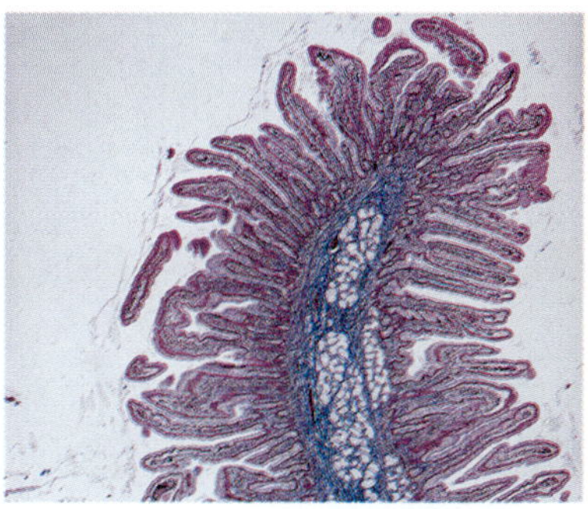

Körpergestalt

Manche Pflanzen, die an Standorten mit stickstoffarmen Böden leben, ergänzen ihre Nährstoffversorgung, indem sie gelegentlich kleine Tiere fangen und verdauen. Ihre Körpergestalt ist an diese Fähigkeit entsprechend angepasst. Berührt ein Insekt die Sinnesborsten auf der Oberfläche eines Fangblattes der Venusfliegenfalle (*Dionea*), so klappt das Blatt schlagartig zusammen. Dadurch wird das Insekt wie in einer Falle gefangen und anschließend durch Verdauungssäfte zersetzt.

Der Körperbau einer Honigbiene zeigt die evolutionäre Angepasstheit des Tieres an bestimmte Umweltbedingungen durch natürliche Selektion. Sie besitzt eine lange, dünne Zunge mit der sie den Nektar tief unten in der Blüte erreicht. Als weitere Angepasstheit an den Nahrungserwerb tragen Abschnitte der Hinterbeine lange, gebogene Borsten, die ein Körbchen bilden, in dem die Biene Pollen sammelt.

RÜCKBLICK MIT BASISKONZEPTEN Stoffwechsel und Organsysteme

In lebenden Zellen laufen gleichzeitig viele chemische Reaktionen ab. Dabei werden Stoffe umgesetzt und in bestimmter Weise verändert. Man bezeichnet diese chemischen Umsetzungen in Zellen als **Stoffwechsel.**

Der ständige Aufbau, Umbau und Abbau von Stoffen kann nur erfolgen, wenn Stoffe aus der Umwelt aufgenommen und nicht verwertbare Stoffe an die Umwelt abgegeben werden können. Alle Lebewesen sind also mit ihrem Stoffwechsel in ihre Umwelt eingebunden.

Jeder Stoffwechselvorgang ist mit einem **Energieumsatz** verbunden. Zellen müssen Energie aufwenden, um ihre Struktur zu erhalten, zu wachsen und sich zu vermehren. Diese Energie müssen Zellen von außen aufnehmen. Entweder verschaffen sich Lebewesen die notwendige Energie für ihren Bau- und Betriebsstoffwechsel aus ihrer Nahrung; dann sind sie **heterotroph.** Oder sie nutzen als Energiequelle das Sonnenlicht und bauen durch Fotosynthese aus Kohlenstoffdioxid und Wasser selbst energiereiche Nährstoffe, zum Beispiel Glucose, auf; dann werden sie als **autotroph** bezeichnet.

Die Vorgänge des Stoffwechsels sind so komplex und vielfältig miteinander vernetzt, dass eine Trennung von **Reaktionsräumen** nötig ist. Deshalb ist jede Zelle durch Membranen in Reaktionsräume gegliedert, in denen bestimmte Reaktionen nebeneinander ablaufen können. So kann zum Beispiel innerhalb derselben Zelle zur selben Zeit Glucose auf- und abgebaut werden oder es kann durch aktiven Protonentransport auf der einen Seite einer Membran eine höhere Protonen-Konzentration und damit ein niedrigerer pH-Wert erzeugt werden als auf der anderen Membranseite. Dies ist ein Beispiel für das **Basiskonzept „Kompartimentierung"** auf zellulärer Ebene.

Viele Stoffwechselreaktionen sind endergonisch und können nur durch den Einsatz von Energie erzwungen werden. Aber auch exergonische Reaktionen laufen meist nicht spontan ab, sondern erst nach Zufuhr von Aktivierungsenergie. Dieser Bedarf an Aktivierungsenergie wird durch Biokatalysatoren, die **Enzyme,** gesenkt. Enzyme sind Eiweißstoffe mit einem sehr komplexen Bau. Dieser ermöglicht eine hohe Spezifität sowohl in der Auswahl der Stoffe (= Substrate), die umgesetzt werden, als auch in der Art der Umsetzung (= Wirkung) des jeweiligen Substrates. Deshalb unterscheidet man bei Enzymen die Substratspezifität und die Wirkungsspezifität. Beide Enzymspezifitäten verdeutlichen das **Basiskonzept „Struktur und Funktion"** auf molekularer Ebene.

Enzyme können in ihrer Wirkungsweise durch andere Stoffe gehemmt oder gefördert werden. Dadurch ist eine **Regulation** von Stoffwechselprozessen möglich. Beispielsweise führt in der Glykolyse das Enzym Phosphofructokinase die Umwandlung von Fructose-6-phosphat in Fructose-1,6-bisphosphat durch. Der weitere Zuckerabbau führt dann zum Pyruvat und weiter in den Citratzyklus und in die Atmungskette. Sowohl Citrat als auch ATP sind nun Hemmstoffe für die Phosphofructokinase. Wenn also in einer Zelle die Menge des gebildeten Citrats oder ATP ansteigt, wird die Phosphofructokinase gehemmt und dadurch der weitere Zuckerabbau gebremst. Dieses Prinzip der negativen Rückkopplung ist ein entscheidender Mechanismus in der Steuerung des Stoffwechsels und damit ein Beispiel für das **Basiskonzept „Regelung und Steuerung"** auf zellulärer Ebene.

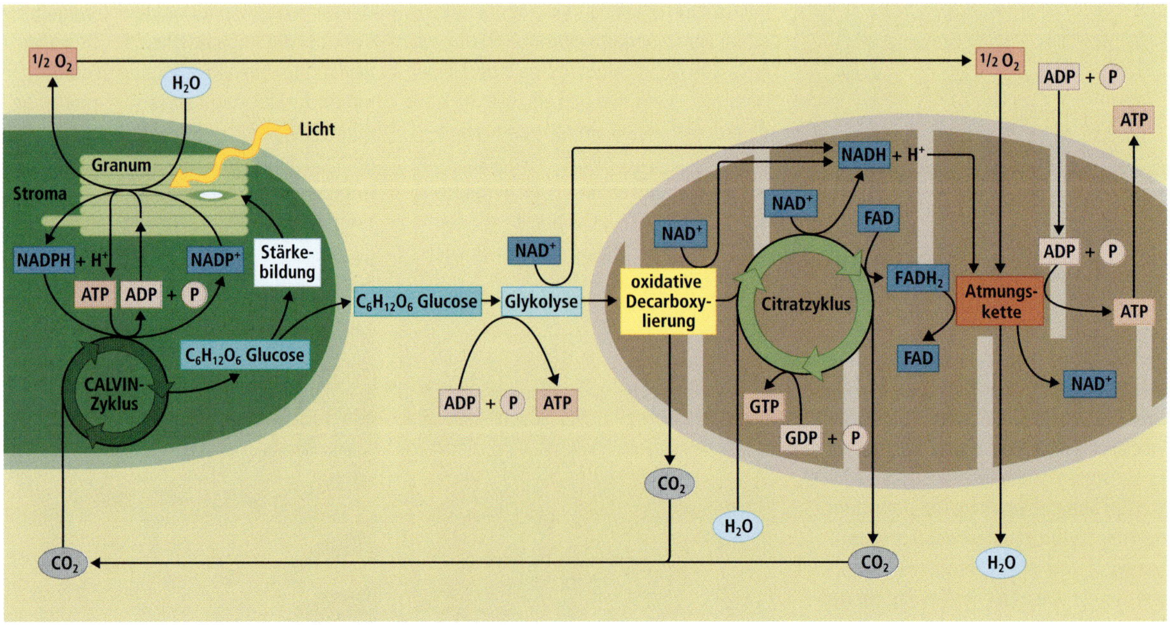

102.1 Wechselwirkung zwischen Assimilation und Dissimilation

Der Abbau von Zucker war sicherlich einer der ersten Stoffwechselwege, der im Lauf der Erdgeschichte von Lebewesen entwickelt wurde. Sowohl bei Prokaryoten als auch bei Eukaryoten stimmen die Einzelschritte im Abbau der Nährstoffe zur Energiefreisetzung, also die Vorgänge der **Dissimilation,** weitgehend überein. Dies ist ein Beispiel für das **Basiskonzept „Geschichte und Verwandtschaft".** Unter anaeroben Bedingungen endet der Zuckerabbau bei einem noch sehr energiereichen Gärungsprodukt wie zum Beispiel Milchsäure oder Ethanol.

Der aerobe Zuckerabbau, die Zellatmung, ist nur in Zusammenhang mit der Kompartimentierung der Zellen möglich. Die Einzelschritte der Glykolyse finden nämlich im Cytoplasma statt. Das entstandene Pyruvat wird mithilfe eines integralen Proteins durch die Mitochondrienmembran in den Matrixraum eines Mitochondriums transportiert und dort zu Acetyl-CoA umgewandelt. Dann schließt sich der Citratzyklus an. In diesem wird Acetyl-CoA zu Kohlenstoffdioxid abgebaut. Einige Schritte beim Zuckerabbau sind Redoxreaktionen, in denen Elektronen und Protonen auf NAD^+ bzw. FAD übertragen werden. Dadurch entstehen die Reduktionsäquivalente $NADH + H^+$ und $FADH_2$. Im letzten Abschnitt der Zellatmung, der Atmungskette, wird der in den Reduktionsäquivalenten gebundene Wasserstoff auf Luftsauerstoff übertragen. Die in den Stufen der Atmungskette freigesetzte Energie wird nach der MITCHELL-Hypothese zum Aufbau eines Protonengradienten an der inneren Mitochondrienmembran und damit zur Synthese von ATP verwendet.

In den grünen Pflanzenzellen kann neben der Dissimilation auch eine **Assimilation** stattfinden. Mit diesem Begriff wird der Aufbau energiereicher Substanz, also von Glucose, im Rahmen der **Fotosynthese** beschrieben. Bereits bei Prokaryoten, die vor mehr als 2,5 Milliarden Jahren auf der Erde lebten, fand eine Absorption von Lichtenergie durch spezielle Farbstoffe statt. Die absorbierte Energie wurde zur Synthese von ATP und dieses ATP wiederum zum Aufbau energiereicher Nährstoffe wie Glucose verwendet. Bei diesem Vorgang wird Kohlenstoffdioxid zu Glucose reduziert. Der Wasserstoff für die Reduktion stammte bei den ursprünglichsten Prokaryoten aus Schwefelwasserstoffgas, später wurde Wasser als Wasserstoffdonator genutzt. Bei der Spaltung von Wassermolekülen, der Fotolyse, entsteht Sauerstoffgas, das sich im Lauf der Erdgeschichte in der Atmosphäre anreicherte und die Grundlage für die Zellatmung der Lebewesen darstellt.

Im Laufe der Evolution hat sich der Mechanismus der Fotosynthese optimiert. Statt einer lichtabhängigen Reaktion wie bei den Fotopurpurbakterien finden zwei lichtabhängige Reaktionen statt und neben der nichtzyklischen Fotophosphorylierung erfolgt auch eine zyklische. Der Aufbau der Chloroplasten lässt wie bei den Mitochondrien eine Trennung in Reaktionsräume erkennen und ist ein Beispiel für das **Basiskonzept „Kompartimentierung".** Auch hier spielt der Protonentransport durch die Membran und der Aufbau eines Protonengradienten für die Synthese von ATP eine entscheidende Rolle. Dieses ATP und das ebenfalls in den lichtabhängigen Reaktionen gebildete Reduktionsäquivalent $NADPH + H^+$ wird dann im zweiten Abschnitt der Fotosynthese, dem CALVIN-Zyklus, zur Bildung von Kohlenhydrat verwendet. Die Fotosynthese ist ebenfalls ein Redoxvorgang: Kohlenstoffdioxid wird letztlich mithilfe der Elektronen aus der Wasserspaltung reduziert.

Die Produktion von Zucker durch grüne Pflanzen ist der wichtigste **Energie bindende Lebensprozess** auf der Erde. Ohne die Synthesetätigkeit der autotrophen Pflanzen wäre die Existenz der heterotrophen Organismen nicht denkbar. Deshalb bezeichnet man in Ökosystemen die autotrophen Lebewesen auch als Produzenten, auf deren Biomasse die Konsumenten, also die heterotrophen Organismen, zurückgreifen.
Das *biologische Prinzip* der Stoff- und Energieumwandlung bei Assimilations- und Dissimilationsvorgängen, sowie ihr Zusammenwirken, sind sowohl ein Beispiel für das **Basiskonzept „Stoff- und Energieumwandlung"** als auch das **Basiskonzept „Geschichte und Verwandtschaft".**

Pflanzen können jedoch nur unter bestimmten Umweltbedingungen gedeihen und eine effektive Fotosynthese durchführen. Besonders wichtig ist der **Wasserhaushalt** der Pflanzen. Um Wasserverluste durch Transpiration einzuschränken, haben zum Beispiel Pflanzen in Trockengebieten spezielle Angepasstheiten sowohl im anatomischen Bau von **Wurzeln, Sprossachsen** und **Blättern,** als auch in ihrem Stoffwechsel. Die Fotosynthese der C_4-Pflanzen und der diurnale Säurerhythmus von CAM-Pflanzen sind besonders effektive physiologische Angepasstheiten an die Lebensbedingungen tropischer und subtropischer Steppen und Wüsten. Beide Stoffwechselspezialisierungen sind Beispiele für das **Basiskonzept „Variabilität und Angepasstheit".**

Auch bei den heterotrophen Lebewesen sind im Bau und im Stoffwechsel Angepasstheiten an die Lebensweise zu erkennen. Die Aufnahme von Nahrung erfordert bei Tieren ein spezielles **Verdauungssystem.** Besondere Bedeutung kommt dem Stofftransport innerhalb des Körpers zu. Damit alle Organe mit Nährstoffen versorgt werden, ist oft ein eigenes Transportsystem, das **Blut,** notwendig. So werden übermäßig große Diffusionswege zwischen der Darmwand und den Geweben überbrückt. Das Blut wird durch eine Pumpe, das Herz, angetrieben und gelangt wieder zum Herzen zurück.
Es liegt demnach meist ein **Blutkreislauf** vor, der besonders bei den Wirbeltieren in Bau und Funktion komplexer aufgebaut ist. Die Komplexität des Blutkreislaufs ist einerseits ein Beispiel für das **Basiskonzept „Struktur und Funktion".** Andererseits erlauben die Komplexität und die Unterschiede des Blutkreislaufs bei den Lebewesen eine *Systematisierung.* Dies ist somit auch ein Beispiel für das **Basiskonzpt „Geschichte und Verwandtschaft".**

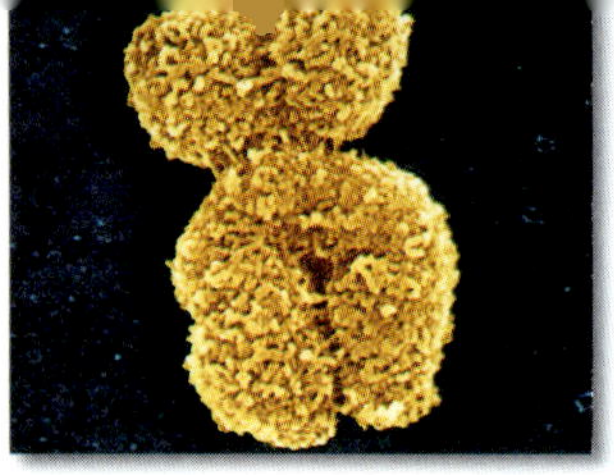

Genetik

104.1 Vererbung von Merkmalen

1 Grundlagen der Genetik

Die Nachkommen einer Art zeigen neben individuellen Unterschieden auch Merkmale ihrer Eltern. Die **Erbinformation** für übereinstimmende und unterschiedliche Merkmale wird von einer Generation zur nächsten weitergegeben. Diesen Vorgang bezeichnet man als **Vererbung.** So ist beim Menschen die Fähigkeit zum Rollen der Zunge größtenteils abhängig von dem Vorhandensein einer bestimmten **Erbanlage,** eines **Gens.** Die Weitergabe dieses Gens innerhalb einer Familie lässt sich anhand des Auftretens des Merkmales „Zungenroller" in Form eines **Stammbaumes** zeigen. Obwohl sich die Menschen bereits seit dem Altertum mit der Klärung von Familienähnlichkeiten beschäftigt haben, erfolgte erst im 19. Jahrhundert eine wissenschaftliche Erforschung als **Vererbungslehre** oder **Genetik.** Der Augustinerpater Gregor MENDEL veröffentlichte 1866 seine Schrift „Versuche über Pflanzenhybriden". Aus systematischen Kreuzungsversuchen bei Saaterbsen ermittelte er exakte Zahlenverhältnisse, die später zu der Formulierung von **Vererbungsregeln** führten. MENDELs Arbeit bildet heute die Grundlage der **Klassischen Genetik.** Da Züchtungsversuche beim Menschen aus ethischen Gründen ausgeschlossen sind, werden die Erkenntnisse der klassischen **Humangenetik** neben Stammbaumanalysen vor allem aus Zwillingsstudien und massenstatistischen Untersuchungen gewonnen.

Die Gene eines Lebewesens befinden sich auf den **Chromosomen** einer jeden Zelle. In einem **Karyogramm** menschlicher Körperzellen lassen sie sich nach Größe und Aussehen paarweise ordnen. Die Chromosomen eines Paares heißen **homologe Chromosomen,** wobei ein Chromosom von der Mutter stammt und das andere vom Vater. Jedes Gen liegt dadurch in zwei Zustandsformen oder **Allelen** vor. Diese liegen auf gleichen Genorten der homologen Chromosomen. Homologe Chromosomen sind also einander entsprechend, aber nicht identisch. Der Kern einer Körperzelle enthält je einen Chromosomensatz von Mutter und Vater, er ist **diploid.** Die Gesamtheit der Gene eines Zellkerns bildet das **Genom.** Man spricht auch vom **Genotyp** oder Erbbild eines Lebewesens.

Manche Merkmale wie die Blutgruppen des AB0-Systems werden durch ein einziges Gen festgelegt. Dann sind aufgrund der **MENDELschen Regeln** Aussagen über Verwandtschaftsverhältnisse möglich. In den meisten Fällen wirken aber mehrere Gene und verschiedene Umweltfaktoren bei der Ausprägung eines Merkmals zusammen. Dann legt der Genotyp nur den Rahmen fest, innerhalb dessen sich das Erscheinungsbild, der **Phänotyp,** herausbildet. Das Zungenrollen etwa ist zwar erblich, aber auch für viele „Nichtroller" erlernbar.

Mit der stofflichen Natur der Gene befasst sich die **Molekulargenetik.** Sie bedient sich modernster biochemischer und informationstechnologischer Verfahren, mit deren Hilfe heute auch gezielte Veränderungen des Erbgutes möglich sind. Da prinzipiell auch der Mensch Gegenstand solcher Manipulationen sein kann, wirft die **Gentechnik** vollkommen neue ethische Fragen auf.

2 Zellteilungen

2.1 Mitotische Zellteilung

Vielzellige Lebewesen entstehen durch fortgesetzte **Zellteilung** aus einer einzigen befruchteten Eizelle, der *Zygote.* Aber auch in ausgewachsenen Lebewesen finden ständig Zellteilungen statt, um abgestorbene Zellen zu ersetzen.

Vor der Teilung einer Zelle erfolgt zunächst die **Zellkernteilung,** die **Mitose.** In Zeitraffer-Filmaufnahmen erscheint die Mitose als kontinuierlicher Prozess, der aber der besseren Übersichtlichkeit wegen in mehrere Phasen unterteilt werden kann.

In der **Prophase** liegen die Chromosomen in Form einer leicht färbbaren, fädigen und verknäuelt erscheinenden Struktur vor, die als *Chromatin* bezeichnet wird. Es handelt sich um **Zwei-Chromatiden-Chromosomen,** die sich im weiteren Verlauf durch Auffaltung und Aufschraubung verkürzen. Dieser Vorgang heißt *Kondensation.* Die Kernhülle zerfällt, und von den beiden Polregionen der Zelle aus bildet sich ein *Spindelapparat* aus zahlreichen Proteinfasern *(Mikrotubuli).*

In der anschließenden **Metaphase** erreichen die Zwei-Chromatiden-Chromosomen ihren höchsten Kondensationsgrad. Nun lässt sich die Anzahl der Chromosomen einer Zelle im Lichtmikroskop leicht bestimmen: Bei der Zwiebel liegen 16 Zwei-Chromatiden-Chromosomen vor. Die kondensierten Zwei-Chromatiden-Chromosomen ordnen sich in der Zellmitte zwischen den Zellpolen zur *Äquatorialplatte.* Jedes Zwei-Chromatiden-Chromosom setzt sich aus zwei **Ein-Chromatid-Chromosomen** zusammen, die an einer gemeinsamen Einschnürungsstelle, dem *Centromer,* zusammengehalten werden. Das Centromer jedes Zwei-Chromatiden-Chromosoms ist der Ansatzpunkt für die Mikrotubuli, die dadurch die Ein-Chromatid-Chromosomen mit den Zellpolen verbinden.

In der folgenden **Anaphase** verkürzen sich die Mikrotubuli. Dadurch werden die Ein-Chromatid-Chromosomen voneinander getrennt und auseinandergezogen. Jedes Ein-Chromatid-Chromosom wandert zu einem der entgegengesetzten Zellpole, sodass jeder Zellpol schließlich einen vollständigen diploiden Satz von Ein-Chromatid-Chromosomen erhält.

Nachdem die Erbsubstanz gleichmäßig auf die beiden künftigen Zellkerne verteilt worden ist, beginnen sich in der **Telophase** die Ein-Chromatid-Chromosomen zu dekondensieren. Neue Kernhüllen werden gebildet, es sind zwei neue Zwiebel-Zellkerne mit je 16 Ein-Chromatid-Chromosomen entstanden.

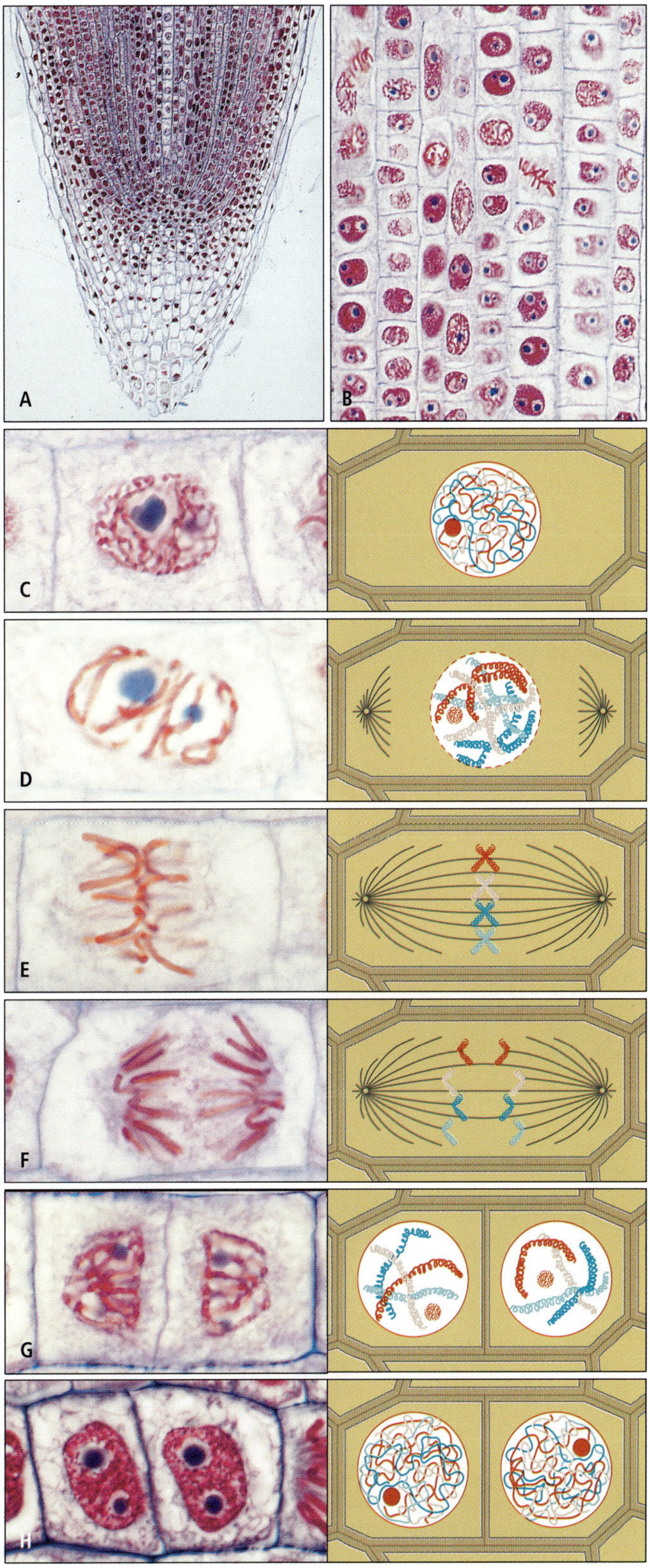

105.1 Mitotische Zellteilung bei Pflanzenzellen (LM-Bilder und Schemata). A Längsschnitt einer Wurzelspitze; **B** vergrößerter Ausschnitt aus A; **C, D** Prophase; **E** Metaphase; **F** Anaphase; **G** Telophase; **H** Interphase

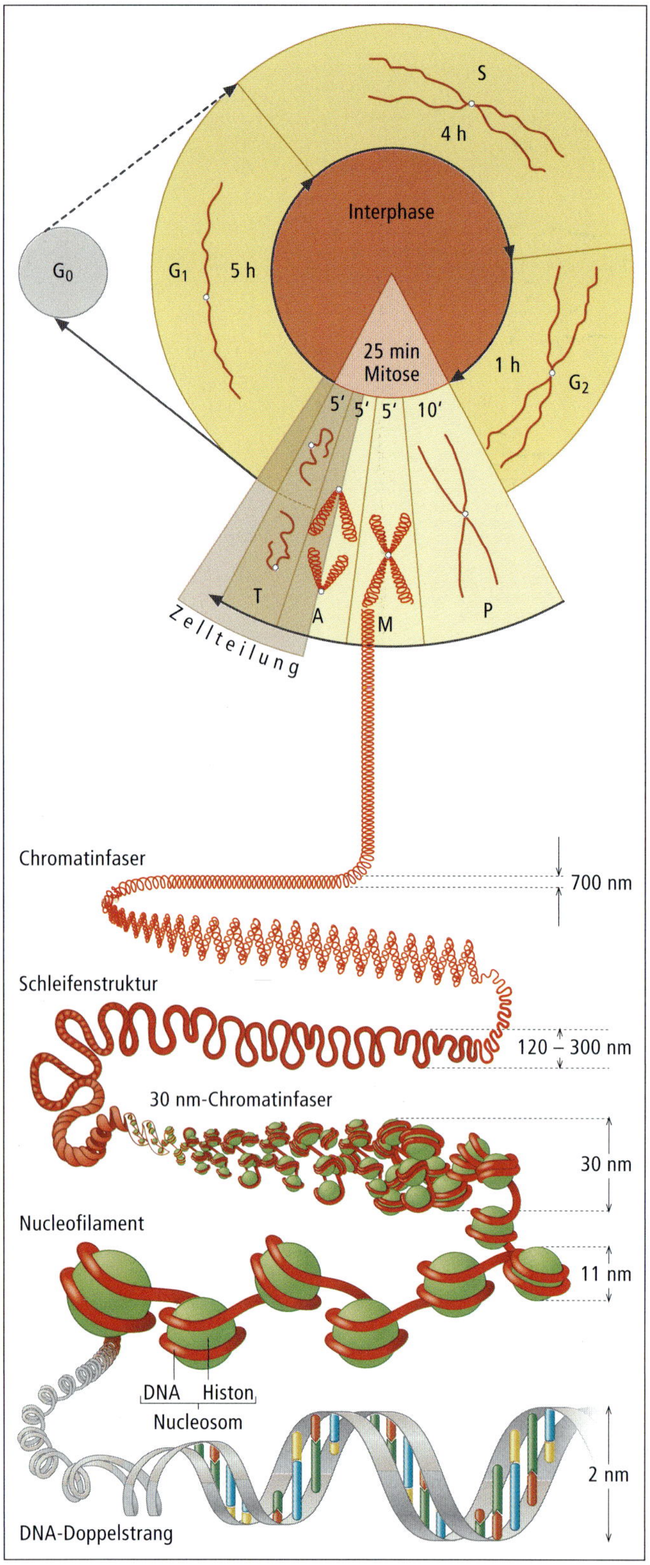

106.1 Zellzyklus mit Kondensationsformen eines Chromosoms. G_0, G_1, G_2 gap-Phasen, S Synthese-Phase, P Prophase, M Metaphase, A Anaphase, T Telophase. Es handelt sich um ungefähre Zeitangaben (Wurzelzellen von Zwiebel, 30 °C). Je nach Art des Lebewesens beträgt die Mitose zwischen wenigen Minuten bis vielen Stunden.

Nach der Mitose erfolgt die **Zellteilung.** Bereits in der späten Anaphase hat die Teilung des Cytoplasmas, die *Cytokinese,* und die Verteilung der Zellbestandteile auf die künftigen Tochterzellen begonnen. Zwischen den beiden neuen Zellkernen werden zwei Zellmembranen hergestellt, bei Pflanzen zusätzlich eine Zellwand.

Die Vorbereitung auf eine Zellteilung der Tochterzellen geschieht in der **Interphase.** Sie läuft in drei Schritten ab. In der *G_1-Phase* (engl. *gap,* Lücke) wächst die Zelle. Außerdem werden die Bedingungen für eine Zellteilung überprüft. Sind diese ungünstig, so bleibt die Zelle in der G_1-Phase oder geht in die *G_0-Phase* über. Dort kann sie längere Zeit verharren und schließlich in die *G_1-Phase* zurückkehren. Sie kann sich aber auch differenzieren und damit endgültig in G_0 verbleiben. Sind die Bedingungen für eine Zellteilung gegeben, so bereitet sich die Zelle auf die Verdoppelung der Ein-Chromatid-Chromosomen vor. Diese erfolgt dann in der *S-Phase* (Synthese). In der *G_2-Phase* werden die Vorbereitungen zur Kern- und Zellteilung abgeschlossen. Den gesamten Zeitraum von der Entstehung zweier Zellen aus einer Mutterzelle bis zur Teilung der Tochterzellen bezeichnet man als **Zellzyklus.**

Die Steuerung des Zellzyklus hängt von zahlreichen inneren und äußeren Faktoren wie Zellgröße oder Nährstoffangebot ab. Auch die Anzahl der Nachbarzellen ist offenbar von Bedeutung. Bei einer zu hohen Zelldichte kommt es zu einer Hemmung weiterer Zellteilungen. Zudem spielen Regulationssubstanzen, die *Wachstumsfaktoren,* eine wichtige Rolle. Regulationsstörungen im Zellzyklus gelten als mögliche Ursache für die Entstehung von *Krebs.*

Während der maximalen Verkürzung in der Metaphase besitzt das größte Chromosom beim Menschen eine Länge von nur 10 μm, gegenüber einer Länge von 7,3 cm im dekondensierten Zustand während der Interphase. Wie kommt es zu dieser über 7000fachen Verkürzung? Jedes Chromosom besteht aus der Nucleinsäure **DNA** (engl. ***d**eoxyribo**n**ucleic **a**cid*; **D**esoxyribo**n**uklein**s**äure = DNS) und Proteinen. Die DNA ist ein langes, fadenförmiges Molekül, das aus einem strickleiterartig aufgebauten *Doppelstrang* besteht. Der Doppelstrang windet sich um die Außenseite kugelförmiger Proteine, die *Histone.* Der DNA-Histon-Komplex wird *Nucleosom* genannt. Die Nucleosomen erscheinen auf dem DNA-Faden aufgereiht wie eine Perlenkette. Diese Struktur wird als *Nucleofilament* bezeichnet. Sie wiederum wird durch andere Proteine zu der *30 nm-Chromatinfaser* aufgewunden. Durch fortgesetzte Aufwindung und Faltung wird schließlich die extrem hoch verdichtete Transportform des Chromosoms erreicht.

2.2 Meiotische Zellteilung

Eukaryotische Zellen besitzen eine artspezifisch gleichbleibende Anzahl von Chromosomen. Menschliche Körperzellen enthalten stets 46 Chromosomen, also 23 Chromosomenpaare. Körperzellen sind *diploid*, da sie zwei Chromosomensätze (2n) besitzen. Bei der sexuellen Fortpflanzung verschmelzen die *Geschlechtszellen* (auch Gameten genannt) der beiden Geschlechter zur *Zygote*, aus der sich durch mitotische Zellteilungen das Tochterindividuum entwickelt. Dennoch kommt es nicht zu einer Verdoppelung der Chromosomenanzahl. Der Grund dafür liegt in einer reduzierten Chromosomenanzahl in den Gameten. Diese besitzen jeweils nur einen einfachen Chromosomensatz (n) von 23 Chromosomen, sie sind *haploid*.

Die Reduktion vom diploiden zum haploiden Chromosomensatz erfolgt während der Reifung der Gameten in zwei hintereinander ablaufenden **Reifeteilungen,** die man zusammen als **Meiose** bezeichnet. Vor der Meiose findet wie vor der Mitose eine Verdopplung der Ein-Chromatid-Chromosomen statt. Die **1. Reifeteilung** beginnt mit einer *Prophase I*, die aber im Gegensatz zur mitotischen Prophase wochenlang dauern kann. Ebenfalls abweichend zur Mitose ordnen sich die beiden homologen Zwei-Chromatiden-Chromosomen parallel an *(Tetrade)* und können sich dabei überschneiden. Jedes Chromosomenpaar besteht aus einem „mütterlichen" und einem „väterlichen" Zwei-Chromatiden-Chromosom.

In der *Metaphase I* ordnen sich die homologen Chromosomenpaare in der Äquatorialebene an. Während der *Anaphase I* werden diese homologen Zwei-Chromatiden-Chromosomen voneinander getrennt und zu den entgegengesetzten Zellpolen gezogen. Im Unterschied zur Mitose sammelt sich also in der *Telophase I* jeweils ein kompletter Satz von Zwei-Chromatiden-Chromosomen an den Zellpolen. Es sind nun aus einer diploiden Zelle mit 46 Ein-Chromatid-Chromosomen zwei haploide Zellen mit jeweils 23 Zwei-Chromatiden-Chromosomen hervorgegangen. Anschließend erfolgt die **2. Reifeteilung,** die in ihrem Verlauf einer normalen Mitose entspricht. Dabei werden in der *Anaphase II* die Ein-Chromatid-Chromosomen der einzelnen Zwei-Chromatiden-Chromosomen getrennt, sodass insgesamt vier haploide Zellen mit jeweils 23 Ein-Chromatid-Chromosomen entstanden sind.

Durch die Mitose entstehen Tochterzellen, die genetisch mit der Mutterzelle identisch sind. Bei der Meiose kommt es dagegen zu einer *Neuverteilung* der elterlichen Erbinformation, die man als **Rekombination** bezeichnet.

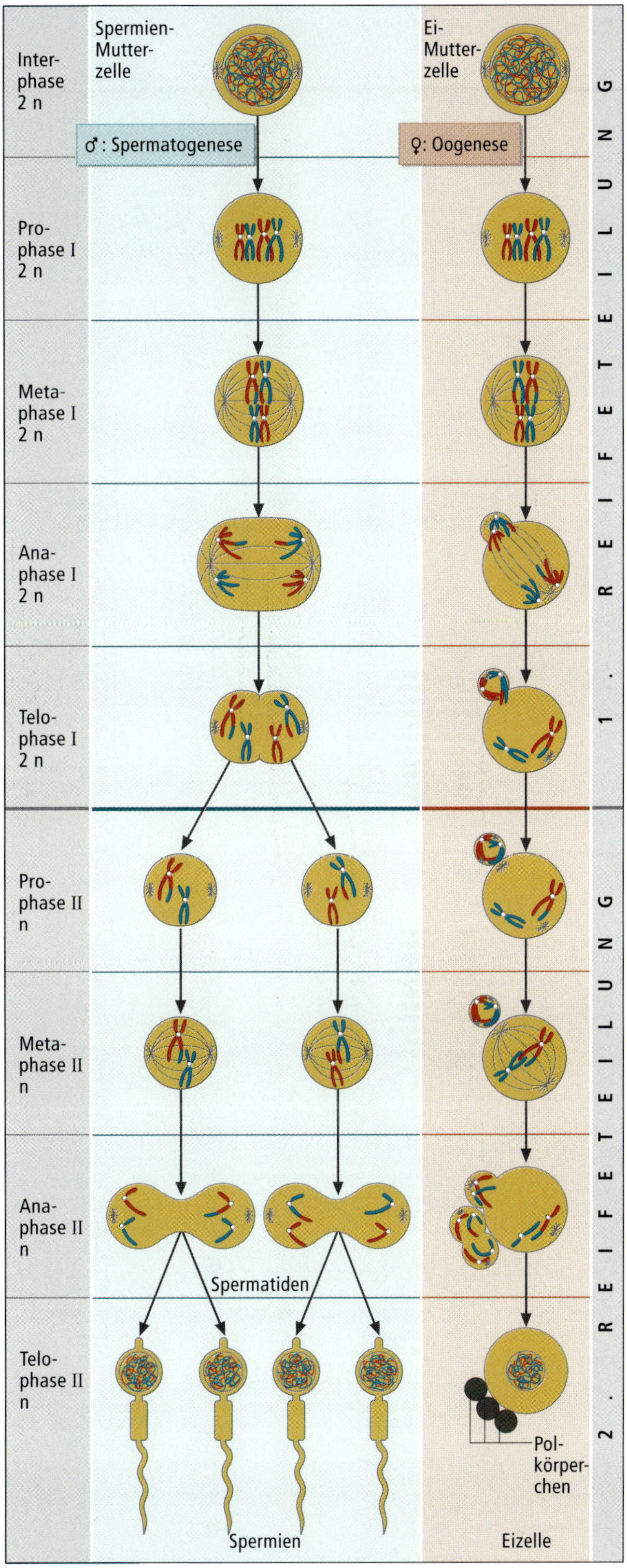

107.1 Meiotische Zellteilung mit Bildung der Geschlechtszellen (Schema). Zur besseren Übersicht sind nur zwei homologe Chromosomenpaare gezeigt.

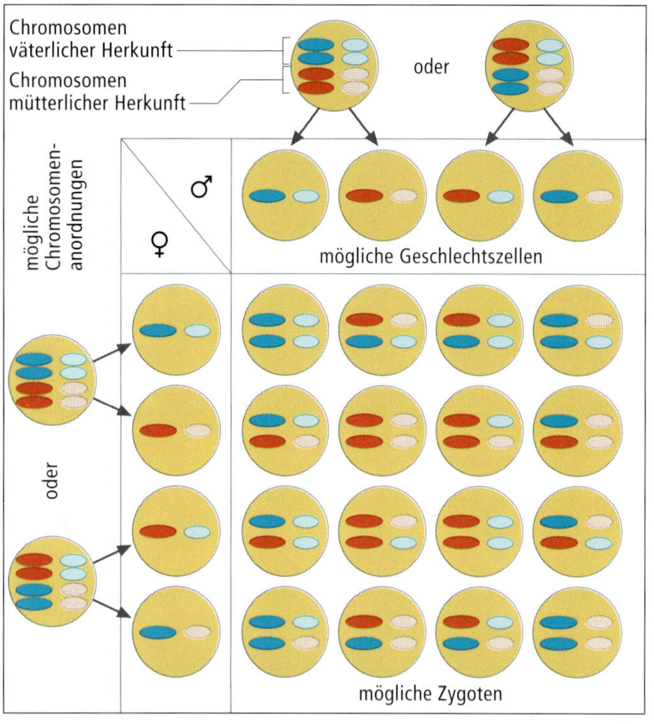

108.1 Interchromosomale Rekombination

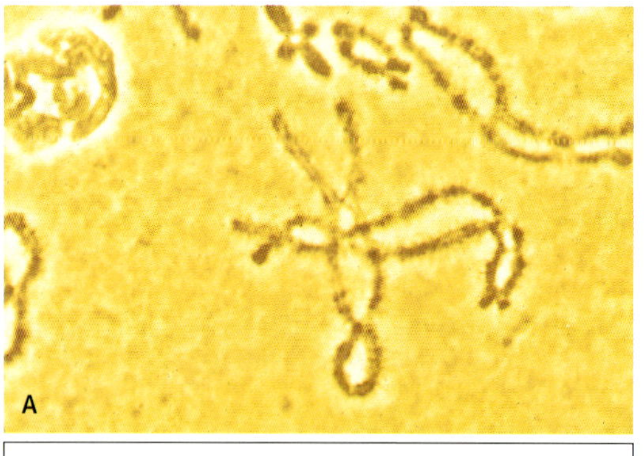

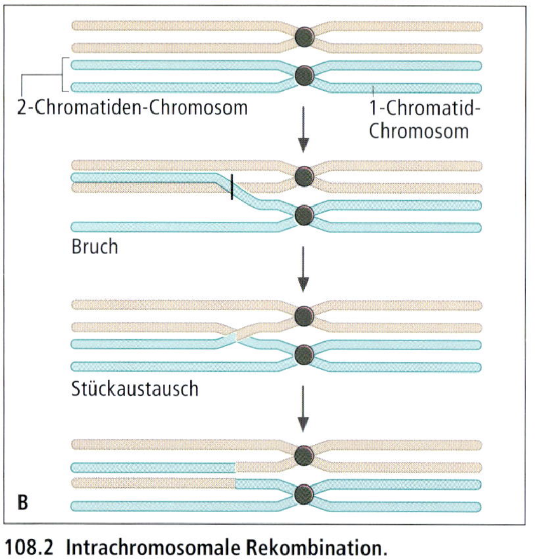

108.2 Intrachromosomale Rekombination.
A Chiasmata (LM-Bild); **B** Crossing-over (Schema)

Die Verteilung der homologen Chromosomen einer Tetrade auf die Zellpole geschieht in Abhängigkeit von ihrer Position in der Äquatorialebene. Das Zwei-Chromatiden-Chromosom oberhalb dieser Ebene wandert zum oberen Pol, das andere zum unteren Pol. Die Anordnung der „mütterlichen" und „väterlichen" Homologen während der Metaphase I erfolgt zufallsbestimmt, so dass es für jedes Paar zwei gleichberechtigte Möglichkeiten der Anordnung gibt, vergleichbar mit dem Ergebnis beim Werfen einer Münze. Es ergibt sich dadurch für eine Tochterzelle eine Wahrscheinlichkeit von 0,5, das „mütterliche" oder „väterliche" Chromosom eines bestimmten Homologenpaares zu bekommen. Da für jedes homologe Paar die Verteilung auf die Tochterzellen unabhängig von der Verteilung der übrigen Paare erfolgt, ergibt sich eine rein zufällige Kombination von Chromosomen mütterlicher und väterlicher Herkunft in einer bestimmten Tochterzelle zu einem neuen haploiden Chromosomensatz. Diesen Vorgang bezeichnet man als **interchromosomale Rekombination.**
Es gibt abhängig von der Anzahl n der homologen Paare 2^n Möglichkeiten der Kombination. So können aus zwei (n = 2) homologen Paaren vier (2^2) verschiedene Gameten entstehen. Auch das Aufeinandertreffen einer bestimmten weiblichen Geschlechtszelle mit einem bestimmten männlichen Gameten erfolgt nach dem Zufallsprinzip, sodass sich für die Bildung der Zygote die Kombinationsmöglichkeiten zu $2^2 \cdot 2^2 = 16$ multiplizieren. Für die 23 Chromosomenpaare des Menschen errechnen sich so über acht Millionen (2^{23}) mögliche „mütterliche" bzw. „väterliche" Gametensorten.

Bei benachbarten Ein-Chromatid-Chromosomen der homologen Zwei-Chromatiden-Chromosomen einer Tetrade kommt es häufig zu Überkreuzungen, die *Chiasmata* genannt werden. Dabei katalysieren hierfür spezifische Enzyme, die *Rekombinasen,* einen Bruch der jeweiligen DNA-Stränge mütterlicher und väterlicher Herkunft, die dann „über Kreuz" wieder verknüpft werden. So kommt es zu einem Stückaustausch zwischen „mütterlichen" und „väterlichen" Ein-Chromatid-Chromosomen. Dieser Prozess wird als *Crossing-over* bezeichnet und führt zu einer **intrachromosomalen Rekombination.**

1. Der DNA-Gehalt in Kernen menschlicher Körperzellen beträgt etwa $5{,}8 \cdot 10^{-12}$ Gramm, in Samen- und Eizellen dagegen nur etwa $2{,}9 \cdot 10^{-12}$ Gramm. Finden Sie eine Erklärung!
2. Stellen Sie Gemeinsamkeiten und Unterschiede im Ablauf von Oogenese und Spermatogenese heraus!
3. Berechnen Sie die möglichen Kombinationen zur Bildung von Gameten bzw. einer Zygote bei drei homologen Chromosomenpaaren!

PRAKTIKUM Chromosomen, DNA-Isolierung und Nachweis

1 Bau von Chromosomenmodellen

Material: Klingeldrahtstücke (oder „Pfeifenputzer", je zwei 50 cm lange rote und weiße sowie je zwei 25 cm lange rote und weiße); 4 Druckknöpfe; Stift
Durchführung: Ziehen Sie jedes Drahtstück so durch zwei benachbarte Löcher einer Druckknopfhälfte, dass ungleich lange Abschnitte entstehen!
Verbinden Sie die Drahtstücke über den Druckknopf miteinander!
Schrauben Sie die Drahtstücke mithilfe des Stiftes auf!

Aufgaben:
a) Analogisieren Sie das Modell mit dem Bau eines realen Chromosoms!
b) Zeigen Sie anhand vier verschiedenfarbiger Chromosomenmodelle die wesentlichen Vorgänge im Verlauf der Mitose!
c) Nach der Bildung von Tochterzellen soll eine davon einen weiteren Zellzyklus durchlaufen. Führen Sie einen entsprechenden Modellversuch durch!
d) Veranschaulichen Sie in einem Modellversuch den Meioseverlauf einer Spermienmutterzelle!
e) Auf welche Länge müsste ein 50 cm langes Drahtstück verkürzt werden, um einen der Metaphase entsprechenden Kondensationszustand zu erreichen?

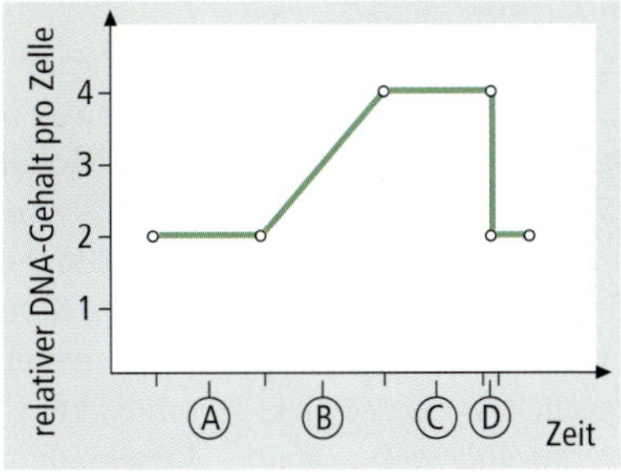

f) Beschreiben Sie den abgebildeten Graphen und ordnen Sie die Abschnitte A bis D begründet zellbiologischen Vorgängen zu!

2 Isolierung von DNA aus Zwiebeln

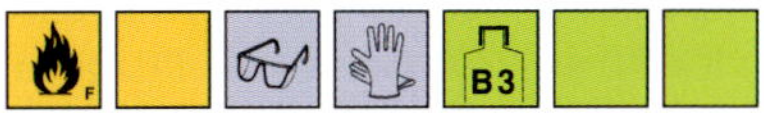

Sachinformation: Selektiv permeable Membranen der Zelle werden durch Spülmittel zerstört, während die omnipermeablen Zellwände intakt bleiben. Diese können aber mechanisch aufgebrochen werden. DNA liegt in einem Komplex mit Proteinen (Histonen) vor. Sowohl Histone als auch Enzyme sind hitzeempfindlich und werden durch das Enzym Protease abgebaut (z.B. in Waschmittel zur Entfernung von Eiweißflecken vorhanden). Salze und Alkohol vermindern die Löslichkeit von DNA und Proteinen erheblich.
Material: 2 Bechergläser (250 ml); Reagenzglas; 2 Wasserbäder (Eiswasser und 60 °C); Küchenmesser; Mörser oder Stabmixer; Teesieb oder Kaffeefilter; Holzstäbchen; kleine Zwiebel; Kochsalz; Wasser; Spülmittel (kein Konzentrat!); Feinwaschmittel oder Fleckentferner für Eiweiß; tiefgekühlter Brennspiritus (F)
Durchführung: Lösen Sie im Becherglas 3 g Kochsalz in einem Gemisch aus 50 ml Wasser und 5 ml Spülmittel (Schaumbildung vermeiden)! Würfeln Sie die Zwiebel und geben Sie sie hinzu!
Pürieren Sie das Gemisch im Mörser oder mit dem Stabmixer (fünf Sekunden, niedrigste Stufe) zu grobkörnigem Mus!
Erhitzen Sie das Becherglas für 15 Minuten auf 60 °C; kühlen Sie es anschließend fünf Minuten in Eiswasser! Filtrieren Sie die Zellsuspension durch das Sieb oder den Filter in ein frisches Becherglas! Füllen Sie etwa 15 ml des Filtrats in das Reagenzglas! Geben Sie eine Messerspitze Feinwaschmittel zu, mischen Sie gut und lassen Sie das Reagenzglas zehn Minuten stehen! Überschichten Sie sehr vorsichtig den Zwiebelextrakt mit 15 ml tiefgekühltem Spiritus (das Reagenzglas dabei schräg halten)! Wickeln Sie mit dem Holzstäbchen die an der Grenzschicht sichtbaren weißen Schlieren auf und ziehen Sie sie hoch!
Die isolierte DNA können Sie für weitere Versuche an der Luft trocknen und in destilliertem Wasser wieder lösen.
Aufgabe:
Deuten Sie die einzelnen Versuchsschritte!

3 Hydrolyse und Nachweis der DNA

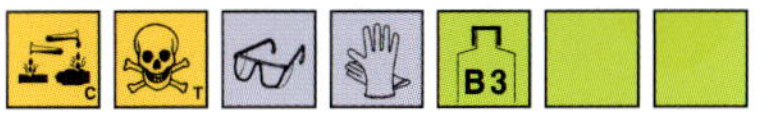

Sachinformation: Desoxyribose kann mit Diphenylamin durch die DISCHE-Reaktion quantitativ nachgewiesen werden, wobei in saurem Milieu ein blauer Farbstoff entsteht.
Sicherheitshinweis: Vorsicht, sehr stark ätzend! Kittel und Schutzbrille verwenden!
Material: Schutzbrille; Kittel; 6 Reagenzgläser; Pipetten (5 ml); Spatel; Wasserbad (100 °C); verdünnte Schwefelsäure (2 mol/l, C, B1); DISCHE-Reagenz (1 g Diphenylamin (T, B3) in 2,5 ml konzentrierte Schwefelsäure (C, B1); Eisessig (C) ad 100 ml; isolierte Zwiebel-DNA; käufliche DNA; käufliche RNA
Durchführung: Geben Sie die Hälfte der Zwiebel-DNA aus Versuch 2 in ein Reagenzglas und versetzen Sie sie mit 5 ml verdünnter Schwefelsäure! Stellen Sie das Reagenzglas für 15 Minuten in das siedende Wasserbad! Verfahren Sie ebenso mit einer Spatelspitze käuflicher DNA und RNA! Versetzen Sie je 1 ml der Hydrolysate in einem frischen Reagenzglas mit 2 ml DISCHE-Reagenz und stellen Sie sie in das siedende Wasserbad!
Aufgaben:
a) Erläutern Sie die einzelnen Schritte!
b) Werten Sie Ihre Beobachtungen aus!

3 Klassische Genetik

3.1 Die MENDELschen Regeln

Der Augustinermönch Johann Gregor MENDEL experimentierte ab 1854 vierzehn Jahre in seinem Klostergarten in Brünn mit der Saaterbse. Dabei wählte er Pflanzen, die sich in Merkmalen wie Samenform, Samenfarbe oder Blattachselzeichnung unterschieden.

MENDEL nahm Erbsenpflanzen, die bezüglich des Gens zur Ausbildung der Blattachselzeichnung reinerbig oder **homozygot** waren. Die zwei Allele des Gens für die Blattachselzeichnung waren also gleich. MENDEL kreuzte eine homozygote Erbsenpflanze mit roter Blattachsel mit einer homozygoten Erbsenpflanze mit weißer Blattachsel. Die Pflanzen der nächsten Generation waren alle rot gezeichnet. Das Erscheinungsbild oder der **Phänotyp** „rot“ setzt sich gegenüber „weiß“ durch und ist damit **dominant.** Das entsprechende Allel wird durch einen großen Buchstaben (R) gekennzeichnet. Die weiße Blattachsel tritt im Phänotyp zurück und ist damit **rezessiv.** Die Kennzeichnung des Allels erfolgt mit dem entsprechendem kleinen Buchstaben (r). Die Ausgangspflanzen sind die Eltern- oder **Parentalgeneration** (P). Da sie sich nur in einem Merkmal, der Blattachselzeichnung, unterscheiden, ist der Erbgang **monohybrid.** Die Nachkommen der P-Generation werden als 1. Tochtergeneration oder **1. Filialgeneration** (F_1) bezeichnet.

Die Gleichartigkeit oder **Uniformität** der Individuen der F_1-Generation beobachtete MENDEL bei seinen Kreuzungen mit Erbsenpflanzen an vielen Merkmalen. Kreuzungen bei anderen Pflanzen- und Tierarten zeigen das gleiche Ergebnis. Die von MENDEL entdeckte Gesetzmäßigkeit wird als 1. MENDELsche Regel oder **Uniformitätsregel** bezeichnet: *Kreuzt man zwei Individuen einer Art, die sich in einem Merkmal unterscheiden, für das sie reinerbig sind, so sind ihre Nachkommen (F_1) in Bezug auf dieses Merkmal untereinander gleich, uniform.*

Kreuzt man die Erbsenpflanzen mit roter Blattachselzeichnung der F_1-Generation untereinander, so treten in der 2. Filialgeneration (F_2) neben rot gezeichneten auch weiß gezeichnete Pflanzen auf. Die F_1-Pflanzen haben also zwei verschiedene Allele für das Gen Blattachselzeichnung. Sie sind mischerbig oder **heterozygot.**

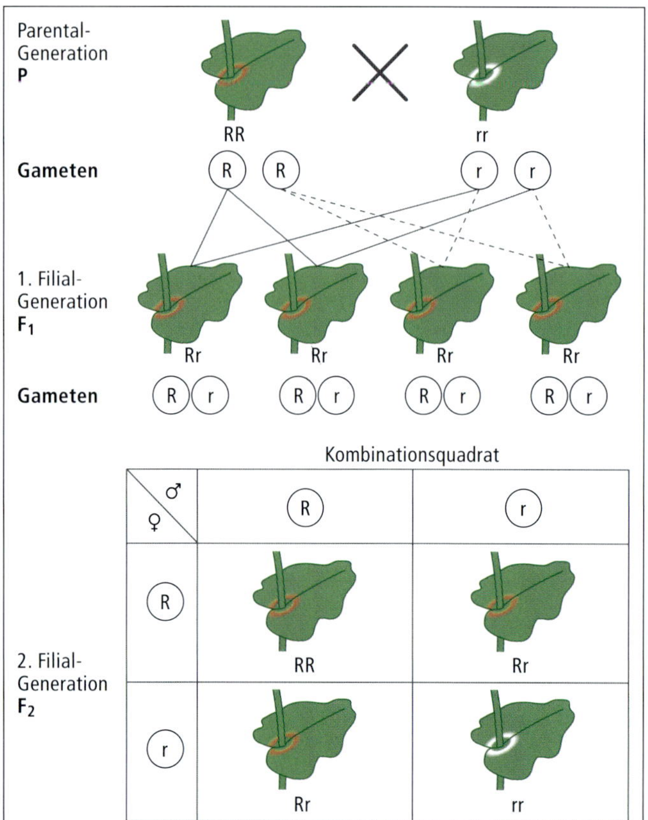

110.1 Dominant-rezessiver Erbgang bei der Erbsenpflanze

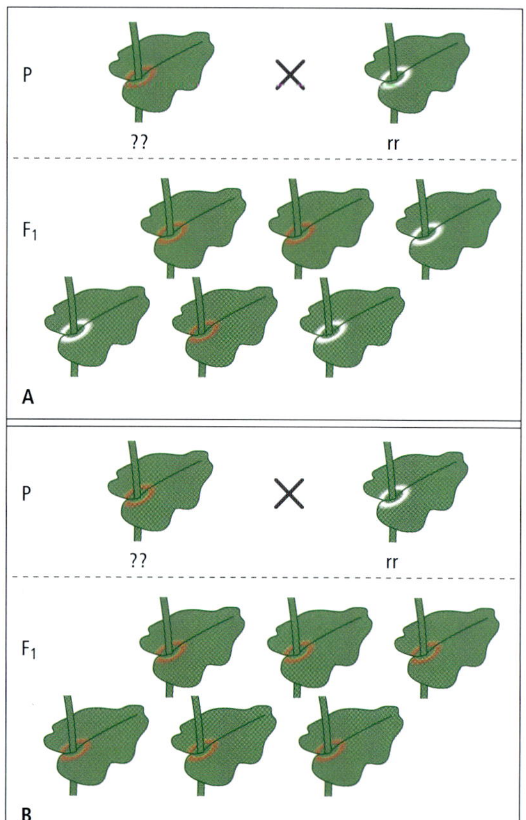

110.2 Rückkreuzung von Erbsenpflanzen mit roter Blattachselzeichnung. A Genotyp Rr; **B** Genotyp RR

Um die genetische Ausstattung, den **Genotyp,** der F_2-Pflanzen mit roter Blattachselzeichnung zu untersuchen, führt man eine **Rückkreuzung** mit dem homozygoten weiß gezeichneten Elter durch. Liefert sie Pflanzen mit roter und weißer Blattachselzeichnung im Verhältnis 1 : 1, war die rot gezeichnete F_2-Pflanze heterozygot. Treten nur Pflanzen mit roter Blattachselzeichnung auf (Uniformitätsregel), so war die untersuchte F_2-Pflanze homozygot. Die Rückkreuzung mit dem homozygot-rezessiven Elter ist deshalb eine Möglichkeit, um Homozygotie und Heterozygotie eines Gens bei einem beliebigen Individuum festzustellen; sie ist eine Testkreuzung.

Bei der Auszählung sehr großer Individuenzahlen von F_2-Pflanzen fand MENDEL folgende Aufspaltung: $^3/_4$ (75 %) der Individuen zeigten das dominante Merkmal, $^1/_4$ (25 %) zeigten das rezessive Merkmal. Als MENDEL die F_2-Pflanzen einer Rückkreuzung unterzog, stellte er fest, dass von diesen 25 % homozygot rote, 50 % heterozygot rote und 25 % homozygot weiße Individuen waren. Daraus leitet sich die 2. MENDELsche Regel, die **Spaltungsregel,** ab: *Kreuzt man die Individuen der 1. Filialgeneration untereinander, die sich in einem Merkmal unterscheiden, so spaltet die F_2-Generation beim dominant-rezessiven Erbgang in einem bestimmten Anzahlenverhältnis auf, für den Phänotyp 3 : 1 (75 % : 25 %), für den Genotyp 1 : 2 : 1 (25 % : 50 % : 25 %).*

Unterscheiden sich die Eltern in zwei Merkmalen, so heißt der Erbgang **dihybrid.** Auch für den dihybriden Erbgang gelten Uniformitätsregel und Spaltungsregel. Dies zeigt sich zum Beispiel im Erbgang von Erbsenpflanzen, die sich in der Samenfarbe (gelb/grün) und der Samenform (rund/kantig) unterscheiden. Das Kombinationsquadrat der F_2-Generation zeigt vier verschiedene Phänotypen: gelb/rund, gelb/kantig, grün/rund und grün/kantig im Verhältnis $^9/_{16}$: $^3/_{16}$: $^3/_{16}$: $^1/_{16}$.

Die vier Gametensorten beider Geschlechter der F_1-Generation führen frei kombiniert zu neun verschiedenen Genotypen in der F_2-Generation. Die Diagonale des Kombinationsquadrats enthält von oben links nach unten rechts vier reinerbige Phänotypen. Zwei davon sind neu entstanden: gelb/kantig und grün/rund. Diese Neukombination von Genen beinhaltet die 3. MENDELsche Regel, die **Unabhängigkeitsregel:** *Kreuzt man Individuen einer Art, die sich in mehreren Merkmalen reinerbig unterscheiden, so sind die einzelnen Gene unabhängig bzw. frei miteinander kombinierbar, das heißt es treten in der F_2-Generation neue Merkmalskombinationen auf.*

Die MENDELschen Regeln machen Aussagen über Anzahlenverhältnisse, die Erwartungen ausdrücken, die vom Zufall abhängen und sich erst beim Auszählen von sehr vielen Nachkommen einstellen.

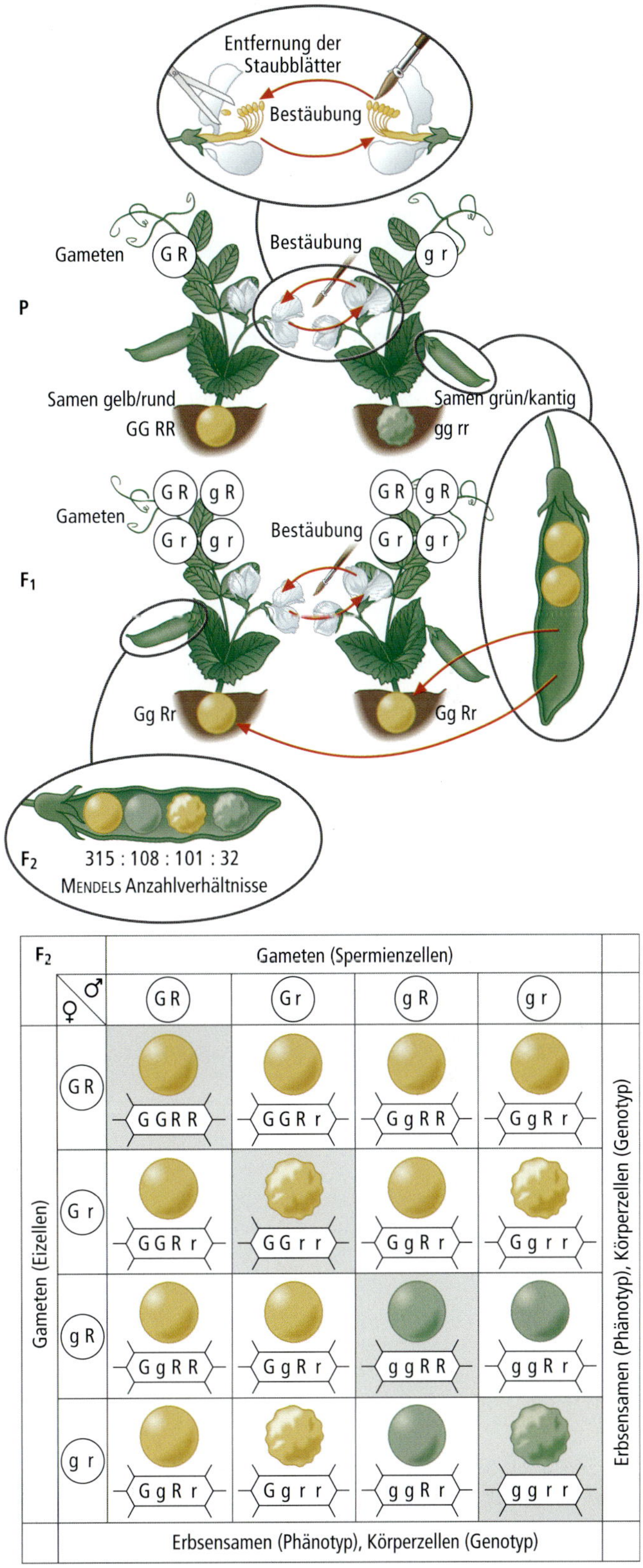

111.1 Dihybrider Erbgang bei der Erbsenpflanze

1. Stellen Sie für einen trihybriden Erbgang (Erbgang mit drei Merkmalen) die F_1- und F_2-Generation (Kombinationsquadrat) auf!

AUFGABEN

Gregor MENDEL — **Versuche über Pflanzen-Hybriden**

Auswahl der Versuchspflanzen.
... Die Versuchspflanzen müssen nothwendig constant differirende Merkmale besitzen. ... *Pisum* [Erbse] ... [erfüllt die] Anforderungen ...

Eintheilung und Ordnung der Versuche.
Werden zwei Pflanzen, welche in einem oder mehreren Merkmalen constant verschieden sind, durch Befruchtung verbunden, so gehen ... die gemeinsamen Merkmale unverändert auf die Hybriden [F_1-Nachkommen] und ihre Nachkommen über; ... Diese Veränderungen für je zwei differirende Merkmale zu beobachten und das Gesetz zu ermitteln, nach welchem dieselben in den aufeinander folgenden Generationen eintreten, war die Aufgabe des Versuches. ... Merkmale, welche in die Versuche aufgenommen wurden ... *Gestalt der reifen Samen* (rundlich/kantig), *Färbung der Samen* (hellgelb/grün), *Färbung in den Blattachseln* (röthlich, weiss) ...

Die Gestalt der Hybriden.
... Versuche ... lieferten den Beweis, dass die Hybriden in der Regel nicht die genaue Mittelform zwischen den Stammarten darstellen. Bei einzelnen ... Merkmalen ... wird ... die Mittelbildung ... ersichtlich; in anderen Fällen hingegen besitzt das eine der beiden Stamm-Merkmale ein so grosses Übergewicht, dass es schwierig oder ganz unmöglich ist, das andere an der Hybride aufzufinden. ... In der weiteren Besprechung werden jene Merkmale, welche ganz oder fast unverändert ... die Hybriden-Merkmale repräsentiren, als *dominirende,* und jene, welche in der Verbindung latent werden, als *recessive* bezeichnet. Der Ausdruck „recessiv" wurde deshalb gewählt, weil die damit benannten Merkmale an den Hybriden zurücktreten oder ganz verschwinden, jedoch unter den Nachkommen derselben ... wieder unverändert zum Vorscheine kommen. Es wurde ... erwiesen, dass es völlig gleichgiltig ist, ob das dominirende Merkmal der Samen- oder Pollenpflanze angehört ... Von den differirenden Merkmalen ... sind ... dominirend: rundliche Samenform, gelbe Färbung des Samens, röthliche [Färbung] in den Blattachseln ...

Die erste Generation der Hybriden.
In dieser Generation treten *nebst den dominirenden* Merkmalen auch die *recessiven* in ihrer vollen Eigentümlichkeit wieder auf, und zwar in dem ... Durchschnitts-Verhältnisse 3 : 1, so dass unter je vier Pflanzen aus dieser Generation drei den dominirenden und eine den recessiven Character erhalten. ... Übergangsformen wurden bei keinem Versuche beobachtet. ... Die Verhältnisszahlen ... [für] Farbe der Blattachsel (705 rot, 224 weiss) ...

Die zweite Generation der Hybriden.
Jene Formen, welche in der ersten Generation den recessiven Character erhalten, variiren in der zweiten Generation in Bezug auf diesen Character nicht mehr, sie bleiben in ihren Nachkommen *constant.* Anders verhält es sich mit jenen, welche in der ersten Generation das dominirende Merkmal besitzen. Von diesen geben *zwei* Theile Nachkommen, welche in dem Verhältnisse 3 : 1 das dominirende und recessive Merkmal an sich tragen ... nur *ein* Theil bleibt mit dem dominirenden Merkmale constant. ... Das Verhältniss 3 : 1 ... löst sich *demnach für alle Versuche in die Verhältnisse 2 : 1 : 1 auf* ...

Die Nachkommen der Hybriden, in welchen mehrere differirende Merkmale verbunden sind.
... Bei dem ersten Versuche waren die Stammpflanzen in der Gestalt der Samen und in der Färbung ... verschieden (Samenpflanze (rundlich, gelb); Pollenpflanze (kantig, grün)). Die befruchteten Samen erschienen rund und gelb, jenen der Samenpflanze ähnlich. Die daraus gezogenen Pflanzen gaben Samen von viererlei Art ... 315 rund, gelb; 101 kantig, gelb; 108 rund, grün; 32 kantig, grün. ... Damit ist zugleich der factische Beweis geliefert, *dass constante Merkmale, welche an verschiedenen Formen einer Pflanzensippe vorkommen, ... in alle Verbindungen treten können, welche nach den Regeln der Combination möglich sind* ...

112.1 Originale Passagen aus MENDELs Veröffentlichung in den Verhandlungen des naturforschenden Vereins zu Brünn
(IV. Band, Brünn 1866, S. 3–47)

a) Fassen Sie die praktischen Schritte der Versuchsplanung und Versuchsdurchführung MENDELs zusammen!
b) Definieren Sie nach MENDEL dominant und rezessiv!
c) Beschreiben Sie MENDELs Beobachtungen aus seinen Versuchen!
d) Beschreiben Sie die Schlüsse, die MENDEL aus seinen Ergebnissen ziehen konnte!

EXKURS Chromosomentheorie der Vererbung

MENDELs Vorstellungen über das unterschiedliche Aussehen von Nachkommen und den dominanten und rezessiven Charakter der untersuchten Merkmale beruhten 1865 nach seinen eigenen Worten auf „Elementen". Eine genauere Vorstellung über die stoffliche Natur der „Elemente" und damit der genetischen Eigenschaften hatte MENDEL nicht. Er wusste nicht, dass Cytologen zu seiner Zeit bereits diese „Elemente" gesehen hatten und „Kernschleifen" nannten. Zu einer Verknüpfung der beiden Ergebnisse kam es nicht, denn der Zellkern stand noch nicht im Mittelpunkt des genetischen Interesses. MENDELs Ergebnisse gerieten zunächst in Vergessenheit.

1875 beobachtete Oskar HERTWIG, dass bei der Befruchtung nur der Zellkern des Spermiums in die Eizelle eindringt und anschließend beide Zellkerne miteinander verschmelzen. Diese Beobachtung führte zu der Hypothese, dass die Erbanlagen in den Zellkernen zu finden sein müssten. Walther FLEMMING konnte 1882 an befruchteten Salamandereiern die „Spaltung der Kernfäden" verfolgen und feststellen, dass ihr Aussehen und ihre Anzahl während der Mitose immer konstant blieb.

Man begann zu vermuten, dass die Kernfäden oder Chromosomen – eine Bezeichnung, die 1888 eingeführt wurde – die Träger der Erbanlagen sein könnten. 1884 wurde erkannt, dass Spermien des Spulwurms nur den einfachen Chromosomensatz enthalten. Mit den mittlerweile wesentlich verbesserten optischen Eigenschaften der Mikroskope konnte Theodor BOVERI diesen Sachverhalt zwei Jahre später mit der Reduktion der Chromosomenzahl bei der Meiose erklären, deren Vorgänge 1890 HERTWIG als erster vollständig beschrieb. Damit war eine Erklärung für diese Konstanz der Chromosomenanzahl gefunden.

Eine endgültige Vorstellung über die chromosomale Grundlage der Vererbung konnte erst nach der Wiederentdeckung der MENDELschen Regeln um 1900 entwickelt werden. Unabhängig voneinander stießen die Genetiker Hugo DE VRIES, Carl Erich CORRENS und Erich von TSCHERMAK-SEYSENEGG wieder auf MENDELs Gesetzmäßigkeiten und fassten sie ihm zu Ehren in den drei MENDELschen Regeln zusammen. Die Ergebnisse der Kreuzungsversuche ließen sich widerspruchslos mit den Erkenntnissen der cytologischen Befunde vereinen. So formulierten BOVERI und Walter S. SUTTON unabhängig voneinander 1904 die *Chromosomentheorie der Vererbung.* Sie besagt, dass die Chromosomen die Träger der Gene sind. Während der Gametenbildung sowie der Befruchtung werden die Chromosomen und mit ihnen die Gene frei kombiniert.

Als Folge dieser Erkenntnis erlangte die Chromosomenforschung eine herausragende Rolle. Dem amerikanischen Biologen Thomas Hunt MORGAN gelang es 1910 als Erstem in der Geschichte der Genetik, ein Gen einem bestimmten Chromosom zuzuordnen. Bei der Fruchtfliege *Drosophila melanogaster* lokalisierte er durch die Verbindung aus Kreuzung und mikroskopischer Analyse der Chromosomen das „white"-Gen, das für die Ausbildung der Augenfarbe bei *Drosophila* zuständig ist, auf dem X-Chromosom. Mit der experimentellen Bestätigung der Chromosomentheorie der Vererbung durch MORGAN und seine Mitarbeiter hat die Erforschung der Gene auf den Chromosomen begonnen, deren Entwicklung zur Zeit in der Sequenzierung ganzer Genome mündet.

Ergebnisse der Kreuzungsversuche			Ergebnisse der mikroskopischen Untersuchungen der Zelle
Die Erbanlagen werden als selbständige Einheiten weitergegeben.	w (white) vg (vestigial)	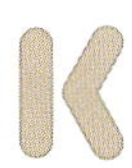	Die Chromosomen werden als selbständige Einheiten weitergegeben.
Die Erbanlagen liegen in den Körperzellen paarig vor.	w w vg vg^+		Die Chromosomen liegen in den Körperzellen paarig vor.
Die Gameten tragen nur einen einfachen Anlagensatz.	w vg	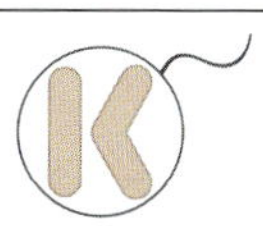	Bei der Reduktionsteilung gelangt nur jeweils ein Chromosom jedes Paares in die Gameten.
Die Erbanlagen werden frei kombiniert.	w vg^+	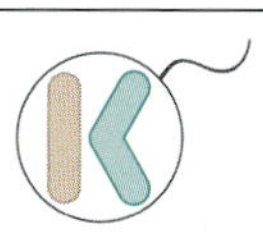	Die homologen Chromosomen mütterlicher und väterlicher Herkunft werden frei kombiniert.

113.1 Ergebnisse der Erb- und Zellforschung im Vergleich. Mit white (w) und vestigial (vg) werden Gene von *Drosophila melanogaster* benannt.

EXKURS *Drosophila* – „Haustier" der Genetiker

Drosophila melanogaster, auch Tau-, Essig- oder Fruchtfliege genannt, wurde durch den amerikanischen Biologen Thomas Hunt MORGAN in die genetische Forschung eingeführt. 1933 erhielt er für die Bestimmung der Lagebeziehungen Hunderter von *Drosophila*-Genen aus klassischen Kreuzungsversuchen mit der Fruchtfliege den Nobelpreis. Ebenfalls für Forschungsergebnisse mit *Drosophila,* diesmal zur Erzeugung von Mutanten, erhielt 1946 Hermann J. MULLER den Nobelpreis. *Drosophila*-Forschung ist bis in die heutige Zeit aktuell, wie die Würdigung durch den Nobelpreis 1995 für Edward B. LEWIS, Christiane NÜSSLEIN-VOLLHARD und Eric F. WIESCHAUS zeigt. Sie hatten die molekularbiologischen Beziehungen entwicklungssteuernder, sich gegenseitig kontrollierender Gene entdeckt.

Die Fruchtfliege wurde durch MORGANs Arbeiten zum „Haustier" der Genetiker. Sie eignet sich vorzüglich zum Experimentieren. Die kleinen, leicht zu züchtenden Fliegen benötigen in ihren Zuchtgläschen wenig Platz und einen preiswerten Nahrungsbrei. Viele bekannte *Drosophila*-Mutanten, also Tiere, die durch Mutationen veränderte Merkmale besitzen, lassen sich nach ihrer Narkotisierung durch Ether mit der Lupe oder sogar bloßem Auge unterscheiden. Für genetische Untersuchungen bedeutsam sind die geringe Anzahl von Chromosomen (2n = 8), der kurze Generationszyklus von etwa zwölf Tagen bei 25 °C sowie für statistische Auswertungen die hohen Individuenzahlen mit bis zu 300 Nachkommen pro Weibchen.

Drosophila-Weibchen legen in der Natur ihre Eier auf überreifem Obst ab, im Labor auf den Nährbrei im Zuchtglas. Dies geschieht etwa einen Tag nach der Begattung. Bereits einen Tag nach der Eiablage schlüpft eine Larve. Sie häutet sich zweimal. Ungefähr am siebten Tag nach der Begattung verpuppt sich die fünf Millimeter große Larve an der Wand des Zuchtglases. Aus der Puppe schlüpft nach einer vier bis fünf Tage dauernden Metamorphose die Fliege. Frisch geschlüpfte Weibchen, so genannte „Jungfrauen", sind zwölf Stunden später befruchtungsfähig. Die Eier werden aus einem bläschenförmigen Organ, einer Spermientasche, befruchtet. Dort werden die Spermien des Männchens nach der Begattung abgelegt. Ein einmal begattetes Weibchen befruchtet zeitlebens seine Eier mit den in der Spermientasche gelagerten Spermien der ersten Begattung.

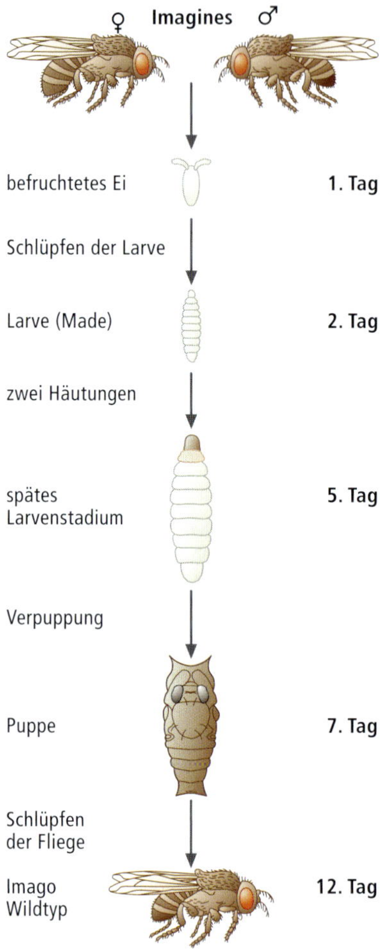

114.1 Entwicklungszyklus der Fruchtfliege

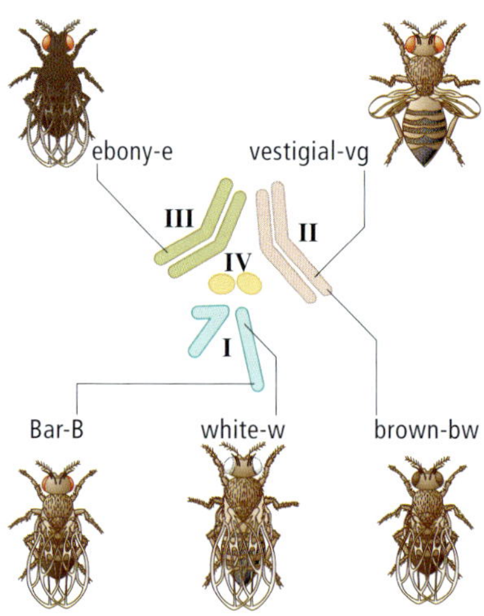

114.2 Chromosomensatz und Mutanten der Fruchtfliege

Für kontrollierte Kreuzungen muss eine unkontrollierte Begattung der Weibchen verhindert werden. Dazu müssen die größeren Jungfrauen spätestens zwölf Stunden nach dem Schlüpfen von den kleineren Männchen getrennt werden.

Für Kreuzungsversuche werden häufig Mutanten mit auffälligen Merkmalen eingesetzt: ebony (e) oder black (b) mit schwarzer Körperfarbe, vestigial (vg) mit Stummelflügeln, brown (bw) mit braunen Augen, white (w) mit weißen Augen und Bar (B) mit schlitzförmigen Augen. Man kreuzt die Mutanten entweder untereinander oder mit dem Wildtyp. Der Wildtyp ist die Form einer Art, die in der Natur am häufigsten auftritt. Der Wildtyp hat rotbraune, rundliche Augen (w^+, bw^+, B^+), lange, über den Körper hinausreichende Flügel (vg^+) und eine braungraue Körperfarbe (e^+, b^+).

Die bei *Drosophila* benutzte Symbolik weicht von der sonst üblichen in Erbschemata ab. Hier zeigen kleine Buchstaben ein rezessives, große Buchstaben ein dominantes Mutantenallel an. Durch ein am Buchstaben hochgestelltes Pluszeichen, wie w^+, oder ein alleinstehendes Pluszeichen „+" wird das Allel des Wildtyps symbolisiert. So bedeutet $\frac{vg^+}{vg^+} \times \frac{vg}{vg}$ oder $\frac{+}{+} \times \frac{vg}{vg}$: Ein reinerbig langflügeliges Weibchen wird mit einem reinerbig stummelflügeligen Männchen gekreuzt. Das Weibchen steht immer vor, das Männchen hinter dem Kreuzungssymbol. Allele über dem Strich sind mütterlicher, unter dem Strich väterlicher Herkunft.

1. Begründen Sie, weshalb der Wildtyp in der Regel keine Mutantenallele besitzt!

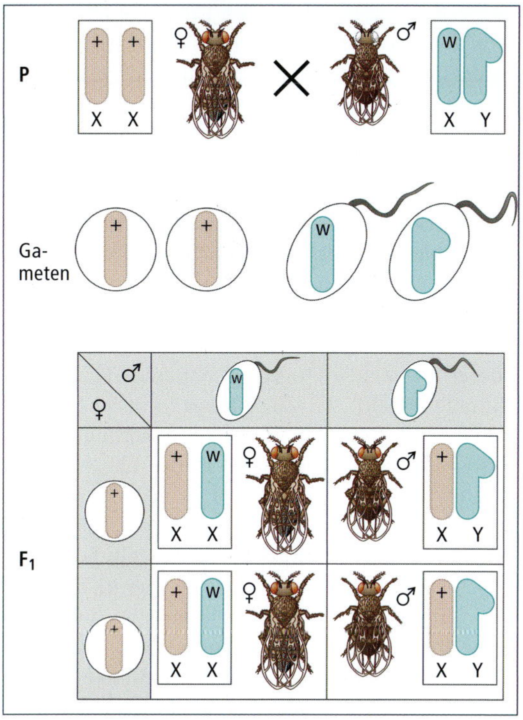

115.1 X-Chromosomen-gebundener Erbgang I.
Uniformität der F_1-Generation. w = weiße Augenfarbe, + = rotbraune Augenfarbe

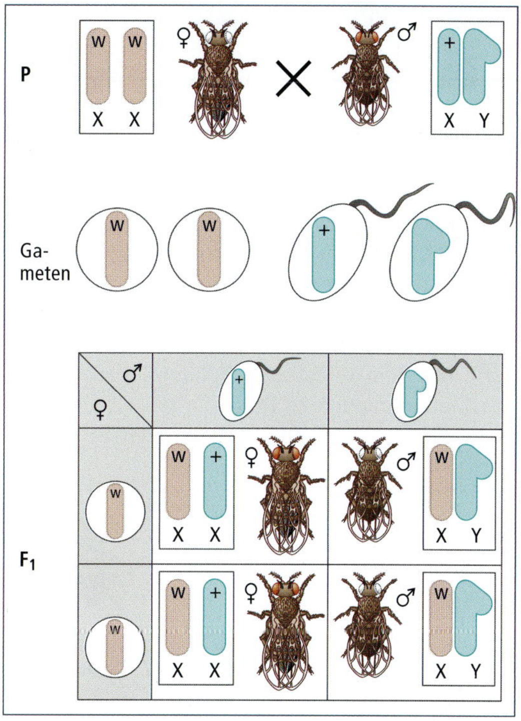

115.2 X-Chromosomen-gebundener Erbgang II.
Keine Uniformität der F_1-Generation. w = weiße Augenfarbe, + = rotbraune Augenfarbe

3.2 X-Chromosomen-gebundene Vererbung

MORGAN benutzte für seine Kreuzungen viele verschiedene Mutanten sowie den Wildtyp der Fruchtfliege *Drosophila.* Dabei kreuzte er unter anderem die Wildform der Fruchtfliege mit rotbraunen Augen (+) mit der weißäugigen Mutante white (w). Bei diesen Kreuzungen beobachtete MORGAN eine Besonderheit: Wurden rotbraunäugige Weibchen mit weißäugigen Männchen gekreuzt, lieferten sie in der F_1-Generation eine uniforme, rotbraunäugige Nachkommenschaft. Demnach war die rotbraune Augenfarbe dominant über die weiße. Interessant war nun das Ergebnis der „umgekehrten", so genannten **reziproken** Kreuzung: Die Nachkommen aus weißäugigen Weibchen und rotbraunäugigen Männchen lieferten keine uniforme F_1-Generation, sondern nahezu gleich viele rotbraunäugige weibliche und weißäugige männliche Individuen.

Dieses 1:1-Aufspaltungsverhältnis bezüglich der Geschlechter und Augenfarben entsprach dem einer Rückkreuzung. Eine Erklärung dafür konnte sein, dass die Gene, die das Geschlecht und die Augenfarbe bestimmten, in dem einen Geschlecht homozygot und im anderen heterozygot vorlagen. Die Richtigkeit dieser Vermutung wurde unter anderem durch die Untersuchung der Chromosomen von *Drosophila* bestätigt. Drei der vier Chromosomenpaare von *Drosophila* entsprechen sich bei beiden Geschlechtern. Sie werden **Autosomen** genannt. Das vierte Paar bilden bei Weibchen zwei stabförmige so genannte X-Chromosomen, bei Männchen ein stabförmiges X-Chromosom und ein nahezu genleeres, hakenförmiges Chromosom, das Y-Chromosom. Durch ihren Einfluss auf die Ausprägung des Geschlechts werden sie Geschlechtschromosomen oder **Gonosomen** genannt.

Mit dieser Beobachtung ließ sich das Ergebnis der reziproken Kreuzung erklären: In der Meiose erhält jede Eizelle neben den Autosomen ein X-Chromosom mit w-Allel, während Spermien neben den Autosomen gleichverteilt ein X-Chromosom mit +-Allel oder Y-Chromosom ohne w-Allel erhalten. Bei der Befruchtung entstehen dann je zur Hälfte die Kombination X^wX^+ oder X^wY, das heißt wegen der Dominanz des +-Allels rotbraunäugige Weibchen und weißäugige Männchen im Zahlenverhältnis 1:1. Die Ausprägung der Augenfarbe ist dabei von der Verteilung des X-Chromosoms abhängig. Bei solchen Erbgängen spricht man von einer **X-Chromosomen-gebundenen Vererbung.** Hierbei besitzen die Allele auf dem X-Chromosom in den Männchen keinen Gegenpart auf dem Y-Chromosom, ein Zustand, der **hemizygot** genannt wird.

3.3 Genkopplung

Bei seinen Untersuchungen entdeckte MORGAN eine viel größere Anzahl verschiedener Gene als es Chromosomen bei *Drosophila* gibt (n = 4). Demnach mussten viele Gene gemeinsam mit einem Chromosom an die Nachkommen weitergegeben werden. Der Nachweis einer solchen **Genkopplung** gelang MORGAN und seinen Mitarbeitern an *Drosophila*. Dazu kreuzte er eine reinerbige *Drosophila*-Doppelmutante, die eine schwarze Körperfarbe besaß (b, black) und Stummelflügel hatte (vg, vestigial), mit dem reinerbigen Wildtyp. Der Wildtyp besaß eine braungraue Körperfarbe (+) und hatte lange Flügel (+). Alle Nachkommen in der F_1-Generation dieses dihybriden Erbgangs waren entsprechend der ersten MENDELschen Regel uniform. Sie entsprachen im Phänotyp dem Wildtyp, besaßen braungraue Körper und hatten lange Flügel. Demnach war die braungraue Körperfarbe dominant über die schwarze Färbung und lange Flügel dominant über Stummelflügel.

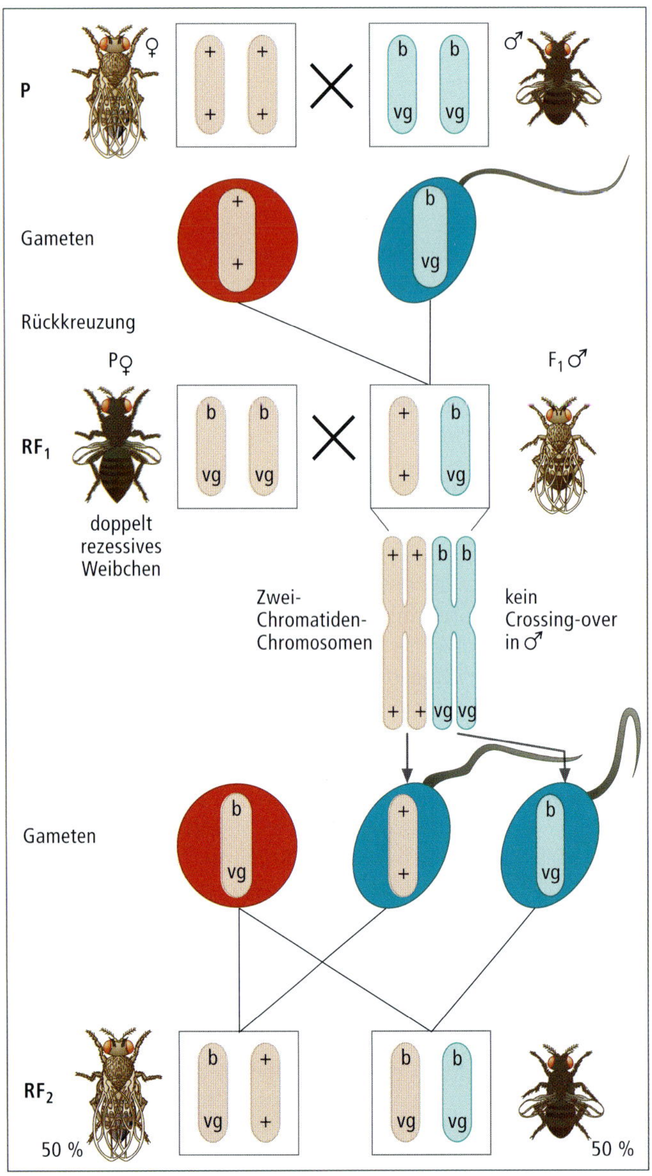

116.1 Genkopplung bei Drosophila. b = schwarze Körperfarbe, + = braungraue Körperfarbe, vg = Stummelflügel, + = lange Flügel

Die Rückkreuzung eines Männchens aus der F_1 mit einem doppelt rezessiven Weibchen mit schwarzem Körper und Stummelflügeln ließ, entsprechend der Regel von der freien Kombinierbarkeit der Gene, vier verschiedene Phänotypen erwarten: braungraue Körper mit langen Flügeln, braungraue Körper mit Stummelflügeln, schwarze Körper mit langen Flügeln und schwarze Körper mit Stummelflügeln.
MORGAN erhielt entgegen dieser Erwartung nur zwei Phänotypen, die denen der Elterngeneration entsprachen, also braungraue Körperfarbe mit langen Flügeln und schwarze Fliegenkörper mit Stummelflügeln. Das F_1-Männchen bildete also nicht – wie beim dihybriden Erbgang zu erwarten – vier, sondern nur zwei Gametensorten aus. Während MORGAN bei anderen Genen der Fruchtfliege die freie Kombinierbarkeit beobachten konnte, galt die dritte MENDELsche Regel in diesem Fall offenbar nicht. MORGAN deutete diese Abweichung mit der Annahme, dass die Gene für black und vestigial auf dem gleichen Chromosom liegen. Er bezeichnete sie als gekoppelt. Alle auf einem Chromosom liegenden Gene bilden zusammen eine **Kopplungsgruppe.**

Die weitergehende Überprüfung sehr vieler Gene in Kreuzungsexperimenten ergab bei *Drosophila* vier Kopplungsgruppen, was der Anzahl der Chromosomen im haploiden Satz entspricht. Interessant war dabei, dass die vierte Kopplungsgruppe im Vergleich zu den drei anderen wenig Gene enthielt. Dies stimmte mit dem cytologischen Befund überein, wonach die vierte Kopplungsgruppe einem sehr kleinen punktförmigen Chromosom zuzuordnen war. Diese Befunde mit *Drosophila* waren eine experimentelle Bestätigung der Chromosomentheorie der Vererbung.
Auch für andere Organismen wurde die Übereinstimmung der Anzahl der Chromosomen im haploiden Satz mit der Anzahl der Kopplungsgruppen nachgewiesen. Zum Beispiel stimmten bei der Gartenerbse mit sieben und beim Menschen mit 23 Kopplungsgruppen die Zahlen mit der jeweiligen Anzahl der Chromosomen im haploiden Satz überein.
Für gekoppelte Erbanlagen gilt die dritte MENDELsche Regel von der freien Kombinierbarkeit der Gene nicht. Allgemeingültigkeit erhält die Regel wieder, wenn man hinzufügt, dass die freie Kombinierbarkeit nur für solche Gene gilt, die nicht derselben Kopplungsgruppe angehören, die also auf verschiedenen Chromosomen liegen.

3.4 Kopplungsbruch

MORGAN hatte bei der Rückkreuzung der F_1-Individuen nicht nur männliche F_1-Nachkommen mit ihren gekoppelten Genen für Körperfarbe und Flügelform eingesetzt, sondern auch reziprok braungraue, langflügelige F_1-Weibchen mit schwarzen, stummelflügeligen Männchen rückgekreuzt. Überraschenderweise tauchten hier die vier Phänotypenklassen auf und nicht nur zwei, wie bei Kopplung zu erwarten gewesen wäre. Dabei waren die beiden Elterntypen, also braungraue, langflügelige und schwarze, stummelflügelige Fliegen, mit jeweils beinahe 41 % wesentlich häufiger vertreten als die schwarzen, langflügeligen und braungrauen, stummelflügeligen Fliegen mit jeweils nur gut 9 %. Diese neuen Typen werden **Rekombinanten** (Austauschtypen) genannt.
Da die Gene für Körperfarbe und Flügelform beim Männchen und Weibchen auf den homologen Chromosomen liegen, konnten die Rekombinanten nur aus Eizellen entstanden sein, bei denen die gekoppelten Allele dieser Gene „entkoppelt" worden waren. Solch ein **Kopplungsbruch** musste bei insgesamt 18,5 % der weiblichen Gameten geschehen sein. Der Prozentsatz der Entkopplungen zweier Allele ist der **Austauschwert** der entsprechenden Gene. Er wird in MORGAN-Einheiten (ME) beschrieben. Die Gene black und vestigial besitzen demnach einen Austauschwert von 18,5 ME. Hier zeigt sich, dass der Aspekt der Kombinierbarkeit von Genen aus der dritten MENDELschen Regel auch für gekoppelte Gene zutreffen kann.

MORGAN versuchte den Kopplungsbruch mit einem Prozess zu erklären, den er **Crossing-over** nannte: Er vermutete, dass sich homologe Zwei-Chromatiden-Chromosomen bei der Paarung umschlingen und überkreuzen. Unter dem Einfluss von Enzymen kann an bestimmten Stellen ein Öffnen und genaues Überkreuzverbinden zweier homologer Ein-Chromatid-Chromosomen erfolgen. Diese Überkreuz-Neuverknüpfung von Teilen der Ein-Chromatid-Chromosomen lässt neu kombinierte Ein-Chromatid-Chromosomen entstehen. Dabei werden Allele aus Kopplungsgruppen gegeneinander ausgetauscht.
Das Crossing-over ist aus den Ergebnissen von Kreuzungsversuchen abgeleitet worden. Es lässt sich nicht beobachten. Mikroskopisch nachweisen lassen sich aber Überkreuzungen von homologen Zwei-Chromatiden-Chromosomen während der Meiose. Eine sichtbare Überkreuzungsstelle heißt **Chiasma.** Zwischen homologen Zwei-Chromatiden-Chromosomen kann es mehrere Chiasmata geben.
Die unterschiedlichen Ergebnisse der reziproken Rückkreuzungen bei *Drosophila* mit der vollständigen Kopplung der Allele beim Einsatz von F_1-Männchen und den auftretenden Rekombinanten beim Einsatz von F_1-Weibchen lassen den Schluss zu, dass Crossing-over nur während der Eizellenbildung in weiblichen Fliegen, nicht aber bei der Bildung von Spermien vorkommt. Die mikroskopischen Befunde bestätigten, dass bei Zweiflüglern, zu denen *Drosophila* gehört, Chiasmata nur bei der Meiose weiblicher Fliegen vorkommen.
Durch die zufällige Verteilung der homologen Chromosomen in der Meiose besteht bereits eine große Variabilität in der genetischen Ausstattung der Gameten. Durch das Crossing-over wird diese Verschiedenartigkeit noch um ein Vielfaches gesteigert. Dabei liefert das Crossing-over neue, sonst nicht mögliche Allelkombinationen.

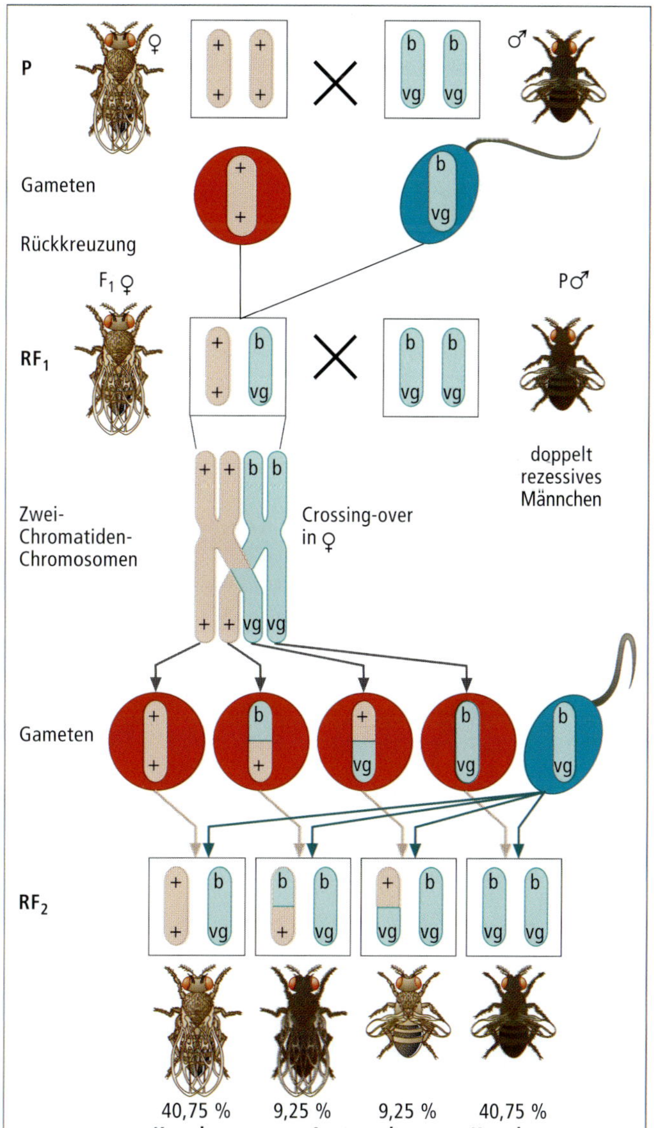

117.1 Kopplungsbruch bei Drosophila. b = schwarze Körperfarbe, + = braungraue Körperfarbe, vg = Stummelflügel, + = lange Flügel

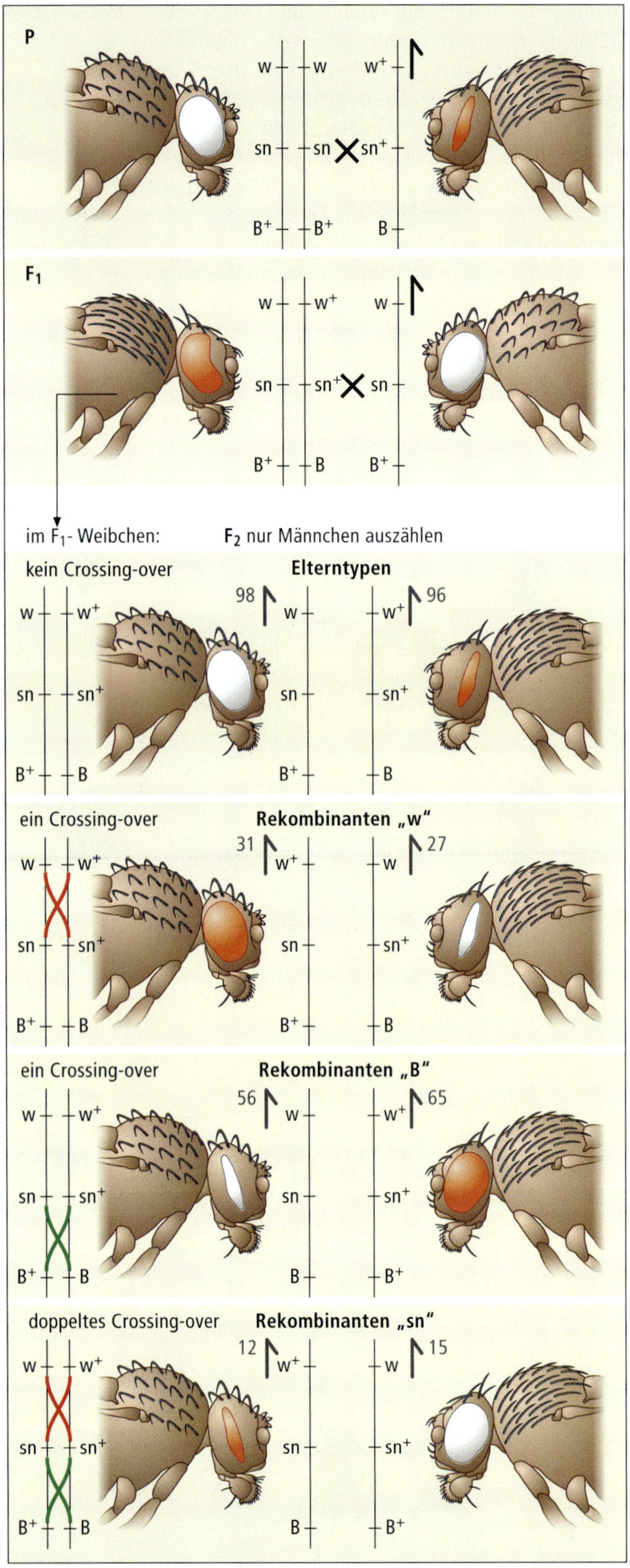

118.1 Dreipunktanalyse mit *Drosophila*. Untersuchung der Gene white (w), singed (sn, verbrannte Borsten) und Bar (B) mit Angabe von Nachkommenanzahlen in der F_2 (Ergebnisse eines Experiments)

3.5 Genkartierung bei *Drosophila*

Aus seinen Ergebnissen schloss MORGAN, dass Gene auf den Chromosomen linear hintereinander angeordnet sind. Die Häufigkeit der Trennung gekoppelter Allele müsste vom Abstand der Gene auf einem Chromosom abhängen, denn weite Abstände erhöhen die Wahrscheinlichkeit für ein Crossing-over zwischen den gekoppelten Genen. Die Allele zweier an den entgegengesetzten Enden eines Chromosoms liegenden Gene würden durch jedes Crossing-over getrennt. Zwei dicht beieinander liegende Gene hingegen werden nur durch die Crossing-over getrennt, die unmittelbar zwischen ihnen ablaufen.

Mit der **Dreipunktanalyse** ermittelte MORGAN die Reihenfolgen und Austauschwerte vieler Gene auf den Chromosomen von *Drosophila*. Durch Kreuzung erhielt er weibliche Fliegen, die in drei auf dem X-Chromosom gekoppelten Genen, hier white (w), singed (sn, verbrannte Borsten) und Bar (B), heterozygot waren. Mit diesen Weibchen führte er eine Rückkreuzung durch und ordnete die männlichen Nachkommen der Klasse der Elterntypen oder einer der drei Rekombinanten „w", „sn" und „B" zu. Der Vergleich mit dem Genotyp der Mutter zeigte, dass in jeder Rekombinantenklasse nur das Namen gebende Allel am w-, sn- oder B-Gen ausgetauscht wurde.
Die Reihenfolge der drei Gene auf dem X-Chromosom wird wie folgt bestimmt: Die Rekombinantenklasse mit der niedrigsten Individuenanzahl („sn", 27 Nachkommen) weist das mittlere Gen aus. Diese Klasse hat die wenigsten Nachkommen, weil ein Austausch im mittleren Gen zwei Crossing-over – zwischen dem mittleren und jedem äußeren Gen – erforderlich macht. Das passiert seltener als der Austausch in einem äußeren Gen, der nur ein einfaches Crossing-over erfordert. Die Reihenfolge der Gene ist danach w – sn – B.
Um Austauschwerte zwischen Genen, wie w und sn, zu berechnen, werden die Individuenzahlen der Klassen addiert, bei denen es ein Crossing-over zwischen den Genen w und sn gab (Klasse „w" und „sn", 85 Nachkommen). Die Summe wird prozentual auf die Gesamtzahl aller Nachkommen (400) bezogen. Damit ergibt sich als Austauschwert zwischen w – sn 21,25 ME. Austauschwerte stellen relative und keine absoluten Abstände der Gene auf dem Chromosom dar. Dies liegt unter anderem daran, dass Crossing-over in Centromernähe wesentlich seltener erfolgen als in anderen Bereichen des Chromosoms. Damit kommt es in Centromernähe relativ selten zu Kopplungsbrüchen zwischen absolut weit entfernten Genen. Mit der Dreipunktanalyse gelang es, Genkarten von *Drosophila* zu erstellen, die die lineare Anordnung der untersuchten Gene in MORGAN-Einheiten angeben.

PRAKTIKUM Experimente zur Vererbung mit *Drosophila*

1 Arbeiten mit *Drosophila*

Material: Weizengrieß; Agar; Trockenhefe; Propionsäure (Xi); Nipagin; Ether (F+, Xn); Watte; Spatel; Waage; Messzylinder; weiteres Zubehör siehe Abb. 117.1; Binokular; *Drosophila*-Stämme
Durchführung: a) Futterbrei-Herstellung: Kochen Sie unter Rühren 1500 ml Wasser, 150 g Weizengrieß, 15 g Agar und 5 g Trockenhefe 20 Minuten! Nach dem Abkühlen auf 70 °C geben Sie zur Verhinderung von Pilz- und Bakterienwuchs 4 ml Propionsäure und eine Spatelspitze Nipagin zu! Füllen Sie den Brei jeweils 2 cm hoch in die Gläser!
b) Geben Sie auf einen Wattebausch in einem luftdicht verschließbaren Glas einige Tropfen Ether! Klopfen Sie die Fliegen im Zuchtglas vorsichtig auf den Boden! Öffnen Sie den Deckel und schütten Sie die Fliegen schnell in einen Trichter mit einer Gaze, die ein Hindurchfallen der Fliegen verhindert! Betäuben Sie die Fliegen über der mit Ether beträufelten Watte solange, bis sich die Fliegen nicht mehr bewegen! Langes Betäuben tötet die Fliegen, was am Abspreizen der Flügel erkannt wird.
Aufgabe:
Sortieren Sie die betäubten Fliegen nach dem Geschlecht! Dies geht besonders gut mit einem feinen Pinsel aus der Falte einer geknickten Karteikarte und zur besseren Erkennung unter einem Binokular.

2 Kultivieren von *Drosophila*

Material: Zuchtglas mit Futterbrei; *Drosophila*-Wildtyp
Durchführung: Bringen Sie fünf Paare des Wildtyps in ein frisches Zuchtglas!
Die Haltungstemperatur sollte bei 25 °C liegen. Entfernen Sie nach fünf Tagen alle Fliegen!
Aufgabe:
Beobachten und protokollieren Sie 14 Tage lang! Setzen Sie die neue Generation in ein frisches Zuchtglas um!

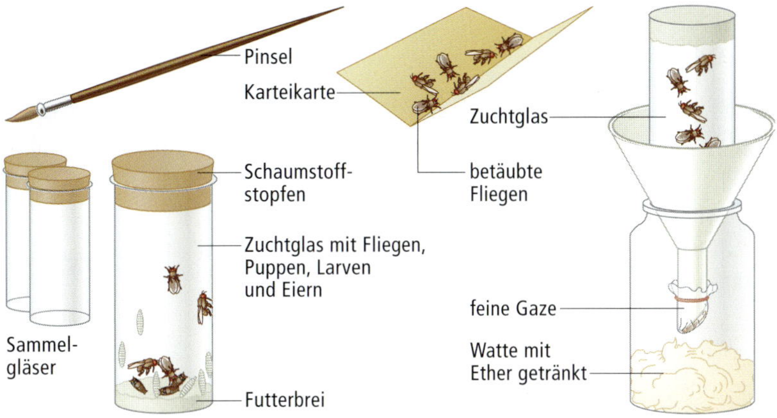

119.1 Zubehör für die Arbeit mit *Drosophila*

3 *Drosophila*-Erbgang (P, F_1)

Material: Zubehör siehe Abb. 117.1; Binokular; Wildtyp und Mutante (z. B. Einfachmutante mit Stummelflügeln (vg))
Durchführung: Fünf Tage vor Versuchsbeginn werden „Jungfrauen" gesammelt. Betäuben Sie dazu alle zwölf Stunden die Fliegen aus den Zuchtgläsern des Wildtyps und der Mutante! Trennen Sie die Fliegen nach ihrem Geschlecht und sammeln Sie diese bis zum Versuchsbeginn in separaten Zuchtgläsern! Das Auffüllen mit weiteren, noch betäubten Fliegen ist bei leicht geöffnetem Deckel durch wiederholtes, vorsichtiges Aufstampfen des Zuchtglases möglich.
Zum Versuchsbeginn setzen Sie in zwei Ansätzen reziproke Kreuzungen an: Bestücken Sie dazu jedes Kreuzungsglas mit fünf Paaren aus Wildtyp-Weibchen und Mutanten-Männchen bzw. umgekehrt! Beschriften Sie die Gläser sofort mit Datum, Kreuzung und einem „P" für Parentalgeneration! Entfernen Sie nach fünf Tagen alle Fliegen aus den Kreuzungsgläsern!
Aufgabe:
Werten Sie spätestens am 9. Tag nach dem Schlüpfen der ersten Fliegen die F_1-Generation aus! Überprüfen Sie den Phänotyp der Nachkommen auf Uniformität und zählen Sie die Fliegen nach dem Geschlecht aus! Setzen Sie danach fünf Paare der F_1-Generation in ein frisches Kreuzungsglas um!

4 *Drosophila*-Erbgang (F_1, F_2)

Material: Zubehör siehe Abb. 117.1; Binokular; Fliegen aus Versuch 3
Durchführung: Beschriften Sie das Kreuzungsglas, in das Sie fünf Paare der F_1 aus Versuch 3 gesetzt haben mit Datum, Kreuzung und einem „F_1" für F_1-Generation! Entfernen Sie nach fünf Tagen alle Fliegen!
Aufgaben:
a) Werten Sie spätestens am 9. Tag nach dem Schlüpfen der ersten Fliegen die F_2-Generation aus! Halten Sie die Individuenzahlen der verschiedenen Phänotypen innerhalb jeder Kreuzung tabellarisch fest!
b) Weshalb werden die Fliegen nach fünf Tagen aus den Kreuzungsgläsern entfernt?
c) Warum soll man Kreuzungsgläser spätestens am 9. Tag nach dem Schlüpfen der ersten Fliegen auswerten?

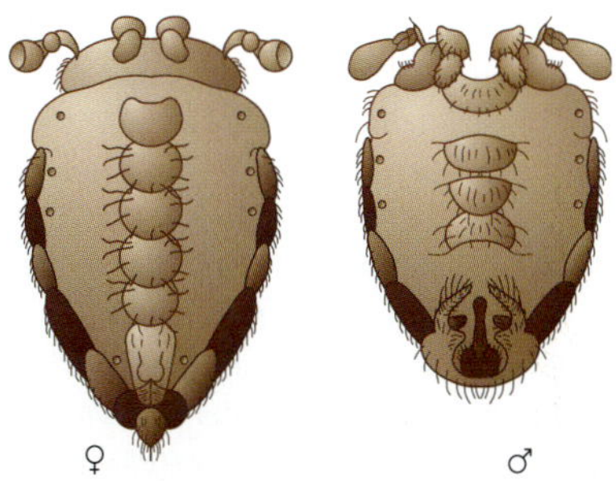

119.2 *Drosophila*-Hinterleib

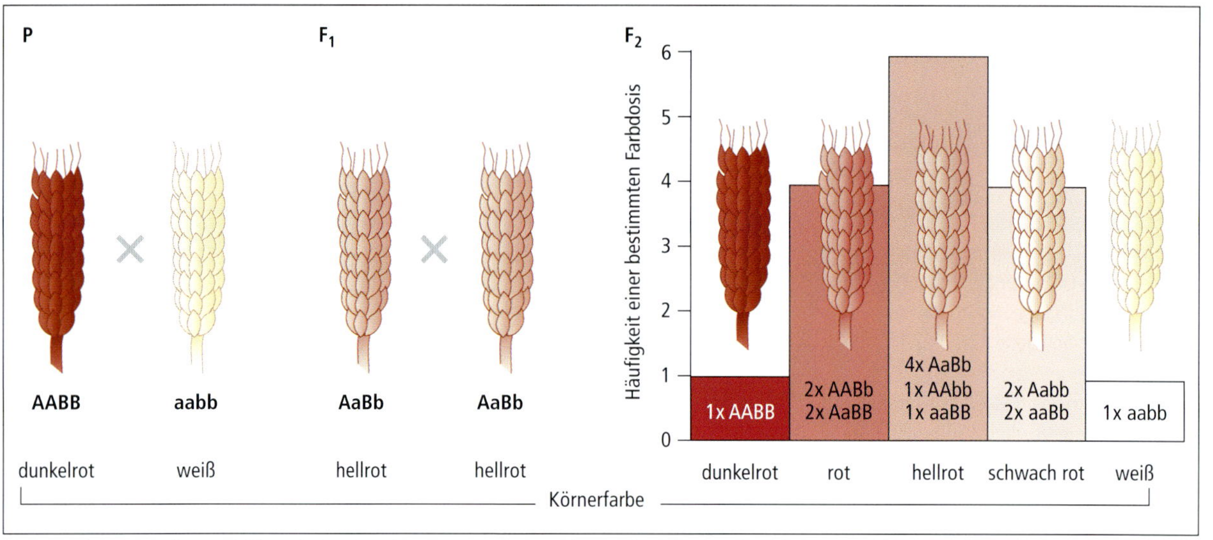

120.1 Polygene Farbentwicklung bei Weizenkörnern. Kreuzungsschema des Erbgangs bis zur F_2

3.6 Polygene Vererbung

Es gibt viele Merkmale, deren Erbgänge nicht leicht zu verfolgen sind. Dazu gehört die Körnerfärbung beim Weizen, die der Pflanzengenetiker Hermann NILSSON-EHLE 1909 sehr gründlich untersuchte. Aus der Kreuzung von Weizen mit dunkelroter Körnerfarbe und Weizen mit sehr heller Körnerfarbe erhielt er in der F_1 eine uniforme, hellrote Körnerfarbe, die zwischen den beiden Elternsorten lag. Eine solche Merkmalsausprägung nennt man **intermediär** oder **unvollständige Dominanz.**
NILSSON-EHLE kreuzte die F_1 untereinander. In der F_2-Generation fand er Ähren mit fünf verschiedenen Körnerfarben in einer relativen Häufigkeit von $^1/_{16} : {}^4/_{16} : {}^6/_{16} : {}^4/_{16} : {}^1/_{16}$. Offensichtlich wurde dieses Merkmal nicht von einem einzigen Gen bestimmt, also nicht *monogen* vererbt. Aber auch bei der Annahme eines dihybriden Erbgangs hätte man normalerweise statt der fünf nur vier verschiedene Phänotypen in der charakteristischen F_2-Aufspaltung von $^9/_{16} : {}^3/_{16} : {}^3/_{16} : {}^1/_{16}$ erwartet.
Und doch konnte NILSSON-EHLE seine Ergebnisse auf einen dihybriden Erbgang zurückführen, bei dem zwei Gene (A und B) auf dasselbe Merkmal – die Körnerfarbe – einwirken. Das gefundene Zahlenverhältnis lässt sich erklären, wenn man davon ausgeht, dass die Gene A und B gleichermaßen zur Bildung einer bestimmten Pigmentmenge beitragen. Offenbar addieren sich die Wirkungen der vier Allele der beiden Gene. Die Färbung nimmt mit der Anzahl dominanter Allele zu. Dementsprechend lautet der Genotyp für dunkelrote Körner AABB und für weiße aabb. Die anderen Mischfarben entstehen beim Vorhandensein von ein bis drei Allelen, die für die Pigmentbildung verantwortlich sind. Ein solches gemeinsames Wirken zweier oder noch weiterer Gene auf die Ausprägung eines Merkmals nennt man **Polygenie.**
Bei der Körnerfärbung kann jedes der zwei Gene A und B die Ausbildung der Färbung hervorrufen. Das Zusammenwirken beider Gene führt zur kräftigsten Körnerfärbung, nämlich dunkelrot. Wegen dieser ergänzenden Wirkung der beteiligten Gene spricht man hier von **additiver Polygenie.**

Ein anderes Beispiel für Polygenie findet man bei der Synthese von Hämoglobin. Hierbei handelt es sich um ein Protein, das in mehreren Schritten aufgebaut wird. Für jeden Syntheseschritt werden unterschiedliche Enzyme benötigt, die von verschiedenen Genen codiert werden. Der Ausfall eines einzigen Enzyms unterbricht bereits die Synthese des Proteins und führt dann zum vollständigen Fehlen von Hämoglobin (Anämie). Die für die Bildung der Enzyme verantwortlichen Allele der verschiedenen Gene müssen also alle gemeinsam vorliegen, damit das Hämoglobin gebildet werden kann. Ist die Ausprägung eines Merkmals nur dann gewährleistet, wenn alle beteiligten Genprodukte vorliegen, spricht man von **komplementärer Polygenie.**
In den seltensten Fällen werden Merkmale von nur einem Gen bestimmt, meistens wirken bei der Ausprägung eines Merkmals mehrere Gene zusammen. Dazu gehören die Körpergestalt und Größe eines Menschen, seine Augen-, Haar- und Hautfarbe oder die Fellfarbe von Mäusen. Auch Krankheiten wie Krebs lassen sich auf Störungen in einem Wirkungsgefüge vieler Gene zurückführen. Dabei fällt es schwer, die komplexen polygenen Wirkungen zu verstehen, weil viele Ausprägungen zusätzlich von Umwelteinflüssen abhängen.

EXKURS Modifikation

An einer Rotbuche lassen sich im Sommer Sonnen- und Schattenblätter unterscheiden. Diese Unterschiede treten auf, obwohl alle Blätter dieser Rotbuche das gleiche Erbgut besitzen. In einer Population von Pantoffeltierchen, die durch fortgesetzte Zweiteilung aus einem Ausgangsindividuum entstanden ist, variieren die Körperlängen der Einzeller beträchtlich. Dabei besteht die Population aus genetisch identischen Einzellern. Auch beim Menschen unterscheiden sich eineiige Zwillinge in verschiedenen Merkmalen. Es zeigt sich, dass trotz gleicher genetischer Ausstattung offensichtlich Unterschiede im Erscheinungsbild auftreten können.
Lebewesen mit gleichem Erbgut stimmen also nicht in allen äußeren Merkmalen überein. Damit können nicht nur die Gene allein für die Merkmalsausbildung verantwortlich sein. Die Lebewesen sind in bestimmten Perioden ihrer Entwicklung durch Umweltfaktoren, wie Nahrung, Wasser, Temperatur, Licht, Tageslänge und biotische Faktoren veränderbar. Diese Fähigkeit, auf Umwelteinflüsse mit Veränderungen ihrer Entwicklung zu reagieren, nennt man *Modifikabilität*. Der Vorgang heißt **Modifikation.**

Die Wirkung von Umwelteinflüssen kann man experimentell an genetisch gleichen Lebewesen untersuchen. Bohnenpflanzen eignen sich dafür als Selbstbestäuber gut. Nimmt man eine reinerbige, selbstbestäubte Bohnenpflanze, dann besitzen alle Bohnen dieser Pflanze die gleiche genetische Ausstattung. Misst man die Länge aller Bohnen dieser Pflanze, erhält man Werte von 10 bis 18 Millimetern. Die Mehrzahl der Bohnen hat eine Länge um den Mittelwert von etwa 14 Millimetern. Die Anzahl der Bohnen, die länger oder kürzer als der Mittelwert sind, nimmt zu den Extremwerten hin kontinuierlich ab.

Die Erklärung liegt in den unterschiedlichen Wachstumsbedingungen der Bohnen in den Hülsen. Sie werden unterschiedlich mit Nährstoffen, Mineralstoffen oder Wasser versorgt. Aber auch unterschiedliche Licht- und Wärmeverhältnisse nehmen Einfluss auf das Wachstum jeder Bohne. Die meisten Bohnen sind dabei sowohl günstigen als auch ungünstigen Umwelteinflüssen ausgesetzt. Es kommt selten vor, dass nur günstige oder nur ungünstige Einflüsse wirken. Deshalb sind extrem lange oder kurze Bohnen rar und die von mittlerer Länge am häufigsten. Um zu belegen, dass Umwelteinflüsse und nicht Unterschiede im Erbgut für die Längenunterschiede verantwortlich sind, zieht man aus den jeweils kürzesten und längsten Bohnen Pflanzen heran. Die Längen der Bohnen dieser Pflanzen variieren wieder. Stellt man die Ergebnisse in einem Diagramm dar, entsteht eine **Variationskurve.** Wie sich zeigt, gleichen sich die Variationskurven der Bohnenlängen von Pflanzen, die aus langen und kurzen Bohnen angezogen wurden. Damit ist die Länge der Bohnen auf Modifikation zurückzuführen. Sie verändert den Phänotyp, nicht aber den Genotyp.

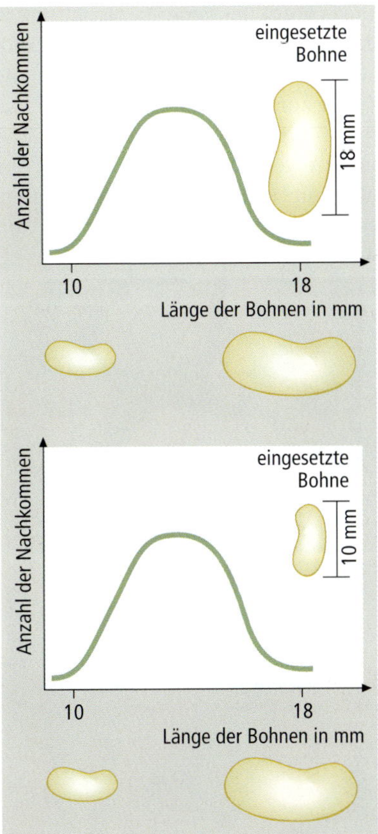

121.1 Variationskurven bei Bohnen

Es konnte gezeigt werden, dass die Gene nicht die Millimeter genaue Bohnenlänge bestimmen. Sie geben allerdings einen Bereich vor, innerhalb dessen die Merkmalsausbildung erfolgen kann. Diesen erblich festgelegten Bereich bezeichnet man als **Reaktionsnorm.** Der Phänotyp entsteht also aus einer Wechselbeziehung zwischen Genen und Umweltfaktoren. Diese Wechselbeziehung führt innerhalb der Reaktionsnorm zum Ablauf unterschiedlicher genetischer Programme und damit zur individuellen Länge jeder Bohne. Da stufenlos alle Längen von Bohnen auftreten, spricht man von **fließender Modifikation.**

Ein anderes Beispiel ist die Fellfärbung beim Himalaya-Kaninchen. Hier katalysiert ein Enzym im Syntheseweg der Melaninbildung nur unter 34 °C Körpertemperatur die schwarze Fellfarbe. Bei einer Lufttemperatur bis 30 °C liegt die Körpertemperatur an Ohren, Schwanzspitze und Extremitäten unter 34 °C, also werden diese schwarz. Bei einer Lufttemperatur über 30 °C steigt an Ohren, Schwanzspitze und Extremitäten die Körpertemperatur über den kritischen Wert von 34 °C. Das Fell bleibt weiß. Hier zeigt sich eine **umschlagende Modifikation.** Das temperaturabhängige Enzym verliert bei 34 °C schlagartig seine Wirkung und kann somit nicht mehr zur Ausbildung eines Farbstoffs beitragen.

Auch das Geschlecht kann von äußeren Faktoren bestimmt werden. Bei dem im Meer lebenden Ringelwurm *Ophryotrocha* hängt dies von der Zahl seiner Körpersegmente ab. Junge Tiere mit bis zu 20 Segmenten sind männlich, größere Tiere wandeln sich in Weibchen um. Kürzt man große Tiere wieder auf zehn Segmente, werden sie nochmals zu Männchen. Diese Entfaltung des Geschlechts, die nicht von einem Geschlechtschromosom, sondern von äußeren Faktoren bestimmt wird, nennt man **modifikatorische Geschlechtsbestimmung.**

3.7 Mutationen

Bei verschiedenen Tierarten wie Amseln und Tigern treten gelegentlich weiße Nachkommen auf. Diese *Albinos* haben neben den fast weißen Federn oder Haaren und der blassen Haut schwach blaue oder rötliche Augen, da die Blutkapillaren der Aderhaut durch die farbstofffreie Iris durchscheinen. Albinos fehlt der Farbstoff Melanin. Der Melaninmangel entsteht, wenn die Epithelzellen das Enzym Tyrosinase nicht bilden können, das die Synthese von Melanin ermöglicht. Tyrosinase wird von einem einzigen Gen codiert. Eine Veränderung dieses Gens kann zum Ausfall der Tyrosinase und damit zum Albinismus führen. Eine solche Veränderung der Erbsubstanz nennt man **Mutation.**
Mutationen entstehen durch chemische Veränderung sowie durch Verminderung oder Vermehrung der DNA. Sie werden an die Nachkommen vererbt, wenn sie in der Erbsubstanz der Geschlechtszellen stattgefunden haben. Die Träger von Mutationen heißen **Mutanten.**

Ein Beispiel für eine durch Mutation ausgelöste Krankheit beim Menschen ist die *Sichelzellanämie.* Menschen mit Sichelzellanämie besitzen sichelförmige, schnell zerfallende Erythrocyten. Solche Blutzellen besitzen eine verminderte Sauerstofftransportfähigkeit. Die Mutation geht zurück auf die Veränderung eines einzigen Gens, das für die β-Kette des Hämoglobins codiert. Diese Mutation führt bei der Synthese der β-Kette an einer Stelle zum Einbau der Aminosäure Valin statt Glutaminsäure. Durch den Austausch dieser einen Aminosäure verändert sich die Konformation des Hämoglobins und es kommt zu der sichelförmigen Struktur der Erythrocyten.

Es gibt pflanzliche Mutanten bei Buche, Hasel und Ahorn, die rot gefärbte Laubblätter ausbilden. Diese Erscheinung bezeichnet man als *Blutblättrigkeit.* Sie entsteht durch das vermehrte Vorhandensein rotvioletter Farbstoffe, der Anthocyane. Sie sind in den Vakuolen der Zellen gelöst und überdecken das Chlorophyll der Chloroplasten, wodurch die rote Blattfärbung entsteht.
Albinismus, Sichelzellanämie oder Blutblättrigkeit sind auf die Mutation eines einzelnen Gens zurückzuführen. Man spricht von einer **Genmutation.** Sie beruht auf einer molekularen Veränderung der DNA, ohne dass eine mikroskopisch sichtbare Strukturveränderung des Chromosoms vorliegt.

Das schlitzförmige Bar-Auge von *Drosophila* hingegen geht auf eine Mutation eines Chromosoms zurück, bei der ein ganzer Abschnitt verdoppelt ist *(Duplikation).* Diese mikroskopisch sichtbare Strukturveränderung am einzelnen Chromosom heißt **Chromosomenmutation.** Ein anderer Typ von Chromosomenmutationen, bei dem endständige Chromosomenstücke, aber auch Zwischenstücke mit ihren Genen und damit ihrer Funktion verloren gehen *(Deletion),* führt häufig zum Tod der Mutante. Bei einem weiteren Typ werden Drehungen von Chromosomenabschnitten um 180° beobachtet *(Inversion).* Dabei bleibt zwar die Zahl der Gene erhalten, aber ihre Reihenfolge ändert sich. Die Lageveränderung der betroffenen Gene kann ihre Funktion beeinflussen, was dann den Phänotyp verändert. Man nennt dies den *Positionseffekt.* Von diesem Effekt sind auch Mutanten betroffen, bei denen eine Verlagerung von Chromosomenabschnitten auf nichthomologe Chromosomen *(Translokation)* erfolgt.

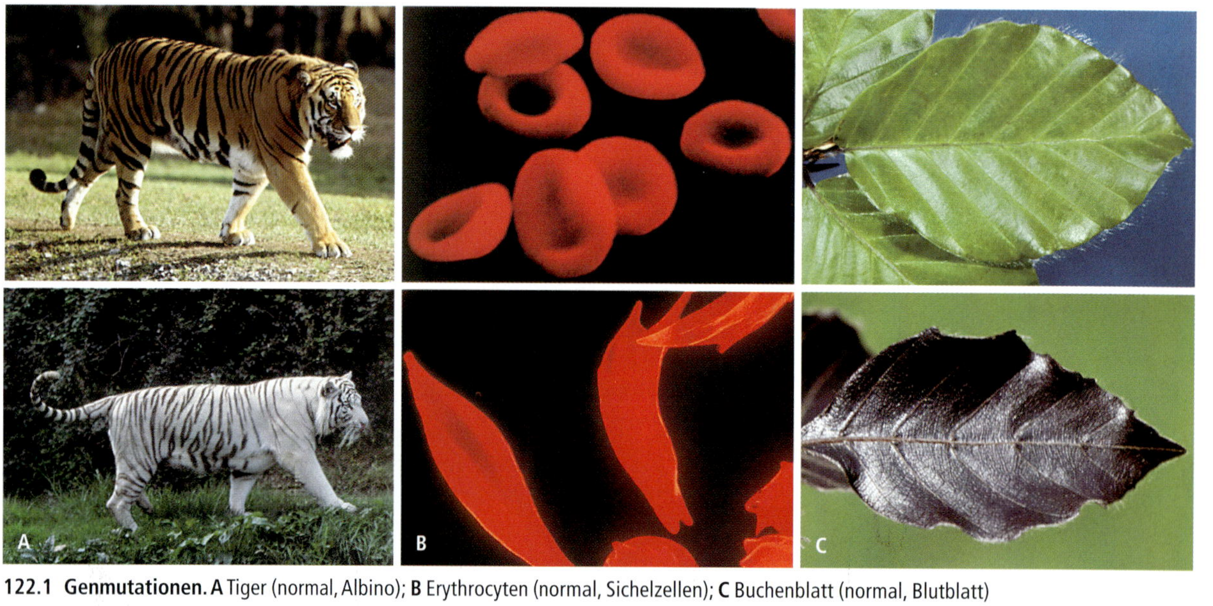

122.1 Genmutationen. A Tiger (normal, Albino); **B** Erythrocyten (normal, Sichelzellen); **C** Buchenblatt (normal, Blutblatt)

Züchter sind bei Kulturpflanzen an großen Früchten und hohen Erträgen interessiert. Ein Beispiel sind der Hartweizen und Dinkel. Beide liefern im Vergleich zur Stammform, dem wilden Einkorn, deutlich festere Ähren und etwa die dreifache Menge an zusätzlich größeren Körnern. Untersuchungen am Erbgut dieser neuen Arten zeigen, dass der Hartweizen gegenüber dem haploiden Chromosomensatz des wilden Einkorns mit 2n = 14 einen vervierfachten (tetraploiden) und damit 2n = 28 und der Dinkel einen versechsfachten (hexaploiden) Chromosomensatz und damit 2n = 42 besitzen. Auch bei der Gartenform der Erdbeerpflanze findet man deutlich größere Früchte als bei der Wildform und einen verachtfachten (oktoploiden) Chromosomensatz im Erbgut. Offensichtlich kann eine Vervielfachung des gesamten Erbgutes *(Polyploidie)* zu ertragreicheren Pflanzen führen. Die Veränderungen der Gesamtzahl der Chromosomen im Zellkern, dem Genom, bezeichnet man als **Genommutation.**

Mutationen sind zufällige und ungerichtete Veränderungen der DNA. Sie sind damit nicht auf einen möglichen Vor- oder Nachteil für das Individuum ausgerichtet. Sie können in jeder Zelle eines Lebewesens erfolgen. In den Zellen gibt es allerdings Enzymkomplexe, die sehr effektiv Veränderungen der DNA erkennen und reparieren. Diese Reparaturmechanismen beseitigen einen erheblichen Teil neuer Mutationen wieder.

Die Häufigkeit der Mutationen wird durch die **Mutationsrate** ausgedrückt. Sie ist durch die Reparaturmechanismen für ein einzelnes Gen relativ klein und liegt im Mittel bei 10^{-6} je Zellgeneration. Das heißt, dass nur eine Zelle unter einer Million Zellen im betreffenden Gen eine Mutation aufweist. Dies scheint nicht viel zu sein. Berücksichtigt man allerdings, dass ungefähr 10^{14} Zellen aus einer befruchteten Eizelle des Menschen entstehen, bedeutet dies schon eine Million mutierte Körperzellen. Bezogen auf die Gene eines Lebewesens – beim Menschen vermutet man etwa 40 000 Gene – trägt schon einer unter 25 Gameten in irgend einem Gen eine neue Mutation.

Die Mutationsrate lässt sich künstlich erhöhen, indem man DNA einer energiereichen UV-, Röntgen- oder radioaktiven Strahlung, hohen Temperaturen oder bestimmten Chemikalien aussetzt. Die mit diesen Faktoren experimentell ausgelösten Mutationen sind zufällig und erlauben keine gezielte Veränderung der DNA.

1. Ein Chromosom hat die Abschnitte: ABCDE
Benennen und beschreiben Sie die Mutationstypen!
a) ACBDE b) ABD c) ABCNODE d) ABCCDE

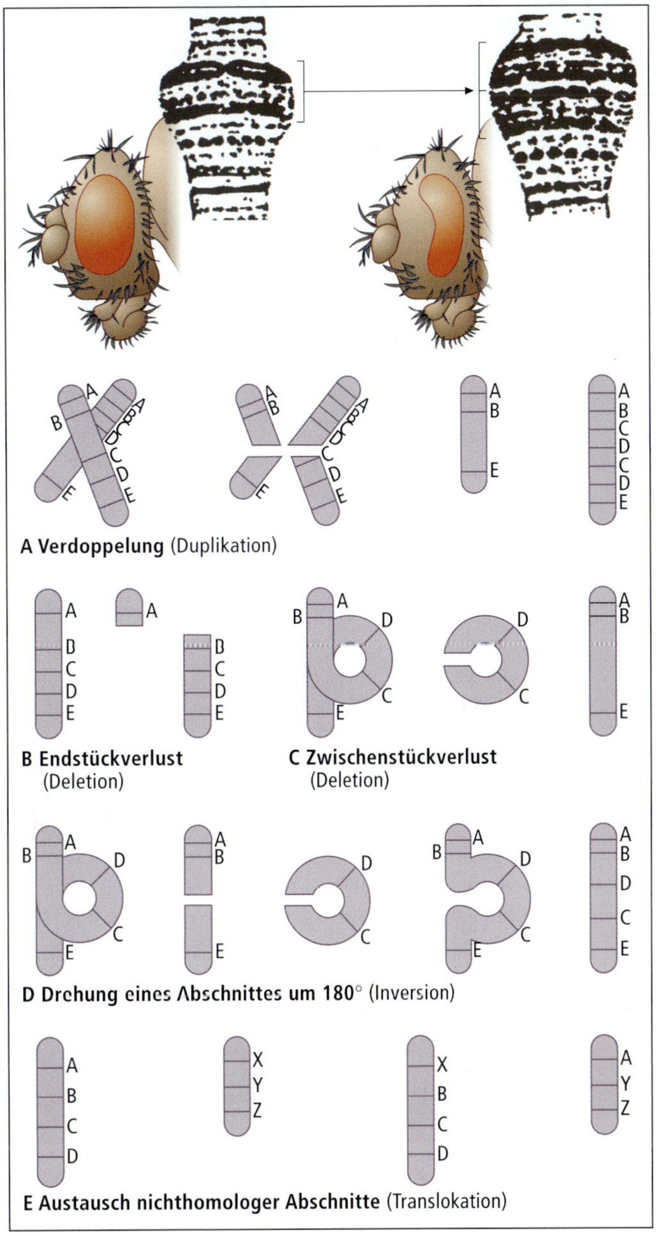

123.1 Chromosomenmutationen. A Duplikation beim Bar-Auge der Fruchtfliege, **B – E** verschiedene Typen

123.2 Genommutation bei der Erdbeerpflanze.
A Wildform; **B** oktoploide Gartenform

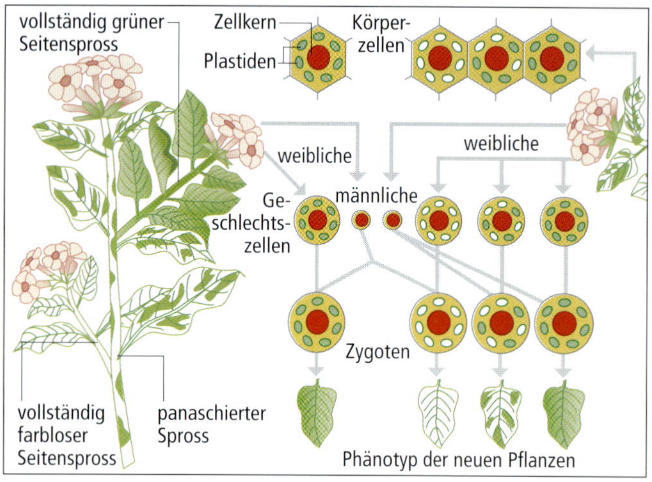

124.1 Plastiden-Vererbung bei der Wunderblume

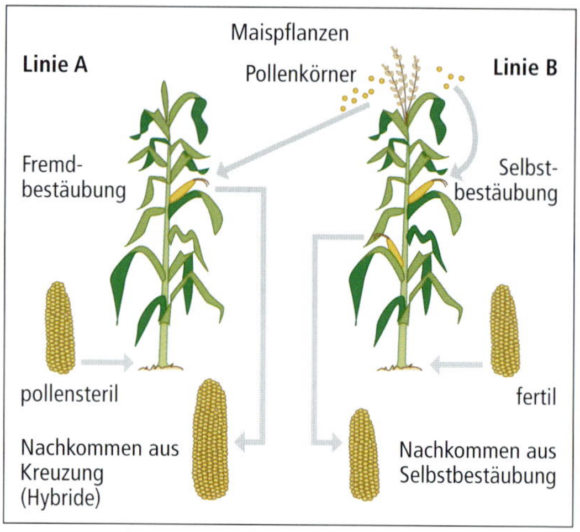

124.2 Mitochondrial vererbte Pollensterilität beim Mais

3.8 Extranucleäre Vererbung

Der Botaniker Carl CORRENS untersuchte 1909 Exemplare der Japanischen Wunderblume, die Blüten tragende Sprosse mit ausschließlich grünen, farblosen und grün-weiß gefleckten (panaschierten) Blättern bildet. Dabei enthalten die farblosen Blattbereiche defekte Plastiden, die kein Chlorophyll bilden.

CORRENS bestäubte Blüten eines grün beblätterten Sprosses mit Pollenkörnern aus Blüten unterschiedlich gefärbter Sprosse und erhielt nur vollständig grün beblätterte Pflanzen. Wenn er Blüten an einem farblosen Spross bestäubte, erhielt er unabhängig von den verwendeten Pollenkörnern ausschließlich Pflanzen mit farblosen Blättern, die wegen des Chlorophyllmangels bald eingingen. Bestäubte er dagegen Blüten von einem Spross mit panaschierten Blättern, erbrachte dies unabhängig von den verwendeten Pollenkörnern entweder Pflanzen mit grünen, farblosen oder panaschierten Blättern.
Die Blattfärbung der Wunderblumen-Nachkommen hängt bei diesen Kreuzungen immer von der Herkunft der befruchteten Eizelle und nie von der Pflanze ab, die die Pollenkörner liefert. Die Ursache dieser rein mütterlichen Vererbung liegt in der Plastidenausstattung der Eizellen. Die große plasmareiche Eizelle enthält neben dem Zellkern auch Vorstufen der Plastiden (Proplastiden). Das plasmaarme Pollenkorn dagegen liefert bei der Befruchtung über den Pollenschlauch nur den Zellkern.

Die Ergebnisse der reziproken Kreuzungen lassen sich über die verschiedenen Plastidentypen der Eizellen erklären. Eizellen aus panaschiertem Gewebe können entweder nur intakte, nur defekte oder beide Plastidentypen enthalten. Beim Wachstum einer Zygote mit beiden Plastidentypen werden die Plastiden nach dem Zufallsprinzip auf die austreibenden Sprosse verteilt. So entstehen wieder Sprosse mit grünen, farblosen und panaschierten Blättern.
Biochemische Untersuchungen ergaben, dass Plastiden und auch Mitochondrien eigene DNA enthalten. Da sie unabhängig von den Kernteilungsvorgängen auf die Tochterzellen verteilt werden, spricht man von **extranucleärer Vererbung.**

Trotzdem sind Plastiden wie auch Mitochondrien in ihrer Funktionsfähigkeit von Genen im Zellkern abhängig. Diese funktionelle Abhängigkeit wird bei der **Hybridzüchtung** beim Mais genutzt. Die Hybridzüchtung beruht darauf, dass sich die heterozygoten Nachkommen aus der Kreuzung zweier verschiedener homozygoter Linien A und B durch besonders großen Wuchs und hohen Ertrag auszeichnen. Um diesen *Heterosiseffekt* zu nutzen, ist man an einer Fremdbestäubung der Linie A durch die Linie B interessiert. Dabei hilft die *Pollensterilität* der Maispflanze, die eine Selbstbestäubung verhindert und aufwendige manuelle Schutzmaßnahmen wie das Entfernen der Staubblätter spart.
Für die Pollensterilität im Mais sind Gene der Mitochondrien verantwortlich. Da die Mitochondrien über die Eizellen in die nächste Generation gelangen, wären die Nachkommen der pollensterilen Linie A nach Fremdbestäubung durch Linie B pollensteril. Die Hybriden könnten sich nicht selbst bestäuben. Das ist aber wünschenswert, weil Heterosis auch noch in den Nachkommen selbstbestäubter Hybriden auftaucht. Deshalb wird die pollensterile Linie A durch eine Linie B fremdbestäubt, deren Gene im Zellkern dafür sorgen, dass in den Hybriden etwa die Hälfte der Pollenkörner fertil ist. Durch dieses Zusammenwirken zwischen im Zellkern lokalisierten und mitochondrialen Genen können die Hybriden nun auch untereinander vermehrt werden.

AUFGABEN Gesetzmäßigkeiten der Vererbung

1 Erbgang bei der Nelke

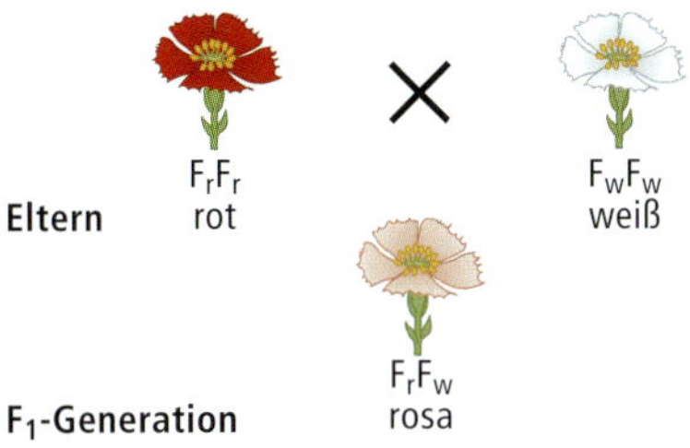

Die Kreuzung einer roten (F_rF_r) mit einer weißen (F_WF_W) Nelke ergibt rosa (F_rF_W) blühende Pflanzen (F = Farbe).

a) Fertigen Sie mit den gegebenen Symbolen ein Kreuzungsschema bis zur F_2-Generation einschließlich der Gameten an!

b) Überprüfen Sie die Gültigkeit der MENDELschen Regeln!

c) Versuchen Sie eine Erklärung für den intermediären Phänotyp „rosa" zu finden!

2 Kreuzung mit *Drosophila*

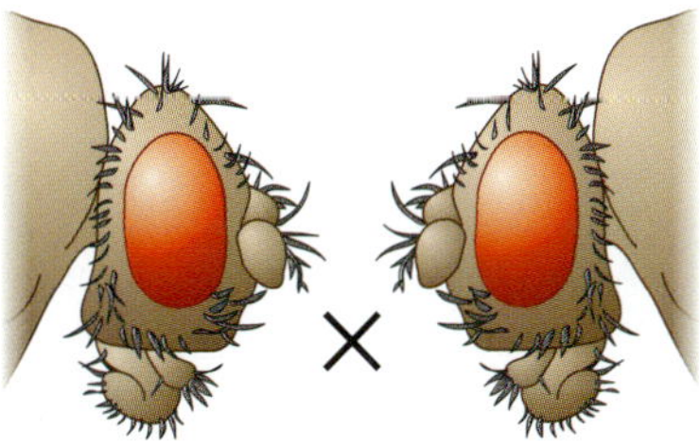

Bei der Kreuzung zweier *Drosophila*-Fliegen mit leuchtend roten Augen haben alle F_1-Nachkommen rot-braune wildtypfarbige Augen. In der F_2-Generation kommt es zu folgender Aufspaltung:
92 Fliegen mit rot-braunen Augen,
68 Fliegen mit leuchtend roten Augen.

a) Stellen Sie ein Kreuzungsschema bis zur F_2-Generation auf!

b) Erläutern Sie, weshalb die F_1-Nachkommen keine leuchtend roten Augen haben!

c) Ein monohybrider Erbgang spaltet annähernd 3 : 1 auf, ein dihybrider Erbgang 9 : 3 : 3 : 1. Wie erklären Sie sich die ungewöhnliche Aufspaltung von 92 : 68?

3 Maiskolben

Gezeigt wird ein Maiskolbenausschnitt nach der Kreuzung einer Maispflanze mit dunklen und gelben Samen.

a) Zählen Sie die verschiedenen Körner aus!

b) Das Aufspaltungsverhältnis erlaubt Rückschlüsse auf die Kreuzung. Stellen Sie ein Kreuzungsschema zusammen, das diese Ergebnisse erklärt!

4 Die Garten-Levkoje

Levkojen sind als Zierpflanze nur mit gefüllten Blüten von Bedeutung. Bei diesen sind die Frucht- und Staubblätter in Kronblätter umgewandelt. Diese Blüten sind steril. Daher müssen sie aus der Selbstbestäubung heterozygot einfach blühender Levkojen ausgekreuzt werden. Die relativ sichere Auswahl der Levkojen mit gefüllten Blüten kann bereits nach zehn Tagen an der Färbung der Keimblätter erfolgen. Dazu kreuzt man zwei heterozygote Pflanzen mit dem Genotyp $\frac{EG}{eg}$ miteinander.

a) Stellen Sie ein Kreuzungsschema mit folgenden Symbolen für die zwei Gene des 14. Chromosoms der Levkoje auf:

Blüte: $\frac{E}{E}$ oder $\frac{E}{e}$ einfach, $\frac{e}{e}$ gefüllt

Blätter: $\frac{G}{G}$ oder $\frac{G}{g}$ grün, $\frac{g}{g}$ hellgrün

b) Bestimmen Sie den prozentualen Anteil der Pflanzen mit gefüllten Blüten aus ihrer Kreuzung!

c) Erläutern Sie, weshalb aus der Blattfärbung auf die Blüten geschlossen werden kann!

d) Nehmen Sie begründet Stellung zur Behauptung: Alle Pflanzen mit hellgrünen Blättern haben gefüllte Blüten!

e) Stellen Sie den praktischen Nutzen für den Züchter heraus!

5 Lage von Genen

Für die drei gekoppelten Gene ABC wurden folgende Eltern- und Austauschtypenhäufigkeiten ermittelt.

Elterntypen

$\frac{ABC}{abc}$ 45 und $\frac{abc}{abc}$ 40

Austauschtypen

$\frac{aBC}{abc}$ 12 und $\frac{Abc}{abc}$ 14

$\frac{AbC}{abc}$ 18 und $\frac{aBc}{abc}$ 16

$\frac{ABc}{abc}$ 25 und $\frac{abC}{abc}$ 30

a) Bestimmen Sie die Lage der drei Gene und berechnen Sie ihre relativen Abstände!

b) Berechnen Sie den Abstand der beiden außen liegenden Gene, ohne das Gen, das in der Mitte liegt, zu berücksichtigen! Erläutern Sie das unterschiedliche Ergebnis in a)!

c) Berechnen Sie die relativen Abstände der Gene w, sn und B mit den Angaben der Abbildung 118.1!

4 Molekulargenetik

4.1 DNA als Informationsträger

Die Chromosomen sind die Träger der genetischen Information. Sie bestehen aus Proteinen und der Nucleinsäure DNA. Lange Zeit aber war unklar, welcher dieser beiden Stoffe der eigentliche Träger der Erbinformation ist. Nucleinsäuren wurden 1869 von dem Chemiker Friedrich MIESCHER in den Zellkernen von Eiterzellen und später auch in den Kernen anderer Lebewesen entdeckt. Bis weit ins 20. Jahrhundert hinein wurden allerdings die Proteine aufgrund ihrer schon damals bekannten Vielfalt und Spezifität als Erbsubstanz favorisiert. Im Jahre 1928 führte Fred GRIFFITH Experimente mit Bakterien vom Stamm *Pneumococcus* durch, die einen ersten experimentellen Hinweis auf die stoffliche Natur der Erbsubstanz brachten.

Pneumokokken sind Erreger der Lungenentzündung; sie sind *pathogen,* also krankheitserregend. Ihre Zellen sind normalerweise von einer Polysaccharidkapsel umgeben, die sie vor dem Angriff der weißen Blutkörperchen im Körper schützt. Diese Kapsel gibt ihren Kolonien ein glattes Aussehen, daher werden sie als **S-Stamm** bezeichnet (engl. *smooth*). Daneben gibt es aber auch einen Stamm, der keine Kapsel bildet und den Kolonien ein raues Aussehen verleiht. Dieser Stamm wird **R-Stamm** (engl. *rough*) genannt und ist nicht pathogen, da diese Bakterien durch die Abwehr des Körpers abgebaut werden können. GRIFFITH injizierte Mäusen lebende S-Pneumokokken. Die Mäuse starben, und in ihrem Blut ließen sich lebende S-Pneumokokken mit Kapseln nachweisen. Wurden die S-Bakterien vor der Injektion durch Hitze abgetötet, überlebten hingegen die Mäuse. Im Blut dieser Tiere fanden sich keine Pneumokokken. Wenn nun ein Gemisch lebender nicht-pathogener R-Pneumokokken und abgetöteter S-Pneumokokken injiziert wurde, starben die Mäuse zu GRIFFITH' Überraschung. In ihrem Blut fanden sich lebende S-Zellen mit Kapsel. Die Eigenschaft der toten S-Bakterien zur Produktion einer Kapsel war also auf die lebenden R-Bakterien übertragen worden. Die R-Zellen waren durch das genetische Material der S-Zellen zu pathogenen Erregern umgewandelt oder **transformiert** worden. GRIFFITH sprach daher von einem „transformierenden Prinzip", konnte die dafür verantwortliche Substanz aber noch nicht isolieren.

Nach der Entwicklung geeigneter Labormethoden zur Isolierung biologischer Makromoleküle griffen Oswald AVERY und seine Mitarbeiter 1944 die Ergebnisse von GRIFFITH wieder auf. AVERY isolierte die DNA und Proteine aus hitzeabgetöteten S-Pneumokokken. Diese Komponenten gab er getrennt voneinander zu lebenden nicht-pathogenen R-Pneumokokken. In Anwesenheit der S-Stamm-Proteine blieben die R-Bakterien unverändert. Bei Zugabe der gereinigten S-Stamm-DNA hingegen konnte eine Neubildung pathogener S-Pneumokokken beobachtet werden.

Damit war experimentell bewiesen, dass die DNA das „transformierende Prinzip" darstellt. Sie also ist der Träger der Erbinformation.

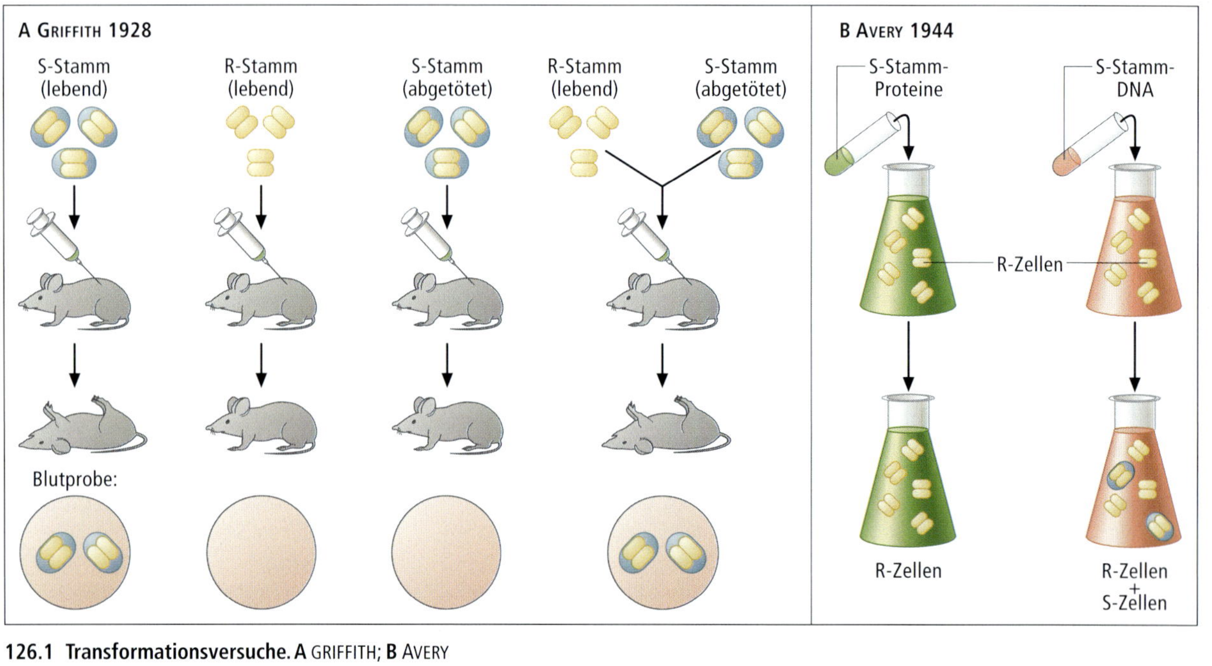

126.1 Transformationsversuche. A GRIFFITH; **B** AVERY

4.2 Molekularer Aufbau von DNA und RNA

Man unterscheidet zwei verschiedene Arten von Nucleinsäuren im Zellkern (Nucleus): Die **DNA** und die **RNA** (engl. *ribo**n**ucleic **a**cid*). Grundeinheit beider Nucleinsäuren ist das *Nucleotid*. Jedes Nucleotid besteht aus einem Phosphatrest, einer stickstoffhaltigen organischen Base und einem Zuckerrest. Der Zucker der RNA ist die *Ribose*, der Zucker der DNA die *Desoxyribose*. Diese trägt am C_2-Atom anstelle einer OH-Gruppe lediglich ein H-Atom (*desoxy* = ohne Sauerstoff). Die DNA enthält vier verschiedene Basen. Die Basen **Adenin** (A) und **Guanin** (G) leiten sich vom *Purin* ab, einem Doppelringsystem mit insgesamt vier N-Atomen. **Cytosin** (C) und **Thymin** (T) sind Derivate des *Pyrimidins*, einem Sechsring mit zwei N-Atomen. An Stelle des Thymins besitzt die RNA die Base **Uracil** (U).

Der Biochemiker CHARGAFF entdeckte 1951 bei der Analyse von DNA verschiedener Lebewesen, dass das Mengenverhältnis von Adenin zu Thymin und von Guanin zu Cytosin immer 1 : 1 betrug. Auf der Grundlage dieser Ergebnisse und den Daten anderer Wissenschaftler entwickelten James D. WATSON und Francis CRICK 1953 das **Doppelhelix-Modell** der DNA. Danach liegt die DNA als Doppelstrang aus zwei langen, fadenförmigen Molekülen vor, die um eine gemeinsame Längsachse geschraubt sind. Jeder Einzelstrang besteht aus einer Kette von Nucleotiden mit regelmäßig abwechselnden Zucker-Phosphat-Verbindungen. Die Verbindung der Stränge erfolgt durch Wasserstoffbrücken zwischen gegenüberliegenden Basen. Aus räumlichen Gründen können sich die Wasserstoffbrücken aber nur zwischen je einer bestimmten Purin- und einer Pyrimidinbase bilden *(spezifische Basenpaarung)*: Adenin paart mit Thymin, Guanin paart mit Cytosin. Die Basenfolge des einen Stranges bestimmt daher die Basenfolge des gegenüberliegenden Stranges; weil sich die Stränge also gegenseitig ergänzen, sagt man auch, sie sind **komplementär.**

Aufgrund ihres Aufbaus aus Nucleotiden weisen die Einzelstränge eine Polarität auf: Jeder Strang endet in der einen Richtung mit einem Phosphatrest am C_5-Atom der endständigen Desoxyribose. Man bezeichnet dies als das **5′-Ende** (sprich: Fünf-Strich-Ende). In der entgegengesetzten Richtung befindet sich am C_3-Atom der endständigen Desoxyribose eine freie OH-Gruppe. Dies ist das **3′-Ende.** Im Doppelstrang verläuft ein Strang von 5′ nach 3′, der komplementäre Strang aber von 3′ nach 5′. Die Einzelstränge der Doppelhelix sind also gegenläufig *(antiparallel)*. Nur in dieser Anordnung ist wegen der Raumstruktur der Basen eine spezifische Basenpaarung möglich.

Der Aufbau der DNA ist in allen Lebewesen gleich. Lebewesen unterscheiden sich aber erheblich in der Anzahl ihrer Basenpaare und der Basensequenz. Die Sequenz der etwa drei Milliarden Basenpaare des menschlichen Genoms wurde im Frühjahr 2001 nach über zehnjähriger Arbeit einer weltweiten Forschergemeinschaft erstmals aufgelistet. Allerdings ist ihre Bedeutung für die biochemischen Abläufe in den Körperzellen noch weitgehend unklar.

1. Ergänzen Sie komplementär zum Doppelstrang: 5′-AATTGTGAGCGGATAACAATT-3′!

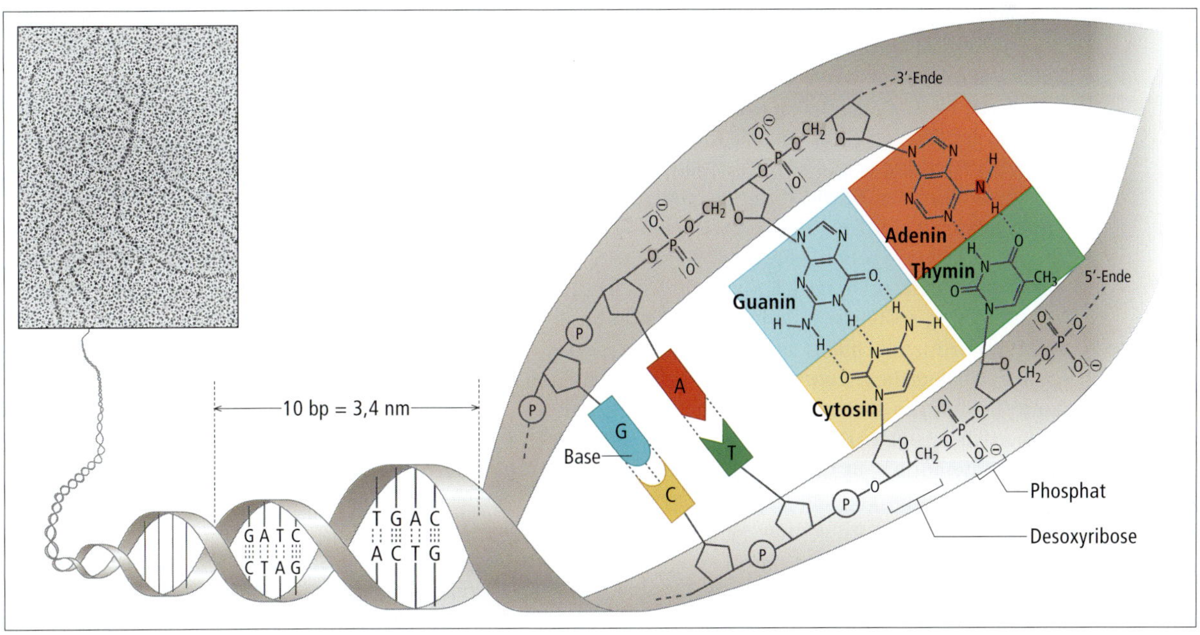

127.1 Chemische Struktur der DNA (EM-Bild und Schema)

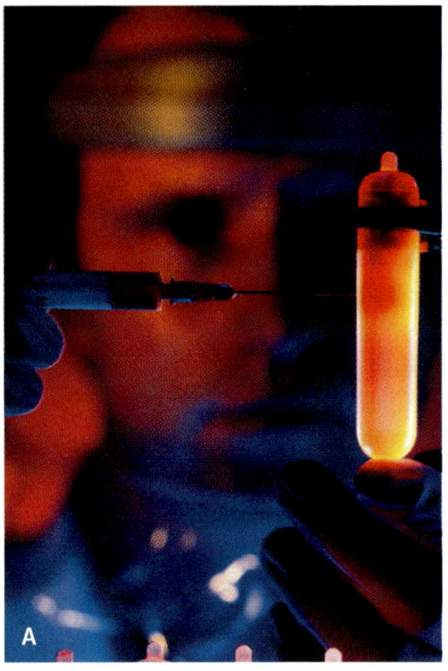

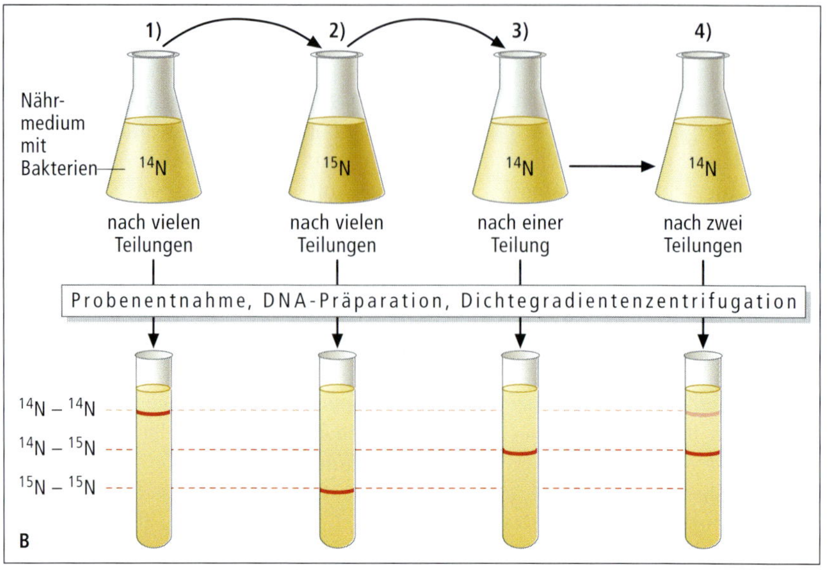

128.1 **MESELSON-STAHL-Experiment. A** DNA-Banden im UV-Feld; **B** Versuchsdurchführung

4.3 Replikation der DNA

Vor jeder Mitose muss die DNA-Sequenz der Ein-Chromatid-Chromosomen einer Zelle identisch verdoppelt werden. Diesen Vorgang nennt man **Replikation.** Der doppelsträngige Aufbau der DNA bietet dafür einen einfachen Mechanismus: Die Einzelstränge der Doppelhelix werden wie ein Reißverschluss getrennt. Jeder der beiden Stränge dient als Vorlage für die Anlagerung von DNA-Nucleotiden, die zu der jeweiligen Originalsequenz komplementär sind. Durch die Verknüpfung der Nucleotide entstehen so zwei identische Doppelstränge. In jedem Doppelstrang besteht ein Strang aus elterlicher und ein Strang aus neusynthetisierter Tochter-DNA. Eine solche **semikonservative** DNA-Replikation schlugen bereits WATSON und CRICK mit ihrer Veröffentlichung der DNA-Struktur vor. Die Richtigkeit dieser Modellvorstellung wurde 1958 von Matthew MESELSON und Franklin STAHL durch Isotopen-Markierungsversuche und der neu entwickelten *Dichtegradientenzentrifugation* bestätigt. Wird DNA bei sehr hoher Drehzahl in stark konzentrierter Cäsiumchloridlösung ausreichend lange (oft über 24 Stunden!) zentrifugiert, bildet sich ein Konzentrationsgefälle, bei dem die Dichte der Cäsiumchloridlösung zum Boden des Zentrifugenröhrchens hin kontinuierlich ansteigt. Die zugesetzte DNA sammelt sich bandenförmig in dem Bereich des Dichtegradienten, der ihrer eigenen Dichte entspricht. Nach Abschluss der Zentrifugation ist die DNA-Bande unter UV-Strahlung sichtbar.

MESELSON und STAHL ließen Darmbakterien *(Escherichia coli)* in einem Nährmedium wachsen, das als einzige Stickstoffquelle Ammoniumchlorid mit dem schweren ^{15}N-Isotop enthielt. Dieses Isotop ist nicht radioaktiv, besitzt aber eine höhere Atommasse als normaler Stickstoff (^{14}N). Bakterien, die sich in ^{15}N-haltigem Medium vermehren, besitzen daher schließlich „schwere" DNA, da bei jeder Zellteilung ^{15}N-haltige Nucleotide zur DNA-Synthese verwendet werden.

Mithilfe der Dichtegradientenzentrifugation lässt sich „schwere" ^{15}N-haltige DNA von normaler „leichter" DNA mit ^{14}N-Stickstoff unterscheiden: Die DNA mit dem schweren Isotop besitzt eine höhere Dichte und sedimentiert deshalb weiter zum Gefäßboden hin. Bakterien mit „schwerer" DNA wurden nun in ein Nährmedium mit normalem ^{14}N-Stickstoff überführt. Nach einer Zellteilung wurde eine Bakterienprobe entnommen, die DNA isoliert und durch Dichtegradientenzentrifugation untersucht. Die Dichte dieser DNA lag zwischen der „schweren" ^{15}N-DNA und der „leichten" ^{14}N-DNA, sie war „mittelschwer". Nach der Replikation enthielt also jedes DNA-Molekül gleiche Mengen von ^{15}N- und ^{14}N-Nucleotiden. Nach einer weiteren Zellteilung wurde abermals eine Bakterienprobe entnommen und deren DNA untersucht. Nun waren zwei DNA-Banden zu beobachten: Die untere Bande stellte die „mittelschwere" DNA dar, die obere entsprach reiner ^{14}N-DNA.

Für die Chromosomen von Eukaryoten wurde der gleiche Mechanismus der DNA-Replikation nachgewiesen.

1. Machen Sie im MESELSON-STAHL-Experiment eine begründete Vorhersage zur Anzahl, Position und Intensität der DNA-Banden nach einer beziehungsweise vielen weiteren Zellteilungen im ^{14}N-Medium!

4.4 DNA-Replikation auf molekularer Ebene

Die molekularen Vorgänge bei der Replikation wurden vor allem an Prokaryoten untersucht. Die Replikation lässt sich durch **Autoradiografie** im Elektronenmikroskop erkennen. Dazu gibt man zu Bakterien Tritium-(^{3}H-)markierte radioaktive Nucleotide, die in die neusynthetisierte DNA eingebaut werden. Die radioaktive Strahlung bewirkt überall dort die Belichtung eines aufgelegten Films, wo radioaktive Nucleotide eingebaut worden sind. So wurde gezeigt, dass *Escherichia coli* nur ein einziges, ringförmiges Chromosom besitzt. Dieses hat einen festgelegten Startpunkt (Ursprung) der Replikation, von dem aus die Replikation in Gestalt einer **Replikationsblase** in beide Richtungen voranschreitet.

Die zur DNA-Replikation benötigten Proteine lagern sich zunächst am Replikationsursprung an. Hier wird als erstes die Doppelhelix durch das Enzym *Helicase* entwunden und in die Einzelstränge aufgetrennt. In den beiden so entstandenen **Replikationsgabeln** liegen nun je zwei Einzelstränge vor. An diesen katalysiert eine RNA-Polymerase, die *Primase,* jeweils die Synthese eines kurzen komplementären RNA-Stückes. Diese *RNA-Primer* dienen nun der **DNA-Polymerase III** als Startmolekül zur Synthese neuer komplementärer DNA aus einzelnen Nucleotiden. Allerdings kann das Enzym die Nucleotide nur in **5′ → 3′-Richtung** verknüpfen, das heißt, sie kann nur 3′-Enden verlängern. Da die beiden DNA-Stränge antiparallel sind, kann die Polymerisation daher nur am 3′ → 5′-Strang *kontinuierlich* erfolgen. Den hier synthetisierten Strang nennt man den *Leitstrang.* Die Replikation des 5′ → 3′-Stranges wirft ein Problem auf, da die DNA-Polymerase III nicht in 3′ → 5′-Richtung arbeiten kann. Hier stellt die Primase zunächst an mehreren Stellen RNA-Primer her, die dann von der DNA-Polymerase III in 5′ → 3′-Richtung zu kurzen DNA-Stücken, den **OKAZAKI-Fragmenten,** verlängert werden. Die *diskontinuierliche* Synthese ermöglicht also trotz einer 5′ → 3′-DNA-Synthese ein Wachstum des so genannten *Folgestranges* in 3′ → 5′-Richtung. Die RNA-Nucleotide der Primer auf beiden Strängen werden durch die **DNA-Polymerase I** entfernt und durch DNA-Nucleotide ersetzt. Anschließend werden die aufeinander folgenden OKAZAKI-Fragmente durch das Enzym **DNA-Ligase** kovalent miteinander verbunden.

Die Replikation der linearen eukaryotischen Chromosomen verläuft ähnlich wie die der Prokaryoten. Allerdings sind auf jedem Chromosom zahlreiche Startpunkte der DNA-Replikation verteilt. Auf diese Weise kann das größte Chromosom der Fruchtfliege Drosophila mit 62 Millionen Basenpaaren in nur drei Minuten repliziert werden.

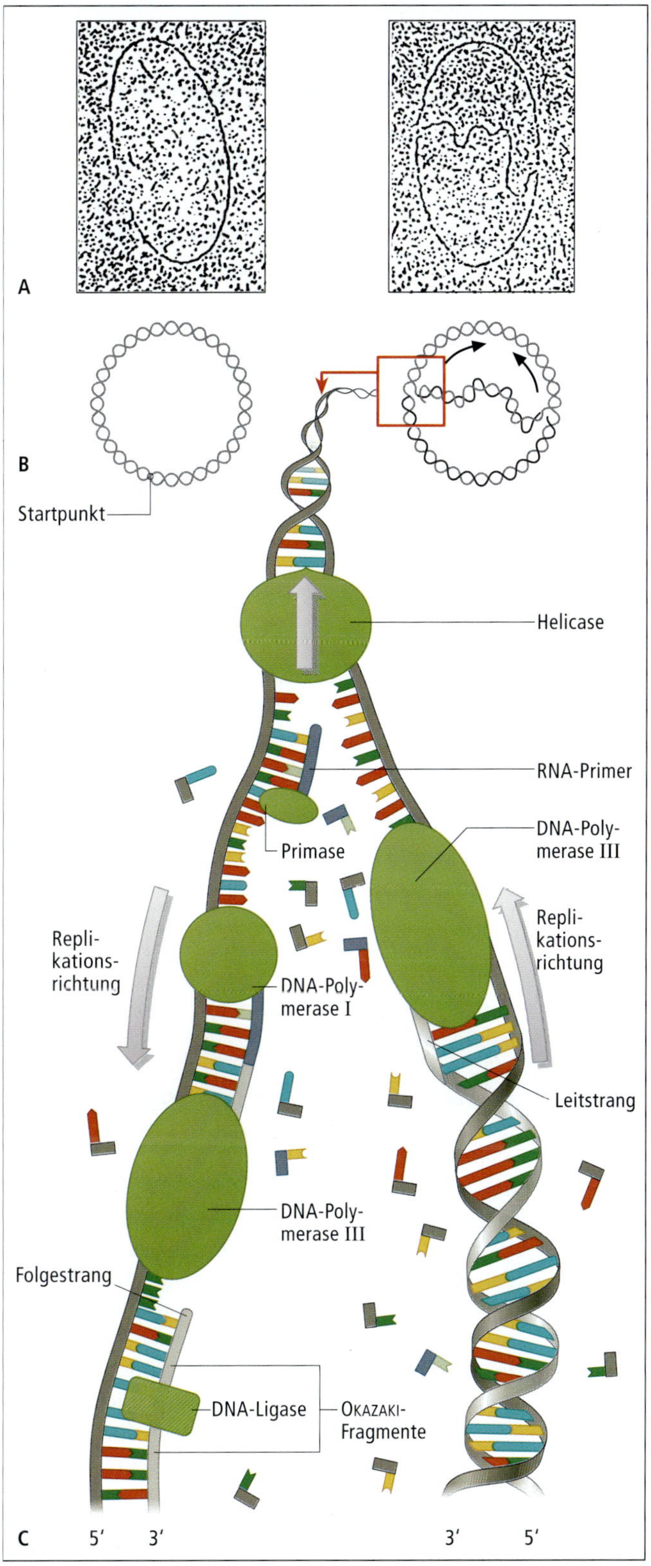

129.1 DNA-Replikation bei *Escherichia coli*. A EM-Bild (Schema); **B** Schema zu A; **C** Replikationsgabel

1. Stellen Sie die an der Replikation beteiligten Enzyme und ihre Funktion tabellarisch zusammen!

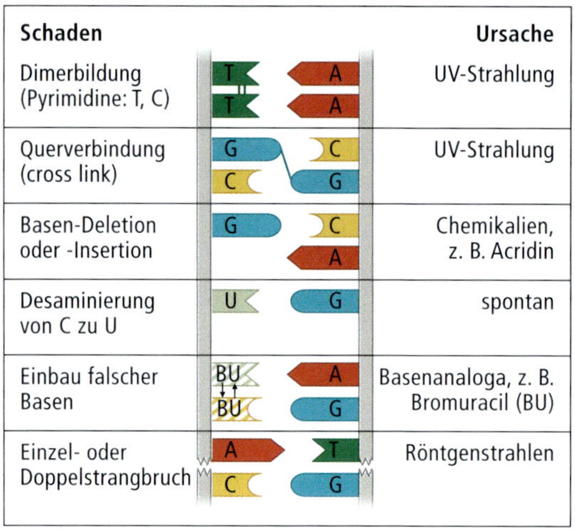

130.1 DNA-Schäden

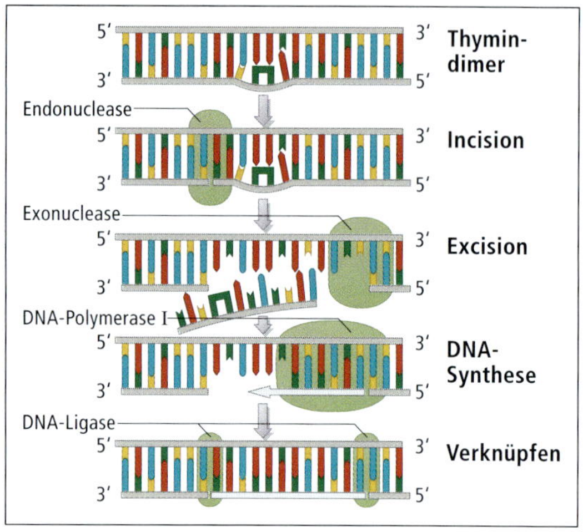

130.2 Ausschnittsreparatur der DNA

4.5 DNA-Schäden und DNA-Reparatur

Die Synthesegeschwindigkeit der DNA-Polymerase III ist beträchtlich: Die 4,2 Millionen Basenpaare des *Escherichia coli*-Chromosoms können in etwa 20 Minuten verdoppelt werden. Dabei ist die Kopiergenauigkeit so hoch, dass im Durchschnitt nur ein Fehler pro 10^9 replizierte Basenpaare gemacht wird. Ermöglicht wird dies unter anderem durch eine **Korrekturlese-Aktivität,** mit der Fehler beim Einbau von nicht-komplementären Nucleotiden sofort korrigiert werden. Die Synthese der DNA-Polymerase III ist sehr aufwändig, da das Enzym modulartig aufgebaut ist und aus mindestens acht verschiedenen Untereinheiten mit speziellen Funktionen besteht.

Die DNA kann auch durch chemische und physikalische Faktoren in verschiedener Weise beschädigt werden. Treten in Zellen vermehrt DNA-Schäden auf, so sterben sie aufgrund physiologischer Störungen häufig ab. Darauf beruht die bakterienabtötende Wirkung von UV-Strahlung, das man zum Beispiel bei der Sterilisation von Operationssälen einsetzt.
Untersuchungen zeigen, dass sich täglich viele hundert solcher DNA-Schädigungen in jeder Zelle ereignen. Dennoch führt noch nicht einmal einer von tausend Basenaustauschen tatsächlich zu einer Mutation. Dies ist nur möglich durch ein sehr effektives **DNA-Reparatursystem.** Ein besonders gut untersuchter Reparaturmechanismus ist die **Ausschnittsreparatur** von Thymindimeren. Durch den Einfluss von UV-Strahlung können zwei benachbarte Pyrimidin-Basen eines Stranges kovalent miteinander verknüpft werden. Dabei entstehen so genannte *Dimere*, die sich nicht in die Doppelhelixstruktur einfügen und dadurch beispielsweise zu Störungen der Replikation führen.

In einem ersten Schritt erkennt ein *Enzymkomplex* die Schadensstelle anhand ihrer räumlichen Verformung. Ein Enzym, eine *Endonuclease*, führt dann innerhalb des beschädigten Stranges vor und hinter dem Dimer je einen Schnitt ein *(Incision)*. Nachdem der herausgeschnittene Bereich durch eine *Exonuclease* entfernt worden ist *(Excision)*, wird die entstandene einzelsträngige Lücke durch die DNA-Polymerase I aufgefüllt. Dabei dient der intakte komplementäre Strang als Kopiervorlage. Hier ist von entscheidendem Vorteil, dass die genetische Information in beiden Strängen der Doppelhelix gespeichert ist. So kann die in einem Strang verlorene Information durch die Sequenz des intakten anderen Stranges wiederhergestellt werden. Anschließend wird das neu synthetisierte DNA-Stück mit dem ursprünglichen Teil des Stranges durch die *DNA-Ligase* verknüpft. Der Doppelstrang mit seiner ursprünglichen Basensequenz ist wiederhergestellt.

Menschen, die an der seltenen Hautkrankheit *Xeroderma pigmentosum* leiden, sterben oft noch vor dem dreißigsten Lebensjahr an den Metastasen eines schweren Hautkrebses. Versuche mit Zellkulturen zeigen, dass bei den Betroffenen Thymindimere nicht entfernt werden. Der Grund liegt in einem Defekt des Gens für die Endonuclease, die für das Ausschneiden des DNA-Schadens zuständig ist.
Die Ozonschicht der Stratosphäre absorbiert UV-Strahlung. Infolge des zunehmenden Abbaus der Ozonschicht wird diese Filterwirkung jedes Jahr weiter vermindert. In Ländern mit starker Sonnenlichteinstrahlung ist es bereits zu einem erhöhten Auftreten von Hautkrebserkrankungen gekommen. Die Ursache wird in einer Überlastung des DNA-Reparatursystems vermutet, das nicht mehr alle UV-Schäden entfernen kann, sodass Zellen mit unkontrollierter Teilungsaktivität entstehen.

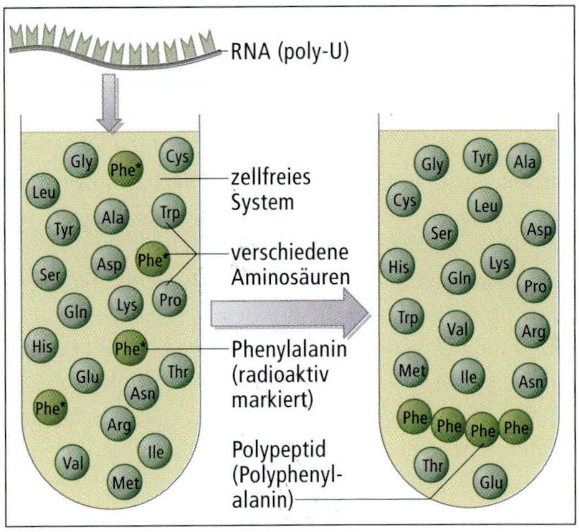

131.1 NIRENBERG-MATTHAEI-Experiment

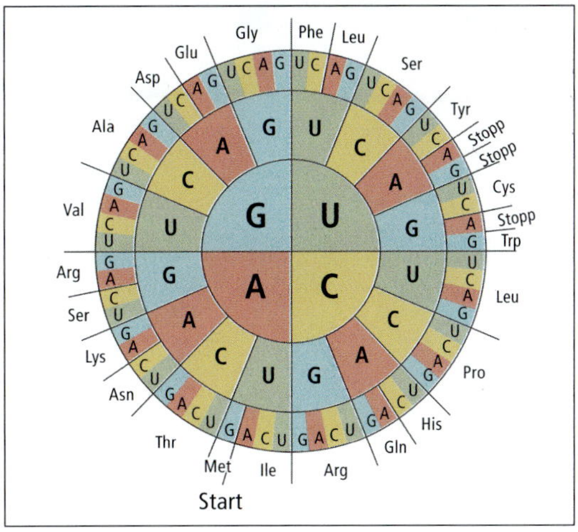

131.2 „Codesonne" – der genetische Code

4.6 Der genetische Code

Die Ausprägung der Merkmale eines Lebewesens beruht auf der Tätigkeit zahlreicher Proteine. Die Information zu deren Synthese wiederum ist in der DNA enthalten. Alle DNA-Moleküle besitzen das gleiche Zucker-Phosphat-Rückgrat, unterscheiden sich aber in ihrer Basensequenz. Der **genetische Code** muss also in der Basenabfolge der DNA enthalten sein. Um 20 Aminosäuren zu codieren, stehen nur vier verschiedene Basen zu Verfügung. Daher kann der Code nicht aus einzelnen Basen bestehen, denn so könnten nur vier Aminosäuren codiert werden. Auch eine Codewortlänge von zwei Basen reicht mit 16 ($4 \cdot 4$) möglichen Kombinationen nicht aus. Erst durch einen Drei-Basen-Code, ein Basentriplett oder **Codon,** ergeben sich mit 64 ($4 \cdot 4 \cdot 4 = 4^3$) Kombinationsmöglichkeiten genügend Codewörter, um alle 20 Aminosäuren zu verschlüsseln.

Den Molekularbiologen NIRENBERG und MATTHAEI gelang es 1961, erstmals einer Basenfolge eine bestimmte Aminosäure zuzuordnen. Für ihre Experimente verwendeten sie nicht DNA, sondern RNA, die während der Proteinbiosynthese als Kopie der DNA hergestellt wird. Um die Reaktionsbedingungen möglichst genau bestimmen zu können, stellten die beiden aus Bakterien ein *zellfreies System* her. Dieses enthielt zwar die zur Proteinbiosynthese notwendigen Bestandteile wie Ribosomen, Membranfragmente und Salze, aber keine zelluläre DNA oder RNA mehr. Nun fügten die Wissenschaftler dem Extrakt eine künstlich hergestellte RNA hinzu, deren Sequenz einförmig UUUUUU... lautete (poly-U). In 20 verschiedenen Versuchsansätzen wurde dann ein Quantum je einer radioaktiv markierten Aminosäure zugesetzt. Nur in dem Ansatz, der die markierte Aminosäure *Phenylalanin* enthielt, konnte ein radioaktives Polypeptid isoliert werden. Dieses bestand ausschließlich aus Phenylalanin (poly-Phe). Damit war nachgewiesen, dass die Basenfolge UUU... den Code für die Aminosäure Phenylalanin enthält. In weiteren Experimenten mit künstlicher RNA wurde der genetische Code vollständig entschlüsselt und folgende Eigenschaften ermittelt:

1. Der Code besteht aus **Tripletts.** Immer drei Basen (ein Codon) codieren eine Aminosäure.
2. Der Code ist **eindeutig.** Ein Codon codiert stets nur eine einzige Aminosäure.
3. Der Code ist **degeneriert.** Fast alle Aminosäuren werden von mehreren Tripletts codiert.
4. Der Code ist **kommafrei** und **nicht überlappend.** Die Tripletts folgen lückenlos aufeinander. Durch Wegfall oder Einfügen einer Base wird das Leseraster verschoben und der Informationsgehalt verändert. Die Basen eines Tripletts können nicht gleichzeitig Bestandteil eines benachbarten Codons sein.
5. Der Code ist **universell.** Alle Lebewesen (Ausnahme: wenige Einzeller) benutzen dieselbe „Sprache".

Der genetische Code wird als RNA-Sequenz stets in $5' \rightarrow 3'$-Richtung angegeben. Das Triplett AUG signalisiert den *Start* der Proteinsynthese. Gleichzeitig steht es für die Aminosäure Methionin. Die Tripletts UAA, UAG und UGA codieren keine Aminosäure, sondern sind *Stoppsignale* zur Beendigung der Proteinbiosynthese.

1. Erläutern Sie, weshalb das hier geschilderte Experiment alleine noch keinen Aufschluss über den Triplettcharakter des genetischen Codes liefert!
2. Übersetzen Sie die folgende RNA in ein Peptid: AAUCAUGAAACCGUGCGGACCAUAACA!

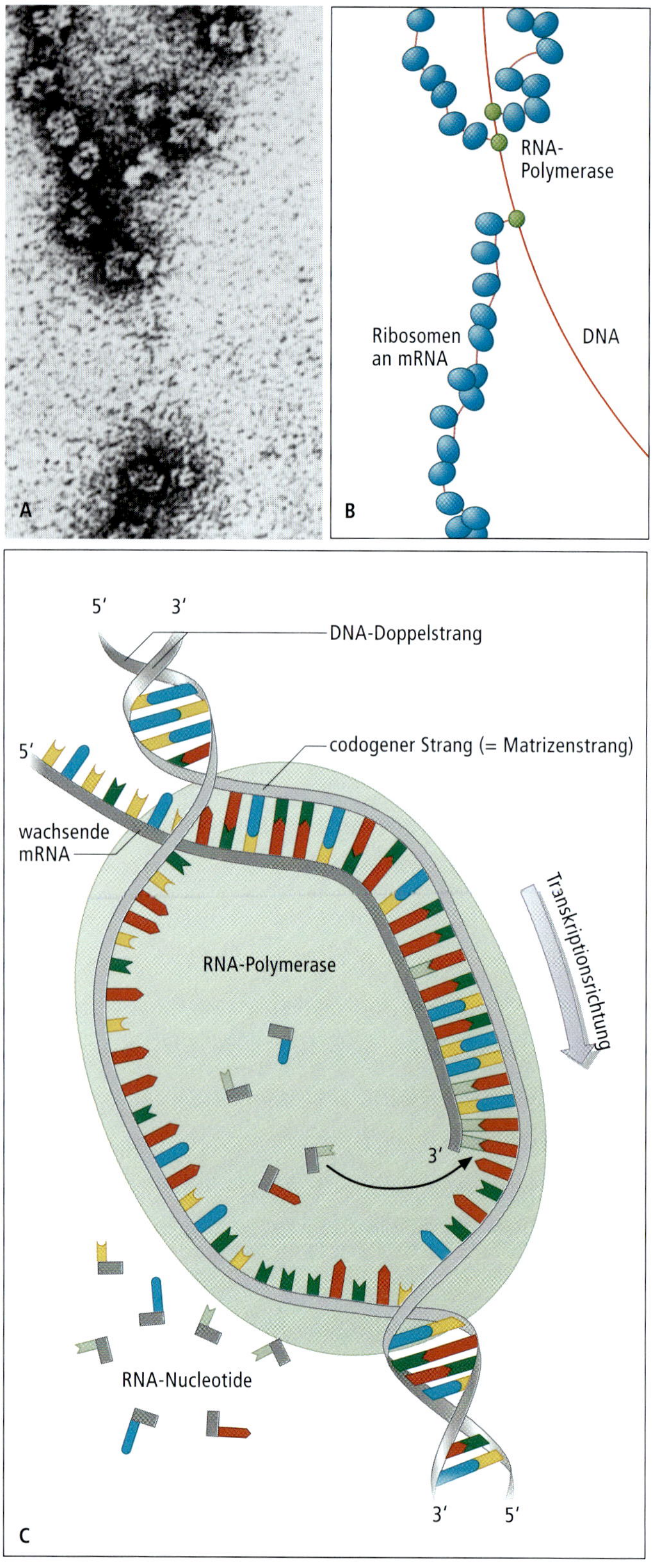

132.1 Transkription. A EM-Bild; **B** Schema; **C** Schema einer Transkriptionsblase

1. Transkribieren Sie die folgende DNA-Sequenz: 5′-AAATGTGAGCGAGTAACAACC-3′!

4.7 Transkription der DNA

Radioaktive Markierungsexperimente ergaben, dass die *Proteinbiosynthese* an den Ribosomen im Cytoplasma abläuft. Die genetische Information für diesen Vorgang befindet sich aber in Form der DNA im Zellkern. Wie wird diese Information ins Cytoplasma übertragen?

Da Prokaryoten sehr viel einfacher aufgebaut sind als Eukaryoten, wurde die Frage nach dem Informationsübermittler zwischen DNA und Protein zunächst an Bakterien untersucht. Radioaktiv markierte RNA-Nucleotide, die man *Escherica-coli*-Zellen anbietet, lassen sich in einem Autoradiogramm als perlschnurartige „Fransen" nachweisen, die an einen Zentralfaden angehängt erscheinen. Bei letzterem handelt es sich um den DNA-Doppelstrang, während die „Fransen" RNA-Polynucleotide sind. Diese einzelsträngigen Makromoleküle stellen den gesuchten „Boten" für die Übermittlung der genetischen Information von der DNA zu den Ribosomen dar und heißen deshalb *messenger-RNA* oder **mRNA.** Sie werden durch „Abschreiben" der DNA gebildet. Diesen Prozess bezeichnet man als **Transkription.**

Dabei erfolgt die Übertragung der genetischen Information von der doppelsträngigen DNA auf eine einzelsträngige mRNA durch das Enzym **RNA-Polymerase.** Prinzipiell ähnelt dieser Vorgang der Replikation von DNA durch die DNA-Polymerase. Die RNA-Polymerase benötigt aber keinen Primer, sondern erkennt eine spezifische Basensequenz auf der DNA, den so genannten *Promotor.*

Nach der Bindung an den Promotor startet die Transkription, indem die DNA-Doppelhelix blasenartig in ihre Einzelstränge aufgetrennt wird. An einen der beiden DNA-Einzelstränge, den **codogenen Strang,** lagern sich komplementäre RNA-Nucleotide an (in der RNA steht Uracil anstelle von Thymin und Ribose anstelle von Desoxyribose). Die RNA-Polymerase wandert weiter und verknüpft dabei die RNA-Nucleotide in 5′ → 3′-Richtung. Die wachsende RNA-Kette löst sich von der DNA-Matrize und der abgelesene Bereich windet sich in die Doppelhelix-Form zurück. Die Transkription der DNA erfolgt nur über einen abzulesenden Bereich bestimmter Länge. Dessen Ende wird durch eine weitere spezifische Basensequenz markiert, die man *Terminator* nennt. Mit Erreichen dieses Endsignals löst sich die RNA-Polymerase vom codogenen Strang, und die Transkription ist beendet.

EM-Aufnahmen bei *Escherichia coli* zeigen, dass oft mehrere RNA-Polymerasen zugleich den abzulesenden DNA-Bereich transkribieren. An die so entstehenden mRNA-Moleküle können sich bereits vor Abschluss der Transkription Ribosomen anlagern und sofort mit der Proteinbiosynthese beginnen.

4.8 Translation der mRNA

Die „Übersetzung“ der in der mRNA enthaltenen Basensequenz in die Aminosäuresequenz eines Proteins an den Ribosomen heißt **Translation.** Dazu werden außer einer mRNA noch weitere RNA-Typen wie die **transfer-RNA (tRNA)** benötigt. Sie ist für den Transport von Aminosäuren zu den Ribosomen zuständig. Jede Aminosäure wird von einer eigenen, für sie spezifischen tRNA transportiert.

Ein tRNA-Molekül besteht aus etwa 80 Nucleotiden. Durch komplementäre Basenpaarung bilden sich doppelsträngige Bereiche und dazwischenliegende einzelsträngige Schleifen aus. Auf diese Weise wird eine L-förmige Raumstruktur stabilisiert. Von besonderer Bedeutung ist die einzelsträngige Schleife am Ende des langen L-Arms, die ein für die jeweilige tRNA charakteristisches Triplett trägt, das **Anticodon.** Dieses erkennt durch spezifische Basenpaarung sein komplementäres Codon auf der mRNA. Ein weiterer wichtiger Bereich ist die Aminosäure-Akzeptorregion am 3′-Ende, das am kurzen L-Arm liegt und stets mit den Basen CCA endet.

Die *Initiation* der Translation beginnt mit der Anlagerung der kleineren Untereinheit des Ribosoms an einer spezifischen Bindungsstelle am 5′-Ende der mRNA. Gleichzeitig bindet die Start-tRNA, die stets die Aminosäure Methionin trägt (Met-tRNA), mit ihrem entsprechenden Anticodon an das Startcodon AUG. Zu diesem Startkomplex tritt die große Untereinheit des Ribosoms hinzu. Das zusammengesetzte Ribosom ist nun funktionsbereit. Es hat zwei benachbarte Bindungsstellen für tRNA-Moleküle: Den Eingang A und den Ausgang P. Jede Bindungsstelle ist über einem von zwei direkt benachbarten Tripletts der mRNA positioniert. Die Start-tRNA besetzt zu Beginn den Ausgang P, das folgende freie Triplett liegt im Eingang A. Hier lagert sich nun eine dazu komplementäre tRNA an, die mit einer entsprechenden Aminosäure beladen ist. Das Methionin der Start-tRNA wird mit der Aminosäure der zweiten tRNA enzymatisch zu einem Peptid verknüpft. Die freie Start-tRNA verlässt den Ausgang des Ribosoms und kann im Cytoplasma erneut mit der zugehörigen Aminosäure beladen werden. Anschließend rückt das Ribosom auf der mRNA um ein Triplett weiter. Die tRNA mit dem Dipeptid gelangt so in den Ausgang P. Durch Wiederholung dieser Vorgänge wird die ganze mRNA abgelesen, wobei die Peptidkette ständig wächst *(Elongation)*.
Mit Erreichen eines Stoppcodons – UAA, UGA oder UAG – wird die Proteinsynthese beendet *(Termination)*. Das Ribosom zerfällt in seine Untereinheiten, und das synthetisierte Polypeptid sowie die abgelesene mRNA werden freigesetzt.

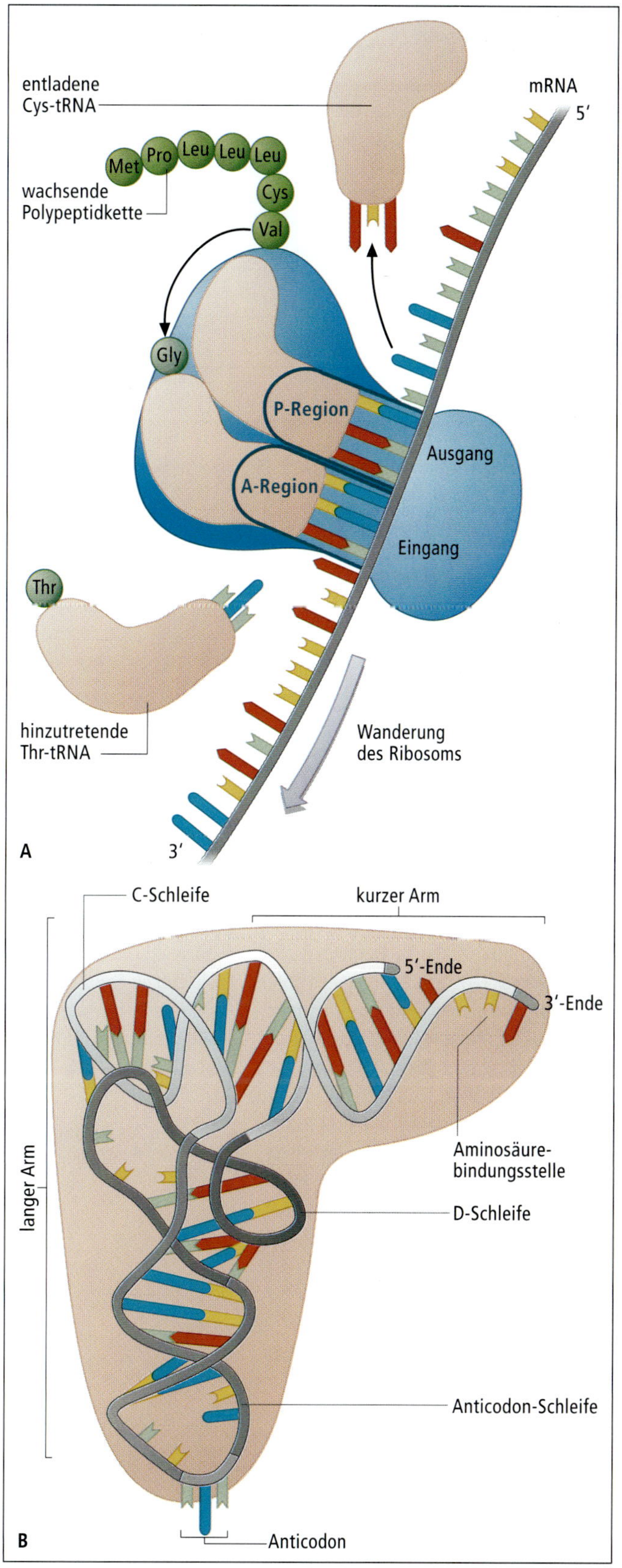

133.1 Translation. A Ablesen der mRNA an einem Ribosom; **B** Raumstruktur der tRNA

EXKURS Der Genbegriff in der Molekularbiologie

	Wachstum auf Minimalmedium ohne Zusatz	mit Ornithin	mit Citrullin	mit Arginin
Wildtyp	+	+	+	+
Mutante I	–	+	+	+
Mutante II	–	–	+	+
Mutante III	–	–	–	+

A

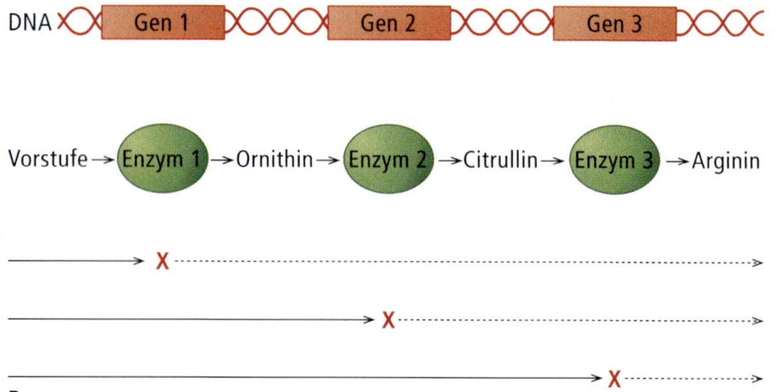

B

134.1 Ein-Gen-ein-Enzym-Hypothese. Stoffwechselmutanten von *Neurospora crassa*

Ein Gen ist eine Funktionseinheit. Doch worin besteht seine Funktion? Man nahm zunächst an, dass ein einzelnes Gen für ein ganz bestimmtes sichtbares Merkmal, beispielsweise die Augenfarbe einer Fliege, verantwortlich sei; dementsprechend sprach man von der **Ein-Gen-ein-Merkmal**-Hypothese. Zahlreiche Experimente ließen später vermuten, dass die Ausprägung vieler Merkmale auf die Tätigkeit von Enzymen zurückzuführen ist, also auf molekularer Ebene stattfindet.

George BEADLE und Edward TATUM bestrahlten den Schimmelpilz *Neurospora crassa* mit UV-Strahlung. Dadurch wird die DNA geschädigt, und es entstehen unter anderem so genannte *Mangelmutanten.* Eine dieser Mutanten etwa wuchs nur, wenn dem verwendeten Nährmedium die Aminosäure Arginin zugegeben wurde. Offenbar konnte sie Arginin nicht mehr selber herstellen. In einer Versuchsreihe wurde dem Nährmedium Ornithin oder Citrullin, Vorstufen der Argininsynthese, zugesetzt und das Pilzwachstum beobachtet. Als Ergebnis ließen sich drei Klassen von Mangelmutanten unterscheiden, deren Argininmangel durch den Zusatz von jeweils einem anderen Stoff aufgehoben werden konnte. Daraus folgerte man, dass diese Mutanten in unterschiedlichen Schritten der Argininsynthese einen Enzymdefekt aufwiesen, weil der entsprechende DNA-Abschnitt beschädigt wurde. Diese Resultate führten zur Formulierung der **Ein-Gen-ein-Enzym**-Hypothese: Ein Gen ist für die Produktion eines bestimmten Enzyms verantwortlich.

Neben den Enzymen sind aber ebenso andere Proteine ohne eine katalytische Funktion das Produkt von Genen. So wurde die **Ein-Gen-ein-Protein**-Hypothese aufgestellt.

Zahlreiche Proteine sind allerdings aus mehreren verschiedenen Untereinheiten aufgebaut. So besteht das sauerstofftransportierende Hämoglobin A im Blut Erwachsener aus vier Polypeptidketten, von denen je zwei identisch sind. Diese beiden Polypeptide werden α- und β-Kette genannt. Sie werden von verschiedenen Genen codiert. Bei einer als *Sichelzellenanämie* bezeichneten Erbkrankheit führt ein einzelner Basenaustausch im Gen der β-Kette zum Ersatz der Aminosäure Glutaminsäure durch Valin in diesem Polypeptid; die α-Kette ist nicht betroffen. Die Folgen dieser Genmutation sind schwerwiegend: Die Roten Blutkörperchen im Blut homozygot Kranker nehmen bei Sauerstoffmangel eine charakteristische Sichelform an. Die Bindungsfähigkeit für Sauerstoff ist vermindert, die Lebenserwartung Betroffener deutlich herabgesetzt.

Da also jedes Polypeptid das Produkt eines anderen Gens ist, erweiterte man die Theorie erneut zur **Ein-Gen-ein-Polypeptid**-Hypothese. Es gibt jedoch auch Gene, bei denen die RNA selbst das Genprodukt ist, wie im Fall der tRNA. Daher wird heute auch von der **Ein-Gen-eine-RNA**-Hypothese gesprochen. Wie man inzwischen aber weiß, dienen zahlreiche Gene als Matrize für mehr als nur eine einzige mRNA. Noch immer also ist der Genbegriff im Wandel!

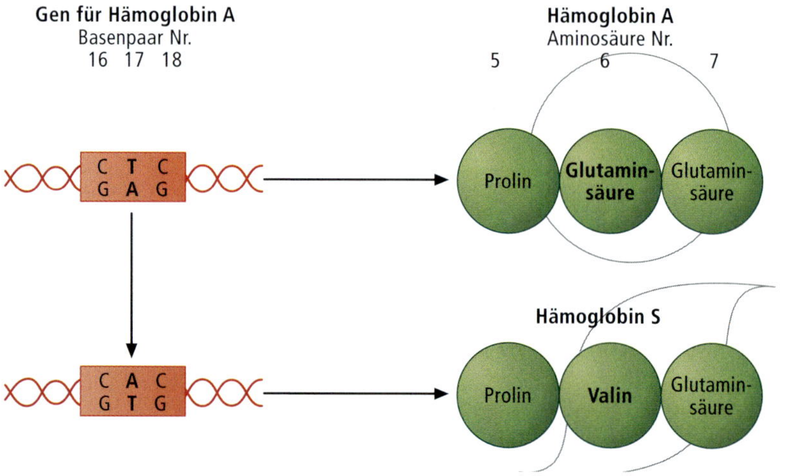

134.2 Ein-Gen-ein-Polypeptid-Hypothese. Sichelzellenanämie durch Basenaustausch im β-Globin-Gen

EXKURS Die Struktur von Genen bei Eukaryoten

Die DNA-Menge in den Zellkernen von Eukaryoten ist erheblich größer als in Bakterien. Zwischen den eukaryotischen Genen liegen oft riesige nicht-codierende Bereiche, in denen sich aber zum Beispiel kürzere Sequenzen mit Steuerungs- oder Regulationsfunktion befinden. Insgesamt entfällt nur ein Bruchteil von etwa fünf Prozent auf codierende Sequenzen. Umso erstaunlicher ist, dass es einige Gene gibt, die in mehrfacher Kopie vorhanden sind. Eine solche Gruppe identischer oder sehr ähnlicher Gene nennt man eine *Multigen-Familie.*

Die Gene für die ribosomale RNA (rRNA) liegen in über hundertfacher Stückzahl hintereinander auf einem Chromosom. Auf diese Weise kann sehr schnell eine große Anzahl von RNA-Transkripten produziert werden. Die Funktion *hochrepetitiver* DNA-Abschnitte wie der *Alu*-Sequenzen, die fast eine Million Male im menschlichen Genom vorkommt, ist dagegen unbekannt. Die Gene für α-Globin und für β-Globin bilden verwandte Multigen-Familien mit nicht-identischen Mitgliedern, die jeweils eng benachbart auf verschiedenen Chromosomen liegen. Sie enthalten die Information für die Synthese unterschiedlicher Hämoglobinketten, die sich in ihrer Affinität zu Sauerstoff unterscheiden und während der Entwicklung eines Menschen in streng geregelter Folge exprimiert werden. Auch funktionslose *Pseudogene,* die in ihrer Sequenz den aktiven Genen weitgehend entsprechen, aber keinen Transkriptionsstart besitzen, gehören zu dieser Familie. Man nimmt an, dass die Mitglieder der beiden Globin-Genfamilien durch wiederholte Duplikation, Mutation und Transposition entstanden sind.

Anders als bei Prokaryoten besteht bei Eukaryoten die mRNA in den meisten Fällen aus weniger Nucleotiden als der entsprechende DNA-Abschnitt. Die DNA enthält offenbar Sequenzen, die für die Codierung des Genproduktes nicht erforderlich sind. Dies lässt sich in einem so genannten *Hybridisierungsversuch* nachweisen. Dazu isoliert man eukaryotische DNA aus dem Zellkern und spaltet sie durch Erhitzen in Einzelstränge. Anschließend fügt man mRNA aus dem Cytoplasma hinzu. Es entsteht ein DNA-RNA-Hybridmolekül, in dem sich komplementäre DNA- und RNA-Sequenzen zusammenlagern.
Im Elektronenmikroskop zeigt ein solches Hybridmolekül an einigen Stellen schleifenartige Ausstülpungen. Dort treten doppelsträngige DNA-Abschnitte, für die keine komplementären RNA-Sequenzen vorhanden sind, aus dem DNA-RNA-Hybridmolekül heraus. Diese nicht-codierenden Abschnitte auf der DNA bezeichnet man als **Introns,** die codierenden Abschnitte hingegen als **Exons.** Eukaryotische Gene sind also „gestückelt"; sie bestehen aus einem Mosaik von codierenden und nicht-codierenden Sequenzen.

Bei der Transkription wird zunächst die vollständige DNA-Sequenz einschließlich aller Introns in eine **prä-mRNA** transkribiert. Danach durchläuft sie im Zellkern einen Reifungsprozess: Am 5'-Ende der prä-mRNA wird ein besonderes Nucleotid als „Kappe" (cap) angebaut, am 3'-Ende ein „Schwanz" aus 100 bis 200 Adenin-Nucleotiden [Poly(A)] angehängt. Die cap-Sequenz erleichtert die Anheftung an die Ribosomen, während die Länge des Poly(A)-Schwanzes Einfluss auf die Lebensdauer der mRNA hat. Anschließend werden die Introns herausgeschnitten. Diesen Vorgang nennt man **Spleißen.** Er erfolgt durch die katalytische Wirkung kurzer RNA-Moleküle, die sich mit Proteinen zu *Spleißosomen* zusammenlagern. Die verbleibenden Exon-Sequenzen bilden mit cap-Sequenz und Poly(A)-Schwanz versehen die **reife mRNA.** Diese verlässt den Zellkern und wird an den Ribosomen in eine Polypeptidsequenz translatiert.

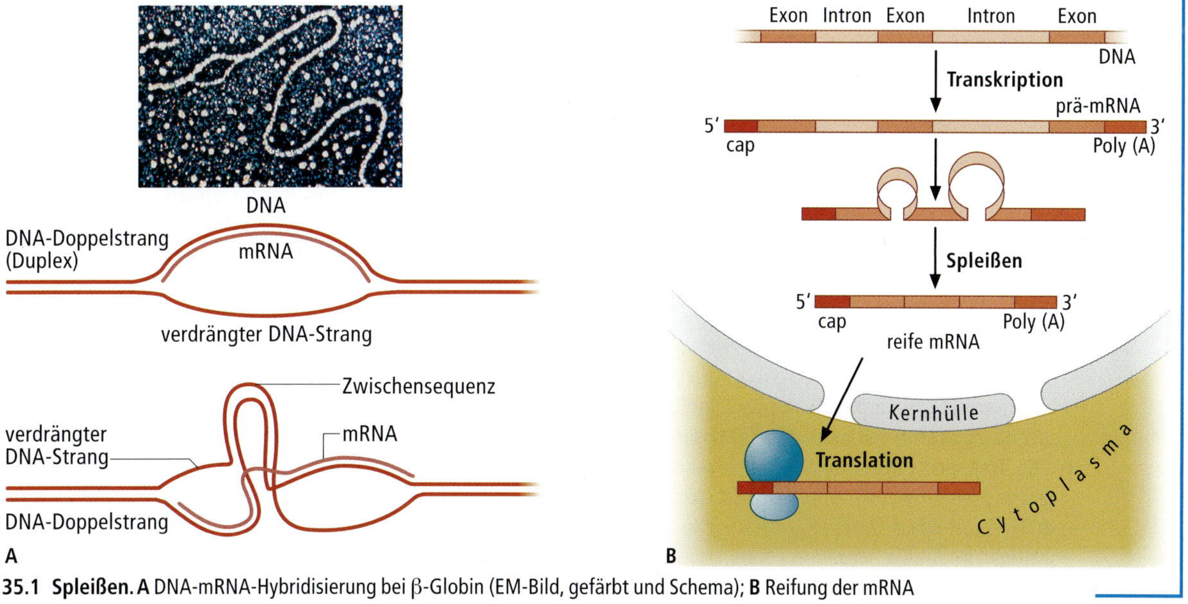

135.1 Spleißen. A DNA-mRNA-Hybridisierung bei β-Globin (EM-Bild, gefärbt und Schema); **B** Reifung der mRNA

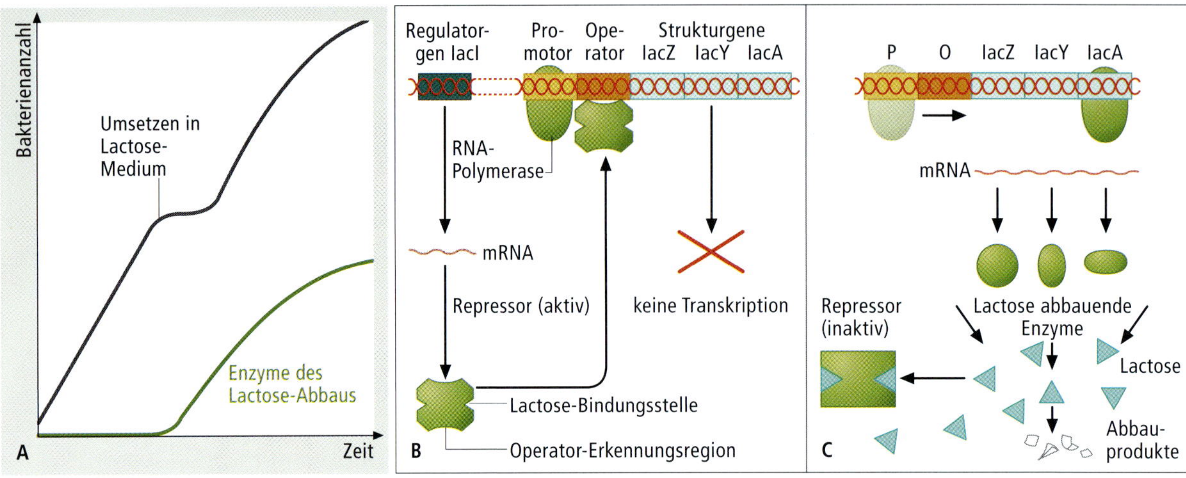

136.1 ***lac*-Operon bei *Escherichia coli.* A** Diauxie; **B** Operon reprimiert; **C** Operon induziert

4.9 Genregulation bei Prokaryoten

Für ein einzelliges Lebewesen wie das Bakterium *Escherichia coli* bietet eine hohe Wachstums- und Teilungsgeschwindigkeit einen wichtigen Selektionsvorteil. Im Sinne eines ökonomischen Stoffwechsels ist es vorteilhaft, wenn die Zelle nur diejenigen Gene exprimiert, die sie zur Bewältigung der jeweiligen Umweltsituation auch benötigt, etwa zur Ausnutzung einer bestimmten Nahrungsquelle. *Escherichia coli* vermehrt sich sehr gut in einem Nährmedium, das Glucose enthält. Überführt man es in ein Nährmedium, in dem die Glucose durch den Milchzucker Lactose ersetzt wurde, so tritt zunächst ein Vermehrungsstillstand ein. Nach einigen Minuten jedoch beginnen sich die Bakterien wieder zu vermehren. Die Bakterienkultur zeigt unter diesen Bedingungen also ein zweiphasiges Wachstum *(Diauxie)*.

Während der ersten Wachstumsphase lassen sich nur die für den Abbau von Glucose nötigen Enzyme nachweisen. Erst nach dem Umsetzen in das Lactose-Medium treten mit einiger Verzögerung auch die Enzyme des Lactose-Abbaus auf. Offenbar wird also die Synthese dieser Enzyme erst durch die Anwesenheit ihres Substrates Lactose bewirkt (induziert). Dieses Phänomen bezeichnet man daher als **Substratinduktion.**

Der Abbau von Lactose erfolgt durch drei Enzyme. Die Lactose-Permease transportiert Lactose vom Außenmedium ins Cytoplasma. Dort wird das Disaccharid Lactose durch die β-Galactosidase in die Monosaccharide Glucose und Galactose gespalten. Die Transacetylase überträgt eine Acetylgruppe auf Zuckermoleküle. In Abwesenheit von Lactose enthält eine *Escherichia-coli*-Zelle nur je fünf bis zehn Moleküle dieser Enzyme. Nach Induktion durch Lactose erhöht sich diese Zahl bereits nach zwei bis drei Minuten und erreicht schließlich eine über tausendfache Menge. Ist im Medium kein Substrat mehr vorhanden, nimmt die Enzymmenge sehr schnell wieder ab.

Gene, die Proteine mit enzymatischer oder struktureller Funktion codieren, heißen **Strukturgene.** Manche Strukturgene, wie die für den Glucose-Abbau, werden immer transkribiert. Man bezeichnet solche dauerhaft aktiven Gene als konstitutive Gene. Die Aktivierung der Gene für die Lactose-abbauenden Enzyme hingegen erfolgt nur bei Bedarf, sie wird reguliert. Auf dem Bakterienchromosom liegen die drei Gene unmittelbar hintereinander und werden von zwei vorgeschalteten DNA-Regionen, dem **Promotor** und dem **Operator,** gemeinsam kontrolliert. Eine solche Einheit aus Strukturgenen und Kontrollregionen bezeichnet man als **Operon.** Im vorliegenden Fall spricht man vom Lactose- oder kurz *lac*-Operon. Dieses Modell der Genregulation wurde erstmals 1961 von den Franzosen JACOB und MONOD vorgeschlagen.

Der Promotor genannte DNA-Abschnitt dient als Bindungsstelle für die RNA-Polymerase und ist die Startstelle für die Transkription. Der Promotor grenzt unmittelbar an den Operator. Dieser DNA-Bereich kann von einem spezifischen Protein, dem **Repressor,** gebunden werden. Ist der Operator durch ein Repressor-Protein besetzt, kann die RNA-Polymerase nicht weiterwandern; das *lac*-Operon ist *reprimiert.* Der Lactose- oder *lac*-Repressor wird durch ein außerhalb des *lac*-Operons gelegenes konstitutives **Regulatorgen** *(lacI)* codiert, dessen Expression die Synthese einer Polypeptidkette bewirkt. Das fertige *lac*-Repressor-Protein besteht aus vier identischen Polypeptidketten, von denen jeweils zwei eine funktionelle Untereinheit bilden. Jede dieser beiden Untereinheiten besitzt je eine Bin-

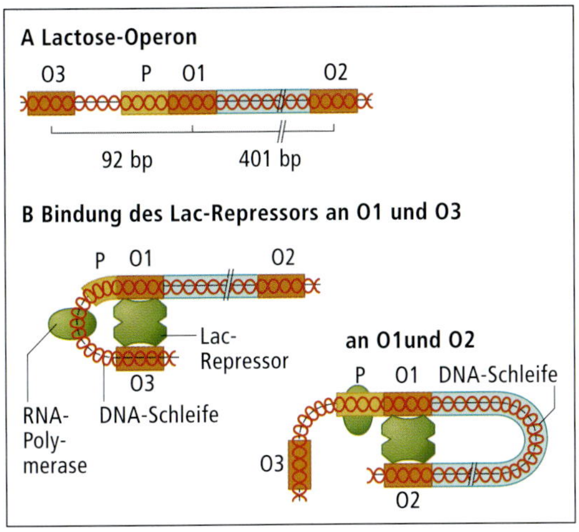

137.1 Alternative DNA-Schleifen (Schema)

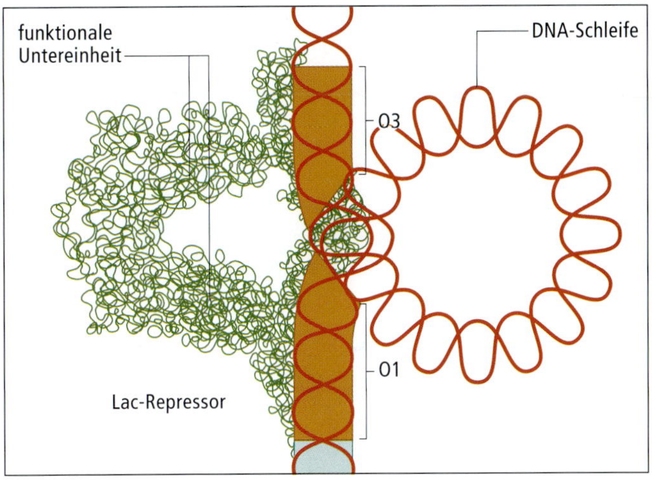

137.2 Bindung eines *lac*-Repressors an O1 und O3

dungsstelle für den Operator und für ein Lactosemolekül. In aktivem Zustand ist die Bindungsstelle für Lactose unbesetzt, und der Repressor bindet an den Operator. Gelangt Lactose in die Zelle, lagert sie sich an die Bindungsstelle im *lac*-Repressor an. Dadurch ändert sich dessen Raumstruktur reversibel, und er verliert die Fähigkeit der DNA-Bindung. In dieser inaktiven Form gibt er den Operator frei, die Blockade der RNA-Polymerase ist aufgehoben, und die Transkription der Strukturgene wird *induziert.* Ihre Transkription erfolgt also nur dann, wenn Lactose tatsächlich als Substrat vorhanden ist.

Außer dem bereits genannten Operator, der direkt neben dem Promotor liegt, sind zwei weitere Bindungsstellen für den *lac*-Repressor bekannt. Diese werden als Hilfsoperatoren O2 und O3 bezeichnet, da das Repressor-Protein an diese DNA-Abschnitte weniger fest bindet als an den zuerst entdeckten Hauptoperator (O1). Die Erkennung und Bindung der Operatorsequenzen erfolgt durch spezifische Wechselwirkungen zwischen den Aminosäuren des Repressor-Proteins und den Basen der Operator-DNA.

Der Hilfsoperator O2 liegt 401 Basenpaare vom Hauptoperator O1 entfernt im Gen für die β-Galactosidase, und der O3 befindet sich in einer Distanz von 92 Basenpaaren zum O1 in der Nachbarschaft des Gens für das Repressor-Protein. Da der *lac*-Repressor zwei Bindungsstellen für DNA besitzt, kann er an zwei Operatoren zugleich binden. Die zwischen den beiden gebundenen Operatorsequenzen liegende DNA wird dabei zu einer Schleife gebogen, während der Repressor gewissermaßen eine Brücke zwischen den Operatoren bildet. Da der *lac*-Repressor bevorzugt an den Hauptoperator O1 bindet, entstehen zwei alternative DNA-Schleifen zwischen O1 und dem Hilfsoperator O2 oder O1 und dem Hilfsoperator O3.

Auch die Synthese von Enzymen, die den Aufbau von Stoffen katalysieren, kann durch Operons reguliert werden. Das Tryptophan-Operon von *Escherichia coli* beispielsweise umfasst fünf Strukturgene. Diese codieren für Enzyme, die einen Ausgangsstoff über mehrere Zwischenstufen in die Aminosäure Tryptophan (Trp) umwandeln. Im Gegensatz zum *lac*-Operon ist der Repressor des *trp*-Operons aber zunächst inaktiv, kann also nicht an den *trp*-Operator binden. Bindet aber Tryptophan an den *trp*-Repressor, wird dieser aktiv und blockiert die Transkription der Gene, die für die Tryptophan-Synthese zuständig sind. Da hier das Endprodukt eines Syntheseweges seine eigene Herstellung stoppt, wenn es in genügend großer Menge vorhanden ist, nennt man diese Art der Genregulation **Endproduktrepression.**

Nach mehr als 40 Jahren Forschung ist das *lac*-Operon das am gründlichsten untersuchte System der Genregulation. Die Konzeption der Operon-Hypothese durch JACOB und MONOD und die Isolation des Lac-Repressors durch MÜLLER-HILL stellen Meilensteine der molekulargenetischen Grundlagenforschung dar. Die hier gewonnen Erkenntnisse lassen sich auf nahezu alle Aspekte der Genregulation und der Protein-DNA-Wechselwirkung übertragen. Viele wichtige Gene in *Escherichia coli* und anderen Bakterien sind in Form von Operons organisiert. Aber auch in Eukaryoten lassen sich zahlreiche Parallelen finden. Insbesondere das Zusammenwirken mehrerer regulatorischer Elemente und die Ausbildung von DNA-Schleifen gelten inzwischen als Erklärungsmodell für die komplizierte Regulation etwa der Immunglobulin-Gene des Menschen.

1. Erklären Sie den vorübergehenden Wachstumsstillstand nach Umsetzen von *Escherichia coli* in Lactose-Medium!

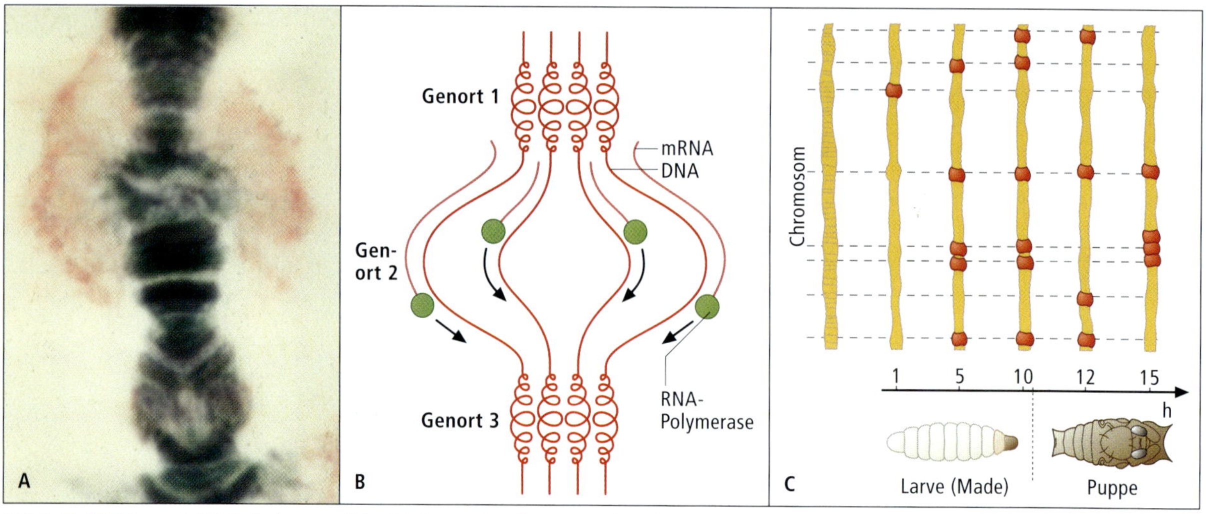

138.1 Puffbildung. **A** LM-Aufnahme, gefärbt; **B** Schema; **C** Puffmuster während der Verpuppung

4.10 Genregulation bei Eukaryoten

Das Genom einer eukaryotischen Zelle enthält erheblich mehr Information als das einer Bakterienzelle. Zudem sind die meisten Eukaryoten Vielzeller; jede Zelle muss innerhalb eines Gewebeverbandes eine genau festgelegte Funktion zu einem ganz bestimmten Zeitpunkt erfüllen. Entsprechend kompliziert ist auch die Regulation der Umsetzung dieser Information.

Der menschliche Körper besteht aus etwa 100 Billionen (10^{14}) Zellen, die alle durch Zellteilung aus einer einzigen befruchteten Eizelle hervorgegangen sind. Obwohl also alle Zellen über die gleiche genetische Information verfügen, lassen sich rund 250 verschiedene Zelltypen mit jeweils ganz spezifischen Aufgaben unterscheiden. Untersucht man die Proteinausstattung der Zellen verschiedener Organe wie Herz, Niere oder Leber, stellt man erhebliche Unterschiede fest. Diese Differenzen zeigen sich nicht nur zwischen verschiedenen Zelltypen, sondern auch während verschiedener Entwicklungsphasen desselben Zelltypes. So besitzen die Sauerstoff transportierenden Hämoglobin-Moleküle der roten Blutkörperchen eines Menschen bei einem Embryo, Fetus oder Erwachsenen eine jeweils unterschiedliche Zusammensetzung der Globin-Polypeptidketten. Da die Synthese von Polypeptiden der genetischen Kontrolle unterliegt, müssen in einer Zelle ganz bestimmte Gene aktiv, andere hingegen blockiert sein. Die Zellen zeigen also eine **differenzielle Genaktivität:** Bestimmte Gene werden zu festgelegten Zeitpunkten an- oder abgeschaltet.

Dieses Phänomen kann man indirekt an Riesenchromosomen beobachten, die man in Speicheldrüsen verschiedener Insektenlarven findet. Die Riesenchromosomen zeigen ein charakteristisches Querbandenmuster. Einige der Querbanden erscheinen zeitweise wie aufgebläht und werden *Puffs* genannt (engl. *to puff*, sich aufblähen). Im Gegensatz zu den übrigen, kondensierten Chromosomenabschnitten sind die Puffs entschraubte, aufgelockerte Bereiche, die sich nach außen stülpen. Mit Hilfe der Autoradiografie lässt sich an den Puffs durch Markierung der neusynthetisierten RNA eine hohe Transkriptionsaktivität nachweisen. Das Puffmuster ein und desselben Chromosoms und damit die Genaktivität wechselt in Abhängigkeit von dem jeweiligen Entwicklungsstadium. Dagegen findet sich zu einem bestimmten Zeitpunkt der Individualentwicklung stets das gleiche Muster. So treten bestimmte Puffs immer zur Häutungszeit der Larve auf. Die gleichen Puffs sind zu beobachten, wenn die Häutung durch Zugabe des Hormons *Ecdyson* künstlich ausgelöst wird.

Anders als bei Bakterien sind eukaryotische Gene nicht in Form von Operons organisiert. Doch auch hier spielen Wechselwirkungen zwischen regulatorischen Proteinen und Kontrollsequenzen auf der DNA eine entscheidende Rolle auf der Ebene der Transkription. Ähnlich wie bei *Escherichia coli* erkennt die eukaryotische RNA-Polymerase eine **Promotor**-Region, die vor dem Transkriptionsstartpunkt angeordnet ist und die Initiation der Transkription bewirkt. Bei Sequenzvergleichen hat sich herausgestellt, dass eukaryotische Promotoren stets an der gleichen Stelle eine typische **t**hymin- und **a**deninreiche Basensequenz besitzen. Die Sequenz dieser so genannten **TATA-Box** stimmt in allen Eukaryoten je nach betrachteter Base zu 80 bis 97 Prozent überein. Mutationen in dieser *hochkonservierten* Region haben immer große Wirkung auf die Promotorfunktion.

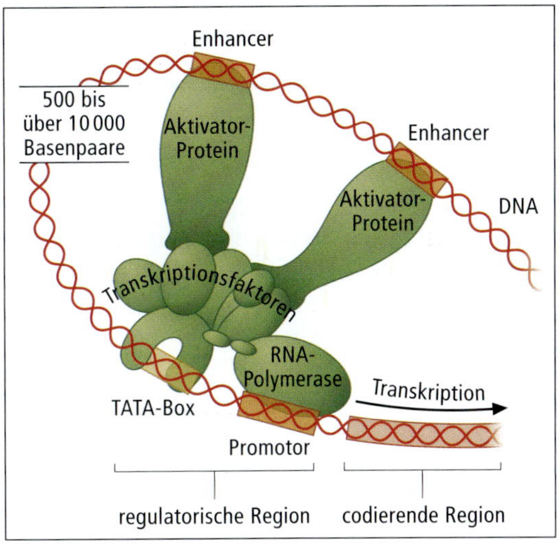

139.1 Transkriptionskontrolle bei Eukaryoten

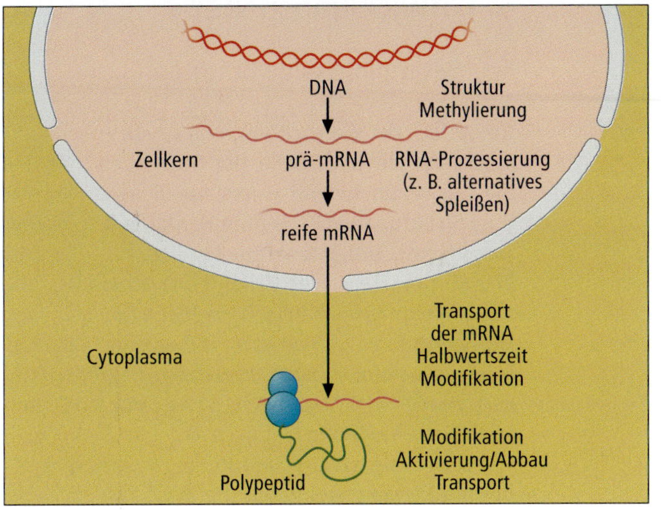

139.2 Kontrollmöglichkeiten der Genexpression

Neben einer intakten TATA-Box sind zusätzliche Kontrollelemente für die Aktivierung eines Gens erforderlich. So befinden sich noch andere Signalsequenzen im Promotorbereich der DNA, an die weitere Proteine (allgemein als **Transkriptionsfaktoren** bezeichnet) binden können, die dadurch auch untereinander in Kontakt treten können.
Auch wird die Aktivität vieler Promotoren durch Sequenzen erhöht, die man **Enhancer** nennt (engl., Verstärker). Enhancer können ihre aktivierende Wirkung über Tausende von Basenpaaren entfernt auf den Transkriptionsstart ausüben. Die Entdeckung von DNA-Schleifen zwischen den Operatoren des *lac*-Operons stimulierte die Suche nach ähnlichen Strukturen bei Eukaryoten. Inzwischen konnte man zeigen, dass Enhancer Bindungsstellen für Aktivator-Proteine sind, die mit einer zweiten DNA-Bindungsstelle oder einer spezifischen Protein-Bindungsstelle in Kontakt mit dem Promotor oder dort bereits gebundenen Transkriptionsfaktoren treten.

Eine weitere Form der Transkriptionskontrolle ist die **Methylierung** von Basen. Große DNA-Bereiche werden durch spezifische DNA-Methylasen gleichsam „maskiert", indem auf Cytosinreste Methylgruppen übertragen werden. Dadurch ergibt sich ein charakteristisches, entwicklungs- und gewebespezifisches Methylierungsmuster der DNA, das die Aktivität der Transkription in hohem Maße beeinflusst.

Nach erfolgter Transkription wird die mRNA stark verändert. An ihrem 5′-Ende wird eine so genannte *cap-Sequenz* angeheftet (engl., Kappe), während am 3′-Ende eine aus 100 bis 200 Adenin-Nucleotiden bestehende Poly-A-Sequenz (Poly-A-Schwanz) angehängt wird. Diese **RNA-Prozessierung** hat großen Einfluss auf die Umsetzung der genetischen Information: Die cap-Sequenz erleichtert die Anlagerung an das Ribosom, während der Poly-A-Schwanz den vorzeitigen Abbau der mRNA verhindert.

Die codierenden Abschnitte fast aller eukaryotischen Gene werden von DNA-Sequenzen unterbrochen, die für die Codierung des Genproduktes nicht erforderlich sind. Diese Sequenzen heißen **Introns,** während die codierenden Bereiche **Exons** genannt werden. Bei der Transkription wird zunächst die vollständige DNA-Sequenz einschließlich aller Introns abgeschrieben. Es entsteht eine Vorstufe der endgültigen mRNA, die *prä-mRNA*. Anschließend werden die Introns aus der prä-mRNA herausgeschnitten. Dieser Vorgang heißt **Spleißen,** sein Produkt ist die *reife mRNA*. Dabei kann das Spleißmuster variiert werden, indem Exons in verschiedener Anordnung miteinander verknüpft werden. Dieses *alternative Spleißen* vergrößert das Protein-Repertoire, zum Beispiel bei der Synthese von Antikörpern des Immunsystems. Auch die Effizienz des Transportes der reifen mRNA aus dem Zellkern heraus und nachträgliche Veränderungen sind Bestandteil des Kontrollapparates.
Schließlich kann ein Polypeptid auch nach der Translation weiter modifiziert werden.

Die räumliche und zeitliche Trennung von Transkription und Translation bei Eukaryoten ermöglicht also eine sehr differenzierte Kontrolle der Genexpression auf verschiedenen Ebenen. Sie trägt dadurch entscheidend zur Komplexität und Vielfalt eukaryotischer Lebensformen bei.

1. Stellen Sie die verschiedenen Möglichkeiten zur Kontrolle der Genexpression bei Eukaryoten in einer Tabelle zusammen!

5 Entwicklungsgenetik

5.1 Determinierende Faktoren

Im Verlauf der Entwicklung eines Lebewesens aus einer befruchteten Eizelle, der Ontogenese, werden die Zellen zunehmend unterschiedlicher sowohl in ihrer Struktur als auch in ihrer Funktion. Dieser Prozess wird als Differenzierung bezeichnet.
Markiert man einzelne Zellen einer Molchblastula, so kann man beobachten, zu welchen Gewebetypen sie sich differenzieren. Aufgrund solcher Versuche lassen sich Keimbereiche abgrenzen, die sich bei ungestörter Entwicklung jeweils zu bestimmten Organsystemen entwickeln. Es liegt also ein Anlageplan vor: Jede Zelle hat eine bestimmte **prospektive Bedeutung.** Dabei stellt sich die Frage, ob das Entwicklungsschicksal einer Zelle schon von Anfang an endgültig festgelegt ist, oder ob diese **Determination** erst während der Ontogenese erfolgt.
Erste Erkenntnisse dazu liefern die Schnürungsversuche, die erstmals um 1920 von Hans SPEMANN und seinen Mitarbeitern durchgeführt wurden. Schnürt man ein 2-Zellen-Stadium eines Molches in der ersten Furchungsebene vollständig durch, so wächst jede der beiden Blastomeren zu einer vollständigen Larve heran. Normalerweise wäre aus ihnen nur eine Körperhälfte hervorgegangen, aber unter der besonderen Bedingung der Trennung von ihrer Nachbarzelle können sie sich zu einem vollständigen Körper entwickeln. Die Entwicklungsfähigkeit der beiden Blastomeren eines 2-Zellen-Stadiums, ihre **prospektive Potenz,** ist also größer als ihre prospektive Bedeutung. Dies gilt auch für Zellen schon weiter entwickelter Keime. Wird ein Blastomerenkern aus einem 16-Zellen-Stadium in die kernlose Hälfte einer Eizelle gebracht, beginnt sich diese wiederholt zu teilen. Sie entwickelt sich zu einem vollständigen Embryo.
Keime wie die des Molchs, deren prospektive Potenz ihre prospektive Bedeutung übersteigt, bezeichnet man als **Regulationskeime.**

Die Schnürungsversuche zeigen also, dass äußere Faktoren wie Kontakt zu einer Nachbarzelle die Entwicklungsrichtung beeinflussen, die eine Zelle innerhalb ihrer prospektiven Potenz realisiert.
Andere Experimente legen die Bedeutung innerer Faktoren offen. Wenn man bei einem 2-Zellen-Stadium eines Molchkeims die Schnürungsebene senkrecht zur Furchungsebene legt, entwickelt sich nur die Hälfte, die das Material des so genannten grauen Halbmondes enthält, zu einem vollständigen Keim. Die andere Hälfte liefert nur ein „Bauchstück", dem vor allem die Achsenorgane Chorda und Neuralrohr fehlen. Der Bereich des grauen Halbmondes beeinflusst also die Entwicklung zu einem vollständigen Keim. Die dafür verantwortlichen Faktoren befinden sich offensichtlich im Cytoplasma der Eizelle. Man spricht daher von **cytoplasmatischen Faktoren.**

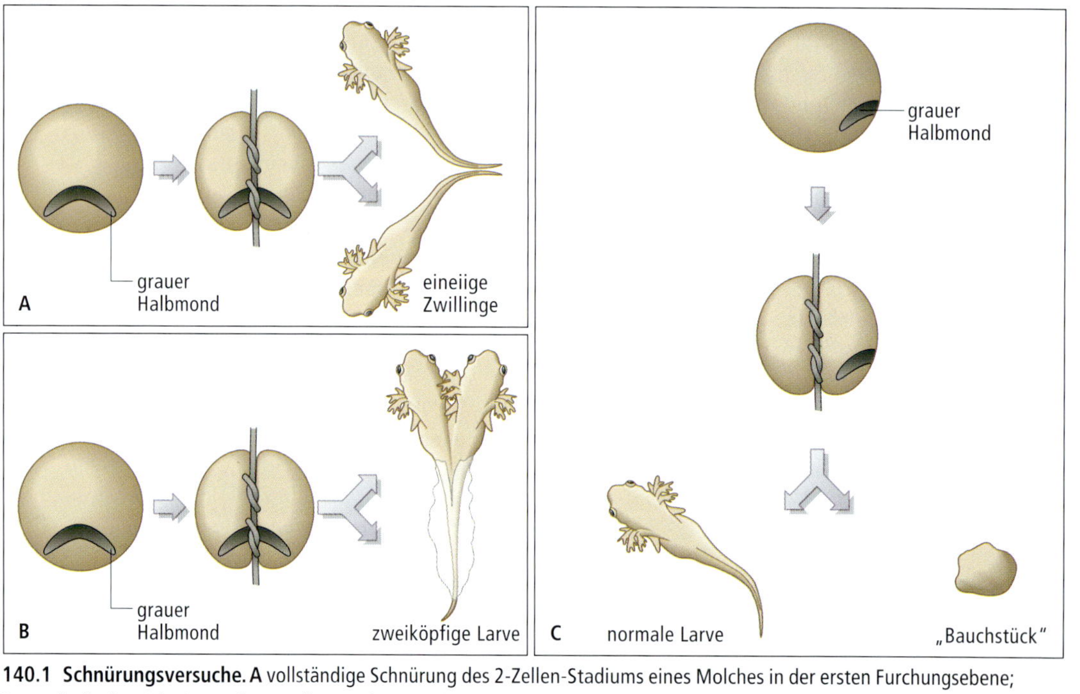

140.1 Schnürungsversuche. A vollständige Schnürung des 2-Zellen-Stadiums eines Molches in der ersten Furchungsebene; **B** unvollständige Schnürung des 2-Zellen-Stadiums in der ersten Furchungsebene; **C** vollständige Schnürung des 2-Zellen-Stadiums senkrecht zur ersten Furchungsebene

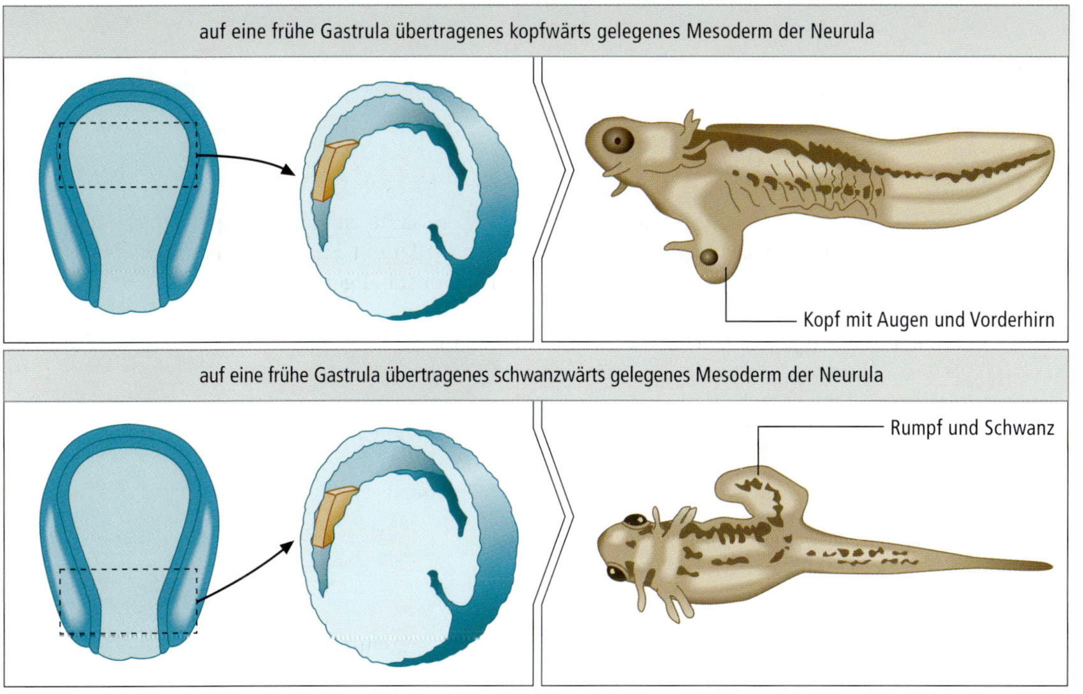

141.1 Induktionsvorgänge bei einem Molchkeim

5.2 Induktionsvorgänge

Um 1924 hatte ein Experiment, das Hilde MANGOLD auf Anregung von Hans SPEMANN durchführte, eines der spektakulärsten Ergebnisse der experimentellen Entwicklungsbiologie geliefert: Sie hatte Material der oberen Urmundlippe einer frühen Molchgastrula in eine Molchblastula implantiert. Über dem Implantat entwickelte sich aus Zellen des Bauchektoderms, also aus Wirtsgewebe, eine sekundäre Neuralplatte. Die Platte schloss sich später wie die primäre Neuralplatte zum Neuralrohr. Im Innern des Wirtskeimes bildeten sich im Bereich des Implantats als weitere Achsenorgane Chorda, Ursegmente und auch der Urdarm. Schließlich entwickelte sich ein sekundärer Embryo, der allerdings mit dem primären Embryo verwachsen blieb. Das Zellmaterial der sekundären Achsenorgane ging dabei nur zum Teil aus dem implantierten Gewebestück hervor, der übrige Teil stammte vom Wirtsgewebe.
Für die Entdeckung dieser „Organisatorwirkung" erhielt SPEMANN 1935 als erster deutscher Biologe den Nobelpreis für Medizin. Der Bereich, in dem sich zu Beginn der Gastrulation die obere Urmundlippe formt, wird **SPEMANN-Organisator** genannt.

Bei der Gastrulation wandern die Zellen aus dem Bereich der oberen Urmundlippe ins Innere des Keims und bilden dort das mesodermale Dach des Urdarms. Implantiert man aus unterschiedlichen Bereichen einer frühen Molch-Neurula Zellen des Urdarmdaches in eine frühe Molchgastrula, so entwickeln sich dort nur unvollständige sekundäre Embryonen. Ein Stück des vorderen Urdarmdaches bewirkt einen sekundären Embryo, der im Wesentlichen einen Kopf mit Gehirn ausbildet. Ein Stück aus dem hinteren Bereich dagegen führt zur Bildung eines sekundären Embryos mit verstärkter Ausbildung von Rumpf und Rückenmark. Der SPEMANN-Organisator hat sich also während der Gastrulation in Kopforganisator und Rumpforganisator differenziert.

Das Material der oberen Urmundlippe beziehungsweise des Urdarmdaches wirkt also auf das umgebende Gewebe des Wirtskeimes gestaltend ein. Es zwingt ihm eine Entwicklungsrichtung auf, die es unter normalen Bedingungen nicht eingeschlagen hätte. Man bezeichnet eine solche Beeinflussung der Entwicklung einer Zellgruppe durch eine andere allgemein als **Induktion**, das induzierende Gewebe als **Induktor.** Der SPEMANN-Organisator ist folglich ein spezieller Induktor.

Über die Art und Weise der Induktionswirkung kann folgender Versuch Aufschluss geben: Zwischen das Implantat und das zu induzierende Wirtsgewebe wird eine porenlose Membran eingeschoben. Die Induktion bleibt aus. In einem zweiten Ansatz wird eine Membran mit feinen Poren verwendet. Diese Poren lassen Ionen, kleine Moleküle und auch Makromoleküle hindurchtreten, nicht jedoch größere Zellbestandteile oder gar Zellen. Es kommt zu

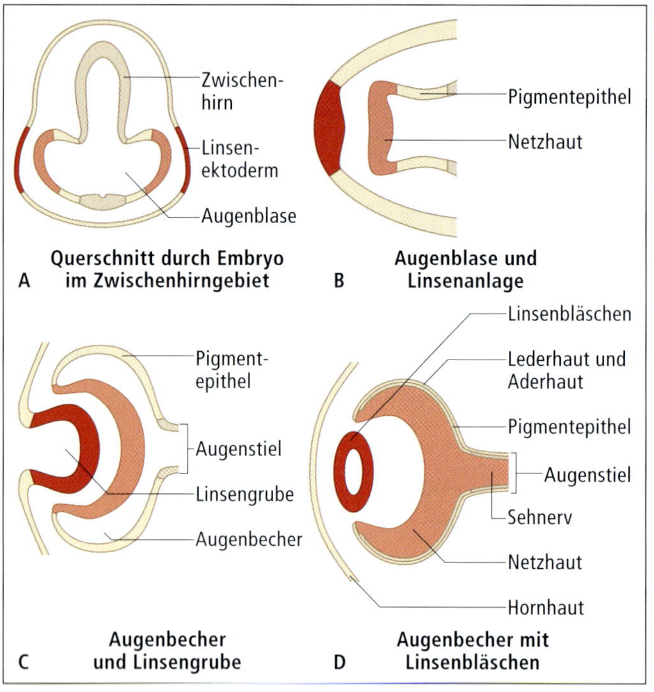

142.1 Induktionskette

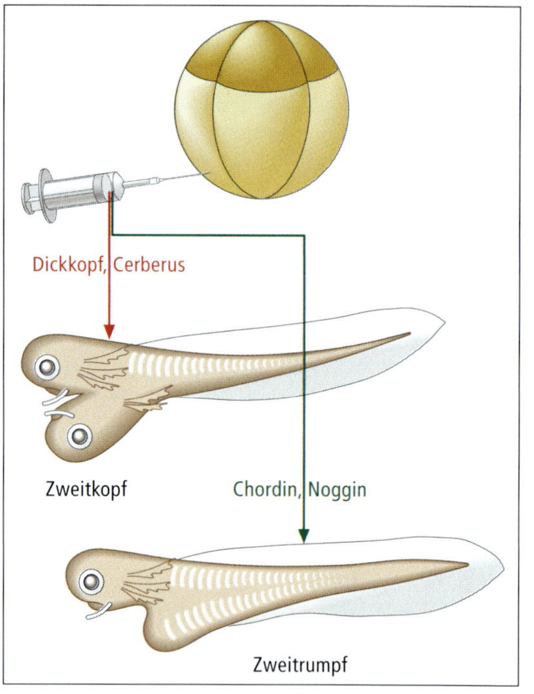

142.2 Induktionsstoffe. Dickkopf, Cerberus, Chordin, Noggin sind Produkte gleichnamiger Gene.

einem Induktionseffekt. Der Induktionsvorgang ist also an einen Stofftransfer von den induzierenden zu den induzierten Zellen gebunden. Dabei ist ein direkter Zell-Zell-Kontakt für die Übertragung des Induktionssignals und somit für eine Induktionswirkung offensichtlich nicht erforderlich. Man nennt in diesem Sinne wirksame Stoffe **Induktionsstoffe.**

Viele Experimente weisen darauf hin, dass Induktionsstoffe nicht artspezifisch sind. So kann Material des SPEMANN-Organisators aus einem Froschkeim nicht nur in einem Molchkeim, sondern auch in der Keimscheibe eines Hühnchens eine zusätzliche Embryonalanlage induzieren.

Eine wichtige Voraussetzung für das Zustandekommen eines induktiven Effekts ist, dass die Zielzellen in der Lage sind, auf das induzierende Signal zu reagieren. Dies kann beispielsweise darin bestehen, dass die Empfängerzellen Rezeptoren für den Signalempfang herstellen. Die **Kompetenz** von Zellen für eine bestimmte Induktionswirkung kann sich mit der Zeit ändern. Sie ist oft nur auf ein Zeitfenster von wenigen Stunden oder Minuten begrenzt.

Nur wenige Induktionsstoffe konnten inzwischen identifiziert werden. Immerhin ist es gelungen, Proteine zu finden, die nach Injektion in den Keim einen sekundären Kopf oder Rumpf induzieren. Die Induktionswirkung besteht in diesem Fall darin, dass diese Proteine bestimmte Wachstumsfaktoren binden und somit ausschalten. Die Proteine werden in der Gastrula dort produziert, wo nach Transplantationsversuchen Kopf- beziehungsweise Rumpforganisator lokalisiert sind.

Die Entwicklung komplexer Strukturen erfordert eine Reihe induktiver Vorgänge, die schrittweise das Schicksal von Zellen festlegen. Gut untersucht ist die Entwicklung des Amphibienauges. Zunächst induziert das Urdarmdach als Induktor 1. Ordnung die Bildung des Neuralrohrs und die Gehirnanlage. Die nachfolgenden Entwicklungsprozesse laufen in jedem Keimbereich unabhängig vom Geschehen in anderen Keimbereichen ab. Man spricht auch von **Selbstdifferenzierung.** Aus dem Zwischenhirn wölben sich seitlich die Augenblasen hervor und dellen sich zu den Augenbechern ein. Deren äußere Wand entwickelt sich zur Pigmentschicht, die innere zur Netzhaut. Zusätzliche mesodermale Schichten bilden Aderhaut und Lederhaut. Jeder Augenbecher induziert nun als Induktor 2. Ordnung die Bildung einer Linse aus dem Hautektoderm. Die Linse wiederum wirkt als Induktor 3. Ordnung. Unter ihrem Einfluss differenziert sich das über ihr liegende Hautektoderm zur Hornhaut. Eine solche Abfolge von Induktionen bezeichnet man als **Induktionskette.** Sie lässt sich auch nachzeichnen für die Entwicklung des Ohres. Hier stehen Urdarmdach, Nachhirn, häutiges Labyrinth, knorpeliges Labyrinth und Trommelfell in einer Induktorhierarchie.

5.3 Musterbildung bei *Drosophila*

Insekten und ihre Larven sind gegliedert. Dabei zeigen die verschiedenen Segmente eine *spezifische Identität*. Dies wird beispielsweise bei den drei Brustsegmenten einer Fliege deutlich: An allen drei Segmenten sitzen Beine. Zusätzlich trägt das zweite Segment ein Paar Flügel, das dritte ein Paar Schwingkölbchen. Wie wird die Ausbildung dieser Segmente in der Entwicklung gesteuert?
Modellobjekt für die Klärung dieser Frage ist *Drosophila*. Hier konnte eine Reihe von *Kontrollgenen* identifiziert werden, die die Entwicklung der gegliederten Körperstruktur steuern.

Zunächst sind für die Festlegung der Längsachse des Keims **maternale Gene** (lat. *mater*, Mutter) verantwortlich. Diese Gene sind nicht in der Zygote lokalisiert, sondern in Follikelzellen des Ovars und werden dort transkribiert. Eines dieser Gene heißt *bicoid*.
Die *bicoid*-mRNA wandert in die Eizelle. Nach der Eiablage wird die Information dieser mRNA im vorderen Teil der Zygote in das Bicoid-Protein übersetzt. Dieses diffundiert in das noch nicht differenzierte Cytoplasma und bildet einen Gradienten. Ein weiteres maternales Gen heißt *nanos*. Seine mRNA wird im hinteren Teil der Zygote translatiert, sodass der Gradient des Nanos-Proteins dem des Bicoid-Proteins entgegengerichtet ist. Die Gene *bicoid* und *nanos* legen Vorder- und Hinterpol des Eies und somit seine Längsachse fest. Man bezeichnet sie als **Polaritätsgene.** Nur das Zusammenspiel beider maternaler Gene führt zur Entwicklung einer normalen Larve. Ist das Bicoid-Protein defekt, so fehlen der Larve Kopf und Brust. Ist das Nanos-Protein defekt, so entwickelt sich eine Larve ohne Hinterleib.

Die embryonale **Musterbildung,** die Gliederung der Larve in die spezifischen Segmente, erfolgt nun stufenweise. Zunächst kontrollieren *bicoid* und *nanos* bestimmte Gene des jungen Keims, also **zygotische Gene.** Dabei handelt es sich um die so genannten **Lücken-Gene** (engl. *gap genes*), deren Mutation zum Fehlen oder Defekt größerer embryonaler Regionen führt. So fehlen beim Ausfall von *hunchback* Kopf und Brust, beim Ausfall von *krüppel* Brust und erste Hinterleibssegmente. Bei Defekt von *knirps* fehlt der gesamte Hinterleib.
Das Bicoid-Protein ist ein Transkriptionsfaktor. Es aktiviert in Abhängigkeit von seiner Konzentration unter anderem die Expression von *hunchback*, dessen Genprodukt seinerseits Gene aktiviert, die zur Ausprägung von Kopf und Brust notwendig sind. Das Nanos-Protein wirkt durch Hemmung der Translation bestimmter Gene auf deren Aktivität ein. Es verhindert beispielsweise die Translation von *hunchback*-mRNA im hinteren Bereich des Keims und be-

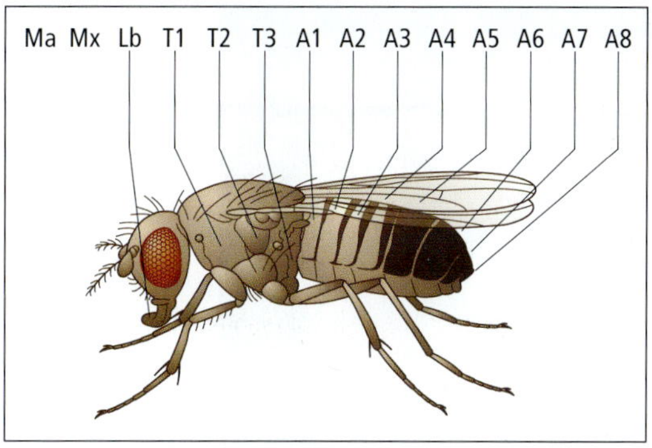

143.1 Segmentierung von *Drosophila*. Ma, Mx, Lb Kopfsegmente (verschmolzen); T1–T3 Brust(Thorax)-Segmente; A1–A8 Hinterleib(Abdomen)-Segmente

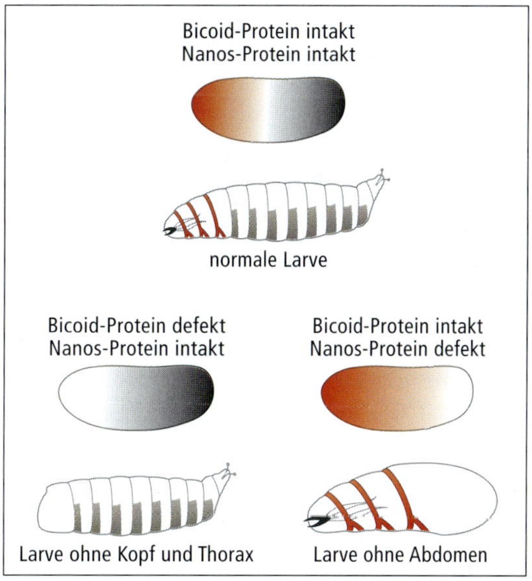

143.2 Wirkung von Bicoid-Protein und Nanos-Protein

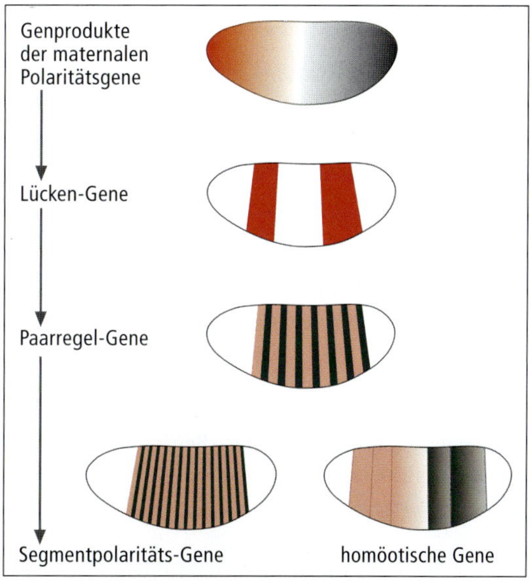

143.3 Genklassen der Musterbildung bei *Drosophila*

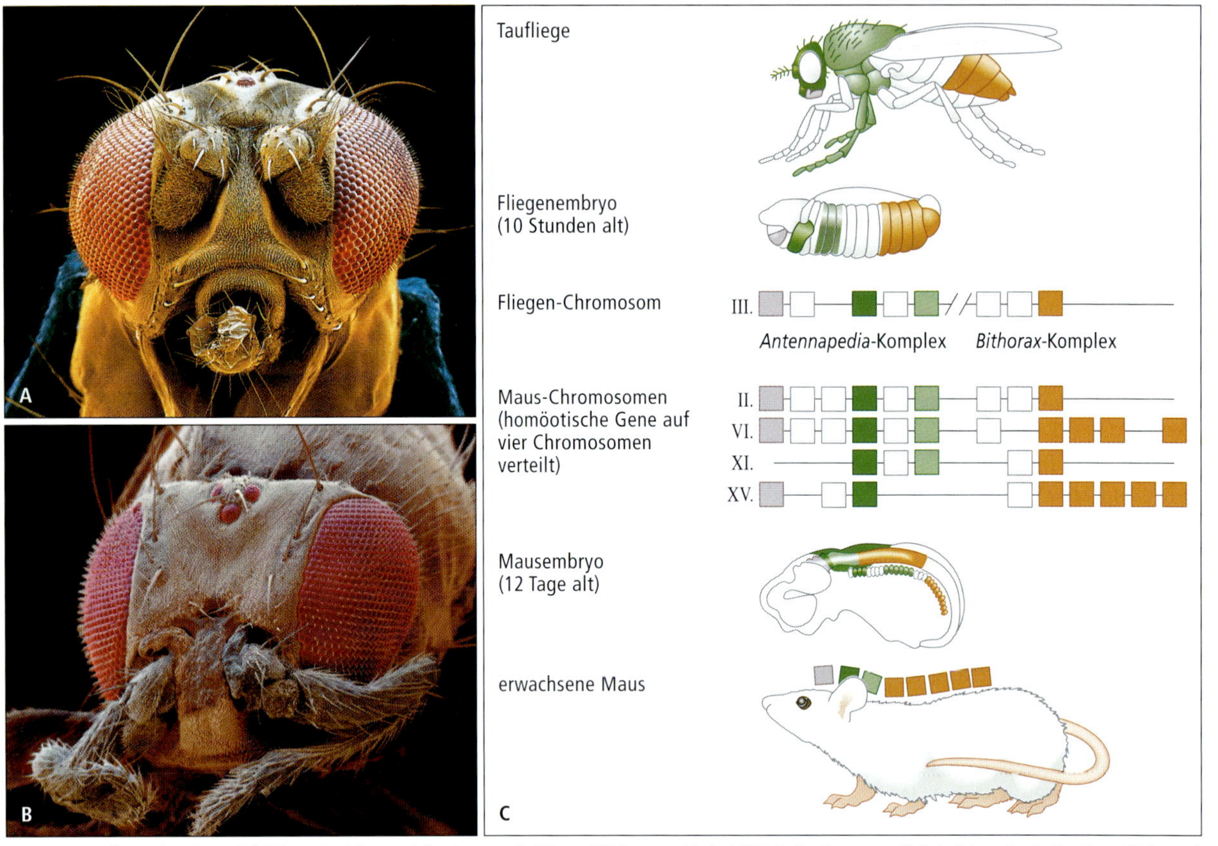

144.1 Regelung der Gestaltbildung bei *Drosophila*. A normale Fliege; **B** Mutante (A, B: REM-Aufnahmen, gefärbt); **C** homöotische Gene (Schema)

schränkt so die Wirkung dieses Gens auf den vorderen Bereich.
Das Bicoid- und das Nanos-Protein bewirken also durch ihre Gradienten in den unterschiedlichen Bereichen des *Drosophila*-Keims eine *differenzielle Genaktivität* und damit eine unterschiedliche Entwicklung. Man bezeichnet Stoffe mit solcher Eigenschaft als **Morphogene.**

Auch die von den Lücken-Genen codierten Proteine sind Transkriptionsfaktoren. Sie kontrollieren die Expression der **Paarregel-Gene,** die für die Anlage der vierzehn Segmente verantwortlich sind. Mutationen in einem Paarregel-Gen führen zum Ausfall jedes zweiten Segmentes. Mit der Tätigkeit der Paarregel-Gene ist der Grundplan des segmentierten Embryos abgeschlossen. Zu diesem Zeitpunkt beginnen sich im bis dahin vielkernigen Keim einzelne Zellen abzugrenzen.

Die Einleitung der morphologischen Segmentierung und die Kontrolle des Zellmusters innerhalb eines Segmentes ist Aufgabe der **Segmentpolaritäts-Gene,** die ihrerseits der Transkriptionskontrolle der Paarregel-Gene unterliegen.

In der nachfolgenden Entwicklungsphase bildet jedes Segment seine spezifische Identität aus. So entspringen am zweiten Kopfsegment die beiden Antennen, am ersten Brustsegment das erste Beinpaar. Diese Segmentidentität wird durch eine Klasse von Regulationsgenen bestimmt, die man **homöotische Gene** nennt.
Man unterscheidet bei den homöotischen Genen zwei Gruppen. Der ***Antennapedia*-Komplex** steuert die Merkmalsausbildung im Bereich des Kopfes und der vorderen beiden Brustsegmente. Der ***bithorax*-Komplex** ist verantwortlich für die Ausprägung der Identität des hinteren Brustsegments und der Hinterleibssegmente. Mutationen an diesen Genen, man spricht dann von *homöotischen Mutationen*, verursachen die Fehlentwicklung von Segmenten. So führt eine Mutation im *Antennapedia*-Komplex dazu, dass am zweiten Kopfsegment Beine statt Antennen sitzen.

Alle homöotischen Gene besitzen einen identischen DNA-Abschnitt mit einer Länge von 180 Basenpaaren. Diese Teilsequenz, die man auch bei anderen Kontrollgenen der Entwicklung findet, zum Beispiel bei *bicoid*, nennt man **Homöobox.** Die Homöobox eines Regulatorgens codiert die *Homöodomäne*. Das ist der Abschnitt eines Regulatorproteins, mit dem es sich an die Steuersequenz eines Zielgens anlagert und dieses dadurch aktiviert oder inaktiviert.

Die Homöoboxen homöotischer Gene unterscheiden sich nur wenig. Dennoch reichen diese Unterschiede für die spezifische Ausbildung der einzelnen Segmente aus.

Inzwischen hat man auch bei zahlreichen anderen Tiergruppen ähnliche Komplexe von homöotischen Genen gefunden. Bei Wirbeltieren bezeichnet man sie als ***Hox*-Gene,** die auch in Komplexen *(Clustern)* zusammengefasst sind. Während bei *Drosophila* der *Antennapedia*-Komplex und der *bithorax*-Komplex gemeinsam auf dem dritten Chromosom liegen, gibt es bei Wirbeltieren vier ungekoppelte Komplexe von *Hox*-Genen. Sie liegen bei der Maus auf dem zweiten, sechsten, elften und fünfzehnten Chromosom. Da sie einander sehr ähnlich sind, vermutet man, dass sie durch wiederholte Verdopplung aus einem ursprünglichen *Hox*-Komplex hervorgegangen sind. Die Homöobox-Sequenzen der *Hox*-Komplexe und des *Antennapedia*-Komplexes zeigen große Übereinstimmungen. Das gilt sowohl für die codierenden Sequenzen als auch für die Reihenfolge der Gene auf den Chromosomen. Man kann also davon ausgehen, dass der Entwicklung sehr unterschiedlicher Tiere bestimmte gemeinsame Mechanismen zugrunde liegen. Diese Feststellung gilt zumindest für segmental strukturierte Organismen. Auch Wirbeltiere sind, zumindest hinsichtlich einiger Organe wie zum Beispiel der Wirbelsäule, aus gegliederten Einheiten aufgebaut oder während der Embryonalphase segmental angelegt. Bei den Homöobox-Genen handelt es sich also um ein universelles genetisches Steuerinstrument. Zahlreiche Gene, die man zunächst bei *Drosophila* gefunden hatte, wurden später auch bei Wirbeltieren entdeckt.

Auch bei Pflanzen wurden Entwicklung steuernde Gene entdeckt, die einen gleichartigen DNA-Abschnitt, die so genannte **MADS-Box** besitzen. Ihre Genprodukte sind Transkriptionsfaktoren mit einer DNA bindenden Domäne. Die Mutation eines solchen homöotischen Gens *(plena)* beim Löwenmäulchen führt dazu, dass statt Staubblätter Kelchblätter, statt Fruchtblätter Kronblätter gebildet werden.

1. Erläutern Sie den Unterschied zwischen maternalen und zygotischen Genen!
2. Definieren Sie Homöobox!
3. „Das Grundprinzip bei der genetischen Steuerung der Entwicklung besteht darin, dass Transkriptionsfaktoren gebildet werden und diese dann bestimmte Gene an- oder ausschalten." Nehmen Sie begründet Stellung!

EXKURS Gene für den Zelltod

Bei dem Fadenwurm *Caenorhabditis elegans* besteht die Larve aus 558 Zellen, das adulte Tier aus 959 Zellen. Verfolgt man allerdings den Teilungsverlauf einer jeden Zelle, so müsste der Wurm aus 1090 Zellen bestehen. 131 Zellen gehen im Verlaufe seiner Entwicklung wieder zu Grunde. Dieses gezielte Absterben ausgewählter Zellen ist ein normaler Vorgang innerhalb der Entwicklung. Man spricht von **Apoptose.**

Der Zelltod betrifft bei dem Fadenwurm zwar verschiedene Zelltypen, geht jedoch auf einen allgemeinen Mechanismus zurück. Werden die beiden Gene *ced-3* und *ced-4* angeschaltet, steigt die Konzentration der Calcium-Ionen im Cytoplasma. Eine Endonuclease wird aktiviert und zerlegt die DNA in Stücke.
Der Zellinhalt bleibt während des Sterbeprozesses membranumhüllt, selbst wenn er schließlich in Fragmente zerfällt.
Sie werden dann von Fresszellen phagocytiert.

Dieses Apoptoseprogramm steht unter Kontrolle des *ced-9*-Gens, das gleichsam als Bremse wirkt. Ist das *ced-9*-Gen durch Mutation inaktiviert, sterben zahlreiche Zellen, die das normalerweise nicht tun würden.

Ein Gen, das dem *ced-9*-Gen ähnelt, kontrolliert auch in Säugern die Apoptose, so bei B-Lymphocyten. Die Sequenzen der beiden Gene stimmen soweit überein, dass das Säugergen im Genom des Fadenwurms die Funktion des *ced-9*-Gens übernehmen kann. Auch zu dem *ced-3*-Gen gibt es bei Säugern ein entsprechendes Gen. Es codiert eine Protease, die durch Abbau von Proteinen letztlich den Zelltod herbeiführt. So sterben bei der Entwicklung der Hände und Füße die zwischen den späteren Fingern und Zehen liegenden Zellen ab.

Der Zelltod ist also Bestandteil der normalen Entwicklung von Lebewesen. Ob der Tod eines Lebewesens in Zusammenhang mit dem Zelltod steht, ist noch unklar.

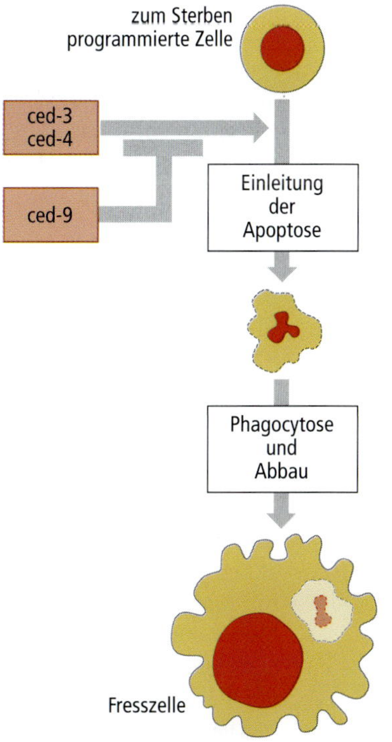

145.1 Steuerung des Zelltods

146.1 „Der Jungbrunnen" (Ausschnitt)

5.4 Altern

„For ever young"! Den Traum von der ewigen Jugend, den das Gemälde von Lukas CRANACH aus dem Jahre 1546 symbolisiert, träumt die Menschheit seit undenklichen Zeiten. Doch die Realität sieht anders aus: Haare werden grau oder fallen aus, die Haut wird faltig, Gedächtnislücken treten auf, die körperliche Leistungsfähigkeit lässt nach und altersbedingte Krankheiten nehmen zu. Zwar haben Fortschritte in der Medizin dazu geführt, dass die meisten Menschen heute älter werden als noch vor hundert Jahren, aber an der Tatsache, dass Menschen nur ein begrenztes Alter erreichen und während dieser Zeit Alterungserscheinungen auftreten, hat sich nichts geändert. Tatsächlich ist **Altern** ein Prozess, der schon sehr früh beginnt. Deutlich wird dies an Leistungssportlern, die meist schon mit 30 Jahren zum „alten Eisen" zählen.

Warum Lebewesen altern und schließlich sterben, scheint offensichtlich zu sein: Zellen, Gewebe und Organe nutzen sich im Laufe der Zeit ab – ebenso wie eine Waschmaschine, die nach Jahren ständiger Benutzung Verschleißerscheinungen zeigt und schließlich kaputt geht. Aber die Waschmaschinenanalogie hat ihre Grenzen, denn anders als mechanische Geräte bestehen Lebewesen aus Zellen, die ständig ersetzt werden.
Nach einer anderen Theorie sind bestimmte, sehr reaktionsfähige Moleküle, so genannte *freie Radikale*, für Alterungsprozesse verantwortlich. Freie Radikale werden sowohl vom Stoffwechsel gebildet als auch von außen zugeführt. Sie schädigen vor allem die Zellmembran und die DNA. Da die Reparaturmechanismen der DNA begrenzt sind, können sich auch durch Mutationen verursachte Schäden im Laufe der Zeit in der Zelle anhäufen. Beide Faktoren können zweifellos Alterungsprozesse verursachen, erklären aber ebenso wenig wie die „Verschleißhypothese", warum Lebewesen unterschiedlich alt werden: Eintagsfliegen leben nach dem Schlüpfen aus der Larve nur Stunden oder Tage, Mäuse können dreieinhalb Jahre alt werden, Schimpansen 60 Jahre, Menschen 120 Jahre und Mammutbäume 4000 Jahre. Möglicherweise sind Mammutbäume – ebenso wie viele Einzeller, die sich unbegrenzt teilen können – sogar *potenziell unsterblich.*

Unbegrenzt teilungsfähig sind auch die Zellen pflanzlicher Bildungsgewebe (Meristeme), während sich die Bindegewebszellen einer Maus in Kultur maximal 22mal teilen, die eines Menschen 50mal und die einer Riesenschildkröte 125mal. Dann stellen sie ihre Teilungen ein und sterben ab. Offensichtlich unterliegt Altern auch *genetischen Einflüssen.* Gestützt wird diese Hypothese durch eine seltene, genetisch bedingte Krankheit, das so genannte WERNER-Syndrom. Menschen, die an dieser Krankheit leiden, sehen schon mit 20 aus wie Greise und sterben meist, bevor sie 50 sind.

Warum aber sollten Gene dazu führen, dass Organismen altern und sterben? Lange Zeit glaubte man, dies sei biologisch sinnvoll, da nur die Aufeinanderfolge neuer Generationen mit veränderter genetischer Ausstattung die Voraussetzung dafür schafft, dass sich Arten an veränderte Umweltbedingungen anpassen können. Nach dieser Theorie sind Altern und Tod also im Dienst der Arterhaltung entstanden und genetisch programmiert.
An dieser Theorie gibt es heute aber erhebliche Zweifel. Viele Biologen halten eine andere Erklärung für wahrscheinlicher, die der amerikanische Evolutionsbiologe George WILLLIAMS 1957 vorgeschlagen hat. Gene beeinflussen meist zahlreiche Körperfunktionen – man nennt dies *pleiotrope Genwirkungen* (gr. *pleios*, viel, *tropein*, beeinflussen). Ein Gen, das den Calcium-Stoffwechsel beeinflusst, könnte beispielsweise dazu führen, dass Knochenbrüche schneller heilen. Da ein solches Gen die Überlebens- und Fortpflanzungschancen seines Trägers erhöht, wird es sich in der Population ausbreiten – selbst wenn es auch dazu führt, dass die Arterien seines Trägers schneller verkalken. Wenn sich solche negativen Effekte nämlich erst in einem Alter bemerkbar machen, in dem die meisten Individuen schon zuvor durch Krankheiten, Raubfeinde oder andere äußere Ursachen ums Leben gekommen sind, überwiegen die positiven Effekte in der Jugend. Altern ist nach dieser Theorie also lediglich auf positive Genwirkungen in der Jugend zurückzuführen, die mit negativen Effekten im Alter gekoppelt sind.

EXKURS **Krebs – Gene außer Kontrolle**

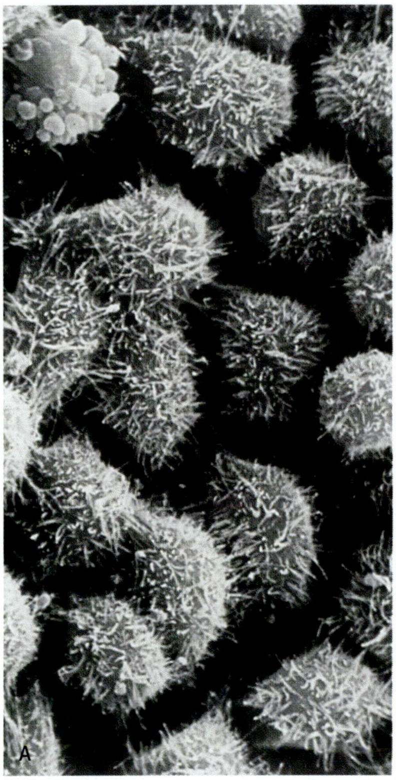

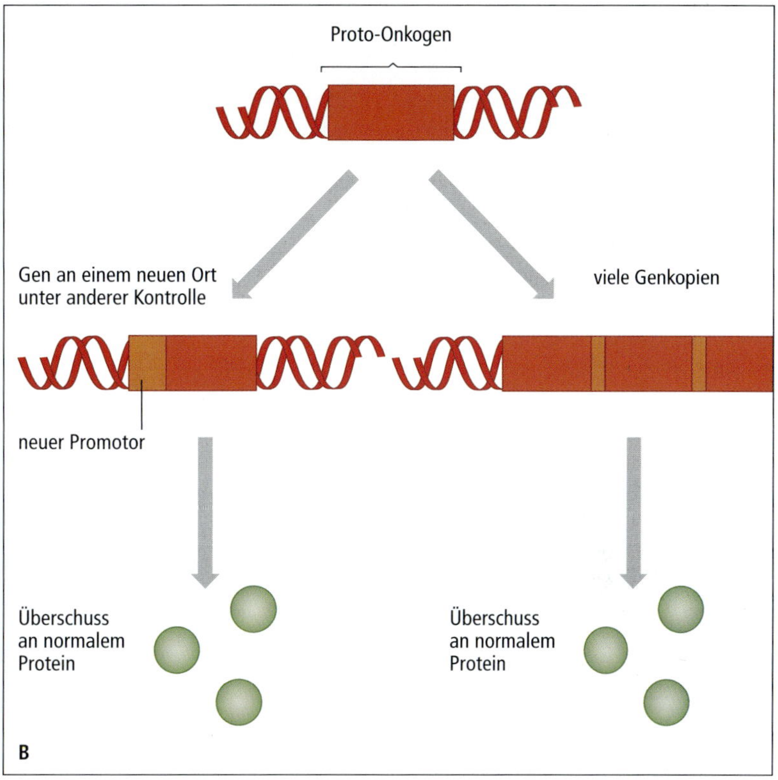

147.1 Krebs. A Krebszellen (REM-Aufnahme); **B** Verlust der Kontrolle

Die abgebildeten Zellen entstammen einer Zelllinie, die auf das Jahr 1949 zurück geht. Einer an Gebärmuttermundkrebs verstorbenen Patientin wurden Zellen des erkrankten Gewebes entnommen und in ein Kulturmedium überführt. Dort vermehren sie sich seit über fünfzig Jahren. Eine solche ungehemmte Vermehrung ist kennzeichnend für **Krebszellen.** Wie kommt es dazu, dass sich Zellen den normalen Kontrollmechanismen für Teilung und Wachstum entziehen?

Im Genom von Menschen und Tieren gibt es normale zelluläre Gene, die über Proteine Wachstum und Teilung von Zellen regulieren. Man nennt diese Gene, da sie zu *Krebs* erzeugenden **Onkogenen** mutieren können, **Proto-Onkogene.** Durch eine Translokation kann ein solches Gen an einen neuen Genort gebracht werden, wo es unter die Kontrolle eines besonders aktiven Promotors gerät. Proto-Onkogene können auch vervielfacht werden. Durch eine solche Mutation wird die Konzentration des regulatorischen Proteins und damit seine Wirksamkeit erhöht. Die betroffene Zelle und ihre Nachkommen werden zu ungeregeltem Wachstum und zu unkontrollierter Teilung veranlasst. Eine Krebsgeschwulst entsteht.

Bei einer anderen Form der Krebsentstehung spielen **Tumor-Suppressor-Gene** eine entscheidende Rolle. Diese Gene codieren normalerweise Proteine, die eine unkontrollierte Zellteilung unterdrücken. Jede Mutation, die die normale Aktivität eines Tumor-Suppressor-Gens verringert, kann zur Entstehung von Krebs beitragen. Durch den Wegfall des Suppressors wird die Zellvermehrung über das normale Maß hinaus stimuliert.

Im Allgemeinen führt eine einzige Mutation noch nicht zu einer Krebsbildung. Dieses Mehrschritt-Modell der Krebsentstehung ist gut belegt durch die Entstehung von Dickdarmkrebs. Erste Anzeichen für eine erfolgte Mutation sind normal aussehende Zellen der Dickdarmschleimhaut, die sich ungewöhnlich häufig teilen. Später erscheinen gutartige Tumoren, die Polypen. Sie wachsen langsam und nicht in das umgebende Gewebe hinein. Weitere Mutationen führen dann zum bösartigen Tumor, zum Dickdarmkrebs.

Dieser breitet sich in das umliegende Gewebe hinein aus. Einzelne Zellen können über Blutbahnen oder Lymphgefäße in andere Körperregionen gelangen und hier zu **Metastasen** genannten Tochtergeschwülsten heranwachsen.

Die äußeren Ursachen der Krebsentstehung nennt man **Karzinogene.** Dabei kann es sich um Stoffe im Tabakrauch oder im Asbeststaub handeln. Karzinogen wirken auch radioaktive und UV-Strahlen. Die Wahrscheinlichkeit, dass ein bösartiger Tumor hervorgerufen wird, ist um so kleiner, je niedriger die Dosis und je kürzer die Zeit der Einwirkung ist.

AUFGABEN Entwicklungsfaktoren

1 Riesenchromosomen

a) Erläutern Sie, warum das Auftreten von Riesenchromosomen in Speicheldrüsen von *Drosophila*-Larven biologisch sinnvoll ist unter dem Aspekt, dass Larven für die Verpuppung besonders viel Nahrung aufnehmen!

b) Die folgenden Abbildungen zeigen das mikroskopische Bild des X-Chromosoms als Riesenchromosom bei 2 (oben) beziehungsweise 4 (unten) Tage alten *Drosophila*-Larven. Worauf basieren die Unterschiede während der Entwicklung? Erläutern Sie!

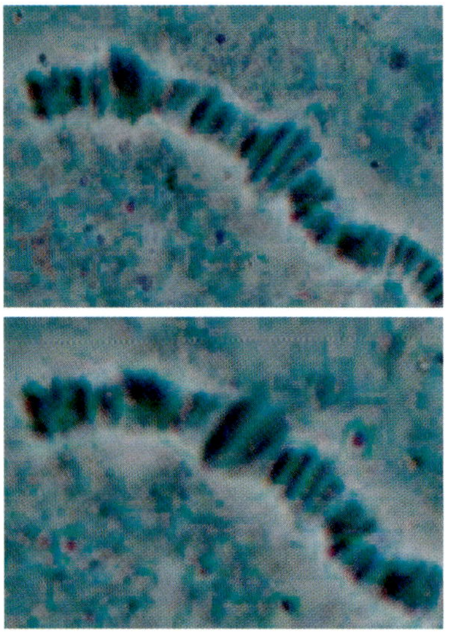

c) Das Puffmuster und damit die Genregulation bei Insekten reagiert auf bestimmte exogene chemische Signale, insbesondere auf bestimmte Hormone wie zum Beispiel das Häutungshormon Ecdyson. Erläutern Sie die Bedeutung von Ecdyson bei der Aufklärung der Funktion der Puffbildung!

d) In einem *Drosophila*-Ei lassen sich durch Röntgenstrahlen Stücke von einem Chromosom abtrennen. Im späteren Larvenstadium sind diese Defekte an Riesenchromosomen am Fehlen bestimmter Querscheiben zu beobachten. Erläutern Sie die Bedeutung solcher Experimente in der Entwicklungsgenetik!

2 Musterbildung durch Morphogene

a) Die Determination embryonaler Zellen kann durch Schnürungsversuche aufgeklärt werden. Kann man diesen Begriff auch auf ein natürliches Phänomen, die Entstehung eineiiger Zwillinge, anwenden? Begründen Sie Ihre Antwort!

b) Folgende Abbildung zeigt nach einer speziellen Färbemethode die Expression des Hunchback-Proteins in einem wenige Stunden alten *Drosophila*-Ei. Erläutern Sie anhand dieser Abbildung den Begriff „Morphogen"!

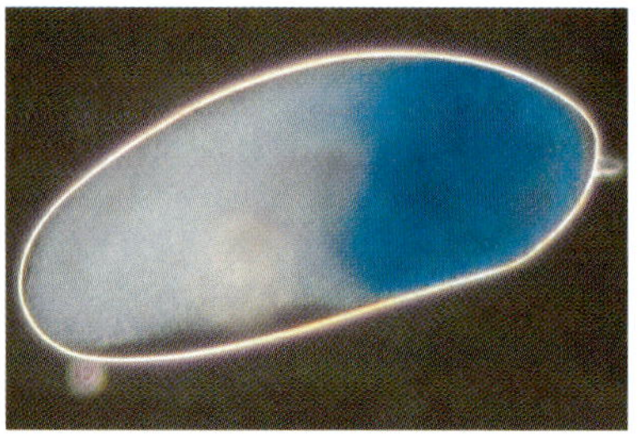

c) Die folgenden Abbildungen zeigen die abgestreifte Haut einer Wildtyp-Larve (oben) von *Drosophila* und einer Krüppel-Mutante (unten) gleichen Alters. Deuten Sie anhand der unterschiedlichen Körpersegmentanzahl die Funktion des *krüppel*-Gens!

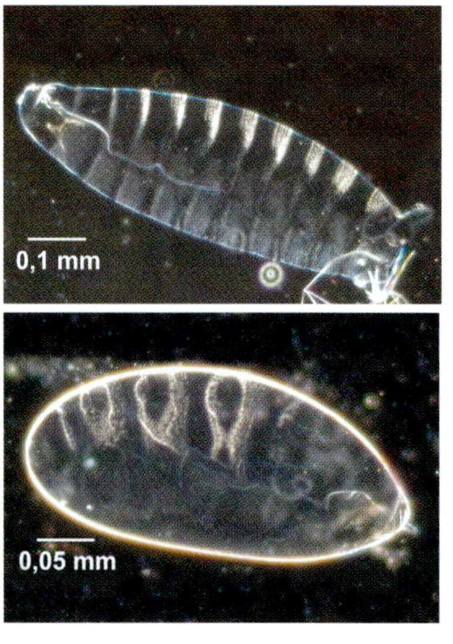

3 Transposons

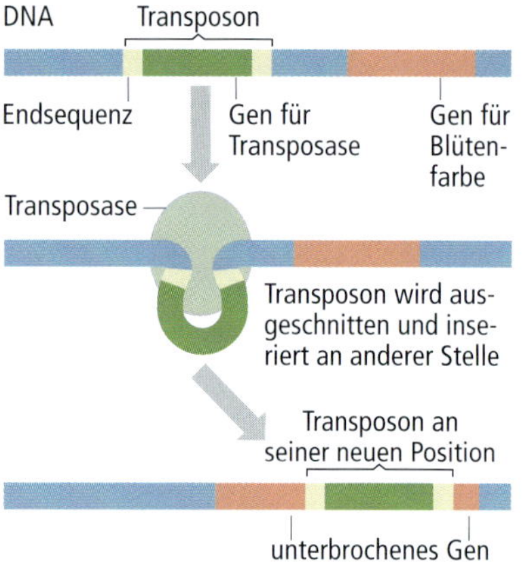

a) Beschreiben Sie den Begriff „Transposon"!

b) Stellen Sie eine Hypothese zur Wirkung von Transposons auf!

4 Determination

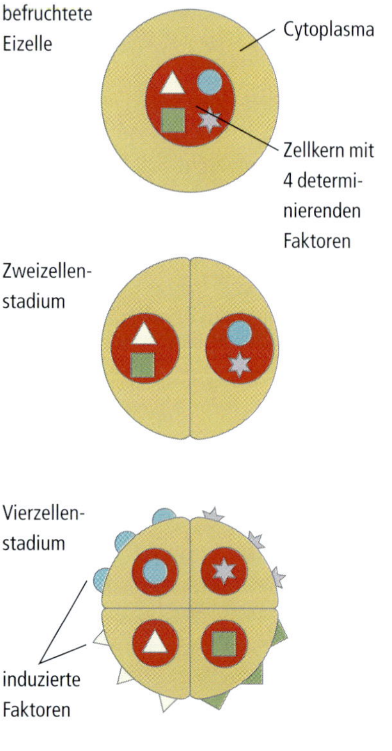

a) Erläutern Sie die Modellvorstellung!

b) Ermöglicht das Modell das Auftreten eineiiger Zwillinge und Vierlinge?

PRAKTIKUM Regulation durch exogene und endogene Faktoren

1 Präparation und Mikroskopieren von Riesenchromosomen

Material: *Tenebrio*-Larven (Mehlwürmer) oder *Chironomus*-Larven (Zuckmücken) aus der Zoohandlung; Präpariernadeln; Karminessigsäure (C); Filtrierpapierstreifen; Mikroskop und Zubehör; Diethylether (F+, Xn); Schnappdeckelglas zur Betäubung mit Wattebausch; Bunsenbrenner; Reagenzglashalter; Tropfpipette; Zeichenmaterial

Durchführung: Geben Sie eine Larve in ein Schnappdeckelglas mit Wattebausch! Pipettieren Sie einige Tropfen Diethylether auf den Wattebausch und verschließen Sie das Gefäß sofort! Führen Sie die betäubte Larve mit einem Tropfen Wasser auf einen Objektträger über! Fixieren Sie mit einer Präpariernadel die Larve und trennen Sie mit einer anderen den Kopf ab! Streichen Sie die als Bläschen sichtbaren Speicheldrüsen aus den Brustsegmenten aus! Färben Sie die Speicheldrüsen mit einem Tropfen Karminessigsäure für einige Minuten ein! Bewegen Sie danach den Objektträger mit dem Reagenzglashalter so lange in der nicht leuchtenden Bunsenbrennerflamme hin und her, bis das Objekt angetrocknet ist! Legen Sie ein Deckglas und dann einen Filtrierpapierstreifen auf! Bringen Sie durch mäßigen Daumendruck die Zellen zum Platzen! Mikroskopieren Sie die Riesenchromosomen des Quetschpräparats bei stärkster Vergrößerung!

Aufgaben:

a) Zeichnen Sie ein Riesenchromosom bei stärkster Vergrößerung!

b) Zählen Sie die Puffs auf dem Riesenchromosom!

c) Die Puffs auf dem Chromosom entsprechen Regionen mit hoher Transkriptionsrate. Geben Sie eine anschauliche Erklärung dafür, dass aktive Gene mehr Raum beanspruchen als inaktive!

d) Im Laufe der Entwicklung eines Tieres ändert sich das Puffmuster ein und desselben Chromosoms. Erklären Sie dies mithilfe der differenziellen Genaktivität!

2 Keimung von Samen unter verschiedenen Lichtbedingungen

Material: Samen von Senf, Radieschen oder Kresse; 3 Kristallisierschalen; 3 Glasplatten; Watte; Lineal

Durchführung: Legen Sie drei Kristallisierschalen mit Watte aus! Befeuchten Sie die Watte mit Wasser! Legen Sie jeweils etwa 100 Samen auf die feuchte Watte der drei Kristallisierschalen! Verschließen Sie die Kristallisierschalen mit einer Glasplatte, damit das Wasser nicht verdunsten kann! Füllen Sie notfalls während der Durchführung des Versuchs Wasser nach; die Watte darf nicht eintrocknen!

Stellen Sie die drei Kristallisierschalen bei gleicher Raumtemperatur an Stellen unterschiedlicher Lichtintensität: Ansatz 1 ans Fenster, Ansatz 2 an einen dämmrigen Ort und Ansatz 3 an einen Ort mit völligem Lichtabschluss!

Aufgaben:

a) Vergleichen Sie die Entwicklung der Pflanzenkeimlinge während der nächsten 5 bis 8 Tage besonders im Hinblick auf Färbung und Länge der Sprossachse sowie Größe und Färbung der Blätter! Protokollieren Sie Ihre Beobachtungen!

b) Messen Sie mithilfe eines Lineals die Länge der Sprossachse von jeweils 20 Keimlingen und berechnen Sie jeweils die Längen-Mittelwerte!

c) Berechnen Sie aus den Längen-Mittelwerten die prozentualen Unterschiede im Wachstum der Keimsprossachse!

d) Erläutern Sie den Zusammenhang zwischen dem unterschiedlichen Aussehen der Keimlinge in den drei Versuchsansätzen und der Regulation der Genaktivität! Beziehen Sie in Ihre Überlegungen den Umweltfaktor Licht ein!

3 Keimung fetthaltiger Samen

Material: Samen von Sonnenblume oder Raps; Petrischale; Filtrierpapier; Glastrichter; Reibschale mit Pistill; Quarzsand; Salzsäure (c = 1 mol/l; C); Reagenzglas; Reagenzglashalter; Bunsenbrenner; FEHLINGsche Lösung I (B2) und II (C, B1)

Durchführung: Bringen Sie einige Samen von Sonnenblume bzw. Raps in eine Petrischale auf ein angefeuchtetes Filtrierpapier! Lassen Sie die Petrischale bei etwa 25 °C einige Tage stehen und halten Sie das Filtrierpapier leicht feucht! Die Samen beginnen nach einigen Tagen zu keimen. Entfernen Sie die Samenschalen und zerreiben Sie die Samen unter Zusatz von etwas Quarzsand in der Reibschale! Filtrieren Sie ab und versetzen Sie den Presssaft mit etwa 5 ml Salzsäure! Kochen Sie kurz auf! Führen Sie dann die FEHLINGsche Probe durch! Verfahren Sie zur Kontrolle mit einigen ungekeimten Samen entsprechend!

Aufgaben:

a) Beschreiben Sie die Ergebnisse!

b) In einem quantitativen Experiment wurde ermittelt, dass in *Ricinus*-Samen innerhalb von vier Tagen von 270 mg Fetten noch 50 mg vorhanden waren, während der Kohlenhydratanteil des Embryos während dieser Zeit von 15 auf 230 mg angestiegen war. Ziehen Sie Schlussfolgerungen für die maßgeblichen Stoffwechselvorgänge während der Samenkeimung!

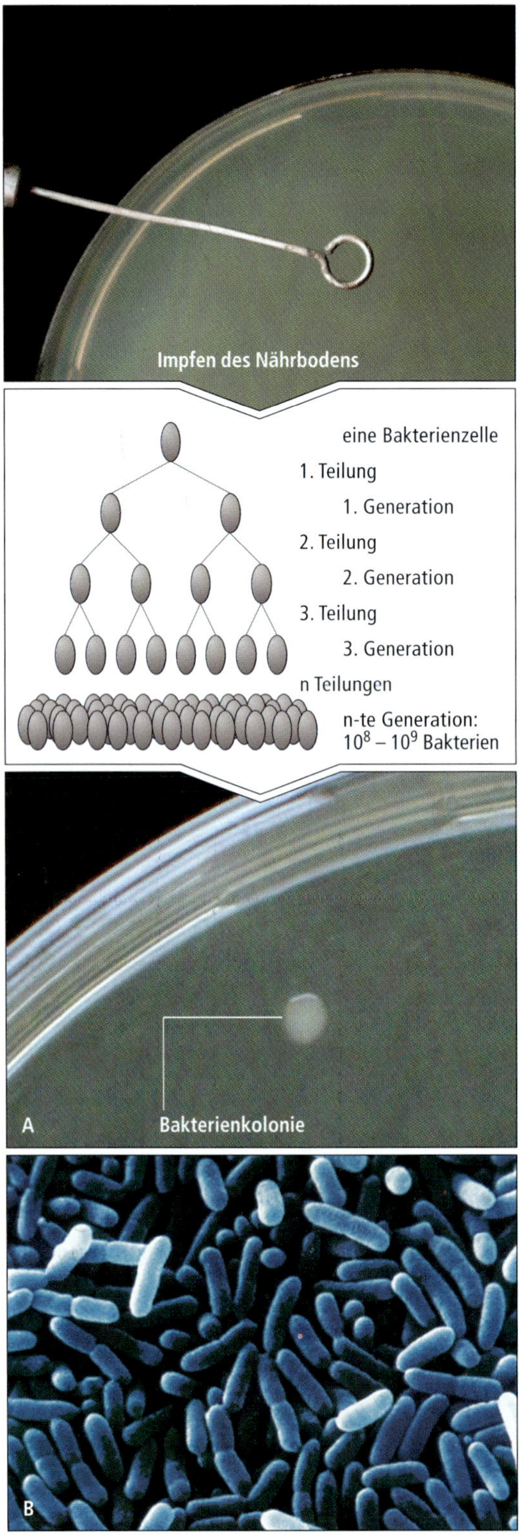

150.1 **Bakterium *Escherichia coli*.**
A Klonbildung; **B** REM-Aufnahme (gefärbt)

1. Berechnen Sie die Anzahl von Bakterienzellen, die nach zehn Teilungen aus einer Ausgangszelle entstanden sind! Zeichnen Sie dazu ein Diagramm!

6 Bakterien- und Virengenetik

6.1 Bau der Bakterienzelle *Escherichia coli*

Das Bakterium *Escherichia coli* ist trotz oder gerade wegen seiner geringen Größe und seines einfachen Aufbaus ein bevorzugtes Versuchsobjekt in der Molekulargenetik. Auf Grund seiner kurzen Generationszeit von nur 20 Minuten unter optimalen Bedingungen lassen sich die Auswirkungen genetischer Veränderungen „über Nacht" beobachten: Aus nur einer Ausgangszelle entsteht innerhalb weniger Stunden ein **Klon** von etwa 10^{10} erbgleichen Tochterzellen, die als Kolonie von etwa drei Millimetern Durchmesser auf einem Nährboden zu sehen sind.

Die Wildform von *Escherichia coli* ist ein natürlicher Bewohner des Darmtraktes des Menschen und vieler Säugetiere. Die Zelle ist durch eine widerstandsfähige Zellwand gegen mechanische Einflüsse geschützt, die zwischen einer äußeren und einer inneren Plasmamembran liegt. In die Zellwand sind je nach Bakterienstamm eine oder mehrere Geißeln eingelagert, die der Fortbewegung dienen. Daneben kann die Zelloberfläche mit fadenförmigen *Pili* besetzt sein, die auch zur Kontaktaufnahme mit anderen Bakterien dienen.

Da *Escherichia coli* keinen Zellkern besitzt, zählt man es zu den Prokaryoten. Sein einziges ringförmiges **Chromosom** umfasst etwa vier Millionen Basenpaare und ist durch histonähnliche Proteine vielfach aufgefaltet. Darüber hinaus besitzt *Escherichia coli* auch extrachromosomale DNA in Gestalt kleiner ringförmiger Moleküle, so genannter **Plasmide.** Je nach Plasmidform variiert ihre Größe von etwa 10^3 bis 10^6 Basenpaaren und ihre Anzahl von einer bis über 100 Kopien pro Zelle. Plasmide besitzen einen eigenen Replikationsursprung (engl. ***o**rigin of **r**epl**i**cation*, ori) und werden daher unabhängig vom Chromosom repliziert. Auf ihnen finden sich Gene, die zwar nicht lebensnotwendig sind, ihren Trägern aber zum Beispiel durch Resistenz gegen Giftstoffe wie *Antibiotika* einen Überlebensvorteil verschaffen. Bakterien mit Resistenzgenen gegen Ampicillin oder Tetracyclin können sich auch in Anwesenheit dieser Antibiotika vermehren.
Solche Antibiotikaresistenzen dienen im Labor als leicht zu verfolgende Marker: Es überleben nur diejenigen Bakterien in einem antibiotikahaltigen Nährmedium, die das Plasmid mit dem betreffenden Resistenzgen besitzen. Meist besitzt dieses Plasmid dann noch weitere Eigenschaften, die für Wissenschaftler von Interesse sind. Da man Plasmide leicht isolieren und genetisch manipulieren kann, sind sie für molekulargenetische Untersuchungen sehr nützlich.

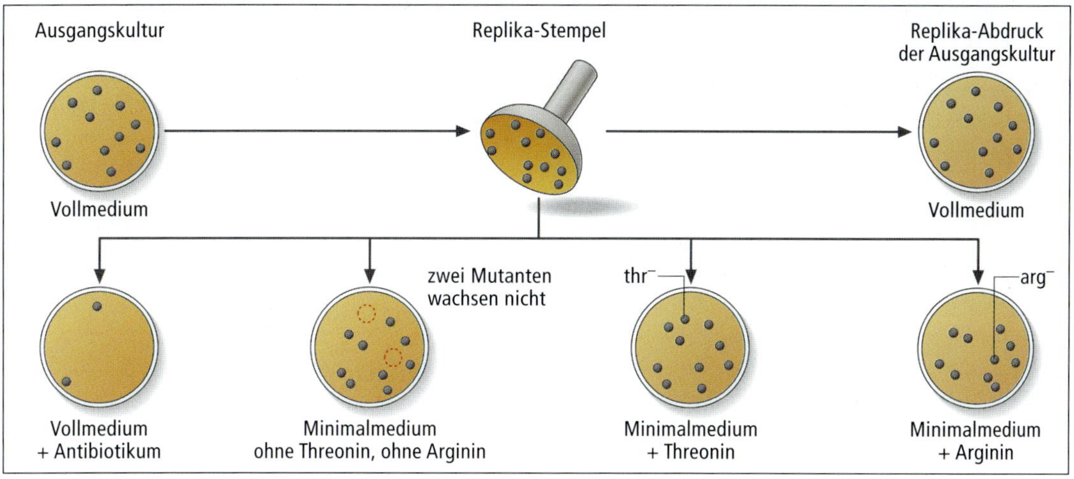

151.1 Identifizierung von nährstoffabhängigen Bakterienmutanten durch Replika-Plattierung

6.2 Mutationen bei Bakterien

Unter dem Sammelbegriff *Antibiotika* sind viele verschiedene Stoffe bekannt, die schon in geringer Konzentration Bakterien töten oder ihre Vermehrung hemmen (griech. *anti,* gegen; *bios,* Leben). Beim Einsatz von Antibiotika gegen bakterielle Infektionen gibt es aber immer wieder Fälle, in denen Krankheitserreger vom Antibiotikum nicht mehr angegriffen werden. Diese Stämme sind gegen dieses Antibiotikum *resistent.* Ihrer phänotypischen Resistenz gegen das Antibiotikum liegt eine Veränderung des Genotyps zu Grunde, eine **Mutation.** Mutationen treten zufällig und ungerichtet auf. Bei *Escherichia coli* beträgt die Wahrscheinlichkeit einer Mutation in einem bestimmten Gen etwa 1 : 10 000 000 (10^{-7}) pro Zellteilung. Aufgrund ihrer hohen Nachkommenzahl treten Mutationen jedoch bei Prokaryoten relativ häufig auf. In einem Bakterienklon aus 10^9 Zellen ist statistisch mit 100 Mutationen eines bestimmten Gens zu rechnen. Bezogen auf die Gesamtzahl von etwa 3000 Genen, die *E. coli* besitzt, sind in diesem Klon 300 000 Mutanten zu erwarten.

Mutationen sind meist nachteilig für ihren Träger, da durch die veränderte DNA-Sequenz oft auch die Funktion des entsprechenden Genproduktes, zum Beispiel eines Enzyms, beeinträchtigt ist. So kennt man bei Bakterien zahlreiche Mutanten, denen die Fähigkeit zur Synthese einzelner Aminosäuren fehlt. Solche *Mangelmutanten* sind **auxotroph;** zum Wachstum sind sie auf die Zufuhr der entsprechenden Aminosäure angewiesen. Die **prototrophe** Wildform dagegen kann alle 20 Aminosäuren selbst aufbauen. Wie aber identifiziert man unter vielen tausend Wildtyp-Bakterien eine Mangelmutante, die zum Beispiel für die Aminosäuren Threonin und Arginin auxotroph ist (Genotyp *thr⁻ arg⁻*)?

Mit der Technik der **Replika-Plattierung** verfügt man über ein spezifisches Selektionsverfahren. Dazu wird auf einer Petrischale mit Vollmedium eine verdünnte Bakterienlösung so ausplattiert, dass einzelne, isolierte Kolonien heranwachsen.
Anschließend werden diese Kolonien durch einen Stempelabdruck in gleicher räumlicher Anordnung auf vier neue Platten (Replika-Platten) übertragen. Der runde Replika-Stempel ist mit Samt bezogen und passt genau in die Petrischale. Vor Gebrauch wird er sterilisiert.

Eine der Replika-Platten enthält das gleiche Vollmedium wie die Ausgangskultur mit allen 20 Aminosäuren. Das Muster der Kolonien auf dieser Replika-Platte sollte also mit dem Muster der Ausgangskultur identisch sein. In dem Nährmedium der anderen drei Replika-Platten fehlen entweder Threonin, Arginin oder beide Aminosäuren. Auf diesen Nährböden können sich diejenigen Mutanten nicht vermehren, welche die jeweils im Nährmedium mangelnde Aminosäure nicht herstellen können. Sie fehlen also im Kolonie-Muster der entsprechenden Replika-Platten. Durch Vergleich der Replika-Platten mit dem Muster der Ausgangskultur lassen sich die Mangelmutanten lokalisieren. Sie lassen sich nun gezielt von der Ausgangskultur in ein Nährmedium überimpfen, das den für sie erforderlichen Nährstoff enthält.

Durch die Auswahl geeigneter Lebensbedingungen kann man also eine bestimmte Mutante unter Millionen von Bakterien isolieren. Ein solches Vorgehen bezeichnet man als **Selektion.** Nicht nur im Labor ist die Selektion von großer Bedeutung; wann immer Antibiotika als Medikamente eingesetzt werden, wird auf Antibiotikaresistenz der Krankheitserreger selektiert.

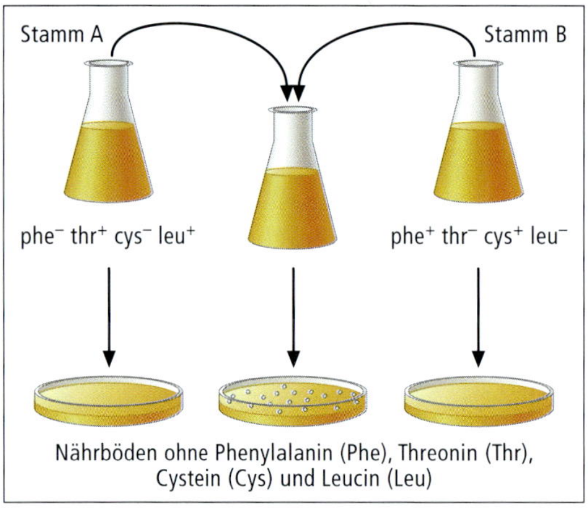

152.1 Konjugationsversuch von LEDERBERG und TATUM (Schema)

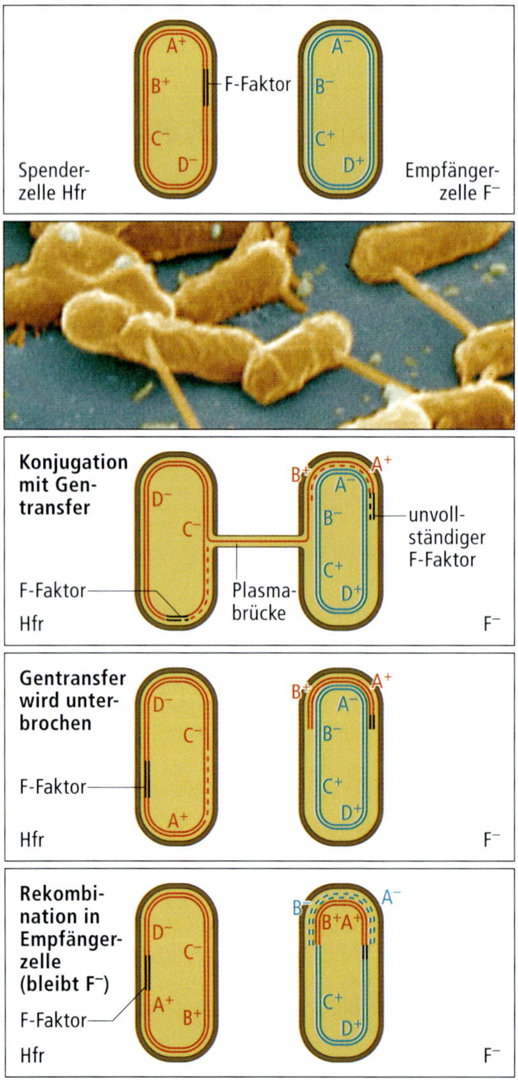

152.2 Rekombination bei Bakterien durch Konjugation. Übertragung chromosomaler Gene durch Hfr-Zellen (Schema: --- Synthese --- Abbau; EM-Aufnahme)

6.3 Genetische Rekombination bei Bakterien

Bei Eukaryoten verläuft die genetische Rekombination über Meiose und Befruchtung. Bei Prokaryoten können andere Rekombinationsprozesse beobachtet werden. Joshua LEDERBERG und Edward TATUM führten hierzu 1946 ein Experiment mit zwei doppelten Mangelmutanten von *Escherichia coli* durch. Der Stamm A konnte die Aminosäuren Phenylalanin und Cystein nicht synthetisieren *(phe⁻ cys⁻)*, Stamm B war dagegen auxotroph für die Aminosäuren Threonin und Leucin *(thr⁻ leu⁻)*. Beide Doppelmutanten wuchsen daher nur auf Nährboden mit entsprechendem Aminosäurezusatz. Wurden die beiden Stämme gemeinsam in einem Vollmedium vermehrt und nach einigen Stunden auf Nährböden ohne Aminosäurezusatz ausplattiert, wuchsen überraschenderweise dennoch einige Kolonien auf den Minimalplatten heran. Die Anzahl dieser prototrophen Kolonien überstieg die für eine „Doppel-Rückmutation" zu erwartende Häufigkeit bei weitem.
Zwischen den beiden Doppelmutanten musste also ein Austausch von genetischem Material stattgefunden haben. Im Elektronenmikroskop konnten Kontakte zwischen Bakterienzellen beobachtet werden. Sie erfolgen über fädige Oberflächenstrukturen, den *Pili*. Anschließend kommt es zur Ausbildung einer Plasmabrücke, über die ein einseitig gerichteter DNA-Transfer vom Spender zum Empfänger verläuft. Diesen Vorgang nennt man **Konjugation**. Spenderzellen besitzen ein besonderes Plasmid, den Fertilitäts- oder *F-Faktor* (F^+). Die F^+-Zellen übertragen eine Kopie des F-Faktors auf die Empfängerzelle (F^-), die dadurch ebenfalls zur F^+-Zelle wird.

Statt auf einem Plasmid kann der F-Faktor auch in das Chromosom einer Spender-Zelle eingebaut sein. In diesem Fall wird bei einer Konjugation ein Einzelstrang des ringförmigen DNA-Moleküls geöffnet und in die F^--Zelle überführt. Sowohl das übertragene DNA-Stück als auch das zurückgebliebene Bakterienchromosom werden schon während der Konjugation zu Doppelsträngen ergänzt. Der Kontakt zwischen den Zellen bricht meist ab, bevor das komplette Chromosom übertragen wird. Die ursprüngliche F^--Zelle ist nun partiell diploid, da sie neben ihrem eigenen Chromosom auch ein doppelsträngiges Fragment des Spender-Chromosoms besitzt. In einer Art Crossing-over kann nun die Spender-DNA gegen die homologe Sequenz des Empfänger-Chromosoms ausgetauscht und in das Chromosom eingebaut werden; die ausgetauschte Empfänger-DNA wird anschließend abgebaut. Da es so besonders häufig zu Rekombinationsvorgängen kommt, wird die Spender-Zelle auch als *Hfr-Zelle* bezeichnet (engl., ***h****igh* ***f****requency of* ***r****ecombination*).

6.4 Bau der Viren

Viele Viren sind Krankheitserreger. Beim Menschen verursachen sie beispielsweise Kinderlähmung, Pocken, Grippe und AIDS. Sie sind meist streng spezifisch für einen bestimmten Wirt. So befällt eine Gruppe von Viren, Bakteriophagen oder kurz **Phagen** genannt, ausschließlich Bakterien.
Viren verfügen über keinen eigenen Stoffwechsel; es fehlt ihnen damit ein wichtiges Kennzeichen des Lebendigen. Außerdem enthalten sie entweder nur DNA oder RNA. Es gibt Viren mit einzelsträngiger DNA und auch solche mit doppelsträngiger RNA. Zu ihrer Vermehrung müssen sie in eine Zelle eindringen und deren Synthesefähigkeiten nutzen, um neue Viruspartikel herzustellen. Dabei geht die Wirtszelle meist zugrunde.
Viren unterscheiden sich stark in Gestalt und Größe. Selbst große Viren wie die T-Phagen sind aber noch deutlich kleiner als Bakterienzellen. Daher kann man Viren nur im Elektronenmikroskop beobachten. Besonders gut untersucht sind die T-Phagen, die *Escherichia coli* befallen. Ihr Bau lässt sich in Kopf, Schwanz und Schwanzfäden gliedern. Die Proteinhülle des Kopfteils hat eine Vieleckstruktur und umgibt beim Phagen T4 einen dicht gepackten DNA-Doppelstrang von etwa 200 000 Basenpaaren Länge. An den Kopf schließt sich der Schwanzteil an. Er besteht aus einer kontraktilen Proteinscheide, deren Kanüle die Phagen-DNA in das Bakterium injiziert.

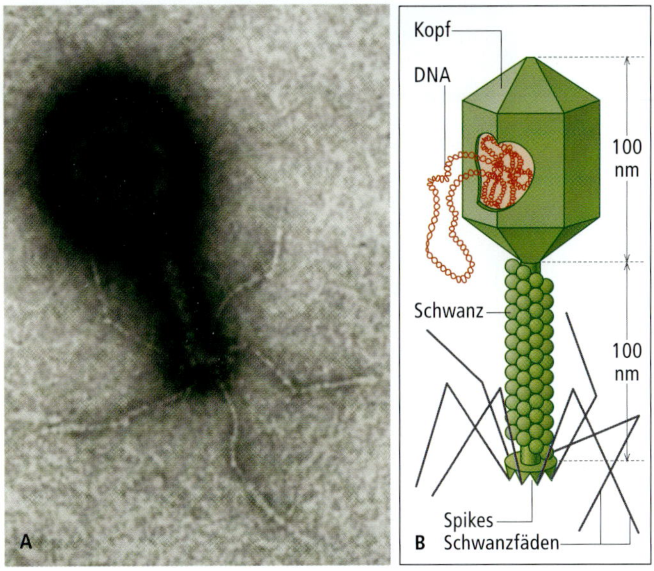

153.1 Bau des Phagen T4. A EM-Bild; **B** Schema

An ihrem Ende befindet sich eine mit sechs kurzen Stacheln, so genannten Spikes, und sechs langen Schwanzfäden besetzte Endplatte. Sie dienen dem Anheften des Phagen an die Zellwand der Bakterienzelle.

1. Stellen Sie in einer Tabelle Nucleinsäure-Art, Stoffwechsel, Vermehrung und Größe von Bakterien und Viren einander gegenüber!

EXKURS Das HERSHEY-CHASE-Experiment

Seit den Transformationsexperimenten von AVERY 1944 war die DNA als Erbsubstanz identifiziert. Weitere Versuche in anderen Systemen sollten nun diesen Befund bestätigen. Dazu führten Alfred HERSHEY und Martha CHASE 1952 ein Experiment mit dem Phagen T2 und *Escherichia coli* durch. Etwa 30 Minuten nach der Infektion mit T2 löst sich die Bakterienzelle auf, und etwa 200 neue Phagen werden freigesetzt. Welche virale Komponente aber gelangt ins Zellinnere und veranlasst die Neubildung dieser Phagen: Proteine oder die DNA? HERSHEY und CHASE markierten in einem Versuchsansatz Phagen-DNA mit radioaktiven Phosphoratomen (^{32}P), in einem anderen Ansatz dagegen die Proteinhülle mit radioaktiven Schwefelatomen (^{35}S). Diese Markierung ist sehr spezifisch, da die DNA keine Schwefelatome und die Proteinhülle keine Phosphoratome enthält.

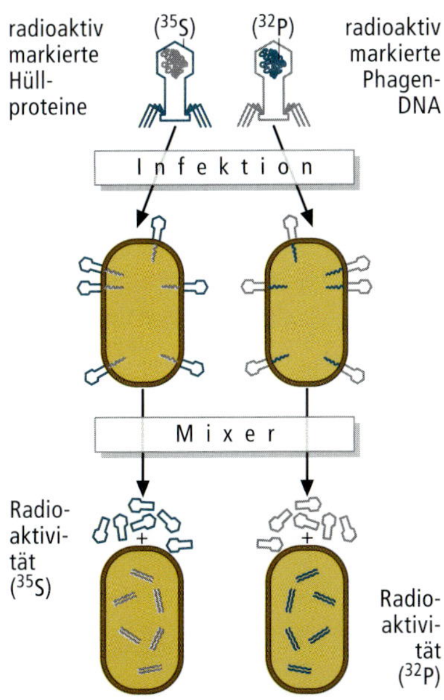

153.2 HERSHEY-CHASE-Experiment

Dann infizierten sie unmarkierte Bakterienzellen mit den Phagen, die entweder mit ^{32}P oder mit ^{35}S markiert waren. Nach einer kurzen Inkubationszeit wurden die infizierten Bakterienkulturen in einen Mixer gegeben. Dort wurden durch die starken Scherkräfte die Phagenpartikel von der Zellwand der Bakterien abgerissen. Anschließend wurde zentrifugiert, sodass sich die schwereren Bakterienzellen auf dem Boden des Probenröhrchens absetzten, während die leichteren Phagenpartikel im Überstand blieben. Die Messung der Radioaktivität in den beiden Fraktionen zeigte, dass sich die markierten Phagen-Proteine im Überstand fanden. Nur die Phagen-DNA war in die Bakterienzellen hinein gelangt. Hieraus schlossen HERSHEY und CHASE, dass auch bei Viren Nucleinsäuren und nicht die Proteine das genetische Material darstellen.

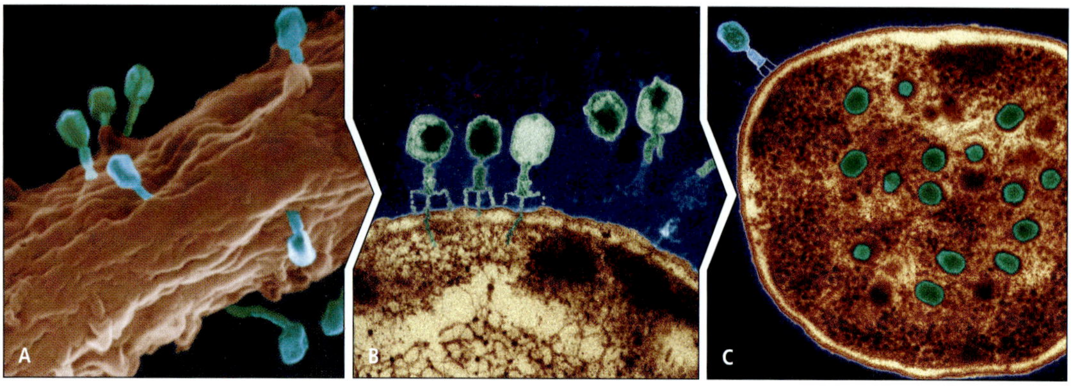

154.1 Vermehrung der T-Phagen (EM-Bilder, gefärbt). **A** Adsorption; **B** Injektion; **C** Bakterienzelle mit gefüllten Phagenköpfen

6.5 Vermehrung der Viren

Die Infektion einer Bakterienzelle durch einen T-Phagen und die anschließende Vermehrung des Phagen beginnt mit der Anlagerung mittels seiner Schwanzfäden an die Zellwand. Nach der Injektion seiner DNA in das Bakterium werden nun durch den Syntheseapparat der Wirtszelle die viralen Proteine hergestellt und das Genom des Phagen vielfach kopiert. Sind die viralen Makromoleküle in genügender Anzahl vorhanden, fügen sie sich selbständig zu fertigen Viruspartikeln zusammen *(„self assembly")*. Schließlich wird die Wirtszelle zerstört oder *lysiert*, und die neuen Phagen werden freigesetzt. Viren mit einem solchen Vermehrungszyklus heißen **lytische** Viren.

Daneben kennt man auch **lysogene** Viren wie den Phagen *Lambda* (λ), dessen DNA nach der Infektion zunächst in das Chromosom der Bakterienzelle eingebaut wird. So kann er sich als **Prophage** über viele Zellgenerationen hinweg mit den Wirtszellen vermehren. Auf ein bestimmtes Signal hin, etwa einen Temperaturschock oder UV-Bestrahlung, wird die DNA des Prophagen aus dem bakteriellen Chromosom ausgeschnitten, und der Phage schlägt den lytischen Zyklus ein.

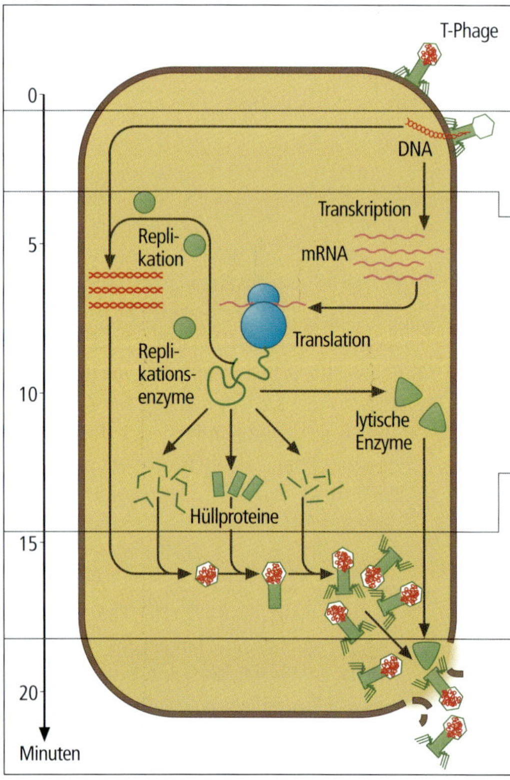

1. **Adsorption** des Phagen durch Anlagerung an eine Anheftungsstelle (Rezeptor) auf der Zellwand der Bakterienzelle. Die Phagenendplatte und der Rezeptor erkennen einander spezifisch nach dem Schlüssel-Schloss-Prinzip.
2. **Injektion** der Phagen-DNA durch Kontraktion der hohlen Schwanzscheide. Diese durchlöchert Zellwand und Membran, sodass die DNA aus dem Phagenkopf in die Zelle gelangt.
3. **Latenzphase**, in der sich im Bakterium keine Phagen nachweisen lassen. Es findet jedoch eine völlige Umstellung des Stoffwechsels der Wirtszelle statt. Die etwa 150 Phagengene übernehmen die Kontrolle über den Syntheseapparat der Wirtszelle. Die Phagengene werden in einer bestimmten Reihenfolge aktiv. Eines der frühen Gene codiert für eine Desoxyribonuclease, die das bakterielle Chromosom abbaut. Nach der Replikation der Phagen-DNA werden die späten Gene aktiv, die zum Beispiel für die Hüllproteine oder das zellwandauflösende Enzym Lysozym codieren.
4. **Reifung** der Phagen bezeichnet das schrittweise Zusammentreten der etwa 40 Hüllproteine und der Phagen-DNA zu neuen infektiösen Phagenpartikeln. Dabei wird zunächst die DNA in die Phagenköpfe verpackt. Mit dem gefüllten Kopf tritt das separat hergestellte Schwanzteil zusammen, an das sich noch die Schwanzfäden anlagern.
5. **Freisetzung** der fertigen Viren erfolgt durch die Wirkung des phagencodierten Enzyms Lysozym, das die Zellwand abbaut. Dadurch platzt die Zelle schließlich und gibt etwa 200 neue Phagen frei, die wieder neue Bakterien befallen können.

154.2 Lytischer Zyklus der Phagenvermehrung

EXKURS HIV – ein Retrovirus

1981 wurden in Kalifornien erste Fälle einer neuen Infektionskrankheit bekannt, die sich weltweit rasch ausbreitete. Betroffene erkrankten an sonst sehr seltenen Tumoren und tödlichen Infektionen durch Erreger, die für Menschen normalerweise nicht gefährlich sind. Man nannte die Krankheit **Aids** (engl. ***A****quired* ***I****mmmune* ***D****eficiency* ***S****yndrom*, erworbene Immunschwäche), da sie die Folge einer Infektion mit einem Virus ist, der das Immunsystem stark schädigt. Der Erreger von Aids ist das **H**uman **I**mmunodeficiency **V**irus **(HIV).** Heute schätzt die Weltgesundheitsbehörde WHO die Anzahl der infizierten Menschen auf über 100 Millionen.

Im elektronenmikroskopischen Bild erscheint der HI-Virus als kugelförmiger Partikel von etwa 100 Nanometern Durchmesser. Seine Außenhülle besteht aus einer Lipiddoppelschicht, in die knopfartige Glykoproteine eingelagert sind. Diese werden nach ihrer Molekülmasse benannt: Das **G**lyko**p**rotein gp 120 besitzt eine Molekülmasse von 120000 u. Unter der Virushülle liegt eine Proteinmatrix, die ein Capsid in Form eines Kegelstumpfes umschließt. Das Capsid enthält zwei identische einzelsträngige RNA-Moleküle von je knapp 10000 Nucleotiden Länge und drei Enzyme: **Protease**, **Integrase** und **Reverse Transkriptase.**

Das Ziel von HIV sind Blutzellen des Immunsystems (T4-Lymphocyten).

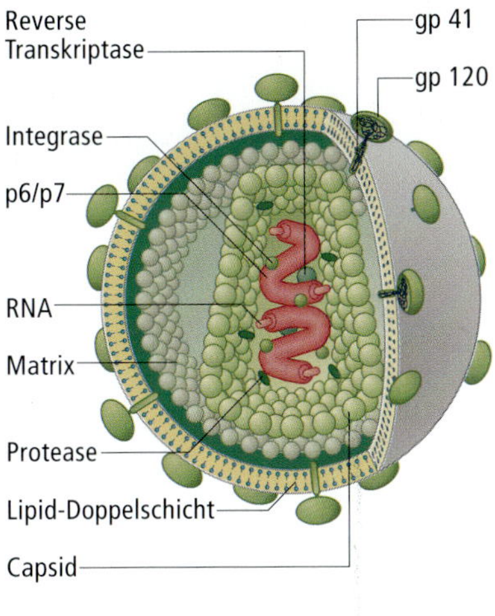

155.1 HI-Virus (Schema). p Protein, **gp** Glykoprotein

Diese besitzen auf ihrer Oberfläche spezifische Bindungsstellen, die CD4-Rezeptoren, an die sich das gp 120 des HIV anlagert. Die Virus-Hülle verschmilzt daraufhin mit der Zellmembran, und die RNA von HIV sowie Enzyme werden in die Zelle entlassen. Die Reverse Transkriptase schreibt die Virus-RNA nun umgekehrt zum üblichen Informationsfluss in einen DNA-Einzelstrang um. Viren wie HIV, die über eine Reverse Transkriptase verfügen, nennt man daher **Retroviren.** Der DNA-Einzelstrang wird zum Doppelstrang ergänzt und wandert in den Zellkern. Dort wird er mit Hilfe der Integrase in das Chromosom der Wirtszelle eingebaut. In diesem Zustand eines Provirus kann ein HIV-Infizierter mehrere Jahre lang symptomfrei verbleiben, bevor es zum Ausbruch der Krankheit kommt. Dann werden die viralen Gene aktiviert, und neue infektiöse HI-Viren werden gebildet. Dadurch kommt es zu einer Abnahme der T4-Lymphocyten, bis schließlich die zunehmende Schwächung des Immunsystems zum Tode führt.

Eine Infektion mit HIV ist schwierig zu bekämpfen, weil der Virus seine genetische Information in das Genom der Wirtszelle integriert hat. Allen Therapie-Strategien ist gemeinsam, dass sie an Stellen angreifen, die spezifisch sind für den viralen Vermehrungszyklus, dabei aber den Stoffwechsel der Wirtszelle möglichst nicht schädigen. Ein Hauptziel ist die Blockade der Reversen Transkriptase. Hier hat sich *Azidothymidin* (AZT) als das erste wirksame Medikament erwiesen; es zeigt allerdings schwere Nebenwirkungen. Mit *Antisense-DNA* versucht man seit kurzem, die Translation der viralen Gene nach ihrer Integration zu verhindern. Dazu werden kurze einzelsträngige DNA-Stücke verabreicht, die zu der viralen mRNA komplementär sind und sich mit ihr zu einem Hybrid-Doppelstrang zusammenlagern. Die Entwicklung wirksamer Impfstoffe, die eine Infektion durch HIV etwa durch eine Blockade der CD4-Rezeptoren von vornherein verhindern könnten, ist bislang an der hohen Mutationsrate von HIV gescheitert.

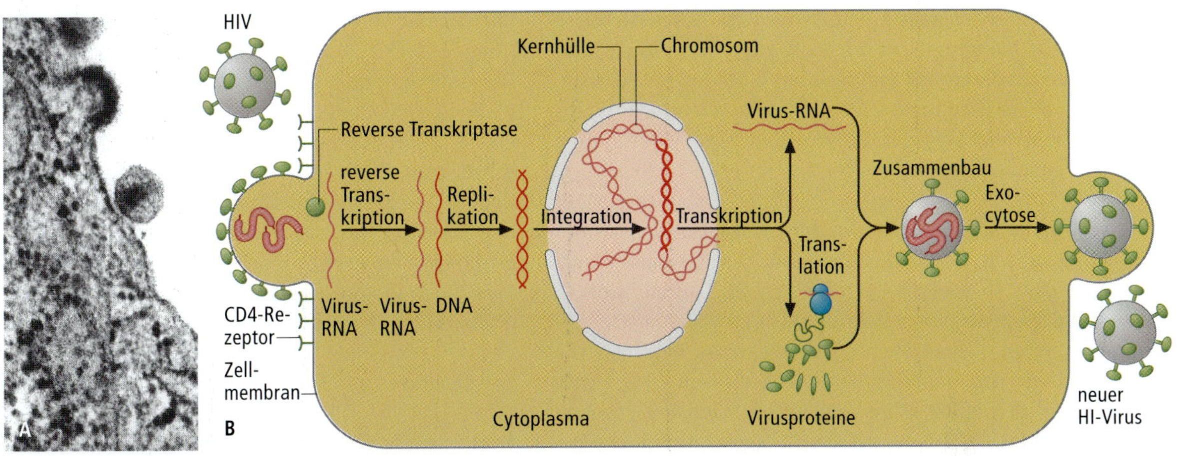

155.2 Vermehrungszyklus des HI-Virus. A EM-Foto; **B** Schema

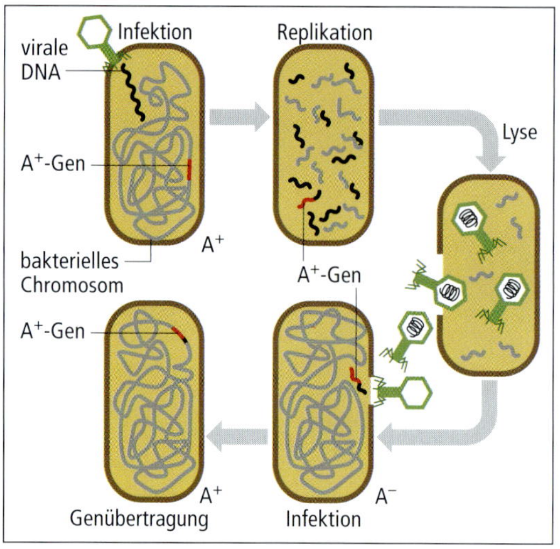

156.1 Allgemeine Transduktion

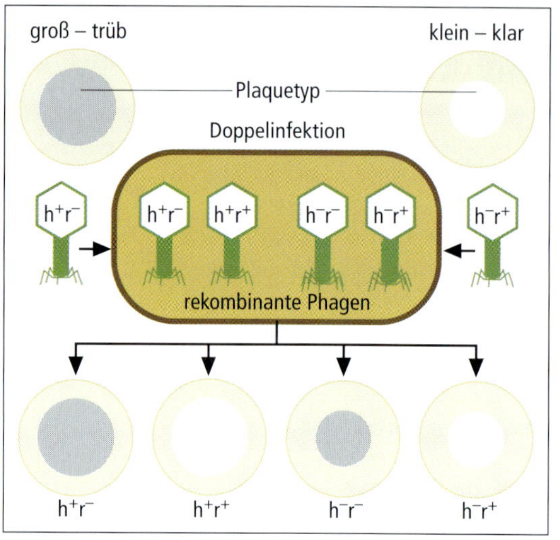

156.2 Rekombination bei Viren

6.6 Genübertragung durch Viren

Bei der Infektion eines Bakteriums mit einem Phagen wird am Ende des lytischen Vermehrungszyklus die virale DNA in die neuen Phagenhüllen verpackt. Zu diesem Zeitpunkt ist das Chromosom der Wirtszelle durch die Aktivität viraler Desoxyribonucleasen bereits in zahlreiche kleine Fragmente zerlegt. Daher kann gelegentlich auch ein DNA-Fragment der Wirtszelle in einen Viruspartikel eingebaut werden. Ein solcher Phage ist defekt, da ihm zumindest ein Teil der viralen Gene fehlt. Er kann aber dennoch eine neue Bakterienzelle infizieren. Dabei wird die DNA der alten Wirtszelle in die neue Empfängerzelle injiziert. Dieser Vorgang der DNA-Übertragung heißt **Transduktion.** Da jeder beliebige Abschnitt des Wirtsgenoms auf diese Weise weitergegeben werden kann, spricht man von *unspezifischer Transduktion*. Das transduzierte DNA-Stück kann dann über enzymkatalysierte Rekombinationsvorgänge in das Chromosom der neuen Wirtszelle integriert werden. Auf diese Weise können genetische Eigenschaften von einem Bakterienstamm auf einen anderen übertragen werden. Solche Ereignisse sind aber recht selten: Die Wahrscheinlichkeit der Übertragung eines bestimmten genetischen Markers beträgt nur etwa $1 : 10^7$.

Bestimmte lysogene Phagen werden immer an der gleichen Stelle des Bakterienchromosoms eingebaut. So wird die DNA des Phagen Lambda stets in der *att*-Region integriert (engl. *attachment*, Anheftung), die neben dem *gal*-Operon liegt, das die Gene des Galaktose-Stoffwechsels von *Escherichia coli* beinhaltet. Wird beim Einschlagen des lytischen Zyklus die Prophagen-DNA ausgeschnitten, werden manchmal auch Teile der benachbarten zellulären DNA mitgenommen. Bei etwa einem von 100 000 Phagen kommt es dadurch bei einer erneuten Infektion zur Übertragung bakterieller *gal*-Gene in die neue Wirtszelle. Diese Art der Rekombination wird *spezifische Transduktion* genannt, da je nach Art des lysogenen Phagen nur bestimmte, seiner Integrationsstelle benachbarte Gene übertragen werden.

Viren haben zwar keinen eigenen Stoffwechsel, enthalten aber genetische Information in Form von Nucleinsäuren. Daher ist auch bei ihnen mit **Mutationen** und genetischer **Rekombination** zu rechnen. Tatsächlich sind zahlreiche Phagen-Mutanten bekannt. Beim Phagen T2 gibt es Mutanten, die sich in Größe und Durchsichtigkeit der Löcher unterscheiden, die sie in einem Bakterienrasen erzeugen. Diese werden auch *Plaques* genannt und entstehen, wenn sich ein Phage in einer Bakterienschicht vermehrt. Dabei lysieren die infizierten Bakterienzellen, und es entstehen mit bloßem Auge sichtbare Löcher. Ein bestimmter T2-Phagenstamm trägt die Gene h^- und r^+ und erzeugt kleine, klare Plaques. Ein anderer Stamm dagegen verursacht große, trübe Plaques; sein Genotyp ist $h^+ r^-$. Setzt man ein Gemisch beider Stämme in hoher Konzentration einer Kultur von *Escherichia coli* zu, so treten Doppelinfektionen einer Bakterienzelle mit beiden Phagen-Mutanten zugleich auf. Nach dem Ausplattieren beobachtet man neben den beiden Ausgangsformen auch neue Plaque-Typen: Es gibt kleine, trübe und große, klare Plaques. Bei der Vermehrung der Phagen muss es innerhalb der Wirtszelle zu einer Neukombination viraler Gene gekommen sein.

1. Erläutern Sie die wesentlichen Unterschiede zwischen spezifischer und unspezifischer Transduktion!

AUFGABEN Molekulare Genetik

1 DNA-Replikation

MESELSON und STAHL kultivierten Bakterien in einem ^{15}N-haltigen Nährmedium. Anschließend wurden die Bakterien in ein Nährmedium übertragen, das ^{14}N enthielt. Von beiden Kulturen wurde die DNA extrahiert und in einem Dichtegradienten zentrifugiert.

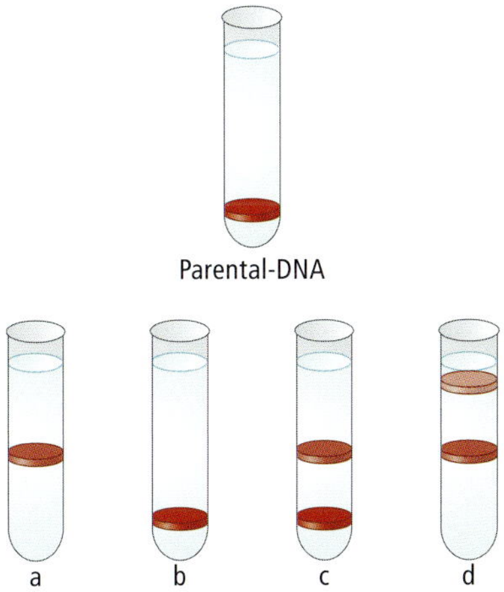

a) Benennen Sie das Reagenzglas, das die Dichteverteilung der DNA nach einer Zellteilung in ^{14}N zeigt! Begründen Sie Ihre Entscheidung!
b) Welches Reagenzglas entspricht der Dichteverteilung nach zwei Teilungen? Begründen Sie!

2 Genetischer Code

Zur Entschlüsselung des genetischen Codes wurde ein zellfreies Proteinsynthesesystem verwendet. Die Zugabe von RNA und radioaktiv markierten Aminosäuren führte zu folgenden Ergebnissen:

RNA	eingebaute Aminosäure
poly-UC	poly-(Serin-Leucin)
poly-AG	poly-(Arginin-Glutaminsäure)
poly-UUC	poly-Phenylalanin; poly-Serin; poly-Leucin
poly-GUA	poly-Valin; poly-Serin

a) Nennen Sie die zur Proteinsynthese notwendigen Zellbestandteile!
b) Erläutern Sie die Erkenntnisse, die man aus den einzelnen Ergebnissen über den genetischen Code gewinnen konnte!
c) Machen Sie eine Vorhersage für das Peptidprodukt von poly-AC, poly-AAC und poly-UAAC!

3 Genregulation

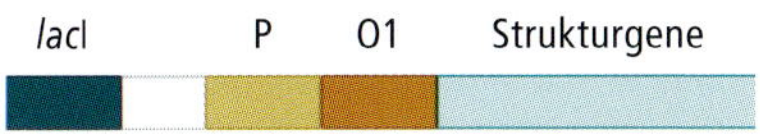

Treffen Sie eine begründete Vorhersage für die Auswirkung auf den Lactose-Stoffwechsel, wenn folgende Abschnitte des Lac-Operons von einer Mutation betroffen sind:
a) Mutation im Promotor (RNA-Polymerase kann nicht mehr binden)
b) Mutation im Operator O1 (Lac-Repressor kann nicht mehr binden)
c) Mutation im *lac*I-Gen (keine Synthese von Lac-Repressor)

4 Konjugation bei Bakterien

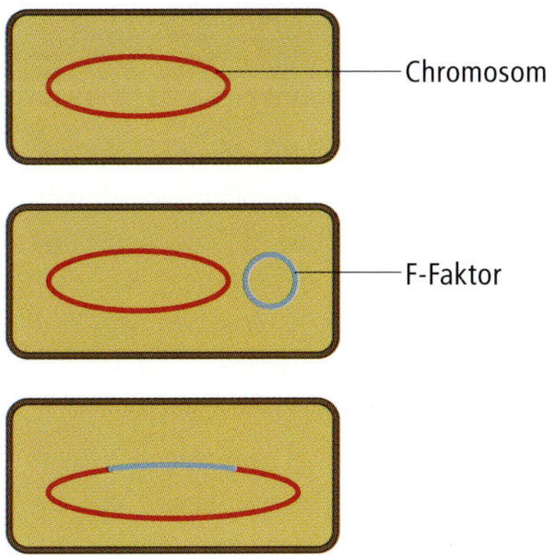

a) Charakterisieren Sie den Genotyp der abgebildeten Zellen in Bezug auf den F-Faktor!
b) Beschreiben Sie den Übertritt des F-Faktors von einer F^+- in eine F^--Zelle!
c) Erklären Sie die Entstehung von Hfr-Zellen!

5 Antibiotikaresistenz und Fluktuationstest

Bis heute vertreten einige Wissenschaftler die These, dass sich Mutationen gezielt ereignen. So sollen bei Bakterien Resistenzmutationen gegen ein bestimmtes Antibiotikum gehäuft dann auftreten, wenn dieses Antibiotikum im Nährmedium vorhanden ist.
Max DELLBRÜCK und Salvator LURIA entwickelten 1943 den Fluktuationstest. Mit diesem Experiment wollten sie beweisen, dass Mutationen zufällig und ungerichtet auftreten.

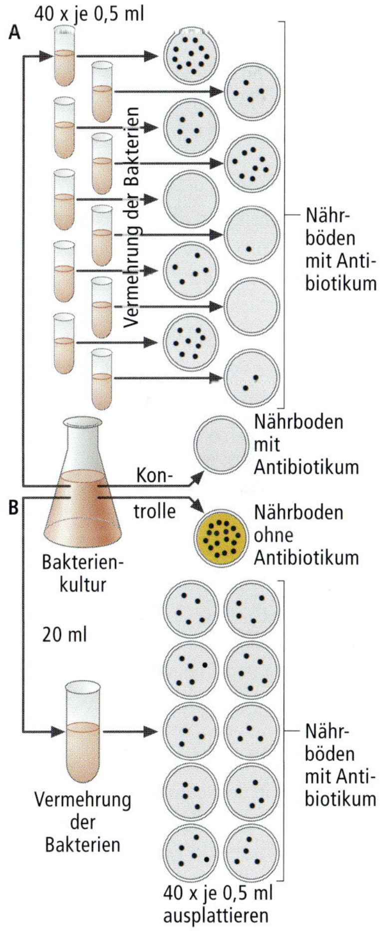

a) Beschreiben Sie knapp den abgebildeten Versuchsablauf!
b) Deuten Sie die Versuchsergebnisse in Hinblick auf die These von DELLBRÜCK und LURIA!

PRAKTIKUM Arbeiten mit Bakterien

Regeln zum mikrobiologischen Arbeiten

Gezielte Experimente mit geeigneten Bakterienstämmen (z.B. *Escherichia coli*) setzen steriles Arbeiten voraus. Daher sind bei mikrobiologischen Arbeiten folgende Regeln unbedingt zu beachten:
Zum Abtöten unerwünschter Erreger an Laborgeräten oder in Nährmedien werden hitzestabile Glas- und Metallgeräte für drei Stunden bei 200 °C erhitzt; empfindliche Plastikgegenstände und Nährmedien sterilisiert man für 30 Minuten bei 121 °C unter erhöhtem Druck im Dampfdrucktopf oder Schnellkochtopf. Benutzte Einwegpetrischalen werden in fest verschlossenen, hitzefesten Kunststoffbeuteln (Bratenbeuteln) sterilisiert und können in diesen entsorgt werden; bakterienhaltige Flüssigmedien werden **nach** dem Sterilisieren in den Ausguss gegeben.

Flüssige Nährmedien enthalten die für das Bakterienwachstum notwendigen Inhaltsstoffe wie Kohlenhydrate, Proteine, Vitamine und Salze in der richtigen Mischung.
Feste Nährböden (Agarplatten) enthalten zusätzlich als Verfestigungsmittel 2 % Agar-Agar. Am einfachsten ist die Verwendung einer käuflichen Standardmischung gemäß der beiliegenden Anleitung.

Beim Abfüllen von Nährmedien oder dem Überführen von Bakterienmaterial arbeitet man möglichst in der Nähe einer Brennerflamme. Zudem sollten Flaschenhälse oder Pipetten vor dem Benutzen nochmals kurz durch die Brennerflamme gezogen werden.

Sterilisierte Materialien bleiben bis zur Benutzung in der Verpackung. Vor dem Beginn der Arbeit werden der Arbeitsplatz sowie Hände und Unterarme mit 70 %igem Ethanol desinfiziert. Noch besser eignet sich handelsübliches Sterilium, das Glycerin für die Rückfettung der Haut enthält.

Essen und Trinken am Arbeitsplatz sind verboten!

1 Ansetzen einer Bakterien-Übernachtkultur

Material: Metall-Impföse; Gasbrenner; Brutschrank; sterile Pipette (10 ml); steriler Erlenmeyerkolben (100 ml); Bakterienkultur; sterile Nährbouillon (mit Salzen sowie Nährstoffen und Spurenelementen in Form eines Hefeextraktes)
Durchführung: Füllen Sie 10 ml der Nährlösung in den Erlenmeyerkolben! Sterilisieren Sie die Impföse in der Brennerflamme und entnehmen Sie damit nach dem Abkühlen von einer Agarplatte oder einer Flüssigkultur Bakterienmaterial, indem Sie die Öse in die Bakterien tupfen! Führen Sie die Bakterien in den Kolben durch Schwenken der Impföse im Flüssigmedium über! Inkubieren Sie den Kolben bei 37 °C für 12 bis 24 Stunden (z.B. über Nacht) bis zur Trübung des Mediums im Brutschrank!
Aufgabe: Unter optimalen Bedingungen teilen sich Bakterien alle 20 Minuten. Berechnen Sie die Anzahl der aus einer Ausgangszelle entstandenen Bakterien nach 12, 18 und 24 Stunden!

2 Herstellen von Nährbodenplatten

Sachinformation: Für die Anzucht von Bakterien wird oft ein Nährboden benötigt. Auf diesem können Bakterien durch ortsgebundene Vermehrung zu Kolonien heranwachsen. Von solchen Dauerkulturen kann man über etwa sechs Wochen Bakterien entnehmen. Nährböden enthalten als Verfestigungsmittel hauptsächlich Agar. Dieses Mucopolysaccharid wird aus Braunalgen gewonnen und von den meisten Mikroorganismen nicht abgebaut.
Flüssigmedien oder Nährböden werden durch Autoklavieren in einem Dampfdrucktopf hergestellt.
Material: Dampfdrucktopf; Erlenmeyerkolben (250 ml); Grobwaage; Spatel; sieben sterile Petrischalen; sterilisierte Reagenzgläser; Schutzbrille; Topflappen; Alufolie; Bunsenbrenner; Nähragar
Durchführung: Wiegen Sie in einen Erlenmeyerkolben 3,8 g Nähragar ein! Versetzen Sie das Pulver mit 150 ml destilliertem Wasser! Verschließen Sie den Ansatz mit Alufolie und kochen Sie ihn 30 Minuten im Dampfdrucktopf bei Stufe 2! Beachten Sie: Bei Herausnahme des Kolbens aus dem Topf besteht die Gefahr eines Siedeverzugs! Verteilen Sie den auf etwa 50 °C abgekühlten Nähragar (Handrückentest) auf sieben Petrischalen, die Sie zum Gießen nur einen Spalt öffnen! Lassen Sie diese Agarplatten bis zum Erstarren ruhig stehen!

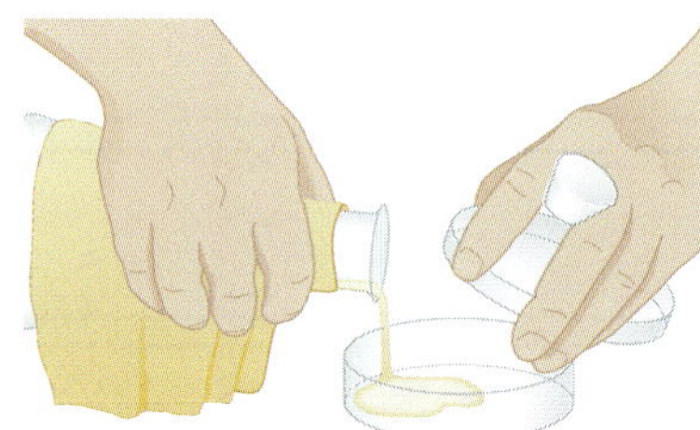

3 Bestimmung der Lebendzellzahl (Titer) einer Übernachtkultur

Material: sterile Reagenzgläser; Reagenzglasständer; Filzstift; sterile Pipetten (0,1 ml; 1 ml; 10 ml); DRIGALSKI-Spatel; Brutschrank; Gasbrenner; Übernachtkultur (aus Versuch 1); Agarplatten; steriles destilliertes Wasser
Durchführung: Beschriften Sie sieben Agarplatten von 0 bis 6 und sechs Reagenzgläser von 1 bis 6! Pipettieren Sie in jedes Reagenzglas 9 ml Wasser!
Geben Sie in das erste Reagenzglas 1 ml Bakteriensuspension aus der Übernachtkultur und mischen Sie gründlich durch Schwenken des Reagenzglases!
Führen Sie mit einer neuen Pipette 1 ml aus der verdünnten Stammsuspension von Reagenzglas 1 in Reagenzglas 2 über und mischen Sie gründlich! In gleicher Weise verfahren Sie der Reihe nach mit den übrigen Reagenzgläsern!
Pipettieren Sie nun 0,1 ml Wasser (Kontrolle) auf die Agarplatte 0 und ver-

streichen Sie mit dem DRIGALSKI-Spatel die Flüssigkeit gleichmäßig auf der Oberfläche des Nährbodens! Pipettieren Sie mit einer neuen Pipette 0,1 ml der verdünnten Bakteriensuspension aus Reagenzglas 1 auf die Agarplatte 1! Verfahren Sie in gleicher Weise mit den übrigen Verdünnungsschritten! Drehen Sie die Platten nach dem Eintrocknen der Flüssigkeit um, damit kein Kondenswasser vom Deckel auf die ausgestrichenen Bakterien tropft! Inkubieren Sie die umgedrehten Platten für ein bis zwei Tage bei 37 °C! Zählen Sie anschließend die Kolonien auf den einzelnen Platten!

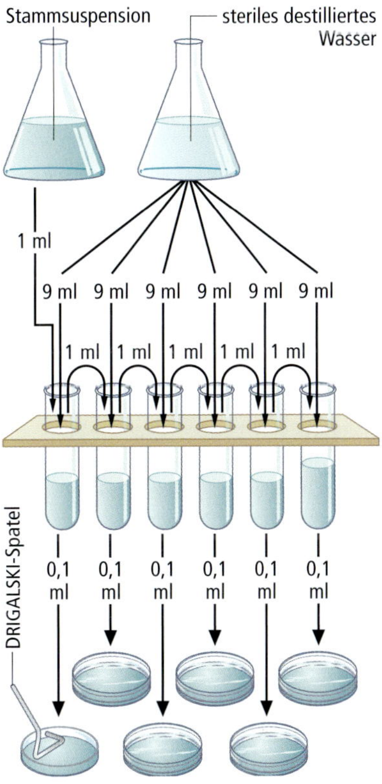

Aufgaben:

a) Ermitteln Sie die Anzahl lebender Bakterienzellen in 1 ml der verwendeten Übernachtkultur!

b) Erklären Sie die Notwendigkeit einer Verdünnungsreihe!

c) Erörtern Sie Abweichungen des von Ihnen ermittelten Titers von dem Wert, den Sie unter optimalen Wachstumsbedingungen erwarten!

4 Genübertragung durch Konjugation

Sachinformation: Mithilfe der Konjugation lässt sich ein F-Plasmid, das zusätzlich das *lac*-Operon enthält, von einer Spender- auf eine Empfängerzelle übertragen. Beim Mischen beider Zelllinien werden Empfängerzellen zum Lactoseabbau befähigt.
Der Spenderstamm (lac$^+$) wächst auf einem MACCONKEY-Nährboden mit roten Kolonien, da der Nährboden Lactose enthält sowie einen roten Indikator, der den Lactose-Abbau und die damit verbundene Säurebildung anzeigt. Der Empfängerstamm (lac$^-$) wächst hingegen nur mit weißen Kolonien.

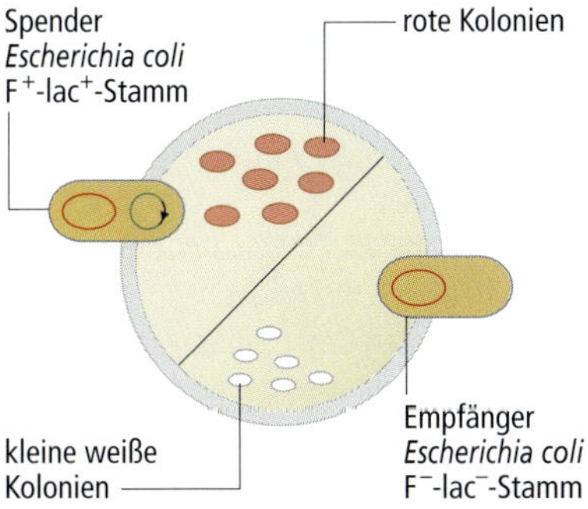

Um einen Gentransfer schlüssig nachweisen zu können, muss man Empfängerzellen, die das F$^+$-lac$^+$-Plasmid erhalten haben, von den Spenderzellen und den ursprünglichen Empfängerzellen unterscheiden. Dies geschieht mittels eines genetischen Markers. Der Empfängerstamm wird mit einem chromosomalen Resistenzgen gegen das Antibiotikum Streptomycin markiert. Dem MACCONKEY-Nährboden fügt man ferner Streptomycin hinzu. Auf diesem Nährboden können nur noch resistente Empfängerzellen wachsen.
Material: 4 Erlenmeyerkoben (50 ml); sterile Nährbouillon (100 ml); MACCONKEY-Agar (100 ml) und Streptomycinzusatz (2 mg · ml^{-1}, Xn); Übernachtkulturen vom Spender *E. coli* CSH 36 (DSM 6253) und Empfänger *E. coli* L17 (DSM 6254); Brutschrank (37 °C); Impföse; Bunsenbrenner; Waage; Dampfdrucktopf; Petrischalen

Durchführung: Autoklavieren Sie 100 ml MACCONKEY-Nährboden und kühlen Sie anschließend auf 50 °C (Handrückentest) ab! Versetzen Sie den Ansatz mit 1 ml Streptomycinlösung! Gießen Sie anschließend vier Platten! Geben Sie je 10 ml Nährbouillon in drei Erlenmeyerkolben! Beimpfen Sie einen sterilen Kolben mittels Impföse mit dem Spenderstamm, den zweiten nach vollständigem Ausglühen der Öse mit dem Empfängerstamm! Versetzen Sie den dritten Ansatz mit 0,8 ml der Übernachtkultur des Spenders und mit 0,2 ml der Übernachtkultur des Empfängers und bebrüten Sie eine Stunde! Beschriften Sie eine MACCONKEY-Platte auf der Unterseite an drei Punkten mit „S" (für Spender), „E" (für Empfänger) und „M" (für Mischung Transkonjugant)! Tragen Sie anschließend alle drei Ansätze mit einer ausgeglühten Impföse an den entsprechend beschrifteten Stellen punktförmig auf!

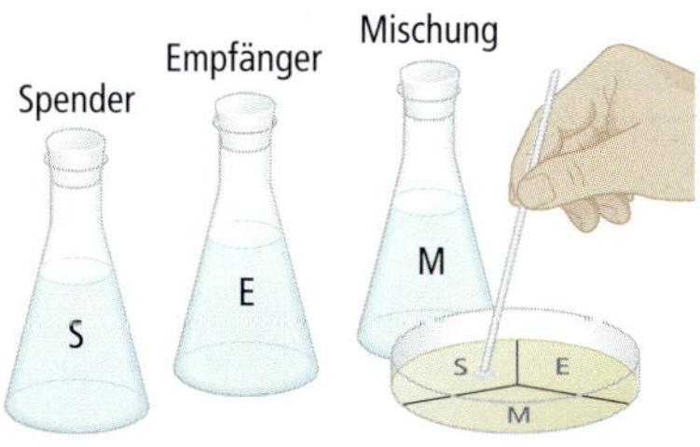

Bebrüten Sie die Kulturen über Nacht und werten Sie danach das Ergebnis aus!

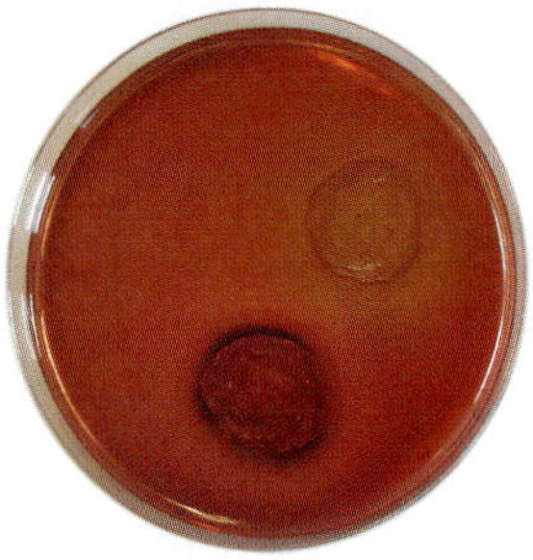

Aufgaben:

a) Beschreiben und deuten Sie das Ergebnis!

b) Wie würde das Ergebnis aussehen, wenn der Spenderstamm das Resistenzgen tragen würde, nicht aber der Empfängerstamm?

BASISKONZEPT Regelung und Steuerung

Alle Organismen haben im Laufe ihres Lebens verschiedene Aufgaben zu erfüllen und sich an wechselnde Umweltbedingungen anzupassen. Beides muss so erfolgen, dass der von den Genen bestimmte physiologische Reaktionsrahmen eines Lebewesens, in dem seine Zellen arbeiten, nicht über- oder unterschritten wird. Um dies zu gewährleisten, müssen alle Lebewesen über die Fähigkeit zur Regulation verfügen.

Regelung und Steuerung

Innerhalb des Oberbegriffes Regulation unterscheidet man Regelung und Steuerung. Bei der **Regelung** wird die Regelgröße, wie zum Beispiel die Körpertemperatur bei endothermen Tieren, weitgehend unabhängig von der Umgebungstemperatur konstant gehalten. Dabei handelt es sich um eine **Rückkopplung,** weil jede Abweichung der Regelgröße vom Sollwert automatisch solche Vorgänge auslöst, die der Abweichung entgegenwirken. Dies geschieht in einem geschlossenen **Regelkreis.**

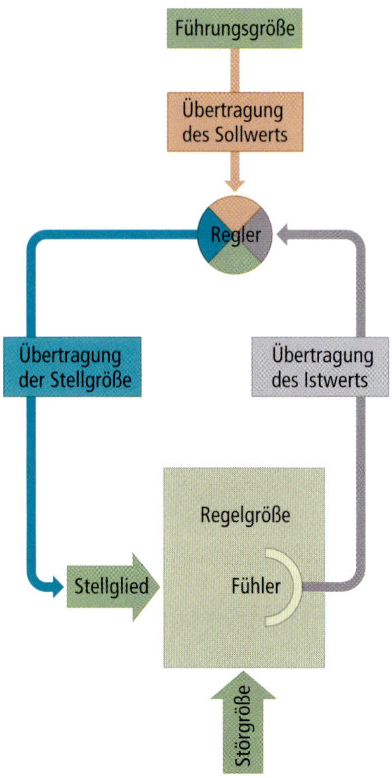

Die konstant zu haltende Regelgröße wird durch einen Fühler fortlaufend gemessen. Dieser meldet den Istwert an den Regler. Dort wird er mit dem Sollwert verglichen, der von einer Führungsgröße vorgegeben wird. Bei einer Abweichung des Istwertes vom Sollwert erteilt der Regler Befehle an die Stellglieder, die daraufhin die Abweichung der Regelgröße vom Sollwert, ausgelöst durch Störgrößen, rückgängig machen.

Bei der **Steuerung** besteht zwar auch eine Beziehung zwischen einem Signal und einem Zustand oder Vorgang, doch werden diese nicht konstant gehalten. Ein bestimmter Außeneinfluss als Signal wie zum Beispiel Licht steuert den Vorgang der pflanzlichen Längenwachstumsrate.
Regulation findet auf verschiedenen Ebenen statt. Auf zellulärer Ebene werden die Aktivitäten von Genen oder Enzymen reguliert. Bei vielzelligen Organismen bilden darüber hinaus viele Vorgänge Regelkreise auf den Ebenen:

- der Gewebe oder Organe, wie etwa die Pupillenweite des Auges
- des gesamten Organismus, wie zum Beispiel die Regulation des Stoffwechsels
- der Biozönose in einem Biotop, wie etwa die Größe der beteiligten Populationen (systemische Regulation)

Zelluläre Regulation

Die Regulation der Genaktivität kann auf verschiedenen Ebenen erfolgen. Sie ist bei Eukaryoten erheblich komplizierter als bei Prokaryoten. So gibt es bei Eukaryoten innerhalb eines Gens Exons und Introns. Durch alternatives Spleißen können aus einer prä-mRNA mit mehreren Exons und Introns unterschiedlich reife mRNA-Moleküle entstehen, die in verschiedene Peptide mit jeweils unterschiedlicher Funktion übersetzt werden. Eukaryotische Proteine sind zudem häufig aus zahlreichen Polypeptiden zusammengesetzt.
Bei den Prokaryoten ist das *lac*-Operon von *Escherichia coli* das am besten untersuchte Beispiel für die Regulation der Transkription. Die Bindung eines Repressor-Proteins an zwei Operatoren gleichzeitig führt zu der Entstehung einer DNA-Schleife, die eine Transkription durch die RNA-Polymerase verhindert.

***lac*-Operon inaktiv**

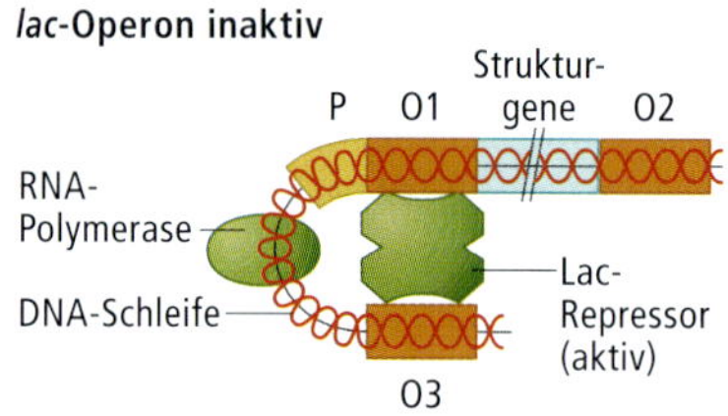

***lac*-Operon aktiv**

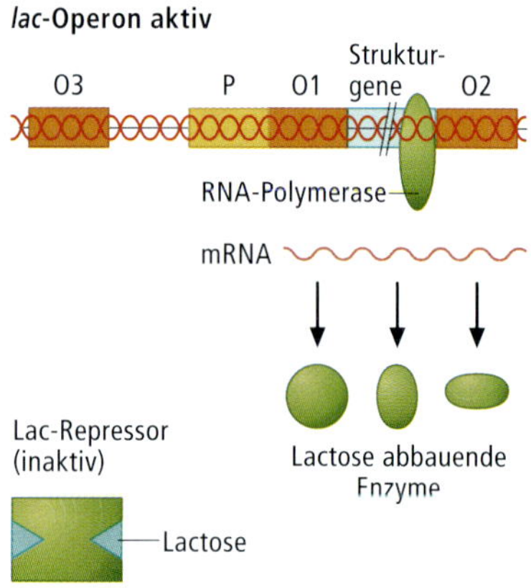

Wird von dem Bakterium Lactose aufgenommen, lagert diese sich an die Bindungsstellen im Lac-Repressor-Protein an. Dadurch ändert sich dessen Raumgestalt reversibel und der Repressor kann nicht mehr an die DNA binden. In dieser inaktiven Form gibt er die Operatoren frei, die Blockade der RNA-Polymerase ist aufgehoben und die Transkription der Strukturgene wird induziert. Durch diese Regulation wird gewährleistet, Energie für die Proteinbiosynthese nur dann zu verbrauchen, wenn diese Proteine auch benötigt werden.

Enzyme können in ihrer Aktivität durch andere Stoffe gehemmt oder gefördert werden. Dadurch ist eine Regulation von Stoffwechselprozessen möglich. Beispielsweise führt in der Glykolyse das Enzym Phosphofructokinase die Umwandlung von Fructose-6-Phosphat in Fructose-1,6-bisphosphat durch. Der weitere Zuckerabbau führt dann zum Pyruvat und weiter in den Citratzyklus und die Atmungskette.

Sowohl Citrat als auch ATP sind Hemmstoffe für die Phosphofructokinase. Wenn also in einer Zelle die Menge des gebildeten Citrats oder ATPs ansteigt, wird die Phosphofructokinase gehemmt und dadurch der weitere Zuckerabbau. Dieses Prinzip der negativen Rückkopplung ist ein entscheidender Mechanismus in der Regulation des Stoffwechsels. Man bezeichnet ein Enzym wie die Phosphofructokinase, das von zentraler Bedeutung für die Regulation von Stoffwechselwegen ist, als **regulatorisches Enzym.**

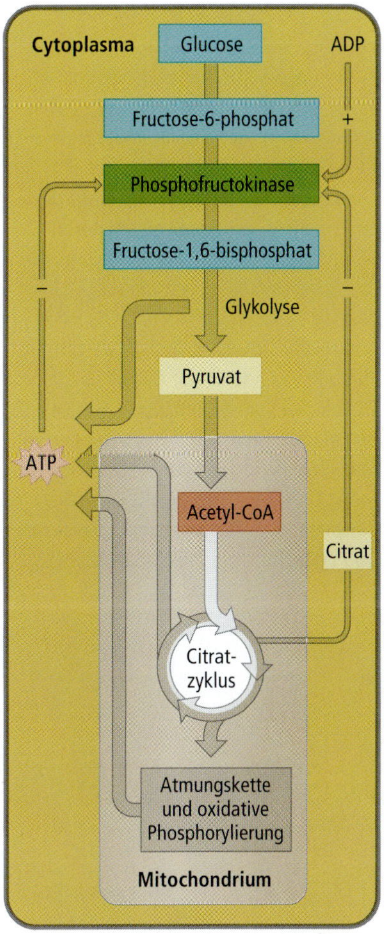

Die Regulation auf Enzymebene kann weiterhin erfolgen durch:

- die qualitative und quantitative Zusammensetzung des Enzymbestandes,
- die Zusammenfassung bestimmter Enzyme in Multienzymkomplexen oder in Kompartimenten.

Regulation auf Organ- und Organismusebene

Fällt bei einem nächtlichen Spaziergang das Licht einer Taschenlampe ins Auge, verengt sich die Pupille schlagartig. Dies bewirken zwei antagonistisch arbeitende Muskelsysteme der Iris: Ein Ringmuskel, der bei Kontraktion die Pupille verkleinert und ein Radialmuskel, der die Pupille erweitert. Der biologische Sinn dieses Reflexes besteht darin, die Beleuchtungsstärke auf der Retina zu regulieren, um zum Beispiel eine Blendung zu vermeiden.

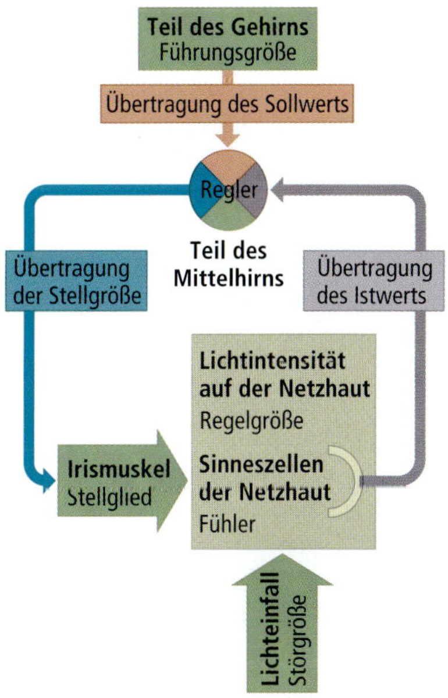

Neben dem Nervensystem ist auch das Hormonsystem an der Regulation eines Organs oder gar des gesamten Organismus beteiligt. Hormone werden mit dem Blut im ganzen Körper verteilt, entfalten jedoch nur in bestimmten Zellen, die über den passenden Hormonrezeptor verfügen, ihre Wirkung. Das Hormonsystem ist über den Hypothalamus mit dem Zentralnervensystem verbunden. Der Hypothalamus stimuliert mittels Freisetzungshormonen die Hypophyse, Steuerungshormone ins Blut abzugeben. Diese regen Hormondrüsen im Körper an, nun ihrerseits Hormone auszuschütten. Die Hormonausschüttung unterliegt mehrfach dem Prinzip der negativen Rückkopplung.

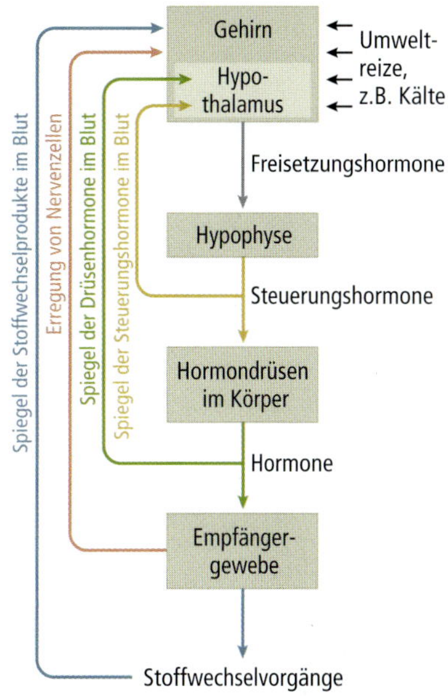

Systemische Regulation

Lebewesen beeinflussen sich gegenseitig, zum Beispiel innerhalb einer Art bei der Konkurrenz um Geschlechtspartner oder in Form von Nahrungsbeziehungen zwischen Arten. Herrscht in einem Ökosystem ein biologisches Gleichgewicht, werden größere Populationsschwankungen durch vielfach verknüpfte Regelkreise vermieden. Vereinfacht betrachtet zeigt sich aber in der Natur eine enge Abhängigkeit der Populationsdichte von Beute und Fressfeind. Je dichter die Population einer Beute ist, desto leichter fällt es ihren Fressfeinden, Nahrung zu erbeuten, desto stärker wird deren Population wachsen. Je dichter die Population eines Fressfeindes aber wird, desto weniger Beute steht dem Einzeltier zur Verfügung, desto geringer wird die Population des Fressfeindes wachsen, desto rascher wird sich die Beutepopulation wieder erholen.

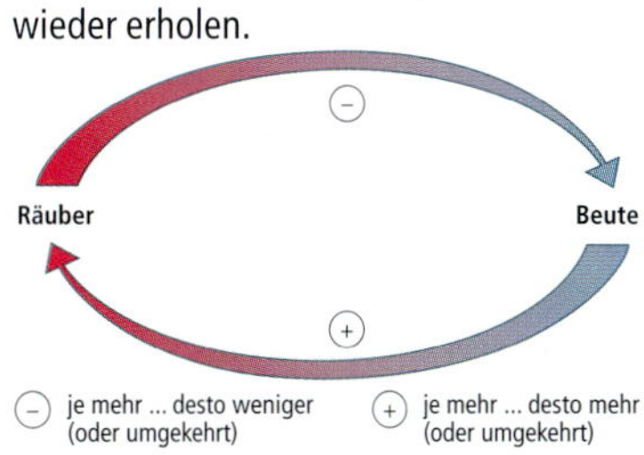

RÜCKBLICK MIT BASISKONZEPTEN Genetik

Nach der Präformationslehre der Antike sind alle Merkmale eines Kindes bereits im männlichen „Samen" vorgeformt. Als man im 17. Jahrhundert erstmals Spermien mikroskopisch untersuchte, glaubten die Wissenschaftler, in den Zellen winzige Menschen, die Homunculi, zu erkennen. Heute weiß man, dass in Pro- und Eukaryoten die Chromosomen Träger der Erbinformation sind. Die **Chromosomentheorie der Vererbung** wurde zu Beginn des 20. Jahrhunderts auf der Grundlage zellbiologischer Untersuchungen formuliert. Sie steht im Einklang mit den **MENDELschen Regeln,** die systematische Kreuzungsversuche zusammenfassen und Gesetzmäßigkeiten bei der Vererbung von Merkmalen beschreiben.

Der Ausprägung individueller Merkmale von Lebewesen liegt also ein genetisches Programm zugrunde, das von der Parental- an die Filialgeneration vererbt wird. Selten aber sind Erbgänge eindeutig **dominant-rezessiv.** Vielmehr beobachtet man häufig intermediäre Erbgänge mit unvollständiger Dominanz der Allele. Ein Beispiel für Kodominanz ist das AB0-System der Blutgruppen beim Menschen. Zudem ist die Ausprägung der meisten Merkmale nicht monogen, sondern polygen bedingt, also auf das Zusammenwirken mehrerer Gene zurückzuführen.

Die meisten Eukaryoten sind **diploid;** das heißt, im Zellkern jeder menschlichen Körperzelle ist ein doppelter Satz von zweimal 23 Chromosomen vorhanden. Die Chromosomen liegen im Verlaufe eines Zellzyklus zum größten Teil im Zustand von Ein-Chromatid-Chromosomen vor. Sie werden vor einer Zellteilung zu Zwei-Chromatiden-Chromosomen verdoppelt; von jedem Zwei-Chromatiden-Chromosom wird dann in der **Mitose** je ein Ein-Chromatid-Chromosom an die beiden Tochterzellen weitergegeben.

Die Mitose und die Bildung von Keimzellen durch Meiose sind die Grundlagen für das **Basiskonzept „Reproduktion".** Eine fortgesetzte Verdoppelung des Chromosomensatzes bei der geschlechtlichen Fortpflanzung wird durch die **Meiose** verhindert. Neben der Aufrechterhaltung der arttypischen Anzahl von Chromosomen liegt eine zweite wichtige Bedeutung der Meiose in der **Neukombination der Gene.** Bei der interchromosomalen Rekombination werden die homologen elterlichen Zwei-Chromatiden-Chromosomen zufallsabhängig an die Tochterzellen verteilt. Die intrachromosomale Rekombination führt durch Crossing-over zu einem Stückaustausch zwischen den benachbarten Zwei-Chromatiden-Chromosomen einer Tetrade. Dieses Phänomen wurde an der Fruchtfliege untersucht und erklärt den Austausch von Allelen (Kopplungsbruch), deren Gene als Kopplungsgruppe gemeinsam auf einem Chromosom liegen und daher auch gemeinsam vererbt werden müssten.
Rekombinationsereignisse führen zu einer ständigen Durchmischung des elterlichen Erbmaterials mit völlig neuen Allelkombinationen in der Filialgeneration. Sie tragen so zur genetischen Vielfalt bei und sind eine zentrale Voraussetzung dafür, dass Evolution stattfinden kann.
Rekombination tritt auch bei Bakterien auf, die sich jedoch ungeschlechtlich durch Zellteilung vermehren. Hier sorgen Fertilitätsfaktoren für den Transfer von genetischem Material bei der Konjugation. Zudem übertragen auch Viren wie der Phage *Lambda* Gene zwischen Bakterienzellen (Transduktion).

Die lineare Reihenfolge vieler Gene bei *Drosophila* wurde in Kreuzungsversuchen durch Dreipunktanalysen ermittelt. So gelangte man zu einer ersten **Genkarte** der Fruchtfliege, bei der man die relativen Abstände aufeinanderfolgender Gene in MORGAN-Einheiten angab. Heute kann man durch die Kenntnis der DNA-Sequenz vieler Genome auch die absoluten Entfernungen in Basenpaaren angeben.

1944 bewiesen die Experimente von AVERY, dass die **DNA** die Erbsubstanz ist. Sie ist ein fädiges Makromolekül, dessen Bausteine Nucleotide sind. Jedes Nucleotid ist zusammengesetzt aus je einem Molekülrest Phosphorsäure, Desoxyribose und einem Molekülrest der vier Basen Adenin, Guanin, Cytosin oder Thymin. Die dreidimensionale Helixstruktur der DNA wurde 1953 von WATSON und CRICK veröffentlicht. Sie erklärt die komplementäre Paarung von Adenin mit Thymin und von Guanin mit Cytosin und gibt Hinweise auf den Mechanismus der semikonservativen DNA-Replikation, die von MESELSON und STAHL 1958 bewiesen wurde. Dies ist ein Beispiel für das **Basiskonzept „Struktur und Funktion"** auf molekularer Ebene.

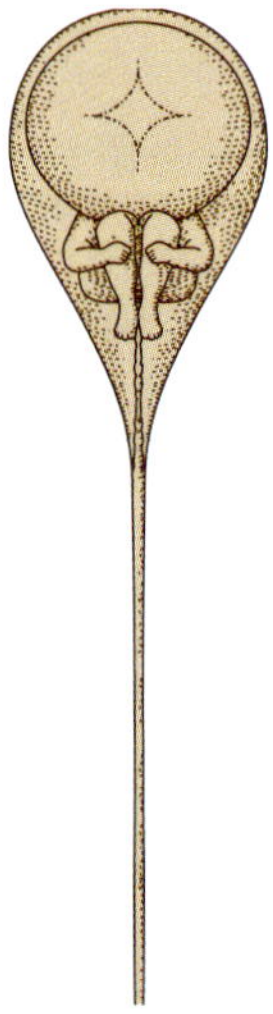

162.1 Spermienzelle mit Homunculus

162.2 WATSON und CRICK vor einem Modell der DNA-Doppelhelix

Die Wirkung von Umwelteinflüssen auf die Ausprägung der genetischen Information innerhalb einer Reaktionsnorm bezeichnet man als **Modifikation.** Auf solche Weise erworbene Merkmale werden nicht an die Nachkommen weitergegeben.
Demgegenüber sind **Mutationen** erblich. Da Mutationen zufällige Veränderungen eines gut funktionierenden Systems darstellen, führen sie oft zu schwerwiegenden Veränderungen im Phänotyp. Zellen verfügen aber über spezielle DNA-Reparatursysteme, die Schäden in der DNA erkennen und ausbessern. Mutationen erhöhen jedoch auch die genetische Variabilität einer Art und können sich daher ähnlich wie Rekombinationsvorgänge unter bestimmten Umweltbedingungen als vorteilhaft erweisen. Rekombination und Mutation sind die Grundlage der *Variabilität* von Lebewesen. Die Angepasstheit der Lebewesen an sich verändernde Umweltbedingungen wird durch die Variabilität ermöglicht und durch die *Selektion* bewirkt. Diese Zusammenhänge verdeutlichen das **Basiskonzept „Variabilität und Angepasstheit".**

Die **Umsetzung der genetischen Information** in ein Protein, das dann die Ausprägung eines Merkmals bewirkt, erfolgt zunächst durch Transkription der DNA in ein Botenmolekül, die mRNA. Die Basensequenz der mRNA wird dann an den Ribosomen in eine Folge von Aminosäuren translatiert. Dabei ist der genetische Code in allen Lebewesen universell gültig. Das synthetisierte Peptid kann noch weiter modifiziert werden, um schließlich die vorgesehene Funktion im Stoffwechsel der Zelle zu übernehmen. Der genetische Code und die Genexpression sind Beispiele für das **Basiskonzept „Information und Kommunikation"** auf subzellulärer Ebene.

Die **Regulation der Genaktivität** ist von zentraler Bedeutung für ein Lebewesen. Sie kann auf verschiedenen Ebenen erfolgen und ist bei Eukaryoten erheblich komplizierter als bei Prokaryoten. So gibt es bei Eukaryoten innerhalb eines Gens codierende Bereiche (Exons) und nicht codierende Bereiche (Introns). Durch alternatives Spleißen können aus einer prä-mRNA mit mehreren Exons und Introns unterschiedliche reife mRNA-Moleküle entstehen, die in verschiedene Peptide mit jeweils unterschiedlicher Funktion übersetzt werden. Eukaryotische Proteine sind zudem häufig modulartig aus zahlreichen Polypeptiden zusammengesetzt.

Das am besten untersuchte Beispiel für die Kontrolle der Transkription ist das Lac-Operon von *Escherichia coli*. Die Bindung eines Repressor-Proteins an zwei Operatoren gleichzeitig führt zu der Entstehung einer DNA-Schleife, die eine Transkription durch RNA-Polymerase verhindert. Solche DNA-Schleifen bieten auch eine Erklärung für das Zusammenwirken der zahlreichen hemmenden und aktivierenden Transkriptionsfaktoren bei Eukaryoten.

Die Regulation der Genaktivität spielt ebenfalls eine zentrale Rolle bei der **Steuerung der Embryonalentwicklung.** Hier stellt sich zunächst die Frage nach der **Determination** einer embryonalen Zelle, das heißt ihrer endgültigen Festlegung auf ein bestimmtes Entwicklungsziel.
Man kann bestimmte Zellen eines Keimes durch fluoreszierende Stoffe markieren. So lässt sich verfolgen, zu welchen Geweben und Organen sich diese Zellen und ihre Abkömmlinge entwickeln. Man erhält einen **Anlagenplan.** Hinsichtlich der Determination auf einen solchen Anlagenplan unterscheidet man zwischen Regulations- und Mosaikkeimen.
Während der Keimesentwicklung werden aus zunächst totipotenten Zellen solche, die sich in Gestalt und Funktion unterscheiden. Gleichzeitig bildet sich eine geordnete räumliche Konfiguration der verschiedenen Zelltypen und Gewebe heraus. Man spricht von einer **Musterbildung.** Diese Musterbildung basiert häufig auf einer positionsabhängigen Determination. Jede Zelle erhält aufgrund von molekularen Signalen, die bereits in der Eizelle vorliegen oder von benachbarten Zellen stammen, Informationen über ihre Lage im Embryo (Positionsformation). Diese Signale bewirken eine unterschiedliche Genaktivität und damit eine andere Entwicklung. Die genetische Kontrolle der Musterbildung ist besonders gut untersucht bei der Taufliege *Drosophila*. Die Regelung der Genaktivität ist ein Beispiel für das **Basiskonzept „Regelung und Steuerung".**

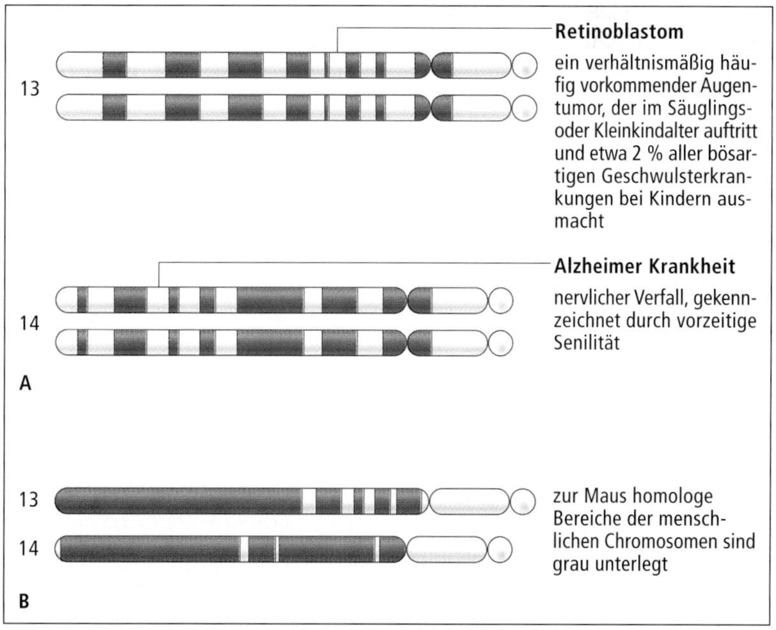

163.1 Chromosomen des Menschen (Schema). A örtliche Zuordnung von Erbkrankheiten (Auswahl); **B** konservierte Bereiche in Chromosomen von Mensch und Maus

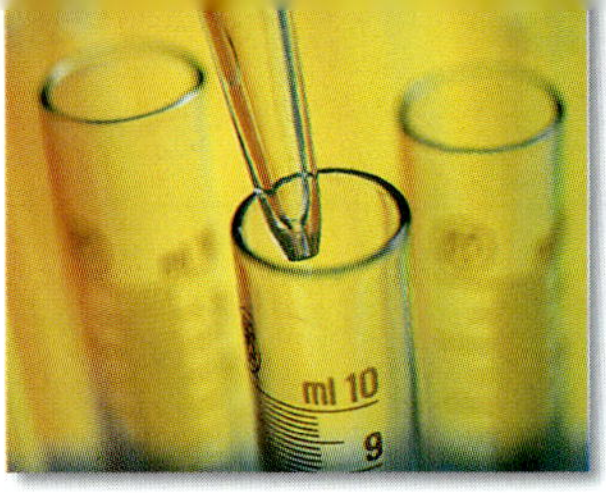

Angewandte Biologie

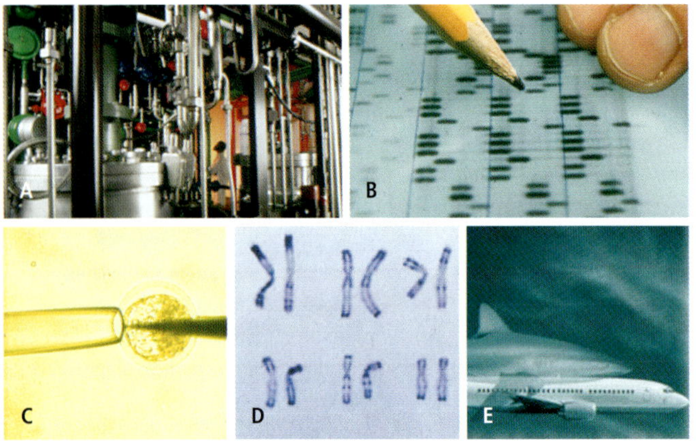

164.1 Anwendungsfelder der Biologie. A Biotechnik; **B** Gentechnik; **C** Reproduktionsbiologie; **D** Humangenetik; **E** Bionik

1 Anwendungsbereiche der Biologie

„Insektenresistenter Mais“, „Menschliches Genom sequenziert“, „Geklontes Schaf“, „Heilung mit embryonalen Stammzellen“. Vergleichbare Schlagzeilen zu neuesten Entwicklungen aus verschiedenen Anwendungsbereichen der Biologie sind fast täglich zu lesen. Die Themen werden in der Öffentlichkeit kontrovers diskutiert. Dabei finden gentechnische Verfahren besondere Aufmerksamkeit.

Diese haben sich aus dem klassischen Aufgabenfeld der **Biotechnik** entwickelt, die seit Alters her die Menschheit begleitet hat, etwa bei der Herstellung von Brot, Wein und Käse. Unter biotechnischen Verfahren versteht man den gezielten Einsatz natürlich vorkommender oder gentechnisch veränderter Bakterien, Pflanzen- und Tierzellkulturen oder deren zellulärer Inhalte, um Produkte herzustellen, umzuwandeln oder abzubauen. Aus klassischen Methoden bei der Herstellung von Lebensmitteln oder Antibiotika haben sich heute einige gentechnische Verfahren etabliert, beispielsweise die Produktion von Humaninsulin mit dem gentechnisch veränderten Bakterium *Escherichia coli*.

Unter **Gentechnik** versteht man die Verbindung folgender Methoden: die *Isolierung* von DNA, deren *Rekombination* im Reagenzglas und die *Übertragung* rekombinanter DNA in einen Organismus. Dabei kommt es Gentechnikern darauf an, dass in den gentechnisch veränderten, den transgenen Lebewesen, die eingeschleuste DNA auch exprimiert wird. So wie Humaninsulin wird heute auch ein Blutgerinnungsfaktor gentechnisch hergestellt. In der Lebensmittelindustrie wird aber auch Chymosin, ein Labferment, gentechnisch produziert, das bei der Käseproduktion eingesetzt wird. Die erstgenannten Verfahren, die der Arzneimittelproduktion oder Medizin zuzuordnen sind, werden auch als rote Gentechnik bezeichnet. Sie ist in Deutschland weitgehend akzeptiert, während Verfahren der grünen Gentechnik, die zur Landwirtschaft oder Lebensmittelproduktion zählen, kontrovers diskutiert werden.

Die **Reproduktionsbiologie** befasst sich mit der Steuerung und dem gezielten Eingriff in die Fortpflanzung bei Lebewesen. Hierzu gehört das Klonen von Tieren. Techniken der künstlichen Befruchtung haben 1978 zur Geburt des ersten „Retortenbabys“ geführt. In jüngster Zeit lenken Forscher ihr Interesse auf embryonale Stammzellen, die sich noch in alle Gewebe des menschlichen Körpers differenzieren können. Den wissenschaftlichen Erwartungen an die Reproduktionsbiologie und Gentechnik stehen neben Bedenken ethischer Art auch solche um die Sicherheit gegenüber.

Auch die **Humangenetik** entwickelt sich zunehmend zu einer angewandten Disziplin. Durch die Analyse von DNA können unter anderem Vaterschaftsnachweise geführt oder Erkrankungen vorhergesagt werden.

Wirtschaftliche Aufmerksamkeit erhält auch die **Bionik**, die sich mit der Verwertung biologischer Konstruktionen oder Prozesse in der Technik beschäftigt. Beispielsweise wird versucht, durch haifischhautartige Beschichtung von Flugzeugoberflächen den Luftwiderstand – und damit den Treibstoffverbrauch – zu reduzieren.

EXKURS Nutzung von Hefe – noch immer eine Herausforderung

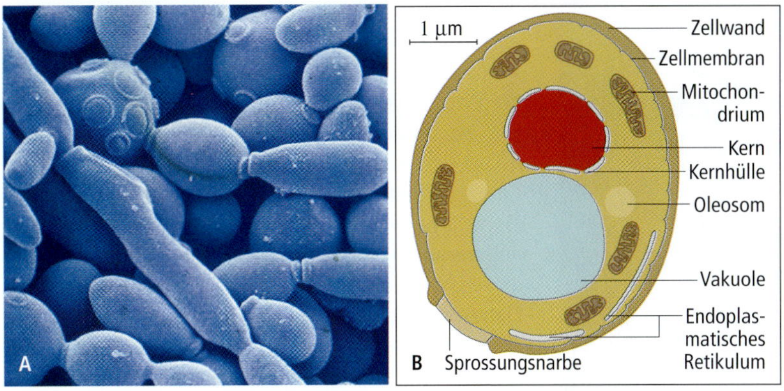

165.1 Hefezellen. A REM-Bild (gefärbt); **B** Schema eines EM-Bildes

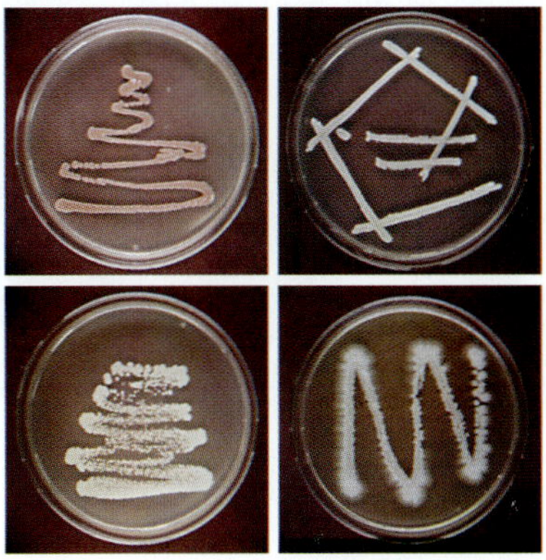

165.2 Verschiedene Hefepilzarten

Hefen sind einzellige Eukaryoten, die sich geschlechtlich durch Paarung und ungeschlechtlich durch Sprossung fortpflanzen können. Sie dienen aufgrund ihres einfachen Aufbaus und ihrer leichten Kultivierung oft als *Modellsystem* für genetische Studien – ihre Erbinformation ist als erstes Eukaryotengenom vollständig sequenziert worden.

Daneben sind Hefen von großer wirtschaftlicher Bedeutung. In der Biotechnologie besonders verbreitet sind die Arten *Saccharomyces cerevisiae* und *S. carlsbergensis* (Bier), *S. panis* (Brot) und *S. ellipsoideus* (Wein). Seit dem Altertum werden sie gezielt gezüchtet und auf bestimmte Eigenschaften selektiert. Ihr bevorzugter Lebensraum sind nährstoffhaltige Flüssigkeiten wie zuckerhaltige Fruchtsäfte. Hefen sind fakultativ aerob: In Gegenwart von Sauerstoff wandeln sie Glucose vollständig zu Kohlenstoffdioxid und Wasser um.

Unter anaeroben Bedingungen hingegen schlagen sie den Stoffwechselweg der Gärung ein, bei der als Abfallprodukt neben Kohlenstoffdioxid auch Ethanol entsteht. Übersteigt der Alkoholgehalt eine bestimmte Konzentration, wirkt er als Zellgift, und die Kultur stirbt ab. Hierin liegt eine besondere Herausforderung für die biotechnische Produktion von Hefe.

Lebende Hefezellen finden Verwendung etwa als Bäckerhefe für die Brotherstellung. Sie dienen auch als Lebensmittelzusatz oder als Futterhefe in der Landwirtschaft, da sie reich an Proteinen und Vitamin B sind. Um eine möglichst große Biomasse zu produzieren, bedarf es einer genau abgestimmten Zufuhr von Glucose und Sauerstoff. Ein zu hoher Nährstoffspiegel führt zu einer Vergärung der überschüssigen Glucose zu Ethanol und Kohlenstoffdioxid mit nachteiligen Folgen für das Wachstum der Kultur. Auch ein Mangel an Sauerstoff führt zu einer Vergärung des Zuckers mit Alkohol als unerwünschtem Nebenprodukt. Die Prozesssteuerung ist daher von großer Bedeutung.

Als besonders günstig hat es sich erwiesen, über eine Abluftanalytik den *Respirationsquotienten* (RQ) zu ermitteln. Als RQ bezeichnet man das Verhältnis der von den Hefezellen abgegeben Kohlenstoffdioxid-Menge zur aufgenommenen Sauerstoff-Menge. Eine Prozessführung mit optimaler Ausbeute an Hefezellen hält den RQ konstant auf einem Wert knapp über eins durch eine computergesteuerte Regulation der einzelnen Stellglieder.

Soll hingegen in erster Linie Alkohol produziert werden, muss der Vorgang natürlich ganz anders gesteuert werden. Aber auch bei diesem anaeroben Prozess ist die Regulation der Sauerstoffzufuhr wichtig, denn ganz ohne Sauerstoff verläuft die großtechnische Gärung ebenfalls nicht optimal.

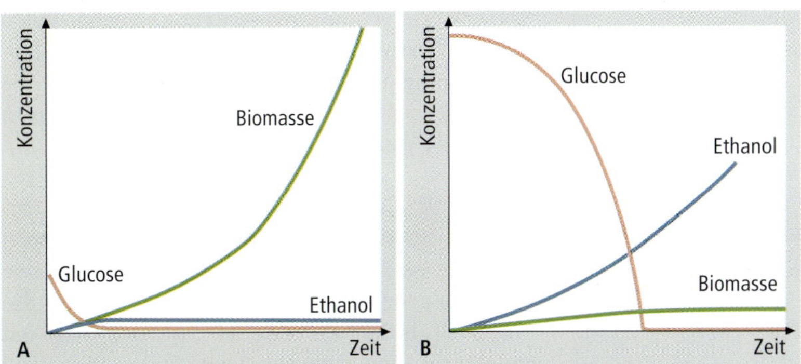

165.3 Wachstumskurve einer Hefekultur. A aerob (RQ-gesteuert); **B** anaerob

165.4 Produkte aus Hefezellen

166.1 Anwendungsgebiete der Biotechnik

A Gewinnung von Zellen

Reinkultur —Massenvermehrung→ intakte Zellen (z. B. Backhefe)

B Stoffumwandlung durch Zellen

Ausgangsstoff —Zellen→ modifiziertes Produkt (z. B. Sauerkraut)

C Produkte der Zellen

Zellen →
- Pharmazeutika (z. B. Insulin)
- Enzyme (z. B. Protease)
- Zusatzstoffe für Lebensmittel (z. B. Glutamat)
- Chemikalien (z. B. Citronensäure)
- Alkohole (z. B. Ethanol)

166.2 Produktionswege der Biotechnik

2 Biotechnik

2.1 Grundlagen der Biotechnik

Bereits vor 9000 Jahren wurde vermutlich aus vergorenem Brot oder Getreide Bier hergestellt, und schon im alten Ägypten war um 4000 vor Christus der Einsatz von Sauerteig zum Brotbacken bekannt. Mit zunehmender Erfahrung wurden diese Techniken immer gezielter eingesetzt und verfeinert. In Frankreich entwickelte sich im 14. Jahrhundert ein eigenständiger Industriezweig der Essigproduktion aus vergorenen Säften. Das angewandte Verfahren ist noch heute als Orléans-Verfahren in Gebrauch. Dabei wusste man sowohl die konservierende wie auch die geschmacksverbessernde Wirkung der Essigsäure zu schätzen, ohne allerdings von der Existenz der Kleinstlebewesen oder Mikroben zu ahnen, die den Prozess erst ermöglichen.

Zunächst vergären einzellige Hefepilze den Zucker der Fruchtsäfte in weitgehender Abwesenheit von Luftsauerstoff zu Alkohol (Ethanol) und Kohlenstoffdioxid. Dieser anaerobe Vorgang heißt alkoholische Gärung. Bei Zutritt von Luftsauerstoff oxidieren dann Essigsäurebakterien den Alkohol aerob zu Essigsäure. Diese schafft ein saures Milieu, in dem Fäulnisbakterien nicht mehr zu wachsen vermögen, sodass die Haltbarkeit von Lebensmitteln deutlich verbessert wird. In ähnlicher Weise werden auch Milchprodukte wie Joghurt durch Milchsäure produzierende Bakterien konserviert.

Der Mensch nutzt also die Aktivität bestimmter Kleinstlebewesen zur Herstellung oder Konservierung von Lebensmitteln seit frühgeschichtlicher Zeit. Solche Verfahren stellen einfache Anwendungen der **Biotechnik** dar.

Heute beschäftigt sich die Biotechnik mit der planmäßigen Herstellung, der Umwandlung oder dem Abbau von organischen Stoffen im großtechnischen Maßstab. Dabei spielen natürlich vorkommende und gentechnisch veränderte Mikroben sowie Pflanzen- oder Tierzellkulturen eine entscheidende Rolle. Die Zellen werden in mit Nährlösung gefüllten Bioreaktoren herangezogen. Anschließend werden die Lebewesen selbst oder ihre Stoffwechselprodukte in vielfältiger Weise wirtschaftlich genutzt.

Bei der Produktion von Futterhefe und proteinhaltigem Viehfutter (Silage) in der *Landwirtschaft*, aber auch bei der Herstellung von *Lebensmitteln* wie Bäckerhefe oder Joghurt werden die Zellen der Mikroben als Ganzes verwertet. Brot, Bier, Wein und Sauerkraut sind dagegen Beispiele für eine Umwandlung von Stoffen durch Kleinstlebewesen.

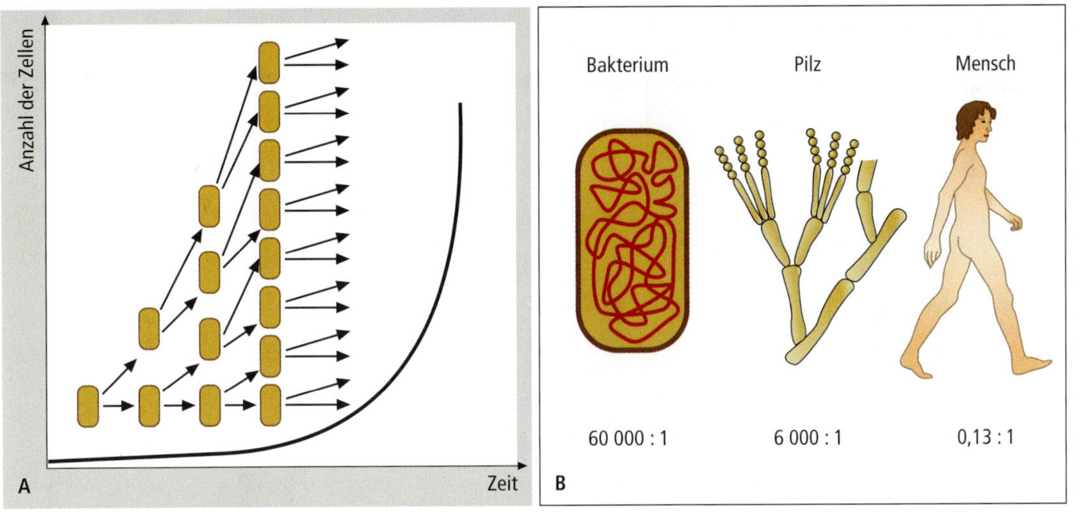

167.1 Nützliche Eigenschaften von Einzellern. **A** Vermehrungsrate; **B** Oberfläche im Verhältnis zum Volumen

Daneben haben Zwischen- und Endprodukte des Stoffwechsels von Einzellern eine große Bedeutung für die Lebensmittelindustrie, etwa in Form von Enzymen, Aromastoffen oder Vitaminen. Diese Substanzen werden entweder in das Nährmedium abgegeben und direkt daraus gewonnen, oder die Kulturen werden „geerntet“, die Zellen aufgebrochen und das gewünschte Produkt isoliert.
Seit etwa 100 Jahren werden biotechnische Verfahren eingesetzt, um gezielt große Mengen von *Industriechemikalien* herzustellen wie Aceton, Butanol, Citronensäure oder Farbstoffe.
Mit der Entdeckung von Schimmelpilzen, die Antibiotika abgeben, eröffneten sich zudem ganz neue Wege in der Herstellung von *Pharmazeutika*. Antibiotika, Medikamente, Impfstoffe und Insulin sind Beispiele für biotechnisch hergestellte Produkte, deren Synthese auf konventionell chemischem Weg zu aufwändig, zu teuer oder nicht möglich ist.
Auch in der *Rohstoffgewinnung* finden Mikroben Einsatz, etwa bei der Auslaugung von erzhaltigem Gestein oder der Ausbeutung sonst unrentabler Erdöl- und Kohlevorkommen. Schließlich ist auch der *Umweltschutz* ein wichtiger Aufgabenbereich der Biotechnik. Die Kompostierung von organischen Abfällen, die Reinigung industrieller Abluft und Abwässer und die Sanierung von Böden, die mit Schwermetallen oder Erdölprodukten belastet sind, erlangen eine immer größere Bedeutung.

Einzelne Zellen haben eine sehr große Oberfläche im Verhältnis zu ihrem Volumen. Dadurch ist der Stoffaustausch mit der Umgebung und die Diffusion innerhalb der Zelle stark begünstigt. Damit erhöht sich auch die Stoffwechselaktivität der Zellen. So produzieren Hefezellen in der gleichen Zeit einige hundertmal mehr Protein als die gleiche Zellenmasse einer Sojapflanze und etwa dreitausendmal so viel wie die gleiche Zellenmasse eines Rindes. Zusätzlich wird eine enorm hohe Vermehrungsrate ermöglicht, die eine bis zu tausendfache Zunahme der Biomasse innerhalb von weniger als vier Stunden erlaubt.

Neben einer schnellen Vermehrung sollte ein für den industriellen Gebrauch geeignetes Kleinstlebewesen noch weitere Eigenschaften aufweisen. Es muss in großen Kulturen in einem preiswerten, flüssigen Nährmedium über einen langen Zeitraum stabil wachsen können. Besonders günstig ist es, wenn als Nährmedium ein Abfallstoff anderer industrieller Prozesse wie etwa Molke genutzt werden kann. Zudem muss der Einzeller in Reinkultur zur Verfügung stehen und darf für den Menschen und die Umwelt nicht schädlich sein. Vorteilhaft ist auch, wenn er genetisch verändert werden kann.
So lässt sich die Produktionsrate durch gezielte Genmanipulation und Selektion von Hochleistungsstämmen weiter erhöhen. Allerdings spielen auch konventionelle Züchtungsmethoden eine wichtige Rolle. Die Übertragung von Fremdgenen versetzt die Zellen zusätzlich in die Lage, auch fremde Stoffe wie das menschliche Insulin oder Blutgerinnungsfaktoren zu produzieren, die von großer medizinischer Bedeutung sind.

Auch andere Lebewesen nutzen die Leistungsfähigkeit von Mikroben. So legen die Blattschneiderameisen auf zerschnittenen Pflanzenblättern gezielt Kulturen von Pilzen an, deren Mycel sie dann als Proteinquelle verzehren. Wiederkäuer wie Kühe machen sich bei der Verdauung ihrer schwer verdaulichen pflanzlichen Nahrung die Aktivität von Bakterien zu Nutze.

1. Stellen Sie die besondere Eignung von Einzellern für die Biotechnik in eigenen Worten dar!

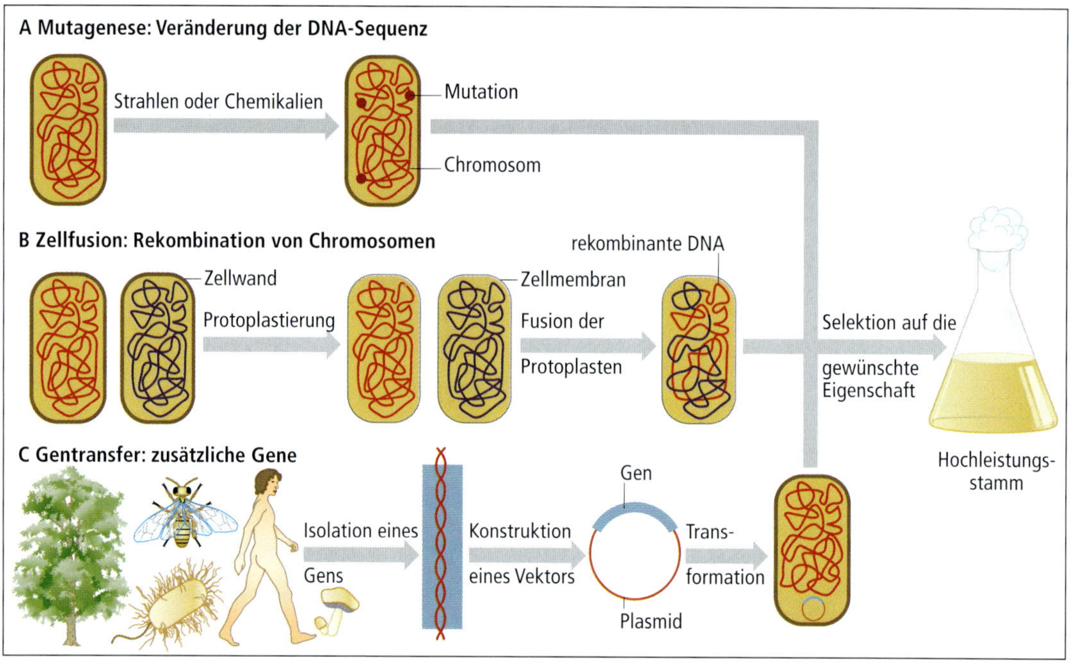

168.1 Verfahren zur Konstruktion von Hochleistungsstämmen

2.2 Herstellung von Hochleistungsstämmen

Der schottische Arzt Alexander FLEMING untersuchte 1928 das Wachstum von *Staphylococcus*-Bakterien, die er auf Agarplatten kultivierte. Dabei bemerkte er zufällig eine Agarplatte, auf der sich als Verunreinigung eine Kolonie des Schimmelpilzes *Penicillium notatum* befand. Ihm fiel auf, dass sich um die *Penicillium*-Kolonie herum ein klarer Hemmhof gebildet hatte, in dessen Bereich die Bakterien nicht wuchsen. FLEMING stellte fest, dass auch eine zellfreie Kulturflüssigkeit des Pilzes das Wachstum vieler Bakterien zu hemmen vermochte. Die vom Pilz abgegebene Substanz nannte er **Penicillin.** 1941 konnte gezeigt werden, dass sich eine Reihe bakterieller Infektionen des Menschen durch den Einsatz von Penicillin bekämpfen lassen.

Seit der Entdeckung des Penicillins sind **Antibiotika** aus unserer Welt nicht mehr wegzudenken. Darunter versteht man Stoffe, die selektiv bakterielle Stoffwechselvorgänge stören, ohne den menschlichen Körper zu schädigen. Man kennt inzwischen zahlreiche Kleinstlebewesen, die Antibiotika produzieren. Da natürlich vorkommende Kleinstlebewesen meist aber nur sehr geringe Mengen des gewünschten Stoffes abgeben, ist für die biotechnische Produktion die Herstellung eines **Hochleistungsstammes** erforderlich. Dazu wurde beispielsweise der Stamm *Penicillium chrysogenum* mit Röntgen- und UV-Strahlen behandelt, um Mutationen auszulösen. Es wurden nun die Mutanten selektiert, die am meisten Penicillin abgaben. Nach über 20 Mutations- und Selektionszyklen erhielt man schließlich einen Stamm mit einer Penicillinproduktion von sieben Gramm pro Liter Nährmedium. Durch Vervielfältigung und Übertragung zusätzlicher Gene in Hefezellen oder die gezielte Rekombination von Chromosomen durch Zellfusion verfügt man mittlerweile über Hochleistungsstämme mit einer Produktion von über 50 Gramm pro Liter Nährmedium.

Die zunehmende Resistenz von Bakterien erfordert heute neben einem sparsamen und gezielten Einsatz der Antibiotika auch die Entwicklung immer neuer Wirkstoffe. Über 8000 antibiotische Stoffe sind bekannt, und jedes Jahr kommen mehrere hundert dazu. Sie werden in aufwändigen Testreihen auf ihr Wirkungsspektrum und ihre Eignung für die industrielle Produktion überprüft. Aussichtsreiche Produkte werden dann einem **Screening** unterzogen, einer Testreihe zur Untersuchung auf bestimmte Eigenschaften. Dabei findet zunehmend das **„drug design"** Anwendung: Am Computer wird gezielt die Wechselwirkung zwischen dem molekularen Wirkort eines bekannten Antibiotikums und einer veränderten Version dieses Medikaments simuliert. Zusätzlich findet auch die **kombinatorische Chemie** eine immer breitere Anwendung. Nach einem Baukastenprinzip werden verschiedene Stoffe in allen möglichen Kombinationen automatisch zusammengesetzt und auf eine antibiotische Wirkung überprüft.

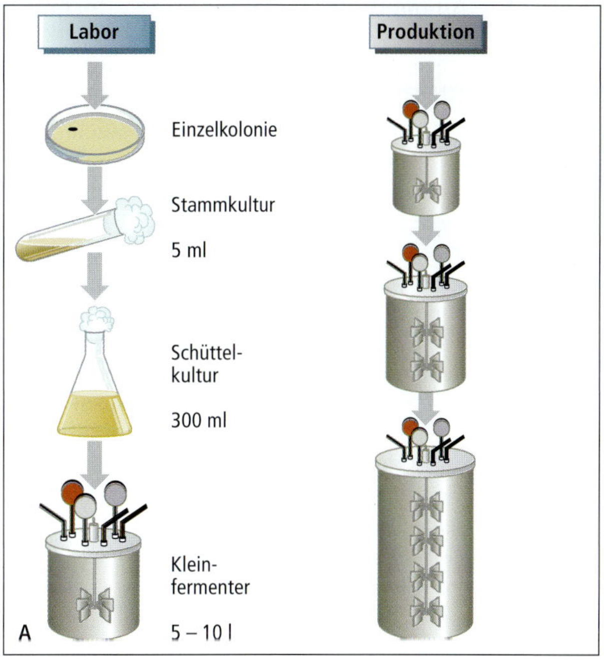

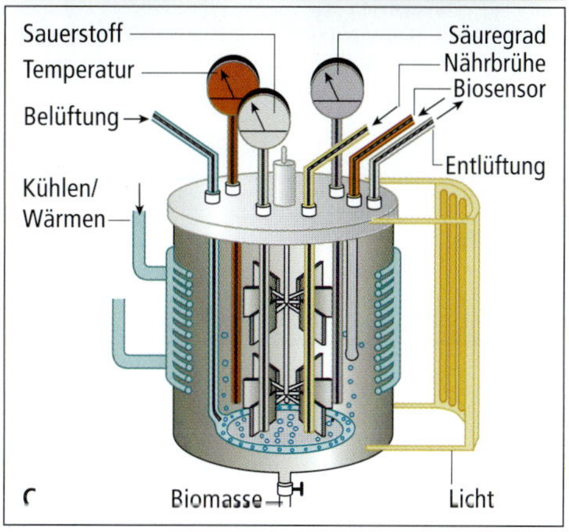

169.1 Massenproduktion im Bioreaktor. A Scale-up; **B** Bioreaktor; **C** Schema

2.3 Biotechnische Produktionsverfahren

Die meisten biotechnischen Produktionsprozesse haben ein gemeinsames Grundschema, das am Beispiel der Penicillinherstellung durch den Schimmelpilz *Penicillium* erläutert werden soll.
Im Labor wird das Volumen einer flüssigen Vorkultur eines *Penicillium*-Hochleistungsstammes schrittweise vergrößert (**„Scale up"**). In einem **Kleinfermenter** von fünf bis zehn Litern wird die industrielle Produktion kostengünstig erprobt. Hier werden Variationen der Nährstoffzusammensetzung, der Belüftung oder des pH-Wertes getestet. Schließlich erfolgt die Übertragung des im Labor erprobten Verfahrens auf die Massenproduktion in entsprechend dimensionierten **Bioreaktoren** oder **Produktionsfermentern** von bis zu 500 m^3 Volumen. Das Nährmedium im Reaktor wird mit einer *Penicillium*-Vorkultur angeimpft, belüftet und mit Hilfe eines Rührwerkes ständig durchmischt, um eine optimale Versorgung der Pilze an allen Stellen des Reaktionsraumes zu gewährleisten. Da die Zellen nicht wie bei anderen Verfahren an der Oberfläche, sondern untergetaucht in der gesamten Lösung verteilt sind, nennt man dieses Verfahren *Submersfermentation.*
Besonders problematisch ist die ausreichende Sauerstoffversorgung der aeroben Schimmelpilze. Dies erfordert mit zunehmender Biomasse der Kultur ein schnelleres Umrühren und einen Sauerstoffeintrag unter höherem Druck. Dazu muss die Zelldichte fortwährend gemessen werden. Auch die Zufütterung der erforderlichen Nährstoffmenge in der gerade richtigen Zusammensetzung ist ein kritischer Punkt der Prozessführung. Wegen der Vielzahl der zu berücksichtigenden Parameter wird ein Produktionsprozess daher permanent mit computergestützten Prozessleitsystemen überwacht und gesteuert.
Beim Penicillin handelt es sich um ein extrazelluläres Produkt, das erst am Ende der Wachstumsphase von *Penicillium* in das Nährmedium abgegeben wird. Etwa 200 Stunden nach der Beimpfung ist dieser Zustand erreicht. Durch Extraktion mit organischen Lösungsmitteln und Ausfällen wird das Penicillin aus dem Medium entfernt und anschließend gereinigt.
Das so gewonnene Produkt, Penicillin G, wird heute nicht mehr direkt verwendet, sondern dient als Ausgangsstoff für die Herstellung halbsynthetischer Penicilline mit modifiziertem Wirkungsspektrum. Hierbei spaltet man mit Hilfe von Enzymen Seitenketten vom Penicillinmolekül ab. Man erhält so ein Grundgerüst, das als Ausgangsstoff für die Synthese weiterer Penicillin-Varianten verwendet wird.
Für die Wirtschaftlichkeit eines biotechnischen Verfahrens ist es wichtig, ein optimales Verhältnis zwischen Kosten- und Energieaufwand und der Ausbeute des gewünschten Produktes zu erzielen. Dazu werden in der Biotechnologie die Erkenntnisse verschiedener Fachwissenschaften wie der Mikrobiologie, der Gentechnik, der Biochemie und der Verfahrenstechnik genutzt.

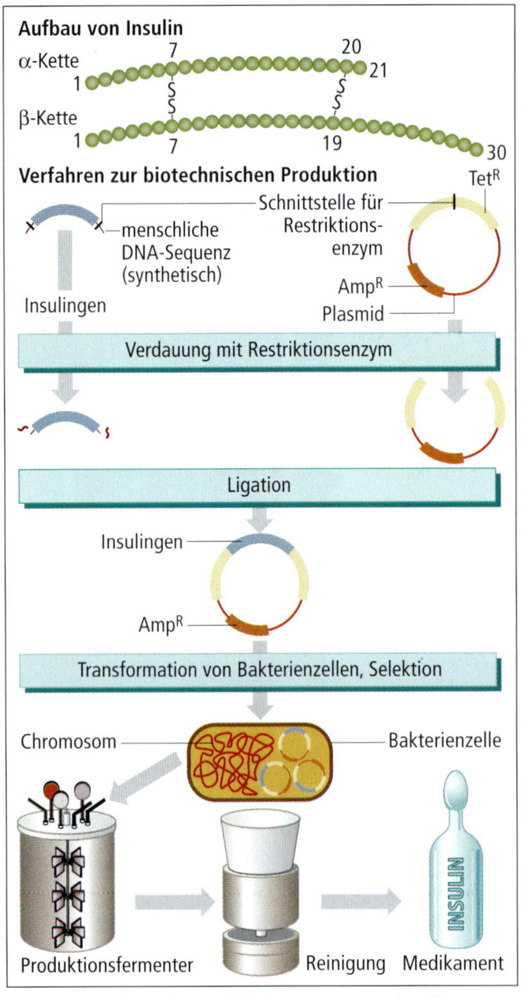

170.1 Biotechnische Produktion von Humaninsulin

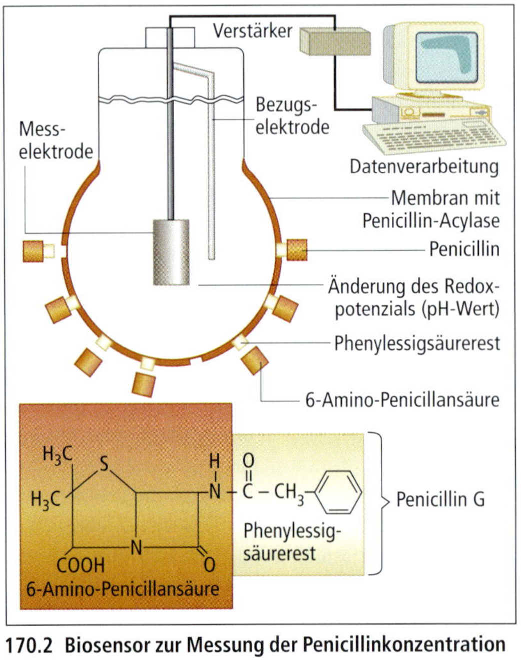

170.2 Biosensor zur Messung der Penicillinkonzentration

2.4 Anwendungsverfahren der Biotechnik

Insulin ist ein Peptidhormon, das in der Bauchspeicheldrüse produziert wird. Es ist an der Regulation des Blutzuckerspiegels beteiligt und besteht beim Menschen aus zwei Polypeptidketten von 21 beziehungsweise 30 Aminosäuren (α- und β-Kette). Säugetiere wie Schweine oder Rinder besitzen ein Insulin, das sich von dem des Menschen nur geringfügig unterscheidet. Daher kann tierisches Insulin zur Therapie von Diabetes eingesetzt werden. Allerdings ist die Wirkung schwächer, die Gewinnung und Reinigung ist aufwändig, und bei sensiblen Patienten zeigen sich oft Immunreaktionen. Zwar gelang 1963 erstmals die Totalsynthese von Humaninsulin aus einzelnen Aminosäuren, aber dieses Verfahren eignet sich nicht zur Massenproduktion.
Die Gentechnik und die Biotechnik haben neue Perspektiven der Herstellung eröffnet. Die DNA-Sequenz für das Insulingen ist recht kurz; eine chemische Synthese ist daher einfacher als die Isolierung aus dem riesigen menschlichen Genom. Das synthetisierte Insulingen wird in Bakterienzellen übertragen, die dann in einem Bioreaktor kultiviert werden. Neuere Verfahren benutzen zwei getrennte Bakterienstämme, die jeweils nur den Genabschnitt für die α- beziehungsweise für die β-Kette enthalten. Anschließend werden die Zellen geerntet, aufgeschlossen und das Polypeptid isoliert. Nach biochemischen Reinigungs- und Aktivierungsreaktionen steht das Insulin dann als Arzneimittel zur Verfügung.

Zur Bestimmung der Konzentration von Stoffen finden in der *Messtechnik* vielfach **Biosensoren** Anwendung, die aus einer elektronischen und einer biologischen Komponente bestehen. Um zum Beispiel die Penicillinkonzentration in einem biotechnischen Herstellungsprozess zu messen, wird eine pH-Elektrode von einer Membran umschlossen, die mit dem biotechnisch hergestellten Enzym *Acylase* beschichtet ist. Die Acylase spaltet den Phenylessigsäurerest vom Penicillin ab. Mit steigender Penicillinkonzentration im Produktionsprozess nimmt die Anzahl der abgespaltenen Phenylessigsäurereste zu. Diese verringert den pH-Wert, was zu einer Änderung des elektrischen Potenzials an der Messelektrode führt. Durch eine elektronische Verarbeitung dieser Daten kann dann auf die aktuelle Penicillinkonzentration im Fermenter geschlossen werden.

Auch in der **Diagnostik** von Krankheiten werden biotechnisch produzierte Enzyme eingesetzt. So verwendet man Teststäbchen, auf denen die Enzyme *Glucose-Oxidase* und *Peroxidase* fixiert sind, um den Glucosegehalt im Harn von Diabetes-Patienten zu bestimmen.

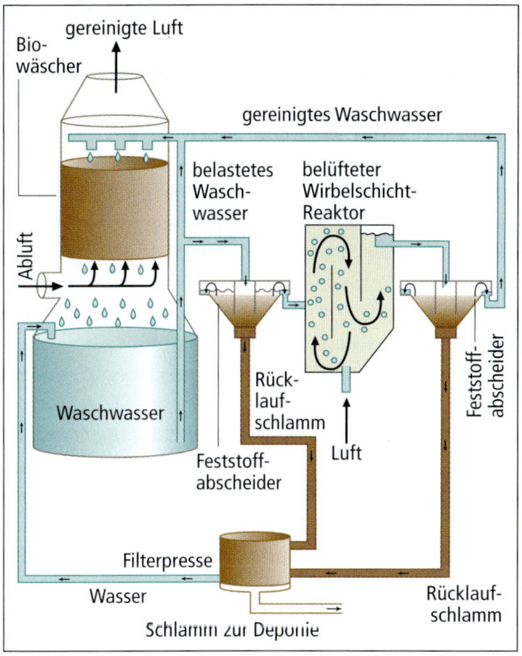

171.1 Biotechnische Abluftreinigung

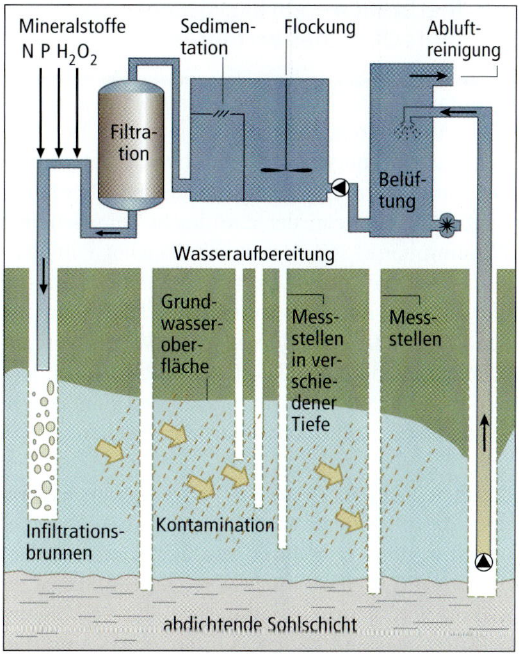

171.2 Bodensanierung durch Bakterien

Schadstoffbelastete Abluft aus chemischen Produktionsanlagen oder landwirtschaftlichen Betrieben wird zur *Reinigung* durch einen **Biowäscher** geleitet. Gasförmige Schad- und Geruchsstoffe werden hier ausgewaschen. Das Waschwasser des Biowäschers gelangt nach der Abtrennung von Feststoffen in einen belüfteten Wirbelschichtreaktor. Dort bauen an eine Trägerschicht gebundene Bakterien die Schadstoffe ab. Dabei werden vor allem solche Stämme verwendet, die hochgiftige und umweltbelastende Stoffe abbauen, welche mit physikalischen oder chemischen Methoden sonst kaum entsorgt werden können. Das Waschwasser wird dadurch regeneriert und dem Reinigungskreislauf erneut zugeführt.
Bei einem anderen Verfahren strömt die Abluft durch einen **Biofilter,** bei dem als Filtermaterialien Kompost, Torf oder Aktivkohle verwendet werden. Diese Materialien müssen später teilweise als Sondermüll entsorgt werden. Daher werden auch in den Biofiltern immer häufiger auf einer Trägerschicht gebundene Mikroben verwendet, die zugeführte Schadstoffe entgiften.

Zur *Sanierung* von ehemaligen Industriestandorten, Mülldeponien oder zur Beseitigung von Ölteppichen nach Tankerunfällen werden vielfach Bakterien eingesetzt. Im Boden vorkommende Kleinstlebewesen können Schadstoffe wie die in Erdöl enthaltenen Kohlenwasserstoffe meist selbst abbauen. Diese Prozesse verlaufen im Boden aber nur sehr langsam, da die Sauerstoffversorgung schon in wenigen Zentimetern Tiefe zu gering wird oder Mineralstoffe fehlen. Daher versucht man durch Infiltration von Mineralstofflösungen und chemischen Sauerstofflieferanten wie Wasserstoffperoxid die Bedingungen für aerobe Reaktionen zu verbessern. Durch Entnahmebrunnen wird dem Boden Wasser entnommen, aufbereitet und wieder zugeführt. Auch die Bohrung von Belüftungsschächten oder das Ausheben und Umwälzen des Bodens trägt zur erhöhten Sauerstoffzufuhr bei. Zusätzlich kann man in den Boden speziell gezüchtete oder gentechnisch optimierte Bakterien ausbringen, die auf den Abbau bestimmter Schadstoffe spezialisiert sind. So können bei der Käsereifung eingesetzte *Brevibakterien* auch hochgiftige Dioxine abbauen.
In ähnlicher Weise erfolgt auch die biotechnische *Abwasserreinigung*. Hier wird die biologische Selbstreinigungskraft von Fließgewässern auf kompakte Hochleistungs-Kläranlagen übertragen und verbessert. Durch erhöhte Biomassekonzentration von schadstoffabbauenden Kleinstlebewesen, gesteigerte Sauerstoffversorgung sowie Ausfällung von für die Kleinstlebewesen giftigen Stoffen werden optimale Abbaubedingungen geschaffen. Am häufigsten finden hier das aerobe *Belebtschlammverfahren* in Becken und Türmen und das anaerobe *Wirbelschicht-Umlauf-Verfahren* mit auf Trägermaterial fixierten Bakterien Anwendung.

1. Beschreiben Sie die Arbeitsschritte von der Synthese des Insulingens bis zum biotechnisch produzierten Medikament!

2.5 Bierbrauen – ein klassisches biotechnisches Verfahren

Das Brauen von Bier ist eine der ältesten biotechnischen Anwendungen; schon bei den alten Ägyptern war Bier ein Volksgetränk mit etwa 20 verschiedenen Sorten. Vermutlich entstand das erste Bier durch vergorenen Brotteig, der eine leicht berauschende Wirkung hatte. Seit dem Reinheitsgebot von 1516 durch den bayrischen Herzog Wilhelm IV. durfte Bier in Deutschland bis vor wenigen Jahren nur aus den Zutaten **Gerste**, **Hopfen** und **Wasser** gebraut werden. Da der Grundstoff des Bieres die in der Gerste enthaltene Stärke ist, eignen sich auch andere Pflanzen wie Weizen oder Mais zum Brauen.

Brauhefen können Stärke nicht verwerten, darum muss das pflanzliche Material erst zum Keimen gebracht werden. Dabei wird von den Pflanzenzellen das Enzym *Amylase* produziert, das die Stärke zu Maltose und Glucose hydrolysiert. Dieser Vorgang heißt *Mälzen* und dauert mehrere Tage. Anschließend wird das Malz getrocknet oder *gedarrt*. Das Darrmalz wird vermahlen und die Inhaltsstoffe beim *Maischen* während einiger Stunden bei 50 bis 60 °C extrahiert. Die extrakthaltige Maische oder *Würze* wird im Läuterbottich von unlöslichen Bestandteilen, dem *Treber*, getrennt. Hat die Würze eine ausreichend hohe Konzentration an Inhaltsstoffen erreicht, werden pro Hektoliter Würze etwa 20 bis 50 Gramm Hopfen zugegeben. Beim anschließenden mehrstündigen Kochen der Maische gehen die Bitterstoffe des Hopfens als erwünschtes Aroma in die Würze über. Unerwünschte Aromastoffe wie die leicht flüchtigen Hopfenöle hingegen verdampfen. Außerdem werden Enzyme inaktiviert, Proteine ausgefällt und Bakterien abgetötet. Die *Stammwürze* wird filtriert, abgekühlt und in den Gärtank gepumpt. Dort wird nun die **Brauhefe** zugesetzt, die den Malzzucker zu Alkohol und Kohlenstoffdioxid vergärt. Für **obergärige** Biere verwendet man den Stamm *Saccharomyces cervisiae*. Bei dieser Hefe lösen sich die Tochterzellen nach der Sprossung nicht von der Mutterzelle. Daher werden die Zellen durch das bei der Gärung entstehende Gas an die Oberfläche der Würze getrieben. Die Hefe *Saccharomyces carlsbergensis* zum Brauen **untergäriger** Biere setzt sich hingegen auf dem Boden des Fermenters ab. Auch in der Gärtemperatur unterscheiden sich die beiden Vorgänge: Obergärige Biere lagern für 5 bis 7 Tage bei 15 bis 20 °C, während untergärige bei 6 bis 12 °C für 8 bis 14 Tage fermentieren. Das *Jungbier* gelangt anschließend in den Lagerkeller, wo es für mehrere Wochen bei tiefen Temperaturen (–1 °C) nachreift. Während dieser Zeit erfolgt die Abrundung des Geschmacks und die Restvergärung der Würze. Entscheidend für den Geschmack des Bieres sind neben der verwendeten Brauhefe daher auch die Lagerbedingungen, die Konzentration der Stammwürze und der Hopfenanteil. Auch die verwendete Gerste und die Qualität des Brauwassers sind von Bedeutung.

Das gereifte Bier wird filtriert und in Speichertanks umgefüllt. Die Haltbarkeit des Biers beträgt etwa acht Wochen und kann durch Pasteurisieren oder Zusatz von Konservierungsstoffen auf bis zu einem Jahr erhöht werden. Der Alkoholgehalt der meisten Biere liegt zwischen drei und fünf Prozent. Er kann wie bei den Bockbieren aber auch etwas höher liegen. Diätbiere werden intensiver vergoren, um einen restlosen Abbau der Kohlenhydrate zu erzielen. Der höhere Alkoholgehalt von etwa sechs Prozent muss dann vor dem Verkauf reduziert werden.

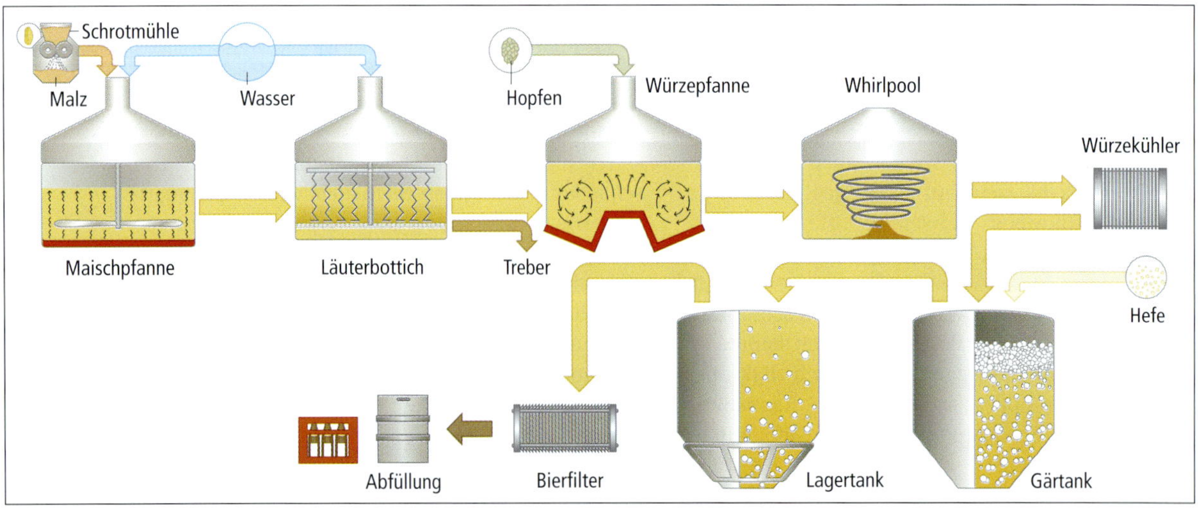

172.1 Prozess des Bierbrauens

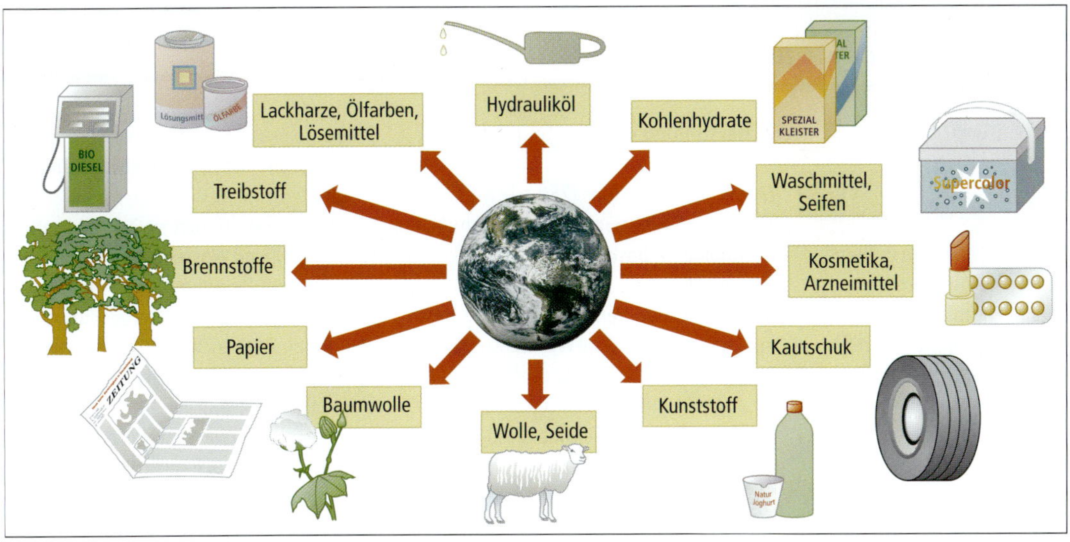

173.1 Energieträger und Industrie-Rohstoffe aus Biomasse

2.6 Nachwachsende Rohstoffe

Die Erdbevölkerung umfasst heute über sechs Milliarden Menschen und wird bis zum Jahre 2025 auf fast neun Milliarden Menschen angewachsen sein. Ihr Lebensstandard hängt unmittelbar mit der Verfügbarkeit von Rohstoffen und Energie zusammen. Die bedeutendsten Ausgangsstoffe für Energienutzung und industrielle Synthese sind die **fossilen Kohlenwasserstoffe** Erdöl, Erdgas und Kohle. Diese Ressourcen sind aber begrenzt und werden früher oder später verbraucht sein. Zudem bringen ihre Förderung und ihr Transport oft erhebliche Umweltverschmutzungen mit sich. Das bei der Verbrennung freigesetzte Kohlenstoffdioxid trägt nach Meinung vieler Experten zur globalen Erwärmung bei *(Treibhauseffekt)*. Deshalb müssen Alternativen zu der Verwertung fossiler Rohstoffe gefunden werden. Kernkraftwerke könnten zwar den Energiebedarf ohne nennenswerte Emissionsbelastung decken. Dem stehen jedoch das Unfallrisiko bei der Betreibung dieser Kraftwerke und das Problem der Endlagerung radioaktiver Abfälle gegenüber.

Als **alternative Energiequelle** liefert die Natur täglich riesige Mengen an Energie in Form der Sonnenstrahlung, aber auch Wind-, Wasser- oder Gezeitenenergie. Die Nutzungsmöglichkeit dieser Energiequellen ist allerdings nicht konstant, und ihre Zugänglichkeit auf der Erde ist nicht überall in ausreichendem Maße gegeben. Daher gewinnt der Einsatz von **Biomasse** als nachwachsendem Energieträger zunehmend an Bedeutung. Aus Kulturpflanzen wie Sonnenblumen oder Raps wird Biodiesel als Treibstoff gewonnen, und Klärschlamm oder Abfälle der Holzindustrie können in Kraftwerken verbrannt werden. Auf diese Weise wird die in organischem Abfall noch enthaltene Energie sinnvoll genutzt und die Abfallmenge reduziert. Außerdem nehmen Pflanzen während ihres Wachstums Kohlenstoffdioxid auf und wirken damit dem Treibhauseffekt entgegen. Bei der Verbrennung von Holz wird nur so viel Kohlenstoffdioxid freigesetzt, wie die Pflanzen zeitnah zu ihrer Nutzung aufgenommen haben.

Auch **Rohstoffe** für die industrielle Synthese von Produkten wie Folien, Verpackungen, Textilien oder Baustoffe stammen von Pflanzen. Zudem können Syntheseleistungen der Natur vorteilhaft genutzt werden. Die meisten Produkte können von Kleinstlebewesen wieder mineralisiert werden, während Kunststoffe aus Erdöl oft nicht mehr kompostierbar oder sogar giftig sind.

Diesem idealen Bild stehen allerdings einige Schwierigkeiten gegenüber. Zur rationellen Gewinnung von Biotreibstoffen müssen Pflanzen in großflächigen Monokulturen gezogen werden, die sehr pflegeintensiv und anfällig für Schädlingsbefall sind. Bei Ernteschwankungen können Versorgungsprobleme auftreten, und nicht alle Produkte der Petrochemie lassen sich durch nachwachsende Rohstoffe ersetzen. Auch die direkten Kosten sind heute vielfach noch höher als die von vergleichbaren Erdölprodukten; dabei werden allerdings die ökologischen Folgeschäden bei Erdölprodukten nicht berücksichtigt. Die Suche nach neuen Anwendungen und Verarbeitungstechniken erfordert große Investitionen. Dennoch haben sich inzwischen viele Strategien zur umweltverträglichen Nutzung nachwachsender Rohstoffe etabliert, deren Bedeutung in Zukunft weiter zunehmen wird.

PRAKTIKUM Experimente zur Biotechnik

1 Alkoholische Gärung

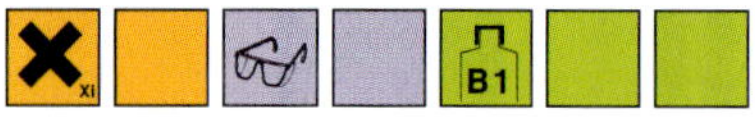

Material: 2 Erlenmeyerkolben (500 ml), 2 durchbohrte Stopfen mit Gärröhrchen; Becherglas (100 ml); Rührlöffel; Messzylinder (250 ml); Messpipette (10 ml); Stoppuhr; Backhefe; Kalkwasser (Xi); Glucoselösung (20 %); Stärkelösung (20 %); Wasser

Durchführung: Geben Sie ein etwa walnussgroßes Stück Hefe in kleinen Stücken in das Becherglas und verrühren Sie mit 50 ml Wasser! Füllen Sie 200 ml der Zuckerlösungen in je einen Erlenmeyerkolben! Setzen Sie jeder Lösung 10 ml der Hefesuspension zu! Verschließen Sie die Kolben mit den Stopfen!

Füllen Sie die Gärröhrchen mit Kalkwasser, sodass das Verbindungsstück zwischen den kugelförmigen Ausbuchtungen gefüllt ist!

Stellen Sie beide Ansätze an einen warmen Ort, z.B. neben eine Heizung! Messen Sie für beide Ansätze die Zeit bis zu einer ersten sichtbaren Reaktion!

Aufgaben:

a) Erläutern Sie die Funktion des Kalkwassers!

b) Erklären Sie die Beobachtungen!

2 Herstellung von Hefeteig

Material: Becherglas (250 ml); Messzylinder (250 ml); Glasstab; Stoppuhr; Thermometer; Backhefe; Weizenmehl; Glucose; Wasser

Durchführung: Verrühren Sie 2,5 g Hefe im Becherglas in 30 ml Wasser! Geben Sie 25 g Mehl und 2 g Zucker dazu und mischen Sie gut! Überführen Sie das Gemisch mit Hilfe des Glasstabes möglichst vollständig in den Messzylinder!

Stellen Sie den Messzylinder an einen warmen Ort und bestimmen Sie die Temperatur! Lesen Sie das Teigvolumen zu Versuchsbeginn und dann alle zehn Minuten ab! Notieren Sie die Messwerte in einer Tabelle!

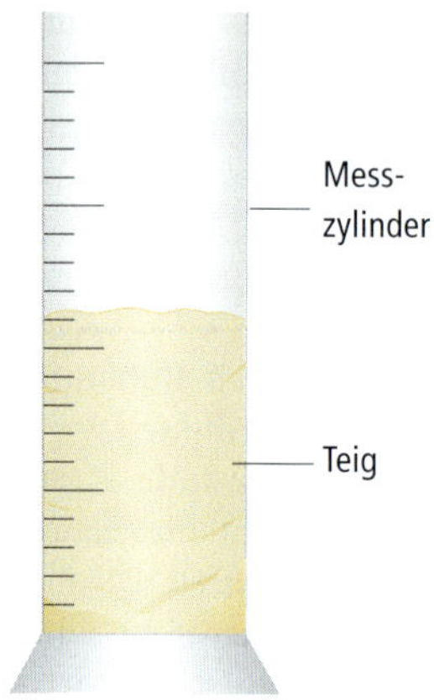

Aufgaben:

a) Stellen Sie das Teigvolumen in Abhängigkeit von der Zeit dar!

b) Erläutern Sie die Beobachtung!

c) Wiederholen Sie den Versuch an einem kühlen Ort! Vergleichen Sie Ihre Beobachtung mit dem ersten Versuch und finden Sie eine Erklärung!

3 Folie aus Stärke

Material: Erlenmeyerkolben (100 ml); 3 Messzylinder (25 ml); Messpipetten (3 ml); Glasplatte (ca. 15 cm × 15 cm); Magnetrührer mit Heizplatte; Rührfisch; Kartoffelstärke; Glycerinlösung (55 %); Salzsäurelösung (0,1 mol/l, Xi); Natronlauge (0,1 mol/l, Xi); pH-Wert-Indikator; Wasser

Durchführung: Geben Sie 2,5 g Kartoffelstärke und 25 ml Wasser in den Erlenmeyerkolben! Pipettieren Sie 3 ml Salzsäurelösung und 2 ml Glycerinlösung zu der Suspension! Kochen Sie die Flüssigkeit unter Rühren für 15 Minuten auf dem Magnetrührer! Neutralisieren Sie anschließend mit etwa 5 ml Natronlauge! Verteilen Sie die noch heiße Lösung möglichst gleichmäßig auf der Glasplatte! Lagern Sie die Glasplatte nun für mindestens zwei Tage bei Raumtemperatur (alternativ: zwei Stunden im Trockenschrank bei 100 °C)!

Aufgabe:

Früher benutzte man Stärke zum Festigen von Bügelwäsche. Erläutern Sie diese Anwendung!

4 Gewinnung von Fett aus Pflanzensamen

Material: Stabmixer mit Becher (oder Mörser); Waage; 5 Reagenzgläser mit Stopfen; 5 Rundfilter (10 cm); Messpipette (5 ml); 5 Einwegpipetten (1 ml); Thermometer; Petrischale; Wasserbad (50 °C); Lineal; Heptan (F, Xn, N); Sonnenblumenkerne; Leinsamen; Sojabohnen; Rapssamen; Haselnüsse

Durchführung: Zerkleinern Sie die Sonnenblumenkerne im Mixer! Geben Sie 2 g in ein Reagenzglas und geben Sie 5 ml Heptan dazu! Verschließen Sie mit einem Stopfen, schütteln Sie kräftig und erwärmen Sie das Reagenzglas im Wasserbad! Nehmen Sie die obere Phase mit einer Einwegpipette ab und geben Sie zwei Tropfen davon in die Mitte eines Rundfilters über einer Petrischale (Blindprobe: zwei Tropfen Heptan)! Messen Sie nach dem Verdampfen des Lösungsmittels den Durchmesser des Fettflecks! Verfahren Sie entsprechend mit den anderen Samen!

Aufgabe:

Vergleichen Sie den Fettgehalt der verschiedenen Samen!

5 Abbau von Stärke

Material: Nähragarplatten mit 2 % Stärke, Übernachtkulturen oder Nährbodenplatten von *Bacillus subtilis* und *Escherichia coli K-12*, Impföse, Bunsenbrenner, LUGOLsche (Jodkaliumjodid-) Lösung (Xn), Brutschrank (37 °C)

Durchführung: Stellen Sie aus 100 ml Standardnähragar mit 2 g Stärkezusatz vier Nährbodenplatten her!
Lassen Sie die Agarplatten abkühlen und erstarren!
Tragen Sie aus Übernachtkulturen oder von Nährbodenplatten beider Bakterienstämme mittels steriler Impföse auf jeden Nährboden je einen Impfstrich auf!
Stellen Sie die Platten zwei Tage in den Brutschrank!
Betrachten Sie anschließend die Platten! Öffnen Sie die Platten und übergießen Sie die Kulturen mit LUGOLscher Lösung!

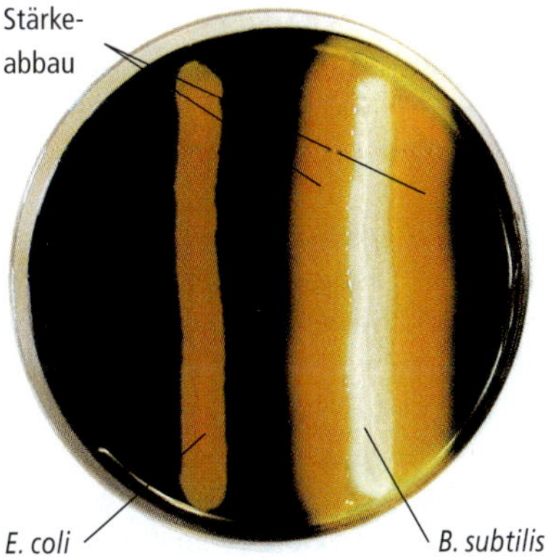

Aufgaben:

a) Notieren Sie die Veränderungen des Nährbodens um die verschiedenen Kolonien nach Zugabe LUGOLscher Lösung!
b) Erläutern Sie die Nachweismethode!
c) Erklären Sie die Färbung der Nährböden um *B. subtilis* und *E. coli*!
d) Stellen Sie molekulare Zusammenhänge zwischen Zellwandbau, Substrat und Ort der Verwertung dar!
e) Klären Sie im Zusammenhang dieses Experimentes die Begriffe intrazelluläres und extrazelluläres Enzym!

6 Antibiotikastrichtest

Material: Nähragarplatten mit 5 % Glucose, Übernachtkulturen von *Bacillus mycoides* (DSM 2048), *Escherichia coli* K-12 (DSM 498), *Micrococcus luteus* (DSM 20030), *Pseudomonas fluorescens* (DSM 50090), *Saccharomyces cerevisiae* (DSM 70449), Antibiotikaproduzent *Streptomyces griseus* (DSM 40236), Erlenmeyerkolben, Waage, Petrischalen, Impföse, Bunsenbrenner, Brutschrank (37 °C)

Durchführung: Stellen Sie aus 100 ml Standardnähragar mit 5 g Glucosezusatz vier Nährbodenplatten her! Tragen Sie in der Mitte des Nährbodens mit der ausgeglühten Impföse einen Impfpunkt der über Nacht angesetzten *Streptomyces*-Kultur auf! Lassen Sie die Kultur nach dreitägiger Bebrütung als punktförmige Kolonie anwachsen! Setzen Sie die anderen fünf Bakterienstämme als Übernachtkultur an! Streichen Sie nach dem Anwachsen diese fünf Testorganismen speichenförmig zum *Streptomyces*-Punkt mit der ausgeglühten Impföse aus, und zwar ohne den sichtbaren Kolonierand zu berühren! Bewegen Sie dazu die Öse auf der Agaroberfläche in Richtung Punkt, und stoppen Sie kurz vor dem Kolonierand! Inkubieren Sie die Platten zwei Tage!

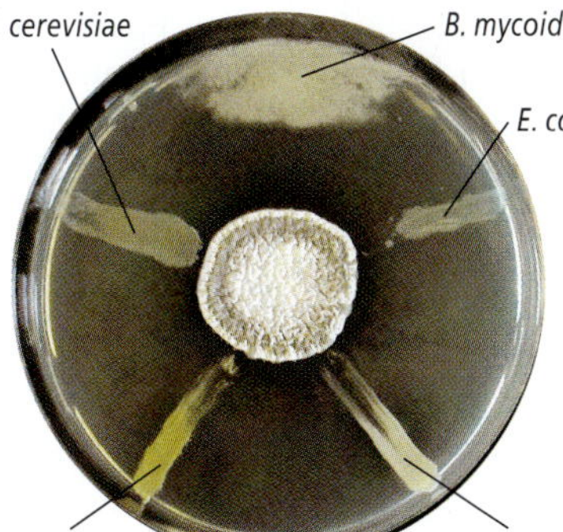

Aufgaben:

a) Erklären Sie das unterschiedliche Wachstum der Teststämme in der Nähe von *Streptomyces!*
b) Welche Bedeutung hat dies für den Menschen?

7 DNA-Isolation aus Bakterien

Material: Brutschrank (37 °C), steriles Reagenzglas mit Stopfen, Reagenzglasständer, Einwegpetrischale, Holzstab, Pipettierhilfe, Pipette (5 ml), Pipette (10 ml), Spatel, Thermometer, Wasserbäder (37 °C und 60 °C), Spülmittel (Pril), Lysozym (Xn), Ethanol eisgekühlt (95 %), Nährbouillon, *Escherichia coli* K-12 (DSM 498)

Durchführung: Setzen Sie für die Kultur *E. coli* K-12 in 5 ml Nährbouillon in einem sterilen Reagenzglas an, das mit einer Alukappe oder einem Wattestopfen verschlossen wird! Bebrüten Sie diese Kultur mindestens vier Tage bei 37 °C!
Stellen Sie die Temperaturen der Wasserbäder auf 37 °C bzw. 60 °C ein! Geben Sie eine Spatelspitze Lysozym zu der vier Tage alten Kultur und inkubieren Sie 30 Minuten bei 37 °C! Geben Sie 0,5 ml Spülmittel hinzu! Inkubieren Sie dann 2 Minuten bei 60 °C! Überschichten Sie die abgekühlte Suspension langsam mit 20 ml kaltem Ethanol! Wickeln Sie mit dem Holzstab die an der Grenzfläche ausfallenden DNA-Fäden auf, und zwar unter Beibehaltung der gleichen Drehrichtung!

Aufgaben:

a) Erklären Sie die Wirkung auf die Bakterienzelle bei der Zugabe von Lysozym sowie Spülmittel!
b) Erläutern Sie, wozu das Überschichten mit Ethanol dient!

3 Gentechnik

3.1 Methoden der Gentechnik

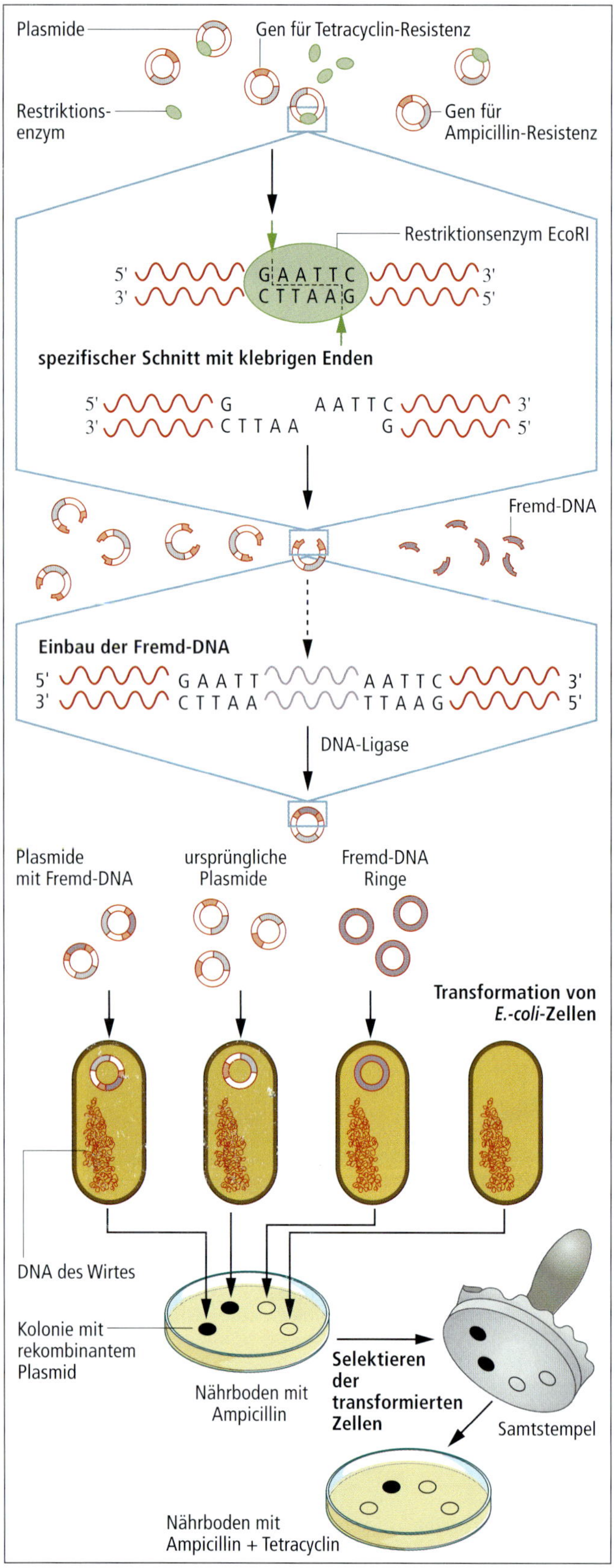

176.1 Wirkungsweise von Restriktionsenzymen und Klonierung von Fremd-DNA in Bakterien

Werner ARBER, Daniel NATHANS und Hamilton O. SMITH erhielten 1978 den Nobelpreis. Sie hatten beobachtet, dass sich Phagen in einigen Bakterienstämmen nicht vermehren konnten und einen Grund für die Einschränkung (Restriktion) dieses Wachstums gefunden: Die **Restriktionsenzyme** der Bakterien zerlegen die Phagen-DNA und machen sie damit unschädlich. Mit den Restriktionsenzymen als Werkzeug konnten die Gentechniker nun DNA kontrolliert in definierte Stücke zerlegen. Jedes Restriktionsenzym erkennt auf der DNA eine bestimmte Basensequenz, an der es die DNA in Stücke schneidet. Das Restriktionsenzym ***Eco*R1**, das aus ***Escherichia* coli** isoliert wurde, erkennt zum Beispiel nur die Sequenz 5′GAATTC3′. Der Schnitt kann versetzt erfolgen, sodass an den **Schnittstellen** jeweils ein kurzes Stück Einzelstrang-DNA übersteht. Diese beiden Einzelstrang-Enden sind komplementär zueinander. Sie neigen dazu, sich wieder zusammenzulagern, weshalb sie auch **„klebrige Enden"** (sticky ends) genannt werden. Man nutzt die klebrigen Enden, um Fremd-Gene in das Erbgut eines Lebewesens einzuschleusen. Dazu benötigt man **Vektoren** (Transportmoleküle, „Genfähren"). Als Vektoren werden *Plasmide* eingesetzt, die zwei **Resistenzgene** gegen die Antibiotika Ampicillin und Tetracyclin tragen. Bakterien mit entsprechendem Plasmid wachsen auf Nährböden, die Ampicillin und Tetracyclin enthalten.

Ein Fremd-Gen wird in das Plasmid eingeschleust, indem das Plasmid im Tetracyclin-Gen einmal mit dem Restriktionsenzym aufgeschnitten wird, mit dem das Fremd-Gen isoliert wurde. Die klebrigen Enden des Fremd-Gens und Plasmids lagern sich aneinander und werden durch das Enzym **DNA-Ligase** verknüpft. Damit entstehen **rekombinante Plasmide,** die in Bakterien geschleust (Transformation) und dort vermehrt werden (Klonierung). Zur Kontrolle der erfolgreichen Transformation bringt man diese Bakterien auf einen ampicillinhaltigen Nährboden. Überträgt man von den herangewachsenen Kolonien Bakterien auf einen Nährboden mit Ampicillin und Tetracyclin, wachsen dort nur die Bakterien, die ein Plasmid mit intaktem Tetracyclin-Resistenzgen besitzen. Zellen mit dem rekombinanten Plasmid wachsen nicht, denn hier ist die Funktion des Tetracyclin-Gens durch den Einbau des Fremd-Gens zerstört. Aus dem Vergleich der Koloniemuster auf den zwei Nährböden werden die Bakterien ausgewählt, die das rekombinante Plasmid enthalten. Dieses Verfahren zur Vermehrung eines Fremd-Gens nennt man **Gen-Klonierung.**

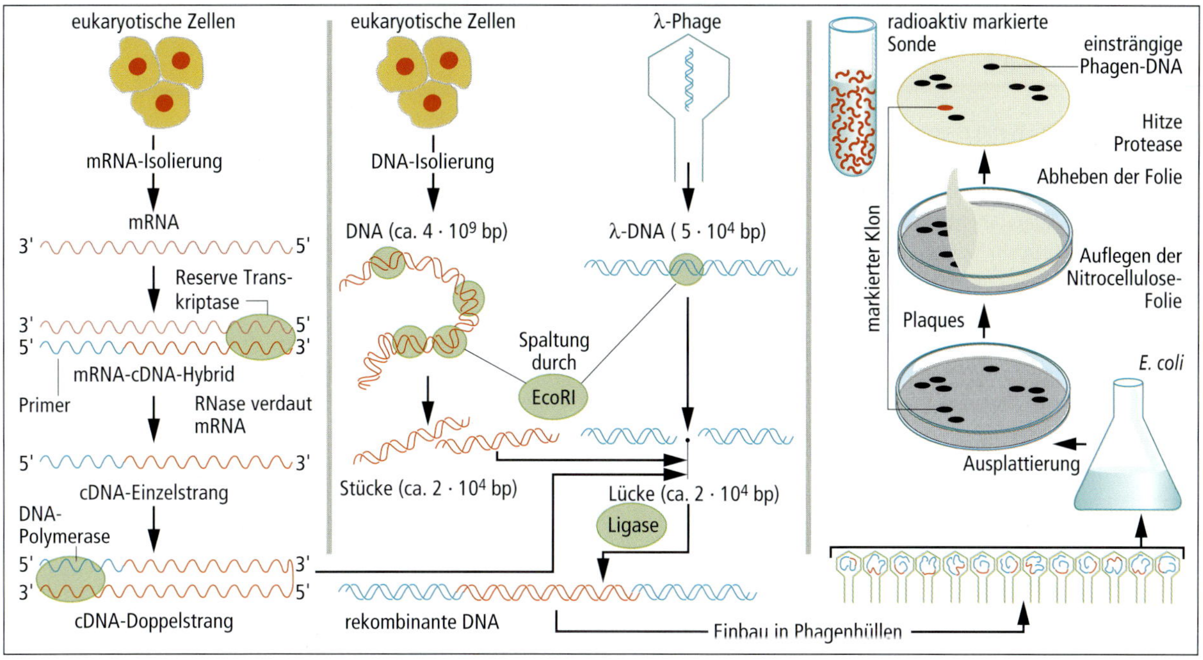

177.1 Erstellen einer Genbibliothek und Identifikation eines Gens

Das Einschleusen von Fremd-Genen in Lebewesen bezeichnet man als **Gentransfer.** Um an die Gene des Lebewesens zu gelangen, die beim Gentransfer eingesetzt werden sollen, wird die gesamte DNA aus den Zellen dieses Lebewesens isoliert und mit einem Restriktionsenzym geschnitten. Die entstandenen DNA-Fragmente werden in einen Vektor verpackt. Dabei verwendet man λ-Phagen, die gegenüber Plasmiden den Vorteil haben, dass mit ihnen größere DNA-Fragmente kloniert werden können. Die λ-Phagen mit der Fremd-DNA vermehrt man in Bakterien, wobei aus jedem Phagen ein Phagen-Klon hervorgeht, der ein Plaque erzeugt. Die Gesamtheit aller Phagen-Klone bildet eine **Genbibliothek.** Das Genom des Menschen könnte zum Beispiel in 150 000 λ-Phagen untergebracht werden. Da der Einbau der menschlichen DNA-Fragmente in λ-Phagen jedoch zufallsbedingt erfolgt, werden etwa 1 000 000 Klone zur Erstellung einer Genbibliothek des Menschen benötigt, in der jede vermutete Sequenz mit 99-prozentiger Sicherheit mindestens einmal vorkommt.

Unter den etwa $3 \cdot 10^9$ Basenpaaren des Menschen entfallen nur etwa fünf Prozent auf Gene, die Proteine codieren. Der überwiegende Rest der DNA ist bisher in seiner Bedeutung nicht verstanden. Eine genomische Genbibliothek besteht daher auch nur zu etwa fünf Prozent aus Protein codierenden Genen. Um die Suche nach diesen in einer Genbibliothek zu erleichtern, geht man für ihren Aufbau von der mRNA aus. Dabei synthetisiert das Enzym **Reverse Transkriptase** in Umkehrung der Transkription aus mRNA eine so genannte **cDNA** (copyDNA). Die reverse Transkriptase beginnt ihre Synthese an einem **Primer** (Startmolekül) und liefert einen mRNA-cDNA-Doppelstrang. Nach dem Abbau der mRNA durch eine RNase dient die Bildung einer Schleife am 3′-Ende des cDNA-Stranges der DNA-Polymerase als Primer für die Synthese einer doppelsträngigen cDNA. Diese kann in λ-Phagen verpackt werden. Eine cDNA-Genbibliothek wird aus der Gesamtheit der mRNAs eines Gewebes gewonnen. Die Häufigkeit des Auftretens bestimmter Klone gibt direkten Aufschluss darüber, welche Protein codierenden Gene wie häufig in diesem Gewebe exprimiert werden.

Um nun ein bestimmtes Gen in einer Genbibliothek zu finden, muss man den Klon identifizieren, der das Gen enthält. Dies geschieht mit Hilfe einer **Sonde,** zum Beispiel einem kurzen synthetisierten und mit radioaktiven Nukleotiden markierten DNA-Abschnitt. Da Gentechniker Erfahrungswerte über erwartete Sequenzen im Gen besitzen, wird die Sonde so im Labor synthetisiert, dass sie und das gesuchte Gen weitgehend komplementär sind. Um mit dieser Sonde ein bestimmtes Gen zu finden, wird eine Membran auf die Plaques gelegt. Daran bleiben einige Phagen hängen. Die Phagenhüllen werden mit Protease abgebaut und die DNA wird so freigelegt. Mit einer Hitzebehandlung wird die DNA einzelsträngig. Gibt man auf diese Membran die radioaktiv markierte Sonde, bindet sie an der einzelsträngigen DNA desjenigen Phagen-Klons, der das gesuchte Gen enthält. Der Klon wird über den Ort der Radioaktivität auf der Membran gefunden.

METHODE PCR – in drei Stunden zum DNA-Millionär

Wenn bei einem Verbrechen geringste DNA-Mengen in Blutspuren oder Haaren gefunden werden, können sie zur Überführung des Täters eingesetzt werden. Bevor man die DNA analysiert, muss man sie vervielfältigen. Dies geschieht mit Hilfe des Verfahrens der **Polymerase-Kettenreaktion,** kurz **PCR** (engl.: **p**olymerase **c**hain **r**eaction). Für die Entwicklung der PCR, bei der DNA-Bereiche in wenigen Stunden millionenfach vermehrt werden, erhielt Kary B. MULLIS 1993 den Nobelpreis.

Die PCR läuft nach dem Prinzip der DNA-Replikation automatisiert in einem Heiz- und Kühlapparat ab: Doppelsträngige DNA mit dem Abschnitt, der vervielfältig werden soll, wird durch Hitzebehandlung bei 94 °C in ihre Einzelstränge gespalten. Diesen Vorgang nennt man **Denaturierung.** An die Einzelstränge binden bei etwa 50 °C zwei synthetisierte, kurze *Primer.* Sie sind gegenläufig orientiert und komplementär zu den Enden des DNA-Abschnitts, der zwischen den Primern vermehrt werden soll. Daher müssen die Basensequenzen an diesen Enden bekannt sein.

Die Primer dienen einer hitzestabilen DNA-Polymerase, der ***Taq*-Polymerase,** als Startpunkte für die Synthese des komplementären zweiten Stranges. Die *Taq*-Polymerase verdankt ihren Namen dem in heißen Quellen lebenden Bakterium *Thermus **aq**uaticus*, aus dem sie isoliert wurde. Mit ihr konnte der Ablauf der PCR automatisiert werden, denn andere Polymerasen verlieren bei Temperaturen über 40 °C schnell ihre Aktivität. Die *Taq*-Polymerase hingegen beginnt bei etwa 72 °C die DNA-Synthese an den Primern, wozu der Reaktionslösung die vier DNA-Nucleotide beigegeben sein müssen.

Durch die neuerliche kurzfristige Temperaturerhöhung auf 94 °C wird die Replikation abgebrochen. Gleichzeitig werden die doppelsträngigen Abschnitte denaturiert und der Prozess kann von vorne beginnen.

In der Regel wiederholt man diesen **Zyklus** mit den Reaktionsschritten Denaturierung der DNA, Primer-Bindung und DNA-Synthese in drei Stunden etwa 30mal. Bereits nach 20 optimal verlaufenden Zyklen ist der gewünschte DNA-Bereich millionenfach vervielfältigt.

Die Bedeutung der PCR liegt in der schnellen Vermehrung geringster DNA-Mengen. So konnten DNA-Reste aus bis zu 100 000 Jahre alten Knochenfunden von Neandertalern mit der PCR vervielfältigt und Verwandtschaftsbeziehungen zum heutigen Menschen untersucht werden. Auch in der medizinischen Diagnose kann mit Hilfe der PCR anhand einer einzigen Zelle ein genetischer Defekt, Krebs oder eine Vaterschaft nachgewiesen werden.

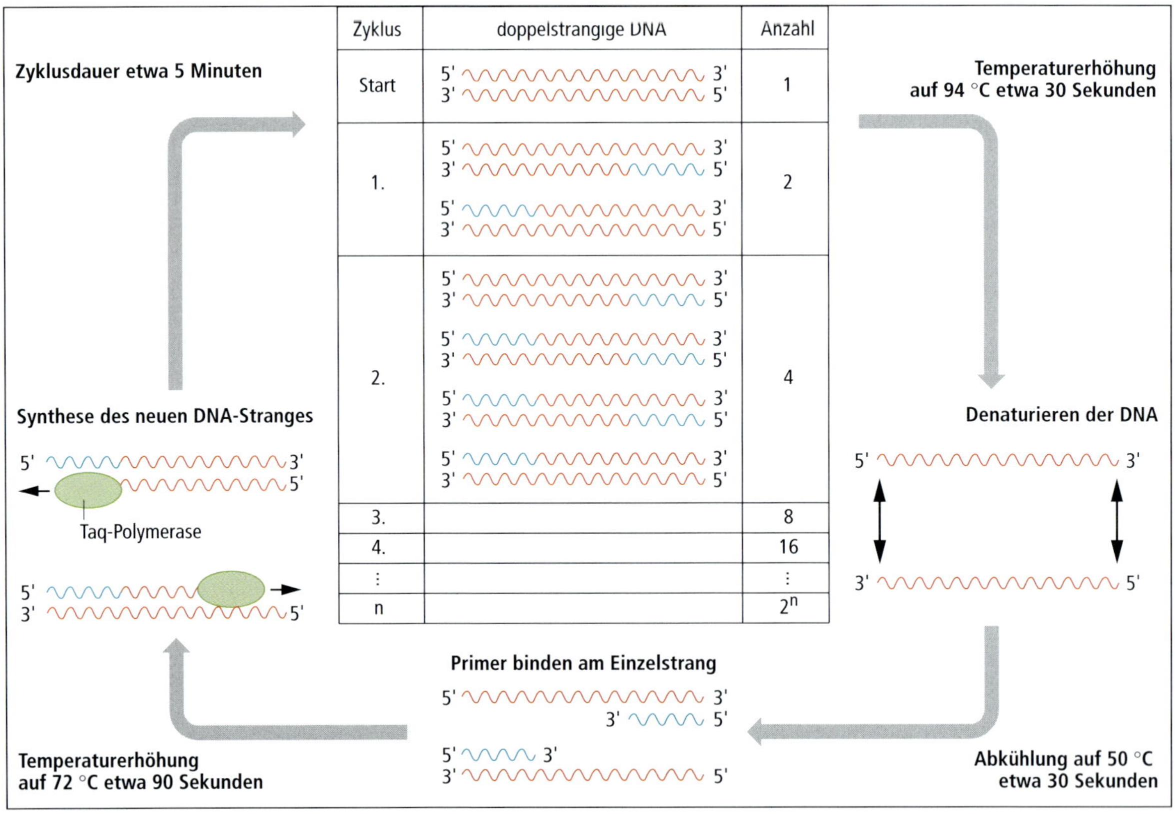

178.1 Das Prinzip der Polymerase-Kettenreaktion

EXKURS

Der genetische Fingerabdruck

Ein Restriktionsenzym schneidet DNA nur an einer Stelle, die es anhand der Basensequenz als seine Schnittstelle erkennt. Eine konkrete Region einer bestimmten DNA wird daher immer in die gleichen Fragmente zerlegt. Ereignet sich in dieser Region eine Mutation, so kann dadurch eine Schnittstelle hinzukommen oder verloren gehen. Daher entstehen nun Fragmente anderer Länge: Es liegt ein **Restriktionsfragmentlängenpolymorphismus (RFLP; sprich: „Riflip")** vor. Die unterschiedlichen Typen des RFLP gehören zu den individuellen genetischen Merkmalen.
1985 kam Alec J. JEFFREYS auf die Idee, RFLPs als Verwandtschaftstest zu benutzen. Er ging davon aus, dass zwei Personen in umso mehr RFLPs übereinstimmen, je näher sie verwandt sind. Das Ergebnis seiner Untersuchungen bezeichnete er als **genetischen Fingerabdruck,** da man bei hinreichender Verfeinerung des Verfahrens durch Analyse zahlreicher DNA-Regionen Merkmalskombinationen nachweisen kann, die nur in einem einzigen Menschen zu finden sind und ihn so eindeutig identifizieren.

Zur Erstellung eines genetischen Fingerabdrucks wird genomische DNA mit einem Restriktionsenzym geschnitten. Die Fragmente werden dann in Einbuchtungen (Taschen) eines Agarose-Gels übertragen und elektrophoretisch getrennt: Die negativ geladenen DNA-Fragmente bewegen sich zum positiven Pol eines Gleichspannungsfeldes. DNA-Fragmente wandern dabei umso langsamer, je länger sie sind. Gleich lange Fragmente sammeln sich in Banden auf dem Gel. Anschließend wird die DNA denaturiert, also in Einzelstränge zerlegt. In einem Verfahren, das nach seinem Erfinder SOUTHERN-Blotting genannt wird, überträgt man die DNA-Banden durch die Saugkraft von Filterpapier auf eine Nylon-Membran und fixiert sie dort durch Hitzebehandlung. Um bestimmte Fragmente nachzuweisen, werden nun passende **Sonden** auf die Membran gegeben. Dies sind kurze Stücke radioaktiv markierter einzelsträngiger DNA, die zu der untersuchten DNA-Region komplementär sind. Daher hybridisieren sie mit den gesuchten Fragmenten. Nachdem man die nicht gebundenen Sonden abgespült hat, legt man einen Röntgenfilm auf die Membran, um die Lage der radioaktiv markierten Hybrid-DNA in einem Autoradiogramm sichtbar zu machen: Die markierten Fragmente erzeugen durch ihre Strahlung auf dem Film ein Muster schwarzer Banden, den genetischen Fingerabdruck.
Die RFLP-Analyse ermöglicht die Zuordnung DNA-haltiger Tatortspuren (zum Beispiel Blut, Sperma, Speichel, Haare) zu verdächtigen Personen. Heute wird in der kriminaltechnischen Routine das ursprüngliche Verfahren durch die Polymerase-Kettenreaktion ersetzt, wofür als Spurenmaterial prinzipiell nur noch eine Zelle erforderlich ist.

1. Leiten Sie aus dem Autoradiogramm den potenziellen Vater ab!

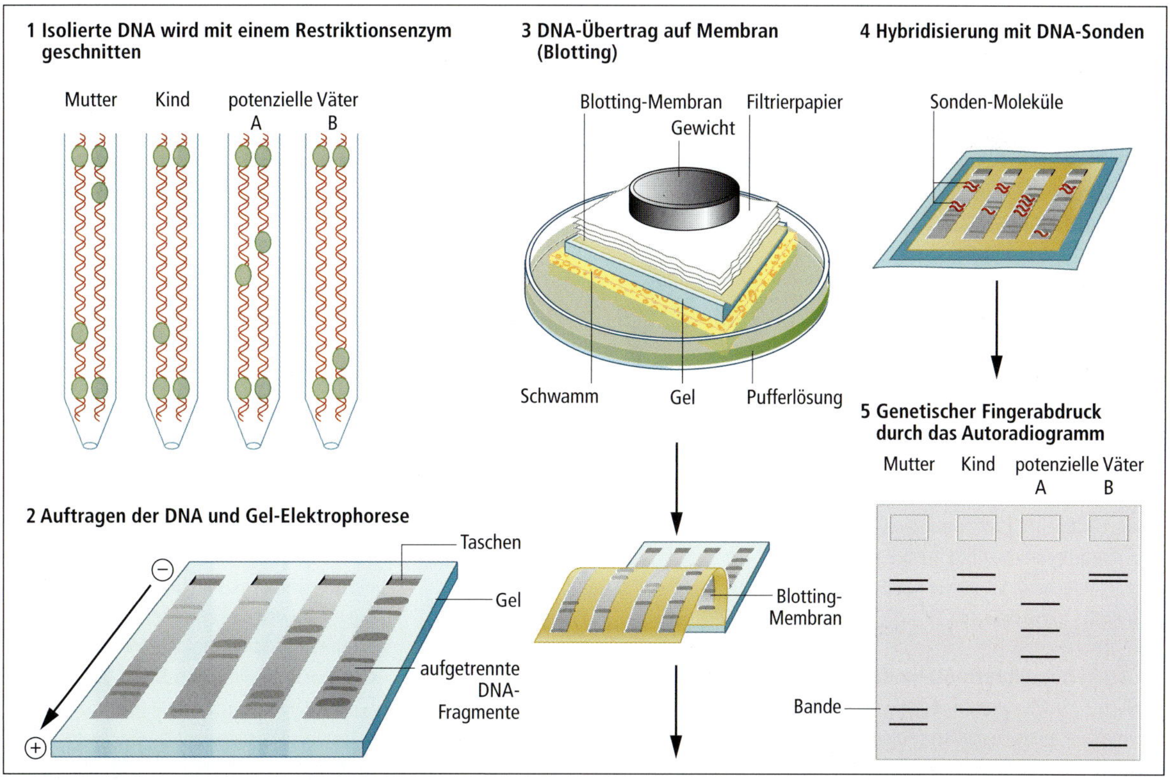

179.1 Vaterschaftstest

METHODE Sequenzierung – Lesen mit dem Alphabet des Lebens

Im Jahre 2001 wurde in Fachzeitschriften die nahezu vollständige **Sequenzierung** der etwa drei Milliarden Buchstaben des menschlichen Genoms gemeldet. Die Bestimmung der Einzelabfolge der Basen der DNA macht die genetische Information direkt zugänglich. Ohne Kenntnis der Genprodukte können heute bestimmten DNA-Sequenzen Funktionen zugeordnet werden. Dabei wird die Anzahl der Gene mit Hilfe von Computern hochgerechnet. Aus dem Vergleich der Basenfolgen ganzer Genome vermutet man zum Beispiel bei *Drosophila* etwa 13600 Gene, bei der Pflanze *Arabidopsis* etwa 25500 und beim Menschen etwa 40000 Gene. Dabei verteilen sich beim Menschen auf eine Million Basen gerade mal zwölf Gene, was verglichen mit 117 Genen bei *Drosophila* und 221 bei *Arabidopsis* relativ wenig ist. Dies weist daraufhin, dass die Gene des Menschen in hohem Maße durch Introns unterbrochen sind. Das Gen für das Muskelprotein Titin zum Beispiel ist in 178 Exons unterteilt. Dies soll ein alternatives Zusammenstellen von Exons bei der Reifung der mRNA ermöglichen, wodurch sich die Zahl der pro Gen gebildeten verschiedenen Proteine deutlich erhöht. Diese kombinatorische Vielfalt soll für 35 Prozent aller menschlichen Gene gelten. Dies kann dazu führen, dass die Formulierung der „Ein-Gen-ein-Polypeptid"-Hypothese eine neuerliche Abänderung zur „Ein-Gen-eine-mRNA"-Hypothese erfährt.

Es existieren unterschiedliche Verfahren zur Sequenzierung von DNA. Allen gemeinsam ist, dass ein Gemisch aus DNA-Fragmenten produziert wird, die sich in ihrer Länge um jeweils ein Basenpaar unterscheiden. Feinporige Gele erlauben eine so effiziente Elektrophorese, dass DNA-Fragmente mit nur einem Basenpaar Unterschied getrennte Banden erzeugen.

Bei der **Kettenabbruch-Methode** nach Frederik SANGER synthetisiert eine DNA-Polymerase an der einzelsträngigen zu sequenzierenden DNA wie bei der DNA-Replikation einen komplementären Strang.

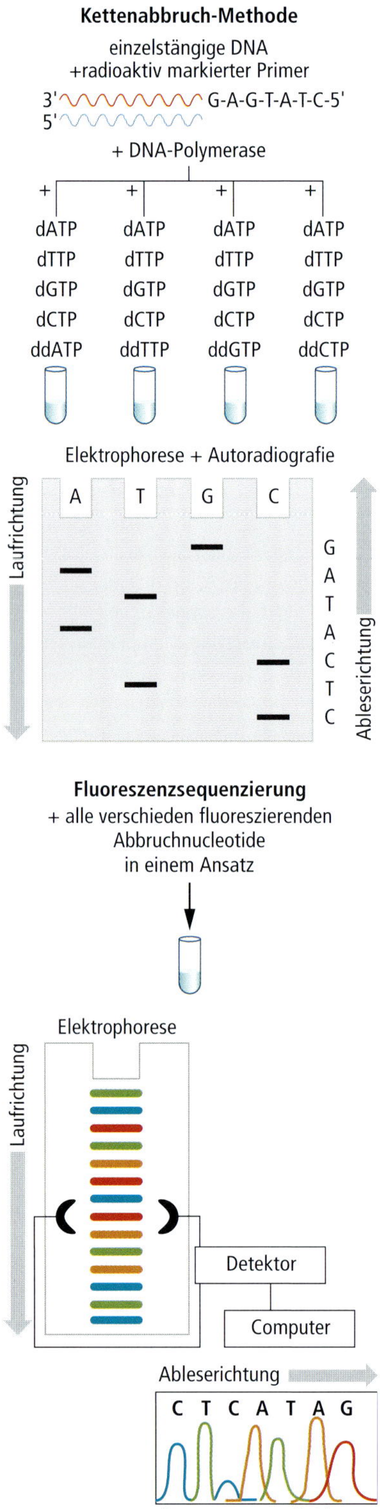

180.1 Kettenabbruch-Methode und Fluoreszenzsequenzierung

Die Synthese bricht ab, wenn chemisch modifizierte Vorläufer der Nucleotide (Didesoxyribonucleotide, kurz dd-Nucleotide) eingebaut werden.

Zur Sequenzierung wird die einzelsträngige DNA auf vier Ansätze verteilt. In jedem der vier Ansätze befinden sich neben Millionen identischer, einzelsträngiger DNA-Fragmente die DNA-Polymerase, die vier Nucleotide (dATP, dTTP, dGTP, dCTP) und ein Primer, der den Beginn der Synthese ermöglicht. Schließlich ist in jedem der vier Ansätze jeweils ein „Abbruch-Nucleotid" ddATP, ddTTP, ddGTP oder ddCTP in niedriger Konzentration enthalten.

Im ersten Ansatz, der ddATP enthält, bricht die DNA-Synthese genau dann ab, wenn ein ddATP im neu synthetisierten Strang eingebaut wird. Die Versuchsbedingungen sind dabei so gewählt, dass an jeder Stelle, an der ddATP eingebaut werden kann, dies auch zufällig geschieht (im Beispiel 4. und 6. Position). Bis zum Abbruch-Nucleotid sind die DNA-Fragmente jetzt doppelsträngig. Mit einer Hitzebehandlung werden sie in Einzelstränge gespalten und in einer Elektrophorese getrennt.
Durch die radioaktive Markierung des Primers hinterlassen die verschieden langen, neu synthetisierten DNA-Fragmente im Autoradiogramm eine Schwarzfärbung. Jede Bande entspricht einer bestimmten Länge des DNA-Fragments, wodurch die Adenin-Positionen direkt abgelesen werden können. Mit Hilfe der anderen drei Ansätze mit ddTTP, ddGTP und ddCTP kann die DNA-Sequenz des komplementären Stranges aus dem Bandenmuster der vier Reaktionen eindeutig abgelesen werden.
Inzwischen ist man in der Lage, die DNA-Sequenzierung automatisch mit vier **Fluoreszenzfarbstoffen** durchzuführen, die an die vier Basen gekoppelt werden. Mit einem Laserstrahl, der eine Bahn des Gels nach den vier Farbstoffen abtastet, wird das Signal in digitale Daten umgewandelt. Das entstehende Chromatogramm wird vom Computer direkt ausgewertet und liefert die Sequenz.

AUFGABEN Methoden der Gentechnik

1 Restriktionsenzyme

```
   1           10          20          30
5′ ATTGCGTAGGCTTAAGTCTAGTTGGAATTC
3′ TAACGCATCCGAATTCAGATCAACCTTAAG
   31          40          50          60
   TATGGCCAGTCCTGAACAGAATTCAAAAGA
   ATACCGGTCAGGACTTGTCTTAAGTTTTCT
   61          70          80          90
   TCAAAGTTGTGGGGCTTCTCTACCCTTGAA
   AGTTTCAACACCCCGAAGAGATGGGAACTT
   91          100         110         120
   TTCGGCCCTAAGTCTTAACCGGAATTCTTG
   AAGCCGGGATTCAGAATTGGCCTTAAGAAC
   121         130         140         150
   ATTCCGTTGGTATTCCTTAAGCCCCTTAAG 3′
   TAAGGCAACCATAAGGAATTCGGGGAATTC 5′
```

Restriktionsenzyme erkennen und schneiden bestimmte DNA-Sequenzen immer in der gleichen Weise. Das Restriktionsenzym EcoRI schneidet spezifisch die folgende Sequenz versetzt in der angezeigten Weise auf. Daher wird diese Sequenz auch Schnittstelle genannt:

```
   ↓
5′ G|AATTC 3′      5′ G     AATTC 3′
3′ CTTAA|G 5′  →   3′ CTTAA     G 5′
        ↑
```

a) Suchen Sie die Schnittstellen des Enzyms EcoRI in der vorgegebenen doppelsträngigen 150 bp langen Sequenz!

b) Bestimmen Sie die Anzahl und Größe der nach dem Schneiden mit dem Enzym EcoRI entstandenen DNA-Fragmente!

c) Zeichnen Sie das Bandenmuster, das die radioaktiv markierten DNA-Fragmente nach einer Gel-Elektrophorese auf einem Autoradiogramm hinterlassen würden!

d) Erläutern Sie, was ein Gentechniker mit einer einzigen vorliegenden 150 bp langen DNA-Sequenz machen müsste, damit er das erwartete Bandenmuster tatsächlich erhält!

e) Das Restriktionsenzym HpaII schneidet die Erkennungssequenz 5′ CCGG 3′
3′ GGCC 5′
Mit welcher Wahrscheinlichkeit müsste sich die Schnittstelle von HpaII in einer 150 bp langen Sequenz wiederfinden?

f) Vergleichen Sie das Ergebnis von e) mit der tatsächlichen Anzahl an Schnittstellen in der obigen Sequenz!

2 DNA-Sequenzanalyse

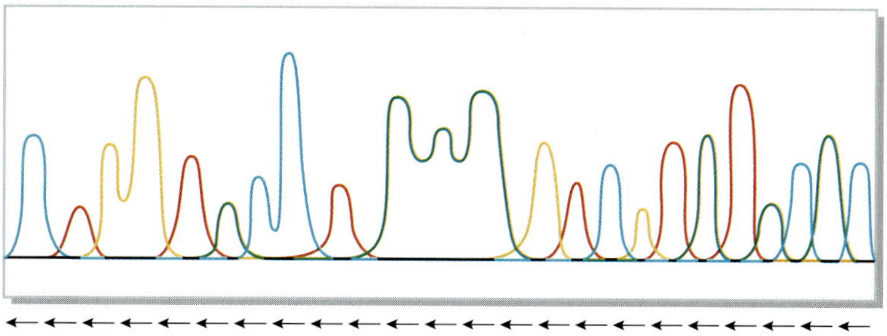

Wanderrichtung des Druckpapiers

Druckfarbe: GELB = C, GRÜN = T, ROT = A, BLAU = G

Der Computerausdruck eines Chromatogramms einer Sequenzierung mit Fluoreszenzfarbstoffen entsteht durch den Einsatz von vier Fluoreszenzfarbstoffen bei der Sequenzierung nach der Kettenabbruch-Methode.

a) Beschreiben Sie die Kettenabbruch-Methode nach SANGER!

b) Geben Sie die Sequenz des DNA-Bereiches an, der im Chromatogramm dargestellt wird!

c) Begründen Sie die unterschiedlichen Amplituden einer Kurve für eine bestimmte Base im dargestellten Chromatogramm!

d) Die Elektrophorese läuft bei der radioaktiven Markierung des Primers in vier Bahnen, bei der Fluoreszenzmarkierung in einer Bahn. Wie lässt sich dieser Unterschied erklären?

3 Auswertung eines Autoradiogramms

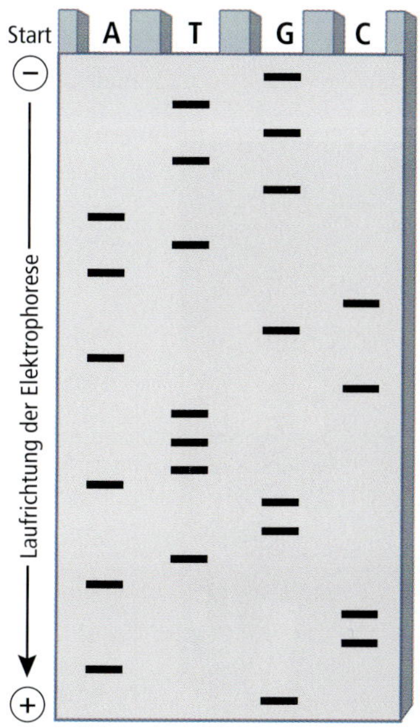

Die Abbildung zeigt ein Autoradiogramm mit radioaktiver Markierung eines Sequenziergels nach der Kettenabbruch-Methode nach SANGER.

a) Geben Sie die Sequenz des DNA-Bereiches an, indem Sie das Autoradiogramm auswerten!

b) Vergleichen Sie die beiden Sequenzen aus Aufgabe 2 und Aufgabe 3 und erklären Sie Ihren Befund!

c) Erläutern Sie, weshalb sich die verschieden großen Fragmente nach der Gel-Elektrophorese in den Bahnen des Sequenziergels in der dargestellten Weise angeordnet haben!

3.2 Transgene Pflanzen

Um die zunehmende Weltbevölkerung, zurzeit etwa 6,5 Milliarden Menschen, ausreichend mit Nahrungsmitteln zu versorgen, sollen Nutzpflanzen verbessert werden. Solche Ziele versucht man mit der Grünen Gentechnik zu erreichen. Dabei geht es darum, bei Pflanzen, die man mit gentechnischen Methoden verändert, eine Ertragssteigerung, klimatische Toleranz, Schädlings- und Krankheitsresistenz, das Wachstum auf mineralstoffarmen Böden und die Unabhängigkeit von Düngemitteln zu erreichen.

In der Natur zeigt das Bodenbakterium ***Agrobacterium tumefaciens*** den Gentechnikern, wie ein Gentransfer in Pflanzen erreicht werden kann. Das Bakterium kann einen bestimmten Teil seiner DNA in eine Pflanzenzelle einschleusen und damit eigene genetische Information auf diese übertragen. Transportmolekül ist die Transfer-DNA, kurz **T-DNA.** Sie liegt auf dem **Ti-Plasmid** (**T**umor **i**nduzierendes Plasmid) des Bakteriums. Nach dem Einschleusen wird die T-DNA in ein Chromosom der infizierten Pflanzenzelle eingebaut. Die durch den Gentransfer in die Wirtszelle gelangten Bakteriengene sorgen dafür, dass die Zelle bestimmte Pflanzenhormone produziert. Dadurch bildet die Pflanze Tumore aus, die Wurzelhalsgallen, in denen die eingeschleusten Bakteriengene die Bildung von Stoffen anregen, die dem Bakterium als Nahrung dienen.
Gentechniker greifen auf dieses natürliche System zurück, wenn sie herbizidresistente Kulturpflanzen produzieren wollen. Mit Restriktionsenzymen werden die Tumor induzierenden Gene auf dem Ti-Plasmid gegen Resistenzgene ausgetauscht. Das veränderte Plasmid wird in *Agrobacterium* eingeschleust und mit ihm Pflanzenzellen infiziert.

Wenn die Resistenzgene in Pflanzenchromosomen eingebaut werden, können die behandelten Pflanzenzellen auf herbizidhaltigem Nährboden überleben. Aus den Zellen, die dort wachsen, werden vollständige, herbizidresistente Pflanzen herangezogen.
Andere Ansätze der Grünen Gentechnik brachten **transgene Pflanzen** hervor, die sich selbst gegen Insektenbefall schützen können. Ihnen schleust man zum Beispiel das Bt-Gen aus dem Bakterium *Bacillus thuringiensis* ein. Das von diesem Gen codierte Protein wird als umweltschonendes Insektizid gespritzt. Die Proteinkristalle wandeln sich im Darm von bestimmten Insekten in ein tödlich wirkendes Gift um. Beim Mais wurde diese Strategie erfolgreich gegen den Fraßfeind Maiszünsler eingesetzt. Der transgene Mais (Bt-Mais) kann das Fraßgift selbst herstellen und ist damit gegen den Maiszünsler resistent.
Anfang 1994 wurde die „Flavr-Savr"-Tomate als erstes gentechnisch verändertes Gemüse zur Vermarktung freigegeben. Im Vergleich zu den handelsüblichen Früchten zeichnete sich die transgene Tomate durch längere Haltbarkeit aus.
Das Enzym Polygalacturonase ist für das Matschigwerden reifer Tomaten verantwortlich. Sie baut die Zellwand stabilisierenden Pektine ab. Durch das Einschleusen eines Antisense-Gens, dessen mRNA der Basenabfolge der mRNA (Sense) für das Enzym Polygalacturonase komplementär ist, lagern sich beide mRNA-Moleküle in der Zelle zu einem Doppelstrang zusammen. Damit kann die Sense-mRNA nicht mehr translatiert werden, was die Synthese des Enzyms verhindert und die Haltbarkeit der Tomate verbessert. Mittlerweile ist die „Flavr-Savr"-Tomate wegen der insgesamt schlechten Geschmacksmerkmale allerdings wieder vom Markt.

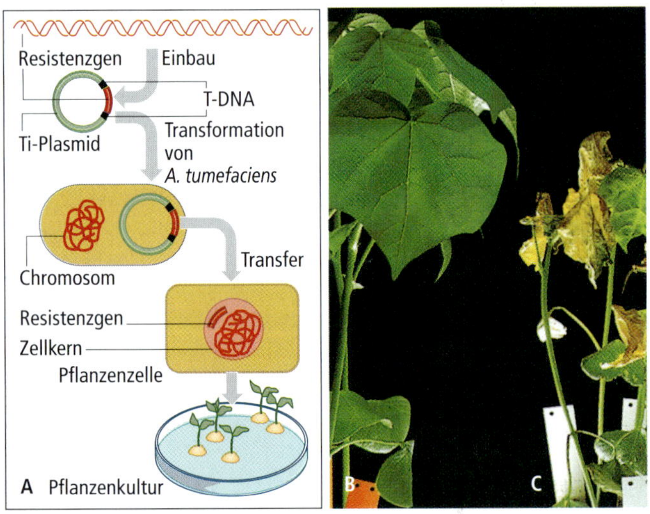

182.1 Herbizidresistente Baumwolle.
A Prinzip; **B** resistente Form; **C** nicht herbizidresistente Form

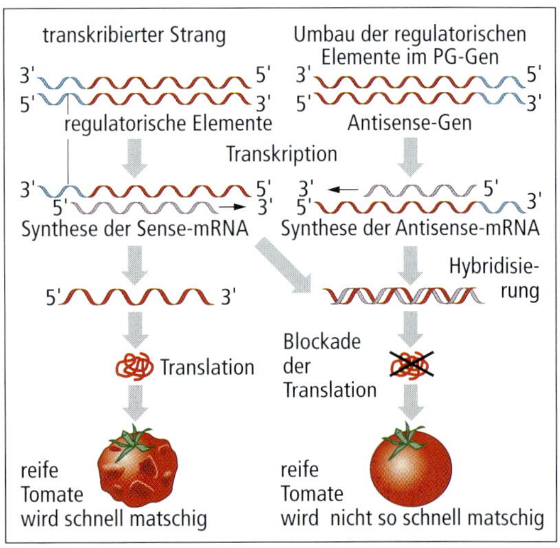

182.2 Das Prinzip der Antisense-Technik in der „Flavr-Savr"-Tomate

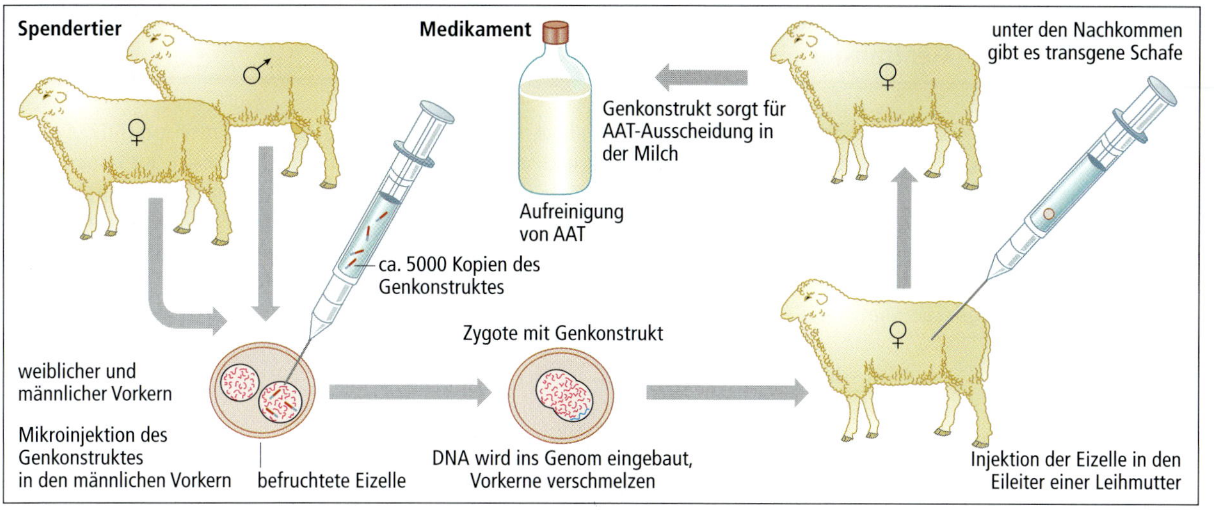

183.1 Erzeugung transgener Schafe (Prinzip des gene farming)

3.3 Transgene Tiere

In Europa und den USA leiden etwa 100000 Menschen erbbedingt an einem Alpha-I-Antitrypsin-(AAT)-Mangel, allein in Deutschland etwa 4000. Beim Fehlen dieses Proteins laufen zellabbauende Prozesse im Körper der kranken Menschen beschleunigt ab. Dies schädigt insbesondere die Lunge so stark, dass unbehandelt der Tod schnell eintritt. Patienten können bislang nur mit AAT behandelt werden, das aus Spenderblut isoliert wird. Die dabei gewonnenen Mengen reichen zur Behandlung aller Betroffenen jedoch nicht aus.

Mit der Roten Gentechnik, bei der es um die Herstellung pharmazeutischer Produkte geht, wurde das 15 Millionen Euro teure transgene Schaf Tracy hergestellt. Es trägt das Human-Gen für das Protein AAT in seinem Genom.

Der Transfer von Fremd-DNA wie dem AAT-Gen in tierische Zellen wurde bisher am häufigsten mit der *Mikroinjektion* versucht. Dabei wird mit einer dünn ausgezogenen Glaskapillare in den Kern einer gerade befruchteten Eizelle Fremd-DNA injiziert. Dies geschieht meistens in den etwas größeren männlichen Vorkern, wie der vom Spermium stammende haploide Kern genannt wird. Beim Verschmelzen des männlichen und weiblichen Vorkerns kann die Fremd-DNA in das Genom der Eizelle integriert werden. Aus dieser Eizelle entwickelt sich dann in einer Leihmutter, die den Embryo austrägt, ein **transgenes Tier.**

Zur Herstellung des transgenen Schafes Tracy wurden in den männlichen Vorkern von 549 befruchteten Eizellen bis zu 5000 Kopien eines AAT-Genkonstruktes injiziert. Dieses Konstrukt war eine Kombination des AAT-Gens mit einem Promotor, der eine besonders hohe Transkription in den Milchdrüsen veranlasst. Dadurch sollte eine umfangreiche AAT-Produktion in der Milch weiblicher, transgener Schafe erreicht werden. Die befruchteten Eizellen wurden in Leihmütter eingebracht. Dort entwickelten sich 112 Lämmer, von denen fünf das entsprechende Genkonstrukt in ihr Genom aufgenommen hatten. Von den drei Tieren, die AAT tatsächlich exprimierten, produzierte nur das Schaf Tracy AAT in ausreichenden Mengen in seiner Milch. Die heute bestehenden Schwierigkeiten bei der Herstellung transgener Tiere spiegelt dieses Verfahren wieder, dessen Erfolgsquote bei nur 0,2 Prozent ($^1/_{549}$) lag.

Tracy ist gewissermaßen ein lebender Bioreaktor, ihre Milch enthält jährlich etwa 3,5 Kilogramm AAT. Eine Herde von 2000 transgenen Schafen würde ausreichen, um den Weltbedarf an AAT zu decken. Allerdings ist die Reinigung des AAT aus der Milch sehr aufwändig.

Neben der beschriebenen pharmazeutischen Nutzung transgener Tiere, was auch als **„gene farming“** bezeichnet wird, werden in der Viehwirtschaft Krankheitsresistenz, verbesserte Milchleistung oder höhere Fleischqualität angestrebt. Große Hoffnungen wurden dabei in das „Größer-Machen“ der Tiere durch ein DNA-Konstrukt mit Wachstumshormon-Gen gesetzt, das in Nagern ausprobiert wurde und in Fischen, Geflügel, Schweinen und Rindern zur Anwendung kam. Bei Schweinen zeigte sich, dass das Wachstumspotenzial bereits durch die konventionellen Züchtungsmethoden der Vergangenheit fast vollständig ausgeschöpft war und weitere Steigerungen nur noch auf Kosten der Gesundheit der Tiere möglich sind. Die unkontrolliert in die Natur entwichenen, transgenen, schnell wachsenden Norwegischen Lachse zeigen das ökologische Gefahrenpotenzial dieser Forschung. Sie verdrängen ihre natürlichen Artgenossen und reduzieren damit die genetische Vielfalt dieser Art.

METHODE

Gentransfer

Transgene Lebewesen entstehen durch das gezielte Einschleusen von Fremd-Genen. Für den erfolgreichen Gentransfer müssen je nach Zielzelle verschiedene Transfermethoden eingesetzt werden: biologische Systeme, die DNA oder RNA selbst aktiv übertragen können (*Agrobacterium*, Viren) oder physikalische Methoden zur Übertragung unverpackter, nackter DNA (Elektroporation, Partikelpistole, Liposomen, Mikroinjektion). Der Gentransfer mit *Agrobacterium* funktioniert recht gut bei zweikeimblättrigen Pflanzen, einkeimblättrige Pflanzen hingegen infiziert *Agrobacterium* normalerweise nicht. Ziel aller Methoden ist es, die in Frage kommenden Gene in das gewünschte Genom stabil einzubauen und ihre Expression zu erreichen. Insgesamt spricht man von einem erfolgreichen Gentransfer, wenn die neuen Gene auch an die Nachkommen vererbt werden.

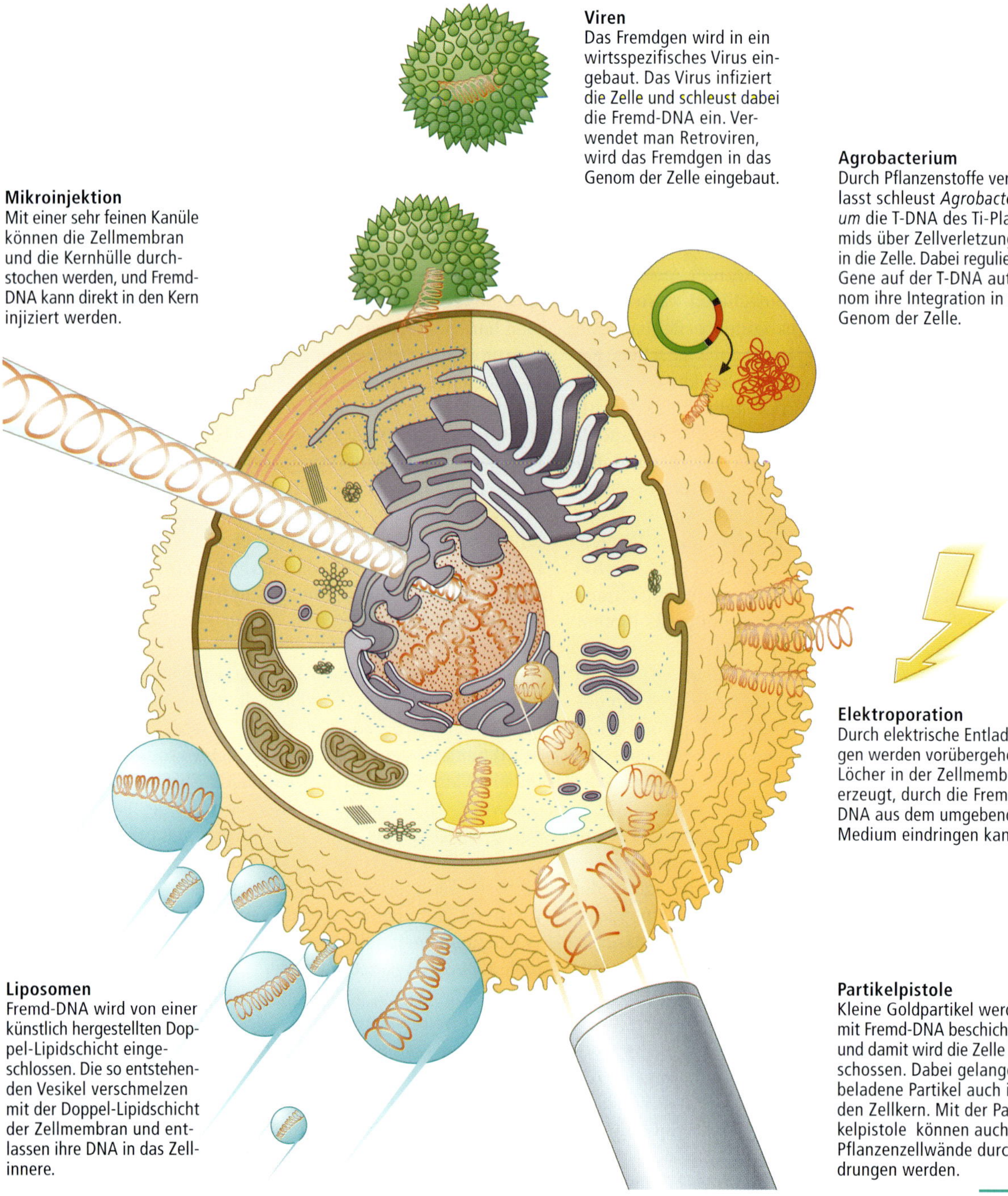

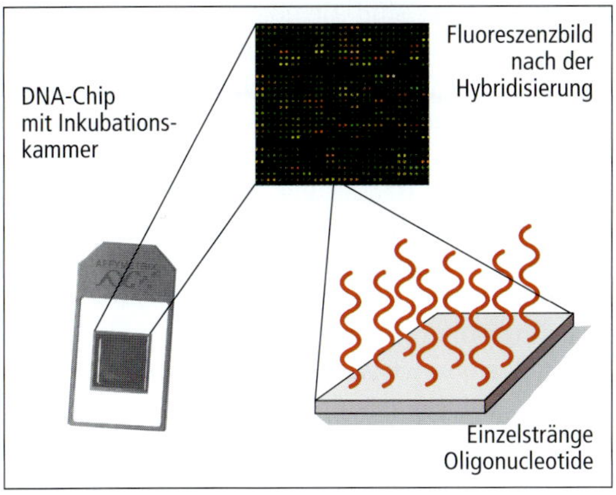

185.1 DNA-Chip mit Fluoreszenzbild

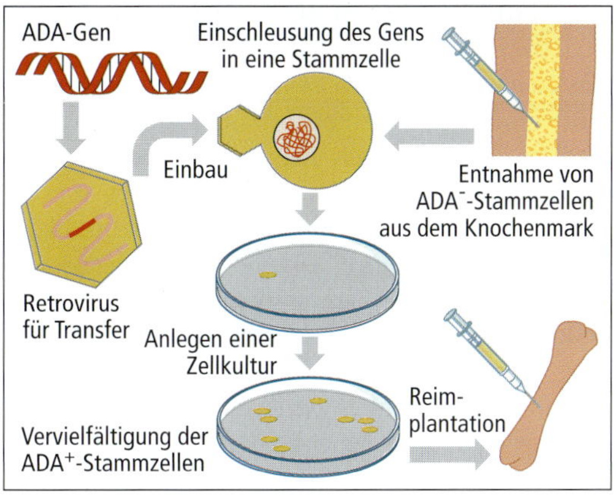

185.2 Prinzip der Gentherapie beim ADA-Mangel

3.4 Gendiagnose und Gentherapie beim Menschen

Bei einem konkreten Verdacht auf eine Krebs-Erkrankung kann das p53-Gen untersucht werden. Allele dieses Gens führen in etwa der Hälfte aller Krebs-Fälle zu Tumoren, die sich besonders aggressiv verhalten. Für die Untersuchung, welches Allel ein Patient vom p53-Gen besitzt, wird das gesamte genetische Material aus einigen Tumorzellen isoliert. Mit der PCR können p53-Fragmente angereichert und dann mit einem Fluoreszenzfarbstoff markiert werden. Als Hilfsmittel zur **Gendiagnose** dient der **DNA-Chip,** auf dessen 1 bis 2 cm^2 großen Plättchen bis zu 64 000 winzige quadratische Testfelder extrem dicht mit verschiedenen, kurzen DNA-Einzelsträngen beschichtet sind. Dies sind beim p53-Gen-Chip Sequenzen des intakten und des veränderten p53-Gens. Die über PCR vermehrten p53-Einzelstränge hybridisieren mit komplementären Einzelsträngen auf dem Chip. Je mehr DNA an den Einzelsträngen des Chips bindet, umso stärker ist das fluoreszierende Signal. Die Position dieser Signale auf dem Chip wird mit einem hoch auflösenden Laserscanner erkannt. Über das Fluoreszenzmuster wird festgestellt, welches Allel des p53-Gens der Patient in seinem Tumorgewebe besitzt. Mit einer solchen Gendiagnose kann entschieden werden, wie der Patient weiter behandelt wird.

DNA-Chips werden auch zur Diagnose von Infektionskrankheiten eingesetzt. Das Erbgut von *Mycobacterium tuberculosis,* dem Verursacher der menschlichen Tuberkulose, wurde bereits entschlüsselt. Seither sind jene Stellen im Erbgut des Erregers bekannt, die zu Resistenzen gegen bestimmte Antibiotika führen. Mithilfe des DNA-Chips gelingt die Erkennung der vorhandenen Resistenzgene des Erregers. Was nach traditionellen Verfahren etwa drei Wochen dauert, geht mit dem Chip innerhalb einer Stunde. Dabei spielt es keine Rolle, ob Resistenzen gegen ein oder mehrere Antibiotika ermittelt werden müssen.

In der medizinischen Praxis folgt auf die Diagnose eine Therapie. In der ersten genehmigten **Gentherapie** wurde 1990 in den USA bei der vierjährigen Patientin Linda ein Gentransfer durchgeführt. Dem Mädchen fehlte erbbedingt die Adenosin-Desaminase (ADA), die für eine normale Funktion des Immunsystems unerlässlich ist. Kinder mit ADA-Mangel laufen ständig Gefahr, an harmlosen Infektionskrankheiten zu sterben. Beim Versagen der klassischen Behandlungsmethoden müssen sie unter einem Isolierzelt bei völliger Abschirmung von der Außenwelt leben. Zur gentechnischen Therapie entnahm man Linda Blut und isolierte aus ihm T-Lymphocyten. Diese wurden dann mit Retroviren infiziert, bei denen man zuvor das intakte ADA-Gen eingebaut und die Information zur Virusvermehrung entfernt hatte. In die Lymphocyten erfolgte ein Einbau des ADA-Gens. Die so gentechnisch veränderten Lymphocyten wurden in Kultur vermehrt und durch Transfusion in den Körper des Mädchens innerhalb mehrer Monate wiederholt zurückübertragen. Tatsächlich produzierten sie dort das benötigte Enzym Adenosin-Desaminase, sodass die Infektionsgefahr deutlich herabgesetzt wurde. Gelänge eine entsprechende Gentherapie mit den Blut bildenden Stammzellen im Knochenmark, wäre eine dauerhafte Heilung dieser Krankheit möglich. Jede aus den gentechnisch veränderten Stammzellen gebildete Blutzelle könnte die Adenosin-Desaminase bilden.

Mit DNA-Analyse-Techniken lassen sich Veranlagungen für Krankheiten schnell und sicher bestimmen, wenn sie auf genetische Unterschiede zurückzuführen sind. Dabei können Risiken für Erbkrankheiten vorausgesagt werden, bevor sie überhaupt ausgebrochen sind und für die möglicherweise keine Therapien bekannt sind. Im Einzelfall macht dies eine psychologische Betreuung notwendig und eine ethische Auseinandersetzung unausweichlich.

3.5 Ethische Fragen der Gentechnik

Die Gentechnik hat zweifellos Erfolge, sei es in der grünen und roten Gentechnik oder in der Humanmedizin. Gentechnisch hergestellte Medikamente sind für viele ein Segen. Wissenschaftler warnen aber auch vor möglichen Gefahren. Eine herbizidresistente Nutzpflanze könnte zum Beispiel das Herbizid oder seine abgewandelten Formen in ihren Zellen ablagern, wo sie nach dem Verzehr im Menschen möglicherweise toxische Wirkungen entfalten. Resistenzgene in transgenen Pflanzen könnten auch – mit unübersehbaren ökologischen Folgen – auf Wildpflanzen übertragen werden.

Gentechniker versuchen auch, den Mangel an Organen für Transplantationszwecke zu beheben. Eine Lösung dieser Problematik wird durch die **Xenotransplantation** erhofft. Darunter versteht man die artüberschreitende Transplantation lebender Zellen, Gewebe und Organe, im Speziellen die Übertragung von Tierorganen auf den Menschen. Durch gentechnische Eingriffe sollen Tierorgane so verändert werden, dass sie ein Hemmprotein gegen das menschliche Immunsystem herstellen und die Abstoßungsreaktion im Menschen unterbleibt. Sicherlich würde der Organmangel und -handel durch die Xenotransplantation reduziert werden, gleichzeitig würden allerdings zwei Klassen von Organen bereitstehen, menschliche und tierische Organe. Wer bekommt welche? Die Organtransplantation würde die Lebensqualität durch die Unabhängigkeit des Patienten von einer Maschine verbessern, demgegenüber stünde eine intensive und wohl dauerhafte medizinische Nachbetreuung. Die belastende Situation, als Patient auf den Tod eines Menschen zu hoffen, wäre zwar aufgehoben, das Leben mit einem Tierorgan könnte sich allerdings auch als eine psychische Bürde herausstellen. Ein wesentliches medizinisches Problem liegt darin, dass sich aus dem Genom des transplantierten Tierorgans virale Sequenzen herauslösen und schwerste Epidemien, ähnlich wie AIDS, hervorrufen könnten.

Gendiagnose, Gentherapie und Xenotransplantation stellen neuartige Erkennungs- und Behandlungsmöglichkeiten kranker Menschen dar. Damit besteht immer auch die Gefahr des Missbrauchs. Wer wird verhindern, dass nicht Arbeitgeber oder Versicherungen die Informationen über die genetische Ausstattung eines Bewerbers erhalten? Gentherapeutische Forschungsprojekte könnten dazu führen, dass Menschen nach dem Willen herrschender Klassen nach Maß verändert werden. Schon heute werden aufgrund pränataler Untersuchungen Abtreibungswünsche von Eltern wegen des „falschen" Geschlechts von Kindern erfüllt. Denkbar, und an Tieren erprobt, sind Genmanipulationen an Geschlechtszellen. Derartige Versuche werden bisher aus ethischen Gründen abgelehnt und sind im Embryonenschutzgesetz unter Strafe gestellt.

Wichtig ist die Überlegung, dass nicht nur unser Tun, sondern auch unser Unterlassen Folgen hat. Es genügt nicht zu prüfen, welche Risiken wir mit der Gentechnik eingehen, sondern man muss ebenso sorgfältig prüfen, welche Versäumnisse wir in Kauf nehmen, wenn wir auf Gentechnik verzichten. Ein Verzicht auf gentechnische Therapie kann unterlassene Hilfeleistung bedeuten.

In der Gentechnik-Diskussion werden von uns Haltungen abverlangt. Wir sollen entscheiden, ob wir gentechnisch veränderte Lebensmittel essen wollen oder ob wir die Gefahren einer Xenotransplantation billigen. Dies tun wir auf Grund moralischer Normen, also gesellschaftlich gültiger Verhaltensregeln, die wir als Maßstäbe des Handelns ansehen.
Eine moralische Norm kann von verschiedenen ethischen Standpunkten begründet werden, je nachdem, auf welchem höchsten Wert, also auf welchem letzten Ziel des Handelns, die Begründung beruht. Die ethische Diskussion um Gentechnik wird im Wesentlichen von zwei unterschiedlichen höchsten Werten beeinflusst: **Personalistische** Begründungen, die sich auf die Würde des Menschen beziehen, und **utilitaristische** Begründungen, die sich am Wohlergehen der Menschen orientieren. Eine personalistische Position würde die Xenotransplantation verwerfen, wenn der Mensch wegen des Restrisikos einer retroviralen Infektion einer Fremdbestimmung unterworfen und als Forschungsobjekt behandelt würde. In utilitaristischen Begründungen spielen Nützlichkeitserwägungen eine Rolle. Die Xenotransplantation hilft dem unmittelbar betroffenen Menschen, den Angehörigen und der Allgemeinheit unter der Voraussetzung, dass das Risiko einer retroviralen Infektion minimiert werden kann.

Jeder Naturwissenschaftler hat die vorhersehbaren Folgen seiner Handlung nach ethischen Grundsätzen abzuschätzen und gegenüber der Gesellschaft zu verantworten. Er muss dafür sorgen, dass das gesellschaftlich akzeptierte Risiko der Gentechnik nicht steigt. Mikrobiologen, die schon früh das Gefährdungspotential der Gentechnik erkannten, haben bereits 1975 auf der **Asilomar-Konferenz** gesetzliche Regelungen für gentechnische Arbeiten mit entwickelt. Technische Vorkehrungen in Laboranlagen mit vier verschiedenen Sicherheitsstufen (S1 bis S4) sollen vorrangig die Freisetzung transgener Lebewesen oder DNA-Verbindungen in die Umwelt verhindern.

PRAKTIKUM Protein-Fingerprinting

Sachinformation: Die Muskelproteine verschiedener Fischspezies werden isoliert, durch Hitzebehandlung und Natrium-Dodecylsulfat (engl. ***S**odium-**D**odecyl**s**ulfat*, SDS) denaturiert und alle einheitlich negativ geladen. Mittels SDS-**P**oly**a**crylamid-**G**el-**E**lektrophorese (SDS-PAGE) werden diese aufgetrennt. Anhand des Bandenmusters der Proteine im Gel kann auf Verwandtschaftsbeziehungen zwischen den untersuchten Fischspezies geschlossen werden. Das Molekulargewicht unbekannter Proteine wird über eine Eichkurve bestimmt. Diese wird über die bekannten Proteine in einem Kaleidoskop-Längenstandard erstellt.

Material: Protein Fingerprinting Kit von Bio-Rad, München: Das Kit enthält alle benötigten Verbrauchsmaterialien, z.B. TGS-Elektrophorese-Puffer; LÄMMLI-Puffer; Standards; COOMASSIE-Färbelösung; Eppendorf-Reaktionsgefäße mit Ständer; Färbeschalen.

Zusätzlich benötigt werden: PAGE-Elektrophorese-Kammer mit Netzgerät (geglättete Gleichspannung); PAGE-Fertiggel (15 %) in Gelkassette; Mikropipetten mit Spitzen; Wasserbad; 6 Muskelstücke verschiedener Fischspezies; Skalpell oder Rasierklinge; Pinzette; Schere; Messzylinder (500 ml).

Durchführung:

Proteinextraktion: Beschriften Sie je ein Reaktionsgefäß für die zu untersuchenden sechs Fischspezies! Pipettieren Sie 250 µl LÄMMLI-Puffer in jedes Gefäß! Führen Sie ein etwa 0,5 g schweres Fischmuskelstück in das entsprechend beschriftete Reaktionsgefäß über! Schnippen Sie die verschlossenen Reaktionsgefäße jeweils drei Minuten mit dem Finger an! Pipettieren Sie je 18 µl des Überstandes der Proben in jeweils ein, auf dem Deckel beschriftetes Reaktionsgefäß mit Schraubverschluss! Erhitzen Sie diese Proben fünf Minuten bei 95 °C im Wasserbad!

Vorbereiten der Gelkassette: Entnehmen Sie eine Gelkassette aus ihrer Verpackung! Schneiden Sie mit einem Skalpell die Klebefolie der Gelkassette entlang der markierten schwarzen Linie ein und ziehen Sie den Streifen der Klebefolie unterhalb der markierten Linie ab!

Vorbereiten der Elektrophorese: Setzen Sie die Gelkassette mit der kürzeren Platte nach innen gerichtet in den Elektrodenstand ein! Setzen Sie auf der gegenüberliegenden Seite eine weitere Gelkassette oder eine Blindplatte ein! Drücken Sie den Elektrodenstand im Klammerrahmen nach unten und schließen Sie die zwei Klemmklappen!

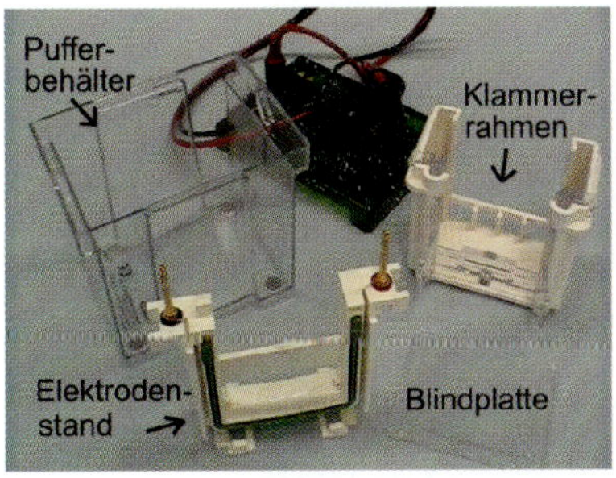

Setzen Sie den Klammerrahmen in den Pufferbehälter ein! Ziehen Sie den Kamm des Gels! Befüllen Sie den Elektrodenstand mit 140 ml TGS-Puffer, den Pufferbehälter mit 200 ml TGS-Puffer!

Befüllen der Geltaschen: Befüllen Sie die Geltaschen mit jeweils 10 µl

- des Kaleidoskop-Längenstandards,
- des Actin-Myosin-Standards,
- der sechs Fischproben! Notieren Sie sich deren Reihenfolge im Gel!

Durchführung der Elektrophorese: Schließen Sie die Gelkammer! Starten Sie die Elektrophorese bei 200 V!

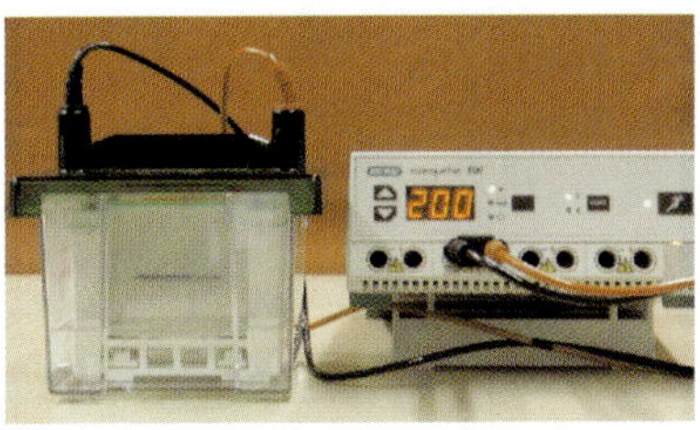

Beenden Sie die Elektrophorese, sobald das Bromphenolblau, enthalten im LÄMMLI-Puffer, den unteren Rand des Gels erreicht hat (Dauer etwa 30 Minuten)!

Entnahme des Gels: Öffnen Sie die Kammer, entnehmen Sie den Klammerrahmen und dekantieren Sie den TGS-Puffer ab! Entnehmen Sie die Gelkassette! Schneiden Sie die Klebefolie an den Seiten entlang der weißen Linien der Gelkassette ein!

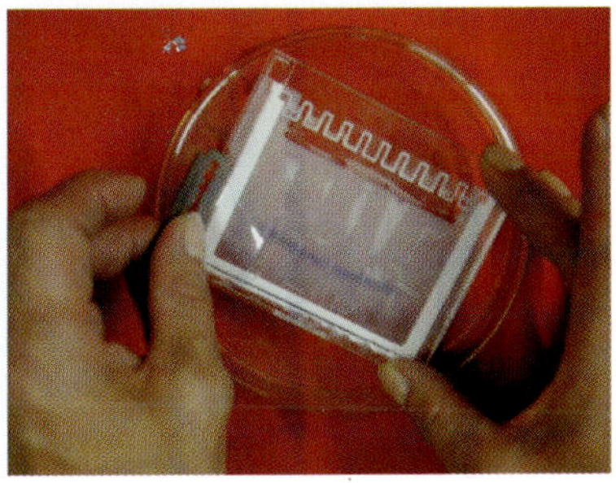

Anfärben des Gels: Öffnen Sie die Gelkassette und führen Sie das Gel in eine mit 70 ml COOMASSIE-Lösung gefüllte Färbeschale über! Färben Sie das Gel darin für etwa eine Stunde ein! Dekantieren Sie danach die COOMASSIE-Lösung! Entfärben Sie das Gel unter fließendem Wasser bis der Gel-Hintergrund farblos ist!

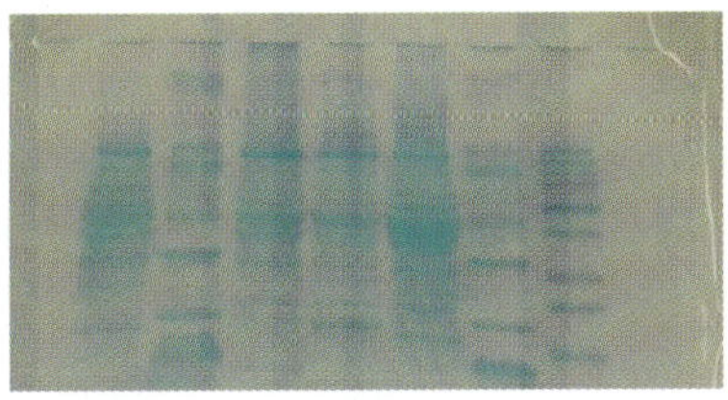

Aufgaben:

a) Identifizieren Sie jeweils die Actin- und Myosinbanden der sechs Fischspezies anhand des Standards!
b) Erstellen Sie anhand der Laufstrecken der Proteine des Kaleidoskop-Längenstandards eine Eichkurve!
c) Bestimmen Sie über die Eichkurve die ungefähre Molekularmasse von zwei unbekannten Proteinen!
d) Stellen Sie über die Anzahl der übereinstimmenden Proteinbanden Verwandtschaftsbeziehungen zwischen den untersuchten Fischspezies fest!

4 Reproduktionsbiologie

4.1 Asexuelle und sexuelle Fortpflanzung

In einem Teich sind die Süßwasserpolypen gut genährt. Bei vielen kann man beobachten, dass sich beide Körperschichten nach außen vorwölben und eine warzenartige Erhebung bilden. Deren Spitze wird zum Mundbereich des neuen Polypen. Hier bildet sich der Tentakelkranz. Die Erhebung streckt sich in die Länge und löst sich später vom Mutterpolypen ab. Süßwasserpolypen können sich also durch Bildung und Abschnürung von Tochterpolypen fortpflanzen. Man bezeichnet diese Form der Fortpflanzung als **asexuelle** oder **ungeschlechtliche Fortpflanzung.**

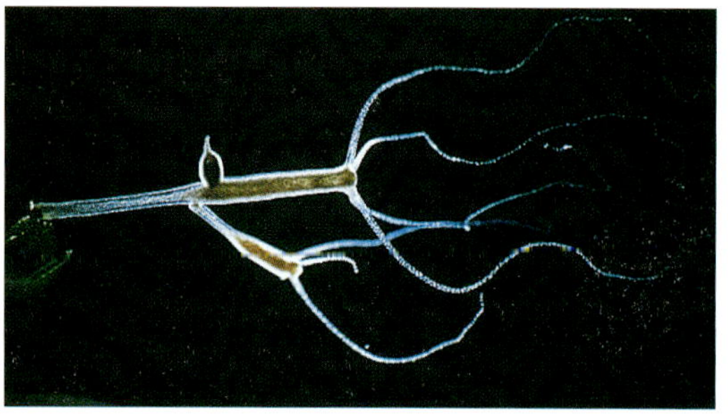

188.1 Knospung beim Süßwasserpolypen

188.2 Brutblatt bei *Bryophyllum*

188.3 Brutzwiebeln beim Schlangenlauch

188.4 Gameten: Eizelle und Spermien

Ganz anders pflanzen sich diese Tiere fort, wenn sich zum Beispiel nach einer langanhaltenden Hitzeperiode die Wasserverhältnisse ändern. In Anschwellungen nahe dem Tentakelkranz bilden sie männliche Geschlechtszellen, die **Spermien,** in Anschwellungen nahe der Fußscheibe weibliche Geschlechtszellen, die **Eizellen.** Die Geschlechtszellen werden ins Wasser abgegeben. Spermien des einen Polypen verschmelzen mit jeweils einer Eizelle eines anderen Polypen zu einer **Zygote.** Diese umgibt sich mit einer schleimigen Hülle. So ist sie vor Austrocknung geschützt und kann später zu einem neuen Individuum heranwachsen. Diese Form der Fortpflanzung, bei der Nachkommen aus der Vereinigung zweier Geschlechtszellen hervorgehen, nennt man **sexuelle** oder **geschlechtliche Fortpflanzung.**

Bei der ungeschlechtlichen Fortpflanzung stimmen Nachkommen und Eltern in ihrem Genom überein, da sie durch mitotische Teilungen auseinander hervorgehen. Dazu wird die DNA kopiert und auf die Tochterzellen verteilt. Hier gilt im strengen Sinne des Wortes: „Gleiches bringt Gleiches hervor." Besonders augenfällig und vielfältig ist die ungeschlechtliche Fortpflanzung bei Pflanzen. So kann das Brutblatt *Bryophyllum* am Blattrand kleine Pflänzchen entwickeln und abschnüren. Diese haben schon kleine Wurzeln, mit deren Hilfe sie sich nach dem Abfallen im Boden verankern und Stoffe aufnehmen können. Weitere Beispiele für ungeschlechtliche Fortpflanzung bei Pflanzen sind *Knollen* bei Kartoffeln, *Ausläufer* bei Erdbeeren, *Brutzwiebeln* bei Liliengewächsen oder *Brutknollen* bei der Zahnwurz. Für alle vom Mutterindividuum abgegliederten Fortpflanzungskörper gilt, dass ihre Zellen noch wenig differenziert und spezialisiert sind. Sie verfügen noch über die Möglichkeit, sich zu einem neuen, eigenständigen Individuum zu entwickeln.

Bei der geschlechtlichen Fortpflanzung verschmelzen zwei haploide **Gameten** miteinander. Man nennt die Gameten auch *Keim-* oder *Geschlechtszellen.* Aus einer solchen Verschmelzung geht eine diploide Zygote hervor. Deren Kern, der *Zygotenkern,* enthält die Erbsubstanz der beiden Gameten. Die Zygote wächst zu einem Nachkommen heran, der genetisch verschieden ist von seinen beiden Eltern.

4.2 Fortpflanzung beim Menschen

Beim Menschen werden – wie bei den meisten Tieren – schon früh in der Entwicklung Körperzellen und Geschlechtszellen voneinander getrennt. Embryonale Zellen, aus denen Geschlechtszellen hervorgehen, nennt man **Urgeschlechtszellen,** die man auch als *Urkeimzellen* bezeichnet. In den **Gonaden,** den *Geschlechtsdrüsen,* entwickeln sich Urgeschlechtszellen zu befruchtungsfähigen *Geschlechtszellen.*

Im Rindengewebe eines Eierstocks oder *Ovars* vermehren sich diploide *Ureizellen* mitotisch. Die etwa zwei Millionen unreifen Eizellen beginnen mit der Meiose. Bei der Geburt unterbrechen sie ihre Teilungsaktivität. Die unreifen Eizellen befinden sich in der Prophase der 1. Reifeteilung. Mit Beginn der Pubertät werden die meiotischen Teilungen fortgeführt. Monat für Monat reifen haploide *Eizellen* heran. Zur Zeit des Eisprungs ist die erste Reifeteilung abgeschlossen, die zweite findet im Eileiter statt. Durch ungleiche Cytoplasmaverteilung entstehen eine reife, plasmareiche Eizelle und drei kleine plasmaarme *Polkörperchen.*
Im Markgewebe eines *Hodens* vermehren sich diploide *Urspermienzellen* ebenfalls mitotisch. Im Gegensatz zu den Ureizellen hält ihre Teilungsaktivität nach der Geburt an. Ab Beginn der Pubertät durchläuft ein Teil von ihnen die Meiose und differenziert sich zu beweglichen *Spermien.* Der andere Teil wird zu Zellen, die zeitlebens teilungs- und differenzierungsfähig bleiben. Sie gewährleisten, dass immer wieder Spermien neu gebildet werden.

Hat ein Spermium die Eizelle erreicht, durchdringt es mit Hilfe von Enzymen die die Eizelle umgebende äußere Schicht und trifft auf die darunter liegende *Zona pellucida.* Hier wird die Kompatibilität von Ei- und Spermienzelle überprüft. Spermien tragen auf ihrer Oberfläche Erkennungsmoleküle, die nach dem Schlüssel-Schloss-Prinzip zu Rezeptoren auf der Eioberfläche passen. Dann kommt es zu einer spezifischen Reaktion in der Spitze des Spermiums, dem Akrosom. Dort befindliche Enzyme werden freigesetzt und lösen die Gallerthülle an der Kontaktstelle auf. Eizellen- und Spermiummembran verschmelzen, der Spermiumkern dringt in die Eizelle ein. Nun kommt es im Bereich der gesamten Membran zu Veränderungen, die weiteren Spermien das Eindringen verwehren. Abschließend findet die letzte Phase der **Befruchtung** statt: Die Zellkerne der beiden Gameten verschmelzen.
Wird wie beim Menschen die Eizelle innerhalb des weiblichen Organismus befruchtet, spricht man von *innerer Befruchtung,* andernfalls von *äußerer Befruchtung.*

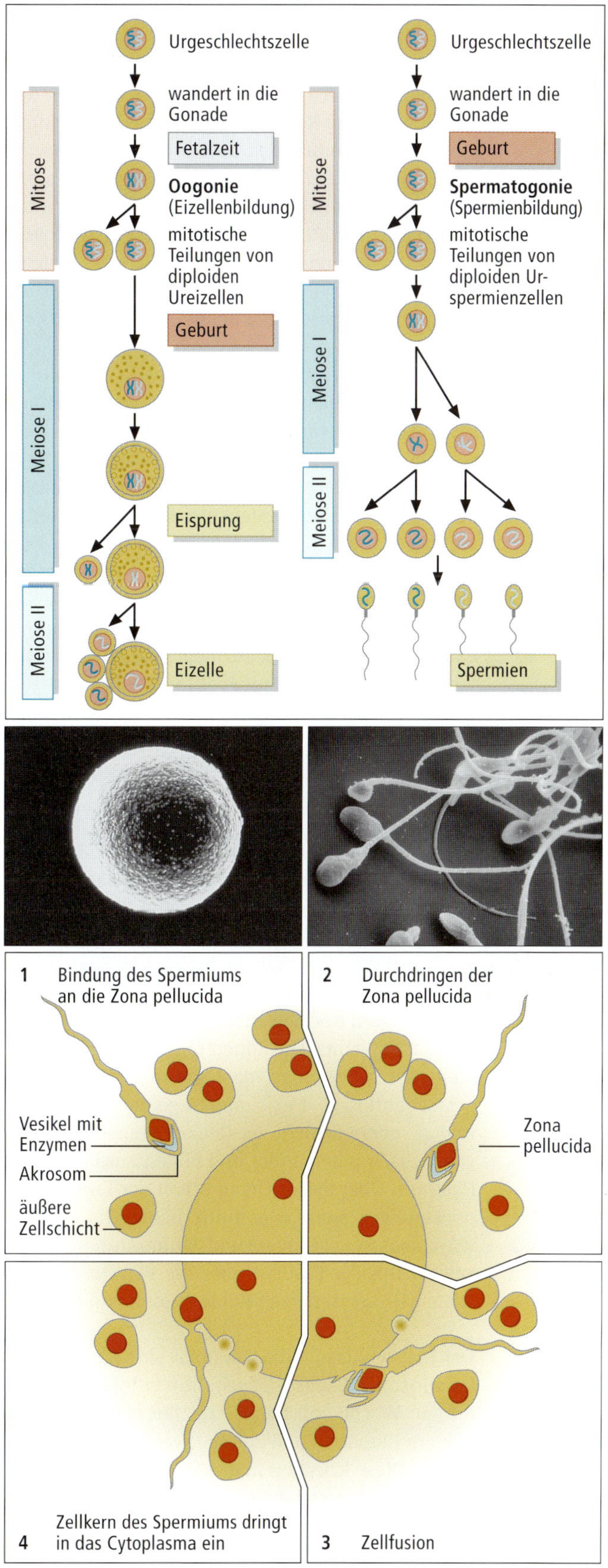

189.1 Geschlechtszellenbildung und Befruchtung

4.3 Embryonalentwicklung beim Menschen

Im Gegensatz zu den dotterreichen Eiern der Reptilien und Vögel enthalten die Eizellen der Säugetiere keine Reservestoffe, da die Entwicklung von Säugetierembryonen im Körper der Mutter erfolgt. Für die Versorgung des Keimes wird ein embryonales Ernährungsorgan ausgebildet, der *Mutterkuchen*, auch **Plazenta** genannt. Beim Verlassen des Eierstocks findet in der Eizelle die erste Reifeteilung statt. Die zweite wird durch das Eindringen des Spermiums ausgelöst. Sie findet im Eileiter statt.

Die kleine, dotterarme Zygote wird in weitgehend gleich große Zellen geteilt. Dieser Vorgang verläuft recht langsam. Nach 36 Stunden ist das Zwei-Zell-Stadium erreicht, nach 80 Stunden besteht der Keim erst aus 16 Zellen. Nach sieben Tagen erreicht die aus etwa 100 Zellen bestehende *Blastocyste* die Gebärmutter. Zwei Zellgruppen sind erkennbar. Eine äußere einschichtige Zelllage, der **Trophoblast,** dient der Verankerung des Keimes in der Gebärmutterschleimhaut und somit seiner Ernährung. Auf einer Seite in der Blastocyste liegt eine Ansammlung von Zellen, die man **Embryoblast** nennt. Aus ihm gehen der eigentliche Embryo und die Embryonalhüllen hervor.
Nach Berührung der Gebärmutterschleimhaut sondert der Trophoblast Enzyme ab, die die Schleimhaut an der Berührungsstelle auflösen und ein Einsinken des Keimes in die Gebärmutterschleimhaut ermöglichen. Nach dem neunten Tag schließt sich die Schleimhaut wieder über dem Embryo. Der Trophoblast bildet kleine verzweigte Auswüchse, die *Zotten.* In ihnen bilden sich Spalten und schließlich Blutgefäße. Diese nehmen Verbindung auf mit Adern des sich entwickelnden embryonalen Blutgefäßsystems. Die Zotten ragen in Blutlakunen, die dadurch entstehen, dass sich mütterliche Blutgefäße auflösen. Der zottentragende Trophoblast und die obere Schicht der Gebärmutterschleimhaut verwachsen miteinander und bilden zusammen die *Plazenta.* Über dieses Organ erhält der Embryo alle notwendigen Stoffe vom mütterlichen Organismus, wie zum Beispiel Glucose und Aminosäuren. Gleichzeitig kann der Embryo über die Plazenta Exkretstoffe wie Harnstoff oder Kohlenstoffdioxid abgeben.

Der Embryoblast, zunächst noch eine flache Scheibe, wird auch *Keimschild* genannt. Er bildet nach der dritten Woche zusätzlich zu den beiden Keimblättern Ektoderm und Entoderm erste mesodermale Zellen. Diese kriechen in großer Zahl zwischen die beiden schon bestehenden Keimblätter. Diesen Vorgang bezeichnet man als Gastrulation. Zwischen Embryoblast und Trophoblast bildet sich ein Hohlraum, die **Amnionhöhle.** Der Keimschild bildet den Boden, nach oben ist sie durch das ektodermale Amnion abgegrenzt. Auf der Keimschildunterseite wird ein entodermales Bläschen zum *primären Dottersack.* Dieser wird ab dem 13. Tag rückgebildet und durch den wesentlich kleineren *sekundären Dottersack* ersetzt, der keinen Dotter, sondern nur Flüssigkeit enthält. In der frühen Embryonalphase werden hier Blutkörperchen gebildet, später wird er zurückgebildet. Dennoch entspricht der Dottersack bei Säugetieren dem bei Reptilien und Vögeln.

Zwischen dem Hinterende des Keimschildes und dem Trophoblasten bleibt im weiteren Entwicklungsverlauf nur noch der *Haftstiel* als Verbindung erhalten. Dieser wird später vom Amnion umwachsen. Dadurch wird die Verbindung Dottersack-Embryo weiter eingeengt, die **Nabelschnur** bildet sich heraus. Diese verbindet den Embryo mit der Plazenta und dient somit seiner Versorgung.
Das Blastocoel wird zunehmend vom *extraembryonalen Mesoderm* ausgefüllt. Dieses umwächst die Amnionhöhle und den primären Dottersack. Später entwickeln sich in diesem mesodermalen Gewebe flüssigkeitsgefüllte Hohlräume, die miteinander verschmelzen und das *extraembryonale Coelom* bilden. Es umgibt sowohl die Amnionhöhle als auch den Dottersack.

Auch die *Allantois* der Säugetiere entspricht der bei Reptilien und Vögeln, sie ist eine Ausstülpung der embryonalen Darmanlage. Allerdings übernimmt sie andere Aufgaben. Sie wird in die Nabelschnur integriert und bildet dort Blutgefäße für die Stoffversorgung und -entsorgung des Embryos.
Die Amnionhöhle vergrößert sich und umgibt den Embryo allseitig. Sie wird zur *Fruchtblase* und enthält das *Fruchtwasser.* Es schützt den Embryo vor Austrocknung und vor Stößen von außen. Die im Fruchtwasser pendelnde Nabelschnur bleibt elastisch und funktionsfähig. Bei der Geburt reißt die Fruchtblase auf, das Fruchtwasser fließt ab.

Ab der neunten Woche nennt man das Ungeborene **Fetus.** Alle wichtigen Organe und Strukturen sind angelegt. Einige haben schon ihre Funktion aufgenommen, so zum Beispiel das Herz. Die nun folgende Zeit ist gekennzeichnet durch Wachstums- und Reifungsvorgänge. Schon bald treten erste Wahrnehmungen und Bewegungen auf. Der Fetus kann Sinneseindrücke aus seiner Umwelt in Reaktionen umsetzen und erste Erfahrungen sammeln.

1. Beschreiben Sie die besonderen Bedingungen der Embryonalentwicklung beim Menschen!
2. Nennen Sie Übereinstimmungen und Unterschiede der Embryonalentwicklung bei Vögeln und Säugetieren!
3. Erläutern Sie die Bedeutung der Nabelschnur!

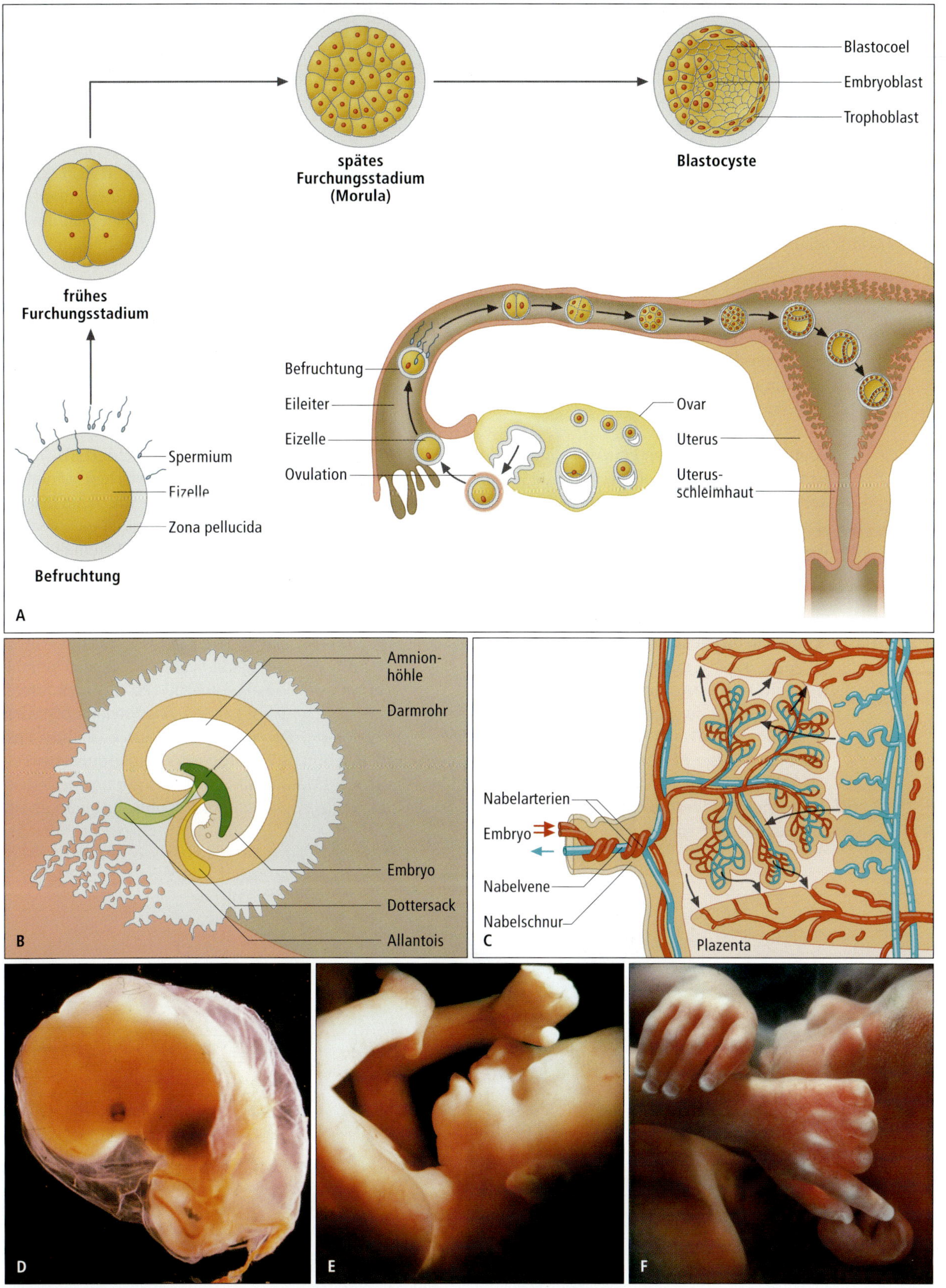

191.1 Entwicklung des Menschen. A vom Eisprung bis zur Einnistung; **B** Embryo (30 Tage); **C** Plazenta; **D** Embryo (5 Wochen); **E** Fetus (15 Wochen); **F** Fetus (20 Wochen)

4.4 Künstliche Befruchtung beim Menschen

Ungewollt kinderlos zu bleiben ist ein immer häufiger auftretendes Problem vieler Paare. Diese Situation stellt oft eine große Belastung für eine Partnerschaft dar. Für eine Unfruchtbarkeit oder *Sterilität* sind verschiedene Ursachen möglich. Dazu gehören Hormonstörungen, verschlossene Eileiter oder mangelnde Beweglichkeit der Spermien. Neben körperlichen Ursachen können aber auch psychische Probleme eine Rolle spielen.

Ist die Anzahl der Spermien oder ihre Beweglichkeit zu gering, kann eine **künstliche Besamung** erfolgen. Dazu werden die Spermien aus dem Ejakulat des Mannes während des Eisprunges über einen Katheter in die Gebärmutter oder den Eileiter der Frau eingeführt.

Sind beide Eileiter der Frau verschlossen und es kann kein Eisprung erfolgen, muss die Befruchtung der Eizelle außerhalb des Körpers im Reagenzglas stattfinden. Man spricht von einer **In-vitro-Fertilisation (IVF).** Dazu werden der Patientin zunächst Eizellen aus dem Eierstock entnommen. Normalerweise reift während eines Zyklus nur ein einzelner Follikel mit einer Eizelle heran. Um die Wahrscheinlichkeit einer erfolgreichen Befruchtung zu erhöhen, werden die Eierstöcke vorher durch eine Hormonbehandlung zur Bildung von bis zu 15 Follikeln angeregt. Zu den entnommenen Eizellen werden dann die aufbereiteten Spermien des Ejakulats gegeben. Nach einer anderen Methode kann ein Spermium aber auch unter dem Mikroskop direkt in das Cytoplasma der Eizelle injiziert werden *(intracytoplasmatische Spermieninjektion)*.

Nach etwa 18 Stunden befinden sich die befruchteten Eizellen im Vorkernstadium, also noch vor der Verschmelzung der Kerne von Spermium und Eizelle. Sie können nun zur Entwicklung eines Embryos weiter kultiviert werden. Dazu werden höchstens drei Vorkernstadien ausgewählt. Die übrigen Vorkernstadien werden entweder auf Wunsch der Patientin in flüssigem Stickstoff bei −196 °C eingefroren oder aber vernichtet. Die ausgewählten Embryonen spült man im 8- oder 16-Zellen-Stadium mit einem feinen Katheter in die Gebärmutterhöhle (Embryonentransfer). Zur Unterstützung der Einnistung erfolgt meist eine Hormontherapie. Auf Grund dieser Behandlung ist die Wahrscheinlichkeit der Geburt von Zwillingen mit etwa 20 Prozent um fast das Zehnfache erhöht.

Die IVF ist heute eine anerkannte Therapiemethode bei Fruchtbarkeitsstörungen. Das erste so gezeugte „Retortenbaby" (Retorte = Reaktionsgefäß) kam 1978 in England zur Welt. Inzwischen erfolgt in Deutschland jede achtzigste Befruchtung auf diesem Weg. Aufgrund der ethischen und juristischen Brisanz dieses Verfahrens wird die IVF daher durch das **Gesetz zum Schutz von Embryonen** (Embryonenschutzgesetz) seit 1991 geregelt. Es begrenzt die Anzahl der übertragenen Embryonen auf drei und stellt Experimente an Embryonen wie etwa deren Untersuchung auf bestimmte Erbdefekte, die **Präimplantationsdiagnostik** (PID), unter Strafe. Diese ist in anderen Ländern wie England oder den USA erlaubt. Die Selektion genetisch intakter Embryonen mittels PID erhöht die Erfolgsquote der IVF in den USA auf etwa 60 Prozent pro transferiertem Embryo gegenüber 25 Prozent ohne PID in Deutschland.

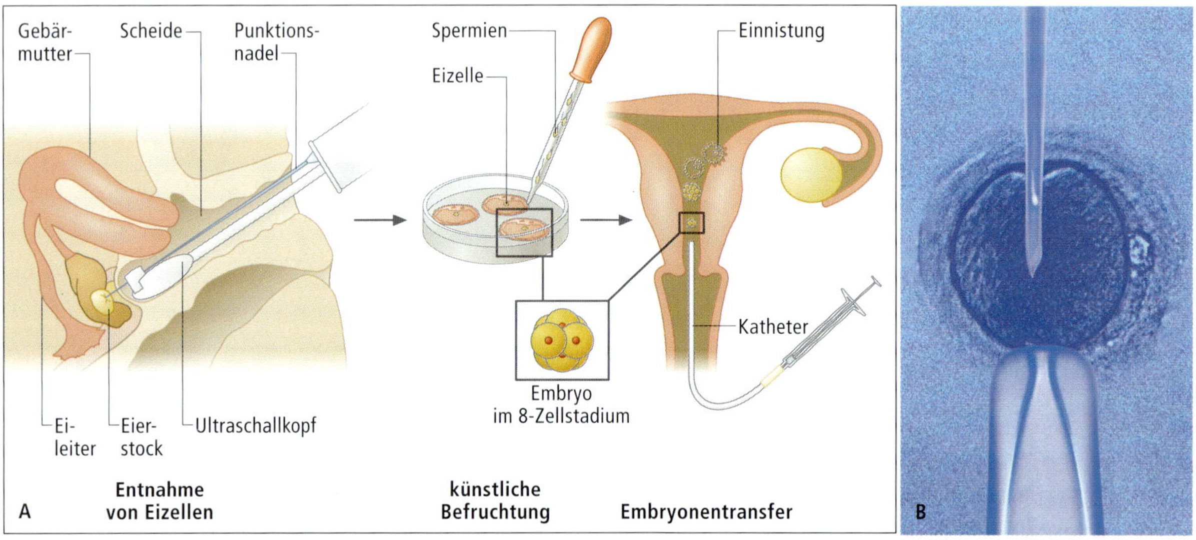

192.1 In-vitro-Befruchtung. A In-vitro-Fertilisation und Embryonentransfer (Schema); **B** Injektion eines Spermiums in eine Eizelle (Fotomontage)

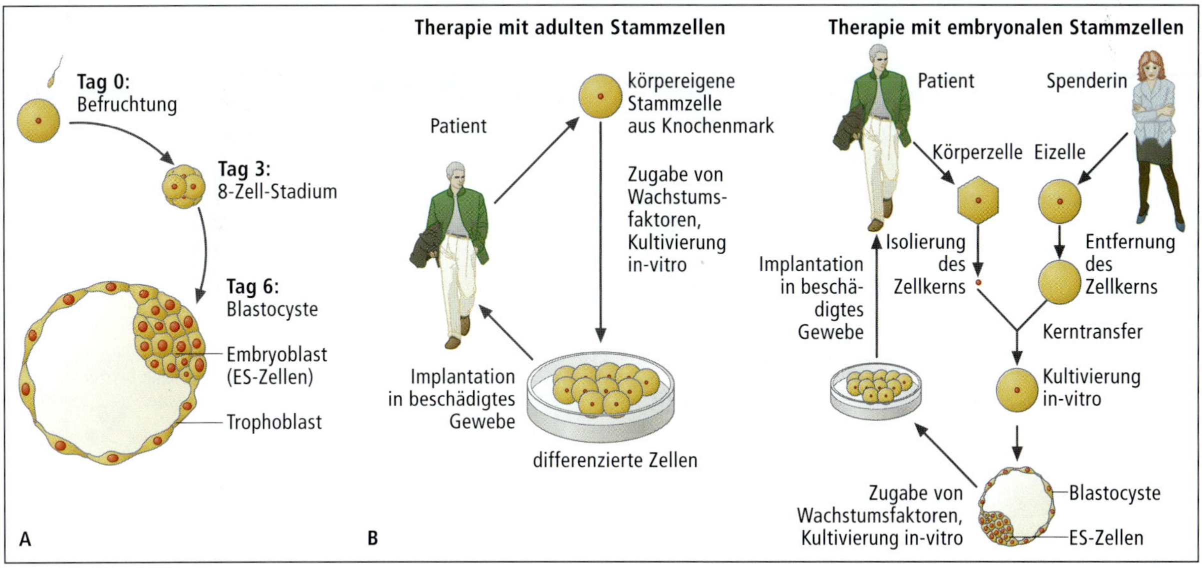

193.1 Stammzellentechnik. A Stadien der Embryonalentwicklung; **B** Therapiemöglichkeiten

4.5 Stammzellentechnik

Im frühen Stadium der menschlichen Embryonalentwicklung ist noch nicht festgelegt, in welchen Zelltyp sich die Blastomeren einmal differenzieren; die Zellen sind *pluripotent*. Eine erste sichtbare Differenzierung findet im Stadium der Blastula statt (etwa 32 Zellen): Es bilden sich die äußeren Trophoblastenzellen und die Embryoblastenzellen. Aus letzteren entwickelt sich dann der eigentliche Embryo. Inzwischen ist es möglich, einzelne Zellen des Embryoblasten zu isolieren und zu kultivieren. Diese Zellen können sich in-vitro unbegrenzt oft teilen, ohne ihre Pluripotenz zu verlieren. Man bezeichnet sie als **Embryonale Stammzellen** oder **ES-Zellen.**
Auch im erwachsenen Organismus finden sich noch Stammzellen wie etwa die blutbildenden Zellen im Knochenmark. Diese Stammzellen bezeichnet man als **adulte Stammzellen.** Aufgrund ihrer im Vergleich zu den ES-Zellen bereits fortgeschrittenen Differenzierung ist die Pluripotenz dieser Zellen jedoch eingeschränkt.

In Experimenten mit Mäusen wurde gezeigt, dass sich aus ES-Zellen über 20 verschiedene Zelltypen züchten lassen. So konnte man die Zellen bei Zugabe entsprechender Wachstumsfaktoren zur Bildung von Haut-, Nerven- oder Muskelgewebe veranlassen. Es ist sogar bereits gelungen, eine „ES-Maus" zu züchten, die nur aus ES-Zellen entstanden ist. Dazu wurde ein Trophoblast verwendet, der zwar eine Plazenta, aber keinen Embryo mehr bilden konnte. In diese Hohlkugel wurden ES-Zellen einer Spender-Maus injiziert. Es entwickelte sich eine Blastocyste, deren Embryoblast ausschließlich aus den ES-Zellen der Spender-Maus bestand. Aus diesen entwickelte sich nach Implantation der Blastocyste in den Uterus einer Leihmutter schließlich die ES-Maus. Die ES-Maus ist genetisch mit der Spender-Maus identisch, sie ist also ein Klon. Daher nennt man dieses Verfahren auch **reproduktives Klonen.**
Diese besonderen Eigenschaften machen Stammzellen zu einem interessanten Objekt der modernen Humanmedizin. Krankheiten wie Multiple Sklerose oder Alzheimer beruhen auf degenerativen Veränderungen des Nervengewebes. Bei solchen Patienten konnte man bereits erste Therapieerfolge erzielen, indem man körpereigene adulte Stammzellen aus dem Knochenmark in das beschädigte Gewebe implantierte, wo sie dann durch Wachstumsreize des umliegenden gesunden Gewebes zur Differenzierung in den jeweiligen Zelltyp angeregt wurden.
Alternativ kann man die Differenzierung der Stammzellen bereits in-vitro bewirken und das gezüchtete Gewebe dann an die betroffene Stelle verpflanzen. Dieses Vorgehen bezeichnet man als **therapeutisches Klonen,** da es sich bei den so gewonnen Zellen um erbgleiche Nachkommen einer einzigen Stammzelle handelt.

Der Umgang mit menschlichen Stammzellen ist aber sehr viel problematischer als die Züchtung von Stammzellen bei Mäusen. Zu den technischen Schwierigkeiten gehört, dass eine Stammzellentherapie nur mit körpereigenen Zellen des Patienten Aussicht auf Erfolg hat, da die Immunabwehr jedes andere Transplantat als fremd erkennen und abstoßen würde.

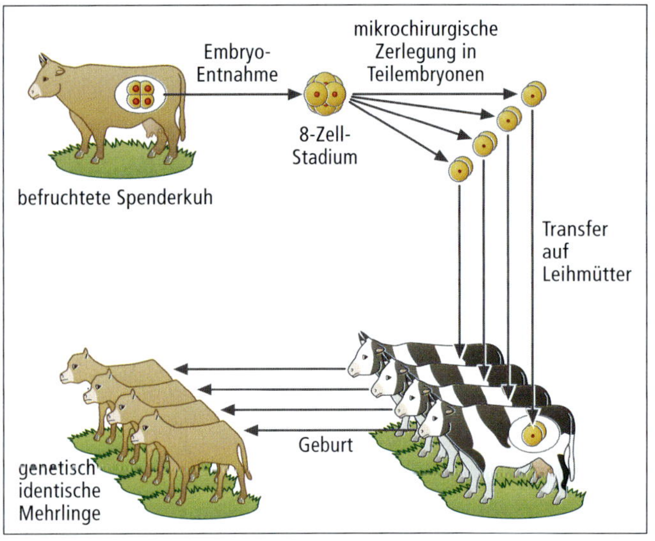

194.1 Embryosplitting

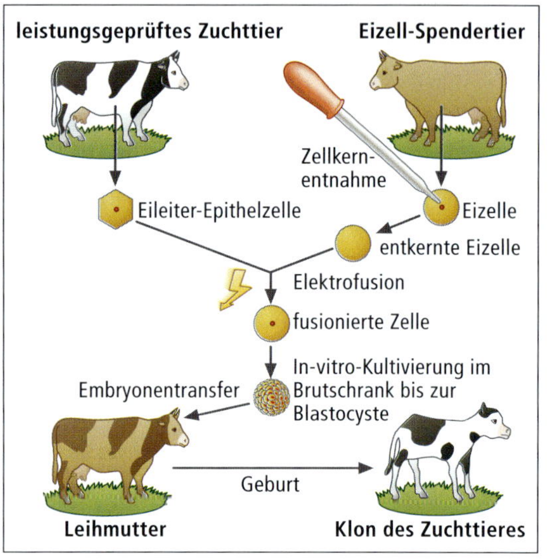

194.2 Somatische Kerntransplantation beim Rind

4.6 Reproduktionstechniken bei Tieren

Bei der Nutztierzucht gewinnen reproduktionstechnische Verfahren wie die **künstliche Besamung** zunehmend an Bedeutung. Samenspender werden gezielt nach ihren Eigenschaften ausgewählt und ihre Spermien auf weibliche Zuchttiere übertragen. Etwa 95 Prozent der Kühe und Hennen werden heute auf diese Weise besamt.
Daneben kann bei einzelnen Hochleistungs-Zuchttieren durch die Gabe von Hormonen eine *Superovulation* vor der künstlichen Besamung ausgelöst werden. Bei einem solchen mehrfachen Eisprung werden zahlreiche Eizellen gleichzeitig freigesetzt. Nach etwa einer Woche findet ein **Embryonentransfer** statt. Dabei werden die Embryonen durch eine Gebärmutterspülung aus dem Muttertier gewonnen, einzeln in je eine Leihmutter transferiert und von ihr ausgetragen.
Auch die **In-vitro-Fertilisation** außerhalb des Körpers mit anschließender Implantation der Embryonen zählt inzwischen zur Routine.

Eine der wichtigsten Reproduktionstechniken in der Nutztierzucht ist heute das **Klonen.** Hierbei werden verschiedene Verfahren angewandt.
Beim **Embryosplitting** nutzt man die Regulationsfähigkeit früher Embryonenstadien, um auf künstlichem Wege eineiige Mehrlinge zu schaffen. Embryonen werden spätestens im Morulastadium aus einem Spendertier isoliert und unter dem Mikroskop mikrochirurgisch in zwei oder vier gleich große Teile zerlegt. Da die Zellen zu diesem Zeitpunkt noch nicht determiniert sind, entwickeln sich die Teilembryonen nach Übertragung in Leihmütter zu vollständigen, erbgleichen Tieren.

Bei der **Blastomerenkern-Transplantation** wird in eine entkernte Empfänger-Eizelle der Zellkern einer Blastomere aus einem Spender-Embryo injiziert. Alternativ kann man die kernlose Eizelle mit einer vollständigen Blastomere elektrisch fusionieren. Der heranreifende Embryo wird dann in eine Leihmutter transplantiert und von dieser ausgetragen. Dieses Verfahren erlaubt zudem eine genetische Manipulation des Spender-Zellkerns vor der Transplantation.

Prinzipiell gleich erfolgt die Durchführung der **somatischen Kerntransplantation,** mit der 1997 das Schaf „Dolly" und inzwischen auch mehrere Rinder und Schweine geklont wurden. Das Besondere ist aber, dass hier der Zellkern aus einer ausdifferenzierten Körperzelle eines erwachsenen Tieres übertragen wurde. Dadurch sind die Nachkommen mit einem Spendertier genetisch identisch, dessen Leistungseigenschaften bereits bekannt sind.

Bei den anderen Klonierungstechniken erhält man zwar erbgleiche Mehrlinge; diese sind aber wegen der Rekombinationsvorgänge bei der Befruchtung mit Spermien vom Spendertier nicht genetisch identisch, sodass hier keine Garantie auf Merkmale wie etwa eine besonders hohe Milchleistung besteht. Andererseits kommt es durch die Ausschaltung der Rekombination nicht mehr zu einer Neukombination von Genen. Auf diese Weise kann also kein züchterischer Fortschritt mehr erzielt werden. Zudem birgt dieses Verfahren das Risiko einer Verarmung der genetischen Vielfalt von Zuchttieren, da nur bestimmte Merkmale und die zu Grunde liegenden Genkombinationen gezielt vermehrt werden.

EXKURS Problematik der Reproduktionstechnik beim Menschen

Die Anwendung reproduktionstechnischer Verfahren auf den Menschen birgt zahlreiche ethische und juristische Probleme. Das Embryonenschutzgesetz regelt viele dieser Fragestellungen mit dem Ziel, einen Missbrauch der Reproduktionstechnik zu verhindern. So ist die Gewinnung von ES-Zellen in Deutschland ebenso verboten wie das Klonen menschlicher Embryonen. Dennoch lässt das Embryonenschutzgesetz auch Fragen offen, wie zum Beispiel den genauen Beginn menschlichen Lebens. Kritiker bezeichnen die Vernichtung überzähliger Zygoten aus einer IVF als „verbrauchende Medizin", teilweise sogar als „Mord". Nach dem Gesetz wird die Zygote zum Zeitpunkt der Kernverschmelzung als Embryo definiert. Juristisch stellt dieses Vorgehen also kein Problem dar, denn es handelt sich ja um Zellen im Vorkernstadium, also noch vor der Kernverschmelzung.

Ähnlich umfassende gesetzliche Regelungen fehlen in den meisten westlichen Staaten. In Schweden, Großbritannien oder den USA dürfen die im Verlauf einer IVF nicht implantierten Embryonen innerhalb von 14 Tagen zu Forschungszwecken verwendet werden. Zugrunde liegt die Annahme, dass aus einer einzelnen ES-Zelle zwar alle Körpergewebe entstehen können, aber kein vollständiger Mensch. ES-Zellen seien daher nicht mit einem Embryo gleichzusetzen. Die Erzeugung lebensfähiger Mäuse aus isolierten Maus-ES-Zellen erfordert aber möglicherweise eine Überprüfung dieser Prämisse.

Dieses Beispiel zeigt, wie die wissenschaftliche Entwicklung in kurzer Zeit neue Gegebenheiten schafft, die selbst in aktuellen Gesetzen nicht berücksichtigt werden können. Dies gilt auch für die Verschmelzung von entkernten tierischen Eizellen mit menschlichen Zellkernen. Auf diese Weise wurden bereits erfolgreich Hybrid-Embryonen in Mäusen, Kaninchen oder Kühen herangezogen, aus denen dann ES-Zellen mit menschlichem Erbgut zu Forschungszwecken gewonnen wurden. Auch das Klonen von Menschen erscheint durch das Ausnutzen von Lücken in Gesetzestexten juristisch möglich. In den USA ist das Klonen von Menschen nur verboten, wenn ein geklonter Embryo in die Gebärmutter einer Frau übertragen wird, um eine Schwangerschaft herbeizuführen.

Ein solches Vorgehen stößt aber unter Wissenschaftlern wie auch in der Öffentlichkeit auf breite Ablehnung. Zahlreiche nationale und internationale Gremien sind an der Ausarbeitung ethischer und juristischer Richtlinien beteiligt. Auf Grund der Vielzahl der beteiligten Einzelpersonen, Gruppierungen und Institutionen ist die Erzielung einer gültigen Übereinkunft aber bisher noch nicht gelungen.

1. Stellen Sie die wichtigsten Aspekte und Argumente der einzelnen Artikel zusammen!
2. Geben Sie an, welche Einstellungen die Artikel widerspiegeln!
3. Formulieren Sie jeweils einen eigenen Standpunkt!

Symposium: Stammzellen und therapeutisches Klonen – Biomedizin ohne Grenzen?
. . . Großbritannien [. . .] hat Anfang 2001 das therapeutische Klonen menschlicher Embryonen in der Forschung zugelassen. [. . .] Doch werden auch hierzulande Stimmen laut, diese Stammzellforschung zu fördern, um international wettbewerbsfähig zu bleiben. Noch zeichnet sich in Deutschland bei einigen Grundsatzfragen kein Konsens ab:
Welchen Status haben Embryonen und humane Stammzellen in der Kulturschale? Darf man das Leben eines todkranken, aber durch Stammzellen heilbaren Menschen gegen ungeborenes Leben aufrechnen? Wann ist die Menschenwürde verletzt, und wem steht sie überhaupt zu?
NRW, 2001

[...] Die genetische Ausstattung ist nur ein Teil dessen, was einen Menschen ausmacht. Erziehung, Bildung, Umwelt prägen uns ähnlich stark wie das Erbgut. Ein menschlicher Klon wäre rein äußerlich zwar mit seinem Vorgänger identisch – nicht aber als Mensch. Die Einmaligkeit des Menschen greift tiefer als die Einmaligkeit seines durch Genroulette entstandenen DNA-Textes.
Die Tatsache, ein Klon zu sein, ist nichts, was die Würde eines Menschen verletzt. Es gibt auch heute schon Millionen natürlicher Klone, eineiige Zwillinge, Drillinge. [. . .] Niemand käme auf die Idee, diesen Wesen die Menschwürde abzusprechen.
Professor Jens Reich,
Bild der Wissenschaft 5/1997

Geplant ist das genau richtige Kind
In Großbritannien wird eine heftige Debatte um „Designer-Babys" geführt. Ausgelöst worden ist sie durch ein Ehepaar aus Leeds, dessen dreijähriger Sohn an einer tödlichen Blutkrankheit leidet. Um ihn zu retten, wollen Ärzte für die Mutter einen Embryo auswählen, der für eine Übertragung von Knochenmark geeignet ist. Durch künstliche Befruchtung und eine Gendiagnose soll die Mutter genau das „richtige" Kind zur Welt bringen, um ihrem todkranken Sohn helfen zu können. Kritiker werfen dem Ehepaar und den Ärzten vor, sie wollten ein Kind als „Ersatzteillager" missbrauchen. [...]
Kölner Stadtanzeiger, 25. 2. 2002

„Rücknahme des Teufelspatents ist ein Sieg der Menschlichkeit"
Das Europäische Patentamt in München hat das Patent auf die Züchtung menschlicher und tierischer Embryonen widerrufen. Politiker und Ärzteverbände begrüßen die Entscheidung.
Das Patent umfasst nach dem in München bekannt gegebenen Widerruf des Europäischen Patentamts (EPA) keine menschlichen oder tierischen embryonalen Stammzellen mehr. 14 Einspruchsparteien, darunter auch die Regierungen von Deutschland, Italien und den Niederlanden, hatten ethische Bedenken darüber geäußert, dass der Universität Edinburgh die Gewinnung von Stammzellen patentiert worden war, und forderten einen Widerruf des Patents, das in der Patentschrift am Beispiel von Mäusen dargestellt worden war. Die Einspruchskammer des EPA teilte mit, dass der Patentschutz zur Vermehrung adulter Stammzellen, die zum Beispiel aus Blut oder Knochenmark gewonnen werden, bestätigt wurde. Ob sich die Universität Edinburgh, die weiterhin den Patentschutz zur Vermehrung embryonaler Stammzellen angestrebt hat, damit zufrieden geben wird, ist noch unklar.
Spiegel online, 25. 7. 2002

195.1 Meinungen und Meldungen zum Klonen von Menschen

4.7 Methoden der Tier- und Pflanzenzüchtung

Die mit der Landwirtschaft einhergehende Züchtung ermöglichte vor etwa 12 000 Jahren das Sesshaftwerden des Menschen. Sie hat entscheidend dazu beigetragen, die Nahrungsmittelversorgung der exponenziell wachsenden Weltbevölkerung sicherzustellen. Von ihrer weiteren Entwicklung wird es unter anderem abhängen, ob es gelingt, den Bedarf an Nahrungsmitteln auch in der Zukunft zu decken.

Die **Auslesezüchtung** basiert auf der natürlichen Variabilität von Lebewesen. Mit dem Sesshaftwerden baute der Mensch Wildpflanzen an und zog Wildtiere auf. Er las diejenigen pflanzlichen und tierischen Individuen aus, die für ihn besonders erwünschte Merkmale zeigten. Damit betrieb er *künstliche Zuchtwahl*. Durch diese entstanden die verschiedenen Nutzpflanzen und Haustiere. Diesen Vorgang nennt man **Domestikation.** Es war eine besondere Leistung des menschlichen Geistes, zu erkennen, dass die schönsten und größten Samen und Früchte nicht verzehrt werden dürfen, sondern für die Aussaat aufbewahrt werden müssen.

Erfolg hat man mit der Weiterzucht ausgelesener Formen allerdings nur dann, wenn es sich nicht um umweltbedingte Variationen, die Modifikationen, sondern um genetisch verankerte Veränderungen handelt. Erbliche Unterschiede entstehen durch *Mutationen*, aber auch durch *Rekombination* bei Kreuzung verschiedener Genotypen.

Ein eindrucksvolles Beispiel für eine durch Auslesezüchtung gewonnene Kulturpflanze ist die Zuckerrübe. Bereits 1747 hatte der Chemiker MARGGRAF den Saccharosegehalt von drei bis vier Prozent in der Runkelrübe entdeckt. Erste Züchtungsversuche durch systematische Auslese zuckerreicher Rüben begannen im 19. Jahrhundert. Innerhalb von 100 Jahren konnte so der Saccharosegehalt von etwa fünf auf über 20 Prozent gesteigert werden.

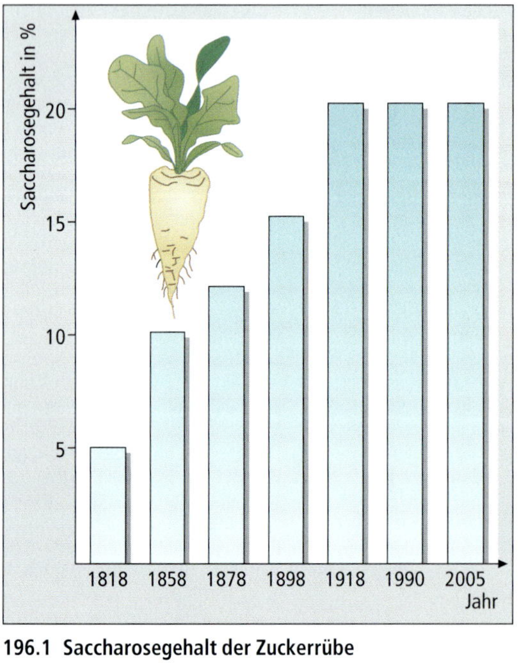

196.1 Saccharosegehalt der Zuckerrübe

Die Süßlupine ist ein weiteres Beispiel dafür, wie eine Kulturpflanze durch Auslese entsteht. Lupinen leben in Symbiose mit Knöllchenbakterien. Diese können elementaren Stickstoff aus der Luft binden und nach dem Unterpflügen der Pflanze die Bodenqualität verbessern. Die Lupine wurde zunächst nur als Gründünger angebaut. Durch Auslese besonders kräftiger Pflanzen konnte man die Grünmasse zwar erheblich steigern, die Bitterstoffe ließen aber ein Verfüttern der Pflanzen nicht zu. Etwa 1930 gelang es VON SENGBUSCH aus 1,5 Millionen Versuchspflanzen einige bitterstofffreie Mutanten herauszulesen. Ihre Weiterzucht ermöglicht seit 1935 den Anbau der Süßlupine als Futterpflanze.

Bei der **Kombinationszüchtung,** die auch *Kreuzungszüchtung* heißt, werden erwünschte Erbanlagen, die auf beide Eltern verteilt sind, durch Kreuzung zu einem neuen Genotyp kombiniert. Durch das Zusammenwirken der Gene, die von beiden genotypisch verschiedenen Eltern stammen, können ganz neue Eigenschaften auftreten. So können erwünschte Merkmale durch Kreuzung verstärkt oder unerwünschte zurückgedrängt werden. Durch Auslese und weitere Kreuzungen erhält man homozygote Nachkommen, auch *reine Linien* genannt. Sie sind besonders begehrt, weil sie entsprechend der MENDELschen Regeln über Generationen hinweg konstante Ergebnisse bringen.

Das prinzipielle Vorgehen zeigt die Züchtung bitterstofffreier Süßlupinen mit platzfesten Hülsen. Süßlupinen besaßen zunächst platzende Hülsen. Die Samen fielen aus, was zu erheblichen Ernteverlusten führte. Man kreuzte die Lupinen mit einer Bitterstoffe enthaltenden Rasse mit platzfesten Hülsen. Die F_1-Generation bestand nur aus Pflanzen, die den Bitterstoff enthielten und deren Hülsen platzten. Gemäß der MENDELschen Regeln konnten in der F_2-Generation bitterstofffreie Pflanzen mit platzfesten Hülsen ausgelesen und weitergezüchtet werden.

In der Tierzüchtung spielt die *Inzucht* als eine besondere Form der Kombinationszüchtung eine wichtige Rolle. Durch die Kreuzung verwandter Tiere, zum Beispiel die Rückkreuzung der F_1-Individuen mit der Elterngeneration, erreicht man schneller die Kombination wertvoller Gene. Als Nachteil der Inzucht nimmt man in Kauf, dass auch rezessive krankheitsbestimmende Allele schneller homozygot werden.

Bei der **Heterosiszüchtung**, die in der Tierzucht *Gebrauchskreuzung* heißt, werden zunächst durch Inzucht reine Linien aus weitgehend homozygoten Individuen gewonnen. Werden diese gekreuzt, so zeigen die F_1-Bastarde, die auch F_1-Hybriden heißen, oft eine gesteigerte Leistung und Vitalität. Dieser mit dem Heterozygotwerden von Anlagen verbundene *Heterosiseffekt* ist um so ausgeprägter, je mehr homozygote Allelpaare bei beiden Eltern vorliegen und desto größer der genetische Unterschied zwischen den Eltern ist. Die Nachkommen gekreuzter F_1-Hybriden zeigen die Heterosis nur noch in abgeschwächter Form. Deshalb muss man die Hybriden immer wieder neu aus den reinen Linien gewinnen. Dies erfordert deren ständige Weiterzucht. Die Hybriden sind die zum Anbau verwendeten Nutzpflanzen, die Reinerbigen verwendet man zur Herstellung des Saatguts. Bei Tieren sind die Hybriden die Nutztiere, die Reinerbigen die Zuchttiere.

Die Heterosiszüchtung hat eine große wirtschaftliche Bedeutung. Durch sie wurde der Ertrag von Mais, Tomaten, Zwiebeln und Gurken gesteigert. In den USA stiegen die Mais-Ernteerträge von 1,6 Tonnen pro Hektar um 1930 auf 5,6 Tonnen pro Hektar um 1980. Weitere Steigerungen konnten durch die Heterosiszüchtung nicht mehr erzielt werden.

Auch Zierpflanzen wie Petunien oder Forstbäume wie Fichte, Kiefer und Lärche werden so gewonnen. Ebenso erzeugt man Hybridhühner und Hybridschweine mit Gebrauchskreuzung.

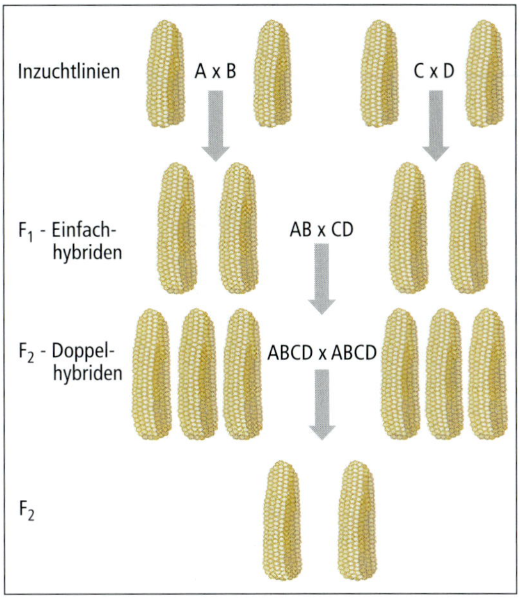

197.1 Heterosis beim Mais

Natürlich auftretende Mutationen haben in der Evolution der Kulturpflanzen eine wichtige Rolle gespielt. Züchter haben solche natürlichen Mutanten schon früh genutzt und ausgelesen. **Mutationszüchtung** als jüngere Methode der Kulturpflanzengewinnung wurde erst möglich, nachdem man erkannt hatte, dass sich die natürliche Mutationsrate künstlich steigern lässt.

Samen oder Pollen von Pflanzen werden mit UV-, Röntgen- oder Neutronenstrahlen behandelt. Auch chemische Mutagene wie etwa Senföle, Kälte- oder Hitzeschocks werden eingesetzt. Die Folge sind zufällige, ungerichtete Gen- oder Chromosomenmutationen. Nach der Bestäubung mit bestrahlten Pollen können bereits in der nächsten Generation dominante Mutanten auftreten. Aus der Vielzahl der Mutanten werden geeignete zur Weiterzucht ausgewählt, bei der auch die Auslese- und Kombinationszüchtung Anwendung findet. Auf diese Weise wurde zum Beispiel eine frühreife Reissorte mit einem um sieben Prozent höheren Eiweißgehalt, eine Maissorte, die einen höheren Anteil der essenziellen Aminosäure Lysin enthält und eine kurzhalmige, standfeste Gerstensorte gezüchtet.

Insgesamt ist der Anteil der Mutanten mit positivem Zuchtwert mit weit unter einem Prozent verschwindend gering. Weitaus die meisten Mutationen sind nachteilig, viele sogar letal. Die Mutationen führen aber zur Entstehung eines Genpools, der als Ausgangsmaterial für Kreuzungsversuche dienen kann.

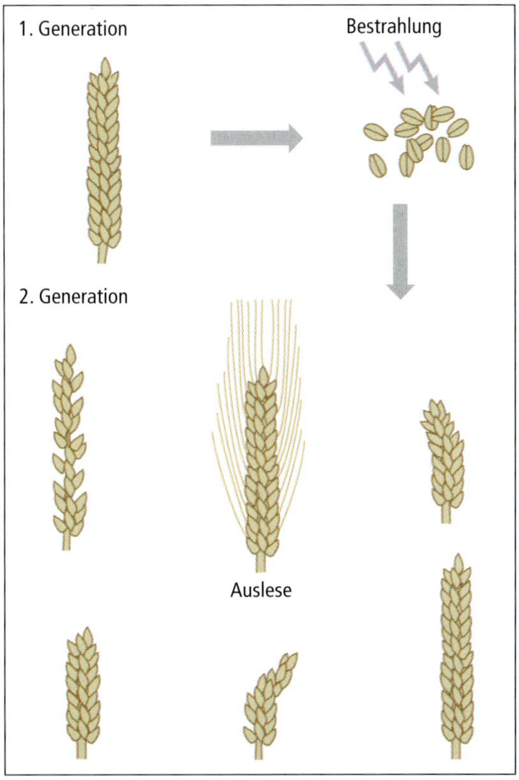

197.2 Mutationszüchtung bei Getreide (Schema)

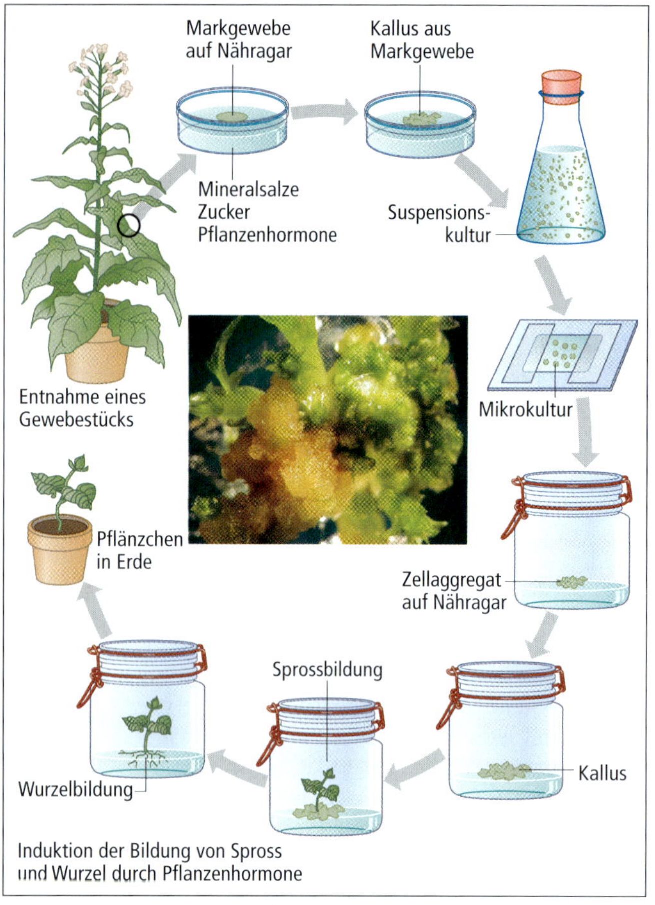

198.1 Klonierung von Pflanzen

Durch Behandlung mit Colchicin, das bei Mitose und Meiose die Ausbildung des Spindelapparates verhindert, gelingen Vervielfältigungen des ganzen Chromosomensatzes, die **Polyploidisierungen.** Polyploide Formen zeigen oft gesteigerte Erträge. So sind Gartenerdbeeren und -himbeeren jeweils polyploid, im Gegensatz zu den kleinfrüchtigen Walderdbeeren und -himbeeren. Durch Kreuzung von tetraploiden mit diploiden Formen, also durch Verschmelzung von Gameten (2n + 1n = 3n) erhält man triploide Zitronen oder Zuckerrüben.

Bei mutagenbehandelten Samen können Mutationen im somatischen Gewebe oder im Keimbahngewebe des Embryos auftreten. Ist das somatische Gewebe von einer Mutation betroffen, wirkt sich dies nur auf die sich entwickelnde Pflanze aus. Keimbahnmutationen dagegen werden an die Folgegenerationen weitergegeben. Bei Pflanzen, die sich auch vegetativ vermehren, werden die entsprechenden Organe wie etwa Knollen oder Stecklinge den Mutagenen ausgesetzt. In der Tierzucht wird die Mutationszüchtung wegen der geringen Reproduktionsrate, des großen Generationsintervalls und vor allem aus ethischen Gründen kaum angewendet.

Weitere Züchtungsmethoden basieren auf der Fähigkeit von Pflanzen, aus Gewebe, Pollen, Einzelzellen oder zellwandlosen Zellen, den Protoplasten, vollständige Pflanzen zu regenerieren.

Seltene Orchideen und andere Zierpflanzen lassen sich oft schwer vermehren. Deshalb klont man sie in einer **Gewebe- oder Zellkultur.** Damit ist es möglich, aus einer einzigen Pflanze viele genetisch identische Nachkommen zu erzeugen. Zunächst wird ein Gewebestück steril isoliert und auf Nähragar gebracht. Die Zellen ernähren sich darauf heterotroph. An der Schnittstelle entsteht durch Zellteilungen ein Wundgewebe aus undifferenzierten Zellen, der *Kallus*. Nach einiger Zeit entsteht im Kallus ein Bildungsgewebe, das beliebig geteilt und weiter kultiviert werden kann. Die Zugabe der Pflanzenhormone Cytokinin und Auxin in bestimmten Konzentrationsverhältnissen in den Nähragar induziert die Bildung der Pflanzenorgane. Ein Überschuss von Cytokinin fördert die Bildung des Sprosses. Nachdem der Spross vom Kallus getrennt und auf ein Wachstumsmedium gebracht wurde, bewirkt ein Überschuss an Auxin die Wurzelbildung. Es entstehen vollständige Pflanzen, die dann in Erde umgepflanzt werden.

Will man Kulturen aus isolierten Einzelzellen anlegen, wird das Kallusgewebe in ein flüssiges, steriles Nährmedium gebracht und geschüttelt. Das Enzym Pektinase im Nährmedium dient zur Trennung des Kallus in Einzelzellen. Man erhält eine **Suspensionskultur,** in der sich prinzipiell jede Zelle zu einer vollständigen Pflanze regenerieren lässt. Lässt man auf solche Kulturen Mutagene einwirken, erhält man viele Mutanten, die man auf verschiedene Nährböden übertragen kann. Setzt man dem Nährboden beispielsweise Schädlingsgifte zu, kann man die resistenten Zellen auslesen und diese zu resistenten Pflanzen heranziehen.

Eine andere Züchtungsmethode geht von **Antherenkulturen** aus. Dazu nimmt man Staubbeutel, die Antheren, unter sterilen Bedingungen in Kultur. Die unreifen Pollenkörner in den Staubbeuteln entwickeln sich zu Kalli, die nach einiger Zeit die Wand des Staubbeutels durchbrechen. Durch spezielle Kultivierungsbedingungen werden die Kalli zur Wurzel- und Sprossbildung angeregt. Es entstehen vollständige Pflanzen, die wie die Zellen der Pollenkörner haploid sind. Für die züchterische Verwendung werden die sich teilenden Zellen dieser haploiden Pflänzchen mit Colchicin behandelt und dadurch diploidisiert. In den Zellkernen der auf diese Weise gewonnenen diploiden Pflanzen liegen alle Allele homozygot vor. Dadurch werden auch rezessive Allele phänotypisch sichtbar, was die Auslese erwünschter Merkmale vereinfacht. Haploide Pflanzen aus Pollen wurden zum Beispiel bereits von Tomaten, Raps, Kartoffeln und Reis gewonnen.

Bei der **Protoplastenkultur** wird Gewebe zum Beispiel von einem Blatt oder von Sprossspitzen entnommen und zur Trennung der Zellen mit dem Enzym Pektinase behandelt. Die Zellwände werden mit Cellulase aufgelöst. Diese Zellen sind nur von einer Zellmembran umgeben, können aber eine Zellwand regenerieren. Durch Zugabe geeigneter Pflanzenhormone können viele der Protoplasten zur Teilung angeregt werden, sodass ein Kallus entsteht. In speziellen Kulturverfahren entwickelt sich aus dem Kallus eine vollständige Pflanze. Vor ihrer Kultivierung werden Protoplasten auf Mutationen überprüft, die den landwirtschaftlichen Wert der Pflanze erhöhen könnten.

In vielen Fällen ist es auch möglich, zwei Protoplasten von verschiedenen Pflanzenarten, die normalerweise geschlechtlich nicht paarungsfähig wären, zu fusionieren. Verschmelzen bei der nächsten Mitose auch die Zellkerne, so entstehen Hybridprotoplasten, die zu vollständigen **Hybridpflanzen** kultiviert werden können. Auf diese Weise gelang die Erzeugung der „Tomoffel" aus Tomate und Kartoffel. Die Hoffnung „unten Pommes, oben Ketchup" hat sich jedoch nicht erfüllt, weil sowohl Knollen als auch Früchte viel zu klein bleiben und fast immer steril sind. Eine erfolgreiche Verbindung, die diese Methode hervorbrachte, ist eine Hybride zwischen Kartoffel und einer verwandten Wildart, dem Schwarzen Nachtschatten. Der Nachtschatten ist gegen ein gebräuchliches Unkrautvertilgungsmittel resistent. Die Hybriden sind ebenfalls resistent. Dadurch ist es auf dem Kartoffelfeld möglich, mit dem Herbizid Unkräuter zu bekämpfen, ohne die Kartoffelpflanzen zu schädigen.

199.1 Protoplastenfusion

1. Leiten Sie aus den genannten Beispielen der verschiedenen Züchtungsmethoden die heute wesentlichen Zuchtziele ab!
2. Beurteilen Sie folgende Aussage: Pflanzen mit einer ungeraden Anzahl an Chromosomensätzen sind meist steril und bilden daher auch keine Samen!
3. Stellen Sie das Pro- und Contra des Einsatzes herbizidresistenter Pflanzen dar!

EXKURS Genverarmung

Auch in der Züchtung hat alles seinen Preis. Eine Folge des Bedarfs an ertragreichen, aber durch eine geringe genetische Vielfalt ausgezeichneten Hochzuchtformen, ist die Verdrängung ursprünglicher Sorten der Nutzpflanzen. Dies führt zu einer **Genverarmung.** Gerade ursprüngliche Sorten besitzen zumindest auf schlechten Böden oder gegenüber von Schädlingen Vorteile und müssen deshalb für die künftige Züchtung auch weiterhin zur Verfügung stehen. Die Gefahr einer genetischen Einseitigkeit liegt im plötzlichen Auftreten von Krankheiten, gegen die dann alle Pflanzen einer Monokultur gleichermaßen anfällig wären. Daher müssen die genetisch mannigfaltigen, aber oft stark gefährdeten Wildformen in den Ursprungsländern der Kulturpflanzen erhalten bleiben.

Der Genbestand der Hochzuchtsorten reicht für die Vielzahl der angestrebten oder erst in der Zukunft auftretenden Zuchtziele nicht mehr aus. Unvorhersehbar ist auch der Bedarf an weiteren Nutzpflanzen wie etwa Arzneipflanzen, die durch Kultivierung von Wildpflanzen noch zu gewinnen sind. Einen kleinen Beitrag hierfür leisten die botanischen Gärten.

Die Food and Agriculture Organisation (FAO) der Vereinten Nationen sammelt weltweit Samen von Wildformen, um die Genvielfalt zu bewahren. Die Aufbewahrung der Samen erfolgt in flüssigem Stickstoff. Dabei bleibt deren Keimfähigkeit nahezu vollständig erhalten, sodass jederzeit wieder Pflanzen herangezogen werden können. Von der FAO kann Material für Zuchtbemühungen in aller Welt bezogen werden.

Letztlich muss der Schutz der Artenvielfalt auch als Grundlage für die menschliche Existenz begriffen werden. So wird verhindert, dass für künftige Züchtungsziele wichtige Allele unwiederbringlich verloren gehen. Ferner hat die biologische Vielfalt auch einen ethischen Wert. Mit dem Aussterben einer Wildform geht ein in seiner Eigenart einmaliger Organismus für immer verloren.

5 Humangenetik und Erbkrankheiten

5.1 Ziele und Methoden

Schon vor mehr als 2000 Jahren stellte ARISTOTELES (384 bis 322 v. Chr.) fest: „Die Kinder werden ihren Eltern ähnlich geboren, sowohl am ganzen Körper als auch an einzelnen Teilen.“ Die Humangenetik beschäftigt sich mit den Gesetzmäßigkeiten der Erbgänge von Merkmalen wie Haar-, Haut- oder Augenfarbe, Körpergröße und -bau, aber auch von geistigen Merkmalen wie Begabungen oder Intelligenz beim Menschen. In einem bedeutenden Forschungsbereich der Humangenetik wird versucht, genetisch bedingte Veranlagungen zu gesundheitlichen Störungen oder Erkrankungen zu bestimmen, ihre Erbgänge zu klären und die Art der Funktionsstörung zu ermitteln. Dies soll die Entwicklung entsprechender Therapien in der Medizin ermöglichen.

Die Gesetzmäßigkeiten der Vererbung bei Einzellern, Pflanzen und Tieren werden unter anderem durch Kreuzungen erforscht. Die Untersuchung der Vererbung beim Menschen erfordert allerdings andere Methoden. Aus ethischen Gründen verbieten sich Kreuzungsversuche oder das gezielte Auslösen von Mutationen beim Menschen. Wegen der langen Generationsdauer von etwa 20 Jahren würde ein Forscher nur wenige Generationen überblicken. Die geringe Nachkommenzahl, die große Zahl der Gene und die vielen, häufig von mehreren Genen beeinflussten Merkmalsausprägungen erschweren zusätzlich eine Aussage über die Gesetzmäßigkeiten der Vererbung beim Menschen.

Die Humangenetiker arbeiten mit verschiedenen Methoden. Bei **Familienuntersuchungen** über viele Generationen nutzt man die genetische Variabilität des Menschen. Sie erlaubt es, Unterschiede in Merkmalen zu entdecken, ihr Auftreten zu verfolgen und in **Stammbäumen** festzuhalten. In diesen Stammbäumen wird dann die Gültigkeit von Erbgesetzen geprüft.

Die **Populationsgenetik** untersucht eine große Zahl von Menschen einer Region. Statistische Auswertungen erlauben eine Auskunft über die Häufigkeit des Auftretens und die Verteilung eines Allels in einer Population. Geht es dabei um ein krankheitsauslösendes Allel, helfen diese Kenntnisse, über den Sinn einer Vorsorgeuntersuchung zu entscheiden.

Häufig ist es schwierig zu bestimmen, in welchem Ausmaß Gene und Umweltfaktoren an der Ausprägung von Merkmalen beteiligt sind. Die **Zwillingsforschung** erlaubt es, den genetischen Anteil an der Variabilität eines Merkmals einzuschätzen. Dazu werden eineiige Zwillinge, die aus einer befruchteten Zygote entstehen und sich genetisch weitestgehend entsprechen, mit zweieiigen Zwillingen verglichen. Diese entstehen aus zwei gleichzeitig gereiften und befruchteten Eizellen und entsprechen sich genetisch wie zwei Geschwister. Aus der höheren Übereinstimmung eines Merkmals bei eineiigen gegenüber zweieiigen Zwillingen wird geschlossen, dass diese Übereinstimmung weitgehend genetisch bedingt ist. Wenn in beiden Gruppen die Merkmale in gleichem Maße variieren, wird geschlossen, dass die Verschiedenheit überwiegend umweltbedingt ist.

Die Methoden der Humangenetik setzen auf verschiedenen Ebenen an. Traditionelle Familienforschung, Populationsgenetik und Zwillingsforschung orientieren sich am Phänotyp. Analysen auf der Ebene der DNA und der Genprodukte setzen am Genotyp an. Sie erfordern molekularbiologische, biochemische und cytologische Analysemethoden.

200.1 Angehörige einer Familie. A mit verschiedenen Haarfarben; **B** mit verschiedenen Augenfarben

5.2 Chromosomen des Menschen

Chromosomenpräparationen gehören heute zu den Standardmethoden in einem humangenetischen Labor. Dazu verwendet man häufig Lymphocyten, einen Typ von weißen Blutzellen. Die Zellen werden zunächst in einem Nährmedium zu Zellteilungen stimuliert. Anschließend wird ihre Entwicklung in der Metaphase der Mitose durch das Zellgift Colchicin angehalten. In dieser Phase liegt das Erbgut der Zelle in den stark kondensierten Zwei-Chromatiden-Chromosomen vor. Deshalb sind sie nach weiteren Präparationsschritten und einer abschließenden Färbung unter dem Mikroskop sichtbar.

Die Fotografie des Präparats erlaubt die geordnete Darstellung der Chromosomen. Bei einem solchen **Karyogramm** werden die Chromosomen der Länge nach sortiert, wobei alle Centromere auf einer Linie liegen. Dabei zeigt der kürzere Arm des Chromosoms, der p-Arm, nach oben, der längere Abschnitt, der q-Arm, nach unten. Eine menschliche Körperzelle enthält in der Regel 46 Chromosomen, und zwar 22 Autosomenpaare und ein Gonosomenpaar.

Sind die Chromosomen mit der GIEMSA-Lösung gefärbt, lassen sich die Chromosomen nach charakteristischen Bandenmustern, den G-Banden, in weitere Abschnitte unterteilen. Heute weiß man, dass sich in den dunkel angefärbten G-Banden Gene befinden, die spezifische Merkmale und Eigenschaften kodieren. In den hellen Bereichen liegen vor allem Gene, die in nahezu allen Zellen aktiv sind und grundlegende Stoffwechselprozesse steuern.

Die Enden der Chromosomen sind besonders strukturiert und heißen *Telomere*. Sie schützen die Chromosomen vor DNA-abbauenden Enzymen. Außerdem verhindert die besondere Struktur der Telomere, dass sich die Chromosomen miteinander verbinden. An den Chromosomen 13, 14, 15, 21 und 22 lassen sich am äußeren Ende der p-Arme Einschnürungen beobachten. Diese Nucleolus-Organisator-Regionen tragen Gene für die ribosomale RNA. In der Interphase bilden diese Regionen den Nucleolus, das Kernkörperchen des Zellkerns.

Mithilfe von Größe und Bandenmuster der Chromosomen lässt sich jedes Chromosom des Menschen eindeutig identifizieren. Bei der standardisierten Untersuchung von Chromosomensätzen werden Computerprogramme eingesetzt, die die Strukturmerkmale der Chromosomen gespeichert haben. Nach dem Scannen des Fotos von präparierten Chromosomen einer Person können auf diesem Wege schnell das Geschlecht und Besonderheiten der Chromosomen untersucht werden.

1. Beschreiben Sie die Präparation der Chromosomen des Menschen anhand der Abbildung 197.1 A! Erläutern Sie die einzelnen Präparationsschritte!

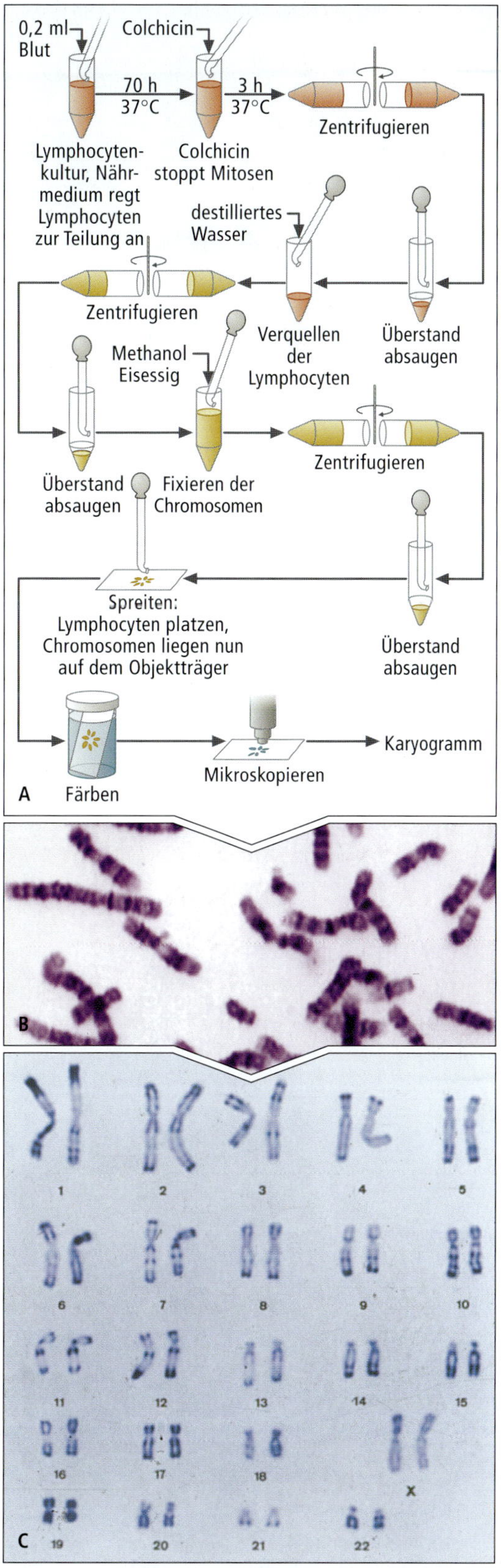

201.1 Chromosomen des Menschen. A Präparation; **B** Chromosomen nach GIEMSA-Färbung (LM-Bild); **C** Karyogramm einer Frau (LM-Bild)

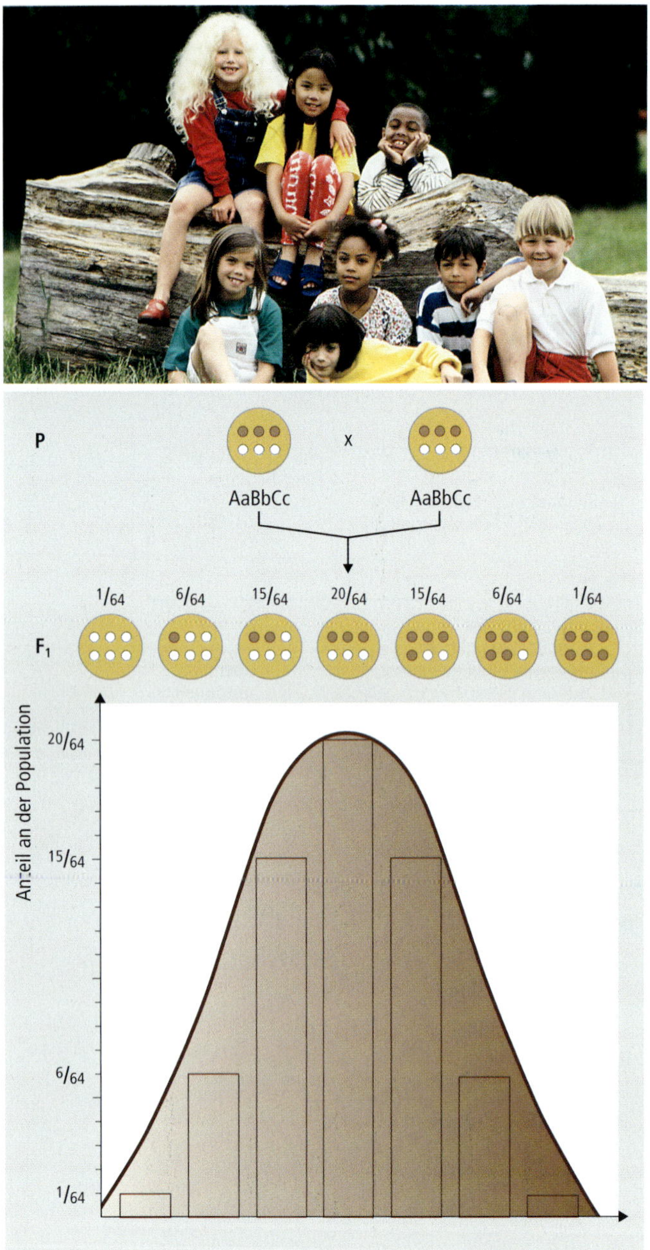

202.1 Polygene Vererbung der Hautfarbe

Merkmale	Differenzen der absoluten Werte		
	EZ gleiche	EZ verschiedene	ZZ gleiche
	Umweltbedingungen		
Körpergröße (cm)	1,7	1,8	4,4
Körpermasse (kg)	1,9	4,5	4,5
Schädellänge (mm)	2,9	2,2	6,2
Schädelbreite (mm)	2,8	2,9	4,2
Augenfarbe (Übereinstimung)	100 %	100 %	ca. 50 %

202.2 Vergleich von Körpermerkmalen bei Zwillingen

5.3 Untersuchung von Erbanlagen beim Menschen

Eltern mit dunkler und heller Hautfarbe bekommen immer Kinder, deren Hautpigmentierung zwischen derjenigen der Eltern liegt. Die Nachkommen solcher „Mulatten" zeigen aber nicht die erwartete 1 : 2 : 1-Aufspaltung der Hautfarbe, wie man es bei einem monohybriden, intermediären Erbgang nach den MENDELschen Regeln erwarten würde. Vielmehr tritt ein breites Spektrum von Pigmentierungsstufen der Haut auf, von hellbraun bis schwarz. An der Ausprägung der Hautpigmentierung sind mehrere Gene beteiligt, wie bei vielen anderen Merkmalen des Menschen auch. Bei dieser polygenen Vererbung tragen mehrere Gene gleichermaßen zur Pigmentierung bei. Je mehr Allele vorhanden sind, die zu dunkler Hautpigmentierung führen, umso farbtiefer wird der Phänotyp der Haut. Da hier mehrere Gene gleichsinnig und ergänzend wirken, spricht man von **additiver Polygenie.**

An der Ausprägung vieler Merkmale des Menschen wie Körpergröße, Schädellänge, Augenfarbe und Intelligenz sind nicht nur zahlreiche Gene beteiligt. Auch Umweltfaktoren können eine erhebliche Rolle spielen. Um herauszufinden, welchen Einfluss die Gene und welchen die Umwelt hat, müsste man theoretisch jeweils einen der beiden Faktoren konstant halten. Wachsen zwei Individuen unter identischen Umweltbedingungen auf, sollten alle auftretenden Unterschiede genetisch bedingt sein; wachsen genetisch identische Individuen dagegen unter verschiedenen Umweltbedingungen auf, sollten alle auftretenden Unterschiede umweltbedingt sein. Praktisch sind solche Experimente jedoch – abgesehen von ihrer ethischen Fragwürdigkeit – kaum durchführbar.

Ein Versuch, den Einfluss von Genen und Umweltfaktoren auf die Entwicklung körperlicher und geistiger Merkmale zu identifizieren, besteht in der *Zwillingsforschung.* Das Maß, das dabei verwendet wird, ist der **Heritabilitätskoeffizient** (franz. *hériter,* erben). Er kann zwischen Null und Eins liegen. Bei einem Heritabilitätskoeffizienten nahe Null spielen die Gene eine untergeordnete Rolle, wie beispielsweise bei der Körpermasse gesunder Menschen. Liegt der Heritabilitätskoeffizient in der Nähe von Eins, spielt die Umwelt keine Rolle, wie zum Beispiel bei der Augenfarbe. Ein Wert von 0,5, wie er bei entsprechenden Untersuchungen für die Intelligenz häufig ermittelt wird, bedeutet, dass die Ursachen für die Unterschiede zwischen den getesteten Personen zur Hälfte auf genetischen Unterschieden beruhen, zur anderen Hälfte umweltbedingt sind.

Ein wichtiger Forschungsbereich der Humangenetik versucht die Gesetzmäßigkeiten von Krankheiten zu erfassen, die wiederholt in mehreren Generationen einer Familie auftreten. Man nennt sie Erbkrankheiten, ein irreführender Name, denn es wird keine Krankheit vererbt, sondern die genetische Veränderung (Mutation) der DNA, die diese Krankheit verursacht. Wie stark eine Mutation ein Krankheitsbild ausprägt, hängt oft zusätzlich von Umwelteinflüssen ab. Beim Menschen sind gut 100 durch monogene Mutationen verursachte Krankheiten diagnostizierbar. Stoffwechselkrankheiten, die auf Enzymdefekten beruhen, werden rezessiv vererbt.

Eine dieser rezessiv-monogen vererbten Stoffwechselerkrankungen ist die **Phenylketonurie (PKU)**, bei der in Folge eines Enzymdefekts die Aminosäure Phenylalanin nicht in Tyrosin, sondern in giftiges Phenylpyruvat umgewandelt wird. Die Akkumulation von Phenylalanin und seiner Stoffwechselprodukte stört in der Kindheit die Entwicklung des Gehirns und führt zu geistiger Behinderung. Neugeborene werden deshalb auf ihre Phenylalanin-Werte im Blut getestet (GUTHRIE-Test). Wird eine PKU festgestellt, kann die Ausprägung der Krankheit durch eine strenge phenylalaninarme Diät verhindert werden.
Auch bei einer Schwangerschaft einer von PKU betroffenen Mutter muss eine strenge Diät eingehalten werden. Andernfalls gelangt so viel Phenylalanin über die Plazenta in den kindlichen Kreislauf, dass auch ein intaktes Enzymsystem des Fetus damit nicht fertig wird. Es kommt zu schweren Herzfehlern und geistiger Behinderung beim Kind.
Phenylalanin ist der Ausgangsstoff für weitere Stoffwechselprodukte. Die Bildung dieser Produkte wird durch spezielle Enzyme katalysiert, die jeweils durch ein entsprechendes Gen codiert sind. Alle miteinander bilden eine *Genwirkkette*. Mutieren diese Gene, so kann es neben der PKU zu Kretinismus (Zwergwuchs), zu Albinismus (Pigmentmangel) und zu Alkaptonurie (Schwarzharn) kommen.
Eine andere monogene Erbkrankheit ist das **MARFAN-Syndrom,** benannt nach einem französischen Kinderarzt. Als *Syndrom* bezeichnet man ein Krankheitsbild aus mehreren Symptomen, denen dieselbe Ursache zugrunde liegt. Die Ursache ist hier ein dominantes Allel des Chromosoms 15, das Fibrillin codiert. Als Bestandteil des Bindegewebes führt der Defekt zu überdehnbaren Fasern des Bindegewebes. Die Hauptsymptome treten in Skelettanomalien, Herzklappen- und Augenfehlern auf. Homozygot ist das MARFAN-Syndrom tödlich. Das Fibrillin-Gen beeinflusst viele Merkmale. Man spricht in solch einem Fall von **Polyphänie.**

1. Welchen Schluss lässt der Vergleich der Körpergröße und Schädelmaße in 202.2 zu?

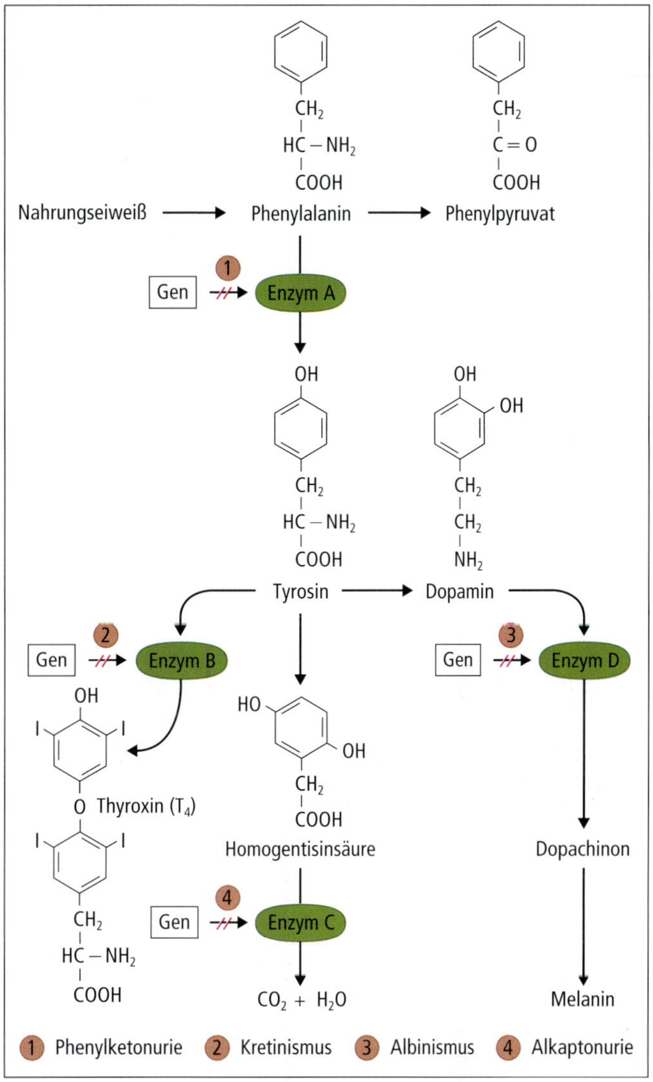

203.1 Störungen des Phenylalanin-Stoffwechsels

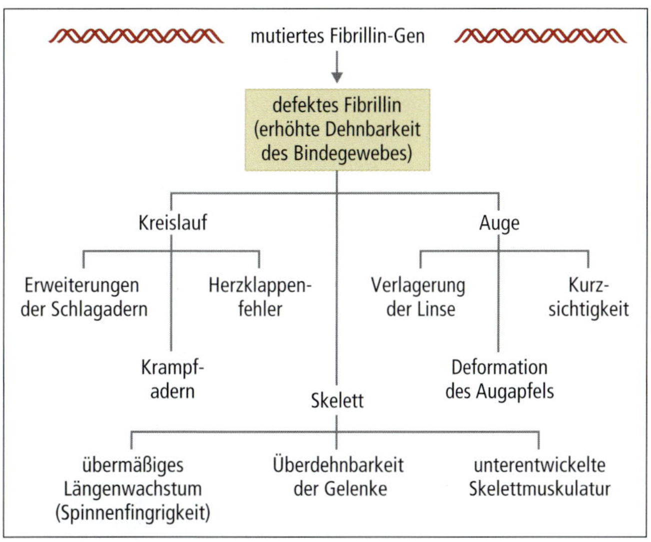

203.2 Polyphänie beim MARFAN-Syndrom

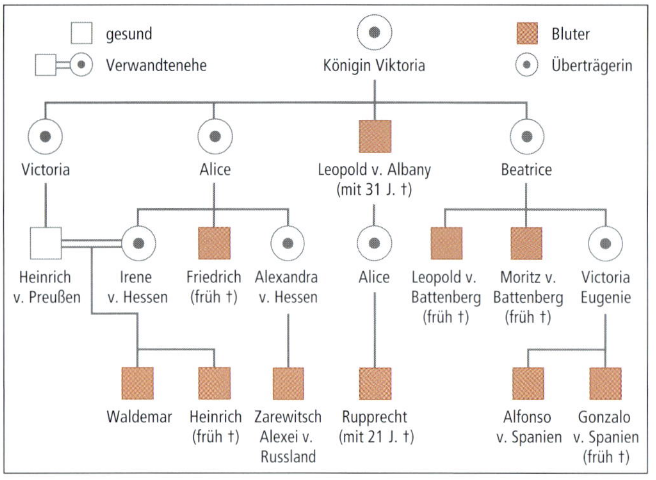

204.1 Vererbung der Hämophilie A in europäischen Fürstenhäusern. Nicht betroffene Kinder wurden weggelassen. Die nicht eingezeichneten Väter waren bluterkrank.

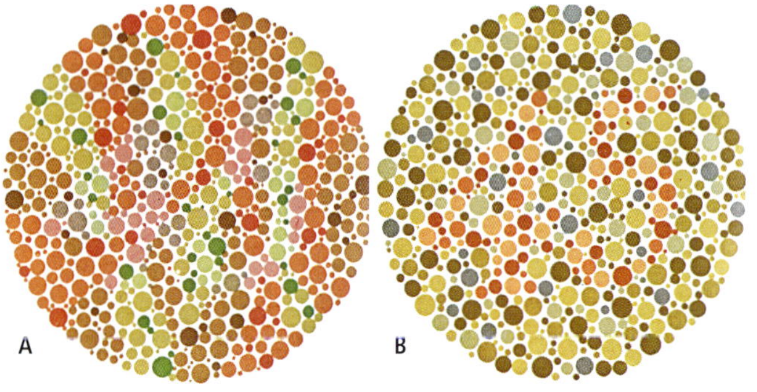

204.2 Farbtafeln zum Test auf Rotgrün-Sehschwäche.
A bei Rotgrün-Sehschwäche wird eine 7 gesehen;
B Farb-Sehtüchtige sehen eine 45

1. Führen Sie eine Stammbaumanalyse für den von der Hämophilie A betroffenen Waldemar bis zur Urgroßmutter Königin Viktoria durch!
   Gehen Sie davon aus, dass nicht angezeigte Väter gesund waren!
2. Mit welcher Wahrscheinlichkeit sind die männlichen Enkel von Waldemar von der Hämophilie A betroffen, unter der Annahme, dass deren Großmutter und eingeheiratete Mutter jeweils homozygot gesund sind?
3. Mit welcher Wahrscheinlichkeit sind die männlichen Enkel von Waldemar von der Hämophilie A betroffen, unter der Annahme, dass deren Großmutter und eingeheirateter Vater jeweils homo- bzw. hemizygot gesund sind?
4. Erstellen Sie ein Erbschema, das zeigt, dass auch Frauen rotgrün-sehschwach sein können.
   Wählen Sie das Symbol „R" oder „r" für die Anlage „Rotgrün-Sehschwäche".

5.4 X-Chromosomen-gebundene Vererbung

In dem Familienstammbaum des europäischen Hochadels taucht ausgehend von Königin VIKTORIA von England die **Bluterkrankheit (Hämophilie)** auf, von der nur männliche Mitglieder betroffen sind. Die häufigste Form, die Hämophilie A, breitete sich durch Heiraten über die Königshäuser Preußens, Russlands und Spaniens aus. Eine Hämophilie zeichnet sich durch eine hohe Blutungsneigung der Betroffenen auch bei kleineren Wunden und eine erhöhte Tendenz zu Blutergüssen (Hämatomen) aus. Häufig finden die Blutungen nicht äußerlich sichtbar statt, sodass schmerzhafte Hämatome in der Muskulatur sowie den Sprung- und Kniegelenken entstehen.
Die Hämophilie A geht physiologisch auf das Fehlen des Blutgerinnungsfaktors VIII zurück. Das verantwortliche Gen liegt auf dem X-Chromosom, was die Besonderheit erklärt, dass vor allem männliche Nachfahren von der Hämophilie betroffen sind. Heterozygote Frauen zeigen wegen der Rezessivität des mutierten Allels die Krankheitssymptome nicht. Nur Frauen, die das entsprechend mutierte Allel im Faktor-VIII-Gen homozygot besitzen, erkranken. Bei Männern hingegen tritt die Hämophilie immer dann auf, wenn sie das X-Chromosom mit dem rezessiven Allel vererbt bekommen, denn auf dem nahezu genleeren Y-Chromosom liegt kein Faktor-VIII-Allel, das den Defekt kompensieren könnte. Genau das ist das Besondere an der **X-Chromosomen-gebundenen Vererbung,** dass nämlich alle rezessiven Allele auf dem X-Chromosom im männlichen Geschlecht zur Ausprägung kommen. Heute ist man in der Lage, den Patienten biotechnologisch hergestellte Blutgerinnungsfaktoren zu verabreichen. Dadurch wird Blutungen vorgebeugt.

Eine andere X-Chromosomen-gebunden vererbte Anomalie ist die **Rotgrün-Sehschwäche.** Betroffene sehen die Farben Rot beziehungsweise Grün nur als Graustufen. Die Rotgrün-Sehschwäche kann mit besonderen Farbtafeln getestet werden. Die Tatsache, dass ein Farb-Sehtüchtiger oder ein Träger der Rotgrün-Sehschwäche auf den Farbtafeln Schriftzeichen und Zahlen in verschiedener Weise entdeckt, lässt eine Unterscheidung in Farb-Sehtüchtigkeit und Rotgrün-Sehschwäche zu.
In Europa sind rund acht Prozent der Männer betroffen, von denen $^1/_4$ die Rot-Sehschwäche und $^3/_4$ die Grün-Sehschwäche besitzen. Nur 0,5 Prozent der Frauen sind rotgrün-sehschwach. Tatsächlich sind zwei verschiedene Allele anzutreffen, die für die unterschiedlichen Ausprägungen verantwortlich sind. Heterozygote Frauen besitzen die Anomalie nicht. Daraus lässt sich ableiten, dass die Rotgrün-Sehschwäche rezessiv vererbt wird.

5.5 Strukturelle Chromosomenmutationen

Chromosomale Anomalien beim Menschen bedingen oft schwere Krankheitsbilder bei den Betroffenen. Bei vielen **strukturellen Chromosomenmutationen** sind kleinere DNA-Bereiche durch Translokation, Inversion, Duplikation oder Deletion verändert. Um diese Veränderungen nachzuweisen, bedient man sich der **Fluoreszenz-in-situ-Hybridisierung (FISH).** Bei der FISH-Technik werden bestimmte DNA-Bereiche direkt im Chromosomenpräparat, also am Ort (lat., *in situ*), sichtbar gemacht. Zu der fixierten und in Einzelstränge zerlegten DNA der Chromosomen wird eine einzelsträngige DNA gegeben. Sie ist so ausgewählt, dass sie an definierten komplementären DNA-Sequenzen der Chromosomen bindet (Hybridisierung). Dabei ist an die DNA ein Marker gebunden. Eine solche DNA bezeichnet man als *Sonde.* Spezielle Antikörper, die einen Fluoreszenzfarbstoff tragen, binden ihrerseits am Marker. Das entsprechende Chromosom oder spezielle DNA-Bereiche des Chromosoms fluoreszieren nun in einem charakteristischen Farbton. Nach dem Scannen und der Bearbeitung mit einer Bildverarbeitungssoftware entstehen farbige Darstellungen der verschiedenen Chromosomen.

Mit spezifischen Sonden für jedes Chromosom kann ein vollständiges Karyogramm hergestellt werden. Man kann aber auch das Fehlen bestimmter Chromosomenregionen nachweisen. Beim **PRADER-WILLI-Syndrom** ist die kleine Region 15q11 – 13 des q Arms des Chromosoms 15 deletiert. Die Folgen dieser Deletion sind Muskelschwäche, Minderwuchs und Verhaltensstörungen. Diese Symptome zeigen sich, wenn das väterliche Chromosom 15 von der Deletion betroffen ist. Betrifft die gleiche Deletion das mütterliche Chromosom 15, stellt sich das Krankheitsbild des **ANGELMANN-Syndroms** mit Minderwuchs, schwerer geistiger Behinderung, ruckartigen Bewegungen, unmotivierten Lachanfällen und Krampfleiden ein.
Die unterschiedlichen Krankheitsbilder beim PRADER-WILLI- und ANGELMANN-Syndrom weisen darauf hin, dass es bedeutsam sein kann, ob ein Gen über die Mutter oder den Vater vererbt wird. Wird die Expression in Abhängigkeit von der elterlichen Herkunft reguliert, spricht man von **genomischer Prägung.** Die genomische Prägung vollzieht sich bei der Entwicklung der Geschlechtszellen, wobei bestimmte Gene vorübergehend so verändert werden, dass ihre Aktivität in den Zygoten minimiert ist. Genomische Prägung geschieht bei Genen wie denen auf dem Abschnitt 15q11 – 13, bei denen eine Kombination aus einem aktiven und einem inaktiven Allel notwendig ist, um einen normalen Phänotyp zu erreichen.

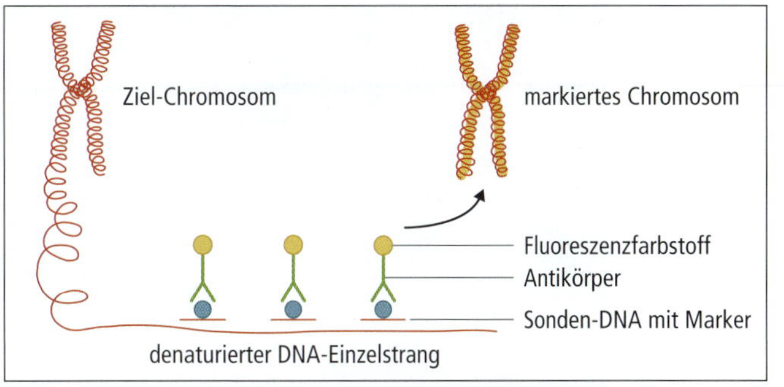

205.1 Das Prinzip der Fluoreszenz-in-situ-Hybridisierung (FISH)

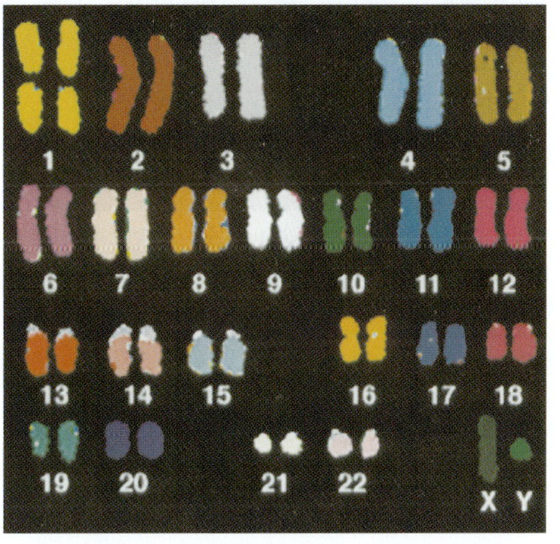

205.2 Multi-Colour-FISH. Karyogramm eines Menschen

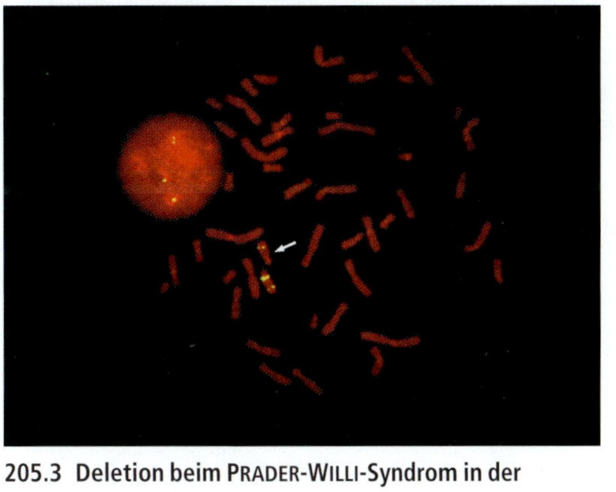

205.3 Deletion beim PRADER-WILLI-Syndrom in der Chromosomenregion 15q11–13

1. Angenommen, bei einer Erbkrankheit, bei der genomische Prägung eine Rolle spielt, werden zwei Phänotypen (Muskelverkrampfung, Herzfehler) ausgebildet. Ein Vater mit Herzfehler, dessen Vater an Muskelverkrampfung litt, bekommt einen Sohn und eine Tochter mit der Erbkrankheit.
   Welche Symptome würden seine Kinder und welche seine Enkel zeigen, wenn sich dieser Defekt wie das PRADER-WILLI- und das ANGELMANN-Syndrom verhält?

206.1 Bobby BREDERLOW, Schauspieler mit Trisomie 21 (DOWN-Syndrom)

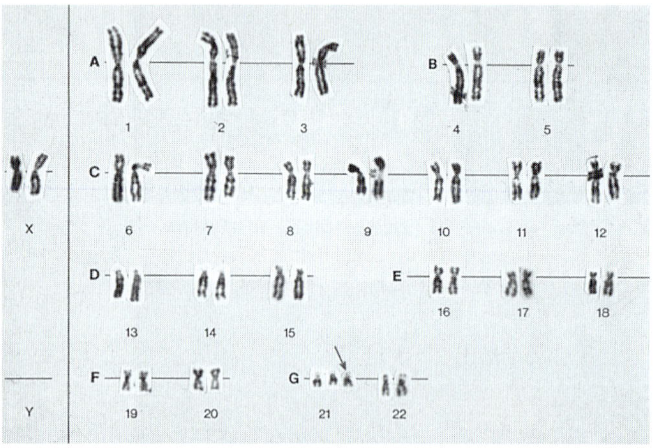

206.2 Karyogramm einer Frau mit Trisomie 21

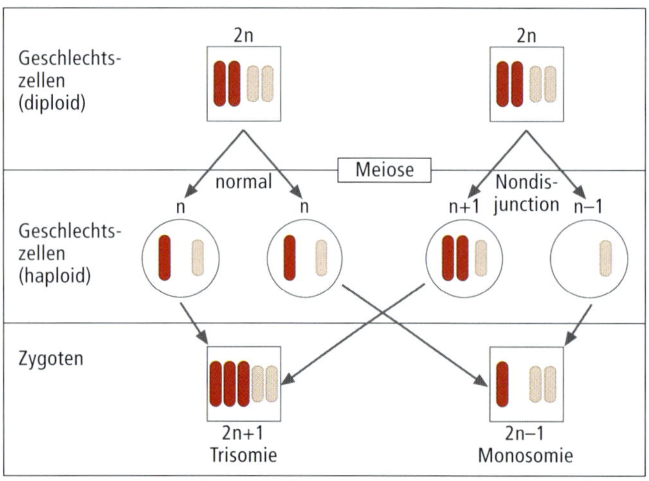

206.3 Änderung der Chromosomenanzahl in der Meiose

5.6 Numerische Chromosomenmutationen

Mit durchschnittlich einer unter 700 Geburten tritt die **Trisomie 21**, auch *DOWN-Syndrom* genannt, recht häufig auf. Das Erscheinungsbild eines Menschen mit Trisomie 21 ist durch Minderwuchs, kurzen Hals, einen Schädel mit flachem Hinterkopf und schmale Lidspalten gekennzeichnet. Bei vielen Betroffenen sind innere Organe wie Herz und Darm fehlgebildet und die Lebenserwartung herabgesetzt. Intensive Therapieformen können eine geistige Behinderung abschwächen und zu einem relativ guten Gesundheitszustand führen, wie die Karriere des Schauspielers Bobby BREDERLOW zeigt.

Die Chromosomenanzahl der Körperzellen des Menschen wurde erst 1956 mit 46 Chromosomen richtig bestimmt. Drei Jahre später entdeckte man bei einem Menschen mit Trisomie 21 nun 47 Chromosomen mit einem zusätzlichen Chromosom 21. Liegt wie hier ein Chromosom dreifach vor, spricht man von einer **Trisomie.** Heute sind eine Reihe von Chromosomenanomalien bekannt, bei denen Menschen statt der 46 Chromosomen 47 oder nur 45 Chromosomen besitzen.

Diese **numerischen Chromosomenmutationen** sind zwar angeboren, werden aber nur selten weiter vererbt, weil Betroffene mit 47 Chromosomen meistens steril sind. Das bedeutet, dass die Veränderung der Chromosomenanzahl auf eine Neumutation zurückgeht. Dabei kann es passieren, dass in der ersten Reifeteilung der Meiose, der Reduktionsteilung, die homologen Chromosomen nicht getrennt werden. Als Folge entstehen haploide Geschlechtszellen mit 24 beziehungsweise 22 Chromosomen. Solche Geschlechtszellen können auch entstehen, wenn in der zweiten Reifeteilung der Meiose die beiden Ein-Chromatid-Chromosomen nicht in verschiedene, sondern in dieselbe Geschlechtszelle verteilt werden. Beide Möglichkeiten des Nichttrennens werden **Nondisjunction** genannt.

Bei der Verschmelzung einer Geschlechtszelle mit 23 Chromosomen mit einer mit 24 Chromosomen entstehen Zygoten mit 47 Chromosomen. Es liegt eine Trisomie vor. Kommt eine Geschlechtszelle mit 23 Chromosomen mit einer mit 22 Chromosomen zur Befruchtung, entstehen Zygoten mit 45 Chromosomen, bei denen ein Chromosom nur einfach vorliegt. Solch eine Chromosomenunterzahl heißt **Monosomie.**

Nondisjunction in der Meiose ist kein seltenes Ereignis. Vielmehr weist ein hoher Prozentsatz befruchteter Eizellen des Menschen numerische Chromosomenmutationen auf. Die Mehrzahl dieser Embryonen geht nach sehr kurzer Zeit unbemerkt zugrunde. Aber nicht jede numerische Chromosomenmutation führt zum Absterben des Embryos.

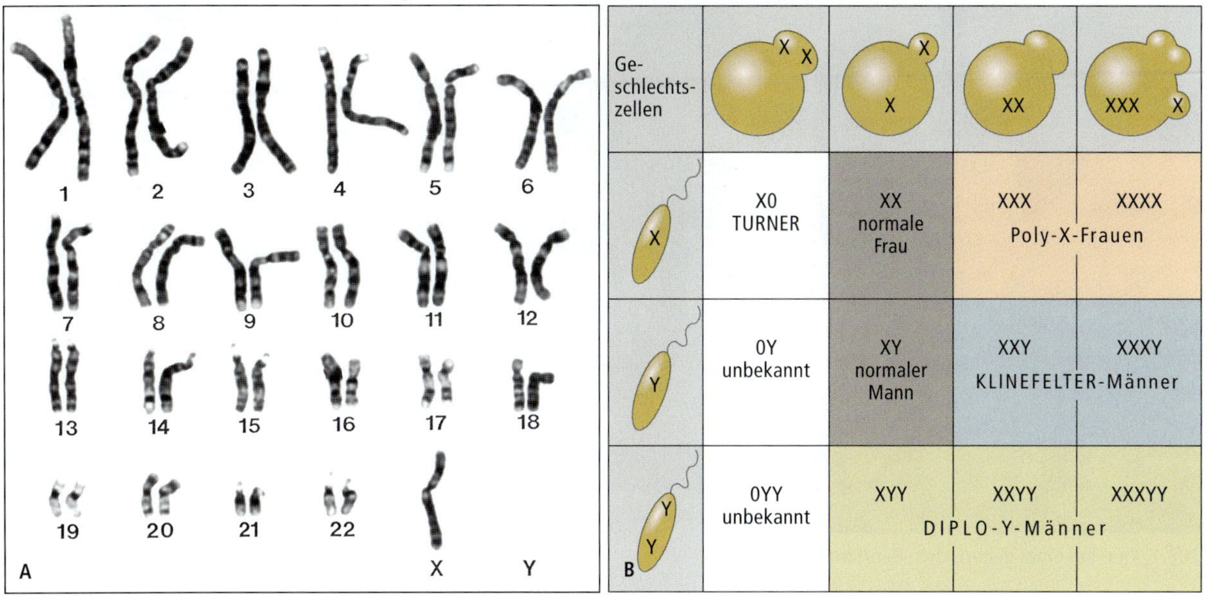

207.1 Numerische Chromosomenmutationen bei Gonosomen. A Turner-Syndrom (Karyogramm); **B** verschiedene Anomalien

Molekulargenetische Untersuchungen haben ergeben, dass das zusätzliche Chromosom 21 bei der Trisomie 21 zu 95 Prozent auf eine Nondisjunction in der Meiose der Mutter zurückzuführen ist. Dies wird auf die besonderen Bedingungen der Reifung der Eizellen zurückgeführt. Die Eimutterzellen treten im Fetus in die Meiose ein, unterbrechen dann aber ihre Entwicklung in der Prophase der ersten Reifeteilung. Erst mit der Pubertät reift periodisch eine Eizelle unter Beendigung der Meiose heran. Es wird vermutet, dass sich der Zusammenhalt der homologen Chromosomen durch Chiasmata, die in der Prophase bestehen, mit zunehmenden Alter der Mutter lockern. Durch den verminderten Zusammenhalt der homologen Chromosomenpaare wird eine Fehlverteilung begünstigt.

Weitere autosomale Trisomien, die zu lebensfähigen, wenn auch schwerkranken Menschen führen, sind das **Pätau-Syndrom (Trisomie 13)** und das **Edwards-Syndrom (Trisomie 18)**. Trisomie 13 führt zu geistiger Behinderung und Defekten an nahezu allen Organen. Häufige Symptome der Trisomie 18 sind Gaumenspalte, Taubheit, Missbildungen an Herz, Nieren und Gehirn und eine geringe Lebenserwartung. Für die Entwicklungsanomalien wird die erhöhte Menge der Genprodukte in den Feten verantwortlich gemacht. Die Lebensfähigkeit von Menschen mit Trisomie 13, 18 oder 21 wird damit erklärt, dass die drei entsprechenden Chromosomen im Vergleich zu anderen menschlichen Chromosomen relativ genarm sind.

Etwas mehr als die Hälfte aller numerischen Chromosomenmutationen betreffen die Gonosomen. So fehlt Menschen mit X0-Monosomie, dem **Turner-Syndrom,** das zweite X-Chromosom oder das Y-Chromosom. Betroffene sind phänotypisch weiblich, jedoch unterbleibt die Ausbildung funktionsfähiger Eierstöcke und sekundärer Geschlechtsmerkmale. Außerdem ist das Körperwachstum beeinträchtigt. Das Turner-Syndrom ist die einzige numerische Chromosomenmutation, bei der Menschen mit 45 Chromosomen leben können. Obgleich 98 Prozent der Feten vor der Geburt sterben und Fehlbildungen der inneren Organe auftreten können, sind manche Turner-Patienten klinisch so unauffällig, dass die Diagnose erst später bei einer Untersuchung auf Minderwuchs gestellt wird.

Beim **Triple-X-Syndrom** liegt eine Trisomie des X-Chromosoms vor. Triple-X-Frauen sind trotz ihrer 47 Chromosomen körperlich meist unauffällig, gelegentlich treten Sprachstörungen, leichte motorische Ungeschicklichkeiten und etwas unterdurchschnittliche geistige Fähigkeiten auf. Triple-X-Frauen sind fruchtbar. Überraschenderweise treten numerische Chromosomenmutationen der Gonosomen bei Kindern von Triple-X-Frauen nicht häufiger auf als bei normalen Frauen.

Beim **Klinefelter-Syndrom** liegen sogar zwei oder drei X-Chromosomen und zusätzlich ein Y-Chromosom vor. Betroffene sind Männer, die etwas größer werden als der Durchschnitt. Häufig fallen die Patienten erst in der Pubertät auf, wenn die Ausbildung der sekundären Geschlechtsmerkmale ausbleibt. Manchmal wird die Diagnose aber auch erst dann gestellt, wenn nach der Ursache für das Ausbleiben von Kindern gesucht wird.

208.1 Paar bei einer genetischen Beratungsstelle

5.7 Genetische Beratung

Fortschritte in Medizin und Hygiene haben dazu geführt, dass viele Infektionskrankheiten in den Industrieländern vermindert auftreten. Damit rücken genetisch verursachte Anomalien in das Zentrum medizinischer Aufmerksamkeit. Obwohl nur etwa zwei Prozent aller Neugeborenen von einer genetisch bedingten Erkrankung betroffen sind, sorgen sich viele Eltern bereits vor oder während einer Schwangerschaft um die Gesundheit ihrer noch ungeborenen Kinder. Dies ist ein Grund, eine **genetische Beratungsstelle** aufzusuchen.

Mit der Entwicklung der medizinischen Diagnostik wurden eine Reihe von Methoden geschaffen, um werdende Eltern möglichst genau zu beraten. Dabei werden die Risiken genetisch bedingter Anomalien durch Erstellen von Familienstammbäumen und der Durchführung vorgeburtlicher Diagnose-Verfahren in der frühen Schwangerschaft bestimmt.

Eine genetische Beratung empfiehlt sich dann, wenn ein Partner an einer genetischen Anomalie leidet, wenn in den Familien der Partner gehäuft bestimmte Krankheiten auftreten oder Fehlgeburten wiederholt vorkamen. Außerdem sollte eine genetische Beratung in Anspruch genommen werden, wenn die Ratsuchenden bereits ein Kind mit genetisch bedingter Behinderung haben oder die Partner mit Kinderwunsch verwandt sind. Haben vor oder während der Schwangerschaft schädigende Umwelteinflüsse (Strahlenbelastung, Medikamente, Virusinfektion, Drogenkonsum) eingewirkt, kann in einer genetischen Beratung über das Risiko für das heranwachsende Kind informiert und können entsprechende Vorsorgeuntersuchungen besprochen werden. Schließlich gehören Spätgebärende sowie Paare, in denen der Vater über 40 Jahre alt ist, auch zur Risikogruppe. Das Risiko, dass ein Kind mit MARFAN-Syndrom geboren wird, vervierfacht sich mit zunehmenden Alter des Vaters. Noch dramatischer ist der Anstieg des Risikos für eine Trisomie 21 in Abhängigkeit vom Alter der Mutter. Bei Müttern, die älter als 40 Jahre sind, ist die Häufigkeit, ein Kind mit Trisomie 21 zu bekommen, 10- bis 60-fach vergrößert.

Es gibt mittlerweile in allen deutschen Großstädten genetische Beratungsstellen. Sie befinden sich in humangenetischen Instituten der Universitäten, in manchen Krankenhäusern und Gesundheitsämtern und bei niedergelassenen Ärzten mit entsprechender Zusatzqualifikation. Dabei geht es für die beratenden Ärzte nicht nur darum, naturwissenschaftliche und medizinische Fragen zu beantworten, sondern mit großer Sorgfalt auch psychologische und soziale Aspekte zu berücksichtigen.

Bestimmte Methoden der vorgeburtlichen, also **pränatalen Diagnostik** finden im Rahmen der normalen Vorsorgeuntersuchungen von Schwangeren Anwendung. Dazu gehören die dreimalige *Ultraschalluntersuchung* in der 9. bis 12., der 18. bis 22. und der 29. bis 32. Schwangerschaftswoche. Mit dieser für Kind und Mutter risikoarmen Prozedur, bei der ein Ultraschallkopf über den Bauch der Mutter gleitet, lassen sich der Entwicklungszustand, größere Fehlbildungen und, falls gewünscht, das Geschlecht bestimmen.

Neben der Ultraschalluntersuchung wird im Blut der Schwangeren in der 15. bis 19. Schwangerschaftswoche die Konzentration des Alpha-Feto-Proteins und bestimmter Hormone aus der Gruppe der Östrogene untersucht. Die *Blutuntersuchung* ist routinemäßig und dient als Indikation für schwere Neuralrohrdefekte wie „offener Rücken".

Neben Ultraschall-, Blutuntersuchungen und der Analyse von Familienstammbäumen erlangt in der modernen Diagnostik die Untersuchung fetaler Zellen zunehmende Bedeutung. Dadurch kann man bereits in einem sehr frühen Stadium der Schwangerschaft aussagekräftige Untersuchungsergebnisse erzielen. Fetale Zellen kann man durch verschiedene, so genannte invasive Verfahren gewinnen. Sie bergen immer das Risiko eines unbeabsichtigten Aborts. Bei der Fruchtwasserpunktion, der *Amniozentese*, werden ab der 14. Schwangerschaftswoche mit einer feinen Nadel Zellen aus dem Fruchtwasser entnommen, bei der *Nabelschnurpunktion* aus dem fetalen Blut der Nabelschnur. Bei der *Chorion-*

zottenbiopsie erfolgt die Entnahme fetaler Zellen aus dem Choriongewebe schon in der 10. Schwangerschaftswoche. Nach der Präparation der Chromosomen wird ihre Vollzähligkeit und Unversehrtheit untersucht. Erbliche Stoffwechseldefekte werden durch biochemische Analysen erkannt. Techniken wie die Polymerase-Kettenreaktion erlauben auf der Ebene der DNA die Diagnose spezieller Gene.

Die Methoden der pränatalen Diagnostik sind neben therapeutischen Chancen auch mit ethischen und juristischen Problemen verbunden. Sollte tatsächlich eine schwerwiegende Schädigung des Fetus festgestellt werden, so liegt die schwierige Entscheidung über einen gesetzlich zulässigen Abbruch der Schwangerschaft (Abtreibung, Abort) im alleinigen Ermessen und damit auch in der Verantwortung der Eltern.

Ein belastendes Problem vieler Paare ist die ungewollte Kinderlosigkeit, bei der durch die Entwicklung der **Reproduktionsmedizin** ärztliche Hilfe angeboten werden kann. Bei der *künstlichen Besamung* werden die Spermien direkt in die Gebärmutter eingeführt. Bei der Befruchtung von Eizellen im Reagenzglas, der *In-vitro-Fertilisation,* werden Patientinnen nach einer Hormonbehandlung Eizellen entnommen, mit Spermien befruchtet und bis zu drei Zygoten in die Gebärmutterhöhle zurückgespült.

Mit der aus der Reproduktionsmedizin stammenden In-vitro-Fertilisation hat sich die Methode der **Präimplantationsdiagnostik** (PID) entwickelt. Darunter versteht man die Analyse der DNA einzelner Zellen, die man Embryonen vor dem Transfer in die Gebärmutter entnimmt. Neben Erbkrankheiten können dabei auch andere genetische Eigenschaften wie beispielsweise das Geschlecht festgestellt werden. Die PID an Embryonen ist in Deutschland nach dem Embryonenschutzgesetz verboten. Sie wird aber in vielen europäischen Ländern angewendet. Die Methode der PID weckt Befürchtungen über die Auslese von vermeintlich nicht lebenswerten Leben, denn es besteht zumindest die Gefahr, dass die PID dazu missbraucht wird, „Kinder nach Maß“ zu schaffen.

1. Nennen Sie Gründe, eine genetische Beratungsstelle aufzusuchen!
2. Beschreiben Sie die verschiedenen Methoden der pränatalen Diagnostik und begründen Sie den jeweiligen Zeitpunkt der Untersuchung!
3. Bei der pränatalen Diagnostik werden fetale Zellen untersucht.
   Beschreiben Sie die Präparation der Chromosomen aus solchen fetalen Zellen!

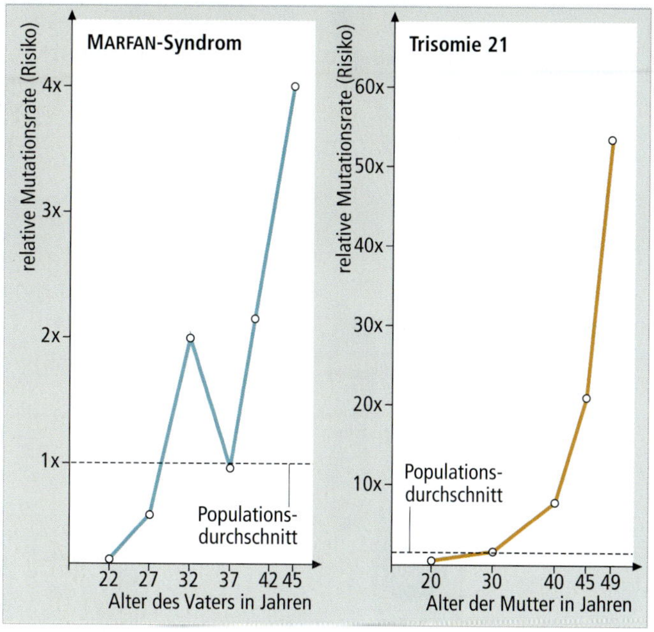

209.1 Häufigkeit des MARFAN-Syndroms und der Trisomie 21

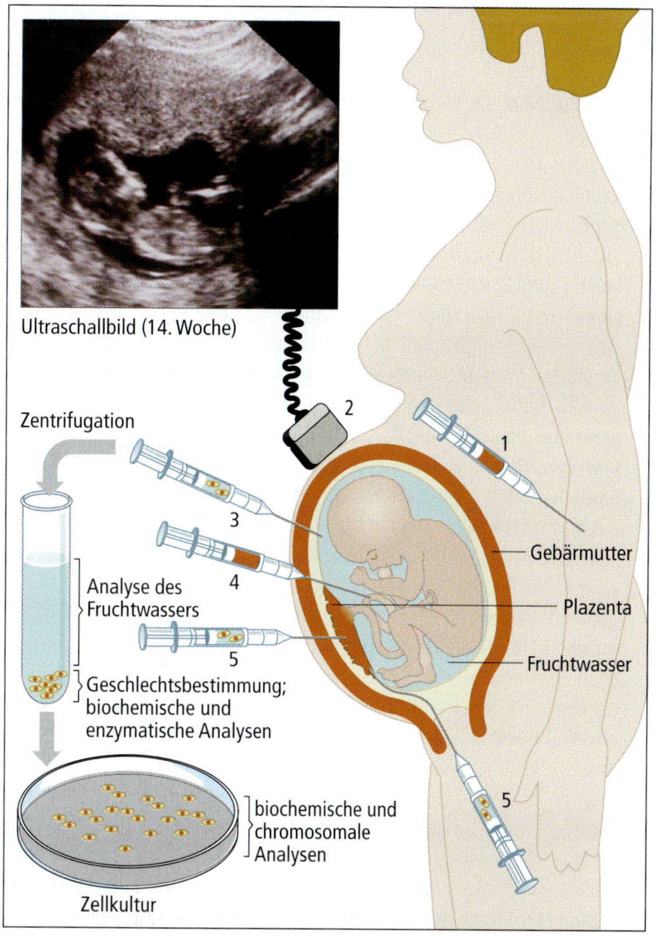

209.2 Methoden der pränatalen Diagnostik. Nicht-invasiv: 1 Blutentnahme bei der Mutter; 2 Ultraschalluntersuchung; invasiv: 3 Amniozentese; 4 Nabelschnurpunktion; 5 Chorionzottenbiopsie

EXKURS Kaspar HAUSER – Rätsel gelöst

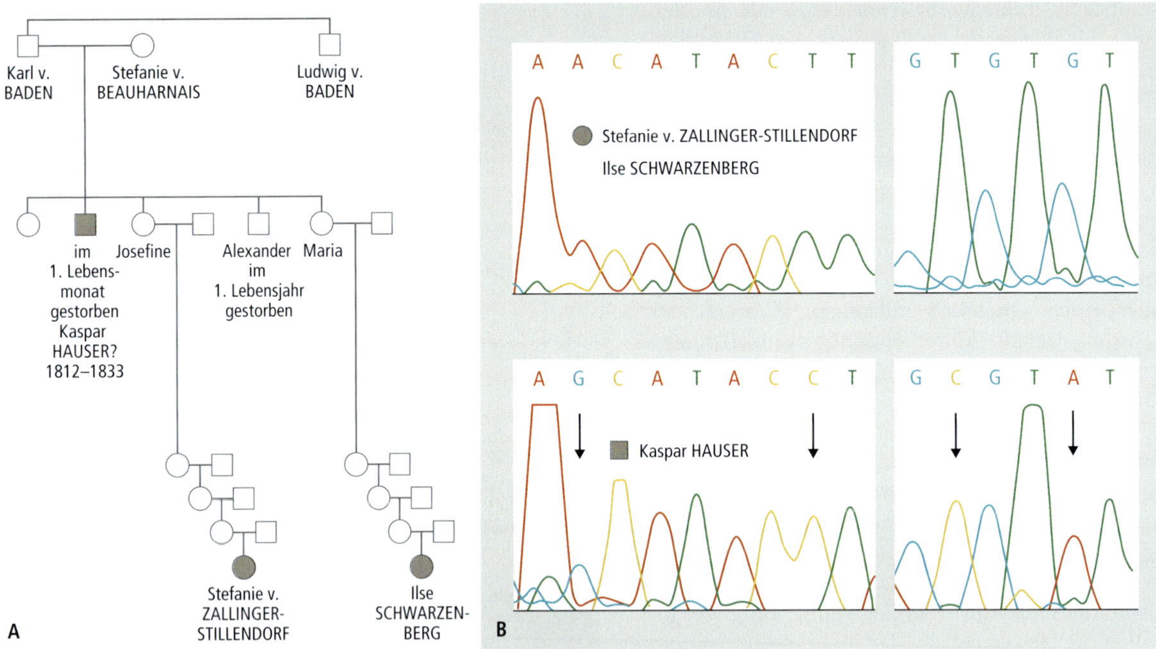

210.1 Kaspar HAUSER. A möglicher Familienstammbaum; **B** Sequenzierung von Mitochondrien-DNA

Im Jahre 1828 wurde in Nürnberg ein Junge mit einem Zettel um den Hals aufgegriffen, der nur sein Geburtsdatum (30. 4. 1812) verriet. Der körperlich und geistig zurückgebliebene Junge gab seinen Namen mit Kaspar HAUSER an. Nachdem sich sein anfänglich spärliches Vokabular vergrößert hatte, schilderte HAUSER, dass er ab dem dritten Lebensjahr in einem Kellerverlies hauptsächlich mit Wasser und Brot und ohne Kontakt zu Menschen aufgewachsen war. Diese Isolation von früh auf machte HAUSER seinerzeit für Mediziner zu einem interessanten Beispiel, um zu entscheiden, was beim Menschen angeboren oder erlernt ist. In der Verhaltensforschung führte der Fall Kaspar HAUSER dazu, dass man heute bei einem Versuch, bei dem ein Tier in Isolation in einer reizarmen Umwelt aufwächst, von einem *Kaspar-HAUSER-Experiment* spricht.

Die mysteriösen Umstände um sein Leben bis zum 16. Lebensjahr und danach, als er schließlich an den Folgen des bereits dritten Mordanschlags am 17. Dezember 1833 starb, ließen wilde Spekulationen über die Herkunft Kaspar HAUSERs aufkommen.

Eine Vermutung über seine Herkunft war die *Prinzentheorie*. Danach wurde die Familienlinie des Großherzogs Karl VON BADEN, die offiziell ohne männlichen Nachfolger geblieben war, um die Erbfolge betrogen. Der erste Sohn aus der Ehe VON BADENs mit NAPOLEONs Stieftochter, Stefanie VON BEAUHARNAIS, soll namenlos und ungetauft kurz nach der Geburt verstorben sein. Dieser diffuse Umstand verfestigte die Vermutung, dass Kaspar HAUSER der erste Sohn VON BADENS gewesen sein könnte und damit der rechtmäßige Erbfolger gewesen wäre.

Mit der Gentechnik entwickelte sich ein Instrumentarium, um dem Rätsel der Abstammung HAUSERs nachzugehen. Aus einem Blutfleck an der Unterhose, die Kaspar HAUSER bei dem todbringenden Mordanschlag trug, konnte ein Fragment Mitochondrien-DNA (mtDNA) extrahiert werden. Gleichzeitig wurde aus den Blutproben von Stefanie VON ZALLINGER-STILLENDORF und Ilse SCHWARZENBERG, Nachfahren aus den weiblichen Linien der Töchter Josefine und Maria von VON BADEN, ebenfalls diese mtDNA isoliert. Vorteil der Untersuchung von DNA aus den Mitochondrien ist, dass bei der Fortpflanzung nur die weiblichen Gameten die mtDNA extranucleär vererben. Dadurch erhalten also alle Nachfahren die mtDNA aus ihrer mütterlichen Linie, wie VON ZALLINGER-STILLENDORF und SCHWARZENBERG und – falls die Prinzentheorie stimmte – auch HAUSER von VON BEAUHARNAIS.

Die vervielfältigte mtDNA der drei Personen brachte nach ihrer Sequenzierung im Fall HAUSER Klarheit. Dazu muss man wissen, dass die mtDNA-Moleküle verschiedener Familien durch die im Laufe der Zeit erfolgten Mutationen in ihrer Sequenz erheblich variieren. Im Gegensatz dazu wird sich die mtDNA über sechs Generationen in einer Familie, wie bei den untersuchten Personen, kaum unterscheiden.

Das Institut für Rechtsmedizin der Universität in München stellte vollständige Übereinstimmung in der Sequenz der mtDNA der Frauen fest. Zwischen der Sequenz der Frauen und der von HAUSER traten jedoch viele Unterschiede auf. Damit ist sicher, dass Kaspar HAUSER nicht von VON BEAUHARNAIS abstammte. Aber war es wirklich Kaspar HAUSERs Unterhose?

AUFGABEN Humangenetik und Erbkrankheiten

1 Genwirkkette und Mutationen

Die Abbildung 203.1 zeigt den Phenylalaninstoffwechsel beim Menschen. Jede biochemische Reaktion wird dabei durch ein spezielles Enzym katalysiert, jedes Enzym durch ein entsprechendes Gen codiert. Verschiedene Mutationen können die Genwirkkette des Phenylalaninstoffwechsels unterbrechen. Krankheiten sind die Folge.

a) Beschreiben Sie die Abbildung 203.1 unter dem Aspekt einer jeweiligen Mutation in den Genen 1 bis 4 und deren wichtigsten Krankheitssymptome!

b) Welcher molekulargenetische Grundsatz wird durch dieses Stoffwechselgeschehen veranschaulicht? Begründen Sie!

2 X-Chromosomen-gebundene Vererbung

1. Die Krankheit kommt bei Frauen häufiger vor.
2. Die Krankheit kommt bei Männern häufiger vor.
3. Die Krankheit wird nie vom Vater zum Sohn vererbt.
4. Ehen zwischen kranken Frauen und gesunden Männern haben 50 Prozent kranke Söhne und 50 Prozent kranke Töchter.
5. Alle Töchter eines kranken Mannes sind krank.
6. Nur kranke Männer können kranke Töchter haben.
7. Männer sind meist schwerer von der Krankheit betroffen als Frauen.
8. Ehen zwischen gesunden Frauen und gesunden Männern können 50 Prozent kranke Söhne haben.
9. Die Krankheit wird von einem kranken Großvater über seine gesunde Tochter auf die Hälfte seiner Enkel übertragen.

Ordnen Sie die obigen Kriterien danach, ob die Krankheit X-Chromosomen-gebunden rezessiv oder X-Chromosomen-gebunden dominant vererbt wird!

3 Vererbung der Polydaktylie

Die Aufnahme zeigt den Phänotyp der Polydaktylie (Vielfingrigkeit), der sich in einer Skelettfehlbildung mit sechstem Finger oder sechster Zehe äußert.
Der Stammbaum zeigt die Vererbung der Polydaktylie in einer Familie.

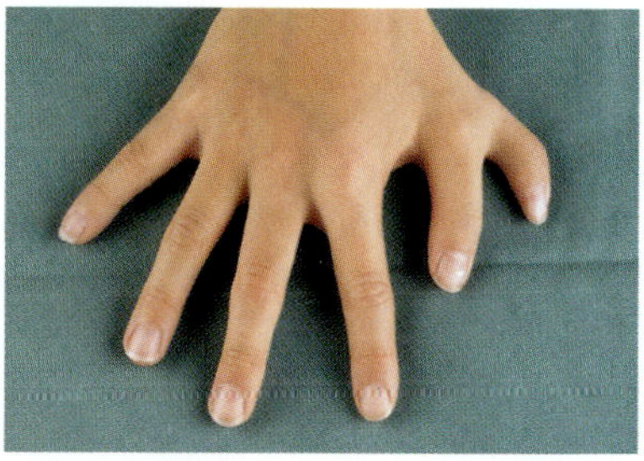

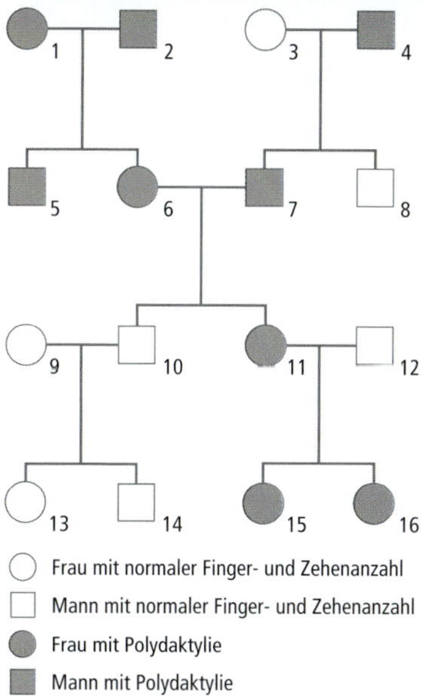

a) Begründen Sie mit Angabe eines Elternpaares und seiner Kinder, wie die Polydaktylie vererbt wird!

b) Stellen Sie die Genotypen der Personen im Stammbaum dar! Verwenden Sie dabei die Buchstaben P und p!

c) Begründen Sie, weshalb der Genotyp der Person 6 heterozygot ist!

d) Erläutern Sie den Genotyp der Person 11! Muss diese Person homozygot sein?

e) Mit welcher Wahrscheinlichkeit bringt das Elternpaar 6 und 7 Kinder mit Polydaktylie zur Welt?

4 Vererbung der Nachtblindheit

Bei einer 24jährigen Patientin, die zunehmend Schwierigkeiten hat, sich in dunkler Umgebung zu orientieren, wird eine sehr seltene Form der Nachtblindheit (Retinitis pigmentosa) festgestellt. Dabei führt der zunehmende Funktionsverlust der Stäbchen und auch der Zapfen über die Nachtblindheit zur vollständigen Blindheit.
Die Patientin berichtet über entsprechende Symptome bei ihrer Schwester, vom blinden Vater und seiner erblindeten Schwester. Die Großmutter väterlicherseits und deren Vater waren nachtblind. Keiner der acht Brüder der Großmutter war betroffen. Die Mutter der Patientin ist gesund, ebenso wie ein Bruder des Vaters. In der Familie ihres Mannes ist niemand betroffen.

a) Erstellen Sie das Stammbaumschema!

b) Überprüfen Sie verschiedene Möglichkeiten, wie die Nachtblindheit vererbt werden könnte! Welche Vererbung erscheint am wahrscheinlichsten?

c) Tragen Sie alle möglichen Genotypen in das Stammbaumschema ein!

d) Mit welcher Wahrscheinlichkeit erkranken die Kinder der Patientin an der Nachtblindheit, wenn der Mann gesund ist? Wie würde sich die Wahrscheinlichkeit verändern, wenn auch der Vater nachtblind wäre?

5 Vererbung von Merkmalen, Krankheiten und Syndromen

1. Rotgrün-Sehschwäche
2. MARFAN-Syndrom
3. Bluterkrankheit
4. Hämophilie A
5. Rhesus-Faktor
6. Hautpigmentierung
7. Phenylketonurie
8. EDWARDS-Syndrom
9. PRADER-WILLI-Syndrom
10. DOWN-Syndrom
11. TURNER-Syndrom

Benennen Sie die Mutationsart und wesentliche Kennzeichen der obigen Merkmale, Krankheiten bzw. Syndrome!

6 Bionik

Das nach oben gewölbte, tropfenförmige Profil des Vogelflügels erzeugt beim Fliegen Auftrieb. Erst als man die Bedeutung des *Flügelprofils* bei Vögeln erkannte, gelang die Konstruktion von Flugzeugen. Auch die *Stromlinienform* wurde von der Natur abgeschaut und in technische Konstruktionen umgesetzt. Sie ermöglicht wirbelfreie, widerstandsarme und damit energiegünstige Bewegungen durch die Luft und das Wasser. Stromlinienform zeigen insbesondere die Körper von schnell schwimmenden Fischen und Meeressäugern. In der Technik ist eine Stromlinienform beispielsweise für Schiffe, U-Boote oder Flugzeugrümpfe von Bedeutung.

Neuere an Tieren gewonnene Erkenntnisse werden im Flugzeugbau erprobt. So zeigen die Schuppen schnell schwimmender Haie Rillen, die zu einer Verringerung des Strömungswiderstandes führen. Werden Folien mit einer ähnlichen Rillenbildung auf Flugzeuge geklebt, lässt sich der Treibstoffverbrauch um bis zu acht Prozent senken. Gespreizte Federn an den Flügelspitzen von Vögeln verringern die Bildung von Luftwirbeln. Abgeknickte Flügelenden, so genannte Winglets, erfüllen bei modernen Jets dieselbe Funktion. Noch wirksamer wären Schlaufen an den Flügelenden. Federtaschen auf den Oberseiten von Vogelflügeln können einen Strömungsabriss und somit den Absturz des Vogels bei extremen Flugmanövern verhindern. Es handelt sich dabei um Federn, die normalerweise am Flügel anliegen, sich bei Wirbelbildung aber von selbst hochstellen. Dadurch kann der Bereich der schädlichen Wirbelbildung verringert werden. Ähnliche Konstruktionen könnten Flugzeuge absturzsicherer machen.

Natürliche wie technische Konstruktionen unterliegen denselben physikalischen Gesetzen und oft auch gleichen Anforderungen. Daher ist es nicht verwunderlich, in der Natur auf Konstruktionen zu stoßen, die technischen Problemlösungen entsprechen. Häufig handelt es sich dabei um unabhängige Entwicklungen, deren Ähnlichkeit erst im Nachhinein auffällt. Das gilt wohl für eine Reihe von Mikrostrukturen bei Lebewesen, die einfachen mechanischen Geräten gleichen, wie Zangen oder Kämme. Oft und nicht selten mit großem Erfolg führen jedoch gezielte Betrachtungen, Beobachtungen und Untersuchungen in der Natur zu Anregungen für die Lösung technischer Probleme, wie beim Beispiel des Flugzeugbaus. Diese systematische Nutzung der Natur als Vorbild für die Technik bezeichnet man als **Bionik.**

Viele Anregungen für die Technik geben natürliche *Oberflächenstrukturen.* Die von Wachskristallen überzogenen, stark strukturierten Oberflächen von Lotusblättern verhindern das feste Anheften von Schmutzpartikeln. Wassertropfen, die auf das Blatt gelangen, perlen von der Wachsschicht ab. Dabei führen sie die Schmutzpartikel mit, sodass sich das Blatt bei Regen selbst reinigt. Dieser *„Lotus-Effekt“* wird bereits bei einigen Fassadenfarben und Dachziegeln genutzt. Ein weiteres Beispiel für die

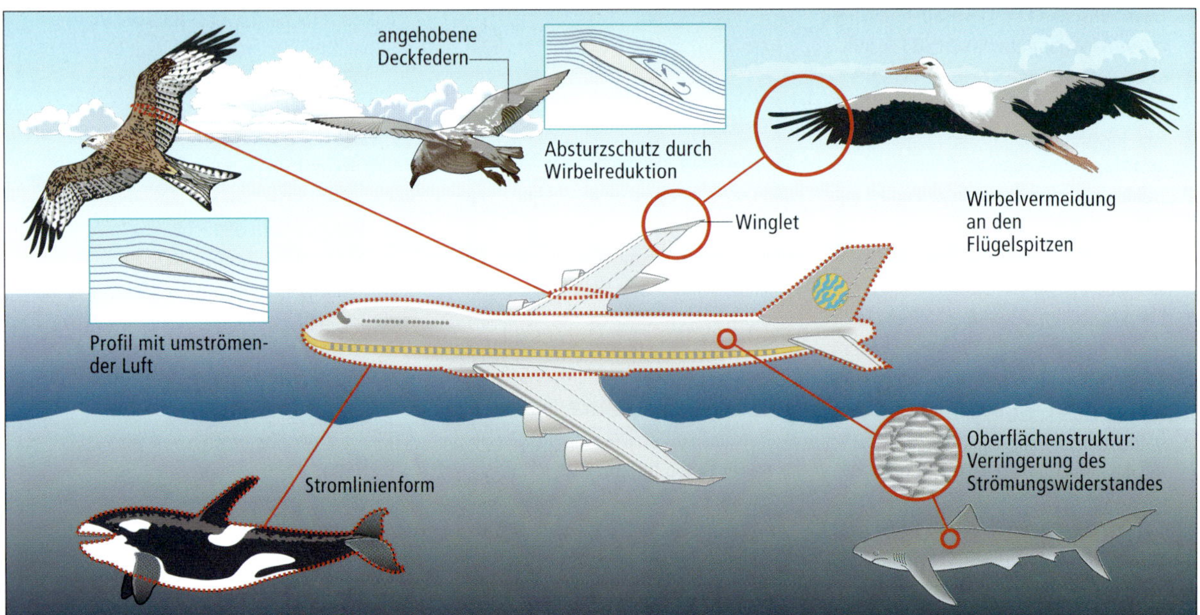

212.1 Die Natur als Vorbild beim Flugzeugbau

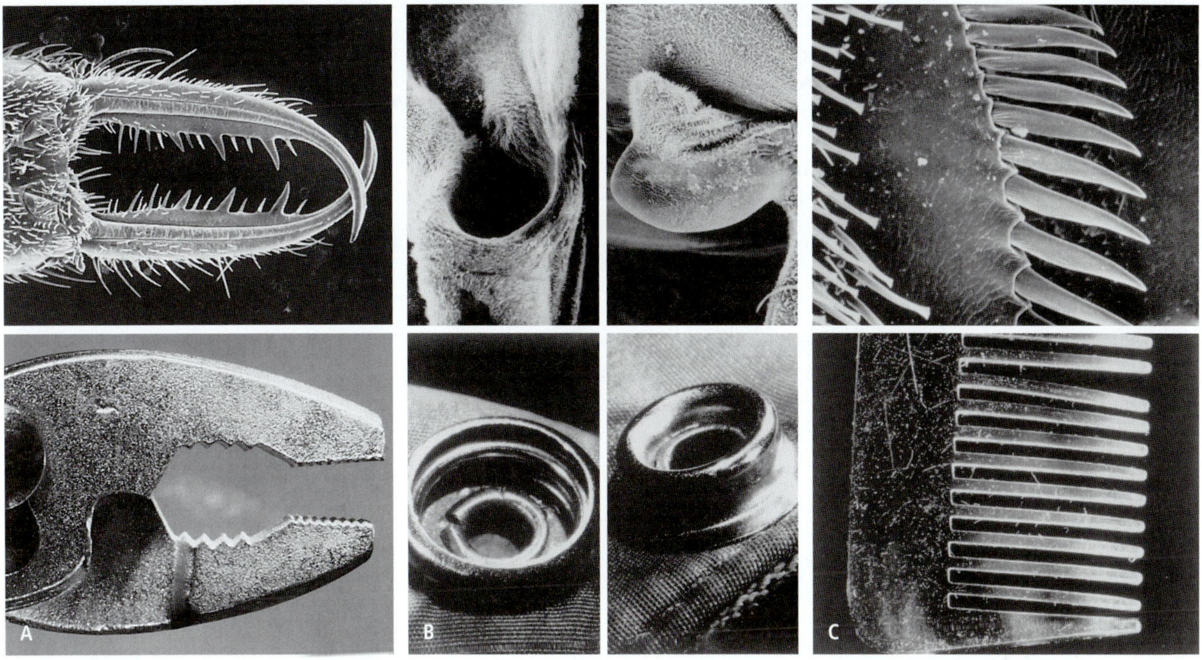

213.1 Biologische Mikrostrukturen und ähnliche technische Konstruktionen. A Oberkiefer eines Insektes und Kombizange; **B** Druckknopfsystem zum Ankoppeln der Vorderflügel an den Rumpf eines Rückenschwimmers und in der Technik; **C** Pollenkamm der Honigbiene und Haarkamm

technische Umsetzung von natürlichen Oberflächenstrukturen sind Klettverschlüsse, die in Anlehnung an die Früchte der Kletten entwickelt wurden. Auch eine Entspiegelungsart von Gläsern erfolgt nach einem natürlichen Vorbild, den Oberflächenstrukturen von Facettenaugen bei Nachtfaltern.

In der *Robotertechnik* dienen Tiere als Vorbilder für Laufmaschinen. Laufmaschinen werden zum Beispiel für den Einsatz auf anderen Himmelskörpern wie dem Mars entwickelt, da Beine in unwegsamem Gelände oft effektiver sind als Räder. So ermöglichen sechsbeinige Laufmaschinen nach dem Vorbild von Insekten eine stabile Fortbewegung auch auf steinigem Untergrund. Für die elektronische Bewegungssteuerung der Roboter liefern Nervensysteme Orientierungshilfen. In der *Architektur* dienen natürliche Konstruktionen als Vorbilder für die Form von Gebäuden oder für die Konstruktion von Lüftungssystemen. Die Wirkungsweise von *Sinnesorganen* wird in technischen Sensoren imitiert. So war die Ultraschallortung von Fledermäusen Vorbild für die Entwicklung von Sonar und Echolot. Sogar *Problemlösungsstrategien* werden von der Natur gelernt. Die Optimierung mechanischer Bauteile oder die Lösung komplexer organisatorischer Probleme wie die Erstellung von Arbeits-, Zug- oder Flugplänen kann wirksam durch die computergestützte Simulation von biologischen Wachstums- und Evolutionsprozessen erfolgen.

1. Begründen Sie den Erfolg der Bionik!

213.2 „Lotus-Effekt". A Heiliger Lotus; **B** Struktur der Blattoberfläche (REM-Aufnahme); **C** selbstreinigende Fassadenfarbe mit abperlenden Regentropfen

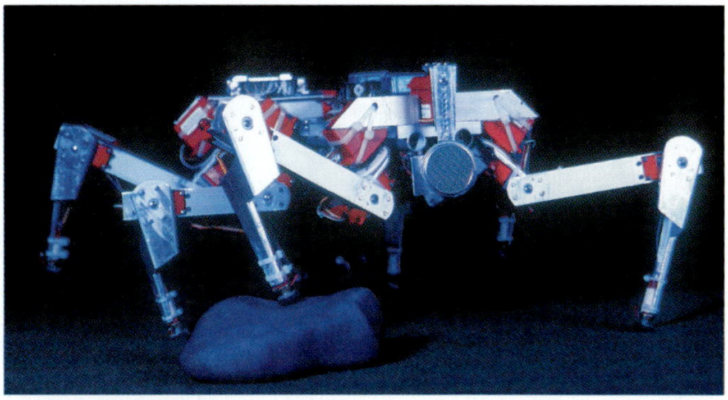

213.3 Sechsbeinige Laufmaschine

BASISKONZEPT Reproduktion

Reproduktion oder Fortpflanzung ist eine Grundeigenschaft alles Lebendigen. Sie sichert dessen Kontinuität durch die Weitergabe genetischer Information an die Nachkommen. Fortpflanzung führt nicht notwendigerweise zu einer Vermehrung in der Population. Ein Elternpaar mit einem Einzelkind hat sich zwar fortgepflanzt, aber nicht vermehrt.
Die Evolution hat eine kaum überschaubare Fülle an Reproduktionsweisen hervorgebracht. Sie lassen sich aber auf wenige Grundmuster und deren Kombination zurückführen.

Vegetative Fortpflanzung

Bakterien und einige Einzeller vermehren sich durch einfache Zweiteilung.

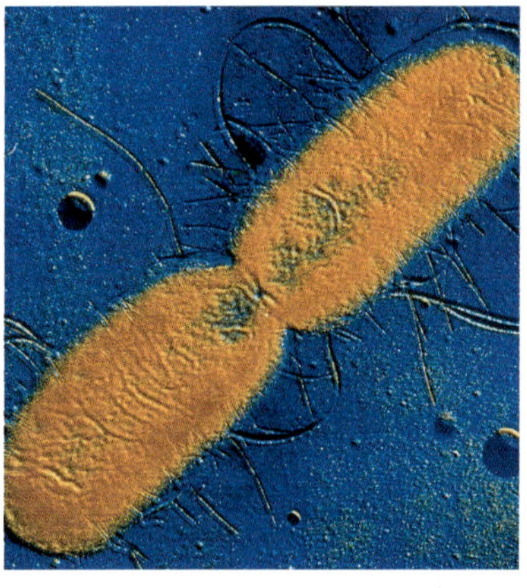

Bei der ungeschlechtlichen oder **vegetativen Fortpflanzung** wird der bestehende Genotyp des Elternindividuums unverändert auf die Nachkommen übertragen. Es entstehen erbgleiche *Klone*. Die hauptsächliche Quelle genetischer Variation sind zufällige Mutationen, ausgelöst durch Umweltfaktoren wie etwa Strahlung. Durch eine hohe Reproduktionsrate können sich Mutationen allerdings sehr schnell anhäufen. Bei Bakterien kann es durch Konjugation und Transduktion zu einer weiteren Variabilität kommen.
Der cytologische Vorgang, der die vegetative Form der Reproduktion ermöglicht, ist die Kernteilung oder Mitose. Vor der eigentlichen Zellteilung wird in der Mitose die Erbsubstanz gleichmäßig auf die künftigen Zellkerne verteilt. Dabei erfolgt eine Trennung der Zwei-Chromatiden-Chromosomen, sodass an jedem Zellpol ein vollständiger diploider Satz von Ein-Chromatid-Chromosomen vorliegt.

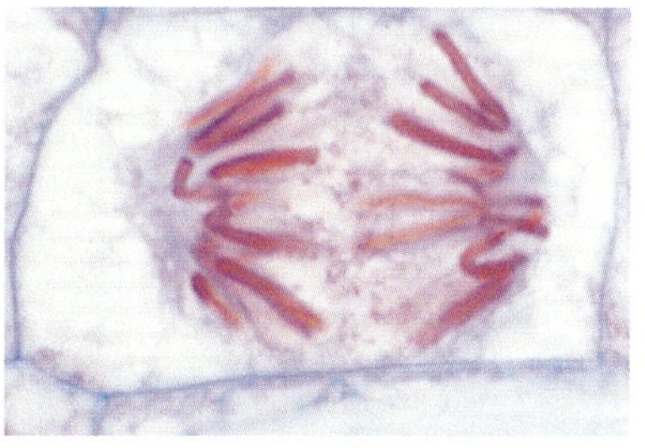

Die Amöbe, ein einzelliger Eukaryot, teilt sich in zwei Zellen, die jeweils als eigenständiger Organismus leben. Dadurch findet Vermehrung statt.

Auch höher entwickelte Lebewesen können sich ungeschlechtlich vermehren. Die Erdbeere bildet oberirdische Ausläufer. Diese entwickeln an bestimmten Stellen Wurzeln und bilden dort Tochterpflanzen aus.

Vegetative Vermehrung liegt ebenso beim Pfropfen von Obstbäumen sowie bei der Produktion von Pflanzen aus Protoplasten-, Zell- oder Gewebekulturen vor.
Im Tierreich kommt auch vegetative Vermehrung vor. Beim Süßwasserpolypen *Hydra* können durch Knospung kleine Tochterpolypen abgegliedert werden, die sich zu selbstständigen Tieren entwickeln.

Sexuelle Fortpflanzung

Die geschlechtliche oder **sexuelle Fortpflanzung** erfolgt hingegen über Keimzellen. Dabei vereinigt sich eine männliche Geschlechtszelle, das Spermium, mit der weiblichen Eizelle zu einer befruchteten Eizelle, der Zygote.

Mit der Verschmelzung der beiden Zellkerne endet die Befruchtung. Die durch Meiose entstandenen Keimzellen sind haploid. Durch Befruchtung wird die Chromosomenzahl wieder zum diploiden Satz verdoppelt. Bei allen Lebewesen mit derartigen Sexualvorgängen müssen sich also Befruchtung und Reduktionsteilung stets abwechseln. Einen solchen regelmäßigen Wechsel zwischen diploider und haploider Kernphase im Lebenszyklus eines Organismus nennt man *Kernphasenwechsel*.

Die Bildung von Keimzellen erfolgt durch den cytologischen Vorgang der Meiose. Er ist mit einer Rekombination verbunden. Sowohl durch interchromosomale Rekombination, die zufällige Verteilung der mütterlichen und väterlichen Chromosomen auf die Keimzellen in der Meiose, als auch durch interchromosomale Rekombination, dem Crossing-over, wird die Anzahl genetischer Varianten ins Unermessliche gesteigert. Dies führt dazu, dass weder die Nachkommen untereinander noch mit ihren Eltern genetisch identisch sind. Nur eineiige Zwillinge bilden hierbei eine Ausnahme.

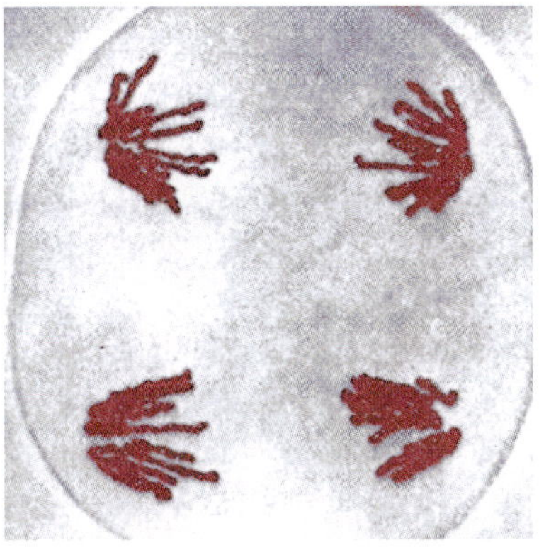

Sexuelle Fortpflanzung erhöht die genetische Variabilität und ermöglicht zweierlei: Die rasche Anpassung einer Population an veränderte Umweltbedingungen und den Aufbau einer Abwehrstrategie gegenüber Krankheitserregern wie zum Beispiel Viren. Sie müssen das genetische Passwort, die Immunabwehr ihrer Wirte, überwinden, um sich vermehren zu können. Durch die genetische Variabilität der Wirte stehen sie aber immer wieder vor verschlossenen Türen.

Reproduktionsmedizin

Etwa 10 bis 15 Prozent aller Paare sind ungewollt kinderlos. Nach Schätzungen verdanken bereits heute etwa drei Prozent der Lebendgeburten, das sind etwa 20 000 Kinder pro Jahr in Deutschland, ihre Existenz einer Sterilitätsbehandlung; mit steigender Tendenz. Allein durch die neuen Fertilisationstechniken der Reproduktionsmedizin wie der **In-Vitro-Fertilisation** (IVF) und der **intracytoplasmatischen Spermieninjektion** (ICSI) in die Eizelle, werden in Deutschland in den etwa 130 Reproduktionszentren jährlich etwa 7000 Kinder geboren.

Während die Verhütungsmittel, insbesondere die Pille, bei Menschen im fortpflanzungsfähigen Alter Sexualität ohne Fortpflanzung ermöglicht, kam es nach der Entwicklung der IVF 1978 zu einer Abkopplung der Fortpflanzung von der Sexualität. Mit der Entwicklung der ICSI 1991 wurde die Fortpflanzung auch ohne die Fruchtbarkeit des Mannes möglich.

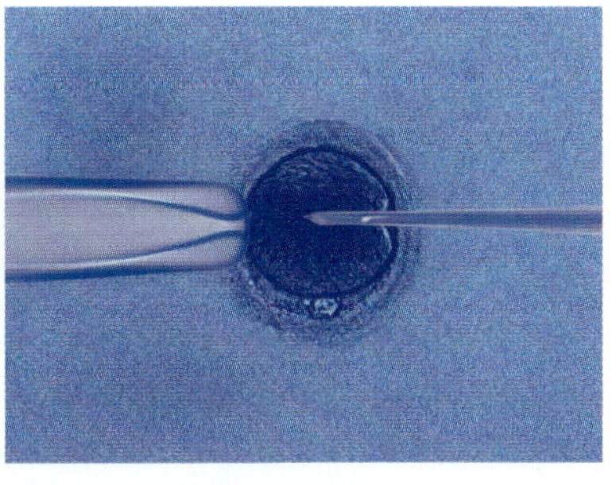

Zu den neuesten Entwicklungen der Reproduktionstechnik zählen das Klonen und die Stammzellforschung.
Beim Klonen wird durch die Übertragung des Zellkerns einer ausdifferenzierten Körperzelle auf eine zuvor entkernte Eizelle ein Embryo erzeugt, der genetisch nahezu identisch mit dem Spender des übertragenen Zellkerns ist. Diese Methode wurde bei Säugern erstmals beim Klonschaf Dolly angewendet.
Was uns durch **reproduktives Klonen** zum Zwecke der Reduplikation von Personen bevorsteht, ist heute noch nicht abschätzbar.

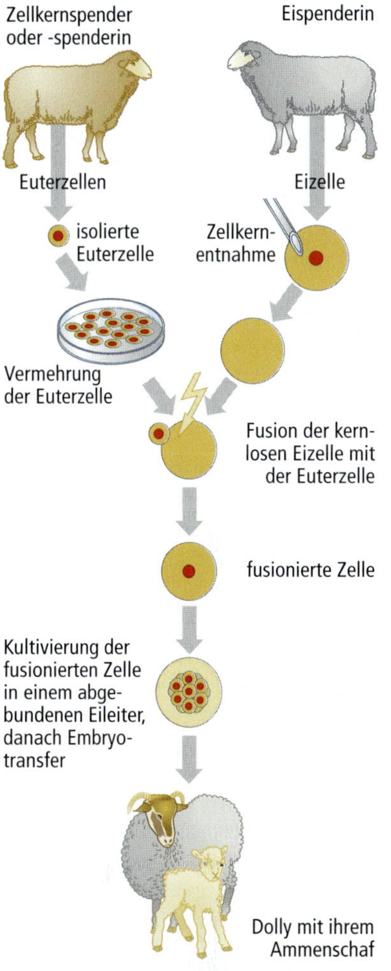

Bei der Stammzellforschung können sich embryonale Stammzellen aus dem Inneren einer etwa fünf Tage alten Blastocyste unter entsprechenden Bedingungen in nahezu alle Typen von Körperzellen entwickeln. Man hofft, sie in Zukunft für die Herstellung von Geweben oder ganzen Organen zu Transplantationszwecken nutzen zu können. Dieses Verfahren wird als **therapeutisches Klonen** bezeichnet. Um eine Abstoßung von vornherein auszuschließen, will man über das Klonverfahren Stammzellen herstellen, die mit den Zellkernen des Transplantatempfängers genetisch identisch sind.
Das deutsche Embryonenschutzgesetz verbietet jedoch die Forschung an Embryonen und das Klonen generell, unter anderem weil dabei Embryonen zerstört werden.

Angewandte Biologie

Ökonomisch wichtige Anwendungsbereiche der Biologie sind die Biotechnik mit dem Teilgebiet Gentechnik, die Reproduktionsbiologie, die Humangenetik und die Bionik.

Schon seit Jahrtausenden verwendet der Mensch Pilze und Bakterien zur Herstellung und Konservierung von Nahrungsmitteln. Bis ins 19. Jahrhundert wusste er jedoch nichts von deren Existenz. Gärungsprozesse bei der Herstellung von Brot oder alkoholischen Getränken wurden nicht mit mikroskopisch kleinen Lebewesen in Verbindung gebracht.
Aus dieser **klassischen Biotechnik** hat sich eine **moderne Biotechnik** entwickelt, die sich mit der planmäßigen Herstellung, der Umwandlung oder dem Abbau von organischen Stoffen im großtechnischen Maßstab beschäftigt. Dabei werden natürlich vorkommende oder gentechnisch veränderte Bakterien, Pflanzen- und Tierzellkulturen oder deren zellulären Inhalte eingesetzt. Die Zellen werden in einem, mit Nährlösung gefüllten, elektronisch gesteuerten Bioreaktor, einem **Fermenter,** unter möglichst optimalen Wachstumsbedingungen herangezogen. Am Ende werden die Zellen geerntet, aufgereinigt und selbst oder ihre Stoffwechselprodukte in vielfältiger Weise wirtschaftlich genutzt.
Für die Wirtschaftlichkeit eines biotechnischen Verfahrens ist es wichtig, ein optimales Verhältnis zwischen den Herstellungskosten und der Ausbeute des gewünschten Produktes zu erzielen. Dazu werden in der Biotechnik die Erkenntnisse verschiedener Fachwissenschaften wie der Mikrobiologie, der Zellbiologie, der Biochemie, der Genetik, der Verfahrenstechnik und der Bioinformatik genutzt. Die Anwendungsgebiete der Biotechnik haben heute nahezu alle Lebensbereiche des Menschen erfasst. Die Biotechnik gilt als eine der innovativen Schlüsseltechnologien des 21. Jahrhunderts.

Die **Gentechnik** hat mittlerweile zu einer industriellen Revolution der Biotechnik geführt. Unter Gentechnik versteht man die Verbindung folgender Methoden: die Isolierung von DNA, deren Rekombination im Reagenzglas und die Übertragung rekombinanter DNA in einen Organismus. Dieser Organismus repliziert die DNA und exprimiert das rekombinante Gen, wodurch das gewünschte Protein entsteht. Die Gentechnik eröffnet neue Möglichkeiten der Veränderung von Lebewesen über die Methoden der klassischen Züchtung hinaus. So produzieren transgene Mikroorganismen, aber auch transgene Nutztiere Medikamente. Diese Beispiele verdeutlichen das **Basiskonzept „Regelung und Steuerung".**

Zu den medizinischen Anwendungen der Gentechnik gehören zum Beispiel diagnostische Tests auf erbliche und andere Erkrankungen, die Herstellung von Impfstoffen oder die großtechnische Produktion von Medikamenten. Gentechnisch hergestellte Medikamente sind für viele Patienten ein Segen. Von hoher ökonomischer Bedeutung sind das Peptidhormon Insulin zur Therapie von Diabetes mellitus, die Proteine Faktor VIII zur Behandlung der Bluterkrankheit und Erythropoietin zur Behandlung bestimmter Anämieformen, wie sie etwa im Falle eines Nierenversagens auftreten können.

Mit den Methoden und Werkzeugen der Gentechnik können vollständige Genome entschlüsselt werden. Damit beschäftigt sich das Forschungsgebiet **Genomik.** Mit der Abhängigkeit des Proteinmusters von den Eigenschaften der Zelle befasst sich die **Proteomik.** Neben der Sequenzierung des menschlichen Genoms sind auch die Genome anderer Lebewesen wie des Bakteriums *Escherichia coli*, der Fruchtfliege *Drosophila melanogaster* oder der Maus *Mus musculus* vollständig bekannt. Dabei zeigt sich, dass die Genome etwa von

216.1 Grundlagen und Anwendungsgebiete der Biotechnik

Mensch und Maus in großen Bereichen konserviert, also einander sehr ähnlich sind. Man erhofft sich daher von der Kenntnis dieser Modellsysteme wichtige Aufschlüsse über die Organisation des menschlichen Erbgutes und eine mögliche Therapie zahlreicher Krankheiten. Es ist zu erwarten, dass die Gentechnik neben den medizinisch-naturwissenschaftlichen Aspekten auch soziale Bereiche unseres zukünftigen Lebens beeinflussen wird. Verantwortliches Handeln ist nicht allein durch die Vermeidung von Risiken bestimmt. Dazu gehört auch, sorgfältig zu prüfen, welche Versäumnisse in Kauf genommen werden, wenn auf die Gentechnik verzichtet wird, zum Beispiel in der Landwirtschaft. Die Risikodiskussion der Gentechnik in der Landwirtschaft betrifft vor allem die unbeabsichtigte sowie die gezielte **Freisetzung** gentechnisch veränderter Pflanzen. Eine Veränderung der Keimbahn mit evolutionären Katastrophen ist die befürchtete Folge. Das Gentechnik-Gesetz soll dieses Risiko minimieren. Diese Problematik verdeutlicht ein Beispiel für das **Basiskonzept „Reflexion zum Menschenbild"**.

Mittels **Polymerase-Kettenreaktion,** kurz PCR, lässt sich DNA in kürzester Zeit **in vitro klonieren.** Benutzt werden dabei zwei künstlich hergestellte Primer. Sie sind gegenläufig orientiert und komplementär zu den Enden des DNA-Abschnitts, der zwischen den Primern vermehrt werden soll. Die vervielfältigten DNA-Stücke können durch Gelelektrophorese sichtbar gemacht oder weiter verarbeitet werden. Verwendet werden sie beispielsweise bei der Herstellung von **DNA-Chips** für die Gendiagnose. In der Medizin kann man mittels PCR Gewebeverträglichkeiten schnell erkennen oder Krankheitserreger wie etwa ein HI-Virus aufspüren. Der Nachweis des HI-Virus gelingt damit lange bevor eine immunologische Reaktion erfolgen kann. Es können bestimmte Krebsarten früh erkannt oder Erbkrankheiten schnell diagnostiziert werden. In der Lebensmittelanalytik werden Fremdgene in Lebensmitteln nachgewiesen. In der Kriminalbiologie spielt die PCR eine große Rolle bei der Erstellung des genetischen Fingerabdrucks. Eine derartige DNA-Typisierung wird auch beim Vaterschaftstest angewandt.

In der **Reproduktionsbiologie** lassen sich mit den Methoden der pränatalen Diagnostik viele Krankheitsrisiken und Fehlbildungen schon im Mutterleib einschätzen. Im günstigsten Fall erlaubt eine solche frühzeitige Diagnose den rechtzeitigen Beginn einer wirksamen Therapie. In einem Karyogramm können numerische Chromosomenmutationen von Auto- und Gonosomen leicht erkannt werden. Bei einer gravierenden Schädigung des Fetus müssen die Eltern die schwierige Entscheidung über einen Schwangerschaftsabbruch treffen. Hierbei handelt es sich um ein Beispiel für das **Basiskonzept „Reflexion zum Menschenbild"**.

Nach Schätzungen ist in Deutschland jedes zehnte Paar kinderlos, obwohl es sich Kinder wünscht. Die Tendenz ist steigend. Immer häufiger wenden sich Betroffene an Fachärzte, um sich ihren Kinderwunsch dennoch zu erfüllen. Allein in Deutschland werden über 25 000 Kinder pro Jahr durch technisch unterstützte Fortpflanzung geboren. Sterilität kann viele Ursachen haben. Dazu gehören Gonosomen-Abberationen, Fertilitätsstörungen wie zum Beispiel verschlossene Eileiter oder Störungen in der Gametenbildung. Mit den Methoden der Reproduktionsbiologie kann häufig trotz dieser Störungen eine Schwangerschaft herbeigeführt werden.
Durch die rasante Entwicklung im Bereich der Fortpflanzungsmedizin ist es möglich geworden, einen Embryo nicht nur außerhalb des Mutterleibs zu zeugen, sondern ihn auch bereits in den ersten Tagen nach der Befruchtung auf bestimmte genetische Anomalien zu untersuchen.
Die Diagnostik an einem in vitro befindlichen Embryo vor seinem Transfer in den mütterlichen Organismus nennt man **Präimplantationsdiagnostik (PID).** Diese Form der Diagnostik erspart den Eltern, die um ihr genetisches Risiko wissen und möglicherweise bereits einen Schwangerschaftsabbruch nach positivem Ergebnis einer Pränataldiagnose haben durchführen lassen, einen weiteren Schwangerschaftsabbruch.
Kritiker der PID verweisen auf die Schutzwürdigkeit des Embryos und sehen in dieser Diagnostik bereits einen Einstieg in die selektierende positive Eugenik. Es wird die Frage zu beantworten sein, ob die Ansprüche von Eltern mit bekanntem Risiko es rechtfertigen, den mit dem Embryonenschutzgesetz in Konflikt geratenden grundsätzlichen Schutz des Embryos vor einem Eingriff aufzugeben. Diese Fragestellung ist ein Beispiel für das **Basiskonzept „Reflexion zum Menschenbild"**.

In der **Humangenetik** wird versucht, mithilfe von Familienuntersuchungen, Stammbaumanalysen, Zwillingsforschung und Populationsgenetik die Vererbung von körperlichen und geistigen Merkmalen zu erklären. Das Auftreten von Erbkrankheiten bei einem der Partner oder in seiner Familie macht für die Familienplanung eine **genetische Beratung** sinnvoll. Dies gilt auch für Paare, in denen ein Partner älter als 40 Jahre ist. So erhöht sich beim Kind das Risiko an Trisomie 21 oder an dem MARFAN-Syndrom zu erkranken erheblich mit zunehmendem Alter der Eltern. Der Zusammenhang zwischen den Ursachen genetisch bedingter Erkrankungen und deren Erbgängen sind ein Beispiel für das **Basiskonzept „Struktur und Funktion"**.

Über dreieinhalb Milliarden Jahre hat die biologische Evolution die belebte Materie geformt. Biologische Strukturen, Prozesse und Prinzipien wurden optimiert und durch Koevolution aufeinander abgestimmt. Es ist daher nicht verwunderlich, in der Natur auf Konstruktionen zu treffen, die technischen Problemlösungen entsprechen. Mit der systematischen Nutzung der Natur als Vorbild für die Technik beschäftigt sich die **Bionik,** eine Wortkombination aus Biologie und Technik. Viele Anregungen für die Technik geben zum Beispiel natürliche Oberflächenstrukturen. Ein Beispiel hierfür sind Klettverschlüsse, die in Anlehnung an die Früchte der Kletten entwickelt wurden. Hierbei handelt es sich um ein Beispiel für das **Basiskonzept „Struktur und Funktion"**.

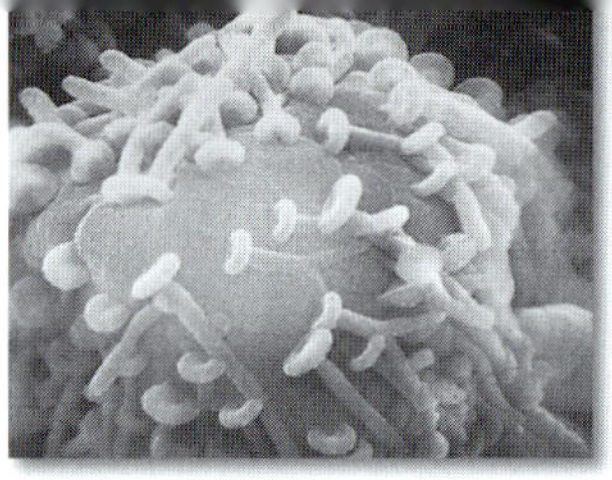

Informationsverarbeitung

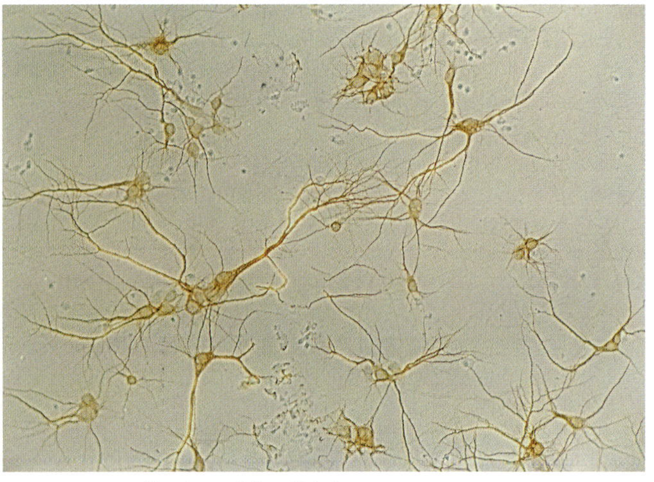

218.1 Nervenzellen (LM-Bild, gefärbt)

1 Reizaufnahme und Erregungsleitung

1.1 Nervenzellen

Fällt ein Lichtstrahl auf das menschliche Auge, verändert sich der Durchmesser der Pupille. Der Lichtstrahl ist ein Umwelteinfluss, ein **Reiz,** der Zellen im Sinnesorgan Auge erregt. Zellen, die auf eine ihr gemäße, also *adäquate Reizart* ansprechen, heißen *Sinnes-* oder *Rezeptorzellen.* Es sind **Nervenzellen** oder **Neurone.** Für jede Reizart gibt es einen spezifischen Rezeptor-Zelltyp.

Rezeptorzellen wandeln also bestimmte Informationen aus der Umwelt in Signale um, die über weitere, so genannte *sensorische* oder *afferente* Nervenzellen an Schaltbereiche wie Rückenmark oder Gehirn weitergeleitet werden. Hier erfolgt eine Verarbeitung der Signale. Über *motorische* oder *efferente* Nervenzellen werden die verarbeiteten Signale an Erfolgsorgane wie Muskeln weitergegeben. Über Muskelkontraktionen, zum Beispiel der Iris-Muskulatur, kommt es zur **Reaktion,** hier der Pupillenveränderung.

Nervenzellen bilden mit Bindegewebszellen, den **Gliazellen** (griech. *glia,* Leim), das Nervensystem. Gliazellen haben unterschiedliche Aufgaben. Sie üben nicht nur eine Stütz- und Hüllfunktion im Nervensystem aus, sondern spielen darüber hinaus eine wichtige Rolle für den Stoffwechsel der Nervenzellen.

Nervenzellen kommen in verschiedenen Größen und Formen vor. Trotzdem liegt ein einheitlicher Bauplan vor, der eine Gliederung in verschiedene Abschnitte erkennen lässt: Das *Soma* bildet den Zellkörper im engeren Sinn. Vom Soma gehen Fortsätze aus, die in ihrer Gesamtheit das Bild der Nervenzelle bestimmen. Die vielen kurzen, stark verästelten *Dendriten* (griech. *dendron,* Baum) vergrößern die Oberfläche des Neurons um ein Vielfaches. Sie dienen der Aufnahme von Signalen anderer Nervenzellen. Das *Axon* oder der *Neurit* (auch *Nervenfaser* genannt) entspringt mit einem abgesetzten Axontrichter, dem *Axonhügel,* am Soma als dünner Fortsatz von zum Teil beträchtlicher Länge (über einen Meter im menschlichen Rückenmark).

Axone von Wirbeltieren sind zum größten Teil von einer Hülle aus Gliazellen, den *SCHWANNschen Zellen,* umgeben. Während der Embryonalzeit wickeln sie sich mehrfach um das Axon, sodass eine dicke Schicht aus Zellmembranen entsteht. Dies bedingt die lipid- und proteinreiche Zusammensetzung dieser Hülle, das *Myelin.* Diese schützende Myelinummantelung wird *Markscheide (Myelinscheide)* genannt. Mikroskopische Untersuchungen solcher *markhaltigen Axone* zeigen, dass zwischen den SCHWANNschen Zellen jeweils ein Abstand von etwa einem Millimeter bleibt. Nur an diesen Stellen, die nach ihrem Entdecker *RANVIERsche Schnürringe* heißen, liegt die Axonmembran frei. Axone wirbelloser Tiere sind meist „nackt", das heißt, sie zeigen keine oder nur geringfügige Umhüllung mit Gliazellen. Man spricht dann von *marklosen Axonen.*

Auch das Axon endet in zahlreichen Verästelungen. Sie münden in bläschenartigen Aufweitungen, den *Endknöpfchen,* die die Oberfläche anderer Nervenzellen, Muskelfasern oder Drüsenzellen berühren. Solche Berührungsstellen heißen **Synapsen.**

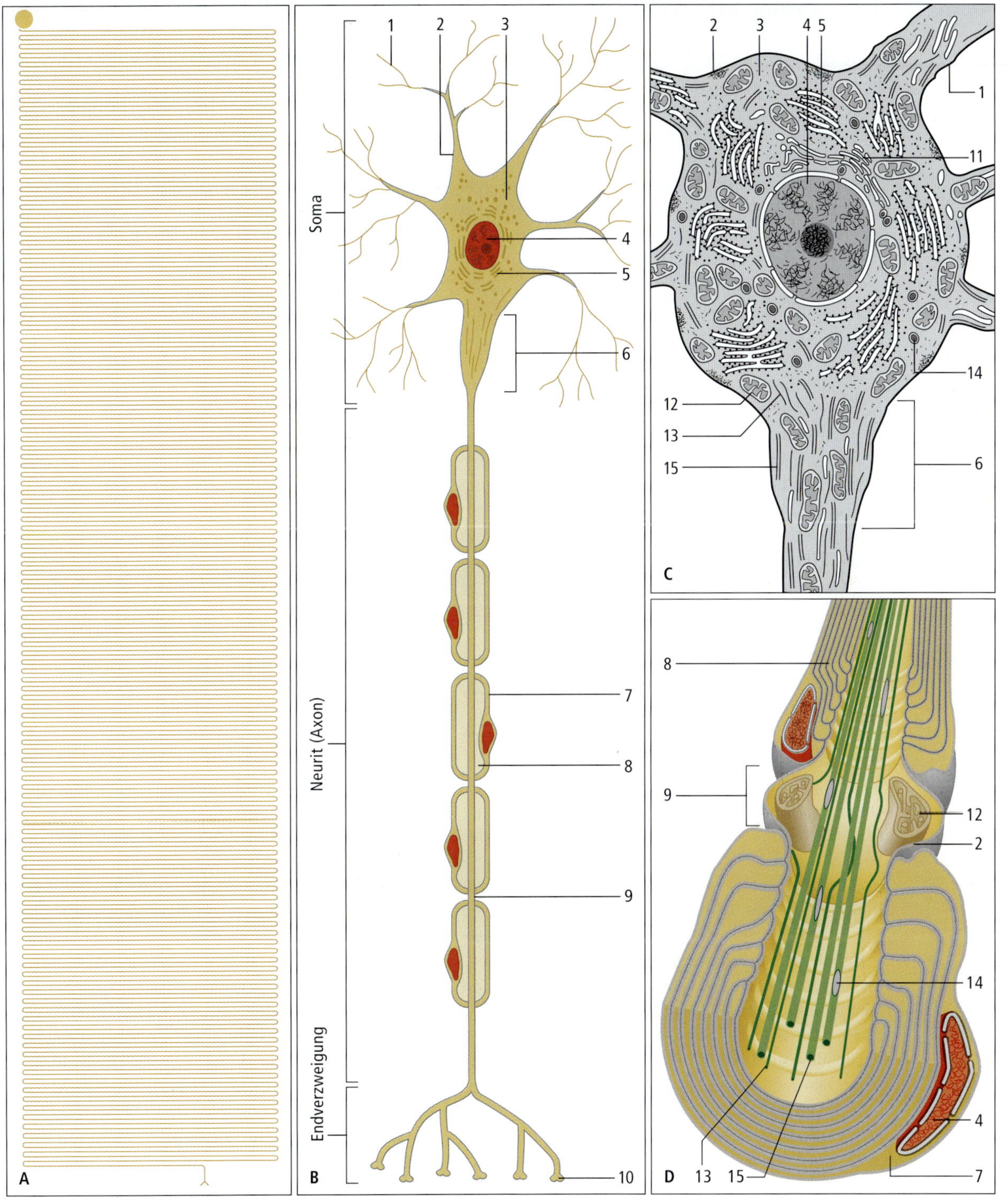

219.1 Nervenzelle. A Größenverhältnisse von Soma und Axonlänge (Schema); **B** LM-Schema; **C** Soma (EM-Schema); **D** Axon mit Myelinscheide (EM-Schema); 1 Dendrit, 2 Zellmembran, 3 Zellplasma, 4 Zellkern, 5 ER (auch NISSL-Substanz genannt), 6 Axonhügel, 7 SCHWANNsche Zelle, 8 Myelinscheide, 9 RANVIERscher Schnürring, 10 Endknöpfchen, 11 GOLGI-Apparat (ein großes Dictyosom), 12 Mitochondrium, 13 Mikofibrille (hier Neurofibrille); 14 GOLGI-Vesikel; 15 Mikrotubulus (hier Neurotubulus)

1. Das in der Abbildung 219.1A dargestellte Axon hat in Wirklichkeit eine Länge von einem Meter. Berechnen Sie danach den wirklichen Durchmesser des Somas!
2. Beschreiben Sie den Aufbau des Somas in der Abbildung 219.1C! Ziehen Sie Schlussfolgerungen hinsichtlich der physiologischen Aktivität der Nervenzelle!

1.2 Vorgänge an Nervenzellen

Zwischen der Umwandlung eines Reizes durch die Rezeptorzelle und der Reaktion des Lebewesens laufen Vorgänge ab, in denen die Signale oft über weite Strecken geleitet und verarbeitet werden. Hierbei handelt es sich um elektrische Vorgänge. Elektrischer Stromfluss ist an Ladungsträger wie Elektronen in Metallen oder Ionen in wässrigen Lösungen gebunden. Reines Wasser leitet den elektrischen Strom schlecht. Durch gelöste Salze wird die elektrische Leitfähigkeit jedoch erhöht. Auch Nervenzellen und die sie umgebenden Flüssigkeiten enthalten gelöste Salze.

Zur Untersuchung der elektrischen Leitfähigkeit in Nervenzellen eignen sich besonders gut die marklosen Riesenaxone des Tintenfisches *Loligo.* Das Außenmedium der Axone, die extrazelluläre Flüssigkeit, stellt im Wesentlichen eine verdünnte Kochsalz-Lösung dar. Sie enthält also positiv geladene Natrium-Ionen (Na^+) und negativ geladene Chlorid-Ionen (Cl^-). Die intrazelluläre Flüssigkeit, das Axonplasma, hingegen ist arm an Natrium- und Chlorid-Ionen, dafür jedoch reich an Kalium-Ionen (K^+) und großen Proteinanionen (abgekürzt A^-).

Ein herauspräpariertes Stück Riesenaxon wird an den Schnittstellen zugebunden und in eine isotonische Salzlösung gelegt. Ein elektrischer Strom kann nur dann im Axon fließen, wenn eine elektrische Spannung vorliegt. Zur Messung einer solchen Spannung verwendet man ein hochempfindliches Spannungsmessgerät, ein *Oszilloskop,* das auch sehr niedrige Spannungen anzeigt. Als Elektroden dienen eine kapillarähnliche Glasmikroelektrode und eine Bezugselektrode aus Silber. Die Glasmikroelektrode ist ebenfalls eine Silberelektrode, die zur Verhinderung chemischer Umsetzungen mit der Zellflüssigkeit von einer elektrisch leitenden Kaliumsalz-Lösung umgeben ist.
Führt man nun die Elektroden dicht an die Oberfläche des unerregten Axons, sodass beide noch in der extrazellulären Flüssigkeit liegen *(extrazelluläre Ableitung),* misst man keine Spannung. Wird jedoch die Glasmikroelektrode durch die Membran in das Axoninnere gestochen *(intrazelluläre Ableitung),* zeigt das Oszilloskop eine konstante Spannung, ein **Ruhepotenzial,** von etwa –70 Millivolt (mV) an. Dabei wird der Messwert der außen liegenden Bezugselektrode als Null definiert. Das negative Vorzeichen deutet darauf hin, dass die intrazelluläre Flüssigkeit negativ geladen sein muss. Demnach liegen im Axoninneren mehr negativ geladene Ionen vor als an der Axon-Außenfläche, die einen Überschuss an positiven Ladungsträgern aufweist.

Zwei Modellexperimente sollen die Vorgänge veranschaulichen: Eine Küvette mit destilliertem Wasser ist durch eine omnipermeable Wand in zwei Kammern geteilt. In die Kammern tauchen Kupferelektroden, die über ein Oszilloskop miteinander verbunden sind. Gibt man in die eine Kammer Natriumchlorid-Lösung, wird am Oszilloskop kurzfristig eine Spannung angezeigt: Durch Diffusion kommt es zu einer ungleichen Verteilung der kleineren, schneller beweglichen Kationen gegenüber den Anionen. Der Überschuss positiver Ladung an einer Elektrode führt zu einer elektrischen Spannung, dem **Diffusionspotenzial.** Da die Anionen aber durch die omnipermeable Wand nachrücken, sinkt die Spannung auf Null.

Ersetzt man die omnipermeable Wand durch eine Kationen-permeable Membran, diffundieren nur die Kationen hindurch, während die Anionen zurückbleiben: Eine Spannung wird aufgebaut. Wenn der durch das Konzentrationsgefälle bedingte Ausstrom von Kationen gleich groß dem durch die elektrische Anziehung bewirkten Rückstrom wird, liegt ein Gleichgewichtszustand vor *(elektrochemisches Gleichgewicht).* In diesem Zustand bleibt die Spannung gleich groß. Da positive und negative Ladungen durch eine Membran getrennt sind, spricht man von einem **Membranpotenzial.**

Bei der Untersuchung des Ruhepotenzials am unerregten Axon des Tintenfisches fand man heraus, dass Kalium-Ionen besser als andere Ionen die Axonmembran durchdringen können. Nun benötigen Ionen zum Durchtritt durch Biomembranen spezielle Transport-Proteine, hoch selektive **Ionenkanäle.** Nur für die Kalium-Ionen gibt es in der Membran des Axons viele ständig offene Kanäle, so genannte *K^+-Sickerkanäle.* Der starke Konzentrationsgradient treibt Kalium-Ionen nach außen, während die Protein-Anionen zurückbleiben. Dadurch entsteht ein elektrischer Gradient, der dem Ausstrom entgegenwirkt. Sind so viele Kalium-Ionen hinausdiffundiert, dass beide Gradienten gleich groß sind, kommt es zu einem elektrochemischen Gleichgewicht, dem Ruhepotenzial.
Störend für das Ruhepotenzial ist das geringfügige Eindringen von Natrium-Ionen in das Axon: Jedes dieser Natrium-Ionen neutralisiert im Inneren eine negative Ladung, woraufhin jeweils ein Kalium-Ion nach außen diffundiert. Die daraus resultierende Verschiebung in der Ionen-Verteilung wird durch die **Natrium-Kalium-Ionenpumpe** rückgängig gemacht. Dieses Membran-Transport-Protein, das in fast allen tierischen Zellmembranen vorkommt, befördert gegen das Konzentrationsgefälle jeweils drei Natrium-Ionen nach außen und im Gegenzug zwei Kalium-Ionen nach innen. Dieser aktive Transport geschieht unter Energieaufwand, also ATP-Verbrauch.

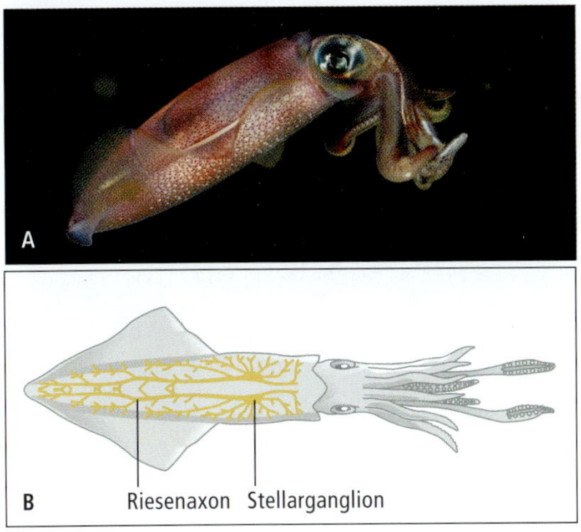

221.1 Tintenfisch *Loligo*. A Foto; **B** Schema

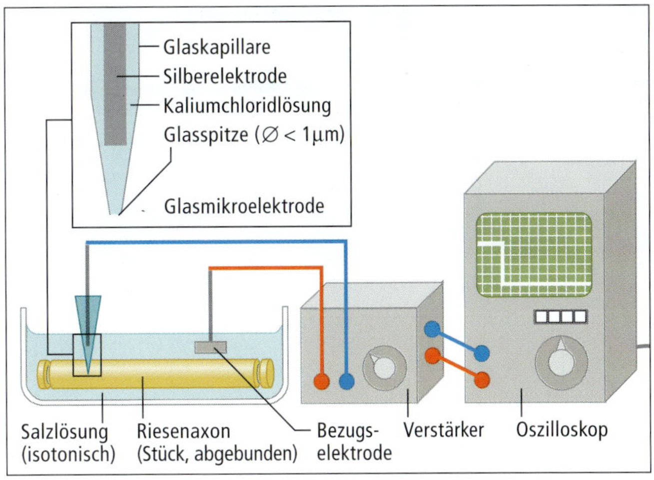

221.2 Versuchsaufbau zur intrazellulären Ableitung

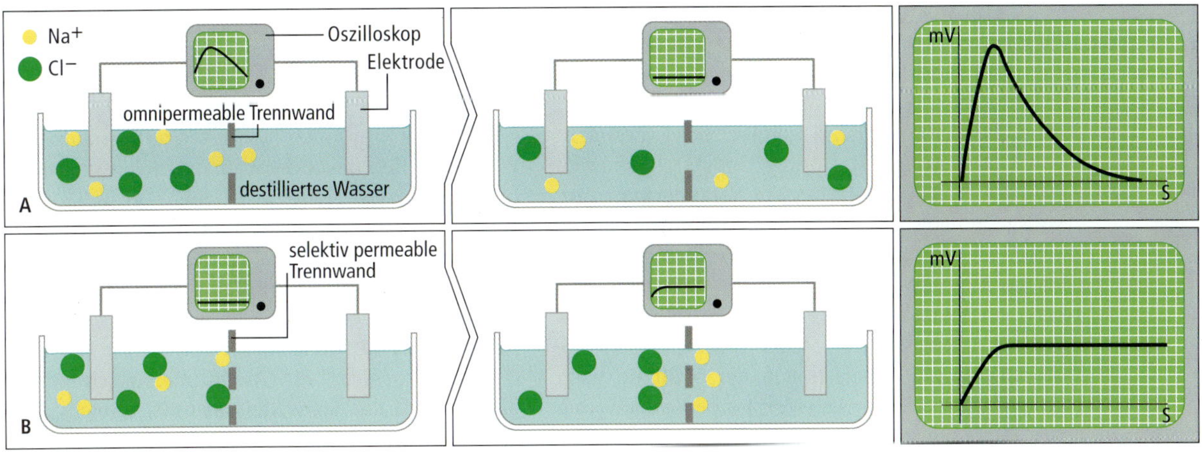

221.3 Versuchsanordnung zur Messung von Diffusionspotenzial (A) und Membranpotenzial (B)

Ion	Na^+	K^+	Cl^-	Protein-Anionen
intrazelluläre Konzentration [mmol/l]	50	400	108	460
extrazelluläre Konzentration [mmol/l]	440	20	560	–
Permeabilität [$cm \cdot s^{-1} \cdot 10^{-7}$]	0,7	18,0	7,9	0,0

221.4 Konzentrationen und Permeabilität von Ionen

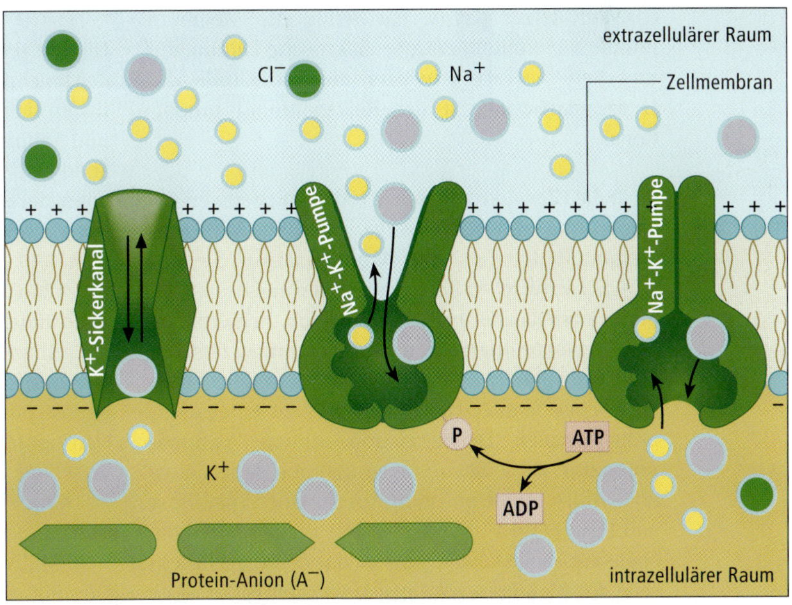

221.5 Ionentheorie zur Entstehung und Aufrechterhaltung des Ruhepotenzials

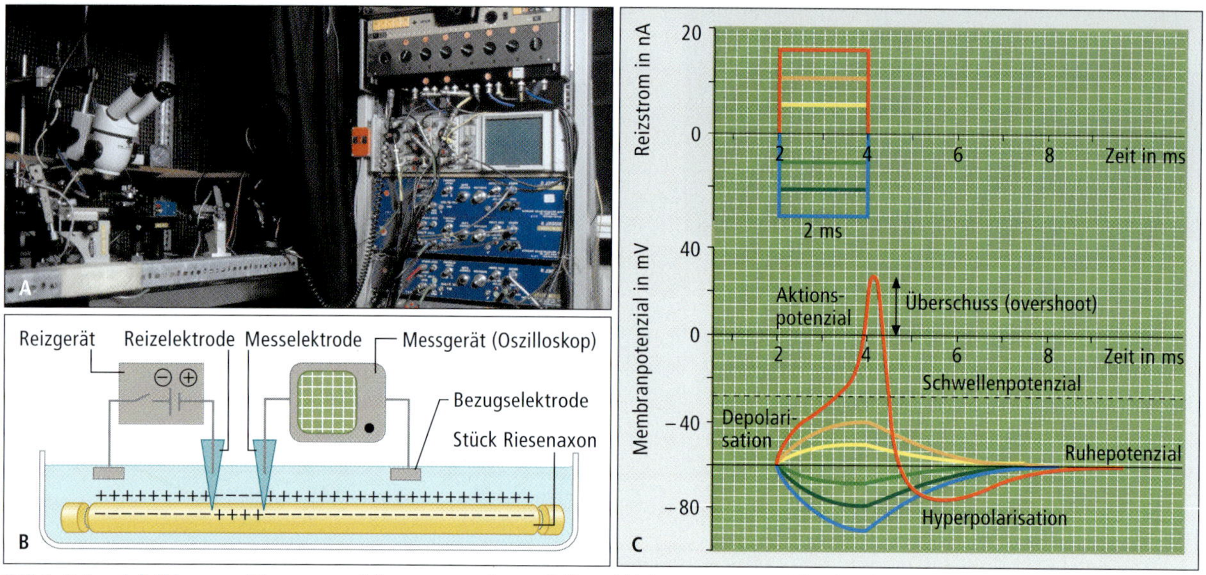

222.1 Potenzialbildung am Riesenaxon. A Apparatur zur intrazellulären Ableitung von Potenzialen (Foto); **B** Reizgerät und Messanordnung (Schema); **C** Auslösebedingungen für Aktionspotenziale

Wird die Axonmembran gereizt, im Experiment durch einen kurzen Stromstoß (Impuls), lassen sich grundsätzlich zwei verschiedene Veränderungen am Messgerät beobachten. Die Reizspannung sowie die Reizdauer sind auf dem Oszilloskopschirm durch Rechteckimpulse ablesbar. Bei intrazellulärer Reizung der Axonmembran mit der negativ geladenen Glasmikro Reizelektrode durch kurze Stromstöße (Rechteckimpulse weisen von der Nulllinie nach unten), zeigt sich am Messgerät eine Erniedrigung des Ruhepotenzials: Die Membran wird **hyperpolarisiert** (griech. *hyper,* über, hinaus). Die Hyperpolarisation folgt dem Rechteckimpuls des elektrischen Reizes passiv, das heißt, die Membran nimmt wie ein Kondensator elektrische Ladung auf und leitet sie dann wieder ab. Die Größe der Hyperpolarisation ist der Reizspannung proportional.

Stellt die Glasmikro-Reizelektrode den positiven Pol dar, erfolgt eine kurzfristige Abschwächung des Membranpotenzials, eine **Depolarisation.** Sie verläuft bei schwachen Reizspannungen genau spiegelbildlich wie bei der Hyperpolarisation. Erhöhungen der Reizspannung führen zu einer proportionalen Depolarisation. Ab einer bestimmten Reizstärke, dem *Schwellenpotenzial,* kommt es zu einer überproportionalen Depolarisation, einem **Aktionspotenzial.** Diese Spannungsumpolung dauert etwa eine Millisekunde an und führt zu einer Spannung von etwa +30 Millivolt. Es folgt dann sofort eine ebenso schnelle *Repolarisation,* das heißt, die Innenseite der Membran wird gegenüber der Außenseite negativ. Dabei kann sogar kurzzeitig über das Ruhepotenzial hinausgeschossen werden. Diese Hyperpolarisation wird auch *Nachpotenzial* genannt. Bis zum Erreichen des Ruhepotenzials kann die Membran an dieser Stelle nicht mehr erneut erregt werden. Diese Phase bezeichnet man als **Refraktärphase** (franz. *réfractaire,* widerspenstig, unempfindlich). Eine weitere Erhöhung der Reizspannung führt nicht zu einem größer werdenden Aktionspotenzial. Seine Höhe in der Messkurve auf dem Oszilloskopschirm, die Amplitude, bleibt immer gleich. Wird das Schwellenpotenzial erreicht, entsteht ein Aktionspotenzial, anderenfalls kommt es gar nicht zustande. Aktionspotenziale werden also nach dem *Alles-oder-nichts-Prinzip* ausgelöst.

Die Entstehung des Aktionspotenzials lässt sich mit der Ionentheorie erklären: In der Axonmembran befinden sich *spannungsgesteuerte Kanäle* für Natrium- und Kalium-Ionen, das heißt, ihre Konformation verändert sich durch Spannungsänderung. Beim Ruhepotenzial sind diese Kanäle geschlossen. Steigt infolge eines überschwelligen Reizes das Membranpotenzial über −40 Millivolt, so öffnen sich einige Natrium-Ionenkanäle. Natrium-Ionen diffundieren aufgrund ihres Konzentrations- und elektrischen Gradienten ins Zellinnere. Das Membranpotenzial wird positiver. Je positiver es wird, desto mehr Natrium-Ionen-Kanäle öffnen sich. Folglich strömen immer mehr Natrium-Ionen in die Zelle, das Membranpotenzial verschiebt sich weiter zum Positiven: Es kommt zu einer „explosionsartigen" Depolarisation. Ein Natrium-Ionen-Gleichgewichtspotenzial von etwa +30 Millivolt entsteht. Eine Millisekunde nach ihrer Öffnung verändern die Natrium-Ionenkanäle wieder ihre Konformation, sie werden *inaktiviert.* Damit stoppt der Ausfluss von Natrium-Ionen.

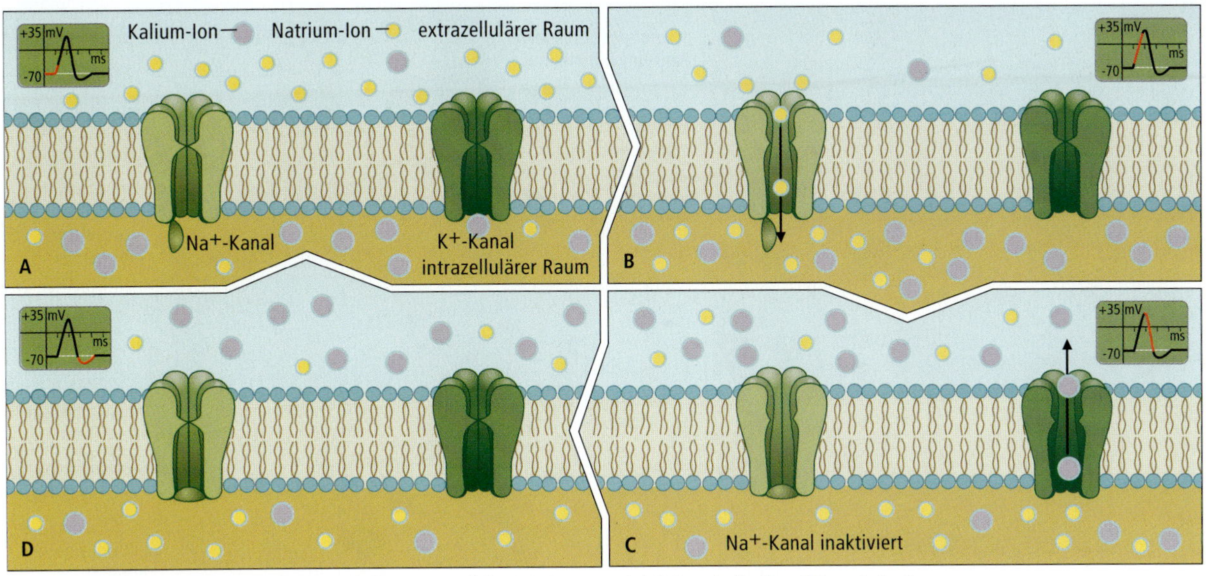

223.1 Ionentheorie zum Ablauf eines Aktionspotenzials. A Ruhepotenzial; **B** Depolarisation; **C** Repolarisation; **D** Bildung des Ruhepotenzials, Refraktärphase

Während die Natrium-Ionenkanäle inaktiviert werden, öffnen sich die spannungsgesteuerten Kalium-Ionenkanäle. Infolge der verzögerten Öffnung dieser Kanäle erfolgt ein großer Ausstrom von Kalium-Ionen aus dem Axon, was zu einer raschen Repolarisation führt. Dieser Kalium-Ionen-Ausstrom kann so groß sein, dass kurzzeitig das Ruhepotenzial unterschritten wird. Die spannungsgesteuerten Kalium-Ionenkanäle schließen sich. Einige Millisekunden später ist das Ruhepotenzial wieder erreicht. Die Natrium-Ionenkanäle sind geschlossen und die Inaktivierung aufgehoben. Es kann erneut ein Aktionspotenzial ausgelöst werden.

Beim Auslösen des Aktionspotenzials strömen zunächst Natrium-Ionen ins Axoninnere, das an dieser Stelle vorübergehend positiv geladen ist. Im benachbarten Bereich hingegen ist die Innenseite noch negativ geladen. Es kommt zu einem seitlichen Stromfluss, sodass auch dieser Membranbereich depolarisiert wird. Wird das Schwellenpotenzial erreicht, wird hier erneut ein Aktionspotenzial ausgelöst. So pflanzt sich die Umpolung wie eine Welle über das Axon fort. Man spricht von einer *kontinuierlichen Erregungsleitung.*

In Nervenzellen findet die Erregungsleitung immer nur in eine Richtung, vom Soma zur Endverzweigung, statt. Zwar breitet sich der durch ein Aktionspotenzial verursachte Stromfluss in beide Richtungen aus, jedoch ist die Startstelle der Impulsauslösung aufgrund der Refraktärphase noch unerregbar.

Die Leitungsgeschwindigkeit eines marklosen Neurons bei *Loligo* beträgt etwa 25 Meter pro Sekunde. Eine wesentlich höhere Leitungsgeschwindigkeit bis über 120 Metern pro Sekunde findet sich in den markhaltigen Nervenzellen der Wirbeltiere. Hier können Aktionspotenziale nur an den Schnürringen entstehen, da die Myelinscheiden elektrisch isolieren. Der seitliche Stromfluss führt zur Öffnung der Natrium-Ionen-Kanäle des nachfolgenden Schnürringes. Die Aktionspotenziale „springen“ sozusagen von Schnürring zu Schnürring (*saltatorische Erregungsleitung;* lat. *saltare,* springen).

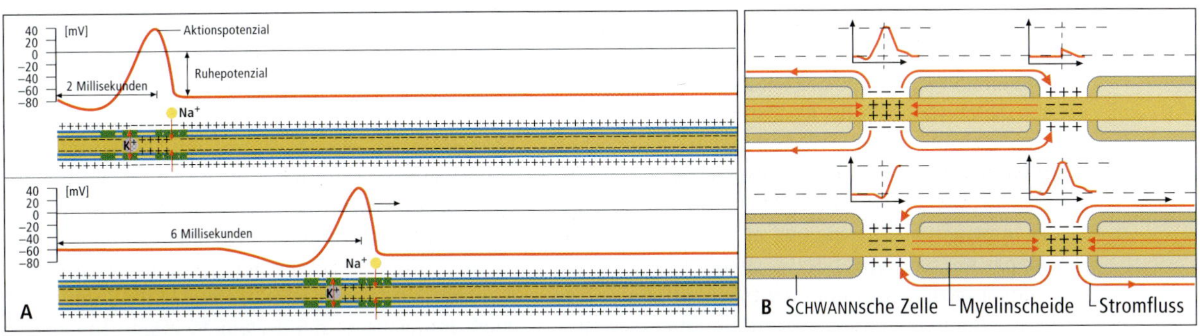

223.2 Fortleitung eines Aktionspotenzials. A kontinuierliche; **B** saltatorische Erregungsleitung

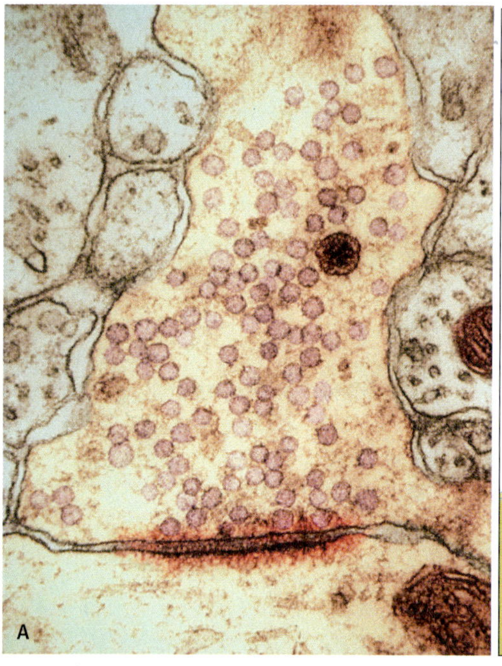

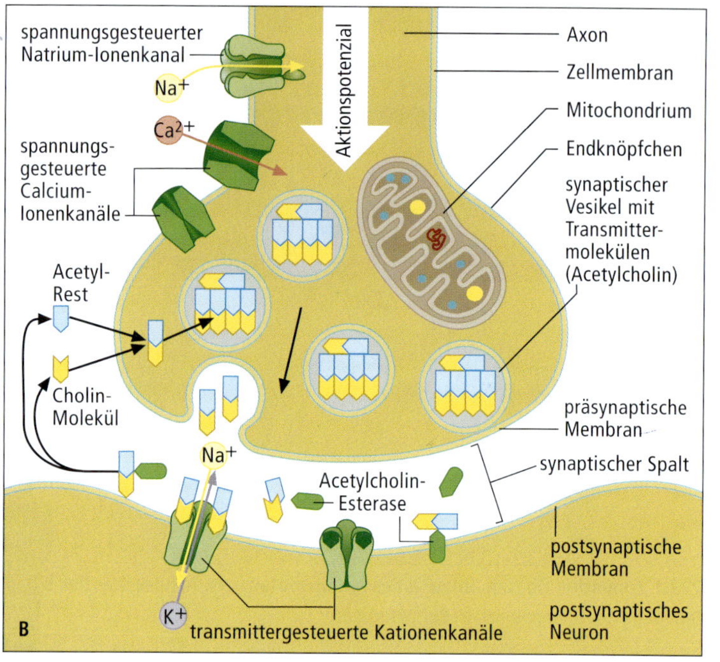

224.1 Chemische Synapse. A Foto (EM-Bild, gefärbt); **B** Vorgänge an einer Synapse mit Acetylcholin als Transmitter (Modellvorstellung)

1.3 Erregungsübertragung an Nervenzellen

Vom Rezeptorneuron bis zum Erfolgsorgan muss ein Impuls über mehrere Nervenzellen weitergeleitet werden. Über *gap junctions* können Aktionspotenziale direkt und ohne Zeitverzögerung übertragen werden. Solche **elektrische Synapsen** ermöglichen schnelle und stereotype Reaktionen. Sie steuern beispielsweise die Synchronisation der Herzmuskelzellen oder lösen bei Fischen extrem schnelle Fluchtreaktionen aus.
Die meisten Nervenzellen weisen aber keinen direkten Kontakt untereinander auf: Zwischen einem Endknöpfchen und der Oberfläche eines Dendriten oder Somas der nachfolgenden Zelle liegt ein etwa 20 Nanometer breiter Spalt. Zusammen mit dem Endknöpfchen sowie dem Membranbereich der Empfänger-Nervenzelle bildet dieser *synaptische Spalt* die Synapse. Aktionspotenziale können über diese **chemischen Synapsen** nicht direkt weiter gegeben werden. Sie müssen ihre Information auf stofflichem Wege durch den synaptischen Spalt schicken. Solche Botenstoffe, die **Transmitter** (lat. *transmittere*, hinüberschicken), sind in den synaptischen Vesikeln des Endknöpfchens gespeichert.

Zur Informationsübertragung an einer chemischen Synapse hat man folgende Vorstellung: Erreicht ein Aktionspotenzial das Endknöpfchen, öffnen sich in der Membran spannungsgesteuerte *Calcium-Ionenkanäle*. Calcium-Ionen diffundieren in das Endknöpfchen. Daraufhin bewegen sich synaptische Vesikel zu der vor dem Spalt liegenden Membran, der *präsynaptischen Membran*, und fusionieren mit ihr. Dabei gelangen die Transmitter, zum Beispiel Acetylcholin, in den synaptischen Spalt. Die Calcium-Ionen werden sofort wieder aus dem Endknöpfchen gepumpt. Durch die nun niedrigere Calcium-Ionen-Konzentration kommt es zu keiner weiteren Transmitter-Ausschüttung. Aufgrund des Konzentrationsgradienten diffundieren die Transmittermoleküle durch den synaptischen Spalt zur Membran der Empfängerzelle, der *postsynaptischen Membran*. In der Flüssigkeit des synaptischen Spaltes befinden sich neben den verschiedenen Ionensorten wie Natrium- und Chlorid-Ionen auch Moleküle des Enzyms *Acetylcholinesterase*. Es zerlegt bereits während der Diffusion einige Acetylcholin-Moleküle in Acetat-Ionen und Cholin-Moleküle.
In der postsynaptischen Membran befinden sich Acetylcholin-Rezeptoren. Es sind *transmittergesteuerte Kationenkanäle*. Das Transmitter-Molekül passt nach dem Schlüssel-Schloss-Prinzip in den Rezeptor und führt dabei zu einer Konformationsänderung. Dadurch öffnet sich ein Kanal, der für Kationen, also beispielsweise für Natrium- und Kalium-Ionen passierbar ist. Da für Kationen im Ruhepotenzial ein elektrochemisches Gleichgewicht besteht, strömen vor allem Natrium-Ionen in großer Zahl durch den Kanal in die Empfängerzelle. Es sind bis zu 30000 Natrium-Ionen pro Kanal in einer Millisekunde.
Auch in der postsynaptischen Membran findet sich Acetylcholinesterase. So werden die aus dem End-

knöpfchen ausgeschütteten Transmitter rasch gespalten. Die Spaltprodukte können zur erneuten Synthese in das Endknöpfchen aufgenommen werden.
Die einströmenden Natrium-Ionen bewirken an der postsynaptischen Membran eine wenige Millisekunden dauernde Depolarisation. Dieses **postsynaptische Potenzial (PSP)** breitet sich passiv über die unerregbare Somamembran der postsynaptischen Nervenzelle bis zum Axonhügel aus. War das an der Synapse eintreffende Signal unterschwellig, ist das PSP so abgeschwächt, dass kein Aktionspotenzial in das Axon weiter gegeben wird.
Bei überschwelligen Signalen, zum Beispiel bei mehreren kurz hintereinander eintreffenden Aktionspotenzialen (Impulsfrequenz), überlagern sich die einzelnen zeitlich hintereinander erfolgenden Depolarisationen. Es entsteht ein *graduiertes PSP* (lat. *gradus,* Schritt), dessen Höhe der eintreffenden Impulsfrequenz proportional ist. Man spricht von einer **zeitlichen Summation** afferenter Aktionspotenziale. Das graduierte PSP erreicht zwar abgeschwächt den Axonhügel, löst jedoch hier im überschwelligen Fall eine verminderte Anzahl an Aktionspotenzialen aus. Die eingegangene Information ist in Form einer Reduzierung der Impulsfrequenz verarbeitet worden.
Auch beim gleichzeitigen Eintreffen von Impulsfrequenzen an mehreren Synapsen derselben Nervenzelle kommt es in der postsynaptischen Nervenzelle zur Verrechnung. Die an verschiedenen Stellen ausgelösten PSP überlagern sich zu einem graduierten PSP. Bei dieser **räumlichen Summation** afferenter Aktionspotenziale kommt es im überschwelligen Fall ebenfalls zur Bildung einer reduzierten Frequenz von Impulsen.

Die beschriebene Informationsverarbeitung bezog sich bislang auf Transmitter wie Acetylcholin, die eine Depolarisation in der postsynaptischen Membran und damit eine Erregungsleitung bewirkten. Die von solchen **erregenden Synapsen** ausgehenden PSP werden als *erregende* oder *exzitatorische Potenziale (EPSP)* bezeichnet.
Daneben gibt es aber auch Synapsen, deren Transmitter wie zum Beispiel γ-Aminobuttersäure (GABA) die Chlorid-Ionenkanäle in der postsynaptischen Membran öffnen und damit eine Hyperpolarisation bewirken. An diesen Synapsen wird die Erregungsübertragung gehemmt. Die an diesen **hemmenden Synapsen** entstehenden PSP heißen *inhibitorische postsynaptische Potenziale (IPSP).* Sie kompensieren die von erregenden Synapsen ausgehende Depolarisation. Da sich an einem Neuron Tausende von erregenden und hemmenden Synapsen nebeneinander finden können, bilden sie die Grundlage für die Informationsverarbeitung in Nervensystemen.

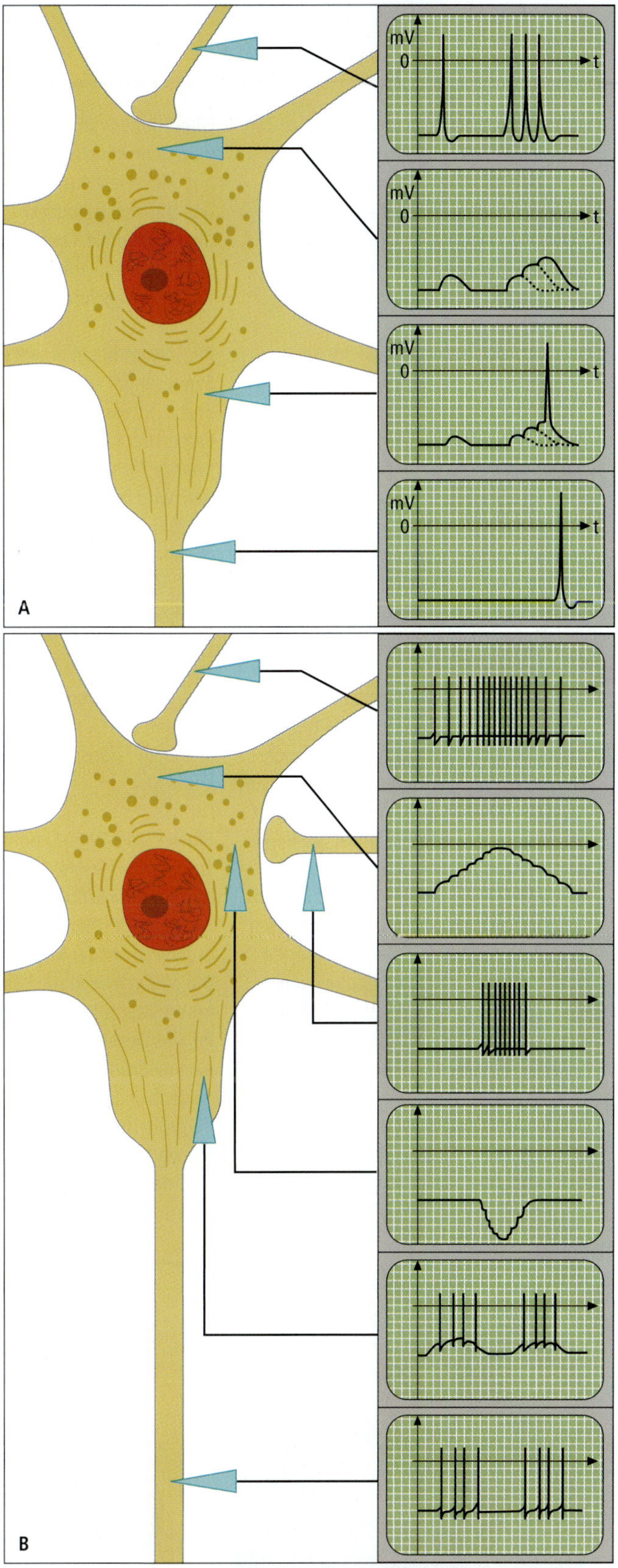

225.1 Informationsverarbeitung in Nervenzellen.
A zeitliche Summation; **B** räumliche Summation

EXKURS

Synapsengifte

„Der Indianer forderte uns von Zeit zu Zeit auf, die Flüssigkeit zu kosten. Nach dem mehr oder weniger bitteren Geschmack beurteilt man, ob der Saft eingedickt genug ist. Dabei ist keine Gefahr, da das Curare nur dann tödlich wirkt, wenn es unmittelbar mit dem Blut in Berührung kommt …"
So beschreibt der deutsche Forscher Alexander von HUMBOLDT am Anfang des 19. Jahrhunderts seine Teilnahme an der Zubereitung des tödlichen Giftes **Curare,** mit dem die Achagua-Indianer Südamerikas ihre Blasrohr-Pfeile präparieren. Das Gift, das aus Säften von *Strychnos*- oder *Chondodendron*-Sträuchern hergestellt wird, wurde in Europa analysiert: Es gehört zu den Alkaloiden, einer Gruppe von stickstoffhaltigen organischen Verbindungen.
Wenn es durch das Blut zu den Muskeln transportiert wird, besetzt es die Rezeptoren der Transmitter gesteuerten Ionenkanäle für den Transmitter Acetylcholin an den Nerv-Muskel-Synapsen und blockiert sie dadurch langfristig. Ähnlich wie bei der kompetitiven Hemmung von Enzymen durch Moleküle, die dem Substrat ähneln, spricht man hier von der kompetitiven Verdrängung des Acetylcholins. Der Muskel wird dadurch für Nervenimpulse unempfindlich. Er ist gelähmt. Stoffe, die wie Curare die Funktion von Synapsen beeinträchtigen, heißen **Synapsengifte.**

Bei der Jagdbeute der Indianer führt Curare zum Tod. In der Medizin dagegen wird das Gift verwendet, um bestimmte Muskelpartien wie die der Atemmuskulatur bei Operationen ruhig zu stellen (der Patient wird dann künstlich beatmet). Es wirkt nur auf die Skelettmuskulatur, nicht aber auf den Herzmuskel oder die glatten Muskeln der Eingeweide. Curare kann durch bestimmte Medikamente wieder von den Rezeptoren gelöst werden.

Ein solches Medikament kann ein anderes Synapsengift sein, das **Physostigmin** oder Eserin. Es wurde ursprünglich aus den Samen der westafrikanischen Schlingpflanze *Physostigma venenosum* gewonnen, wird heute aber synthetisch hergestellt. Physostigmin hemmt die Acetylcholinesterase, was zu einer Erhöhung der Acetylcholin-Konzentration in den Synapsen führt. Nach Operationen, bei denen Curare zur Stilllegung der Atemmuskulatur eingesetzt wurde, bewirkt eine Injektion von Physostigmin ein Verdrängen von Curare aus den Rezeptorstellen der Transmitter gesteuerten Ionenkanäle.

Ein weiteres Synapsengift ist ein Inhaltsstoff der Tollkirsche, das **Atropin.** Es blockiert die Acetylcholin-Rezeptoren in Synapsen des Herzens, der Verdauungsorgane sowie der Irismuskulatur im Auge. Die dadurch bedingte Lähmung der Irismuskulatur führt zur Vergrößerung der Pupille. Deshalb findet die Tollkirsche auch eine medizinische Anwendung in der Augenheilkunde.
Vergrößerte Pupillen galten früher bei Frauen als schön, weshalb der Saft der Früchte als Kosmetikum genommen wurde. Im Artnamen der Tollkirsche *Atropa belladonna* kommt dies zum Ausdruck, denn „bella-donna" heißt aus dem Lateinischen übersetzt „schöne Frau". Auch im Aberglauben und Hexenkult des Mittelalters spielte die Tollkirsche eine große Rolle. Verabreichte Getränke oder Salben mit dem Saft der Früchte führten zu Wahnvorstellungen. Bei starker Vergiftung bedingt die Blockierung der Acetylcholin-Rezeptoren Bewusstlosigkeit und schließlich den Tod durch Atemlähmung.

Atropin ist aber auch ein wirksames Mittel gegen die Wirkung von Nervengasen wie Sarin, weshalb es vom Militär gelagert wird. Nervengase und Insektenvertilgungsmittel wie E605 sind **Phosporsäureester,** die die Acetylcholinesterase hemmen: Acetylcholin wird nicht abgebaut, was zu einer andauernden Öffnung der Transmitter gesteuerten Ionenkanäle und damit zur Unerregbarkeit der postsynaptischen Zelle führt. Die Folgen sind Verkrampfungen der Skelettmuskulatur und Tod durch Atemlähmung.

Synapsengifte können an verschiedenen Stellen der Informationsleitung über chemische Synapsen eingreifen. Dabei kann ein Gift in der entsprechenden Dosis auch als Heilmittel dienen. Der heute verwendete Begriff *Pharmakon* für Arzneimittel bedeutet in der griechischen Übersetzung *Gift* und *Heilmittel.*

1. Bei einer Vergiftung durch Curare können als Heilmittel geringe Mengen an Physostigmin eingesetzt werden. Begründen Sie diese Maßnahme!

226.1 *Strychnos*-Strauch

226.2 Schlingpflanze

226.3 Tollkirsche

1.4 Bewegungen

Nervenimpulse gelangen über motorische Nervenzellen zu den Erfolgsorganen wie Drüsen und Muskeln. Muskeln reagieren auf einen Nervenimpuls hin mit einer Verkürzung, einer *Kontraktion*. Kontrahierte Muskeln werden durch andere Muskeln wieder in die Ausgangslage gezogen. Diese antagonistisch wirkende Veränderung von Muskeln bewirkt zum Beispiel bei Wirbeltieren eine Bewegung von Teilen des Skeletts, etwa den Knochen von Extremitäten. Hierauf beruht die Fortbewegung von Wirbeltieren.

Betrachtet man einen solchen Skelettmuskel, der über Sehnen an den Knochen angeheftet ist, so erkennt man bereits mit bloßem Auge den Aufbau aus vielen parallel verlaufenden **Muskelfaserbündeln,** die sich meist über die gesamte Länge des Muskels erstrecken. Sie werden durch Bindegewebe zusammengehalten.
Unter dem Lichtmikroskop wird deutlich, dass ein Muskelfaserbündel mehrere **Muskelfasern** enthält, die jeweils einen Durchmesser von etwa 20 bis 100 Mikrometern aufweisen. Jede Muskelfaser ist wie eine sehr lange Zelle aufgebaut: Sie ist durch Verschmelzung vieler Vorläuferzellen entstanden. Die Zellkerne dieser beteiligten Zellen bleiben erhalten und liegen unmittelbar an der Zellmembran. Der größte Teil des Cytoplasmas einer Muskelfaser besteht aus zylindrischen Zellbestandteilen von ein bis zwei Mikrometern Durchmesser, den **Myofibrillen.** Jede Myofibrille wird von einem ER-ähnlichen Membransystem, dem *Sarkoplasmatischen Retikulum,* wie ein hohler Kragen umwickelt.

Im lichtmikroskopischen Bild zeigt eine Muskelfaser einen regelmäßigen Wechsel heller und dunkler Streifen. Daher wird die Skelettmuskulatur auch als **quergestreifte Muskulatur** bezeichnet. Das Elektronenmikroskop lässt die Ursache dieser Musterung erkennen: Jede Myofibrille ist quergestreift. Sie besteht aus aneinander gereihten gleichförmigen Untereinheiten, den **Sarkomeren.** Jedes Sarkomer weist in der Mitte eine dunkle Bande auf, die *A-Bande.* Die hellen Bereiche an den Enden der Sarkomere bilden die *I-Bande.* Da die *Z-Scheiben,* die Grenzen zwischen den Sarkomeren, in benachbarten Myofibrillen an gleicher Position liegen, überträgt sich das Streifenmuster der Myofibrillen auf die gesamte Muskelfaser.

Bei noch stärkerer Vergrößerung zeigt jedes Sarkomer einen regelmäßigen Aufbau aus parallel angeordneten fädigen Strukturen, den *Filamenten:* Die dünnen Filamente bestehen hauptsächlich aus vielen zusammengesetzten Molekülen des Proteins

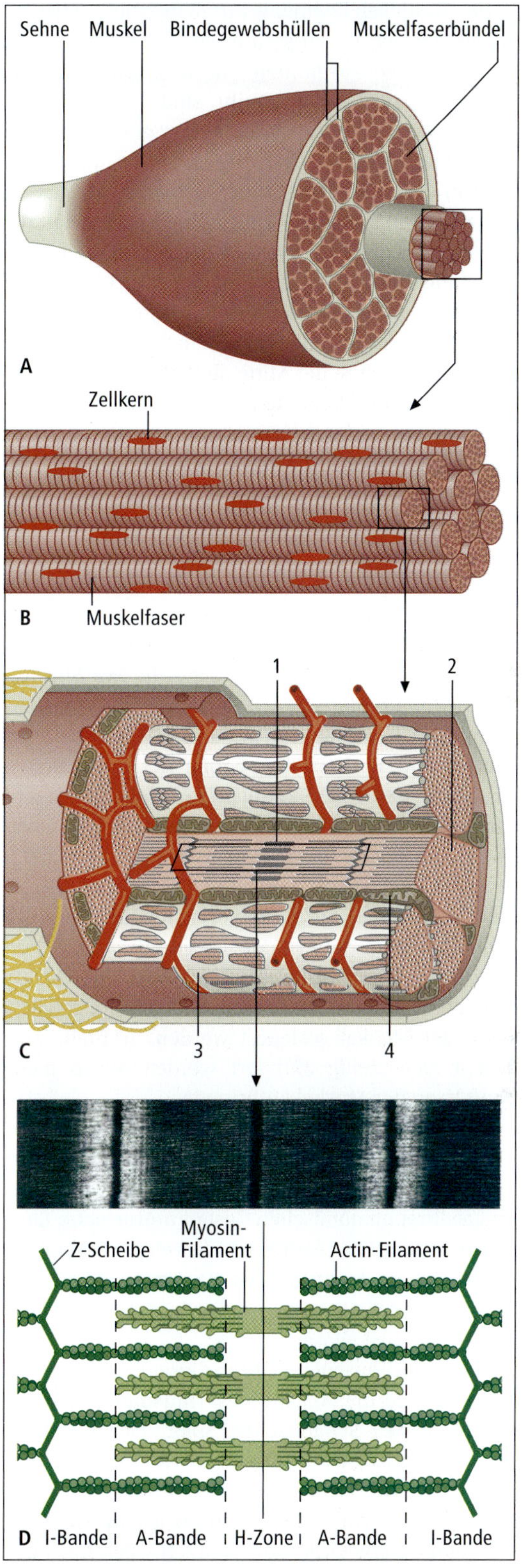

227.1 Skelettmuskulatur. A Muskel, quer (Schema); **B** Muskelfaserbündel (Schema); **C** Muskelfaser (Schema: 1 Myofibrille, längs; 2 Myofibrille, quer; 3 Sarkoplasmatisches Retikulum; 4 Mitochondrium); **D** Sarkomer (EM-Bild oben, Schema unten)

Actin, die dicken Filamente aus dem Protein *Myosin*. Actin setzt sich aus kugelförmigen (globulären) Proteinmolekülen zusammen, die ihrerseits wie Perlenketten aneinander gereiht sind. Zwei solcher Perlenketten ergeben umeinander gewunden ein **Actin-Filament.**
Myosin ist ein lang gestrecktes Molekül, das in seiner Form an einen Golfschläger erinnert: An einem langen Stiel sitzt ein „Köpfchen". Auch diese Moleküle kommen paarweise vor, etwa 100 solcher Paare bauen ein **Myosin-Filament** auf. Die Actin-Filamente sind an den Z-Scheiben befestigt und überlappen sich in der Mitte des Sarkomers mit den dicken Myosin-Filamenten. Dabei ist jedes Myosin-Filament von sechs Actin-Filamenten umgeben. Der Überlappungsbereich der Filamente ist als A-Bande erkennbar, während sich im Bereich der I-Bande nur Actin-Filamente befinden.

Bei den Wirbeltieren ist jede Muskelfaser mit dem Axon einer motorischen Nervenzelle (Motoaxon) verbunden. Jedes Motoaxon verzweigt sich im Muskel und versorgt so eine Vielzahl von Muskelfasern. Eine motorische Nervenzelle bildet zusammen mit den von ihr versorgten Muskelfasern eine **motorische Einheit.** Die Größe der motorischen Einheiten ist unterschiedlich: Im äußeren Augenmuskel versorgt eine Nervenzelle etwa 57 Muskelfasern, im Bizeps des Oberarms dagegen etwa 700 und im Unterschenkel sogar 1700 Fasern. Andererseits ist auch die Zahl der motorischen Einheiten pro Muskel verschieden: In der Augenmuskulatur sind es etwa 1500 pro Muskel, im Bizeps nur etwa 700. Je kleiner die motorische Einheit ist, desto genauer kann der Muskel gesteuert werden. Je mehr Einheiten gleichzeitig aktiviert werden, desto mehr Kraft kann der Muskel aufbringen.

Der Ort der Informationsübertragung von der Nervenzelle zur Muskelfaser ist eine Synapse, die man wegen ihrer anatomischen Gestalt **motorische Endplatte** genannt hat. Sie besteht aus einem Synapsen-Endköpfchen, das so groß ist, dass man es im Lichtmikroskop erkennen kann. Es liegt an der Oberfläche der Muskelfaser an.
Kommen Aktionspotenziale an dieser Synapse an, so bewirken sie die Abgabe des Transmitters Acetylcholin in den synaptischen Spalt. Die Membran der Muskelfaser wird unter Einwirkung des Acetylcholins für kurze Zeit durchlässig für Natrium- und Kalium-Ionen. Diese bewirken an der Muskelfaser die Bildung eines Aktionspotenzials, des **Endplattenpotenzials.** Dieses wird auf das Sarkoplasmatische Retikulum übertragen und erreicht so innerhalb weniger Millisekunden jedes Sarkomer der Muskelfaser. Aus dem Sarkoplasmatischen Retikulum strömen daraufhin durch kurzzeitig geöffnete Kanäle Calcium-Ionen (Ca^{2+}) in das Cytoplasma. Nun tritt ein Komplex aus zwei Proteinen, *Tropomyosin* und *Troponin*, in Aktion: Tropomyosin ist wie das Troponin an das Actin-Filament gebunden. Tropomyosin blockiert im entspannten Muskel die Myosin-Bindungsstelle. Troponin bindet Calcium-Ionen. Durch diese Bindung wird die Konformation des Troponins und des Tropomyosins verändert: Das Tropomyosin gibt die Myosin-Bindungsstellen frei. Die Kontraktion des Muskels beginnt.
Vergleicht man die EM-Aufnahmen entspannter und kontrahierter Sarkomere, so erkennt man Folgendes: Beim Zusammenziehen eines Muskels nähern sich die Z-Scheiben einander, wobei die I-Banden schmaler werden. Bei der Kontraktion ändern weder die Actin- noch die Myosin-Filamente ihre Länge. Die Verkürzung kommt vielmehr dadurch zustande, dass die Filamente in Längsrichtung aneinander vorbeigleiten, wodurch sich ihr Überlappungsbereich vergrößert. Das **Gleitfilament-Modell** veranschaulicht diese Bewegung mit Wechselwirkungen zwischen den aus den Myosin-Filamenten herausragenden Myosin-Köpfchen und den Actinmolekülen benachbarter Actin-Filamente.

Enthält ein Muskel kein ATP, so sind die Myosinköpfe in abgeknickter Position fest an das Actin gebunden. Ist ATP anwesend, kann ein Kontraktionszyklus in Gang gesetzt werden. Zunächst bindet der Myosinkopf ein Molekül ATP und löst sich vom Actin. Die anschließende Hydrolyse des ATPs führt zu einer Konformationsänderung des Myosins: Der Kopf richtet sich auf und steht damit einem Actin-Molekül gegenüber, das näher an der Z-Scheibe liegt als das, von dem es sich gerade gelöst hat. Nun bindet der Myosinkopf wieder fest an das Actin, wobei das aus der ATP-Spaltung stammende Phospat freigesetzt wird. Anschließend erfolgt der „Arbeitsschub": Der Myosinkopf knickt ab in seine Ruhestellung und zieht dadurch das Myosin-Filament zum Actin-Filament etwa fünf bis zehn Nanometer in Richtung Z-Scheibe. Das ADP wird freigesetzt und der Zyklus kann von neuem beginnen. Jeder der etwa 350 Myosinköpfe eines Myosin-Filamentes vollführt etwa fünfmal pro Sekunde einen Arbeitsschub, sodass die Filamente kontinuierlich aneinander vorbeigleiten.

1. Beschreiben Sie die Muskelkontraktion nach dem Gleitfilament-Modell!
2. Einige Stunden nach dem Tod eines Wirbeltieres werden alle Muskeln starr und hart.
   Erläutern Sie diese Totenstarre!
3. „Bei der Muskelkontraktion verkürzen sich die Myofibrillen beziehungsweise die Actin-Filamente und die Myosin-Filamente."
   Äußern Sie sich kritisch zu dieser Aussage!

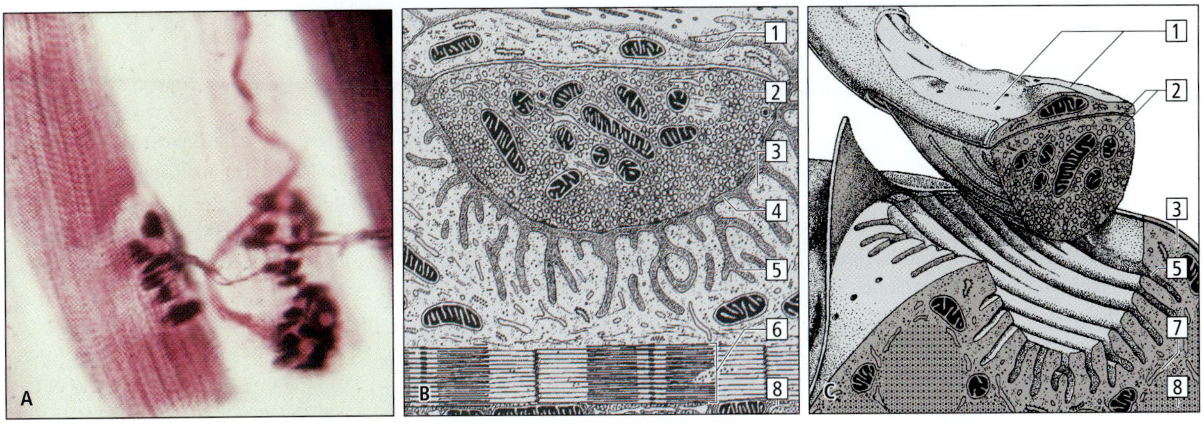

229.1 Motorische Endplatte. **A** LM-Bild; **B** EM-Bild (Schema, Ultradünnschnitt-Methode, längs); **C** EM-Bild (räumliches Schema, quer): 1 SCHWANNsche Zelle; 2 Axon-Endknöpfchen; 3 Muskelfaser; 4 synaptischer Spalt; 5 synaptische Falten; 6 Myofibrille, längs; 7 Sarkoplasmatisches Retikulum; 8 Myofibrille, quer

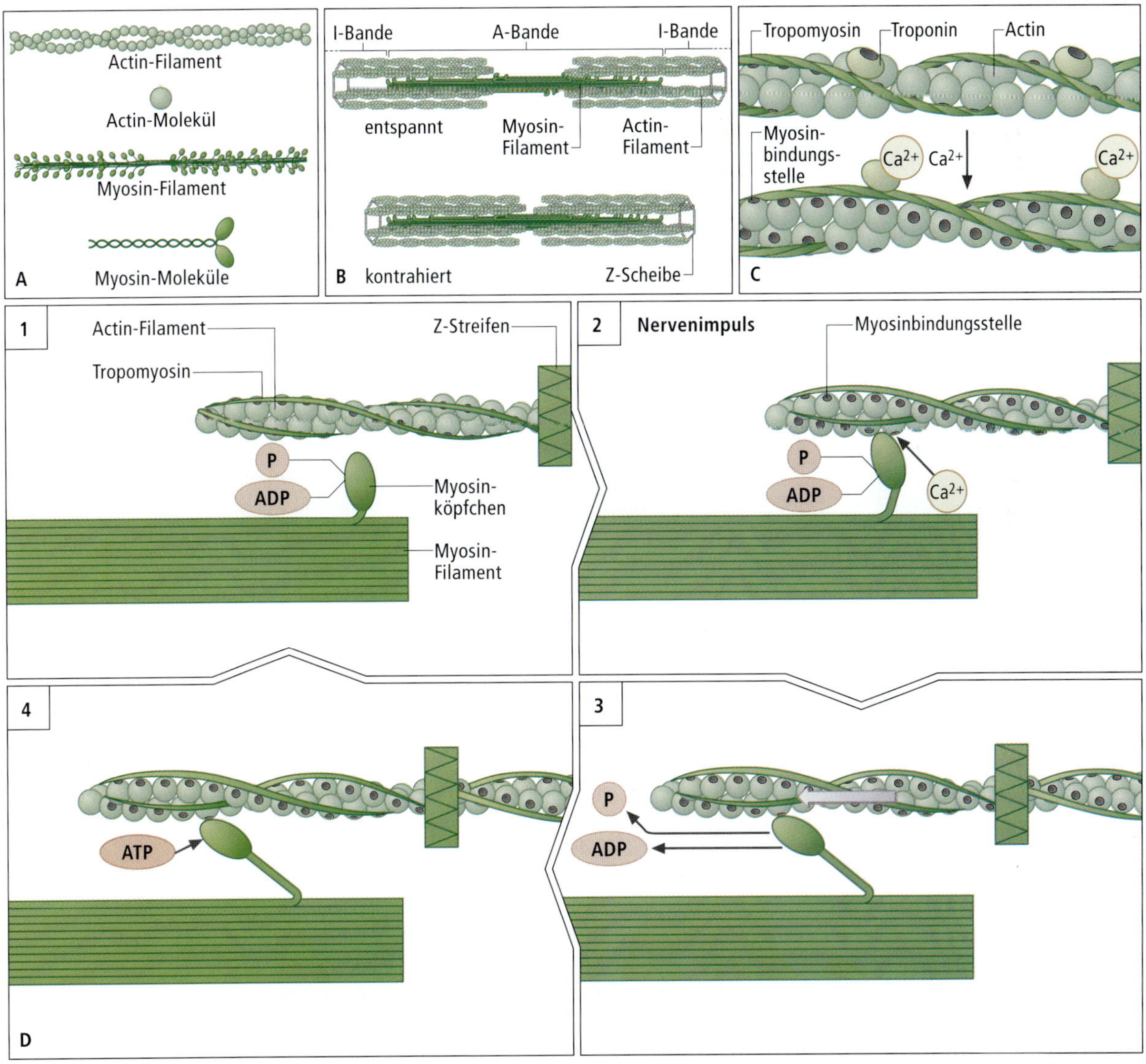

229.2 Muskelkontraktion. **A** Bau der Filamente Actin und Myosin; **B** Anordnung der Filamente im Sarkomer; **C** Steuerung der Muskelkontraktion; **D** Gleitfilament-Modell

PRAKTIKUM

Untersuchungen zur Nervenphysiologie

1 Diffusionspotenzial

Material: 2 Kupferbleche (2 cm × 6 cm); 2 Krokodilklemmen; 2 Kabel; Spannungsmessgerät; Stoppuhr; Glasküvette; Filtrierpapier; dest. Wasser; Natriumchlorid-Lösung (0,1 mol · l^{-1})
Durchführung: Trennen Sie die Glasküvette durch einen gefalteten Filtrierpapierstreifen in zwei Kammern!
Füllen Sie die Küvette zu einem Drittel mit destilliertem Wasser! Verbinden Sie die Kupferblechstreifen über die Krokodilklemmen mit dem Spannungsmessgerät! Tauchen Sie die Kupferelektroden in das destillierte Wasser, sodass sich in jeder Kammer eine Elektrode befindet!
Geben Sie nun in die eine Kammer Natriumchlorid-Lösung! Lesen Sie in 10-Sekunden-Schritten die Messwerte ab!
Aufgaben:
a) Stellen Sie die Spannung in Abhängigkeit von der Zeit grafisch dar!
b) Erläutern Sie den Kurvenverlauf!

2 Membranpotenzial

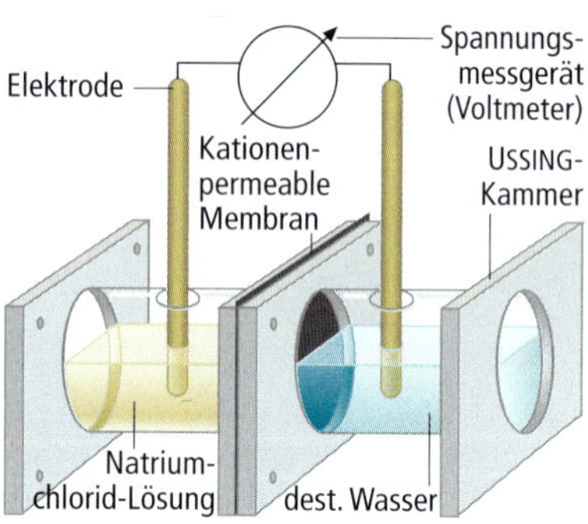

Material: USSING-Kammer; Kationen-permeable Membran; 2 Kupferelektroden; 2 Kabel; Spannungsmessgerät; Glastrichter; dest. Wasser; Natriumchlorid-Lösung (0,1 mol · l^{-1})
Durchführung: Flanschen Sie zwischen die beiden Kammern der USSING-Kammer eine Kationen-permeable Membran!
In eine Kammer geben Sie zur Hälfte Natriumchlorid-Lösung, in die andere zur Hälfte destilliertes Wasser! Tauchen Sie nun in jede Kammer eine Elektrode in die jeweilige Flüssigkeit!
Verbinden Sie die Elektroden mit dem Messgerät! Lesen Sie in 10-Sekunden-Schritten die Messwerte ab!
Aufgaben:
a) Stellen Sie die Spannung in Abhängigkeit von der Zeit grafisch dar!
b) Erläutern Sie den Kurvenverlauf!

3 Mikroskopie von Nervenzellen

Material: Rückenmark vom Schwein; Präpariernadel; 2 Objektträger; Deckgläschen; Methanol; GIEMSA-Lösung
Durchführung: Besorgen Sie vom Metzger ein kleines Stück frisches Rückenmark! Entnehmen Sie mit einer Präpariernadel kleine Proben aus den dunklen, zentralen Bereichen und übertragen Sie diese auf einen sauberen Objektträger! Quetschen Sie das Material mit einem zweiten Objektträger! Fixieren Sie das Material auf dem Objektträger mit einigen Tropfen Methanol fünf Minuten! Färben Sie nach Abgießen des Methanols mit GIEMSA-Lösung fünf

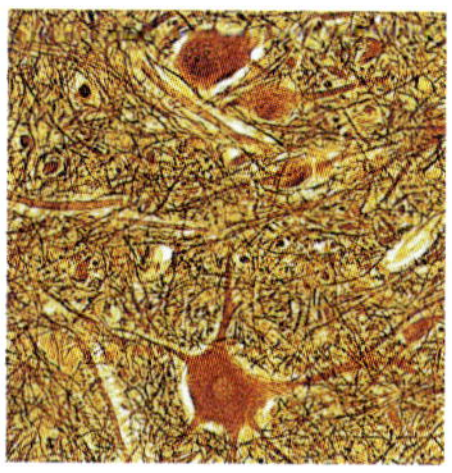

Minuten! Spülen Sie die Färbelösung mit Wasser ab und legen Sie ein Deckglas auf!
Aufgabe:
Mikroskopieren und zeichnen Sie!

4 Versuche nach GALVANI

Material: Zinkblech (10 mm × 30 mm); Kupferblech (10 mm × 30 mm); 2 Krokodilklemmen; 2 Kabel; Spannungsmessgerät; Becherglas; Natriumchlorid-Lösung (0,1 mol · l^{-1})
Durchführung: Verbinden Sie die Metallblechstreifen über die Krokodilklemmen mit dem Spannungsmessgerät! Beobachten Sie bei den folgenden Operationen (A bis C) jeweils das Messgerät!
(A) Halten Sie die beiden Metallstreifen nebeneinander auf Ihren trockenen Handrücken!
(B) Halten Sie dann die Streifen an Ihre feuchte Zunge, ohne die Metalle miteinander zu berühren!
(C) Tauchen Sie die beiden Metallstreifen in eine Natriumchloridlösung!
Aufgaben:
a) Werten Sie die drei Beobachtungen aus! Bedenken Sie, dass Zink unedler als Kupfer ist!
b) Informieren Sie sich im Internet über den Froschschenkelversuch Luigi GALVANIS und vergleichen Sie diesen mit dem durchgeführten Zungenversuch.

5 Erregungsleitung (Modellversuche)

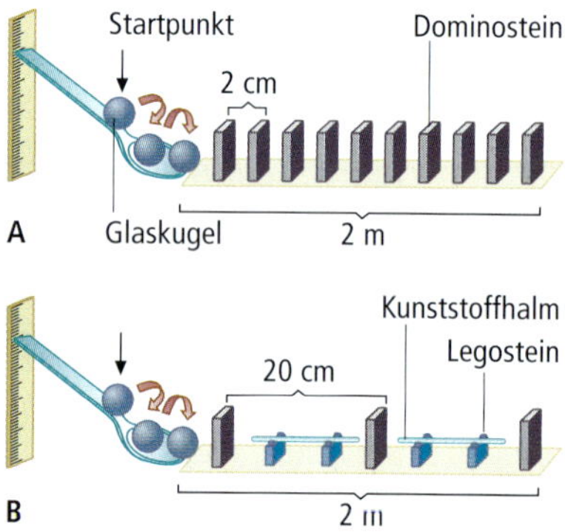

Material: 112 Dominosteine; 20 Legosteine; 10 Kunststoffhalme; Maßband; 1 Lineal; 1 Esslöffel; 1 Glaskugel (∅ etwa 2 cm); Stoppuhr
Durchführung: Bauen Sie in Anlehnung an die Skizzen zwei 2 m lange Strecken aus Dominosteinen auf! Legen Sie an den Start den Löffel und das Lineal! Halten Sie im Versuch A den Löffelstiel leicht an, messen Sie die Höhe mit dem Lineal! Halten Sie den Löffel in dieser Höhe und lassen Sie mit der anderen Hand die Glaskugel in die Löffelmulde rollen! Wiederholen Sie durch Veränderung der Löffelstielhöhe den Versuch so lange, bis die Kugel die Mulde verlässt und den ersten Dominostein zum Fallen bringt! Lassen Sie durch einen Mitschüler die Zeit stoppen, bis der letzte Dominostein gefallen ist!
Wiederholen Sie diese Operationen mit dem Versuchsaufbau B!
Aufgaben:
a) Formulieren Sie Ihre Beobachtungen!
b) Analogisieren Sie Modellteile und Vorgänge mit Nervenzellen und der Erregungsleitung!

2 Nervensysteme

2.1 Nervensysteme im Tierreich

Ein Süßwasserpolyp haftet an dem Stängel einer Wasserpflanze und hat seine Tentakel ausgebreitet. Da berührt ein Wasserfloh einen Fangarm. Blitzschnell explodieren die Nesselkapseln. Der Wasserfloh wird festgehalten, betäubt und mit Hilfe der Fangarme zur Mundöffnung gezogen. Eine solche Reaktion wird durch Nervenzellen in Verbindung mit Muskelzellen ermöglicht. Süßwasserpolypen besitzen Nervenzellen, die netzartig über den Körper verteilt und untereinander verbunden sind. Dieses Nervennetz übernimmt die Steuerung und Regelung vieler Körperfunktionen, so zum Beispiel die aufeinander abgestimmte Bewegung der Tentakel bei einem Süßwasserpolypen.
Mit ihm können die Tiere Informationen über Beuteberührungen einzelner Fangarme weiterleiten und die Bewegung aller Tentakel koordinieren. Es ist eine sehr ursprüngliche Form eines Verbandes gleichartiger Nervenzellen.

Bei anderen Lebewesen sind die Nervenzellen stärker differenziert, zum Beispiel in solche mit zwei und solche mit mehreren Fortsätzen. Zusammen bilden sie ein **Nervensystem.** Plattwürmer zeigen eine Ansammlung von Nervenzellen zu beiden Seiten des Körpers zu Strängen und besonders im Kopfbereich zu kompakten Anhäufungen, den *Ganglien.* Solche Ganglien finden sich besonders in den Segmenten von Gliedertieren. So sind die paarigen Bauchganglien in den Segmenten der Insekten durch zwei Hauptnervenstränge verbunden, die in jedem Segment eine Querverbindung haben. Ein solches Nervensystem nennt man **Strickleiternervensystem.**
Eine Konzentrierung von Nervenzellen ermöglicht viele Verknüpfungen und somit eine komplexe und schnelle Verarbeitung von Informationen. Bei anderen Tieren erfolgt eine Konzentration von Nervenzellen im Kopf oder dem Teil des Körpers, der bei der Fortbewegung vorangetragen wird. Eine solche *Cerebralisation* ist zweckmäßig. Ein Tier, das sich mit dem Kopf voran vorwärts bewegt, erhält über die dort konzentrierten Sinneszellen bzw. Sinnesorgane erste Informationen über seine Umwelt. Diese gelangen auf kurzem Wege zu den Nervenzellen und können dort ausgewertet werden. Bilden Ganglien räumlich und funktional eine Einheit, spricht man von einem **Zentralnervensystem.**
Bei Wirbeltieren gehören das **Rückenmark** und das **Gehirn** zum Zentralnervensystem. Zum **peripheren Nervensystem** zählt man die Nervenzellen, die den Informationsfluss zwischen dem Zentralnervensystem und anderen Bereichen des Körpers ermöglichen.

Süßwasserpolyp
1 Nervennetz
2 gleichmäßige Verteilung der Nervenzellen
3 Verdichtung des Netzes im Mundbereich

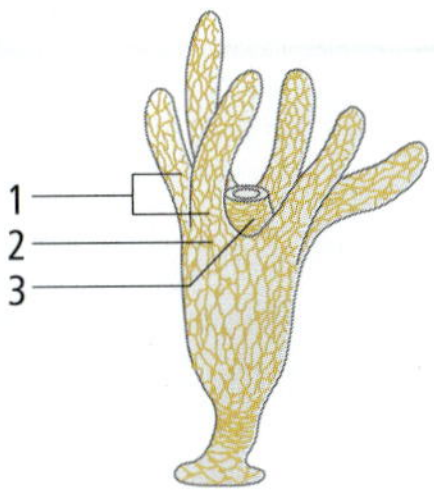

Plattwurm
1 Kopfganglion
2 zwei bauchwärtige Nervenstränge
3 jeweils seitliche Nervenstränge

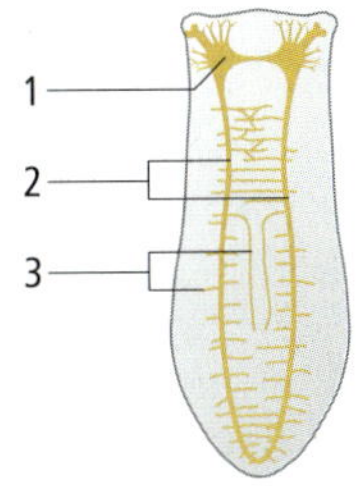

Insekt
Strickleiternervensystem:
1 Ober- und Unterschlundganglion im Kopfbereich
2 bauchseitig paarige Leitungsbahnen
3 mit einem Ganglienpaar pro Segment
4 periphere Nervenfasern

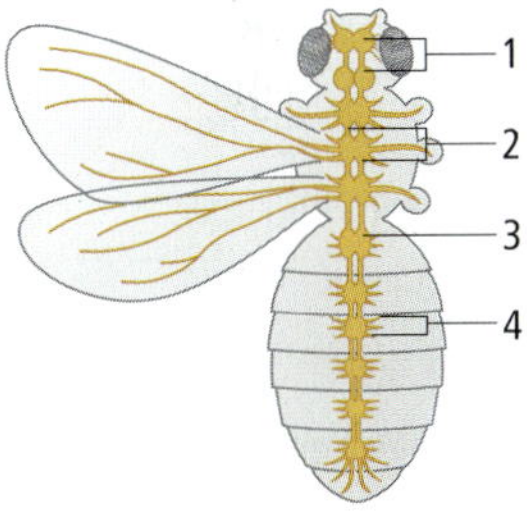

Schnecke
mehrere Ganglien, zumeist paarig:
1 Oberschlundganglion
2 Fußganglion
3 Seitenganglion
4 Hinterleibsganglion

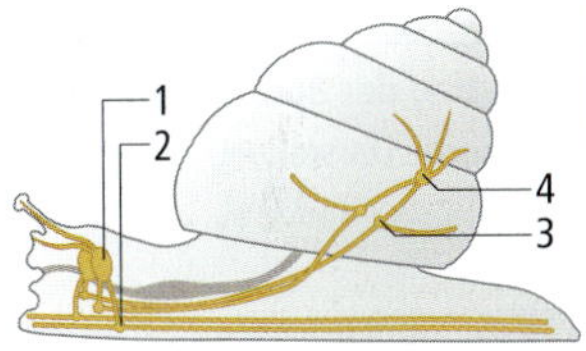

Mensch
1 Gehirn
2 Rückenmark
3 peripheres Nervensystem: Nervenzellen außerhalb von Gehirn und Rückenmark
4 vegetatives Nervensystem: mit Anteilen aus zentralem und peripherem Nervensystem

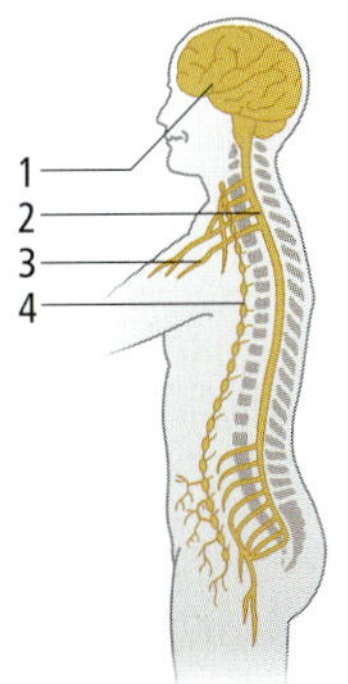

231.1 Nervensysteme

1. Vergleichen Sie den Bau von zentralem und peripherem Nervensystem!

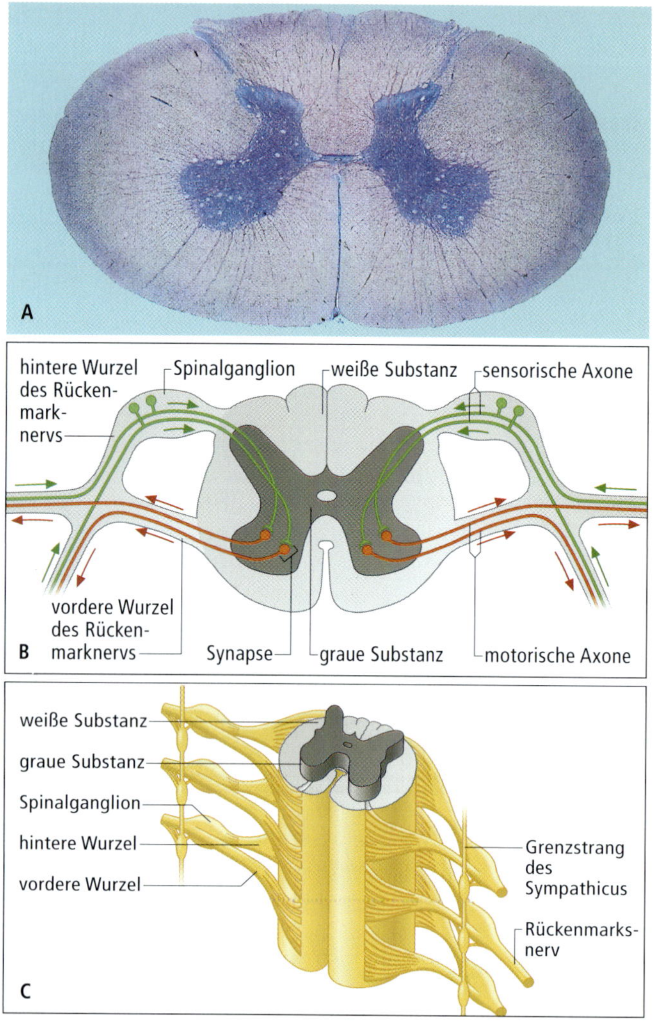

232.1 Bau des Rückenmarks. A Querschnitt (Foto); **B** Querschnitt (Schema); **C** räumliche Darstellung

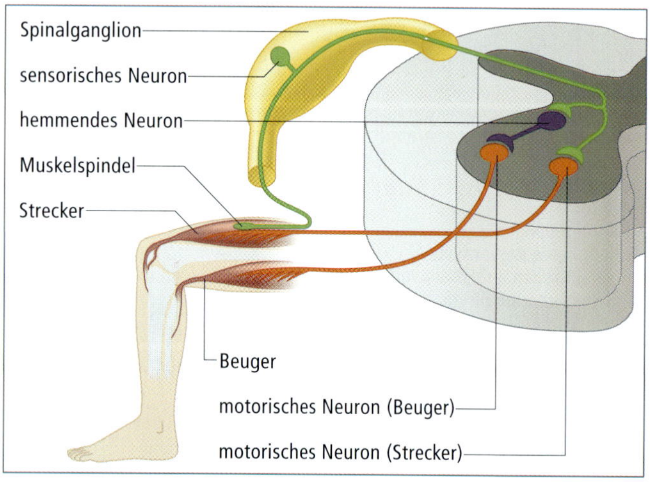

232.2 Kniescheibensehnenreflex

1. Nennen Sie Unterschiede zwischen weißer und grauer Substanz!

2.2 Das Rückenmark

Das Rückenmark verbindet zum einen das Gehirn mit dem peripheren Nervensystem, zum anderen ist es Sitz selbstständiger Steuerungszentren. Diese Aufgabenverteilung spiegelt sich im Querschnitt des Rückenmarks wieder. Im äußeren Bereich, der **weißen Substanz,** verlaufen *sensorische Bahnen,* die zum Gehirn führen, und *motorische Bahnen,* die vom Gehirn kommen. Die **graue Substanz** liegt innen. Sie hat ihre Farbe von den in diesem Bereich vermehrt auftretenden Zellkörpern der Neuronen. Zwischen je zwei Wirbeln entspringt rechts und links ein Rückenmarksnerv mit einer vorderen und einer hinteren Wurzel. Die hintere Wurzel verdickt sich kurz hinter ihrem Austritt aus dem Rückenmark zu einem **Spinalganglion,** das die Zellkörper sensorischer Neuronen umfasst. Diese leiten die von den Sinneszellen kommende Erregung zum Rückenmark. Die vordere Wurzel sendet motorische Fasern zu den Muskeln des Rumpfes. Die Zellkörper dieser Fasern liegen in der grauen Substanz des Rückenmarks. Zusätzlich befinden sich dort Neuronen mit meist kurzen, marklosen Axonen. Vordere und hintere Wurzel vereinigen sich kurz hinter dem Spinalganglion zu einem gemischten Nerv.

Das Zusammenwirken der Neuronen im Rückenmark lässt sich durch folgendes Experiment aufzeigen. Nach einem Schlag auf die Sehne kurz unterhalb der Kniescheibe schnellt der zunächst locker herabhängende Unterschenkel nach vorn. Durch den Schlag wird die Sehne gespannt. Sie zieht am Oberschenkelmuskel, dem Strecker. Dieser Zug wird durch Dehnungsrezeptoren im Muskel, *Muskelspindeln,* registriert. Über sensorische Fasern gelangt die Erregung durch die *hintere Wurzel* in die graue Substanz. Über eine Synapse wird ein nachgeschaltetes motorisches Neuron erregt. Die motorische Faser führt die Erregung über die *vordere Wurzel* zum Strecker, der kontrahiert und so den Unterschenkel nach vorn schnellen lässt. Infolgedessen wird die passive Dehnung des Muskels rückgängig gemacht. Man bezeichnet solche Abläufe als **Reflexe.** Die ihnen zu Grunde liegende Verschaltung von Neuronen nennt man **Reflexbogen.**
Damit bei der Kontraktion des Streckers, der den Unterschenkel nach vorn bringt, nicht gleichzeitig auch der für das Zurückholen des Unterschenkels zuständige Beuger kontrahiert, ist bei dem *Kniescheibensehnenreflex* ein Hemmmechanismus ausgebildet: Die sensorische Faser verzweigt sich in der grauen Substanz in zwei Äste. Der eine läuft über das motorische Neuron zum Strecker, der andere zu einem hemmenden *Interneuron.* Dieses unterdrückt die Ausbildung von Aktionspotenzialen im motorischen Neuron, das zum Beuger führt.

2.3 Das vegetative Nervensystem

Der junge Weitspringer ist hellwach und erregt. Sein Atem geht schneller, seine Herzschlagfrequenz steigt. Er läuft an und springt. Danach klingt seine Erregung ab, Atmung und Herz arbeiten wieder normal. Für diese unwillkürlichen Veränderungen ist das *vegetative Nervensystem* verantwortlich. Es reguliert die Arbeit der inneren Organe und auch die emotionale Stimmung. Sowohl anatomisch als auch funktionell lässt es sich in zwei Bereiche gliedern, den Sympathikus und den Parasympathikus. Kennzeichnend für den **Sympathikus** ist der so genannte *Grenzstrang.* Er besteht aus einer Doppelreihe von Ganglienknoten beiderseits der Wirbelsäule, die sowohl untereinander als auch mit dem Rückenmark verbunden sind. Von den einzelnen Ganglien führen Nerven zu den Organen, wie Magen, Herz oder Haut. Der **Parasympathikus** dagegen besteht aus mehreren Einzelnerven, die vom Gehirn bzw. vom Rückenmark ausgehen und ebenfalls Nervenfasern zu den Organen entsenden. Beide Systeme stehen mit dem Gehirn in Verbindung.

In einer Alarmsituation wie einem sportlichen Wettbewerb steht die Wirkung des Sympathikus im Vordergrund. Er führt den Körper in den Zustand höchster Leistungsfähigkeit: Die Muskeln werden optimal mit Sauerstoff versorgt. Atem- und Herzschlagfrequenz steigen und folglich auch der Blutdruck. Für die Bewältigung der Alarmsituation unbedeutsame oder hinderliche Vorgänge werden unterdrückt, so die Verdauung oder die Entleerung der Harnblase. Nach Bewältigung der Alarmsituation dominiert der Parasympathikus. Atem- und Herzschlagfrequenz gehen zurück, der Blutdruck sinkt, die Verdauungsvorgänge werden aktiviert. Der Körper erholt sich. Sympathikus und Parasympathikus wirken also als Gegenspieler, man spricht auch von **Antagonisten.** Sie versorgen dieselben Organe, aber mit gegenläufiger Wirkung. Dadurch werden die Körpervorgänge und die Verhältnisse im Körper an die jeweilige Belastungssituation angepasst.

Sympathikus und Parasympathikus sind mit den Teilen des Gehirns verschaltet, die mit den Sinnesorganen verbunden sind. Über die Sinnesorgane eintreffende Informationen können im Gehirn verarbeitet werden. Daraus resultiert die Entscheidung, welches der beiden Systeme aktiviert wird. Bei dem Weitspringer führte der Aufruf durch den Lautsprecher zur Aktivierung des Sympathikus mit den eingangs beschriebenen Symptomen. Außerdem wurde er zunehmend aufgeregt und nervös. Sympathikus und Parasympathikus beeinflussen also über das Gehirn die emotionale Stimmung.

1. Nennen Sie Aufgaben des vegetativen Nervensystems!
2. Zeigen Sie anhand eines Beispiels den antagonistischen Charakter von Sympathikus und Parasympathikus!

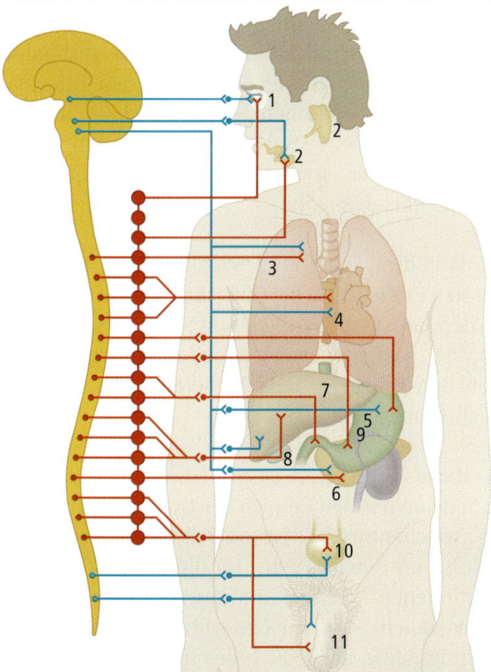

Organ	Wirkung des Sympathikus	Wirkung des Parasympathikus
1 Pupille	Erweiterung	Verengung
2 Speicheldrüsen	zähflüssiger Speichel, weniger Speichel	dünnflüssiger Speichel, mehr Speichel
3 Lunge	Erweiterung der Bronchien, geringere Schleimbildung	Verengung der Bronchien, erhöhte Schleimbildung
4 Herz	Erhöhung der Schlagfrequenz	Verringerung der Schlagfrequenz
5 Magen	Verringerung der Magenbewegungen	Verstärkung der Magenbewegungen
6 Bauchspeicheldrüse	Abnahme der Sekretion	Zunahme der Sekretion
7 Leber	Glykogenabbau	Glykogenaufbau
8 Gallenblase	–	Abgabe von Gallenflüssigkeit
9 Nebenniere	Freisetzung von Adrenalin	keine Freisetzung von Adrenalin
10 Blase	Wandmuskulatur erschlafft, Schließmuskel kontrahiert	Wandmuskulatur angespannt, Schließmuskel erschlafft
11 Geschlechtsorgane	Erektion gehemmt	Erektion aktiviert

233.1 Wirkungen des vegetativen Nervensystems (– Parasympathikus, – Sympathikus)

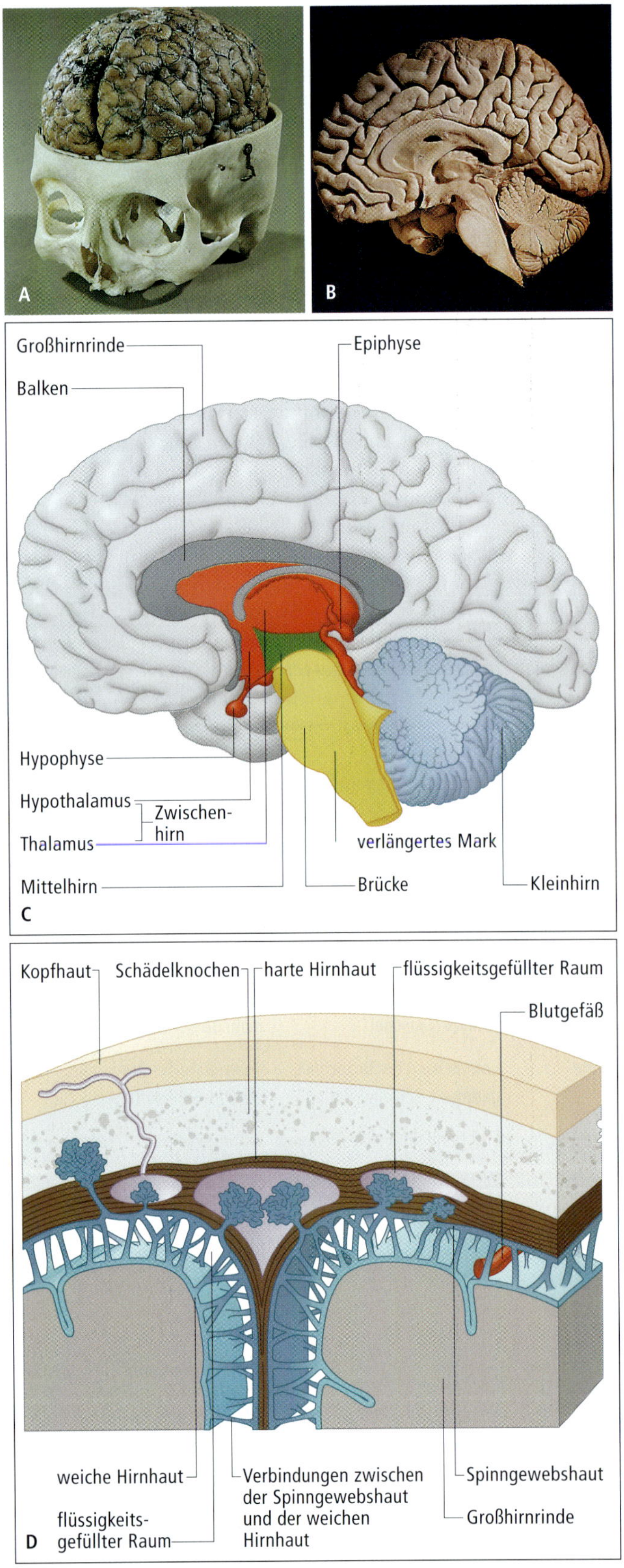

234.1 Aufbau des Gehirns. A Ansicht im Schädel; **B** Schnitt zwischen den Hemisphären; **C** Schema; **D** Hirnhäute

2.4 Bau des Gehirns

Das Gehirn ist ein empfindliches Organ. Es ist von Hüllen umgeben, die es vor mechanischer Einwirkung schützen und seine Versorgung gewährleisten. Direkt auf dem Gehirn liegt die *Weiche Hirnhaut.* Sie ist von zahlreichen Blutgefäßen durchzogen, deren Verzweigungen in das Gehirn führen. Zwischen der Weichen Hirnhaut und der nachfolgenden *Spinngewebshaut* befindet sich die Gehirnflüssigkeit. Nach außen folgen die *Harte Hirnhaut* und die Schädelknochen. Diese Schichten schützen das stoßempfindliche Gehirn.

Betrachtet man ein Gehirn von oben, so fällt seine faltige Oberfläche auf. Diese gehört zum **Großhirn,** das fast alle anderen Gehirnbereiche überdeckt und nahezu 80 Prozent des Gehirnvolumens ausmacht. Es besteht aus zwei Hälften, den *Hemisphären.* In der nur zentimeterdicken Außenschicht sind etwa 14 Milliarden Neuronen untergebracht, die dieser Schicht ihre graue Färbung und somit ihren Namen geben: *Graue Substanz.* Diese vielen Neuronen finden in der Hirnrinde Platz, weil durch deren Faltung eine enorme Oberflächenvergrößerung erreicht wird.
Das Innere des Großhirns wird im Wesentlichen von der *Weißen Substanz* gebildet. In ihr verlaufen Axone, die die einzelnen Teile des Großhirns miteinander und mit anderen Teilen des Nervensystems verbinden. Zudem findet man hier Axone, die Meldungen von den Sinnesorganen zu den verarbeitenden Bereichen in der Großhirnrinde senden.
Ausschließlich aus Axonen besteht auch der *Balken,* der die beiden Hirnhälften miteinander verbindet. Durchtrennt man diesen Balken, ist ein Informationsaustausch zwischen beiden Hirnhälften nicht mehr möglich. Graue Substanz findet man nicht nur in der Hirnrinde, sondern auch im Innern, im Bereich der *Basalganglien.*

Das Großhirn spielt eine wichtige Rolle beim bewussten Erleben und bei Gedächtnisleistungen. Hier werden Informationen von den Sinnesorganen ausgewertet, mit gespeicherten Informationen verglichen und gegebenenfalls zu Befehlen an die Muskulatur umgesetzt.

Das **limbische System** ist eine Sammelbezeichnung für Teile im basalen Bereich des Großhirns und Teile des Zwischenhirns. Es ist von Bedeutung für die Ausbildung des Bewusstseins, für die Entwicklung von Emotionen, für die Verknüpfung komplexer Abläufe und vielleicht auch für Gedächtnisleistungen. Man vermutet, dass im Bereich des limbischen Systems Rezeptoren für Schmerzmittel und Drogen besonders zahlreich sind.

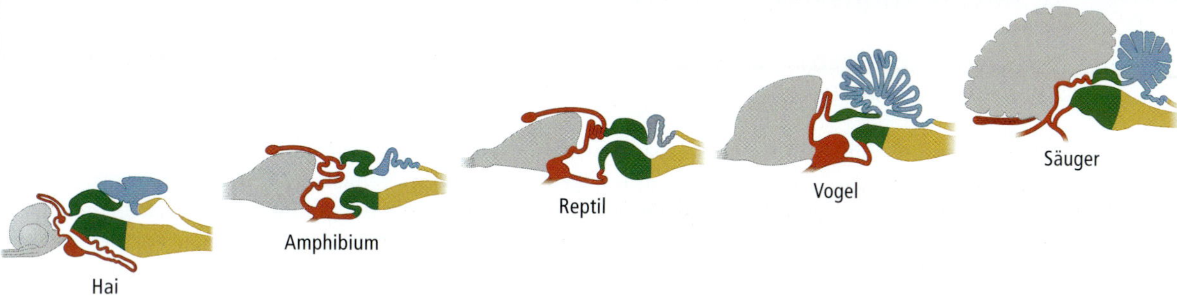

Bei *Haien,* sehr urtümlichen Fischen, hat der Geruchssinn eine große Bedeutung. Das Vorderhirn ist fast ausschließlich Riechhirn. Das Kleinhirn, mitverantwortlich für schnelle Bewegungen und die Regulierung des Gleichgewichts, ist relativ groß.

Amphibien und *Reptilien* laufen mit kurzen Beinen auf dem Boden. Dies führt zu keinen großen Problemen bei der Aufrechterhaltung des Gleichgewichts. Ihr Kleinhirn ist relativ gering entwickelt.

Bei *Vögeln* ist das Kleinhirn stark ausgebildet. Das Stehen auf zwei Beinen und das Fliegen stellen hohe Anforderungen an die Gleichgewichtsregulierung. Ihr Großhirn ist hochentwickelt.

Säugetiere können, wie auch Vögel, komplexe Informationen verarbeiten und hohe Lernleistungen vollbringen. Ihr Großhirn ist besonders groß und differenziert.

235.1 Gehirne bei Wirbeltieren. Großhirn bzw. Vorderhirn ■, Zwischenhirn ■, Mittelhirn ■, Kleinhirn ■, Nachhirn ■

Das **Zwischenhirn** liegt unter dem Balken. Sein oberer Teil ist der *Epithalamus,* eine wichtige Umschaltstelle für Nervenbahnen von den Sinnesorganen auf dem Weg zum Großhirn. Teil des Epithalamus ist die *Epiphyse,* auch Zirbeldrüse genannt. Sie spielt beim Tag-Nacht-Rhythmus eine wichtige Rolle. Der untere Teil des Zwischenhirns ist der *Hypothalamus.* Er ist ein Zentrum zur Koordination lebenswichtiger Körperfunktionen und Verhaltensweisen, wie Schlafen und Wachen, Atmung, Kreislauf, Sexualität und Aggression. Der Hypothalamus gibt Hormone ab, die *Hypothalamus-Freisetzungshormone.* Sie wirken auf die *Hypophyse* ein, eine kirschkerngroße Hormondrüse unterhalb des Hypothalamus. Diese Drüse setzt unter Kontrolle des Hypothalamus mehrere Hormone frei, die auf dem Blutwege zu den verschiedenen Hormondrüsen gelangen und dort die Sekretion anregen. Im Zwischenhirn sind also Nervensystem und Hormonsystem eng miteinander verzahnt.

Das **Mittelhirn** liegt unter dem Zwischenhirn. Es empfängt Informationen von Auge, Ohr und Oberflächenrezeptoren und leitet sie an andere Hirnbereiche weiter. Der an der Unterseite gelegene Neuronenkomplex *Formatio reticularis* enthält auch Neuronen von Zwischen- und Nachhirn. Er ist mitverantwortlich für den Wach-Schlaf-Rhythmus und die Atmungsregulierung.

Das **Kleinhirn** liegt im Hinterkopf hinter dem Hinterhauptsloch. Es ist an seiner intensiven, regelmäßigen Furchung zu erkennen. Es ist am Entwerfen und an der Überwachung von Bewegungsabläufen beteiligt. Über das Kleinhirn laufen alle Erregungen von und zu den Zentren der Großhirnrinde, die für Bewegungen zuständig sind. Vom Kleinhirn gehen Erregungen über Bahnen der weißen Substanz zu den an der jeweiligen Bewegung beteiligten Muskeln. Von besonderer Bedeutung ist das Kleinhirn für die Aufrechterhaltung der Körperstellung und für das Körpergleichgewicht im Schwerefeld der Erde.
Die *Brücke* verbindet die Kleinhirnhemisphären und stellt zudem eine Verbindung zwischen den Großhirnhälften und dem Kleinhirn her.

Das **Nachhirn** wird auch *verlängertes Mark* genannt, weil es den Übergang vom Rückenmark zum Gehirn herstellt. Es ist der ursprünglichste Hirnteil. Zusammen mit der Brücke und dem Mittelhirn zählt es zum *Hirnstamm.* Das Nachhirn ist Schaltzentrale für lebenswichtige Reflexe, wie Husten, Erbrechen, Niesen, Schlucken. Auch befinden sich hier Automatiezentren für lebenswichtige Funktionen, wie Atmung und Anpassung des Blutdrucks. Diese Zentren erzeugen Erregung, die dann über Nervenbahnen zu den beteiligten Organen gelangen und diese aktivieren. So wird der Grundrhythmus für das Ein- und Ausatmen vorgegeben. Soll dieser Rhythmus an spezielle Belastungssituationen angepasst werden, muss die steuernde Wirkung anderer Gehirnteile, zum Beispiel des Zwischenhirns, hinzukommen. Bei Verletzung der Wirbelsäule im Halsbereich werden diese Zentren beschädigt oder zerstört, was meistens zum Tode führt.
Im Nachhirn entspringen zahlreiche Nervenbahnen, die aus der Kopfregion Informationen von den Sinnesorganen übernehmen bzw. über motorische Bahnen bestimmte Muskeln im Kopfbereich erregen.

1. Nennen Sie die fünf Abschnitte des Gehirns und beschreiben Sie ihre Aufgaben!

3 Informationsverarbeitung im Nervensystem

3.1 Zusammenarbeit zwischen den Gehirnregionen

Nach Gehirnverletzungen beobachtete man gewisse Ausfallserscheinungen, zum Beispiel Störungen beim Sprechen. Nach dem Tode der Betroffenen wurden die Gehirne seziert und auf Veränderungen hin untersucht. Der französische Chirurg BROCA entdeckte so das nach ihm benannte Sprachzentrum. Heute ermöglichen zahlreiche Untersuchungsmethoden, Stoffwechselvorgänge am gesunden Gehirn sichtbar zu machen. So kann man bei einer Versuchsperson, die unterschiedliche Tätigkeiten ausführt, die Durchblutung bestimmter Gehirnbereiche verfolgen. Wenn die Versuchsperson eine einfache Bewegung ausführt, sind andere Bereiche der Großhirnrinde aktiv, als wenn sie eine komplizierte Abfolge von Bewegungen erledigt oder sie sich diese lediglich vorstellt. Mit Hilfe derartiger Untersuchungsmethoden kann man recht detailliert bestimmten Gehirnregionen bestimmte Aufgaben zuordnen. Dabei darf allerdings nicht die *Plastizität* des Gehirns außer Acht gelassen werden. Bestimmte Aufgaben können für den Fall, dass der primär zuständige Bereich ausfällt, von einem anderen übernommen werden. Ein Junge zum Beispiel, der im Alter von sechs Jahren durch eine notwendig gewordene Operation die gesamte rechte Großhirnrinde verlor, konnte später regelmäßig und mit überdurchschnittlichem Erfolg am Unterricht teilnehmen.

Für die Großhirnrinde gelang es, eine „Landkarte" zusammenzustellen. Sie zeigt, wo bestimmte Fähigkeiten lokalisiert sind. Die **sensorischen Felder** nehmen Informationen auf, die von den Sinnesorganen kommen. Jedes Feld erhält Informationen nur aus einem Sinneskanal. So ist die Sehrinde zuständig für Informationen, die vom Auge kommen. Fällt dieser Bereich der Großhirnrinde aus, kann die Person auch bei gesunden Augen nicht sehen. Die **motorischen Felder** sind beispielsweise zuständig für die Bewegungen der Skelettmuskeln. Sie geben ihre Erregung über absteigende Bahnen an die Motoneuronen des Rückenmarks weiter.
Weder eindeutig sensorische noch eindeutig motorische Funktion haben die sogenannten **Assoziationsfelder,** die im Gehirn des Menschen eine besondere Größenzunahme erfahren haben. Sie verknüpfen Informationen aus verschiedenen Rindenfeldern, mit denen sie in Verbindung stehen, und sind für die Verarbeitung komplexer Sinneseindrücke zuständig. Assoziationsfelder vergleichen neue Informationen mit vorhandenen Gedächtnisinhalten und versetzen den Organismus so in die Lage, angemessene Entscheidungen zu treffen.

Unterschiedliche Körperregionen sind in den sensorischen Feldern unterschiedlich stark repräsentiert. Einen besonders großen Rindenanteil haben Finger, Zunge und Mundregion. Die von ihnen ausgehenden sensorischen Informationen sind für den Menschen wichtig beim Gebrauch von Werkzeugen und beim Sprechen. Mit dieser Bedeutung stimmt die Tatsache überein, dass im Rindenbereich von Finger, Mund und Zunge die Anzahl der Neuronen pro Flächeneinheit besonders hoch ist. Ein Querschnitt durch die motorische Großhirnrinde sieht äußerlich gleich aus.

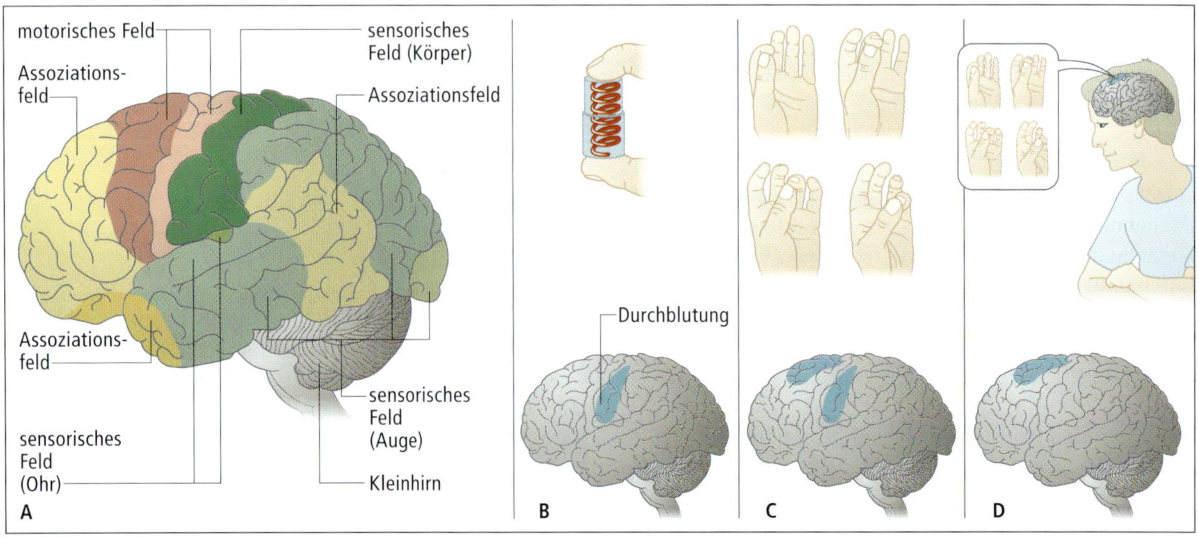

236.1 Rindenfelder des Großhirns. A Übersicht; **B** Durchblutung bei einfacher Bewegung; **C** Durchblutung bei komplizierter Bewegung; **D** Durchblutung bei Vorstellung der Bewegung

Untersuchungen haben ergeben, dass die beiden Großhirnhemisphären spiegelbildlich aufgebaut sind. Die rechte Hemisphäre ist sensorisch und motorisch für die linke Körperhälfte zuständig, die linke Hemisphäre für die rechte Körperhälfte. Trotz dieser Symmetrie ist die Strategie der Informationsverarbeitung in beiden Hemisphären doch recht unterschiedlich. Die rechte Hemisphäre ermöglicht eine nichtverbale Erfassung und Verarbeitung von Informationen. Im Vordergrund steht die ganzheitliche Erfassung der Umwelt, die mehr räumlich-visuell begriffen wird. Man kann die Art der Informationsverarbeitung als eher intuitiv charakterisieren. Die linke Großhirnhälfte dagegen ist gekennzeichnet durch ihre analytischen Fähigkeiten. Sie ermöglichen es, komplexe Informationen zu zerlegen und auf Ursache-Wirkungs-Beziehungen hin zu untersuchen. Das so Untersuchte wird sprachlich erfasst. Schnelle zeitliche Informationen können in Einzelheiten zerlegt und analysiert werden. Die Unterschiede zwischen den beiden Hemisphären sind jedoch nicht absolut zu sehen, sie drücken lediglich ein relatives Übergewicht einer der beiden Seiten aus. Beide Großhirnhälften ergänzen sich in ihrer Art der Informationsverarbeitung. Über einen dicken Nervenstrang, den *Balken*, tauschen sie Informationen aus und bilden so eine funktionsfähige Einheit.

Beim Benennen eines Gegenstandes kooperieren mehrere Gehirnbereiche miteinander. Zunächst gelangt die visuelle Information aus der Netzhaut über den Sehnerv in die primäre Sehrinde, ein sensorisches Großhirnrindenareal. Nun soll die Gestalt des gesehenen Gegenstandes rekonstruiert werden. Dazu wird ein Teil der Information zu einem übergeordneten Sehrindenbereich und von dort zu einem Assoziationsfeld geleitet.
Hier werden durch das Auge, durch das Ohr und durch den Tastsinn aufgenommene Informationen über den Gegenstand zusammengeführt und mit der gespeicherten Gestalt verglichen. Gelingt eine solche Zuordnung von gespeicherter zu gesehener Gestalt, muss zu ihrer Benennung das passende Wort gefunden werden. Diese Wortfindung geschieht in einem Bereich, den man Sprachregion von WERNICKE nennt. Von den hier gespeicherten akustischen Wortbildern wird das treffendste ausgewählt. Über ein spezifisches Faserbündel wird dieses Wortbild dann in die Sprachregion von BROCA weitergeleitet. Hier wird das gespeicherte Muster für die Wortartikulation abgerufen und als Handlungsentwurf in das motorische Feld geleitet, das für den Gesichtsbereich zuständig ist. Von hier werden die Muskeln im Kehlkopf zur Stimmbildung und die Muskeln im Mund-Rachen-Raum zur Bildung der Sprachlaute aktiviert.

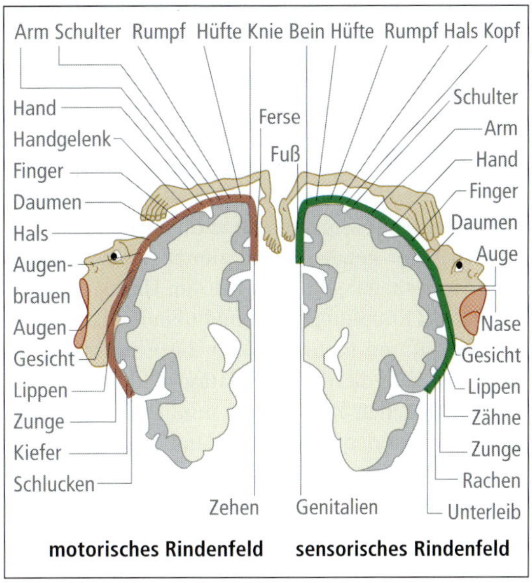

237.1 Areale der Großhirnrinde

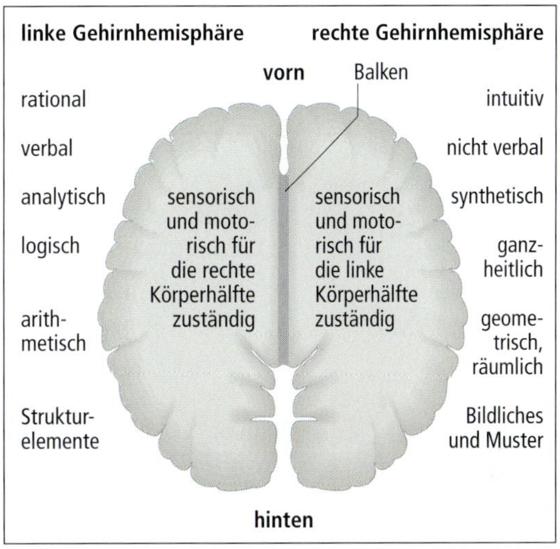

237.2 Hemisphären des Großhirns und ihre Fähigkeiten

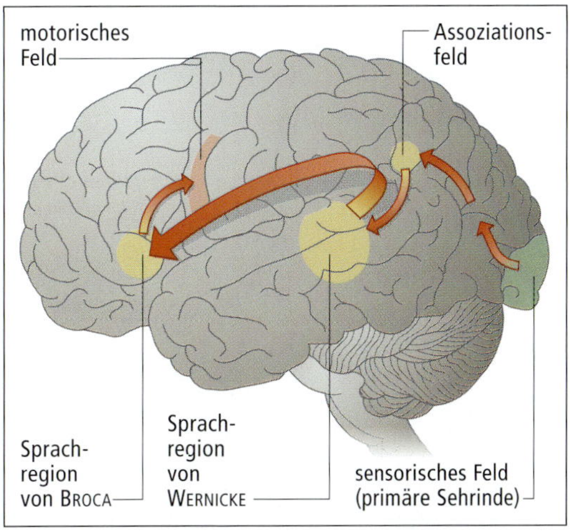

237.3 Erkennen und Benennen eines Gegenstandes

Auch bei der Steuerung von Bewegungen sind verschiedene Gehirnbereiche beteiligt. Ein Beispiel: Die Fahrschülerin soll den ersten Gang einlegen. In der motorischen Rinde liegen Nervenzellen, die Pyramidenzellen, die über das Rückenmark Befehle an die für den Schaltvorgang bedeutsamen Muskeln weiterleiten. Gleichzeitig ist das motorische Rindenfeld mit einem Assoziationsfeld im Stirnbereich verbunden. Hier gehen Informationen über verschiedene Sinneskanäle ein, so über den Druck des Fußballens am Kupplungspedal und über die Lautstärke des Motors und natürlich über die Anweisung des Fahrlehrers. In diesem Assoziationsfeld, das sowohl mit sensorischen als auch mit motorischen Rindenfeldern verbunden ist, werden Handlungen – wie das Schalten in den ersten Gang – geplant und Bewegungskomponenten – wie das Vordrücken des Schalthebels – entwickelt. Die endgültigen Befehle gehen dann an das entsprechende motorische Rindenfeld und von dort über die Pyramidenbahn zur Muskulatur. Außerdem bestehen Verbindungen zu den unter der Großhirnrinde gelegenen *Basalganglien,* die für die Planung und Auslösung von Willkürbewegungen mitverantwortlich sind.

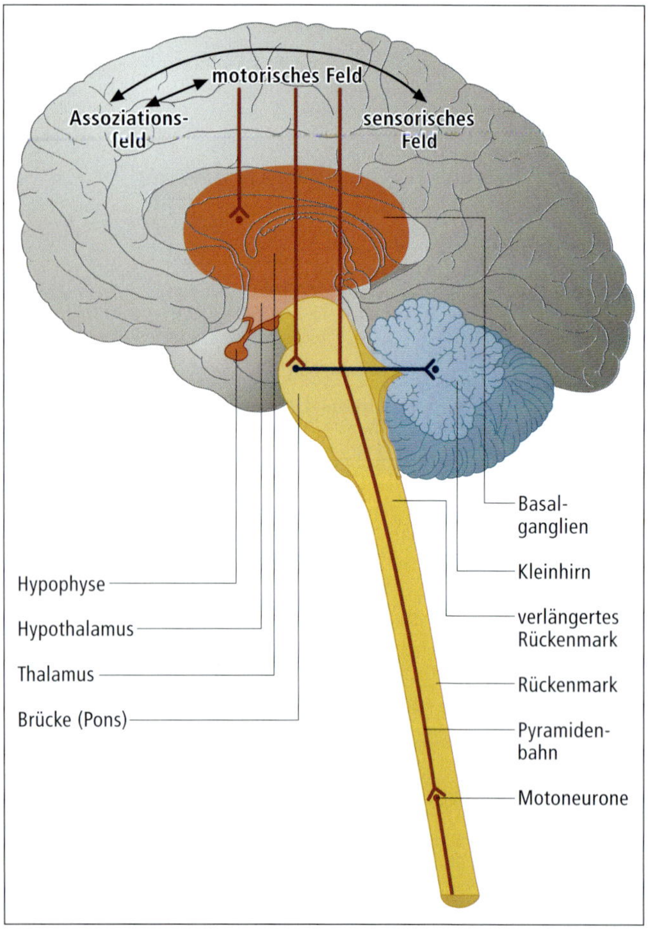

238.1 Steuerung der Motorik

Nach einiger Übung kann die Fahrschülerin den Gang ohne Ruckeln einlegen. Als sie während der Fahrt den Scheibenwischer anschalten soll, bleibt das Auto in der Spur und hält Geschwindigkeit. Die Fahrschülerin hat bestimmte Bewegungen eingeübt, sie muss sich nicht mehr auf ihre Durchführung konzentrieren. Dafür gibt es folgende Erklärung: Motorische Erregungen gehen zum einen über die Pyramidenbahn in die Körperperipherie. Zum anderen entsenden Pyramidenzellen Fortsätze ins Stammhirn, und von dort laufen zahlreiche Nervenzellen zum Kleinhirn. Mit zunehmendem Übungserfolg werden die erlernten Bewegungen, wie das Lenken eines Autos, als fertige motorische Programme im Kleinhirn gespeichert. Es gibt Hinweise, dass eine solche Abspeicherung mit einer dauerhaften Veränderung im Bereich der Synapsen verbunden ist. Wenn im Großhirn der Plan einer Bewegung entworfen wird, wird im Kleinhirn die konkrete Abfolge der Muskelkontraktionen festgelegt. Erregung aus dem Kleinhirn gelangt in die motorische Region des Großhirns und von dort über Pyramidenbahnen zu den einzelnen Muskeln.

Ein Fußballspieler erhält einen Tritt vor das Schienbein. Er verspürt zunächst einen stechenden *Schmerz,* danach einen dumpfen pochenden. Rezeptoren für die Schmerzaufnahme sind freie Nervenendigungen, deren Zellkörper in den Spinalganglien des Rückenmarks liegen. Dort kommt es zu Umschaltungen auf motorische Neuronen, die bewirken, dass der verletzte Unterschenkel angezogen wird. Über Neuronen des vegetativen Nervensystems werden typische Alarmreaktionen in Gang gesetzt wie Anstieg des Herzschlags und des Blutdrucks. Die Muskulatur wird stärker durchblutet. Zu den beschriebenen Reaktionen kommt es ohne Mitwirkung des Gehirns. Das bewusste Erleben des Schmerzes sowie weitergehende Reaktionen sind nur möglich, wenn die Erregung über Leitungsbahnen zum Stamm-, Zwischen- und schließlich Großhirn geführt wird. Die dem stechenden Schmerz entsprechende Erregung wird über schnelle markhaltige Fasern zum Gehirn geleitet, für die Leitung der Erregung des dumpfen Schmerzes stehen langsame markfreie Fasern zur Verfügung.
Bei der Erregungsleitung im Gehirn sind zwei Wege bekannt. Sie führen vom Rückenmark in unterschiedliche Gebiete des Thalamus. Eine Bahn gibt ihre Erregung an ein sensorisches Rindenfeld weiter, das für Körperwahrnehmungen zuständig ist. Hier wird der Schmerz lokalisiert. Die andere Bahn führt in einen Rindenbereich, der mit dem *Limbischen System* verbunden ist, das unter anderem für die Ausbildung von Emotionen verantwortlich ist. Hier wird eine Verbindung von Schmerzempfindungen und Emotionen hergestellt.

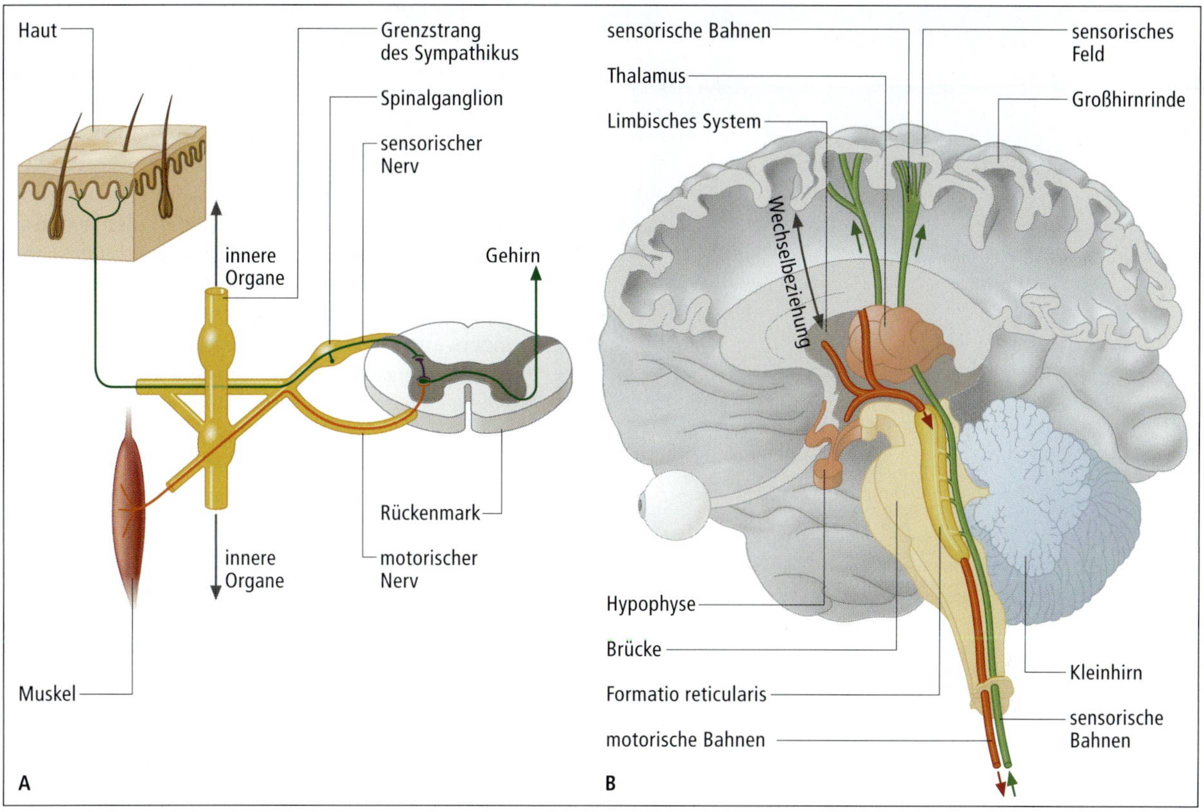

239.1 Schmerzleitung. **A** Peripherie; **B** Gehirn

Plötzlich springt der Spieler, der eben noch mit schmerzverzerrtem Gesicht am Spielfeldrand lag, auf und eilt auf seine jubelnden Mitspieler zu, die gerade den Ausgleich geschafft haben. Kritische Zuschauer argwöhnen, er habe die Schmerzen nur vorgetäuscht.
Häufig wird ein solcher Vorwurf zu Unrecht erhoben. Das Gehirn schüttet, wenn Schmerzsignale eingehen, *Endorphine* aus. Das sind Stoffe, die die Abgabe erregungsdämpfender Transmitter an solchen Synapsen im Rückenmark anregen, die schmerzleitende Neurone verbinden. Endorphine mindern also die Schmerzempfindung. Bei starker Belastung und in Stresssituationen werden zusätzlich Endorphine ausgeschüttet, die Schmerzleitung wird noch stärker gedämpft, sodass zum Beispiel auch eine starke Verletzung nicht mehr als schmerzhaft empfunden wird. Später, wenn die Endorphine abgebaut sind, tritt der Schmerz wieder auf.

Eine solche Verminderung der Schmerzleitung und somit Dämpfung der Schmerzempfindung kann man auch gezielt herbeiführen, so zum Beispiel durch Akupunktur. Man nimmt an, dass durch die dabei erforderlichen Einstiche in die Haut schmerzsensible Nervenendigungen getroffen werden. Die dadurch aufgebaute Erregung wird über sensible Fasern an eine Synapse zwischen schmerzleitenden Neuronen geführt. Es kommt zur Ausschüttung von Endorphinen in den oben aufgezeigten Bahnen. Die Schmerzleitung über die Synapsen hinweg wird unterbunden.

Bei sehr starken Schmerzen kann man Opiate einsetzen. Diese passen aufgrund ihrer Molekülform in die Endorphin-Rezeptoren und können die Schmerzbahn noch wirkungsvoller blockieren.

1. Was versteht man unter der Plastizität des Gehirns?
2. Vergleichen Sie die Aufgaben von sensorischen und motorischen Feldern mit denen von Assoziationsfeldern!
3. Machen Sie verständlich, warum unterschiedliche Körperregionen in den sensorischen Feldern unterschiedlich stark repräsentiert sind!
4. Erläutern Sie die Aussage, dass die beiden Großhirnhemisphären spiegelbildlich aufgebaut seien!
5. Vergleichen Sie die Sprachregion von WERNICKE mit der von BROCA!
6. Erläutern Sie die Rolle des Kleinhirns beim Einüben von Bewegungen!
7. „Schmerzmittel müssen eine bestimmte Molekülform haben." Erläutern Sie diese Aussage!
8. Wie ist zu erklären, dass in bestimmten Situationen eine schwere Verletzung nicht als schmerzhaft empfunden wird?

240.1 **Lernen.** A Durchlaufen eines Labyrinths; B Lernerfolg

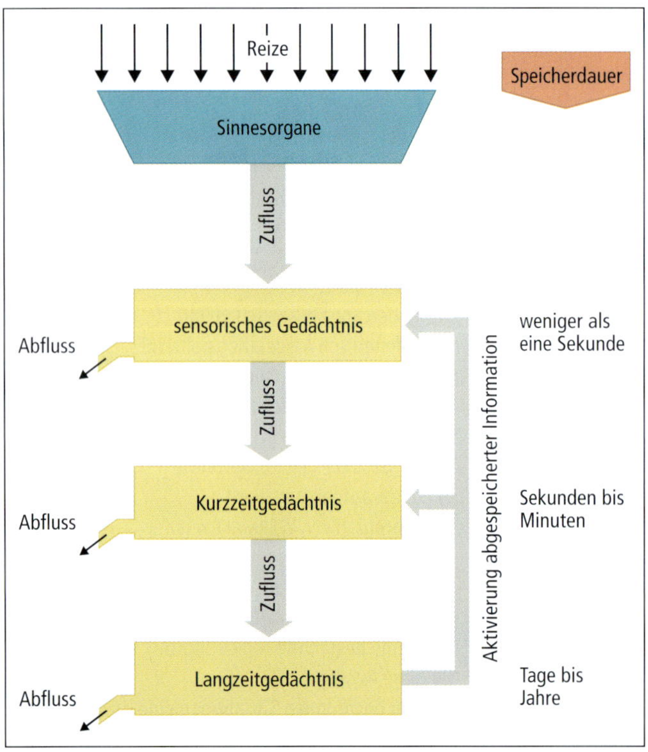

240.2 Gedächtnismodell

3.2 Lernen und Gedächtnis

Im ersten Durchgang hat die Schülerin im Labyrinthversuch 8 Fehler gemacht, im fünften Durchgang nur noch 2 und im neunten 0. Sie hat gelernt, den Stift fehlerfrei durch das Labyrinth zu führen. **Lernen** äußert sich also hier in der Fähigkeit, ursprünglich zufällige Handlungen zu wiederholen, wenn sie erfolgreich waren. Erfolgreich bedeutet in dem Labyrinthversuch, dass die Links-Rechts-Entscheidung nicht in eine Sackgasse führt. Man kann es auch anders ausdrücken: Die Schülerin hat behalten, an welcher Verzweigung sie den Stift nach rechts, an welcher sie ihn nach links führen muss. Eine solche Speicherung von Informationen ist kennzeichnend für das **Gedächtnis.** Voraussetzung für Lernvorgänge ist also das Vorhandensein eines Gedächtnisses.

Sitz des Gedächtnisses ist das Gehirn, vornehmlich die Großhirnrinde. Dort allerdings ist es auf verschiedene Regionen verteilt. Man spricht daher von einer *verteilten Speicherung* von Gedächtnisinhalten. Struktur und Funktion des Gedächtnisses lassen sich durch ein Gedächtnismodell veranschaulichen. Zunächst gelangen über die Sinnesorgane aufgenommene Informationen in das *sensorische Gedächtnis,* häufig auch *Ultrakurzzeitgedächtnis* genannt, da Informationen hier weniger als eine Sekunde lang gespeichert werden. Dabei werden sie mit bereits gespeicherten Daten nachgeschalteter Gedächtnisstufen verglichen und unbewusst auf ihre Bedeutung hin untersucht.
Bedeutungslose Informationen gehen verloren, bedeutsame werden an das *Kurzzeitgedächtnis* weitergeleitet. Seine Speicherdauer ist mit etwa 15 Sekunden im Vergleich zum sensorischen Gedächtnis viel länger. Seine Speicherkapazität ist vergleichsweise gering: Es können etwa sieben Informationseinheiten gleichzeitig gespeichert werden. Damit neue Informationen aufgenommen werden können, müssen die alten diese Gedächtnisstufe verlassen. Ein Teil der Informationen geht verloren, der andere Teil wird in das *Langzeitgedächtnis* übernommen.
Die Wahrscheinlichkeit dafür, dass Informationen dieser Übergang ins Langzeitgedächtnis gelingt, nimmt mit ihrer Verweildauer im Kurzzeitgedächtnis zu. Diese Verweildauer lässt sich auf viele Minuten verlängern, wenn verbalisierte Daten in Gedanken wiederholt werden. Diesen Zusammenhang kann man sich beim Vokabellernen zu Nutze machen. Das Langzeitgedächtnis kann große Datenmengen wie den Wortschatz mehrerer Sprachen über Monate oder gar Jahre speichern. Das, was man zeitlebens behält, ist im Langzeitgedächtnis gespeichert. Allerdings können dort gespeicherte Informationen durch nachfolgende verdrängt und somit vergessen werden. Vergessen wird leicht das,

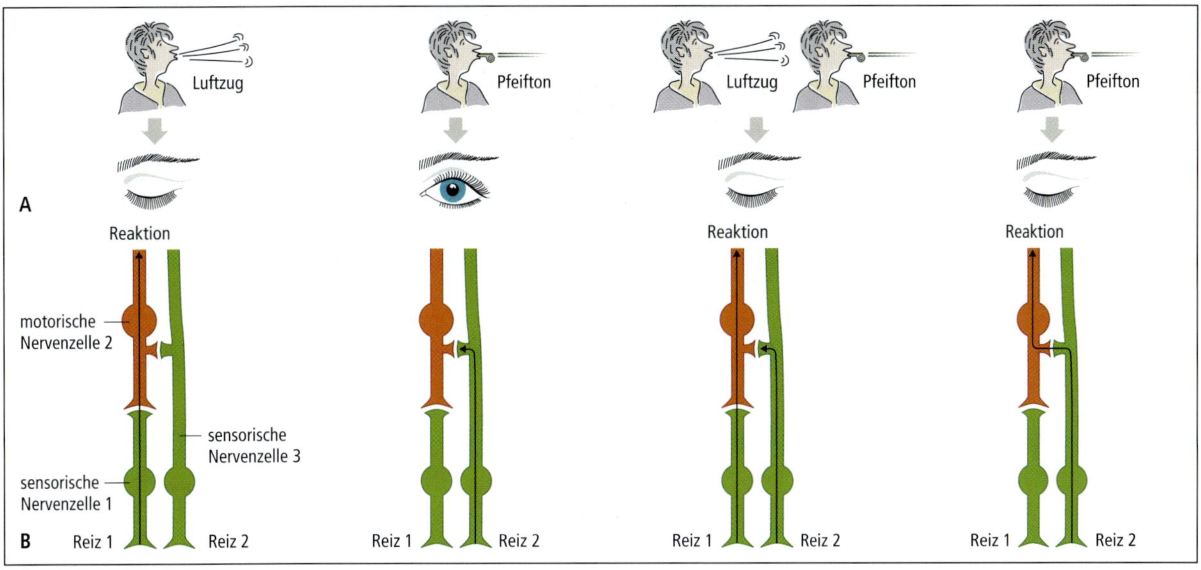

241.1 Lernen. A Lidschlussreflex; **B** neuronale Grundlagen

was bedeutungsarm ist und auch das, was vor langer Zeit abgespeichert und vor langer Zeit zum letzten Mal abgerufen wurde. Für den Schulalltag kann das bedeuten, immer wieder benötigtes Wissen in bestimmten Abständen abzurufen oder aufzusagen. Allerdings bedeutet Vergessen nicht nur einen Verlust. Vergessen heißt auch, Ballast abzuwerfen. In der Psychologie wird die heilende Wirkung des Vergessens gerade für den Fall betont, dass furchtbare, traumatische Erlebnisse einem Menschen über die Maßen zusetzen und ihn zu zerstören drohen.

Was passiert auf der Ebene der Neuronen, wenn Informationen behalten und somit Lernvorgänge in Gang gesetzt werden? Für einfache Lernvorgänge gibt es allgemein akzeptierte Modellvorstellungen. Den Lidschlussreflex kann man nur durch einen Luftzug auslösen, durch einen Pfeifton nicht. Wird jedoch einer Versuchsperson mehrfach unmittelbar nach dem Pfeifton ein leichter Luftstoß ins Auge geblasen, reicht der Pfeifton allein aus, den Lidschluss auszulösen. Die Versuchsperson hat gelernt, auf einen Pfeifton hin das Augenlid herunter zu ziehen. Das in der Abbildung 235.1 skizzierte Modell veranschaulicht diesen Lernvorgang. Der Pfeifton führt in einer Sinneszelle zu einer Erregung, die auf ein sensorisches Neuron 3 übertragen wird. Diese Erregung ist jedoch nicht stark genug, um im benachbarten motorischen Neuron 2, welches den Lidschluss bewirkt, eine Impulsfrequenz auszulösen. Der Lidschluss unterbleibt. Der Luftzug führt in der zugehörigen Rezeptorzelle ebenfalls zu einer Erregung, die auf ein sensorisches Neuron 1 übertragen wird und dann allerdings im nachgeschalteten motorischen Neuron 2 eine Impulsfrequenz auslöst: Das Augenlid wird heruntergezogen.

Für den Lernvorgang gibt es folgende Erklärung: Wenn eine Nervenzelle 3 so nahe an einer Nervenzelle 2 ist, dass 3 diese anregen kann, und wenn Nervenzelle 3 mehrfach aktiv ist, während auch Nervenzelle 2 aktiv ist, so treten Wachstumsprozesse oder andere Veränderungen auf, durch die die Fähigkeit der Nervenzelle 3, Nervenzelle 2 anzuregen, steigt. Diese Hypothese kann man auf den Lernvorgang in Abbildung 235.1 übertragen. Die wiederholte Erregung des sensorischen Neurons 3, das die Information über den Pfeifton weiterleitet, bei gleichzeitiger Erregung des Motoneurons 2 führt zu Veränderungen im Bereich der Synapse zwischen diesen beiden Neuronen. Diese Veränderungen bewirken, dass bei einer Erregung des sensorischen Neurons 3 auch das nachfolgende Motoneuron 2 feuert. Der Pfeifton allein löst den Lidschluss aus.

Beim Abspeichern von Informationen bzw. bei einfachen Lernvorgängen treten vermutlich dauerhafte Veränderungen im Bereich der Synapsen auf. Dieses kann man auch auf molekularer Ebene veranschaulichen. Durch wiederholtes Eintreffen von Impulsserien werden im prä- und auch im postsynaptischen Bereich Permeabilitätsänderungen für Ionen hervorgerufen. Diese gehen auf die Synthese und den Einbau zusätzlicher Porenproteine zurück und sind somit von Dauer. Verabreicht man Versuchstieren Hemmstoffe für die Proteinbiosynthese, so werden Behaltens- und Lernleistungen beeinträchtigt. Zu dieser Beobachtung passt auch die Annahme, dass bei Behaltens- und Lernvorgängen zusätzliche Synapsen ausgebildet werden.

1. Erläutern Sie die biologische Bedeutsamkeit des Vergessens!

AUFGABEN Bau und Funktion von Nervensystemen

1 Ausstrom von Natrium-Ionen

Das Innere einer Nervenzelle wird mit radioaktiven $^{24}Na^+$-Ionen angereichert. Dann verfolgt man deren Ausstrom, d. h. deren Übergang vom Axoninnenraum in das das Axon umgebende Milieu.

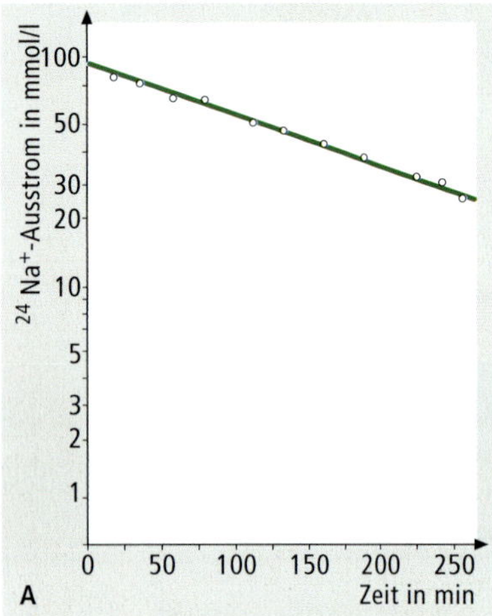

Nun wird das Experiment wiederholt. Dabei wird 80 Minuten lang Dinitrophenol (DNP) ins Außenmedium gegeben. DNP blockiert die ATP-Bildung in der Atmungskette.

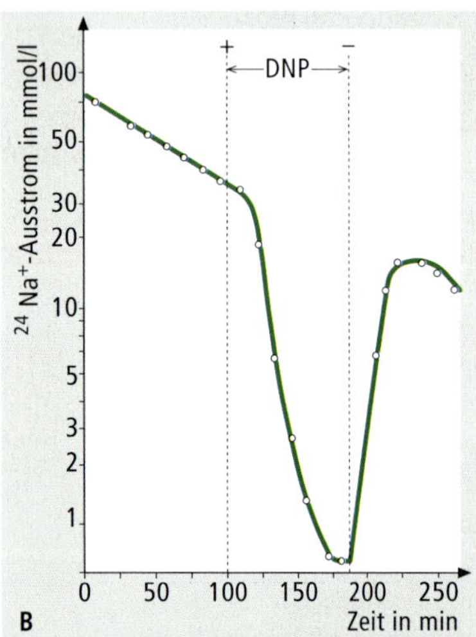

Beschreiben und erklären Sie die in A und B dargelegten experimentellen Befunde!

2 Membranpotenzial

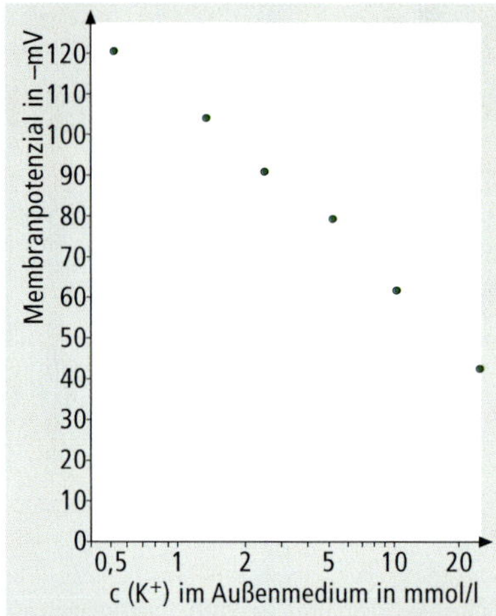

Beschreiben Sie die dargestellte Abhängigkeit des Membranpotenzials von der K^+-Ionenkonzentration außerhalb des Axons! Erklären Sie!

3 Synapse

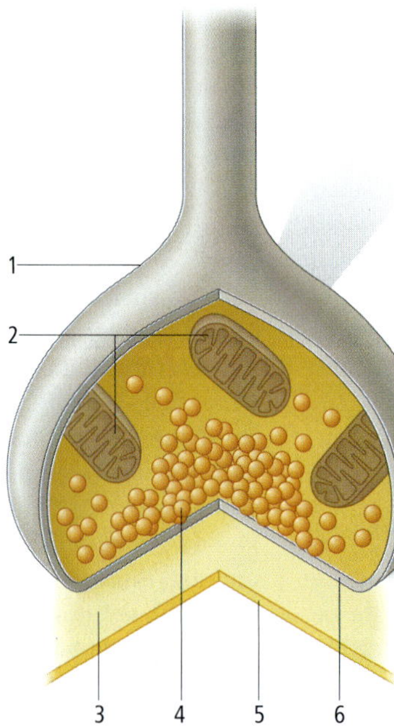

a) Ordnen Sie den Zahlen die entsprechenden Fachbegriffe zu!
b) Was passiert nach dem Eintreffen von Aktionspotenzialen?

4 Potenziale an einer neuromuskulären Synapse

An der subsynaptischen Membran lässt sich eine Depolarisierung messen.

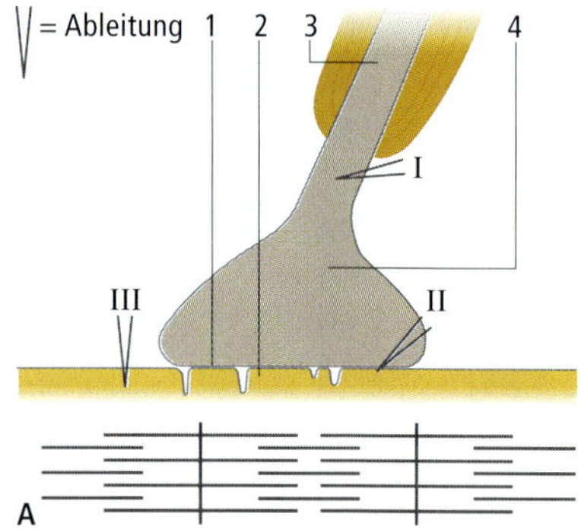

Skizze einer neuromuskulären Synapse

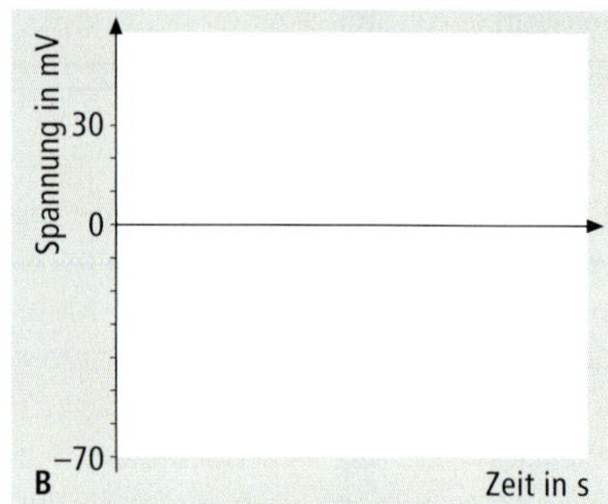

Zeit-Spannungs-Achsensystem

a) Ordnen Sie den Zahlen die entsprechenden Begriffe zu!
b) Welche Potenziale werden an den Ableitstellen I, II und III gemessen?
c) Zeichnen Sie entsprechend der Vorlage drei Achsensysteme!
d) Tragen Sie in diese Achsensysteme die Kurvenbilder auf einem Oszilloskop für die drei Ableitstellen I, II und III ein!
e) Beschreiben Sie die den Transmitter betreffenden Vorgänge im Bereich einer Synapse!
f) Welchen Effekt erwarten Sie für den Fall, dass in das Außenmedium ein dem Transmitter ähnlicher Stoff hinzugegeben wird?
g) Welchen Effekt erwarten Sie nach der Zugabe von Dinitrophenol? Dinitrophenol blockiert die ATP-Bildung in der Atmungskette.

5 Curare an der Synapse

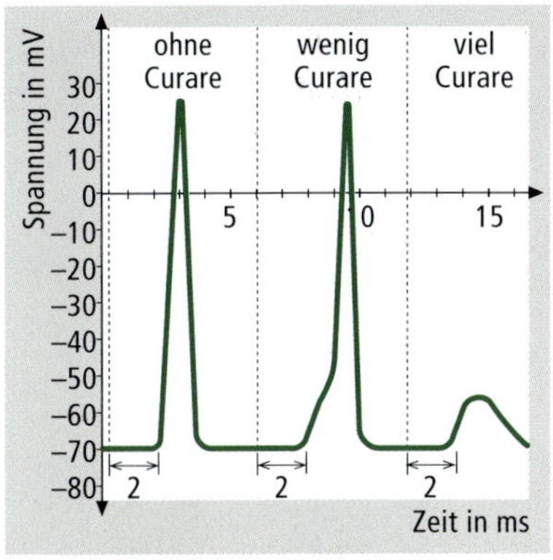

Postsynaptische Potenziale

a) Beschreiben und erklären Sie die Befunde!
b) Erläutern Sie die medizinische Bedeutung von Curare!

6 Rezeptorpotenzial

Eine Sehzelle in einem Insektenauge wird für eine Sekunde mit weißem Licht bestrahlt. Dabei wird folgendes Rezeptorpotenzial abgeleitet:

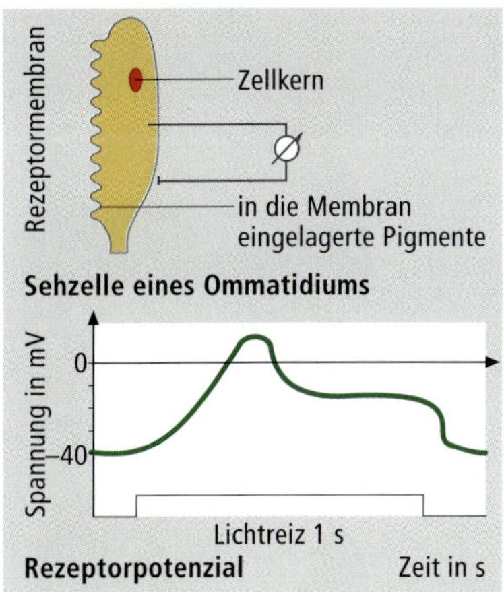

Sehzelle eines Ommatidiums

Rezeptorpotenzial

a) Beschreiben Sie das Rezeptorpotenzial!
b) Entwickeln Sie eine Hypothese für das Zustandekommen dieses Potenzials!
c) Äußern Sie sich zu der Frage, ob es sich um ein graduiertes Potenzial oder um ein Potenzial konstanter Größe handelt!

7 Interneurone im Rückenmark

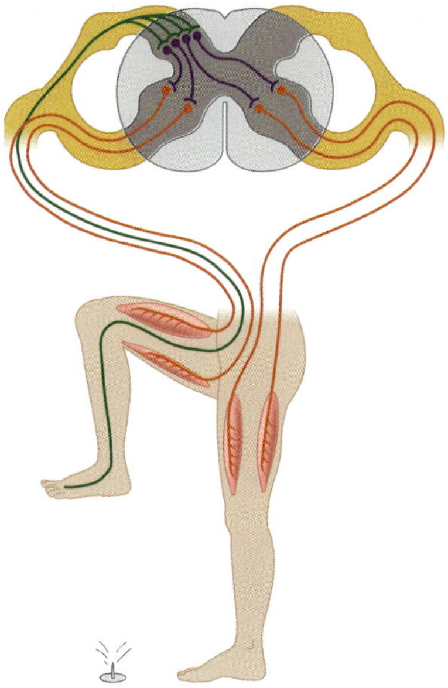

Erklären Sie anhand des Schemas der verschalteten Neuronen, weshalb die Person das Bein anhebt!

8 Zwei Gehirne im Vergleich

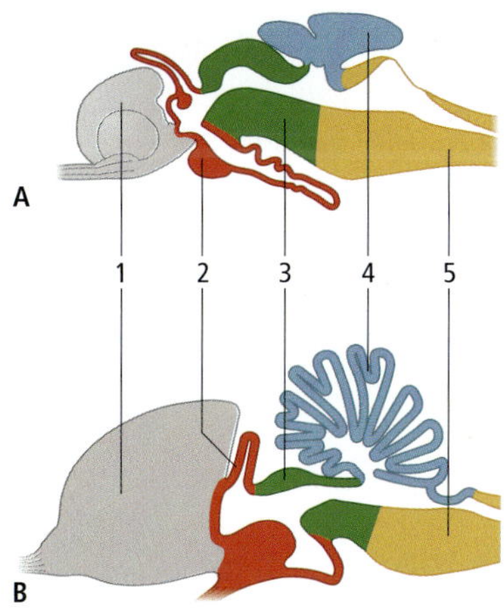

a) Ordnen Sie den Zahlen die entsprechenden Gehirnbereiche zu!
b) Vergleichen Sie die unterschiedlich starke Ausbildung einzelner Bereiche!
c) Welchen Tiergruppen könnte man die beiden Gehirne zuordnen? Erläutern Sie Ihre Zuordnung!

9 Sympathikus und Parasympathikus

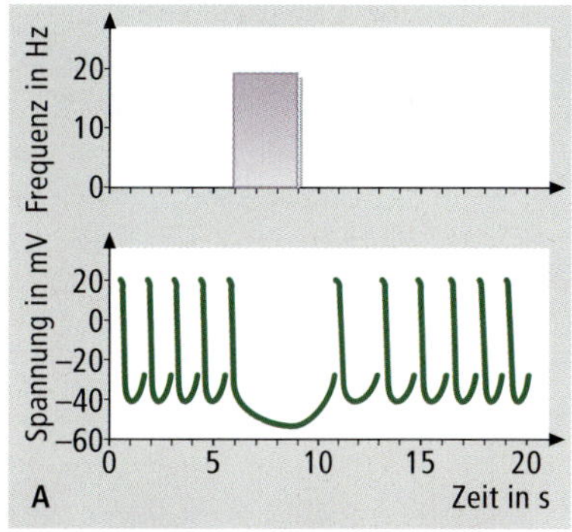

Der Parasympathikus wird etwa fünf Sekunden lang mit konstanter Frequenz gereizt; dabei wird die Aktionspotenzialfrequenz am Herzschrittmacher erfasst.

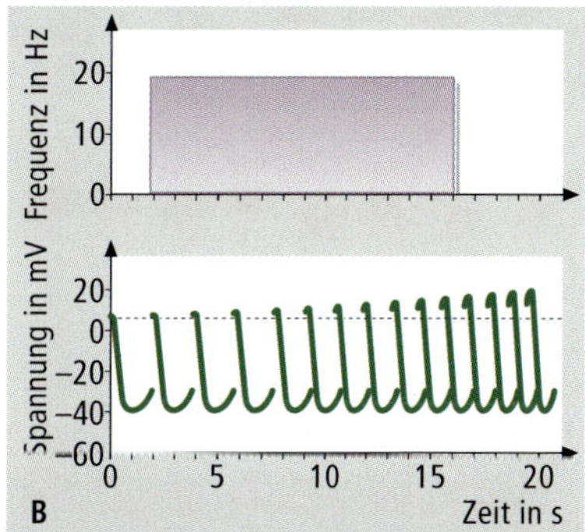

Der Sympathikus wird etwa 17 Sekunden lang gereizt; auch dabei wird die Aktionspotenzialfrequenz am Herzschrittmacher verfolgt.

a) Nennen Sie den Teil des Nervensystems, dem Sympathikus und Parasympathikus zugeordnet werden!
b) Beschreiben Sie die Untersuchungsergebnisse!
c) Erklären Sie!

10 Sprachstörungen

Man hat beobachtet, dass Patienten nach einem Schlaganfall nur noch ihre Muttersprache sprechen können, nicht jedoch die zuvor beherrschte Fremdsprache. Bei einem Schlaganfall wird die Durchblutung zu einem Rindenbereich unterbrochen, die dortigen Nervenzellen gehen zu Grunde. Erklären Sie das Phänomen!

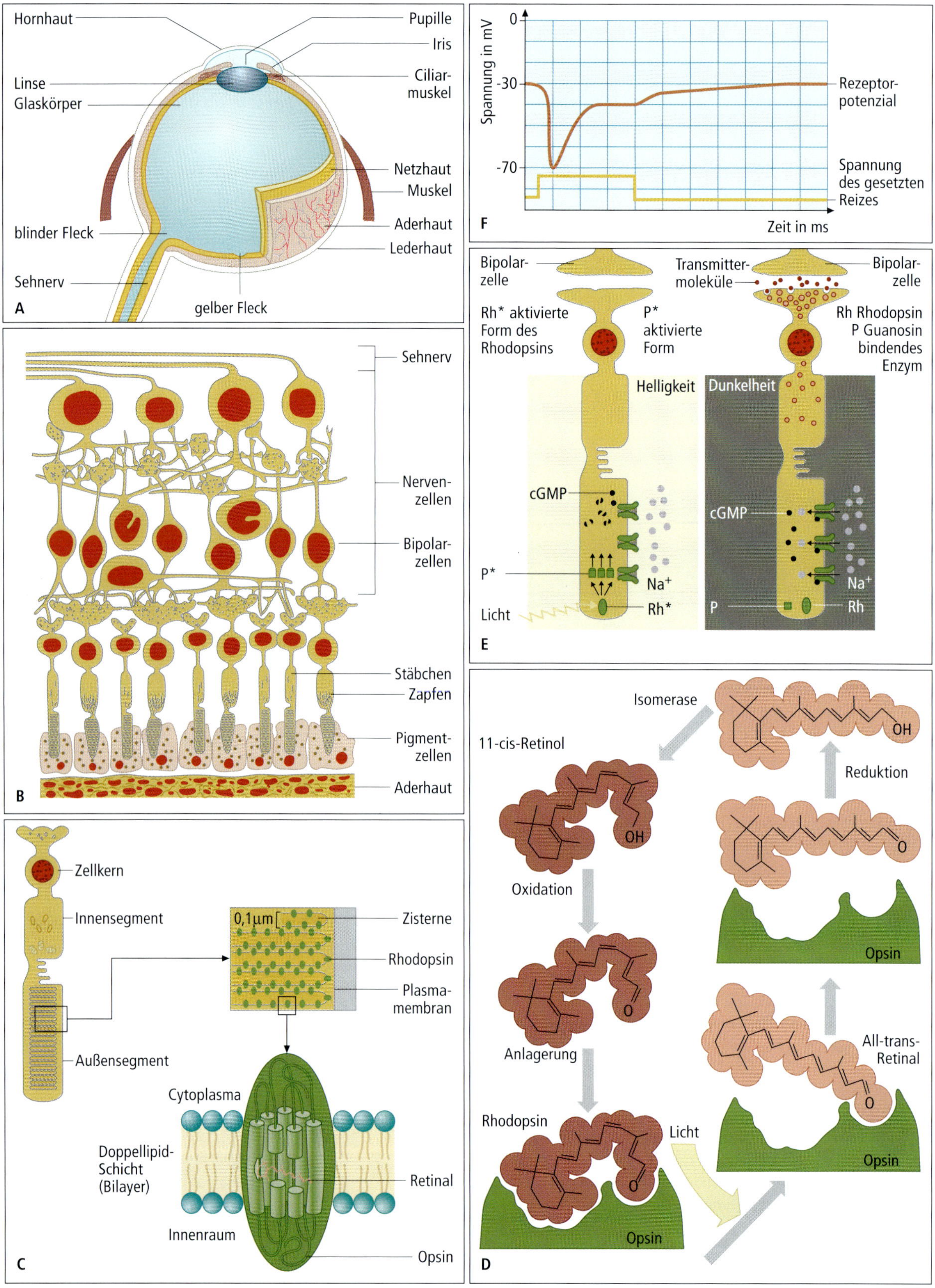

244.1 Auge. A Aufbau; **B** Netzhaut; **C** Sehzelle und Sehzellmembran; **D** Veränderungen des Sehfarbstoffs; **E** Ionenströme an der Sehzellmembran; **F** Potenzial

4 Sinnessysteme

4.1 Bau und Funktion des Auges

Informationen über ihre Umwelt und über Zustände innerhalb ihres Körpers erhalten Lebewesen durch ihre *Sinne.* Die für eine Sinnesleistung verantwortlichen Strukturen bezeichnet man als **Sinnessystem.** Jedes Sinnessystem enthält spezialisierte Nervenzellen, die **Sinneszellen,** die man auch *Rezeptoren* nennt. Die Rezeptoren eines Sinnessystems können nur eine bestimmte Reizqualität aufnehmen. Diese wird in ein elektrisches Signal umgewandelt, das dem Nervensystem zugeführt und dort verarbeitet wird.

Adäquater Reiz für das Sinnessystem Auge ist das sichtbare Licht. Darunter versteht man beim Menschen elektromagnetische Strahlung der Wellenlängen von 400 bis 800 nm. Bei 400 nm empfindet man Violett, bei 450 nm Blau, bei 550 nm Grün und bei 800 nm Rot. Auf einen Gegenstand fallendes Licht wird teilweise reflektiert und von der *Hornhaut* und der *Linse* zu einem verkleinerten, umgekehrten Bild auf die **Netzhaut** projiziert. Die zähe weiße *Lederhaut* und ein genau geregelter Augeninnendruck gewährleisten eine konstante Form des Auges. Diese ist für ein scharfes Bild unentbehrlich.
Die Netzhaut trägt auf der lichtabgewandten Seite **Lichtsinneszellen,** man spricht auch von *Fotorezeptoren:* 120 Millionen dämmerungsempfindliche **Stäbchen** und etwa sechs Millionen tageslichtempfindliche, für das Farbensehen zuständige **Zapfen.** Die Fotorezeptoren sind von *Pigmentzellen* umgeben, in deren Zwischenräume sie je nach Lichtstärke eintauchen können. Auf der lichtzugewandten Seite sind die Fotorezeptoren mit Nervenzellen verbunden. Deren ableitende Neuriten führen zum *blinden Fleck* und treten als *Sehnerv* durch die Augenwand zu dem sensorischen Feld der Großhirnrinde, das für optische Reize zuständig ist.
Stäbchen und Zapfen sind sehr ähnlich aufgebaut. Das *Innensegment* enthält den Zellkern, Mitochondrien und die synaptische Endigung. Das *Außensegment* besteht aus zahlreichen übereinandergeschichteten Membranzisternen, den *Discs,* die von der Zellmembran des Fotorezeptors umhüllt sind. In die Membran der Scheiben sind Farbstoffmoleküle eingelagert. Stäbchen enthalten den **Sehpurpur,** das **Rhodopsin.** Ein Rhodopsinmolekül besteht aus einem großen Eiweißmolekül, dem *Opsin,* und einem von diesem eingeschlossenen *11-cis-Retinal*-Molekül. Dieses hat Ähnlichkeit mit einem Molekül des auch in Karotten vorkommenden Vitamins A. Die Zapfen werden hinsichtlich ihres Farbstoffs in drei Klassen eingeteilt. Die Farbstoffe enthalten alle Retinal, unterscheiden sich aber im Eiweißanteil. Deren Unterschiede sind verantwortlich dafür, dass die entsprechenden Zapfen für unterschiedliche Wellenlängen unterschiedlich empfindlich sind. Das Retinal kommt in zwei Formen vor, der *cis-* und der *trans-*Form. Bei Dunkelheit liegt vorwiegend die cis-Form vor, unter Lichteinwirkung bildet sich aus dieser die trans-Form. Diese wird in einem mehrschrittigen Regenerationszyklus zunächst vom Opsin gelöst, in die cis-Form überführt und wieder an das Opsin angelagert.

Diese lichtabhängige Veränderlichkeit des Rhodopsins ist Voraussetzung für die **Fototransduktion,** das heißt die Umsetzung von Lichtreizen in bioelektrische Signale wie Aktionspotenziale. Bei Dunkelheit sind unter dem Einfluss von zyklischem Guanosinmonophosphat (cGMP) die Na^+-Kanäle in der cytoplasmatischen Membran des Außensegments geöffnet, Na^+-Ionen strömen ein und führen zu einer leichten Depolarisierung der Membran auf –30 mV. Man spricht vom **Ruhepotenzial.** Einfallendes Licht wird vom Rhodopsin absorbiert, es entsteht aktiviertes Rhodopsin (Rh*). Dieses aktiviert über ein Guanosin bindendes Protein (P) ein Enzym, das Guanosinmonophosphat abbaut. Innerhalb weniger Millisekunden schließen sich dadurch die Na^+-Poren. Folglich strömen weniger Na^+-Ionen in die Zelle. Es kommt zu einer *Hyperpolarisierung* auf etwa –70 mV. Man nennt eine solche Potenzialänderung, die durch einen Reiz an einer Rezeptorzelle ausgelöst wird, **Rezeptorpotenzial.** Das Rezeptorpotenzial ist ein *graduiertes Potenzial:* Mit zunehmender Reizstärke nimmt auch das Rezeptorpotenzial zu.

Das durch einen Lichtreiz „roter Punkt" hervorgerufene Rezeptorpotenzial breitet sich bis zur präsynaptischen Membran aus. Dort vermindert es die Freisetzung eines Transmitters in den synaptischen Spalt zur angrenzenden Bipolarzelle. Hierdurch werden in den nachfolgenden Zellen Aktionspotenziale ausgebildet, deren Frequenz von der Reizstärke und somit von der Größe des Rezeptorpotenzials abhängt. Die Aktionspotenzialfrequenz bezeichnet man als **sensorische Erregung.** Sie wird über Neuriten in das für optische Reize zuständige sensorische Feld der Großhirnrinde geleitet. Dieses ist mit Assoziationsfeldern verknüpft und vermag die sensorische Erregung zu interpretieren. So entsteht die **Wahrnehmung** „roter Punkt". Erregung, die auf anderen Sinneseindrücken wie zum Beispiel Schall beruht, wird in ein für Schallreize zuständiges Feld geleitet und dort interpretiert. Entscheidend ist also, wohin die von einem Rezeptor kommende sensorische Erregung geleitet wird und nicht durch

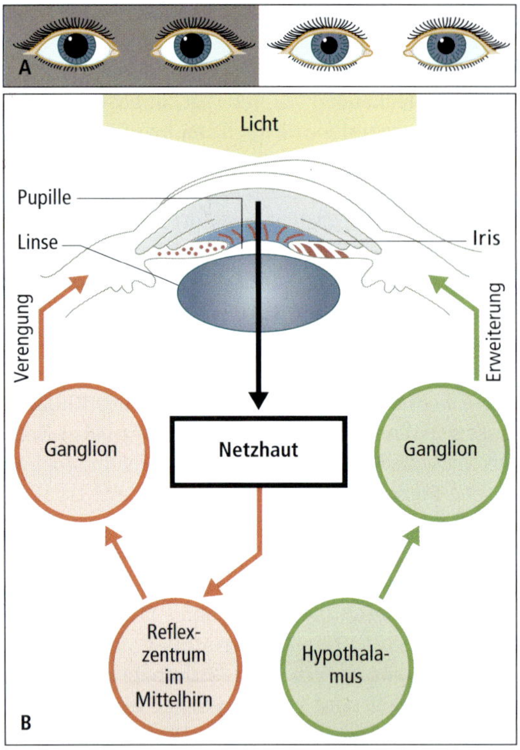

246.1 Pupillenreaktion. A Experiment; **B** Schaltschema

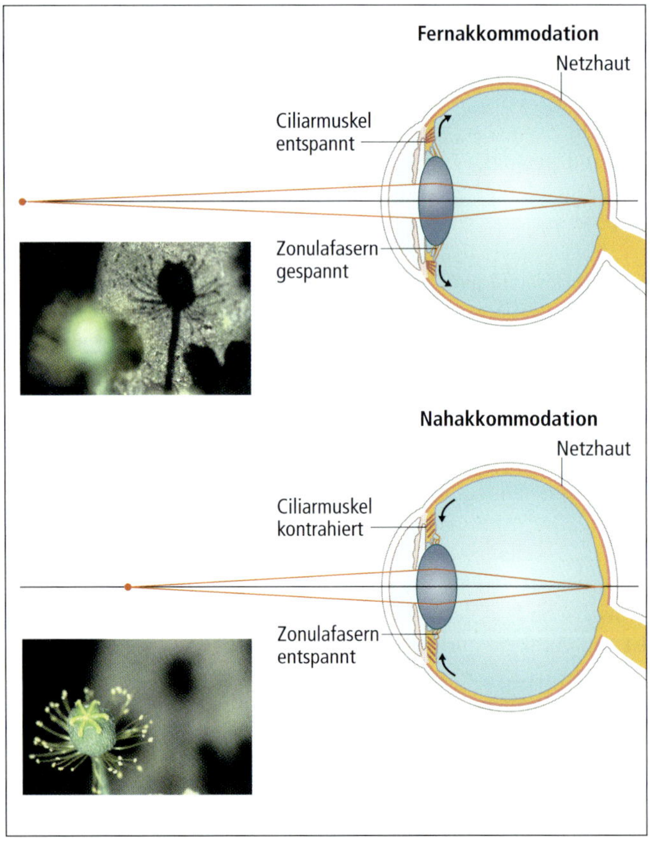

246.2 Akkommodation

welche Reizqualität sie ausgelöst wurde. Ein Beispiel soll diese grundsätzliche Aussage verdeutlichen: Gelänge es, die von einem Auge wegführenden Neuronen mit denen aus dem Ohr zu vertauschen, würde der Betroffene einen Fotoblitz als lauten Knall und ein Musikstück als ein unregelmäßiges Aufblitzen bunter Lichter empfinden.
Die Anpassung an die jeweiligen *Lichtverhältnisse* ist eine wichtige Voraussetzung für die Entstehung eines guten Bildes. Gut zu beobachten sind die Veränderungen an der **Pupille,** einer kreisförmigen Öffnung in der **Iris.** Bei starkem Lichteinfall verengt sich die Pupille, folglich gelangt weniger Licht auf die Netzhaut. Diese Verengung wird dadurch erreicht, dass über Bahnen des Parasympathikus Erregung zum Ringmuskel geführt wird, der die Pupille umschließt. Dieser zieht sich zusammen. Bei schwachem Licht unterbleibt die Erregungsbildung, die Pupille bleibt erweitert. Über Bahnen des Sympathikus kann Erregung zu den speichenförmig angeordneten Muskeln in der Iris gelangen. Deren Kontraktion führt zur Erweiterung der Pupille.
Eine andere Anpassungsmöglichkeit besteht darin, dass in den Rezeptoren bei starker Belichtung mehr Sehfarbstoff zerfällt als regeneriert wird. Der zelluläre Gehalt an Sehfarbstoff sinkt und damit auch die Lichtempfindlichkeit der Sehzelle. Beide Anpassungsleistungen fasst man unter dem Begriff **Adaptation** zusammen.

Die Anpassung des Auges an die *Entfernung* eines Gegenstandes bezeichnet man als **Akkommodation.** Während bei einem Fotoapparat der Abstand zwischen **Linse** und Film verändert wird, erfolgt beim Auge die Scharfstellung durch Änderung der Linsenwölbung und -brechkraft. Der Rand der Linse ist über **Zonulafasern** mit dem ringförmigen **Ciliarmuskel** verbunden. Wird ein Gegenstand an das Auge herangeführt, kontrahiert der Ciliarmuskel. Sein Radius wird kleiner und der Zug der Zonulafasern am Linsenrand lässt nach. Die Linse wölbt sich auf Grund ihrer Eigenelastizität, ihre Brechkraft nimmt zu. Der Gegenstand wird scharf auf der Netzhaut abgebildet, und nicht, wie bei unveränderter Linsenwölbung, dahinter. Diesen Vorgang nennt man *Nahakkommodation*. Bei der *Fernakkommodation* stellt sich das Auge auf weiter entfernte Gegenstände ein, es kommt letztlich zu einer Abflachung der Linse.

Ist der Augapfel von Geburt an zu kurz, so gelingt die Nahakkommodation nur unzureichend; man spricht von *Weitsichtigkeit*. Die *Alterssichtigkeit* dagegen rührt daher, dass mit zunehmendem Alter die Elastizität und damit die Brechkraft der Linse nachlässt. Nahe Gegenstände können nicht scharf auf der Netzhaut abgebildet werden. Bei zu langem Aug-

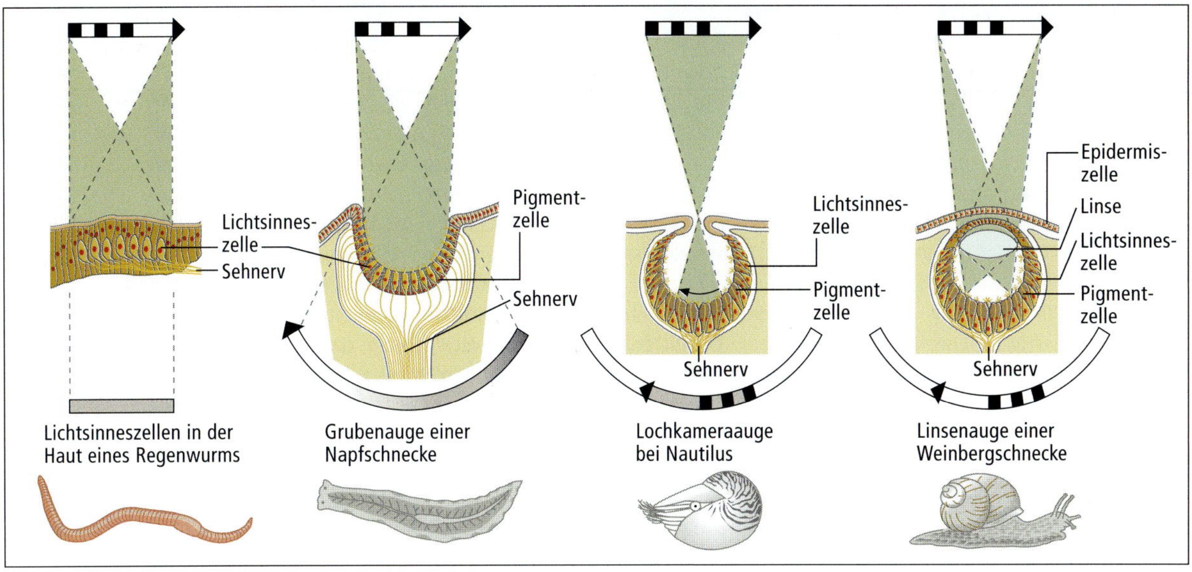

247.1 Augentypen

apfel können weiter entfernte Gegenstände nicht scharf auf der Netzhaut abgebildet werden. Diese Akkommodationsschwäche nennt man *Kurzsichtigkeit.* Bei Weitsichtigkeit hilft eine Brille mit konvexen Gläsern, bei Kurzsichtigkeit eine mit konkaven.

Im Tierreich findet man Augen ganz unterschiedlicher Leistungsfähigkeit. Die einzelligen Fotorezeptoren in der Haut von Ringelwürmern oder die **Flachaugen** bei Quallen ermöglichen lediglich eine *Hell-Dunkel-Wahrnehmung.* Dagegen ist eine Napfschnecke mit ihrem **Grubenauge** zum *Richtungssehen* befähigt. Pigmentzellen bilden einen Pigmentbecher, in den eine Vielzahl von Fotorezeptoren ragt. Nur die Lichtstrahlen, die durch die Becheröffnung einfallen, können die Fotorezeptoren reizen. Aus der entgegengesetzten Richtung kommende Strahlen bewirken keine Reizung der Sehzellen. Bei *Nautilus* ist die Grubenöffnung zu einem winzigen Loch verengt und die Zahl der Sehzellen erheblich vergrößert. In einem solchen **Lochkameraauge** reizen von verschiedenen Punkten kommende Strahlen unterschiedliche Fotorezeptoren. *Formen-* und *Bildsehen* ist möglich. **Linsenaugen** sind dazu noch besser befähigt.

Insekten und Krebse haben einen ganz anderen Typ eines Linsenauges. Ihre **Komplexaugen** können aus bis zu 20000 Einzelaugen oder *Ommatidien* bestehen. Jedes Ommatidium wiederum enthält einen lichtbrechenden Apparat (Linse, Kristallkegel), mehrere Lichtrezeptoren (Retinulazellen) sowie Pigmentzellen zur Abschirmung gegenüber benachbarten Ommatidien. Die Gesichtsfelder der einzelnen Ommatidien überschneiden sich somit kaum. Jedes Ommatidium liefert einen sehr kleinen Teil des Gesamtbildes. Die Teilbilder der Ommatidien müssen mithilfe eines gut entwickelten Nervensystems zu einem Gesamtbild zusammengefügt werden. *Richtungs-* und *Bildsehen* sind möglich. Honigbienen können UV-Strahlung und polarisiertes Licht wahrnehmen. Das hohe *zeitliche Auflösungsvermögen* ermöglicht das rasche Abtasten der Umgebung und somit das schnelle Erfassen vieler Details.

1. Erläutern Sie den Sachverhalt der Transduktion!
2. Vergleichen Sie die Nutzung des Lichts bei der Fotosynthese und bei der Reizung eines Fotorezeptors!
3. Erläutern Sie die Bedeutung der Pupillenreaktion!

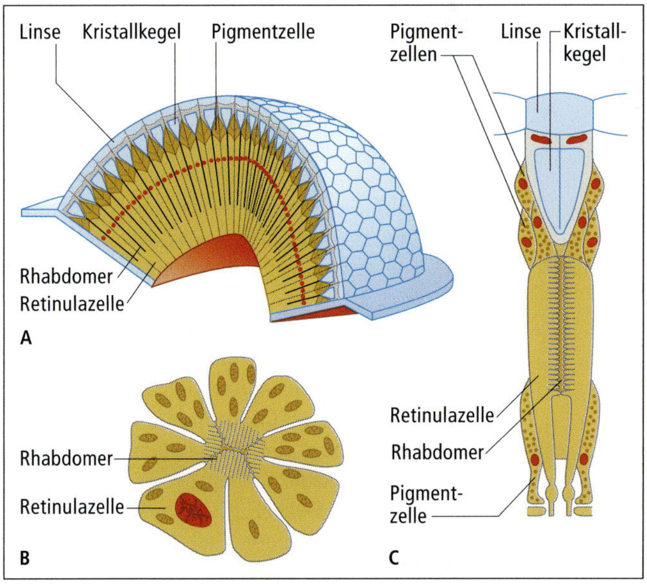

247.2 Komplexauge. A Ausschnitt; **B** Querschnitt Ommatidium; **C** Längsschnitt Ommatidium

4.2 Weitere Sinnessysteme

Gehörsinn. Über den *äußeren Gehörgang* erreichen die Schallwellen das *Trommelfell* und versetzen es in Schwingungen. Diese werden durch die *Gehörknöchelchen* verstärkt und auf das *ovale Fenster* übertragen. Das ovale und das *runde Fenster* grenzen mit ihrer elastischen Membran das luftgefüllte *Mittelohr* gegenüber dem flüssigkeitsgefüllten *Innenohr* ab. Dieses besteht aus der *Schnecke*, die im Prinzip eine beidseitig verschlossene, schneckenartig aufgerollte Röhre darstellt. Durch den *Schneckengang* wird dieses Röhre in zwei Abschnitte untergliedert. Der obere heißt *Vorhofgang*, der untere *Paukengang*. Beide Räume stehen über das *Schneckenloch* miteinander in Verbindung. Der „Boden" des Schneckengangs besteht aus der *Basilarmembran*, die zur Schneckenspitze hin immer breiter wird. In eine wulstförmige Verdickung sind die *Haarzellen* genannten Hörsinneszellen eingelassen. Sie tragen an ihrem oberen Ende haarartige Fortsätze, an ihrem unteren Ende treten sie über Synapsen mit *Hörnervenfasern* in Verbindung. Die haarigen Fortsätze berühren die sogenannte *Deckmembran*. Durch den Schalldruck vom ovalen Fenster wird die nicht zusammendrückbare Flüssigkeit in den Vorhofgang gegen den Schneckengang gedrückt. Dieser weicht nach unten aus und verdrängt Flüssigkeit des Paukenganges in Richtung rundes Fenster, das mit seiner elastischen Membran diesem Druck nachgeben kann. Beim Herabdrücken des Schneckenganges verschiebt sich die Basilarmembran in ihrer Lage zur Deckmembran. Dadurch werden die Härchen ausgelenkt. Hierdurch werden K^+-Ionenkanäle geöffnet. K^+-Ionen strömen aus der Flüssigkeit im Schneckengang in die Haarsinneszellen ein. Es kommt zur Ausbildung eines Rezeptorpotenzials.

Gleichgewichtssinn. Man ist sich der normalen Funktion dieses Sinnes normalerweise nicht bewusst, Funktionsstörungen dagegen werden zum Teil sehr dramatisch wahrgenommen (Schwindel, Gangunsicherheit). In jedem Innenohr befinden sich zwei *Macula-Organe* und drei *Bogengangsorgane*. Ein Macula-Organ liegt im schlauchartigen *Utriculus*, das andere im rundlichen *Sacculus*. In beiden findet man horizontal angeordnete *Haarzellen*, deren Haarschöpfe in eine schüsselförmige, bewegliche Gallertkuppel ragen. Dieser Platte sind zahlreiche kleine Kalkkristalle aufgelagert. Je nach Kopfhaltung übt die so beschwerte Gallertkuppel einen mehr oder weniger schräg ansetzenden Druck bzw. Zug auf die Haare der Haarzellen aus. Die drei Bogengangsorgane befinden sich in den drei vom Utriculus ausgehenden, senkrecht aufeinander stehenden *Bogengängen*. Diese sind mit Flüssigkeit gefüllt und besitzen je eine bläschenförmige Ausstülpung, eine so genannte *Ampulle*. In diese Ampulle ragt ein abbiegbarer Gallertzapfen, der den Härchen zahlreicher Haarzellen aufsitzt. Dreht man den Kopf und mit ihm das Labyrinth, so folgt die im horizontalen Bogengang befindliche Flüssigkeit dieser Bewegung zunächst nicht. Der Gallertzapfen wird abgebogen.

Vergleichbares spielt sich in den beiden anderen Ampullen ab, wenn der Kopf entsprechend bewegt wird. Wie auch bei dem Macula-Organ werden die Sinneshärchen ausgelenkt. Dieses hat zur Folge, dass mit größerer Wahrscheinlichkeit K^+-Ionenkanäle in der Härchenmembran geöffnet werden, K^+-Ionen einströmen und es zur Ausbildung eines Rezeptorpotenzials kommt.

Geruchssinn. Im oberen Bereich der Nasenhöhle, links und rechts von der Nasenscheidewand sind die *Riechflächen* ausgebildet. Beim Hund sind es immerhin 150 cm^2, beim Menschen dagegen nur etwa 10 cm^2. In der Riechfläche liegen pflasterartig angeordnet schlanke *Riechzellen* neben kompakten *Stützzellen*. In größeren Abständen sind zusätzlich *Drüsen* eingelagert. Diese produzieren den Schleim, in den die Sinneshaare der Riechzellen ragen. Dem anderen Ende der Riechzellen entspringen Axone, die in Bündeln die Siebbeinplatte durchdringen und als *Riechnerv* zum vorderen Teil der Großhirnrinde führen.

Durch die Atemluft werden *Geruchsstoffe* herangetragen. Man kann etwa 10 000 Düfte unterscheiden. Die Moleküle der Duftstoffe lösen sich im Schleim der Riechfläche und diffundieren zu den Sinneshaaren der Riechzellen. Dort treten sie in Kontakt mit spezifischen **Rezeptorproteinen** (man vermutet beim Menschen etwa 300 bis 500 verschiedene), die in die Membran der Sinneshaare integriert sind. Jede Riechsinneszelle trägt nur einen Typ von Rezeptorproteinen. Durch die Wechselwirkung eines Duftmoleküls mit dem passenden Rezeptorprotein wird über mehrere Zwischenschritte vermehrt eine besondere Form des ATP gebildet, das cyclische AMP (cAMP). Dieses öffnet unspezifische Kationenkanäle in der Membran. Es kommt zum Einstrom von Kationen und somit zur Ausbildung eines Rezeptorpotenzials.

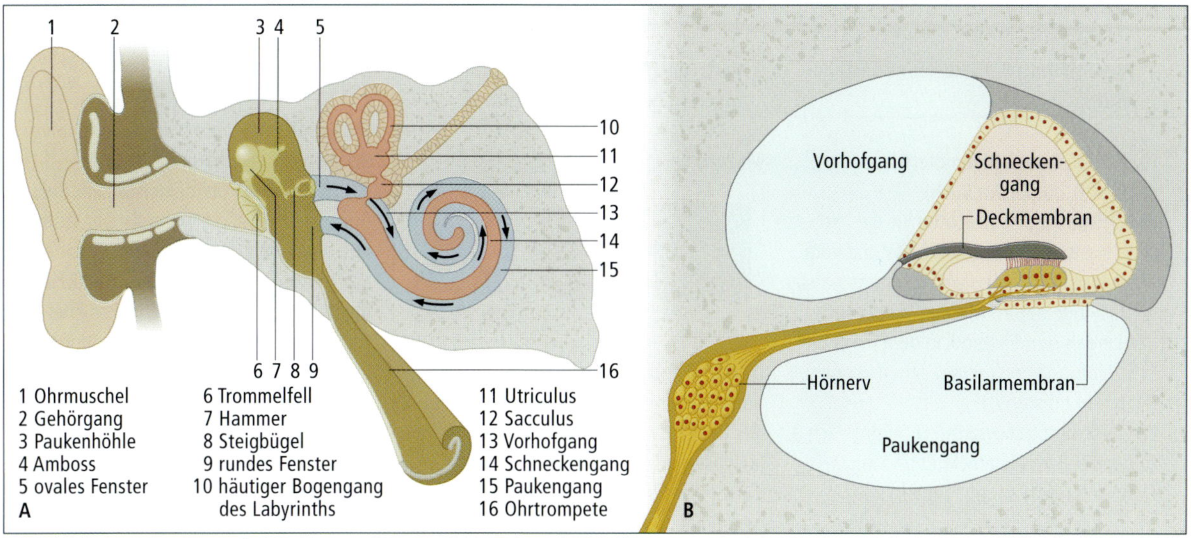

249.1 Menschliches Ohr. A Übersicht; **B** Querschnitt durch die knöcherne Schnecke

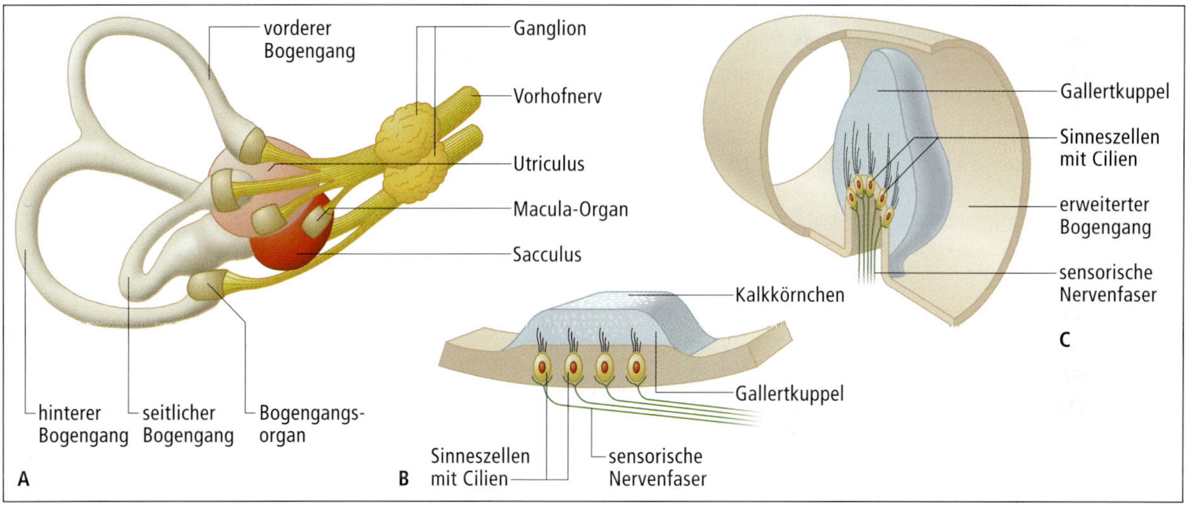

249.2 Häutiges Labyrinth. A Übersicht; **B** Macula-Organ; **C** Bogengangsorgan

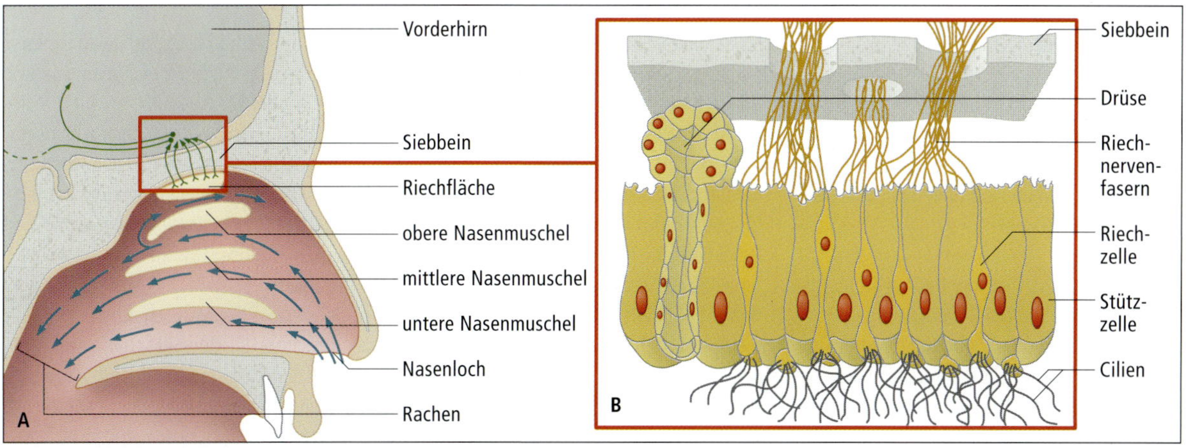

249.3 Geruchssinn. A Übersicht; **B** Ausschnitt

1 Bestimmung der Akkommodationskraft

Material: Lineal; Millimeterpapier; Textseite (z. B. aus einem Buch)

Durchführung: Betrachten Sie die Textseite in etwa 40 Zentimeter Abstand vom Auge und führen Sie sie dann immer näher an das Auge heran! Messen Sie mit Hilfe des Lineals den Abstand, in dem Sie die Schrift gerade noch scharf sehen können (Nahpunktabstand)!
Die Akkommodationskraft (F_A) wird nach folgender Formel berechnet und in Dioptrien (dptr) angegeben:

$$F_A = \frac{1}{\text{Nahpunktabstand (m)}} \text{ (dptr)}$$

Aufgaben:
- **a)** Bestimmen Sie Ihren Nahpunktabstand und errechnen Sie Ihre Akkommodationskraft!
- **b)** Bestimmen Sie die Akkommodationskraft bei Personen unterschiedlich hohen Alters!
- **c)** Leiten Sie aus Ihren Messergebnissen eine allgemeine Aussage ab und erklären Sie sie!

2 Der gelbe Fleck – Bereich des schärfsten Sehens

Material: DIN A4-Blatt mit einem regelmäßigen, feinen Punktmuster, Punktabstand ca. 0,5 mm

Durchführung: Betrachten Sie das Muster aus einem Abstand, in dem Sie die Punkte gerade noch einzeln sehen können! Schauen Sie für die Dauer von wenigen Sekunden einen Ort auf dem Punktmuster an! Prüfen Sie dabei, in welchem Bereich um diesen Ort herum die Punkte deutlich zu sehen sind und wo man lediglich eine graue Fläche sieht!

Aufgaben:
- **a)** Beschreiben Sie Ihre Beobachtungen!
- **b)** Erklären Sie Ihre Beobachtungen!
- **c)** Welche Beobachtungen erwarten Sie für den Fall, dass der Versuch bei Dämmerlicht wiederholt wird?

3 Farb- und Formenunterscheidung im Gesichtsfeld des Menschen

Material:

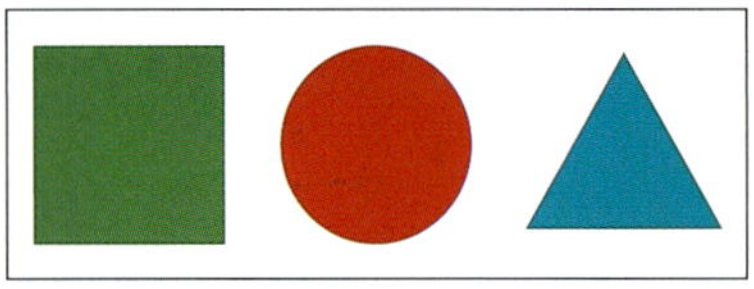

Durchführung: Führen Sie die Testkarte am ausgestreckten Arm vom rechten Rand des Gesichtsfeldes (rechter Arm zur Seite ausgestreckt) langsam zur Mitte des Gesichtsfeldes (rechter Arm nach vorn ausgestreckt)! Teilen Sie im Abstand von etwa zehn Bogengraden mit, ob Sie die Figuren auf der Testkarte scharf und farbig sehen! Untersuchen Sie die linke Hälfte des Gesichtsfeldes entsprechend!

Aufgaben:
- **a)** Führen Sie die Untersuchung durch und notieren Sie Ihre Beobachtungen!
- **b)** Erklären Sie Ihre Beobachtungen!
- **c)** Gehen Sie auf die biologische Bedeutung der Befunde ein!

4 Additive und subtraktive Farbmischung

Material: Schleifscheibenvorsatz mit Bohrmaschine; farbiges Kartonpapier; Tuschkasten; Klebeband; Schere

Durchführung: a) Mischen Sie im Tuschkasten im gleichen Mengenverhältnis die Farben Blau und Gelb! Geben Sie in gleicher Menge Rot hinzu!
b) Schneiden Sie aus dem farbigen Kartonpapier zum Schleifvorsatz passende Kreisscheiben aus, jede Scheibe erhält einen radialen Schnitt bis zum Scheibenmittelpunkt! Stecken Sie die Kartonpapiere ineinander! Sie erhalten so eine Kombination verschiedenfarbiger Sektoren. Befestigen Sie die so miteinander kombinierten Scheiben mit Hilfe des Klebebandes auf dem Schleifvorsatz! Stellen Sie die Bohrmaschine auf kleinster Drehzahl an!

Aufgabe:
Notieren Sie Ihre Beobachtungen und erklären Sie sie!

5 PURKINJE-Phänomen

Material: rotes und blaues Buntpapier; Schere; abdunkelbarer Raum

Durchführung: Schneiden Sie aus dem Buntpapier zwei gleich große Quadrate aus, eines rot und eines blau! Legen Sie sie auf ein weißes Blatt Papier! Vergleichen Sie die Helligkeit der beiden Quadrate bei Tageslicht und bei Dämmerlicht (dunkeln Sie den Raum so weit ab, dass Sie in der ersten Minute nichts sehen können)!

Aufgaben:
- **a)** Führen Sie den Versuch durch!
- **b)** Erklären Sie die Ergebnisse mit Hilfe der nachfolgenden Grafik!

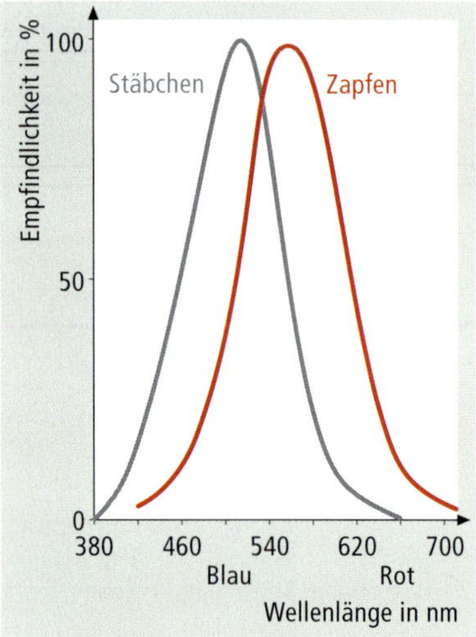

6 Räumliches Auflösungsvermögen

Material: Testbild (aus parallelen Linien definierten Abstands d zusammengesetzt); Zollstock oder Messband

Durchführung: Die Versuchsperson blickt auf das Testbild. Ermitteln Sie den Abstand r, bei dem die Versuchsperson die einzelnen Linien gerade noch voneinander unterscheiden (auflösen) kann!

Aufgaben:
- **a)** Führen Sie den Versuch durch!
- **b)** Errechnen Sie den Sehschärfewinkel β und den kleinsten Abstand d′ zweier noch auflösbarer Bildpunkte auf der Netzhaut!

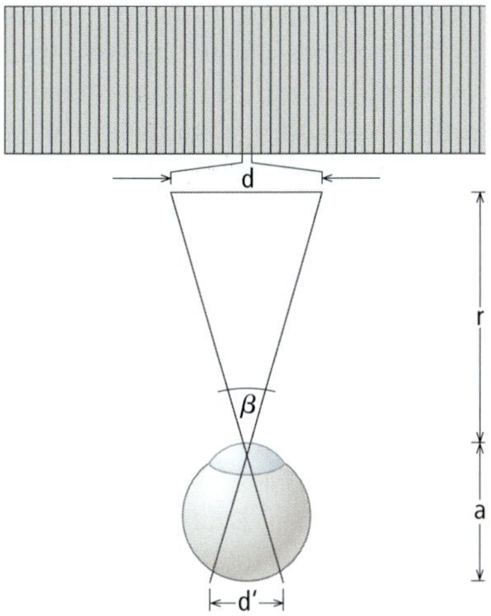

Strahlengang

Berechnungsweg:

$$\beta = \frac{360 \cdot d}{2 \cdot \pi \cdot r}\,° \qquad d' = \frac{d \cdot a}{r}\ \text{mm}$$

7 Einfach- und Doppelsehen

Material: 2 verschiedenfarbige Stifte
Durchführung: a) Halten Sie die beiden Stifte senkrecht im Abstand von ca. 30 cm hintereinander und fixieren Sie mit beiden Augen zunächst den vorderen und dann den hinteren Stift!
b) Wiederholen Sie den Versuch, indem Sie zusätzlich das linke bzw. das rechte Auge abdecken!
Aufgabe:
Beschreiben Sie Ihre Beobachtungen und erklären Sie sie mit Hilfe nachfolgender Abbildung!

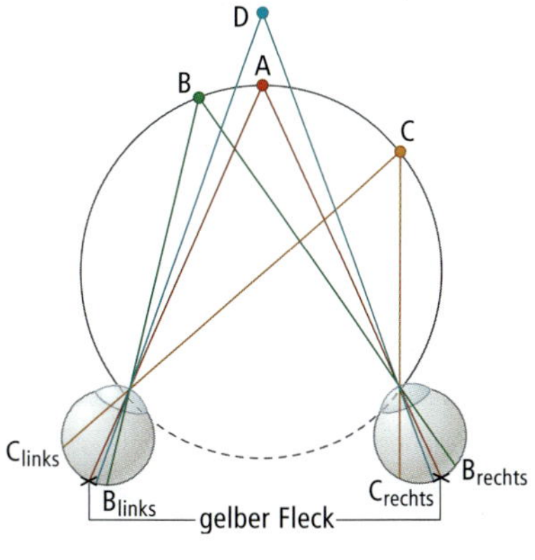

8 Richtungshören

Material: Stethoskopbügel; 2 Schlauchstücke (1 m); 1 Schlauchstück (2 m); Lineal; 2 Glastrichter; Wecker; Bleistift

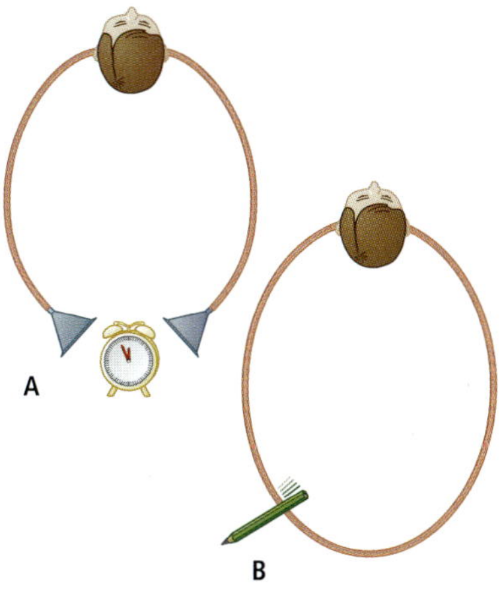

Durchführung: Versuchsaufbau A: Entfernen Sie den einen Trichter in kleinen Abständen immer weiter vom Wecker!
Versuchsaufbau B: Klopfen Sie mit dem Bleistift auf den Schlauch und markieren Sie die Klopfstelle mit dem Bleistift! Die Versuchsperson teilt mit, bei welcher Klopfstelle die Wahrnehmung „hinten" hervorgerufen wird.
Ermitteln Sie den kleinsten Abstand von der Schlauchmitte zu der Klopfstelle, bei dem die Versuchperson mit Sicherheit „von rechts" bzw. „von links" angeben kann!
Aufgaben:
a) Führen Sie den Versuch A durch und erklären Sie das Ergebnis!
b) Führen Sie Versuch B durch und errechnen Sie die Zeitdifferenz, mit der das linke und rechte Ohr gereizt werden (Schallgeschwindigkeit: 331 m/s)!

9 Modellversuch zum Drehsinn

Material: Drehschemel; große Petrischale; Filmstreifen; Klebeband
Durchführung: Befestigen Sie den Filmstreifen mit Hilfe des Klebebandes an der Wand der Petrischale! Füllen Sie die Petrischale mit Wasser und stellen Sie sie auf den Drehstuhl!
Beschleunigen Sie den Drehstuhl
- zügig rechtsherum,
- zügig linksherum,
- äußerst langsam rechtsherum bzw. linksherum,
- bremsen Sie den Drehstuhl nach Einstellen einer gleichmäßigen Drehbewegung ab!

Aufgabe:
Führen Sie die Versuche durch und beziehen Sie sie auf das entsprechende Sinnesorgan!

10 Bedeutung des Geruchssinns für das Schmecken

Material: frisch hergestelltes Mus aus Äpfeln, Karotten, Bananen, rohen Kartoffeln, Zwiebeln; Teller und kleine Löffel; Wäscheklammer; lichtundurchlässiger Schal
Durchführung: Verbinden Sie der Versuchsperson mit dem Schal die Augen und verschließen Sie ihr mit der Wäscheklammer vorsichtig die Nasenöffnungen! Geben Sie der Versuchsperson von jedem Mus eine Probe und bitten Sie sie mitzuteilen, um welches Mus es sich jeweils handelt! Wiederholen Sie die Schmeckproben, nachdem Sie die Wäscheklammer entfernt haben!
Aufgabe:
Führen Sie den Versuch durch und erklären Sie die Ergebnisse!

11 Reizschwelle beim Schmecken

Material: 5 Becher; 5 Pipetten; Rohrzuckerlösungen der Konzentrationen 0,5 %, 1 %, 1,5 % und 2 %; Filtrierpapier
Durchführung: Bringen Sie einer Versuchsperson einen Tropfen der Lösung mit der niedrigsten Konzentration mit Hilfe der Pipette auf die Zungenspitze und lassen Sie sie schmecken!
Testen Sie im gleichen Sinne die anderen Lösungen!
Aufgabe:
Ermitteln Sie die Konzentration, bei der die Versuchsperson die Geschmacksempfindung „süß" erstmals wahrnimmt!

5 Hormonale und neuronale Steuerung

5.1 Regulation von Lebensvorgängen durch Hormone

Stoffwechselprozesse, Entwicklungsvorgänge oder Reaktionen auf Umweltverhältnisse müssen innerhalb eines Lebewesens reguliert werden. Dafür stehen dem Menschen zwei Systeme der Informationsvermittlung zur Verfügung:

Das **Nervensystem** enthält Nervenbahnen, die den Rezeptor mit dem Effektor verbinden. Die Informationen werden durch Spannungsänderungen codiert und in Millisekunden vom Sender zum Empfänger weitergeleitet.

Das **Hormonsystem** dagegen arbeitet nach einem ganz anderen Prinzip. Hier sind Sender und Empfänger nicht direkt miteinander verbunden. Auch die Informationsvermittlung erfolgt auf einem anderen Weg. Informationsüberträger sind Wirkstoffe, die **Hormone.** Sie werden in **Hormondrüsen** hergestellt. Hormone werden nicht, wie der Schweiß bei einer Schweißdrüse, nach außen, sondern in das Blut oder in die Lymphe abgegeben. Man spricht daher von *endokrinen Drüsen*. Die Hormone werden so im ganzen Körper verteilt.

Die Weiterleitung der Informationen ist dabei nur so schnell, wie es die Fließgeschwindigkeit in den Gefäßen zulässt. Die so übertragene Information kann allerdings nur durch spezielle Organe, Gewebe oder Zellen empfangen werden. So gibt das vegetative Nervensystem bei körperlicher Belastung neuronale Signale an das *Nebennierenmark*, das daraufhin das Hormon *Adrenalin* ausschüttet. Gleichzeitig wird die *Nebennierenrinde* angeregt, das Hormon *Cortisol* abzugeben. Adrenalin fördert in der Leber den Abbau von Glykogen zu Glucose, das dann für die aerobe ATP-Bildung zur Verfügung steht. Der dafür benötigte Sauerstoff wird durch Aktivierung der Herztätigkeit und der Atmung bereitgestellt. Gleichzeitig sorgt Adrenalin für eine Erweiterung der Gefäße in der Skelettmuskulatur. Diese kann nun besser mit Glucose und Sauerstoff versorgt werden. Cortisol fördert ebenfalls die Bereitstellung von Glucose, indem es die Umwandlung von Aminosäuren in Glucose bewirkt.

Die Ausschüttung der Hormone unterliegt dem Prinzip der **negativen Rückkopplung.** So wird die Abgabe von Cortisol gedrosselt, wenn eine bestimmte Konzentration dieses Hormons im Blut vorliegt. Dadurch wird erreicht, dass das innere Milieu biologischer Systeme auf dem Niveau konstant gehalten wird, das für die Bewältigung einer bestimmten Situation besonders günstig ist.

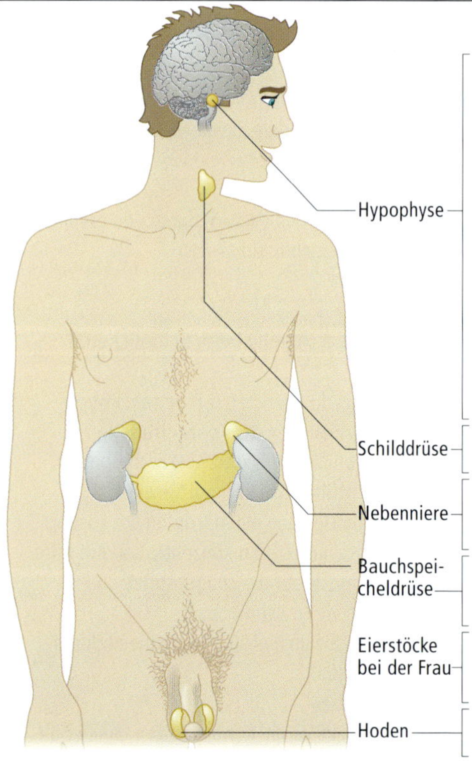

Hormon	Wirkung
Hypophysenvorderlappen	
Somatotropin	Knochenwachstum, Eiweißsynthese
Thyreotropin (TSH)	Anregung der Schilddrüse zur Thyroxinausschüttung
Corticotropin (ACTH)	regt Nebennieren an
Follikel stimulierendes Hormon (FSH)	Entwicklung von Ei- und Spermienzellen; Östrogenbildung
Luteinisierendes Hormon (LH)	Anregung der Progesteronbildung; Eisprung
Hinterlappen	
Adiuretin	Regelung des Wasserhaushalts
Oxytocin	Auslösen der Wehen
Thyroxin	Steigerung des Grundumsatzes, Wachstum
Cortisol (in der Rinde)	Ab- und Umbau von Eiweißen zu Glucose
Adrenalin (im Mark)	Glykogenabbau, Steigerung des Blutzuckerspiegels
Insulin	Senkung des Blutzuckerspiegels, Glykogenbildung
Glucagon	Steigerung des Blutzuckerspiegels, Glykogenabbau
Östrogene	Ausbildung weiblicher Sexualorgane, Zyklusregelung
Progesteron	Erhaltung der Schwangerschaft
Testosteron	Ausbildung männlicher Geschlechtsmerkmale, Muskelzunahme

252.1 Hormondrüsen, Hormone und ihre Wirkungen

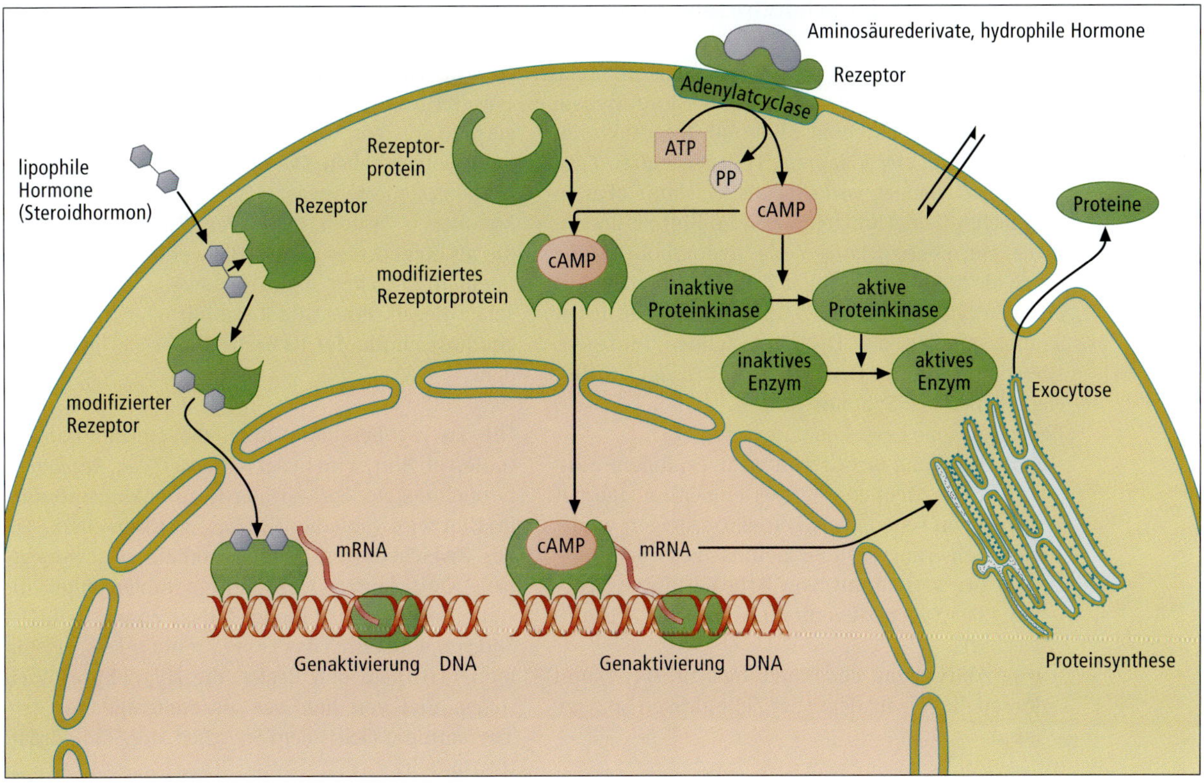

253.1 Hormonwirkung auf zellulärer Ebene

Die Hormone der Wirbeltiere lassen sich in drei Stoffklassen einteilen: Die **Peptidhormone**, wie *Insulin* oder *Glukagon*, bestehen aus Ketten von bis zu 100 Aminosäuren. Sie sind lipidunlöslich. Zu den **Aminosäurederivaten** (Abkömmlingen von Aminosäuren) gehören zum Beispiel *Adrenalin* und *Noradrenalin*. Sie sind ebenfalls lipidunlöslich. Die Moleküle der **Steroidhormone** wie *Cortisol*, *Östrogen* oder *Testosteron* bestehen aus mehreren Kohlenstoffringsystemen. Steroidhormone sind lipidlöslich.

Nach welchem Mechanismus entfalten Hormone ihre Wirkung? Auf jeden Fall muss die Zielzelle einen passenden **Hormonrezeptor** aufweisen. Hormonrezeptoren sind Proteine. Ein bestimmter Bereich ihrer Moleküle passt zu einem bestimmten Bereich der Hormonmoleküle wie der Schlüssel zu einem Schloss. Lipidlösliche Hormone können die Membranlipidschichten der Zellmembran direkt durchdringen. Im Innern der Zielzelle docken sie nach dem Schlüssel-Schloss-Prinzip an ein Protein an. Der so entstandene *Hormon-Protein-Komplex* kann durch die Kernporen in den Kern diffundieren und bestimmte Gene aktivieren. Welche Gene aktiviert werden, hängt ebenfalls vom Typ der Zielzelle ab. Lipidunlösliche Hormone wie Adrenalin, die die Zellmembran nicht durchdringen können, docken an Rezeptormoleküle auf der Außenseite der Zellmembran an. Der so gebildete *Hormon-Rezeptor-Komplex* aktiviert das an der Innenseite der Membran befindliche Enzym *Adenylatcyclase*. Dieses Enzym fördert die Umwandlung von ATP in **cAMP** (cyclisches AMP). Da das Hormon die Information nicht als first messenger weitergibt, wird das cAMP auch als *second messenger* bezeichnet. Es bindet an ein bestimmtes Enzym (Proteinkinase) an und aktiviert es. Dieses Enzym bewirkt dann die besondere Zellantwort. Leberzellen zum Beispiel bauen Glykogen zu Glucose ab. Das Enzym kann auch die Membranpermeabilität oder Gene aktivieren. Welchen Effekt der sekundäre Botenstoff hat, hängt vom Typ der Zielzelle ab.

Eine besondere Stellung nehmen die Hormone des *Hypophysenvorderlappens* ein. Sie greifen nicht direkt in das Stoffwechselgeschehen des Organismus ein, sondern regen in anderen Hormondrüsen die Bildung von Hormonen an. So bewirkt das vom Hypohysenvorderlappen ausgeschüttete **A**dreno**c**orti**t**rope **H**ormon **ACTH** in der Nebennierenrinde die Ausschüttung von Cortisol.

1. Vergleichen Sie hormonale und neuronale Regulation!
2. Erläutern Sie die Bedeutsamkeit der Tatsache, dass Hormone wieder abgebaut werden!
3. Erläutern Sie, weshalb der zelluläre Wirkmechanismus bei Cortisol ein anderer ist als bei Insulin!

5.2 Regelkreis der Schilddrüsenhormone

Die Schilddrüse produziert zwei sehr ähnliche Hormone, die beide von der Aminosäure Tyrosin abgeleitet sind: Thyroxin (T_4) und Trijodthyronin (T_3). T_4 enthält vier Jodatome, T_3 dagegen drei. T_4 ist biologisch weniger wirksam als T_3, dafür aber in zehnfach höherer Konzentration im Blut zu finden. Beide Hormone gelangen als hydrophobe Stoffe durch die Membran fast aller Zellen. Sie binden dort an einen cytoplasmatischen Rezeptor, der sich an bestimmte Stellen der DNA im Zellkern anlagert. Dieser aktiviert dort Gene, die zum Beispiel zur Herstellung der ATP-Synthase führen.

Beide Hormone bewirken unter anderem

- eine Erhöhung des Grundumsatzes, indem Blutdruck, Herzfrequenz, Körpertemperatur und der Abbau von Fetten und Glykogen gesteigert wird,
- eine Steigerung des Energieumsatzes – zum Beispiel bei Verrichtung von Arbeit – durch Erhöhung des Sauerstoffverbrauchs und des Zellstoffwechsels,
- eine Aktivierung der Proteinbiosynthese. Damit nimmt die Anzahl der in der Zelle aktiven Enzyme zu.

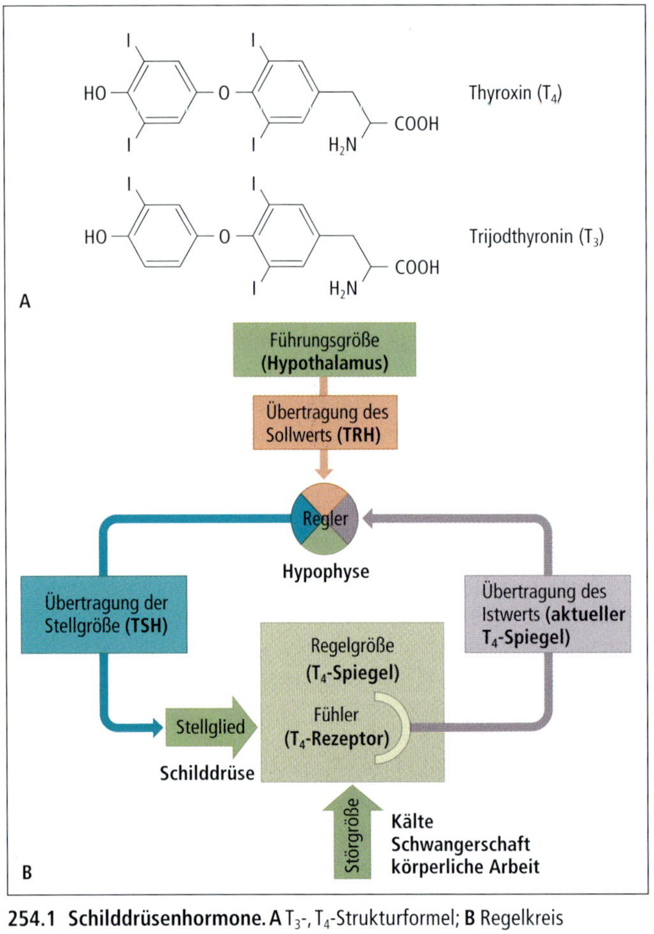

254.1 Schilddrüsenhormone. A T_3-, T_4-Strukturformel; **B** Regelkreis

Pro Tag gibt die Schilddrüse beim erwachsenen Menschen etwa 0,1 Milligramm Hormon in das Blut ab. Die Hormonkonzentration beträgt damit nur etwa 100 Nanomol pro Liter Körperflüssigkeit. Schon geringe Konzentrationsänderungen können tiefgreifende Folgen haben. Daher muss die Hormonabgabe exakt gesteuert werden. Dies geschieht in einem komplexen System **negativer Rückkopplungen,** die als **Regelkreis** dargestellt werden können. Die Regulation gleicht der Arbeitsweise eines technischen Regelkreises und kann mit Begriffen der Regelungstechnik, der **Kybernetik,** beschrieben werden.

Die zu regulierende Größe, die Hormonkonzentration im Blut, wird in der Kybernetik als *Regelgröße* bezeichnet. Der *Sollwert* der Hormonkonzentration im Blut wird von einer *Führungsgröße* in einem Teil des Zwischenhirns, dem Hypothalamus, vorgegeben. Dort laufen viele Informationen über die Außenwelt und das innere Milieu zusammen. Der *Sollwert* wird durch das Thyreotropin-releasing-Hormon (TRH) an den *Regler*, die Hypophyse, übertragen und von hier aus als *Stellgröße* mit dem Thyreotropin (TSH) dem *Stellglied*, der Schilddrüse, übermittelt.

Wird durch *Störgrößen* wie zum Beispiel Kälte, körperliche Arbeit oder Schwangerschaft vermehrt Energie gebraucht, wird der Hypothalamus angeregt, TRH auszuschütten, um damit den Sollwert zu erhöhen. TRH führt zu einer vermehrten Freisetzung von TSH aus der Hypophyse in das Blut. TSH wiederum bewirkt eine verstärkte Bildung und Abgabe der Schilddrüsenhormone. Diese gelangen über die Blutbahn an die Zielzellen und entfalten dort ihre Wirkung. Über die Blutbahn gelangen die Hormone auch in den Bereich der Hypophyse. Der Hypophysenvorderlappen ist mit *Fühlern* ausgestattet. Diese Hormonrezeptoren messen den Istwert, die augenblickliche Hormonkonzentration im Blut. Die Hypophyse als Regler vergleicht den aktuellen Istwert mit dem vorgegebenen Sollwert der Führungsgröße. Weichen Ist- und Sollwert voneinander ab, wird nachreguliert, um der Abweichung entgegenzuwirken: Zuviel Thyroxin im Blut veranlasst den Regler, die TSH-Ausschüttung entsprechend zu drosseln und umgekehrt. Hypophyse und Schilddrüse regeln sich damit gegenseitig in Form eines Regelkreises mit negativer Rückkopplung. Dieser Regelkreis wird von der Führungsgröße kontrolliert.

1. Erläutern Sie anhand des Regelkreises, weshalb Jodmangel zu Kropfbildung führt!
2. Wodurch kann Jodmangel verhindert werden?
3. Nennen Sie vier Krankheitssymptome, die ein Patient mit einer Schilddrüsenunterfunktion aufweisen könnte!

5.3 Hormonelle Regulation des weiblichen Zyklus

Eierstock und Hoden werden auch als Keimdrüsen bezeichnet. In ihnen werden außer den Geschlechtszellen auch weibliche und männliche *Geschlechtshormone* gebildet. Diese bewirken im Laufe der Entwicklung die Ausbildung der primären und sekundären Geschlechtsmerkmale. Nach der Geschlechtsreife regen sie die Bildung und Reifung von Geschlechtszellen an und wirken mit bei der Steuerung des Sexualverhaltens.

Die Reifung der Eizelle im Eierstock wird vom Zwischenhirn gesteuert. Etwa zur Zeit der Menstruation gibt der Hypothalamus ein Freisetzungshormon (**Go**nadotropin-**R**eleasing-**H**ormon, **GnRH**) an die Hypophyse ab. Sie wird dadurch zur Produktion des **F**ollikel **s**timulierenden **H**ormons **(FSH)** angeregt. FSH bewirkt die Reifung der Eizelle, die in einem bläschenartigen Raum, dem *Follikel*, liegt.
Unter dem Einfluss des wachsenden Follikels wird **Östrogen** ins Blut abgegeben. Dieses fördert die Produktion eines weiteren Hypophysenhormons, des **l**uteinisierenden **H**ormons **(LH).** Dieses veranlasst Zellen im Eierstock zur Bildung von **Testosteron,** das unter dem Einfluss von FSH in Östrogen umgewandelt wird. Die hohe Östrogenkonzentration bewirkt zweierlei. Zum einen wird die Sekretion von FSH gebremst und somit das Heranreifen weiterer Follikel verhindert. Zum anderen wird die LH-Ausschüttung weiter verstärkt, sodass es innerhalb von 14 Tagen zum Platzen des Follikels kommt und die Eizelle austritt. Man spricht vom Eisprung oder von der **Ovulation.** In dieser ersten Hälfte des Zyklus verdickt sich unter dem Einfluss des Östrogens die Gebärmutterschleimhaut.
Die hohe LH-Konzentration vor und nach der Ovulation führt zur Umwandlung des aufgerissenen Follikels in den *Gelbkörper*. Dieser produziert, ebenfalls unter dem Einfluss von LH, das Gelbkörperhormon **Progesteron.** Es führt unmittelbar nach der Ovulation zu einem Anstieg der Körpertemperatur um 0,5 °C. Zugleich bewirkt es, dass die Zahl der Blutgefäße in der Gebärmutterschleimhaut erhöht wird und Nährstoffe eingelagert werden. Das Progesteron stabilisiert die Gebärmutterschleimhaut. Sie wird auf die Einnistung des Keims vorbereitet.
Das Progesteron hemmt die weitere LH-Freisetzung. Der Gelbkörper degeneriert, die Progesteronbildung geht zurück. Die Gebärmutterschleimhaut löst sich auf und wird schließlich mit der Menstruation abgestoßen. Im Falle einer Befruchtung nistet sich der Keim in die Gebärmutterschleimhaut ein und gibt ein hormonelles Signal an den Hypothalamus. Dieser regt die weitere Bildung von LH und somit den Erhalt des Gelbkörpers an.

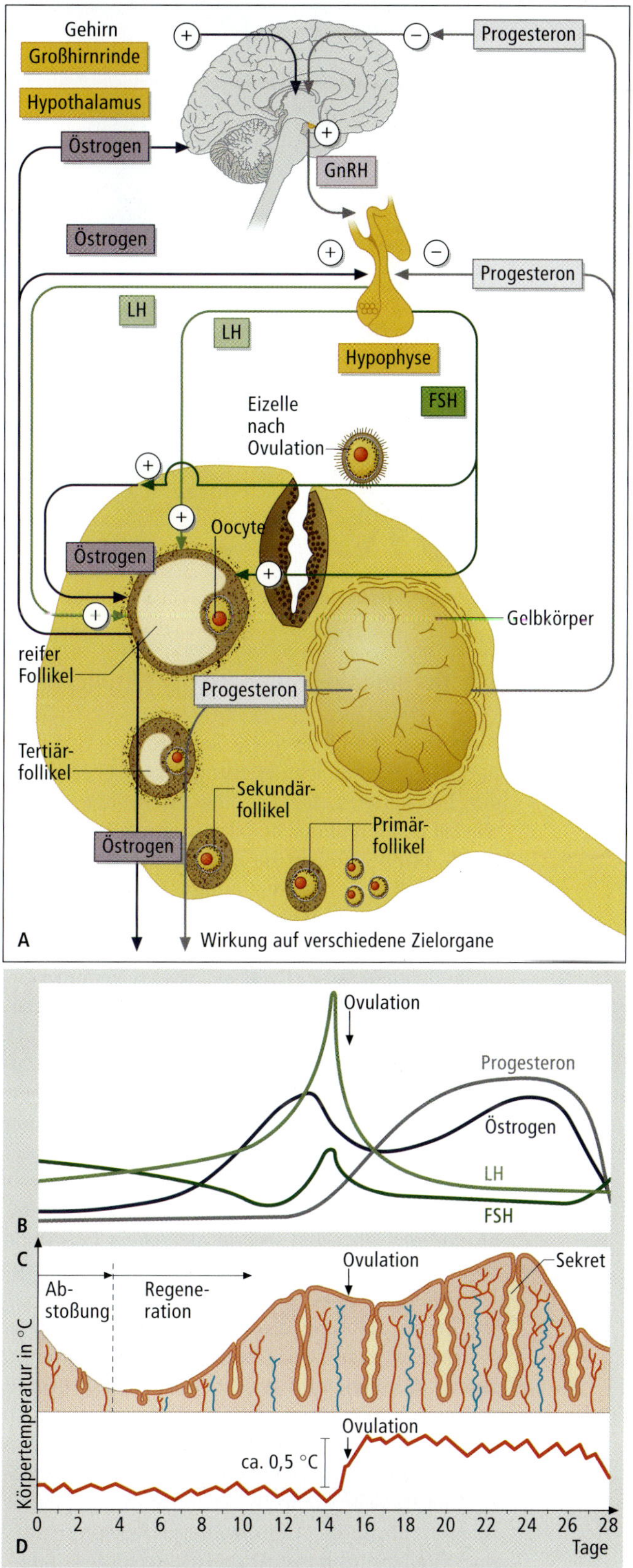

255.1 Hormonelle Regulation des weiblichen Zyklus.
A Regulation und Follikelentwicklung; **B** Hormonkonzentrationen; **C** Veränderung der Gebärmutterschleimhaut; **D** Körpertemperatur

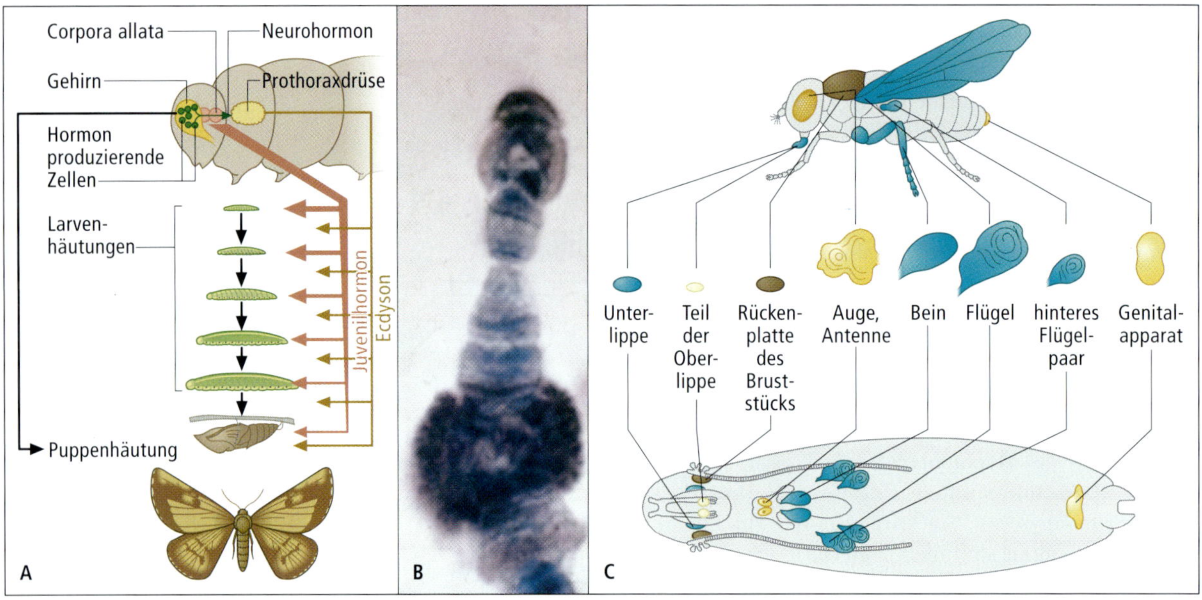

256.1 Entwicklungssteuerung bei Insekten. A Übersicht; **B** Riesenchromosom; **C** Pleiotrope Wirkung des Ecdysons

5.4 Hormonale Steuerung der Entwicklung

Viele Tiere durchlaufen eine komplizierte Entwicklung. So geht bei Schmetterlingen und Fliegen aus der befruchteten Eizelle eine Larve hervor. Sie wächst heran und macht dabei mehrere Häutungen durch. Dann verpuppt sie sich. In der Puppe findet eine umfassende innere Umorganisation statt. Die Larvenform wandelt sich um zur Imago, zum ausgewachsenen Insekt. Man nennt diesen Vorgang auch *Metamorphose*. Diese sichtbaren Veränderungen und auch solche, die sich im Innern der Entwicklungsstadien abspielen, werden durch ein Zusammenspiel mehrerer Hormone gesteuert. Zunächst sind es *Peptidhormone*, die im Gehirn hergestellt werden und die Synthese und Ausschüttung anderer Hormone beeinflussen. Ein solches Hormon ist das *prothorakotrope Hormon*. Es dockt im vorderen Brustabschnitt an Zellen der *Prothoraxdrüse* an und regt über den second messenger cAMP die Synthese des Häutungshormons **Ecdyson** an, das für jede Häutung notwendig ist.

Die Art der Häutung, also ob Larven- oder Puppenhäutung, wird durch das **Juvenilhormon** bestimmt. Dieses Hormon wird in den Hirnanhangsdrüsen *(Corpora allata)* hergestellt und von diesen ausgeschüttet. Es ist für die Aufrechterhaltung des larvalen Charakters verantwortlich. Sein Wirkmechanismus ist sehr komplex. Man weiß, dass dieses lipophile Hormon an intrazelluläre Rezeptoren andockt und in eine transkriptionelle Regulation eingebunden ist. Dieses ist mikroskopisch zu beobachten an Riesenchromosomen von Fliegenlarven. Bestimmte Chromosomenabschnitte sind wulstartig aufgebläht, man nennt sie *Puffs*. In solchen Puffs lässt sich mRNA nachweisen, ein Hinweis darauf, dass hier Transkription stattfindet. Während der weiteren Entwicklung verschwinden manche Puffs, andere treten an anderer Stelle des Chromosoms neu auf.

Insgesamt lässt sich aus diesen Befunden ableiten, dass unter dem Einfluss entwicklungsrelevanter Hormone jeweils die Gene aktiviert werden, die für den jeweiligen Entwicklungsstand bedeutsam sind. Bei einer geringen Juvenilhormon- und einer hohen Ecdysonkonzentration findet die Metamorphose statt. Dabei werden larvale Gewebe und Organe abgebaut und adulte Strukturen aufgebaut. Ausgangsmaterial für eine solche Entwicklung sind sogenannte *Imaginalscheiben*, Zellhaufen aus etwa 30 000 embryonal gebliebenen Zellen. Es sind einschichtige Epithelien, die mit der larvalen Epidermis verbunden und nach innen gestülpt sind. Ihre zukünftige Bedeutung wird durch ihre Lage in der Larve festgelegt. Für ihre weitere Entwicklung ist das Ecdyson verantwortlich.

Auch die Entwicklung von Pflanzen wird über Hormone gesteuert. Bei der Keimung von Gräsern zum Beispiel wird die im Samen gespeicherte Stärke zu Glucose abgebaut. Dafür werden die Enzyme α-Amylase und β-Amylase benötigt. Die Synthese dieser Enzyme wird hormonell gesteuert. Der Keimling bildet dazu **Gibberellin.** Dieses pflanzliche Hormon, man spricht auch von einem **Phytohormon,** diffundiert in die eiweißhaltige Aleuronschicht. Dort lässt sich nach mehreren Stunden ein erhöhter Pegel der benötigten Enzyme nachweisen.

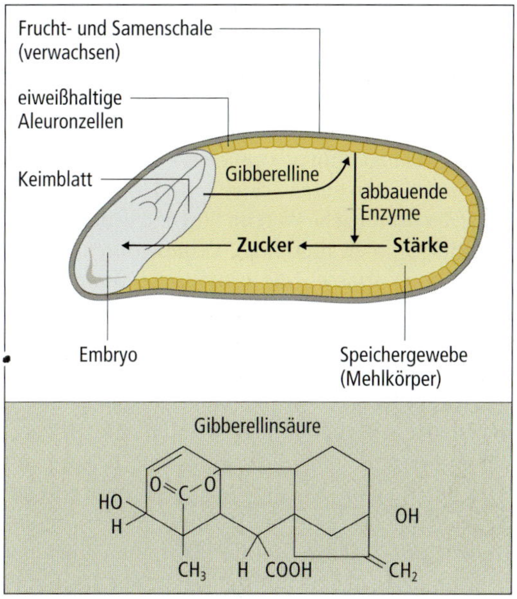

257.1 Wirkung der Gibberelline

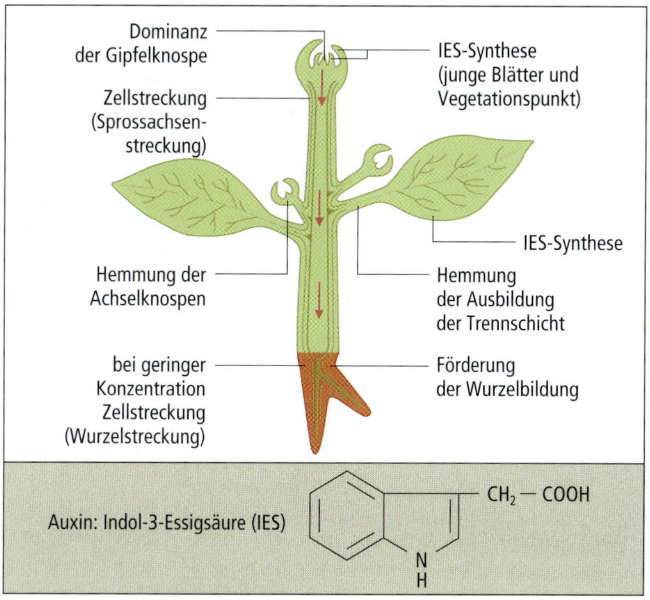

257.2 Wirkungen von Auxin

Diese Befunde lassen den Schluss zu, dass unter dem Einfluss von Gibberellin eine Enzymbildung erfolgt. Die Enzyme zerlegen die Stärke des Speichergewebes in Maltose und Glucose. Das Keimblatt absorbiert diese Zucker und stellt daraus Saccharose her. Dieses Disaccharid wird in die wachsenden Organe des Embryos transportiert.
Gibberelline kommen in fast allen höheren Pflanzen vor. Man unterscheidet, je nach ihrem Vorkommen, mehr als 50 verschiedene Varianten. Sie vermögen eine Vielzahl von Entwicklungsvorgängen zu beeinflussen. Bei der Samenkeimung regulieren sie die Neubildung hydrolytischer Enzyme. Träufelt man jedoch einige Tropfen einer wässrigen Gibberellin-Lösung in die Endknospe einer Weißkohlpflanze, so wächst deren Sprossachse ungewöhnlich stark in die Länge. Hier bewirkt Gibberellin also die Steigerung der Zellteilungsrate und des Zellwachstums. Welche Wirkung Gibberellin entfaltet, hängt unter anderem von dem Rezeptorprotein ab, an das Gibberellin andockt. Der so entstehende Hormon-Protein-Komplex setzt dann die zellspezifischen Sekundärreaktionen in Gang.

Das Phytohormon **Auxin,** Indol-3-Essigsäure (IES), wird bevorzugt in den Sprossspitzen und in jungen Blättern gebildet. Es wird häufig als Wuchsstoff bezeichnet, da es das Streckungswachstum fördert. Doch dieses ist nur eine der vielfachen Wirkungen dieses Hormons. Neben der Regulation des Streckungswachstums kann es die Mitoseaktivität eines Gewebes verstärken, die Teilungsaktivität im Kambium fördern, die Wurzelbildung beschleunigen oder die Ausbildung von Achselkonospen verhindern. Letztlich aber muss man das Auxin als hochgradig unspezifisch kennzeichnen. Die Spezifität einer durch Auxin ausgelösten Reaktion, wie der Zellstreckung, hängt allein ab vom spezifischen Entwicklungszustand der Zellen und Gewebe, auf die es wirkt. Auxin fungiert lediglich als Auslöser. Dabei treten die ausgelösten Effekte mit einer bestimmten zeitlichen Verzögerung ein. Diese Beobachtung stimmt mit der Erkenntnis überein, dass Auxin die RNA- und Proteinsynthese stimuliert. Ungewiss ist, ob Auxin auch für eine differentielle Genaktivierung verantwortlich ist.

In der Landwirtschaft werden *synthetische Auxine* zur Bekämpfung von *Wildkräutern* (früher: Unkräuter) eingesetzt. Dazu versprüht man Auxinlösungen auf Getreidefeldern. Zweikeimblättrige Wildkräuter nehmen mit ihren breiten Blättern eine größere Menge Auxin auf als die einkeimblättrigen Getreidepflanzen. Deren Blätter sind schmal und schräg gestellt, sodass der größte Teil der Auxinlösung abläuft. Die relativ hohen Auxinkonzentrationen in den Wildkräutern hemmen deren Zellvermehrung und Zellwachstum. Die Wildkräuter verkümmern und sterben ab.

1. Nennen Sie ein beim Menschen vorkommendes Hormon, das dem prothorakotropen Hormon bei Insekten entspricht!
2. Zeigen Sie bei der Entwicklung der Insekten eine Hierarchie der Hormone auf!
3. Nennen Sie Wirkungen des Auxins!
4. Erklären Sie die Regulierung der Amylasebildung durch Gibberellin!

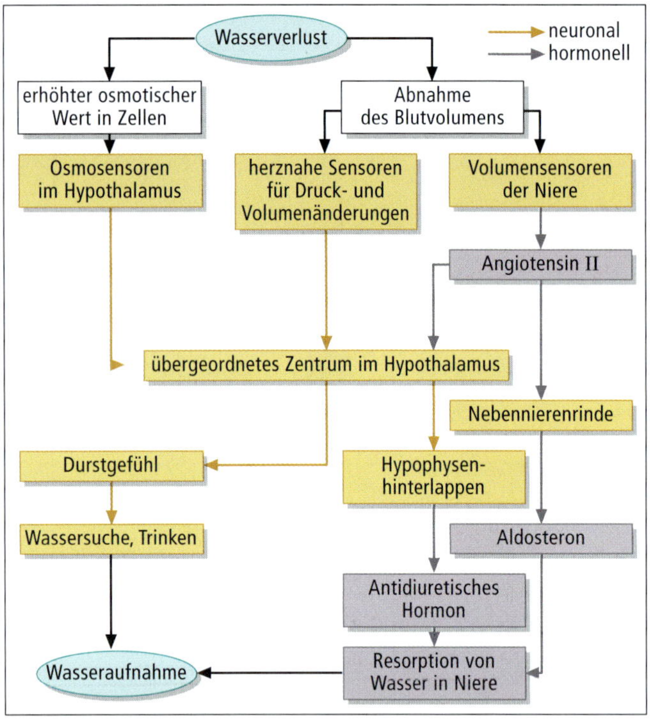

258.1 Regulation des Wasserhaushaltes

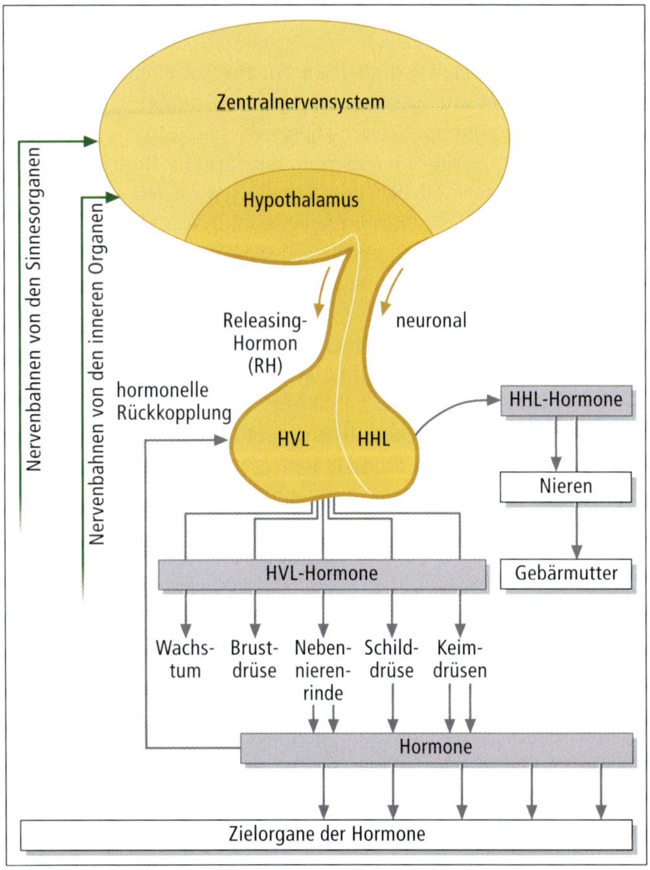

258.2 Hypothalamus-Hypophyse: Schnittstelle zwischen hormoneller und neuronaler Regulation

5.5 Zusammenarbeit von Hormonsystem und Nervensystem

Der erwachsene menschliche Körper besteht zu etwa 72 Prozent aus Wasser. Dieser Wassergehalt schwankt langfristig nur um etwa 0,2 Prozent. Nach Wasserverlusten durch Schwitzen oder Harnbildung steigt der osmotische Wert im Blut und in den Zellen, das Blutvolumen nimmt ab. *Osmosensoren* im Hypothalamus erfassen die osmotische Veränderung und melden sie einem übergeordneten Zentrum, das ebenfalls im Hypothalamus liegt. Gleichzeitig mit der osmotischen Messung registrieren Volumen- und Drucksensoren in herznahen Gefäßen und in der Niere die Abnahme des Blutvolumens. Die herznahen Sensoren sind über neuronale Bahnen mit dem Hypothalamus verbunden, die Sensoren in der Niere reagieren mit der Bildung des Hormons *Angiotensin II*. Dieses Hormon führt zum einen zur Erregung des übergeordneten Zentrums im Hypothalamus, zum anderen zur Ausschüttung von *Aldosteron* in der Nebennierenrinde und somit zur Resorption von Wasser in der Niere. Das übergeordnete Zentrum im Hypothalamus bewirkt eine Steigerung des Durstgefühls. Über neuronale Bahnen wird das Trinken eingeleitet. Gleichzeitig veranlasst dieses Zentrum die Hypophyse über neuronale Bahnen, das *antidiuretische Hormon* auszuschütten. Dieses Hormon fördert ebenfalls das Zurückhalten von Wasser in der Niere.

Insgesamt wird durch die neuronal und hormonell gesteuerten Maßnahmen der Wasserverlust ausgeglichen und somit der Wassergehalt konstant gehalten. Das Leben komplexer Organismen ist nur möglich, wenn die inneren Bedingungen im Körper, wie Wassergehalt, Körpertemperatur oder die Konzentration von Glucose, in nur eng gesetzten Grenzen variieren. Der Organismus trägt sein *inneres Milieu* gleichsam mit sich herum, wie ein Raumfahrer in seiner Raumkapsel das „Erdmilieu" eingefangen und mitgenommen hat.

Wichtigste Hirnregion für die Konstanthaltung des inneren Milieus ist der **Hypothalamus.** Er ist mit allen wichtigen Bereichen des Gehirns verschaltet. Über afferente Bahnen erhält er Informationen von den Sinnesorganen, aus dem Eingeweidebereich und über das innere Milieu. Wichtigste efferente Bahn ist die zur Hypophyse. Über diese Verbindung wird die Ausschüttung von Hormonen aus der Hypophyse und somit die Aktivität untergeordneter Hormondrüsen geregelt.

1. Benennen Sie im Regulationsschema der Abbildung 252.1 die Wege, die bei Wasserverlust eingeschlagen werden!

EXKURS Stress

259.1 Tupaias ohne und mit Stress

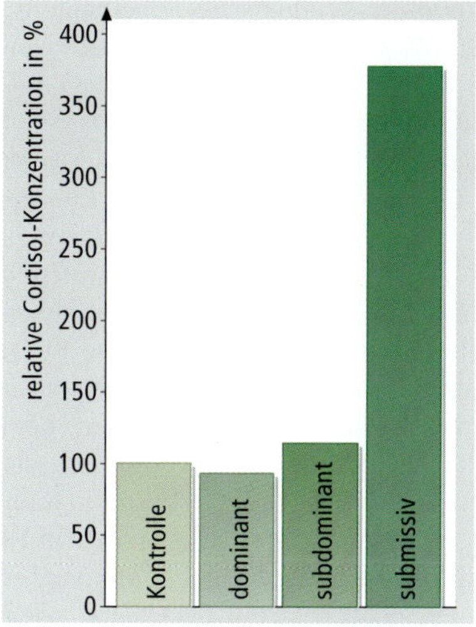

259.2 Stress und Cortisolgehalt

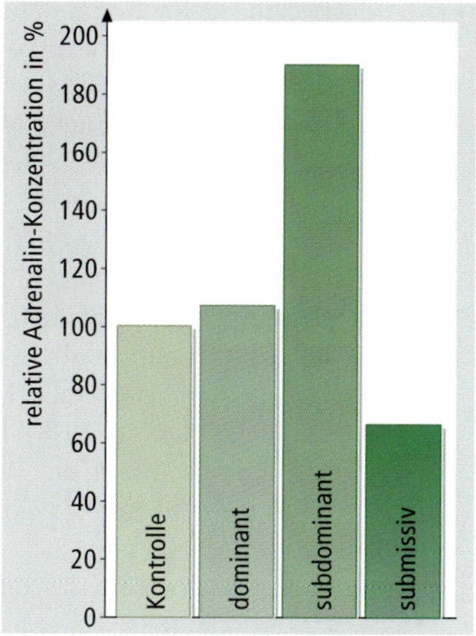

259.3 Stress und Adrenalingehalt

Tupaias, auch Spitzhörnchen genannt, sind eichhörnchengroße Säugetiere mit einem dicht und buschig behaarten Schwanz. Sie sind tagaktiv und leben auf Bäumen. Ihre Heimat ist Südostasien. Im Käfig eines Labors lassen sie sich paarweise halten. Dabei markiert das Männchen ein Revier, das es heftig gegen Eindringlinge verteidigt.
Setzt man zu einem solchen Paar ein fremdes Männchen, beginnen die beiden Männchen sofort miteinander zu kämpfen, die Schwanzhaare werden aufgerichtet. Zumeist wird der Eindringling unterworfen. Der Sieger beachtet ihn nicht weiter und legt seine Schwanzhaare wieder an. Unterlegene Tupaia-Männchen behalten ihre Schwanzhaare fast ständig abgespreizt. Man unterscheidet zwei Gruppen von Verlierern: *Submissive Männchen* verkriechen sich. Nur zum Fressen und Trinken verlassen sie ihr Versteck. Sie machen einen apathischen, depressiven Eindruck. Werden sie nicht aus dieser Laborsituation befreit, sterben sie innerhalb weniger Tage. *Subdominante Männchen* dagegen sind hochaktiv. Fortlaufend beobachten sie den Sieger. Sie versuchen, Begegnungen zu vermeiden. Im äußersten Falle verteidigen sie sich sogar. So können sie wochenlang überleben.

Ein fremdes Männchen, aber auch eine sehr hohe Populationsdichte oder sehr laute Geräusche, bedeuten für Tupaias etwas Belastendes. Die Tiere befinden sich in einer **Stresssituation,** die damit verbundene Belastung nennt man Stress. Stress wird ausgelöst durch **Stressfaktoren,** wie Artgenossen, Lärm, Hitze oder Bedrohung durch einen Angreifer.

Tupaias reagieren auf Stress mit dem Sträuben ihrer Schwanzhaare. Weitere **Stressreaktionen** sind zum Beispiel Steigerung der Atemfrequenz und des Blutdrucks. Für das Zustandekommen dieser Reaktionen vermutet man folgenden ursächlichen Zusammenhang: Sinneseindrücke vermitteln die Stresssituation an das Gehirn. Über den Hypothalamus, Releasing-Hormone, die Hypophyse und das von ihr abgegebene *adrenocorticotrope Hormon (ACTH)* wird die Nebennierenrinde angeregt, **Cortisol** auszuschütten. Dieses wirkt sich hemmend auf das Immunsystem aus. Ebenfalls über den Hypothalamus erfolgt die Aktivierung des Sympathikus. Im Nebennierenmark wird **Adrenalin** freigesetzt. Dieses Hormon bewirkt, dass Glykogen mobilisiert, die Atmung verstärkt und das Herzkreislaufsystem aktiviert wird. Kurz, der Organismus ist in der Lage, in kürzester Zeit Höchstleistungen zu vollbringen. So könnte er die bedrohliche Situation bewältigen oder ihr entfliehen. Man spricht daher auch vom *Fight-or-Flight-Syndrom*. Diese Reaktion auf eine kurzfristige Belastung durch Stress erscheint sinnvoll, lebenserhaltend. Eine langanhaltende Stresssituation jedoch kann sich lebensbedrohend auswirken. So verlieren die unterlegenen Männchen Gewicht, sie werden blutarm, die Hormonproduktion einiger innersekretorischer Drüsen ist vermindert. Hinsichtlich weiterer Folgen unterscheiden sich die beiden Verlierergruppen. Die subdominanten Männchen setzen sich mit der Situation auseinander. Sie haben auch nach zehn Tagen noch sehr hohe Adrenalinwerte. Ihre Herzschlagfrequenz ist unentwegt gesteigert. Schäden des Herz-Kreislauf-Systems und Herzinfarkte sind häufig. Die submissiven Männchen dagegen ergeben sich passiv ihrer Lage. Ihre Adrenalinwerte sind extrem niedrig, hoch dagegen ihre Cortisolwerte. Sie bauen vermehrt Muskulatur und Fettgewebe ab, ihr Immunsystem ist stark geschwächt. Sie sind häufig von Infektionen und Geschwüren betroffen.

Auch andere Tiere und Menschen reagieren auf Stress in vergleichbarer Weise.

1. Erstellen Sie ein Wirkschema für die Stressreaktionen bei submissiven und subdominanten Tupaia-Männchen!
2. Warum spricht man bei unterlegenen Tupaia-Männchen von „Infekt"- und „Herzinfarkt"-Männchen?

5.6 Drogen

Im Jahr 1999 wurden in Deutschland 226563 Delikte im Zusammenhang mit *illegalen Suchtmitteln* (Heroin, Kokain, Cannabisprodukte, synthetische Suchtmittel) registriert. Von 20573 zumeist jungen Menschen weiß man, dass sie 1999 erstmals solche Suchtmittel einnahmen. 1812 Menschen starben nach der Einnahme von illegalen Suchtmitteln. Trotz dieser negativen Zahlen: 250000 bis 300000 Personen gehören zu den Konsumenten *harter Drogen* (Heroin, andere Opiate, Kokain, einige synthetische Suchtmittel). Sie kommen von der *Sucht* nicht los, sie haben „ein unabweisliches Verlangen nach einem Erlebniszustand" (Deutsche Hauptstelle gegen Suchtgefahren, DHS). Gibt es für dieses Verlangen, dem die „Kräfte des Verstandes untergeordnet" (DHS) werden, eine biologische Erklärung?

Stoffe, die direkt auf das zentrale Nervensystem einwirken und dabei einen als mangelhaft empfundenen Zustand mindern und somit einen als angenehm empfundenen Zustand herbeiführen, nennt man **Drogen.** Früher sprach man von Rauschgiften oder Rauschdrogen. Erstaunlicherweise stellt der menschliche Organismus selbst Stoffe her, die eine vergleichbare Wirkung erzielen wie *Morphium* oder *Opium*. Man bezeichnet solche Stoffe als **Endorphine** (endogene Morphine). Sie sind Neurotransmitter und hemmen die Aktivität von Nervenzellen, die die passenden Rezeptoren tragen. Man nennt diese Rezeptoren, da sie auch auf Opium ansprechen, auch *Opiatrezeptoren*. Diesen Rezeptortyp findet man bevorzugt im Hypothalamus, im limbischen System und im Rückenmark. Die genannten Gehirnbereiche regulieren auch Gefühle. Hier wird eine Feinabstimmung der Motivationslage vorgenommen, hier werden ermutigende und stimmungsaufhellende Wirkungen durch anbindendes Endorphin erzielt. Über zelluläre oder gar molekulare Mechanismen dieser Vorgänge weiß man nur wenig.

Besser versteht man die schmerzstillende Wirkung der Endorphine im Bereich der Schmerzbahn des Rückenmarks. Vom Großhirn über das Mittelhirn verlaufende Axone treten über hemmende Zwischenneurone an Neurone der Schmerzbahn heran. Diese Zwischenneurone geben Endorphine ab, die an Opiatrezeptoren andocken und so die Weiterleitung des Schmerzsignals unterbinden. Dieses Endorphinsystem wird nur bei Bedarf aktiviert, wie bei Stress, Kampf, Flucht oder in Notfallsituationen. So spürt ein Helfer, der sich bei der Bergung eines Unfallopfers an der Glasscheibe verletzt, den Schmerz nicht sogleich, sondern erst später. Diese Beobachtung weist auf eine typische Eigenschaft der Endorphine hin. Ihre Lebensdauer ist sehr kurz. Einige Endorphine werden nach wenigen Minuten enzymatisch abgebaut, andere nach wenigen Stunden. Es kommt hinzu, dass man die Ausschüttung von Endorphinen nicht willentlich und nicht zu jeder Zeit herbeiführen kann. Ein Glücksgefühl auf Knopfdruck ist daher mit dem Endorphinsystem nicht möglich. Durch die Einnahme von Opium oder Morphium dagegen lässt sich ein solches Glücksgefühl jederzeit und über einen größeren Zeitraum hinweg realisieren. Dies ist ein Grund dafür, warum Menschen immer wieder Drogen nehmen.

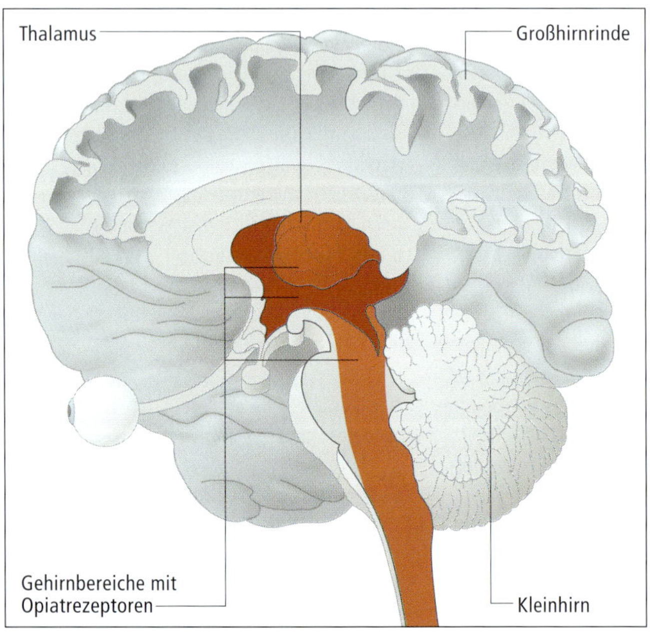

260.1 Gehirnbereiche mit Opiatrezeptoren

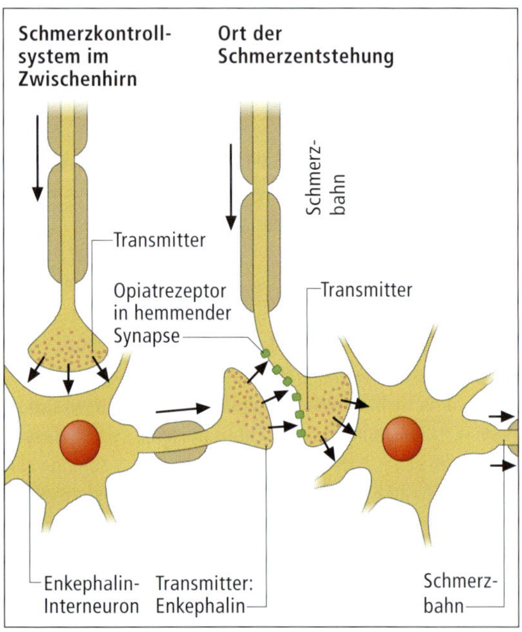

260.2 Wirkung von Endorphinen

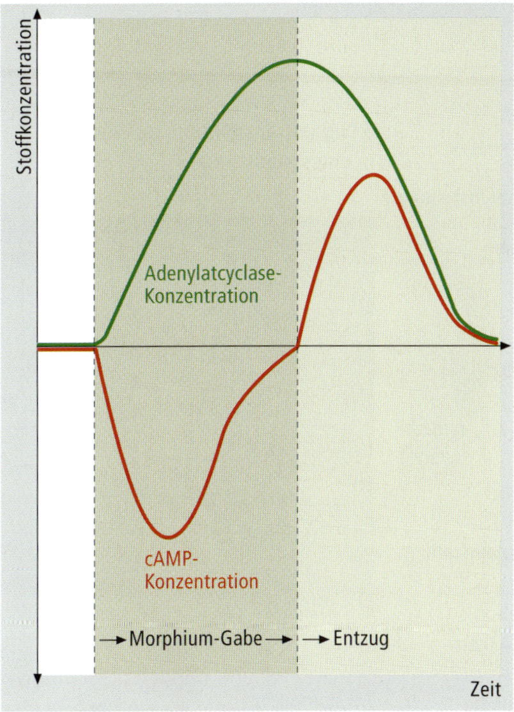

261.1 Stoffwechseleffekte durch Morphium

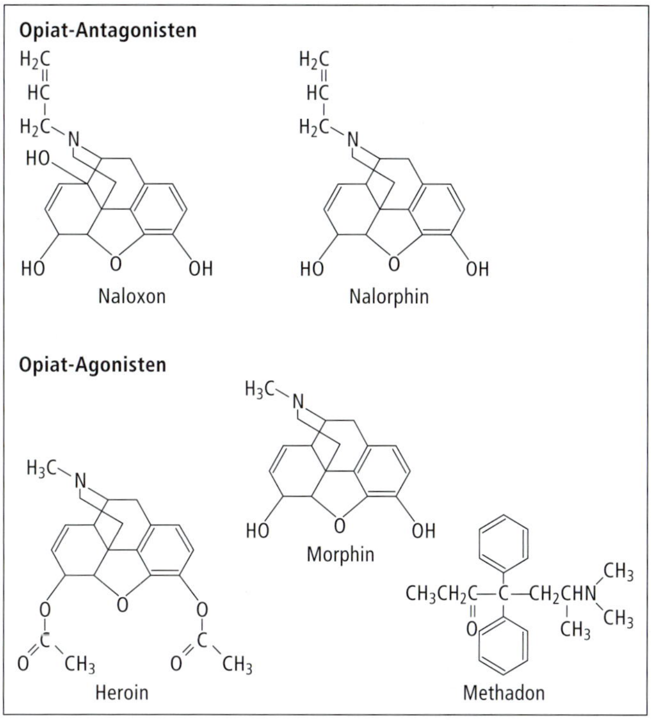

261.2 Drogen und Medikamente (Strukturformeln)

Der Mechanismus der Opiatwirkung entspricht dem der Endorphine, obwohl Opium und Morphium chemisch nicht mit den Endorphinen verwandt sind. Das Opiat setzt sich an den Opiatrezeptor und hemmt dabei die Aktivität der Adenylatcyclase, die sich dem Rezeptor gegenüber auf der Membraninnenseite befindet. Dadurch wird weniger ATP in cAMP umgewandelt. Als Folge der sinkenden cAMP-Konzentration sind viele cAMP-abhängige Sekundärreaktionen nicht möglich, so auch nicht die Weiterleitung von Erregungen in Schmerzbahnen des Rückenmarks. Diese Wirkung wird medizinisch genutzt. Patienten mit starken Schmerzen, wie unheilbar Krebskranke oder Verbrennungsopfer, wird Morphium verabreicht. Sie können so nahezu schmerzfrei mit ihrer Krankheit leben.

Der wichtigste Grund, weshalb Menschen nicht von der Droge lassen können, ist ihre **Abhängigkeit.** *Psychische Abhängigkeit* äußert sich in dem starken Verlangen, die Droge immer wieder einzunehmen, um einen angenehmen Zustand zu erzielen. LSD und Cannabisprodukte zeigen eine solche Wirkung. Bei *physischer Abhängigkeit* wird nach wiederholter Einnahme der Droge der Stoffwechsel im Organismus umgestellt. Wird die Droge abgesetzt, kommt es zu mehr oder weniger heftigen *Entzugserscheinungen*, wie Erbrechen, Schwitzen, Niedergeschlagenheit. Opiate und Kokain machen physisch abhängig. Für das Zustandekommen einer physischen Abhängigkeit gibt es eine plausible Modellvorstellung, die auf den Kenntnissen über Opiatrezeptoren fußt.

Durch die Opiateinnahme sinkt die cAMP-Konzentration in der Nervenzelle. Die Zelle wird in ihrer Funktion gestört, die erwünschten drogentypischen Wirkungen stellen sich ein. Die Nervenzelle reagiert auf den cAMP-Mangel mit einer vermehrten Synthese von Adenylatcyclase. Die cAMP-Konzentration steigt. Die Zelle und somit auch der Organismus „gewöhnen" sich an die Droge, die drogentypischen Wirkungen werden schwächer. Die Dosis muss erhöht werden. Dieses Gegeneinander wiederholt sich, bis schließlich die cAMP-Konzentration in der Zelle trotz hoher Opiatzufuhr normal ist. Bei Entzug der Droge sind die Opiatrezeptoren nicht mehr besetzt, bisher blockierte Adenylatcyclasemoleküle sind aktiv und bewirken eine übernormal hohe cAMP-Konzentration. Diese könnte eine Ursache für viele Entzugssymptome sein.

In der *Drogentherapie* kann man Medikamente einsetzen, deren Moleküle denen der Droge ähnlich sind. *Agonisten* erzielen die biologische Wirkung der Droge, *Antagonisten* nicht.

1. Welche Effekte erwarten Sie bei Einsatz eines Opiat-Agonisten wie Methadon?
2. Welche Vorteile verspricht man sich von einer ärztlichen Verabreichung von Methadon?
3. Warum machen Endorphine nicht süchtig?
4. Warum nehmen Menschen Drogen?

AUFGABEN **Sinnesorgane und Hormone**

1 Augentyp

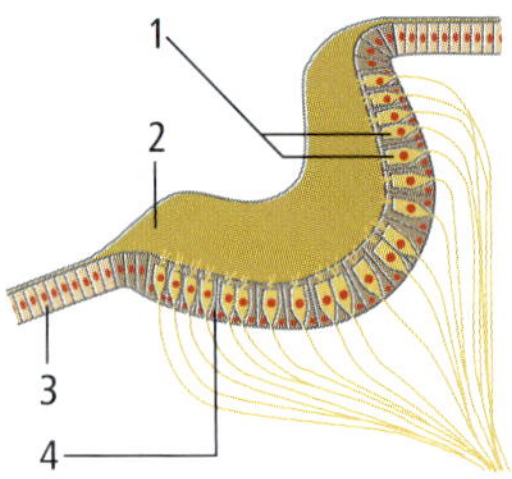

a) Ordnen Sie den Zahlen die Fachbegriffe zu!

b) Kennzeichnen Sie den Augentyp und ordnen Sie ihn einer Tiergruppe zu!

2 Rezeptorpotenzial

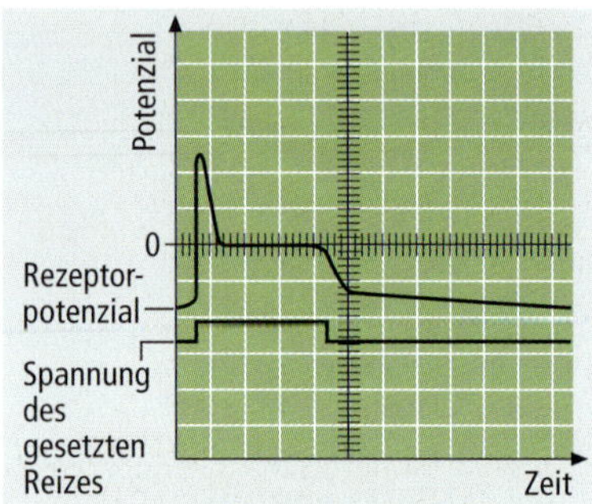

a) Beschreiben Sie das Rezeptorpotenzial einer Sehzelle!

b) Erklären Sie die Potenzialänderungen!

3 Empfindlichkeit von Sehzellen

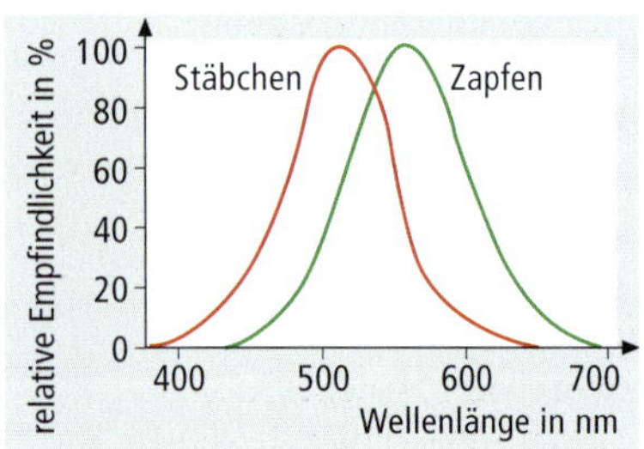

a) Vergleichen Sie die spektrale Empfindlichkeit der beiden Sehzellen!

b) Erklären Sie, wieso eine rote Blüte in der Dämmerung dunkler wirkt als eine blaue Blüte!

4 Akkommodation

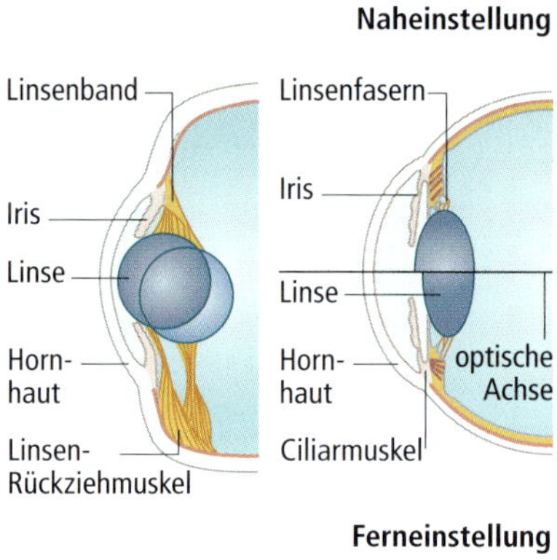

a) Definieren Sie Akkommodation!

b) Vergleichen Sie die beiden Akkommodationsmechanismen!

c) Ordnen Sie die Mechanismen bestimmten Tierformen zu und begründen Sie Ihre Zuordnung!

5 Netzhaut

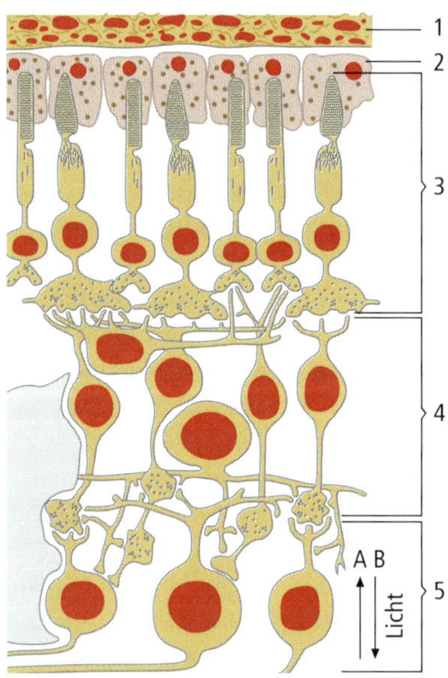

a) Ordnen Sie den Zahlen die entsprechenden Fachbegriffe zu!

b) Entscheiden Sie begründet, aus welcher Richtung (A oder B) Licht auf die Netzhaut fällt!

c) Um welchen Bereich der Netzhaut handelt es sich? Begründen Sie!

6 Signaltransduktion im Auge eines Menschen

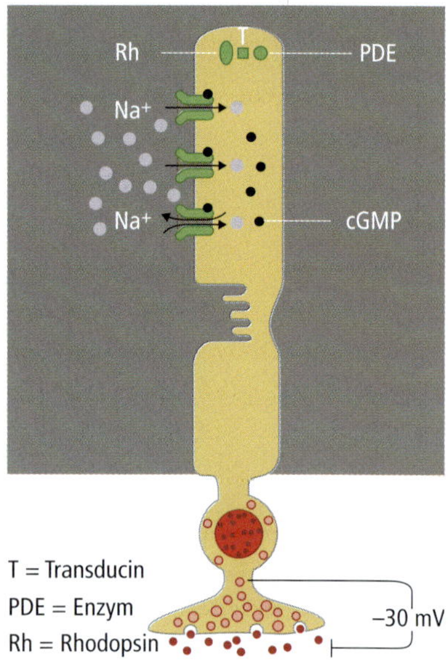

a) Definieren Sie Signaltransduktion!

b) Erläutern Sie die im Schema dargestellten Vorgänge und Zustände!

c) Legen Sie dar, ob die dargestellte Sinneszelle belichtet wird!

7 Innenohr

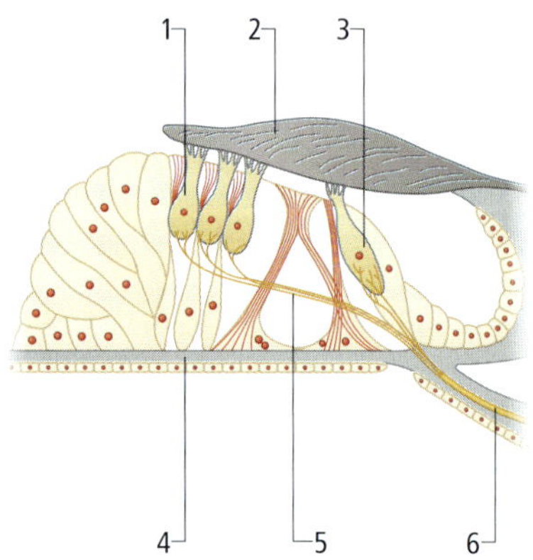

a) Ordnen Sie den Zahlen die entsprechenden Begriffe zu!

b) Welcher Bereich des Innenohrs ist dargestellt, welche Bereiche fehlen?

c) Erläutern Sie die Auswirkungen einer Schallwelle auf die dargestellten Strukturen!

auch Hyperpolarisationen ab, die zu einer neuen Impulsfrequenz verarbeitet werden. Durch Drogen oder Medikamente lässt sich die synaptische Informationsübertragung beeinflussen.
Ein solches Neuron, das Informationen von einer Rezeptorzelle zum Rückenmark oder zum Gehirn leitet, nennt man sensorisches Neuron. Dort erfolgt eine Umschaltung über Zwischenneurone auf ein motorisches Neuron. Dieses führt die Erregung zu Muskeln und bewirkt deren Kontraktion. So kontrahieren die Muskelfasern in der Iris, die Pupille verengt sich. Man bezeichnet eine solche willkürlich nicht beeinflussbare Reiz-Reaktionsbeziehung als **Reflex.** Der Aufbau elektrischer Potenziale an Zellmembranen sowie deren Veränderungen, Weiterleitung und Übertragung auf andere Zellen ist ein Beispiel für das **Basiskonzept „Stoff- und Energieumwandlung".**

Die Gesamtheit der Nervenzellen eines Lebewesens bilden ein **Nervensystem,** ein für Tiere und den Menschen typisches Organsystem. Es leitet von den Sinnesorganen kommende Informationen weiter, verarbeitet sie und sorgt für Reaktionen durch Muskeln oder Drüsen. Beim Menschen und den anderen Wirbeltieren unterscheidet man zwischen dem Zentralnervensystem (ZNS) und dem peripheren Nervensystem, das die Verbindung zwischen dem Zentralnervensystem und der Peripherie des Körpers herstellt.

Das Zentralnervensystem des Menschen besteht aus dem Gehirn und dem Rückenmark. Im **Gehirn** des Menschen sind mehr als 90 Prozent aller Neurone konzentriert. Man unterscheidet fünf Gehirnteile: Großhirn, Zwischenhirn, Mittelhirn, Kleinhirn und Nachhirn. Für jeden Gehirnteil kann man bestimmte Aufgaben nennen, so ist das Kleinhirn unter anderem verantwortlich für Gleichgewicht und Bewegung. Eine solche Formulierung stellt jedoch eine grobe Vereinfachung dar. In der Regel sind mehrere Gehirnteile an einer Gehirnleistung beteiligt. So wirken bei einer Bewegung Groß-, Klein- und Stammhirn zusammen. Besonders deutlich wird dieses

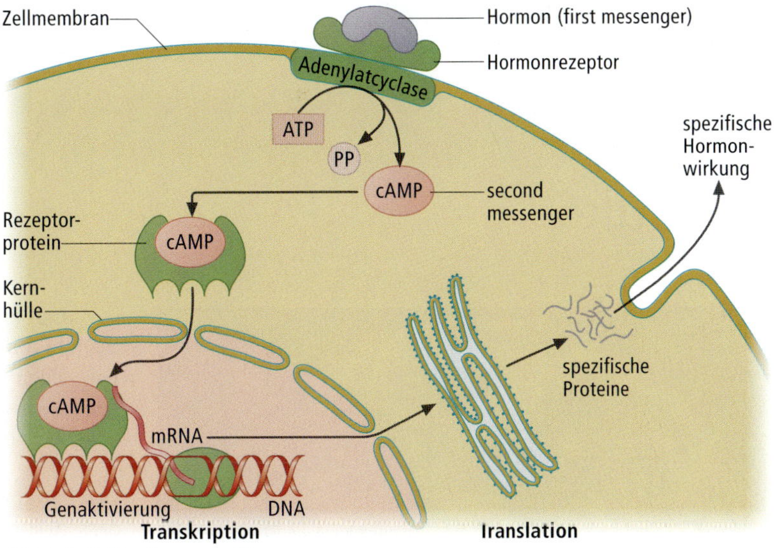

267.1 Zelluläre Hormonwirkung

kooperative Prinzip beim Großhirn. Seine durch Faltungen vergrößerte Oberfläche lässt sich in verschiedene Funktiosbereiche einteilen. Die sensorischen Felder dienen der Aufnahme von Informationen aus den Sinnesorganen. In den motorischen Feldern entstehen die Befehle für Bewegungen.

Das **vegetative Nervensystem** passt die Vorgänge und Zustände im Innern den jeweiligen Belastungen des Körpers an. Diese Vorgänge unterliegen keiner willkürlichen Kontrolle. Der Sympathikus aktiviert die für eine Belastungssituation bedeutsamen inneren Organe. So wird die Frequenz von Atmung und Herzschlag gesteigert. Der Parasympathikus innerviert dieselben Organe wie der Sympathikus und wirkt häufig als sein Gegenspieler. So sorgt er in einer Erholungsphase für eine Abschwächung der Atem- und Herztätigkeit. Über den Hypothalamus, einen Teil des Zwischenhirns, ist das vegetative Nervensystem mit den anderen Bereichen des Zentralnervensystems verbunden. Die durch Hormone ausgelöste Genregulation ist ein Beispiel für das **Basiskonzept „Regelung und Steuerung".**

Auch das **Hormonsystem** dient der Übertragung von Informationen. In Hormondrüsen werden **Hormone** genannte Stoffe hergestellt und in das Blut abgegeben. Sie werden zwar mit dem Blut im ganzen Körper verteilt, entfalten jedoch nur in bestimmten Zellen eine Wirkung. Dazu trägt die jeweilige Zielzelle einen passenden **Hormonrezeptor,** in den das Hormonmolekül nach dem Schlüssel-Schloss-Prinzip passt.
Der so gebildete Hormon-Protein-Komplex aktiviert auf der Membraninnenseite ein Enzym, das die Bildung von second messengern wie cAMP fördert. Dieses schaltet bestimmte Gene an. Im Rahmen der Proteinbiosynthese werden spezifische Proteine hergestellt. Sie sorgen für die zellspezifische Reaktion, wie zum Beispiel den Abbau von Glykogen zu Glucose in Leberzellen. Die Funktionsweise eines Nervensystems verdeutlicht das **Basiskonzept „Regelung und Steuerung".**

Das Hormonsystem ist über den **Hypothalamus** mit dem Zentralnervensystem verbunden. Durch Sinneseindrücke hervorgerufene Erregung kann über afferente Bahnen zum Hypothalamus gelangen. Dieses Nervenzentrum stimuliert auf hormonellem Wege die Hirnanhangsdrüse (Hypophyse), Freisetzungshormone in das Blut abzugeben. Freisetzungshormone regen Hormondrüsen an, nun ihrerseits Hormone auszuschütten.

Ökologie

268.1 Erde und Modellökosystem

1 Lebewesen und ihre Umwelt

1.1 Lebensräume

Eine amerikanische Firma stellt wasser- und gasdichte Glaskugeln bis zur Größe eines Fußballs her, die unter anderem für Forschung und Unterricht genutzt werden. In ihnen befinden sich gefiltertes Meerwasser und abgestorbene Stücke von Korallen, die als Untergrund für Algen und Bakterien dienen. Im Wasser leben Garnelen. Stellt man diesen künstlichen Lebensraum in nicht zu starkes Licht und vermeidet man zu starke Abkühlung und Aufheizung, bleiben die Lebewesen ohne Fütterung oder Austausch des Wassers jahrelang am Leben. Die Stoffe bewegen sich in diesem System in einem Kreislauf. Die Algen nehmen Kohlenstoffdioxid und durch bakterielle Abbauprozesse freigesetzte Mineralstoffe auf und erzeugen bei der Fotosynthese Kohlenhydrate und Sauerstoff. Die Garnelen ernähren sich von Algen und Bakterien. Bakterien und Garnelen verbrauchen bei der Atmung Sauerstoff und erzeugen Kohlenstoffdioxid.

Das Funktionieren dieses Systems hängt davon ab, dass bestimmte Werte von Temperatur und Lichtstärke eingehalten werden. Diese Faktoren sind, zusammen mit anderen **abiotischen Umweltfaktoren** wie Feuchtigkeit und Beschaffenheit von Boden und Wasser, auch entscheidend für die Lebensmöglichkeiten von Lebewesen auf der Erde. Jede Art ist auf einen Standort angewiesen, der durch bestimmte Ausprägungen dieser Faktoren gekennzeichnet ist. Diese Faktoren bestimmen auch die spezifischen Eigenheiten des Lebensraumes oder **Biotops,** in dem die Art lebt. In einem Biotop gibt es verschiedene Arten von Lebewesen. Die verschiedenen **Pflanzenpopulationen** (= Individuen einer Art) bilden die Pflanzengesellschaft, die **Tierpopulationen** die Tiergesellschaft eines Biotops. Die Lebewesen beeinflussen sich gegenseitig, zum Beispiel bei der Konkurrenz um Geschlechtspartner innerhalb einer Art oder in Form von Nahrungsbeziehungen zwischen Arten. Die Einwirkungen, denen ein Lebewesen durch andere Lebewesen ausgesetzt ist, nennt man **biotische Umweltfaktoren.** Alle Lebewesen eines Biotops bilden zusammen eine Lebensgemeinschaft, eine **Biozönose.**

Biozönose und Biotop bilden eine funktionelle Einheit: ein **Ökosystem.** Das Zusammenwirken abiotischer und biotischer Faktoren in und zwischen Ökosystemen wird von der **Ökologie** untersucht. Sie ist die Wissenschaft von den Wechselbeziehungen, welche die Lebensbedingungen, die Häufigkeit und die Verbreitung von Lebewesen bestimmen. Alle Ökosysteme zusammen bilden die **Biosphäre,** den belebten Raum der Erde. Auch in ihr laufen alle Stoffe in einem Kreislauf. Während das Miniatur-Ökosystem aber nur wenige Jahre existieren kann, ist die Biosphäre der Erde viele Millionen Jahre alt.

1.2 Ökologische Potenz

Beobachtet man die Aktivität eines Karpfens, zum Beispiel die Schwimmgeschwindigkeit, in Abhängigkeit von der Wassertemperatur, stellt man in warmem Wasser eine höhere Aktivität fest als in kaltem oder sehr warmem. Umgekehrt zeigt ein Felchen in kühlem Wasser eine höhere Aktivität als in warmem. Für die Aktivität gibt es also einen Vorzugsbereich *(Präferendum)* der Temperatur. Die Temperatur der höchsten Aktivität ist das **Optimum.** Ober- und unterhalb bestimmter Temperaturschwellen zeigt das Tier keine Aktivität. Diese Temperatur-Grenzwerte werden **Maximum** und **Minimum** genannt. Dazwischen liegt der **Toleranzbereich.**
Maximum und Minimum sind die Werte, die das Vorkommen der Art in der Biosphäre begrenzen. Laborversuche und Freilandbeobachtungen zusammen ergeben die **Gedeih-** oder **Toleranzkurve.** Sie gibt an, in welchem Ausmaß ein Lebewesen auf verschiedene Intensitäten eines Umweltfaktors reagiert. Seine Reaktionsfähigkeit ist genetisch festgelegt. Innerhalb der Grenzen der genetischen Reaktionsnorm kann sie jedoch durch die Umweltbedingungen verändert werden. Die gesamte Reaktionsfähigkeit eines Lebewesens auf einen Umweltfaktor bezeichnet man als seine **ökologische Potenz.**

Die ökologische Potenz einer Art gegenüber verschiedenen Umweltfaktoren ist oft unterschiedlich ausgeprägt. Die *Stieleiche* zum Beispiel wächst am besten auf schwach sauren Böden. Sie kommt aber auch auf stark sauren und auf basischen Böden vor. Ihr Toleranzbereich für Bodenreaktionen ist weit, sie ist hinsichtlich dieses Faktors **eurypotent** (gr. *eurys*, weit). Ihr Toleranzbereich für die Bodenfeuchtigkeit ist hingegen kleiner, da sie weder an sehr trockenen noch an ausgesprochen nassen Standorten wachsen kann. Die ökologische Potenz der Stieleiche gegenüber diesen beiden Faktoren bestimmt wesentlich ihre Verbreitung unter natürlichen Bedingungen. Manche Pflanzenarten haben gegenüber der Bodenfeuchtigkeit einen sehr engen Toleranzbereich. Das *Springkraut* zum Beispiel kommt fast nur auf feuchten, aber nicht durchnässten Böden vor. Es ist in Bezug auf die Bodenfeuchtigkeit **stenopotent** (gr. *stenos*, eng). Insgesamt wird das Gedeihen einer Art von demjenigen Faktor bestimmt, der am weitesten vom Optimum entfernt ist. Dieser Zusammenhang wurde 1855 von dem Chemiker Justus LIEBIG als „Gesetz des Minimums" formuliert.
Ist ein Lebewesen gegenüber vielen Umweltfaktoren stenopotent, wird es als **stenök** bezeichnet. Ist es gegenüber vielen Faktoren eurypotent, wird es **euryök** genannt. Euryöke Arten ertragen große Schwankungen von Umweltfaktoren und haben deshalb meist sehr große Verbreitungsgebiete.

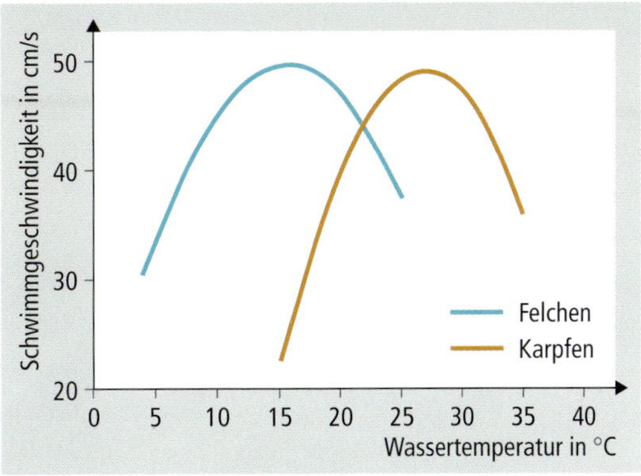

269.1 Temperatur-Toleranzkurven von Felchen und Karpfen

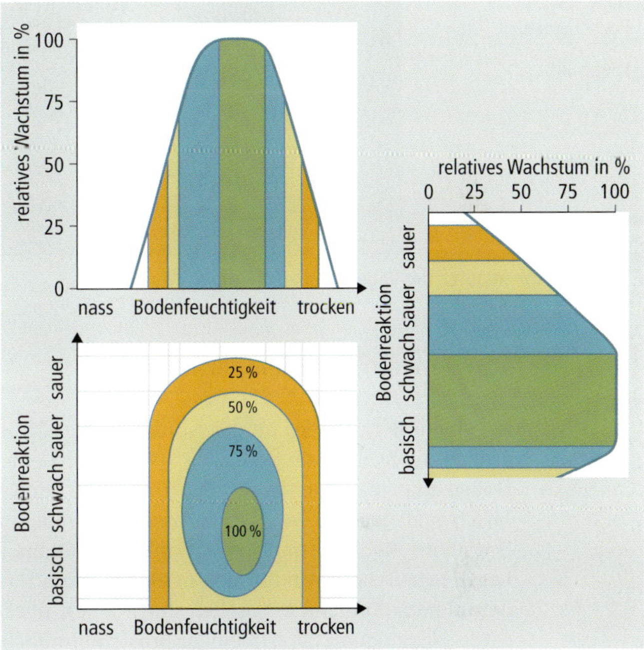

269.2 Abhängigkeit des Wachstums der Stieleiche von der Bodenfeuchtigkeit und der Bodenreaktion

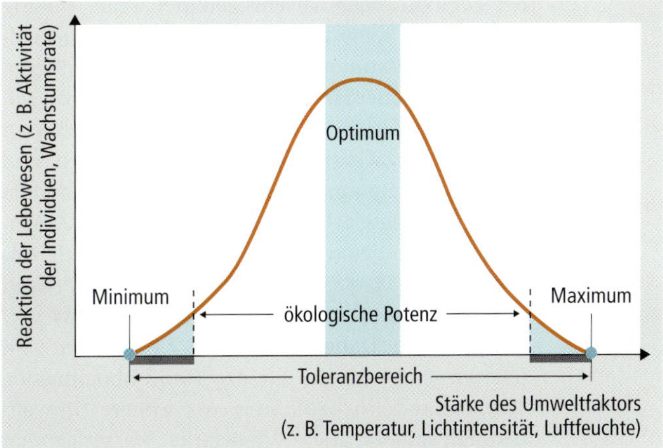

269.3 Reaktion der Lebewesen auf einen Umweltfaktor

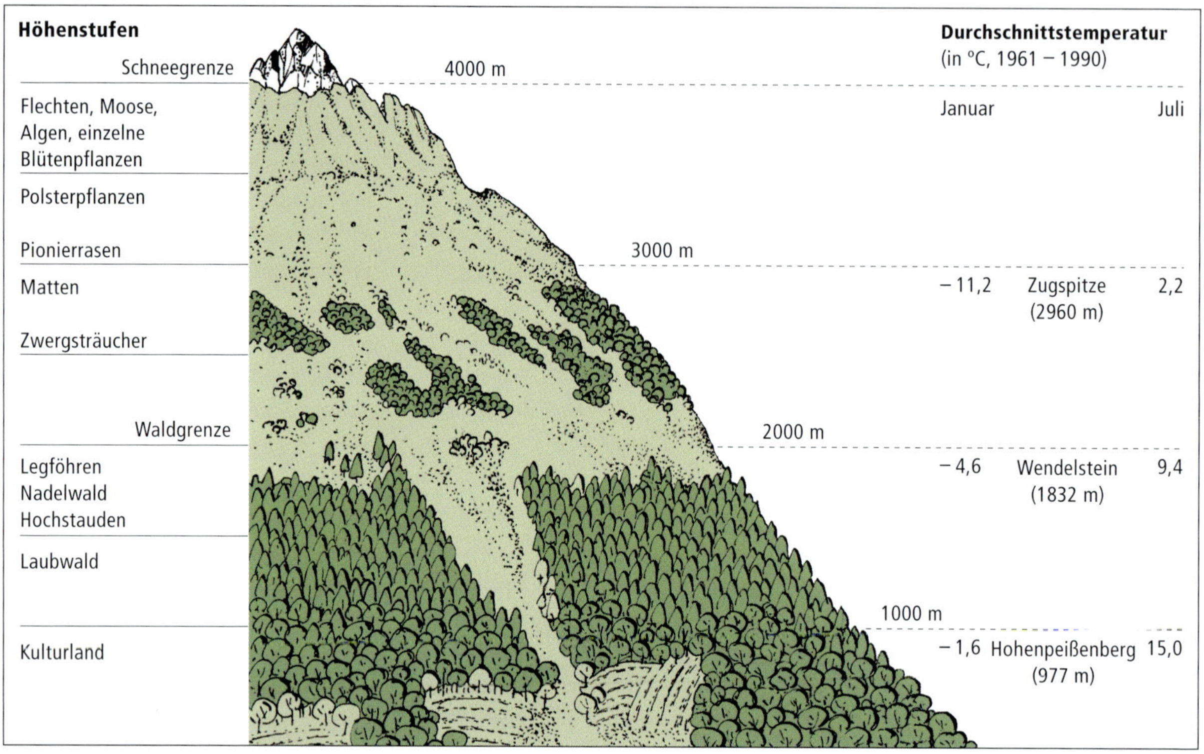

270.1 Die Höhenstufen der Vegetation an der Alpen-Nordseite

1.3 Umweltfaktor Temperatur

Bei einem Bergaufstieg an der Nordseite der Alpen erreicht man oberhalb von etwa 1000 Metern eine Höhenstufe, die von Laubwald und Laub-Nadel-Mischwald geprägt ist. Hier herrschen Rotbuche, Bergahorn, Rotfichte und Weißtanne vor. In höheren Lagen gehen diese Waldformen in einen reinen Nadelwald aus Rotfichten, Lärchen und Kiefern über. Diese Nadelbäume sind weniger frostempfindlich als die Laubbäume der tieferen Lagen und können die längeren und kälteren Winter der größeren Höhen besser überstehen. Die Waldgrenze wird von der Legföhre oder Latsche gebildet, einer niedrig wachsenden Kiefernart. Sie ist nicht nur an niedrigere Temperaturen, sondern auch an die größeren Windstärken der Hochlagen angepasst. In noch höheren Lagen fehlen Bäume völlig, und die Vegetation wird durch Zwergsträucher wie Alpenrosen und durch alpine Rasen, die Matten, gebildet. Dicht dem Boden anliegende Polsterpflanzen wie das Alpen-Mannsschild bieten kalten Winden sehr wenig Angriffsfläche. Manche Flechten, Moose und Algen können sogar über die Schneegrenze hinaus vordringen. Die **Höhenstufen der Vegetation** sind überwiegend auf die mit der Höhe abnehmende Temperatur zurückzuführen. Als weitere Umweltfaktoren sind vor allem Windstärke, Wasserangebot und UV-Strahlung bedeutsam.

Welche Temperaturen können Lebewesen ertragen? Unterhalb von 0 °C, dem Gefrierpunkt von Wasser, stellen viele Lebewesen ihre Aktivität ein oder sterben. Manche Nadelhölzer überstehen allerdings Temperaturen von bis zu –70 °C, und manche Flechten und Moose in Trockenstarre überleben sogar kurzzeitige Einwirkungen der Temperatur flüssigen Stickstoffs (–196 °C). Das Maximum der Temperaturtoleranz liegt bei 50 °C. Oberhalb dieser Temperatur verändern die meisten Körperproteine ihre Struktur und werden inaktiv. Bestimmte Archaebakterien, die in der Umgebung von Tiefseevulkanen vorkommen, haben jedoch hitzestabile Proteine und können noch bei 110 °C wachsen.

Nach ihrer Körpertemperatur unterscheidet man **endotherme** (gleichwarme) Tiere, die ihre Körperwärme durch den eigenen Stoffwechsel produzieren, und **ektotherme** (wechselwarme) Tiere, die zur Erhöhung ihrer Körpertemperatur auf äußere Wärmequellen angewiesen sind. Endotherm sind Vögel und Säugetiere, zu den Ektothermen zählen alle übrigen Tiere. Die ektotherme Zauneidechse kann erst in den warmen Mittagsstunden ihre volle Aktivität entfalten. Sinkt im Herbst die Außentemperatur, kühlt auch der Körper der Eidechse ab, und sie wird träger. Unterhalb eines kritischen Werts der Körpertemperatur tritt die reversible **Kältestarre** ein. In diesem Zustand überwintert die Zaun-

eidechse in einem möglichst frostgeschützten Unterschlupf. Sinkt die Körpertemperatur allerdings noch weiter, stirbt die Eidechse den **Kältetod.** Wird der Temperatur-Toleranzbereich eines ektothermen Tieres nach oben überschritten, so tritt der **Hitzetod** ein. Innerhalb des Toleranzbereichs werden die Lebensprozesse der Ektothermen bei einer Erhöhung der Umgebungstemperatur um 10 °C auf das Zwei- bis Dreifache beschleunigt. Diesen Zusammenhang bezeichnet man als **RGT-Regel** (**R**eaktions**g**eschwindigkeits-**T**emperatur-Regel).
Die Körpertemperaturen endothermer Tiere liegen, je nach Art, zwischen 35 °C und 40 °C und werden weitgehend unabhängig von der Umgebungstemperatur konstant gehalten. Damit der Stoffwechsel die erforderliche Temperatur erzeugen und aufrechterhalten kann, müssen die Tiere regelmäßig genügend Nahrung aufnehmen. Bei einer Abkühlung unterstützen weitere Mechanismen die Aufrechterhaltung der Körpertemperatur. Dazu gehört das Kältezittern, durch das der Stoffwechsel in bestimmten Muskeln verstärkt und zusätzliche Wärme erzeugt wird. Reicht die Regulation nicht aus, tritt der Kältetod meist schon dann ein, wenn die Körpertemperatur unter 20 °C absinkt. In unserem Klima wird für viele endotherme Tiere die Nahrung in der kalten Jahreszeit knapp. An diese Bedingungen sind manche einheimischen Säugetiere durch die Fähigkeit zum **Winterschlaf** angepasst. Dies ist ein besonderer Ruhezustand endothermer Tiere, welcher der Kältestarre gleicht. Die Körpertemperatur ist auf etwa 5 °C herabgesetzt. Atmung und Herztätigkeit sind stark verlangsamt. Sinkt durch einen Kälteeinbruch die Körpertemperatur auf Werte nahe 0 °C ab, wirkt dies als Alarmsignal. Der Stoffwechsel wird aktiviert und die Körpertemperatur steigt kurzfristig auf den Normalwert an. Die **Winterruhe** der Eichhörnchen und Dachse ist ein besonders tiefer und langer Schlaf. Im Gegensatz zum Winterschlaf sinkt die Körpertemperatur aber nicht ab.

Der Zoologe Carl BERGMANN beobachtete bei verschiedenen Endothermen, dass die Individuen einer Art oder nahe verwandter Arten in kalten Regionen größer sind als in warmen Gebieten. Beispiele dafür sind Rehe, Wölfe und Pinguine. Die **BERGMANNsche Regel** wird damit erklärt, dass große Tiere im Verhältnis zum Volumen eine geringere Oberfläche aufweisen als kleine Tiere. Dadurch ist bei ihnen der Wärmeverlust über die Oberfläche relativ geringer. Eine vergleichbare Aussage macht die **ALLENsche Regel.** Nach ihr sind bei endothermen Tieren Körperanhänge wie Ohren in kälteren Gebieten kleiner als bei verwandten Arten in wärmeren Gegenden.

1. Wie können endotherme Tiere eine Überhitzung ihres Körpers verhindern? Nennen Sie Beispiele!

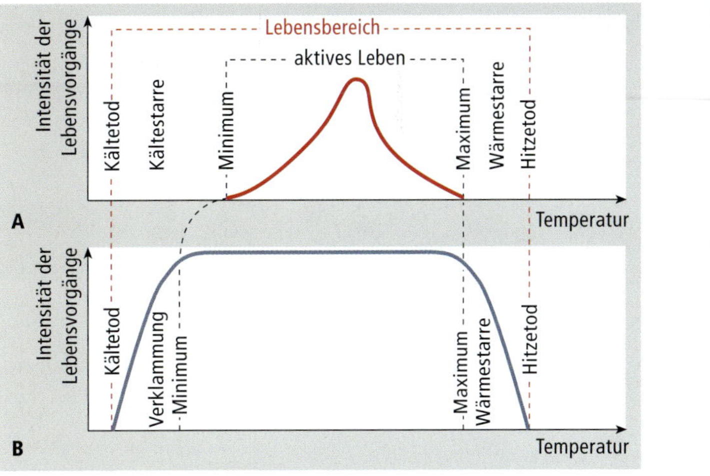

271.1 Temperatur-Toleranzkurven. A ektotherme Tiere; **B** endotherme Tiere

271.2 BERGMANNsche Regel

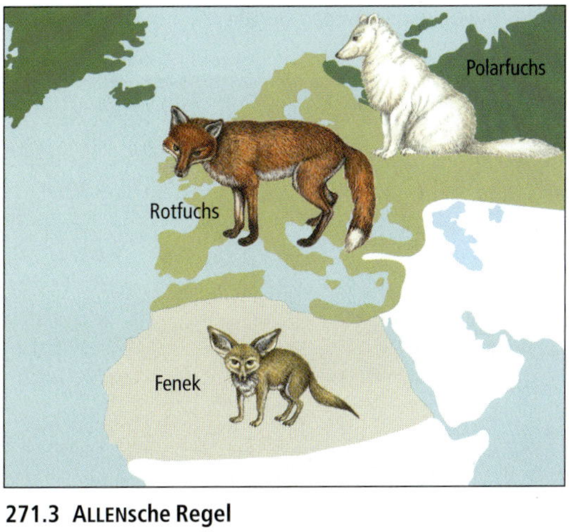

271.3 ALLENsche Regel

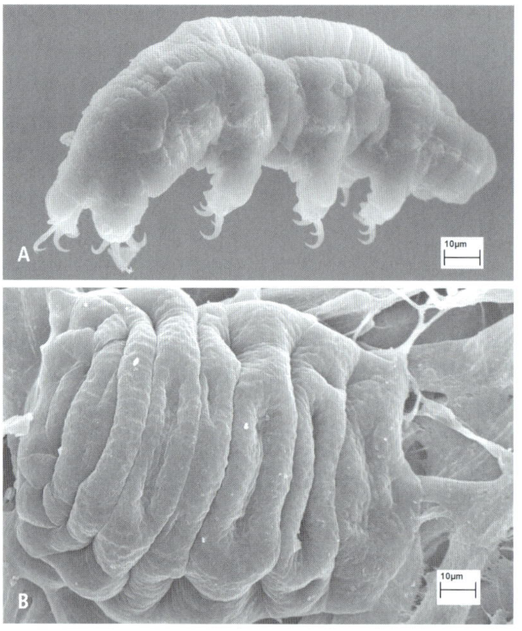

272.1 Bärtierchen (Stamm Tardigrada; REM-Bilder).
A im aktiven Zustand; **B** in Trockenstarre

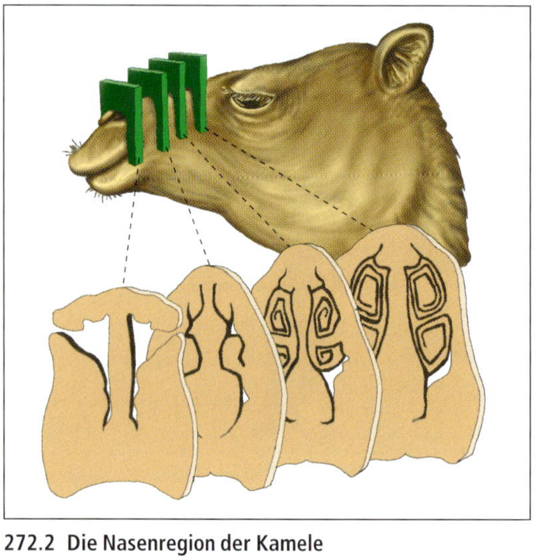

272.2 Die Nasenregion der Kamele

272.3 Känguruaratte

1.4 Umweltfaktor Wasser

Moospolster sind ein Lebensraum der mikroskopisch kleinen Bärtierchen, die mit den Gliederfüßern verwandt sind. Sie besitzen eine chitinhaltige Körperbedeckung und leben vom Inhalt pflanzlicher Zellen, die sie anstechen. Trocknet in niederschlagsarmen Perioden das Moospolster aus, schrumpfen die Tiere unter Wasserabgabe und verfallen in eine *Trockenstarre.* Bei Befeuchtung gewinnen sie durch Wasseraufnahme ihre volle Körpergröße und Aktivität zurück.

Die meisten Tierarten können allerdings nicht in Trockenstarre fallen und sind vor zu starkem Wasserverlust geschützt. Angepasstheit an sehr trockene Lebensräume wie Steppen und Wüsten wird durch Hornbildungen auf der Haut von Reptilien, Wachsüberzüge des Chitinpanzers von Insekten und die Erzeugung wasserarmer Ausscheidungsprodukte bewirkt. Kamele besitzen eine Nasenschleimhaut mit sehr großer Oberfläche, die sich beim Einatmen durch Verdunstung abkühlt. In der Lunge sättigt sich die eingeatmete Luft mit Wasser auf. Beim Ausatmen kondensiert ein großer Teil des Wassers an der abgekühlten Nasenschleimhaut. Hierdurch wird der Wasserverlust beim Atmen stark verringert. Eine extreme Angepasstheit an trockene Lebensräume weist die in nordamerikanischen Wüstengebieten lebende Känguruaratte auf. Dieses Nagetier, das ebenfalls Wasser aus der Atemluft zurückgewinnen kann, trinkt nicht, sondern bezieht sein Wasser aus dem Stoffwechsel aufgenommener fettreicher Samen.

Tiere, die in dauerhaft feuchter Umgebung leben, wie Amphibien, Nacktschnecken und viele Lebewesen im Boden, benötigen keinen ausgeprägten Verdunstungsschutz. Viele von ihnen können Wasser sogar über ihre relativ wasserdurchlässige Haut aufnehmen. Lebensräume, in denen längere Trockenperioden auftreten, können sie wegen ihres geringen Schutzes vor Wasserverlust nicht besiedeln.

Süßwasserfische nehmen über ihre Körperoberfläche mehr Wasser auf als sie benötigen, da die Konzentration osmotisch wirksamer Stoffe in der Körperflüssigkeit höher ist als im umgebenden Wasser. Zum Ausgleich scheiden sie Wasser mit dem Urin aus und kompensieren den damit verbundenen Salzverlust durch aktive Salzaufnahme über die Kiemen. Meeresfische verlieren wegen der hohen Salzkonzentration in ihrer Umgebung ständig Wasser. Dies gleichen sie durch das Trinken von Meerwasser und die Ausscheidung überschüssiger Salze über Darm und Kiemen aus. Die Aufrechterhaltung der Konzentration von Körperflüssigkeit durch aktive Aufnahme und Ausscheidung von Wasser und Salzen nennt man **Osmoregulation.** Hierdurch sind Fische an den Salzgehalt ihres Lebensraums angepasst.

Auch einige Pflanzenarten können Dürreperioden ausgetrocknet überstehen. Der Wassergehalt **wechselfeuchter Pflanzen** ändert sich mit der Umgebungsfeuchte: Bei Trockenheit verlieren die Zellen Wasser. Ist wieder Wasser verfügbar, quellen die Zellen, und die Lebensprozesse laufen wieder an. Wechselfeucht sind viele Flechten und Moose sowie wenige Samenpflanzen.

Die meisten Farn- und Samenpflanzen können starke Austrocknung nicht überleben und müssen einen bestimmten Wassergehalt weitgehend unabhängig von der Umgebungsfeuchte beibehalten: Sie sind **eigenfeuchte Pflanzen.** Schutz vor starker Verdunstung bietet die Cuticula, welche die oberirdischen Pflanzenteile überzieht. Sie ist nur an den Spaltöffnungen unterbrochen. Die Schließzellen der Spaltöffnungen kontrollieren effektiv die Wasserabgabe aus dem Blattinneren und die Aufnahme von Kohlenstoffdioxid aus der Luft.

An das Wasserangebot ihres Lebensraums sind Pflanzen durch die Ausbildung unterschiedlicher Eigenschaften angepasst. **Trockenpflanzen** (Xerophyten) haben eine dicke Cuticula, reduzieren ihre transpirierende Oberfläche durch die Ausbildung kleiner Blätter mit eingesenkten Spaltöffnungen und bilden ein tief reichendes Wurzelsystem aus. Manche Pflanzen betreiben Fotosynthese nur mit dem grünen Stängel. Sukkulenten wie Kakteen, Euphorbien und Dickblattgewächse speichern Wasser in Geweben. Manche Sukkulenten weisen eine besondere Angepasstheit des Stoffwechsels an Trockenheit auf: Ihre Spaltöffnungen sind nur nachts geöffnet. Das nachts gebundene Kohlenstoffdioxid wird tagsüber bei Sonneneinstrahlung in Zucker umgewandelt.

Die meisten unserer Sträucher und Laubbäume gehören zu den **wandlungsfähigen Pflanzen** (Tropophyten) der gemäßigten Zonen, die ungünstige Jahreszeiten durch Laubabwurf überstehen. **Mittelfeuchtpflanzen** (Mesophyten) und **Feuchtpflanzen** (Hygrophyten) wachsen an mittelfeuchten beziehungsweise dauerhaft feuchten Standorten. Die Blätter vor allem der Feuchtpflanzen sind zart und haben eine dünne Cuticula. Manchmal sind die Spaltöffnungen sogar über die Epidermis erhoben. Diese Eigenschaften erleichtern die Abgabe von Wasserdampf. Den untergetauchten Organen von **Wasserpflanzen** (Hydrophyten) fehlen Spaltöffnungen und meist auch die Cuticula. So können sie Wasser und Mineralstoffe über die gesamte Oberfläche aufnehmen. Durchlüftungsgewebe mit großem Abstand zwischen den Zellen erleichtert den Gasaustausch innerhalb der Pflanze und erhöht die Schwimmfähigkeit von Blättern. Die Schwimmblätter von Wasserpflanzen haben ihre Spaltöffnungen auf der Blattoberseite.

273.1 Angepasstheiten der Blätter von Pflanzen an Standorte mit unterschiedlichem Wasserangebot

1. Warum ist es in Trockengebieten vorteilhaft, wenn die Spaltöffnungen nur nachts geöffnet sind? Begründen Sie!

EXKURS Hohenheimer Grundwasserversuch

Glatthafer, Wiesenfuchsschwanz und *Aufrechte Trespe* sind Grasarten, die an unterschiedlichen Standorten vorkommen. Glatthafer wächst in Wiesen mit mittlerer Bodenfeuchtigkeit, Wiesenfuchsschwanz vorwiegend in feuchten Wiesen, und die Aufrechte Trespe kommt hauptsächlich in Trockenrasen vor.

An der Technischen Hochschule Hohenheim wurde der Einfluss von Bodenfeuchtigkeit und Konkurrenz auf das Wachstum der drei Grasarten untersucht. Dazu legte man zehn Meter lange Sandbeete an, in denen sich die Grundwassertiefe von 0 bis 1,5 Meter kontinuierlich änderte. In dem einen von zwei parallel durchgeführten Versuchen wurden die Grasarten getrennt voneinander ausgesät. Bei der Auswertung des Versuchs zeigte sich, dass alle Arten über eine weite Spanne von Grundwasserentfernungen existieren können. Den höchsten Ertrag erzielte jede Art jedoch bei geringer Grundwasserentfernung und somit bei relativ hoher Bodenfeuchtigkeit. Die Toleranzkurven der drei Arten waren also identisch. Im zweiten Versuch wurde eine Mischsaat aus den drei Grasarten ausgebracht. Unter diesen **Konkurrenzbedingungen** stellten sich folgende Verhältnisse ein: Der Glatthafer setzte sich bei mittlerer Grundwassertiefe gegenüber den beiden anderen Gräsern durch und erbrachte hier den höchsten Ertrag. Die Trespe war bei niedrigem und der Fuchsschwanz bei höchstem Grundwasserstand den jeweils konkurrierenden Arten überlegen.

Das Ergebnis des Hohenheimer Grundwasserversuchs zeigt den Unterschied zwischen autökologischem und synökologischem Optimum. Das **autökologische Optimum** bezeichnet den Vorzugsbereich einer Art für einen Umweltfaktor ohne den fördernden oder hemmenden Einfluss anderer Arten. Es wird in der Regel experimentell an Reinkulturen ermittelt. Das **synökologische Optimum** bestimmt man dagegen unter Konkurrenzbedingungen. Aus ihm lassen sich die Standortsbedingungen ableiten, an denen die Art in Wechselwirkung mit den übrigen dort vorkommenden Arten ihr bestes Wachstum zeigt.

Aus dem autökologischen Optimum kann man nicht auf die Standorte schließen, an denen die Arten unter natürlichen Bedingungen vorkommen. Dies zeigt sich im oben beschriebenen Reinsaat-Versuch: Auch die Trespe, die unter natürlichen Bedingungen überwiegend an trockenen Standorten wächst, gedeiht unter Konkurrenzausschluss im feuchten Boden am besten. Dagegen stimmt das Ergebnis des oben beschriebenen Mischsaat-Versuchs mit dem natürlichen Vorkommen der drei Grasarten überein. Durch den Vergleich der Ergebnisse beider Versuche lässt sich auch erkennen, dass die Trespe trockene Standorte nicht bevorzugt, sondern lediglich besser erträgt als die anderen Arten.
Der Versuch zeigt daher, dass nicht die abiotischen Umweltfaktoren alleine, sondern vielmehr das Zusammenwirken biotischer und abiotischer Faktoren über Vorkommen und Gedeihen einer Pflanzenart an einem Standort entscheidet.

1. Manche Grünlandpflanzen wie zum Beispiel Enzianarten kommen überwiegend in stickstoffarmen Magerrasen vor. Nennen Sie mögliche Gründe!
2. Werden diese Magerrasen gedüngt, verschwinden die Enziane, und andere Pflanzenarten stellen sich ein. Erkären Sie diese Veränderung!

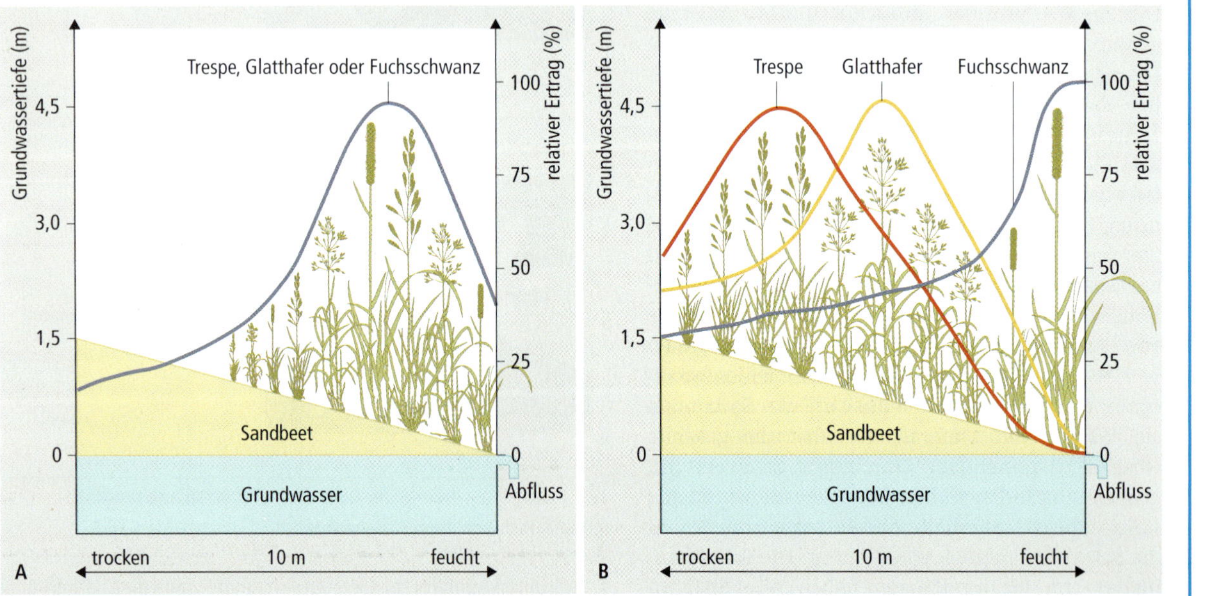

274.1 Hohenheimer Grundwasserversuch. A Reinsaat; **B** Mischsaat

EXKURS Zeigerpflanzen

Licht und Lufttemperatur sowie Feuchte, Säuregrad und Mineralstoffgehalt des Bodens sind diejenigen abiotischen Umweltfaktoren, die das Vorkommen und das Wachstum von Pflanzen entscheidend beeinflussen. Von den Mineralstoffen sind vor allem die stickstoffhaltigen Salze von Bedeutung. Für diese Faktoren weisen Pflanzenarten unterschiedlich breite Toleranzbereiche auf. Manche Arten haben hinsichtlich eines oder mehrerer dieser Faktoren ein eng begrenztes synökologisches Optimum. Ihr Vorkommen weist dann auf eine bestimmte Ausprägung dieses Faktors an dem gegebenen Standort hin, sie sind Zeigerpflanzen für diesen Faktor. So gibt es Pflanzen wie die *Karthäuser-Nelke* und das *Frühlings-Fingerkraut,* die überwiegend oder ausschließlich an trockenen Standorten vorkommen. Sie sind Trocknis- beziehungsweise Starktrockniszeiger. Andererseits sind manche Arten wie zum Beispiel die *Kohldistel* hauptsächlich in feuchten Wiesen zu finden, sie sind Feuchtezeiger.

Der Pflanzenökologe Heinz ELLENBERG wertete eine große Zahl eigener und anderer Untersuchungen zur Verbreitung mitteleuropäischer Farn- und Samenpflanzen aus und erstellte Listen von Zeigerpflanzen für die oben genannten Umweltfaktoren. Aus dem Vorkommen der Art und der Ausprägung eines bestimmten Faktors an ihrem Standort ermittelte er **Zeigerwerte** auf einer Skala von 1 bis 9, die er der entsprechenden Art zuordnete. Der Zeigerwert 1 entspricht der geringsten, der Wert 9 der stärksten Ausprägung eines Faktors. Hat also eine Art wie zum Beispiel die *Wasserminze* die Feuchtezahl 9, bedeutet das, dass sie überwiegend auf durchnässten Böden vorkommt, sie ist ein Nässezeiger. Eine Art mit der Feuchtezahl 5 dagegen wächst hauptsächlich auf mittelfeuchten Böden. Auf Trockenrasen und in Nasswiesen wird man sie nicht finden.

Die Zeigerwerte für die anderen genannten abiotischen Faktoren sind in den Kategorien Licht-, Temperatur-, Reaktions- und Stickstoffzahl zusammengefasst. Lichtzeiger mit der Lichtzahl 9 wie zum Beispiel der *Natternkopf* sind Volllichtpflanzen, die nur an voll besonnten Orten vorkommen. Der *Sauerklee* mit der Lichtzahl 1, den man nur an stark beschatteten Stellen im Wald findet, ist eine Tiefschattenpflanze. Während Säurezeiger mit einer Reaktionszahl von 3 oder darunter überwiegend an sauren, aber nie an basischen Standorten wachsen, ist das Vorkommen von Kalkzeigern, also von Arten mit der Reaktionszahl 9, auf kalkreiche Böden beschränkt. Die *Brennnessel* mit der Stickstoffzahl 8 ist ein Stickstoffzeiger, der auf einen hohen Mineralstoffgehalt des Bodens weist.

Auch Arten, die an besonderen Standorten vorkommen, werden erfasst. Manche Pflanzen an der Küste, aber auch am Rand stark befahrener Straßen des Binnenlandes weisen eine hohe Salztoleranz auf. Sie sind salzertragend wie die *Gemeine Quecke* oder, wenn sie ausschließlich an salzreichen Standorten vorkommen, salzzeigend wie der *Queller.* Manche Arten ertragen hohe Schwermetall-Konzentrationen des Bodens und sind so in der Lage, Bergwerkshalden zu besiedeln. Zu ihnen gehört das *Galmei-Veilchen,* das gegen hohe Zink-Konzentrationen resistent ist (Galmei = Zinkspat).

Der Nutzen von Zeigerpflanzen besteht darin, dass man schon aus der Zusammensetzung der Vegetation auf die Standortbedingungen schließen kann, ohne aufwändige Messungen durchführen zu müssen. Für genauere Aussagen sind allerdings weitergehende Untersuchungen nötig.

Feuchtezahl 1: Starktrockniszeiger (nur auf trockenen Böden)

Feuchtezahl 3: Trockniszeiger (auf trockenen Böden häufiger als auf frischen)

Feuchtezahl 5: Frischezeiger (auf trockenen und nassen Böden fehlend)

Feuchtezahl 7: Feuchtezeiger (auf feuchten, aber nicht nassen Böden)

Feuchtezahl 9: Nässezeiger (auf durchnässten Böden)

z. B. Frühlings-Fingerkraut (Trockenrasen, felsige Hänge)

z. B. Karthäuser-Nelke (Kalk-Magerrasen, sonnige Hänge)

z. B. Wiesenkerbel (Fettwiesen, Wegränder)

z. B. Kohldistel (Feuchtwiesen)

z. B. Wasserminze (Nasswiesen, Ufer, Gräben)

275.1 Zeigerpflanzen für unterschiedliche Stufen der Bodenfeuchtigkeit

1.5 Umweltfaktor Licht

Stare und Grasmücken sind Beispiele für heimische Vögel, die im Herbst in südliche Regionen ziehen und dort bei besseren Nahrungsbedingungen überwintern: Sie sind Zugvögel. Die abnehmende Tageslänge bewirkt Veränderungen im Hormonhaushalt. Hierdurch ändert sich das Verhalten: Es entsteht eine Zugunruhe und die Bereitschaft zum Beginn des **Vogelzugs.** In einem Experiment fing man in den Niederlanden Tausende von Staren auf ihrem Zug aus den nordosteuropäischen Brutgebieten in ihre Winterquartiere in Nordwesteuropa. Sie wurden in die Schweiz transportiert und dort freigelassen. Jungvögel, die auf ihrem ersten Zug waren, flogen nach Spanien. Offenbar diente den tagsüber ziehenden Vögeln der Sonnenstand zur Orientierung; Richtung und Länge des Fluges sind angeboren. Altvögel dagegen flogen zu ihren Winterquartieren der letzten Jahre. Ihre angeborene Flugrichtung wurde durch Erfahrung korrigiert, indem charakteristische Landmarken zur Orientierung herangezogen wurden. Nachtziehende Vögel wie die Grasmücken orientieren sich am Stand und an der Bewegung von Sternen. Licht spielt bei vielen Zugvögeln also eine entscheidende Rolle für Beginn und Verlauf des Zuges.

Im Frühjahr setzt mit der Morgendämmerung der Vogelgesang ein. Jeden Tag wird die gleiche Abfolge eingehalten: Nacheinander beginnen vor Sonnenaufgang in der Regel Feldlerche, Rotkehlchen und Singdrossel, nach Sonnenaufgang folgen Amsel und Kohlmeise. Ihr Gesang wird jeweils durch einen bestimmten Helligkeitswert ausgelöst. Auch andere Verhaltensweisen werden durch Änderungen der Lichtintensität gesteuert, zum Beispiel das abendliche Schwärmen der Mücken oder das Ausfliegen der Fledermäuse. Die Ausrichtung des Verhaltens oder der Entwicklung nach der täglichen Licht-Dunkel-Periode nennt man **Fotoperiodik.**

Über den täglichen Hell-Dunkel-Wechsel wirkt Licht auf Verhalten und Entwicklung vieler Lebewesen ein. So ist die Ratte nachtaktiv und ruht am Tag. Das Schlüpfen der Stubenfliege erfolgt stets morgens. Da die genannten Aktivitäten in einem 24-Stunden-Wechsel erfolgen, spricht man von einer *circadianen Rhythmik* (lat. *circa,* ungefähr; lat. *dies,* Tag). Verfolgt man im Laborversuch diese periodischen Aktivitäten im Dauerlicht oder Dauerdunkel, so behalten die Lebewesen die circadiane Rhythmik bei. Sie verfügen über eine **innere Uhr,** die auch bei konstanten Lichtbedingungen für einen circadianen Wechsel sorgt. Allerdings geht diese Uhr dann nicht mehr genau. So sind die Periodenlängen bei Ratten im Dauerlicht um etwa zwei Stunden verlängert, im Dauerdunkel dagegen etwas verkürzt. Führt man wieder den normalen Hell-Dunkel-Wechsel ein, zeigt sich schnell der typische 24-Stunden-Rhythmus. Licht hat also die Funktion eines Taktgebers für die innere Uhr. Alltagserfahrungen und Experimente zeigen, dass auch beim Menschen eine innere Uhr existiert.

Bei Pflanzen kann man ebenfalls Fotoperiodik beobachten: Die Blätter der Feuerbohne senken sich im Dunkeln und heben sich im Licht. Verantwortlich für diese „Schlafbewegungen" sind osmotisch bedingte Änderungen im Turgor besonderer Zellen an der Basis der Blattspreite.
Licht ist für grüne Pflanzen als Energie für die Fotosynthese wichtig. Es wirkt aber auch auf Form und Aufbau von Blättern. Bei der Rotbuche zum Beispiel haben die Blätter der oberen Krone eine kleine

276.1 Orientierung beim Vogelzug

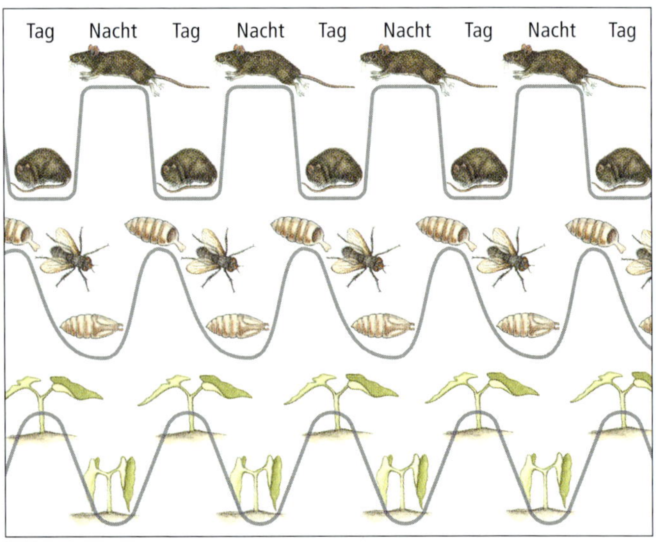

276.2 Circadiane Rhythmen

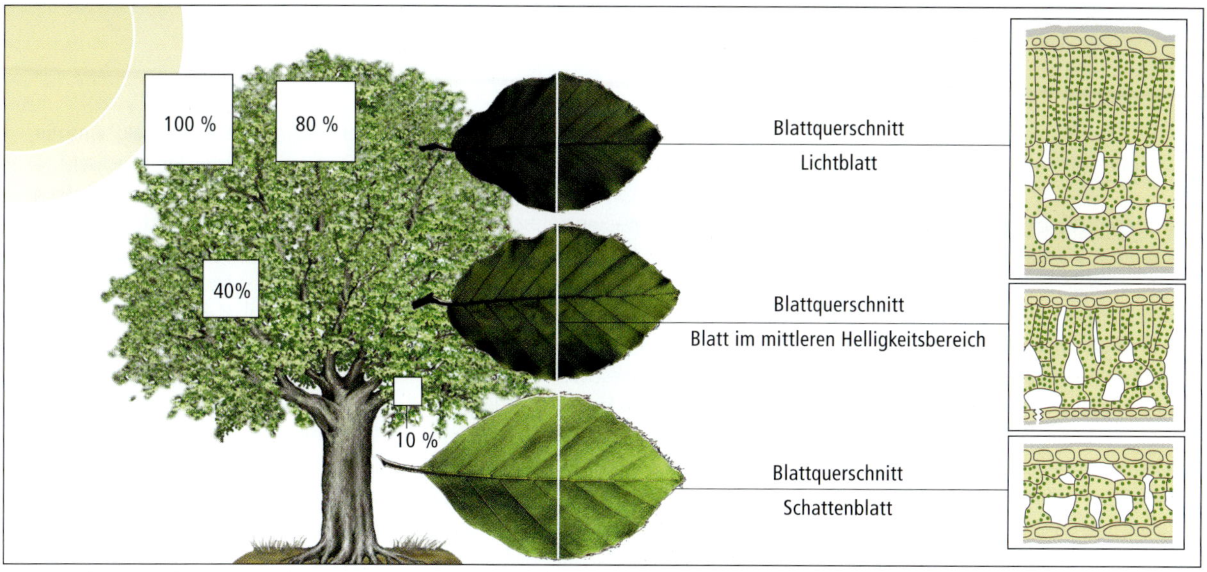

277.1 Relativer Lichtgenuss in der Krone einer Rotbuche und Anpassung der Blätter

Fläche, sind jedoch recht dick, da sie ein stark ausgeprägtes Palisaden- und Schwammgewebe haben. Die Sonneneinstrahlung ist hier so hoch, dass auch die unteren Gewebeschichten des Blattes erreicht werden. Im mittleren Kronenbereich finden sich Übergangsformen von den *Sonnenblättern* zu den *Schattenblättern,* die im unteren und inneren Kronenbereich ausgebildet werden. Schattenblätter besitzen eine recht große Blattfläche, sind aber relativ dünn. Das Licht in diesem Kronenbereich ist so schwach, dass es die unteren Gewebeschichten dickerer Blätter nicht mehr erreichen würde.
Unterhalb einer kritischen Schwelle der Lichtintensität verarbeiten dünne Blätter auf Dauer mehr Kohlenhydrate, als sie aufbauen. Sie werden abgeworfen oder gar nicht angelegt.

Manche Pflanzen wie die *Schwertlilie* blühen nur, wenn die tägliche Lichtphase lang ist. Man nennt sie **Langtagpflanzen.** Umgekehrt blühen **Kurztagpflanzen** wie die *Chrysantheme* nur bei langer täglicher Dunkelphase. Man kann das Blühen von Kurztagpflanzen verhindern, indem man die Dunkelphase durch kurzes Bestrahlen mit hellrotem Licht unterbricht. Diese Behandlung löst bei Langtagpflanzen das Blühen aus. Die Wirkung des hellroten Lichts wird aber durch anschließende Bestrahlung mit dunkelrotem Licht aufgehoben. Verantwortlich für diese Reaktion ist das **Phytochromsystem** der Pflanzen. Phytochrom ist ein lichtempfindliches Protein, das seine Form durch die Absorption von Rotlicht unterschiedlicher Wellenlängen ändert.

1. Entwerfen Sie ein Experiment, mit dem Sie die innere Uhr beim Menschen nachweisen können!

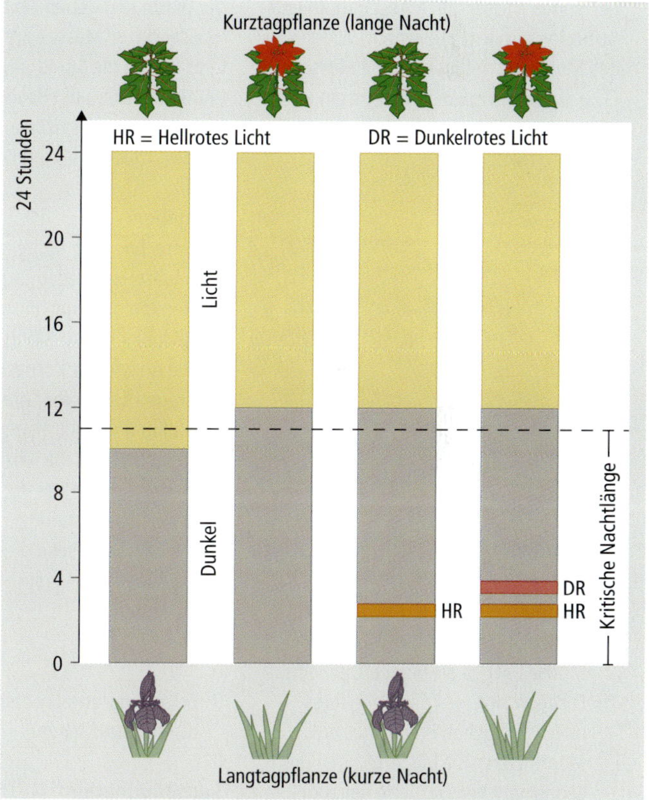

277.2 Auslösung des Blühvorgangs bei Lang- und Kurztagpflanzen. Die Auslösung erfolgt über Veränderungen des Phytochroms durch Licht. Durch Absorption von Licht mit einer Wellenlänge von etwa 660 nm (hellrot) wird das Phytochrom aus seiner inaktiven (P_{660}) in die aktive Form (P_{730}) überführt und löst den Blühvorgang von Langtagpflanzen aus. Durch Absorption von Licht mit einer Wellenlänge von etwa 730 nm (dunkelrot) sowie im Dunkeln kehrt das Phytochrom wieder in seinen inaktiven Zustand zurück. Bei etwa gleichen Anteilen von hell- und dunkelrotem Licht, zum Beispiel im Tageslicht, überwiegt die Wirkung des hellroten Lichts.

Abiotische Faktoren

1 Austrocknung und Wasseraufnahme einer wechselfeuchten Pflanze

Material: handgroßes, frisches Polster Torfmoos; Waage; Wasser; große Petrischale; Papiertuch; Pinzette; Mikroskop und Zubehör

Durchführung: Wiegen Sie das Moos, notieren Sie seine Masse und lassen Sie es anschließend über mehrere Tage austrocknen! Wiegen Sie es in ungefähr halbtägigem Abstand und notieren Sie jeweils die Masse! Führen Sie den Versuch so lange fort, bis sich die Masse des Mooses nicht mehr verringert! Legen Sie das Moos danach für fünf Minuten in eine Petrischale mit Wasser! Entfernen Sie danach anhaftendes Wasser durch Abschütteln und Abtupfen mit dem Papiertuch! Wiegen Sie das Moos und notieren Sie die Masse! Entnehmen Sie mit der Pinzette ein Moosblättchen und untersuchen Sie es unter dem Mikroskop!

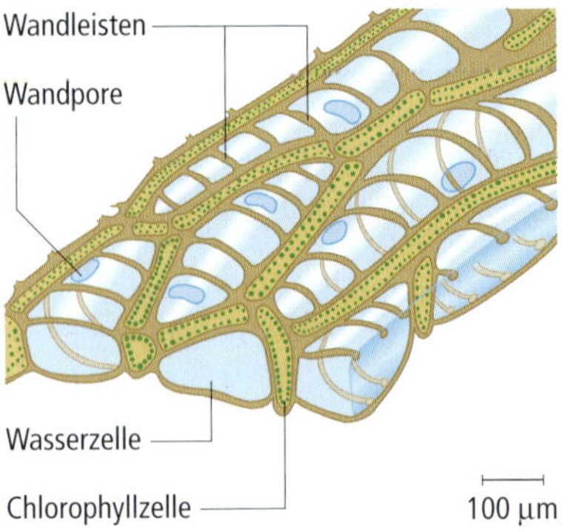

Aufgaben:

a) Tragen Sie in einer Grafik die Masse des Mooses gegen die Versuchsdauer auf!

b) Fertigen Sie eine Zeichnung Ihres mikroskopischen Präparates an! Identifizieren Sie die Strukturen des Moosblättchens mithilfe der abgebildeten Zeichnung!

c) Wodurch wird die schnelle Wasseraufnahme in die Moosblättchen erleichtert? Erläutern Sie!

d) Wie reagiert eine Samenpflanze, zum Beispiel eine Taubnessel, auf Austrocknung und Wiederbefeuchtung? Vergleichen Sie deren Reaktion mit der des Mooses!

2 Temperatur und Keimung

Material: Maiskörner; feuchte Watte; Reagenzgläser; Wasser; Kühlschrank; Karton; Lineal

Durchführung: Geben Sie ein Stück feuchter Watte auf den Boden eines Reagenzglases und legen Sie ein Maiskorn darauf! Bereiten Sie auf diese Weise 20 Reagenzgläser vor! Stellen Sie zehn Reagenzgläser in den Kühlschrank! Bewahren Sie als zweiten Versuchsansatz die anderen zehn bei Raumtemperatur auf! Decken Sie diese Gläser mit einem Karton ab, sodass kein Licht auf sie fällt! Notieren Sie Datum und Uhrzeit!

Kontrollieren Sie täglich die Feuchtigkeit der Watte und geben Sie bei Bedarf etwas Wasser dazu! Messen Sie zwei Wochen lang täglich die Sprosslänge der Keimlinge (vom Austrittspunkt des Sprosses aus dem Korn bis zur Sprossspitze) und notieren Sie die Ergebnisse samt Datum und Zeitpunkt!

Aufgaben:

a) Berechnen Sie für beide Versuchsansätze und jeden Tag den Mittelwert der Sprosslängen (Summe der jeweiligen Sprosslängen geteilt durch die Anzahl der Körner)!

b) Tragen Sie in einer grafischen Darstellung die Mittelwerte der Sprosslängen gegen die Versuchsdauer auf! Berechnen Sie das durchschnittliche Längenwachstum!

c) Welche Unterschiede stellen Sie zwischen den Versuchsansätzen fest? Erläutern Sie!

3 Erfassung von Frostschäden durch Vitalfärbung

Sachinformation: Die Unversehrtheit und Lebensfähigkeit (Vitalität) pflanzlichen Gewebes lässt sich durch Färbung mit 2,3,5-Triphenyltetrazoliumchlorid (TTC) feststellen. Wird diese gut wasserlösliche Verbindung mit lebenden Pflanzenzellen in Kontakt gebracht, so wird sie durch Stoffwechselvorgänge zu einer schwer löslichen, roten Verbindung reduziert, die am Gewebe haften bleibt. Eine schwache oder fehlende Rotfärbung zeigt eine nur geringe oder fehlende Stoffwechselaktivität und somit eine Schädigung des Gewebes an.

Material: 2 Zweige eines Laub- und eines Nadelbaums mit jeweils mindestens fünf Knospen; Tiefkühlfach; Rasierklinge; 2,3,5-Triphenyltetrazoliumchlorid (0,5 %ig); demineralisiertes Wasser; Analysenwaage; 4 Petrischalen; Papiertuch; Binokular

Durchführung: Schneiden Sie im Frühjahr, Spätsommer oder frühen Herbst jeweils zwei Zweige von einem Laub- und einem Nadelbaum ab! Legen Sie jeweils einen der beiden Zweige über Nacht in ein Tiefkühlfach und bewahren Sie den anderen Zweig bei Raumtemperatur auf!

Setzen Sie die Triphenyltetrazoliumchlorid-Lösung in demineralisiertem Wasser an! Geben Sie die Lösung in die Petrischalen, sodass deren Böden bedeckt sind! Trennen Sie mit der Rasierklinge sechs bis acht Knospen ab und schneiden Sie sie in Längsrichtung durch! Legen Sie sie mit der Schnittfläche in die Lösung! Decken Sie die Schalen ab, schützen Sie sie vor Lichteinfall und lassen Sie die Lösung einen Tag lang bei Raumtemperatur einwirken!

Entnehmen Sie die Knospenhälften, tupfen Sie sie vorsichtig mit dem Papiertuch ab und untersuchen Sie die Schnittflächen unter dem Binokular!

Aufgaben:

a) Beurteilen Sie die Stärke der Rotfärbung nach dem Schema „stark – mittel – schwach – fehlend"! Notieren Sie die Ergebnisse! Ermitteln Sie für jeden Zweig den am häufigsten festgestellten Wert!

b) Vergleichen Sie, getrennt nach Laub- und Nadelbaum, die Ergebnisse des gekühlten mit denen des ungekühlten Zweiges! Worauf sind die Unterschiede zurückzuführen?

c) Vergleichen Sie die Ergebnisse von Laub- und Nadelbaum! Welche Unterschiede stellen Sie fest, und wie lassen sie sich erklären?

d) An im Winter geernteten Zweigen ist meist eine intensivere Rotfärbung zu beobachten. Erklären Sie!

4 Säuregrad des Bodens und Reaktionszahlen von Pflanzen

Material: Geologische und topografische Karten der Region; Spaten, Löffel; Becher; demineralisiertes Wasser; pH-Meter; Schreibwerkzeug

Durchführung: Suchen Sie anhand der Karten in Ihrer Region Wälder auf unterschiedlichem geologischen Untergrund (z. B. auf Kalk und auf Buntsandstein)! Wählen Sie nach dem Zufallsprinzip auf einer Fläche von ungefähr 10 m × 10 m zehn Probenahmepunkte aus! Entfernen Sie dort mit dem Spaten Vegetation, Laubstreu und Wurzelfilz und nehmen Sie mit dem Löffel aus dem darunter liegenden Boden jeweils eine Probe! Vermischen Sie die Proben einzeln im Becher mit demineralisiertem Wasser und messen Sie den pH-Wert! Spülen Sie vor jeder neuen Messung den Becher mit demineralisiertem Wasser aus!

Aufgaben:

a) Erstellen Sie für jeden Standort eine Häufigkeitsverteilung der pH-Werte in Schritten von 0,5 pH-Einheiten und ermitteln Sie den häufigsten Wert! Benennen Sie die Unterschiede zwischen den Standorten!

b) Erstellen Sie für jede der abgebildeten Vegetationsaufnahmen eine Häufigkeitsverteilung der Reaktionszahlen nach ELLENBERG und ermitteln Sie den häufigsten Wert! Benennen Sie die Unterschiede zwischen den Aufnahmen!

c) Erörtern Sie, welche Ursachen für das unterschiedliche Vorkommen der Pflanzenarten verantwortlich sein können! Berücksichtigen Sie hierbei das abgebildete pH-Schema!

d) Überlegen Sie, welche Eigenschaften Pflanzen aufweisen müssen, um an das Wachstum auf stark sauren oder auf neutralen bis schwach basischen Böden angepasst zu sein!

e) Oft ist – bei vergleichbarem Wasserangebot – die Produktion von Pflanzensubstanz auf Böden mit einem pH von 5 bis 6 höher als auf stark sauren oder auf basischen Böden. Erörtern Sie anhand des pH-Schemas die Gründe hierfür! Welche Folgen haben diese Zusammenhänge für die landwirtschaftliche Nutzung von Böden und das heutige Vorkommen von Vegetationsformen?

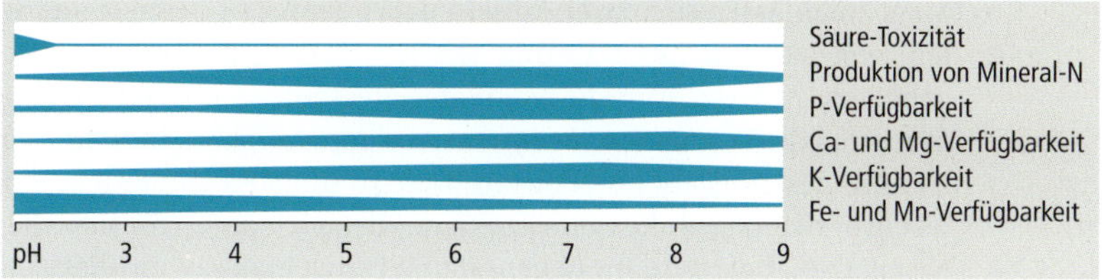

Säuretoxizität und Verfügbarkeit von Elementen in Abhängigkeit vom pH-Wert des Bodens

Vegetationsaufnahme A		Vegetationsaufnahme B		Vegetationsaufnahme C	
Ort: Billingshäuser Schlucht (bei Göttingen)		Ort: Ebergötzen (Süd-Niedersachsen)		Ort: Reinhausen (Süd-Niedersachsen)	
geologischer Untergrund: Muschelkalk		geologischer Untergrund: mineralstoffreicher Talboden über mittlerem Buntsandstein		geologischer Untergrund: mineralstoffarme Braunerde über mittlerem Buntsandstein	
Biotop: Kalk-Buchenwald		Biotop: Braunerde-Buchenwald		Biotop: Sauerhumus-Buchenwald	
pH-Wert des oberen Mineralbodens: 7,1		pH-Wert des oberen Mineralbodens: 5,1		pH-Wert des oberen Mineralbodens: 3,5	
Krautschicht: Höhe 50 cm, Deckungsgrad 90 %		Krautschicht: Höhe 90 cm, Deckungsgrad 90 %		Kraut- und Moosschicht: Höhe 30 cm, Deckungsgrad 30 %	
Arten und Reaktionszahlen:		Arten und Reaktionszahlen:		Arten und Reaktionszahlen:	
Leberblümchen	7	Wald-Flattergras	5	Weiße Hainsimse	3
Frühlings-Platterbse	7	Sauerklee	4	Draht-Schmiele	2
Türkenbund-Lilie	7	Große Sternmiere	6	Heidelbeere	2
Wald-Haargerste	7	Behaarte Hainsimse	5	Pillen-Segge	3
Bingelkraut	7	Gemeiner Wurmfarn	5	Besenheide	1
Gelbes Windröschen	8	Hain-Rispengras	5	Weiches Honiggras	2
Gold-Hahnenfuß	8	Vielblütige Weißwurz	6	Wald-Schwingel	3
Haselwurz	8	Wald-Zwenke	6	Schattenblümchen	3
Bärlauch	8	Wald-Habichtskraut	5	Blaugrünes Weißmoos	1
Einblütiges Perlgras	6	Echter Eichenfarn	4	Hornmoos	3
Aronstab	7				

Vegetationsaufnahmen der Krautschicht von Wäldern auf unterschiedlichem geologischen Untergrund

2 Beziehungen zwischen den Lebewesen

2.1 Konkurrenz

Manchmal lassen sich zwei Amseln dabei beobachten, wie sie sich um Nahrung streiten. Nahrung gehört zu den von Amseln benötigten Ressourcen. Innerhalb des Lebensraumes einer Amselpopulation ist aber das Angebot an Nahrung und an anderen lebensnotwendigen Ressourcen, zum Beispiel an Nistplätzen, begrenzt. Im Gegensatz zu Umweltfaktoren wie der Lufttemperatur werden Ressourcen durch Lebewesen verbraucht und stehen anderen Lebewesen nicht mehr zur Verfügung. Angehörige derselben Art nutzen in der Regel dieselben Ressourcen. Wenn der Bedarf an Ressourcen deren Angebot übertrifft, machen sich die Individuen gegenseitig die Ressourcen streitig: Sie stehen in **Konkurrenz** zueinander. Bei Konkurrenz innerhalb derselben Art spricht man von **intraspezifischer Konkurrenz.**

Nicht nur Nahrung und Raum, sondern auch Geschlechtspartner sind Ressourcen: Nach der Befruchtung einer Eizelle entwickelt sich der Embryo im weiblichen Organismus. Dieser kann während der Entwicklung des Embryos nicht noch einmal befruchtet werden. Je knapper das Angebot an Ressourcen ist, desto stärker ist die Konkurrenz zwischen den Individuen. Bei Tieren kann es, vor allem bei Konkurrenz um Geschlechtspartner, zu heftigen Kämpfen kommen, die manchmal sogar tödlich enden.

Die Art der Ressource beeinflusst die Konkurrenz ebenfalls. Gras fressende Tiere streiten nicht um jeden Grashalm. Doch auch Grasfresser konkurrieren miteinander, denn wie viel ein einzelnes Individuum fressen kann, hängt davon ab, wie schnell es frisst und wie viele Mitfresser vorhanden sind. Man spricht hier von *indirekter Konkurrenz.*

Direkte Konkurrenz entsteht immer dann, wenn ein Individuum versucht, eine Ressource wie ein Stück Fleisch, eine Frucht oder einen Geschlechtspartner für sich allein zu nutzen. Die Auseinandersetzungen um eine solche Ressource führen oft zur Bildung von Revieren oder Rangordnungen. Hierdurch wird direkte Konkurrenz in vielen Situationen vermindert. Letztlich wird sie aber nur verlagert. Inhaber von Revieren oder hohen Rangpositionen haben einen leichten Zugang zu wertvollen Ressourcen und deshalb einen sehr begehrten Status. Kämpfe um Reviere oder Rangpositionen können daher äußerst heftig sein.

Konkurrenz tritt auch zwischen Angehörigen verschiedener Arten auf, wenn sie um dieselben Ressourcen konkurrieren. Man spricht hier von **interspezifischer Konkurrenz.** Diese wird aber oft dadurch vermindert, dass die Arten ihre Ressourcen in unterschiedlicher Weise nutzen. So sind die gemeinsam an Felsküsten im nördlichen Teil Europas vorkommenden Vogelarten Kormoran und Krähenscharbe ungefähr gleich groß, brüten in Kolonien und ernähren sich von Fischen. Krähenscharben fangen jedoch hauptsächlich Sandaale und Heringe, Kormorane dagegen Plattfische und Garnelen.

Nicht immer sind Unterschiede in der Lebensweise von Arten, die im selben Lebensraum existieren und miteinander konkurrieren, leicht zu erkennen.

280.1 Intraspezifische Konkurrenz

280.2 Verminderung der interspezifischen Konkurrenz. A Krähenscharbe ■; B Kormoran ■

Hauben-, *Tannen-* und *Weidenmeise* zum Beispiel kommen gemeinsam in Nadelwäldern der Alpen vor, sind etwa gleich groß und ernähren sich von Insekten und deren Larven sowie von Baumsamen. Sie unterscheiden sich aber in der Art ihrer Nahrungssuche. Weidenmeisen suchen vor allem an unbenadelten Stellen der Äste und zum Teil auch am Stamm der Bäume nach Nahrung. Mit ihren stark ausgeprägten Krallen können sie sich gut an Rinde und Borke festhalten, und mit den langen Schwanzfedern stützen sie sich am Stamm ab. Haubenmeisen verfügen nicht über derartig gut ausgebildete Kletterhilfen. Sie suchen ihre Nahrung an stammnahen Ästen. Tannenmeisen dagegen halten sich in den äußeren Kronenbereichen auf, wo sie von Zweigen herabhängen und Samen von unten aus den Zapfen picken können. Die unterschiedliche Lebensweise führt auch hier zu einer **Konkurrenzverminderung** zwischen den Arten.
Die Lebensweise einer Art ist durch die Kombination von Körperbau, Verhalten, physiologischen Eigenschaften und ganz bestimmten Ausprägungen der verschiedenen Umweltfaktoren und des Ressourcenangebots festgelegt. Dieses System von Wechselbeziehungen zwischen den Lebewesen einer Art und ihrer Umwelt bezeichnet man als ihre **ökologische Nische.** Die ökologische Nische ist daher kein Raum, den man in einem Ökosystem aufsuchen kann, sondern entspricht der „Planstelle" oder dem „Beruf" dieser Art im Ökosystem. Eine Art besetzt in einem Ökosystem immer nur eine ökologische Nische. Das Beispiel der drei Meisenarten zeigt, dass sich die ökologischen Nischen verschiedener Arten zwar überlappen können, aber nicht völlig deckungsgleich sind. Man nimmt daher an, dass zwei Arten mit den gleichen Ansprüchen in einem gegebenen Lebensraum nicht gleichzeitig vorkommen können, da schließlich eine der beiden Arten die andere durch Konkurrenz verdrängen und aus dem Lebensraum ausschließen wird. Dieser Zusammenhang wird als das **Konkurrenzausschlussprinzip** bezeichnet.

Auch bei Pflanzen gibt es interspezifische Konkurrenz. Junge Buchen zum Beispiel wachsen schneller als andere Baumarten, beschatten diese und sind ihnen somit in der Konkurrenz um Licht überlegen. Im Bestand werden sie dann zur herrschenden Art. Eine andere Form interspezifischer Konkurrenz beruht auf der Ausscheidung von Stoffen, welche die Entwicklung anderer Pflanzen hemmen. Der Walnussbaum zum Beispiel bildet in seinen Blättern und Früchten eine ungiftige chemische Verbindung, die durch Auswaschung mit dem Regen, durch Laubfall und über die Wurzeln in den Boden gelangt. Dort wird sie zu einer Verbindung oxidiert, welche das Wachstum vieler anderer Pflanzenarten hemmt.

281.1 Nahrungssuche bei drei Waldmeisenarten

281.2 Interspezifische Konkurrenz zwischen Pflanzen

282.1 Fischadler mit Beute

282.2 Sonnentau

282.3 Fluchtverhalten eines Hasen bei Bedrohung durch einen Räuber

2.2 Räuber-Beute-Beziehungen

Hoch über einem See hat ein Fischadler einen Fisch entdeckt. Er stößt hinab, taucht in das Wasser ein, packt den Fisch mit seinen Fängen und hebt sich mit kräftigen Flügelschlägen wieder über die Seeoberfläche. Nun steuert er einen Baum am Ufer an, wo er den Fisch fressen wird.
Räuber wie der Fischadler sind dadurch definiert, dass sie in ihrem Leben viele Beutelebewesen fangen und sie sofort oder nach kurzer Zeit töten. Nicht nur Löwen und Wölfe sind Räuber, sondern auch Spinnen sowie Bartenwale, die kleine Krebse aus dem Wasser filtern und auffressen. Die meisten Räuber haben zum Aufspüren der Beute hochempfindliche Sinnesorgane entwickelt. Darüber hinaus besitzen sie besondere Techniken zum Beutefang.
Räuberisch leben auch Fleisch fressende Pflanzen. Der *Sonnentau* zum Beispiel hat zu Klebfallen umgeformte Blätter. Diese sind dicht mit Tentakeln besetzt, die einen Fangschleim absondern. Setzt sich ein Insekt auf die glitzernden Tentakel, bleibt es haften und wird durch Verdauungssekrete bis auf die Chitinhülle zersetzt. Die Zersetzungsprodukte werden vom Blatt aufgenommen und dienen der an mineralstoffarmen Standorten wachsenden Pflanze als zusätzliche Stickstoffquelle.
Die genannten Räuber gehören zu den Fleischfressern *(Carnivoren)*. Enthält die Nahrung der Räuber pflanzliche Anteile wie bei Krähen und Ratten, zählt man sie zu den Allesfressern *(Omnivoren)*. Reine Pflanzenfresser *(Herbivore)* unter den Räubern sind zum Beispiel Samen fressende Vögel und Nagetiere, die mit jedem Samen eine zukünftige Pflanze töten. Herbivore wie Rinder und heimische Heuschrecken, die im Laufe ihres Lebens ebenfalls an vielen Pflanzen fressen, töten die einzelne Pflanze dagegen nicht. Sie fressen nur einen Teil von ihr, sodass sich die Pflanze wieder regenerieren kann. Man bezeichnet sie daher nicht als Räuber, sondern als *Weidegänger*.

Genauso vielfältig wie die Formen der Räuber sind die **Abwehr**- und **Verteidigungsmechanismen** der möglichen Beute. Bedrohte Moschusochsen schützen sich und ihre Jungen vor Räubern, indem sie sich zu einem Verteidigungsring zusammenschließen und sogar bereit sind, einen Wolf anzugreifen. Manche Tiere wie Schildkröten und Igel haben mechanische Schutzvorrichtungen. Andere enthalten Giftstoffe und sind dadurch ungenießbar. Die Raupen des amerikanischen Monarchfalters können sogar in ihrem Körper Stoffe speichern, die sie durch das Fressen an einer Schwalbenwurzart aufgenommen haben und die für Säugetiere und Vögel giftig sind. Die einfachste und vielleicht am weitesten verbreitete Abwehr von Räubern, die zum Beispiel auch Frösche und Kaninchen zeigen, ist jedoch die Flucht.

EXKURS Schutztrachten

Ein im offenen Gelände kauernder Hase ist nur schwer zu entdecken. Sein erdfarbenes Fell verleiht ihm eine gute Tarnung. Eine derartige **Tarntracht** ist bei anderen Tierarten veränderlich: Tintenfische und Chamäleons ändern ihre Färbung bei einem Ortswechsel und passen sie dadurch der jeweiligen Umgebung an.

Die Tarntracht ist nur eine Form aus einer Vielfalt von **Schutztrachten,** mit denen sich viele Lebewesen vor Räubern schützen. Schutztrachten täuschen den Räuber durch Färbung, Gestalt oder Bewegung ihres Trägers.

Eine weitere Art von Schutztracht ist die **Nachahmungstracht (Mimese),** bei der Gegenstände aus der Umgebung nachgeahmt werden. Beispiele hierfür sind das Wandelnde Blatt, eine tropische Heuschreckenart, sowie heimische Spannerraupen, die auf einem Ast eine starre Haltung einnehmen und kleinen, schräg abstehenden Zweigstücken ähneln. Die Tiere sind zwar leicht zu sehen, werden aber nicht als Beute erkannt.

Durch Tarn- und Nachahmungstracht werden Tiere als Beute unauffällig. Andere Arten dagegen schützen sich durch eine auffällige Körperzeichnung. Das Tagpfauenauge spreizt bei Bedrohung seine Flügel. Hierdurch wird plötzlich ein augenähnliches Muster sichtbar, das Insekten fressende Vögel abschreckt. Man spricht hier von einer **Schrecktracht.**

Die Flügel des Marienkäfers, der für Vögel ungenießbar ist, sind ebenfalls auffällig gemustert. Vögel lernen aus Erfahrung, entsprechend aussehende Beute zu meiden. Diese Art der Schutztracht wird deshalb als **Warntracht** bezeichnet. Auch die schwarzgelbe Bänderung der Wespe warnt Räuber nach unangenehmer Erfahrung bei früheren Begegnungen: Diese Beute ist wehrhaft!

Einige wehrlose Insekten wie zum Beispiel Schwebfliegen ahmen Wespen durch eine wespenähnliche Musterung nach. Sie werden von Wespen meidenden Räubern ebenfalls gemieden und haben somit eine höhere Überlebenschance. Dieses Täuschen durch eine **Scheinwarntracht** bezeichnet man als **Mimikry.** Sie wurde erstmals 1862 von dem Engländer Henry Walter BATES bei Schmetterlingen des südamerikanischen Regenwaldes entdeckt.

Als Schutz vor Fraß durch Tiere ist das Prinzip der Täuschung auch bei Pflanzen verwirklicht. Die „Lebenden Steine" sind Mittagsblumengewächse in Trockengebieten, die in Form und Farbe Kieseln gleichen. Nur in der kurzen Blütezeit sind sie als Pflanzen erkennbar.

283.1 Schutztrachten. A Chamäleon (Tarntracht); **B** Spannerraupe (Mimese); **C** Tagpfauenauge (Schrecktracht); **D** Wespe (Warntracht); **E** Schwebfliege (Mimikry); **F** „Lebende Steine" (Nachahmungstracht)

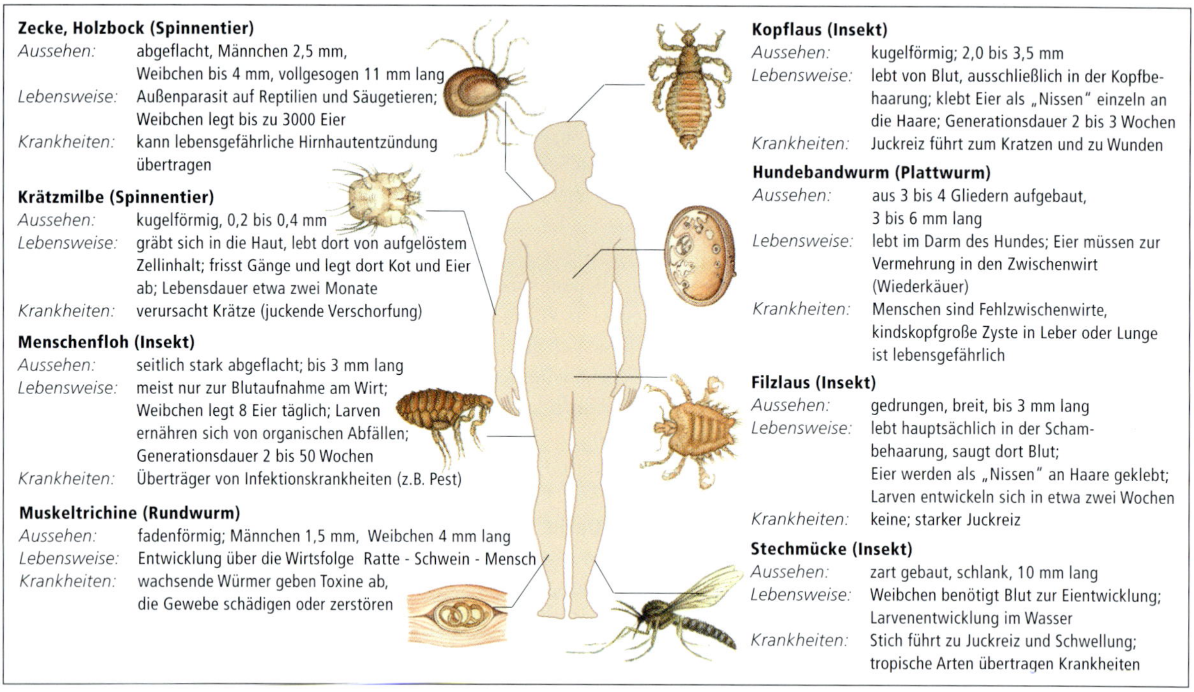

284.1 Tierische Parasiten des Menschen

2.3 Parasitismus

Zecken, Flöhe, Läuse und Bandwürmer gehören zu einer großen Zahl von Tierarten, die auf oder in anderen Lebewesen existieren. Sie schädigen diese durch Entzug von Stoffen, Zerstörung von Geweben oder Abgabe giftiger Stoffwechselprodukte. Man nennt die Schädiger **Parasiten** und den Geschädigten **Wirt.** Im Gegensatz zu Räubern töten Parasiten ihr Opfer nicht oder erst nach längerer Zeit und befallen in ihrem Leben nur einen oder wenige Wirte. Oft leben viele Parasiten auf einem Wirt, da sie meist deutlich kleiner sind als dieser. Viele Parasiten können nur eine oder wenige Arten befallen und zeigen somit eine hohe **Wirtsspezifität.** Nach dieser Definition sind auch Schmetterlingsraupen, die sich bis zur Verpuppung auf nur einer oder wenigen Individuen einer Pflanzenart aufhalten und sich von ihr ernähren, Parasiten.

Parasiten wie die Tierläuse, die sich ständig an der Körperoberfläche des Wirtes aufhalten, nennt man **Ektoparasiten.** Durch ihre Haft- und Klammerorgane, einen flachen Körper und fehlende Flügel sind sie an diese Lebensweise angepasst. Mithilfe spezieller Mundwerkzeuge ernähren sie sich von den Eiweißbestandteilen der Haare oder Federn oder vom Blut des Wirtes. Alle Entwicklungsstadien durchlaufen sie auf der Körperoberfläche des Wirtes.

Extrem reduziert sind viele Körperteile der **Endoparasiten,** die im Inneren des Wirtes leben. Bandwürmer beispielsweise besitzen weder einen Darm noch ein Blutgefäßsystem. Sie bestehen aus einem Kopfteil mit Haftorganen, an den sich zahlreiche, identisch ausgebildete Körperglieder anschließen. Die im Darminhalt des Wirtes gelösten Nährstoffe nimmt der Wurm über seine gesamte Körperoberfläche auf. Manche Endoparasiten wie der Kleine Leberegel durchlaufen einen komplizierten Generationswechsel, bei dem sie als Larven über einen oder mehrere *Zwischenwirte* in den *Endwirt* gelangen. Erst im Endwirt – im Fall des Kleinen Leberegels einem Schaf – entwickelt sich die geschlechtsreife Generation des Parasiten.

Im Tierreich ist der Parasitismus weit verbreitet. Man schätzt, dass rund ein Viertel aller Tierarten parasitisch lebt.

Unter den Pflanzen dagegen gibt es nur wenige Parasiten. Ein Beispiel hierfür ist die Sommerwurz. Diese chlorophyllfreie Pflanze kann keine Fotosynthese betreiben. Sie gewinnt alle notwendigen Nährstoffe aus den Leitbündeln der Wurzeln von Wirtspflanzen, die durch Wurzelauswüchse der Sommerwurz angezapft werden.

Die immergrüne Mistel, die auf einigen heimischen Baumarten lebt, betreibt dagegen selbst Fotosynthese. Sie bezieht von ihrem Wirt nur Wasser und darin gelöste Mineralstoffe. Hierzu zapft sie mit zu Senkern umgewandelten Wurzeln den Holzteil ihres Wirtes an. Starker Mistelbefall kann einen Baum erheblich schwächen.

EXKURS Malaria

Auf seinem Rückflug aus einem südafrikanischen Land leidet ein Passagier unter hohem Fieber und heftigen Kopf- und Gliederschmerzen. Er führt dies auf einen grippalen Infekt zurück, sucht aber nach der Landung in Frankfurt für eine gründliche Untersuchung ein Krankenhaus auf. Dort wird eine Malariainfektion festgestellt.

Malaria wird nicht durch Viren oder Bakterien hervorgerufen, sondern durch einzellige, endoparasitische Sporentierchen der Gattung *Plasmodium.* Sie werden durch den Stich von Mücken der Gattung *Anopheles* auf den Menschen übertragen. Mit dem Speichel der Mücke gelangen sichelförmige Sporozoiten in das Blut des Menschen und dringen schnell in seine Leber ein. Hier lassen sie durch mehrmalige Teilung in kurzer Zeit viele so genannte Merozoiten entstehen, die in die Blutbahn übergehen und die Roten Blutkörperchen infizieren. In diesen vermehren sie sich abermals durch gleichzeitig ablaufende Teilungen. Die Roten Blutkörperchen zerfallen dabei. Ihre Reststoffe rufen Fieberanfälle hervor. Die frei werdenden Merozoiten dringen erneut in Rote Blutkörperchen ein und durchlaufen einen weiteren Vermehrungszyklus.

Je nach *Plasmodium*-Art treten die Fieberanfälle an jedem zweiten oder dritten Tag auf, oder das Fieber wird überhaupt nur an jedem zweiten Tag durch eine kurze fieberfreie Phase unterbrochen. Dies ist bei der besonders gefährlichen *Malaria tropica* der Fall, die durch *Plasmodium falciparum* übertragen wird.

In den Roten Blutkörperchen des Menschen bilden sich aus einigen Merozoiten männliche und weibliche Geschlechtsformen. Sie können bei einem erneuten Stich von *Anopheles* aufgenommen werden. Im Verdauungstrakt der Mücke werden sie zu männlichen und weiblichen Geschlechtszellen, die miteinander zu Zygoten verschmelzen. Diese durchbohren die Wand des Verdauungstraktes und wachsen an der Außenseite des Darms zu Sporocysten heran. In den Sporocysten bilden sich viele Sporozoiten, die schließlich in die Speicheldrüse der Mücke wandern.

Malaria kommt weltweit in den Tropen und Subtropen vor. Eine halbe Milliarde Menschen, vor allem in Afrika und Südostasien, leiden an der Krankheit, und jährlich sterben bis zu drei Millionen an ihr. Durch Insektenvernichtungsmittel zur Bekämpfung der Mücken und durch Medikamente wurde die Malaria zeitweise zurückgedrängt. Doch resistente Stämme sowohl der Mücken als auch der *Plasmodium*-Arten lassen sie immer wieder aufflammen.

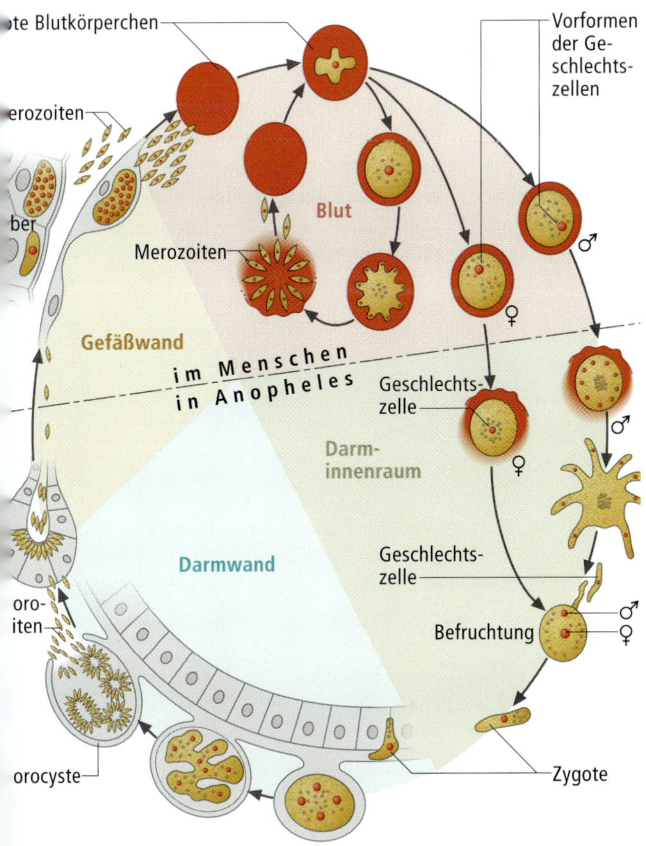

285.1 **Entwicklungszyklus des Malariaerregers *Plasmodium***

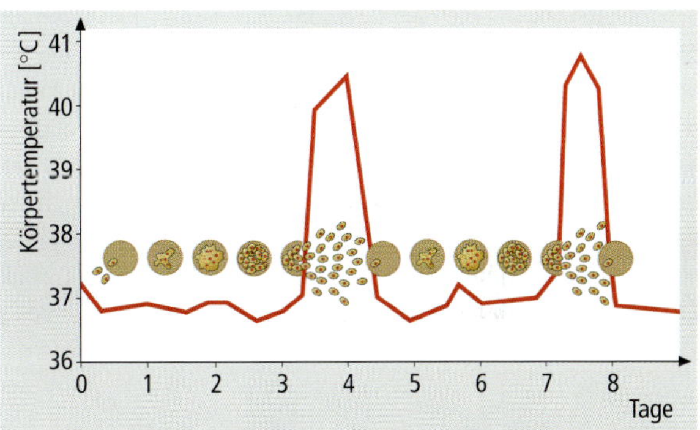

285.2 **Vermehrungszyklen der Merozoiten im Blut des Menschen und Fieberkurve**

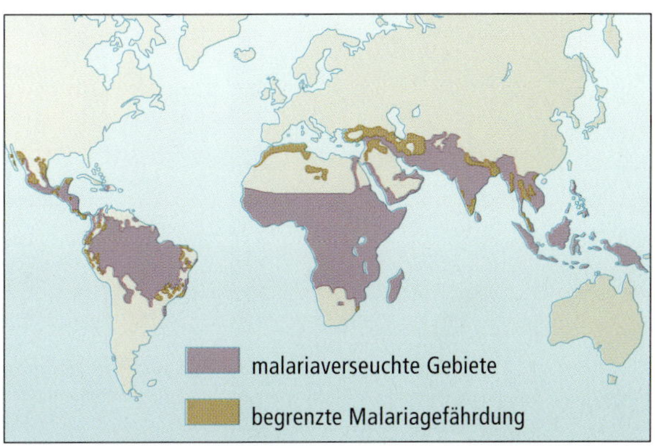

285.3 **Verbreitung der Malaria**

EXKURS Schädlingsbekämpfung

In jedem Frühsommer kann man auf Kartoffelfeldern landwirtschaftliche Maschinen beobachten, die eine Chemikalie versprühen. Dabei handelt es sich um ein *Insektizid,* das Kartoffelkäfer töten soll. Diese Art wurde 1877 aus Nordamerika nach Europa eingeschleppt und hat sich hier massenhaft ausgebreitet. Sie frisst an den Blättern der Kartoffelpflanze und kann drastische Ernteeinbußen verursachen.

Der Kartoffelkäfer ist wie verschiedene andere Arten von Insekten, Milben, Fadenwürmern, Schnecken und Nagetieren, die sich von Nutzpflanzen ernähren, ein Nahrungskonkurrent des Menschen. Aus diesem Grunde werden diese Lebewesen vom Menschen als **Schädlinge** bezeichnet. Auch Kräuter können Schädlinge sein, wenn sie mit den Nutzpflanzen um Licht, Wasser und Mineralstoffe konkurrieren und somit deren Wachstum einschränken.

Schädlinge können Ernteeinbußen von bis zu fünfzig Prozent verursachen. Die Schäden sind auch deshalb so hoch, weil die meisten Feldfrüchte in Monokulturen angebaut werden. In ihnen finden Schädlinge ein optimales Nahrungsangebot und können sich schnell massenhaft vermehren. Besonders in ärmeren Regionen der Erde schafft dies Probleme für die Nahrungsmittelversorgung und die wirtschaftliche Entwicklung.

Zur Bekämpfung der Schädlinge werden in großem Maßstab Chemikalien, die so genannten **Pestizide,** eingesetzt. Sie werden nach dem Typ des Schädlings, gegen den sie angewendet werden, unterteilt. *Herbizide* zum Beispiel verwendet man gegen Kräuter (lat. *herba,* Kraut), *Fungizide* gegen Pilze (lat. *fungus,* Pilz). Der Nachteil vieler dieser Chemikalien ist, dass sie auch andere Lebewesen und sogar dem Menschen nützliche Pflanzen und Tiere schädigen können. Außerdem reichern sie sich oft in der Nahrungskette an. Dies gilt besonders für Insektizide, die chlorierte Kohlenwasserstoffe enthalten.

Ein hoch wirksames Insektizid dieser Art ist das DDT (**D**ichlor**d**iphenyl**t**richlorethan), das in der Mitte des vergangenen Jahrhunderts weltweit intensiv eingesetzt wurde. Aufgrund von vergleichenden Untersuchungen an Material aus naturkundlichen Sammlungen fand man heraus, dass das DDT die Ursache für den starken Rückgang der Populationsdichten von Wanderfalke und Sperber war. Das DDT verursachte eine deutliche Abnahme der Dicke der Eierschalen, sodass nur wenige Jungvögel ausgebrütet werden konnten. Nachdem die Giftigkeit von DDT erkannt worden war, wurde seine Verwendung verboten. Die Dicke der Vogeleierschalen nahm wieder zu, und die Populationen der stark gefährdeten Wanderfalken und Sperber konnten sich erholen.

Die heute auf dem Markt erhältlichen Pestizide müssen nicht nur für den Menschen weitgehend ungefährlich sein, sondern auch Mindestanforderungen der Umweltverträglichkeit erfüllen. Sie dürfen zum Beispiel nicht giftig für Bienen oder Fische sein und sollen möglichst schnell biologisch abgebaut werden. Viele Mittel üben jedoch immer noch eine schädliche Wirkung auf Umwelt und Menschen aus.

Eine Alternative zum Pestizideinsatz ist die **Biologische Schädlingsbekämpfung.** Hierbei setzt man Räuber oder Parasiten der Schädlinge ein, um deren Populationsdichten in Grenzen zu halten. Vor allem Parasiten wirken recht spezifisch gegen Schädlinge. So befällt die Bakterienart *Bacillus thuringiensis* die Larven von Schmetterlingen, schädigt aber andere Insekten wie nützliche Schlupfwespen und Bienen nicht. Biologische und chemische Schädlingsbekämpfung lassen sich mit bestimmten Anbaumethoden wie zum Beispiel Mischkulturen, die einer Massenvermehrung von Schädlingen entgegenwirken, zum so genannten **integrierten Pflanzenschutz** kombinieren.

286.1 Insektizideinsatz

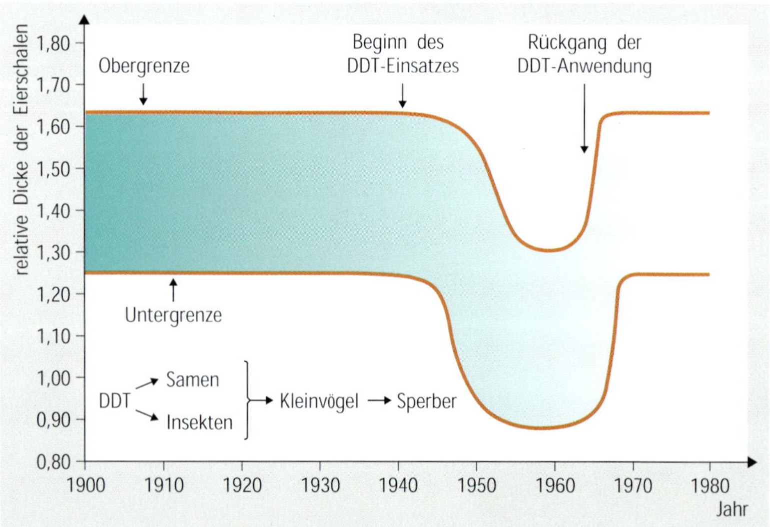

286.2 Dicke der Eierschalen des Sperbers

287.1 Formen der Kooperation. A Hummel an einer Salbeiblüte (Mutualismus); **B** Seeanemone und Einsiedlerkrebs (Symbiose); **C** Kuhreiher und Kaffernbüffel (einseitiges Nutznießertum)

2.4 Kooperation zwischen Arten

Stein- und Erdhummeln nehmen Nektar und Pollen in der Regel nur von ganz bestimmten Pflanzenarten auf: Sie sammeln blütenstet. In einem bestimmten Zeitraum fliegen die Hummeln beispielsweise fast ausschließlich die röhrenförmigen Blüten des Gemeinen Beinwells an, später dann nur die des Sumpf-Helmkrauts. Worin liegen die Vorteile dieser Beziehung zwischen Insekten und Pflanzen?

Durch eine blütenstete Bestäubung wird für Samenpflanzen die Übertragung von Pollenkörnern auf eine artgleiche Blüte sicherer. Andererseits hat der Bestäuber gelernt, dass der Besuch einer bestimmten Blüte stets mit zuckerhaltigem Nektar und eiweißreichem Pollen belohnt wird. Besondere Farben, Düfte oder Baumerkmale erleichtern es ihm, die Blüte zu finden. Manche Blüten sind sogar so gebaut, dass nur bestimmte Insektenarten Zugang zum Nektar erhalten. An den Nektar am Boden der langröhrigen Blüte des Wiesen-Salbeis zum Beispiel gelangen nur Insekten mit einem langen Rüssel. Sie müssen zudem stark genug sein, um eine aus der Staubbeutelbasis geformte Platte wegzudrücken, die den Zugang zur Blütenröhre versperrt. Dazu sind fast nur die großen Hummeln in der Lage. Durch Wegdrücken der Platte setzen sie auch einen Klappmechanismus in Gang, durch den die Staubbeutel ihren Pollen auf dem Rücken der Hummeln abladen.

Der besondere Bau der Salbeiblüte ist für die Hummeln auch dadurch vorteilhaft, dass hierdurch die Konkurrenz mit anderen Insektenarten vermindert wird. Lebenswichtig ist der Salbei für die Hummeln aber nicht: Sie können auch andere Nahrungsquellen nutzen. Eine Salbei-Population kann jedoch ohne Bestäubung nicht dauerhaft existieren. Eine Beziehung zwischen zwei Arten, die für beide Arten vorteilhaft ist, bezeichnet man als **Mutualismus** (lat. *mutuus*, gegenseitig).

Bei Flechten, in denen Grünalgen oder auch Cyanobakterien mit einem Pilz vergesellschaftet sind, ist die Beziehung zwischen zwei Arten besonders eng. Der fotosynthetisch aktive Partner liefert Kohlenhydrate, während der Pilz Wasser und Mineralstoffe zur Verfügung stellt und die Struktur des Flechtenkörpers bildet. Durch dieses Zusammenleben bilden Flechten eine neue funktionelle und strukturelle Einheit, für die man eine eigene systematische Gruppe eingeführt hat. Eine Beziehung zwischen artverschiedenen Lebewesen, die für beide Partner vorteilhaft und durch enges räumliches Zusammenleben gekennzeichnet ist, wird **Symbiose** genannt.

Symbiontisch leben auch Wimpertierchen und Bakterien im Vormagen von Wiederkäuern wie zum Beispiel Kühen: Man spricht hier von **Endosymbiose.** Die Wiederkäuer stellen den Kleinstlebewesen Lebensraum und Nahrung zur Verfügung. Sie profitieren davon, dass die Kleinstlebewesen die in der pflanzlichen Nahrung der Kühe enthaltene Cellulose enzymatisch aufschließen, wofür sie selbst keine Enzyme besitzen. Eine **Ektosymbiose** besteht dagegen zwischen bestimmten Seeanemonen und Einsiedlerkrebsen. Die Seeanemone lässt sich vom Krebs auf dem Schneckenhaus transportieren, mit dem dieser seinen weichen Hinterleib schützt, und nimmt einen Teil seiner Beute auf. Die giftigen Nesselkapseln der Seeanemone verleihen dem Krebs zusätzlichen Schutz.

In der afrikanischen Savanne lassen sich oft Kuhreiher beobachten, die Herden von Huftieren wie zum Beispiel Kaffernbüffeln begleiten. Sie erbeuten Insekten und andere kleine Tiere, die durch die Bewegung der Huftiere aufgescheucht werden. Auf diese Weise nehmen sie wesentlich mehr Nahrung auf als in Abwesenheit der Huftiere. Sie ziehen also einen deutlichen Nutzen aus dem Zusammenleben mit den Huftieren, die wiederum weder Vor- noch Nachteile von den Kuhreihern haben. Bei einer solchen Beziehung zwischen zwei Arten spricht man von **einseitigem Nutznießertum.**

3 Populationsökologie

3.1 Wachstum von Populationen

Werden Bakterien in einem Kulturgefäß, zum Beispiel in einer Petrischale, auf einem geeigneten Nährboden kultiviert, vermehren sie sich durch Zellteilung. Nach einem bestimmten Zeitraum hat sich die Ausgangszahl der Bakterienzellen verdoppelt. Nach einem weiteren Zeitabschnitt gleicher Länge liegt im Vergleich mit der Ausgangsmenge die vierfache Bakterienzahl vor. Trägt man in einem Koordinatensystem die Anzahl der Bakterienzellen gegen die Zeit auf, erhält man eine Exponentialfunktion. Die Kultur befindet sich während dieses Zeitraums in der Phase des **exponentiellen Wachstums.** Schließlich nehmen aber die Nährstoffe und der nötige Raum so stark ab, dass eine weitere Vermehrung nicht mehr möglich ist: die **Kapazität** des Lebensraums ist erreicht. Die Bakterienzahl bleibt nun ungefähr konstant, die Kultur befindet sich in einer **stationären Phase.** Dieses Wachstumsverhalten, bei dem ein Sättigungswert erreicht wird, bezeichnet man als **logistisches Wachstum.**

In dem beschriebenen Experiment bilden die Bakterien eine Gruppe von Lebewesen derselben Art in einem bestimmten Lebensraum. Eine derartige Gruppe von Lebewesen bezeichnet man als **Population.** Dabei spielt es keine Rolle, ob es sich bei dem Lebensraum um eine künstlich geschaffene Umgebung in einem Experiment oder um einen natürlichen Lebensraum wie einen Wald handelt. Spricht man von einer Population, muss man daher auch den Raum benennen, in dem sie lebt.

Die *Populationsgröße* ist die Anzahl der Individuen einer Population. Durch Vermehrung, Wanderung und Tod kann sich die Populationsgröße ändern. Das Ausmaß der Veränderung wird durch die biotischen und abiotischen Umweltfaktoren des Lebensraums bestimmt. So benötigt jedes Lebewesen eine gewisse Menge an Mineral- und Nährstoffen um zu gedeihen. Eine Population von Reiskäfern zum Beispiel wächst schneller und erreicht eine höhere Individuenzahl, wenn sie auf einer größeren Ausgangsmenge an Mehl gehalten wird: Die Kapazität des Lebensraums ist in diesem Fall größer. Bei einer unbegrenzten Verfügbarkeit von Nahrung kann die Population der Käfer theoretisch exponentiell wachsen. In der Praxis – sowohl im Experiment als auch in der Natur – wird aber schließlich einer der Umweltfaktoren einem weiteren Anwachsen der Populationsgröße im Wege stehen. Dies ist spätestens dann der Fall, wenn der Raum eine weitere Zunahme der Individuenzahl nicht mehr zulässt. Die auf die Fläche oder den Raum bezogene Individuenzahl einer Population bezeichnet man als *Populationsdichte.* Auch im Freiland beobachtet man kritische Obergrenzen von Populationsdichten, die nicht überschritten werden können. Es gibt aber auch kritische Untergrenzen von Populationsdichten. Wird der räumliche Abstand zwischen den Individuen zu groß, können sie nicht mehr zur Fortpflanzung zusammen kommen, und die Population erlischt.

1. Welche Umweltfaktoren können das Populationswachstum begrenzen? Nennen Sie Beispiele!

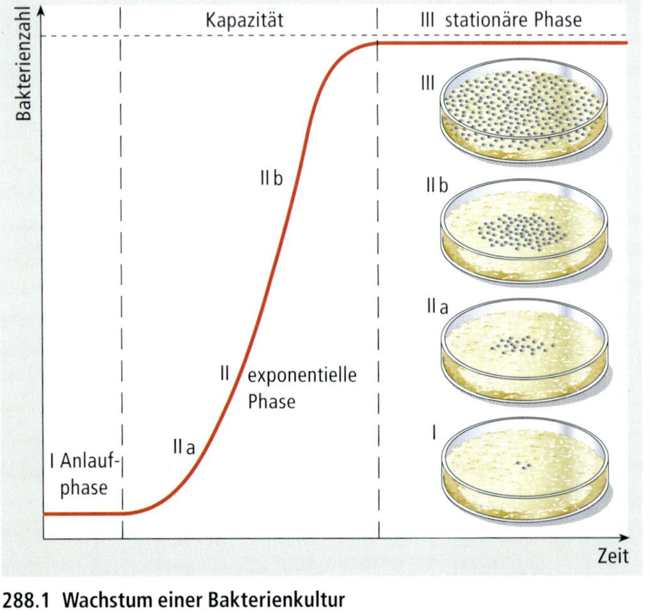

288.1 Wachstum einer Bakterienkultur

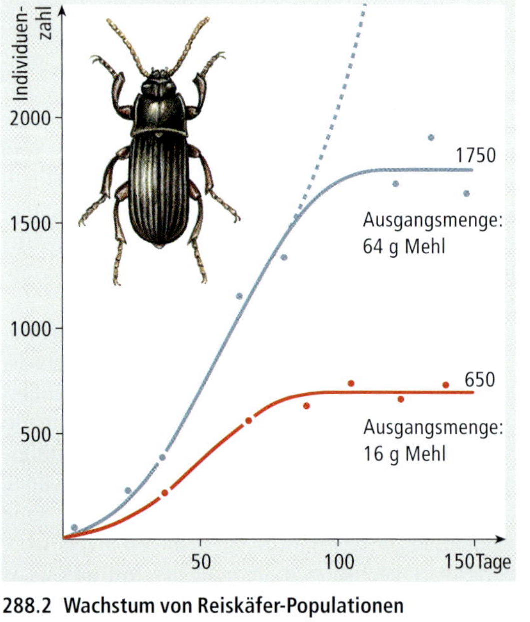

288.2 Wachstum von Reiskäfer-Populationen

EXKURS K-Selektion und r-Selektion

Pflanzen- und Tierarten, die in nur schwach von anderen Arten besiedelte Lebensräume vordringen, haben gegenüber konkurrierenden Arten einen Vorteil, wenn sie ihre Individuenzahl schnell und stark erhöhen können. Sie sind dann in der Lage, große Bereiche des Lebensraums und dessen Ressourcen für sich in Besitz zu nehmen und eventuell sogar zur dominierenden Art zu werden. Die Selektion begünstigt in diesem Fall also Arten mit hoher Vermehrungsrate; diese Arten bezeichnet man daher als **r-selektiert** (**r** = Vermehrungsrate). Ein Beispiel ist das einjährige Rispengras auf einer vegetationsfreien Fläche. Zwischen den Individuen derselben Art ist die Konkurrenz unter derartigen Bedingungen recht gering.

Ganz andere Verhältnisse herrschen in Lebensräumen wie einem Laubwald, der sich langfristig nur recht wenig ändert. Die Arten leben hier an der Grenze der Kapazität des Lebensraums, sie sind **K-selektiert** (**K** = Kapazität). Nicht nur zwischen den Arten, sondern auch innerhalb einer Art besteht starke Konkurrenz. In diesen Lebensräumen sind diejenigen Arten im Vorteil, die ihren Nachkommen günstige Anfangsbedingungen für ihren Konkurrenzkampf mit anderen Lebewesen bieten können. K-selektierte Pflanzenarten wie Eichen produzieren nährstoffreiche Samen, K-selektierte Tierarten wie Fuchs oder Dachs bringen pro Jahr nur wenige Jungtiere zur Welt, die aber für längere Zeit umsorgt werden. Nicht alle Arten lassen sich jedoch eindeutig einem der beiden Selektionstypen zuordnen; viele weisen sowohl Merkmale von K- als auch von r-Selektion auf. Diese Merkmale sind zudem nicht absolut, sondern nur im Vergleich von Arten zu betrachten.

Kennzeichen	r-Selektion	K-Selektion
Zeit bis zur Geschlechtsreife	kurz	lang
Zeitpunkt der ersten Reproduktion	früh	spät
Anzahl der Nachkommen	viele	wenige
Größe der Nachkommen oder Eier	klein	groß
elterliche Fürsorge	keine	oft sehr ausgeprägt
Fortpflanzungshäufigkeit	einfach	mehrfach
Lebensdauer	kurz	lang
Sterblichkeitsrate	oft hoch	meist niedrig

289.1 Kennzeichen von Arten mit r- oder K-Selektion

EXKURS Wachstum der Erdbevölkerung

Über lange Zeiträume der Existenz des Menschen stieg die Zahl der Erdbevölkerung nur langsam. Dies änderte sich gegen Ende des Mittelalters, als die Städte eine größere Bedeutung als Lebens- und Produktionsort erlangten. Neue Entwicklungen in Technik, Naturwissenschaften und Medizin führten zu erhöhter Produktion lebensnotwendiger Güter, besserer Hygiene und wirksamerer Bekämpfung von Krankheiten, sodass die Bedrohung der menschlichen Populationen durch Hungersnöte und Epidemien stark abnahm. Hierdurch stieg die Vermehrungsrate der Erdbevölkerung immer stärker an, und ihre **Verdoppelungsdauer** wurde somit immer kürzer. Nach dem dreißigjährigen Krieg wuchs die Erdbevölkerung „superexponentiell". Dies hat zu Umweltverschmutzung und Raubbau an natürlichen Ressourcen und damit langfristig zu einer hohen Belastung der Biosphäre geführt. Wenn es nicht gelingt, das Bevölkerungswachstum zu beschränken und die Ressourcen effizienter zu nutzen, wird die Kapazität des Lebensraums Erde auf Dauer nicht ausreichen.

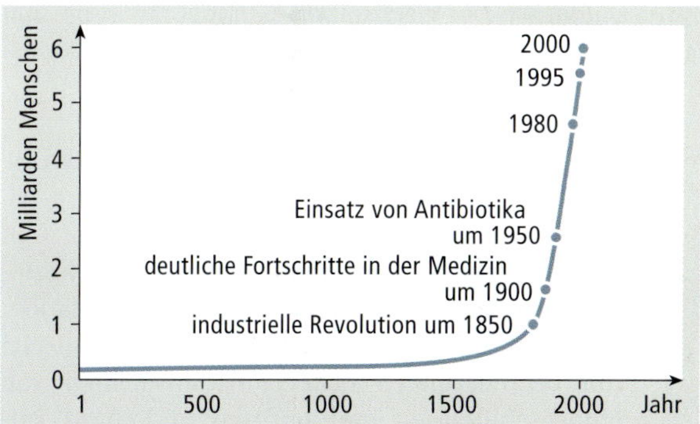

289.2 Wachstumskurve der Erdbevölkerung

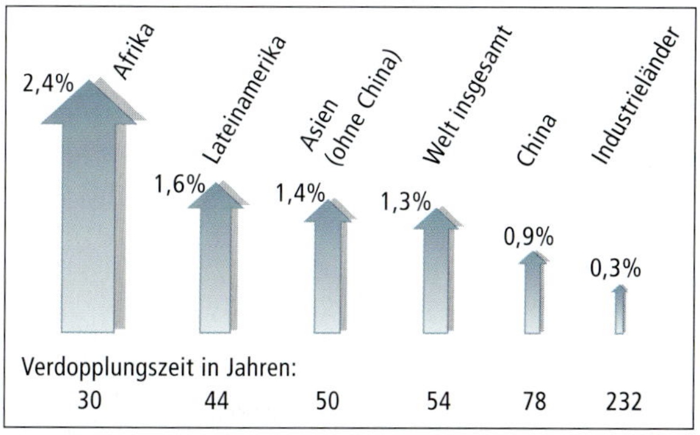

289.3 Geschätztes jährliches Bevölkerungswachstum (1995 bis 2000)

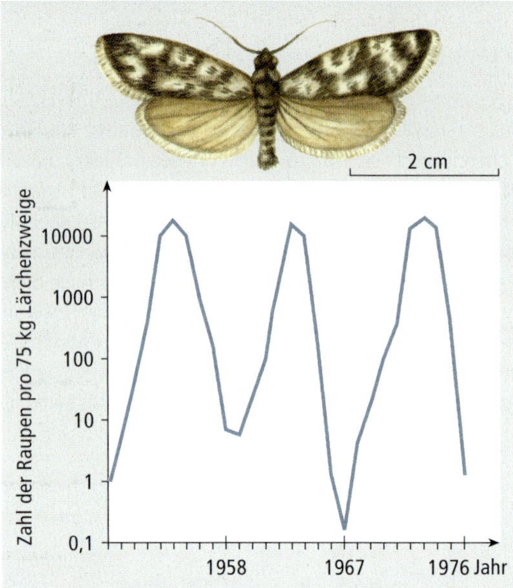

290.1 Verlauf der Populationsdichte des Lärchenwicklers im Oberengadin (Schweiz)

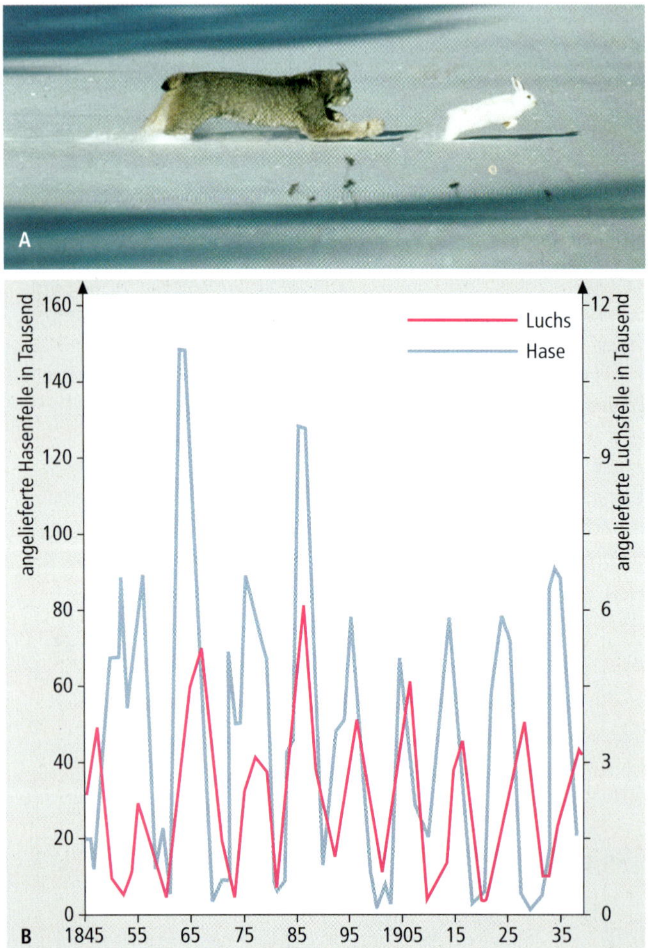

290.2 Schneeschuhhase und Luchs in Kanada.
A Foto; **B** Populationsdichten

3.2 Regulation der Populationsdichte

Anfang der fünfziger Jahre des 20. Jahrhunderts beobachtete man in Wäldern des Engadin in der Schweiz eine massenhafte Zunahme des Lärchenwicklers. Die Raupen verursachen durch starken Fraß an Nadeln von Lärchen, aber auch von anderen Nadelbäumen Zuwachsverluste. Nachdem die Vermehrung ihren Höhepunkt erreicht hatte, kam es zu einem fast vollständigen Zusammenbruch der Lärchenwicklerpopulation. Die restliche Population überlebte unauffällig in den Wäldern. Etwa zehn Jahre nach der ersten Massenvermehrung trat eine zweite auf, die anschließend ebenfalls in einen starken Rückgang der Population mündete. In den darauf folgenden Jahren wiederholte sich dieser Zyklus erneut. Wie lassen sich diese Schwankungen der Populationsdichte erklären?

Wenn die Bäume kahlgefressen worden sind, bilden sie erst mit Verzögerung und in geringerem Ausmaß neue Nadeln. Diese Nadeln haben einen hohen Faseranteil, eine hohe Harzkonzentration und einen geringen Stickstoffgehalt. Für die Raupen des Lärchenwicklers sind sie als Nahrung weniger gut verwertbar. Daher gelangen weniger Raupen zur Verpuppung, und die sich daraus entwickelnden Weibchen legen weniger Eier. Nach dem Rückgang der Lärchenwicklerpopulation nimmt auch die Zahl der Fressfeinde und Parasiten ab, und die Bäume produzieren wieder mehr Nadeln mit besserer Nahrungsqualität. Die Dichte der Lärchenwicklerpopulation kann nun erneut ansteigen. Wegen des geringeren Raumangebots kommt es bei einer Erhöhung der Populationsdichte zu Auswanderungen des Lärchenwicklers aus dem Ökosystem. Bei einer Massenvermehrung der Raupen vermehren sich auch ihre Fressfeinde und Parasiten stärker, und die Sterblichkeitsrate der Wickler erhöht sich deutlich.

Nicht nur in Wäldern, sondern auch auf landwirtschaftlich genutzten Flächen kommt es in regelmäßigen oder unregelmäßigen Zeitabständen immer wieder zu Massenvermehrungen von Schädlingen. Eine solche Massenvermehrung bezeichnet man als *Gradation*. Der Wechsel von extremer Zunahme und anschließendem starken Rückgang der Populationsdichte ist typisch für Gradationen.

Das Beispiel des Lärchenwicklers zeigt, dass sich die Anzahl von Fressfeinden, genauer gesagt ihre Populationsdichte, auf die Dichte der Beutepopulation auswirkt. Die Dichte der Beutepopulation beeinflusst wiederum die Dichte der Räuberpopulation. Diese *Räuber-Beute-Beziehung* lässt sich am Beispiel von Veränderungen der Populationsdichten von Schneeschuhhasen und Luchsen in Kanada verdeutlichen. Die Hudson Bay Company, eine Handelsgesellschaft, registrierte seit etwa 1800 über Jahrzehnte hinweg die jährlich bei ihr angelieferten Felle von Luchsen und Schneeschuhhasen. Alle neun bis zehn Jahre fielen besonders viele Luchsfelle an. Im gleichen Rhythmus gingen auch auffallend viele Hasenfelle ein. Allerdings lagen hier die Spitzen immer zeitverschoben ein bis zwei Jahre vor der Häufung der Luchspelze. Schließt man aus der Anlieferung der Felle auf die Populationsgrößen, so folgt im östlichen Kanada regelmäßig ein Maximum der Luchse auf ein Maximum der Schneeschuhhasen.

Die Schwankungen von Räuber- und Beutepopulation lassen sich mathematisch nachbilden. Der Mathematiker Vito VOLTERRA formulierte um 1920 auf der Grundlage seiner Berechnungen von Populationsdichten das 1. VOLTERRAsche Gesetz: Die Individuenzahlen von Räuber und Beute schwanken auch bei sonst konstanten Bedingungen periodisch. Dabei sind die Maxima der Populationsgrößen phasenweise verschoben. Diese Berechnungen gelten allerdings hauptsächlich für den Fall, dass sich der Räuber nur von einer Beuteart ernährt und die Beuteart ihrerseits nur eine Art als Fressfeind hat. Hierbei werden die periodischen Populationsschwankungen dadurch verursacht, dass eine Erhöhung der Dichte von Beutetieren zu einer Dichteerhöhung der Räuber führt, die wiederum die Dichte der Beute abnehmen lässt. Eine verringerte Beutedichte resultiert dann in einer Abnahme der Dichte von Räubern, sodass sich die Beutepopulation erholen und ein neuer Zyklus von Änderungen der Populationsdichte beginnen kann. Die Dichten von Räuber- und Beutepopulation hängen also über einen Rückkopplungsmechanismus miteinander zusammen. Trotz der Schwankungen bleiben aber langfristig die Durchschnittsgrößen der Populationen konstant; dies ist der Inhalt des so genannten 2. VOLTERRAschen Gesetzes.
Die Berechnungen von VOLTERRA treffen aber nicht für alle Populationsschwankungen zu. Auch in Gegenden, in denen der Luchs schon lange ausgerottet ist, schwanken die Bestände von Schneeschuhhasen. Hier werden die Schwankungen vermutlich durch wechselnde Nahrungsmengen verursacht.

Wie stark die Nahrungsmenge die Populationsgröße beeinflusst, hängt von der Dichte der Population ab: Sie ist ein **dichteabhängiger Faktor.** Je größer die Populationsdichte ist, desto stärker wird ihr weiteres Wachstum durch den entstehenden Mangel an Nahrung und Raum eingeschränkt. Durch Nahrungs- und Raummangel nimmt in der Regel die Geburtenrate ab und die Sterberate zu. Andere Faktoren wie zum Beispiel die Temperatur wirken auf alle Lebewesen der Population unabhängig von deren Dichte: Sie sind **dichteunabhängige Faktoren.**

dichteabhängige Faktoren	dichteunabhängige Faktoren
intraspezifische Konkurrenz: Nahrungsmenge Raumangebot	**Klima:** Temperatur Boden Nahrungsqualität
artspezifische Feinde: Räuber Parasiten	**nicht spezifische Feinde:** Räuber, die sich auch von anderer Beute ernähren
ansteckende Krankheiten	**nicht ansteckende Krankheiten**

291.1 Dichteabhängige und dichteunabhängige Faktoren zur Regelung der Populationsdichte

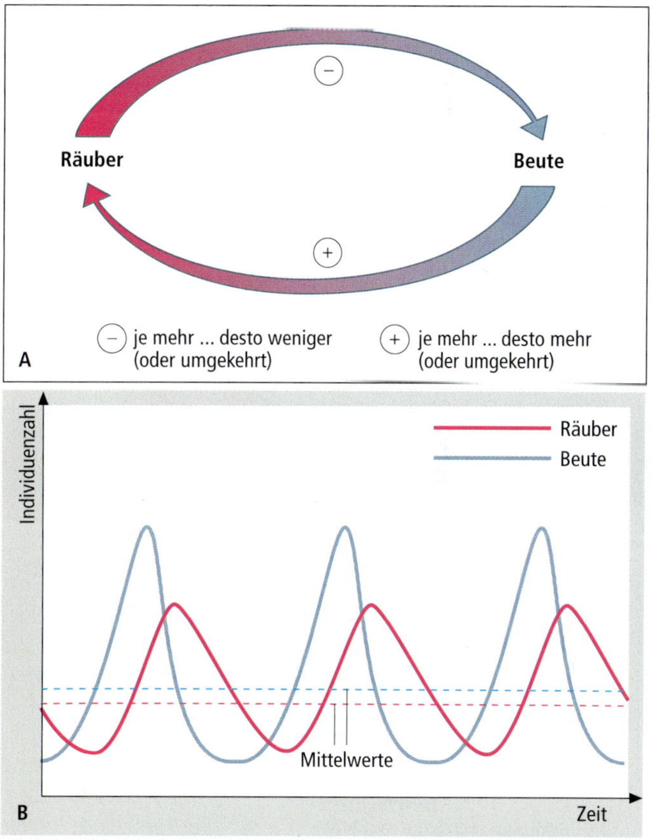

291.2 Gegenseitige Beeinflussung von Räuber- und Beutepopulation.
A Schema; **B** Schwankungen nach dem 1. und 2. VOLTERRAschen Gesetz

1. In Abbildung 291.1 wird die Nahrungsqualität zu den dichteunabhängigen Faktoren gestellt. Begründen Sie am Beispiel des Lärchenwicklers, warum sie auch dichteabhängig sein kann!

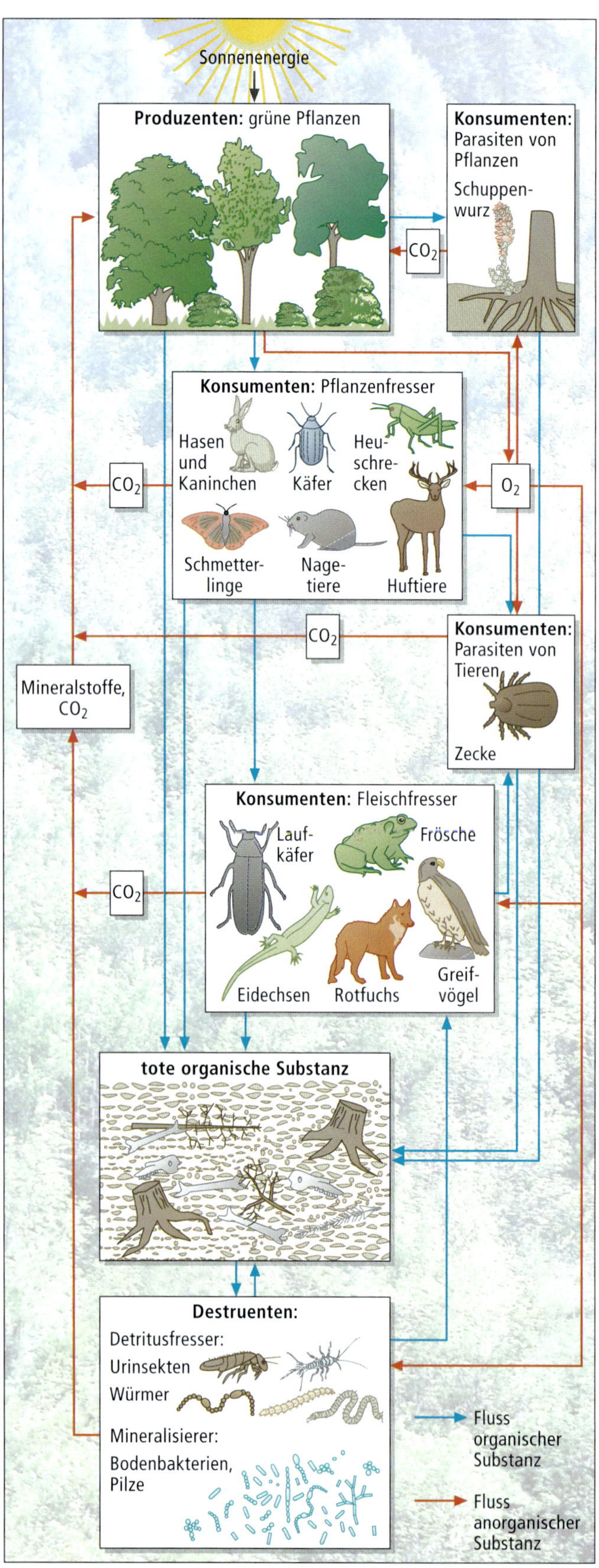

292.1 **Stoffflüsse in einem mitteleuropäischen Waldökosystem**

4 Ökosysteme

4.1 Nahrungsbeziehungen in Ökosystemen

In einem Ökosystem wie einem Laubwald erzeugen die grünen Pflanzen durch Fotosynthese organische Stoffe: Sie sind die **Produzenten** dieser Stoffe. So stellen sie die Lebensgrundlage für alle anderen Lebewesen her. Von den grünen Blättern fressen Käfer und Raupen, Nagetiere und Vögel ernähren sich von Wurzeln und Früchten. Die Pflanzenfresser wiederum sind Beute von Fleischfressern wie Füchsen und Sperbern. Sowohl Pflanzen als auch Tiere dienen Parasiten als Lebensgrundlage. Pflanzenfresser, Fleischfresser und Parasiten bilden in einem Ökosystem die Gruppe der **Konsumenten.** Sie leben davon, dass sie organische Stoffe anderer lebender Mitglieder des Ökosystems aufnehmen.

In einem Ökosystem werden jedoch auch Stoffe abgegeben: abgestorbene Teile von Pflanzen, Haare, Ausscheidungen von Tieren und Menschen sowie Tierleichen und tote Pflanzen. Diese organischen Reste bezeichnet man als *Detritus* (lat. *detritus,* vergangen). Sie bilden die Nahrungsgrundlage weiterer Lebewesen. Aaskäfer ernähren sich von Tierkadavern, Regenwürmer und Springschwänze von Laubstreu. Sie zerkleinern als *Detritusfresser* die toten Körper immer stärker und scheiden einen Teil des gefressenen Detritus wieder aus. Nach ihrem Tod werden sie selbst zu Detritus. Die zerkleinerten Körper und Ausscheidungen bilden ideale Angriffsflächen für weitere Lebewesen: Bodenbakterien und Pilze zersetzen das organische Material zu Kohlenstoffdioxid, Mineralstoffen und Wasser. Sie werden deshalb als *Mineralisierer* bezeichnet. Die entstandenen anorganischen Stoffe können wiederum von grünen Pflanzen aufgenommen werden. Detritusfresser und Mineralisierer bilden zusammen die Gruppe der **Destruenten** (lat. *destruere,* abbauen).

Produzenten, Konsumenten und Destruenten eines Ökosystems sind durch **Nahrungsketten** miteinander verbunden. Diese sind zu einem **Nahrungsnetz** verknüpft. Das Nahrungsnetz bildet die „Bahnen", auf denen die Stoffe eines Ökosystems wie Kohlenstoff und Mineralstoffe „fließen".

Klimatisch ähnliche Regionen sind von ähnlichen Ökosystemen geprägt. Grasland zum Beispiel gibt es in Trockengebieten Nordamerikas (Prärie), Afrikas (Savanne) und Asiens (Steppe). Wegen der geografischen Trennung entwickelten sich unterschiedliche herbivore Säugetiere: in Nordamerika Bisons, in Afrika Zebras und Springböcke und in Asien Wildpferde und Steppenantilopen. Sie nehmen in ihrem Ökosystem jeweils die gleiche Planstelle ein. Man spricht hier von einer *Äquivalenz der ökologischen Planstellen (Stellenäquivalenz).*

4.2 Stoffkreisläufe und Energiefluss

Die Energie, die grüne Pflanzen zur Fotosynthese benötigen, stammt aus dem Sonnenlicht. Doch kann nicht die gesamte Lichtenergie, die auf ein Ökosystem eintrifft, zur Fotosynthese genutzt werden. Ein Teil hiervon wird von der Oberfläche des Ökosystems wieder in die Atmosphäre und in den Weltraum reflektiert. Der größte Teil jedoch wird bei der Erwärmung des Ökosystems und bei Verdunstung von Wasser, einschließlich der Transpiration der Pflanzen, umgesetzt. Somit sind nur wenige Prozent der auf das Ökosystem eintreffenden Sonnenstrahlung für die Fotosynthese nutzbar.

Die gesamte Menge an Kohlenstoff, welche die Pflanzen bei der Fotosynthese binden, bezeichnet man als die **Bruttoprimärproduktion** eines Ökosystems. Zum Leben brauchen die Pflanzen jedoch Energie. Diese Energie erhalten sie dadurch, dass sie einen Teil der von ihnen selbst produzierten organischen Stoffe im Verlaufe der Atmung wieder abbauen. Um diesen Betrag vermindert sich die Bruttoprimärproduktion. Der verbleibende Teil, die im Ökosystem über längere Zeit enthaltene pflanzliche Biomasse, wird **Nettoprimärproduktion** genannt.
Zur fotosynthetischen Bindung von einem Gramm Kohlenstoff ist eine Energiemenge von knapp 40 Kilojoule nötig. Aus der Menge an aufgenommenem und als pflanzliche Biomasse gespeichertem Kohlenstoff lässt sich die hierbei festgelegte Energiemenge berechnen. Bei der Atmung wird eine entsprechende Energiemenge wieder freigesetzt. Aus den Biomassen von Produzenten, Konsumenten und Destruenten, der Menge an Detritus sowie den Atmungsraten kann man die Mengen des Kohlenstoffs und damit der Energie ermitteln, die zwischen den verschiedenen Nahrungsebenen eines Ökosystems fließen. Dabei stellt man fest, dass in einem Waldökosystem nur ein sehr kleiner Teil der Pflanzenbiomasse von Konsumenten aufgenommen wird. Der größte Teil geht unmittelbar in tote organische Substanz über. Von der Biomasse der Pflanzenfresser wiederum wird nur ein kleiner Prozentsatz von Räubern gefressen. Grob gerechnet, gehen in Ökosystemen durchschnittlich nur etwa zehn Prozent der Energie von einer Nahrungsebene zur nächsten über. Dieses Größenverhältnis der Nahrungsebenen zueinander bezeichnet man als *ökologische Pyramide*.

Durch die Zersetzungstätigkeit der Mineralisierer ist gewährleistet, dass ein großer Teil der Stoffe eines Ökosystems in einem **Stoffkreislauf** fließt. Der Stoffkreislauf eines Ökosystems ist weitgehend ausgeglichen: Die durch Atmung freigesetzte Energie entspricht ungefähr derjenigen Pflanzenmasse, die von Konsumenten und Destruenten genutzt wird.

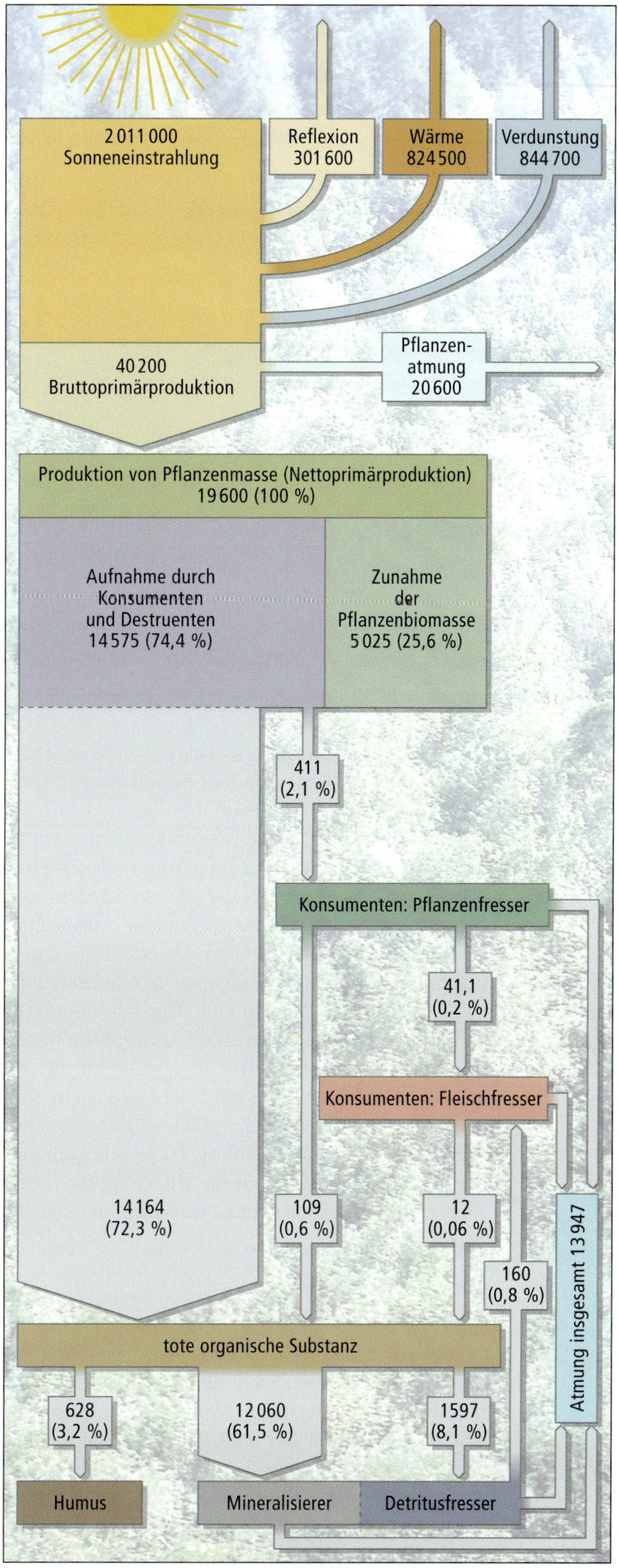

293.1 Energieflüsse (einschließlich Stoffwechselenergie) in einem Laubwald-Ökosystem (Zahlenangaben in kJ/(m^2 · Jahr))

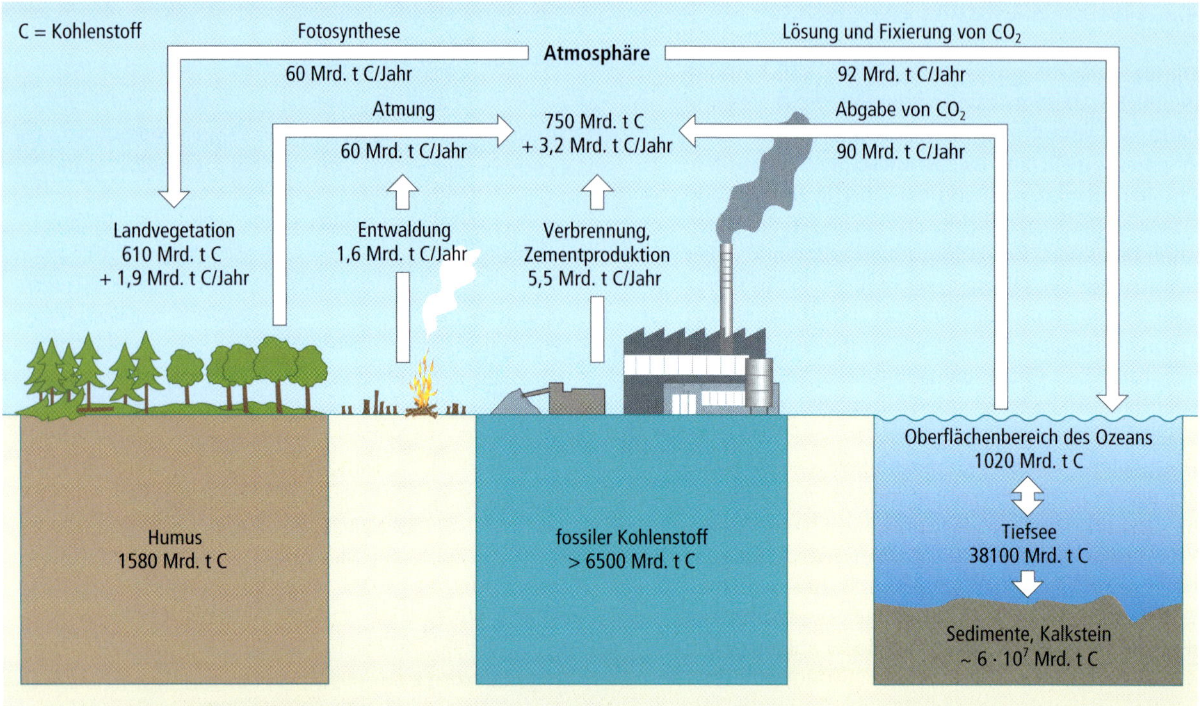

294.1 Globaler Kreislauf des Kohlenstoffs

Globale Elementkreisläufe. Das Leben, so wie wir es heute auf der Erde kennen, beruht darauf, dass grüne Pflanzen durch Fotosynthese Kohlenstoff aus Kohlenstoffdioxid binden. Dessen Konzentration in der Atmosphäre ist zwar recht gering (zur Zeit etwa 370 cm^3/m^3), doch wegen der großen Ausdehnung der Atmosphäre ändert sie sich unter natürlichen Bedingungen nur langsam. In der gesamten Landvegetation ist nicht viel weniger Kohlenstoff enthalten als in der Atmosphäre. Die jährliche Aufnahme von Kohlenstoff aus der Atmosphäre durch Fotosynthese und die jährliche Abgabe an die Atmosphäre durch Atmung sind nahezu gleich. Nur ein kleiner Teil des jährlich in Pflanzenbiomasse gebundenen Kohlenstoffs geht als Humus für längere Zeit in den Boden über. In langen Zeiträumen reichert er sich im Boden aber zu größeren Mengen an.

Die größten Kohlenstoffmengen befinden sich jedoch im Tiefenbereich und in den Sedimenten der Ozeane sowie in Form von Kohle, Erdöl und Erdgas im Gestein der Erde. Diese so genannten „fossilen Energieträger" haben sich über geologische Zeiträume aus unvollständig zersetzter Biomasse gebildet. Seit Beginn der Industrialisierung werden diese Energieträger verstärkt von Menschen gefördert und zur Herstellung relativ kurzlebiger Produkte verwendet oder zur Energiefreisetzung verbrannt. Dabei wird in großen Mengen und in relativ kurzer Zeit Kohlenstoff – vor allem in Form von Kohlenstoffdioxid – an die Atmosphäre abgegeben. Auch bei Änderungen der Landnutzung können große Mengen an Kohlenstoffdioxid freigesetzt werden: In tropischen Regionen werden in großem Maßstab Urwälder bei der Ernte von Nutzholz zerstört oder zur Gewinnung von Ackerflächen niedergebrannt. Ein Teil des hierbei von Menschen in die Atmosphäre freigesetzten Kohlenstoffs wird von der Landvegetation, vor allem von den großen Waldgebieten der Nordhalbkugel, aufgenommen und zu verstärktem Wachstum genutzt. Ein weiterer Teil wird im Oberflächenwasser der Ozeane gelöst. Diese Prozesse reichen jedoch nicht aus, um die Menge des von Menschen in die Atmosphäre freigesetzten Kohlenstoffs zu binden. Als Folge steigt die Konzentration des Kohlenstoffdioxids in der Atmosphäre deutlich an: Vor Beginn der Industrialisierung, vor etwa 250 Jahren, lag sie noch bei 280 cm^3/m^3.

Auch andere lebenswichtige Elemente wie Stickstoff, Phosphor und Schwefel unterliegen einem globalen Kreislauf. Im Gegensatz zu Kohlenstoff ist Stickstoff – in molekularer Form – in großen Mengen in der Atmosphäre vorhanden. Grüne Pflanzen können Stickstoff jedoch nur in Form von Ammonium- oder Nitrationen nutzen. Diese Stickstoffformen werden von bestimmten Bakterienarten produziert, die molekularen Stickstoff binden können. In vielen Ökosystemen ist Stickstoff neben Phosphor dasjenige Element, das wegen geringer Konzentration das Pflanzenwachstum begrenzt. Stickstoffzufuhr fördert daher oft das Pflanzenwachstum.

4.3 Ökosystem Wald

Auf den ersten Blick sehen die Laubwälder Mitteleuropas sehr ähnlich aus. Sie werden geprägt von einer mehr oder weniger geschlossenen **Baumschicht.** Am Waldboden finden sich zuweilen Kräuter, Gräser und Jungpflanzen von Bäumen, die zusammen die **Krautschicht** bilden. Bei näherer Betrachtung kann man aber deutliche Unterschiede feststellen. Ein dicht geschlossener *Buchenwald* lässt in der Zeit, in der die Baumkronen voll belaubt sind, nur wenig Licht an den Boden dringen. Eine Krautschicht ist hier deshalb nur schwach ausgeprägt oder fehlt völlig. Nur im Frühjahr, vor dem Laubaustrieb der Bäume, nutzen einige krautige Arten wie das Buschwindröschen das zu dieser Zeit höhere Lichtangebot zum Wachsen und Blühen. Man bezeichnet diese Arten daher als *Frühblüher.* Sind die Baumkronen voll belaubt, welken die Frühblüher und verlagern die in der kurzen Zeit gebildeten Nährstoffe in unterirdische Speicherorgane. Von dort werden sie im nächsten Frühjahr wieder zum Austreiben genutzt.

Eichen-Hainbuchen-Mischwälder weisen eine andere Struktur auf. Die Bäume stehen weniger dicht und lassen deshalb mehr Licht durch die Kronenschicht dringen. Oft findet sich hier eine zweite Baumschicht und zusätzlich eine **Strauchschicht.** Auch die Krautschicht ist oft üppiger ausgebildet. Moose findet man wie im Buchenwald meist an erhöhten Stellen wie Felsen und Baumstümpfen, wo sie nicht für längere Zeit von Laub überdeckt und dadurch zu stark beschattet sind.

Die Struktur der Wälder wird schon seit Jahrhunderten durch menschliche Nutzung beeinflusst. Die Nutzungsform des **Niederwaldes** gab es bereits im 13. Jahrhundert. Hierbei ließ man die Bäume nicht hoch wachsen, sondern holzte sie etwa alle 20 Jahre ab, um Brennholz zu gewinnen. Durch Neuaustriebe aus den Baumstümpfen regenerierte sich der Wald. Ein derartig häufiges Abschlagen der Stämme vertragen nur Baumarten wie Ahorn, Esche, Hainbuche und Linde sowie Haselsträucher, nicht aber Rotbuche und Nadelhölzer, die somit aus Niederwäldern verdrängt wurden.
Um zusätzlich Bauholz zu gewinnen, ließ man einzelne Bäume zu hohen Bäumen auswachsen. Hierzu wählte man vor allem die Eichen aus, deren Früchte auch wertvolles Viehfutter liefern. Diese Waldform bezeichnet man als **Mittelwald.** Seit dem 16. Jahrhundert ging man immer stärker zur **Hochwaldwirtschaft** über, bei der man die Bäume ihre maximale Höhe erreichen lässt. Diese Bewirtschaftungsform kommt auch einer natürlichen Waldform am nächsten.

Naturfern sind dagegen die in niedrigen und mittleren Höhenlagen angelegten **Fichtenforste.** Sie sind Monokulturen, die meist nur aus einer Baumart bestehen. Aufgrund ihrer dichten Pflanzung lassen sie kaum Licht an den Waldboden dringen, sodass Strauch- und Krautschicht fast völlig fehlen. Fichtenforste wurden zur schnellen Produktion großer Holzmengen angelegt. Sie werden heute im Rahmen einer ökologisch orientierten Bewirtschaftung zunehmend in Laub-Nadel-Mischwälder oder in Laubwälder umgewandelt.

295.1 Aufbau und oberirdische Pflanzenbiomasse unterschiedlicher Wälder. A geschlossener Buchenwald; **B** Eichen-Hainbuchen-Mischwald; **C** Fichtenforst (■ Bäume (mit Blättern, Knospen, Blüten, Früchten) ■ Sträucher ■ Kräuter und Gräser ■ Streu ■ gesamte Pflanzenmasse)

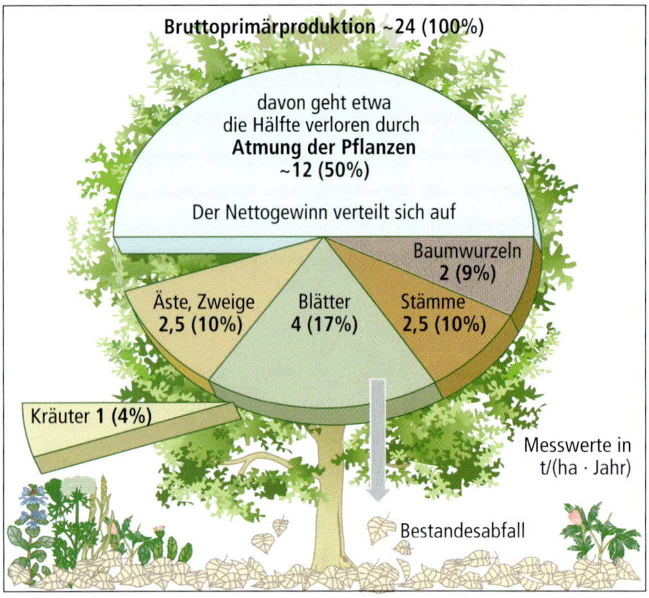

296.1 Verbleib und Verteilung der Bruttoprimärproduktion in einem Eichen-Hainbuchen-Mischwald

Fichte		Rotbuche
	Alter	
118 Jahre		125 Jahre
	durchschnittliche Höhe	
31,7 m		26,9 m
	Anzahl der Stämme pro ha	
284		241
	Blattform	
Nadelblatt		Laubblatt
	Jahresproduktion an Blättern	
2,1 t/ha		3,3 t/ha
	gesamte Blattmasse	
13 t/ha		3,3 t/ha
	maximale Fotosyntheserate der Sonnenblätter (bezogen auf Blatt-Trockenmasse)	
2,5–4,8 mg CO_2/g/h (je nach Nadelalter)		14 mg CO_2/g/h
	durchschnittliche Länge der Wachstumsperiode	
260 Tage		176 Tage
	Nettoprimärproduktion	
8,7 t/ha/Jahr		10,9 t/ha/Jahr

296.2 Produktion und Biomasse eines Fichten- und eines benachbarten Buchenwaldes

Produktion und Vorrat pflanzlicher Biomasse. Wie in allen Ökosystemen, so wird auch in einem Waldökosystem ein großer Teil des Kohlenstoffs, der von den Pflanzen durch Fotosynthese in Biomasse umgewandelt wurde, durch Atmung wieder freigesetzt. Der übrige Teil, die Nettoprimärproduktion, verteilt sich auf Blätter, Äste, Stämme und Wurzeln der Bäume sowie auf die übrigen Schichten des Waldes.

Für die Forstwirtschaft ist vor allem derjenige Teil der Nettoprimärproduktion von Bedeutung, der in die Stämme gelangt. Dieser Teil bestimmt den Ertrag des Waldes. In einem ausgewachsenen Buchenbestand von über 100 Jahren beträgt die Trockenmasse an Stämmen und Ästen (ohne Blätter) oft mehr als 200 Tonnen pro Hektar. Die Masse der Wurzeln dagegen ist meist geringer als die Stamm- und Astmasse. Die Hauptmasse der Wurzeln bilden die langlebigen, verholzten Grobwurzeln, die einen Durchmesser von mehr als fünf Millimetern aufweisen. Sie dienen vor allem der Verankerung des Baumes im Boden. Nur bis zu zehn Prozent der gesamten Wurzelmasse entfallen auf die unverholzten Feinwurzeln mit einem Durchmesser von weniger als zwei Millimetern. Sie sind es aber, die mit ihrer insgesamt großen Oberfläche hauptsächlich für die Aufnahme von Wasser und Mineralstoffen zuständig sind. Da sie mehrmals im Jahr absterben und neu gebildet werden können, ist die Gesamtproduktion an Feinwurzeln pro Jahr meist höher als die zu einem bestimmten Zeitpunkt vorzufindende Feinwurzelmasse.

Die Krautschicht hat nur einen geringen Anteil an der Nettoprimärproduktion. Ökologisch ist sie aber von großer Bedeutung. Sie bietet Lebensraum für eine Vielzahl von Konsumenten, die sich von Wurzeln, Blättern, Pollen, Nektar und Früchten der Pflanzen ernähren.

Die abgeworfenen Blätter bilden zusammen mit abgefallenen Ästen und Zweigen sowie abgestorbenen Bäumen und Kräutern den *Bestandesabfall*. Ein großer Teil hiervon wird innerhalb eines oder mehrerer Jahre von den Destruenten zersetzt. Der Rest bleibt in Form organischer Kohlenstoffverbindungen, als Humus, für längere Zeit im Boden.

Bezogen auf die Blatt-Trockenmasse weisen Nadelbäume wie zum Beispiel Fichten eine deutlich niedrigere Fotosyntheserate und eine geringere Jahresproduktion an Blättern auf als Laubbäume. Trotzdem haben Fichtenwälder so hohe Wachstumsraten, dass sie für die forstliche Nutzung von großer Bedeutung sind. Woran liegt das?

Im Gegensatz zu den Blättern der Laubbäume bleiben die Nadeln das ganze Jahr über an den Bäumen. Fichten können also einen größeren Teil des Jahres zur Fotosynthese und damit zur Stoffproduktion nutzen. Da die Nadeln zudem mehrere Jahre alt werden, sind die jährlichen Kosten für ihre Neubildung geringer. Fichten investieren auch einen größeren Teil ihrer Nettoprimärproduktion in die Ausbildung eines hoch und gerade wachsenden Stammes. Aufgrund ihres schmaleren Kronendurchmessers lässt sich eine größere Anzahl von Bäumen pro Flächeneinheit heranziehen. Ein Fichtenbestand, der normalerweise nach 80 bis 120 Jahren geschlagen wird, hat dann eine größere Menge an wirtschaftlich nutzbarem Holz produziert als ein Laubwald.

Nahrungsnetz und Stoffkreislauf. Zur Baumschicht mitteleuropäischer Wälder gehören nur wenige Baumarten. In der Strauch- und Krautschicht können einige Dutzend Arten von Samenpflanzen und Farnen vorkommen. Die einzelnen Komponenten der Pflanzen wie Blätter, Stämme, Früchte, Pollen und Nektar sind sehr unterschiedlich zusammengesetzt. Sie bieten Nahrung für verschiedene Konsumenten, die auf die Aufnahme bestimmter Komponenten spezialisiert sind. Viele Fleischfresser ernähren sich sowohl von Pflanzenfressern als auch von Detritusfressern. Ein Buchenwald bietet Lebensraum für etwa 7000 Tierarten, von denen etwa drei Viertel Insekten sind. Die Konsumenten stellen weniger als ein Prozent der Biomasse eines Waldes.

Der Bestandesabfall wird von Destruenten zersetzt: Regenwürmer durchmischen die Laubstreu mit dem Boden. Springschwänze und Milben nagen Löcher in die Blätter. Tausendfüßer, Asseln und Insektenlarven zerkleinern das Material noch stärker. Die in kleine Stücke zerteilte Streu wird, zusammen mit Bodenpartikeln, von Regenwürmern gefressen. Deren Ausscheidungen, die noch reich an organischem Material sind, werden intensiv von Pilzen und Bakterien besiedelt, welche die organische Substanz zu anorganischen Stoffen mineralisieren.
In gut durchlüfteten, schwach sauren bis schwach basischen Böden mit ausreichend hohem Wassergehalt finden sich hohe Dichten von Regenwürmern. Zusammen mit Bakterien sorgen sie für einen schnellen Abbau der Streu und eine gründliche, tiefe Vermischung der organischen Stoffe mit dem Boden. So entsteht ein lockerer, gut durchlüfteter, mineralstoffreicher Boden mit hohem Wasserhaltevermögen. Auf sauren Böden dagegen fehlen Regenwürmer weitgehend. Hier fungieren vor allem Hornmilben als Detritusfresser. Organische Stoffe finden sich überwiegend in den obersten Schichten des Bodens. Die Zersetzungsgeschwindigkeit hängt auch von der Art der Streu ab. Nadelstreu wird viel langsamer zersetzt als Laubstreu. Sie lässt stärker saure Abbauprodukte entstehen und wirkt sich nachteilig auf die Bodenqualität aus. Das sehr schwer zersetzbare Holz der Bäume wird vor allem durch bestimmte Pilzarten mineralisiert.

Große Bedeutung für die Ernährung der Bäume haben manche Pilze, die mit Baumwurzeln in Symbiose leben und mit ihnen eine **Mykorrhiza** bilden (gr. *mykes*, Pilz; *rhiza*, Wurzel). Ihre Hyphen formen einen eng geflochtenen Mantel um die Feinwurzeln, aus dem Hyphen in die Wurzelrinde eindringen und Wasser und Mineralstoffe, vor allem Stickstoff- und Phosphorverbindungen, an die Wurzelrindenzellen abgeben. Im Austausch versorgen die Wurzelzellen den heterotrophen Pilz mit Kohlenhydraten.

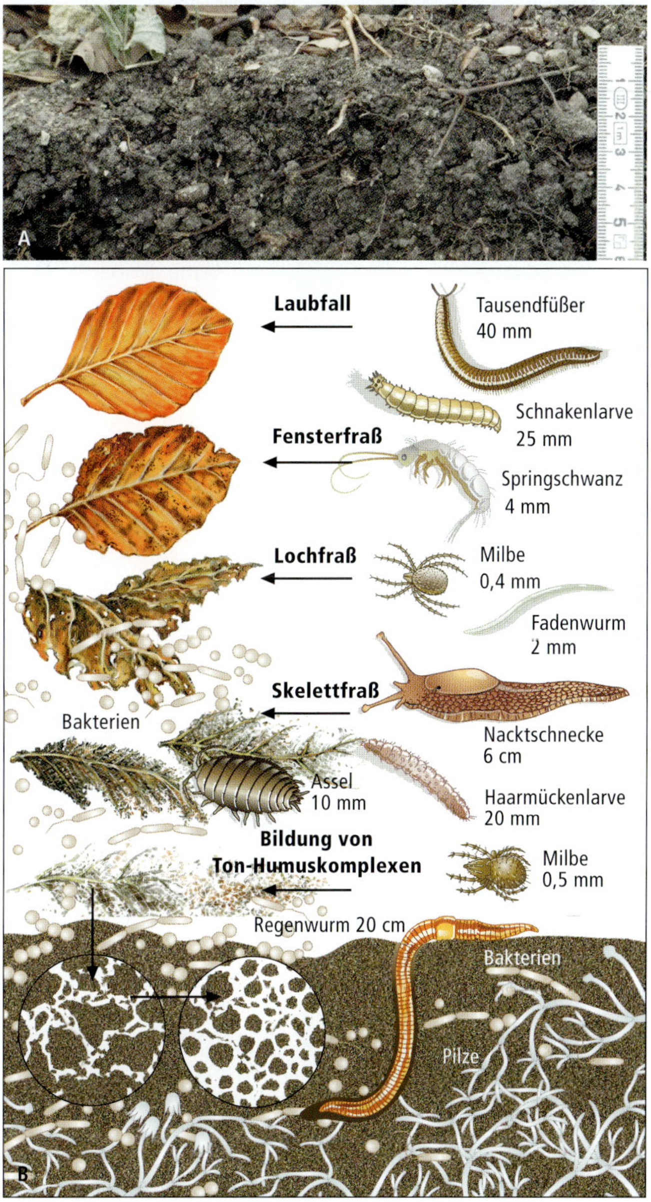

297.1 Biologischer Abbau der Laubstreu. A Waldbodenprofil; **B** Zersetzung durch Bodenlebewesen

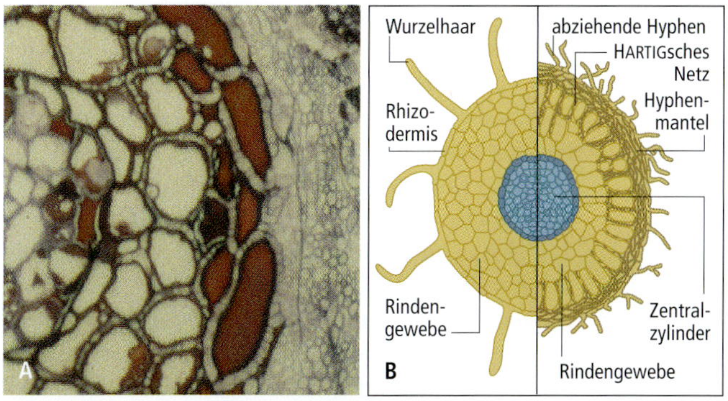

297.2 Mykorrhizierte Feinwurzel im Querschnitt.
A Foto; **B** Schema (links: ohne Mykorrhiza, rechts: mit)

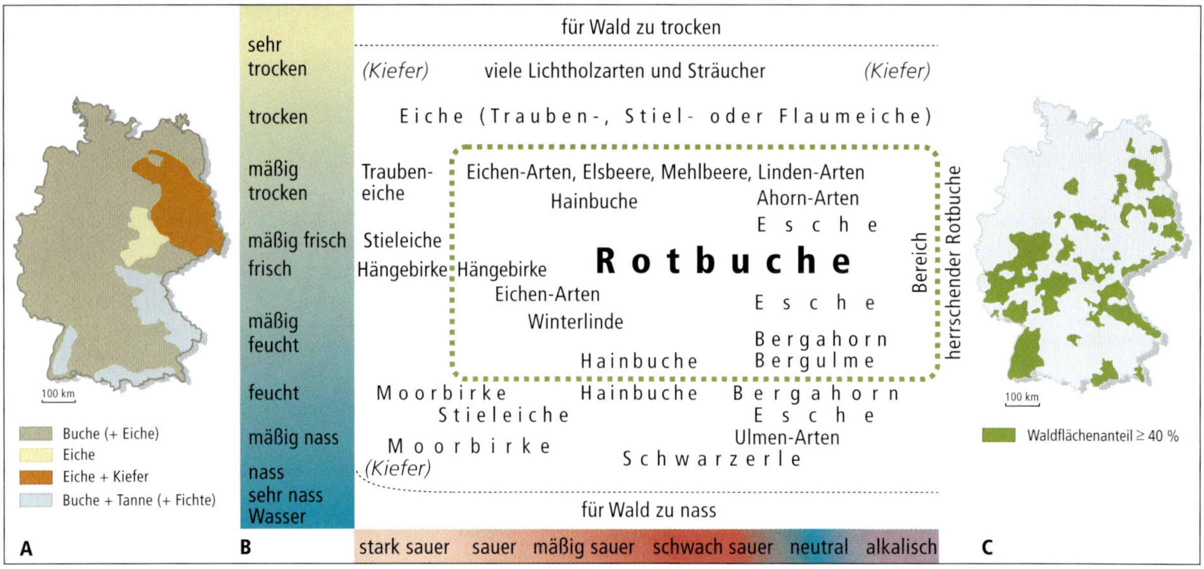

298.1 Wälder und Waldbaumarten in Deutschland. A Wälder vor Christi Geburt; **B** Waldbaumarten an Standorten unterschiedlicher Bodenfeuchtigkeit und Bodenreaktion; **C** Wälder heute

Verbreitung und Nutzung der Wälder in Deutschland. Um Christi Geburt waren riesige Gebiete Mitteleuropas von dichten Wäldern bedeckt. Das damals wie heute in dieser Region herrschende kühl-feuchte Klima mit relativ milden Wintern begünstigt das Wachstum der Rotbuchen. Hier gedeiht diese Art schneller als andere Bäume und ist somit konkurrenzstärker. Zudem wächst sie auf Böden unterschiedlichen Säuregrades. Auf Kalkböden mit neutraler bis schwach basischer Bodenreaktion sind die *Kalkbuchenwälder* verbreitet, die oft eine üppige Krautschicht aus Frühblühern aufweisen. Auf Gesteinen, die durch Verwitterung stärker sauren Boden entstehen lassen, reichern sich organische Stoffe wie Pflanzen- und Tierreste an. Sie bilden dickere Lagen unvollständig zersetzten Materials, den *Moder*. Hier wachsen *Moder-* oder *Sauerhumusbuchenwälder* mit einer schwach ausgeprägten Krautschicht. Nur an sehr sauren, trockenen oder nassen Standorten ist die Rotbuche gegenüber anderen Baumarten nicht mehr konkurrenzfähig. Saure und trockene Bodenbedingungen werden von Eichenarten und Waldkiefern besser ertragen, welche an diesen Standorten, oft zusammen mit Hängebirken, den Baumbestand bilden. Auf nassen Böden dagegen wachsen vor allem Moorbirken und Erlen. Erlen sind auch, zusammen mit Weiden, Ulmen und Stieleichen, die vorherrschenden Bäume in Auenwäldern, welche zumindest gelegentlich überschwemmt werden. Rotfichten kommen in Mitteleuropa natürlicherweise nur in den höheren Lagen der Mittelgebirge und im Gebirge vor.
Ohne Eingriffe der Menschen wären weite Teile Mitteleuropas also von Buchenwäldern bedeckt. In diesen Regionen stellen Buchenwälder somit die *potenzielle natürliche Vegetation* dar. So bezeichnet man die Zusammensetzung an Pflanzenarten in einem bestimmten Gebiet, wie sie sich unter den gegenwärtigen Umweltbedingungen ohne menschliche Eingriffe entwickeln würde. Manchmal ist es jedoch schwierig, die potenzielle natürliche Vegetation eines Gebietes zu benennen, da ganz Mitteleuropa seit vielen Jahrhunderten menschlichen Einflüssen ausgesetzt ist und von Menschen unberührte Vergleichsflächen fehlen.

Durch Übernutzung infolge von Holzeinschlag und Viehhaltung waren die Wälder in Deutschland gegen Ende des 18. Jahrhunderts stark zerstört. Um den weiterhin hohen Holzbedarf zu decken, begann man mit einer planmäßigen Aufforstung großer Gebiete. Hierzu benutzte man vor allem die schnell wachsenden Rotfichten. Sie wurden auch außerhalb ihres natürlichen Verbreitungsgebietes in Form von Monokulturen angebaut. Diese wirken sich aber wegen der nur schwer zersetzbaren Nadelstreu nachteilig auf die Bodeneigenschaften aus. Zudem bieten sie günstige Voraussetzungen für die Massenentwicklung von Schädlingen und sind wegen der geringen Wurzeltiefe der Fichten (Flachwurzler) anfällig für Sturmschäden. In den letzten Jahrzehnten begann man daher, viele Fichtenmonokulturen in Laub-Nadel-Mischwälder oder in Laubwälder umzuwandeln, die den natürlichen Waldformen ähnlicher sind. Der heutige **Nutzwald** dient nicht nur der Holzproduktion, sondern auch dem Schutz des Grundwassers, der Erhaltung der Natur und der Erholung der Menschen.

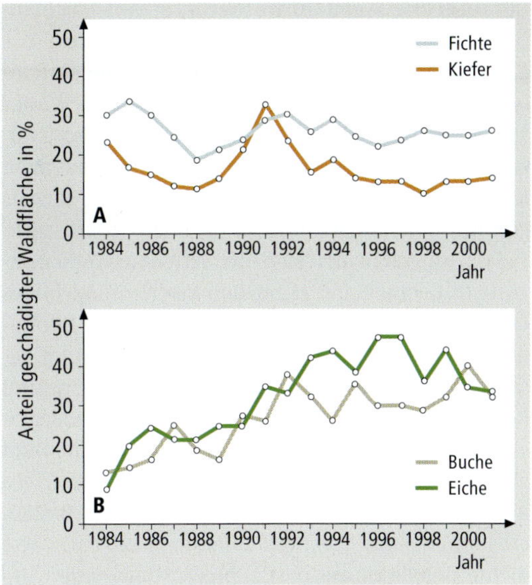

299.1 Verlauf deutlicher Blattverluste (Klassen 2–4) bei den wichtigsten Waldbaumarten Deutschlands.
A Nadelbäume; **B** Laubbäume

299.2 Kronen gesunder und geschädigter Fichten.
A Klasse 0 (0–10 % Nadelverlust); **B** Klasse 1 (11–25 %); **C** Klasse 2 (26–60 %); **D** Klasse 3 (61–99 %)

Waldschäden. Zu Beginn der achtziger Jahre lösten Meldungen über vermehrt aufgetretene Kronenschäden an Waldbäumen öffentliche Diskussionen aus. Vor allem in den Hochlagen der Mittelgebirge wurden außergewöhnlich starke Blattverluste und ein vermehrtes Absterben von Bäumen beobachtet. Wissenschaftliche Untersuchungen ließen einen Zusammenhang dieser **„neuartigen Waldschäden"** mit dem Eintrag saurer Luftschadstoffe aus Abgasen von Industrie und Kraftfahrzeugverkehr vermuten. Wissenschaftler sagten für die folgenden Jahrzehnte ein Absterben großer Teile des Waldes in Mitteleuropa voraus, falls keine Maßnahmen gegen diesen *„sauren Regen"* ergriffen werden würden. Die Bundesregierung veranlasste eine jährliche Erhebung der Blattverluste, um den Verlauf der Waldschäden zu registrieren. Außerdem wurden zahlreiche Forschungsvorhaben gestartet, welche die Ursachen der Schäden aufklären sollten.

Wenn Kohle und Erdöl zur Energienutzung verbrannt werden, entsteht aus Schwefel, der in den Energieträgern enthalten ist, gasförmiges Schwefeldioxid. Es gelangt mit den Abgasen in die Atmosphäre. Hohe Schwefeldioxidkonzentrationen wurden vor allem im Winter während der Heizperiode gemessen. Schwefeldioxid reagiert mit dem in der Luft enthaltenen Wasserdampf und mit Sauerstoff zu Schwefelsäure. Mit Niederschlägen erreicht Schwefelsäure die Waldökosysteme. Zu diesem sauren Regen trägt auch Salpetersäure bei, die in der Atmosphäre aus gasförmigen Stickstoffoxiden entsteht. Diese werden vor allem bei Verbrennungsprozessen in Automotoren gebildet.

Die sauren Niederschläge senken den pH-Wert mancher Böden. Hierdurch werden Mineralstoffe verstärkt aus dem Boden ausgewaschen und für die Wurzeln giftige Stoffe, hauptsächlich Aluminium-Ionen, aus den Bodenmineralien freigesetzt. Vor allem an Standorten, die von Natur aus arm an Mineralstoffen sind, leiden die Bäume dann unter Mineralstoffmangel und Wurzelschäden. Sie sind dann auch anfälliger für Schäden durch Frost und Trockenheit sowie für den Befall durch Schädlinge. Nadelwälder in den niederschlagsreichen Hochlagen der Mittelgebirge, deren benadelte Baumkronen das ganze Jahr über Schadstoffe aus der Luft filtern, wiesen besonders deutliche Schäden auf.

Direkte Auswirkungen auf Blätter hat das gasförmige Ozon, das im Sonnenlicht aus Stickstoffoxiden und Sauerstoff entsteht. Es ist ein starkes Oxidationsmittel und schädigt Zellwände und Plasmamembranen.

Als Gegenmaßnahmen gegen die Waldschäden wurde verbreitet magnesiumhaltiger Kalk in Wäldern ausgebracht, um den pH-Wert des Bodens anzuheben und die Mineralstoffversorgung der Bäume zu verbessern. Durch den Einbau von Filtern in Kraftwerke und von Katalysatoren in Autos wurde die Abgabe von Schadgasen deutlich verringert. Das befürchtete großflächige Absterben von Wäldern ist nicht eingetreten. Extreme Witterungsbedingungen wie niedrige winterliche Temperaturen oder starke sommerliche Trockenheit sowie Schädlingsbefall führen jedoch immer wieder zu Episoden stärkerer Schäden an Waldbäumen.

Waldökosysteme der Erde. Ungefähr 40 Prozent der Landoberfläche der Erde sind von Wäldern bedeckt. Je nach der Klimazone, in der sie wachsen, sind Aufbau und Artenzusammensetzung der Wälder aber ganz verschieden. Südlich des nördlichen Polarkreises geht die baumfreie Vegetation in den **borealen Nadelwald** über (lat. *boreus*, nördlich). In Nordeuropa und Nordasien wird er als *Taiga* bezeichnet. In den kälteren Regionen besteht er ausschließlich aus Fichtenarten, in weniger kalten Gebieten kommen Kiefern und Lärchen sowie vereinzelt auch Laubbäume wie Birken und Espen hinzu. Insgesamt ist die Zahl der Baumarten aber gering. Die Nadeln der immergrünen Fichten und Kiefern können Fotosynthese betreiben, sobald die Lufttemperaturen hoch genug sind. Ihnen geht für die Primärproduktion somit keine Zeit der kurzen Vegetationsperiode verloren. Wegen ihres anatomischen Aufbaus und ihrer stark reduzierten Oberfläche können die Nadeln die Transpiration stark einschränken. Somit verlieren sie auch in der trockenen Luft im Winter, wenn aus dem gefrorenen Boden kein Wasser aufgenommen werden kann, nur wenig Feuchtigkeit. In weiten Gebieten ist der Boden ab einer gewissen Tiefe sogar das ganze Jahr über gefroren: Man spricht hier von *Permafrost*. Das flache Wurzelsystem der Fichte nimmt Wasser nur aus den oberen, nicht gefrorenen Bodenschichten auf.

Laubwälder der gemäßigten Breiten gibt es in Regionen mit niederschlagsreichen Sommern und recht milden Wintern, in denen aber regelmäßig Frost auftritt. An ihn sind die Bäume durch den herbstlichen Laubfall angepasst. Bei den Laubbaumarten im östlichen Nordamerika, wo auf warme, sonnenreiche Witterung schnell kaltes Winterwetter folgt, ist die rasche Blattalterung mit einer hohen Stoffwechselaktivität verbunden. Dabei werden auch Farbstoffe gebildet, die dem Herbstlaub dort besonders leuchtende Farben verleihen. Weit verbreitet in den Laubwäldern sind Eichen-, Buchen-, Ahorn- und Eschenarten. In Teilen Ostasiens sowie in Südchile, Südostaustralien und Neuseeland wachsen zusätzlich oder statt der Laub abwerfenden Bäume immergrüne Laubbaumarten wie zum Beispiel Südbuchen.
Auf dem Waldboden findet sich oft eine üppige Krautschicht, deren Arten in der Regel blühen, bevor sich die Bäume im Frühjahr belauben. Der Boden ist oft reich an organischen Verbindungen, die deutlich schneller abgebaut werden als die schwer zersetzbare Streu der Nadelwälder. Nur an Standorten mit niedrigem pH-Wert des Bodens oder mit Staunässe ist die Zersetzung so stark behindert, dass dickere Lagen unzersetzten Materials oder sogar Torf entstehen können.

Immergrüne Hartlaubwälder sind von hartblättrigen Bäumen und Sträuchern beherrscht, die das ganze Jahr über ihre Blätter behalten. Sie sind an heiße, trockene Sommer und kühle, feuchte Winter angepasst, in denen nur an wenigen Tagen Frost auftritt. Regionen mit derartigem Klima gibt es auf allen Kontinenten. Ihre Ausdehnung ist aber jeweils gering, und sie haben keinen Kontakt zueinander. Daher unterscheidet sich die Artenzusammensetzung trotz eines sehr ähnlichen Erscheinungsbildes der Wälder deutlich. In Europa kommen immergrüne Hartlaubwälder im Mittelmeerraum vor. Charakteristische Arten sind unter anderem Stein- und Korkeiche, Erdbeerbaum und Lorbeer. Viele Regionen des Mittelmeergebietes wurden gerodet und viele Jahrhunderte lang von Menschen für die Viehhaltung genutzt. Durch Beweidung und Bodenerosion entstand aus Wald eine mehr oder weniger dichte Vegetation aus hartlaubigen Straucharten, die als *Macchie* oder, wenn sie offener und niedriger ausgebildet ist, als *Garigue* bezeichnet wird.

Je nach dem Klima ihrer Wuchsorte unterscheiden sich die **tropischen Wälder** in Artenzusammensetzung und Erscheinungsbild. *Tropische Regenwälder* des Tieflands wachsen in stets frostfreien Regionen mit monatlichen Niederschlagsmengen von über 60 Millimetern. Sie sind aus mehreren Schichten von Bäumen, Sträuchern, Farnen und Kräutern aufgebaut, aus denen einzelne, bis zu 80 Meter hohe Baumriesen herausragen können. In den Schichten kommen zusätzlich zahlreiche Arten von Kletter- und Schlingpflanzen sowie von Aufsitzerpflanzen *(Epiphyten)* vor. Der Bestandesabfall wird bei den gleichmäßig hohen Temperaturen und der hohen Feuchtigkeit rasch zersetzt. Mineralstoffe werden von den Pflanzen schnell wieder aufgenommen, sodass der Boden arm an ihnen ist. Der tropische Regenwald ist das Landökosystem mit der höchsten Nettoprimärproduktion pro Flächeneinheit. Eine große Zahl an Pflanzenarten stellt den Pflanzenfressern (Herbivoren) das ganze Jahr über vielfältige Formen von Blättern, Samen und Früchten als Nahrung zur Verfügung. So können zahlreiche unterschiedliche Herbivore nebeneinander existieren. Sie bilden ihrerseits die Nahrungsgrundlage für viele spezialisierte Fleischfresser (Carnivore). Der tropische Regenwald gehört daher zu den Lebensräumen mit der höchsten Artenvielfalt.
In tropischen Regionen mit regelmäßig auftretenden Trockenzeiten wachsen Laub abwerfende Wälder, die durch Abwurf der Blätter in der trockenen Jahreszeit die Wasserabgabe stark einschränken.

1. Erörtern Sie, welche Auswirkungen Temperatur und Niederschlag auf die Lebensgemeinschaften von Waldökosystemen haben!

stark ausgeprägte Zehrschicht, in der organische Stoffe nahezu vollständig von Destruenten abgebaut werden. Weil die Biomasseproduktion pro Volumeneinheit in der Nährschicht gering ist, wird bei dem Abbau auch nur wenig Sauerstoff verbraucht. Die Sauerstoffkonzentration bleibt daher bis in den Tiefenbereich hoch.

Seen mit hoher Mineralstoffkonzentration nennt man **eutroph** (gr. *eu*, gut). Diese Seen sind meist flach und haben eine breite Uferbank. Sie sind in Norddeutschland verbreitet. Die breite Uferzone und die hohe Mineralstoffkonzentration ermöglichen eine hohe Produktion von Biomasse. In den flachen Seen ist die Tiefe der Zehrschicht nur gering. Bei der Zersetzung der großen Mengen abgestorbener Biomasse wird nahezu der gesamte Sauerstoff der Zehrschicht verbraucht. Unzersetzte organische Stoffe reichern sich am Seegrund an und bilden eine fast sauerstofffreie Schicht aus Faulschlamm.

Stickstoffkreislauf in Seen. Die Menge der in Seen produzierten Biomasse hängt stark von der Konzentration stickstoffhaltiger Mineralstoffe ab. Der Stickstoffkreislauf eines Sees spielt daher für dessen Stoffflüsse eine große Rolle.

Stickstoff gelangt auf verschiedenen Wegen in einen See. Ein Teil wird von Luftstickstoff fixierenden Lebewesen gebunden und in deren Biomasse eingebaut. Zu diesen Lebewesen gehören manche Cyanobakterien und Bakterien. Eine dieser Bakterienarten lebt mit den Wurzeln von Erlen in Symbiose. Weiterer Stickstoff gerät durch Laub oder andere abgestorbene Teile von Pflanzen der Uferzone in den See. Hinzu kommt der Stickstoff in den abgestorbenen Lebewesen des Pelagials. Bei der Zersetzung all dieser Stoffe werden die stickstoffhaltigen organischen Verbindungen durch Bakterien zu Ammoniumionen abgebaut. Diesen Vorgang nennt man **Ammonifikation.** Andere Bakterienarten oxidieren die Ammoniumionen schrittweise zu Nitrationen. Durch diese Prozesse, die man in ihrer Gesamtheit als **Nitrifikation** bezeichnet, gewinnen die Bakterien Energie für ihren Stoffwechsel.

Zur Nitrifikation ist Sauerstoff nötig. Ist die Zehrschicht arm an Sauerstoff, läuft die Nitrifikation in ihr nur in geringem Ausmaß oder überhaupt nicht ab. Unter diesen Umständen können Nitrationen von Bakterien über Stickstoffoxide zu molekularem Stickstoff reduziert werden. Dies bezeichnet man als **Denitrifikation.**

Bei der **Nitratammonifikation** werden Nitrationen durch bestimmte Bakterienarten bis zu Ammoniumionen reduziert. Nitrat- und Ammoniumionen können von Phytoplankton, schwimmenden Wasserpflanzen und den Pflanzen des Litorals aufgenommen werden. Auf diese Weise gelangt der Stickstoff wieder in das Nahrungsnetz.

Stickstoffhaltige Verbindungen können auch über Zuflüsse in einen See gelangen. Diese Zuflüsse enthalten oft organische Stoffe, die in ihnen selbst produziert oder aus anderen Ökosystemen, zum Beispiel einem Wald oder einer Wiese, in sie eingetragen wurden. Seit einigen Jahrzehnten kommen dazu stickstoffhaltige Stoffe aus Dünger und Abwasser, die durch menschliche Aktivitäten in Flüsse und Seen gelangen. Durch Abflüsse aus einem See werden stickstoffhaltige Verbindungen wiederum in andere Ökosysteme wie Meere eingebracht.

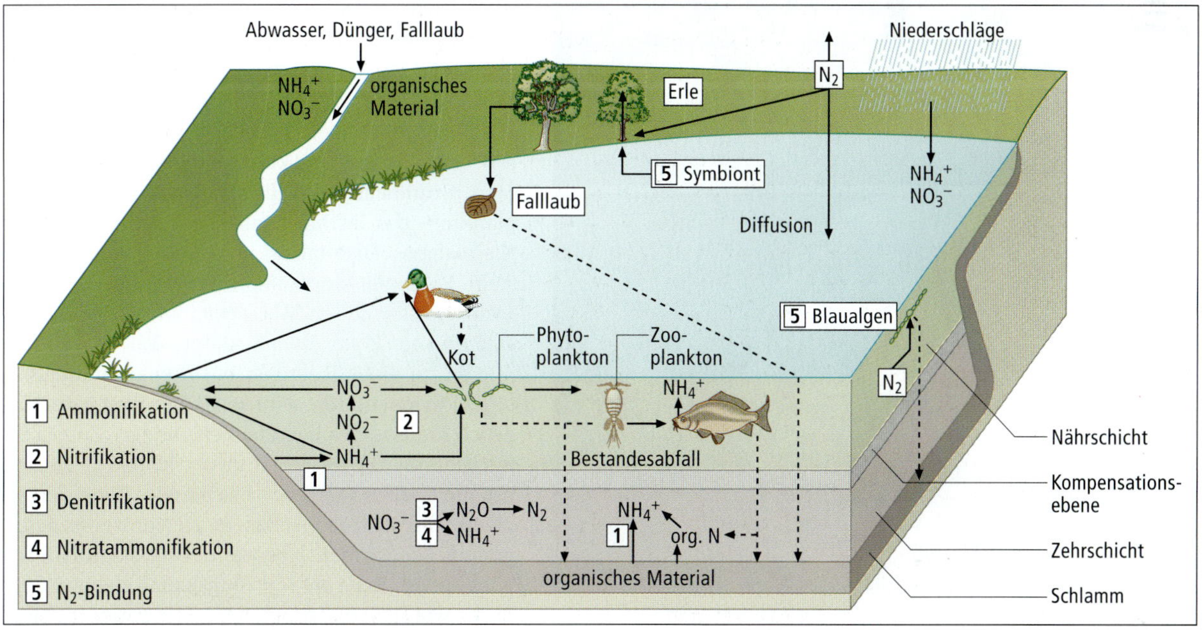

305.1 Stickstoffkreislauf in einem eutrophen See

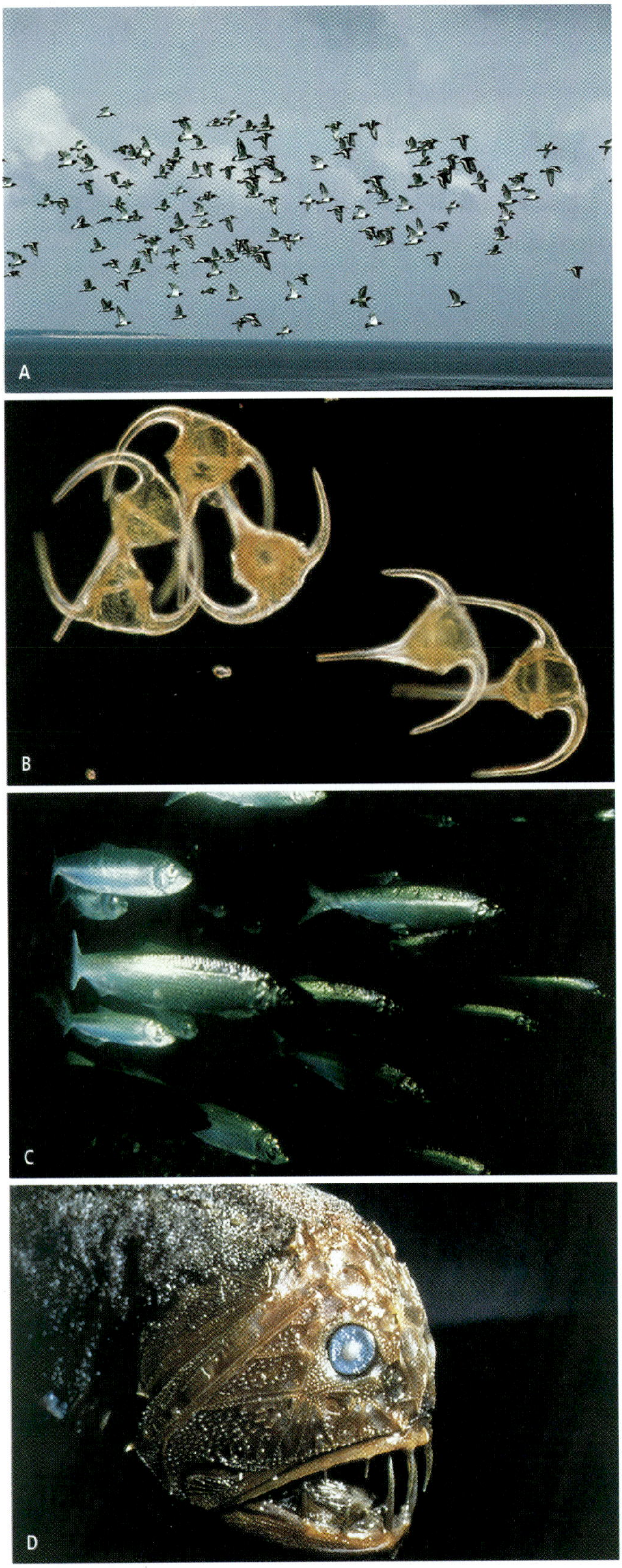

306.1 Lebewesen im Ökosystem Meer. A Vögel über dem Watt; **B** Planktonalgen (Dinoflagellaten), LM-Bild; **C** Heringsschwarm; **D** Tiefseefisch

4.5 Ökosystem Meer

Die Nordseeküste ist die Küste eines seichten **Wattenmeeres.** Bei Ebbe liegt ein teilweise hunderte von Metern breiter Küstenabschnitt frei, das **Watt.** Sein Boden besteht aus Sand und Schlick. Dies ist ein Gemenge aus feinem Sand und noch feineren Mineralteilen sowie aus Salzen und organischen Stoffen. Die organischen Stoffe stammen aus Pflanzenresten und Ausscheidungen von Tieren aus dem Wattenmeer sowie aus Einträgen aus Flüssen und dem küstenfernen Meer, der **Hochsee.** Da die Wassertiefe im Watt auch bei Flut nur gering ist, reicht die Überflutungsdauer zum Absetzen der feinen Partikel aus. Die organische Substanz bildet die Nahrungsgrundlage für eine große Menge von Detritus fressenden Tieren wie Muscheln und Würmern, während Strandkrabben und Nordseegarnelen Allesfresser sind. Vor allem die Nordseegarnelen bilden nicht nur eine wichtige Nahrungsgrundlage für Fische und Vögel, sondern haben für die Menschen eine wirtschaftliche Bedeutung („Krabbenfischerei"). Die Larven etlicher Fischarten wie Scholle, Seezunge und Hering sind während ihres Wachstums auf die günstigen Lebensbedingungen des Wattenmeeres angewiesen.

An **Felsküsten,** zum Beispiel in Nordwestfrankreich und Teilen Großbritanniens, finden sich die *Felsbodengemeinschaften.* Zu ihnen gehören am Substrat angeheftet lebende Arten wie große Braunalgen („Seetang"), Schwämme, die zu den Krebsen gehörenden Seepocken und verschiedene Muschelarten wie Austern und Miesmuscheln. Seeigel weiden Algenrasen auf den Felsen ab. Seesterne leben räuberisch von Muscheln und Schnecken.

Nord- und Ostsee sind **Schelfmeere.** So nennt man Meere im Umkreis der Kontinente, die eine Tiefe von höchstens 200 Metern erreichen. Bis zu dieser Tiefe erstreckt sich auch die küstennahe Uferzone, das Litoral. Grundlage des Nahrungsnetzes ist das Phytoplankton, das im Meer zu einem großen Teil aus Kieselalgen (Diatomeen) und Dinoflagellaten besteht. Phytoplankton kann nur in der obersten, von Licht durchstrahlten Wasserschicht existieren, der *euphotischen Zone.* Auch in klarem Wasser reicht sie nur bis zu einer Tiefe von höchstens hundert Metern. Phytoplankton wird vor allem von verschiedenen Krebsarten aufgenommen, die zum Zooplankton gehören. Dieses ist eine unverzichtbare Nahrung für die Larven fast aller Fischarten. Viele Schelfmeere sind reich an Fischen. In der Nordsee ist der in großen Schwärmen lebende Hering wirtschaftlich wichtig. Am Ende der Nahrungsketten stehen Raubfische wie Haie und Makrelen sowie einige im Meer lebende Säugetierarten, zum Beispiel Robben.

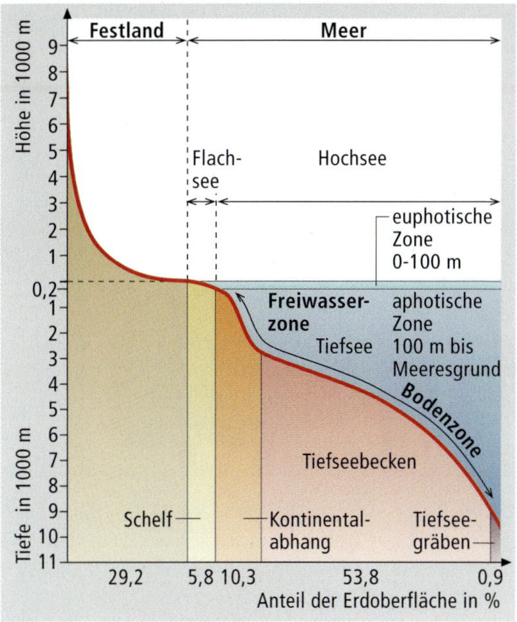

307.1 Tiefenzonen des Meeres

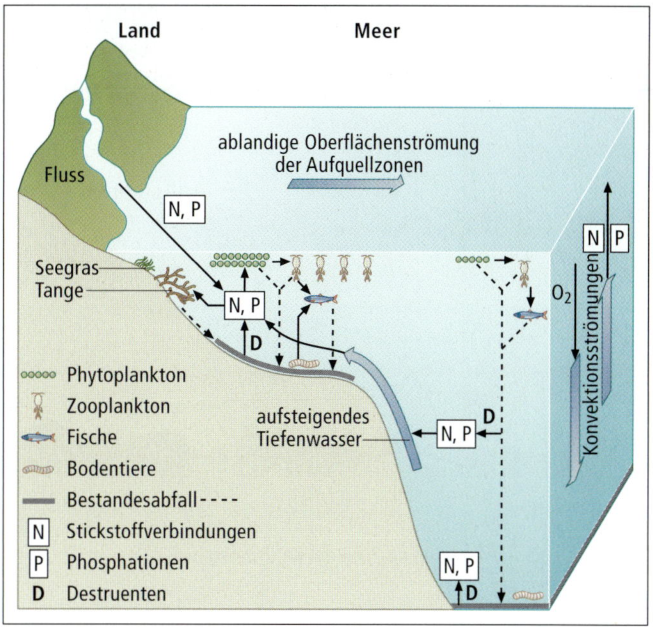

307.2 Stoffkreisläufe im Meer

Hinter dem Kontinentalschelf fällt der Meeresboden in Tiefseebecken ab. Die im freien Wasser, dem Pelagial, der dunklen (aphotischen) **Tiefsee** vorkommenden Lebewesen sind vollständig von der Biomasse abhängig, die in der euphotischen Zone produziert wird. Tiere des Zooplanktons nehmen abgestorbenes Phytoplankton auf, das aus der euphotischen Zone herabsinkt. Sie sind die Nahrung kleinerer Fische, die wiederum Raubfischen als Beute dienen. Diese weisen oft Besonderheiten ihres Körperbaus auf. So haben manche Raubfische einen stark vergrößerten Mund und einen sehr dehnungsfähigen Darm. Hierdurch können sie auch große Beutetiere fressen und in dem meist nahrungsarmen Lebensraum längere Zeiträume ohne Nahrungsaufnahme überstehen. Manche Raubfische locken Beute durch Leuchtorgane an.

Der Bodenbereich der unteren Tiefsee wird als **Abyssal** bezeichnet. Dieser Bereich ist durch völlige Dunkelheit, hohen Wasserdruck und niedrige Temperaturen gekennzeichnet. An manchen Orten ist der Meeresboden vulkanisch aktiv. Dort entsteht bei Kontakt des Meerwassers mit austretendem heißen Gestein Schwefelwasserstoff. Dieser wird von chemoautotrophen Bakterien in der sauerstoffhaltigen Umgebung der Austrittsstelle oxidiert. Daraus beziehen die Bakterien ihre Stoffwechselenergie. Sie dienen einer einzigartigen Tiergemeinschaft aus bestimmten Arten von Würmern, Krabben und Mollusken als Nahrungsgrundlage.

Außer der Temperatur und dem Licht bestimmt die Salzkonzentration des Wassers die Artenzusammensetzung der Meere. Im globalen Mittel beträgt sie, wie in der Nordsee, 3,5 Prozent. Im westlichen Teil der Ostsee liegt sie bei ungefähr 1,2 Prozent und nimmt nach Osten bis auf etwa 0,5 Prozent ab. Ein höherer Salzgehalt senkt den Gefrierpunkt des Wassers stärker ab. Im Durchschnitt liegt der Gefrierpunkt von Meerwasser bei –1,9 °C. Das offene Wasser gefriert nur in der Nähe der Pole.

Einen großen Einfluss auf die Biomasseproduktion hat der Mineralstoffgehalt des Wassers. In den flachen Schelfmeeren werden durch Wind und Wellen ständig Mineralstoffe aus dem Sediment aufgewirbelt und vom Phytoplankton aufgenommen. Zusätzlich werden Mineralstoffe durch Flüsse eingetragen. Dadurch ist die Biomasseproduktion in Schelfmeeren relativ hoch.

Im Pelagial, dem bei weitem größten Lebensraum der Erde, ist die Biomasseproduktion durch Mangel an Mineralstoffen stark eingeschränkt. Ausnahmen sind Regionen, in denen mineralstoffreiches Wasser aus mehreren hundert Metern Tiefe an die Oberfläche aufquillt. Dies wird durch Wind bewirkt, der stetig vom Land weg weht. Dadurch wird eine konstante Strömung erzeugt, die Oberflächenwasser vom Land fortführt und das Aufquellen von Tiefenwasser ermöglicht. Solche Aufquellzonen treten vor den westlichen Küstenregionen Afrikas im Atlantik und vor der kalifornischen und peruanischen Küste im Pazifik auf. Das vom Land durch Strömung fortgeführte Oberflächenwasser kühlt sich schließlich ab und sinkt, angereichert mit Sauerstoff, in größere Tiefen ab.

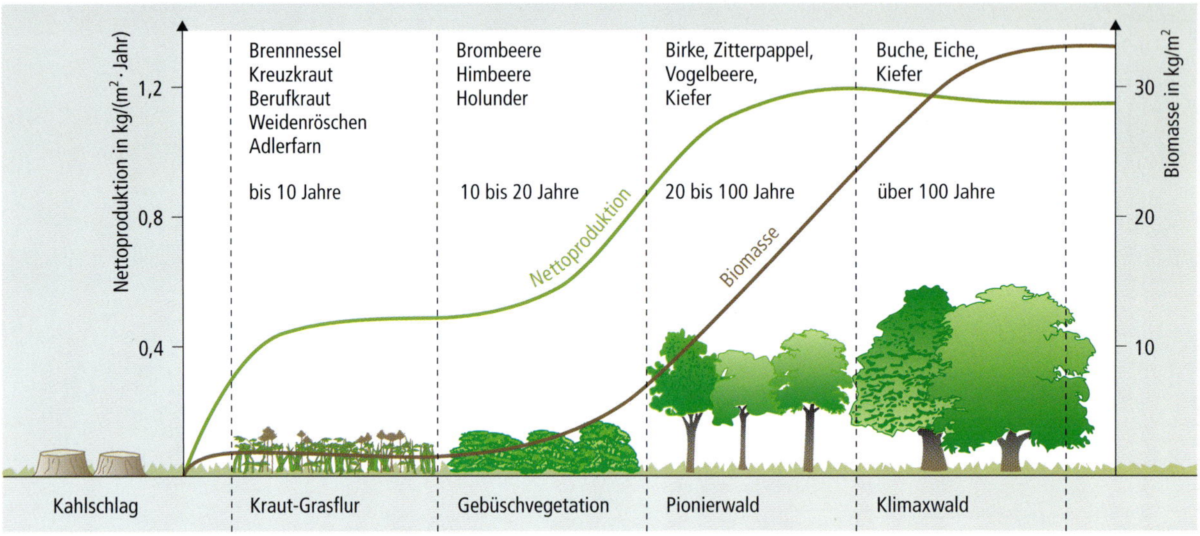

308.1 Sukzessionsstadien nach einem Kahlschlag

4.6 Veränderungen von Ökosystemen

Werden in einem Waldstück bei einem Kahlschlag sämtliche Bäume gefällt, siedeln sich auf der baumfreien Fläche bald lichtbedürftige Pflanzen an. Diese wuchsen dort vorher unter der dicht geschlossenen Kronenschicht nicht. Zu ihnen gehören verschiedene Gras-, Kraut- und Farnarten wie Reitgras, Weidenröschen und Adlerfarn. Sie nutzen die günstigen Wuchsbedingungen auf dieser Fläche: Außer der größeren Lichtmenge stehen nun auch mehr Mineralstoffe zur Verfügung. Sie werden in dem von den einfallenden Sonnenstrahlen stärker erwärmten Boden von den Mineralisierern schneller nachgeliefert. Zudem müssen die Arten dieser *Kraut-* und *Grasflur* nicht mit Bäumen um Wasser und Mineralstoffe konkurrieren. Auch Straucharten wie Himbeere und Holunder gedeihen hier. Sie überwachsen schließlich die Gras- und Krautarten und bilden eine *Gebüschvegetation.*

Die ersten Baumarten, die hier aus angewehten oder von Vögeln eingetragenen Samen keimen, sind Birken, Kiefern und Vogelbeeren. Man bezeichnet sie als *Pionierbaumarten.* Sie wachsen zwar langsamer als Gräser, Kräuter und Sträucher, aber schneller als die meisten anderen Bäume und bilden einen *Pionierwald.* Unter der Kronenschicht des Pionierwaldes können Schatten vertragende Bäume, zum Beispiel Buchen, aufwachsen. Im Laufe etlicher Jahrzehnte können diese die Pionierbaumarten überwachsen und durch Beschattung schließlich völlig verdrängen. Sie bilden nun den *Klimaxwald.* Als **Klimax** oder **Klimaxgesellschaft** bezeichnet man die Vegetation, die sich unter den gegebenen Standorts- und Klimabedingungen als Endstadium ausbildet und über lange Zeiträume bestehen bleibt.

An den meisten Waldstandorten Mitteleuropas wird der Klimaxwald durch Buchenwald gebildet. Doch auch der Klimaxwald ist nicht völlig stabil. Störungen wie Sturm, starke Trockenheit oder strenger Frost können zum Absterben von Bäumen führen und Lichtungen im Wald schaffen. Dort beginnt die Vegetationsabfolge wieder von neuem.

Die zeitliche Abfolge verschiedener Lebensgemeinschaften an einem bestimmten Ort nennt man **Sukzession** (lat. *successio,* Nachfolge). Beginnt die Sukzession auf einer Fläche, die frei von Lebewesen ist wie zum Beispiel neu entstandener vulkanischer Boden, bezeichnet man sie als *primäre Sukzession.* Die *sekundäre Sukzession* dagegen beginnt mit einem Restbestand an Arten der vorigen Lebensgemeinschaft. Bricht zum Beispiel ein Waldstück durch einen Sturm zusammen, bleiben oft etliche Arten der Strauch- und Krautschicht am Leben und bilden den Ausgangspunkt für die Sukzession.

Sukzession kann sich auf unterschiedlichen Raum- und Zeitebenen abspielen. So wird die Abfolge der Besiedlung von Kot oder Aas durch Detritusfresser und Mineralisierer innerhalb von Stunden oder Tagen ebenso als Sukzession bezeichnet wie die Entwicklung eines Klimaxwaldes über viele Jahrzehnte.

Ökosysteme ändern ihr Erscheinungsbild auch auf andere Weise. Der Boden eines mineralstoffreichen Buchenwaldes zum Beispiel ist im Frühjahr von Frühblühern bedeckt, die im Sommer nicht mehr zu sehen sind. Im Herbst lichten sich die Kronen durch Laubfall. Derartige, zu bestimmten Jahreszeiten periodisch auftretende Erscheinungsformen eines Ökosystems werden **Aspekte** genannt.

In Wäldern kann Sukzession nach einem Zusammenbruch von Bestandesteilen immer wieder von Neuem beginnen. Bei der Sukzession der Lebensgemeinschaften von Seen im Laufe der **Verlandung** ist dies normalerweise nicht möglich. Verlandung läuft in einem Zeitraum von Jahrzehnten bis Jahrhunderten ab. In der flachen Uferzone eutropher Seen wird mehr Biomasse produziert, als in der gering mächtigen und sauerstoffarmen Zehrschicht abgebaut werden kann. Unzersetzte organische Stoffe reichern sich in immer dicker werdenden Faulschlammschichten am Seegrund an. Werden durch Zuflüsse weitere organische Stoffe oder Mineralstoffe, die das Pflanzenwachstum zusätzlich anregen, in den See eingetragen, wird dieser Vorgang noch verstärkt. Durch die Anreicherung von Faulschlamm wird der See immer flacher. Vom Ufer her dringen Schilf, Schwimmblatt- und Unterwasserpflanzen immer weiter zur Seemitte vor. Schließlich ist der See völlig zugewachsen, und es entsteht ein **Flach-** oder **Niedermoor** mit Seggen und Wollgräsern.

309.1 See vor der Verlandung

Vom Flachmoor kann die Verlandung bis zur Bildung einer Wiese oder eines **Bruchwaldes** fortschreiten, der hauptsächlich aus Erlen, Weiden und Birken besteht. Bei hohen Niederschlagsmengen kann aus dem Flachmoor ein **Hochmoor** werden. Dieses geht aus der Ansiedlung von Torfmoosen hervor, deren abgestorbene, kaum zersetzte Reste eine immer dicker werdende Schicht aus **Torf** erzeugen. Auf diese Weise wölbt sich das Hochmoor schließlich deutlich über das Niveau des ehemaligen Seespiegels empor.

309.2 Seggenried mit beginnendem Bruchwald

Ökosysteme ändern sich auch durch Klimaänderungen. So war während der letzten Eiszeit der eisfreie Teil Mitteleuropas, in dem heute Laubwälder wachsen, von einer baumlosen Kältesteppe bedeckt. Auch in der Gegenwart wirken sich Klimaänderungen auf Ökosysteme aus. Die Sahara zum Beispiel kann sich in mehrjährigen Trockenperioden bis zu 250 Kilometer weiter nach Süden erstrecken als in Perioden mit höheren Niederschlagsmengen.

Oft sind Menschen am Vorrücken wüstenähnlicher Gebiete beteiligt. Zu starkes Bevölkerungswachstum führt meist zu einer Übernutzung der Vegetation in der betreffenden Region. Die ausgedünnte Vegetation kann der Abtragung des Bodens durch Wind keinen ausreichenden Widerstand mehr leisten. Zurück bleibt unfruchtbares Land, das kaum noch von Pflanzen bedeckt ist und landwirtschaftlich nicht mehr genutzt werden kann. Eine derartige Landzerstörung durch eine Kombination klimatischer Ursachen und menschlicher Aktivitäten bezeichnet man als **Desertifikation.** Sie zählt heute weltweit zu den größten Umweltproblemen.

309.3 Folgen von Desertifikation: eine Wanderdüne bedroht eine Oase

5 Umweltbelastung – Umweltschutz

5.1 Bodenbelastung

Von der gesamten Fläche Deutschlands werden 54 Prozent landwirtschaftlich genutzt. Getreide, Rüben und Kartoffeln werden erzeugt, Wein, Obst und Gemüse werden angebaut, und Rinder, Schweine und Geflügel werden gehalten. Die moderne Landwirtschaft ist äußerst produktiv: Durch den Einsatz von landwirtschaftlichen Maschinen und Dünger sowie von Chemikalien gegen Nahrungskonkurrenten („Schädlinge") und Krankheiten sind die Erträge pro Flächeneinheit im Vergleich mit früheren Zeiten stark gestiegen. Vor allem durch die Verwendung von synthetisch erzeugtem Mineraldünger, der für Pflanzen notwendige Elemente wie Stickstoff, Phosphor und Kalium in konzentrierter Form enthält, sind die Erträge langfristig gesichert. Die Missernten früherer Jahrhunderte, die immer wieder zu Hungersnöten führten, gehören damit der Vergangenheit an.

Diese **Intensivlandwirtschaft** hat jedoch nachteilige Folgen für den Boden. Durch den Einsatz schwerer Maschinen entsteht eine **Bodenverdichtung** bis in Tiefen, die durch Boden lockernde Maßnahmen wie das Pflügen nicht mehr erreicht werden können. Hierdurch verringert sich das Porenvolumen im Boden. Der Gasaustausch mit der Luft wird eingeschränkt, und Bodenlebewesen, die den Boden lockern und Zersetzungsprozesse fördern, werden in ihrer Aktivität behindert.

Durch so genannte *Flurbereinigungsmaßnahmen* werden viele kleine Ackerflächen durch Abholzen trennender Hecken und Baumbestände zu wenigen großen zusammengefasst, die maschinell leichter zu bewirtschaften sind. Diese großen Flächen sind aber in Zeiten, in denen sie nicht von Pflanzen bedeckt sind, viel stärker der **Bodenerosion** durch Wind und Wasser ausgesetzt: Bodenteilchen werden fortgeweht oder fortgeschwemmt. In der norddeutschen Tiefebene werden pro Jahr und Hektar bis zu 170 Tonnen Ackerboden vom Wind verweht; das entspricht einer 12 mm dicken Bodenschicht. Die jährliche Neubildung von Boden kommt dagegen einer Schicht von nur etwa 0,1 mm Dicke gleich. Weltweit gehört Bodenerosion zu denjenigen Faktoren, durch welche landwirtschaftlich genutzte Flächen am stärksten bedroht sind.

Auch Düngung schafft Probleme: Um eine maximale Produktion zu erreichen, wird oft mehr Dünger auf den Feldern verteilt, als die Pflanzen für ihr Wachstum brauchen. Der Dünger enthält Stickstoff in Form von Nitrationen oder anderen Verbindungen, die im Boden zu Nitrationen umgesetzt werden können. Manche Nutzpflanzen reichern Nitrationen an. Nitrationen können auch durch Versickerung in das Grundwasser und somit in das Trinkwasser gelangen. Mit höheren Nitratkonzentrationen belastete Lebensmittel sind für den menschlichen Verzehr ungeeignet, da im Körper Nitrationen in giftige Nitritionen umgewandelt werden können. Diese stören bei Säuglingen den Sauerstofftransport im Blut und können Atemnot und Erstickungsanfälle auslösen.

310.1 Intensive Landwirtschaft auf flurbereinigten Flächen

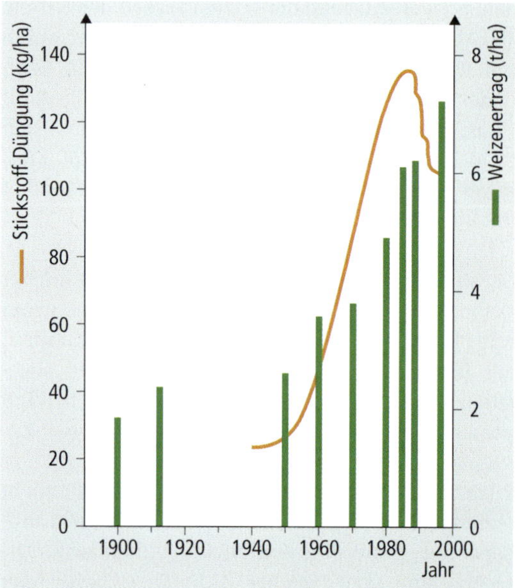

310.2 Einsatz von Stickstoff-Dünger und Weizenertrag im 20. Jahrhundert

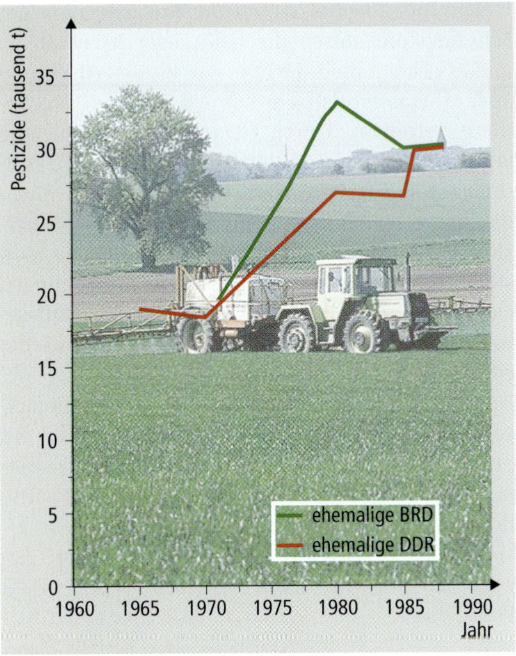

311.1 Menge der ausgebrachten Pestizide in der 2. Hälfte des 20. Jahrhunderts

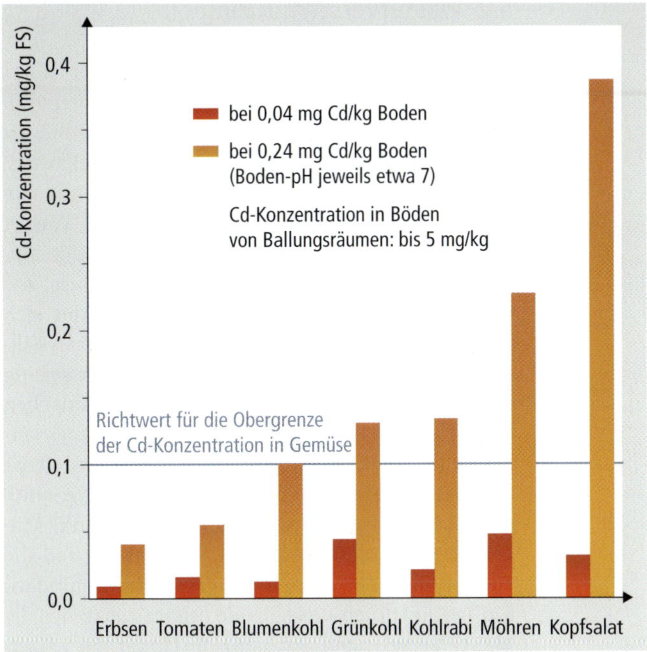

311.2 Cadmium-Übergänge vom Boden in Gemüsepflanzen
(FS = Frischsubstanz)

Bei Erwachsenen können im sauren Milieu des Magens Krebs erregende Nitrosamine entstehen, die sich aus Nitritionen und in der Nahrung enthaltenen Aminen bilden. Gelangt der überschüssige Stickstoff in andere Ökosysteme, zum Beispiel über Abfluss- oder Grundwasser in Gewässer, kann dort ein Überangebot an diesem Nährelement, eine **Eutrophierung**, stattfinden. Hierdurch können die Lebensgemeinschaften in diesen Ökosystemen stark verändert werden. Auch über die Atmosphäre wird Stickstoff verbreitet: Bei der Massentierhaltung von Rindern, Schweinen und Geflügel entweicht aus den Ausscheidungen der stickstoffhaltige, gasförmige Ammoniak, der über größere Entfernungen in Form von Ammoniumverbindungen verfrachtet und mit Niederschlägen in andere Ökosysteme eingetragen wird. Stickstoff wird auch freigesetzt, wenn *Gülle*, ein mit Wasser versetztes Gemisch aus Kot und Harn der Tiere, auf landwirtschaftlichen Flächen zur Düngung oder Entsorgung ausgebracht wird.

Mit Pflanzenschutzmitteln, den **Pestiziden,** bekämpft man auf landwirtschaftlichen Flächen verschiedene Gruppen von Lebewesen: *Herbizide* werden gegen Ackerkräuter eingesetzt, die mit Nutzpflanzen um Licht, Wasser und Mineralstoffe konkurrieren; *Insektizide* sollen an Nutzpflanzen fressende Insekten vernichten; *Fungizide* dienen zum Schutz gegen schädigende Pilze. Ein Teil der Pestizide und ihrer Abbauprodukte gelangt über das Grundwasser in das Trinkwasser. Der Grenzwert für Pestizide im Trinkwasser von 0,1 µg/l wird in einigen Wasserwerken immer wieder überschritten. An Pflanzen haftende oder von ihnen aufgenommene Pestizide und ihre Abbauprodukte können sich in der Nahrungskette anreichern. Die Auswirkungen auf die Umwelt können wegen der Vielzahl der eingesetzten Wirkstoffe nur schwer abgeschätzt werden.

Böden werden auch durch **Schwermetalle** belastet, die aus industrieller Produktion, Verbrennungsvorgängen oder unsachgemäßer Abfallentsorgung stammen. Einige Schwermetalle schädigen schon in geringen Konzentrationen den Stoffwechsel von Lebewesen, indem sie Enzyme hemmen. Zu ihnen gehören Cadmium (chemisches Symbol Cd), Blei (Pb) und Quecksilber (Hg). Cadmium wird zur Metallbeschichtung und in Farben verwendet. Blei ist in Akkus und Farben enthalten und wurde früher verbreitet dem Benzin zugesetzt. Quecksilber findet in Messgeräten, Schaltern und speziellen Lampen Verwendung. Schwermetallhaltige Verbindungen sind schwer abbaubar und reichern sich deshalb im Boden an. Obwohl bleihaltiges Benzin inzwischen nicht mehr verkauft wird, kommen entlang verkehrsreicher Straßen immer noch hohe Bleikonzentrationen im Boden vor. Durch Absenkung des pH-Werts des Bodens in den stärker sauren Bereich, zum Beispiel durch Eintrag saurer Niederschläge, werden im Boden festgelegte Schwermetalle mobilisiert und können dann von Pflanzen oder Pilzen leichter aufgenommen werden. So geraten sie in die Nahrungskette und schließlich in den Körper des Menschen.

5.2 Wasserverschmutzung

Im Quellbereich und Oberlauf eines Flusses ist das Wasser meist klar und hat einen hohen Sauerstoffgehalt. Die Konzentration organischer Stoffe ist gering. Auf dem Grund oder an Steinen finden sich Lebewesen wie Larven von Steinfliegen und bestimmte Strudelwürmer, die auf sauberes Wasser angewiesen sind. Gerät aber an einer Stelle unzureichend gereinigtes Abwasser in den Fluss, das größere Mengen an organischen Stoffen mit sich führt, ändern sich flussabwärts die abiotischen Faktoren des Lebensraums und die Zusammensetzung der Lebensgemeinschaft drastisch. Die organischen Substanzen dienen Bakterien, die sich nun stark vermehren können, als Nahrungsgrundlage. Durch die bakterielle Zersetzungstätigkeit werden Ammonium-, Nitrat- und Phosphationen freigesetzt. Mitgeführte Schwebstoffe trüben das Wasser, und die Fotosynthese der grünen Pflanzen wird behindert. Ein Teil von ihnen stirbt ab und erhöht zusätzlich die Menge zersetzbarer Substanzen. Durch die Zersetzungstätigkeit der Bakterien sinkt die Sauerstoff-Konzentration des Flusses stark: Es stellen sich *anaerobe* Bedingungen ein. Die Zersetzungsprozesse übernehmen nun Bakterien und Pilze, die ohne Sauerstoffverbrauch auskommen. Unter diesen Bedingungen können keine Fische mehr existieren. Nur wenige Tierarten überleben hier.

Weiter flussabwärts nimmt die Konzentration der Schmutzstoffe durch die bakterielle Aktivität ab, und es gelangt mehr Licht in das Wasser. Algen und andere Wasserpflanzen können wieder Fotosynthese betreiben. Durch freigesetzte Mineralstoffe wird ihr Wachstum zusätzlich gefördert. Mit fortschreitendem Abbau der organischen Stoffe nehmen die Dichte der Bakterienpopulationen und die Sauerstoffzehrung ab, und die Sauerstoff-Konzentration steigt: Es stellen sich wieder *aerobe* Bedingungen ein. In diesem Bereich kommen Tiere wie Rollegel und Wasserassel vor. Auch Fische finden sich wieder ein.

Noch weiter flussabwärts ist der Abbau organischer Substanzen stärker fortgeschritten, und ein großer Teil der Mineralstoffe wurde von Wasserpflanzen aufgenommen. Die Sauerstoff-Konzentration befindet sich jetzt fast wieder auf dem ursprünglichen Niveau. Arten mit höheren Ansprüchen an die Sauberkeit des Wassers wie Flussflohkrebs und Wandermuschel kommen hier vor.

Diese stetige Abnahme des Verschmutzungsgrades zeugt von der **Selbstreinigungskraft** von Gewässern, die fast ausschließlich auf der Aktivität der Bakterien beruht. Selbstreinigung ist aber nur möglich, solange die Verschmutzung ein bestimmtes Ausmaß nicht übersteigt. Ist die Verschmutzung extrem stark, verbrauchen die Zersetzer nahezu den

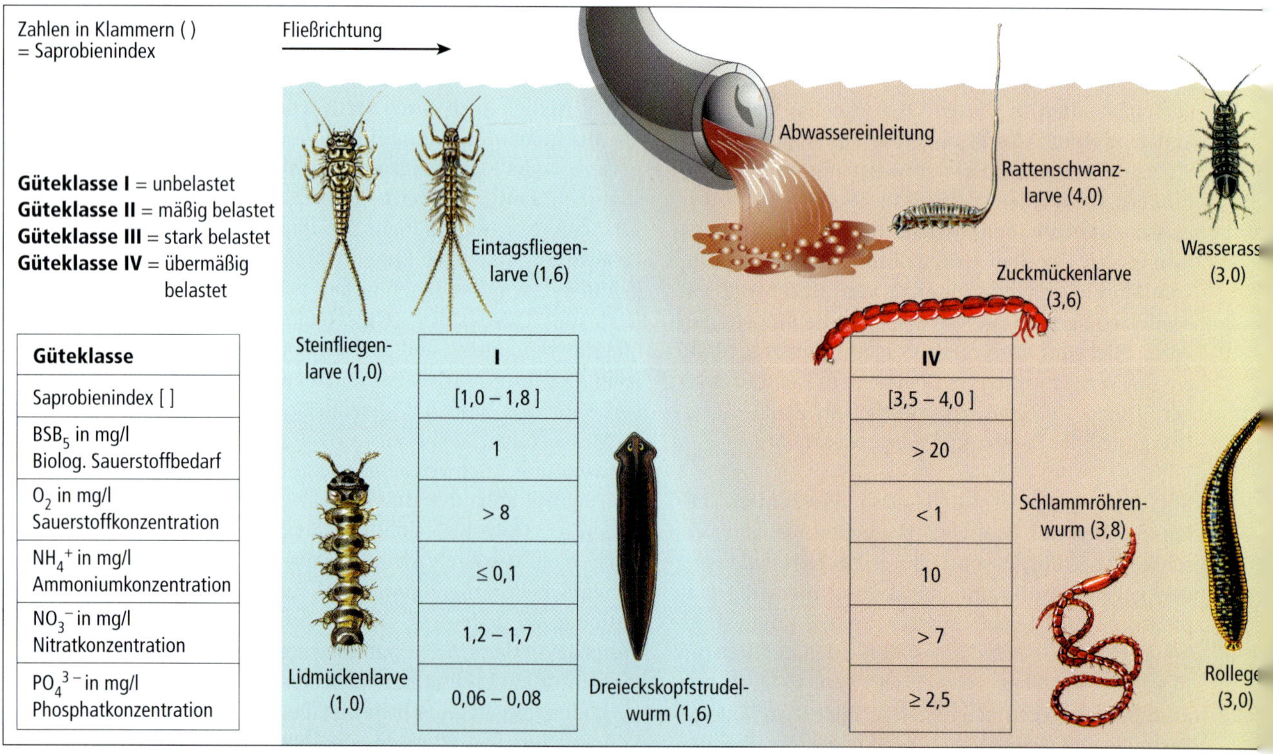

Güteklasse	I	IV
Saprobienindex [ ]	[1,0 – 1,8]	[3,5 – 4,0]
BSB_5 in mg/l Biolog. Sauerstoffbedarf	1	> 20
O_2 in mg/l Sauerstoffkonzentration	> 8	< 1
NH_4^+ in mg/l Ammoniumkonzentration	≤ 0,1	10
NO_3^- in mg/l Nitratkonzentration	1,2 – 1,7	> 7
PO_4^{3-} in mg/l Phosphatkonzentration	0,06 – 0,08	≥ 2,5

312.1 Veränderungen der chemischen Werte und des Vorkommens von Indikatorlebewesen durch Abwassereinleitung

gesamten Sauerstoff, und die übrigen Lebewesen können nicht mehr atmen und sterben ab. Wenn dieser Zustand erreicht wird, spricht man von einem *Umkippen* des Gewässers.

Zur Beurteilung des Verschmutzungsgrads eines Gewässers wird der *Biologische Sauerstoffbedarf* (BSB_5) gemessen: Im Labor wird die Sauerstoffmenge ermittelt, die von Bakterien und Pilzen zum Abbau organischer Substanz in den ersten fünf Tagen nach der Entnahme einer Wasserprobe verbraucht wird. Je höher der Verbrauch ist, desto mehr organische Substanz ist im Wasser enthalten.
Durch die chemischen Analysen lässt sich der aktuelle Zustand der Gewässergüte charakterisieren. So kann man Veränderungen aufgrund akuter Verschmutzung erkennen. Will man jedoch Aussagen über die Gewässergüte für einen längeren Zeitraum treffen, zieht man dazu Lebewesen heran, die nur unter bestimmten chemischen Bedingungen im Gewässer vorkommen. Diese Lebewesen kennzeichnen die Gewässergüte: Sie sind **Indikatorlebewesen.** Aus einer Vielzahl von Untersuchungen kennt man die Zusammenhänge zwischen chemischer Wasserqualität und dem Vorkommen der Indikatorlebewesen sehr gut. Die Wasserqualität von Gewässern wird in vier Stufen eingeteilt: I = sehr sauber bis IV = extrem belastet. Den Indikatorlebewesen wird jeweils ein Wert zugeordnet, der sich aus ihrem mittleren Vorkommen ergibt. Besonders aussagekräftig ist das Vorkommen von **Saprobien,** das sind Lebewesen, die durch physiologische Anpassung unter Fäulnisbedingungen leben können (gr. *sapros,* verfault). Der den Indikatorlebewesen zugeordnete Wert wird daher als **Saprobienindex** bezeichnet. Will man die **Wassergüteklasse** eines Gewässerabschnitts ermitteln, erfasst man möglichst alle in ihm vorkommenden Indikatorlebewesen und berechnet aus ihren Saprobienindizes und ihrer Häufigkeit einen durchschnittlichen Saprobienindex. Den Wassergüteklassen entsprechen bestimmte Bereiche der Saprobienindizes.

Den Mineralstoffgehalt eines Gewässers kennzeichnet man mit seiner **Trophiestufe** (gr. *trophe,* Nahrung). Ein *eutrophes* Gewässer enthält relativ große Mengen an Mineralstoffen, ein *oligotrophes* nur geringe. In eutrophen Gewässern kann sich bei weiterer Zufuhr von Mineralstoffen eine Massenentwicklung von Algen, eine **Algenblüte,** einstellen. Wassergüteklassen und Trophiestufen entsprechen sich teilweise, bezeichnen aber unterschiedliche Gewässereigenschaften.
Nicht alle eingeleiteten Stoffe können biologisch gut umgesetzt oder abgebaut werden. Gelangen durch unsachgemäße Handhabung oder durch Unfälle größere Mengen giftiger Chemikalien in Gewässer, kann es zu einem **Fischsterben** kommen.

III	II
[2,7 – 3,5]	[1,8 – 2,7]
7 – 20	2 - 6
> 2	> 6
> 2	0,1 – 1
4 – 7	3 – 3,9
1 – 1,7	0,2 – 0,3

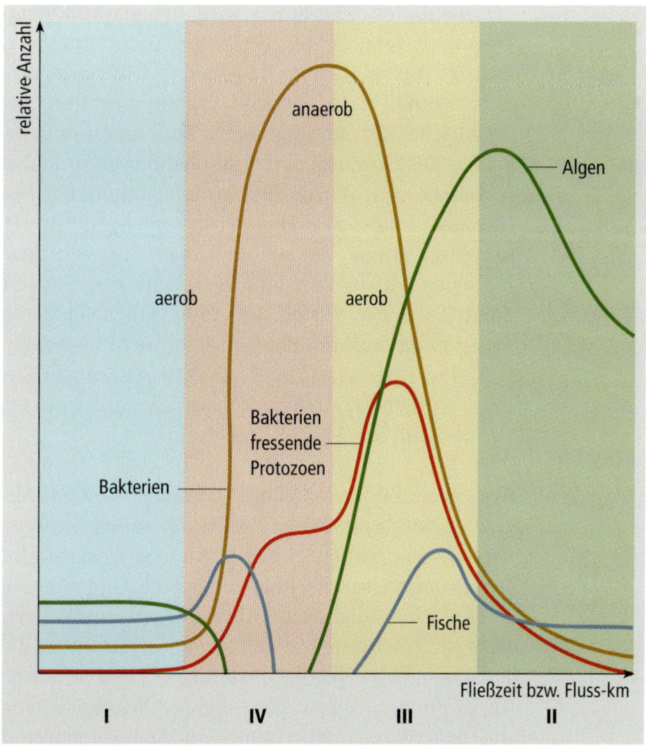

313.1 Veränderungen im Vorkommen verschiedener Gruppen von Lebewesen nach Abwassereinleitung

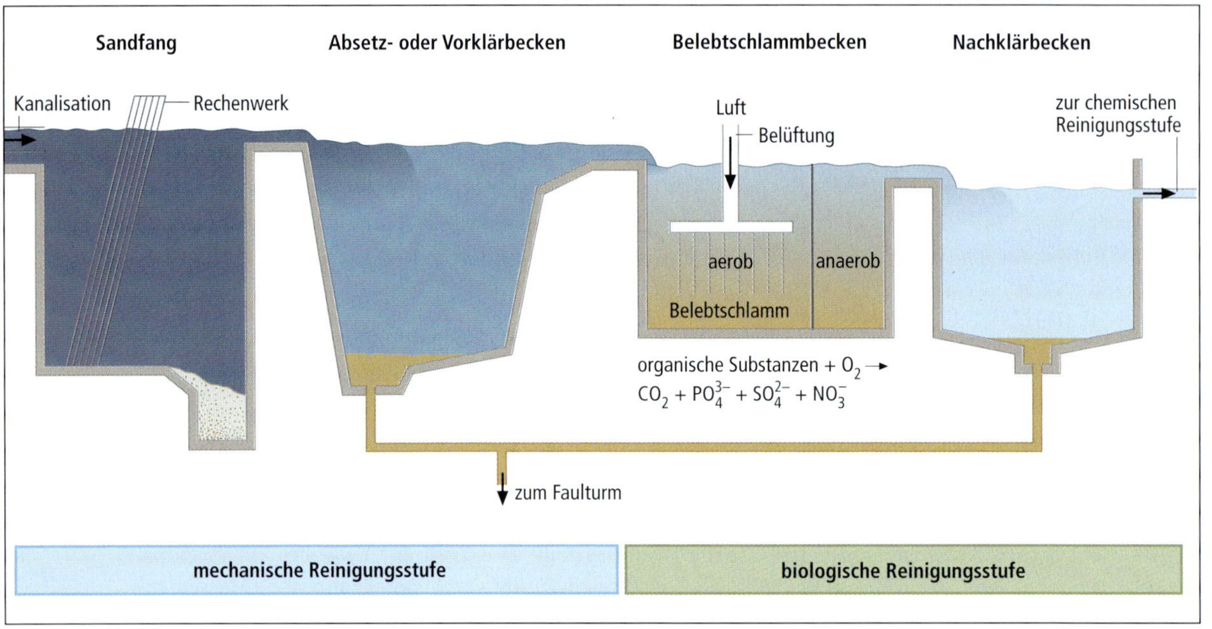

314.1 Mechanische und biologische Stufe der Abwasserreinigung (Schema)

5.3 Reinigung von Abwasser

Wasser wird im täglichen Leben in vielerlei Weise genutzt. Es dient zur Zubereitung der Nahrung, zur Reinigung des Haushalts und zur Körperpflege sowie als Transportmittel für die Ausscheidungen des Menschen. Hierdurch wird die ursprüngliche Zusammensetzung des Wassers extrem verändert, und das Wasser, das den Haushalt als **Abwasser** verlässt, enthält eine Vielzahl organischer und anorganischer Verunreinigungen. Zusammen mit Abwasser aus Gewerbe und Straßenabfluss wurde das Abwasser aus Haushalten früher ungereinigt in Gewässer eingeleitet. Die Selbstreinigungskraft der Gewässer sorgte für einen Abbau der Verunreinigungen. Mit der Zunahme der Siedlungsgröße und damit auch der Menge des Abwassers reichte die Selbstreinigungskraft der Gewässer nicht mehr aus. Um eine Überbelastung der Gewässer zu verhindern, wurden Kläranlagen gebaut, die das Abwasser vor der Einleitung in Gewässer reinigen.

Bei seinem Einfließen in die Kläranlage wird das Abwasser durch ein Rechenwerk von seinen groben, festen Verunreinigungen wie Kunststofftüten oder Papier befreit. Im anschließenden Sandfang wird die Fließgeschwindigkeit des Abwassers so einreguliert, dass sich schwerere Sandkörner, nicht aber die leichteren Schwebstoffe absetzen. Öl- und fettartige Verbindungen, die wegen ihrer geringeren Dichte auf dem Wasser schwimmen, können abgetrennt werden. Danach gelangt das Abwasser in große Absetz- oder Vorklärbecken. Hier wird seine Fließgeschwindigkeit weiter verringert, sodass sich innerhalb weniger Stunden die meisten festen Schmutzstoffe am Boden ablagern. In der bis hierher durchlaufenen **mechanischen Reinigungsstufe** wird etwa ein Drittel aller im Abwasser enthaltenen Schmutzstoffe entfernt.

Das so vorgereinigte Wasser wird nun in die **biologische Reinigungsstufe** geleitet. Hier werden die organischen Bestandteile des Abwassers in der gleichen Weise wie in der Natur abgebaut. Diese Abbauprozesse laufen in den **Belebtschlammbecken** ab, in dem Bakterien, Geißel- und Wimpertierchen zusammen mit den organischen Stoffen den Belebtschlamm bilden. In die ersten Bereiche der Belebtschlammbecken wird durch Oberflächen- oder Bodenbelüftungsanlagen ständig Luft gepresst, sodass aerobe Bedingungen aufrechterhalten werden. Nach zehn Stunden sind etwa 90 Prozent der organischen Stoffe abgebaut. Außer den restlichen organischen Stoffen enthält das Wasser aber weiterhin nicht abbaufähige Stoffe wie Schwermetalle sowie Nitrat- und Phosphationen, die zur Verschmutzung und Eutrophierung von Gewässern beitragen.

Ein großer Teil der Nitrationen entsteht in Folge des bakteriellen Abbaus organischer, stickstoffhaltiger Substanzen. Diese werden zunächst bis zu Ammoniumionen abgebaut. Unter aeroben Verhältnissen werden Ammoniumionen von Bakterien im Verlauf der so genannten **Nitrifikation** zu Nitrationen oxidiert. Um Nitrationen aus dem Abwasser zu entfernen, leitet man es in anaerobe Bereiche der Belebtschlammbecken. Hier werden die Nitrationen durch Bakterien im Verlauf der **Denitrifikation** chemisch

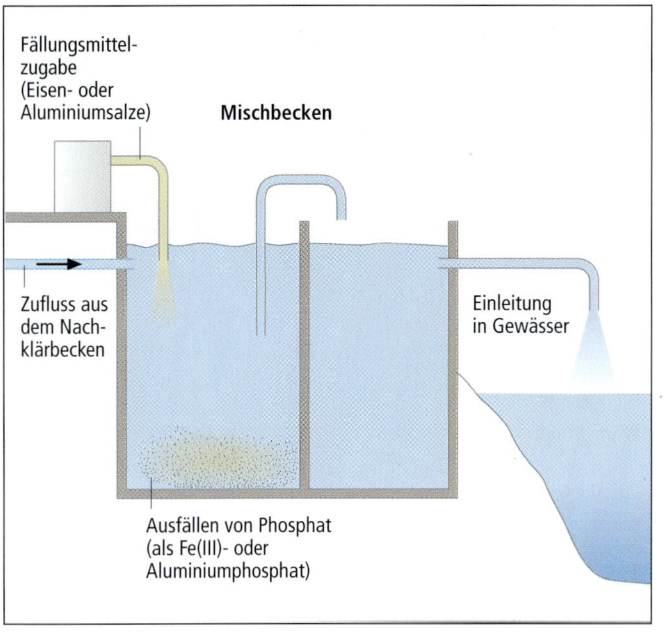

315.1 Chemische Reinigungsstufe (Schema)

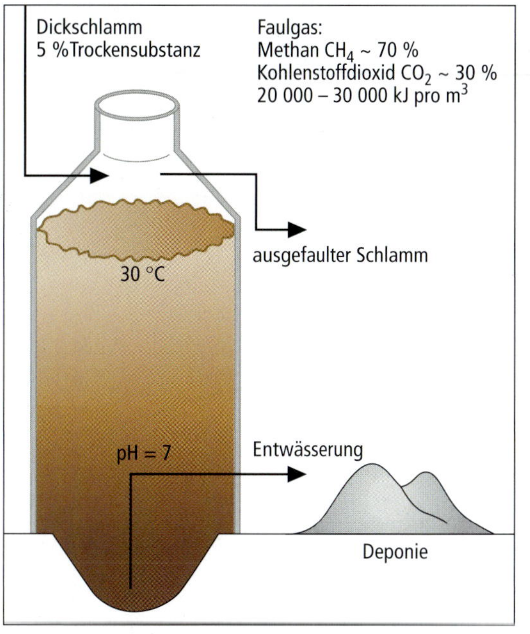

315.2 Behandlung des Klärschlamms im Faulturm

reduziert und überwiegend in Form von molekularem Stickstoff freigesetzt. Dabei werden dem Abwasser 60 bis 90 Prozent des Gesamtstickstoffs entzogen. Da die Bakterien wie alle anderen Lebewesen Phosphor benötigen, nehmen sie Phosphationen aus dem Wasser auf und bauen sie in ihre Biomasse ein. Auf diese Weise wird auch ein Teil des Phosphats aus dem Abwasser entfernt.

Nach dem Passieren der biologischen Reinigungsstufe wird das Abwasser in die **chemische Reinigungsstufe** geleitet. Hier führt man dem Wasser Eisen- oder Aluminiumsalze zu, welche die gelösten Phosphationen unter Bildung schwer löslicher Eisen(III)- oder Aluminiumphosphate ausfällen. Diese sammeln sich am Boden des Beckens an und können später entfernt werden. In modernen Klärwerken werden die Phosphationen in Form einer chemischen **Simultanfällung** bereits im Belebtschlammbecken durch Zugabe leicht löslicher Eisensalze ausgefällt. Das entstehende schwer lösliche Eisen(III)-Phosphat vermischt sich mit dem biologischen Schlamm, der aus dem Becken entfernt werden kann. Das Abwasser, das nun von groben Verunreinigungen, organischen Stoffen, Nitrat- und Phosphationen gereinigt ist, wird in Gewässer eingeleitet.

Der bei der Abwasserreinigung anfallende Klärschlamm wird durch unterschiedliche Verfahren aufbereitet. Man kann den Schlamm in Zentrifugen entwässern und anschließend in speziellen Öfen verbrennen. Die Klärschlammasche muss auf einer Mülldeponie entsorgt werden. Der Klärschlamm kann auch in Faultürmen einer Methangärung unterworfen werden. Wie im Faulschlamm eines Gewässers zersetzen hierbei methanogene Archaeen unter anaeroben Bedingungen organische Bestandteile des Schlamms. Da das Wirkungsoptimum der methanogenen Archaeen bei etwa 30 °C liegt, erwärmt man den Klärschlamm auf die entsprechende Temperatur. Die Archaeen setzen etwa die Hälfte der organischen Substanzen in Faulgas um. Das entstehende Gasgemisch besteht zu 70 Prozent aus Methan und zu 30 Prozent aus Kohlenstoffdioxid. Das Methan wird zur Energieverwertung verwendet. Der getrocknete Restschlamm findet, sofern er nicht durch Schwermetalle zu stark belastet ist, in der Landwirtschaft als Bodenverbesserer Verwendung.

Nur ein Teil der Klärwerke kann aus dem Abwasser durch Denitrifikationsvorgänge Stickstoff eliminieren und mit Simultanfällung oder in einer dritten Klärstufe Phosphationen entfernen. Häufig gelangen daher Nitrat- und Phosphationen in Gewässer und können zur Eutrophierung führen. Probleme können auch entstehen, wenn biologisch schwer abbaubare Reinigungs- und Arzneimittel in das Abwasser gelangen. Zu solchen Stoffen gehören unter anderem organische Iodverbindungen aus Röntgenkontrastmitteln, Blutfett senkende Medikamente, Wirkstoffe aus Anti-Baby-Pillen und Geruchsstoffe aus Waschmitteln. Die ökologischen Folgen für die Gewässer und mögliche Rückwirkungen auf den Menschen sind noch weitgehend unbekannt.

1. Erklären Sie, weshalb es sinnvoll ist, auch Nitrat- und Phosphationen aus dem Abwasser zu entfernen!

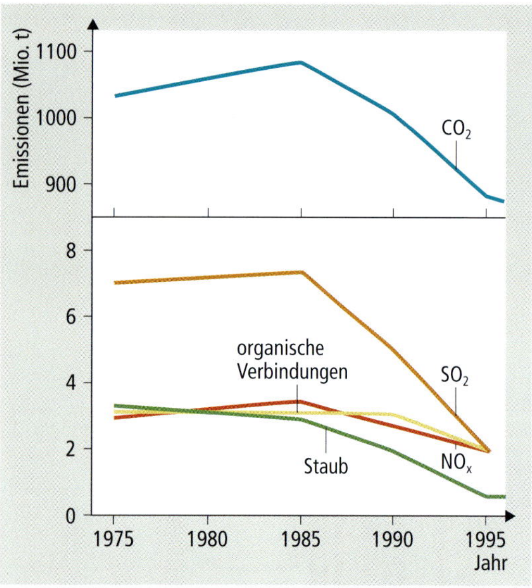

316.1 Emissionen von Luftverunreinigungen in Deutschland

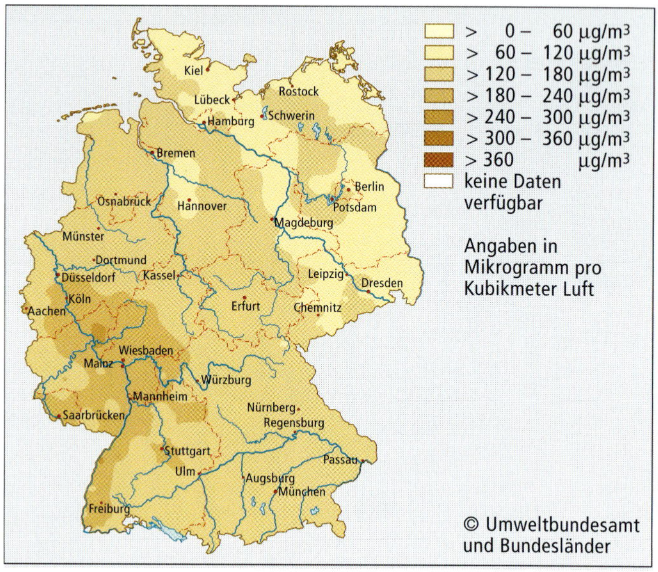

316.2 Verteilung der maximalen Ozonkonzentrationen in Deutschland an einem warmen Sommertag (28. 07. 2001)

5.4 Luftverschmutzung

In den Industriegesellschaften werden zum Heizen, zur Stromerzeugung für Industrie, Gewerbe und Haushalte sowie zum Transport von Menschen und Gütern überwiegend Kohle, Erdöl und Erdgas verbrannt. Beim Verbrennen dieser kohlenstoffreichen Energieträger entsteht Kohlenstoffdioxid (CO_2), das einen großen Teil der hierbei produzierten **Abgase** bildet und in die Atmosphäre abgegeben wird. Die Abgabe von Stoffen in die Atmosphäre durch Menschen, mit Ausnahme ihrer Stoffwechselprodukte, bezeichnet man als **Emission.**

Doch nicht nur Kohlenstoffdioxid gelangt durch Verbrennungsprozesse in die Luft. Bei unvollständiger Verbrennung, zum Beispiel in Automotoren, entsteht hoch giftiges Kohlenstoffmonooxid (CO). Schwefel und Stickstoff, die in den Brennstoffen enthalten sind, werden bei Verbrennung in Schwefeldioxid (SO_2) und in Stickstoffoxide (NO_x) umgewandelt. Sie sind auch Bestandteile des **Smog** (zusammengesetzt aus engl. *smoke,* Rauch und engl. *fog,* Nebel), der sich in Ballungsräumen vor allem bei ungünstigen Wetterlagen im Winterhalbjahr aus Rauch, Nebel und Abgasen bilden kann. Besonders bei Kindern und alten Menschen kann er zu Atemwegerkrankungen führen.

In der Luft reagieren Schwefeldioxid und Stickstoffoxide mit Sauerstoff und Wasser und lassen Schwefel- und Salpetersäure entstehen, die mit Niederschlägen wieder auf die Erde fallen. Durch diesen **sauren Regen** wird die Vegetation geschädigt. Der pH-Wert von Böden und Gewässern wird abgesenkt, was Schäden an den Lebewesen hervorrufen kann. Die Verwitterung von Gebäuden wird stark beschleunigt. Wegen ihrer nachteiligen Auswirkungen auf die Umwelt bezeichnet man die genannten Stoffe als **Luftschadstoffe** und ihre Abgabe an die Atmosphäre als **Luftverschmutzung.**

Durch gesetzliche Bestimmungen wurden Maßnahmen getroffen, die in den letzten 15 Jahren zu einem deutlichen Rückgang der Emissionen und damit der Luftverschmutzung geführt haben: Es werden verstärkt Kohle und Öl mit geringen Schwefelgehalten verwendet, durch Filter in Kraftwerken wird Schwefeldioxid aus den Abgasen entfernt, Katalysatoren in Autos wandeln Stickstoffoxide in molekularen Stickstoff sowie Kohlenstoffmonooxid in Kohlenstoffdioxid um. Durch Energiesparmaßnahmen wird der auf die Bevölkerung bezogene Energieverbrauch verringert. Doch durch die Zunahme des Verkehrs und den Zwang zu fortgesetztem wirtschaftlichen Wachstum wird der Erfolg dieser Maßnahmen teilweise wieder aufgehoben.

In den vergangenen 20 Jahren ist verstärkt ein weiteres Problem aufgetreten: In sonnenreichen Perioden reagiert Stickstoffdioxid (NO_2) aus Abgasen in bodennahen Bereichen unter Einwirkung des ultravioletten Anteils der Sonneneinstrahlung mit Sauerstoff zu Ozon. In Konzentrationen oberhalb von 120 $\mu g/m^3$ führt Ozon zu Reizungen der Schleimhäute und oberhalb von 240 $\mu g/m^3$ zu Atembeschwerden und herabgesetzter körperlicher Leistungsfähigkeit. Derartig hohe Konzentrationen werden gemessen und als Warnmeldung an die Bevölkerung weitergegeben.

EXKURS

Treibhauseffekt und Ozonloch

Die Erdoberfläche strahlt einen großen Teil der einfallenden Sonnenstrahlung als Wärmestrahlung ab. Die Atmosphäre behindert diese Abstrahlung. Wasserdampf und Gase, vor allem Kohlenstoffdioxid, absorbieren die Wärme. Sie wirken wie die Glasscheiben eines Treibhauses: Sie lassen die Sonnenstrahlung herein, die Wärmestrahlung aber nur teilweise hinaus. Man bezeichnet diesen Effekt daher als **Treibhauseffekt.** Durch ihn stellt sich auf der Erde eine mittlere Temperatur von etwa 15 °C ein. Ohne ihn läge die Temperatur bei −18 °C. Durch den natürlichen Treibhauseffekt wurde Leben auf der Erde erst möglich. Die hierfür verantwortlichen Gase werden **Treibhausgase** genannt.

Durch Verbrennung von Kohle, Erdöl und Erdgas erhöhte sich die Kohlenstoffdioxid-Konzentration der Atmosphäre von etwa 280 cm^3/m^3 am Ende des 18. Jahrhunderts auf fast 370 cm^3/m^3 an der Jahrtausendwende und wird auch in den nächsten 100 Jahren weiter ansteigen. Hierdurch wird mehr Wärme auf der Erde zurückgehalten. Die mittlere Temperatur der globalen Landflächen ist inzwischen um ungefähr 0,7 °C gestiegen. Sehr wahrscheinlich ist dies größtenteils auf den von Menschen bewirkten Treibhauseffekt zurückzuführen. Hieran sind auch andere Treibhausgase wie Methan (CH_4) und Distickstoffoxid (N_2O) beteiligt, die in geringem Maß natürlicherweise in der Atmosphäre vorkommen. Sie werden zusätzlich durch menschliche Aktivitäten wie Bergbau und Landwirtschaft freigesetzt. Ihre Konzentration in der Atmosphäre ist im Vergleich mit Kohlenstoffdioxid zwar nur sehr gering, aufgrund ihrer physikalischen Eigenschaften sind sie aber als Treibhausgase sehr wirksam.

Weitere, äußerst wirksame Treibhausgase, die natürlicherweise nicht in der Atmosphäre vorkommen, sind die **Fluorchlorkohlenwasserstoffe** (FCKW), die früher verbreitet als Treibmittel in Spraydosen und als Kühlmittel genutzt wurden. Zwar werden sie nicht mehr verwendet, doch haben sie eine lange Verweildauer in der Atmosphäre.

Fluorchlorkohlenwasserstoffe sind auch auf eine andere Weise schädlich: In der unteren Stratosphäre, das heißt in einer Höhe von 20 bis 25 km, bewirken sie in einer komplexen chemischen Reaktionskette einen Abbau der dort natürlicherweise vorkommenden Ozonschicht. Die Ozonschicht entsteht durch Einwirkung des stark kurzwelligen Anteils der ultravioletten Sonnenstrahlung auf Sauerstoff. Sie filtert diesen lebensfeindlichen Strahlungsanteil aus dem Sonnenlicht und hat dadurch die Besiedlung von Landoberflächen durch Lebewesen erst ermöglicht. Durch die Einwirkung von Fluorchlorkohlenwasserstoffen wurde zuerst über der Antarktis, inzwischen auch über der Arktis eine Abnahme der Ozonschicht beobachtet. Ein Bereich mit verringerter Ozonschicht wird auch als **Ozonloch** bezeichnet. In diesen Regionen gelangt mehr ultraviolette Strahlung an die Erdoberfläche, was unter anderem zu einem Anstieg der Hautkrebsraten führt.

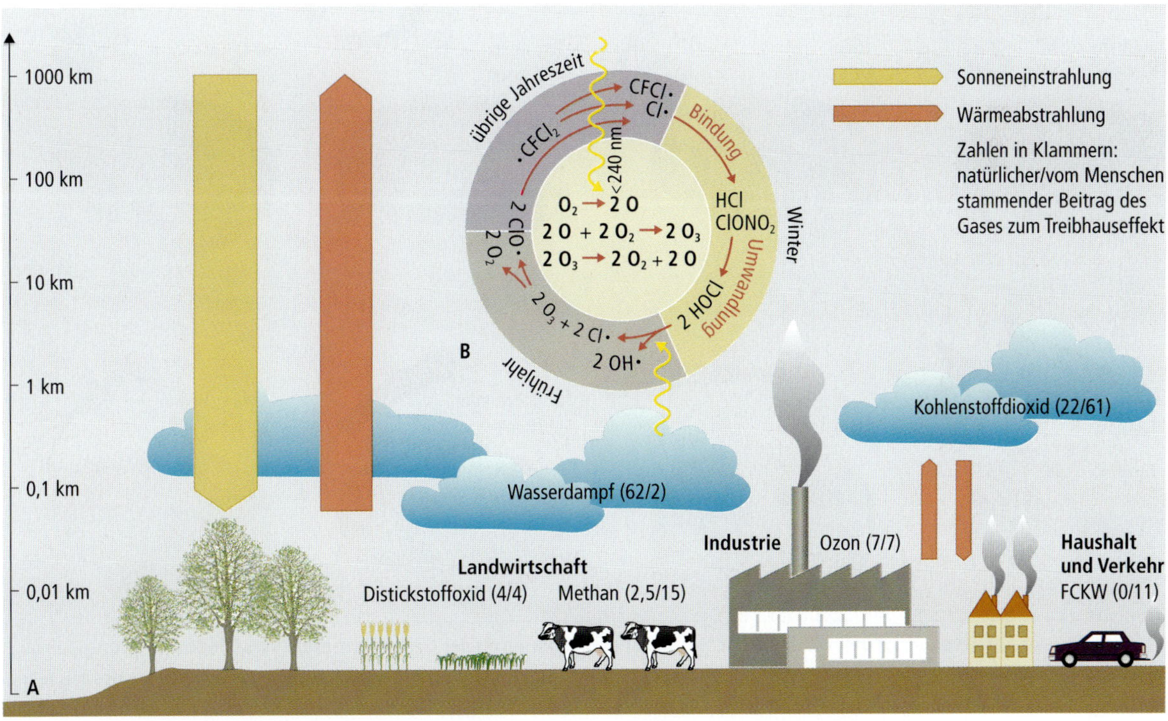

317.1 Beeinflussung der Atmosphäre durch den Menschen. A Treibhauseffekt (vereinfachtes Schema); **B** Zerstörung der Ozonschicht (innerer Kreis: natürlicherweise ablaufende Vorgänge)

5.5 Naturschutz

Seit Menschen Mitteleuropa besiedeln, beeinflussen sie die Natur. Wälder wurden gerodet, um Weide- und Ackerland zu schaffen. Wildtiere wurden zum Nahrungserwerb, zur Sammlung von Trophäen oder zur Beseitigung von Nahrungskonkurrenz gejagt. Viele Arten wie zum Beispiel der Auerochse wurden dabei vollständig, andere wie Braunbär und Wolf nahezu ausgerottet. Durch die Entwicklung der modernen Industriegesellschaften mit hohen Bevölkerungszahlen wird die Natur noch wesentlich stärker in Mitleidenschaft gezogen. Große Landflächen werden für Intensivlandwirtschaft sowie für die Anlage von Siedlungen, Verkehrswegen, Gewerbe- und Industriegebieten verbraucht. In land- und forstwirtschaftlichen Monokulturen finden viele Arten, die natürlicherweise in Wäldern und Grünland vorkommen, keinen Lebensraum mehr. Gegen unerwünschte Nahrungskonkurrenten auf landwirtschaftlichen Nutzflächen werden Herbizide und Insektizide eingesetzt, die zum Teil auch andere Lebewesen schädigen. Abfallstoffe aus Haushalt, Landwirtschaft und Industrie belasten die Natur durch Eutrophierung oder durch ihre giftige Wirkung.

Durch diese Einflussnahmen wird die Natur in vielfältiger Weise beeinträchtigt. Manche Arten sterben in bestimmten Regionen durch direkte Einwirkung von Schadstoffen aus. So sind zum Beispiel etliche Flechtenarten im Bereich industrieller Ballungsräume nicht mehr vorhanden, da sie durch Luftschadstoffe zu stark geschädigt wurden. In den meisten Fällen sind Arten jedoch durch Veränderungen ihres Lebensraums gefährdet. Die Düngung einer mineralstoffarmen Wiese, die reich an Pflanzenarten sein kann, führt zum Beispiel dazu, dass von dem gesamten Artenspektrum nur noch wenige, schnell wachsende Pflanzenarten übrig bleiben, welche die anderen Arten überwachsen und verdrängen. Damit ist auch manchen Insektenarten die Nahrungsgrundlage entzogen, was wiederum nachteilig für Insekten fressende Vögel und Säugetiere sein kann. Über die Nahrungsketten wirkt sich somit der Wegfall einer oder weniger Arten auf die gesamte Lebensgemeinschaft des Ökosystems aus.

Auch durch die Verkleinerung und Isolierung von Lebensräumen werden Lebensgemeinschaften bedroht. Durch Straßenbau und Flurbereinigung werden Lebensräume zerschnitten und isoliert und somit die in ihnen lebenden Populationen getrennt. Sinkt die Population unter eine kritische Dichte und ist eine Einwanderung aus benachbarten Populationen nicht mehr möglich, stirbt die Population aus.

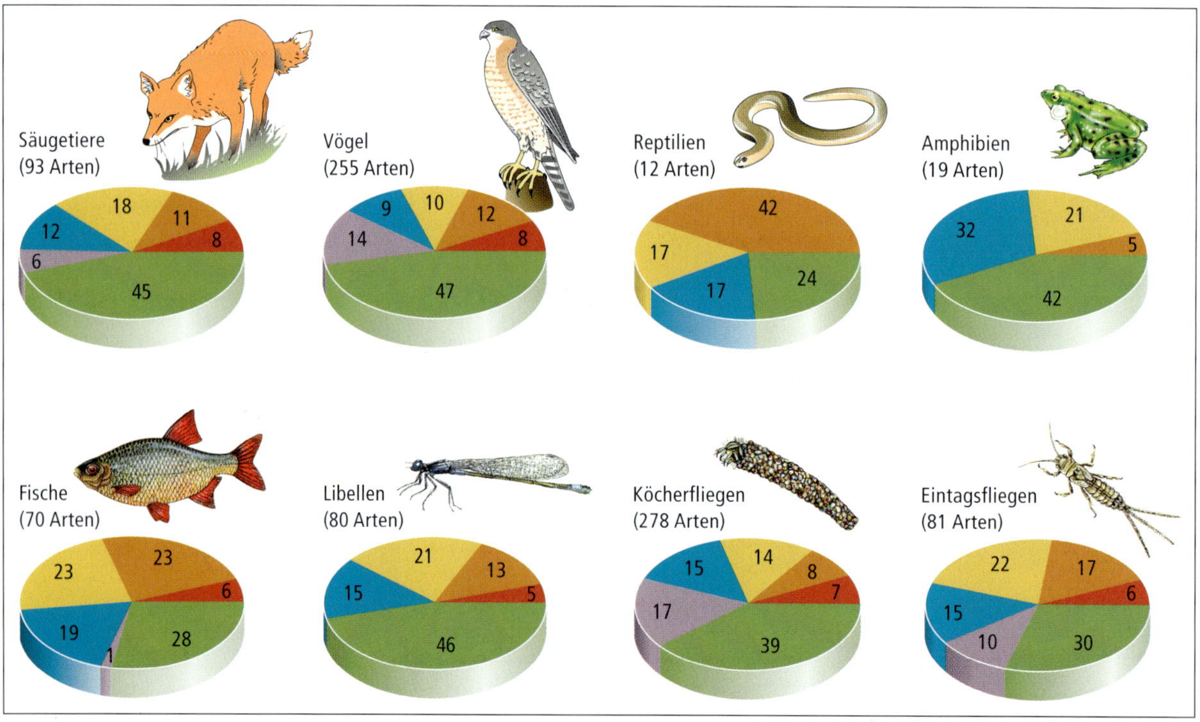

318.1 Prozentualer Anteil von Arten unterschiedlicher Gefährdungskategorien an der Gesamtartenzahl verschiedener Tiergruppen in Deutschland. Kategorien: 0 ■ ausgestorben oder verschollen (spätestens seit ca. 1850 ausgestorben oder ausgerottet bzw. seit mindestens zehn Jahren trotz Suche nicht mehr nachgewiesen); 1 ■ vom Aussterben bedroht (Überleben unwahrscheinlich, wenn Bedrohung anhält oder keine Schutzmaßnahmen getroffen werden); 2 ■ stark gefährdet (kleine oder deutlich zurückgehende bzw. regional verschwundene Bestände); 3 ■ gefährdet (regional kleine, zurückgehende Bestände); 4 ■ potenziell gefährdet (wenige oder kleine Bestände); ■ nicht gefährdet

Um einen Überblick über gefährdete und ausgestorbene Arten zu erhalten, werden diese seit Anfang der siebziger Jahre des 20. Jahrhunderts weltweit in den so genannten **Roten Listen** zusammengefasst. Rote Listen werden auch für einzelne Länder oder Landesteile (in Deutschland beispielsweise für die Bundesländer) erstellt. In Deutschland wird der Gefährdungsgrad der Arten in fünf Kategorien von 0 (ausgestorben oder verschollen) bis 4 (potenziell gefährdet) angegeben. Mit den Roten Listen wurde erstmals ein einheitlicher Maßstab für den Zustand der Fauna und Flora eines Gebiets aufgestellt.

Um einen weiteren Artenrückgang zu vermeiden, müssen die Arten und ihre Lebensräume geschützt werden. In Deutschland wurde als gesetzliche Grundlage hierfür in den siebziger Jahren des 20. Jahrhunderts das **Bundesnaturschutzgesetz** erlassen. Es bildet einen rechtlichen Rahmen, in dem die einzelnen Bundesländer gezielte Bestimmungen beschließen können. Ziel des Gesetzes ist es, „Natur und Landschaft zu schützen, zu pflegen und zu entwickeln“. Dabei sollen „die Leistungsfähigkeit des Naturhaushaltes, die Nutzungsfähigkeit der Naturgüter, die Pflanzen- und Tierwelt sowie die Vielfalt, Eigenart und Schönheit von Natur und Landschaft als Lebensgrundlage des Menschen … nachhaltig gesichert“ werden. Das Bundesnaturschutzgesetz stellt fest, dass alle heimischen Pflanzen und Tiere generell schutzwürdig sind. Es bildet die Grundlage für die **Bundesartenschutzverordnung,** die genauere Bestimmungen zum Schutz, zur Ein- und Ausfuhr, zum Halten, zur Zucht und zur Vermarktung gefährdeter Tier- und Pflanzenarten trifft. Die Bundesartenschutzverordnung schützt auch Arten, deren Handel nach dem internationalen **Washingtoner Artenschutzübereinkommen** von 1973 eingeschränkt oder verboten ist.

Nach dem Bundesnaturschutzgesetz können Teile von Landschaften als Naturschutzgebiete, Nationalparks, Landschaftsschutzgebiete oder Naturparks ausgewiesen werden, die auf unterschiedliche Weise geschützt sind. In einem **Naturschutzgebiet** ist ein Landschaftsteil zur Erhaltung von Lebensgemeinschaften geschützt, in dem bestimmte gefährdete, wild vorkommende Pflanzen- oder Tierarten leben. Naturschutzgebiete können auch aus wissenschaftlichen, naturgeschichtlichen oder landeskundlichen Gründen oder wegen ihrer Seltenheit, besonderen Eigenart oder außerordentlichen Schönheit eingerichtet werden. Alle Handlungen, die zu einer Zerstörung, Beschädigung oder Veränderung des geschützten Gebiets führen, sind verboten. Dies schließt auch das Pflücken von Pflanzen oder Pflanzenteilen und das Stören von Tieren ein. Etwa zwei Prozent der Fläche Deutschlands stehen unter Naturschutz.

Farn- und Samenpflanzen (insgesamt 2337 Arten)

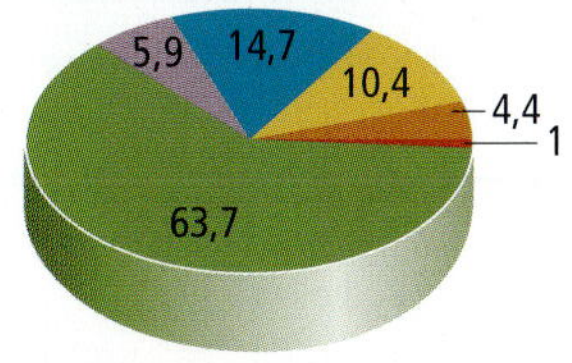

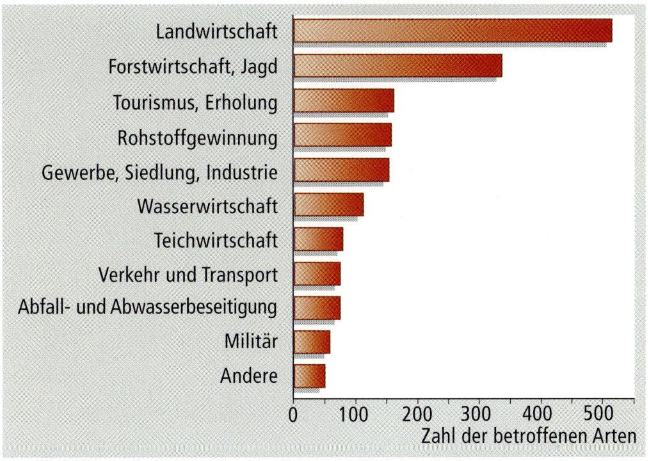

319.1 Prozentualer Anteil von Farn- und Samenpflanzenarten in den verschiedenen Gefährdungskategorien an der Gesamtartenzahl in Deutschland sowie Ursachen der Gefährdung (Erklärung der Farben: s. Legende von Abb. 318.1)

Weniger strenge Regelungen gelten für **Landschaftsschutzgebiete.** In ihnen sollen der Naturhaushalt und die landschaftliche Schönheit des Gebiets erhalten werden. Sie dienen auch zur Erholung der Menschen. Land- und Forstwirtschaft sind unter Auflagen möglich. **Naturparks** sind größere Gebiete, die überwiegend unter Landschafts- oder Naturschutz stehen und für Erholung und Tourismus vorgesehen sind. Darüber hinaus gibt es **Biosphärenreservate,** die seit 1970 von der UNESCO weltweit ausgewiesen und von den nationalen Regierungen geschützt werden sollen. Sie dienen der Erhaltung und Entwicklung von Natur- und Kulturlandschaften. Um die Belastbarkeit der Ökosysteme erforschen zu können, ist ihre Nutzung durch Menschen in das Erhaltungskonzept der Reservate einbezogen.
Diese Maßnahmen allein werden aber einen weiteren Rückgang der Lebensräume und der in ihnen lebenden Arten nicht verhindern können. Erforderlich sind unter anderem ein deutlicher Rückgang des Landschaftsverbrauchs und eine Vernetzung der bestehenden und künftig auszuweisenden Schutzgebiete.

1. Ein Absatz des Bundesnaturschutzgesetzes besagt, dass ordnungsgemäße Land- und Forstwirtschaft in der Regel dem Naturschutz dienen. Erörtern Sie, ob sich hieraus Konflikte bei der Erhaltung von Arten und Lebensräumen ergeben können!

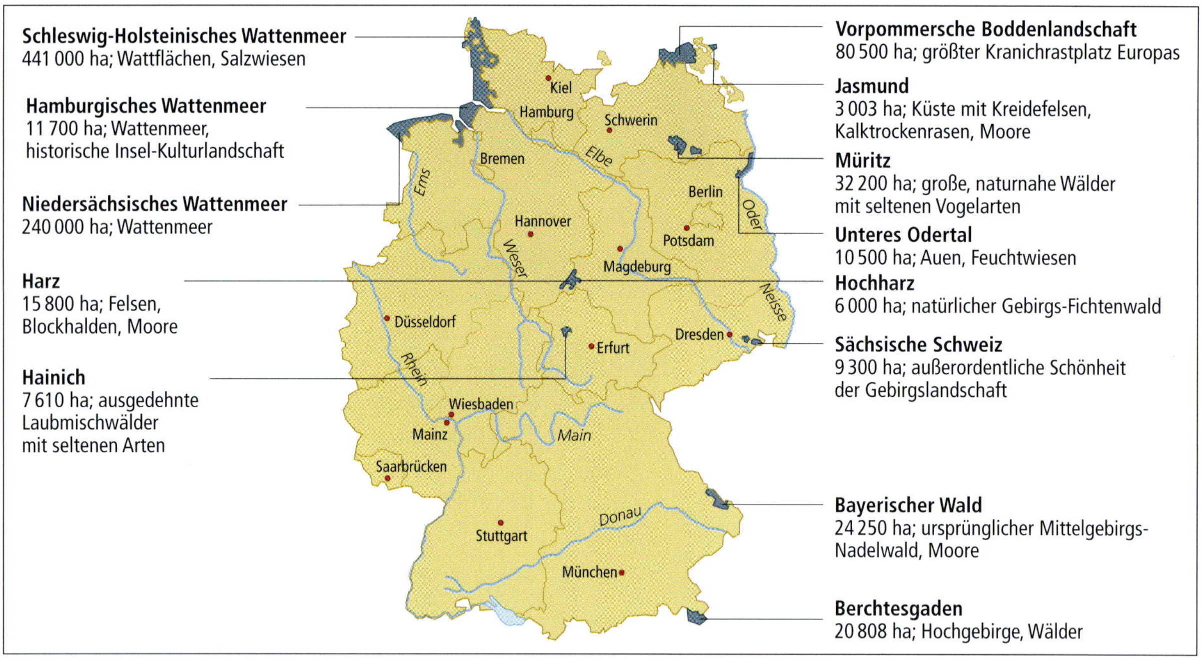

320.1 Nationalparks in Deutschland mit ihren Flächengrößen und Besonderheiten von Natur und Landschaft

Nationalparks. Schon vor längerer Zeit erkannte man, dass manche Gebiete geschützt werden müssen, damit ihre Natur und ihr Landschaftscharakter erhalten bleiben. Um die landschaftliche Schönheit des Yellowstone-Gebiets im Westen der USA zu bewahren, wurde dort 1872 der erste Nationalpark der Welt gegründet. Anfang des 20. Jahrhunderts entstanden in Schweden und in der Schweiz die ersten europäischen Nationalparks. Inzwischen gibt es Nationalparks an verschiedenen Orten der Erde. Hierzu gehören auch die bekannten Nationalparks in Afrika mit reichem Wildbestand wie zum Beispiel der Serengeti Nationalpark.

Die Aufgabe eines Nationalparks ist nicht nur die Bewahrung landschaftlicher Schönheit. In ihm sollen möglichst artenreiche heimische Pflanzen- und Tierbestände erhalten werden und sich ungestört von menschlichen Eingriffen entwickeln können. Um das Jahr 1970 wurden internationale Richtlinien für die Ausweisung von Nationalparks herausgegeben. Danach soll ein Nationalpark ein Gebiet von mindestens 1000 Hektar umfassen, in dem ein oder mehrere Ökosysteme durch menschliche Nutzung nicht wesentlich verändert sind. Auch Kulturlandschaften können Teil eines Nationalparks sein. Naturlandschaften und unveränderte Wildnis sollen jedoch überwiegen, und im gesamten Park muss sich die Nutzung durch Land- und Forstwirtschaft, Fischerei und Tourismus dem Naturschutz unterordnen.

Um dieses Nebeneinander zu ermöglichen, sind Nationalparks gewöhnlich in mehrere Zonen aufgeteilt. Die Kernzone darf nicht betreten werden und ist von jeder Nutzung ausgeschlossen. Um die Kernzone herum befinden sich Zonen, in denen eine eingeschränkte Nutzung möglich ist. Im Randbereich des Nationalparks ist oft eine weitgehend uneingeschränkte Nutzung erlaubt. Durch Gegensätze zwischen Art- und Lebensraumerhaltung einerseits und wirtschaftlicher Nutzung andererseits kommt es in Nationalparks immer wieder zu Interessenkonflikten zwischen dem Naturschutz, dem Tourismus und der einheimischen Bevölkerung, die Einschränkungen in ihrer wirtschaftlichen Entfaltung hinnehmen muss.

In Deutschland wurde der erste Nationalpark 1970 im Bayerischen Wald eingerichtet. Hier konnte der zuvor fast ausgerottete Luchs wieder ausgewildert werden. Zur Zeit gibt es in Deutschland 13 Nationalparks. In ihnen werden unterschiedliche, für die jeweilige Landschaft typische Lebensräume und ihre Lebensgemeinschaften geschützt. Die Spannbreite dieser Lebensräume reicht vom Wattenmeer über Grünland-Ökosysteme, Au- und Mittelgebirgswälder bis zu Wäldern, Mooren und Felslandschaften des Gebirges.

Wichtige Bedeutung für die Erhaltung von Tierarten haben zum Beispiel die Nationalparks Vorpommersche Boddenlandschaft als Rastplatz für Kraniche, Müritz als Lebensraum für den Fischadler und Hainich mit Vorkommen von Wildkatze, Schwarzstorch und zahlreichen geschützten Fledermausarten. In den meisten Nationalparks kann sich die Öffentlichkeit in einem Informationszentrum über die Besonderheiten des Gebietes informieren.

EXKURS Rückgang der Biodiversität

Systematische Gruppe	Artenzahl (Schätzwert)	Anteil der bedrohten Arten (%)
Tiere		
Säugetiere	4500	11
Vögel	9500	11
Reptilien	6000	3
Amphibien	3000	2
Fische	24000	2
Krebse	4000	3
Weichtiere	130000	0,4
Insekten	1200000	0,07
Pflanzen		
Nacktsamer	758	32
Einkeimblättrige	52000	9
Zweikeimblättrige	190000	9

321.1 Weltweit vorhandene Artenzahl und Anteil der bedrohten Arten in verschiedenen Gruppen von Lebewesen

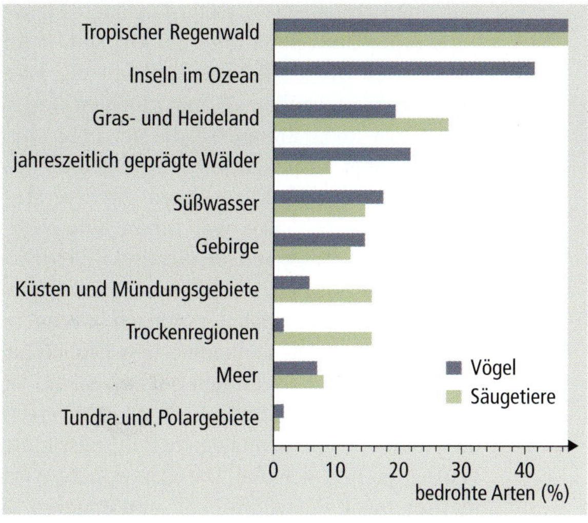

321.2 Bedrohte Säugetier- und Vogelarten in verschiedenen Lebensräumen

Bisher wurden über 400000 Pflanzen- und etwa 1,4 Millionen Tierarten beschrieben. Diese Arten sind sehr ungleich über die Erde verteilt. In hohen Breitengraden, in Richtung auf die Polarkreise, sind die Artenzahlen relativ gering, in den Tropen dagegen im Allgemeinen hoch. Die Anzahl der Arten in einem bestimmten Gebiet oder auf einer bestimmten Fläche bezeichnet man als Artenreichtum oder **Biodiversität.**

Im Verlauf der Erdgeschichte waren die Artenzahlen nicht konstant. Mehrfach gab es dramatische Rückgänge der Artenzahlen, für die wahrscheinlich Klimaänderungen oder Asteroideneinschläge verantwortlich waren. In der heutigen Zeit ist aber die Geschwindigkeit des Artenrückgangs wesentlich höher als früher. Im Vergleich mit den vergangenen 100000 Jahren zum Beispiel vollzieht er sich heutzutage 50mal schneller. So sind in Deutschland seit 1850 20 Vogel-, 27 Schmetterlings- und 60 Farn- und Samenpflanzenarten ausgestorben. Weltweit sind elf Prozent aller bekannten Vogelarten gefährdet. Ungefähr 20 Prozent der bekannten Süßwasserfischarten sind in historischer Zeit ausgestorben oder inzwischen stark gefährdet.

Ein Aussterben kann man nur von den Arten feststellen, die beschrieben sind. Relativ verlässliche Schätzungen gibt es für die Artenzahlen von Wirbeltieren und Gefäßpflanzen. Nur sehr unsichere Angaben existieren dagegen für schwer zu erfassende Tiergruppen wie zum Beispiel Insekten, die schon nach bisherigem Wissen den weitaus größten Anteil der Tierarten stellen. Besonders in den Tropen weisen Insekten einen hohen Artenreichtum auf. Neue Untersuchungen ergaben, dass Käfer, die artenreichste Gruppe der Insekten, vor allem in den kaum erforschten Kronen der Bäume tropischer Regenwälder hohe Artenzahlen erreichen.
Wegen der bisher unsicheren Artenzahl vieler Tiergruppen lässt sich die tatsächliche Rate des Artenrückgangs nur schwer schätzen. Pro Jahrzehnt wird ein globaler Verlust von ein bis elf Prozent aller Arten angenommen.

321.3 Madagaskar-Immergrün

Die Hauptursache für den Rückgang der Biodiversität ist die Vernichtung von Lebensräumen. Auf der Erde werden jedes Jahr riesige Flächen für die Schaffung landwirtschaftlicher Nutzflächen, zur Gewinnung von Holz und Bodenschätzen und zur Anlage von Siedlungen und Verkehrswegen verbraucht. Pro Jahr werden allein 500000 Quadratkilometer Tropenwald gerodet. Es gilt als sicher, dass hierdurch zahlreiche Arten aussterben, bevor sie dem Menschen bekannt werden. Eine weitere Ursache sind Jagd und Fang wild lebender Tiere. Ein dritter Grund ist die bewusste oder unabsichtliche Einführung nicht einheimischer Arten, die einheimische Arten verdrängen können. Dies spielt vor allem auf Inseln eine Rolle, auf denen oft ein recht hoher Anteil nur dort heimischer Arten vorkommt.

Neben ästhetischen und ethischen Argumenten für die Erhaltung der Biodiversität gibt es auch praktische Gründe. Aus vielen gefährdeten Arten lassen sich vielleicht neue Nahrungsmittel, Werkstoffe oder Medikamente gewinnen. In den siebziger Jahren fand man im *Madagaskar-Immergrün* Substanzen, die später erfolgreich gegen Krebserkrankungen eingesetzt wurden. Auf Madagaskar existieren noch fünf andere Immergrün-Arten, von denen eine vom Aussterben bedroht ist.

6 Lösungsstrategien für die Zukunft

6.1 Erfordernis globaler Lösungen

Auf jeden Organismus, auch auf jeden Menschen, wirken die Umweltfaktoren am Ort seines Aufenthaltes. Weil aber das Kausalgeflecht der Faktoren unbegrenzt ist, werden sie vom globalen Geschehen beeinflusst. Sogar Ereignisse, die sich in kosmischen Entfernungen abspielen, etwa Unregelmäßigkeiten in der Sonnenaktivität, können gravierende Auswirkungen haben. Das war schon lange vor dem Auftreten des Menschen so.

Seit historischer Zeit, vor allem aber in den letzten Jahrzehnten, greift auch der Mensch in Atem beraubender Weise in den ökologischen Globalhaushalt ein. In wenigen Jahrzehnten hat sich so die Vegetation der Kontinente verändert. Wälder verschwinden; Monokulturen, versiegelte Ballungsräume und Wüsten breiten sich aus. Die Atmosphäre wird dramatisch mit Kohlenstoffdioxid und anderen klimawirksamen Gasen angereichert. Schadstoffe belasten Wasser und Boden.

Viele Populationen können mit diesem beschleunigten Wandel nicht Schritt halten. Aus fundierten Hochrechnungen ergibt sich, dass weltweit etwa alle zwanzig Minuten eine Tier- oder Pflanzenart durch direkte oder indirekte Einwirkung des Menschen ausstirbt. Damit hat die anthropogene Umgestaltung der Erde die Ausmaße einer globalen Katastrophe erreicht, wie sie sich etwa beim Aussterben der Dinosaurier vor rund 65 Millionen Jahren abgespielt hat. Auch für unsere eigene Spezies werden die Bedingungen immer schlechter. Ein Großteil der Menschheit lebt in bitterster Armut, während rund zwanzig Prozent der Weltbevölkerung achtzig Prozent der Ressourcen beanspruchen.

Die wirtschaftlichen Schäden durch Naturkatastrophen nehmen nachweislich zu. Das liegt nicht nur an der dichteren Besiedlung. Tatsächlich wachsen auch Zahl und Heftigkeit extremer Wetterereignisse. Der Meeresspiegel steigt jährlich um etwa zwei Millimeter. In Inselstaaten und dichtbesiedelten Tiefebenen wie in Bangladesch mehren sich die Flutkatastrophen. Diese Länder können sich nicht, wie die wohlhabenden Niederlande, durch Erhöhung von Deichen schützen. Meteorologen und die aufgeschreckte Versicherungswirtschaft zweifeln nicht daran, dass dieser Klimawandel im Wesentlichen vom Menschen verursacht ist.

Derartige Probleme können nur durch internationale Zusammenarbeit gelöst werden. Zu diesem Zweck fand eine Reihe großer Konferenzen statt. Hervorzuheben ist der Gipfel von Rio de Janeiro 1992, auf dem die **Agenda 21**, ein erdpolitisches Aktionsprogramm zur nachhaltigen Entwicklung, verabschiedet wurde. Danach soll die ökonomische Entwicklung unter den Vorbehalt ökologischer und sozialer Verträglichkeit gestellt werden. Trotz wichtiger Nachfolgekonferenzen und obgleich inzwischen etwa 180 Staaten den Zielen der Agenda zugestimmt haben, ist die Weltgemeinschaft noch weit von deren Verwirklichung entfernt.

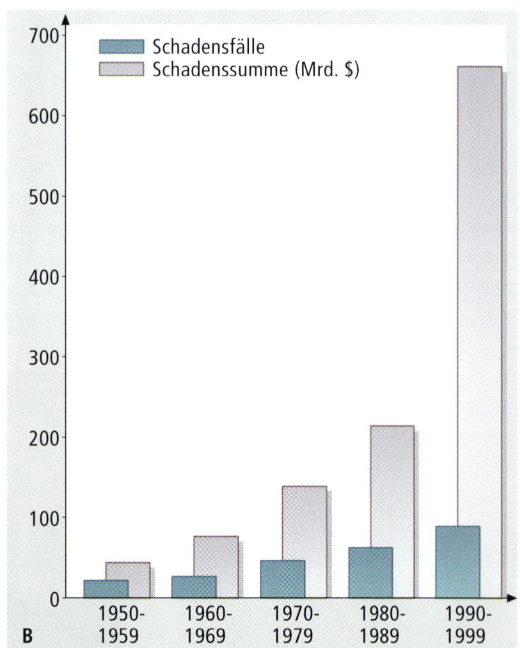

322.1 Naturkatastrophen. A Elbehochwasser 2002; **B** Schäden seit 1950

7.2 Nachhaltige Entwicklungskonzepte

Durch die ungehemmte Verbrennung fossiler Energieträger steigt seit Beginn der industriellen Revolution der Kohlenstoffdioxidgehalt der Atmosphäre dramatisch an, während sich die Erdölvorräte bei hoher Nachfrage durch eine wachsende Weltbevölkerung erschöpfen. Es ist offensichtlich, dass unsere derzeitige Wirtschaftsweise aus naturgesetzlichen Gründen nicht beibehalten werden kann.

Der Mensch ist das einzige Wesen, das mithilfe seiner Verstandeskraft die Erde massiv umgestalten und darüber hinaus die Zukunftsfolgen seines Handelns abschätzen kann. Nicht nur die Ethik, sondern auch ein wohlverstandenes Eigeninteresse sollte uns veranlassen, nachhaltige Konzepte zu erarbeiten. Ein Aufschieben des notwendigen Kurswechsels macht die Lage immer schwieriger. Deshalb hat der Erdgipfel in Johannesburg 2002 eine *Dekade für nachhaltige Entwicklung* auf den Weg gebracht, an der sich insbesondere Schulen beteiligen. Eines der „brennendsten" Probleme ist der andauernde Zugriff auf nichtregenerierbare Ressourcen, insbesondere Erdöl, von deren Verfügbarkeit unsere Zivilisation beängstigend abhängig ist.
Nach gängiger Lehrmeinung wächst der Bedarf an Energie unvermeidbar. Tatsächlich hat der Mensch aber nur einen Bedarf an bestimmten Leistungen und Gütern, etwa an wohltemperierten Räumen, Licht, Mobilität oder nützlichen Geräten. Dieser ist jedoch nicht zwangsläufig an den Einsatz von Erdöl oder Atomenergie gebunden. Durch gute Isolierung, Wärmerückgewinnung und Nutzung der Sonneneinstrahlung kann man den Bedarf an Raumheizung und -kühlung auf einen Bruchteil des heute noch Üblichen reduzieren. Einen erheblichen Energiebedarf hat der Verkehr. In Ballungsräumen ist ein gut ausgebautes öffentliches Personennahverkehrssystem unstrittig umweltfreundlicher als der motorisierte Individualverkehr. Der völlige Verzicht auf Autos wäre eine unrealistische Forderung, insbesondere im ländlichen Raum. Allerdings ist es wenig intelligent, für den Individualverkehr Fahrzeuge mit dem Gewicht eines LKW zu benutzen, die einen Verbrauch von 20 Litern pro hundert Kilometern haben. Der Einsatz von Dreiliterautos würde die Verknappung hinausschieben, bis alternative Techniken marktfähig sind.

Fast alle Ziele, die bislang viel Energie kosten, lassen sich durch rationellen Ressourceneinsatz bei einem Bruchteil der heutigen Umweltbelastung erreichen. Technisch ist es realistisch, mit der Hälfte des bisherigen Einsatzes von Primärenergie den Nutzen zu verdoppeln. *Faktor 4* heißt die griffige Formel für dieses Projekt, das keinen Verzicht, sondern einen Zuwachs an Wohlbefinden bedeuten würde.

Zur Zeit beteiligt sich nur ein kleiner Anteil der Weltbevölkerung, der relativ reiche „Norden", an der exzessiven Ressourcenausbeutung. Wir haben aber kaum die Möglichkeit und vor allem nicht das Recht, den „Süden" oder das bevölkerungsreiche China von einer gleichrangigen Nutzung auszuschließen. Wären jedoch alle Regionen in der Weise am zivilisa-

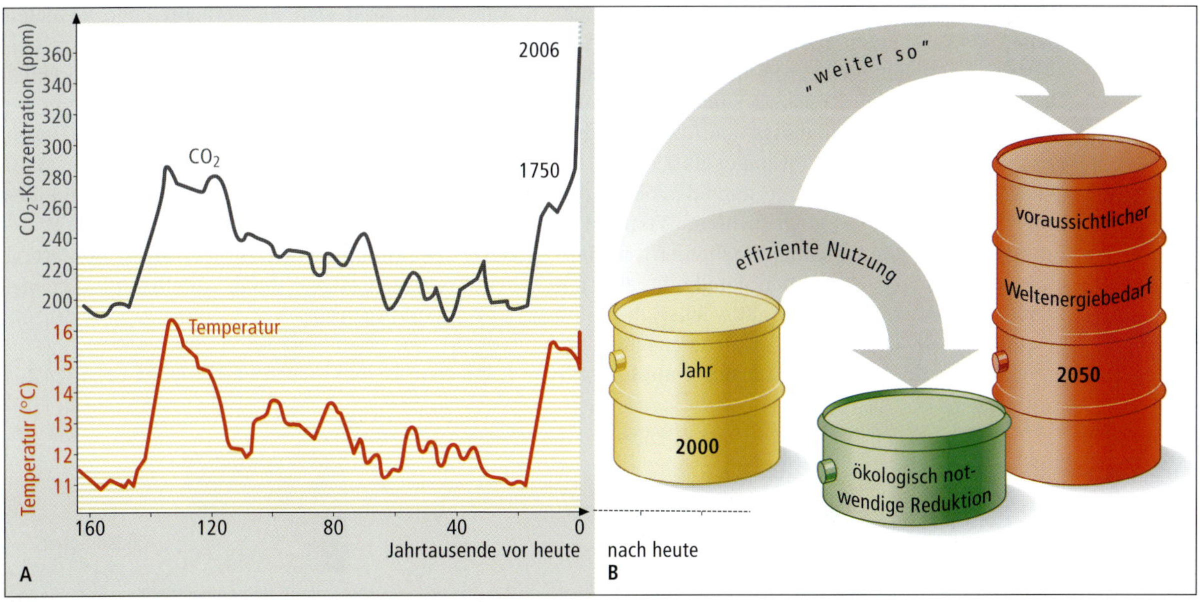

323.1 Kohlenstoff in der Atmosphäre und fossile Brennstoffe.
A Kurven: CO_2 und Temperatur seit 160000 Jahren; gelbe Fläche: verfügbares Erdöl (relative Einheiten);
B denkbare Entwicklung des Ölverbrauchs bis 2050; notwendig ist eine Halbierung im Sinne von „Faktor 4"

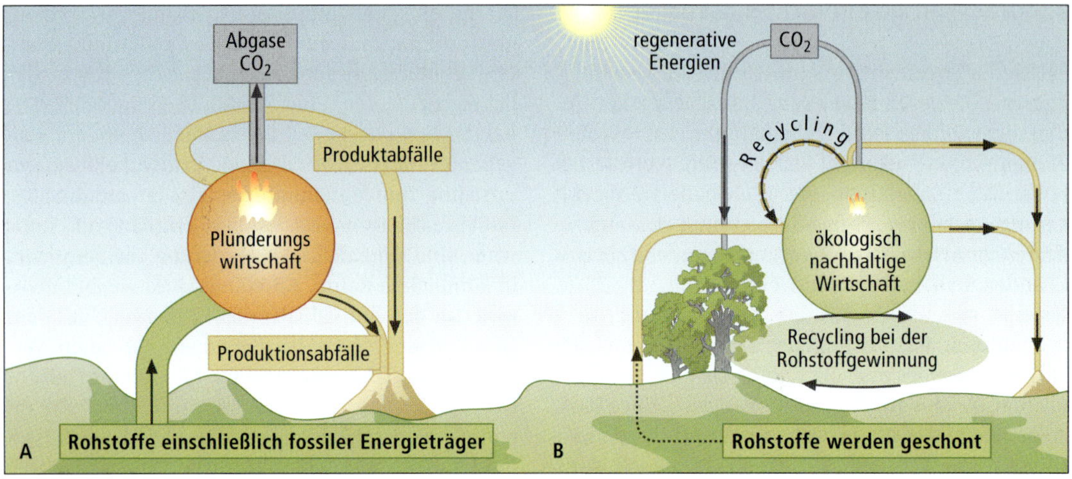

324.1 Wirtschaftskonzepte. **A** Verschwendungswirtschaft; **B** nachhaltige Wirtschaft

torischen Wohlstand beteiligt wie der Norden, würde auch ein „Faktor 4" in der *Ökoeffizienz* auf Dauer für eine nachhaltige Entwicklung nicht ausreichen. Seine Verwirklichung wäre trotzdem ein gewaltiger Fortschritt.

Nicht nur räumlich, auch zeitlich gesehen profitiert nur ein winziger Teil aller Menschen von der heute praktizierten Plünderungswirtschaft: Früheren Generationen fehlten dazu die technischen Möglichkeiten, den künftigen werden die Ressourcen fehlen. Das heißt, dass solche Länder, die sich ohne Verelendung rechtzeitig umstellen, die Zukunft am besten bestehen werden. Schon heute lässt sich aus den Verbrauchsdaten ablesen, dass sparsamer Umgang mit fossilen Energieträgern nicht unbedingt eine Einbuße an Lebensqualität bedeutet: So verbraucht man in den Vereinigten Arabischen Emiraten jährlich 17 Tonnen Rohöleinheiten pro Kopf, in den USA 8, in Deutschland 4, in der Schweiz 3,5 und in Österreich nur 3. In Indien, dort allerdings aus Armut, sind es nur 0,3 und in Bangladesch weniger als 0,1.

Die Bevölkerungsentwicklung ist mit den bisher diskutierten Problemen eng verflochten. Während in Europa ein Rückgang mit allen Nachteilen der Überalterung herrscht, verzeichnen gerade die ärmsten Länder des Südens die größten Zuwächse, die jeden Fortschritt in der Ökoeffizienz zunichte machen. Begrenzung des Bevölkerungswachstums auf humane Weise ist dort eine der vorrangigen Notwendigkeiten. Auf inhumane und traurige Weise bewirkt dies in weiten Regionen die Ausbreitung von Seuchen, vor allem von AIDS in Afrika. Das bringt allerdings keine Verbesserung der ökologischen Situation, sondern führt zu weiterer Verelendung.

Die Weltwirtschaft wird sich nach dem Vorbild der Ökosysteme langfristig auf regenerierbare Ressourcen und eine perfektionierte Kreislaufwirtschaft umstellen müssen, wenn sie nicht unter dem Diktat naturgesetzlicher Sachzwänge generell verelenden will. Folgende Lösungsansätze wurden ermittelt: Etwa ein Viertel des Strombedarfs der EU könnte per Fotovoltaik auf geeigneten Dächern erzeugt werden. Wasserstoff lässt sich in sonnenreichen Gebieten solar erzeugen und als Treibstoff für Autos einsetzen. Windenergie, heute schon ein bedeutender Faktor bei der Stromerzeugung, ließe sich auf dem Meer relativ umweltverträglich ausbauen. EU-weit könnte der Biomasseertrag eines Viertels der landwirtschaftlichen Nutzfläche über 25 Prozent des Energiebedarfs decken.

Das Umweltfreundlichste ist aber die Minimierung des Energieeinsatzes durch intelligente Lebensführung und Technik.

1. Erläutern Sie die Abbildungen 323.1, 324.1 und 324.2.

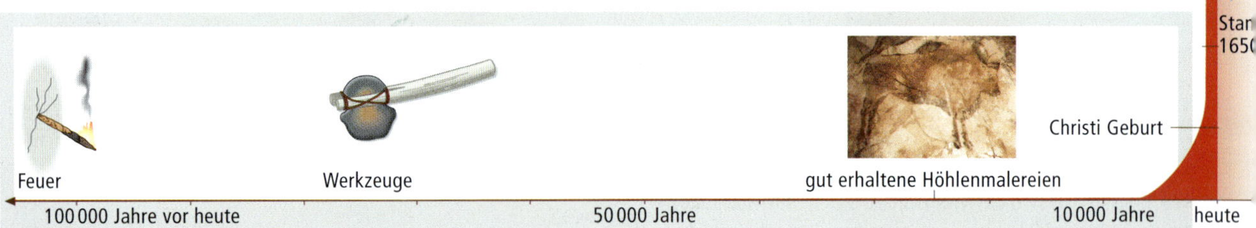

324.2 Globales Bevölkerungswachstum

6.3 Das ökologisch-soziale Dilemma und Auswege daraus

In ökologisch entscheidender Hinsicht verhalten wir uns auf unserem Planeten bisher nicht viel anders als Hefe in einem Weinfass: Die aktuell verfügbaren Ressourcen (bei Hefe Zucker) werden maximal genutzt, ohne Rücksicht darauf, dass sie bald zu Ende gehen und dass die Umwelt vergiftet wird (bei Hefe durch Alkohol).

Dies ist zweifellos eines intelligenten Wesens unwürdig, aber auch ein solches steht vor einem Dilemma: Ein Individuum, das sich bei der Nutzung begrenzter Ressourcen vornehm zurückhält, läuft Gefahr, im Wettbewerb zu unterliegen und im Extremfall seine Existenz zu verlieren.

Das ist der tiefere, meist unbewusste Grund dafür, dass man zwar allgemein bereit ist, Verzicht zu *fordern*, aber nicht, ihn selbst zu *üben*. Erst einmal möge die Industrie umweltfreundliche Autos herstellen, ist oft zu hören. Die Ökoautos, die es bereits gibt, seien viel zu teuer und zu klein. Der Traum derer, die so argumentieren, ist aber meist ein noch viel schnelleres und kostspieligeres Auto. Mit dem Prestigewert eines solchen Fahrzeugs kann ökologische Vernunft meist nicht konkurrieren. Dieses Beispiel zeigt, dass eine wesentliche Sperre, die einen zukunftsweisenden Umbau der Zivilisation verhindert, *psychologischer Natur* ist. Eine Neigung zum Imponieren und zum Rangstreben ist uns wie anderen sozialen Wirbeltieren angeboren.

Beim Kulturwesen Mensch sind die Inhalte, aus denen die psychisch wichtige soziale Anerkennung und das Selbstwertgefühl geschöpft werden, kulturbeeinflusst. Kultur kann sich wandeln; und sie muss das auch, wenn die Menschheit eine lebenswerte Zukunft haben soll.

Schon unter den aktuellen Bedingungen gibt es für den Einzelnen bei ökologisch sinnvollem Verhalten viele Vorteile, die er sich erst einmal bewusst machen muss: Wer notwendige Wege, soweit möglich, nicht mit dem Auto zurücklegt, sondern zu Fuß oder mit dem Fahrrad, schont nicht nur die Umwelt, sondern auch seinen Geldbeutel und fördert die eigene Gesundheit. Wer sein Haus auf energetische Sparsamkeit optimiert hat, muss auch bei steigenden Energiepreisen nicht einen Großteil seines Geldes „verfeuern“. Früher löste ein mit den letzten Pelzen aussterbender Tierarten behängter Star Bewunderung aus, heute eher Ablehnung. So könnte es auch sein, dass exzessiver Energieverbrauch nicht mehr als positiv gilt, sondern als rücksichtslos und dumm.

In der Industrie herrscht bezüglich der Produktion Kostenrationalität. Die Einführung von Abwasserabgaben hat zu völlig neuen Verfahren geführt, bei denen das eingesetzte Wasser teilweise mehrfach verwendet und schließlich weitgehend gereinigt wird; in einigen Fällen fällt gar kein Abwasser mehr an. Abgaberegelungen und der steigende Energiepreis haben das Geschäft mit Abwärme, die unter anderem bei der thermischen Stromerzeugung anfällt und vorher nutzlos die Umwelt belastete, wirtschaftlich gemacht. Bei verbrauchernahen Kraftwerken wird sie in Fernwärmenetze gespeist.

Auch Privatleute verhalten sich auf vielen Gebieten kostenbewusst: Erst die individuelle Abrechnung der Wärmeabnahme hat die meisten Nutzer von Fernwärme veranlasst, sparsam damit umzugehen. Der Einzelne kann seine Verantwortung für die Umwelt und die Zukunft aber nicht immer ohne ökonomischen Nachteil wahrnehmen. Deshalb ist es besonders wichtig, dass kulturelle und wirtschaftliche Rahmenbedingungen entstehen, die denjenigen, die ökologisch nachhaltig handeln, auch einen relativen Gewinn und keinen Nachteil bescheren. Das wäre der Fall, wenn die Kosten für ökologische Schäden nicht auf die Allgemeinheit abgewälzt werden könnten.

Zukunftsorientierter Spielregeln bedarf es auch in der Weltwirtschaft. Auch hier ringt man um Abkommen, die sicherstellen sollen, dass nicht blankes Profitstreben oder Unwissenheit das ökologische Weltgefüge in einer für den Menschen ungünstigen Weise verändern. Neben bloßen Deklarationen gibt es auf einigen Gebieten wirkliche Erfolge, zum Beispiel bei den Ozon abbauenden CFKW.

1. Erläutern Sie Beispiele für nachhaltige Lebensweise aus Ihrem Umfeld.

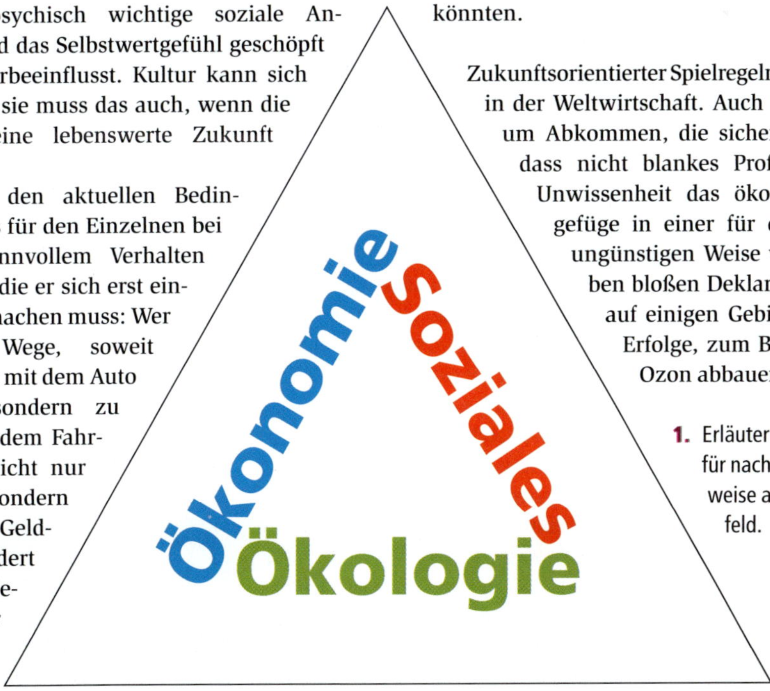

325.1 Magisches Dreieck der Nachhaltigkeit

BASISKONZEPT Kompartimentierung

Lebewesen sind offene Systeme, die mit ihrer Umgebung Stoffe und Energie austauschen. Gegen ihre Umgebung sind sie durch Systemgrenzen (Membranen, Haut) abgegrenzt, die den Stoffaustausch beeinflussen und Energieverluste minimieren. Das Prinzip der Einteilung eines Systems in Reaktionsräume oder **Kompartimente** findet sich auf den verschiedenen Ebenen (Zelle, Organ, Individuum) lebender Systeme. Durch die Abgrenzung entstehen Räume, in denen unterschiedlichste Prozesse nebeneinander ablaufen können.

Zelle und Zellorganell

Prokaryoten wie Bakterien und Cyanobakterien sind einzellige Lebewesen, deren Zellen im Inneren keine Kompartimentierung besitzen. Die Plasmamembran umschließt das Cytoplasma, das das einzige Kompartiment der prokaryotischen Zellen darstellt. Wie bei einer Werkstatt, die nur aus einem Raum besteht, kann sie alle Stoffwechselprozesse höchst effizient gestalten. Prokaryoten genügt aufgrund ihrer geringen Größe und ihres hohen Oberfläche-zu-Volumen-Verhältnisses ein solcher Aufbau.

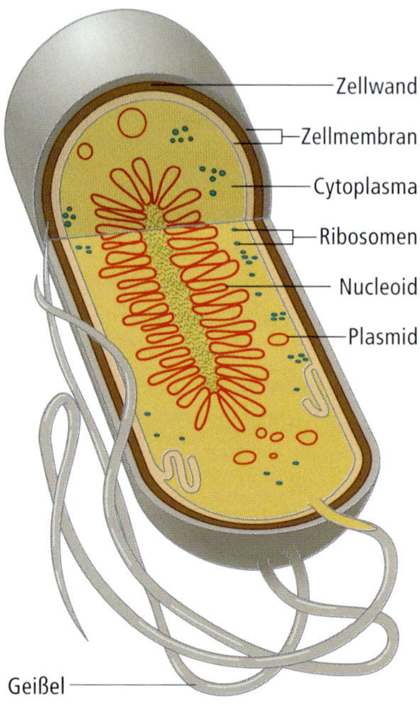

Über die große Oberfläche gelangen Stoffe schnell in das Innere. Aufgrund der geringen Zellgröße erreichen sie schnell ihre Zielorte.
Eukaryotische Zellen hingegen zeigen eine Kompartimentierung: Membranbegrenzte Zellbestandteile, die **Organellen,** gliedern das Cytoplasma in verschiedene Reaktionsräume auf. Sie erfüllen innerhalb der Zelle bestimmte Aufgaben.
So steuert zum Beispiel der Zellkern die Lebensvorgänge in der Zelle.

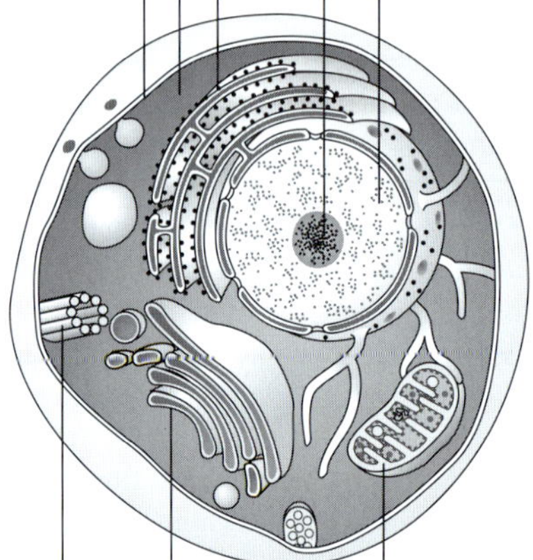

Auf diese Weise entsteht eine Arbeitsteilung zwischen den Zellorganellen in der Zelle. Verschiedene Stoffwechselvorgänge wie etwa Oxidations- und Reduktionsvorgänge können unabhängig voneinander zur gleichen Zeit ablaufen. Membranen sind aber nicht nur Grenzen, sie sind auch Brücken: Für viele Stoffe stellen sie Barrieren dar, andere lassen sie passiv durchtreten und wieder andere lassen sie aktiv und gerichtet hindurch. Membranen sind **selektiv permeabel.** Die Membranen aller Lebewesen sind grundsätzlich gleich aufgebaut. Sie bestehen aus Lipiden und Proteinen, denen im Fall der Zellmembran jeweils Kohlenhydrate aufgelagert sein können. Diese bilden die Glykokalyx. Sie dient unter anderem der Zellerkennung.

Die Membranlipide ordnen sich in der wässrigen Zellumgebung zu einer Doppellipidschicht an.
Die hydrophoben Enden zeigen nach innen die hydrophilen Köpfchen nach außen. Die Proteine sind als funktionelle Bestandteile der Biomembran vor allem am selektiven Transport bestimmter Stoffe oder Ionen beteiligt. Die Proteine sind nach dem Flüssig-Mosaik-Membranmodell wie Eisberge in einem Lipidsee frei beweglich.

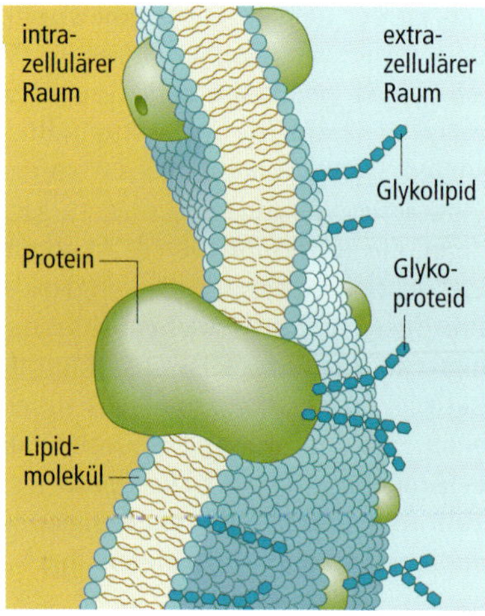

GOLGI-Apparat, Lysosomen, Endoplasmatisches Retikulum, Vakuolen sind Organellen, die von einer einfachen Membran umgeben sind. Mitochondrien, der Zellkern und die Plastiden sind von einer Doppelmembran umgeben.
Auch innerhalb der Zellorganellen zeigt sich eine Kompartimentierung. So entstehen innerhalb der Mitochondrien durch die Doppelmembran zwei Kompartimente: der perimitochondriale Raum und die Matrix.

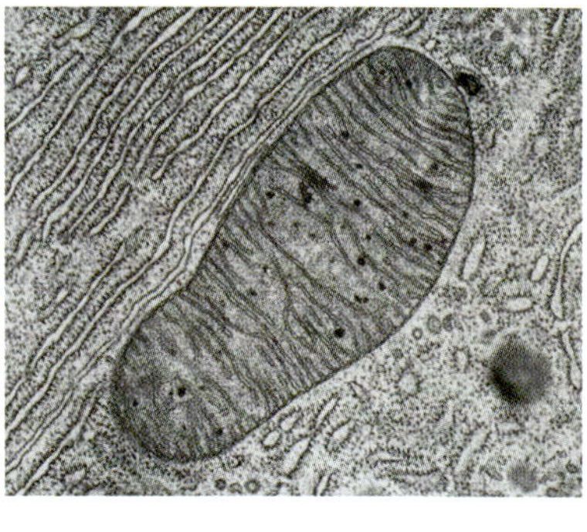

Die innere Mitochondrienmembran ist vielfach gefaltet und in die Matrix eingestülpt. An dieser großen Oberfläche können zahlreiche Stoffwechselvorgänge gleichzeitig ablaufen. Die Innenmembran enthält die Enzyme der Atmungskette und der ATP-Synthese.
Der Citratzyklus findet in der Mitochondrienmatrix statt.

Organe

Durch den Zusammenschluss verschiedenartiger Gewebe zu einer Funktionseinheit entstehen Organe. Dabei handelt es sich um abgegrenzte Teile des mehrzelligen Organismus, die eine ganz bestimmte Funktion zu erfüllen haben. So hat das Laubblatt die Aufgabe der Fotosynthese, zu den Funktionen der Niere gehört die Regulation des Wasserhaushaltes.

Individuen

Eukaryotische Vielzeller treten als Einzelwesen auf, die gegen andere Lebewesen und ihre Umgebung klar abgegrenzt sind. Die menschliche Haut etwa, sie schützt nicht nur vor schädlichen Umwelteinflüssen, sie hat zudem eine wichtige Funktion als Sinnesorgan sowie bei der Regulation von Körpertemperatur und Wasserhaushalt.

Kompartimentierung in der Ökologie

Wenn Lebewesen einer Art an einem Ort dauerhaft zusammenleben, bilden sie eine Population. Alle Populationen dieses Lebensraumes oder **Biotops** leben als Lebensgemeinschaften, den **Biozönosen**, zusammen. Die Lebewesen einer Biozönose stehen in Wechselwirkung zueinander, zum Beispiel bei der Konkurrenz um Geschlechtspartner innerhalb einer Art oder in Form von Nahrungsbeziehungen zwischen den Arten. Das Geflecht von Wechselbeziehungen zwischen den Lebewesen einer Art und ihrer Umwelt bezeichnet man als **ökologische Nische.** Sie wird also nicht als räumliches Biotop verstanden, sondern entspricht der „Planstelle" einer Art in der Lebensgemeinschaft.
Die Umwelt eines jeden Lebewesens ist gekennzeichnet durch **abiotische Faktoren** wie Temperatur, Licht, Wasser und Mineralstoffe, und durch **biotische Faktoren.** Zu ihnen zählen die anderen Organismen, die zur Umgebung eines Individuums gehören. Diese können mit ihm zum Beispiel um Nahrung, Schlafplätze konkurrieren oder es als Räuber bedrohen.

Ökosysteme

Eine Lebensgemeinschaft bildet mit dem von ihr bewohnten Biotop eine funktionelle Einheit, das **Ökosystem.** Ökosysteme sind durch Übergänge miteinander verbunden. Der Übergang von einem See zum angrenzenden Wald verläuft zum Beispiel über verschiedene Bereiche unterschiedlicher Vegetation. Die Ausbreitung dieser Zonen wird durch die Höhe des Wasserstandes bestimmt. Eine *räumliche Abfolge* verschiedener Lebensräume, die durch verschiedene Umweltfaktoren bestimmt wird, bezeichnet man als **Zonierung.**

Die *zeitliche Abfolge* verschiedener Lebensgemeinschaften an einem Ort nennt man **Sukzession.** Sukzession ereignet sich zum Beispiel bei der Verlandung eines Sees oder bei der Vegetationsabfolge auf einer Brachfläche bis zur erneuten Bildung von Wald.

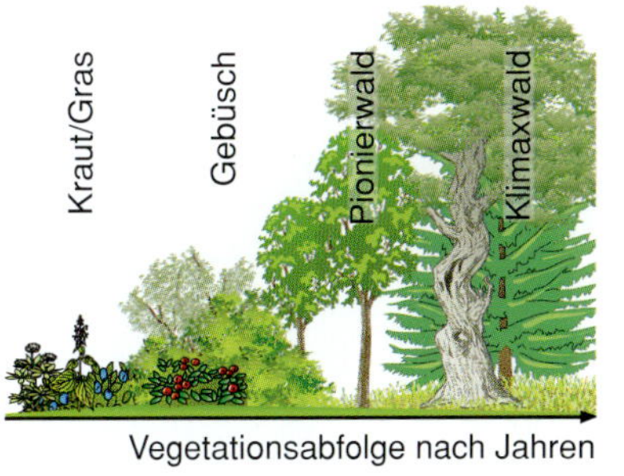

Die Biosphäre im System

Die Gesamtheit aller Ökosysteme bildet die Biosphäre, den belebten Raum der Erde. Stoffkreisläufe zwischen der Biosphäre und den anderen Sphären des Systems Erde, der Atmosphäre, der Hydrosphäre (Gewässer und Ozeane) und der Geosphäre (Boden, Gestein) laufen auf globaler Ebene ab. Ein Beispiel hierfür ist der globale Kohlenstoffkreislauf, bei dem Kohlenstoff ständig zwischen den einzelnen Sphären ausgetauscht wird.

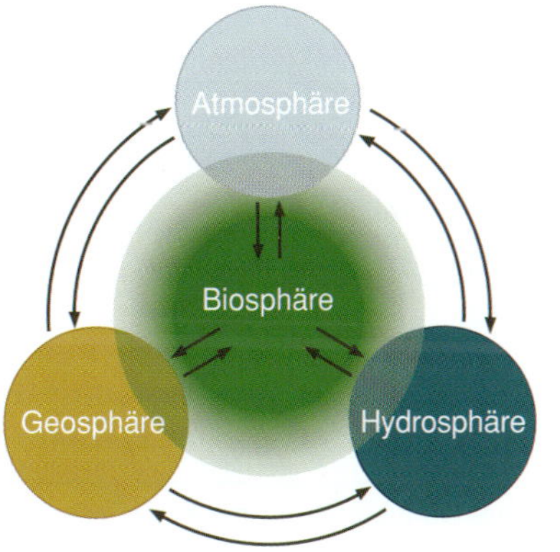

So wird beispielsweise Kohlenstoff in Form von Kohlenstoffdioxid von Pflanzen aus der Atmosphäre oder Hydrosphäre aufgenommen und in organische Kohlenstoffverbindungen umgewandelt. Tiere gewinnen daraus Energie und geben mit der Atemluft Kohlenstoffdioxid wieder an diese Sphären ab. Tote Biomasse gelangt in die Geosphäre oder Hydrosphäre. Dort kann der Kohlenstoff organischer Verbindungen wieder als Kohlenstoffdioxid freigesetzt werden.

AUFGABEN Ökologie

1 Abiotische Faktoren Temperatur und Salzkonzentration

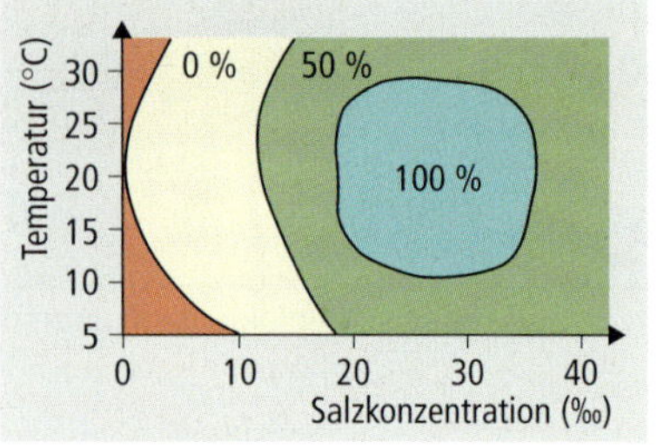

Anteil langfristig überlebender Garnelen bei unterschiedlichen Temperaturen und Salzkonzentrationen

a) Interpretieren Sie die Grafik unter Verwendung der Begriffe „Toleranzbereich", „Optimum", „Maximum" und „Minimum"!

b) Treffen Sie Aussagen über die ökologische Potenz der Art und vergleichen Sie diese mit der ökologischen Potenz anderer Lebewesen gegenüber denselben Umweltfaktoren!

2 Abiotischer Faktor Temperatur

Temperatur	O_2-Verbrauch
7 °C	61 µl/(g · h)
10 °C	80 µl/(g · h)
15 °C	127 µl/(g · h)
20 °C	200 µl/(g · h)
25 °C	291 µl/(g · h)
30 °C	366 µl/(g · h)

Sauerstoffverbrauch eines Kartoffelkäfers bei verschiedenen Temperaturen

a) Stellen Sie die in der Tabelle aufgeführten Werte grafisch dar!

b) Erläutern Sie, welcher Regel die Zunahme des Sauerstoffverbrauchs mit steigender Temperatur entspricht!

c) Benennen Sie den Temperaturbereich, für den diese Regel in dem hier dargestellten Beispiel gilt!

d) Stellen Sie durch Berechnung aus den ersten vier bis fünf Punkten den Kurvenverlauf für den Fall dar, dass die Regel auch in höheren Temperaturbereichen gelten würde!

3 Populationsdichte und Konkurrenz

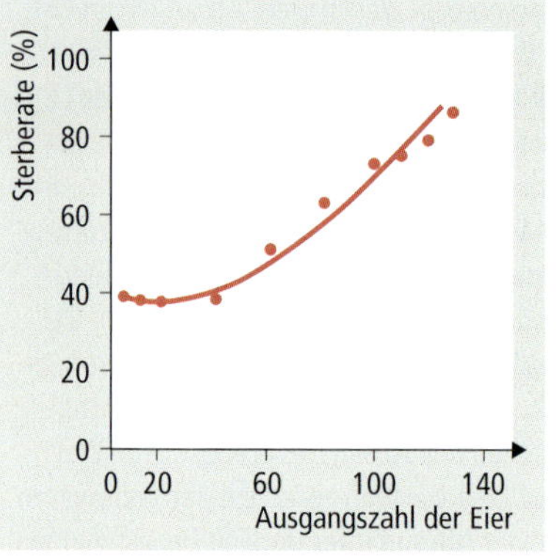

Sterberate einer Population von Reismehlkäfern in Abhängigkeit von der Ausgangszahl der Eier

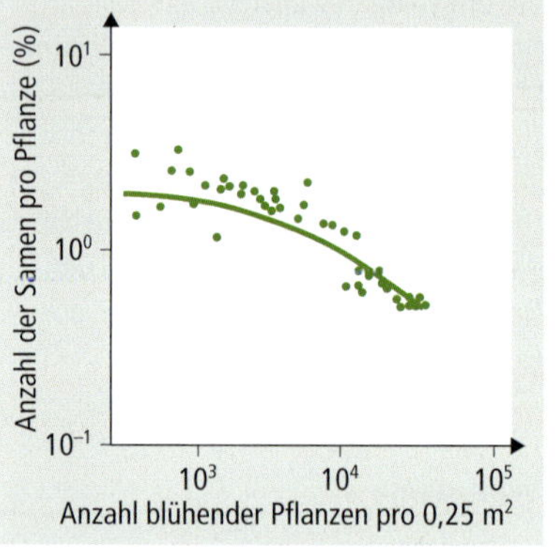

Anzahl der pro Pflanze produzierten Samen in Abhängigkeit von der Individuendichte einer Dünengras-Population

a) Beschreiben Sie die Kurvenverläufe der grafischen Darstellungen!

b) Nennen Sie mögliche Gründe für die Zunahme der Sterberate und die Abnahme der Samenproduktion! Berücksichtigen Sie hierbei Umweltfaktoren und Ressourcen wie zum Beispiel Licht, Nahrung bzw. Mineralstoffe und Raumangebot! Treffen Sie eine Aussage darüber, ob und in welcher Phase die Faktoren dichteabhängig oder dichteunabhängig sind!

c) Interpretieren Sie die Kurvenverläufe mithilfe des Konkurrenzbegriffs! Benennen Sie die Form der Konkurrenz (inter- oder intraspezifisch, direkt oder indirekt)!

4 Parasitismus

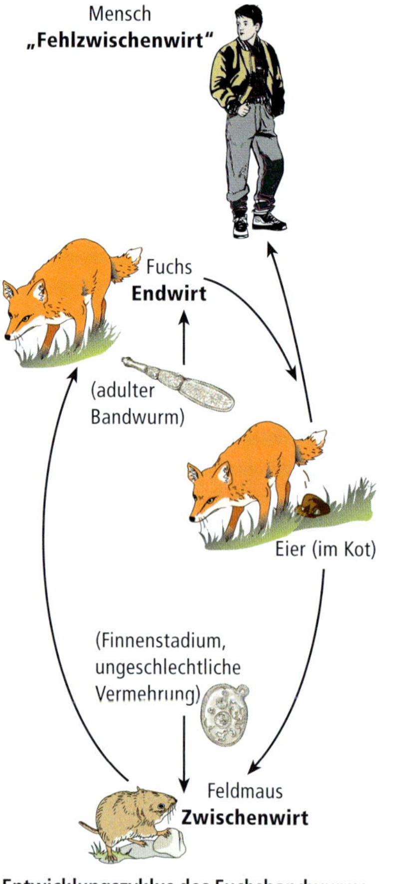

Entwicklungszyklus des Fuchsbandwurms. Aus den Eiern entwickeln sich im Zwischenwirt Finnen, die bei Menschen in die Leber wandern und diese vollständig zerstören können.

a) Beschreiben Sie den dargestellten Entwicklungszyklus des Fuchsbandwurms!

b) Nennen Sie mögliche Wege, auf denen sich der Mensch mit Eiern des Fuchsbandwurms infizieren kann!

c) Erläutern Sie den Begriff „Fehlzwischenwirt" für den Menschen! Benennen Sie die Auswirkungen, die das Auftreten eines Fehlzwischenwirts für den Entwicklungszyklus des Fuchsbandwurms hat!

d) Nennen Sie weitere Beispiele für Parasiten, bei denen der Mensch als Fehlzwischenwirt auftreten kann!

5 Regulation der Populationsdichte

a) Beschreiben Sie die Verläufe der Populationsdichten von Elchen und Wölfen vor dem Hintergrund der Nahrungsbeziehung zwischen den Arten!

b) Nennen Sie mögliche Gründe für die Populationsschwankungen bei den Elchen vor dem Eintreffen der Wölfe!

c) Erläutern Sie, welchem mathematischen „Gesetz" die Kurvenverläufe entsprechen, und für welchen Zeitraum es gilt!

d) Beschreiben Sie, wie sich nach einem weiteren mathematischen „Gesetz" langfristig die Mittelwerte der Populationsdichten beider Arten verhalten werden!

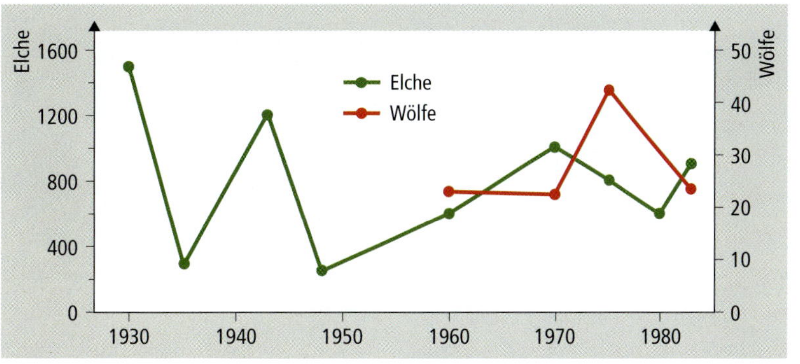

Veränderungen der Dichte der Elch- und der Wolfspopulation auf der Insel „Isle Royal" im Oberen See (Kanada). Die 20 km lange und 2 bis 6 km breite Insel wurde schon früh zum Nationalpark erklärt und war somit vor Eingriffen durch den Menschen geschützt. Im Jahr 1900 schwammen Elche vom Seeufer auf die Insel. Bis 1949 waren sie dort das einzige Großwild. 1949 gelangte eine Gruppe Wölfe über den zugefrorenen See auf die Insel.

6 Ökosystem See

a) Stellen Sie die in der Tabelle aufgeführten Werte in Form eines Tiefenprofils dar!

b) Überlegen Sie, aus welcher Jahreszeit die Messwerte stammen, und begründen Sie Ihr Ergebnis!

c) Stellen Sie Vermutungen über Tiefenprofile der dargestellten Messgrößen in anderen Jahreszeiten an und erläutern Sie, wodurch die Unterschiede und Veränderungen hervorgerufen werden!

d) Überlegen Sie, welche Auswirkungen diese Veränderungen auf die im See vorkommenden Lebewesen haben! Erläutern Sie die Zusammenhänge!

Tiefe (m)	Temperatur (°C)	O_2 (mg/l)	NO_3^- (mg/l)	NH_4^+ (mg/l)	PO_4^{3-} (mg/l)	CO_2 (mg/l)
0	20	9,3	0,16	0,0	<0,01	0,5
10	18	8,5		0,0	<0,01	
20	11	0,6	0,21	0,2	<0,01	14,0
30	7	0,0	<0,01	2,5	0,17	
40	5	0,0	<0,01	4,5	0,17	54,8

Physikalische und chemische Kennwerte in unterschiedlichen Tiefen eines Sees

7 Verschmutzung von Fließgewässern

a) Erläutern Sie die Beziehungen zwischen dem Sauerstoffgehalt und dem Biologischen Sauerstoffbedarf!

b) Geben Sie die Gewässergüteklasse zu bestimmten Zeiträumen an und diskutieren Sie die Entwicklung der Belastung des Rheins!

c) Die Gewässergüte eines Flusses kann mit chemischen und biologischen Methoden ermittelt werden. Erörtern Sie Vor- und Nachteile!

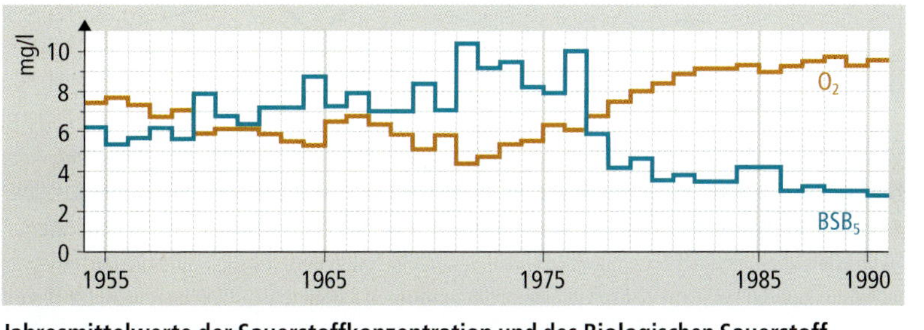

Jahresmittelwerte der Sauerstoffkonzentration und des Biologischen Sauerstoffbedarfs (BSB_5) im Rhein (Messstelle: Bimmen/Lobith)

8 Wälder der feuchten Tropen und Wälder der gemäßigten Breiten

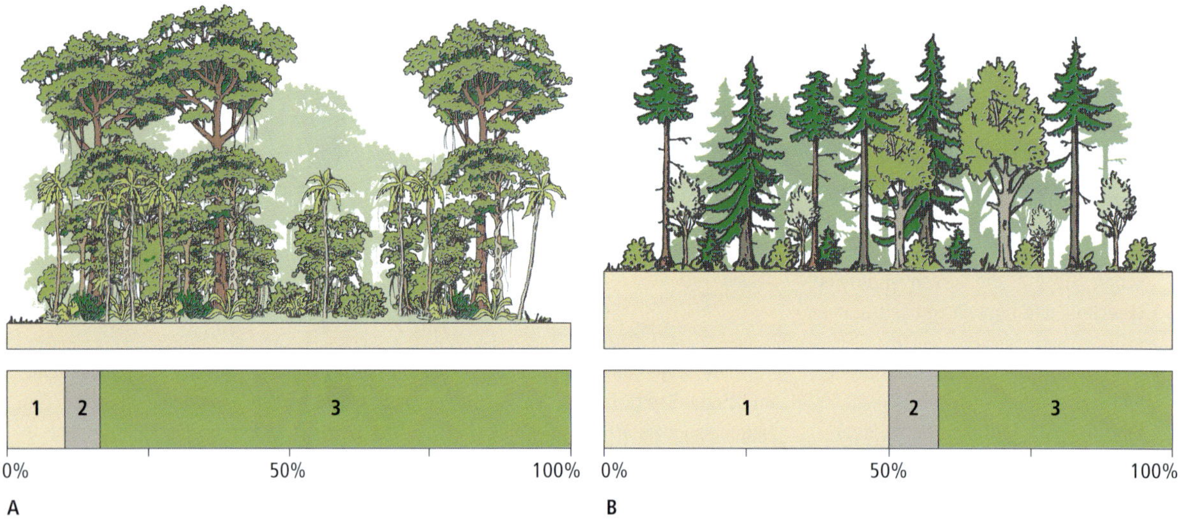

Waldvergleich. A Regenwald der tropischen Breiten; **B** Wald der gemäßigten Breiten (**1** Erde; **2** tote Pflanzenmasse; **3** lebende Planzenmasse)

a) Vergleichen Sie die Struktur der Waldtypen und überlegen Sie, welche abiotischen Faktoren für die Unterschiede verantwortlich sind!

b) Vergleichen Sie die relativen Massen von Erde sowie von toter und lebender Pflanzensubstanz beider Waldtypen! Erörtern Sie, welche Auswirkungen diese Verhältnisse auf die Höhe der Nährstoffvorräte, die Menge an verfügbaren Mineralstoffen und die Element-Kreisläufe haben!

c) Überlegen Sie, welche Folgen das Abholzen tropischer Wälder für den Boden und die in ihm enthaltenen Mineralstoffe hat! Nennen Sie die Probleme, die sich hieraus für eine anschließende landwirtschaftliche Nutzung des Bodens ergeben!

9 Eutrophierung und Artenvielfalt

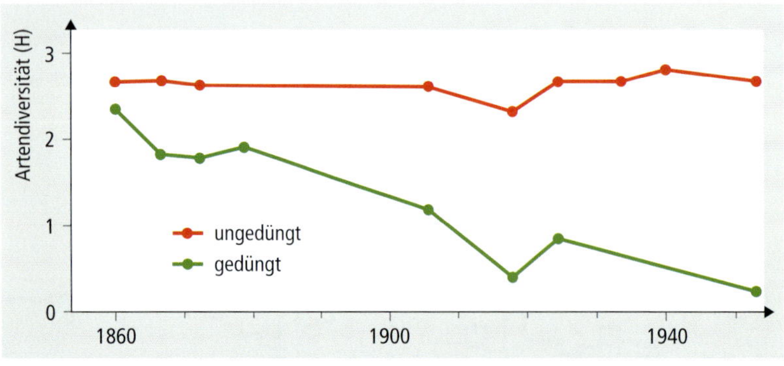

Veränderung der Vielfalt von Grasarten auf ungedüngten und gedüngten Versuchsflächen im Grasland-Experiment von Rothamsted (England). Im Jahr 1856 wurde auf einer Weide bei Rothamsted in England ein ungewöhnlich lange dauerndes Experiment begonnen. Es wurden Versuchsflächen abgegrenzt, von denen ein Teil einmal jährlich mit stickstoffhaltigem Dünger gedüngt wurde, während ein anderer Teil ungedüngt blieb. Als Maß für die Artenvielfalt der Flächen wurde in bestimmten Jahren die Artendiversität H berechnet. Je größer H ist, desto höher ist die Diversität und damit die Artenvielfalt.

a) Beschreiben Sie den Kurvenverlauf beider Flächen!

b) Nennen Sie mögliche Gründe für die Abnahme der Artenvielfalt auf der gedüngten Fläche! Nehmen Sie hierbei den Begriff „Konkurrenzausschluss" zu Hilfe!

c) Welche Folgerungen lassen sich aus dem dargestellten Ergebnis für die Entwicklung der Artenvielfalt auf landwirtschaftlich intensiv genutztem Grünland ableiten?

d) Welcher Einfluss auf die Artenvielfalt muss in landwirtschaftlich intensiv genutzten Regionen Mitteleuropas einkalkuliert werden, wenn mineralstoffarme Lebensräume unter Naturschutz gestellt werden sollen, um dort die Artenvielfalt zu erhalten?

10 Treibhauseffekt

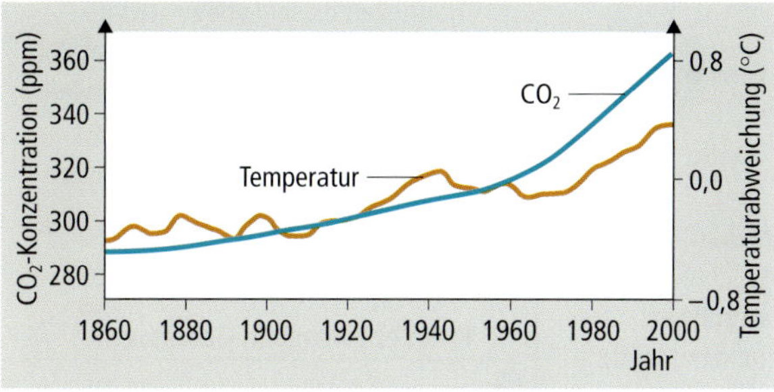

Verlauf der atmosphärischen CO_2-Konzentration und der Abweichungen der Jahresmitteltemperatur der Erdoberfläche vom langjährigen Mittel (1961–1990)

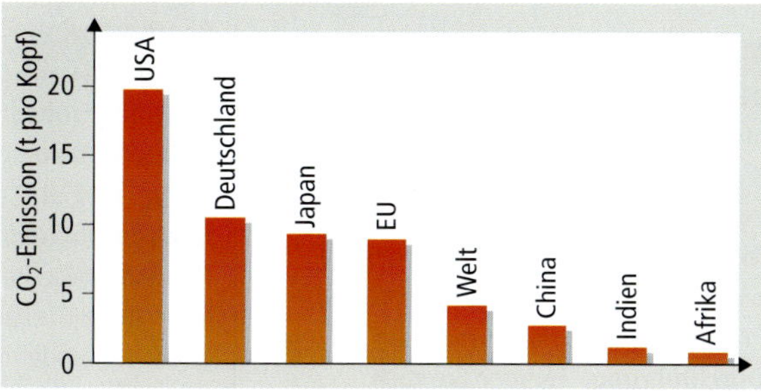

Jährliche Pro-Kopf-Emission von CO_2 in verschiedenen Regionen der Erde

a) Beschreiben Sie die Kurvenverläufe von CO_2-Konzentration und Temperaturabweichung!

b) Erörtern Sie, in welcher Weise die Erhöhung der atmosphärischen CO_2-Konzentration zu einem Temperaturanstieg führen kann!

c) Kann man allein aus den Kurvenverläufen auf einen ursächlichen Zusammenhang zwischen den Faktoren schließen? Begründen Sie!

d) Beschreiben Sie, welche Auswirkungen eine Temperaturerhöhung auf das Leben auf der Erde haben kann!

e) Welche Möglichkeiten und welche tatsächlich eingeleiteten Maßnahmen zur Verringerung der CO_2-Emission gibt es? Erörtern Sie dies vor dem Hintergrund der CO_2-Emission in unterschiedlichen Regionen der Erde!

11 Biodiversität und Naturschutz

Sachinformation: Für viele Gruppen von Lebewesen findet man relativ enge Zusammenhänge zwischen ihrer Artenzahl und der Flächengröße ihres Lebensraums. Bei einer doppelt logarithmischen Auftragung ist dieser Zusammenhang oft linear.

a) Worauf ist der Anstieg der Artenzahl mit zunehmender Flächengröße zurückzuführen? Erörtern Sie die Frage anhand der möglichen Zahl ökologischer Nischen!

b) Diskutieren Sie die Folgen der Beziehung für den Erhalt von Arten!

c) Nennen Sie Gründe für die unterschiedlich großen Minimumareale der in der Tabelle aufgeführten Arten!

d) Erörtern Sie, wodurch diese Arten gefährdet sind, und diskutieren Sie Möglichkeiten und Grenzen von Maßnahmen zu ihrem Schutz!

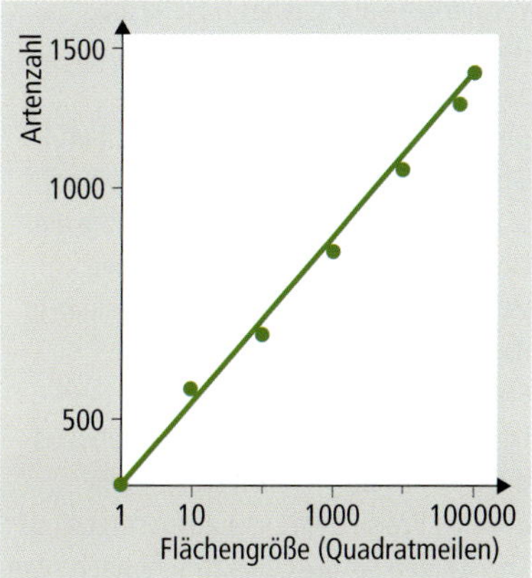

Artenzahl von Samenpflanzen in Abhängigkeit von der Größe der Flächen, auf denen sie im Rahmen einer Untersuchung in England gefunden wurden

Tierart	Lebensraum	Nahrung	Minimumareal
Wolf	große Wälder	größere Säugetiere	60000 ha
Fischotter	Gewässer	Fische, Frösche, Krebse	14000 ha Wasserfläche oder 50–75 km Uferlänge
Birkhuhn	Heiden, Moore	Beeren, Knospen, Pflanzentriebe	2500 ha
Bergmolch	feuchte Wälder, Gehölze	Würmer, Insekten, Schnecken	50 ha
Gottesanbeterin	Trockenrasen	Insekten	5 ha

Minimale Flächengröße (Minimumareal), die für das Überleben verschiedener gefährdeter Tierarten nötig ist

PRAKTIKUM Untersuchung von Ökosystemen

1 Charakterisierung von Fließgewässern

Material: topografische Karte; Schöpfbecher; Marmeladenglas; Maßband; Stoppuhr; Thermometer; Käscher; weiße Kunststoffschale; feiner Pinsel; stumpfe Pinzette; Lupe; Sammelgläser; Binokular; Mikroskop mit Zubehör; Bestimmungsbücher für Lebewesen des Süßwassers; Protokollbögen; Schreibwerkzeug

Durchführung: Fertigen Sie nach der Abbildung Protokollbögen an! Suchen Sie anhand der topografischen Karte einen Bach auf! Erfassen Sie die im Protokollbogen aufgeführten Merkmale des Baches!

Bestimmen Sie auf folgende Weise seine Fließgeschwindigkeit: Messen Sie am Ufer eines geraden Bachabschnitts parallel zum Bachverlauf eine Strecke von 10 m ab, markieren Sie mit Zweigen oder Steinen Anfang und Ende dieses Abschnitts, lassen Sie am bachaufwärts befindlichen Ende der Strecke einen Zweig in den Bach fallen, stoppen Sie die Zeit, bis der Zweig das bachabwärts befindliche Ende der Strecke erreicht hat, und teilen Sie die Länge der Strecke durch die gestoppte Zeit (in Sekunden)!

Ermitteln Sie die Schaumbildung, indem Sie eine Wasserprobe in das Marmeladenglas füllen, dieses fest zuschrauben und schütteln (starke Schaumbildung weist auf viele Reste abgestorbener Kleinlebewesen hin)!

Halten Sie den Käscher gegen die Strömung und überführen Sie gefangene Tiere mit dem Pinsel vorsichtig in die mit Wasser gefüllte Kunststoffschale! Drehen Sie Steine um und sammeln Sie von den Unterseiten Tiere mit der Pinzette ab! Setzen Sie die Tiere vorsichtig in die Kunststoffschale! Bestimmen Sie die Tiere mithilfe der Bestimmungsliteratur vor Ort, oder geben Sie sie in wassergefüllte Sammelgläser zur späteren Bestimmung! Setzen Sie die Tiere nach der Bestimmung wieder am Fundort aus, und halten Sie sie zwischenzeitlich möglichst kühl!

Füllen Sie Wasserproben in Sammelgläser und untersuchen Sie Teilproben unter dem Mikroskop! Identifizieren Sie die Lebewesen mithilfe der Bestimmungsliteratur! Beachten Sie die Naturschutzbestimmungen!

Protokollbogen: Fließgewässer

Bearbeiter(in)
Name und Lage des Gewässers
Lage der Probestelle
Entfernung von der Quelle
Datum und Uhrzeit
Bachverlauf (in natürlichen Windungen/begradigt)
künstliche Uferbefestigungen (nicht vorhanden/vorhanden [Art?])
Ufervegetation (nur Gräser oder Kräuter/mit Sträuchern/mit Bäumen)
Fluss des Wassers (ungestört/mit Hindernissen)
Wassertemperatur (°C)
Strömungsgeschwindigkeit (m/s)
Farbstärke (farblos/schwach/stark)
Farbton (gelblich/gelblich-bräunlich/bräunlich)
Trübung (ohne/schwach/stark)
Schaumbildung (kaum/schwach/mäßig/stark)
Geruchsintensität (geruchlos/schwach/intensiv)
Art des Geruchs (frisch/aromatisch/modrig/chemisch/jauchig/faulig)
erkennbare Einleitungen
erkennbare Verunreinigungen

Aufgaben:

a) Beurteilen Sie mithilfe des Protokollbogens die Naturnähe des Baches anhand der Merkmale „Bachverlauf", „Uferbefestigungen" und „Ufervegetation"!

b) Schätzen Sie den Verschmutzungsgrad des Baches nach der Skala „sauber – schwach verschmutzt – mäßig verschmutzt – stark verschmutzt" auf der Grundlage von Farbstärke, Farbton, Trübung, Schaumbildung, Geruchsintensität und Art des Geruchs! Beachten Sie, dass Wasser aus Mooren oder Nadelforsten durch gelöste Huminstoffe natürlicherweise gelb bis braun gefärbt ist!

c) Ermitteln Sie mit der Bestimmungsliteratur Indikatorlebewesen! Beurteilen Sie die Wasserqualität des Baches anhand von Vorkommen und Häufigkeit dieser Lebewesen!

d) Stellen Sie einen Maßnahmenkatalog auf, wie Naturnähe und Wasserqualität eines Baches verbessert werden können! Diskutieren Sie die Umsetzbarkeit der Maßnahmen!

2 Kleinlebewesen in Gewässern

Material: leere Saftflaschen aus klarem Kunststoff oder Weißglas; Objektträger; Wäscheklammern; Draht; Leitungswasser; Pflanzen-Flüssigdünger; Kochsalz; Astrablau-Safranin-Lösung zur Zellwandfärbung (Lösung aus 1 % Astrablau [in 1 %iger Essigsäure] und Lösung aus 1 % Safranin [in demineralisiertem Wasser] zu gleichen Teilen mischen); Petrischalen; Papiertuch; Deckgläser; Mikroskop; Bestimmungsbuch für Lebewesen des Süßwassers

Durchführung: Füllen Sie gemäß der Abbildung Wasser aus einem eutrophen Teich oder See (Ansatz A) sowie aus einem klaren Fließgewässer oder oligotrophen See (Ansatz B) in je drei Saftflaschen! Füllen Sie drei weitere Flaschen mit Leitungswasser (Ansatz C)! Geben Sie in je eine Flasche jedes Ansatzes 5 ml Flüssigdünger pro Liter Wasser! Lösen Sie in je einer weiteren Flasche aus jedem Ansatz 10 g Kochsalz pro Liter Wasser! Vermerken Sie auf jeder Flasche die Herkunft des Wassers und den hinzugefügten Stoff!

Beschriften Sie in gleicher Weise einen Objektträger für jede Flasche mit einem wasserbeständigen Stift! Hängen Sie die Objektträger paarweise mithilfe der Wäscheklammern und des Drahtes wie in der Abbildung in die zugehörigen Flaschen! Bewahren Sie diese auf dem Fensterbrett auf! Achten Sie darauf, dass die Objektträger in allen Flaschen in gleicher Weise dem Licht ausgesetzt sind! Entnehmen Sie die Objektträger nach zwei Wochen! Lassen Sie das Wasser von ihnen abtropfen und überschichten Sie sie in den Petrischalen mit der Färbelösung! Lassen Sie die Lösung 15 Minuten lang einwirken!

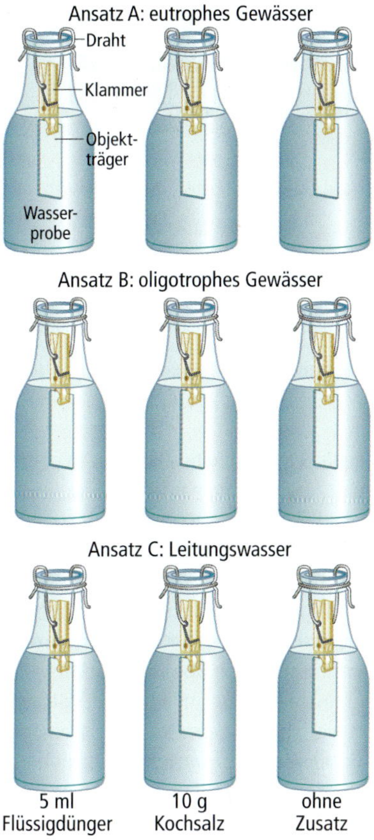

Nehmen Sie die Objektträger aus den Petrischalen und spülen Sie die Färbelösung vorsichtig mit etwas Wasser ab! Decken Sie die Oberseite der Objektträger mit Deckgläsern ab, tupfen Sie die Unterseite mit dem Papiertuch trocken und betrachten Sie das Präparat unter dem Mikroskop!

Aufgaben:

a) Unterscheiden Sie die Formen der Lebewesen nach dem Schema „Kugel – Faden – Nadel"!
b) Bestimmen Sie die Lebewesen mithilfe von Bestimmungsliteratur!
c) Vergleichen Sie die Ansätze nach Art und Häufigkeit der Lebewesen und erläutern Sie das Ergebnis!
d) Welche Auswirkungen haben die Zugabe von Flüssigdünger und von Kochsalz auf Art und Häufigkeit der Lebewesen? Erläutern Sie!
e) Interpretieren Sie Ihre Ergebnisse im Zusammenhang mit der Belastung von Gewässern durch Düngemittel und Streusalz!

3 Selbstreinigungskraft von Gewässern

Material: 2 Trinkgläser; Messbecher; Leitungswasser; Milch; Teelöffel
Durchführung: Gießen Sie in Glas A 250 ml Wasser! Geben Sie unter Umrühren tropfenweise Milch hinzu, bis das Wasser beginnt trübe zu werden!
Geben Sie in Glas B 250 ml Wasser und unter Umrühren drei Teelöffel Milch!
Notieren Sie den Trübungsgrad nach dem Schema „gerade noch erkennbar – leicht – mittelstark – stark"! Bewahren Sie die Gläser bei Raumtemperatur auf!

Aufgaben:

a) Kontrollieren Sie bei beiden Gläsern täglich den Trübungsgrad und notieren Sie weitere Beobachtungen (Belag an der Glaswand, Geruchsentwicklung)!
b) Ermitteln Sie, wie lange es dauert, bis das Wasser in Glas A wieder klar geworden ist (Trübungen an der Glaswand werden nicht berücksichtigt)! Vergleichen Sie das Resultat mit dem Ergebnis von Glas B!
c) Erläutern Sie die Ergebnisse beider Versuchsansätze! Interpretieren Sie sie im Zusammenhang mit den Verhältnissen in Gewässern!

4 Untersuchung von Waldboden

Material: Spaten; Zollstock; Rahmen (aus Metall, Holz oder stabiler Pappe) mit etwa 30 cm Kantenlänge; Kunststofftüten; weiße Kunststoffschalen; Lupe; Bestimmungsliteratur für Bodenlebewesen; Schreibwerkzeug
Durchführung: Suchen Sie in der Region einen Laubwald auf! Legen Sie den Rahmen auf die Laubschicht! Sammeln Sie die oberste, noch weitgehend unzersetzte Streuschicht innerhalb des Rahmens ab und füllen Sie sie in eine der Kunststofftüten!
Verfahren Sie in derselben Weise mit der mittleren, schon stärker zersetzten und der untersten, stark zersetzten Streuschicht! Entfernen Sie die obersten 3 bis 4 cm des Erdbodens und füllen Sie das Material in eine weitere Tüte! Breiten Sie das gesammelte Material, nach Schichten getrennt, in den Kunststoffschalen aus!
Stechen Sie mit dem Spaten spatentief ein quaderförmiges Bodenstück aus (Spatenbreite = Kantenlänge der Oberfläche)! Legen Sie das Bodenstück vorsichtig waagrecht auf den Waldboden und messen Sie, beginnend mit der obersten Streuschicht, die Dicke der einzelnen Streuschichten! Messen Sie die Dicke der obersten, durch organische Stoffe schwarz bis schwarzgrau gefärbten Schicht des Bodens unterhalb der Streuschichten! Zerteilen Sie diese Schicht vorsichtig mit der Hand und geben Sie das Material in eine weitere Kunststoffschale!
Untersuchen Sie das Material auf in ihm vorhandene Bodentiere! Nehmen Sie hierbei eine Lupe sowie Bestimmungsliteratur zuhilfe!
Setzen Sie die Tiere nach ihrer Bestimmung wieder aus, und füllen Sie gegrabene Löcher mit dem ausgehobenen Material! Führen Sie die gleiche Untersuchung in einem Nadelwald durch!

Aufgaben:

a) Notieren Sie Art und Häufigkeit der gefundenen Tiergruppen in den einzelnen Schichten der Streu sowie in der oberen Schicht des Erdbodens! Stellen Sie fest, ob sich die einzelnen Schichten in ihrer Tierartenzusammensetzung und Individuenhäufigkeit unterscheiden!
b) Informieren Sie sich anhand von Literatur über die Ernährungsweise der verschiedenen Tiergruppen! Erörtern Sie vor diesem Hintergrund die Rolle der Tiergruppen bei der Zersetzung des Bestandesabfalls!
c) Vergleichen Sie Laub- und Nadelwald nach Mächtigkeit der Lagen von Streuschicht und der oberen Erdbodenschicht sowie der Tierartenzusammensetzung dieser Schichten!
Erklären Sie die Unterschiede!

Ökologie und Nachhaltigkeit

Die Wissenschaft der Ökologie untersucht die Faktoren, welche die Lebensbedingungen, die Häufigkeit und die Verbreitung von Lebewesen bestimmen. Diese Faktoren lassen sich in abiotische und biotische **Umweltfaktoren** unterteilen. Abiotische Faktoren sind Umweltbedingungen wie Temperatur, Feuchtigkeit und Beschaffenheit von Boden und Wasser. Temperatur und Wasserverfügbarkeit sind zwei abiotische Faktoren, die einen großen Einfluss auf die Verbreitung von Vegetationsformen auf der Erde ausüben. Für Umweltfaktoren lassen sich ein Minimum und ein Maximum ermitteln, die das Vorkommen einer Art begrenzen. Zwischen Minimum und Maximum liegt der Toleranzbereich, in dem eine Art leben und sich fortpflanzen kann.
Der Abschnitt des Toleranzbereichs, an dem die Art am leistungsfähigsten ist, wird als ihr Optimum bezeichnet. Arten, die an sehr heißen, kalten, trockenen oder nassen Orten leben, sind durch Besonderheiten ihres Körperbaus oder ihres Stoffwechsels an diese Bedingungen angepasst. Bei ihnen ist der Toleranzbereich im Vergleich mit Arten von Orten gemäßigter Umweltbedingungen verschoben. Die Gesamtheit der abiotischen Umweltfaktoren, bei denen eine Art existieren kann, formt ihren Standort oder ihr Habitat. Die Angepasstheit der Arten an die herrschenden Umweltfaktoren verdeutlicht das **Basiskonzept „Variabilität und Angepasstheit"**.

An dem Ort, an dem Lebewesen einer Art dauerhaft zusammenleben, bilden sie eine Population. Aus sämtlichen Populationen eines Lebensraums setzt sich die **Lebensgemeinschaft** oder Biozönose zusammen. Die Gesamtheit der abiotischen Umweltfaktoren ihres Lebensraums bezeichnet man als Biotop. Die Lebewesen einer Biozönose stehen miteinander in Wechselwirkung. Die Einflüsse, denen ein Lebewesen durch Angehörige derselben Art oder einer oder mehrerer anderer Arten ausgesetzt ist, sind die biotischen Umweltfaktoren. Das Zusammenwirken von biotischen und abiotischen Faktoren bei der Besiedelung eines Lebensraums ist ein Beispiel für das **Basiskonzept „Kompartimentierung"**.

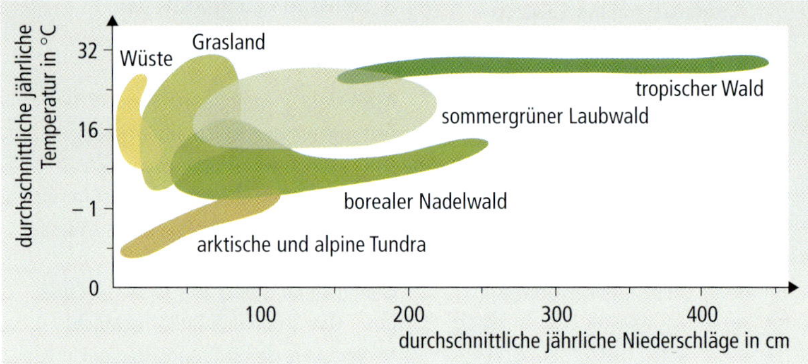

334.1 Vorkommen von Vegetationsformen in Nordamerika in Abhängigkeit von Temperatur und Niederschlag

Die Beziehungen zwischen Lebewesen sind vielfältig. Große Bedeutung für die Existenzmöglichkeiten eines Lebewesens hat die **Konkurrenz** mit Angehörigen derselben (intraspezifische Konkurrenz) oder einer anderen Art (interspezifische Konkurrenz). Lebewesen konkurrieren um Ressourcen, die im Gegensatz zu Umweltfaktoren wie der Temperatur durch Lebewesen verbraucht werden und anderen Lebewesen dann nicht mehr zur Verfügung stehen. Durch unterschiedliche Lebensweisen vermindern die Angehörigen einer Lebensgemeinschaft die zwischen ihnen bestehende Konkurrenz um Ressourcen und können koexistieren.

Wenn eine Art einen Lebensraum mit reichlich vorhandenen Ressourcen, aber ohne Konkurrenten besiedelt, durchläuft ihre Population zunächst ein exponentielles Wachstum. Schließlich reicht aber mindestens eine der vorhandenen Ressourcen für ein weiteres Wachstum nicht mehr aus: Die **Kapazität des Lebensraums** für die Population ist erreicht. Die Individuenzahl der Population bleibt nun mehr oder weniger konstant, sie befindet sich in der stationären Phase. Ein Wachstum, bei dem ein Sättigungswert erreicht wird, bezeichnet man als logistisches Wachstum.
Eine Sonderstellung nimmt die menschliche Population ein, die sich aufgrund von Entwicklungen in Technik, Naturwissenschaften und Medizin in der Phase eines superexponentiellen Wachstums befindet. Dies hat zu Umweltverschmutzung und Raubbau an natürlichen Ressourcen geführt. Zur Erhaltung natürlicher und naturnaher Lebensräume ist daher **Naturschutz** auf gesetzlicher Grundlage notwendig. Die Verantwortung des Menschen für den Erhalt von Ökosystemen, Natur- und Artenschutz sind Beispiele für das **Basiskonzept „Information und Kommunikation"**. Die Auseinandersetzung mit der nachhaltigen Entwicklung von Lebensräumen ist ein Beispiel für das **Basiskonzept „Reflexion zum Menschenbild"**.

Viele Arten weisen gegenüber abiotischen Faktoren ein breites Optimum auf, wenn sie einzeln gehalten werden. Bei manchen Arten jedoch ist der Optimalbereich für bestimmte abiotische Faktoren sehr eng, wenn sie der Konkurrenz mit anderen Arten ausgesetzt sind. Für diese Faktoren können die betreffenden Arten in der Natur als Zeigerarten dienen. So gibt es in Mitteleuropa Pflanzenarten, die als Zeiger für die Lichtstärke oder die Wasser- oder Stickstoffverfügbarkeit am Standort oder für den Säuregrad des Bodens herangezogen werden können. Ein weiteres Beispiel sind **Indikatorlebewesen,** welche die Güte von Gewässern anzeigen. Die Angepasstheit der Zeigerarten und Indikatorlebewesen an die herrschenden Umweltfaktoren ist ein Beispiel für das **Basiskonzept „Variabilität und Angepasstheit"**.

Letztendlich führt die Gesamtheit aller abiotischen und biotischen Faktoren in einer Biozönose dazu, dass jede Art eine ganz spezielle Lebensweise aufweist, die

sie mit keiner anderen Art derselben Lebensgemeinschaft teilt. Diese Gesamtheit der Faktoren, welche die Lebensweise einer Art bestimmen, bezeichnet man als **ökologische Nische.** Die ökologische Nische ist somit kein bestimmter Ort, sondern entspricht eher der „Planstelle" oder dem „Beruf" dieser Art in der Lebensgemeinschaft. Man nimmt an, dass zwei Arten mit genau den gleichen Ansprüchen nicht dauerhaft in derselben Lebensgemeinschaft existieren können, da schließlich die eine Art die andere in der Konkurrenz um gemeinsame Ressourcen verdrängen und aus der Lebensgemeinschaft ausschließen wird. Diesen Zusammenhang bezeichnet man als das **Konkurrenzausschlussprinzip.** Dabei handelt es sich einerseits um ein Beispiel für das **Basiskonzept „Regelung und Steuerung"** auf der Ebene der Populationsentwicklung, andererseits verdeutlichen die Wechselbeziehungen zwischen den Lebewesen untereinander und ihrer Umwelt das **Basiskonzept „Struktur und Funktion"**.
Zwischen Arten treten unterschiedliche **Nahrungsbeziehungen** auf. Räuber fangen in ihrem Leben viele Beutelebewesen und töten sie recht schnell. Viele Beutelebewesen verfügen über Abwehr- oder Verteidigungsmechanismen und sind dadurch in einem gewissen Ausmaß vor Räubern geschützt. Weidegänger ernähren sich in ihrem Leben ebenfalls von vielen Individuen, töten diese aber in der Regel nicht, sodass sich die als Nahrung dienenden Individuen meist wieder regenerieren können.

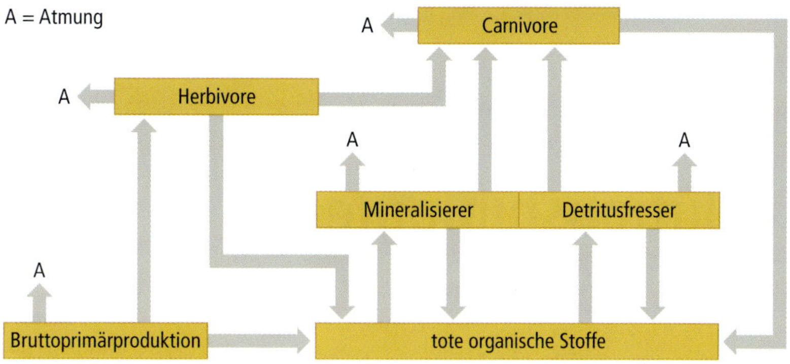

335.1 Nahrungsbeziehungen und Energiefluss in einem terrestrischen Ökosystem (Schema)

Ein Biotop bildet mit der in ihm existierenden Lebensgemeinschaft eine funktionelle Einheit, das **Ökosystem.** Jedes Ökosystem beruht auf der Tätigkeit von autotrophen Produzenten, die unter Energieumwandlung Kohlenstoffdioxid in organische Stoffe umsetzen. In Landökosystemen und in den lichtdurchfluteten Schichten von Gewässern sind dies Fotosynthese betreibende Pflanzen, Algen und Cyanobakterien, in der lichtlosen Tiefsee chemoautotrophe Bakterien. Die Produzenten können verschiedenen Konsumenten als Nahrung dienen, die organische Stoffe lebender Glieder des Ökosystems aufnehmen. Produzenten und Konsumenten sind miteinander zu Nahrungsketten verbunden, die im Ökosystem zu einem Nahrungsnetz verknüpft sind. Unverzichtbarer Bestandteil eines jeden Nahrungsnetzes sind die Destruenten. Zu ihnen gehören die Detritusfresser, die Kot und tote Körper von Produzenten und Konsumenten fressen und dadurch zerkleinern, sowie die Mineralisierer, die Pilze und Bakterien umfassen und organische Stoffe in ihre anorganischen Bestandteile, Kohlenstoffdioxid und Mineralstoffe, zersetzen. Diese können in einem **Stoffkreislauf** wieder von den Produzenten aufgenommen werden.

Die Menge an Kohlenstoff, die von den Produzenten durch **Fotosynthese** gebunden wird, nennt man Bruttoprimärproduktion. Ein Teil dieses Kohlenstoffs wird durch Atmung wieder abgegeben. Der verbleibende Teil, der längere Zeit erhalten bleibt, ist die Nettoprimärproduktion.
Für die Umsetzung einer bestimmten Menge von Kohlenstoffdioxid in organische Stoffe brauchen Produzenten eine gewisse Menge an Energie. Bei der Atmung wird eine entsprechende Energiemenge wieder freigesetzt. Der Fluss des Kohlenstoffs durch Ökosysteme lässt sich somit auch als Energiefluss darstellen. Berechnet man derartige Energieflüsse für verschiedene Ökosysteme, stellt man fest, dass in Wäldern nur ein sehr kleiner Teil der Nettoprimärproduktion von Konsumenten aufgenommen wird. Der größte Teil wird nach dem Absterben der Produzenten von den Destruenten zersetzt. In Seen dagegen wird ein größerer Teil der Nettoprimärproduktion von Konsumenten genutzt als in Wäldern. Stoffkreisläufe, Energiefluss und erstellte Energiebilanzen verdeutlichen das **Basiskonzept „Stoff- und Energieumwandlung"**.

Ökosysteme sind durch Übergänge miteinander verbunden. Der Übergang von einem See zum angrenzenden Wald beispielsweise verläuft über verschiedene Zonen unterschiedlicher Vegetation, deren Ausbreitung durch die Höhe des Wasserstandes bestimmt wird. Ökosysteme bilden als relativ abgegrenzte Räume mit einer räumlichen und zeitlichen Gliederung ein Beispiel für das **Basiskonzept „Kompartimentierung"**. Eine räumliche Abfolge verschiedener Lebensräume, die durch die Ausprägung von Umweltfaktoren verursacht wird, bezeichnet man als **Zonierung.** Die zeitliche Abfolge verschiedener Ökosysteme an einem Ort nennt man **Sukzession.** Sukzessionen ereignen sich zum Beispiel bei der Verlandung von Seen oder bei der Vegetationsabfolge auf einer Kahlschlagfläche bis zur erneuten Bildung von Wald. Die Entwicklung von Landschaften durch natürliche Sukzessionsprozesse und durch den Einfluss des Menschen ist ein Beispiel für das **Basiskonzept „Geschichte und Verwandtschaft"**.

Die Gesamtheit aller Ökosysteme bildet die **Biosphäre.**

Evolutionsbiologie

336.1 „Stufenleiter des Lebendigen" aus dem 18. Jahrhundert

1 Entwicklung des Evolutionsgedankens

Die Frage nach dem Ursprung der Menschheit, anderer Lebewesen, ja der Welt insgesamt, beschäftigt Menschen seit Jahrtausenden. In allen frühen Kulturen entstanden Schöpfungsmythen, denen zufolge mit übernatürlichen Kräften ausgestattete Gottheiten Himmel und Erde, Pflanzen und Tiere sowie den Menschen erschaffen hatten. Erste Ansätze, die Welt durch natürliche Ursachen zu erklären, sie also zu entmythologisieren, finden sich im alten Griechenland. Dort lehrte vor mehr als 2500 Jahren der Philosoph THALES von Milet (ca. 625 bis 547 v. Chr.), das Wasser sei der Ursprung aller Dinge. Sein Schüler ANAXIMANDER entwickelte daraus die Idee der „Urzeugung": Die ersten Tiere seien „in der Feuchtigkeit erzeugt worden" und später auf das trockene Land gewandert. Auch die ersten Menschen seien in fischähnlichen Gestalten herangewachsen und dann – ähnlich wie Schmetterlinge aus ihrer Puppe – geschlüpft. Nach dieser Vorstellung hatten Tiere und Menschen zwar eine Art Metamorphose durchgemacht, nicht aber eine allmähliche Stammesentwicklung, eine **Evolution.** Im Gegenteil: Für den großen Naturforscher und Philosophen ARISTOTELES (384 bis 322 v. Chr.) waren alle Arten von Lebewesen ewig und unveränderlich.

Das Christentum übernahm ebenso wie die jüdische Lehre und der Islam diese **Lehre von der Konstanz der Arten** – allerdings mit dem Unterschied, dass Pflanzen, Tiere und der Mensch nicht auf natürliche Weise entstanden seien, sondern von Gott erschaffen worden waren. Bis zum Ende des Mittelalters bestimmte dieses Dogma das Denken der Menschen. Eine andere Vorstellung von ARISTOTELES sollte das abendländische Denken ebenfalls stark beeinflussen: die Idee, dass in der Natur eine stufenweise und „ungebrochene Aufeinanderfolge von den unbelebten Objekten über die Pflanzen bis zu den Tieren" herrsche. Spätere Denker entwickelten daraus das Konzept einer *„scala naturae"*, einer *„Großen Stufenleiter des Lebendigen"*, auf der „primitive" Pflanzen und Würmer ganz unten angesiedelt waren und der Mensch als „Krone der Schöpfung" selbstverständlich ganz oben. Über dem Menschen standen nur noch die Engel und Erzengel. Obwohl dieses Bild noch ganz und gar statisch war, sollte es das Aufkommen des Evolutionsgedankens im 18. Jahrhundert erleichtern.

Im 15. Jahrhundert, mit dem Beginn der Renaissance, begann sich das Weltbild in Europa zu wandeln. Die Schriften antiker Gelehrter wurden wieder entdeckt und man begann sich auf die Suche nach natürlichen Ursachen für Naturerscheinungen zu machen. Der Astronom Nikolaus KOPERNIKUS (1473 bis 1543) stellte fest, dass die Erde nicht im Mittelpunkt der Welt steht, sondern als Planet die Sonne umkreist – eine Erkenntnis, die von der Kirche lange Zeit heftig bekämpft wurde. Der Horizont auf der Erde wurde durch die ersten großen Entdeckungsreisen erweitert. Ganze Kontinente und

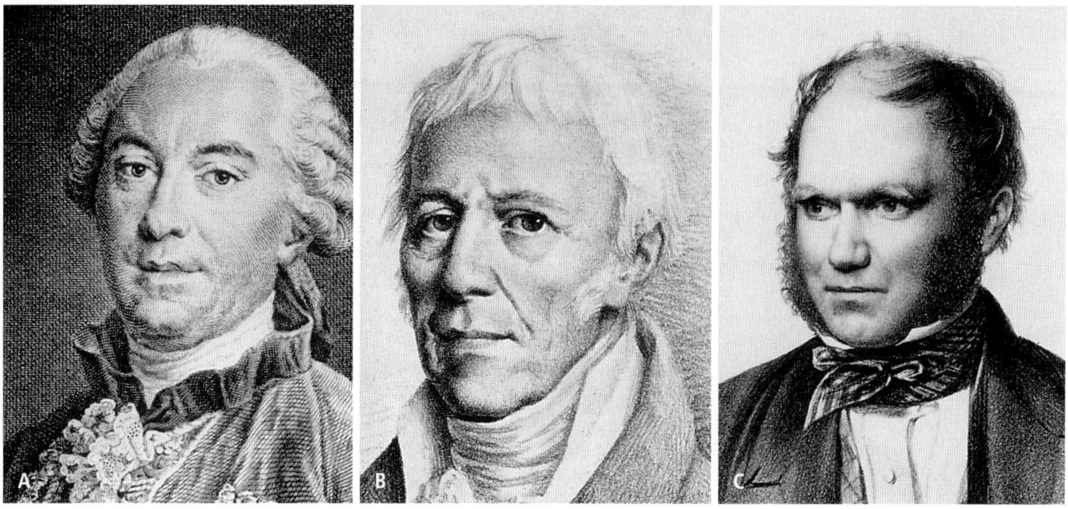

337.1 Begründer des Evolutionsgedankens. A Georges de BUFFON; **B** Jean Baptiste de LAMARCK; **C** Charles DARWIN

eine Vielzahl von neuen Pflanzen und Tieren wurden dadurch in Europa bekannt. Es wurden Fragen aufgeworfen, die die Bibel nicht beantwortete: Hatten all diese Arten in der Arche Noah Platz gefunden? Wenn Fossilien wirklich die Reste von Lebewesen waren, die die Sintflut dahingerafft hatte, warum waren dann so viele im Wasser lebende Arten ausgestorben?

Im 18. Jahrhundert begann der Gedanke an eine allmähliche Entwicklung des Lebens Gestalt anzunehmen. Man erkannte, dass die Erde nicht erst im Jahre 4004 v. Chr. erschaffen worden war, wie der Bischof James USSHER 1654 nach sorgfältigem Studium der Ahnentafeln in der Bibel berechnet hatte, sondern viel älter sein musste. Aber noch hielten fast alle Gelehrten an der Überzeugung der Konstanz der Arten fest. Auch der schwedische Naturforscher Carl VON LINNÉ (1707 bis 1778), der Begründer der biologischen Systematik, die auf abgestuften Ähnlichkeiten beruht, war von der Unveränderlichkeit der Arten überzeugt. Einer der Ersten, der den Evolutionsgedanken ernsthaft erwog, war der Franzose Georges de BUFFON (1707 bis 1788), der in seinem Werk *„Histoire Naturelle"* darüber nachdachte, ob Mensch und Affe „gemeinsame Ursprünge" haben könnten. Allerdings verwarf er diesen ketzerischen Gedanken gleich wieder, da „uns die Autorität der Offenbarung versichert, dass das erste Paar jeder Art voll ausgebildet aus den Händen des Schöpfers hervorging".

Für Jean Baptiste de LAMARCK (1744 bis 1829), der zeitweise in der Familie BUFFON als Hauslehrer wirkte, war dies kein überzeugendes Argument mehr. LAMARCK war der Erste, der 1809 in seinem Werk *„Philosophie zoologique"* den Evolutionsgedanken konsequent vertrat und theoretisch zu begründen versuchte. LAMARCKs Ideen vermochten jedoch zunächst kaum jemanden zu überzeugen. Sein einflussreichster Gegenspieler war sein Kollege Georges CUVIER (1769 bis 1832), der Begründer der modernen Paläontologie. Bei seiner Ablehnung des Evolutionsgedankens berief sich CUVIER allerdings nicht mehr auf die Bibel, vielmehr hielt er die von LAMARCK vorgelegten „Beweise" für zu dürftig. „Wenn sich die Arten stufenweise verändert haben," stellte CUVIER fest, „so sollten wir einige Spuren dieser allmählichen Veränderung finden" – das aber sei bei dem Vergleich ausgestorbener und heute lebender Arten seiner Ansicht nach „noch nicht geschehen".

Erst 50 Jahre später präsentierte ein anderer Naturforscher eine Evolutionstheorie, die auf begeisterte Zustimmung, aber auch erbitterten Widerstand stieß: der Engländer Charles DARWIN (1809 bis 1882). Entschiedene Befürworter fand DARWIN unter anderem in seinen Landsleuten Alfred WALLACE (1823 bis 1913) und Thomas HUXLEY (1825 bis 1895), der wegen seiner bissigen Rhetorik auch „Darwins Bulldogge" genannt wurde, sowie in den Deutschen August WEISMANN (1834 bis 1914) und Ernst HAECKEL (1834 bis 1919).

Welche Bedeutung DARWINs Theorie für die Biologie hat, machte der russisch-amerikanische Evolutionsbiologe Theodosius DOBZHANSKY 1972 deutlich: „Nichts in der Biologie ergibt einen Sinn, außer im Lichte der Evolution." Aber die DARWINsche Evolutionstheorie geht in ihrer Bedeutung weit über das eigentliche Gebiet der Biologie hinaus, denn sie stellte nicht nur die biblische Schöpfungsgeschichte und die herausgehobene Position des Menschen als „Krone der Schöpfung" in Frage, sondern erschütterte auch den Glauben an den Fortschritt in der Natur und die Vorstellung einer harmonischen, stabilen Welt. DARWIN war sich dessen bewusst: „Mir ist zumute," schrieb er einem Freund, „als gestehe ich einen Mord."

338.1 Taubenrassen

2 Belege für die Evolutionstheorie

2.1 Belege aus der Tier- und Pflanzenzucht

Haustauben kommen in vielen verschiedenen Spielarten vor; man unterscheidet etwa 200 *Rassen*. Einige, wie die Pfauen- und Perückentauben, fallen durch ein besonders prächtiges Gefieder auf. Andere, wie die Kropftauben, verfügen über einen stark vergrößerten, aufblasbaren Kropf. Weitere Unterscheidungsmerkmale sind Körpergröße, Gewicht und Knochenbau. Auch im Verhalten unterscheiden sich die Taubenrassen voneinander. So schlagen manche Rassen im Flug Räder. Besonders erstaunliche Leistungen vollbringen die Reisetauben (Brieftauben). Sie erreichen Fluggeschwindigkeiten bis zu 150 km/h und finden selbst über große Entfernungen aus fremden Gegenden zielsicher den heimatlichen Taubenschlag wieder.

Die Frage nach dem Ursprung der Taubenrassen beschäftigte bereits Charles DARWIN. Er sammelte Informationen und Belegexemplare aus aller Welt und stellte auch selbst Kreuzungsexperimente an. Dabei kam er zu der Überzeugung, dass alle heutigen Taubenrassen von einer einzigen wild lebenden Art abstammen müssen. Ein gemeinsames Merkmal aller Haustauben ist die Vorliebe für steinerne Wohnsitze, zum Beispiel auf Dächern, Türmen und in Gesteinsnischen. Außerdem leben die Tiere gesellig. Diese Eigenschaften hat von allen wild lebenden Taubenarten nur die Felsentaube, die in großen Scharen an steilen Felswänden brütet. Aus diesen Gemeinsamkeiten sowie einigen besonderen Übereinstimmungen im Körperbau lässt sich ableiten, dass die Felsentaube die Stammform aller Haustaubenrassen ist.

Die große Mannigfaltigkeit der Taubenrassen ist das Ergebnis einer jahrtausendelangen **Züchtung** durch den Menschen. Dabei betreibt er eine gezielte **Auslese,** indem er Phänotypen mit gewünschten Eigenschaften zur Fortpflanzung bringt. DARWIN erkannte als Erster, dass Züchtungen eine Art Modell für die unter natürlichen Bedingungen ablaufende Evolution sind. Die Verwendung des Begriffs *„natürliche Zuchtwahl“ („natural selection“)* weist auf die prinzipielle Übereinstimmung der in der Evolution und bei der Züchtung *(„künstliche Zuchtwahl“)* wirksamen Mechanismen hin. In einem seiner Werke bezeichnet DARWIN Züchtungen als ein großes vom Menschen durchgeführtes Evolutionsexperiment.
Durch Züchtung können sich Populationen einer Art im Laufe vieler Generationen erheblich verändern und in neue Rassen aufspalten. Ein weiteres Beispiel dafür ist die *Domestikation* des Haushundes, die vor mehr als 10 000 Jahren begann und zur Entstehung von etwa 300 Rassen geführt hat. Die Abstammung der Hunderassen von nur einer Wildtierart gilt heute als erwiesen. So lässt das Verhältnis von Hirngröße zur Körpergröße erkennen, dass der Haushund mit dem Wolf am engsten verwandt ist. Auch Zahnmerkmale und Lautformen von Hund und Wolf machen diese Verwandtschaft deutlich. Außerdem sind die Nachkommen von Hund und Wolf uneingeschränkt fortpflanzungsfähig. Man betrachtet daher heute den Wolf als die Stammform des Hundes.

Auch Kulturpflanzen und viele Zierpflanzen sind durch Züchtung aus Wildformen hervorgegangen. Besonders zahlreich sind die Kulturformen beim

Kohl. Aus verschiedenen Arten der Gattung *Brassica* wurden Futter-, Gemüse-, Salat-, Gewürz- und Ölpflanzen gezüchtet. Der Wildkohl ähnelt in der Wuchsform dem Raps. Durch Zuchtwahl hat der Mensch verschiedene Organe des Wildkohls verändert und dadurch neue Sorten geschaffen. Beim *Blattkohl* sind die Blätter besonders groß und dicht (Grünkohl), beim *Kopfkohl* verbleiben die Blätter im Stadium einer stark verdickten Knospe, die Sprossachse ist gestaucht (Weiß- und Rotkohl). Der Rosenkohl entwickelt zahlreiche Seitensprosse als Dauerknospen. Auf fleischig verdickten Ästen sitzende, vergrößerte Blütenstände sind beim *Infloreszenzkohl* ausgebildet (Blumenkohl, Brokkoli). Stark verdickt ist die Sprossachse beim *Stammkohl* (Kohlrabi); gemeinsam verdickte Sprossachsen und Wurzeln hat die Steckrübe.

339.1 Kohlsorten

Durch Züchtung sind auch die meisten Getreidearten entstanden. Die Kultivierung von Weizen begann bereits vor etwa 8000 Jahren in Vorderasien. Dort sammelten die ersten Ackerbauern unterschiedliche Wildgrasarten mit möglichst vielen und großen essbaren Körnern sowie mit festen Ähren, aus denen die Körner nach der Reife nicht sofort zu Boden fielen. Beim Anbau kam es, wahrscheinlich durch Zufall, zur Bastardierung zwischen den verschiedenen Arten.

Die Entwicklung zum Kulturweizen lässt sich heute durch genetische und cytologische Analysen nachvollziehen. Man unterscheidet gegenwärtig mehr als zwanzig verschiedene Weizenarten der Gattung *Triticum*, die aus drei verschiedenen Entwicklungslinien stammen und sich nicht nur morphologisch, sondern auch im Chromosomensatz unterscheiden: *Einkorn*-Gruppe mit 14 Chromosomen, *Emmer*-Gruppe mit 28 Chromosomen und *Dinkel*-Gruppe mit 42 Chromosomen. Die Ausgangsarten, die noch heute vorkommen, sind jeweils diploid. Ihre Genome werden mit den Buchstaben AA, BB und DD bezeichnet. Durch Bastardierung, Verdopplung der Chromosomensätze (Polyploidisierung) und weitere Veränderungen infolge von Genmutationen entstand in der Dinkel-Gruppe der hexaploide Saatweizen *Triticum aestivum*, in dem die Genome aller drei Ausgangsarten vereinigt sind.

Die Abstammung des Weizens ist ein Beispiel dafür, wie durch Bastardierung zwischen verschiedenen Arten und sogar Gattungen sowie Polyploidisierung neue Arten mit vorher nicht auftretenden Merkmalen gezüchtet werden können. Bei Tieren ist eine derartige Form der Artbildung unbekannt.

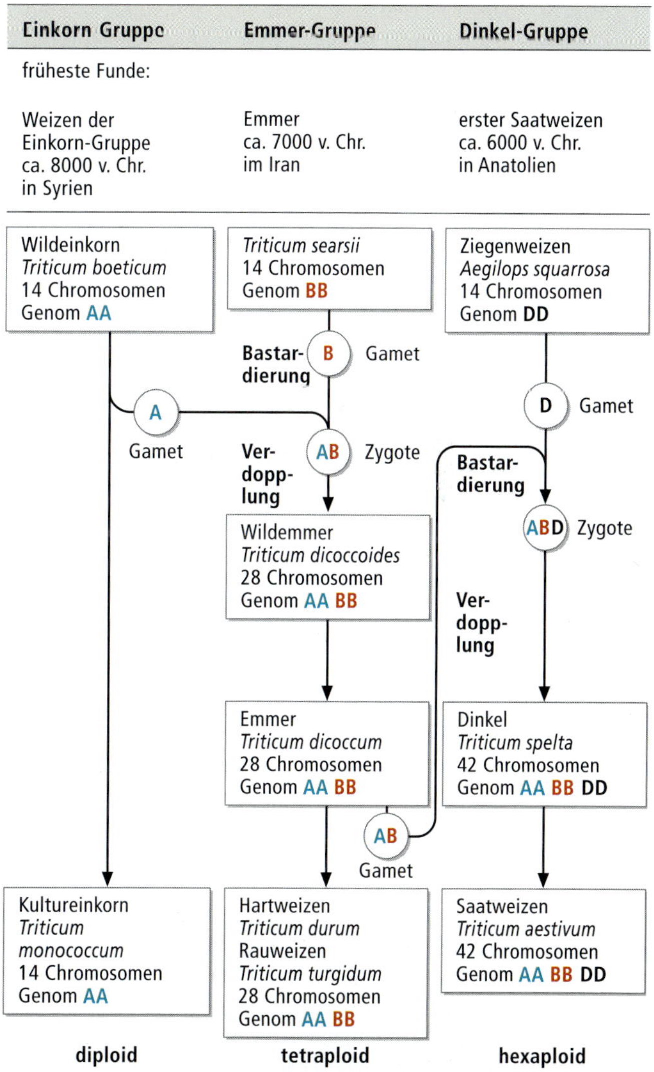

339.2 Abstammung des Kulturweizens

1. Züchtungen belegen die Veränderlichkeit der Arten. Begründen Sie diese Feststellung am Beispiel der Taubenrassen!
2. Erläutern Sie die Entstehung des Kulturweizens!

340.1 Versteinerte Ammoniten

340.2 Versteinerte Farnwedel

2.2 Belege aus der Paläontologie

Versteinerte Seeigel oder Schalen von ausgestorbenen Tintenfischen, den *Ammoniten*, hat fast jeder schon einmal gesehen. In manchen Gebieten kommen sie so häufig vor, dass man sie ohne große Mühe sammeln kann, versteinerte Seeigel beispielsweise an der Kreideküste der Insel Rügen, Ammoniten in der Schwäbischen Alb. Abdrücke von Farnpflanzen finden sich oft in Steinkohlenflözen oder benachbarten Gesteinen. Reste von Lebewesen aus der Erdgeschichte und deren Lebensspuren werden als **Fossilien** bezeichnet. Die überwiegende Mehrheit der als Fossilien bekannten Arten ist ausgestorben. Man stellt sie den gegenwärtig lebenden, den **rezenten** Arten, gegenüber.
In seltenen Fällen sind vollständige *Körperfossilien* erhalten. So findet man in Bernstein, einem fossilen Harz, oft *Einschlüsse* von Gliederfüßern. Im Dauerfrostboden Sibiriens blieben Mammuts aus der letzten Eiszeit vollständig erhalten. Die meisten Fossilien bestehen jedoch nur aus den Resten von Hartteilen wie Schalen, Gehäusen, Panzern, Zähnen und Knochen. Weichteile sind nur in Ausnahmefällen fossil überliefert. Auch Fußabdrücke oder Kriechspuren sind manchmal als Fossilien erhalten.

Mit den Lebensformen der Erdgeschichte beschäftigt sich die **Paläontologie.** Die wissenschaftliche Untersuchung von Fossilien besteht zunächst in einer genauen Beschreibung der Funde. Technische Methoden wie Röntgenuntersuchungen können verborgene Details sichtbar machen. Durch den Vergleich mit verwandten rezenten Lebewesen ist es in vielen Fällen möglich, den Körperbau der fossilen Arten recht genau zu rekonstruieren. Die Untersuchung von Fossilien führenden Schichten liefert auch Informationen über Lebensgemeinschaften, die geographische Verbreitung von Arten sowie über das Klima und andere Umweltbedingungen.

Zu verschiedenen Zeiten der Erdgeschichte gab es besondere geologische Veränderungen (z. B. Gebirgsbildungen, Meeresspiegelschwankungen, Eiszeiten) oder das Vorherrschen bestimmter Lebensformen (z. B. Zeitalter der Saurier). Derartige Ereignisse haben Geowissenschaftler genutzt, um die unermesslich langen Zeiträume der Erdgeschichte in übersichtlichere Abschnitte zu gliedern. Ähnlich wie bei den geschichtlichen Epochen der Menschheit unterscheidet man die *Urzeit*, das *Erdaltertum*, das *Erdmittelalter* und die *Erdneuzeit*. Im Gegensatz zu den Geschichtsepochen der Menschheit, die sich auf Jahrhunderte bis maximal einige Jahrtausende beziehen, umfassen diese **Erdzeitalter** viele Millionen von Jahren. Die jüngeren Abschnitte der Erdgeschichte, in denen Fossilien reichlicher vorkommen, kann man noch weiter in verschiedene **Formationen** *(Systeme)* unterteilen. Die Namen dieser Formationen beziehen sich manchmal auf bestimmte Regionen (z. B. Devon: benannt nach der englischen Grafschaft Devonshire), in einigen Fällen auch auf besondere geologische Ereignisse (z. B. Karbon: Steinkohlenzeit). Eine weitere Untergliederung der Formationen ist möglich.

Fossilien zeigen, dass auf der Erde nicht immer die gleichen Arten gelebt haben wie heute. Dies ist allerdings noch kein Beweis für die Evolution, worauf schon im 18. Jahrhundert der Begründer der modernen Paläontologie, Georges CUVIER, hinwies. CUVIER war bei seinen Untersuchungen aufgefallen, dass die meisten Fossilienarten nur in ganz bestimmten deutlich abgrenzbaren Gesteinsschichten vorkamen, die jeweils einem Zeitabschnitt der Erdgeschichte entsprachen. Die Grenzen zwischen den Schichten deutete er als Zeichen wiederholter Katastrophen, die das gesamte Leben in dem von ihnen betroffenen Gebiet ausgelöscht hätten. Im nachfolgenden Zeitabschnitt sollten neue Arten aus Randgebieten eingewandert sein, die von den Katastrophen nicht betroffen gewesen waren. Spätere Forscher konnten nachweisen, dass CUVIERs *Katastrophentheorie* nicht zutrifft und seine Aussage, dass Fossilfunde keinen Beleg für eine Evolution abgeben, ebenfalls irrig war. Es wurden nämlich Fossilien entdeckt, die fließende Übergänge zwischen verschiedenen Arten oder übergeordneten systematischen Einheiten, wie Familien oder Klassen, belegen.

Ein weiterer wichtiger Hinweis auf die Evolution ergibt sich daraus, dass die einzelnen Gruppen von Lebewesen im Laufe der Erdgeschichte nacheinander aufgetreten sind. Die ältesten Lebensspuren aus dem Präkambrium werden auf etwa 3,8 Milliarden Jahre datiert. Zunächst traten nur einzellige Lebensformen auf, später auch Vielzeller. Vor etwa 800 Millionen Jahren entwickelten sich die ersten Tiere. Zunächst gab es nur wirbellose Tiere. Erst vor etwa 500 Millionen Jahren traten erste fischartige Wirbeltiere auf. Auf die Fische folgten im Devon als Landtiere die Amphibien, später die ersten Reptilien. Vögel und Säuger erschienen erst im Erdmittelalter.
Fossilien kommen fast ausschließlich in *Sedimentgesteinen* (Ablagerungsgesteinen) vor. Nur in seltenen Ausnahmefällen findet man sie auch einmal in vulkanischen Aschen, nie jedoch in Tiefengesteinen wie Granit. Aus vielen Gebieten der Erde kennt man daher überhaupt keine Fossilien. Auch dort, wo Sedimentgesteine an der Erdoberfläche liegen, sind diese nur an wenigen Stellen zugänglich, beispielsweise in Steinbrüchen. Dort werden durch die Arbeiten ständig neue Schichten freigelegt, in denen manchmal zufällig neue Fossilien entdeckt werden. In anderen Fällen graben Paläontologen auch gezielt nach neuen Funden.

Obwohl man heute eine große Zahl an fossilen Lebensformen kennt, sind die Überlieferungen aus der Erdgeschichte insgesamt sehr lückenhaft. Dies liegt daran, dass nur ein verschwindend kleiner Bruchteil von Lebewesen nach dem Tod in ein Fossil umgewandelt wird. Weil sich kurzlebige Übergangsformen nur selten fossil erhalten haben, sind die Abstammungsbeziehungen zwischen vielen systematischen Großgruppen bis heute unklar. Diese unsicheren Zusammenhänge werden in Übersichten, die die Entwicklung des Lebens in Form eines Stammbaums zusammenfassend darstellen wie in Abbildung 379.1, als gestrichelte Linien angedeutet.

1. Beschreiben Sie die Entwicklung des Lebens in der Erdgeschichte! Erläutern Sie die Methoden, die zur Erforschung dieser Fragestellung angewendet werden!

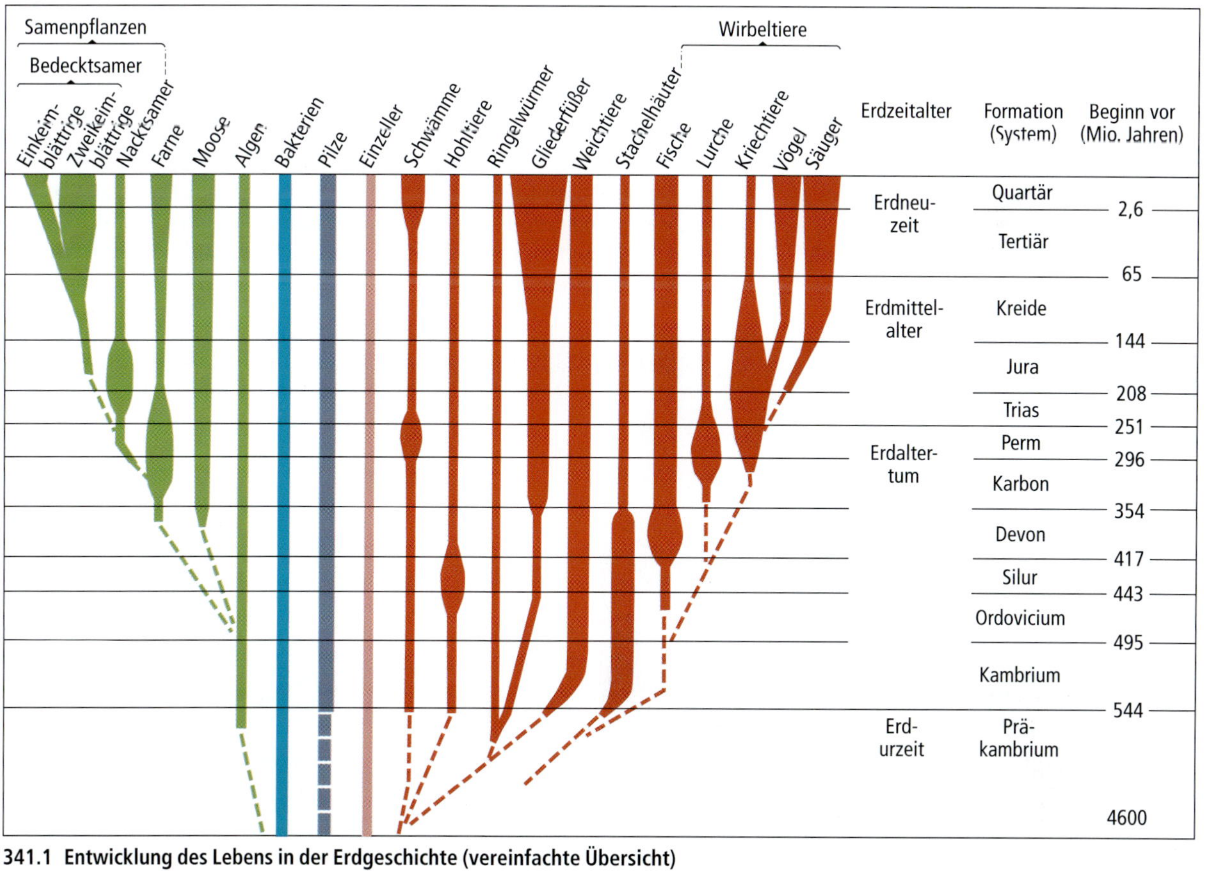

341.1 Entwicklung des Lebens in der Erdgeschichte (vereinfachte Übersicht)

EXKURS Altersbestimmung von Fossilien

Betrachtet man die Wände von Steinbrüchen oder steilen Tälern aufmerksam, so erkennt man häufig verschiedene Gesteinsschichten, die sich in der Farbe und in anderen Eigenschaften unterscheiden. Besonders deutlich tritt diese Schichtung in Sedimentgesteinen hervor. Jede Schicht ist während eines bestimmten Zeitabschnitts der Erdgeschichte abgelagert worden. Verlaufen die Schichten horizontal und wurden sie nicht durch Verschiebungen in der Erdkruste gestört, so muss die oberste Schicht die jüngste, die unterste die älteste sein.

Oft enthalten Sedimentgesteine Fossilien. Vergleicht man die Arten einer systematischen Gruppe in verschiedenen Schichten, so zeigt sich, dass im Laufe der Erdgeschichte unterschiedliche Formen gelebt haben. Kommt eine bestimmte Fossilienart nur in einem schmalen Schichtenhorizont, einer *Zone*, dafür aber häufig und über weite Gebiete der Erde verbreitet vor, eignet sie sich als **Leitfossil.** Alle Schichten, in denen sich dieses Fossil nachweisen lässt, müssen dann etwa gleich alt sein. Leitfossilien bilden die Grundlage für eine **relative Altersbestimmung** von Gesteinen und der darin enthaltenen Fossilreste. Die Gliederung der Sedimentschichten *(Stratigrafie)* mithilfe von Leitfossilien nennt man **Biostratigrafie.** Für Sedimente aus unterschiedlichen Formationen der Erdgeschichte eignen sich Leitfossilien aus ganz unterschiedlichen systematischen Gruppen, zum Beispiel Schalen von Einzellern, Krebstieren, Muscheln, Schnecken und Ammoniten.

Um das genaue Alter eines Gesteins und der darin enthaltenen Fossilien zu bestimmen, ist die Anwendung einer Methode zur **absoluten Altersbestimmung** erforderlich. Eine Art *„geologische Uhr"* liefern die Zerfallsreihen verschiedener radioaktiver Isotope (*radiometrische* Altersbestimmung). Die **Radiokarbonmethode** nutzt beispielsweise den Zerfall des radioaktiven ^{14}C-Isotops, das in geringen Mengen in der Biosphäre vorkommt. Durch Einwirkung energiereicher kosmischer Neutronenstrahlung wandeln sich in der Atmosphäre ständig Stickstoffatome ($^{14}_{7}N$) unter Abgabe eines Protons zu $^{14}_{6}C$ um. Das ^{14}C verbindet sich mit Sauerstoff zu $^{14}CO_2$ und gelangt über die Fotosynthese und die Nahrungsnetze in alle Lebewesen. Beim Zerfall des radioaktiven Kohlenstoffs zu stabilen Stickstoffatomen werden Elektronen, also β-Strahlen, abgegeben. Man hat festgestellt, dass in einem Gramm Kohlenstoff eines Lebewesens in der Minute 15,3 Atome des ^{14}C-Isotops zerfallen. Nach dem Tod wird kein ^{14}C mehr aufgenommen. Der noch vorhandene radioaktive Kohlenstoff zerfällt nun langsam. Die *Halbwertszeit* beträgt ungefähr 5740 Jahre. Ermittelt man durch Messen der noch frei werdenden Elektronen, dass bei einem Fossil beispielsweise noch 7,7 Atome pro Gramm und Minute zerfallen, muss das Lebewesen vor etwa 5740 Jahren gestorben sein.

Wegen der aus geologischer Sicht relativ kurzen Halbwertszeit von ^{14}C ist die Altersbestimmung mithilfe der Radiokarbonmethode nur für einen Zeitraum von etwa 50 000 Jahren nutzbar. Die allermeisten Fossilien sind jedoch viel älter. Zur Altersbestimmung von Gesteinen kann man zum Beispiel die **Kalium-Argon-Methode** anwenden, die auf dem Zerfall von ^{40}K zu ^{40}Ar basiert. Da die Halbwertszeit von ^{40}K 1,3 Milliarden Jahre beträgt, reicht diese Methode sehr weit in die Erdgeschichte zurück.

Neben radiometrischen Datierungen werden heute auch geophysikalische und chemische Methoden zur Altersbestimmung angewendet. Um die Fehlerrate möglichst gering zu halten, führt man Altersbestimmungen in der Regel nicht nur mit einer, sondern mit mehreren Methoden durch.

1. Erläutern Sie, warum sich die Radiokarbonmethode nur für die Altersbestimmung relativ junger Fossilien eignet!

342.1 Schichtenfolge in einem Sedimentgestein

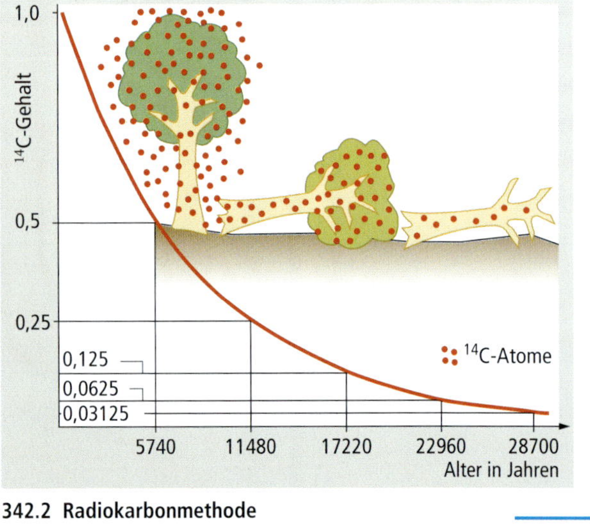

342.2 Radiokarbonmethode

EXKURS

Brückenformen

1861 wurde in einem Steinbruch bei Solnhofen in der Fränkischen Alb das erste Exemplar eines Urvogels entdeckt, der den wissenschaftlichen Namen *Archaeopteryx lithographica* erhielt. Bis 1997 fand man sieben weitere Skelette. Im feinkörnigen Solnhofener Plattenkalk haben sich außergewöhnlich viele Details dieser 150 Millionen Jahre alten Fossilien erhalten.

Die genaue Untersuchung zeigt, dass *Archaeopteryx* sowohl Merkmale ursprünglicher Reptilien als auch solche moderner Vögel aufweist. Arten, die Merkmale zweier systematischer Großgruppen vereinen, nennt man **Brückenformen** oder *Mosaikformen*. Zu den Merkmalen, die *Archaeopteryx* mit modernen Vögeln gemeinsam hat, gehören zum Beispiel: Verlängerte Hand mit Flugfedern, vierzehiger Fuß mit nach hinten gedrehter erster Zehe. Merkmale ursprünglicher Reptilien sind unter anderem: Kiefer mit Kegelzähnen, Vordergliedmaßen mit drei bekrallten freien Fingern, schwach entwickeltes Brustbein, Bauchrippen, lange Schwanzwirbelsäule mit unverschmolzenen Wirbeln.

Wahrscheinlich war *Archaeopteryx* noch kein ausdauernder Flieger, da er im Vergleich zu heutigen Vögeln eine deutlich schwächere Flugmuskulatur hatte.

Der Aufbau des Skeletts von *Archaeopteryx* zeigt viele Gemeinsamkeiten mit einer Gruppe von zweibeinig laufenden Raubdinosauriern, den Theropoden, zu denen beispielsweise der Zwergdinosaurier *Compsognathus* gehört. Diese Übereinstimmungen belegen die engen Beziehungen zwischen Vögeln und Dinosauriern. *Compsognathus* kann allerdings kein direkter Vorfahre von *Archaeopteryx* sein, weil beide gleichzeitig während der Jurazeit lebten.

Um die Wende zwischen Erdaltertum und Erdmittelalter lebte eine Tiergruppe, die neben Reptilienmerkmalen auch eindeutige Kennzeichen von Säugetieren aufweist. Die Beine setzen nicht wie beispielsweise bei den Eidechsen seitlich an, sondern stehen unter dem Rumpf. Der Schwanz ist verhältnismäßig kurz, da er durch die geänderte Stellung der Gliedmaßen seine Bedeutung als Balancierorgan verloren hat. Im Schädel ist ein knöcherner Gaumen vorhanden, der die Atem- und Nahrungswege trennt. Das Kiefergelenk ist wie bei den Säugetieren ausgebildet, der Unterkiefer besteht aus einem einheitlichen Knochen. Das Gebiss ist in Schneide-, Eck- und Backenzähne differenziert. Nach diesem Merkmal wird die Gruppe *Cynodontia* genannt – Hundezahnsaurier. Bei *Cynognathus*, einer Gattung aus der mittleren Trias Südafrikas und Südamerikas, haben die Zähne gekerbte Schneidekanten. Dies weist darauf hin, dass die Tiere Fleischfresser waren. Sie erreichten eine Körperlänge von 2,5 Metern. Ob sie schon ein Haarkleid hatten und endotherm waren, ist ungewiss.

Die ersten Amphibien aus dem Oberdevon, die zeitweise auf dem Festland leben konnten, zeigen noch Merkmale von Fischen. Bei *Ichthyostega*, deren Fossilien in Grönland gefunden wurden, sind noch Reste von Kiemendeckeln vorhanden, der Schädel und die Zähne sind ähnlich aufgebaut wie bei bestimmten Fischen, der Schwanz wird von Knochenstrahlen gestützt und ähnelt einer Schwanzflosse. Eindeutige Amphibienmerkmale sind die vier Gliedmaßen, die gelenkig mit einem Schulter- und Beckengürtel verbunden sind.

Die meisten Brückenformen haben eine Reihe von Sondermerkmalen ausgebildet, die auf eine lange eigenständige Evolution hinweisen. Deshalb sind Brückenformen meist keine direkten Übergangsformen zwischen verschiedenen systematischen Großgruppen. Sie belegen lediglich modellhaft, wie neue Bauplantypen durch die Kombination einzelner Merkmale entstanden sein müssen.

1. Vergleichen Sie die Skelette von *Compsognathus*, *Archaeopteryx* und einem rezenten Vogel miteinander! Erläutern Sie, in welchen Merkmalen sich *Archaeopteryx* noch von einem modernen Vogel unterscheidet!

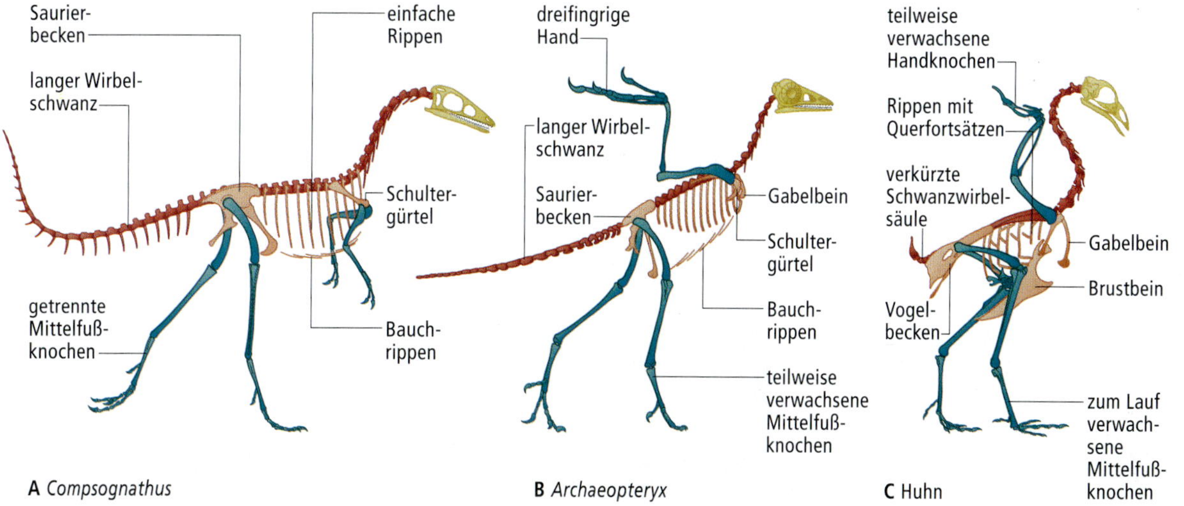

343.1 Skelette. **A** *Compsognathus;* **B** *Archaeopteryx;* **C** Huhn

EXKURS „Lebende Fossilien"

1938 entdeckte eine junge Biologin in Südafrika zufällig einen urtümlichen Fisch, der den wissenschaftlichen Namen *Latimeria chalumnae* erhielt. Untersuchungen zeigten, dass *Latimeria* einen ganz ähnlichen Körperbau hat wie die als Fossilien bereits lange bekannte Gruppe der Quastenflosser. Diese Fische haben ihren Namen von den quastenartig verdickten paarigen Flossen, die an einer Art Stiel sitzen. Die rezenten Quastenflosser sind Meeresbewohner, die in Tiefen von mehr als 150 Metern leben. Tagsüber halten sie sich in Höhlen auf, in der Nacht gehen sie einzeln auf Jagd. Bis heute sind nur zwei isolierte Vorkommen von *Latimeria* bekannt, im Seegebiet um die Inselgruppe der Komoren sowie an der Nordküste von Sulawesi in Indonesien.

Die ältesten fossilen Quastenflosser sind aus dem Devon bekannt, doch fehlen fossile Belege aus der Erdneuzeit. Daher hielt man die Gruppe bis 1938 für ausgestorben. Rezente Arten einer sonst ausgestorbenen systematischen Gruppe wie *Latimeria*, die sich über lange geologische Zeiträume nicht oder nur wenig verändert haben, werden als *„lebende Fossilien"* bezeichnet.

Ein „lebendes Fossil" ist auch der Australische Lungenfisch, den man kaum von fossilen Formen aus der Triaszeit unterscheiden kann. Die Schwimmblase ist bei Lungenfischen als zusätzliches Atmungsorgan ausgebildet, mit dem sie Luft atmen können, wenn die Gewässer austrocknen, in denen sie leben. Im Wasser atmen sie wie alle Fische durch Kiemen. Man nimmt heute an, dass sich aus einer bestimmten Gruppe von Lungenfischen im Erdaltertum die Landwirbeltiere entwickelt haben.

Auch unter den wirbellosen Tieren gibt es verschiedene „lebende Fossilien". Viele von ihnen sind Meeresbewohner, beispielsweise die Gattung *Nautilus* (Schiffsboot, Perlboot). Diese Kopffüßer sind die einzigen Überlebenden einer im Erdaltertum und Erdmittelalter äußerst formenreichen Gruppe. Im Gegensatz zu allen anderen rezenten Kopffüßern besitzt *Nautilus* nicht zwei, sondern vier Kiemen. Um die Mundöffnung stehen in zwei Kreisen bis zu 90 kurze Tentakel, die dem Beutefang dienen. Der Weichkörper sitzt in der äußersten Kammer einer Kalkschale, die spiralig nach vorn eingerollt ist und durch Trennwände in mehrere Abschnitte unterteilt ist. Diese Kammern werden von einer Röhre, dem Sipho, durchzogen. Über den Sipho kann *Nautilus* den Gehalt an Flüssigkeit und Gasen in den hinteren Kammern regeln. Mithilfe dieser Luftkammern können die Tiere wie ein U-Boot in unterschiedlichen Wassertiefen schweben. Der mitgeführte Sauerstoff dient in sauerstoffarmen Regionen auch zur Atmung. *Nautilus* kommt ausschließlich im westlichen Pazifik vor, meist in Tiefen zwischen 400 und 700 Metern.

344.1 *Latimeria*

344.2 *Nautilus*

344.3 *Ginkgo*

Zu den „lebenden Fossilien" im Pflanzenreich gehört der Ginkgobaum. Im Erdmittelalter und im Tertiär waren die Ginkgogewächse eine weit verbreitete und artenreiche Gruppe. Rezent kommt nur noch die Art *Ginkgo biloba* vor, die ursprünglich in einem kleinen Rückzugsgebiet in China heimisch war, heute als Zierbaum aber weltweit angepflanzt wird. Der Ginkgobaum ist ein urtümlicher Vertreter der Nacktsamer, der keine näheren rezenten Verwandten hat. Charakteristisch sind die lang gestielten, von gegabelten Blattadern durchzogenen fächerförmigen Blätter mit einem Einschnitt in der Mitte. Weitere „lebende Fossilien" unter den Nacktsamern sind zum Beispiel die Mammutbäume.

Welche Ursachen maßgebend dafür sind, dass sich „lebende Fossilien" über Jahrmillionen kaum verändert haben, ist nicht genau bekannt. Eine Voraussetzung sind aber sicher konstante Bedingungen in ihrem Lebensraum. Das Fehlen von Konkurrenten und Feinden sowie die Isolation in kleinen Verbreitungsgebieten könnten weitere Ursachen sein.

1. Erläutern Sie den Begriff „lebende Fossilien" und begründen Sie, warum er in Anführungszeichen gesetzt wird!

2.3 Belege aus der Morphologie und Anatomie

Die Grabhände eines Maulwurfs und die Laufbeine von Pferden scheinen bei oberflächlicher Betrachtung zwei völlig unterschiedliche Konstruktionen von Gliedmaßen zu sein. Vergleicht man jedoch die Gliedmaßenskelette miteinander, so erkennt man eine übereinstimmende Gliederung in einen Oberarmknochen, zwei Unterarmknochen (Elle und Speiche) sowie in mehrere Handwurzel-, Mittelhand- und Fingerknochen. Lediglich die Proportionen sowie die Anzahl der Knochen in der Hand unterscheiden sich. Beim Maulwurf sind die Armknochen kurz und kräftig, zusätzlich zu den fünf gegliederten Fingern ist ein Sichelbein ausgebildet. Die kurzen Armknochen ergeben einen günstigen Hebelarm, die schaufelförmige Hand eine große Fläche beim Graben im Erdreich. Beim Pferd ist nur ein Finger voll ausgebildet, die Mittelhand ist stark verlängert. Dieser Gliedmaßenbau ermöglicht einen schnellen Lauf auf festem Untergrund.

Der Grundbauplan der Gliedmaßen ist bei allen Wirbeltieren gleich. Unterschiede lassen sich als Angepasstheit an verschiedene Funktionen erklären. Die Übereinstimmungen zwischen verschiedenen Wirbeltieren beschränken sich nicht nur auf die Gliedmaßen. Das gesamte Skelett, der Aufbau des Nervensystems, der Sinnesorgane, des Blutgefäßsystems und der übrigen inneren Organe lässt sich jeweils einem gemeinsamen Grundbauplan zuordnen. Die **vergleichende Anatomie** belegt, dass alle Wirbeltiere einer Verwandtschaftsgruppe angehören, die sich auf gemeinsame Vorfahren zurückführen lässt.

Organe, die einen gleichen Grundbauplan aufweisen und sich auf eine gemeinsame stammesgeschichtliche Ausgangsform zurückführen lassen, nennt man *homolog*. Durch Spezialisierung und **Funktionswechsel** können sich homologe Organe im Laufe einer Jahrmillionen dauernden Evolution stark verändern. So entwickelten sich beispielsweise aus den Greiforganen kleiner zweibeiniger Dinosauriervorfahren die Vogelflügel als Flugorgane. Die Gehörknöchelchen (Hammer, Amboss und Steigbügel) der Säugetiere entstanden durch Verlagerung von Kieferknochen in die Ohrregion.
Derartige evolutive Veränderungen erschweren in vielen Fällen das Erkennen von Homologien zwischen morphologischen und anatomischen Strukturen bei verschiedenen systematischen Gruppen von Lebewesen. Eine Hilfe zur Identifizierung homologer Strukturen geben mehrere so genannte **Homologiekriterien.** 1. *Kriterium der Lage:* Strukturen sind dann homolog, wenn sie in vergleichbaren Gefügesystemen gleich angeordnet sind. Ein

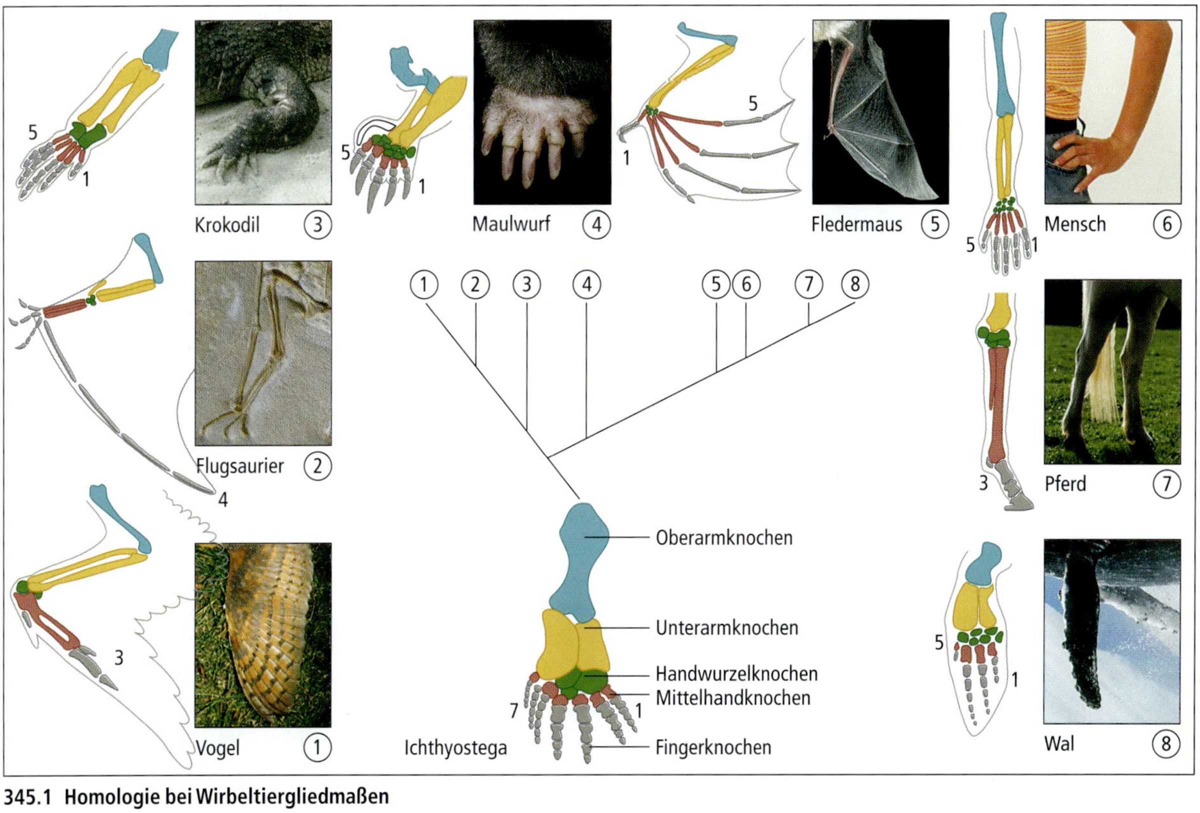

345.1 Homologie bei Wirbeltiergliedmaßen

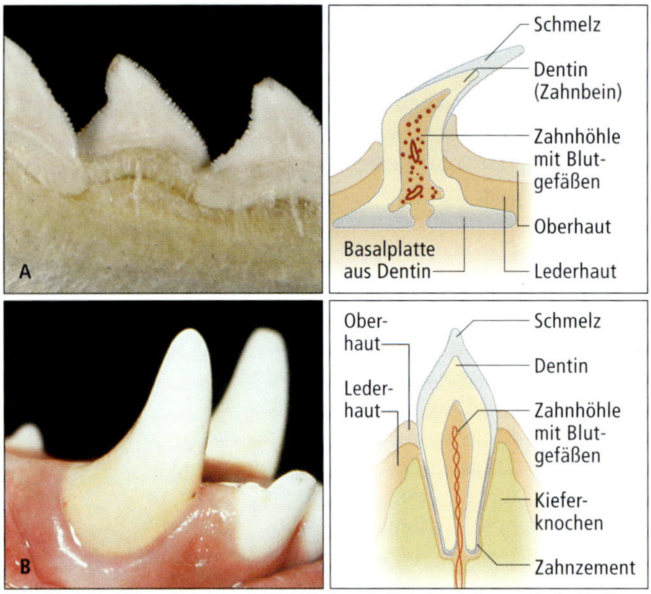

346.1 Homologe Zahnstrukturen. A Hautzahn beim Hai; **B** Säugetierzahn

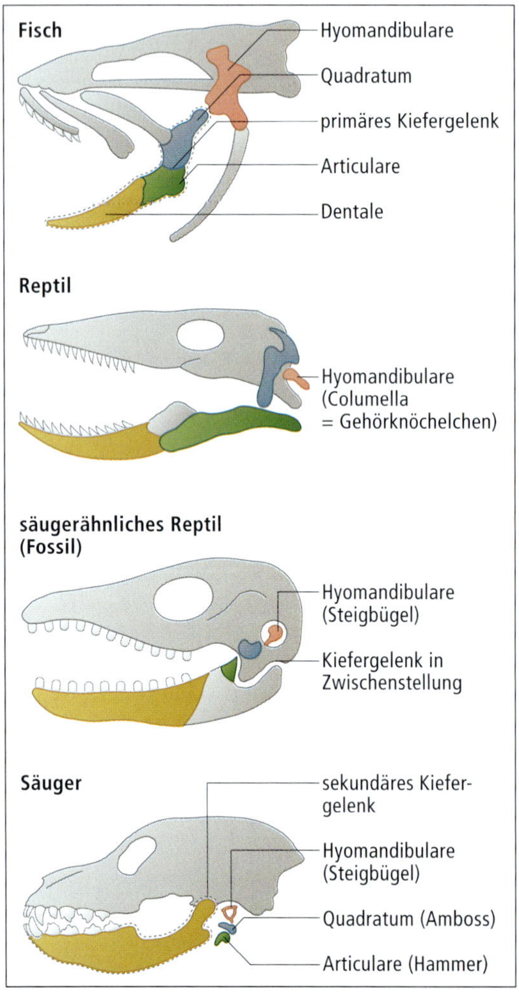

346.2 Entwicklung der Gehörknöchelchen

Beispiel für ein solches Gefügesystem sind die Gliedmaßen der Wirbeltiere. 2. *Kriterium der speziellen Qualität:* Ähnliche Strukturen können auch ohne Berücksichtigung ihrer Lage homologisiert werden, wenn sie in zahlreichen Sondermerkmalen übereinstimmen. Dieses Kriterium ermöglicht zum Beispiel eine Homologisierung der Hautzähne von Haifischen mit den Zähnen der übrigen Wirbeltiere. 3. *Kriterium der Verknüpfung durch Zwischenformen (Stetigkeitskriterium):* Die verschiedenen Ausbildungsformen homologer Organe treten nicht regellos auf, sondern sie bilden Entwicklungsreihen, deren Endpunkte durch Zwischenformen miteinander verbunden sind. Solche Zwischenformen treten manchmal während der Embryonalentwicklung auf, in anderen Fällen lassen sie sich an Fossilfunden nachweisen. Ein Beispiel für die Anwendung des Stetigkeitskriteriums ist die Entwicklung der Gehörknöchelchen bei Säugetieren.

Vogelflügel und die Flügel von Insekten, zum Beispiel von Schmetterlingen, haben als Flugorgane eine vergleichbare Funktion. Die Anwendung der Homologiekriterien zeigt allerdings, dass diese Strukturen nicht homolog sein können. Vogelflügel sind von Federn aus Horn bedeckt, außerdem haben sie ein Knochenskelett. Schmetterlingsflügel haben eine Auflage aus Chitinschuppen, die häutigen Flügel werden durch Versteifungen aus Chitin stabilisiert. Es bestehen also sowohl im Bauplan als auch im Material dieser Flügel grundlegende Unterschiede; sie können folglich nicht auf einen gleichen Ursprung zurückgeführt werden. Organe mit vergleichbarer Funktion, die in der Stammesgeschichte unabhängig voneinander entstanden sind, heißen *analog*. Die Ausbildung solcher funktionsgleichen Organe nennt man *konvergente Entwicklung* oder **Konvergenz.**

Konvergenzen findet man häufig in räumlich weit voneinander getrennten Regionen mit ähnlichen Lebensbedingungen. So haben beispielsweise die Kakteenartigen in Amerika und die Wolfsmilchgewächse Afrikas in Wüsten und Halbwüsten phänotypisch sehr ähnliche Arten mit Stammsukkulenz hervorgebracht. Fische, Wale und die ausgestorbenen Fischsaurier (Ichthyosaurier) zeigen eine ähnliche Körpergestalt. Da sich Fischsaurier aber aus ursprünglich auf dem Lande lebenden Reptilien entwickelt haben und Wale von an Land lebenden Säugern abstammen, muss ihre Körperform unabhängig voneinander entstanden sein. Auch die Umbildung der Flossen aus Laufgliedmaßen muss zweimal erfolgt sein. Somit ist der Bauplan des Flossenskeletts bei Fischsauriern und Walen zwar homolog, die Entstehung des Funktionstyps „Flosse" beruht jedoch auf einer konvergenten Entwicklung.

347.1 Analoge Organe. A Vogelflügel; **B** Schmetterlingsflügel

347.3 Konvergenz der Stammsukkulenz. A Kaktus; **B** Wolfsmilchgewächs

Wale haben keine Hintergliedmaßen mehr. Beim Grönlandwal werden allerdings noch Reste eines Beckengürtels sowie der Ober- und Unterschenkelknochen ausgebildet. Dies beweist, dass Wale von vierfüßigen Formen abstammen. Als diese vom Land zum Lebensraum Wasser übergingen, wurden die Hintergliedmaßen funktionslos. Eine allmähliche Rückbildung solcher nicht mehr benötigten Strukturen ist vorteilhaft, da sie mit einem verminderten Materialverbrauch und Energieersparnis verbunden ist. Sind wie beim Grönlandwal noch Reste derartiger Strukturen vorhanden, spricht man von **Rudimenten** oder *rudimentären Organen*.

In manchen systematischen Gruppen finden sich Arten, bei denen die Rückbildung von Organen unterschiedlich weit fortgeschritten ist. So haben unter den Echsen mit einer schlangenförmigen Körpergestalt die Erzschleichen, die im Mittelmeergebiet vorkommen, noch stummelförmige Gliedmaßenreste. Beim Scheltopusik, einer Schleichenart Südeuropas und Westasiens, sind äußerlich nur noch Reste der Hintergliedmaßen vorhanden. Die Blindschleiche hat gar keine Beine mehr, jedoch noch Skelettreste des Schulter- und Beckengürtels. Beim Menschen können die Weisheitszähne und das Steißbein als Rudimente aufgefasst werden. Der Blinddarm mit dem Wurmfortsatz ist der Rest eines früher umfangreicheren Darmabschnitts. Beim Wurmfortsatz hat ein Funktionswechsel zu einem lymphatischen Organ stattgefunden.

Ab und zu kommen Pferde mit einem zusätzlichen kleinen Huf zur Welt. Das Wiederauftreten eines Merkmals, das im Laufe der Evolution bereits verschwunden war, nennt man **Atavismus.** Atavismen beweisen, dass die Gene von zurückgebildeten Strukturen noch vorhanden sind, in der Regel aber nicht mehr phänotypisch ausgebildet werden.

1. Erläutern Sie das evolutive Wandlungspotenzial eines Bauplans am Beispiel der Wirbeltiergliedmaßen!
2. Begründen Sie, warum die Hautzähne der Haie und die Zähne der Säuger homolog sind!
3. Nennen Sie weitere Beispiele für Analogien und Konvergenzen!

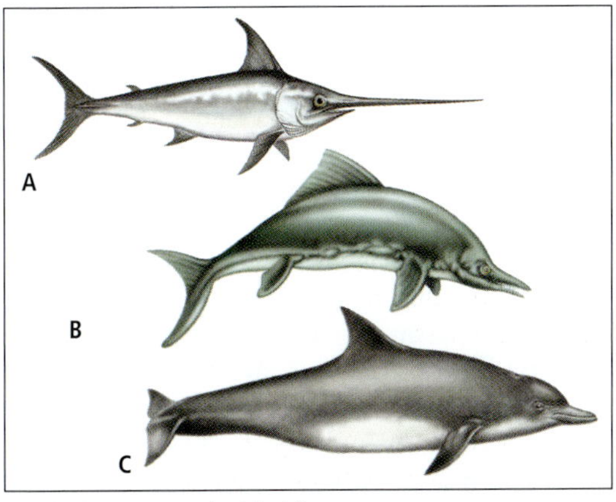

347.2 Konvergenz der Fischform.
A Schwertfisch; **B** Fischsaurier; **C** Tümmler

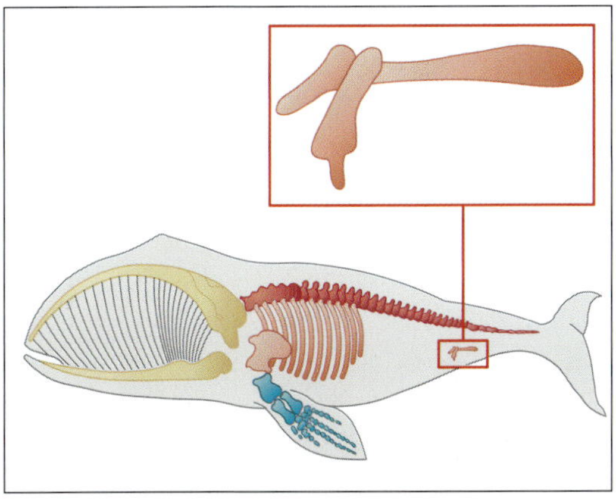

347.4 Rudimente beim Grönlandwal

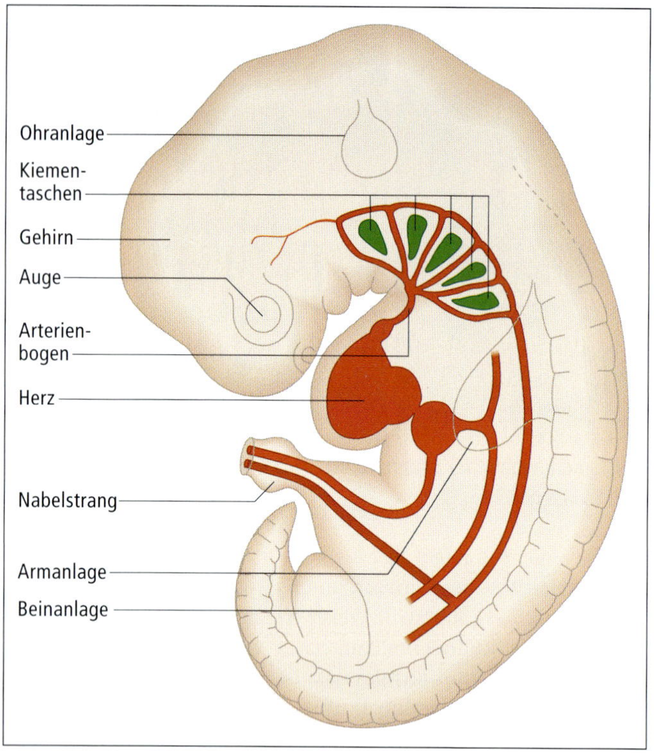

348.1 Embryonale Anlage von Arterienbögen und Kiementaschen beim Menschen

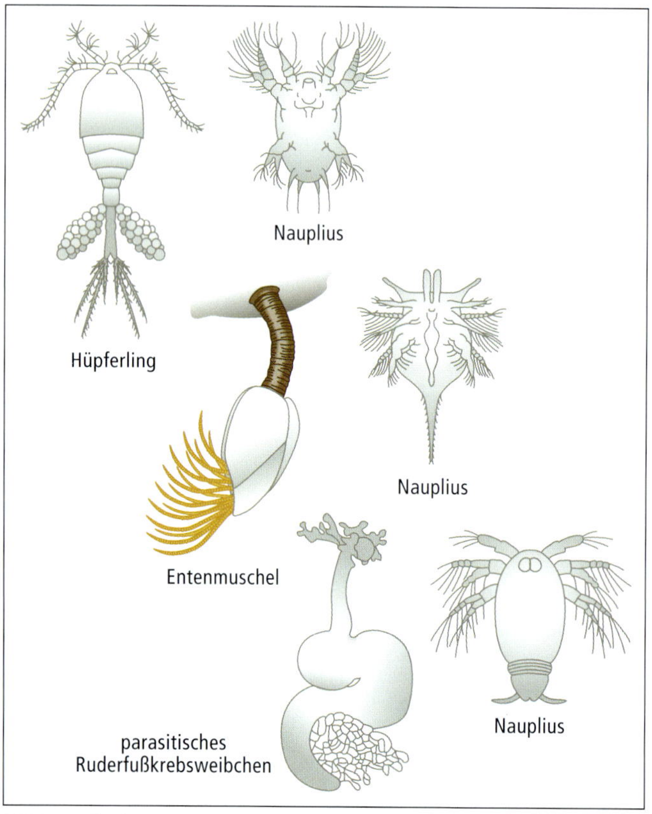

348.2 Krebstiere aus unterschiedlichen Lebensräumen und ihre Larven

2.4 Belege aus der Entwicklungsbiologie

Bei allen Landwirbeltieren einschließlich des Menschen wird in der frühen Embryonalentwicklung zunächst ein Herz mit nur einer Vor- und einer Hauptkammer angelegt, im Bereich des Vorderdarms entstehen mehrere paarige *Arterienbögen*. Dies entspricht prinzipiell der Organisation des Blutgefäßsystems bei Fischen. Am Vorderdarm entwickeln sich zudem Ausstülpungen, so genannte *Kiementaschen*, die sich allerdings nicht wie bei Fischen zu einem Kiemendarm mit einer von Spalten durchbrochenen Vorderdarmwand öffnen. Erst im Laufe der Embryonalentwicklung wird bei den Landwirbeltieren durch Reduktion der Arterienbögen und die weitere Differenzierung der Herzanlage sowie der bereits vorhandenen Blutgefäße die endgültige Organisation des Blutgefäßsystems entwickelt. Aus den Kiementaschen entstehen die Anlagen für das Mittelohr sowie für verschiedene Drüsen, vor allem für Thymus und Nebenschilddrüse. Diese Beispiele verdeutlichen, dass zu Beginn der **Ontogenese**, der Individualentwicklung, zunächst evolutionsbiologisch ursprüngliche Entwicklungsprozesse ablaufen, auf deren Basis dann erst die endgültige Organausbildung erfolgt.

Manche Tiere machen im Laufe ihrer Ontogenese so starke Veränderungen durch, dass eine systematische Zuordnung kaum noch möglich ist. Dies ist zum Beispiel bei einigen Arten von Krebstieren zu beobachten, die an völlig verschiedene ökologische Nischen angepasst sind. Beim planktonischen Hüpferling ist die Zugehörigkeit zu den Krebstieren für den Fachmann noch leicht zu erkennen. Entenmuscheln haben demgegenüber äußerlich keine Ähnlichkeit mit den Krebstieren: Sie sitzen mit einem Stiel am Untergrund fest und ihr Weichkörper ist von einer Schale aus fünf Kalkplatten bedeckt, durch die ein Filtrierapparat aus umgebildeten Brustbeinen (Rankenfüße) herausgestreckt werden kann. Der Aufbau der Gliedmaßen und die Gliederung des Weichkörpers weisen allerdings auch diese Tiere als Krebstiere aus. Bei den Weibchen eines parasitischen Ruderfußkrebses ist der Körper so stark umgestaltet, dass eine Ähnlichkeit mit den Krebsen gar nicht mehr vorhanden ist. Allerdings weist die Larve dieses Parasiten mit den *Nauplius*-Larven von Hüpferling und Entenmuschel so große Übereinstimmungen auf, dass auch in diesem Fall die Zugehörigkeit zu den Krebstieren eindeutig wird. Hier gibt also die Larvenform Aufschluss über die verwandtschaftlichen Beziehungen.

1. Vergleichen Sie das embryonale Blutgefäßsystem mit dem eines erwachsenen Menschen und deuten Sie die ontogenetische Entwicklung evolutionsbiologisch!

EXKURS Haeckel und das „biogenetische Grundgesetz"

Die frühen Stadien der Embryonalentwicklung sind bei allen Wirbeltieren sehr ähnlich. Dies erkannte bereits 1828 der Zoologe Karl Ernst von Baer, der dies als *Gesetz der Embryonenähnlichkeit* beschrieb. 1866 formulierte Ernst Haeckel, ein begeisterter Anhänger der Evolutionstheorie Darwins, in seinem Buch „Generelle Morphologie" ein *biogenetisches Grundgesetz:* *„Die Ontogenesis* (Ontogenese) *ist eine kurze und schnelle Rekapitulation* (Wiederholung) *der Phylogenesis* (Stammesentwicklung)".
Um dieses Gesetz zu belegen, veröffentlichte Haeckel Zeichnungen von Embryonalstadien verschiedener Wirbeltiere. Später stellte sich allerdings heraus, dass die Darstellungen der frühen Stadien weitgehend identisch waren und die tatsächlich vorhandenen Unterschiede nicht berücksichtigten. Haeckel hatte die Abbildungen ganz offensichtlich seinen evolutionsbiologischen Vorstellungen gemäß idealisierend angepasst. Noch in jüngster Zeit wurde er deshalb der wissenschaftlichen Fälschung bezichtigt.

Dies ändert freilich nichts daran, dass Haeckels Kernaussage richtig ist. So lässt sich beispielsweise die Bildung von Zahnanlagen bei den Embryonen der später zahnlosen Bartenwale nur dadurch erklären, dass Bartenwale von Zähne tragenden Vorfahren abstammen.

Heute sind sich Evolutionsbiologen jedoch darin einig, dass das „biogenetische Grundgesetz" zu stark verallgemeinert und keineswegs den Rang eines Naturgesetzes hat, sondern allenfalls als Regel gelten kann („biogenetische Grundregel"). Allerdings wird die Stammesentwicklung in der Ontogenese nicht einfach wiederholt. So durchläuft beispielsweise ein Säuger niemals zunächst ein Fisch-, dann ein Amphibien- und schließlich ein Reptilienstadium. Nicht die Erwachsenenformen stammesgeschichtlicher Vorfahren werden wiederholt, sondern lediglich einzelne und zudem nicht vollständig ausgebildete Anlagen ihrer Baupläne. Heute weiß man auch etwas über die genetischen Grundlagen dieser ähnlichen Entwicklungsabläufe. Sie beruhen unter anderem auf gleichen oder ähnlichen Entwicklungskontrollgenen, die den Ablauf der Embryonalentwicklung regulieren. Allerdings weist jede systematische Gruppe bereits in der Embryonalentwicklung auch charakteristische Besonderheiten auf. Ein Beispiel dafür ist die Ausbildung von Plazenta und Nabelschnur bei Säugetieren.

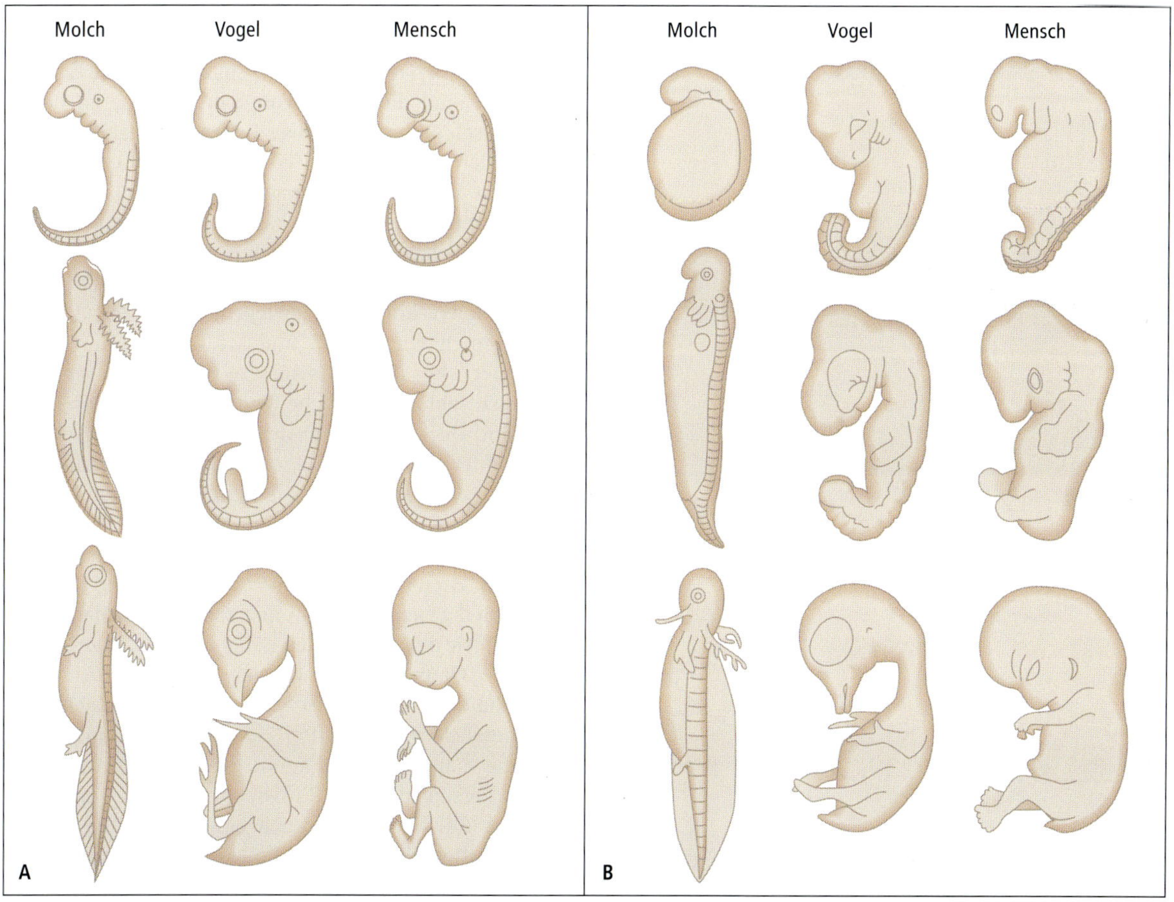

349.1 Zeichnungen von Embryonalstadien bei Wirbeltieren. **A** nach Haeckel; **B** nach dem heutigen Erkenntnisstand

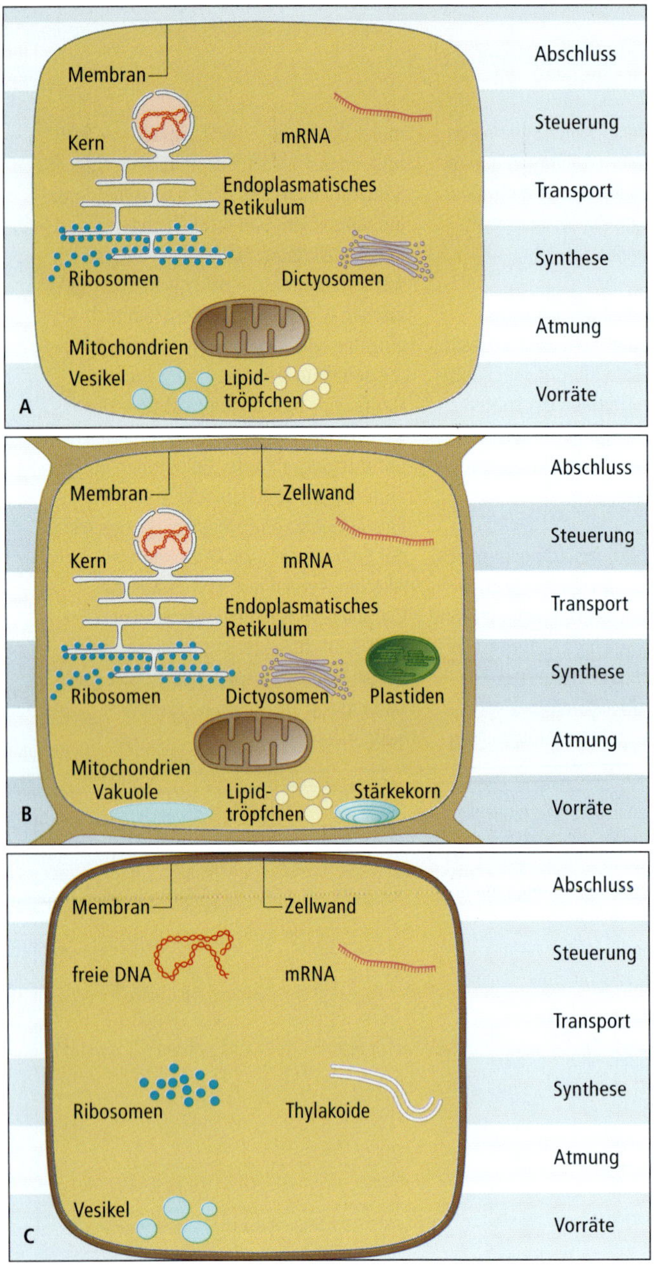

350.1 Zelltypen. A Tier; **B** Pflanze; **C** Prokaryot

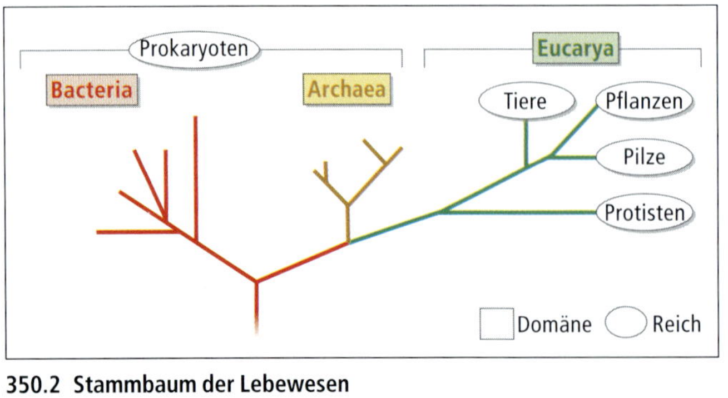

350.2 Stammbaum der Lebewesen

2.5 Belege aus der Zellbiologie

Lebewesen treten in einer großen Mannigfaltigkeit auf, die mehrere Millionen verschiedene Arten umfasst. Alle diese Lebensformen weisen ein gemeinsames Bauelement auf: Sie bestehen aus Zellen. Zellen werden nach außen durch eine selektiv permeable Membran abgeschlossen. Grundlegende Lebensvorgänge wie die Umsetzung der in doppelsträngiger DNA gespeicherten Erbinformation zu Proteinen sowie Transportvorgänge und Stoffwechselreaktionen laufen in jeder Zelle ab. Neue Zellen können nur durch Teilung oder Verschmelzung bereits vorhandener Zellen entstehen.

Diese grundsätzlichen Übereinstimmungen sind ein starkes Indiz dafür, dass alle heutigen Lebensformen einen gemeinsamen Ursprung haben. Allerdings gibt es verschiedene Organisationsformen von Zellen, die jeweils spezifische Besonderheiten aufweisen. Eine starke innere Gliederung in verschiedene Zellkompartimente weisen die **Eukaryoten** *(Eucarya)* auf. Bei ihnen liegt die DNA in einem Zellkern mit einer Kernhülle. Pflanzenzellen haben eine Zellwand mit Cellulose als Gerüstsubstanz. Bei Pilzen gibt es ebenfalls eine Zellwand, die jedoch Chitin enthält, eine Verbindung, die auch bei Gliedertieren vorkommt. Die Unterschiede im Zellaufbau zeigen, dass die rezenten Eukaryoten verschiedene Evolutionslinien repräsentieren. Einfacher als die Eukaryoten sind die **Prokaryoten** organisiert, zu denen ausschließlich einzellige Lebewesen gehören. Ihre Zellen haben keinen Zellkern; die ringförmige DNA liegt frei im Cytoplasma. Genaue Untersuchungen ergaben, dass die Prokaryoten keine einheitliche Gruppe darstellen, sondern in **Bakterien** *(Bacteria)* und **Archaeen** *(Archaea)* unterteilt werden müssen. Archaeen kommen vorwiegend in extremen Lebensräumen wie heißen und schwefelsauren Quellen oder sehr salzigen Gewässern vor. Sie repräsentieren eine sehr altertümliche Gruppe von Lebewesen und sind Überlebende aus der Urzeit der Erde. Von den Bakterien unterscheiden sich Archaeen darin, dass ihre Zellwände nicht aus Murein bestehen. Weitere Unterschiede bestehen im Aufbau der RNA-Polymerase sowie im Ablauf einiger Stoffwechselreaktionen. Archaeen können nicht die Vorfahren der Bakterien gewesen sein. In manchen Eigenschaften stehen sie den Eukaryoten näher als den Bakterien.

Die Unterschiede zwischen Bakterien, Archaeen und Eukaryoten weisen auf eine frühe Auffächerung der Lebewesen in drei Hauptevolutionslinien hin, die man **Domänen** nennt. Berücksichtigt man die unterschiedlichen Entwicklungslinien innerhalb der Eukaryoten, ist auch eine Gliederung in fünf **Reiche** sinnvoll. Diese umfassen Prokaryoten, Protisten (einzellige Eukaryoten und Algen), Pilze, Tiere und Pflanzen.

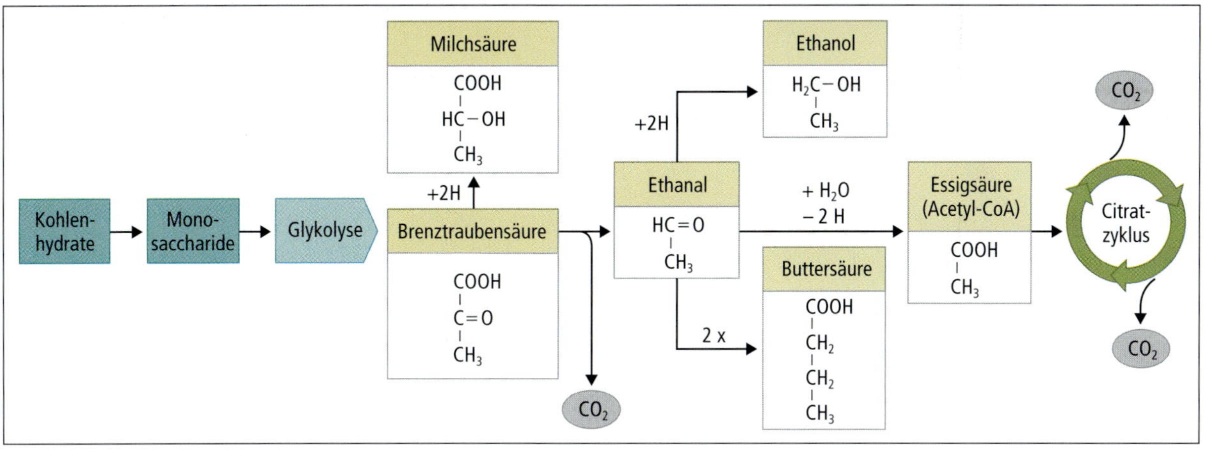

351.1 Abbauwege von Kohlenhydraten

2.6 Belege aus der Molekularbiologie

Im Betriebsstoffwechsel gibt es mehrere Möglichkeiten des Kohlenhydratabbaus: Unter anaeroben Bedingungen laufen Gärungen ab, etwa bei verschiedenen Bakterien und Hefen. Ist Sauerstoff vorhanden, bauen die meisten Lebewesen Kohlenhydrate über den Citratzyklus vollständig ab. Bei beiden Abbauwegen ist der Beginn der Reaktionsfolge, die Glykolyse, gleich. Die ersten Lebewesen, die noch in einer sauerstofffreien Umgebung lebten, entwickelten offenbar zunächst die Glykolyse. Später, als sich die Atmosphäre durch Fotosynthese betreibende Lebensformen mit Sauerstoff anreicherte, entstanden Citratzyklus und Atmungskette, die eine optimale Ausnutzung der in Kohlenhydraten enthaltenen Energie ermöglichen. Die Reaktionsketten blieben seit ihrer Entstehung fast unverändert, da jede Mutation, die ein Enzym unwirksam macht, ausreicht, den gesamten Ablauf zum Stillstand zu bringen. Solche Mutationen sind daher tödlich (letal).

Dafür, dass viele Stoffwechselprozesse universell sind, gibt es also funktionelle Gründe. Für ein anderes universelles Merkmal, das bei allen Lebewesen in gleicher Form vorhanden ist, gilt dies jedoch nicht: Es gibt keinen funktionellen Grund dafür, dass das Basen-Triplett GGC bei so unterschiedlichen Arten wie Menschen, Mücken und Bakterien die Aminosäure Glycin codiert. Der **genetische Code** ist nicht nur *universell*, sondern auch *willkürlich*. In dieser Hinsicht gleicht er einer Sprache: Nichts an einem Pferd erfordert, dass es durch die Buchstabenfolge *P-f-e-r-d* codiert wird; jede andere Buchstabenfolge, wie etwa *h-o-r-s-e*, ist ebenfalls möglich. Hätten sich Menschen, Mücken und Bakterien unabhängig voneinander entwickelt, wäre es außerordentlich erstaunlich, dass alle diese Arten über den gleichen genetischen Code verfügen. Die Universalität des genetischen Codes ist jedoch leicht zu erklären, wenn man annimmt, dass sämtliche Arten von einem gemeinsamen Vorfahren abstammen. Der genetische Code ist also eine **Universalhomologie.** Selbst Kritiker der Evolutionstheorie, die darauf hinweisen, dass man bei einigen Arten geringfügige Variationen in einigen Codons gefunden hat, geben zu, dass der genetische Code aller bisher untersuchten Lebewesen derart ähnlich ist, „dass man daraus auf einen gemeinsamen Ursprung schließen muss."

Die Immunbiologie der Säugetiere liefert einen weiteren Beleg für diese Hypothese. Im Blut dieser Tiere kommen große Mengen *Serumproteine* mit unterschiedlichen Aufgaben vor. Viele dieser Serumproteine sind artspezifisch. Artfremde Serumproteine werden vom Immunsystem als Antigene erkannt und durch eine Antigen-Antikörper-Reaktion gebunden. Im Reagenzglas kann man diese Reaktion sichtbar machen, weil die Verbindung aus Antigen und Antikörper unlöslich ist und ausfällt *(Präzipitation)*. Antikörper, die eine solche Präzipitation verursachen, heißen *Präzipitine*, das Ausfällen nennt man **Präzipitinreaktion.**
Spritzt man einem Kaninchen menschliches Blutserum ein, so bildet das Tier spezifische Antikörper gegen die menschlichen Serumproteine. Nach einiger Zeit kann man dem Kaninchen Blut entnehmen und daraus das Serum mit den Antikörpern gegen die menschlichen Serumproteine isolieren. Vermischt man eine Probe dieses Serums (Anti-Human-Serum) mit menschlichem Blutserum, so werden alle Serumproteine durch die Antikörper gebunden und ausgefällt. Verwendet man für den Test hingegen das Blutserum eines Schimpansen, so werden nur 85 Prozent der Serumproteine ausgefällt. Dieser Anteil der Serumproteine des Schim-

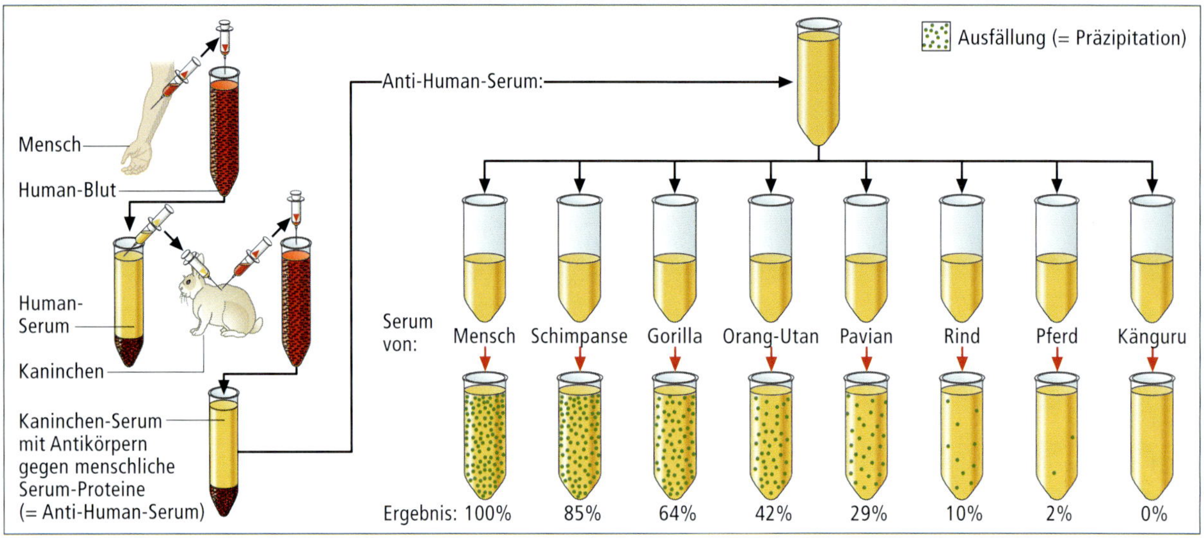

352.1 Präzipitinreaktion

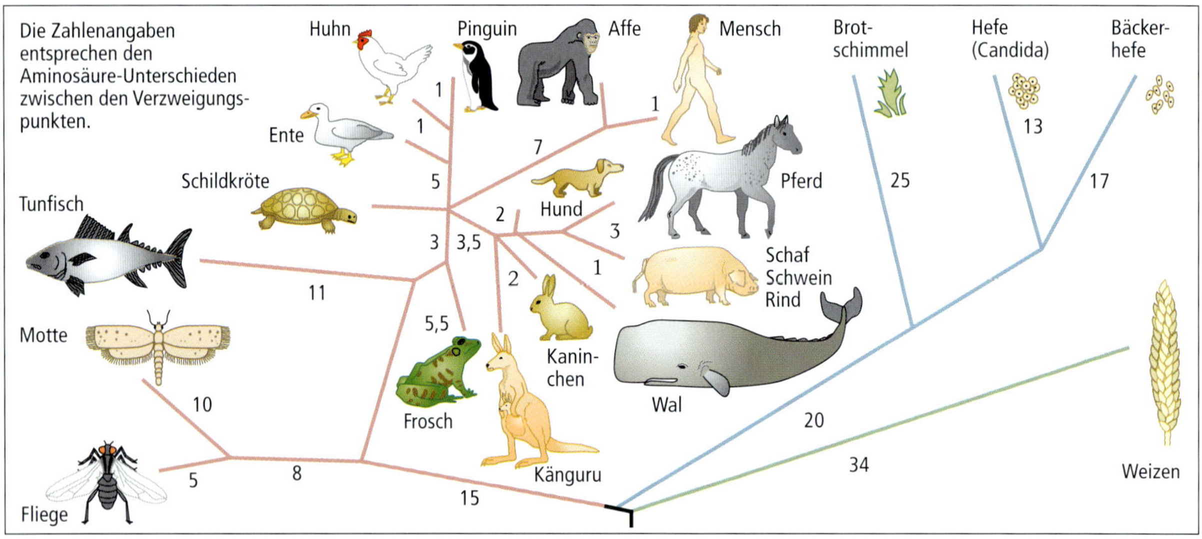

352.2 Stammbaum ausgewählter Arten nach Unterschieden in der Cytochrom-c-Sequenz

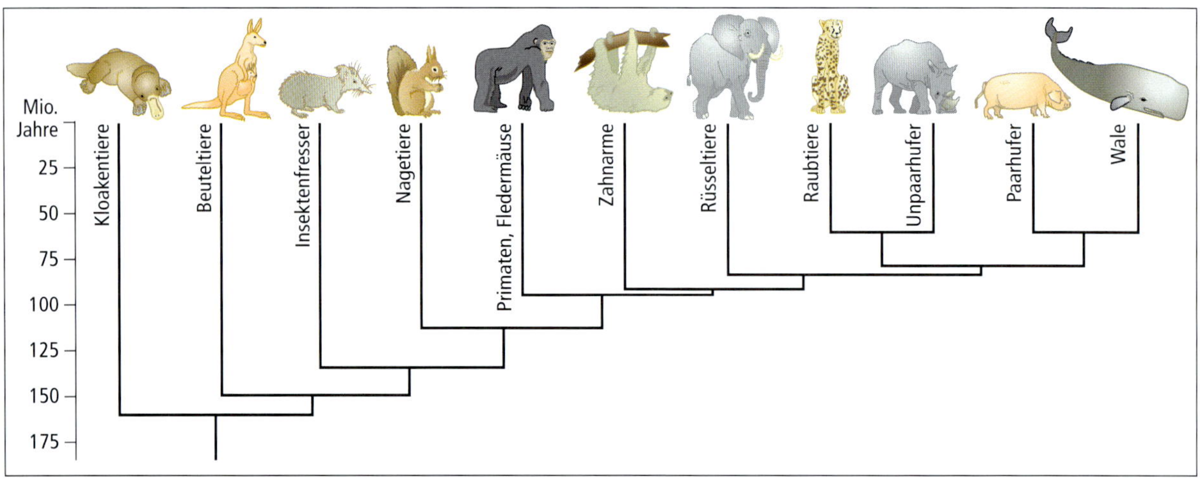

352.3 Stammbaum der Säugetiere nach DNA-Sequenzanalysen

pansen muss sehr ähnlich oder sogar identisch mit denen des Menschen sein. Lediglich 15 Prozent sind spezifische Proteine des Schimpansen, für die im Anti-Human-Serum keine entsprechenden Antikörper enthalten sind. Mithilfe der Präzipitinreaktion kann man den Anteil gleicher oder sehr ähnlicher Serumproteine bei verschiedenen Arten von Lebewesen bestimmen. Bei nahe verwandten Arten ist dieser Wert besonders groß.

Molekularbiologische Unterschiede kann man nutzen, um **Stammbäume** aufzustellen, die die phylogenetischen Entwicklungslinien nachzeichnen. Zur Untersuchung eignet sich beispielsweise das Enzym Cytochrom-c, das bei allen Lebewesen mit vollständigem Kohlenhydratabbau in der Atmungskette vorkommt. Das Molekül besteht aus einer Kette von mehr als 100 Aminosäuren. Ein Vergleich der Aminosäuresequenz des Cytochrom-c bei verschiedenen Arten von Lebewesen zeigt, dass mehr oder weniger große Unterschiede bestehen. Aus diesen Unterschieden lässt sich ein Stammbaumschema aufstellen.
Je größer die Anzahl der Aminosäure-Unterschiede in einem Protein bei verschiedenen Arten ist, um so länger muss der Zeitpunkt zurückliegen, seit sich die Entwicklungswege voneinander getrennt haben. Wenn man von einer konstanten Geschwindigkeit für den Aminosäure-Austausch ausgeht, müsste es möglich sein, die Verzweigungen in einem Stammbaum auch zeitlich zuzuordnen. In einigen Fällen ist dies tatsächlich gelungen, weil man bestimmte Evolutionsereignisse über Fossilfunde datieren konnte. Beim Cytochrom-c tritt ein Aminosäure-Austausch im Mittel etwa alle 22 Millionen Jahren auf. Sind derartige Informationen bekannt, lassen sich Unterschiede in der Aminosäuresequenz als **molekulare Uhren** verwenden. Man hat herausgefunden, dass sich die Evolutionsgeschwindigkeit bei verschiedenen Proteinen voneinander unterscheidet. Besonders groß ist die Evolutionsrate bei solchen Proteinen, die ihre Funktionsfähigkeit auch bei Veränderungen ihrer räumlichen Struktur nicht verlieren. Dies ist beispielsweise bei einigen Proteinen der Fall, die an der Blutgerinnung beteiligt sind.

Unterschiede in der Aminosäuresequenz von Proteinen sind das Ergebnis von Mutationen; sie sind also genetisch bedingt. Seit entsprechende Methoden zur Verfügung stehen, insbesondere die DNA-Sequenzanalyse, konzentriert sich die evolutionsbiologische Forschung auf molekularer Ebene auf die direkte Untersuchung der Nucleinsäuren. Vergleicht man die Nucleotidsequenz homologer DNA-Abschnitte bei verschiedenen Arten, so lassen sich aus den Unterschieden Stammbäume errechnen, die

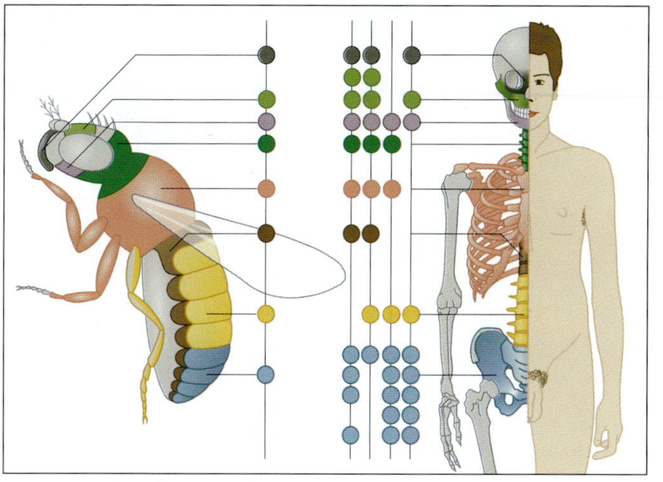

353.1 Homologe homöotische Gene bei *Drosophila* und Mensch

die Verwandtschaftsbeziehungen der untersuchten Lebewesen wiedergeben. Die Ergebnisse stimmen meist gut mit Stammbäumen überein, die mit herkömmlichen Methoden wie der vergleichenden Anatomie und der Homologieforschung aufgestellt wurden. In manchen Fällen führten molekularbiologische Untersuchungen allerdings zu Überraschungen. So stellte sich beispielsweise heraus, dass die nächsten Verwandten der Paarhufer nicht die Unpaarhufer sind, wie man lange Zeit gedacht hatte, sondern die Wale.

Unerwartete Ergebnisse erbrachte auch die vergleichende Untersuchung von Genen, die die Embryonalentwicklung regulieren. Zu diesen *Entwicklungskontrollgenen* gehören die *homöotischen Gene*, die Einfluss auf die Körpergliederung nehmen. Es zeigte sich, dass die homöotischen Gene von so unterschiedlichen Lebewesen wie beispielsweise dem Menschen und der Fruchtfliege *Drosophila* homolog sind und im Aufbau und in ihrer Anordnung auf den Chromosomen prinzipiell übereinstimmen. Beim Menschen liegen diese Gene lediglich in mehreren Kopien auf unterschiedlichen Chromosomen vor. Die Wirkungsweise homologer homöotischer Gene ist vergleichbar: Sie bewirken bei beiden Arten zum Beispiel die Segmentierung oder die Ausbildung des Hals- und Brustbereiches. Offenbar lassen sich Säuger und Insekten auf einen gemeinsamen Ur-Bauplan zurückführen.

1. Erläutern Sie die Gewinnung von Anti-Human-Serum und erklären Sie das Ergebnis der Präzipitinreaktion!
2. Beschreiben Sie den Stammbaum der Säugetiere! Erläutern Sie molekularbiologische Methoden, die zur Erstellung eines derartigen Schemas angewendet werden können!
3. Vergleichen Sie die Funktion sich entsprechender homöotischer Gene bei *Drosophila* und Mensch!

354.1 Endemische Natternkopf-Arten *(Echium)* der Kanarischen Inseln. A *E. webbii* (La Palma); **B** *E. lancerottense* (Lanzarote); **C** *E. giganteum* (Teneriffa); **D** *E. onosmifolium* (Gran Canaria)

2.7 Belege aus der Biogeographie

Der Natternkopf *(Echium)* ist eine Gattung der Raublattgewächse, die vorwiegend in trockenen Lebensräumen zu finden ist. In Deutschland kommt nur eine Art als krautige Pflanze vor. Auf den Kanarischen Inseln wachsen demgegenüber etwa 30 meist strauchförmige Natternkopfarten, von denen die meisten nur auf diesem Archipel zu finden sind, manche von ihnen sogar ausschließlich auf einer der Inseln. Arten, die nur in einem eng begrenzten Gebiet vorkommen, werden **endemisch** genannt. Insgesamt sind etwa ein Drittel der Pflanzenarten auf den Kanarischen Inseln endemisch und kommen nirgendwo sonst auf der Erde vor.

Die vielen endemischen Pflanzenarten der Kanarischen Inseln sind ein Beleg für die unterschiedliche Entwicklungsgeschichte auf den einzelnen Inseln. Offenbar war die räumliche Trennung der Inseln voneinander und vom Festland, die geographische **Isolation**, eine wesentliche Voraussetzung für die Evolution der endemischen Formen. Gründerpopulationen ursprünglicher Arten, die zufällig den Archipel erreicht hatten, meist aus dem Mittelmeergebiet oder aus dem benachbarten Afrika, entwickelten sich oft ohne Kontakt zu entsprechenden Populationen auf den Nachbarinseln weiter und besetzten unterschiedliche ökologische Nischen. Im Laufe der Zeit entstanden daraus neue Arten. Man spricht von **Entstehungsendemismus.** Andererseits fehlen auf solchen ozeanischen Inselgruppen manchmal ganze systematische Gruppen, die diese *Isolationsräume* nie erreicht haben. So kommen auf den Kanarischen Inseln keine Schlangen vor.

Auf den Nordkontinenten (Eurasien und Nordamerika) unterscheidet sich die Zusammensetzung der Flora und Fauna in vergleichbaren Klimazonen nur wenig. Die Südkontinente (Südamerika, Afrika und Australien) haben demgegenüber jeweils eine eigenständige charakteristische Tier- und Pflanzenwelt. Dies liegt daran, dass diese Landmassen bereits seit etwa 100 Millionen Jahren voneinander getrennte Isolationsräume sind.
Besonders viele Endemiten weist Australien auf. Etwa 80 Prozent der Pflanzenarten sind endemisch, darunter allein über 500 Arten der Gattung *Eucalyptus*. Kloakentiere (Schnabeltier und Ameisenigel) kommen nur in Australien vor, Beuteltiere weisen mit weit über 200 Arten eine große Mannigfaltigkeit auf. Viele Beuteltierarten haben durch konvergente Entwicklung eine ähnliche Körpergestalt ausgebildet wie Plazentasäugetiere in vergleichbaren ökologischen Nischen anderer Kontinente. An Plazentasäugetieren gab es vor der Besiedlung Australiens durch den Menschen lediglich Fledermäuse sowie einige Arten von Nagetieren.
Wie Fossilfunde belegen, waren Beuteltiere in früheren Zeiten der Erdgeschichte weltweit verbreitet. Außer in Australien kommen sie heute mit wenigen Arten nur noch in Amerika vor. Ihr großräumiges Aussterben ist wahrscheinlich auf die Konkurrenz mit den später entstandenen Plazentasäugetieren zurückzuführen. Deren Evolution vollzog sich erst vor etwa 65 Millionen Jahren außerhalb Australiens, zu einer Zeit, als dieser Kontinent bereits lange von den übrigen Landmassen isoliert war. Ohne Konkurrenz zu den Plazentasäugetieren konnten Beuteltiere und Kloakentiere dort bis heute überleben. Man spricht von **Reliktendemismus.**

EXKURS Kontinentalverschiebung

Manche altertümlichen Tier- und Pflanzengruppen kommen vorwiegend oder ausschließlich auf den Südkontinenten vor, während sie in entsprechenden Klimazonen der Nordkontinente fehlen. So leben Lungenfische nur in Südamerika, Afrika und Australien. Proteagewächse (Silberbaumgewächse), von denen einige Arten wegen ihrer auffälligen Blüten als Zierpflanzen gezüchtet werden, haben ihr Hauptverbreitungsgebiet in den Hartlaubwäldern Australiens und Südafrikas. Ein solches Vorkommen in mehreren weit voneinander entfernten Gebieten heißt **disjunkte Verbreitung.**

Besonders auffällig werden die Gemeinsamkeiten zwischen den Südkontinenten, wenn man Fossilien aus dem Erdaltertum und dem frühen Erdmittelalter mit einbezieht. Farnsamer der Gattung *Glossopteris* sind aus Südamerika, Afrika, der Antarktis, Indien und Australien bekannt. Das Reptil *Lystrosaurus* kam in Afrika, Indien und der Antarktis vor.

Solche Gemeinsamkeiten waren auch dem deutschen Geophysiker Alfred WEGENER (1880 bis 1930) aufgefallen. Gestützt auf Indizien aus der Biogeographie, der Paläontologie sowie weiteren Hinweisen, vor allem aus der Geologie der Südkontinente, entwickelte er 1912 die **Kontinentalverschiebungstheorie.** Danach hatten die Landmassen auf der Erde nicht immer die gleiche Lage zueinander wie heute. Vor 250 Millionen Jahren gab es nur einen riesigen zusammenhängenden Kontinent (Pangäa). Als dieser auseinander brach, blieben die Südkontinente (Gondwana), zu denen auch Indien gehört, zunächst noch zusammen. Erst im Verlauf des Erdmittelalters löste sich auch Gondwana in einzelne Landmassen auf.

WEGENERs kühne Theorie stieß zunächst auf Ablehnung, da er die Kräfte nicht hinreichend erklären konnte, die die Bewegungen der Kontinente bewirken. Heute glaubt man diese Kräfte in Konvektionsströmen im Erdmantel gefunden zu haben. Die Kontintalverschiebungstheorie wurde zu einer umfassenden

355.1 Plattengrenze auf Island (Graben)

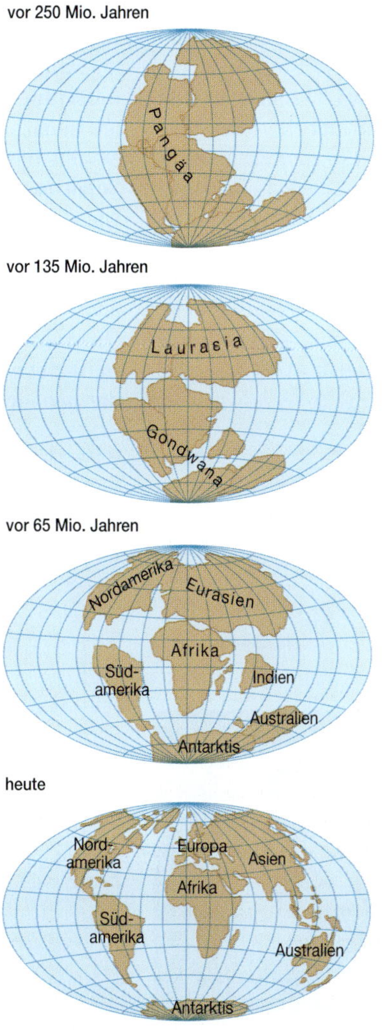

355.2 Kontinentalverschiebung

Theorie der **Plattentektonik** weiter entwickelt. Danach bewegen sich im Laufe der Erdgeschichte nicht nur die Kontinente selbst. Vielmehr ist die gesamte feste Erdkruste, die aus vielen Teilstücken *(Platten)* besteht, in ständiger Bewegung.

In manchen Gebieten der Erde sind die Ränder der Platten direkt sichtbar. So sind Faltengebirge wie die Alpen oder der Himalaya das Ergebnis der Kollision zweier Platten. An anderen Stellen bewegen sich zwei Platten voneinander weg. Das Ergebnis einer solchen Dehnung der Erdkruste macht sich als Grabenbruch bemerkbar. Solche Gräben durchziehen beispielsweise Island und Ostafrika.

Durch die Plattentektonik lässt sich die disjunkte Verbreitung der Lungenfische und anderer Tier- und Pflanzengruppen gut erklären. Als der Gondwana-Kontinent im Erdmittelalter noch eine einheitliche Landmasse bildete, lebten sie in einem zusammenhängenden Verbreitungsgebiet. Erst das Auseinanderstreben dieser Platten führte zur Bildung und Isolation der heutigen Südkontinente. Die randliche Lage Australiens im Gondwana-Kontinent ist die Ursache für die frühe Isolation und die eigenständige Evolution in diesem Raum.

In einigen Millionen Jahren wird sich die Lage der Kontinente gegenüber heute wieder verändert haben. Der Grabenbruch in Ostafrika vertieft sich vielleicht so weit, dass sich ein Meeresarm bilden kann und Ostafrika vom übrigen afrikanischen Kontinent trennt. So könnte ein neuer Isolationsraum entstehen, ähnlich wie die Insel Madagaskar, die bereits beim Auseinanderbrechen von Gondwana den Kontakt zu Afrika verloren hat.

1. Beschreiben Sie die Lageveränderungen der Kontinente seit dem Erdmittelalter!
2. Nord- und Südamerika sind heute durch eine Landbrücke verbunden. Erklären Sie, warum Flora und Fauna dennoch große Unterschiede aufweisen!

3 Evolutionsmechanismen

3.1 Genetische Variation – Grundlage evolutiven Wandels

Auf den ersten Blick widerspricht die Idee einer Evolution dem gesunden Menschenverstand: Schafe erzeugen schließlich immer nur Schafe, aus einem Hühnerei schlüpft immer nur ein Huhn, und auch aus einem Bohnenkeim wächst immer nur eine Bohne heran, niemals ein Stiefmütterchen. Die Ursache für diese Kontinuität ist die *Vererbung:* Eltern geben an ihre Nachkommen Kopien ihrer Gene weiter, die dafür sorgen, dass sich beispielsweise aus einem befruchteten Hühnerei wieder ein erwachsenes Huhn entwickelt. Allerdings sind die Nachkommen von Hühnern, Schafen und Bohnen nie perfekte Kopien ihrer Eltern. Tatsächlich kommt es in der Natur außerordentlich selten vor, dass zwei Lebewesen einander „aufs Haar" gleichen. Nur *eineiige Zwillinge* sehen einander so ähnlich, dass selbst ihre Eltern oft Mühe haben, sie auseinander zu halten. Zweieiige Zwillinge unterscheiden sich dagegen ebenso wie „normale" Geschwister.
Beim Menschen ist eine von etwa 90 Geburten eine Zwillingsgeburt, und nur ein Drittel aller Zwillinge sind eineiig. Dass diese einander so ähnlich, zweieiige Zwillinge dagegen oft so verschieden sind, liegt an ihrer Entstehung: Zu eineiigen Zwillingen kommt es, wenn sich ein Embryo in einem frühen Entwicklungsstadium teilt und beide Zellgruppen zu selbstständigen Individuen heranwachsen; genetisch sind diese beiden Individuen vollkommen identisch, da sie aus einer einzigen befruchteten Eizelle hervorgegangen sind.

Zweieiige Zwillinge entstehen dagegen, wenn zwei Eizellen nahezu gleichzeitig im Mutterleib heranreifen und befruchtet werden. Sie haben daher nicht mehr Erbanlagen gemeinsam als andere Geschwister auch.

Dass sich Menschen – und auch die Angehörigen anderer Arten – voneinander unterscheiden und dass viele dieser Unterschiede erblich sind, scheint keine besonders epochale Entdeckung zu sein. Aber lange Zeit sah man individuelle Unterschiede als unbedeutend an: Sie galten ähnlich wie das Rauschen bei einem schlecht eingestellten Radiosender als bloßer Ausdruck der Unvollkommenheit in der Natur. Über das eigentliche „Wesen" von Menschen und anderen Arten, ihre unveränderliche „Essenz", sagten individuelle Unterschiede nichts aus. Diese auf den griechischen Philosophen PLATON (427 bis 346 v. Chr.) zurückgehende Philosophie trägt den Namen **Essenzialismus.** Erst Charles DARWIN gelang es, das essenzialistische Denken zu überwinden und damit die biologische Bedeutung **individueller genetischer Variation** zu erkennen: Sie ist das „Rohmaterial", an dem der Hauptmechanismus der Evolution, die natürliche Auslese oder **Selektion** ansetzen kann.
Die meisten sichtbaren Merkmale – Größe, Gewicht, Augenfarbe und viele andere – variieren zumindest ein wenig. Manche, wie der menschliche Fingerabdruck, sind sogar so variabel, dass man sie zur Überführung von Straftätern benutzen kann. Aber Individuen unterscheiden sich auch in Merkmalen, die man nicht sehen kann, wie ihren Blutgruppen.

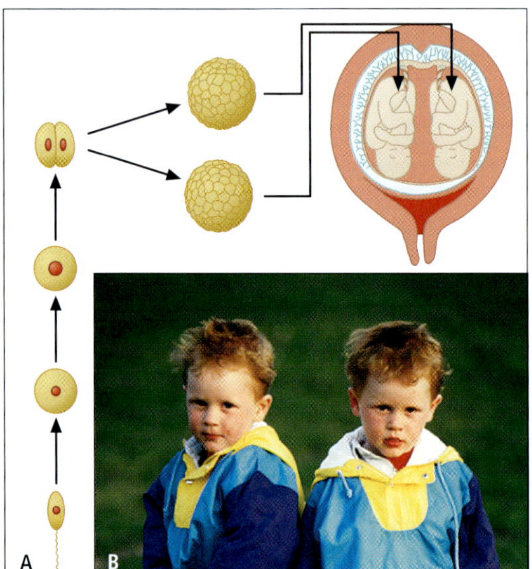

356.1 Eineiige Zwillinge. A Entstehung (Schema); **B** Phänotypen

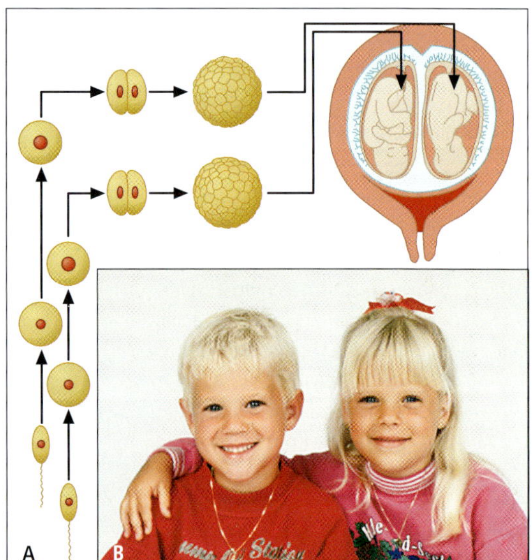

356.2 Zweieiige Zwillinge. A Entstehung (Schema); **B** Phänotypen

Wenn zwei Menschen unterschiedliche Blutgruppen haben, hat dies zweifellos genetische Ursachen. Wenn aber zwei Menschen unterschiedlich große Nasen oder zwei Finken unterschiedlich große Schnäbel haben, könnte dies auch an unterschiedlicher Ernährung oder anderen Umweltbedingungen liegen. Wenn die Kinder ihren jeweiligen Eltern in diesem Merkmal allerdings mehr ähneln als anderen Mitgliedern der Population, ist dies ein Hinweis darauf, dass die Unterschiede eine genetische Grundlage haben.

Über den Ursprung der genetischen Variation war sich DARWIN noch nicht im Klaren. Heute kennt man die Prozesse, die zu genetischer Variation führen. Der Ursprung aller genetischen Variation sind **Mutationen,** also zufällige und ungerichtete Veränderungen von Erbanlagen. Mutationen sind seltene Ereignisse: Die spontane **Mutationsrate** liegt bei 10^{-5} bis 10^{-6} pro Gen und Generation; nur eine von 100 000 bis einer Million Geschlechtszellen weist am betreffenden Genort also eine Mutation auf. Bei einer Gesamtzahl von 40 000 Genen, wie man sie für den Menschen annimmt, würde dies bedeuten, dass zwischen vier und 40 Prozent aller menschlichen Geschlechtszellen Träger eines mutierten Gens sind.
Bei ungeschlechtlicher oder **asexueller Fortpflanzung** sind Mutationen die einzige Quelle genetischer Variation. Wenn sich beispielsweise ein Einzeller durch mitotische Zellteilungen fortpflanzt, erhalten die Tochterzellen die gleichen Erbanlagen wie die Mutterzelle – sie sind ein genetisch identischer **Klon.** Durch die hohe Fortpflanzungsrate asexueller Arten können sich Mutationen allerdings schnell anhäufen.
Auch bei **sexueller Fortpflanzung** geben Eltern Kopien ihrer Gene an ihre Nachkommen weiter; allerdings führt der Vorgang der **Rekombination** bei der Bildung und Verschmelzung der Geschlechtszellen dazu, dass die Nachkommen weder untereinander noch mit ihren Eltern genetisch identisch sind. Das Ausmaß der in jeder neuen Generation durch sexuelle Fortpflanzung erzeugten genetischen Variation ist unvorstellbar groß: Allein durch *interchromosomale* Rekombination, also die Neuverteilung mütterlicher und väterlicher Chromosomen auf die Gameten, ergeben sich beim Menschen (haploider Chromosomensatz: n = 23) mehr als acht Millionen (2^{23}) Kombinationsmöglichkeiten. Die Wahrscheinlichkeit, dass ein menschliches Spermium eine Eizelle mit der gleichen Chromosomenkombination befruchtet, liegt damit bei eins zu über 70 Billionen ($2^{23} \cdot 2^{23}$; eine Zahl mit 13 Nullen)! Durch die zusätzlich stattfindende *intrachromosomale* Rekombination wird die Anzahl genetischer Varianten ins Unermessliche gesteigert.

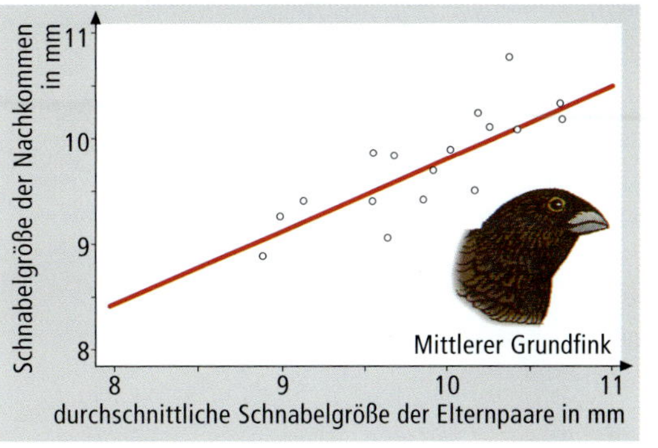

357.1 Variation der Schnabelgröße bei Darwin-Finkeneltern und -kindern

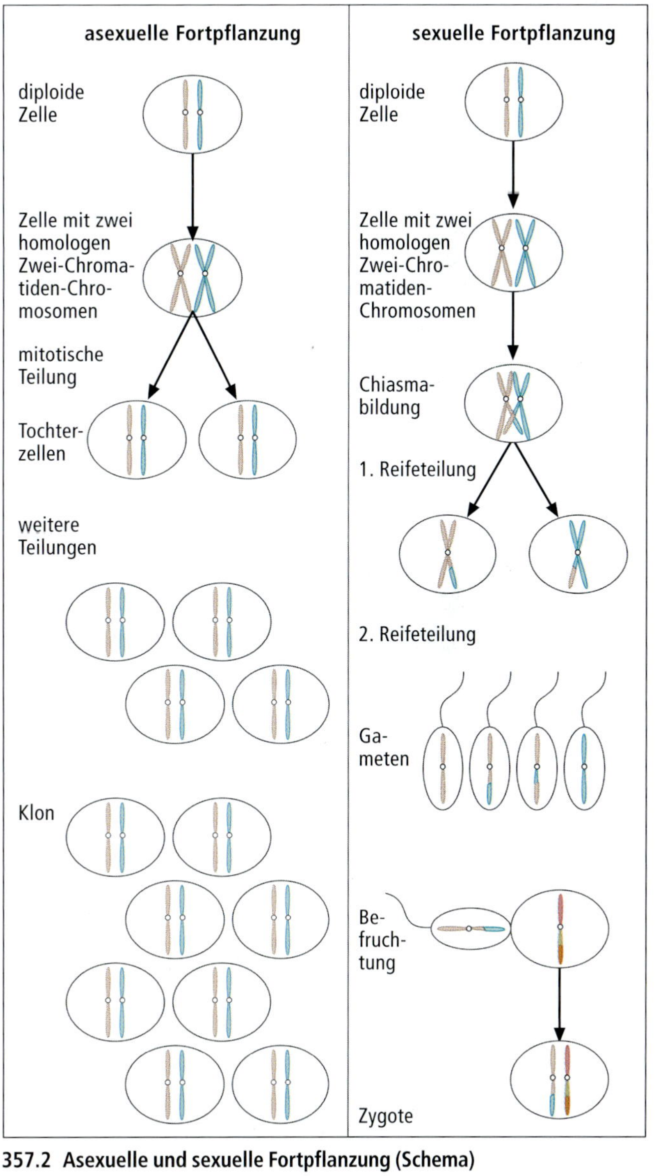

357.2 Asexuelle und sexuelle Fortpflanzung (Schema)

1. Wie kann man feststellen, welchen Einfluss Gene auf die Variation von Merkmalen haben?

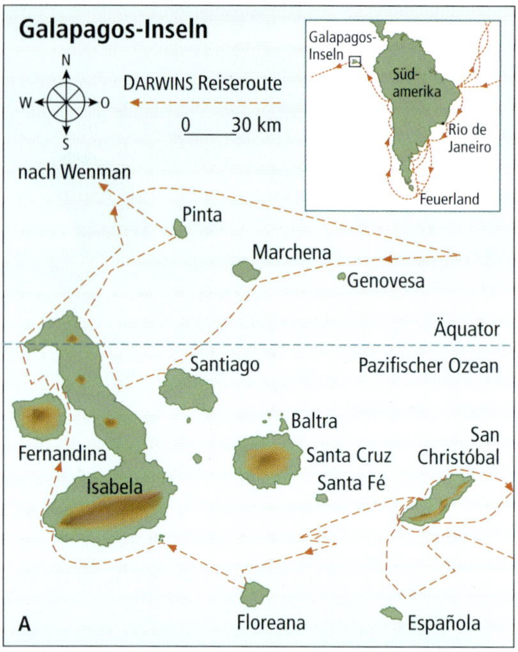

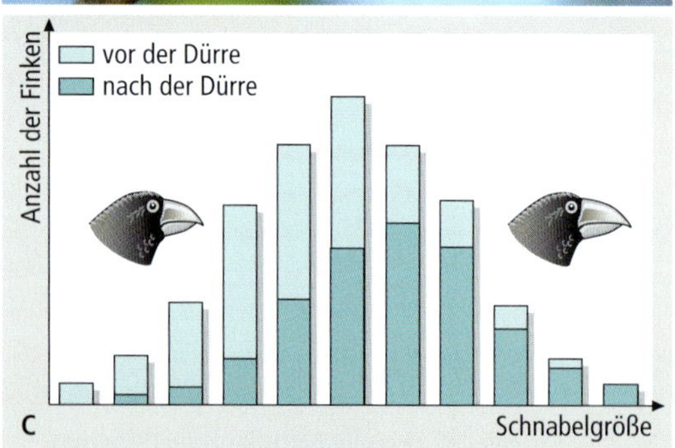

358.1 Grundfinken auf Galapagos. **A** Galapagos-Archipel (→ Reiseroute DARWINS); **B** Mittlerer Grundfink; **C** Schnabelgröße der Finken vor und nach der Dürre

3.2 Natürliche Selektion – Grundlage biologischer Angepasstheit

Im Frühjahr 1977 fiel auf dem Galapagos-Archipel, einer kleinen Inselgruppe vor der Küste Südamerikas, die DARWIN im Jahre 1835 auf einer Weltumsegelung besucht hatte, die Regenzeit aus. Für viele Tiere, insbesondere die nach DARWIN benannten, Insekten und Körner fressenden Finken, begann eine schwere Zeit: Sie fanden immer weniger Nahrung. Viele begannen erst gar nicht zu brüten und diejenigen, die es doch taten, zogen weniger Junge auf als in den Jahren zuvor. Als es nach 18 Monaten endlich wieder zu regnen begann, war aber nicht nur die Anzahl der Finken zurückgegangen; auch ihr Aussehen hatte sich verändert: Die Mittleren Grundfinken auf der Insel Daphne Major, die Wissenschaftler seit Jahren vermessen hatten, besaßen nun im Durchschnitt größere Schnäbel als in den Jahren vor der Dürre. Offenbar waren Grundfinken mit größeren Schnäbeln besser mit dem knappen Nahrungsangebot zurecht gekommen und hatten mehr Junge aufgezogen als ihre Artgenossen mit kleineren Schnäbeln.
Die Beobachtungen der Wissenschaftler auf Galapagos verdeutlichen den Hauptmechanismus evolutionären Wandels: das Prinzip der **natürlichen Auslese oder Selektion.** Als auf Galapagos die Dürre einsetzte, waren die Finken mit den größeren Schnäbeln besser an die nun herrschenden Umweltbedingungen angepasst als ihre Artgenossen mit kleineren Schnäbeln: Sie konnten noch Samen knacken, die für Vögel mit kleineren Schnäbeln einfach zu hart waren. Infolgedessen fanden sie mehr Nahrung, hatten bessere Überlebenschancen und hinterließen mehr Nachkommen, die ihrerseits wieder einen großen Schnabel besaßen und damit ebenfalls besser als ihre Artgenossen mit den kleineren Schnäbeln an die herrschenden Umweltbedingungen angepasst waren. Dies wiederum hatte zur Folge, dass sich das Erscheinungsbild der Mittleren Grundfinken auf Daphne Major mit der Zeit veränderte: Es gab immer mehr Finken mit größeren Schnäbeln.

Variation und Erblichkeit sind Grundvoraussetzungen dafür, dass Selektion stattfinden kann: Wären die Unterschiede in der Schnabelgröße der Finken nicht erblich, sondern beispielsweise auf unterschiedliche Ernährung in der Kindheit zurückzuführen, hätten Vögel mit größeren Schnäbeln zwar ebenfalls mehr Nachkommen gehabt. An dem Aussehen dieser neuen Generation hätte sich aber nichts geändert: Sie wäre genauso gut – oder schlecht – an die neuen Umweltbedingungen angepasst gewesen wie ihre Vorgängergeneration. Nur wenn ein Merkmal erblich ist, kann es seinem Träger, dem Individuum, also einen **Selektionsvorteil** verleihen.

Ein anderes Beispiel für das Wirken der natürlichen Selektion sind Veränderungen im Aussehen einer in Europa weit verbreiteten Nachtfalterart, des Birkenspanners. Birkenspanner treten in zwei Varianten auf, einer hellen und einer dunklen Form. Bis zu Beginn der Industrialisierung gab es fast nur hell gefärbte Falter, die auf mit hellen Flechten bewachsenen Bäumen vor Fressfeinden gut geschützt sind. Als mit zunehmender Luftverschmutzung immer mehr Flechten abstarben und die Bäume dunkel blieben, wurde die helle Variante immer häufiger von Vögeln erbeutet. Die dunklen Tiere waren dagegen nun besser getarnt und konnten sich dadurch erheblich stärker vermehren. Die Zunahme dunkel gefärbter Insekten in Industriegebieten nennt man *Industriemelanismus*, da die dunkle Färbung durch den Farbstoff Melanin verursacht wird.
Sowohl im Fall der Darwinfinken als auch im Fall der Birkenspanner übten veränderte Umweltbedingungen einen **Selektionsdruck** auf die Mitglieder der betroffenen Populationen aus. Individuen, die auf Grund ihrer erblichen Anlagen mehr Nahrung fanden oder besser vor Feinden geschützt waren, hatten höhere Überlebens- und Fortpflanzungschancen. Sie trugen damit mehr Allele zum Genpool (der Summe aller Gene in einer Population) der Folgegeneration bei, der sich damit von dem der Vorgängergeneration unterschied. Im Gegensatz zur *zufällig* entstehenden genetischen Variation ist Selektion also ein *gerichteter* Prozess, der zur besseren **Anpassung** der Lebewesen an ihre jeweiligen Lebensbedingungen führt; das Ergebnis dieses Prozesses bezeichnet man als **Angepasstheit.**
Ändern sich die Umweltbedingungen erneut, können Merkmale, die durch Anpassung an frühere Umweltbedingungen entstanden sind, allerdings auch Nachteile bringen. Auch dafür liefern die Birkenspanner ein Beispiel: Als in der zweiten Hälfte des 20. Jahrhunderts die Schadstoffbelastung der Luft verringert wurde, wuchsen wieder mehr Flechten, und nun fielen die dunklen Birkenspanner wieder zunehmend Vögeln zum Opfer.

Selektion findet allerdings auch dann statt, wenn sich Umweltbedingungen nicht verändern und sich Individuen nicht in ihrer Lebenserwartung unterscheiden, denn bei der Vielzahl genetischer Varianten, die in jeder Generation neu erzeugt werden, gibt es immer einige, die sich auf Grund ihrer genetischen Ausstattung erfolgreicher fortpflanzen als andere. Darüber hinaus sind Unterschiede in der Lebenserwartung in der Selektion nur dann von Bedeutung, wenn sie sich auf den Fortpflanzungserfolg auswirken.

1. Selektion ist unterschiedlicher Fortpflanzungserfolg auf Grund unterschiedlicher Angepasstheit. Erläutern Sie!

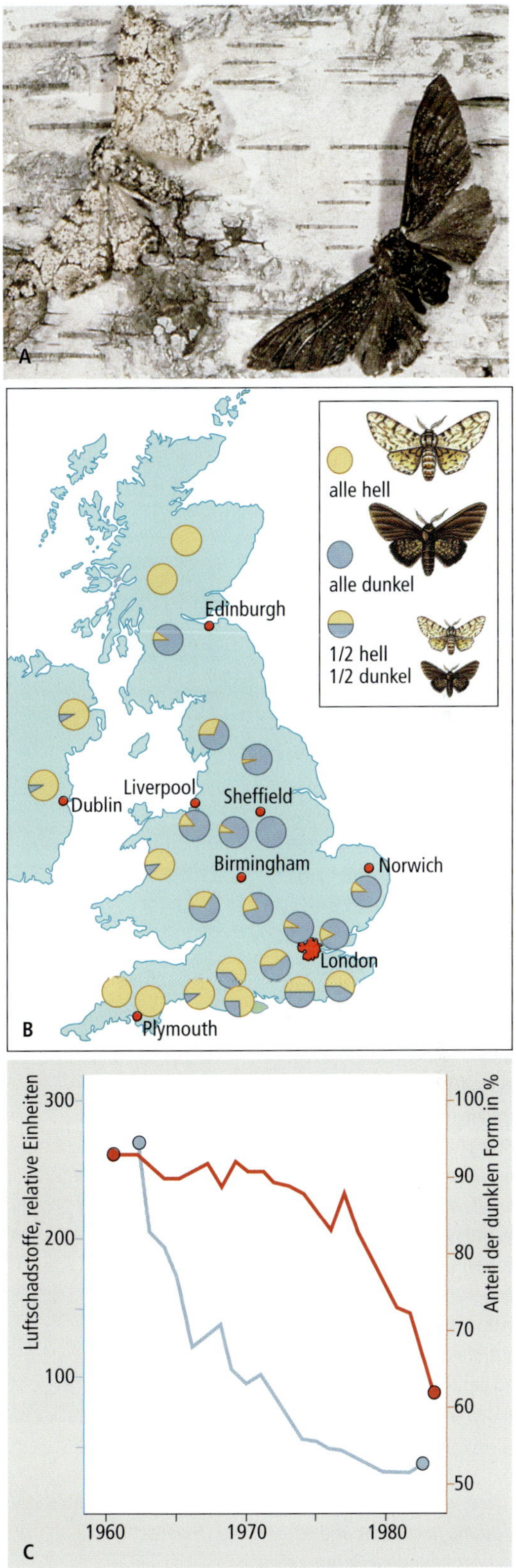

359.1 Birkenspanner. A helle und dunkle Form auf einem Birkenstamm; **B** Häufigkeit der hellen und dunklen Form 1960 in Großbritannien; **C** Rückgang der dunklen Form mit sinkendem Schadstoffgehalt der Luft (Gegend um Liverpool)

EXKURS Lamarck

Jean Baptiste de MONET, Chevalier de LAMARCK (1744 bis 1829), war der erste Naturforscher, der den Evolutionsgedanken kompromisslos vertrat und ihn auch theoretisch zu begründen versuchte. 1793 wurde LAMARCK zum Professor für „niedere Tiere" (Wirbellose) ernannt. Durch das Studium dieser Tiere gelangte er 1799 – im Alter von 55 Jahren – zu der Überzeugung, dass die Lebewesen nicht unveränderlich geschaffen worden waren, sondern im Laufe der Zeit einen langsamen und allmählichen Wandel – eine Evolution – durchgemacht hatten.

LAMARCKs Evolutionstheorie verband Überzeugungen, die seit der Antike weit verbreitet waren, mit eigenen Beobachtungen und Ideen. Erstens entstanden einfachste Lebewesen offenbar ständig durch **„Urzeugung"** aus unbelebter Materie wie Schlamm oder Kot. Zweitens bot die Natur das Bild einer **Stufenleiter** von einfachen Lebewesen bis hin zu hoch komplex gebauten Organismen. Eine solche schrittweise Zunahme an Komplexität fand LAMARCK auch an fossilen Muscheln aus älteren und jüngeren geologischen Schichten, die sich in einer chronologischen Reihenfolge anordnen ließen. In der Natur, folgerte LAMARCK, war also **Fortschritt** erkennbar, und dieser Fortschritt beruhte nach LAMARCKs Ansicht darauf, dass alle Lebewesen einen inneren **Trieb zur Vervollkommnung** besäßen. Änderte sich die Umwelt eines Lebewesens, so vermutete LAMARCK weiter, veränderten sich auch dessen **Bedürfnisse,** und veränderte Bedürfnisse führten zu Verhaltensänderungen. Dies wiederum würde zur Veränderung von Merkmalen führen – man konnte ja sehen, dass Muskeln bei Gebrauch wuchsen und bei Nichtgebrauch verkümmerten. Das war LAMARCKs **„Erstes Gesetz"**:

„Bei jedem Tiere, welches den Höhepunkt seiner Entwicklung noch nicht überschritten hat, stärkt der häufigere Gebrauch eines Organs dasselbe allmählich, entwickelt, vergrößert und kräftigt es proportional der Dauer dieses Gebrauchs; der konstante Nichtgebrauch eines Organs macht dasselbe unmerkbar schwächer, verschlechtert es, vermindert fortschreitend seine Fähigkeiten und lässt es endlich verschwinden."

360.1 LAMARCK

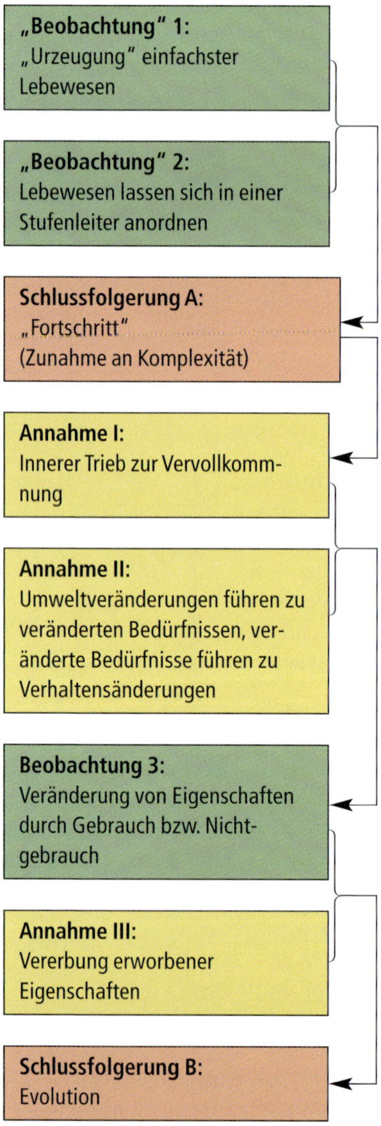

360.2 LAMARCKs Evolutionstheorie

Erworbene Eigenschaften waren nach allgemeiner Überzeugung erblich. Das war LAMARCKs **„Zweites Gesetz"**:
„Alles, was die Individuen durch den Einfluss der Verhältnisse, denen ihre Rasse lange Zeit hindurch ausgesetzt ist, und folglich durch den Einfluss des vorherrschenden Gebrauchs oder konstanten Nichtgebrauchs eines Organs erwerben oder verlieren, wird durch die Fortpflanzung auf die Nachkommen vererbt, vorausgesetzt, dass die erworbenen Veränderungen beiden Geschlechtern oder den Erzeugern dieser Individuen gemein sind."

Die Entstehung des langen Giraffenhalses erklärte LAMARCK folgendermaßen: Die Vorfahren der heutigen Giraffen besaßen kurze Hälse und konnten nur Blätter fressen, die an niedrigen Bäumen wuchsen. Als die Bäume höher wurden, entstand in den Giraffen das Bedürfnis, auch weiter oben wachsende Blätter abzuweiden; sie streckten ihre Hälse, die dadurch immer länger wurden; diese erworbene Eigenschaft gaben sie an ihre Nachkommen weiter. Die Giraffen hatten sich also aktiv an veränderte Umweltbedingungen angepasst.

Wenn heute von „LAMARCKismus" die Rede ist, meint man damit meist die *Vererbung erworbener Eigenschaften*. Diese Annahme stammt allerdings nicht von LAMARCK: Sie war schon vor seiner Zeit weit verbreitet und wurde erst Mitte des 20. Jahrhunderts endgültig widerlegt.

Seine Kollegen vermochte LAMARCK mit seiner Theorie jedoch nicht zu überzeugen. Insbesondere Georges **CUVIER** (1769 bis 1832), der Begründer der modernen **Paläontologie,** lehnte sie strikt ab, da er der Meinung war, Lebewesen seien so perfekt an ihre Umwelt angepasst, dass sie bei veränderten Umweltbedingungen aussterben mussten. Neue Arten konnten danach nur durch Neuschöpfung nach Katastrophen entstehen.

EXKURS Darwin

Am 24. November des Jahres 1859 erschien in England ein Buch, das das menschliche Weltbild nachhaltiger als jedes andere Buch zuvor und seither verändern sollte: *On the Origin of Species by Means of Natural Selection, or the Preservation of Favoured Races in the Struggle of Life*. Der Autor des Buches, der schon damals bekannte Naturforscher Charles DARWIN, behauptete darin nicht nur, „dass die Arten nicht unabhängig voneinander erschaffen worden sind, sondern von anderen Arten abstammen" – er belegte diese These auch mit einer Fülle von Indizienbeweisen und präsentierte darüber hinaus eine Theorie, die noch heute als die grundlegende Theorie in der Biologie gilt: die Theorie der Evolution durch natürliche Selektion.

Charles Robert DARWIN kam am 12. Februar 1809 in Shrewsbury (England) als fünftes von sechs Kindern einer wohlhabenden Arztfamilie zur Welt.

Nach einem abgebrochenen Medizin- und einem erfolgreich beendeten Theologiestudium erhielt er im Dezember 1831 die Gelegenheit, als Naturforscher an einer fünfjährigen Weltumsegelung auf dem Vermessungsschiff *Beagle* teilzunehmen, die ihn unter anderem auch auf die Galapagos-Inseln führte. Die Tierwelt dieser Inseln weckten in ihm erste Zweifel an der Konstanz der Arten, doch zum Verfechter des Evolutionsgedankens wurde DARWIN erst, als ihm der Vogelexperte John GOULD ein halbes Jahr nach seiner Rückkehr versicherte, die Spottdrosseln der Galapagos-Inseln gehörten verschiedenen Arten an.

Die Theorie der natürlichen Selektion entwickelte DARWIN im September 1838, nachdem er ein Buch des Ökonomen Robert MALTHUS gelesen hatte, in dem dieser darlegte, dass das Wachstum der menschlichen Bevölkerung dadurch begrenzt werde, dass lebensnotwendige Ressourcen wie etwa Nahrung nicht unbegrenzt verfügbar sind. Diese Einsicht verhalf DARWIN, eine Reihe wohlbekannter Tatsachen in neuem Licht zu sehen.

361.1 DARWIN

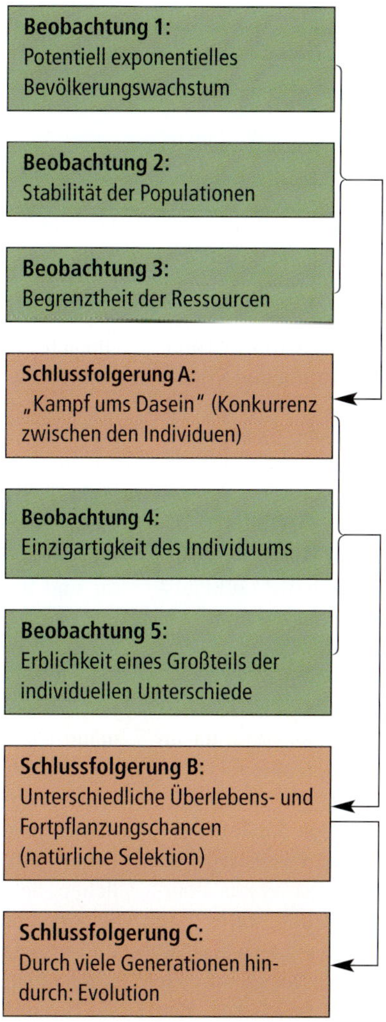

361.2 DARWINs **Evolutionstheorie**

Wenn Lebewesen die Fähigkeit haben, sich unbegrenzt (exponentiell) zu vermehren (1), die meisten Populationen aber stabil (2) und Ressourcen nicht unbegrenzt verfügbar sind (3), dann lautete die unvermeidliche Schlussfolgerung, dass Individuen um den Zugang zu knappen Ressourcen konkurrieren. Dieser „Kampf ums Dasein" musste, wie DARWIN erkannte, am heftigsten zwischen Artgenossen sein, da diese dieselben Ressourcen zum Überleben und zur Fortpflanzung benötigen. Daraus, und aus der Tatsache, dass jedes Individuum einzigartig (4) und ein Großteil der individuellen Unterschiede erblich war (5), ergab sich zwangsläufig, dass manche Individuen besser an die jeweils herrschenden Umweltbedingungen angepasst waren als andere und darum mehr überlebende Nachkommen hinterließen. Dieser Prozess der **natürlichen Selektion** war nach DARWINs Überzeugung zwar nicht der einzige, wohl aber der wichtigste Mechanismus, der über viele Generationen hinweg zur Veränderung von Arten – zur Evolution – führen musste.

20 Jahre nach DARWIN machte sein Landsmann Alfred Russel **WALLACE** (1833 bis 1913) die gleiche Entdeckung. „Die Giraffen", schrieb WALLACE in einem Aufsatz, der 1858 zusammen mit einem Manuskript DARWINs aus dem Jahr 1844 veröffentlicht wurde, „haben ihren langen Hals nicht dadurch erhalten, dass sie versuchten, die Blätter an den hochgelegeneren Zweigen zu erreichen, und zu diesem Zweck ständig ihre Hälse streckten, sondern dadurch, dass die Varietäten, die einen längeren Hals hatten als ihre gewöhnlichen anderen Artgenossen, sich einen neuen Nahrungsbereich [. . .] sichern konnten" – und dadurch einen Selektionsvorteil besaßen. Genau dies war auch die Ansicht DARWINs. Ansonsten gingen DARWINs Vorstellungen aber weit über die von WALLACE hinaus. Anders als dieser war DARWIN überzeugt, dass auch der menschliche Geist einen evolutionären Ursprung hat, und er entwickelte noch eine weitere Theorie, die erst lange nach seinem Tod im Jahre 1882 Anerkennung fand: die **Theorie der sexuellen Selektion.**

362.1 Sexualdimorphismus beim Gorilla

362.2 Sexualdimorphismus beim Pfau

3.3 Sexuelle Selektion

Gorillas sind imposante Tiere: Männliche Gorillas werden bis zu 1,8 Meter groß und wiegen gut und gerne 200 Kilogramm. Die Weibchen sind deutlich kleiner und nur halb so schwer wie die Männchen. Darüber hinaus haben ausgewachsene männliche Gorillas im Schulter- und Rückenbereich ein silbrig glänzendes Fell, das den Weibchen fehlt. Solche Unterschiede zwischen den Geschlechtern, die nicht die eigentlichen Fortpflanzungsorgane oder **primären Geschlechtsmerkmale,** sondern so genannte **sekundäre Geschlechtsmerkmale** betreffen, bezeichnet man als Geschlechts- oder **Sexualdimorphismus.**
Sexualdimorphismus ist im Tierreich weit verbreitet: Bei vielen Fischen wie dem Stichling und Vögeln wie dem Pfau sind die Männchen außerordentlich farbenprächtig, die Weibchen dagegen unscheinbar gefärbt, männliche Hirsche besitzen Geweihe, die den Weibchen fehlen, und männliche Mantelpaviane einen eindrucksvollen „Pelzmantel", die Weibchen dagegen nicht. Auch der Mensch ist eine Art, die sich durch einen – wenn auch nicht sehr ausgeprägten – Sexualdimorphismus auszeichnet: Abgesehen davon, dass Männer im Durchschnitt 20 Prozent größer und schwerer sind als Frauen, unterscheiden sich die Geschlechter auch in ihrer Behaarung. Weshalb, so fragte sich DARWIN, haben Männer eigentlich einen Bart, Frauen aber nicht?

Die Theorie der natürlichen Selektion bot dafür keine Erklärung, denn wenn ein Merkmal deshalb entstanden war, weil es seinem Träger einen Überlebens- und Fortpflanzungsvorteil bot, sollte man erwarten, dass es bei beiden Geschlechtern auftritt. Darüber hinaus erscheint ein solcher Vorteil für viele sekundäre Geschlechtsmerkmale wie etwa den menschlichen Bart wenig plausibel. Schlimmer noch: Viele sekundäre Geschlechtsmerkmale sind für ihren Träger nicht nur nicht vorteilhaft, sondern sogar mit Nachteilen verbunden. Ein Stichlingsmännchen mit einem auffällig roten Bauch wird ebenso eher Beute von Raubfeinden wie ein männlicher Pfau, der durch seine lange Federschleppe in der Fortbewegung behindert ist. Solche Merkmale stellen für ihren Träger also eher ein *Handicap* dar.

DARWINs Lösung des Problems, seine **Theorie der sexuellen Selektion,** war derart unkonventionell, dass sie lange Zeit nicht ernst genommen wurde. DARWIN definierte sexuelle Selektion als den „Vorteil, den gewisse Individuen über andere Individuen desselben Geschlechts und derselben Art allein in Hinsicht auf die Fortpflanzung haben". Seine Theorie bestand aus zwei Teilen: Zum einen postulierte er, dass zwischen den Mitgliedern des einen Geschlechtes – zumeist den Männchen – **Konkurrenz** um den Zugang zu den Mitgliedern des anderen Geschlechtes herrsche; dabei hätten Merkmale wie Größe oder Kampfkraft einen Selektionsvorteil: Ein großer Gorilla kann einen Rivalen eher besiegen als ein kleinerer und wird folglich mehr Nachkommen zeugen. Zum anderen aber hätten nicht nur Menschen, sondern auch Tiere einen „Sinn für Ästhetik" – Weibchen würden „die ihnen angenehmeren" Sexualpartner wählen. Das prachtvolle Gefieder des männlichen Pfaus war nach DARWINs Ansicht das Ergebnis **weiblicher Partnerwahl.**
Den ersten Teil der Theorie hielt man schlicht für überflüssig: Merkmale wie Größe oder Kampfkraft ließen sich sparsamer mit dem Konzept der natürlichen Selektion erklären. Den zweiten Teil der Theorie hielt man dagegen für übermäßig spekulativ und unbegründet: In einer Zeit, in der man Frauen das politische Wahlrecht nicht zugestand, weil man sie für unfähig hielt, eine „vernünftige" Wahl zu treffen, erschien es absurd, dass weibliche Tiere

überhaupt in der Lage waren zu wählen. Und außerdem: Warum sollten Weibchen Männchen mit Eigenschaften wählen, die für das Überleben der Art eher nachteilig waren?

1988 machte die englische Biologin Marion PETRIE eine Entdeckung, die DARWINs Vermutung, dass das Rad des männlichen Pfaus ein Ergebnis weiblicher Partnerwahl ist, unterstützte: Die Hennen paaren sich bevorzugt mit Hähnen mit besonders vielen Augenflecken. Aber wie konnte es zur Evolution einer solchen Vorliebe gekommen sein? Zwei Möglichkeiten hatte der englische Biologe Sir Ronald **FISHER** – einer der wenigen, die DARWINs Theorie ernst genommen hatten – schon 1915 erwogen: Erstens konnte es sein, dass die Gefiederpracht des Männchens ein **Indikator für gute Erbanlagen** ist und Hähne mit besonders prächtigem Gefieder auch besonders kräftige und gesunde Nachkommen zeugen. Zweitens war es möglich, dass die Federschleppe des Hahns nur deshalb immer größer und prächtiger geworden war, weil die Söhne eines attraktiven Männchens ebenfalls überdurchschnittlich attraktiv sein würden und daher überdurchschnittlich viele Nachkommen zeugen würden. Diese Hypothese ist auch unter dem Namen **„Sexy Son"-Hypothese** bekannt.
PETRIEs Untersuchung der Pfauen unterstützte die Indikator-Hypothese: Weibchen, die sich mit besonders prächtigen Männchen paaren, haben mehr überlebende Nachkommen als Weibchen, die sich mit weniger prächtigen Männchen paaren.

Die Wirkungen der sexuellen Selektion erstrecken sich aber nicht nur auf sekundäre Geschlechtsmerkmale; auch die eigentlichen Fortpflanzungsorgane können betroffen sein. Ein Beispiel ist die Hodengröße bei Primaten. Männliche Gorillas haben im Verhältnis zu ihrer Körpermasse sehr kleine Hoden, Schimpansen dagegen sehr große. Die Ursache für diesen Unterschied liegt in den unterschiedlichen **Paarungssystemen** der beiden Arten. Gorillas haben ein *polygynes* Paarungssystem („Vielweiberei"): Das ranghöchste Männchen kann auf Grund seiner körperlichen Überlegenheit andere Männchen daran hindern, sich mit den Weibchen seiner Gruppe zu paaren. Bei Schimpansen hingegen paaren sich die Weibchen mit vielen Männchen. Bei einem solchen *promisken* Paarungssystem konkurrieren nicht nur die Männchen um den Zugang zu fortpflanzungsbereiten Weibchen; auch zwischen ihren Spermien entsteht Konkurrenz um den Zugang zu befruchtungsfähigen Eizellen. Durch diese **Spermienkonkurrenz** entsteht ein Selektionsdruck auf die Evolution großer Hoden, da Männchen, die viele Spermien produzieren, mit höherer Wahrscheinlichkeit Nachwuchs zeugen werden.

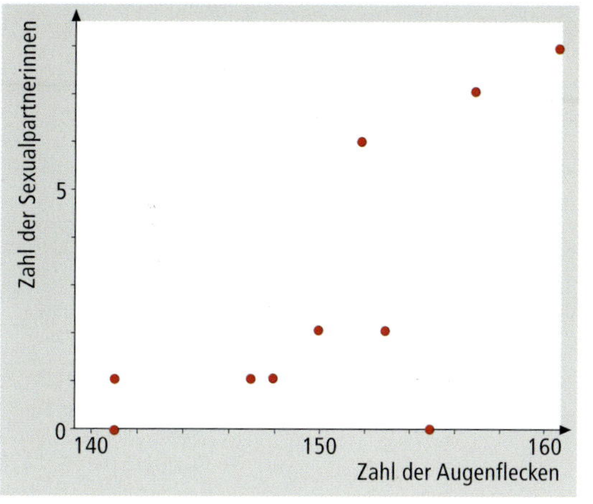

363.1 Anzahl der Augenflecken und Paarungserfolg männlicher Pfauen

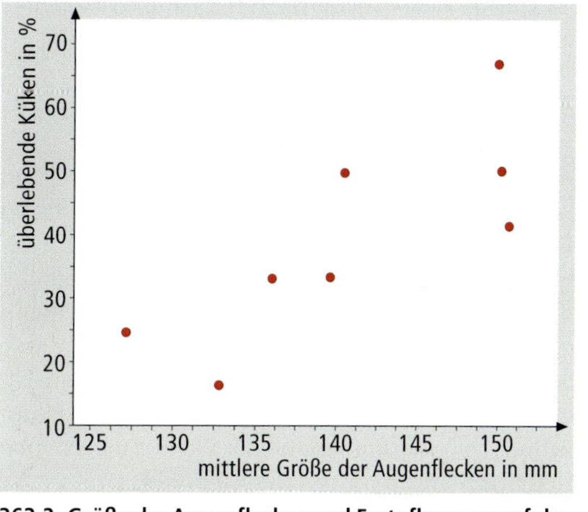

363.2 Größe der Augenflecken und Fortpflanzungserfolg männlicher Pfauen

Merkmal	Orang-Utan	Gorilla	Schimpanse	Mensch
Sexualdimorphismus (Körpermasse; Männchen = 100%)	50 %	58 %	83 %	81 %
Hodenmasse (% der Körpermasse)	0,05	0,02	0,27	0,06
Anzahl Spermien pro Ejakulation ($\cdot 10^6$)	91	65	603	175
Paarungssystem	polygyn	polygyn	promisk	monogam/ polygyn

363.3 Sexualmerkmale und Paarungssysteme von Menschenaffen und Menschen

1. Weibchen üben durch ihr Verhalten einen Selektionsdruck auf ihre männlichen Artgenossen aus.
Erläutern Sie!
2. Wie könnte man sich die Evolution des menschlichen Bartes erklären? Diskutieren Sie!

Phänotypen			
Anzahl Individuen	400	400	200
Genotypen	*AA*	*Aa*	*aa*
relative Häufigkeit der Genotypen	0,4 (400/1000)	0,4 (400/1000)	0,2 (200/1000)
absolute Häufigkeit der Allele	400 + 400 + 400 = 1200 A		400 + 200 + 200 = 800 a
relative Häufigkeit	p = 1200/2000 = 0,6		q = 800/2000 = 0,4

364.1 Genetische Struktur einer fiktiven Population von 1000 Kaninchen

Eizelle \ Spermium	*A* p = 0,6	*a* q = 0,4
A p = 0,6	*AA* 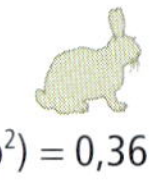 $(p^2) = 0,36$	*Aa*  $(pq) = 0,24$
a q = 0,4	*aA* 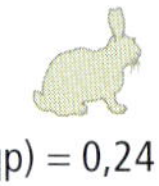 $(qp) = 0,24$	*aa* 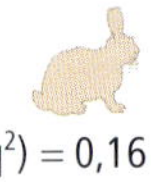 $(q^2) = 0,16$
Summe der Allelhäufigkeiten	p + q = 1	
Summe der Genotypen in der F_1	$p^2 + 2pq + q^2 = 0,36 + 0,48 + 0,16 = 1$	

364.2 Das HARDY-WEINBERG-Gesetz

3.4 Populationsgenetik

Auf einer imaginären Insel leben 800 braune und 200 rosa Kaninchen. Braune und rosa Kaninchen (letztere gibt es in Wirklichkeit natürlich nicht) gehören der gleichen Art an: Sie können miteinander fruchtbare Nachkommen zeugen und bilden somit eine *natürliche Fortpflanzungsgemeinschaft.* Eine solche Gruppe artgleicher Individuen, die ein bestimmtes Gebiet bewohnen, nennt man eine **Population.** Den Gesamtbestand der Gene einer Population bezeichnet man als ihren **Genpool.**

In unserer fiktiven Kaninchenpopulation wird die Fellfarbe durch zwei unterschiedliche Allele (A und a) erzeugt: Individuen mit den Genotypen AA und Aa sind braun gefärbt, solche mit dem Genotyp aa dagegen rosa. Wenn von den 800 braunen Kaninchen jeweils 400 homozygot (AA) und 400 heterozygot (Aa) sind, ist das dominante Allel A in der Population 1200mal vertreten, das rezessive Allel a dagegen 800mal (400 heterozygote und 200 homozygote Individuen). Diese Zahlen kennzeichnen die *absolute Allelhäufigkeit* in der Population.

Da das Gen für die Fellfarbe nur in zwei Allelformen auftritt, lassen sich auch die mit den Buchstaben p und q bezeichneten *relativen Allelhäufigkeiten* oder **Allelfrequenzen** leicht berechnen: Das Allel A tritt mit der Frequenz $p = {}^{1200}/_{2000} = 0,6$ (oder 60 %) auf, das Allel a mit der Frequenz $q = {}^{800}/_{2000} = 0,4$ (40 %). Die absoluten und relativen Genotyp- und Allelhäufigkeiten in einer Population kennzeichnen ihre **genetische Struktur.**

Die Wissenschaft, die sich mit Veränderungen von Allelfrequenzen in Populationen und den Faktoren befasst, die solche Veränderungen bewirken, ist die Populationsgenetik.

Wie sieht die genetische Struktur der Population eine Generation später aus? Vorausgesetzt,

1. es treten keine Mutationen auf,
2. es herrscht *Panmixie* (alle Kaninchen paaren sich ungeachtet ihrer Fellfarbe gleich häufig miteinander) und es gibt
3. weder zufalls- noch selektionsbedingte Unterschiede im Fortpflanzungserfolg,

wird sich die genetische Struktur der Population nicht verändern. Auf diese Gesetzmäßigkeit stießen 1908 unabhängig voneinander der Brite Godfrey HARDY und der Deutsche Wilhelm WEINBERG. Sie heißt seither **HARDY-WEINBERG-Gesetz.**

Bei einer Allelfrequenz von p = 0,6 beträgt die Wahrscheinlichkeit, dass ein Spermium mit dem Allel A auf eine Eizelle mit dem gleichen Allel trifft, $0,6 \times 0,6 = 0,36$ (p^2); 36 % der Kaninchen der F_1 werden also den Genotyp AA haben. Für die Genotypen Aa und aA ergibt sich jeweils eine Wahrscheinlichkeit von 0,24 oder 24 % (pq bzw. qp); 48 % der Individuen werden also heterozygot sein. Der Genotyp aa wird mit einer Frequenz von $q^2 = 0,16$ oder 16 % vertreten sein. Die Frequenz des Allels A liegt also in der F_1-Generation ebenso wie in der Elterngeneration bei p = 0,6 (0,36 + 0,24) und des Allels a bei q = 0,4 (0,16 + 0,24).

Das HARDY-WEINBERG-Gesetz beschreibt eine Modell-Population, die so groß ist, dass Zufallsschwankungen keine Rolle spielen, in der Panmixie herrscht und in der es weder Mutationen noch Selektion gibt. In einer solchen *Idealpopulation* besteht zwischen den Allel- und Genotypfrequenzen ein *stabiles Gleichgewicht*, das das HARDY-WEINBERG-Gesetz beschreibt:

$$\mathbf{p^2 + 2pq + q^2 = 1}$$

In natürlichen Populationen gelten diese Voraussetzungen aber nicht: Individuen paaren sich nicht unterschiedslos mit jedem, und sie pflanzen sich im Laufe ihres Lebens unterschiedlich erfolgreich fort. Dies führt zu Veränderungen von Allelfrequenzen.
Was passiert, wenn auf unsere Insel ein Adler gelangt? Adler können Farben sehen und werden vor allem die auffälligen rosa Kaninchen erbeuten. Rosa Kaninchen werden daher weniger Nachkommen haben als ihre braunen Artgenossen – es findet Selektion statt. Das Ausmaß der Selektion lässt sich durch den *Selektionskoeffizienten* s beschreiben: Wenn rosa Kaninchen 20 Prozent weniger Nachkommen haben als braune Kaninchen, ist s = 0,2. Das Maß dafür, wie viele Allele ein Genotyp relativ zu den anderen Genotypen in der Population an die nächste Generation weitergibt, ist seine **Fitness.** Da Fitness ein relativer Wert ist und braune Kaninchen nicht erbeutet werden, ist ihre Fitness unverändert; sie hat den Wert 1. Die Fitness der rosa Kaninchen ist dagegen um den Wert von s verringert: Sie beträgt 1 – s oder 0,8.
Welche Auswirkungen dies auf die genetische Struktur der Population hat, zeigt Abbildung 403.1: Während das Allel a in der Elterngeneration noch eine Frequenz von q_0 = 0,4 hat, ist seine Frequenz in der F_1 auf q_1 = 0,38 gesunken.

Selektion ist also ein Faktor, der zur Veränderung von Allelfrequenzen in einer Population führt. Einen solchen Wandel der genetischen Struktur einer Population über die Zeit bezeichnet man als **Mikroevolution.** Die Veränderungen in der Schnabelgröße von Darwinfinken und der Häufigkeit der Farbvarianten von Birkenspannern sind reale Beispiele für mikroevolutive Veränderungen auf der Populationsebene.
In unserem Beispiel führt die Selektion dazu, dass der Anteil der rosa Kaninchen in der Population immer weiter zurückgeht: Es kommt zu einer Merkmalsverschiebung in Richtung auf eine braune Fellfarbe. Man bezeichnet eine solche Selektionswirkung, bei der ein Extrem des Merkmalsspektrums einen Selektionsvorteil hat, als *gerichtete Selektion.* Sie ist immer dann am häufigsten, wenn Umweltveränderungen eintreten. Bleiben Umwelten über lange Zeit konstant, wirkt Selektion dagegen eher *stabilisierend:* Es werden Durchschnittstypen begünstigt. Eine dritte Form der Selektion ist die *disruptive Selektion,* bei der beide Enden des Merkmalsspektrums einen Selektionsvorteil haben.
Auch sexuelle Selektion verändert die genetische Struktur von Populationen. Sie sorgt dafür, dass in der Realität in keiner Population völlige Panmixie herrscht, sondern die Fortpflanzungschancen der Individuen (auch ohne Unterschiede in der Sterblichkeit) ungleich verteilt sind.

Phänotypen			
Genotypen	*AA*	*Aa*	*aa*
relative Häufigkeit vor der Selektion	$p_0^2 = 0{,}36$	$2p_0q_0 = 0{,}48$	$q_0^2 = 0{,}16$
Selektion			
relative Fitness der Genotypen unter Einfluss von Selektion	1	1	1 – s (0,8)
relative Häufigkeit nach der Selektion	$p_1^2 = 0{,}36 \cdot 1 = 0{,}36$	$2p_1q_1 = 0{,}48 \cdot 1 = 0{,}48$	$q_1^2 = 0{,}16 \cdot 0{,}8 = 0{,}128$
neue Frequenz von *a* (q_1)	$q_1 = \frac{q_0(1 - sq_0)}{1 - sq_0^2}$ $q_1 = \frac{0{,}4(1 - 0{,}2 \cdot 0{,}4)}{1 - 0{,}2 \cdot 0{,}16} = 0{,}38$		

365.1 Veränderung von Allelfrequenzen durch Selektion

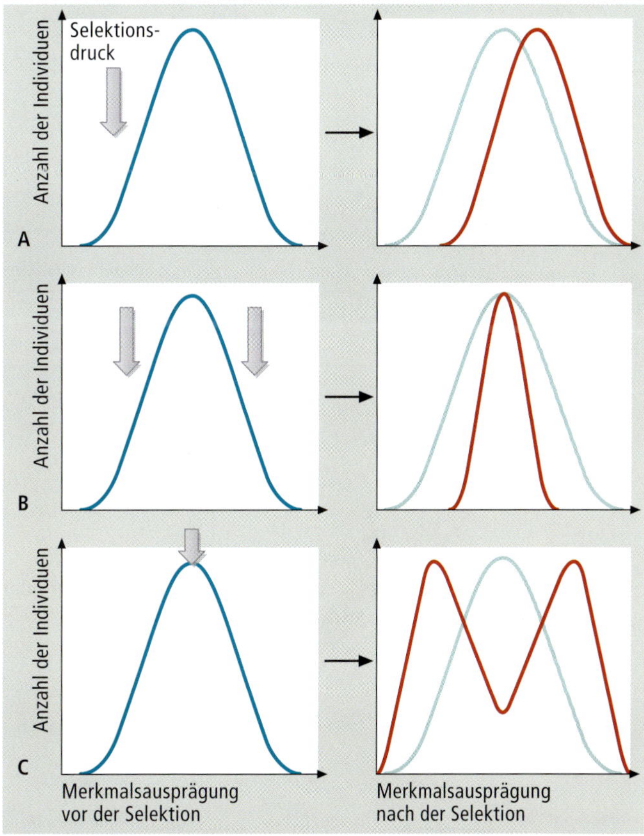

365.2 Selektionswirkungen. A gerichtete Selektion; **B** stabilisierende Selektion; **C** disruptive Selektion

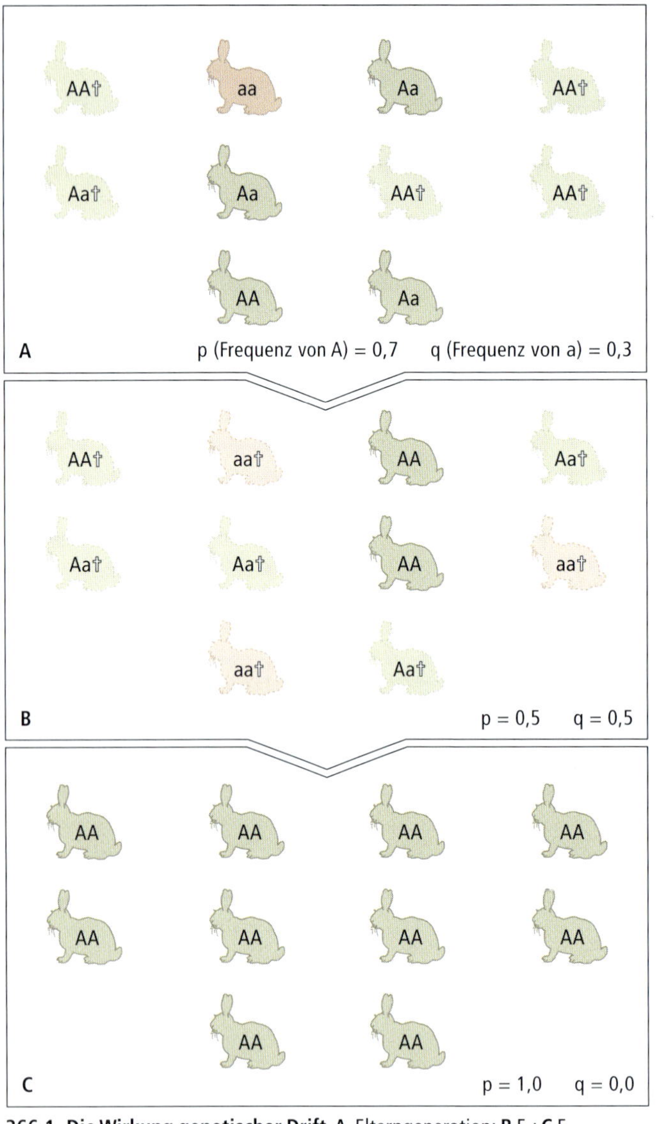

366.1 Die Wirkung genetischer Drift. A Elterngeneration; **B** F_1; **C** F_2

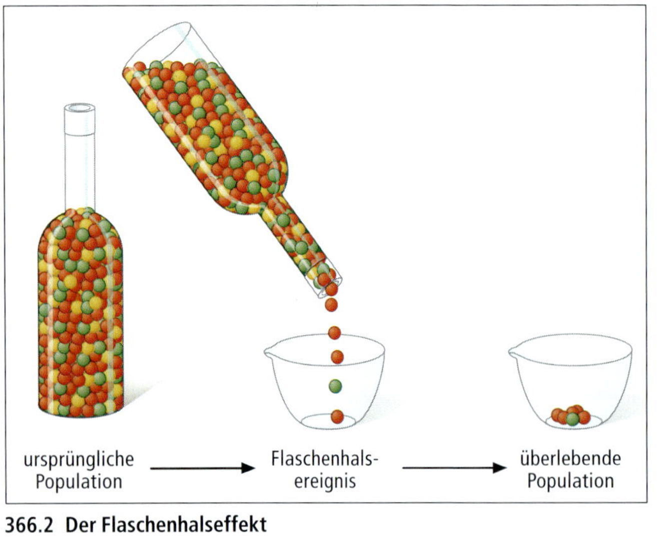

366.2 Der Flaschenhalseffekt

Die Wirkung der Selektion besteht darin, dass die Mitglieder einer Population besser an die herrschenden Lebensbedingungen angepasst werden. Neben der Selektion gibt es noch weitere Evolutionsmechanismen, die diese Wirkung nicht haben, aber ebenfalls die genetische Struktur von Populationen verändern. Durch **Mutationen** gelangen beispielsweise ständig neue Allele in den Genpool. Dieselbe Wirkung hat **Genfluss:** Da verschiedene Populationen einer Art nur selten völlig isoliert voneinander leben, können durch *Migration* (Wanderung) von Individuen neue Gene in die Population gelangen.

Vor allem in kleinen Populationen führen auch Zufallsprozesse zur Veränderung von Genfrequenzen. Wenn beispielsweise eine Population aus nur zehn Kaninchen besteht, kann selbst bei gleich bleibender Populationsgröße jeder zufällige Todesfall dazu führen, dass sich die genetische Struktur der Population von Generation zu Generation verändert und manche Allele ganz und gar aus der Population verschwinden. Derartige zufallsbedingte Veränderungen von Genfrequenzen nennt man genetische **Drift** oder **Gendrift.**

Ein Sonderfall der Gendrift, der für zahlreiche vom Aussterben bedrohte Arten von großer Bedeutung ist, ist der **Flaschenhalseffekt.** Durch Katastrophen, Klimaänderungen oder großflächige Vernichtung von Lebensräumen können Populationen drastisch dezimiert werden. Die wenigen Individuen, die einer solchen Katastrophe zufällig entgehen, repräsentieren oft nur einen winzigen Teil der ursprünglichen genetischen Vielfalt. Eine solche genetische Verarmung kann für die verbleibende Restpopulation schwerwiegende Folgen haben, da wie bei einer Monokultur die Anfälligkeit gegenüber Infektionskrankheiten vergrößert ist und durch Inzucht ursprünglich seltene, schädliche rezessive Gene homozygot werden können. Eine Population, die durch einen Flaschenhals gegangen ist, kann auf diese Weise schnell weiter schrumpfen und endgültig aussterben.

Prinzipiell dieselbe Wirkung wie der Flaschenhalseffekt hat der so genannte **Gründereffekt** – nur dass hier die Ursprungspopulation nicht vernichtet wird. Im Fall des Gründereffekts ist es ein kleiner, nicht repräsentativer Teil einer Population, der eine neue Population gründet. Bei der Besiedelung neuer Lebensräume, die wie die Galapagosinseln schwer zu erreichen sind, hat der Gründereffekt eine wichtige Rolle gespielt.

1. Berechnen Sie das HARDY-WEINBERG-Gleichgewicht für eine Population von 600 braunen und 400 rosa Kaninchen!
2. Beschreiben Sie die Wirkungen des Gründereffekts!

EXKURS Sozialdarwinismus

Zum 1. Januar des Jahres 1900 stiftete ein anonymer „Gönner der Wissenschaft“ (der sich später als der Industrielle Friedrich KRUPP entpuppte) 30000 Goldmark für ein Preisausschreiben, das von Ernst HAECKEL und zwei anderen Zoologen ausgeschrieben worden war. Die Preisfrage lautete: „Was lernen wir aus den Prinzipien der Deszendenztheorie [Evolutionstheorie] in Beziehung auf die innerpolitische Entwicklung und Gesetzgebung der Staaten?“

Gewinner des Preisausschreibens wurde der bayerische Arzt und Privatgelehrte Wilhelm SCHALLMEYER, der in seiner Arbeit „Vererbung und Auslese im Lebenslauf der Völker“ forderte, das DARWINsche Prinzip vom „Kampf ums Dasein“ müsse Eingang in die Politik erhalten, um „der drohenden Entartung der Kulturmenschheit“ entgegen zu wirken. Dafür müsse das persönliche Wohl des Einzelnen hinter dem des Volkes „naturgemäß“ zurückstehen. Woher kam die um die Jahrhundertwende weit verbreitete Furcht vor der angeblich „drohenden Entartung der Kulturmenschheit“?

Fortschritte in der Medizin und vor allem der Hygiene hatten dazu geführt, dass die Kindersterblichkeit deutlich gesunken war. Von verbesserten hygienischen Bedingungen und sozialen Errungenschaften wie Armenhilfe profitierten vor allem sozial schwächere Familien, die nun oft kinderreicher waren als wohlhabendere Familien. „Bekanntlich erneuert sich unsere Bevölkerung in jeder Generation in stärkerem Maße aus den unteren als aus den mittleren und oberen Klassen,“ hatte schon DARWIN bemerkt, und dies konnte aus seiner Sicht nicht gut sein: Niemand werde „so töricht“ sein, schrieb er 1871, „seinen schlechtesten Tieren die Fortpflanzung zu gestatten.“

Medizin, Hygiene und Sozialpolitik setzten nach Meinung DARWINs und vieler seiner Anhänger die Wirkungen der natürlichen Selektion außer Kraft. Damit aber drohte, wie es schien, die „Degeneration“ der „zivilisierten Menschheit“, denn bedeutete Selektion nicht „Höherentwicklung“?

DARWIN selbst warnte davor, seine Theorie auf das Gebiet der praktischen Politik zu übertragen und Kranken oder Schwachen die Hilfe zu verweigern. In diesem Fall, so betonte er, würde „unsere edelste Natur an Wert verlieren.“ Viele seiner Anhänger scherten sich nicht darum: Sie behaupteten, dass genetisch angeblich „minderwertige Elemente“ in der Bevölkerung Überhand nähmen und forderten deren „Ausmerzung“.

Damit war aus dem „Darwinismus“ – der Theorie der Evolution durch natürliche Selektion – eine der folgenreichsten Ideologien des ausgehenden 19. und beginnenden 20. Jahrhunderts geworden: der „Sozialdarwinismus“. Das Ziel der Sozialdarwinisten war die Einflussnahme auf die genetische Struktur menschlicher Populationen.

367.1 Sozialdarwinistische Propaganda (Deutschland, 1939)

Der Sozialdarwinismus lieferte unter dem Deckmantel der Wissenschaft scheinbare Rechtfertigungen für ungeheures menschliches Leid: Massensterilisationen, Apartheid, Sklaverei, und die Ermordung von Millionen Menschen in den „Konzentrationslagern“ der Nazis.

Was war falsch am „Sozialdarwinismus“? In den Augen der Sozialdarwinisten bedeutete Evolution Fortschritt und Höherentwicklung, aber dies war eher ein Kernpunkt der Theorie LAMARCKs als der DARWINs. DARWIN schätzte den Begriff „Fortschritt“ im Zusammenhang mit seiner Theorie nicht: „Gebrauche nie die Worte höher oder niedriger“, notierte er. Nach seiner Theorie bedeutete Evolution schlicht Veränderung; dabei führte die natürliche Selektion zwar zu einer verbesserten Angepasstheit der Individuen einer Population, aber dies bedeutete weder zwangsläufig Fortschritt noch Höherentwicklung. Zwar scheint die Idee, dass evolutiver Fortschritt ein „Naturgesetz“ sei, nahe liegend: Menschen sind zweifellos komplexer gebaut als Bakterien. Aber abgesehen davon, dass Bakterien in der Evolution nicht weniger erfolgreich waren als Menschen, findet sich in der Evolution nicht nur eine Zunahme an Komplexität, sondern ebenso deren Abnahme: Zahllose Arten haben komplexe Organsysteme vereinfacht oder sogar völlig abgeschafft.

Falsch war auch die Annahme, dass Selektion grundsätzlich zum Wohl des ganzen „Volkes“ oder der Art wirkt: Wenn ein Merkmal den Fortpflanzungserfolg seines Trägers erhöht, hat dieser einen Selektionsvorteil – auch wenn dies auf Kosten anderer Mitglieder der Population geht.

Falsch war schließlich der Glaube, die Natur biete ein Vorbild für menschliches Verhalten. Selbst wenn in der Natur der Stärkere einen Selektionsvorteil hat, ist er *moralisch* damit keineswegs „im Recht“. Philosophen bezeichnen diesen Fehler als **„naturalistischen Fehlschluss“:** *Aus dem Sein kann man kein Sollen ableiten.* Die Natur ist für uns kein Vorbild.

3.5 Artbildung

Vor etwa drei Millionen Jahren gelangte eine kleine Gruppe von Finken vom südamerikanischen Festland auf die 1000 Kilometer entfernt gelegenen Galapagos-Inseln. Da Finken als typische Festlandbewohner nicht die Gewohnheit haben, aufs Meer hinaus zu fliegen, waren sie vermutlich durch einen Sturm dorthin verfrachtet worden. Von ihrer Ursprungspopulation waren die Vögel nun durch eine breite, normalerweise unüberwindbare *geographische Barriere* getrennt: Der *Genfluss* zwischen Mutter- und Tochterpopulation war unterbrochen.
Geografische Separation zweier Populationen bildet oft einen entscheidenden Ausgangspunkt für die Entstehung neuer Arten. Die **biologische Definition der Art** lautet: *Eine Art ist eine natürliche Fortpflanzungsgemeinschaft, die von anderen vergleichbaren Gruppen reproduktiv isoliert ist.* Angehörige einer Art können also fruchtbare Nachkommen miteinander zeugen und tun es üblicherweise auch, Angehörige verschiedener Arten dagegen nicht.

Auf dem Galapagos-Archipel, dessen erste Inseln vor etwa vier Millionen Jahren durch Vulkanismus aus dem Meer aufgetaucht waren, fanden die Finken einen Lebensraum vor, der sich von dem auf dem Festland deutlich unterschied. Da der Genfluss zur Ursprungspopulation unterbrochen war, konnten sich die Genpools der beiden Populationen durch Mutationen, Gendrift und Selektion mit der Zeit auseinander entwickeln. Begünstigt wurde dieser Prozess zusätzlich dadurch, dass der Genpool von Gründerpopulationen nicht mit dem der jeweiligen Ursprungspopulation übereinstimmt, sondern nur einen kleinen Ausschnitt der genetischen Variabilität repräsentiert. Auf diese Weise können aus Varietäten allmählich neue Arten entstehen, deren Mitglieder auch dann nicht mehr zur gemeinsamen Fortpflanzung fähig sind, wenn sie später wieder aufeinander treffen. Einen solchen Artbildungsprozess, der durch geografische Separation erleichtert wird, nennt man **allopatrische Artbildung** (griech. *allos,* anders, *patris,* Heimat).
Geografische Isolation hat im Laufe der Evolutionsgeschichte zur Entstehung einer Vielzahl neuer Arten geführt. Ozeanische Inseln wie Galapagos oder Hawaii, die weit vom Festland entfernt liegen, zeichnen sich durch eine relativ geringe Artenzahl, aber einen großen Anteil *endemischer* Arten aus, die nur dort vorkommen, mit bestimmten Arten auf dem nächst gelegenen Festland aber regelmäßig nahe verwandt sind. Die 14 heute auf Galapagos lebenden Finkenarten beispielsweise zeigen in der Sequenz ihrer mitochondrialen DNA auffallende Ähnlichkeiten mit einer auf dem südamerikanischen Festland lebenden Finkenart.

Allopatrische Artbildung ist vermutlich der wichtigste Artbildungsprozess in der Evolution. Neue Arten können aber auch entstehen, wenn Populationen nicht geographisch voneinander getrennt sind. Beispielsweise kann es vorkommen, dass eine Teilpopulation einer Art einen neuen Lebensraum besiedelt, der an das Verbreitungsgebiet der Ursprungspopulation angrenzt; in diesem Fall entsteht zwischen den Populationen zunächst eine **Hybridzone,** in der die Mitglieder der benachbarten Populationen noch miteinander fruchtbare Nachkommen zeugen. Sterben die an keinen der beiden Lebensräume optimal angepassten Hybriden aufgrund verminderter Fitness aus, ist der Genfluss zwischen den Teilpopulationen unterbrochen und eine neue Art entstanden. Diesen Artbildungsprozess nennt man **parapatrische Artbildung** (griech. *para,* neben).
Hybridzonen gibt es beispielsweise in Deutschland zwischen der im Westen verbreiteten Rabenkrähe und der östlich der Elbe lebenden Nebelkrähe oder in Äthiopien zwischen dem Mantelpavian und dem ansonsten weiter südwestlich in Afrika verbreiteten Anubispavian. Während Nebel- und Rabenkrähe noch als zwei Populationen derselben Art betrachtet werden, halten manche Biologen Anubis- und Mantelpaviane für so unterschiedlich, dass sie beiden den Status „echter Arten" zugestehen.

Ein dritter Artbildungsprozess ist die **sympatrische Artbildung** (griech. *syn,* zusammen). Diesen Prozess hielt man ursprünglich nur für Pflanzen bedeutsam, bei denen auch innerhalb einer Population durch Genommutationen neue Arten durch Vervielfachung des Chromosomensatzes *(Polyploidisierung)* entstehen können. Mittlerweile mehren sich aber Hinweise dafür, dass dieser Prozess auch bei Tieren häufig ist. Ein wichtiger Faktor bei sympatrischer Artbildung ist die *sexuelle Selektion,* oder genauer gesagt: das Wahlverhalten von Weibchen. Wenn sich manche Weibchen einer Population bevorzugt mit bestimmten Männchen paaren und sowohl das weibliche Wahlverhalten als auch das bevorzugte männliche Merkmal eine genetische Basis hat, kann innerhalb einer Population eine Teilpopulation entstehen, deren Genpool mit der Zeit immer stärker von dem der Mutterpopulation abweicht. Paaren sich die Weibchen nur noch mit den von ihnen jeweils bevorzugten Männchen, ist der Genfluss zwischen den Populationen unterbrochen und eine neue Art entstanden.
Sexuelle Selektion hat als Motor sympatrischer Artbildung bei verschiedenen, auf denselben Inseln des Galapagos-Archipels lebenden Finkenarten eine wichtige Rolle gespielt. Diese Arten unterscheiden sich nämlich nicht nur in der Form und Größe ihrer Schnäbel, sondern auch in einem Merkmal, auf das Weibchen besonders achten: ihrem Gesang.

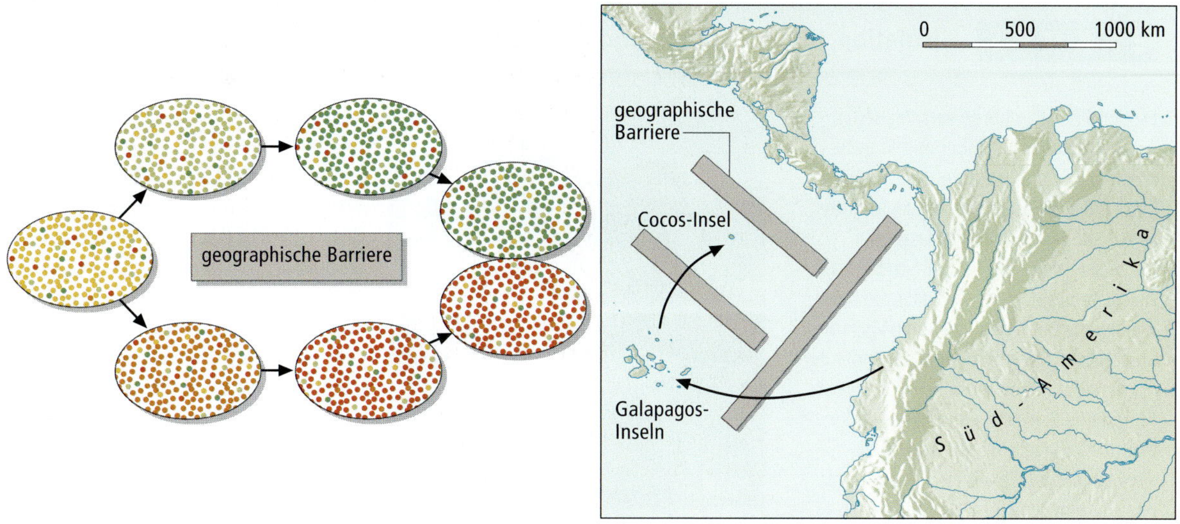

A

Die Vorfahren der 14 Finkenarten auf Galapagos und einer 15. Art, die auf der Cocos-Insel lebt, sind vermutlich durch Stürme dorthin verdriftet worden.

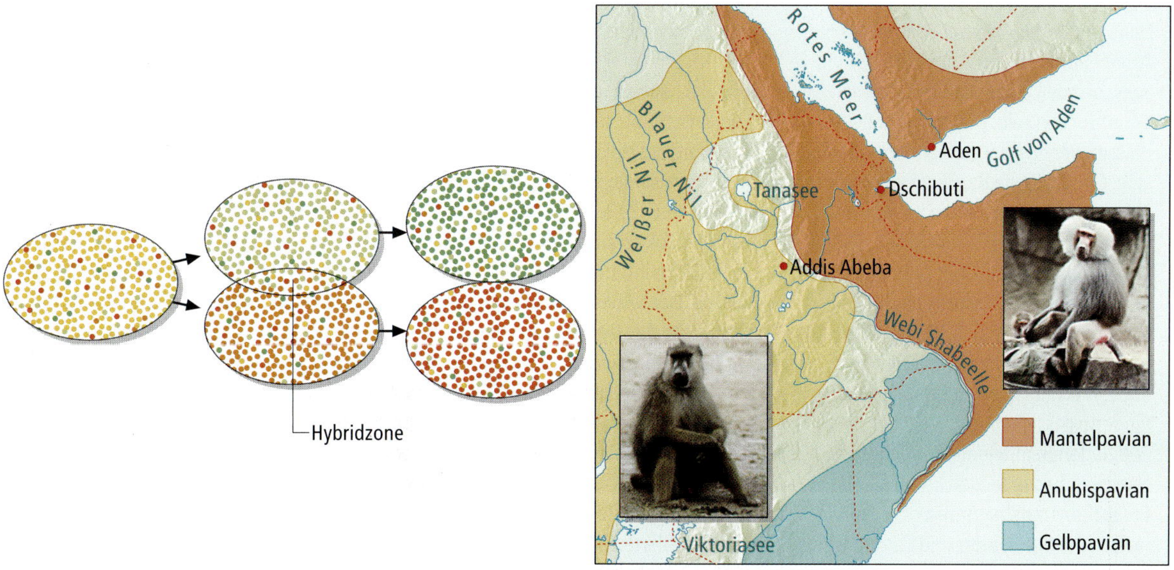

B

Mantel- und Anubispaviane erzeugen in einer Überlappungszone ihrer Verbreitungsgebiete noch fruchtbare Nachkommen miteinander.

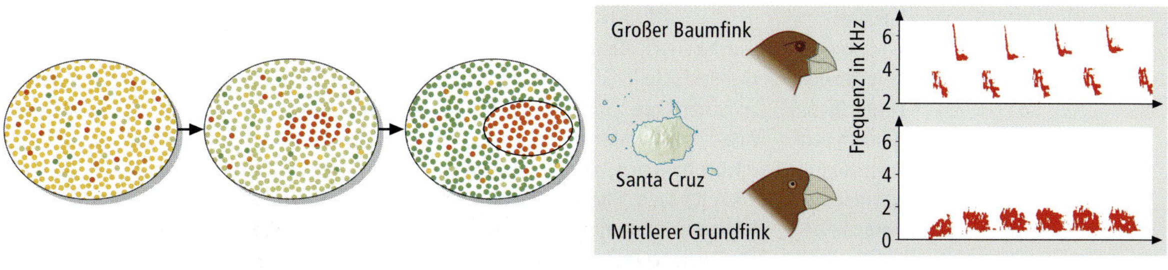

C

Unterschiedliche Gesänge der Finken auf Galapagos waren vermutlich ein wichtiger Faktor bei sympatrischer Artbildung.

369.1 Artbildungsmechanismen (links: Schema; rechts: Beispiel). A allopatrische Artbildung; **B** parapatrische Artbildung; **C** sympatrische Artbildung

EXKURS Isolation, Hybridisierung und horizontaler Gentransfer

Esel und Pferd gehören verschiedenen Arten an, lassen sich aber miteinander kreuzen. Die dabei entstehenden Mischlinge oder *Hybriden* nennt man Maultier (wenn die Mutter ein Pferd ist) oder Maulesel (wenn die Mutter ein Esel ist). Dies ist ein Hinweis dafür, dass die beiden Arten von einem gemeinsamen Vorfahren abstammen, der vor nicht allzu langer Zeit noch gelebt haben muss. Anders gesagt: Pferde und Esel sind nahe miteinander verwandt. Die Artgrenze wird durch die Kreuzungsmöglichkeit jedoch nicht verwischt, denn Maulesel und Maultiere sind fast immer unfruchtbar: Sie können keine lebensfähigen Nachkommen hervorbringen.

Damit aus einer Art zwei oder mehr neue Arten entstehen, muss der Genfluss zwischen den einzelnen Populationen unterbrochen sein: Die Populationen müssen *genetisch* voneinander *isoliert* sein. Geografische Barrieren wie Meere, Flüsse oder Gebirgsketten können den Genfluss zwischen Populationen einer Art unterbinden, stellen aber nur den ersten Schritt im Artbildungsprozess dar. Entscheidend ist, dass sich Teilpopulationen einer Art auseinander entwickeln und dabei Mechanismen entstehen, die verhindern, dass die Mitglieder verschiedener Populationen miteinander fruchtbare Nachkommen erzeugen können. Derartige **Fortpflanzungsbarrieren** oder **Isolationsmechanismen** sind das entscheidende Kennzeichen verschiedener Arten.

In der Natur gibt es eine Reihe unterschiedlicher Isolationsmechanismen, die den Genfluss zwischen verschiedenen Arten auch dann unterbinden, wenn sie im selben Gebiet miteinander leben. Bei den Mischlingen von Pferden und Eseln (deren Wildformen in der Natur geografisch voneinander isoliert sind) besteht der Isolationsmechanismus in der **Hybridensterilität:** Die Mischlinge produzieren keine funktionsfähigen Gameten. Da hier die Schranke, die den Genfluss unterbricht, erst nach erfolgter Paarung und Bildung einer Zygote auftritt, spricht man auch von einem *postzygotischen Isolationsmechanismus.* Ein anderer postzygotischer Isolationsmechanismus ist eine erhöhte **Hybridensterblichkeit:** Die Zygoten entwickeln sich nicht weiter oder sterben ab.

Esel

Pferd

Sehr viel häufiger als postzygotische Isolationsmechanismen sind in der Natur aber *präzygotische Isolationsmechanismen.* Diese verhindern, dass es überhaupt zur Bildung einer Zygote kommt. So kann **Gameteninkompatibilität** die erfolgreiche Befruchtung einer Eizelle verhindern. Denselben Effekt hat **Inkompatibilität der Geschlechtsorgane,** die vor allem bei vielen Insekten und Spinnenartigen so komplex gebaut sind, dass sie nur bei Angehörigen derselben Art wie ein Schlüssel ins Schloss passen. Bei vielen Pflanzen und Tieren verhindert **zeitliche Isolation,** dass sich Angehörige verschiedener Arten, die im selben Lebensraum nebeneinander existieren, miteinander fortpflanzen. So blüht beispielsweise der Rote Holunder sehr viel früher im Jahr als der Schwarze Holunder.

Die meisten Isolationsmechanismen sind nicht entstanden, um die Fortpflanzung zwischen Angehörigen nahe verwandter Arten zu verhindern; sie sind eine *Folge* davon, dass sich Arten auseinander entwickelt haben. Nur **Isolation durch Verhalten** ist vermutlich häufig *Ursache* für die Entstehung von Fortpflanzungsbarrieren. Bei den meisten Tierarten sind vor allem die Weibchen außerordentlich wählerisch, während Männchen oft keine Hemmungen haben, sich auch mit Artfremden zu paaren. Männliche Kröten beispielsweise besteigen nahezu alles, was auch nur entfernt wie ein Weibchen ihrer Art aussieht. Mögliche Ursache für diesen Unterschied ist das unterschiedliche Reproduktionspotenzial der Geschlechter: Männchen produzieren nahezu unbegrenzt viele Spermien, Weibchen dagegen nur eine begrenzte Anzahl von Eizellen. Daher hängt die Fitness eines Weibchens in sehr viel höherem Maße als die eines Männchens davon ab, dass sie sich mit zu ihnen passenden Partnern paaren.

Isolationsmechanismen verhindern aber nicht grundsätzlich den Genfluss zwischen Arten. Bei vielen Arten kommt es auch in der Natur gelegentlich zu **Hybridisierungen,** und manchmal können aus lebensfähigen und fruchtbaren Hybriden sogar neue Arten entstehen. Ein Beispiel aus dem Tierreich ist der in Europa heimische Wasserfrosch *(Rana esculenta),* der aus der Hybridisierung von Seefrosch *(Rana ridibunda)* und Teichfrosch *(Rana lessonae)* hervorgegangen ist. Sehr viel häufiger sind Hybriden bei Pflanzen: Man schätzt, dass etwa 50 Prozent aller Samenpflanzenarten durch Hybridisierung entstanden sind.

Normalerweise geben Lebewesen ihre Gene nur an ihre Nachkommen weiter. Von Prokaryoten ist aber noch ein anderer als dieser *vertikale Gentransfer* bekannt: Bakterien können ihre Gene nicht nur an ihre Nachkommen, sondern auch an andere Artgenossen und sogar andere Arten weitergeben. Durch diesen **horizontalen Gentransfer** können beispielsweise Mutationen, die ihren Träger und seine Nachkommen gegen Antibiotika resistent machen, auch an andere Bakterienarten weitergegeben werden. Manche Bakterien schleusen auch Gene in Pflanzen ein und veranlassen sie auf diese Weise, Gallen zu bilden, die den Bakterien als Nahrungsgrundlage dienen. Auch im Genom des Menschen finden sich Spuren horizontalen Gentransfers: Mitochondrien stammen (ebenso wie Chloroplasten) von Bakterien ab, deren Gene zum großen Teil in die Kern-DNA der Wirtszelle übernommen wurden.

EXKURS Die Synthetische Theorie der Evolution

Die Evolutionstheorie gilt heute als eine der am besten durch überprüfbare Fakten gestützten naturwissenschaftlichen Theorien überhaupt. Aber natürlich ist die Evolutionstheorie von heute nicht mehr dieselbe wie zu Zeiten DARWINS. Vor allem wusste DARWIN praktisch nichts über Vererbung. Die Arbeiten MENDELS hatte DARWIN nicht gelesen, und Mutationen waren zu seinen Lebzeiten noch unbekannt. Um die Quelle der genetischen Variation zu erklären, behalf er sich mit dem Konzept der Vererbung erworbener Eigenschaften. Diese Annahme wurde erst 1883 durch den deutschen Biologen August WEISMANN (1834 bis 1914) widerlegt. Damit wurde WEISMANN zum Begründer des **„Neodarwinismus"** – Evolution durch Selektion, aber ohne Vererbung erworbener Eigenschaften.

Die Wiederentdeckung der MENDELschen Gesetzmäßigkeiten im Jahre 1900 und das ein Jahr später entdeckte Phänomen der Mutation brachte eine neue Modifizierung der DARWINschen Theorie: den **„Saltationismus"**. Die meisten frühen Genetiker glaubten, dass Evolution nicht graduell verliefe, sondern sprunghaft (lat. *saltare*, tanzen). Danach waren Mutationen die einzige Ursache für die Veränderung von Arten und die Entstehung neuer Arten. DARWINS zentrale Theorie für den Artenwandel, die Selektionstheorie, lehnten sie ab.

Erst in den 40er Jahren des 20. Jahrhunderts wandelte sich unter dem Einfluss von Populationsgenetikern wie Ronald FISHER (1890 bis 1962) und John HALDANE (1892 bis 1964) sowie Naturforschern wie Ernst MAYR (1904 bis 2005) das Bild. Man erkannte, dass die Befunde der Genetiker mit der Selektionstheorie vereinbar waren – die **Synthetische Theorie** der Evolution entstand. Danach lieferten Zufallsprozesse – Mutationen und Rekombination – das „Rohmaterial", an dem dann in einem zweiten Schritt ein weiterer Prozess ansetzen konnte, der keine Zufallsergebnisse lieferte: die natürliche Selektion. Hinzu kamen Evolutionsfaktoren wie Gendrift und reproduktive Isolation, die weitere Erklärungen für die Bildung neuer Arten und die Entstehung biologischer Vielfalt lieferten.

Die Synthetische Theorie der Evolution, die die Ideen DARWINS mit den Erkenntnissen der Genetik vereinigte, ist bis heute die beherrschende Evolutionstheorie. Allerdings ist die Synthetische Theorie kein abgeschlossenes Konzept, das auf alle Fragen bereits Antworten hätte. Eher handelt es sich um ein Forschungsprogramm, das ständig weiterentwickelt und verbessert wird. Zu vielen für die Evolutionsbiologie bedeutsamen Entdeckungen und Einsichten kam es erst, nachdem die evolutionäre Synthese formuliert worden war. Dazu gehören die Aufklärung der DNA-Struktur und des genetischen Codes, die Erkenntnisse der Soziobiologie und die Wiederentdeckung der von DARWIN für wichtig erachteten, dann aber lange vernachlässigten sexuellen Selektion. Die Evolutionstheorie DARWINS und seiner Nachfolger ist durch diese Entwicklungen aber nicht widerlegt, sondern eindrucksvoll bestätigt worden.

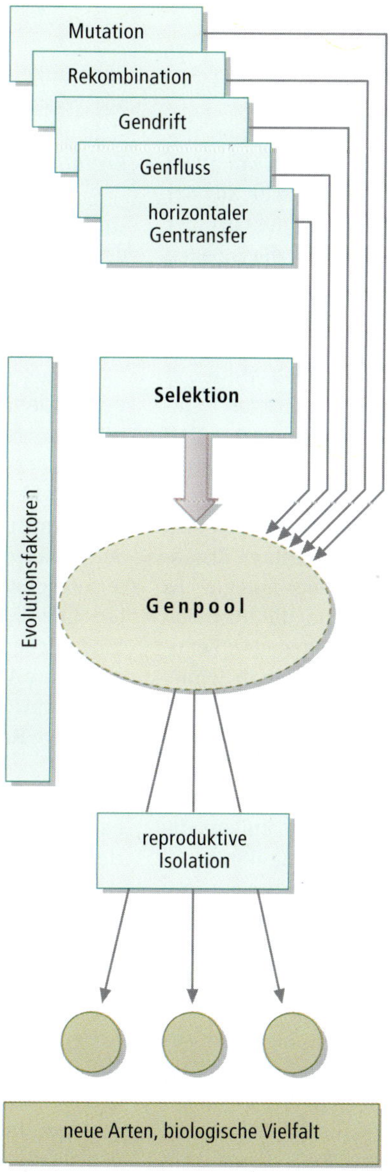

371.1 Synthetische Theorie der Evolution (Schema)

In der zweiten Hälfte des 20. Jahrhunderts wurden noch einige weitere Evolutionstheorien formuliert, die scheinbar im Gegensatz zur Synthetischen Theorie stehen. Zu den wichtigsten gehörten die **Neutrale Theorie der molekularen Evolution** und die Theorie des **Punktualismus.** Die Neutrale Theorie basierte auf der Entdeckung, dass die genetische Variation innerhalb von Arten viel größer ist, als man lange vermutet hatte. Ein erheblicher Teil der durch Mutation und Rekombination zustande gekommenen Merkmale musste demnach *selektionsneutral* sein. Auch der vor allem von Paläontologen vertretene Punktualismus zweifelt an der Bedeutung des Evolutionsfaktors Selektion und stellte darüber hinaus die Ansicht in Frage, dass Evolution in der graduellen Akkumulation kleiner Veränderungen bestehe. Vielmehr zeige die Fossilgeschichte, dass neue Arten plötzlich („punktuell") entstünden und solche „Evolutionsschübe" nur kurze Zwischenspiele während langer Zeiträume seien, in denen sich nichts verändere .

Beide Theorien haben neue Fragen über die Ursachen und die Geschwindigkeit evolutiven Wandels aufgeworfen, stehen aber nicht wirklich im Gegensatz zur Synthetischen Theorie. Neuere Forschungen zeigen, dass evolutiver Wandel tatsächlich sehr schnell erfolgen kann, die Selektion dabei aber der wichtigste Faktor ist.

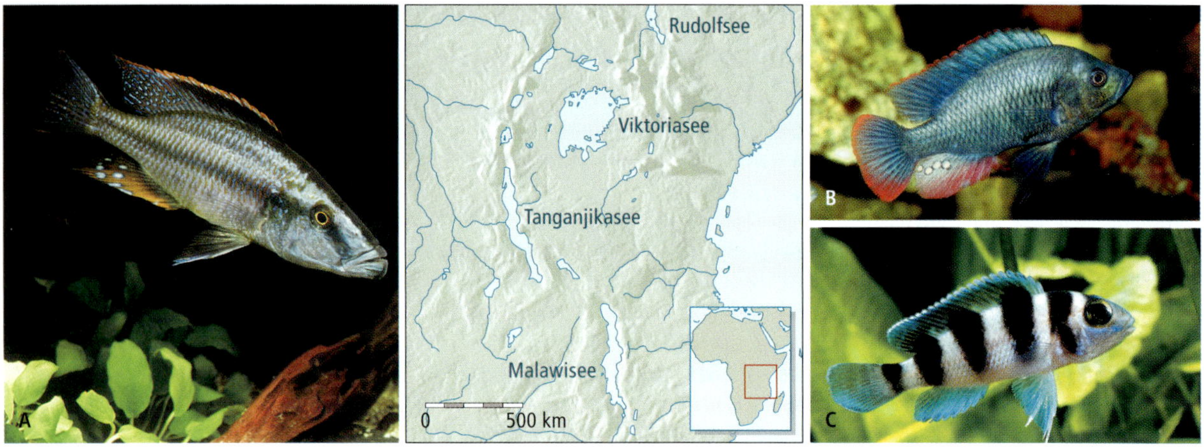

372.1 Ostafrikanische Buntbarsche. **A** *Dimidiochromis*, Malawisee; **B** *Haplochromis*, Viktoriasee; **C** *Neolamprologus*, Tanganjikasee

3.6 Adaptive Radiation

Die großen Seen Ostafrikas sind durch einen ungeheuren Artenreichtum gekennzeichnet. Vor allem die bei Aquarianern beliebten Buntbarsche aus der Familie der Cichliden tummeln sich in ihnen in einer großen Formen- und Farbenfülle, und die meisten von ihnen sind in dem jeweiligen See *endemisch:* Sie kommen nur dort und nirgendwo anders vor. So leben in dem im Südwesten Tansanias gelegenen Tanganjikasee, der etwa neun bis zwölf Millionen Jahre alt ist, mindestens 200 endemische Buntbarscharten, im 200 000 Jahre alten Viktoriasee sind es wenigstens 300, und im eine Million Jahre alten Malawisee sogar mindestens 500 Arten.

Die vielen verschiedenen Arten unterscheiden sich in ihrer Färbung, ihrer Morphologie, ihrer Ernährungsweise und ihrer Fortpflanzungsbiologie. Es gibt 30 Zentimeter große Raubfische, die im freien Wasser Jagd auf kleinere Fische machen, drei Zentimeter kleine Winzlinge, die am Seeboden in Schneckenhäusern leben und sich von Algen ernähren, es gibt Arten mit einem seitwärts gerichteten Maul voller raspelartiger Zähne, mit denen sie die Schuppen anderer Fische abnagen, Arten, die ihre Eier auf dem Substrat ablegen („Substratbrüter") und andere, die ihre Jungen im Maul „ausbrüten" („Maulbrüter"). Jede der vielen Fischarten eines Sees besetzt ihre eigene *ökologische Nische.*

Bei Arten aus verschiedenen Seen gibt es jedoch verblüffende Parallelen. So leben sowohl im Malawisee wie auch im Tanganjikasee Buntbarsche mit besonders wulstigen Lippen, mit denen sie Kleintiere aus Algenpolstern zupfen, Arten mit kammartigen Zähnen, mit denen sie einzellige Algen aus dem Wasser fischen, oder Arten mit imposanten Stirnbuckeln, die Jagd auf Kleintiere machen. Trotz dieser Ähnlichkeiten zeigen jedoch molekulargenetische Analysen, dass verschiedene Arten eines Sees sehr viel näher miteinander verwandt sind als ähnliche Arten aus verschiedenen Seen. Ganz offenbar handelt es sich um Parallelbildungen, die durch *konvergente Evolution* entstanden sind.

Umfangreiche molekulargenetische Analysen, bei denen man homologe DNA-Sequenzen verschiedener Arten miteinander verglich, zeigen auch, dass die vielen Buntbarscharten eines Sees jeweils mit einer Art (oder einigen wenigen Arten) aus den nächst gelegenen Flüssen nahe verwandt sind. Die verschiedenen „Artenschwärme" sind also durch *allopatrische Artbildung* entstanden. Nach der Besiedelung der einzelnen Seen durch wenige Pioniere kam es dann zu einer geradezu explosionsartigen weiteren Aufspaltung von Arten, die innerhalb des Sees unterschiedliche Lebensräume besiedelten, unterschiedliche Ernährungsgewohnheiten entwickelten und ihre Jungen unterschiedlich versorgten. Eine solche Aufspaltung einer Evolutionslinie in verschiedene Arten, von denen jede an unterschiedliche Lebensgewohnheiten angepasst ist, nennt man eine **adaptive Radiation.**

Die adaptive Radiation der ostafrikanischen Buntbarsche erfolgte teilweise sehr schnell. Der Viktoriasee war vor etwa 12 000 Jahren vollkommen ausgetrocknet. Wenn die heute dort lebenden 300 Arten diese Zeit nicht in umliegenden Flüssen oder Sümpfen überlebt haben, müssen sie also innerhalb von nur 12 000 Jahren entstanden sein. Das bedeutet, dass im Viktoriasee im Mittel alle 40 Jahre eine neue Art entstanden sein muss! Für diese Interpretation spricht, dass die genetischen Unterschiede zwischen den meisten Buntbarschen des Viktoriasees deutlich geringer sind als die zwischen den Buntbarschen der übrigen Seen. Unter außergewöhnlichen Bedingungen, so zeigt dieses Beispiel, kann evolutiver Wandel sehr schnell erfolgen.

Auch die Entstehung der 14 auf dem Galapagos-Archipel lebenden Darwin-Finken sowie einer 15. Art, die 700 km weiter nordöstlich auf der Cocos-Insel lebt, ist das Ergebnis einer adaptiven Radiation. Als die ersten Finken auf den Inseln ankamen, fanden sie einen Lebensraum vor, der von Konkurrenten weitgehend frei war und unterschiedlichste Möglichkeiten der Spezialisierung bot. „In einem englischen Garten", schrieb 1947 der britische Biologe David LACK, der den Darwin-Finken ihren Namen gab, „fressen Finken unterschiedlicher Art und Größe Samen und Früchte, Meisen verschiedener Größe untersuchen die Zweige und Äste, Grasmücken verschiedener Art picken Insekten von den Blättern, Drosseln suchen auf der Erde nach Nahrung, und Spechte klettern die Baumstämme hoch." Auf Galapagos decken die verschiedenen Finkenarten all diese ökologischen Nischen ab: Grundfinken suchen auf dem Boden nach Nahrung, Laubsängerfinken picken auf Blättern nach Insekten, und Specht- und Mangrovenfinken suchen unter der Rinde von Bäumen nach Insektenlarven, die sie in Ermangelung einer langen Spechtzunge mithilfe sorgfältig ausgesuchter Kakteendornen oder kleiner Zweige hervorstochern. Auf der kleinen, nahrungsarmen Insel Wolf betätigen sich Spitzschnabel-Grundfinken sogar als „Vampirfinken": Sie picken in die weiche Haut um die Wurzel der Schwanz- oder Flügelfedern der dort brütenden, zu den Seevögeln gehörenden Masken- und Rotfußtölpel und lecken das austretende Blut auf.

Begünstigt werden adaptive Radiationen vor allem dann, wenn geologische oder klimatische Veränderungen *neue Lebensräume* schaffen, die dann von einer oder mehreren kleinen Gründerpopulationen besiedelt werden können. Ist der neue Lebensraum strukturiert genug, dass verschiedene ökologische Nischen besetzt werden können, fördert die *Sympatrie,* also das Zusammenleben in demselben Lebensraum, die Aufspaltung einer Gründerpopulation in mehrere Arten, die sich neue Nahrungsnischen erschließen und sich damit weniger Konkurrenz machen. Letztlich ist es also *innerartliche Konkurrenz* um begrenzte Ressourcen, die Lebewesen zum Überleben und zur Fortpflanzung benötigen, die die Entstehung neuer Arten fördert.
Auch bestimmte, zufällig entstandene Merkmale der Lebewesen selbst, die man im Nachhinein als *Schlüsselmerkmale* bezeichnen kann, haben adaptive Radiationen gefördert: So gab das erste Lebewesen, das sich mit einem Panzer vor Raubfeinden schützen konnte, quasi den „Startschuss" für eine Vielzahl weiterer Anpassungen.

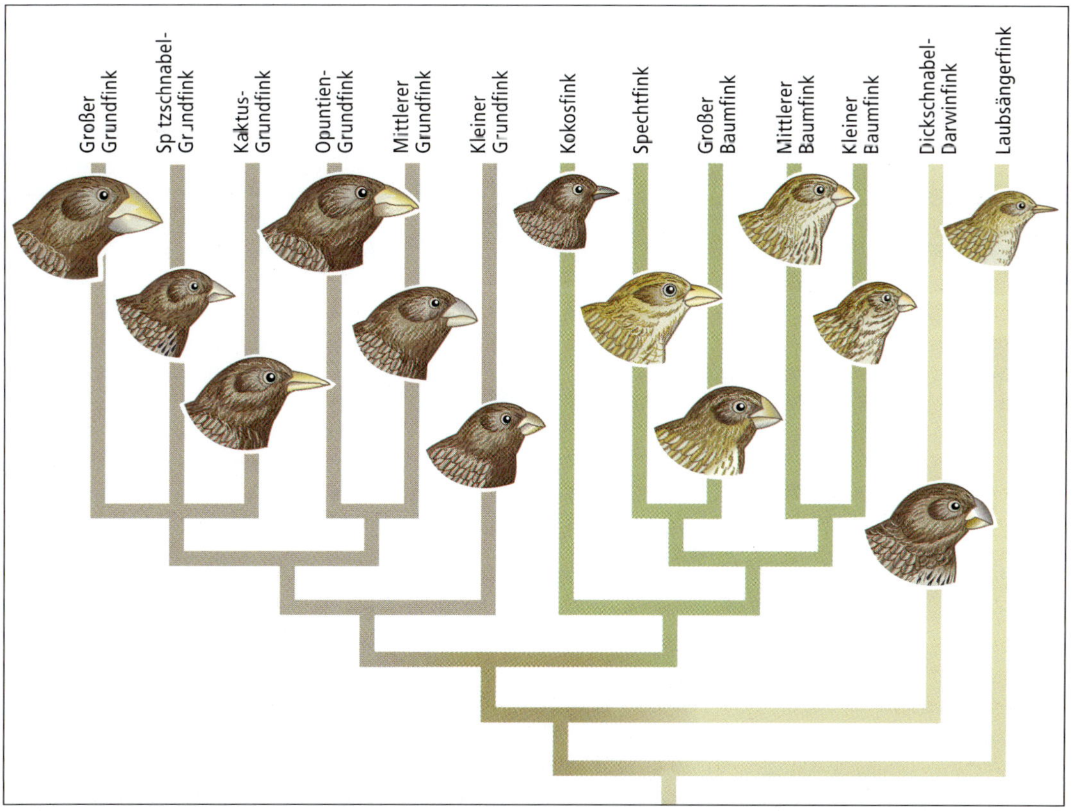

373.1 Die adaptive Radiation der Darwin-Finken. Der rekonstruierte Stammbaum beruht auf der Auswertung von DNA-Sequenzen; zwei Arten, von denen keine DNA zur Verfügung stand, sind nicht abgebildet.

EXKURS Die Evolution der Pferde

Vor 49 Millionen Jahren verendete am Ufer eines urzeitlichen Sees ein Tier von der Größe eines Terriers. Der Kadaver wurde abgetrieben, sank zu Boden und blieb in den Sedimentschichten, die ihn bedeckten, erhalten. Wissenschaftler, die das Fossil 1980 ausgruben, konnten nicht nur seine Anatomie, sondern auch noch seine letzte Mahlzeit untersuchen. Sie bestand aus Blättern und Früchten.

Das *Propalaeotherium* genannte Fossil, das man in den Ölschiefern der Grube Messel bei Darmstadt gefunden hatte, gehörte zu einer Tiergruppe, die schon seit etwa 220 Millionen Jahren existierte, aber erst nach dem Aussterben der großen Saurier am Ende der Kreidezeit eine rasante adaptive Radiation erlebte: den Säugetieren.

Die Säugetiere des Erdmittelalters waren kleine, kaum katzengroße Tiere, die buchstäblich „im Schatten" der großen Dinosaurier ein nachtaktives Leben führten. In der aus dem Eozän stammenden Grube Messel fanden sich neben dem „Urpferd" *Propalaeotherium* Fossilien zahlreicher weiterer neuer Lebensformen wie Fledermäuse, Ameisenbären, Tapire, Schuppentiere und Halbaffen.

Propalaeotherium unterschied sich von den heutigen Pferden nicht nur durch seine Größe. Es besaß an seinen Vorderextremitäten vier und an seinen Hinterextremitäten drei Zehen, und seine an das Zerquetschen von weichen Früchten und Blättern angepassten Backenzähne hatten viel niedrigere Kronen als die der heutigen Pferde.

Da Zähne und Extremitätenknochen wegen ihrer Härte zu den fossil am besten erhaltenen Körperteilen gehören, lässt sich die Evolution der Pferde besonders gut verfolgen. Der älteste bekannte Vorfahr der heutigen Pferde war ein Tier namens *Hyracotherium*, das in den tropischen Eozän-Wäldern Europas und Nordamerikas lebte (zu Beginn der Erdneuzeit waren beide Kontinente noch durch eine Landbrücke miteinander verbunden). In Europa starben die Urpferde aus, und die weitere Entwicklungsgeschichte vollzog sich weitgehend in Nordamerika, wo die Pferde erst vor wenigen tausend Jahren ausstarben. Immer wieder jedoch gelangten Entwicklungslinien in die Alte Welt und auch nach Südamerika.

Im Miozän kam es zu einer weltweiten Abkühlung des Klimas, in dessen Folge sich Steppen und Savannen ausbreiteten und damit auch Tiere einen Selektionsvorteil erlangten, die sich von Gräsern ernähren konnten. Bei den Pferden führte dies zu einer adaptiven Radiation, aus der nicht nur weitere Blätterfresser, sondern auch Grasfresser hervorgingen. Alle diese frühen Pferde besaßen noch drei Zehen, aber die Seitenzehen bildeten sich immer weiter zurück, sodass die mittlere Zehe zunehmend die Last des Körpers zu tragen begann. Manche dieser Formen wanderten vor etwa 20 Millionen Jahren über die Beringstraße wieder nach Eurasien ein und gelangten auch wieder nach Deutschland. Das etwa ponygroße *Hipparion* lebte beispielsweise vor zwölf Millionen Jahren in großen Herden in der Nähe des heutigen Bodensees. Etwa zehn Millionen Jahre später kamen dann die Vorfahren der modernen Pferde wieder nach Europa.

Betrachtet man den Stammbaum der Pferde, stellt er sich also nicht als eine Stufenleiter dar, die direkt vom kleinen, vierzehigen *Hyracotherium* zum großen, einzehigen Pferd führt, sondern als vielfältig verzweigter Busch, von dem nur noch ein „Trieb" am Leben ist: die Gattung *Equus* mit den heutigen Pferden, Eseln und Zebras.

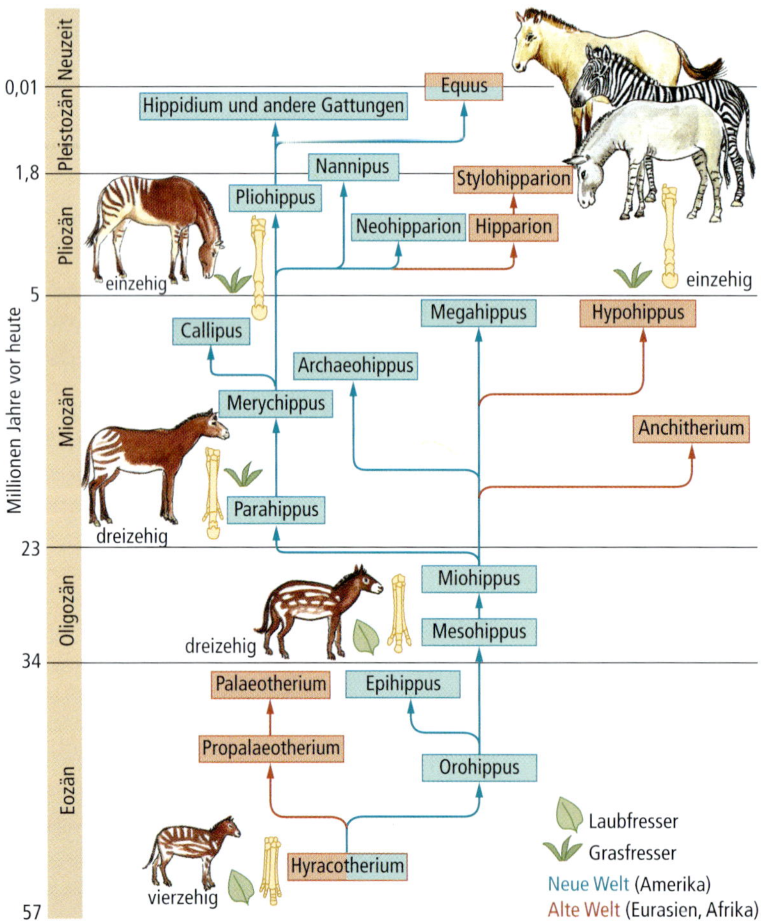

374.1 Stammbaum der Pferde

EXKURS Kreationismus

Schon lange vor DARWIN waren viele Menschen davon überzeugt, dass die Schöpfungsgeschichte der Bibel, nach der Gott sämtliche Tiere, Pflanzen und auch den Menschen erschaffen hatte, „ein jegliches nach seiner Art“, nicht wörtlich genommen werden könne. Erst DARWIN gelang es jedoch, der Evolutionstheorie zum Durchbruch zu verhelfen.

Allerdings war dieser Durchbruch keineswegs so vollständig, wie es scheint. Noch heute glauben 50 Prozent der US-Amerikaner, dass die Erde und ihre Bewohner vor wenigen tausend Jahren erschaffen wurden, und in Deutschland werden Bücher, die DARWINs angeblichen „Irrtum“ anprangern und „Beweise“ für die gleichzeitige Existenz von Menschen und Dinosauriern vorlegen, regelmäßig zu Bestsellern.

Kreationistische Strömungen (lat. *creatio*, Schöpfung) gibt es in allen großen Religionen. Auch Kreationisten gehen allerdings mit der Zeit. Viele, die sich selbst als „wissenschaftliche Kreationisten“ bezeichnen, vertreten nicht mehr die alte Lehre von der „Konstanz der Arten“, sondern geben zu, dass Arten bis zu einem gewissen Grad veränderlich sind.

Die neue Lehre der Kreationisten ist die der so genannten „Grundtypen“. Darunter verstehen sie Gruppen von Arten, die gewisse Ähnlichkeiten aufweisen und sich im Idealfall – wie etwa manche Enten – auch noch miteinander kreuzen lassen. Die Angehörigen von „Grundtypen“ sind nach dieser Auffassung miteinander verwandt, die „Grundtypen“ selbst jedoch unabhängig voneinander erschaffen worden. Ein Beispiel mag die Argumentation verdeutlichen. Enten, Schnabeltiere und Menschen sind Lebewesen, die sich in vieler Hinsicht deutlich unterscheiden, aber auch manche Gemeinsamkeiten aufweisen. Beispielsweise besitzen Menschen ebenso wie Schnabeltiere Haare und Milchdrüsen, während Enten beides fehlt. Auf der anderen Seite haben sowohl Enten als auch Schnabeltiere einen Schnabel, besitzen eine Kloake und legen Eier.

Für Evolutionsbiologen sind diese verwirrenden Merkmalskombinationen kein großes Rätsel. Wenn Enten, Schnabeltiere und Menschen von gemeinsamen Vorfahren abstammen, wird erklärbar, warum Schnabeltiere und Enten Eier legen und Menschen und Schnabeltiere Haare haben: Die Eier sind ein ursprüngliches, von den Reptilien stammendes Merkmal, die Haare ein neu entstandenes Merkmal der Säugetiere. Der Schnabel von Schnabeltieren und Enten ist dagegen nicht durch gemeinsame Abstammung erklärbar: Er ist in beiden Fällen unabhängig voneinander durch Anpassung an eine ähnliche Lebensweise entstanden *(konvergente Evolution)*.

Kreationisten sehen all dies natürlich ganz anders. Obwohl das Schnabeltier aus kreationistischer Sicht wie die Schöpfung eines Spaßvogels erscheinen muss (als das erste ausgestopfte Schnabeltier 1798 nach England kam, hielt man es tatsächlich für eine Fälschung), betrachten sie Schnabeltiere, Enten und Menschen als Angehörige verschiedener „Grundtypen“, die unabhängig voneinander erschaffen worden sind. Das Hauptargument, das als „Beweis“ für eine solche Behauptung vorgelegt wird, lautet: Es seien noch keine fossilen Übergangsformen gefunden worden, die eine Verwandtschaft solcher Tiergruppen belegten. Darüber hinaus seien solche Übergangsformen auch gar nicht vorstellbar, da ein „Mittelding“ aus Reptil und Vogel oder Reptil und Säuger weder das eine noch das andere und mithin gar nicht lebensfähig sei.

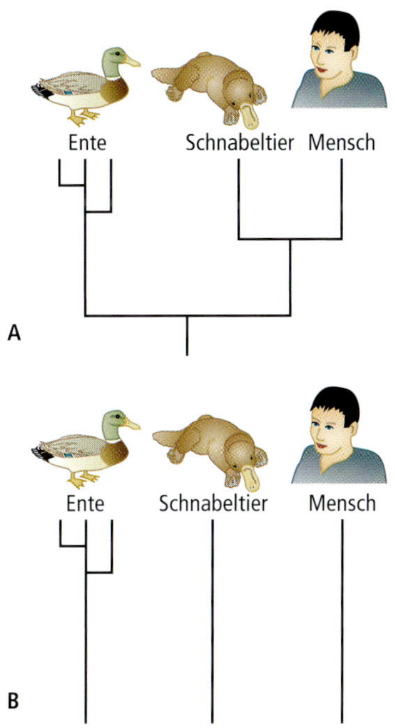

375.1 Evolutionsvorstellungen.
A Evolutionsmodell; **B** kreationistisches „Grundtypenmodell“

Dummerweise beweist gerade das Schnabeltier, das natürlich keine fossile Übergangsform ist, aber Merkmale beibehalten hat, die seine Reptilienherkunft verraten, dass solche „Mitteldinger“ durchaus lebensfähig sind.

Fossile Übergangsformen, die an der Schnittstelle stehen, an der sich Evolutionslinien getrennt haben, gibt es natürlich auch. Paläontologen kennen inzwischen beispielsweise so viele fossile Übergangsformen zwischen Reptilien und Vögeln, dass sie Schwierigkeiten haben zu entscheiden, ob es sich im konkreten Fall *noch* um ein Reptil oder *schon* um einen Vogel handelt.

Der entscheidende Unterschied zwischen einer Wissenschaft und einem Glaubensbekenntnis wie dem Kreationismus ist allerdings ein anderer. An ein Glaubensbekenntnis muss man glauben – oder auch nicht. Eine naturwissenschaftliche Theorie zeichnet sich dagegen dadurch aus, dass man sie überprüfen kann. Wenn die Hypothese stimmt, dass Säugetiere und Vögel von Reptilien abstammen, sollte man beispielsweise erwarten, dass beide in der Fossilgeschichte nicht vor den Reptilien auftauchen, sondern erst *nachdem* diese entstanden waren. Die Paläontologie unterstützt diese Erwartung: Die ältesten Reptilien sind ungefähr 300 Millionen Jahre alt, die ältesten Säugetiere entstanden vor etwa 220 Millionen Jahren, und die ältesten sicheren Vögel tauchen erstmals vor etwa 150 Millionen Jahren auf. Auf Grund zahlloser derartiger Belege gilt Evolution heute nicht mehr „nur“ als Theorie, sondern als Tatsache.

376.1 Ameisen bei der Versorgung der Brut

376.2 Murmeltier beim Ausstoßen eines Warnrufs

3.7 Verwandtenselektion

In einem Ameisenhaufen geht es erstaunlich geordnet zu: Die Königin legt Eier, Arbeiterinnen reinigen das Nest und versorgen Larven und Königin mit Nahrung, und oft mit mächtigen Kiefern ausgestattete Soldaten wehren äußere Feinde ab. Verschiedene Gruppen von Individuen, so genannte *Kasten*, die sich in ihrem Aussehen unterscheiden, nehmen also unterschiedliche Aufgaben wahr. Eine solche *Arbeitsteilung* findet man auch bei Bienen, Termiten und einigen anderen Tierarten. Aufgrund dieser Parallelen zu menschlichen Gesellschaftsordnungen hat sich in der Umgangssprache die Bezeichnung Ameisen- oder Bienen*staat* eingebürgert.

Dass es bei primitiv erscheinenden Tieren wie Insekten Arbeitsteilung gibt, ist an sich schon bemerkenswert. Noch bemerkenswerter ist aber die Tatsache, dass ganze Kasten von Individuen zeitlebens darauf verzichten, sich selbst fortzupflanzen und stattdessen bei der Aufzucht ihrer jüngeren Geschwister helfen. Ameisen- oder Bienenarbeiterinnen verhalten sich *selbstlos* oder **altruistisch:** Sie verzichten auf eigene Vorteile zu Gunsten anderer.
Altruistisches Verhalten ist bei Tieren weit verbreitet. Schon in der Antike hat man beobachtet, dass Delfine kranken Artgenossen helfen. Schimpansen teilen das Fleisch von Tieren, die sie bei der Jagd erbeutet haben. Tiere, die ihre Artgenossen mit schrillen Rufen vor Raubfeinden warnen, gehen Risiken ein, weil sie mit einem solchen Warnruf den Räuber natürlich auch auf sich selbst aufmerksam machen.
Lange Zeit schien die Erklärung für die Evolution altruistischen Verhaltens ganz einfach: Es dient schließlich der Arterhaltung! Dieser Ansicht war schon DARWIN, der 1871 schrieb, dass „die sozialen Instinkte ohne Zweifel vom Menschen ebenso wie von den niederen Tieren zum Besten der ganzen Gemeinschaft erlangt worden" seien. Dieses Konzept wurde später unter dem Namen **Gruppenselektion** bekannt.

Gruppenselektion bedeutet, dass Merkmale wie altruistisches Verhalten in der Evolution entstanden sind, weil sie dem langfristigen Überleben der Gruppe oder Art dienen. DARWINs Erklärungsmodell der Evolution war jedoch ein anderes: Es sind die *Individuen* einer Population, die sich in ihren genetischen Anlagen unterscheiden und die aufgrund dieser Unterschiede in der Konkurrenz um Ressourcen unterschiedlich erfolgreich sind und sich daher unterschiedlich erfolgreich fortpflanzen. Aus der Sicht dieser **Individualselektion** ist der Verzicht auf eigene Fortpflanzung aber schwer verständlich, denn schließlich gelangen nur Gene von Individuen, die sich fortpflanzen, in den Genpool der nächsten Generation.

Auch das Konzept der Gruppenselektion birgt jedoch ein schwerwiegendes Problem, das unter dem Namen **„Schwarzfahrerproblem"** bekannt ist: Ein Schwarzfahrer ist jemand, der sich der Vorteile eines Systems bedient, sich aber nicht an den Kosten beteiligt. Derartige Regelverletzungen kann man durch Strafandrohung in Grenzen halten, und tatsächlich ist der Verzicht auf eigene Fortpflanzung bei den Staaten bildenden Insekten nicht ganz freiwillig: Die Königin unterdrückt die Entwicklung der Eierstöcke ihrer Arbeiterinnen mithilfe eines *Pheromons*, der so genannten „Königinsubstanz". Dies kann jedoch nicht die einzige Erklärung für das selbstlose Verhalten der Arbeiterinnen sein, denn theoretisch ist es jederzeit möglich, dass unter den Arbeiterinnen eine Mutante auftritt, die auf das königliche Pheromon nicht anspricht. Da eine solche Mutante einen erheblichen Fitnessvorteil hätte, müssten ihre Gene in der Population sehr schnell überhand nehmen. Für die Evolution altruistischen Verhaltens musste es also noch eine andere Erklärung geben.

Die Lösung des Rätsels erfolgte 1964 durch William HAMILTON, und sie war ebenso einfach wie genial. Wenn Lebewesen sich fortpflanzen, geben sie Kopien ihrer Gene an ihre Nachkommen weiter. Bei sexueller Fortpflanzung stammen 50 Prozent der Gene eines diploiden Individuums vom Vater, die anderen 50 Prozent von der Mutter. Auch Geschwister teilen einen bestimmten Prozentsatz identischer Gene durch gemeinsame Abstammung: Bei Vollgeschwistern sind es im Mittel 50 Prozent, bei Halbgeschwistern 25 Prozent. Diesen Prozentsatz identischer Genkopien, die auf gemeinsamer Abstammung beruhen, bezeichnet man als genetischen *Verwandtschaftsgrad* oder (bei dezimaler Schreibweise) **Verwandtschaftskoeffizienten.** Er wird mit dem Buchstaben r (engl. ***r**elatedness,* Verwandtschaft) ausgedrückt.

Für das Verhalten von Lebewesen hat dieser einfache Zusammenhang bedeutsame Folgen. Wenn Verwandte nämlich ebenfalls Träger von Kopien der eigenen Gene sind, können Individuen ihre Fitness nicht nur auf direktem Wege – durch eigene Fortpflanzung – erhöhen, sondern auch, indem sie Verwandte bei deren Fortpflanzung unterstützen. Man unterscheidet daher zwischen **direkter Fitness** und **indirekter Fitness.** Beide zusammen ergeben die **Gesamtfitness** des Individuums:

direkte Fitness + indirekte Fitness = Gesamtfitness.

In der Evolution konnte sich also altruistisches Verhalten durchsetzen, wenn davon Verwandte profitieren. Man bezeichnet diese Form der Selektion als **Verwandtenselektion.** Der Selektionsvorteil, der sich aus altruistischem Verhalten gegenüber Verwandten ergibt, hängt von der Höhe des Verwandtschaftsgrades ab: Je näher zwei Individuen miteinander verwandt sind, desto mehr Gene haben sie gemeinsam. Selektionsbegünstigt ist altruistisches Verhalten allerdings nur, wenn der Verlust an direkter Fitness durch einen entsprechenden Gewinn an indirekter Fitness mehr als ausgeglichen wird.

Eine Ameise, die auf eigene Fortpflanzung verzichtet und ihr ganzes Leben ihren Verwandten opfert, nimmt einen erheblichen Verlust an direkter Fitness in Kauf. Dieser Verlust „rechnet" sich in der Evolution nur, weil bei Ameisen und Bienen ganz besondere Verwandtschaftsverhältnisse bestehen. Bei diesen Arten entstehen nämlich nur Weibchen aus befruchteten Eiern, Männchen dagegen aus unbefruchteten. Von ihrer Mutter erhalten Kinder daher – wie bei diploiden Arten üblich – 50 Prozent ihres Erbgutes, von ihrem Vater dagegen 100 Prozent. Einen solchen Erbgang bezeichnet man als **haplodiploid.** Haplo-Diploidie hat zur Folge, dass der Verwandtschaftskoeffizient zwischen den Arbeiterinnen nicht nur höher ist als sonst zwischen Geschwistern üblich, sondern auch, dass sie mit ihren Schwestern enger verwandt sind als sie es mit eigenen Kindern wären: Der Verwandtschaftskoeffizient liegt bei ihnen im Mittel bei 0,75.

diploider Erbgang

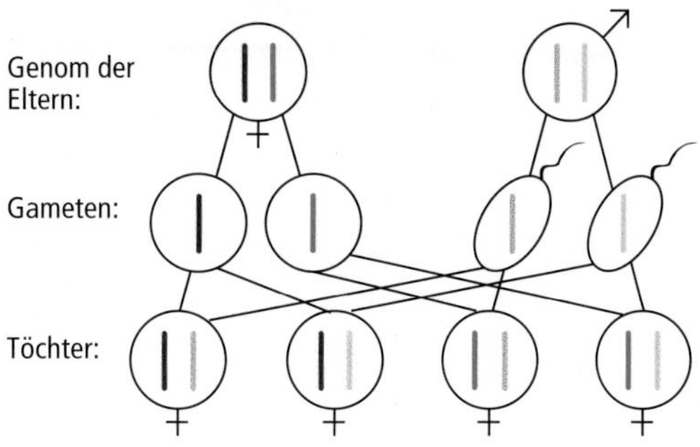

Verwandtschaftskoeffizienten zwischen Schwestern:

	♀	♀	♀	♀
♀	1,0	0,5	0,5	0,0
♀	0,5	1,0	0,0	0,5
♀	0,5	0,0	1,0	0,5
♀	0,0	0,5	0,5	1,0

Mittelwert: r = 0,5

haplo-diploider Erbgang

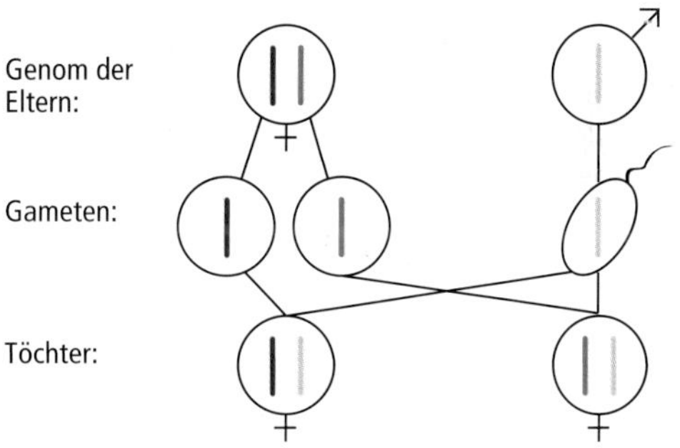

Verwandtschaftskoeffizienten zwischen Schwestern:

	♀	♀
♀	1,0	0,5
♀	0,5	1,0

Mittelwert: r = 0,75

377.1 Verwandtschaftsbeziehungen zwischen Geschwistern (Schema)

378.1 Sumpfrohrsänger füttert jungen Kuckuck

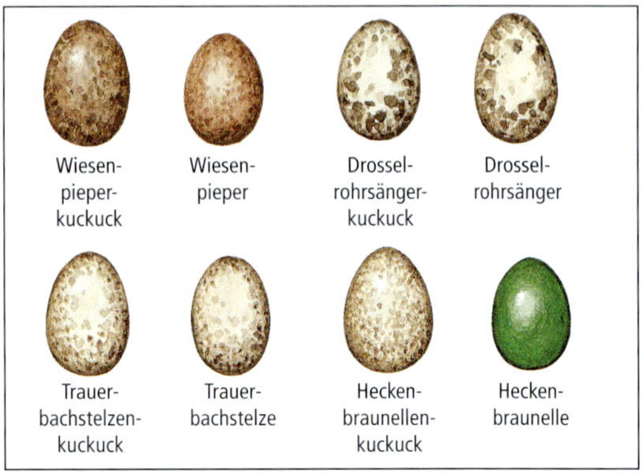

378.2 Eier von Kuckucken und ihrer Wirtsvögel

3.8 Koevolution

Als Frühlingsbote besitzt der Kuckuck einen hohen Symbolwert. Aber der Kuckuck verkündet nicht nur den Frühling – er beherrscht auch die Kunst, andere für sich arbeiten zu lassen. Der Kuckuck ist ein *obligater Brutparasit:* Er legt seine Eier in die Nester verschiedener anderer Singvogelarten, die diese dann ausbrüten und den Jungkuckuck nach dem Schlüpfen mit Nahrung versorgen. Aber der Parasit schädigt seinen Wirt nicht nur dadurch, dass er ihn für sich arbeiten lässt; sobald der Jungkuckuck geschlüpft ist, wirft dieser sämtliche Eier oder bereits geschlüpfte Jungen seiner Pflegeeltern aus dem Nest. Obwohl der Parasit seinen Wirt selbst nicht tötet, erleidet dieser also einen erheblichen *Fitnessverlust:* Ein Sumpfrohrsänger, der ein Kuckucksei ausbrütet, wird weniger eigene Nachkommen haben und damit weniger von seinen Allelen in die nächste Generation einbringen als einer, der dies nicht tut. Der Kuckuck übt also einen *Selektionsdruck* auf seine Wirtsvögel aus.
Umgekehrt üben aber auch die Wirtsvögel einen Selektionsdruck auf die Kuckucke aus, denn jeder Wirtsvogel, der ein Kuckucksei erkennt und aus seinem Nest befördert, schädigt die Fitness des Brutparasiten. Ein Kuckuck, der seinen Wirt täuscht, hat demnach einen *Selektionsvorteil* gegenüber einem anderen, dem dies nicht gelingt. Kuckucke und ihre Wirte stehen also in einem spannungsreichen wechselseitigen Abhängigkeitsverhältnis, bei dem jeder Vorteil für die eine Partei zum Nachteil für die andere gereicht.

Mit den wechselseitigen Beeinflussungen und Abhängigkeiten zwischen den Lebewesen eines Ökosystems beschäftigt sich die Ökologie. Aber Beziehungen zwischen Lebewesen haben auch ihre Evolution tiefgreifend geprägt. Mit der Aufklärung derartiger Zusammenhänge beschäftigt sich die **Evolutionsökologie.**

Als Reaktion auf den jeweils von der anderen Partei ausgeübten Selektionsdruck haben sowohl Kuckucke als auch ihre Wirte Fähigkeiten entwickelt, die Strategie der Gegenseite zu durchkreuzen. Einen solchen wechselseitigen Anpassungsprozess zwischen zwei Arten (oder auch verschiedenen Mitgliedern einer Art) nennt man **Koevolution.**
Wenn, wie im Falle des Kuckucks und seiner Wirte, nur eine der beiden Parteien von der Beziehung profitiert, während die andere geschädigt wird, führt Koevolution fast zwangsläufig zu einem Prozess, den man plastisch auch als *„evolutionäres Wettrüsten"* bezeichnet: Jede Anpassung der einen Seite (*K*) zieht eine weitere Anpassung der Gegenseite (*W*) nach sich. Ein solcher Rüstungswettlauf könnte folgendermaßen ausgesehen haben:

K1: Kuckuck legt Ei in fremdes Nest.
W1: Wirt entfernt Kuckucksei.
K2: Kuckuck observiert heimlich Wirt und legt Ei erst, wenn Wirt fort ist.
W2: Wirt erkennt Kuckucksei und entfernt es.
K3: Kuckuck spezialisiert sich auf bestimmte Wirtsart, deren Eier er perfekt nachahmt.

Beobachtungen und Experimente stützen das Szenario: Kuckucksweibchen beobachten tatsächlich die Nester ihrer Wirte, wobei sie darauf achten, nicht gesehen zu werden. Ihr eigenes Ei legen sie erst, wenn die Wirtseltern fort sind. Zusätzlich stehlen sie ein Ei ihrer Wirte. All dies dauert weniger als zehn Sekunden. Zweitens belegen Experimente, dass nur potenzielle Wirte fremde Eier entfernen. Das Erkennen fremder Eier ist also ebenso wie die Spezialisierung auf bestimmte Wirtsarten und die Nachahmung ihrer Eier eine evolutionäre Angepasstheit. Nur bei Heckenbraunellen müssen sich Kuckucke offenbar keine besondere Mühe geben. Die Beziehung zwischen diesen beiden Arten ist noch nicht alt genug, dass Heckenbraunellen entsprechende Gegenanpassungen hätten entwickeln können.

Ein anderes Beispiel für wechselseitige Anpassungen, bei dem ein Selektionsvorteil für die eine Partei einen Selektionsdruck auf die andere erzeugt, ist die Koevolution zwischen Räubern und ihrer Beute oder zwischen Pflanzenfressern und Pflanzen. Viele Pflanzen schützen sich vor Tierfraß nicht nur mechanisch (etwa durch Stacheln oder Dornen), sondern auch chemisch: Sie erzeugen und speichern ungenießbare oder gar giftige Inhaltsstoffe wie Alkaloide. Die sehr alkaloidreichen Lupinen beispielsweise werden von den meisten Pflanzenfressern gemieden, obwohl ihre Samen sehr proteinreich sind. Manchen Blattlausarten aber macht der hohe Alkaloidgehalt nicht nur nichts aus, sie können das Gift sogar dazu verwenden, um sich ihrerseits vor Fressfeinden wie Marienkäfern zu schützen.

Andere wechselseitige Angepasstheiten nützen beiden Parteien. Eine solche *mutualistisch* genannte Beziehung besteht zwischen vielen Pflanzen und Tieren. So haben sich viele Bedecktsamer durch die Evolution optisch auffälliger und oft stark duftender Blüten oder Blütenstände an die Bestäubung durch Insekten, Vögel und Säugetiere angepasst. Blütenstände wie die der Sonnenblume, die durch die Anordnung ihrer Einzelblüten in ihrer Gesamtheit Signalcharakter besitzen, bezeichnet man ebenso wie auffällige Einzelblüten als *Blumen*.
Bienenblumen wie der heimische Wiesensalbei besitzen oft leuchtend blau, violett oder gelb gefärbte Blütenblätter. Auch Ultraviolett, das Bienen im Gegensatz zu Menschen wahrnehmen können, ist häufig. Die in den Tropen häufigen *Fliegenblumen* sind meist fleischfarben und verströmen einen charakteristischen fauligen Geruch. *Vogelblumen,* die beispielsweise von Kolibris und Nektarvögeln bestäubt werden, sind meist rot, geruchlos und enthalten besonders viel Nektar. Die ebenfalls nektarreichen *Fledermausblumen* duften dagegen intensiv, wenngleich für menschliches Empfinden eher unangenehm. Sie öffnen sich nachts.

Durch ihre unterschiedlichen Farben und Düfte sind Blumen an die unterschiedlichen sensorischen Fähigkeiten ihrer Bestäuber angepasst. Die Bestäuber ihrerseits sind durch besondere Mundwerkzeuge, mit deren Hilfe sie an den von der Pflanze bereitgestellten Pollen oder Nektar gelangen können, an die jeweiligen Blumen angepasst: Bienen und Schmetterlinge, die sich von Nektar ernähren, besitzen einen Saugrüssel, während Kolibris und andere Blumenvögel besonders lange Schnäbel oder Zungen haben, mit deren Hilfe sie an den in der Blüte gespeicherten Nektar gelangen können. Auf Nektar spezialisierte Fledermäuse haben ebenfalls besonders lange, oft mit verhornten Borsten besetzte „Pinselzungen" und oft ein reduziertes Gebiss.

379.1 Bienenblume. Honigbiene an Salbeiblüte

379.2 Vogelblume. Kolibri an Kaktusblüte

379.3 Fledermausblume. Fledermaus an Bananenblüte

1. Stellen Sie durch Koevolution entstandene Merkmale von Pflanzen und Tieren in einer Tabelle zusammen!

EXKURS Die Evolution der Sexualität

Wer schon einmal Liebeskummer hatte, weiß Bescheid: Sexualität und alles, was damit zusammenhängt, kann ganz schön kompliziert sein. Tiere kennen Liebeskummer vielleicht nicht, aber einen Partner oder eine Partnerin zu finden, ist auch für sie nicht immer einfach, und viele – vor allem viele Männchen – gehen leer aus. Arten mit asexueller oder ungeschlechtlicher Fortpflanzung haben es in dieser Beziehung leichter: Sie können sich die oft enorm zeit- und energieaufwendige Partnersuche sparen.

Unter **Sexualität im engeren Sinne** verstehen Biologen *die Vereinigung des genetischen Materials zweier Individuen, die zur Erzeugung neuer, genetisch einzigartiger Individuen führt.* Der Begriff ist also wesentlich enger gefasst als im normalen Sprachgebrauch. Auch mit *Fortpflanzung* (der Produktion von Nachkommen) hat Sexualität primär nichts zu tun: Wenn zwei Einzeller miteinander verschmelzen *(Syngamie)* oder über Plasmabrücken genetisches Material austauschen *(Konjugation)*, sind dies sexuelle Vorgänge, aber Nachkommen entstehen dabei nicht. Einzeller pflanzen sich durch Zellteilung fort.
Erst bei Vielzellern sind Sexualität und Fortpflanzung miteinander gekoppelt. Allerdings können sich auch zahlreiche Vielzeller asexuell durch Teilung oder Knospung fortpflanzen. Die bei vielen Tier- und Pflanzenarten verbreitete und oft als *eingeschlechtliche Fortpflanzung* bezeichnete *Parthenogenese* („Jungfernzeugung"), bei der die Nachkommen aus unbefruchteten Eizellen entstehen, ist im oben genannten Sinne ebenfalls kein sexueller Vorgang.

Die Evolution der Sexualität gibt Biologen bis heute Rätsel auf, denn neben der aufwendigen Partnersuche hat sexuelle Fortpflanzung gegenüber asexueller oder eingeschlechtlicher Fortpflanzung zwei große Nachteile:
Erstens werden bei sexueller Fortpflanzung *zwei* Individuen benötigt, um Nachkommen zu erzeugen. Bei asexueller oder eingeschlechtlicher Fortpflanzung kann dagegen *jedes* Individuum Nachkommen produzieren. Dies hat zur Folge, dass sich eine Population aus eingeschlechtlichen oder asexuellen Individuen doppelt so schnell vermehrt wie eine Population, deren Mitglieder sich sexuell fortpflanzen.
Zweitens geben Individuen, die sich sexuell fortpflanzen, nur *die Hälfte* ihres Genmaterials an jeden Nachkommen weiter, während bei asexueller Fortpflanzung *sämtliche* Gene in die nächste Generation gelangen. Aus populationsgenetischer Sicht müsste also jedes Gen, das seinen Träger veranlasst, es mit hundertprozentiger Sicherheit an die nächste Generation weiterzugeben, einen erheblichen Selektionsvorteil haben.
Evolutionsbiologen bezeichnen diese beiden Nachteile als die **doppelten Kosten der Sexualität.**

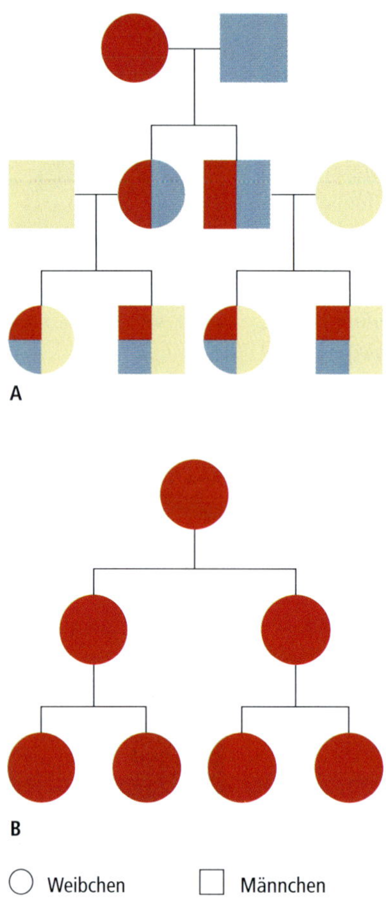

380.1 Die doppelten Kosten der Sexualität (Schemata). A sexuelle Fortpflanzung; **B** asexuelle Fortpflanzung

Warum ist Sexualität in der Evolution trotz dieser Nachteile entstanden und sogar zur vorherrschenden Form der Fortpflanzung geworden?
Lange Zeit meinte man die Antwort zu kennen: Sexualität erzeugt durch die Neukombination des Erbgutes zweier Individuen genetische Variabilität, und diese Variabilität ist die Voraussetzung dafür, dass sich Arten an veränderte Umweltbedingungen anpassen können. Wer sich nicht anpassen konnte, starb aus. Gegenüber asexueller Fortpflanzung hatte Sexualität damit einen, wie es schien, eindeutigen Selektionsvorteil.

Aber so einleuchtend diese Erklärung klingt, hat sie doch einen großen Haken: Man sollte nämlich erwarten, dass sexuelle Fortpflanzung in Lebensräumen vorherrscht, in denen sich Umweltbedingungen häufig und rasch ändern; asexuelle Fortpflanzung sollte dagegen dort vorherrschen, wo Umweltbedingungen relativ konstant sind. Das Gegenteil ist jedoch der Fall: In relativ stabilen Lebensräumen wie tropischen Regenwäldern oder der Tiefsee pflanzen sich die meisten Lebewesen sexuell fort, während in instabilen Lebensräumen wie den Gezeitenzonen der Anteil der Arten mit asexueller Fortpflanzung sehr viel höher ist.

Die meisten Biologen vermuten daher, dass Sexualität in Anpassung an ein koevolutionäres Wettrüsten mit Parasiten entstanden ist. Krankheitserreger wie Bakterien oder Viren müssen, um sich erfolgreich fortzupflanzen, das genetische „Passwort" der Immunabwehr ihrer Wirte „knacken". Dabei kommt ihnen ihre ungeheure Vermehrungs- und damit auch Mutationsrate zugute. Die Abwehrstrategie der Wirte besteht darin, das „Passwort" immer wieder zu ändern. Dabei ist Sexualität die wirksamste Waffe, denn die dadurch erzeugte Variabilität sorgt dafür, dass die Parasiten immer wieder vor verschlossenen Türen stehen.

3.9 Aussterben

Im Jahre 1786 machte der französische Paläontologe Georges CUVIER eine folgenschwere Entdeckung. In der Umgebung von Paris waren Knochen eines Tieres ausgegraben worden, die Elefantenknochen ähnelten, aber weder von afrikanischen noch von indischen Elefanten stammten. Diese bislang unbekannte Elefantenart, die während der letzten Eiszeit in weiten Teilen Europas verbreitet gewesen war, erhielt den Namen Mammut. Dass ein so großes Tier wie das Mammut in irgendeinem anderen Teil der Welt unentdeckt geblieben sein sollte, schien CUVIER höchst unwahrscheinlich. Folglich musste es sich um eine Tierart handeln, die ausgestorben war.

Heute weiß jedes Kind, dass auf der Erde viele Tierarten gelebt haben, die seit langer Zeit ausgestorben sind – die Dinosaurier sind das bekannteste Beispiel. Zur Zeit CUVIERs war diese Entdeckung jedoch eine Sensation. Fossilien waren damals zwar schon lange bekannt, aber dass es sich dabei um Reste ausgestorbener Lebewesen handelte, war mit der Vorstellung einer vollkommenen göttlichen Schöpfung unvereinbar. Wenn jedoch das Mammut ausgestorben war, konnte anderen Lebewesen das gleiche Schicksal widerfahren sein. CUVIER war davon überzeugt, dass im Verlaufe der Erdgeschichte unzählige Arten Katastrophen wie der biblischen Sintflut zum Opfer gefallen und für immer ausgelöscht worden waren. Sie konnten demnach nicht „vollkommen" gewesen sein. Obwohl CUVIER kein Anhänger des Evolutionsgedankens war und die Ideen LAMARCKs stets heftig bekämpft hatte, wurde er damit zu einem wichtigen Wegbereiter der Evolutionstheorie.

Nach Schätzungen heutiger Paläontologen sind bis zu 99 Prozent aller Arten, die je auf der Erde gelebt haben, ausgestorben. Die meisten von ihnen wurden nicht, wie CUVIER geglaubt hatte, Opfer plötzlich hereinbrechender Katastrophen, sondern verschwanden langsam und fast unmerklich von der Erdoberfläche. Globale Klimaänderungen, die tief greifende Veränderungen ganzer Ökosysteme nach sich zogen, waren eine der Hauptursachen. Für das Aussterben des Mammuts und vieler anderer an Kälte angepassten Säugetiere am Ende der letzten Eiszeit war vermutlich jedoch nicht nur die Erwärmung der Atmosphäre verantwortlich, sondern auch das Auftauchen eines äußerst gefährlichen Raubfeindes: des Menschen.

Aber auch die Katastrophentheorie CUVIERs wird heute durch Indizien gestützt. Das bekannteste Beispiel ist ein **Massenaussterben,** das sich am Ende der Kreidezeit ereignete und dem fast 200 Millionen Jahre währenden Zeitalter der Saurier ein abruptes Ende bereitete. Auslöser der Katastrophe war vermutlich ein riesiger Asteroid von zehn Kilometern Durchmesser, der vor 65 Millionen Jahren im Golf von Mexiko auf die Erde stürzte und mit einer Sprengkraft von über 60 Millionen Megatonnen TNT explodierte. Milliarden Tonnen Schwefelstaub wurden in die Atmosphäre geschleudert und verfinsterten den Himmel über Monate. Möglicherweise ausgelöst durch die Schockwelle zerbarst auf der indischen Dekkanhochebene die Erdkruste und weitere riesige Mengen an Lava, Asche und Gasen wurden freigesetzt. Saurer Regen vergiftete die Ozeane und löste dort ein Massensterben unter Planktonlebewesen aus, wodurch die bereits durch die Dunkelheit gestörte Fotosynthese weiter herabgesetzt wurde. Dinosaurier waren die prominentesten Opfer der Katastrophe, aber neben ihnen starben zahlreiche weitere Arten aus, unter ihnen sämtliche Flugsaurier und die zu den Weichtieren gehörenden Ammoniten.

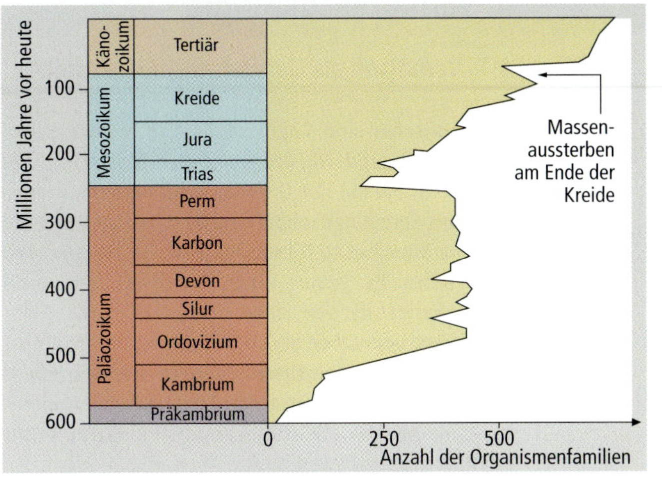

381.1 Massenaussterben im Verlauf der Erdgeschichte

Massenaussterben haben sich mehrfach in der Erdgeschichte ereignet. Nach Ansicht mancher Wissenschaftler haben sie den Verlauf der Evolution stärker geprägt als alle anderen Evolutionsmechanismen. Die bald nach dem Aussterben der Saurier einsetzende adaptive Radiation der Säugetiere ist hierfür ein Beispiel. Säugetiere hatte es, als die Dinosaurier ausstarben, schon etwa 150 Millionen Jahre gegeben, und die Tatsache, dass sie so lange buchstäblich im Schatten der großen Echsen gelebt hatten, spricht nicht dafür, dass Säugetiere „höher entwickelt" wären als „primitive" Reptilien. Die Säugetiere verdanken ihren Aufstieg keiner wie immer gearteten Überlegenheit, sondern einem schlichten Zufall, der den bis dahin sehr viel erfolgreicheren Sauriern den Garaus bereitete.

1. Erläutern Sie Abbildung 381.1!

4 Verhaltensökologie

4.1 Verhalten als Umweltangepasstheit

Austernfischer sind Vögel, die an der Nordseeküste recht häufig sind. Sie ernähren sich bevorzugt von Muscheln, die sie mit ihren spitzen Schnäbeln aufknacken. Jeder, der schon einmal versucht hat, eine lebende Muschel zu öffnen, weiß, dass dies nicht so einfach ist: Es gehört eine Menge Kraftaufwand dazu. Austernfischer „wissen" dies offenbar auch: Zumindest versuchen sie höchst selten, Muscheln zu öffnen, die eine bestimmte Größe überschreiten. Muscheln, die eine bestimmte Größe unterschreiten, verschmähen sie allerdings auch: Der Ertrag lohnt offenbar den Aufwand nicht.

Das Verhalten der Austernfischer verdeutlicht ein wichtiges Prinzip in der Natur: Genau wie ein kluger Kaufmann verhalten sie sich so, dass der Aufwand ihres Verhaltens in einem „vernünftigen" Verhältnis zu seinem Ertrag steht. Auch Biologen sprechen daher vom **Ökonomieprinzip** – ein Begriff, der aus der Wirtschaftswissenschaft stammt. Natürlich bedeutet dies nicht, dass Tiere komplizierte Bilanzrechnungen durchführen: Austernfischern ist sicher nicht bewusst, dass sie sich ökonomisch verhalten. Aber Austernfischer mit einer Vorliebe für mittelgroße Muscheln werden mit einiger Wahrscheinlichkeit schneller wachsen, länger leben und mehr Nachkommen hinterlassen als Austernfischer, die wahllos versuchen, sämtliche Muscheln zu öffnen. Austernfischer werden daher mit größerer Wahrscheinlichkeit von Vorfahren abstammen, die sich ökonomisch verhalten haben, als von solchen, die ihre begrenzten Energiereserven unökonomisch eingesetzt haben. In der Evolution hat ökonomisches Verhalten daher einen Selektionsvorteil – es ist **biologisch angepasst.**

Ökonomische Ernährung ist nur eines von vielen Problemen, mit denen Tiere konfrontiert sind. Da Angehörige einer Art in der Regel die gleichen Nahrungsansprüche haben und daher um dieselben Ressourcen konkurrieren, könnte man erwarten, dass Tiere die Gesellschaft von Artgenossen meiden. Viele Tiere tun dies auch; aber manchmal finden sich selbst Tiere zu Schwärmen zusammen, die ansonsten Artgenossen meiden. Eintagsfliegen beispielsweise verbringen die meiste Zeit ihres Lebens als einzelgängerische Larven am Grund von Gewässern. An wenigen Tagen des Jahres aber kommen sie massenhaft an die Wasseroberfläche, wo sie sich häuten und anschließend in großen Schwärmen auf „Hochzeitsflug" gehen. Kurz nach der Paarung und der wenig später erfolgenden Eiablage sterben sie.

Warum finden sich die Tiere plötzlich, am Ende ihres Lebens, zu Schwärmen zusammen? Unter Ökonomiegesichtspunkten ist es stets notwendig, nicht nur den **Nutzen** eines Verhaltens für das Individuum zu berücksichtigen, sondern auch seine möglichen **Kosten,** denn biologisch angepasst ist ein Verhalten nur, wenn der Nutzen größer ist als die Kosten, die möglicherweise in Kauf genommen werden. Bei Eintagsfliegen entfällt ein wesentlicher Kostenfaktor für die Schwarmbildung: Geschlüpfte Eintagsfliegen konkurrieren nicht um Nahrung, da sie gar keine Nahrung mehr zu sich nehmen – ihre Mundwerkzeuge sind verkümmert. Worin liegt der mögliche Nutzen der Schwarmbildung? Eine Erklärung scheint naheliegend: Auf diese Weise erhöhen die Tiere die Chance, in der kurzen, ihnen verbleibenden Zeit einen Partner zu finden. Aber die Schwarmbildung hat noch einen anderen Effekt: Obwohl ein großer Schwarm Eintagsfliegen eher auffällt als einige wenige Tiere, ist das Risiko für jedes Einzeltier, Beute eines seiner zahlreichen Raubfeinde zu werden, umso geringer, je größer der Schwarm ist. Diesen Effekt bezeichnet man als **Verdünnungseffekt.**

Kosten und Nutzen eines Verhaltens sind stets von den Umweltbedingungen abhängig, denen ein Lebewesen ausgesetzt ist. Daher bezeichnet man das Teilgebiet der Verhaltensbiologie, das sich mit der biologischen Angepasstheit des Verhaltens beschäftigt, als **Verhaltensökologie.** Zum Begründer dieser Forschungsrichtung wurde TINBERGEN, der sich beispielsweise fragte, warum Lachmöwen nach dem Schlüpfen der Küken die leeren Eierschalen aus dem Nest entfernen. Ein einfaches Freilandexperiment gab die Antwort: Legte man Eierschalen in unterschiedlicher Entfernung von Eiern aus, wurden letztere weit häufiger von Krähen und Silbermöwen gefressen, wenn die Entfernung gering war. Ursache war die im Unterschied zur gut getarnten Außenseite der Eierschalen auffällige weiße Färbung der Innenseite. Diese scheinbar einfache Verhaltensweise leistet also, wie TINBERGEN meinte, „einen Beitrag zur Arterhaltung". Aber warum trugen die Eltern die leeren Eierschalen nicht sofort nach dem Schlüpfen der Küken fort, sondern warteten damit immer ein bis zwei Stunden? Auch darauf fand TINBERGEN eine Antwort: Die Eltern warteten, bis ihre Küken trocken waren, denn „immer waren Lachmöwen da, die sich bevorzugt von schlüpfenden oder noch feuchten Küken ernährten".

1. Obwohl es TINBERGEN nicht auffiel, widersprachen seine Beobachtungen der Hypothese, dass das Verhalten von Lachmöwen der Arterhaltung dient. Begründen Sie!

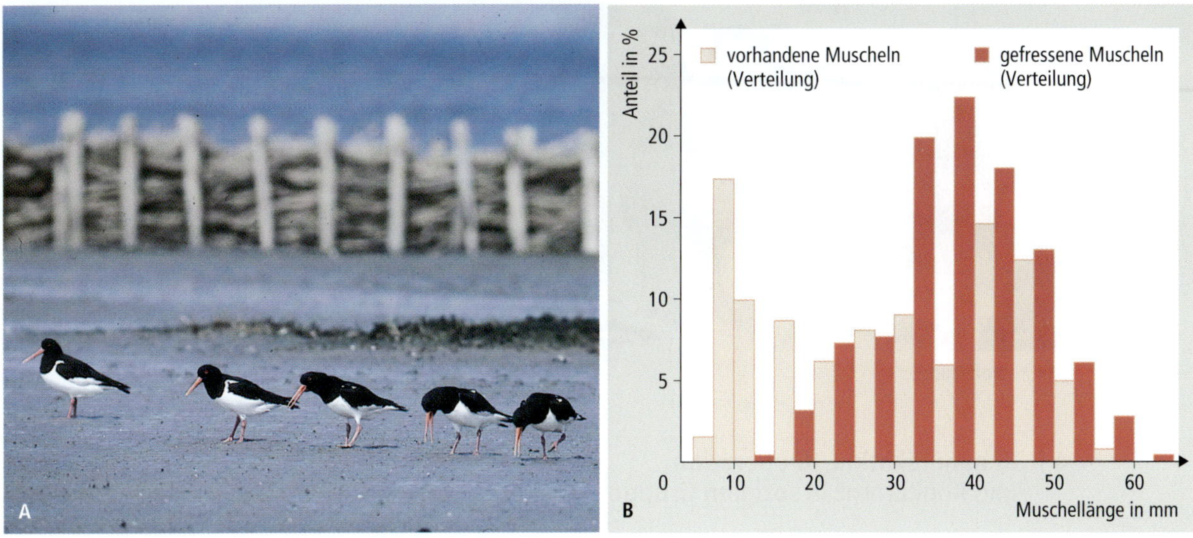

383.1 Austernfischer. **A** Vögel im Watt; **B** Ernährungsverhalten

383.2 Eintagsfliegen. **A** Tiere im Schwarm; **B** Verdünnungseffekt

383.3 Lachmöwen. **A** Brutkolonie; **B** Auswirkung der Entfernung zwischen leeren Eierschalen und Eiern

384.1 Wolfsrudel

384.2 Moschusochsen (Verteidigungsring)

4.2 Kommunikation, Kooperation und Konkurrenz in sozialen Gruppen

Wölfe verfügen über ein reichhaltiges Ausdrucksverhalten. Körperhaltungen, Mimik, Laute und auch Duftstoffe, die sie mit dem Urin abgeben, sind Signale, die der gegenseitigen Verständigung oder **Kommunikation** dienen. Von Kommunikation spricht man, wenn ein Individuum – der Sender – das Verhalten eines anderen – des Empfängers – über dessen Sinnesorgane beeinflusst. Dabei handelt es sich nicht notwendigerweise um einen Informationsaustausch zum beiderseitigen Vorteil: Neben „ehrlichen" Signalen gibt es auch „unehrliche" Signale, mit denen der Empfänger getäuscht wird, wobei die Täuschung nicht vorsätzlich im Sinne von bewusst erfolgen muss. Entscheidend ist allein, dass der Sender von seinem Signal profitiert – ansonsten würde sich das Signal in der Evolution nicht durchsetzen. In vielen Fällen profitieren aber tatsächlich beide Parteien, denn auch ehrliche Signale können einem Sender Vorteile bringen. Dies ist besonders dann der Fall, wenn beide Parteien aufeinander angewiesen sind oder aus gemeinschaftlichen Aktionen Nutzen ziehen. Solche Gemeinschaftsaktionen bezeichnet man als **Kooperation.**

Wölfe sind Tiere, die miteinander kooperieren: Als typische Hetzjäger machen sie Jagd auf Beutetiere, die meist deutlich größer sind als sie selbst. Erfolg verspricht eine solche Ernährungsweise nur, wenn mehrere Tiere kooperieren. Man kann dies an der Größe von Wolfsrudeln erkennen: Jagen sie hauptsächlich Rothirsche, bestehen die Rudel aus durchschnittlich sieben Individuen, werden auch die größeren Wapitihirsche gejagt, sind die Rudel oft doppelt so groß, und bilden Elche die bevorzugte Beute, können die Rudel sogar 20 und mehr Tiere umfassen.
Auch Tiger machen Jagd auf Beutetiere, die oft wesentlich größer sind als sie selbst. Kooperation würde sich in ihrem Fall aber nicht auszahlen, denn als typische Pirschjäger, die sich an ihre Beute heranschleichen, sind Tiger darauf angewiesen, möglichst lange unentdeckt zu bleiben.

Ebenso wie Wölfe leben auch die mit den Schafen verwandten Moschusochsen in **sozialen Gruppen,** die man bei Huftieren meist Herden nennt. Moschusochsen sind Weidegänger – eine Ernährungsweise, bei der Kooperation keine erkennbaren Vorteile bringt. Aber die einst rund um die Arktis lebenden Moschusochsen haben Feinde: Wölfe und Menschen. Die Bedrohung, die von Raubfeinden ausgeht, ist ein weiterer Grund, warum viele Tiere nicht nur zeitweise, wie Eintagsfliegen, Schwärme bilden, sondern oft ihr ganzes Leben in sozialen Gruppen verbringen. Der Vorteil eines dauerhaften Zusammenschlusses liegt einerseits im Verdünnungseffekt: In der Gruppe ist man vor Raubfeinden besser geschützt als alleine. Moschusochsen gehen aber noch einen Schritt weiter: Sie kooperieren aktiv bei der Feindabwehr, indem sie bei einem Angriff einen „Schutzwall" bilden. Ein solches komplexes, in der Evolution entstandenes und damit auch genetisch beeinflusstes Verhaltensprogramm nennen Verhaltensökologen eine **Strategie.** Als Schutz gegen Wölfe war die Verteidigungsstrategie der Moschusochsen lange Zeit wirksam, aber als Schutz gegen Menschen, die erst viel später in die Arktis vordrangen und Fernwaffen mitbrachten, erwies sie sich als wirkungslos: In weiten Teilen ihres Verbreitungsgebietes starben die Moschusochsen aus.

Kommunikation und Kooperation zwischen Artgenossen sind Formen des **Sozialverhaltens.** Mit den ultimaten Ursachen, also den Funktionen des Sozialverhaltens von Tieren und Menschen beschäftigt sich die **Soziobiologie,** die ein Teilgebiet der Verhaltensökologie ist. Theoretische Grundlage beider Disziplinen ist die **Evolutionsbiologie,** denn die Angepasstheit von Verhaltensweisen ist ein Ergebnis jenes Evolutionsfaktors, den Charles DARWIN als natürliche Auslese oder **Selektion** beschrieb.

Sozialverhalten zeigen nicht nur Tiere, die in Gruppen leben. Auch Tiere, die einzelgängerisch oder **solitär** leben, interagieren mit Artgenossen. Für alle Tiere, die sich sexuell fortpflanzen, ist beispielsweise ein Mindestmaß an Interaktionen zwischen Männchen und Weibchen notwendig.
Um zu beschreiben, wie Tiere miteinander leben, verwendet man den Begriff des **Sozialsystems.** Sozialsysteme kann man nach verschiedenen Merkmalen klassifizieren. Oft wird zwischen **anonymen** und **individualisierten** sowie zwischen **offenen** und **geschlossenen Verbänden** unterschieden. Individualisierte Verbände zeichnen sich gegenüber anonymen Verbänden dadurch aus, dass sich ihre Mitglieder persönlich kennen. Der Unterschied zwischen einem offenen und einem geschlossenen Verband liegt darin, dass zu einem geschlossenen Verband nur Mitglieder Zugang haben. Beispiele für offene anonyme Verbände sind Tierschwärme, Beispiele für geschlossene anonyme Verbände die oft Tausende von Individuen umfassenden Ameisen- und Bienen-„Staaten". Wölfe leben dagegen wie viele andere Säugetiere in individualisierten Verbänden.
Nicht immer ist es allerdings einfach zu entscheiden, ob sich die Mitglieder eines Verbands persönlich kennen. Hinzu kommt, dass auch die Trennung zwischen offenen und geschlossenen Verbänden problematisch ist: Auch zwischen geschlossenen Verbänden kommt es in der Regel mehr oder weniger häufig zu einem Mitgliederaustausch. Durch diesen *Gruppenwechsel* wird Inzucht vermieden. Aus diesen Gründen unterscheidet man heute meist Sozialsysteme anhand ihrer Zusammensetzung oder **Sozialstruktur.**
Solitär lebende Arten sind solche, bei denen beide Geschlechter Einzelgänger sind und allenfalls längere Bindungen zwischen dem Brutpflege betreibenden Elternteil und Jungtieren bestehen. Den **Aktionsraum** der jeweiligen Individuen bezeichnet man als **Streifgebiet** oder – wenn zwischen den einzelnen Aktionsräumen feste Grenzen bestehen, die markiert oder verteidigt werden – als **Revier** oder *Territorium.* Häufig haben Männchen und Weibchen keine getrennten Reviere, sondern das Revier eines Männchens umfasst die Reviere mehrerer Weibchen.
Streifgebiete oder Reviere haben auch **gruppenlebende Arten.** Nach ihrer Zusammensetzung unterscheidet man verschiedene Gruppentypen: Paare, die mit ihren Nachkommen zusammenleben, bezeichnet man als **Familiengruppen.** Diese Sozialstruktur ist beispielsweise für Wölfe typisch. Elefanten leben ebenfalls in Familiengruppen, allerdings handelt es sich hier um reine *Mutterfamilien,* da die erwachsenen Männchen als Einzelgänger leben. Andere Gruppentypen sind die auch als

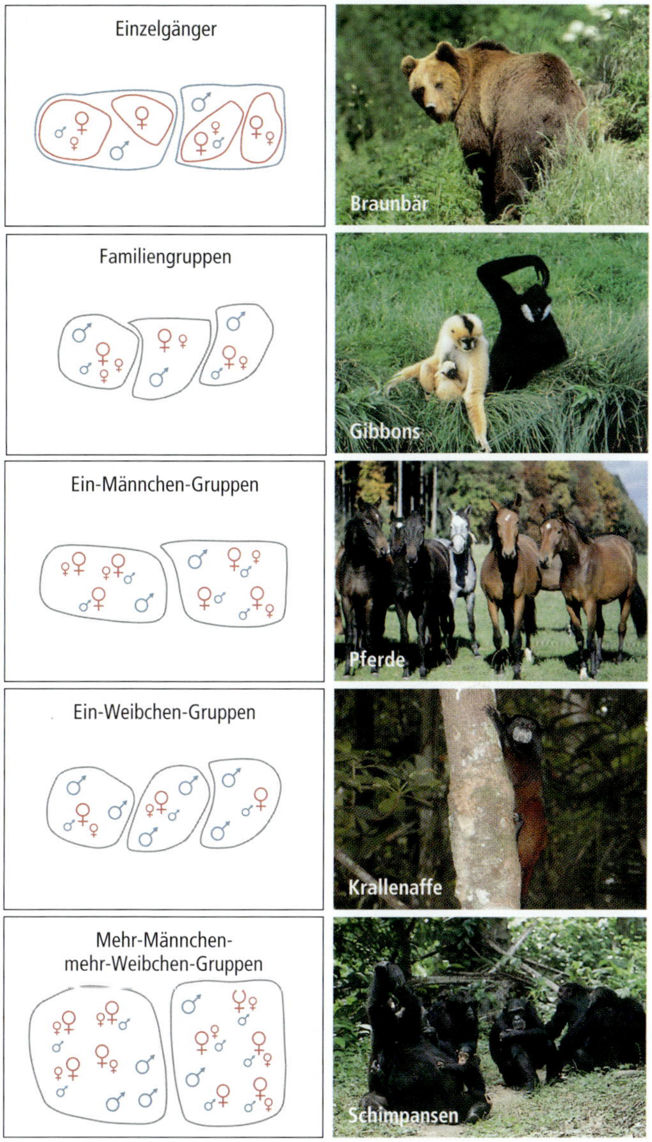

385.1 Sozialsysteme
(Schemata (♂ ♀: Erwachsene, ♂ ♀: Jungtiere) und Beispiele)

Harem bezeichneten **Ein-Männchen-Gruppen** oder **Mehr-Männchen-Gruppen,** wie sie für Schimpansen typisch sind. Artspezifisch sind solche Sozialstrukturen nicht unbedingt: Die meisten Gorillas leben beispielsweise in Ein-Männchen-Gruppen, aber etwa dreißig Prozent aller Gorillagruppen sind Mehr-Männchen-Gruppen.

Eine Sonderform sozialer Gruppen sind so genannte **eusoziale Gruppen** (gr. *eu,* gut), wie man heute die „Staaten" der Ameisen, Bienen und anderer Tiere nennt. Eusozial heißen diese Gruppen deshalb, weil es hier ganze „Kasten" von Individuen gibt, die sich nicht fortpflanzen, aber bei der Aufzucht der Nachkommen der wenigen fortpflanzungsfähigen Individuen helfen.

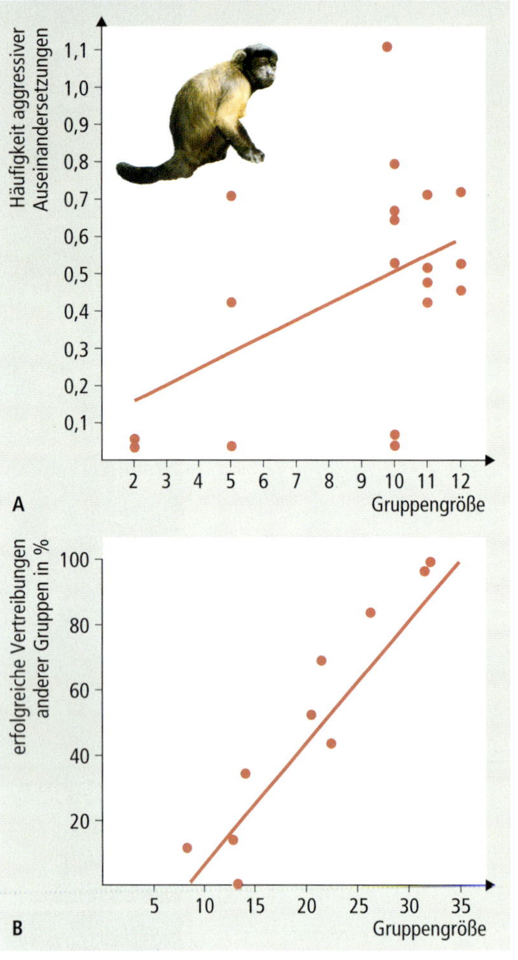

386.1 Kapuzineraffen. A Aggressionshäufigkeit; **B** gewonnene Auseinandersetzungen in Abhängigkeit von der Gruppengröße

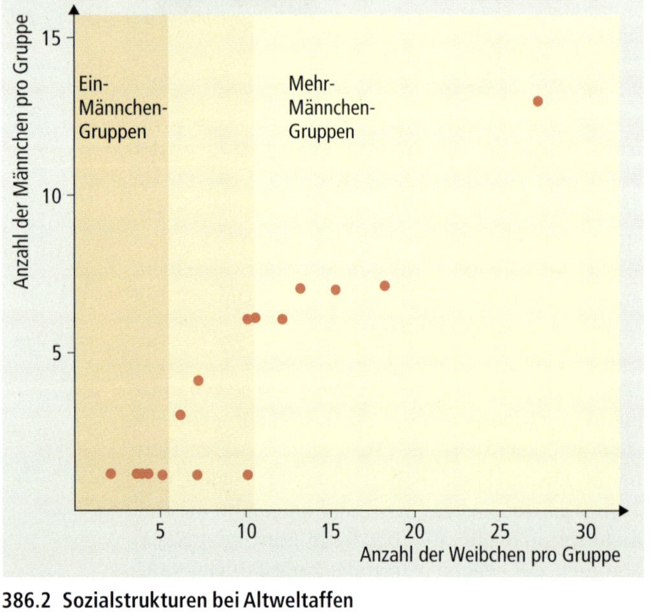

386.2 Sozialstrukturen bei Altweltaffen

Angehörige sozialer Gruppen kooperieren aber nicht nur miteinander – sie sind auch Konkurrenten. Tatsächlich ist die Konkurrenz um Nahrung zwischen Gruppenmitgliedern oft ausgeprägter als zwischen solitär lebenden Individuen, denn der Grad der Konkurrenz ist abhängig von der Anzahl der Individuen, die auf einer bestimmten Fläche miteinander leben. Dass dies tatsächlich der Fall ist, zeigen Untersuchungen an Braunen Kapuzineraffen, einer in den Wäldern Südamerikas lebenden Affenart, die sich vorzugsweise von reifen Früchten ernährt: Aggressive Auseinandersetzungen um die begehrten Früchte sind in großen Gruppen von zehn oder mehr Tieren im Mittel sehr viel häufiger als in kleineren Gruppen. In einer großen Gruppe zu leben, ist für das Einzeltier also mit höheren Kosten verbunden als das Leben in einer kleineren Gruppe.

Gleichzeitig bietet das Leben in größeren Gruppen aber auch Vorteile, die diese Kosten aufwiegen. Neben dem erhöhten Schutz vor Raubfeinden sind dies vor allem Vorteile in der Konkurrenz mit anderen Gruppen: Eine größere Gruppe kann eine kleinere leichter von einem Früchte tragenden Baum verdrängen. Vor allem bei Primaten, aber auch gruppenlebenden Delfinen, Raubtieren und manchen wirbellosen Tieren, wie Ameisen, ist Kooperation also auch ein Mittel in der Konkurrenz mit Artgenossen.

Ein Faktor, der Kooperation erleichtert, ist **Verwandtschaft:** Wer einem Verwandten hilft und dadurch dessen Fortpflanzungschancen erhöht, sorgt gleichzeitig für die Verbreitung eigener Gene, da Verwandte durch ihre gemeinsame Abstammung auch Träger identischer Genkopien sind. Aus diesem Grund sind Familiengruppen vermutlich der Ursprung sämtlicher sozialer Gruppen. Die Entstehung von Gruppen mit mehreren Männchen, wie sie für Kapuzineraffen und viele andere Primaten typisch sind, muss aber andere Gründe haben, denn in diesen Gruppen sind die Männchen in der Regel nicht miteinander verwandt.

Vergleichende Untersuchungen an verschiedenen Altweltaffen zeigen, dass die Anzahl der Männchen in einer Gruppe abhängig ist von der Anzahl der Weibchen: In Gruppen mit fünf oder weniger erwachsenen Weibchen wurde grundsätzlich nur ein einziges Männchen gefunden, Gruppen mit sechs bis zehn Weibchen waren zum Teil Ein-Männchen-Gruppen, zum Teil Mehr-Männchen-Gruppen, und in Gruppen mit mehr als zehn Weibchen lebten grundsätzlich mehrere Männchen. Diese Befunde sprechen dafür, dass Männchen dann zu mehreren in einer gemischtgeschlechtlichen Gruppe zusammenleben, wenn sie als einzelne nicht mehr in der Lage sind, eine Gruppe von Weibchen ökonomisch gegen andere Männchen zu verteidigen.

EXKURS

Gruppengewalt

September 1971. Fünf Schimpansenmännchen treffen bei einer ihrer Exkursionen in das Randgebiet einer ihrer Nachbargruppen auf ein einsames fremdes Weibchen mit einem etwa zweieinhalbjährigen Kind. Sie greifen an. Der ungleiche Kampf dauert zwei Minuten, dann kann das Weibchen, dem ein halbes Ohr abgerissen wird, fliehen. „Überall viel Blut", bemerkte der Beobachter, doch dann stockte ihm der Atem: Die Angreifer fraßen das schreiende Kind lebendigen Leibes auf.

Die grausige Szene markierte den Wandel eines Weltbildes. Scheinbar unmotivierte, auf jeden Fall aber spontane und brutale Gewalt kannte man von Menschen – bei Tieren hatte man so etwas für unmöglich gehalten. Tatsächlich hatte Konrad LORENZ postuliert, dass Tiere, die fähig sind einander schwer zu verletzen, eine *angeborene innerartliche Tötungshemmung* haben, die es ihnen unmöglich macht, Artgenossen zu töten – denn schließlich sei „das Töten von Artgenossen im Sinne der Arterhaltung höchst unzweckmäßig". Langjährige Beobachtungen der Engländerin Jane GOODALL an wilden Schimpansen schienen die These zu stützen: Schimpansen lebten offenbar in einer friedlichen, offenen Gemeinschaft, in der es keine Gruppen gab und jeder mit jedem freundschaftlich verkehrte. Aggressive Auseinandersetzungen kamen zwar vor, aber sie verliefen meist, wie man lange dachte, unblutig.

Die brutale Attacke von 1971 passte nicht in dieses Bild: Schimpansen besaßen offenbar keine „angeborene Tötungshemmung". Auch die Vermutung, dass Schimpansen keine Gruppen bilden, erwies sich bald als falsch. Der Eindruck einer „offenen Gemeinschaft" war entstanden, weil Schimpansengruppen aus kleineren Subgruppen mit wechselnder Zusammensetzung bestehen, die sich immer wieder treffen und trennen. Solche Gruppen bezeichnet man als „fission-fusion"-Gemeinschaften. Stabiles Element einer Schimpansengruppe sind die Männchen: Sie bleiben lebenslang in der Gruppe, in der sie geboren wurden, während die

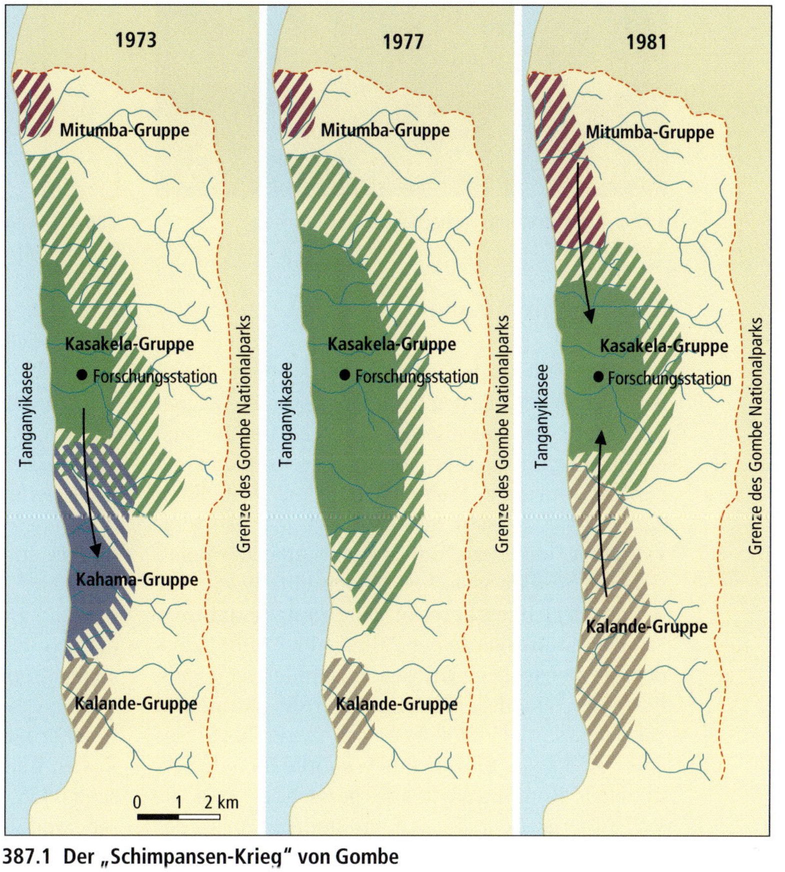

387.1 Der „Schimpansen-Krieg" von Gombe

Weibchen bei Erreichen der Geschlechtsreife meist in andere Gruppen überwechseln.

Anfang 1973 spaltete sich die Gruppe, die GOODALL im heutigen Gombe-Nationalpark über zehn Jahre beobachtet hatte, in zwei Gruppen auf: die Kasakela-Gruppe und die Kahama-Gruppe. Dieses Ereignis bildete den Auftakt zu einer Serie äußerst brutaler Überfälle, die als „Schimpansenkrieg" von Gombe bekannt wurde und mit der Ausrottung der Kahama-Gruppe ein vorläufiges Ende fand. Wenige Jahre später geriet jedoch auch die siegreiche Kasakela-Gruppe unter Druck zweier anderer Gruppen, die ihr Streifgebiet erweiterten. Auch hierbei kam es zu tödlichen Auseinandersetzungen.
Überfälle auf Mitglieder anderer Gruppen hat man auch in anderen Schimpansenpopulationen beobachtet. Sie verlaufen stets nach demselben Muster: Mehrere Männchen dringen in das Gebiet einer Nachbargruppe ein, wobei sie sich auffallend leise und vorsichtig verhalten. Treffen sie auf ein einzelnes Tier oder eine zahlenmäßig deutlich unterlegene Gruppe, greifen sie an. Dabei geht es ihnen offensichtlich nicht darum, Fremde einfach nur zu vertreiben. „Hätten sie Feuerwaffen gehabt und gelernt, sie zu benutzen", meint Jane GOODALL, „dann hätten sie es getan".

Opfer der Attacken sind Männchen, Weibchen und Jungtiere. Nur junge und fortpflanzungsbereite Weibchen werden verschont. Dies und die Tatsache, dass es sich bei den Tieren aus der Kasakela- und der Kahama-Gruppe um „alte Bekannte" gehandelt hatte, zeigt, dass tödliche Auseinandersetzungen zwischen Schimpansengruppen keinem generellen „Fremdenhass" entspringen, sondern Ausdruck der Konkurrenz zwischen Gruppen sind.

388.1 Rangordnungsverhalten bei Berberaffen

		Verlierer				
		α	β	γ	δ	ε
Gewinner	α	–	5	4	7	3
	β	0	–	6	4	2
	γ	0	0	–	7	1
	δ	0	0	0	–	4
	ε	0	0	0	0	–

388.2 Dominanzmatrix (Beispiel)

4.3 Rangordnungen

Wer gruppenlebende Tiere beobachtet, stellt schnell fest, dass in den meisten Gruppen bestimmte Regeln herrschen. Typisches Beispiel ist ein Affe, der sich einem anderen annähert, worauf dieser seinen Platz verlässt und dem Kommenden seine entblößten Zähne zeigt. Passiert dies öfter, weicht also Individuum X immer vor Individuum Y aus, kann man sicher sein, dass zwischen beiden eine bestimmte Art der Beziehung herrscht: eine **Rangbeziehung.** Mit dem Entblößen seiner Zähne, einer Mimik, aus der das menschliche Grinsen entstanden ist, signalisiert der rangniedere Affe, dass er die **Dominanz** (lat. *dominare,* beherrschen) des ranghöheren anerkennt. Solche, oft nur durch subtile Signale vermittelten **Rangunterschiede** bezeichnet man als *formalisierte Dominanz.* Eine andere Form der Dominanz ist die so genannte „Hackordnung" – ein Begriff, der seinen Ursprung auf dem Hühnerhof hat: Setzt Huhn A seine Dominanz gegenüber Huhn B durch, indem es buchstäblich auf diesem herumhackt, ist dies Ausdruck einer *aggressiven Dominanz.*
Das Gegenteil von Dominanz ist **Subordination:** Der Unterlegene unterwirft sich oder er flieht. Rangbeziehungen zeichnen sich also dadurch aus, dass sie eine *Asymmetrie im Verhalten* aufweisen. Individuelles Kennen ist keine notwendige Voraussetzung für das Entstehen einer Rangbeziehung, denn die Kampfstärke eines Gegners kann man auch an anderen Merkmalen abschätzen, wie beispielsweise der Größe eines Geweihs.

Aus der Gesamtheit der Rang- oder Dominanzbeziehungen innerhalb einer Gruppe ergibt sich ihre **Rangordnung** oder **Dominanzhierarchie.** Rangordnungen kennt man von zahlreichen gruppenlebenden Säugetieren und Vögeln, aber auch Reptilien, Fischen und sogar Insekten. Traditionell bezeichnet man die einzelnen Rangpositionen innerhalb einer Hierarchie mit den Buchstaben des griechischen Alphabets: Das ranghöchste Tier ist das α-Tier, danach kommt das β-Tier, dann das γ-Tier, und so weiter.

Wie die Hierarchie einer Gruppe beschaffen ist, kann man feststellen, indem man die Häufigkeit aggressiver und submissiver (lat. *submittere,* sich unterwerfen) Interaktionen zwischen den Gruppenmitgliedern registriert und in einer **Dominanzmatrix** einträgt. In dem dargestellten Beispiel sind sämtliche Rangbeziehungen strikt asymmetrisch und die Hierarchie ist *linear,* das heißt, wenn α dominant ist über β und β dominant über γ, dann ist auch α dominant über γ.

In einer hierarchisch gegliederten Gesellschaft sind Kosten und Nutzen des Gruppenlebens sehr unterschiedlich verteilt: Ranghohe Individuen profitieren, weil ihre Rangposition ihnen weitgehend oder völlig ungehinderten Zugang zu begehrten Ressourcen verschafft, während dies rangniederen Individuen oft verwehrt wird. Häufig wirkt sich dies negativ auf die Lebenserwartung und den Fortpflanzungserfolg rangniederer Individuen aus. Diese akzeptieren ihre Position nur, solange dieser Nachteil durch andere Vorteile des Gruppenlebens, wie erhöhter Schutz, aufgewogen wird. Hinzu kommt, dass die Kosten eines Kampfes, der von vornherein nicht zu gewinnen ist, noch höher wären. Aus diesem Grund sind aggressive Auseinandersetzungen in Hierarchien selten. Ergibt sich allerdings die Möglichkeit, in einer Hierarchie aufzusteigen, kann es zu heftigen, mitunter tödlichen Kämpfen kommen.

Auch das Erreichen und Halten einer hohen Rangposition kann freilich mit Kosten verbunden sein: Ranghohe Tiere weisen oft einen erhöhten Stresshormonspiegel auf – was sich negativ auf ihr Immunsystem und ihre Lebenserwartung auswirken kann. Kompensiert werden kann dieser Kostenfaktor nur durch einen entsprechenden Nutzen, der sich evolutionsbiologisch niederschlägt: einen hohen Fortpflanzungserfolg.

4.4 Altruistisches Verhalten

Zu den auffälligsten Verhaltensweisen vieler Affen gehört das „Lausen". Der umgangssprachliche Begriff Lausen ist nicht ganz unberechtigt, denn tatsächlich gehören die Eier („Nissen") von Haarläusen zu den häufigsten Partikeln, die die Tiere aus ihrem eigenen Fell oder dem eines anderen entfernen. Dass man Parasiten oder ihre Eier vom eigenen Körper entfernt, ist leicht nachvollziehbar; doch warum sollten Tiere etwas tun, was ihnen selbst keinerlei Nutzen bringt, aber mit Kosten verbunden ist? Einen anderen zu lausen ist ein Beispiel für **altruistisches Verhalten:** Der Nutzen kommt dem Empfänger zugute, während der Ausführende Kosten auf sich nimmt. Im Fall des Lausens mögen die Kosten gering sein, aber immerhin verbringen Affen oft viel Zeit damit, andere zu lausen – Zeit, die sie anders nutzbringender einsetzen könnten. Hinzu kommt die Gefahr, sich selbst mit den Läusen des Gelausten zu infizieren.

Die Frage, warum Affen einander lausen, ist nicht leicht zu beantworten, denn tatsächlich erscheinen mehrere Antworten möglich. Erstens könnte es sein, dass das Lausen gar nicht altruistisch ist, sondern **egoistisch,** der Ausführende also gar keine Kosten auf sich nimmt, sondern selbst einen direkten Vorteil hat. Dies könnte zum Beispiel der Fall sein, wenn die Läuse ohne gegenseitiges Lausen überhand nähmen. Die zweite Möglichkeit ist die, dass das Verhalten zwar altruistisch ist, aber doch mit einem **indirekten Nutzen** für den Lausenden verbunden ist. Dies ist immer dann der Fall, wenn der Gelauste mit dem Lausenden **verwandt** ist. Verwandte sind Träger identischer Genkopien, und je höher der Verwandtschaftsgrad ist, desto mehr Gene teilen sie über gemeinsame Abstammung. Erhöht ein Affe durch sein Verhalten die Fortpflanzungschancen eines Verwandten, kommt dies also auch seinen eigenen Genen zugute. Individuen können ihre **Fitness** – die relative Anzahl ihrer Gene in der nächsten Generation – also nicht nur *direkt* (durch eigene Fortpflanzung) maximieren, sondern auch *indirekt:* durch die Unterstützung der Fortpflanzung Verwandter. Diesen Prozess nennt man **Verwandtenselektion,** und das Verhalten selbst **nepotistischen Altruismus.**

Nicht nur Kosten und Nutzen beeinflussen also Sozialverhalten, sondern auch der Verwandtschaftsgrad zwischen den Beteiligten. Formal beschreiben lässt sich dieser Zusammenhang mit der so genannten **HAMILTON-Ungleichung**

$$K < r \cdot N,$$

wonach sich altruistisches Verhalten immer dann ausbreiten wird, wenn die Kosten (K) für den „Altruisten" geringer sind als der Nutzen (N) für den Empfänger der Hilfeleistung, multipliziert mit dem Verwandtschaftsgrad (r) zwischen den beteiligten Individuen.

Obwohl Untersuchungen an Affen zeigen, dass dieser Erklärungsansatz viel für sich hat – Affen lausen tatsächlich bevorzugt nahe Verwandte – gibt es aber noch eine dritte mögliche Erklärung: Affe A könnte Affe B lausen, weil dies die Wahrscheinlichkeit erhöht, dass Affe B diese Hilfeleistung zu einem späteren Zeitpunkt erwidert. Ein solcher wechselseitiger oder **reziproker Altruismus** setzt voraus, dass die Beteiligten einander persönlich kennen, sich wiederholt begegnen und ein gutes Gedächtnis haben. Er ist aber auch mit einem Vertrauensvorschuss verbunden, da keine Garantie besteht, dass eine Hilfeleistung erwidert wird. Nicht zuletzt aufgrund dieses **„Schwarzfahrer-Problems"** ist reziproker Altruismus selten. Untersuchungen an Affen zeigen allerdings, dass diese tatsächlich eher bereit sind, anderen zu helfen, wenn sie zuvor von ihnen gelaust worden sind.

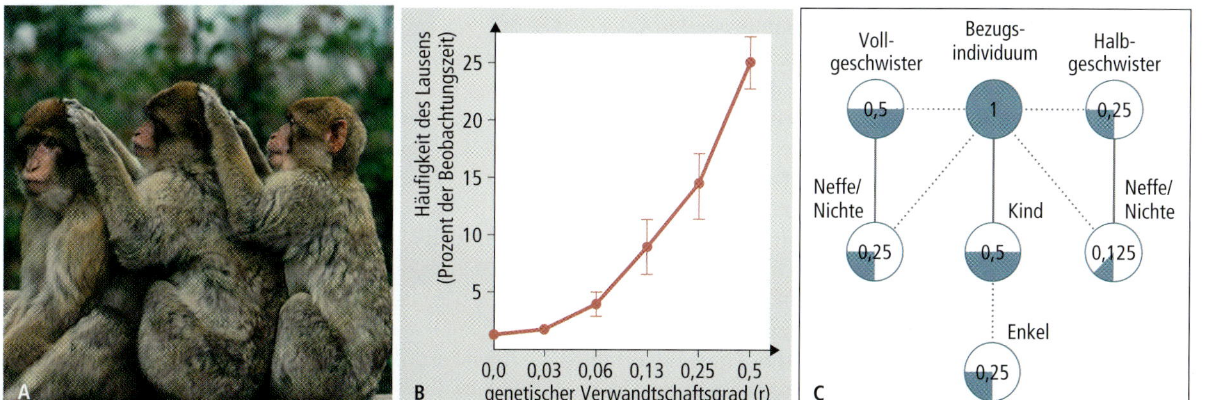

389.1 Altruismus. A Lausende Affen; **B** Abhängigkeit des Lausens vom Verwandtschaftsgrad; **C** Anteil gemeinsamer Gene in Abhängigkeit vom Verwandtschaftsgrad (Schema)

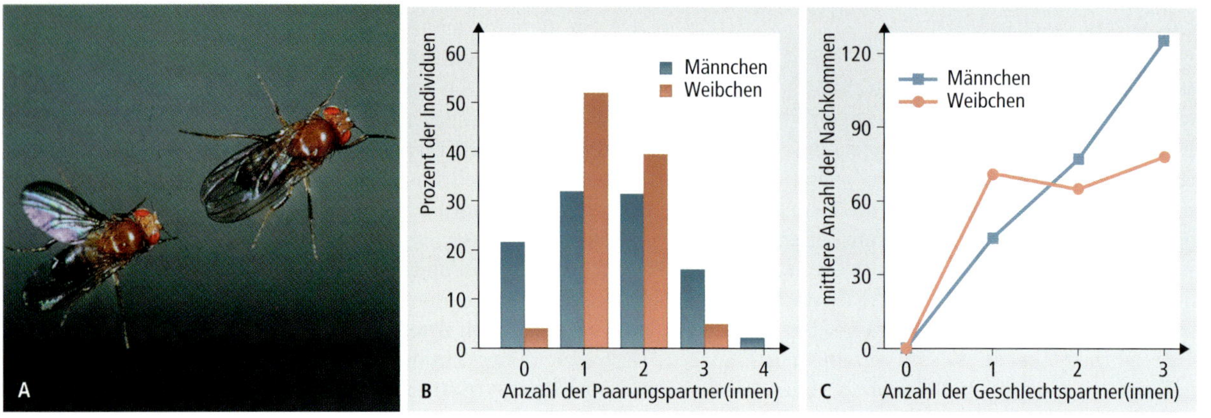

390.1 Fruchtfliegen. A Männchen und Weibchen; **B** Anzahl der Sexualpartner; **C** Anzahl der Nachkommen in Abhängigkeit vom Paarungserfolg

4.5 Sexuelle Konkurrenz

„Dass die Männchen aller Säugetiere begierig die Weibchen verfolgen", schrieb DARWIN im Jahre 1871, „ist bekannt. Das Weibchen ist andererseits mit sehr seltenen Ausnahmen weniger begierig als das Männchen." Warum dies so ist, konnte sich DARWIN noch nicht erklären. Erst 1948 fand der britische Genetiker Angus J. BATEMAN eine Erklärung. BATEMAN hatte Kreuzungsversuche mit Fruchtfliegen durchgeführt, bei denen er durch die Verwendung verschiedener Zuchtlinien feststellen konnte, welche Fliegen miteinander Nachkommen gezeugt hatten.

Zwei Ergebnisse seiner Untersuchung fielen BATEMAN besonders auf. Die weitaus meisten Weibchen – mehr als 90 Prozent – hatten sich mit einem oder zwei Männchen gepaart. Bei den Männchen waren die Unterschiede in der Anzahl der Sexualpartnerinnen dagegen deutlich größer: 21 Prozent hatten gar keine Sexualpartnerin gefunden, aber dafür hatten einige wenige – 1,4 Prozent – mit vier Weibchen Nachkommen gezeugt. Die **Varianz im Fortpflanzungserfolg** war bei den Männchen also größer als bei den Weibchen (die Varianz ist ein statistisches Maß für die Streuung von Einzelwerten um den Mittelwert).

Das zweite Ergebnis betraf die Anzahl der Nachkommen. Bei den Weibchen spielte es keine Rolle, ob sie sich mit einem, zwei oder auch drei Männchen gepaart hatten: Durch die Paarung mit mehreren Männchen konnten sie ihren Fortpflanzungserfolg nicht erhöhen. Bei den Männchen stieg die Anzahl der Nachkommen dagegen linear mit der Anzahl ihrer Sexualpartnerinnen an. Anders als bei den Weibchen war der Fortpflanzungserfolg von Männchen also eine **Funktion ihres Paarungserfolges.** Damit war klar, warum nicht nur bei Säugetieren die „Männchen begierig die Weibchen verfolgen", während das Umgekehrte selten der Fall ist.

Männchen und Weibchen, das zeigten die Ergebnisse von BATEMAN, verfolgen unterschiedliche **Fortpflanzungsstrategien:** Männchen können mehr Nachkommen zeugen und auf diese Weise ihre genetische Fitness maximieren, wenn sie sich mit vielen Weibchen paaren, während Weibchen diese Möglichkeit verstellt ist. Warum dies so ist, war BATEMAN auch klar: Männchen und Weibchen können sich auf vielfältige Weise voneinander unterscheiden, aber ein kleiner, aber folgenreicher Unterschied kennzeichnet alle Arten, die sich zweigeschlechtlich fortpflanzen: Männchen produzieren Spermien, Weibchen Eizellen.

Der grundlegende Unterschied zwischen einem Spermium und einer Eizelle besteht darin, dass das Spermium erheblich kleiner ist. Außer dem Zellkern enthält es nur wenige Zellbestandteile, die einzig der eigenen Beweglichkeit dienen: einige als Motor fungierende Mitochondrien und einen Schwanz. Die vieltausendfach größeren Eizellen sind dagegen vollgepackt mit Nährstoffen. Die unmittelbare Folge dieses Unterschieds ist eine ökonomische: Produkte, die in der Herstellung teuer sind, lassen sich nur in entsprechend geringeren Stückzahlen herstellen. Folglich gibt es sehr viel weniger Eizellen als Spermien.

Für eine weibliche Fruchtfliege bedeutet dies, dass ihre sämtlichen Eizellen von einem einzigen Männchen befruchtet werden können. Spermien sind für Weibchen keine knappe Ressource. Für Männchen stellt sich die Situation völlig anders dar: Da ihr Fortpflanzungserfolg in erster Linie davon abhängt, wie viele Eizellen sie befruchten können, werden die vergleichsweise wenigen Eizellen für sie zu einer ihren Fortpflanzungserfolg **limitierenden Ressource.** Dieser Unterschied hat für das Verhalten von Männchen und Weibchen und die Beziehungen zwischen den Geschlechtern weitreichende Folgen.

Wenn im Oktober die Brunftsaison der Rothirsche beginnt, ist das dumpfe Röhren der männlichen Hirsche kilometerweit zu hören. Die Tiere liefern sich regelrechte Röhrduelle, die dem Einschüchtern des Gegners dienen. Gibt keiner der beiden Gegner auf, beginnen sie nebeneinander einherzustolzieren und auf diese Weise ihre Kräfte zu messen. Führt auch dieses **Imponierverhalten** nicht zur Aufgabe des Gegners, kommt es zum Kampf, bei dem die Tiere ihr Geweih einsetzen. Auch diese Gefechte verlaufen in der Mehrzahl wie ein Turnierkampf, bei dem es nicht zu Verletzungen kommt und der Unterlegene bald aufgibt. Solche Gefechte nennt man **Kommentkämpfe.** Zieht sich auch jetzt immer noch keiner der beiden Kontrahenten zurück, kommt es zum **Beschädigungskampf:** Etwa ein Viertel aller männlichen Rothirsche zieht sich in der Brunftsaison ernsthafte Verletzungen wie Knochenbrüche oder erblindete Augen zu.

Drei Faktoren bestimmen das Kampfverhalten der Rothirsche: die Wahrscheinlichkeit, einen Kampf zu gewinnen, das Verletzungsrisiko, das sie dabei eingehen, und der Nutzen, der sich aus einem gewonnenen Kampf ergibt. Die besten Aussichten, einen Kampf zu gewinnen, haben Männchen im Alter von sieben bis zwölf Jahren, und sie sind es auch, die die weitaus meisten Kälber zeugen. Als Ergebnis ist der Fortpflanzungserfolg der männlichen Rothirsche sehr ungleich verteilt: Erfolgreiche Männchen können in ihrem Leben mehr als 80 Kälber zeugen, während ein großer Teil der anderen Männchen kein einziges Kalb zeugt. Die Unterschiede im Fortpflanzungserfolg der Weibchen, die sich selten mehr als einmal pro Brunftsaison paaren, sind dagegen weitaus geringer.

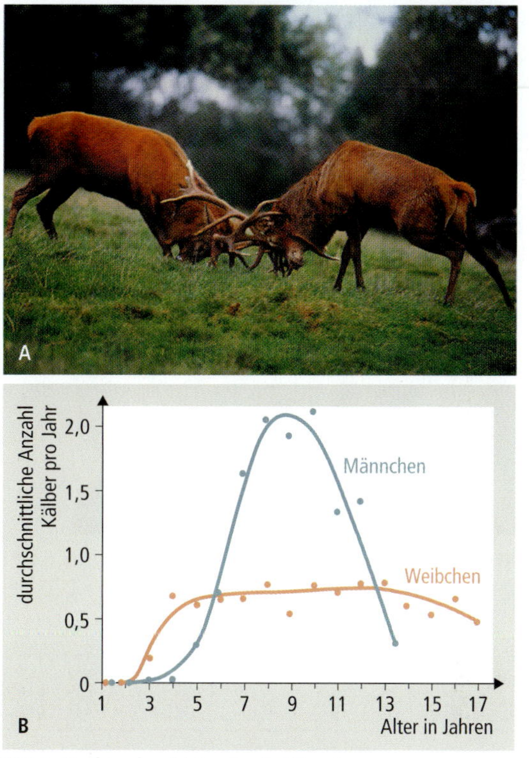

391.1 Rothirsche. A kämpfende Männchen; **B** Unterschiede im Fortpflanzungserfolg

Anders als bei Rothirschen sind aggressive Auseinandersetzungen um den Zugang zu Geschlechtspartnerinnen beim Menschen nicht unbedingt die Regel, denn Menschen verfügen über vielfältige Mittel, um ihre Fortpflanzungschancen zu erhöhen. Aber die Ergebnisse der Konkurrenz können – abhängig von kulturellen Rahmenbedingungen – ähnlich aussehen wie bei Rothirschen oder Fruchtfliegen: AUGUST der Starke, Kurfürst von Sachsen und König von Polen (1670 bis 1733), soll mit diversen Mätressen mehr als 300 Kinder gezeugt haben – was notwendigerweise auf Kosten anderer, sexuell weniger erfolgreicher Männer gehen musste.

In traditionellen Wildbeutergesellschaften und modernen Industriestaaten sind die Unterschiede im Fortpflanzungserfolg zwar geringer als in Feudalsystemen, aber das von BATEMAN beobachtete Phänomen bleibt auch hier sichtbar: Manche Männer zeugen wesentlich mehr Kinder als andere, während die Unterschiede im Fortpflanzungserfolg von Frauen ausgeglichener sind.

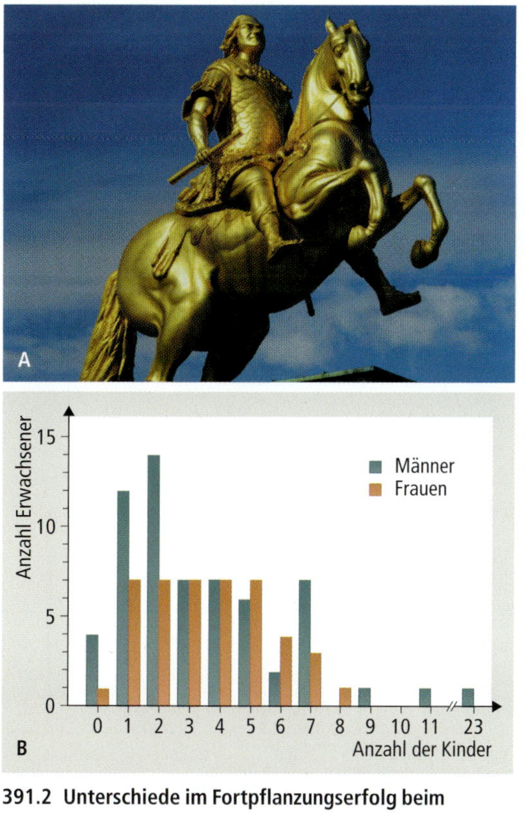

391.2 Unterschiede im Fortpflanzungserfolg beim Menschen. A AUGUST der Starke (Reiterstandbild); **B** Xavante-Indianer (Südamerika)

392.1 Attraktive Männchen. A Stichling; **B** Paradiesvogel; **C** Mandrill; **D** Mensch

Rang	worauf Frauen bei ihrem Partner Wert legen	worauf Männer bei ihrer Partnerin Wert legen
1	Freundlichkeit und Verständnis	Freundlichkeit und Verständnis
2	Intelligenz	Intelligenz
3	interessante Persönlichkeit	**gutes Aussehen**
4	gute Gesundheit	interessante Persönlichkeit
5	Anpassungsfähigkeit	gute Gesundheit
6	**gutes Aussehen**	Anpassungsfähigkeit
7	Kreativität	Kreativität
8	**gute Verdienstmöglichkeiten**	Wunsch nach Kindern
9	akademischer Grad	akademischer Grad
10	Wunsch nach Kindern	gute Herkunft
11	gute Herkunft	**gute Verdienstmöglichkeiten**
12	gute Haushaltsführung	gute Haushaltsführung
13	religiöse Orientierung	religiöse Orientierung

392.2 Partnerwahlkriterien beim Menschen

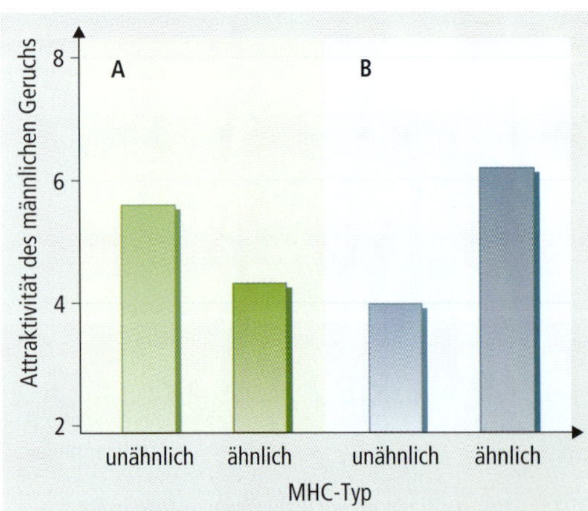

392.3 MHC-Präferenzen von Frauen.
A zur Zeit des Eisprungs; **B** andere Zyklusphasen

Vom Menschen ist das Phänomen bekannt: Manche Jungs haben einfach viel bessere Chancen, „bei den Mädels zu landen", als andere. Bei den Tieren ist es ebenso: Bei Stichlingen sind die Männchen mit dem rötesten Bauch bei den Weibchen am beliebtesten, bei Paradiesvögeln die mit dem prächtigsten Gefieder und beim Mandrill die mit dem buntesten Gesicht. Weibchen betreiben **Partnerwahl** – und sie sind in den meisten Fällen deutlich wählerischer als ihre männlichen Artgenossen.

Anders als Männchen haben Weibchen in der Regel keinen Nutzen davon, sich mit möglichst vielen Männchen zu paaren. Ihr Fortpflanzungserfolg hängt davon ab, mit wem sie sich paaren und welche Aufzuchtsbedingungen sie ihren Kindern bieten können. Daher ist die Fortpflanzungsstrategie von Weibchen eher auf Qualität als auf Quantität angelegt. Die besondere Qualität eines rotbäuchigen Stichlings liegt in seinen Erbanlagen, oder genauer gesagt, in der Leistungsfähigkeit seines Immunsystems: Besonders rotbäuchige Stichlinge zeugen widerstandsfähigere Nachkommen als blassere Stichlinge. Neben solchen *indirekten genetischen Vorteilen,* die nicht der Mutter, sondern einzig ihren Kindern zugute kommen, kann die Paarung mit einem bestimmten Partner aber auch *direkte Vorteile* mit sich bringen. Aus Kindern werden nur Erwachsene, wenn genügend *materielle Ressourcen* für die Aufzucht zur Verfügung stehen: Nahrung ist die den weiblichen Fortpflanzungserfolg begrenzende Ressource. Vielfach bevorzugen Weibchen daher Männchen, die über ein großes Revier mit viel Nahrung verfügen, oder solche, die sich direkt an der Aufzucht der Nachkommen beteiligen.

Dass materielle Ressourcen auch bei der Partnerwahl von Menschen eine Rolle spielt, zeigen Untersuchungen von Psychologen: Überall auf der Welt legen junge Frauen mehr Wert auf gute Verdienstmöglichkeiten ihres zukünftigen Ehepartners als umgekehrt die Männer bei ihren zukünftigen Frauen. Das Aussehen ihres Zukünftigen ist Frauen auch nicht egal, aber überall auf der Welt ist es Männern noch wichtiger, dass ihre Frau gut aussieht. Ist gutes Aussehen – ähnlich wie bei den Stichlingen – ein Zeichen für gute Erbanlagen? Für einen solchen Zusammenhang spricht manches, aber Männer könnten noch aus einem weiteren Grund auf gutes Aussehen ihrer Partnerin besonderen Wert legen: Als schön werden Frauen vor allem dann empfunden, wenn sie jung sind, und eine junge Partnerin wird einem Mann – auch wenn ihm dies als Motiv nicht bewusst ist – mehr Kinder gebären können als eine ältere Frau.
Neben bewussten gibt es beim Menschen auch unbewusste Partnerpräferenzen. So hat man durch Ge-

ruchstests mit ungewaschenen T-Shirts festgestellt, dass Frauen um die Zeit ihres Eisprungs Männer um so attraktiver finden, je unähnlicher deren MHC-Proteine ihren eigenen sind. Da MHC-Proteine eine zentrale Rolle bei der Immunabwehr spielen, ist es möglich, dass Frauen durch eine solche sexuelle Präferenz die Immunabwehr ihrer Kinder stärken könnten. Frauen, die die Pille nehmen oder sich in anderen Zyklusphasen befinden, bevorzugen dagegen eher Männer mit ähnlichen MHC-Proteinen.

Um die sexuellen Beziehungen zwischen Artgenossen zu charakterisieren, haben Biologen den Begriff **Paarungssystem** eingeführt. Anders als Sozialsysteme beschreiben Paarungssysteme nicht, wer mit wem lebt, sondern wer mit wem sexuelle Beziehungen unterhält. Grundsätzlich unterscheidet man **Monogamie** (gr. *monos*, allein, einzig, *gamein*, heiraten) und **Polygamie** (gr. *poly*, viele). Polygame Paarungssysteme unterteilt man in *Polygynie* (gr. *gynē*, Frau), *Polyandrie* (gr *andros*, Mann) und *polygynandrische* oder *promiske* Paarungssysteme, bei denen sich beide Geschlechter mit mehreren Partnern des anderen Geschlechts paaren.

Paarungssysteme sind das Resultat der Fortpflanzungsstrategien von Individuen. Da sich die Fortpflanzungsstrategien der Geschlechter unterscheiden, beide zur Fortpflanzung aber aufeinander angewiesen sind, handelt es sich bei einem Paarungssystem immer um einen Kompromiss. Wer dabei seine „Interessen" besser durchsetzen kann, hängt von zahlreichen Faktoren ab. Ein monogames Paarungssystem kann seine Ursache beispielsweise darin haben, dass es Männchen an Gelegenheiten mangelt, sich mit mehreren Weibchen zu paaren, weil diese entweder zu weit verstreut leben oder von anderen Männchen „bewacht" werden. Eine andere Ursache kann darin liegen, dass die Hilfe des Männchens notwendig ist, um die erfolgreiche Aufzucht der Jungen zu gewährleisten. Letzteres schützt freilich nicht vor „Seitensprüngen", von denen nicht unbedingt nur Männchen profitieren: Auch Weibchen können profitieren – beispielsweise dann, wenn ein anderes Männchen über bessere Gene verfügt als das, mit dem das Weibchen zusammenlebt. Bei zahlreichen, lange Zeit für monogam gehaltenen Vogelarten hat man durch genetische Tests festgestellt, dass der Anteil „außerehelich" gezeugter Jungen bei bis zu 75 Prozent liegen kann.

Das Paarungssystem, das in der Natur am häufigsten vorkommt, ist Polygynie, während Polyandrie sehr selten ist. Dasselbe Muster findet man beim Menschen – wenngleich selbst in Kulturen, die „Vielweiberei" erlauben, die meisten Männer nur eine Frau haben.

1. Nennen Sie Kosten und Nutzen von Polygynie!

393.1 Paarungssysteme (Schemata und Beispiele)

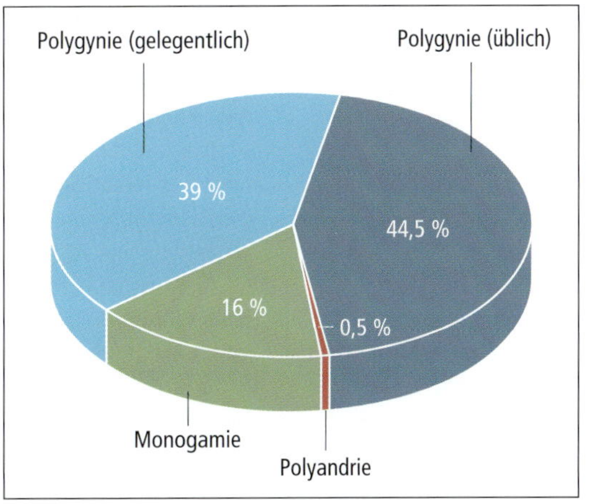

393.2 Häufigkeitsverteilung verschiedener Eheformen in 854 menschlichen Kulturen

EXKURS Das variable Fortpflanzungsverhalten der Heckenbraunelle

Heckenbraunellen sind kleine, unscheinbare Vögel, die oft in Gärten oder Parkanlagen nisten. Die Weibchen besetzen Reviere, die sie gegen andere Weibchen verteidigen, während Männchen ungehindert Zugang haben. Die Männchen versuchen ihrerseits, Rivalen aus dem von ihnen besetzten Gebiet fernzuhalten.

Wie gut ihnen dies gelingt, ist von der Größe der Weibchenreviere abhängig. Auf diese Weise können bei derselben Art unterschiedliche Paarungssysteme entstehen: Manchen Männchen gelingt es, ein Weibchen zu monopolisieren, anderen sogar zwei, aber vielen bleibt nichts anderes übrig, als einen oder sogar zwei Rivalen neben sich zu dulden und sie allenfalls an Paarungen mit dem Weibchen zu hindern.

Dies allerdings liegt nicht im Interesse des Weibchens, denn unverpaarte Männchen neigen dazu, Gelege zu zerstören oder Jungvögel zu töten, während sich Männchen, die sich mit dem Weibchen gepaart haben, an der Fütterung der Jungen beteiligen. Dies nutzt dem Weibchen: Weibchen mit zwei männlichen Helfern ziehen mehr Jungvögel auf als monogam verpaarte Weibchen. Noch geringer ist der Fortpflanzungserfolg polygyn lebender Weibchen, die sich einen männlichen Helfer teilen müssen.

Das Beispiel der Heckenbraunelle zeigt, dass (a) Paarungssysteme innerartlich variabel sein können, dass (b) Kosten und Nutzen für die Beteiligten unterschiedlich verteilt sind, und dass (c) auch Weibchen davon profitieren können, wenn sie sich mit mehreren Männchen paaren.

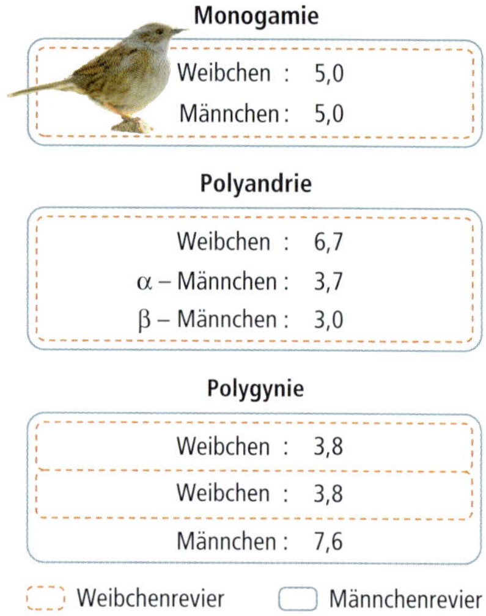

394.1 Paarungssysteme und Fortpflanzungserfolg (mittlere Anzahl flügger Jungvögel) bei Heckenbraunellen

EXKURS Infantizid

Rote Brüllaffen sind sanftmütige Tiere, die sich vorwiegend von Blättern ernähren, die in den Regenwäldern ihrer südamerikanischen Heimat reichlich zu finden sind. Sie zu beobachten erfordert viel Geduld, denn außer Fressen und Verdauen passiert im Alltagsleben einer Brüllaffengruppe recht wenig.

Manchmal jedoch gerät das geruhsame Leben der Brüllaffen aus dem Tritt. Immer wieder kommt es nämlich vor, dass Männchen aus Nachbargruppen versuchen, das ranghöchste Männchen einer Gruppe zu vertreiben. Dabei kann es zu heftigen Kämpfen und auch Todesfällen kommen.

Schafft es ein neues Männchen die α-Position zu übernehmen, steht es aber vor allem um die Überlebenschancen der kleinsten Brüllaffenkinder schlecht: Das neue Männchen greift sie an und tötet sie – oft mit einem gezielten Biss in den Kopf.

Infantizid – das Töten unselbstständiger Jungtiere der eigenen Art – ist eine Verhaltensweise, die von manchen Vertretern der „Klassischen Ethologie" noch immer für „pathologisch" gehalten wird, denn mit dem Konzept der „arterhaltenden Zweckmäßigkeit" ist Infantizid nicht erklärbar.

Aber Brüllaffen, Löwen, Heckenbraunellen, Gorillas und zahlreichen anderen Tieren, bei denen Infantizid beobachtet wurde, geht es nicht um die „Arterhaltung", sondern nur um die eigene Fortpflanzung: Ein Brüllaffe, der nicht von ihm gezeugte Kinder tötet, erhöht seine eigenen Fortpflanzungschancen auf Kosten seines Vorgängers, des getöteten Kindes und dessen Mutter, die nach dem Tod ihres Säuglings sehr schnell wieder einen Eisprung bekommt und – so grausig es erscheint – keine Hemmungen hat, mit dem „Mörder" ihres Kindes ein neues Kind zu zeugen.

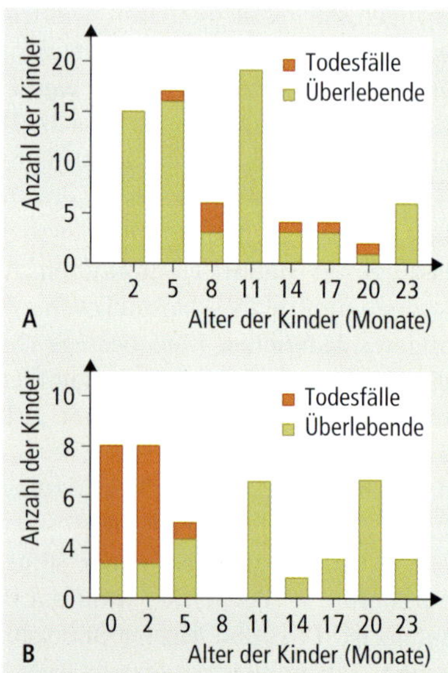

394.2 Säuglingssterblichkeit bei Roten Brüllaffen. A in stabilen Gruppen; **B** nach Gruppenübernahme durch neue Männchen

4.6 Brutpflege

Stichlingsmännchen sind „fürsorgliche" Väter: Sie bauen ein Nest, in das das Weibchen ablaicht, und versorgen die Brut, der sie mit der Schwanzflosse Frischwasser und damit Sauerstoff zufächeln und die sie gegen Nesträuber, zu denen auch eigene Artgenossen gehören, verteidigen. Schwimmen die geschlüpften Jungen zu weit fort, schwimmt der Vater hinterher, schnappt sie mit dem Maul und bringt sie ins Nest zurück.

Stichlingsväter betreiben **Brutpflege:** Sie wenden Zeit und Energie auf und erhöhen damit die Überlebenschancen ihres Nachwuchses. Da jeder Aufwand an Zeit und Energie für einen einzelnen Nachkommen auf Kosten der Produktion weiterer Nachkommen geht, ist die Fortpflanzungsrate von Stichlingen im Vergleich zu vielen anderen Fischarten, die keine Brutpflege betreiben, relativ gering. Arten, die bei der Fortpflanzung eher auf Massenproduktion setzen, nennt man **r-Strategen** (r steht für die Wachstums**r**ate einer Population), während man solche, die durch kostenintensive Brutpflege die Qualität ihrer weniger zahlreichen Nachkommen erhöhen, als **K-Strategen** bezeichnet (K steht für die Trage**k**apazität der Umwelt).

Dass bei den Stichlingen die Brutpflege Sache des Vaters ist, erscheint nicht nur aus menschlichen Augen ungewohnt: Für etwa 90 Prozent aller Säugetiere gilt, dass die Mutter die Brutpflege allein übernimmt. Bei Brutpflege betreibenden Fischen ist es dagegen eher umgekehrt, und auch bei vielen Lurchen, wie der Geburtshelferkröte, sind es die Männchen, die die Brutpflege übernehmen. Wie kommen diese Unterschiede zustande?

Zweifellos haben beide Geschlechter einen Vorteil davon, wenn das jeweils andere die aufwendige Brutpflege übernimmt. Zwischen den Geschlechtern besteht also ein *Konflikt um die Kosten der Brutpflege.* Einen Hinweis darauf, welche Faktoren die Lösung dieses Konfliktes beeinflussen, geben Fische und Amphibien. Die meisten Fische und Amphibien pflanzen sich durch **äußere Befruchtung** fort: Die Verschmelzung der Gameten findet im Wasser statt. Bei beiden Gruppen gibt es aber auch Arten mit **innerer Befruchtung:** Die Eizellen werden im Inneren des weiblichen Körpers befruchtet. Bei äußerer Befruchtung kann derjenige den Konflikt zu seinen Gunsten lösen, der seine Gameten zuerst abgibt: Ein Stichlingsweibchen, das zuerst ablaicht, kann sich danach „aus dem Staub machen" und die Brutpflege dem Männchen überlassen. Bei innerer Befruchtung ist dem Weibchen dies aber grundsätzlich verwehrt, während das Männchen die Möglichkeit, sich davon zu machen, hat – und oft auch nutzt.

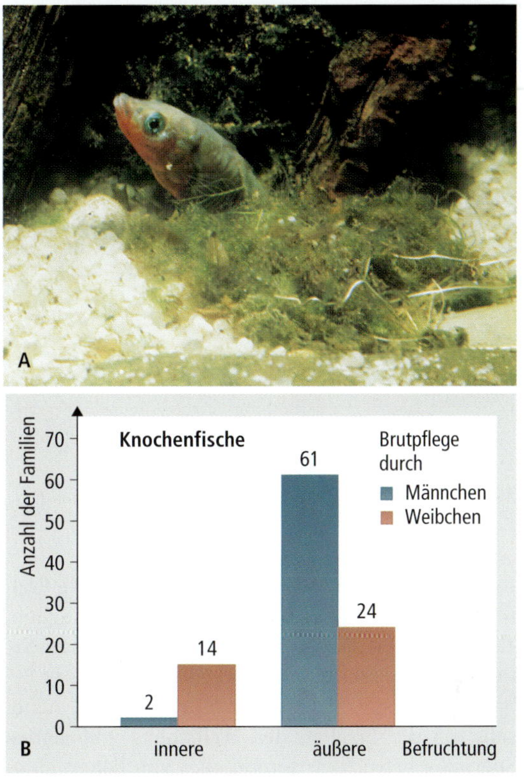

395.1 Brutpflege bei Fischen. A Stichling; **B** in Abhängigkeit von der Befruchtungsart

395.2 Brutpflege bei Lurchen. A Geburtshelferkröte; **B** in Abhängigkeit von der Befruchtungsart

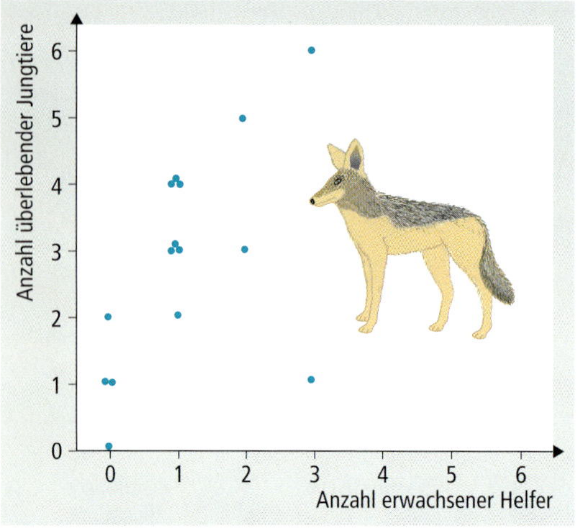

396.1 Kooperative Aufzucht beim Schabrackenschakal

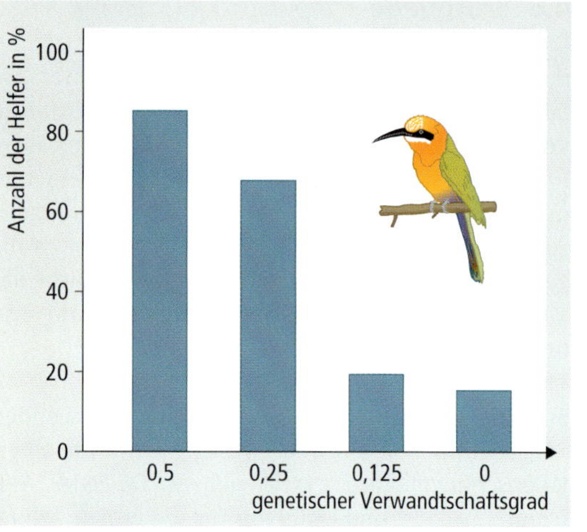

396.2 Kooperative Aufzucht beim Weißstirn-Bienenfresser

Innere Befruchtung hat aber noch eine weitere Konsequenz, die sich auf die Neigung von Männchen, sich an der Brutpflege zu beteiligen, auswirkt: Sie führt zur **Vaterschaftsunsicherheit.** Bei innerer Befruchtung kann sich das Männchen nicht sicher sein, ob die Eizellen des Weibchens von seinen Spermien befruchtet werden oder von denen eines anderen Männchens, mit dem sich das Weibchen möglicherweise auch gepaart hat. Beteiligt es sich trotz dieser Unsicherheit an der Brutpflege, besteht die Gefahr, dass es die Fitness eines Konkurrenten auf Kosten seiner eigenen Fitness erhöht. Die einzige Möglichkeit dieser Gefahr entgegenzuwirken besteht darin, das Weibchen während der Zeit, in der eine Empfängnis erfolgen kann, vor Konkurrenten abzuschirmen. Wie gut Männchen dies gelingt, ist unter anderem von der Zeit abhängig, die zwischen der Befruchtung und der Eiablage oder Geburt verstreicht. Bei Vögeln sind dies oft nur wenige Stunden oder Tage – was dazu führt, dass sich bei den meisten Vögeln die Männchen an der Aufzucht der Jungen beteiligen. Haben Vogelmännchen allerdings Hinweise darauf, dass ihre Partnerin ihnen „untreu" war, halten auch sie sich mit ihrer Hilfe bei der Brutpflege zurück.

Nicht immer beschränkt sich Brutpflege allerdings auf eigene Kinder. Löwinnen beispielsweise säugen gelegentlich auch die Kinder anderer Weibchen, und bei Schabrackenschakalen helfen oft sämtliche älteren Gruppenmitglieder bei der Aufzucht der Jungen, indem sie mit ihnen ihre Jagdbeute teilen. Eine solche **kooperative Aufzucht** wirkt sich, wie Befunde von Schabrackenschakalen zeigen, im Regelfall positiv auf die Überlebenschancen der Jungen aus: Je mehr Helfer die Mutter bei der Aufzucht ihrer Kinder unterstützen, desto größer ist die Anzahl der überlebenden Jungen im Wurf.

Ausgehend von der HAMILTON-Ungleichung wird man erwarten können, dass sich potenzielle Helfer umso eher an der Brutpflege beteiligen, je näher sie mit den zu versorgenden Kindern verwandt sind. Dass genau dies der Fall ist, zeigen beispielsweise Untersuchungen am Weißstirn-Bienenfresser, einem in Kolonien brütenden afrikanischen Verwandten des europäischen Bienenfressers, bei denen die Helfer fast immer Voll- oder Halbgeschwister der Jungvögel sind. Durch ihre Hilfe bei der Brutpflege maximieren Weißstirn-Bienenfresser also ihre indirekte Fitness. Auch beim Schabrackenschakal sind die Helfer meist ältere Geschwister der Jungtiere, während es bei den Löwen meist Tanten sind, die die Jungen ihrer Schwestern säugen.

Nicht nur bei Weißstirn-Bienenfressern sind manche Brutpflegehelfer mit den Jungen allerdings nicht verwandt. Wieso beteiligen sich solche Individuen dennoch an der Aufzucht? Die aus evolutionsbiologischer Sicht einzige Erklärung lautet, dass es auch direkte Fitnessvorteile bringen kann, wenn man bei der Aufzucht fremder Junger hilft. Gestützt wird diese Erwartung durch die Beobachtung, dass sich zumeist nur Individuen an der Brutpflege beteiligen, deren Möglichkeiten, sich selbst fortzupflanzen, begrenzt sind – beispielsweise weil zu wenig Nistplätze zur Verfügung stehen. Stirbt eines der Elterntiere, kann der Helfer unter Umständen dessen Platz einnehmen und erhält auf diese Weise die Chance, sich selbst fortzupflanzen.
Auch männliche und selbst väterliche Hilfe bei der Brutpflege kann auf solchen egoistischen Motiven beruhen: Stichlingsväter können durch ihre Brutpflege ihren eigenen Fortpflanzungserfolg steigern, weil weibliche Stichlinge ihre Eier bevorzugt in solche Nester legen, in die bereits andere Weibchen abgelaicht haben.

EXKURS Der Eltern-Kind-Konflikt

„So abscheulich der Affe sonst gegen Tiere ist, so liebenswürdig beträgt er sich gegen Tierjunge oder Kinder, am liebenswürdigsten natürlich gegen die eigenen, und daher ist die Affenliebe sprichwörtlich geworden", schrieb Alfred BREHM vor über hundert Jahren in seinem „Tierleben". Aber selbst die sprichwörtliche „Affenliebe" hat ihre Grenzen, wie das schreiende Affenkind, dem die Mutter die Brust verweigert, zeigt. Offensichtlich gibt es zwischen Mutter und Kind einen Interessenkonflikt um eine Ressource, von der das Kind profitiert, die die Mutter aber nicht bereit ist, unbegrenzt zur Verfügung zu stellen: Muttermilch.

Jedes Säugetierkind kommt früher oder später in die Lage, von der Muttermilch entwöhnt zu werden. Über den „richtigen" Zeitpunkt der Entwöhnung sind Mutter und Kind aber unterschiedlicher Meinung. Die Ursache hierfür beruht darauf, dass Stillen – wie jede andere Form der Brutpflege – nicht nur mit Nutzen verbunden ist, sondern auch mit Kosten. Der Nutzen des Stillens liegt auf der Hand: Um zu überleben und zu wachsen benötigt ein Säugling Milch. Indirekt profitiert davon auch seine Mutter, die auf diese Weise für den Fortbestand von 50 Prozent ihrer Gene sorgt. Aber Stillen ist auch eine energetisch äußerst aufwendige Form der Brutpflege: Stillende Mütter müssen ihre Energieaufnahme um 25 bis 60 Prozent steigern. Außerdem hat häufiges Stillen die gleiche Wirkung wie viele Anti-Baby-Pillen: Es verhindert, dass die Mutter wieder einen Eisprung bekommt.
Dieses Kosten-Nutzen-Verhältnis verändert sich mit zunehmendem Alter des Kindes: Für ein ganz kleines Kind, das von seiner Mutter vollständig abhängig ist, ist der Nutzen sehr hoch. Je größer das Kind jedoch wird, desto eher ist es in der Lage, sich selbstständig zu ernähren: Der Nutzen sinkt. Die Kosten für die Mutter steigen jedoch, denn ein größeres Kind benötigt mehr Milch als ein kleineres. Aus der Sicht der Mutter ist der richtige Zeitpunkt der Entwöhnung daher dann gekommen, wenn die Kosten des Stillens den Nutzen für ihre Fitness übersteigen: Längeres Stillen ginge zu Lasten weiterer Kinder.

Für das Kind stellt sich die Sachlage etwas anders dar – auch wenn es sich dessen ebenso wie die Mutter nicht bewusst ist. Zwar wird es mit der Mutter übereinstimmen, dass zu langes Stillen der eigenen Fitness schadet, da es auch mit einem Geschwister Gene aufgrund gemeinsamer Abstammung teilt. Allerdings liegt die genetische Übereinstimmung auch im Fall eines Vollgeschwisters nur bei 50 Prozent. Damit ist zu erwarten, dass ein Kind seinem Geschwister maximal 50 Prozent der mütterlichen Ressourcen „gönnt", die es für sich selbst beansprucht. Entsprechend später liegt der Entwöhnungstermin, den das Kind bereit ist zu akzeptieren. Aus der Sicht der Mutter ist dies jedoch nicht akzeptabel: Sie ist schließlich mit all ihren Kindern gleich nah verwandt. Ausdruck findet dieser Konflikt darin, dass die Mutter dem Kind den Zugang zur Brust verwehrt, dieses lautstark protestiert und die Mutter – nicht immer, aber immer öfter – nachgibt.

Eltern-Kind-Konflikte wie der Konflikt um den Zeitpunkt der Entwöhnung beruhen also letztlich darauf, dass Eltern und Kinder unterschiedliche genetische Interessen haben und daher selbst die oft idealisierte Beziehung zwischen einer Mutter und ihrem Kind keine harmonische Einheit darstellt.
Tatsächlich beginnt der Konflikt zwischen Mutter und Kind bereits im Mutterleib: Über die Plazenta hat der Fetus direkte Verbindung zum Blutkreislauf der Mutter und versucht diesem mehr Nährstoffe zu entlocken, als es im Interesse der Mutter ist. Schwangerschafts-Diabetes, also ein erhöhter Blutzuckerspiegel, und Bluthochdruck können die für die Mutter unerwünschten Folgen sein.

397.1 Entwöhnungskonflikt bei Berberaffen

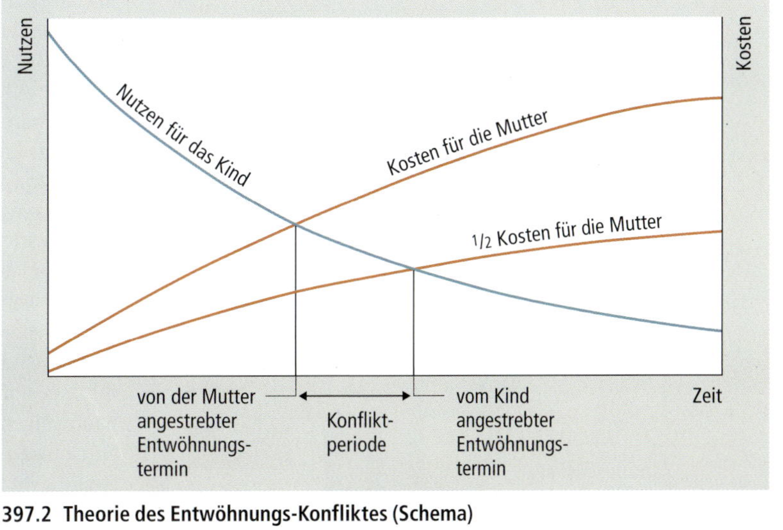

397.2 Theorie des Entwöhnungs-Konfliktes (Schema)

5 Der Verlauf der Evolution

5.1 Chemische Evolution

398.1 Der Planet Mars

398.2 Weltraumbild der Erde

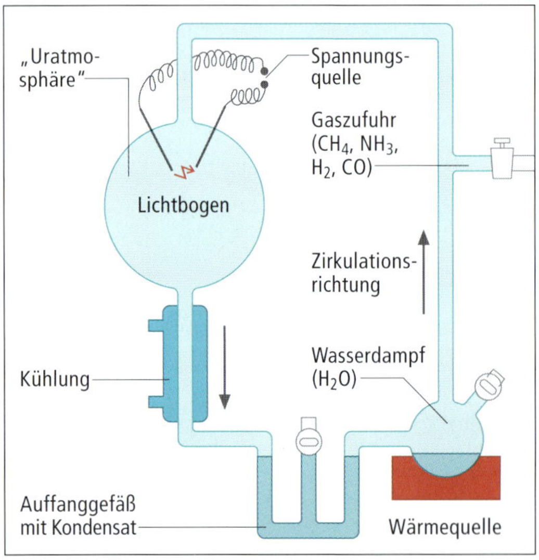

398.3 Das MILLER-Experiment

In den letzten Jahrzehnten haben Raumsonden fast alle Planeten unseres Sonnensystems erforscht. Besonders großes Interesse fanden die Missionen zum Planeten Mars. Dort hoffte man, auf Spuren von außerirdischem Leben zu stoßen. Es zeigte sich aber, dass der Mars wie alle übrigen Planeten ein lebensfeindlicher Himmelskörper ist: Die Atmosphäre ist äußerst dünn, es gibt keine Ozonschicht, die vor der tödlichen kosmischen Strahlung schützt, Wasser ist kaum vorhanden. Nur in Äquatornähe steigen die Temperaturen am Tage über den Gefrierpunkt, nachts sinken sie dort auf –70 °C, an den Polen sogar bis –130 °C. Bisher verlief die Suche nach Leben auf dem Mars ergebnislos. Dennoch ist es nicht gänzlich unwahrscheinlich, dass es auf dem Mars Leben geben oder gegeben haben könnte, denn auch auf der Erde herrschten zu der Zeit, als das Lebendige entstand, Bedingungen, unter denen die meisten heutigen Lebewesen nicht existieren könnten.

Geologische Befunde machen es wahrscheinlich, dass eine feste Gesteinskruste und erste Ozeane vor etwa 4,2 Milliarden Jahren auf der Erde entstanden sind. Die Uratmosphäre war damals noch reduzierend, das heißt, sie enthielt keinen freien Sauerstoff und bestand vorwiegend aus Stickstoff, Kohlenstoffdioxid, Wasserdampf sowie einigen anderen einfachen Verbindungen. Natürliche Radioaktivität, UV-Strahlung der Sonne, Blitze und Vulkanausbrüche sorgten für eine ständige Energiezufuhr. Unter diesen Bedingungen konnten wahrscheinlich „Biomoleküle" wie Aminosäuren und Nucleinsäuren aus anorganischen chemischen Verbindungen entstehen. Man spricht von der *chemischen Evolution.*

Im Jahre 1953 wurde diese Hypothese durch den Amerikaner Stanley Lloyd MILLER experimentell überprüft. Er setzte erhitzten Wasserdampf und ein Gasgemisch, das die vermuteten Bestandteile der Uratmosphäre enthielt, in einem Rundkolben elektrischen Entladungen aus. Bereits nach wenigen Tagen konnten in der Apparatur organische Moleküle nachgewiesen werden, darunter Harnstoff, organische Säuren und Aminosäuren. Durch Variation der Versuchsbedingungen gelang es auch, Zucker, Fettsäuren sowie die Purinbase Adenin zu synthetisieren.

In den MILLER-Experimenten konnte man zwar die Bildung von kleinen „Biomolekülen" (Monomeren) nachweisen, Makromoleküle wie Proteine oder Nucleinsäuren waren jedoch nicht entstanden. Heute geht man davon aus, dass die Bildung solcher Makromoleküle an den Oberflächen von Mineralien erfolgen konnte. An Tonmineralien lagern sich

Aminosäuren an und verbinden sich zu Ketten, die Proteinen ähneln. Aminosäuren kommen in zwei spiegelbildlichen Formen vor, der D- und der L-Form. In Lebewesen sind ausschließlich L-Aminosäuren vorhanden. An der Oberfläche des Kalkstein-Minerals Calcit werden unter bestimmten Bedingungen D- und L-Aminosäuren voneinander getrennt. Verbinden sich diese Aminosäuren miteinander, so entstehen Peptide, die entweder aus D- oder L-Aminosäuren bestehen. Die ersten Lebewesen nahmen möglicherweise rein zufällig Peptide auf, die aus L-Aminosäuren aufgebaut waren. Mineralien hatten für die Evolution wahrscheinlich noch eine andere Bedeutung: In Hohlräumen an ihrer Oberfläche waren Makromoleküle und später vielleicht auch erste Lebensformen vor der zerstörenden UV-Strahlung geschützt.

Die bisher vorgestellten Überlegungen zur chemischen Evolution gehen davon aus, dass diese in oberflächennahen Wasserschichten erfolgte. Nach einer anderen Hypothese könnten sich „Biomoleküle" und die ersten Lebensformen an vulkanischen Tiefseequellen entwickelt haben. An solchen Quellen treten aus schornsteinartigen Schloten unter hohem Druck heiße, mit Mineralstoffen angereicherte Lösungen aus. Wegen der schwarzen Farbe dieses Hydrothermalwassers nennt man die Quellen auch „Schwarze Raucher". Unter den dort herrschenden anaeroben Bedingungen läuft eine Reaktion ab, bei der Schwefelwasserstoff (H_2S) und Eisen(II)-Sulfid (FeS) unter Energiefreisetzung zu Pyrit (FeS_2) und Wasserstoff ($2\,H^+ + 2\,e^-$) reagieren. Dabei könnten zur Zeit der chemischen Evolution – unter Nutzung der Energie und des Wasserstoffs als Reduktionsmittel – aus Kohlenstoffmonooxid einfache organische Verbindungen entstanden sein. Diese hätten sich auf den katalytisch aktiven Pyritoberflächen zu Makromolekülen verbinden können. Tatsächlich hat man unter solchen Bedingungen die Entstehung von Peptiden experimentell nachweisen können. Darüber hinaus wird die Hypothese der Entstehung des Lebendigen an vulkanischen Tiefseequellen dadurch gestützt, dass es dort noch heute Ökosysteme gibt, deren Primärproduzenten chemoautotrophe Bakterien sind, die Schwefelwasserstoff zu Schwefel und Sulfat oxidieren. Den dabei frei werdenden Wasserstoff nutzen sie als Reduktionsmittel für den CALVIN-Zyklus.
Weitere Hypothesen zur chemischen Evolution werden derzeit diskutiert. Gesichert ist bisher kein Ansatz.

1. Erläutern Sie den Aufbau und die Ergebnisse des MILLER-Experimentes!
2. Begründen Sie die Bedeutung von Mineralienoberflächen für die chemische Evolution!

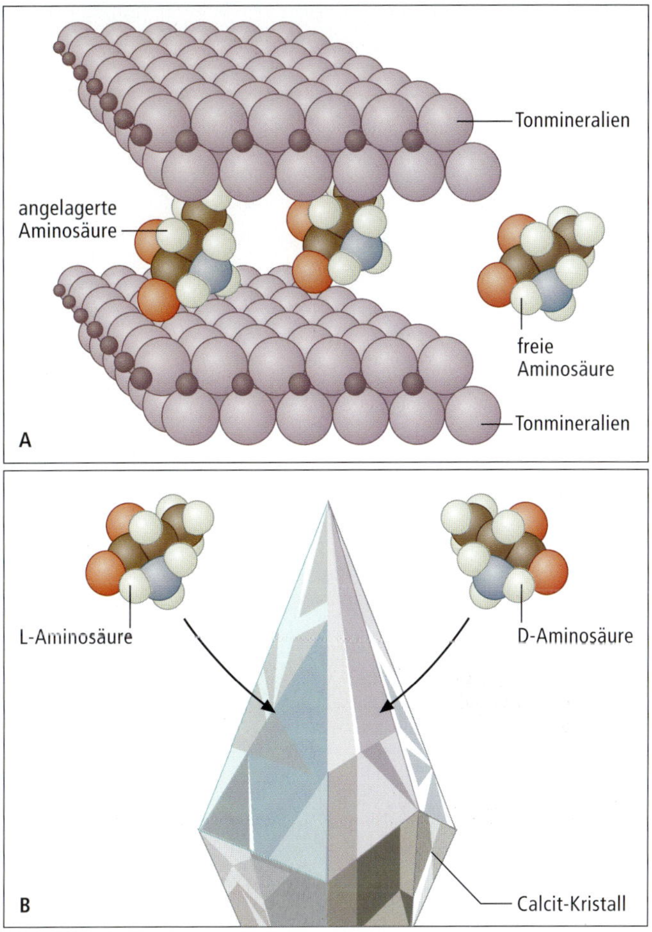

399.1 Eigenschaften von Mineralienoberflächen. A Anlagerung von Aminosäuren an Tonmineralien; **B** Trennung von D- und L-Aminosäuren

399.2 Vulkanische Tiefseequelle („Schwarzer Raucher")

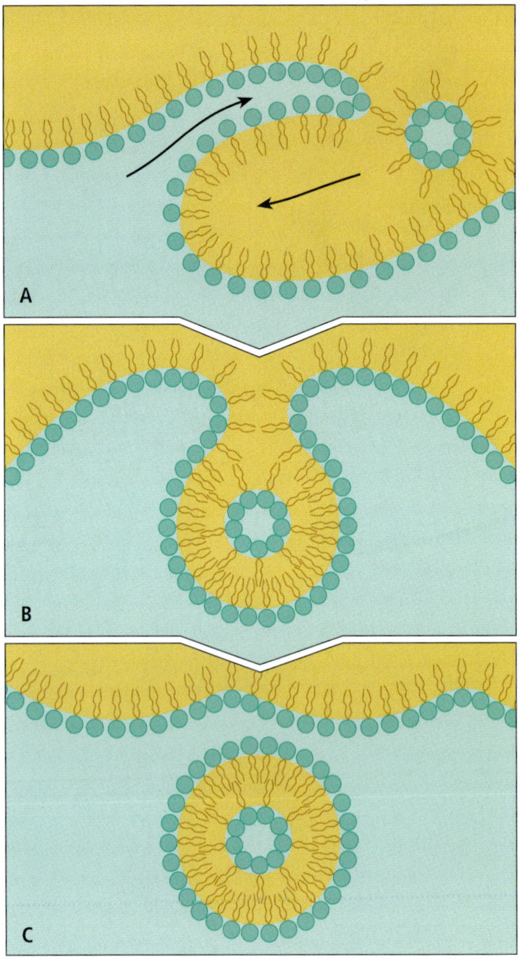

400.1 **Hypothetische Entstehung der Biomembran (Schema)**

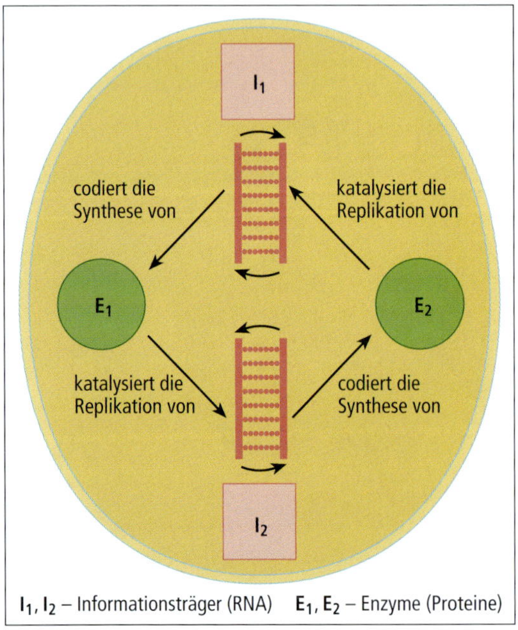

400.2 **Hyperzyklus (Schema)**

5.2 Die Evolution der Zelle

Vor etwa vier Milliarden Jahren hatten sich in den Urozeanen viele verschiedene „Biomoleküle“ gebildet. In dieser *„Ursuppe“* waren sicher Makromoleküle wie Proteine, Nucleinsäuren und Lipidmoleküle enthalten. Durch die Bewegung des Wassers kam es vermutlich vor, dass sich aus Lipidmolekülen, die in Doppelschichten angeordnet waren, tropfenförmige Vesikel bildeten. Da diese hypothetischen Gebilde wie Zellen nach außen durch eine Art Biomembran abgegrenzt waren, spricht man von **Protozellen.** Die wässrige Lösung im Inneren der Protozellen enthielt außer verschiedenen Ionen wahrscheinlich häufig auch Nucleinsäuren und Proteine.
Proteine wirken in rezenten Zellen oft als Enzyme. Katalytische Leistungen zeigen bereits auf experimentellem Wege aus Aminosäuregemischen erzeugte proteinartige Strukturen, so genannte *Proteinoide.* Ähnliche Eiweißstoffe, die Voraussetzungen für die Entwicklung von Stoffwechselreaktionsketten waren, fanden sich sicher auch in vielen Protozellen.

Unter den Bedingungen der Früherde konnten sich auch zahllose kurze Nucleinsäure-Moleküle bilden. Man vermutet, dass es sich dabei zunächst vorwiegend um RNA-Moleküle handelte. Manche von ihnen hatten wahrscheinlich zufällig die Fähigkeit zur Autokatalyse: Sie konnten komplementäre Nucleotide anlagern und wie eine Replicase zu vollständigen komplementären RNA-Molekülen verknüpfen. Dabei kam es sicher häufig zu Kopierfehlern, zu Mutationen. Vielleicht gab es eine Entwicklungsstufe auf dem Weg zum Lebendigen, in der RNA-Moleküle gleichzeitig als Informationsträger (Ur-Gene) und Katalysatoren (Ribozyme) fungierten. In dieser hypothetischen *„RNA-Welt“* hatten Moleküle einen Selektionsvorteil, die sich besonders effektiv vermehren konnten. Dass an der rezenten Proteinbiosynthese die ribosomale RNA beteiligt ist, könnte ein Relikt dieser RNA-Welt sein.
Sollte es die RNA-Welt gegeben haben, war sie nur ein Durchgangsstadium. Proteine erwiesen sich schließlich als die leistungsfähigeren Katalysatoren. Irgendwann muss es zu der Arbeitsteilung zwischen Nucleinsäuren und Proteinen gekommen sein, auf der noch heute jede Lebensform basiert: Nucleinsäuren wurden die Informationsträger, die Aminosäuresequenzen archivieren konnten, und Proteine steuerten als Enzyme erste Stoffwechselvorgänge. Dabei kam es möglicherweise zu einer schwachen Bindung zwischen bestimmten Basensequenzen der RNA und bestimmten Aminosäuren. Durch diese Bindungen konnten sich Aminosäuren in einer von der Basensequenz der Nucleinsäure abhängigen Reihenfolge zu Peptiden verbinden. Vielleicht entstand so der genetische Code.

Als Modell für die Verknüpfung von informationstragenden Nucleinsäuren und katalytisch wirksamen Proteinen schlug der deutsche Chemiker Manfred EIGEN eine **Hyperzyklus** genannte Reaktionskette vor. Im einfachsten Fall besteht ein Hyperzyklus aus einem Zweikomponentensystem, in dem eine einsträngige RNA als Informationsträger I_1 ein Enzym E_1 codiert, das seinerseits die Replikation einer zweiten RNA (I_2) fördert. Deren komplementärer Strang codiert ein weiteres Enzym E_2, das wieder die Replikation von Informationsträger I_1 unterstützt. Durch Einfügen weiterer Informationsträger und Enzyme kann ein Reaktionszyklus aus vielen Gliedern entstehen. Durch Kopierfehler bei der Replikation, also Mutationen, könnte es zur Selektion solcher Systeme gekommen sein, die sich am schnellsten vervielfältigen konnten. Waren solche Hyperzyklen von einer Lipid-Doppelschicht als Membran umgeben, kann man von einer einfachen Lebensform sprechen, einem **Protobionten.** Diese Systeme verfügten bereits über die Eigenschaften der Selbstvermehrung und Informationsweitergabe, Veränderlichkeit des Erbguts und Stoffwechselaktivität (etwa durch Aufnahme von Nucleotiden und Aminosäuren aus der Umgebung).

Die ersten Lebewesen waren Prokaryoten. Im Gegensatz dazu sind eukaryotische Zellen meist diploid und besitzen fast immer Mitochondrien, Pflanzenzellen zusätzlich auch Chloroplasten. Diese Zellkompartimente sind von einer Doppelmembran umgeben. Außerdem verfügen sie über eine eigene DNA und Ribosomen zur Proteinbiosynthese. Dies lässt vermuten, dass Mitochondrien und Chloroplasten ursprünglich eigenständige Zellen waren. Diese wurden durch Endocytose von Wirtszellen aufgenommen und stellten diesen ihre Stoffwechselaktivitäten als **Endosymbionten** zur Verfügung. Gemäß dieser **Endosymbionten-Hypothese** verloren die Endosymbionten im Verlauf der Evolution ihre Selbstständigkeit und wurden zu Reaktionsräumen in Eukaryotenzellen. Endosymbiosen sind in der Natur häufig. So leben in den Zellen von Riff bildenden Steinkorallen immer fotosynthetisch aktive einzellige Algen, die *Zooxanthellen.* Gestützt wird die Endosymbiontenhypothese auch durch einige rezente Protisten, die offenbar Relikte aus der Vor-Endosymbiontenzeit darstellen. Zu ihnen gehört *Giardia,* ein anaerober Darmparasit bei Säugern. *Giardia* hat zwei haploide Zellkerne – ein Stadium, das den Zustand vor der Verschmelzung zum diploiden Eukaryotenkern repräsentiert. Außerdem hat *Giardia* noch keine Mitochondrien.

1. Erläutern Sie das Prinzip des Hyperzyklus und formulieren Sie Parallelen zum Zellstoffwechsel!
2. Erläutern Sie die Entstehung der Eukaryoten nach der Endosymbionten-Hypothese!

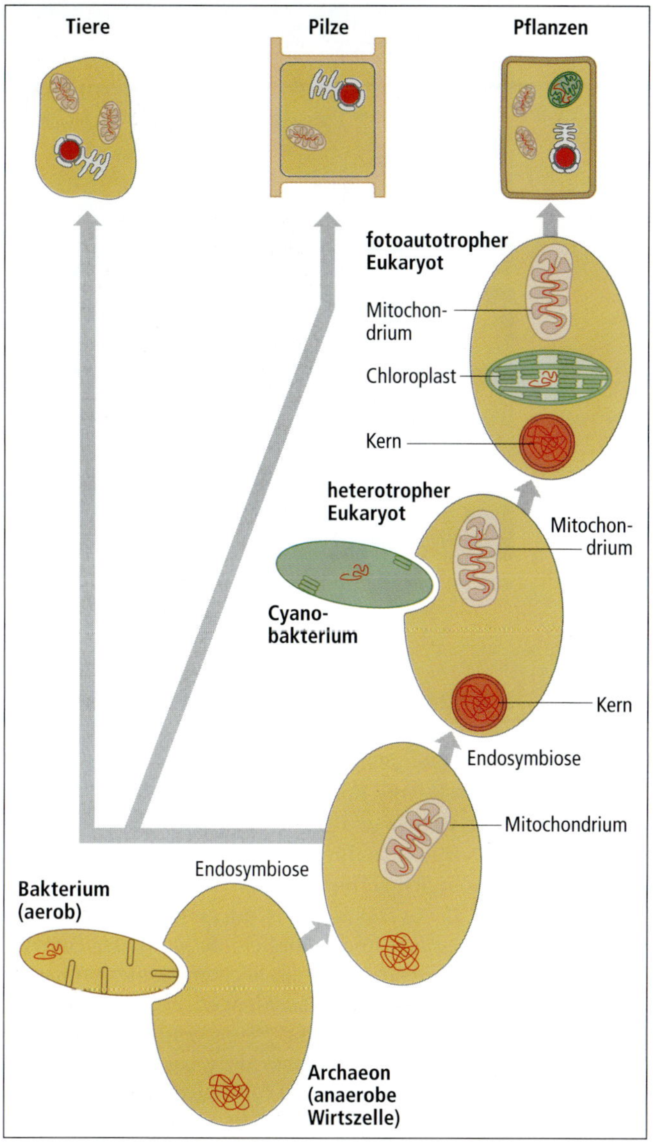

401.1 Endosymbiontenhypothese (Schema)

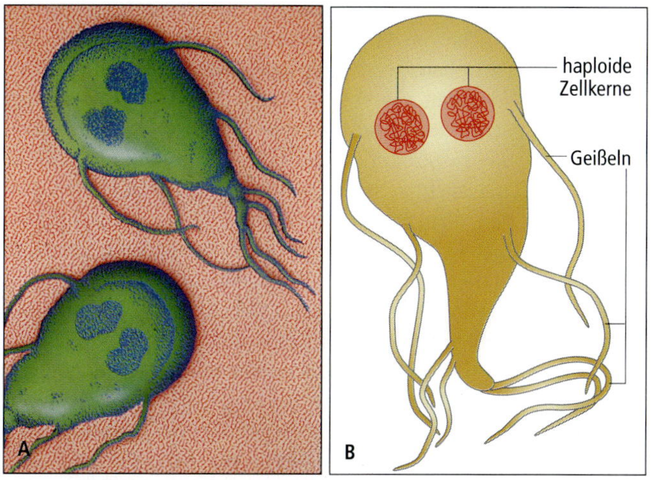

401.2 *Giardia.* A mikroskopisches Bild; B Schema

402.1 Stromatolithen. **A** fossil; **B** rezent

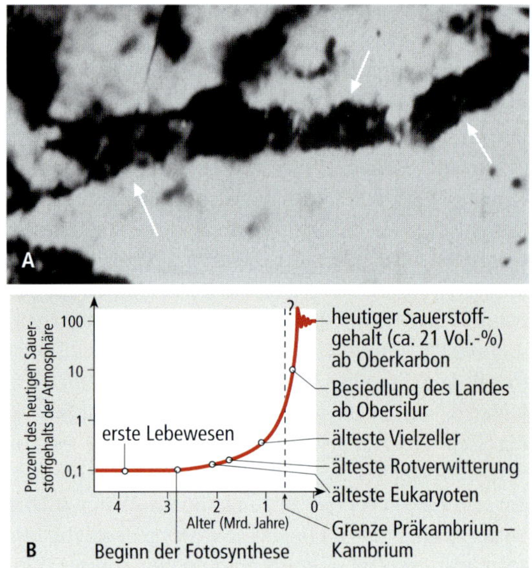

402.2 Sauerstoff in der Atmosphäre.
A Fossil eines 3,5 Milliarden Jahre alten Prokaryoten;
B Entwicklung des Sauerstoffgehaltes in der Erdatmosphäre

5.3 Stammesgeschichte der Lebewesen

Im Jahre 1996 untersuchten Geochemiker Einschlüsse von Kohlenstoff in 3,8 Milliarden Jahre alten Gesteinen aus Grönland. Die Isotopenanalyse erbrachte einen für anorganische Verbindungen ungewöhnlich geringen Gehalt an dem schweren Isotop ^{13}C. Für Lebewesen ist ein geringer Gehalt an ^{13}C jedoch nicht ungewöhnlich, denn bei der Fotosynthese wird bevorzugt das leichtere Kohlenstoffisotop ^{12}C aufgenommen. Das Mengenverhältnis der Kohlenstoffisotope ^{13}C und ^{12}C in den grönländischen Gesteinen ist also möglicherweise ein Indiz dafür, dass es bereits vor 3,8 Milliarden Jahren Leben auf der Erde gab.

Die ältesten bekannten direkten Nachweise für Leben auf der Erde sind 3,5 Milliarden Jahre alte Abdrücke von **Mikrofossilien,** die in ihrer Größe und Form heutigen Prokaryoten ähneln. Diese Fossilien stammen aus so genannten „Teppichsteinen", den **Stromatolithen** (griech. *stroma,* Lager; *lithos,* Stein). Stromatolithen sind kuppelförmige Gebilde aus seichten tropischen Meeren, die aus wechselnden Schichten organischen und anorganischen Materials bestehen. Die organischen Schichten sind Matten fossiler Prokaryoten, die den heutigen Cyanobakterien ähneln. Derartige Bakterienmatten finden sich auch in den Gezeitenzonen heutiger tropischer Meere. Auf einem solchen Fadengeflecht aus Bakterien lagern sich im Laufe der Zeit immer mehr Sedimente ab, die die Zellen schließlich bedecken. Diese wachsen bei zunehmender Bedeckung durch die Sedimentschicht wieder nach oben und bilden eine neue Matte. Durch einen solchen Wechsel zwischen Bewuchs und Sedimentation entstanden auch die fossilen Stromatolithen.

Prokaryoten waren über einen Zeitraum von etwa zwei Milliarden Jahren die einzigen Lebensformen auf der Erde. Viele der heutigen Prokaryoten beziehen wie Pilze und Tiere ihre Energie und den für die Synthese organischer Verbindungen nötigen Kohlenstoff aus dem Abbau organischer Moleküle. Vermutlich ernährten sich auch die ersten Prokaryoten chemoheterotroph, also durch die Aufnahme organischer Moleküle aus der „Ursuppe". Darüber hinaus waren die ersten Lebewesen **obligate Anaerobier,** denn in der Uratmosphäre, die vorwiegend aus Stickstoff und Kohlenstoffdioxid bestand, kam freier Sauerstoff wahrscheinlich nur in Spuren vor.

Die ersten Fotosynthese betreibenden Lebewesen entstanden vermutlich vor knapp drei Milliarden Jahren. Der von ihnen produzierte Sauerstoff wurde zunächst von im Meer gelösten Eisenionen (Fe^{2+}) zu unlöslichem Eisenoxid (Fe_2O_3) gebunden, das sich auf dem Meeresboden ablagerte. Etwa 2,5 Milliarden Jahre alte Sedimente, in die dunkle Schichten von Eisenerz eingelagert sind, belegen dies. Diese *Bändereisenerze* bilden heute einen Großteil der abbauwürdigen Eisenerzlagerstätten. Erst nachdem ein Großteil der Fe^{2+}-Ionen oxidiert war, nahm der Sauerstoffgehalt im Meer zu. Als das Meerwasser mit Sauerstoff gesättigt war, begann sich auch die Atmosphäre mit diesem Gas anzureichern. Eisenhaltiges Festlandgestein aus dieser Zeit wurde durch Oxidation rostrot gefärbt („Rotverwitterung").

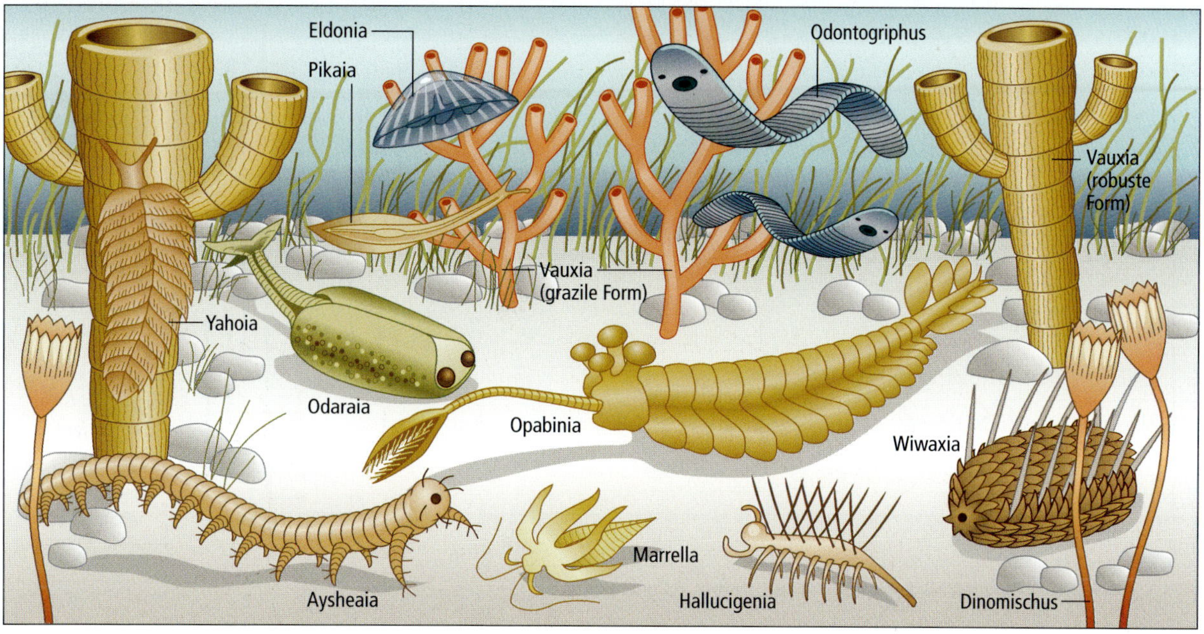

403.1 Lebensformen aus dem Kambrium (nach Fossilien des Burgess-Schiefers)

Für die meisten Lebewesen des Präkambriums bedeutete die zunehmend oxidierende Atmosphäre eine Umweltkatastrophe, da freier Sauerstoff ein starkes Zellgift ist, das organische Moleküle oxidiert. Die Folge war das erste Massenaussterben in der Geschichte des Lebendigen. Zu den Überlebenden gehörten neben solchen Arten, die eine Toleranz gegenüber Sauerstoff entwickelten oder die oxidative Fähigkeit des Sauerstoffs sogar für den eigenen Stoffwechsel nutzen konnten (Zellatmung), nur so genannte extremophile Lebewesen (griech. *philein,* lieben), also Arten, die an sauerstofffreie extreme Standorte angepasst waren und dadurch ihre ursprüngliche anaerobe Lebensweise beibehalten konnten. Zu diesen ältesten „lebenden Fossilien" zählen zahlreiche Prokaryoten aus der Gruppe der Archaeen.

Die ältesten Fossilien von einzelligen **Eukaryoten** sind mehr als zwei Milliarden Jahre alt. Mit diesem Zelltyp, der aufgrund seiner starken Kompartimentierung sehr differenzierungsfähig ist, war ein enormes Evolutionspotenzial entstanden. Die Ausbildung eines diploiden Chromosomensatzes, Meiose und sexuelle Fortpflanzung über haploide Gameten förderten die genetische Rekombination und ermöglichten eine enorme Vielfalt an Genotpyen.

Ein weiterer großer Evolutionsschritt war die Entstehung der Vielzelligkeit. Es wird vermutet, dass sich die **Vielzeller** aus Zellkolonien entwickelt haben, die dadurch entstanden, dass sich Tochterzellen nach der Mitose nicht voneinander trennten. Nach einer anderen Hypothese gingen die Vielzeller durch innere Differenzierung aus vielkernigen Einzellern hervor. Fossilien mehrzelliger Algen wurden auf mehr als eine Milliarde Jahre datiert. Vielzelligkeit ist mehrfach unabhängig voneinander entstanden, nämlich bei Algen, Pflanzen, Pilzen und Tieren.

Mit der Entwicklung der Vielzelligkeit setzte auch die Evolution der ersten **Tiere** ein. Bereits im Präkambrium, vor etwa 700 Millionen Jahren, gab es am Meeresboden komplexe Ökosysteme mit vielfältigen Tierformen, die meist abgeflacht waren und noch keine Stützelemente hatten. Nach einer Fossilienfundstätte in Australien nennt man diese Lebensformen **Ediacara-Fauna.** Neben Formen, die an Hohltiere und Ringelwürmer erinnern, gibt es Fossilien, die keinem rezenten Tierstamm zugeordnet werden können. Einige Paläontologen sind allerdings der Auffassung, dass die Ediacara-Lebensformen keine Tiere waren, sondern eine eigene Organisationsform darstellten, die sie *Vendobionten* nennen.

Einen Einblick in die Lebenswelt des Kambriums vor etwa 530 Millionen Jahren geben die Fossilien des *Burgess-Schiefers* in den kanadischen Rocky Mountains. An dieser Fundstätte haben sich auch Weichteile vorzüglich erhalten, sodass eine Rekonstruktion der Tiere recht gut möglich ist. Man unterscheidet mehr als 100 verschiedene Arten aus unterschiedlichen Stämmen. Bei manchen Formen ist wie bei der Ediacara-Fauna eine eindeutige Zuordnung zu rezenten Gruppen nicht möglich. Sie gehören wahrscheinlich zu Organisationsformen, die bereits im Kambrium wieder ausgestorben sind. Die

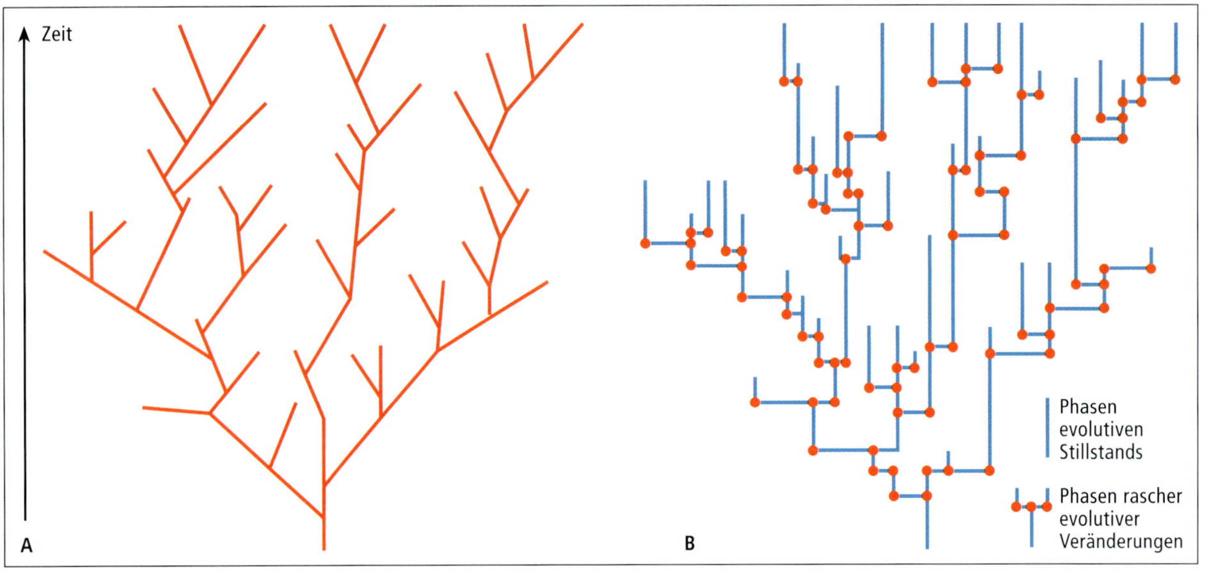

404.1 Modellvorstellungen zur Evolution. A Gradualismus; **B** Punktualismus

Tierwelt des Burgess-Schiefers war offenbar weltweit verbreitet. Dies belegen Funde ähnlicher Tierformen aus China und Grönland.
Im Vergleich zu älteren Gesteinen nimmt die Zahl an Fossilien, insbesondere die von Tieren, in den Sedimentgesteinen des Kambriums sprunghaft zu. Innerhalb weniger Millionen Jahre kam es zur größten Radiation der gesamten Erdgeschichte in der Tierwelt. Man spricht von der *„kambrischen Explosion"* des Lebens. Nach Aussagen einiger Paläontologen „hat es den Anschein, als habe die Evolution damals mit den verschiedensten Organisationsformen der Tiere experimentiert". Alle rezenten Tierstämme einschließlich der ersten urtümlichen Chordatiere, zu denen auch die Wirbeltiere gehören, lebten bereits im Kambrium.

Im Silur, vielleicht auch schon davor, erfolgte ein weiterer wichtiger Evolutionsschritt, die Besiedlung des Festlandes. Bereits im Präkambrium waren Felsen von Verwandten der Cyanobakterien besiedelt gewesen, doch im Silur entwickelten sich, wahrscheinlich aus Grünalgen, die ersten **Pflanzen** des Festlandes. Aus ihnen gingen im Devon Moose, Farnpflanzen und Samenpflanzen hervor. Aus dem Devon sind auch die ersten **Pilze** des Festlandes bekannt, die zur Gruppe der Schlauchpilze gehörten.
Mit der Entwicklung der Landpflanzen als Produzenten war auch ein neuer Lebensraum mit vielfältigen Nahrungsquellen für Tiere entstanden. Zu den ersten Landtieren gehörten Spinnentiere, Tausenfüßer und flügellose Insekten. Die Besiedlung des Festlandes durch Wirbeltiere begann im Devon durch die ersten Amphibien. Die Entwicklung der Flugfähigkeit ermöglichte einigen Tiergruppen die Eroberung eines weiteren Lebensraumes, der Luft. Die ersten geflügelten Tiere waren Insekten. Im Erdmittelalter entstanden auch fliegende Wirbeltiere, zuerst Flugsaurier, später Vögel und im Tertiär auch Fledermäuse.

Die wichtigste Grundlage für die Rekonstruktion der Stammesgeschichte sind Fossilfunde. Für manche Gruppen von Lebewesen liegen nahezu lückenlose Fossilreihen vor, so beispielsweise für die Evolution der Pferde. Diese Funde legen die Vermutung nahe, dass der Artwandel durch eine allmähliche Veränderung erfolgte. Man nennt diese Auffassung zum Ablauf der Evolution **Gradualismus.** Andere fossile Belege lassen sich allerdings so deuten, dass es in der Erdgeschichte Zeiträume gab, die durch einen weitgehenden evolutiven Stillstand gekennzeichnet waren, welche in unregelmäßigen Abständen durch Phasen rasch verlaufender Evolutionsschübe unterbrochen wurden. Als Belege für diese **Punktualismus** genannte Auffassung der Evolution können die „lebenden Fossilien" genannt werden, die als Beispiele für evolutiven Stillstand gelten. Die kambrische Explosion wäre demgegenüber ein Beispiel für eine Phase rascher Veränderungen. Vertreter des Gradualismus führen die scheinbar sprunghafte Entstehung neuer Organisationsformen auf fehlende fossile Überlieferungen zurück.

1. Erläutern Sie entscheidende Ereignisse in der Stammesgeschichte der Lebewesen!
2. Beschreiben Sie einige Tierformen aus dem Burgess-Schiefer! Vergleichen Sie sie mit rezenten Tieren!
3. Vergleichen Sie die Modelle zur gradualistischen und zur punktualistischen Auffassung der Evolution miteinander! Erklären Sie die Unterschiede!

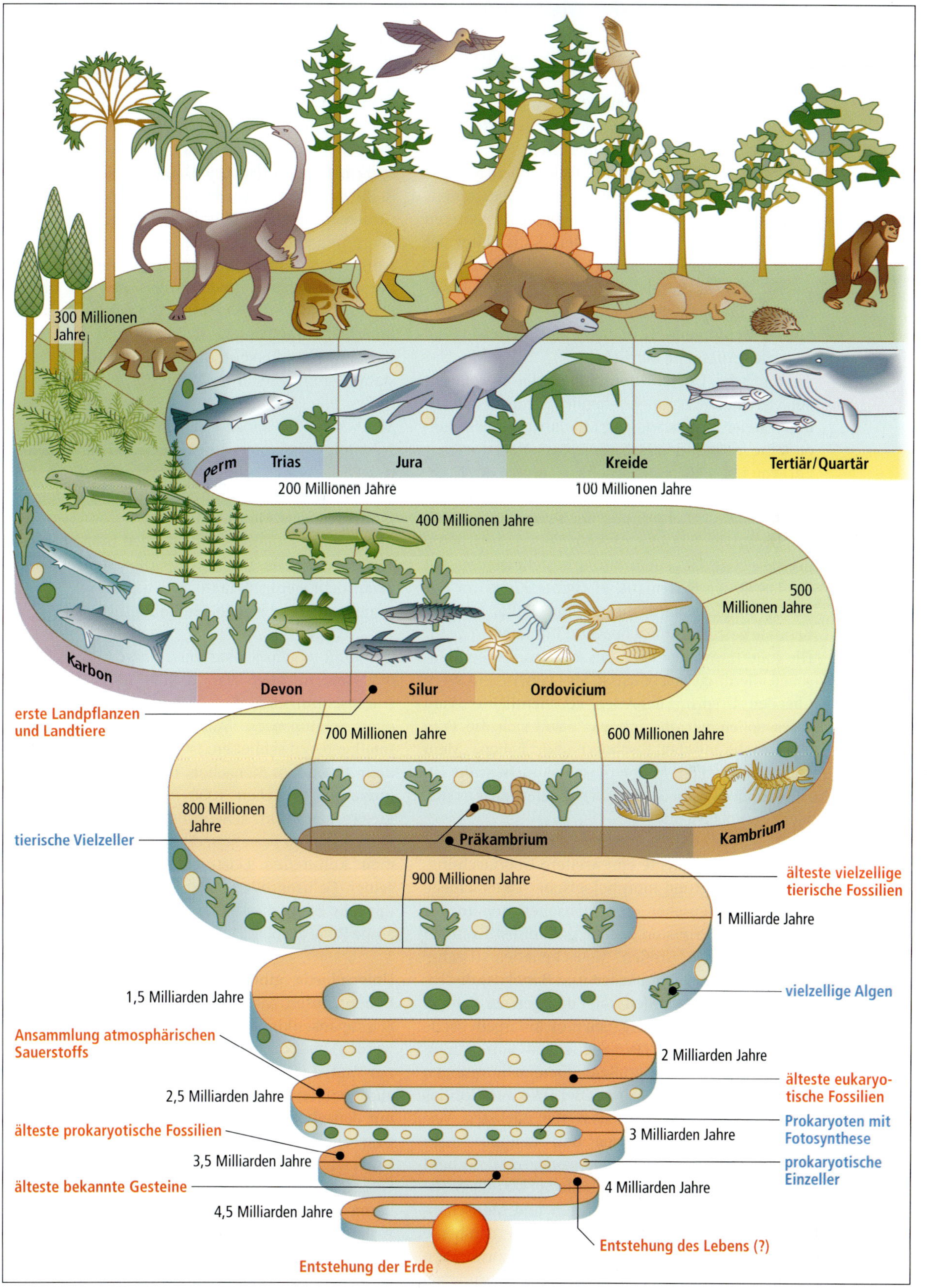

405.1 Verlauf der Stammesgeschichte (Schema)

6 Die Evolution des Menschen

6.1 Belege für die Herkunft des Menschen

Im Jahre 1698 erhielt der englische Anatom Edward TYSON ein bislang unbekanntes Tier zur Sektion. Als er es untersuchte, stellte er überrascht fest, dass es dem Menschen ähnlicher war „als irgendein anderes Tier auf der Welt". In 27 Merkmalen glich es damals bekannten Affen, wie etwa Pavianen, in 48 weiteren aber eher dem Menschen. In der „Stufenleiter der Natur" stehe dieser „Orang-Outan oder Homo sylvestris" (beide Bezeichnungen bedeuten „Waldmensch", tatsächlich handelte es sich um einen jungen Schimpansen) daher „als Zwischenglied zwischen Affen und Menschen".
Anatomische Übereinstimmungen wie der Besitz von vier oberen, parallel stehenden Schneidezähnen und zweier brustständiger Milchdrüsen bewogen 60 Jahre später den schwedischen Naturforscher Carl von LINNÉ, den Menschen zusammen mit Halbaffen, Affen und Fledermäusen in die von ihm geschaffene Säugetierordnung der **Primaten** zu stellen. Bis auf die Tatsache, dass die Fledermäuse heute in eine eigene Säugetierordnung gestellt werden, hat die LINNÉsche Systematik bis heute nicht nur Bestand, sondern wird durch eine Fülle weiterer Befunde gestützt: Menschen sind Primaten.
Die volle Tragweite dieser Tatsache wurde den Menschen allerdings erst bewusst, als DARWIN sein Werk über den „Ursprung der Arten" veröffentlichte: „Vom Affen sollen wir abstammen?", soll sich die Frau eines anglikanischen Bischofs empört haben. „Mein Lieber, wir wollen hoffen, dass das nicht wahr ist. Aber wenn es wahr ist, wollen wir beten, dass es sich nicht herumspricht!"

Das Jahr 1984 brachte eine weitere Überraschung. Vor allem aufgrund morphologischer Unterschiede hatte man Menschen und Menschenaffen in der Ordnung der Primaten bislang getrennten Familien zugeordnet: die Großen Menschenaffen (Orang-Utans, Gorillas, Schimpansen und Bonobos) der Familie der **Pongidae,** Menschen dagegen der Familie **Hominidae.** Nun aber ergaben molekulargenetische Analysen, dass die DNA-Sequenzen von Schimpansen und Bonobos größere Übereinstimmungen mit menschlicher DNA als mit der DNA von Gorillas zeigen. Damit war klar, dass die nächsten Verwandten von Schimpansen und Bonobos nicht Gorillas und Orang-Utans sind, sondern Menschen! Die klassische Systematik gab die Verwandtschaftsbeziehungen zwischen Menschen und Menschenaffen also nicht korrekt wieder. Daher werden heute meist sämtliche Großen Menschenaffen zusammen mit dem Menschen in eine gemeinsame Familie gestellt: die **Hominidae.**

Trotz der engen genetischen Verwandtschaft unterscheiden sich Menschen von Schimpansen in einer Reihe von Merkmalen. Für Paläoanthropologen, die die menschliche Stammesgeschichte anhand von Knochenfunden rekonstruieren, ist das wichtigste Merkmal der **aufrechte Gang.** Dieser hatte eine Reihe von Umkonstruktionen zur Folge: So hat die Großzehe ihre Opponierbarkeit eingebüßt, sodass der primatentypische Greiffuß zum **Standfuß** geworden ist, das **Hinterhauptsloch** (die Verbindung zwischen Schädel und Wirbelsäule) ist an die Schädelbasis verlagert, und das **Becken** ist kürzer und breiter geworden; dadurch wird die Hebelwirkung von Muskeln, die den Rumpf beim Gehen stabilisieren, verstärkt. Weitere Unterschiede betreffen die Form des Schädels und die Zähne: Menschenaffen haben einen relativ kleinen **Hirnschädel,** ausgeprägte **Überaugenwülste** und einen relativ großen, „schnauzenartig" vorspringenden **Gesichtsschädel,** und ihre **Eckzähne** sind deutlich größer als beim Menschen.
Ein weiterer auffälliger Unterschied besteht in dem **Verlust des Fells.** Der „nackte Affe" Mensch besitzt zwar nicht weniger Haare als ein Schimpanse, aber seine Haare sind weitgehend miniaturisiert.

Der wohl folgenreichste Unterschied betrifft jedoch die **Gehirngröße:** Das Gehirn eines modernen Durchschnittsmenschen ist dreimal so groß wie das eines Schimpansen. Von der Gehirngröße auf die Intelligenz zu schließen, ist nicht unproblematisch: Beim modernen Menschen, dessen Gehirnvolumen immerhin zwischen 1000 und 2000 Kubikzentimetern schwankt, scheint ein solcher Zusammenhang kaum zu bestehen; dennoch dürften die enormen kulturellen Leistungen des Menschen mit seiner Gehirngröße zusammenhängen. Auch die **Sprache** hat in diesem Zusammenhang eine bedeutende Rolle gespielt.

Unterschiede gibt es auch in den arttypischen **Lebensläufen:** Menschenbabys kommen anders als Schimpansenkinder (die als Nestflüchter geboren werden) als extrem hilflose **sekundäre Nesthocker** zur Welt, da ihr Gehirn bei der Geburt noch sehr unausgereift ist: Es wächst im ersten Lebensjahr noch mit derselben Geschwindigkeit wie im Mutterleib. Und auch am Ende des Lebens gibt es einen Unterschied: Menschen werden sehr viel älter als Schimpansen, obwohl sich die Dauer der fruchtbaren Phase im weiblichen Geschlecht bei beiden Arten kaum unterscheidet.

1. Erläutern Sie anhand der Abbildungen 405.1 und 405.2 die systematische Stellung des Menschen!

Reich: Animalia (Tiere)
Stamm: Chordata (Chordatiere)
Unterstamm: Vertebrata (Wirbeltiere)
Klasse: Mammalia (Säugetiere)
Ordnung: Primates (Primaten)
Unterordnung: Haplorhini (Primaten mit trockenem Nasenspiegel)
Zwischenordnung: Catarrhini (Altweltaffen)
Überfamilie: Hominoidea (Menschenartige)
Familie: Hominidae (Große Menschenaffen und Menschen)
Gattung: *Homo* (Mensch)
Art: *Homo sapiens* („weiser" Mensch)

A

Extremitäten: fünf Finger und Zehen, Daumen und Großzehen meist opponierbar (zum Greifen geeignet), tastempfindliche Hautleisten an Händen und Füßen; meist Nägel anstatt Krallen
Gebiss: maximal zwei Schneidezähne, ein Eckzahn, drei Vorbackenzähne und drei Backenzähne in jeder Kieferhälfte
Sinnesphysiologie: gut entwickeltes Sehvermögen (meist farbtüchtig), Augen nach vorn gerichtet (räumliches Sehen); relativ schlechter Geruchssinn
Gehirn: größer als das der meisten anderen Säugetiere
Fortpflanzung und Entwicklung: lange Schwangerschaften, geringe Jungenzahl, Nestflüchter, langsames Wachstum, späte Geschlechtsreife
Verhalten: komplexes Sozialverhalten, meist in Gruppen lebend

B

Art	Mensch	Schimpanse	Rhesusaffe	Kaninchen	Taube	Frosch
Mensch	–	0	1	9	12	18
Schimpanse		–	1	9	12	18
Rhesusaffe			–	8	11	17
Kaninchen				–	7	11
Taube					–	12
Frosch						–

C

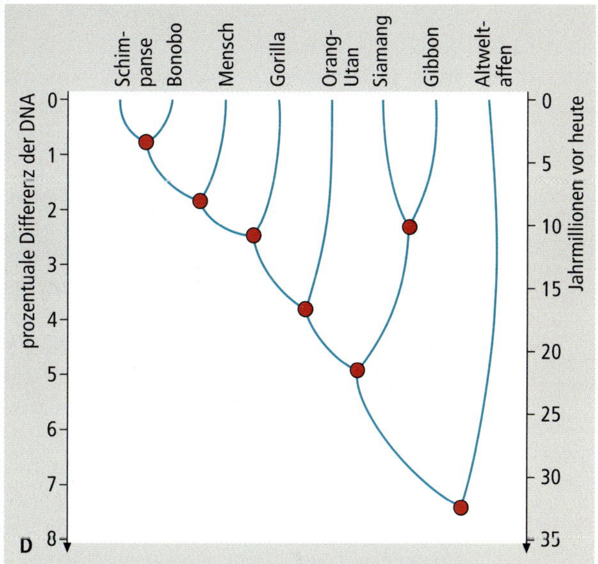

407.1 Menschen als Primaten. A Stellung des Menschen im Natürlichen System; **B** Kennzeichen der Primaten; **C** Anzahl der Unterschiede in der Aminosäuresequenz des Cytochrom c von Wirbeltieren; **D** Verwandtschaftsbeziehungen zwischen Menschenaffen und Menschen (DNA-Vergleich)

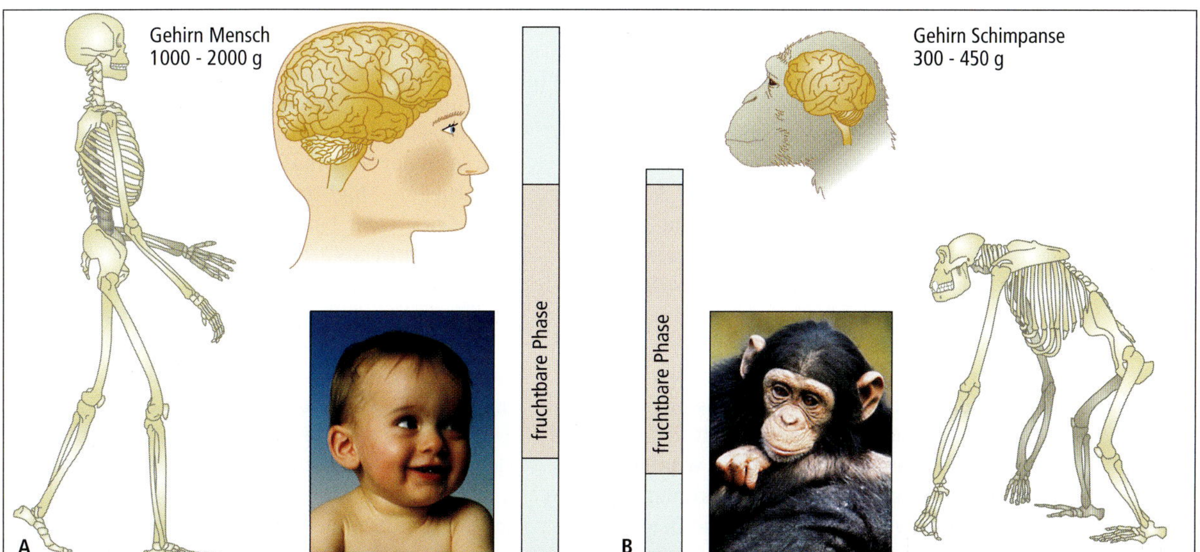

407.2 Vergleich von Skelett, Gehirn und arttypischem Lebenslauf (weibliches Geschlecht). A Mensch; **B** Schimpanse

408.1 Afrika – Wiege der Menschheit. A „Lucy" *(Australopithecus afarensis)*; Skelettrekonstruktion, erhaltene Teile rot markiert); **B** Fußspuren von Laetoli; **C** anatomisch moderner Mensch (*Homo sapiens*, Skelett)

6.2 Die Stammesgeschichte des Menschen

Trotz vieler düsterer Weissagungen verlief die Jahrtausendwende relativ ruhig. Der Weltuntergang fand nicht statt. Im Dezember des Jahres 2000 warteten französische und kenianische Anthropologen allerdings mit einer kleinen Sensation auf: Sie präsentierten der Weltöffentlichkeit sechs Millionen Jahre alte Knochen eines vermutlich aufrecht gehenden, ansonsten aber schimpansenähnlichen Hominiden aus Kenia, der prompt den Namen „Millenium-Man" erhielt. Das Alter von ***Orrorin tugenensis***, wie sein wissenschaftlicher Name lautet, passt nämlich exakt in jene Zeit vor fünf bis sieben Millionen Jahren, in der sich nach den Analysen der Molekulargenetiker die Entwicklungslinien von Schimpansen und Menschen getrennt haben. Somit könnte er der älteste direkte Vorfahre des Menschen gewesen sein. Diesen Platz macht er sich allerdings mit zwei anderen fossilen Hominiden streitig, deren Knochenreste ebenfalls ein Mosaik aus äffischen und menschlichen Merkmalen aufweisen: dem knapp sechs Millionen Jahre alten ***Ardipithecus ramidus*** aus Äthiopien und Kenia und dem 2001 im Tschad entdeckten, über sechs Millionen Jahre alten ***Sahelanthropus tchadensis.***

Zur selben Zeit, als in Afrika die ersten menschenähnlichen Hominiden erschienen, trocknete weiter nördlich das Mittelmeer aus. Eine weltweite Temperaturabkühlung hatte dazu geführt, dass große Eismengen an den Polen gebunden wurden und es so in anderen Regionen nicht nur kühler, sondern auch trockener wurde. Im Norden und Osten Afrikas schwanden die Regenwälder, und Savannen breiteten sich aus. In diesem offeneren Gelände erwies sich die Entwicklung ursprünglich baumbewohnender Menschenaffen zum aufrechten Gang als vorteilhaft. Obwohl die ersten aufrecht gehenden Hominiden noch in stärker bewaldeten Gebieten lebten, bot diese Fortbewegungsweise unter den veränderten Umweltbedingungen folgende Vorteile: Wer zweibeinig geht, verbraucht weniger Energie als ein vierfüßig gehender Schimpanse. Aufrecht gehende Primaten konnten daher auf der Suche nach Nahrung längere Wegstrecken zurücklegen. Hinzu kamen ein besserer Überhitzungsschutz durch eine Verringerung der der Sonne ausgesetzten Oberfläche, ein besserer Schutz vor Raubfeinden, die aus größerer Entfernung entdeckt werden konnten, und schließlich auch die Möglichkeit, Gegenstände in den Händen zu tragen.

Ein Beleg dafür, dass in Afrika lange vor dem Erscheinen des modernen Menschen aufrecht gehende „Affenmenschen" gelebt haben, sind Fußspuren, die drei aufrecht gehende Hominiden vor 3,5 Millionen Jahren in der Vulkanasche von **Laetoli** in Tansania hinterließen. Möglicherweise waren es Artgenossen von **„Lucy"**, der berühmtesten Vertreterin der Art ***Australopithecus afarensis.*** Lucys Skelett war 1974 in Äthiopien gefunden worden. Mit einer Körpergröße von kaum mehr als einem Meter war sie nicht nur im Vergleich zu heutigen Menschen sehr klein, sondern auch knapp 50 Zentimeter kleiner als ihre männlichen Artgenossen. Lucy konnte aufrecht gehen, war aber, wie ihre relativ langen Arme und Details ihrer Hand- und Fußknochen zeigen, auch noch gut an das Klettern auf Bäumen angepasst.
In der Evolution der Hominiden war die Entwicklung des aufrechten Ganges eine Schlüsselanpassung, die zu einer adaptiven Radiation führte: Nach

Sahelanthropus (bei dem noch unklar ist, ob er aufrecht ging), *Orrorin* und *Ardipithecus* entstanden vor fünf bis zwei Millionen Jahren in Afrika wenigstens fünf Arten der Gattung *Australopithecus* und mindestens sieben weitere Arten aufrecht gehender Hominiden, unter ihnen auch die ersten Vertreter der Gattung ***Homo*** (Menschen). Ob der aufrechte Gang dabei nur einmal entstand, ist ebenso unsicher wie die Verwandtschaftsbeziehungen zwischen vielen dieser Arten, denn intakte DNA, die Aufschluss über die genetische Distanz verschiedener Arten geben könnte, lässt sich aus so alten fossilen Knochen nicht mehr gewinnen.

Neben dem aufrechten Gang zeichneten sich „Lucy“ und ihre Verwandten noch durch ein weiteres, typisch menschliches Merkmal aus: Ihre Eckzähne waren deutlich kleiner als die heutiger Menschenaffen. Ihr Gehirn war mit einem Umfang von 400 bis maximal 530 Kubikzentimetern jedoch kaum größer als das eines Schimpansen.

Ein deutlich größeres Gehirn (500 bis 800 cm^3) besaßen zwei Arten, die vor rund 2,5 bis 1,5 Millionen Jahren in Ost- und Südafrika lebten und vielfach als erste „echte“ Menschen betrachtet werden, weil sie möglicherweise die ersten Hominiden waren, die einfache Steinwerkzeuge herstellten: ***Homo habilis*** und ***Homo rudolfensis.*** Ob diese beiden Arten wirklich zur Gattung *Homo* zu zählen sind, ist heute allerdings umstritten: Manche Forscher halten *Homo rudolfensis* für einen direkten Vorfahren des heutigen Menschen, andere *Homo habilis,* und wieder andere keinen von beiden; sicher ist jedoch, dass beide sich zunehmend eine neue Nahrungsnische erschlossen, die das Wachstum des Gehirns ermöglichte: Fleisch.

Fleisch enthält nicht nur große Mengen wichtiger Aufbaustoffe und Energielieferanten (Proteine und Fette), es ist auch leichter verdaulich als vegetarische Kost. Fleischfresser haben daher generell einen kürzeren Verdauungstrakt als Pflanzenfresser. Der Verdauungstrakt ist aber das Organsystem, das nach dem Gehirn die meiste Energie benötigt. Daher haben Pflanzenfresser – bezogen auf ihre Körpergröße – kleinere Gehirne als Fleischfresser. Regelmäßiger Fleischkonsum, zunächst vermutlich vorwiegend in Form von Aas, wurde damit zu einem wichtigen Motor für die Evolution eines größeren Gehirns.

Allen Fossilfunden zufolge stand die Wiege der Menschheit in Afrika, und hier war es auch, wo vor knapp zwei Millionen Jahren mit ***Homo ergaster*** der erste zweifelsfreie Angehörige der Gattung *Homo* erschien.

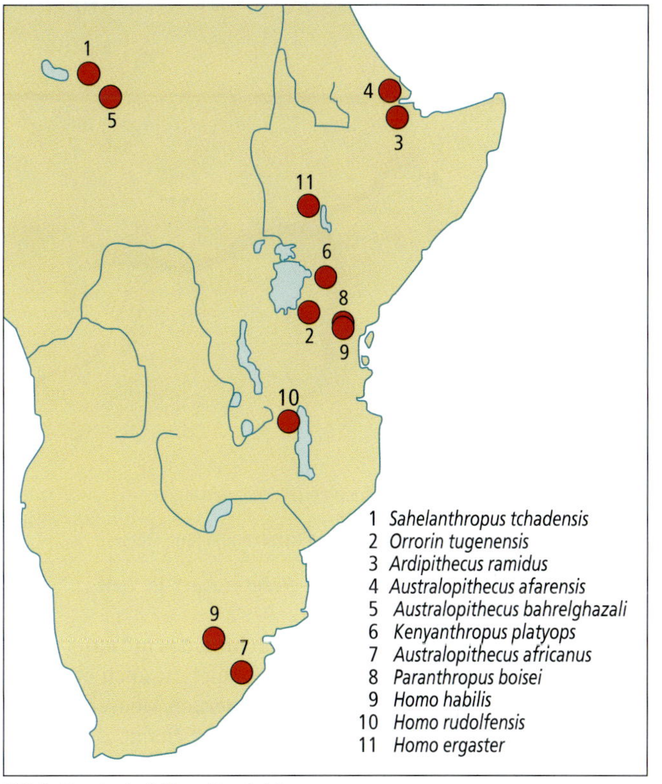

409.1 Fundorte früher Hominiden

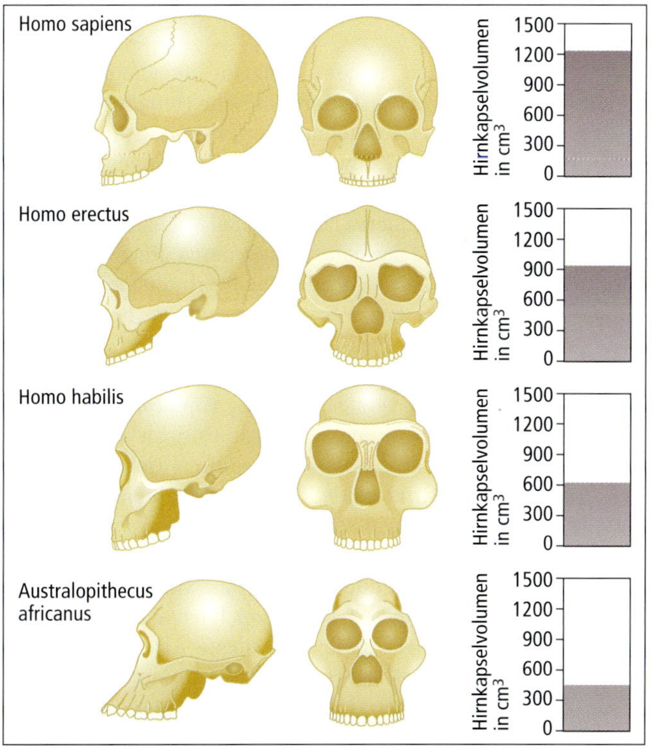

409.2 Schädelformen fossiler Vorfahren des Menschen

1. Stellen Sie Merkmale der in Abbildung 409.2 gezeigten Schädel in einer Tabelle zusammen!

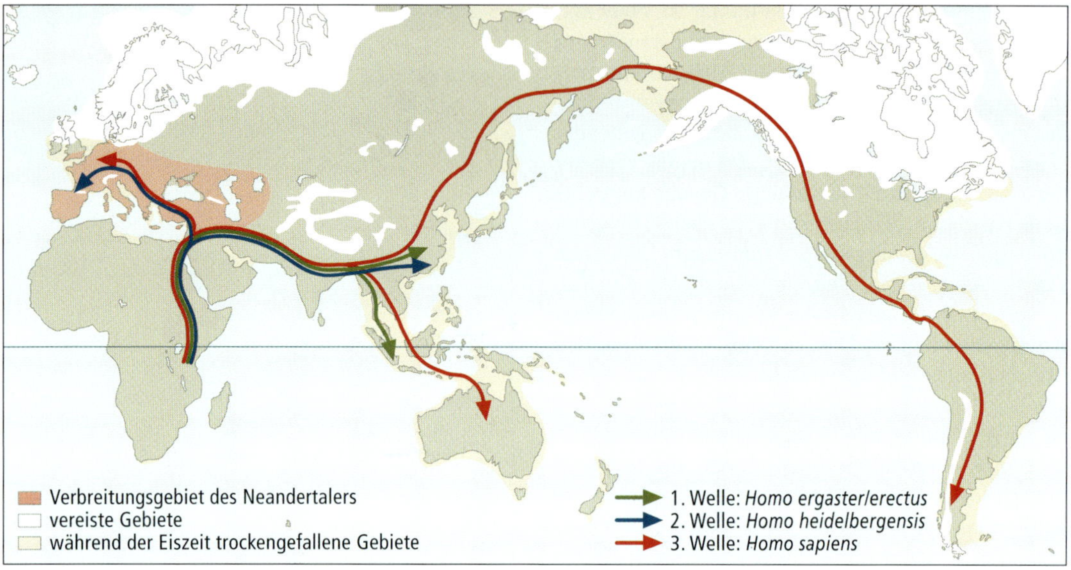

410.1 „Out-of-Africa" – *Homo* erobert die Welt

Homo ergaster besaß ein Gehirn, das mit einer Größe von 750 bis 1100 Kubikzentimetern noch erheblich kleiner war als das eines modernen Menschen. Aber er war die erste Art der Gattung *Homo,* die typisch menschliche Proportionen aufwies: Er war groß, schlank und hatte nicht mehr die langen „Affenarme" seiner Vorgänger, sondern deutlich längere Beine, was ihn zu einem ausdauernden Läufer machte.

Tatsächlich müssen einzelne Populationen von *Homo ergaster* ihre afrikanische Heimat schon bald nach ihrer Entstehung verlassen haben. Über Georgien, wo sich mindestens 1,7 Millionen Jahre alte Fossilien dieser Art fanden, gelangten ihre nunmehr als ***Homo erectus*** bezeichneten Nachfahren bis nach China und das damals noch durch eine Landbrücke mit dem asiatischen Festland verbundene Java. Dort lebten sie den Fossilfunden zufolge bis vor etwa 40 000 Jahren.

Nach dem ersten Exodus von *Homo ergaster*-Populationen aus Afrika gab es noch zwei weitere Auswanderungswellen, die ihren Ursprung ebenfalls in Afrika hatten. Vor 800 000 Jahren tauchten in Nordspanien Nachfahren von *Homo ergaster* auf. Aus ihnen entwickelten sich über eine weitere, nach einem Fossilfund aus der Nähe von Heidelberg als *Homo heidelbergensis* bezeichneten Art die **Neandertaler.** Ob diese eine eigene Art waren *(Homo neanderthalensis)* oder nur eine Unterart des modernen Menschen *(Homo sapiens neanderthalensis),* ist umstritten. Vergleiche der nur über die mütterliche Linie vererbten Mitochondrien-DNA von Neandertalern und modernen Menschen lassen den Schluss zu, dass sich beide Entwicklungslinien schon vor über 500 000 Jahren getrennt haben.

Obwohl die Neandertaler mit ihrer stämmigen Statur gut an das eiszeitliche Klima in den nördlicheren Breiten angepasst waren und ihr Gehirn im Durchschnitt sogar etwas größer war als das heutiger Europäer, starben sie vor knapp 30 000 Jahren aus.

Vor knapp 100 000 Jahren schließlich erfolgte die dritte Auswanderungswelle aus Afrika: ***Homo sapiens*** machte sich auf, die Welt zu erobern. Die ältesten bekannten Fossilfunde von *Homo sapiens* sind etwa 130 000 Jahre alt und stammen aus Afrika. Auch der anatomisch moderne Mensch hat seinen Ursprung also auf dem afrikanischen Kontinent. Ob sich die Neuankömmlinge aus Afrika mit den in Europa und Asien bereits ansässigen früheren Menschenformen vermischt oder ob sie sie verdrängt und vielleicht sogar ausgerottet haben, ist bis heute unklar. Sicher ist dagegen, dass alle heutigen Menschen der Art *Homo sapiens* angehören: Sie können ohne Probleme miteinander fruchtbare Nachkommen zeugen.

Lange Zeit hielt man die Unterschiede zwischen heute lebenden Menschen jedoch für so beträchtlich, dass man sie in verschiedene „Rassen" einteilte. Dabei erlagen viele europäische Rassensystematiker dem wissenschaftlich unhaltbaren Vorurteil, dass sie selbst „höher entwickelt" seien als Menschen anderer Hautfarbe. Heute weiß man, dass die genetischen Unterschiede zwischen Menschen verschiedener Hautfarbe viel geringer sind als etwa die zwischen den Schimpansen West- und Ostafrikas. Da zudem die genetischen Unterschiede innerhalb von Populationen sehr viel größer sind als die zwischen Populationen, lehnen die meisten Wissenschaftler den Rassenbegriff heute ab. „Unter der Haut", so ein bekannter Anthropologe, „sind wir alle Afrikaner!"

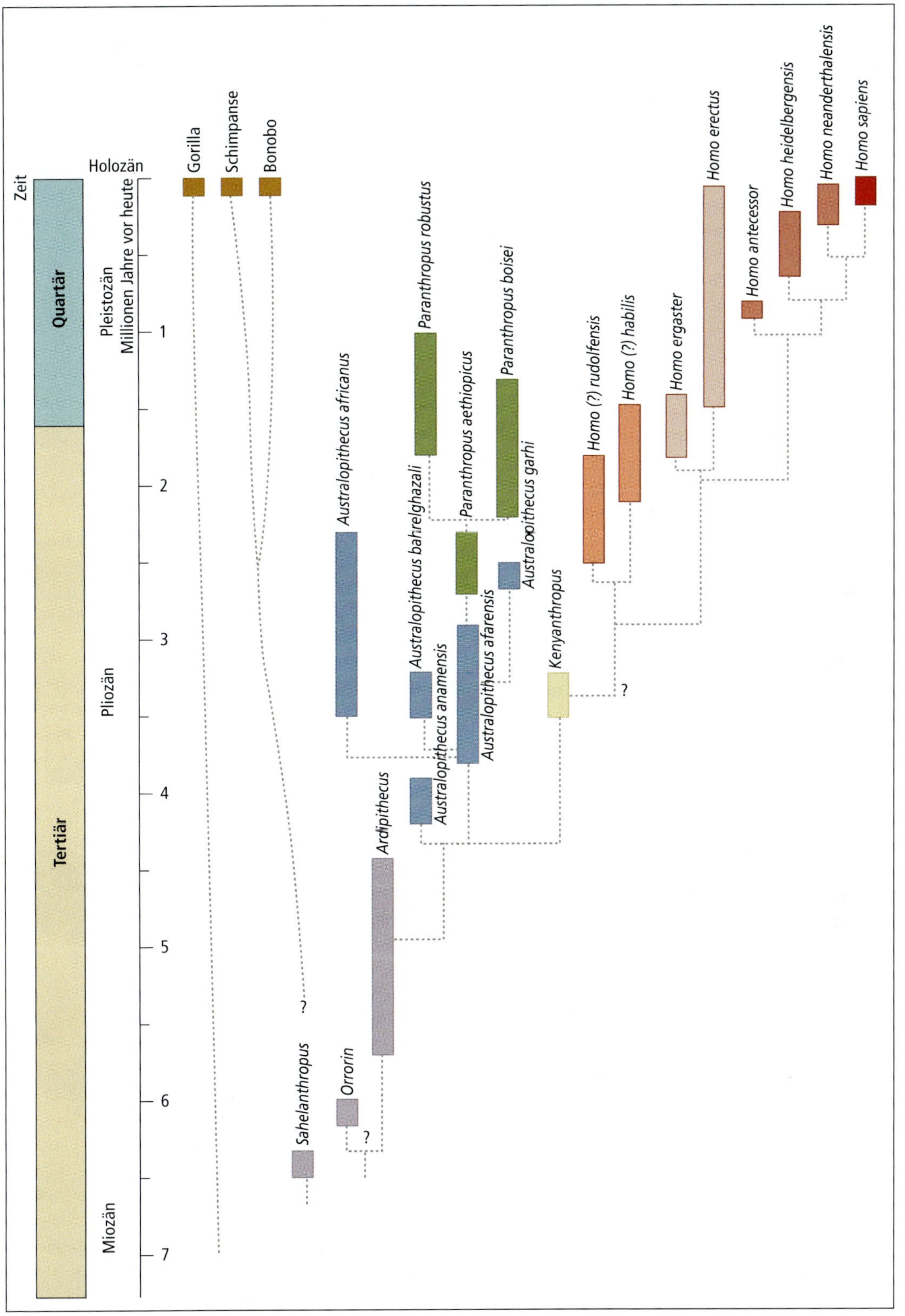

411.1 Stammbaum des Menschen. Hypothetische Verwandtschaftsbeziehungen sind durch punktierte Linien angedeutet; Vorfahren der afrikanischen Menschenaffen sind bislang unbekannt.

1. In vielen Büchern wird die „Entwicklung zum Menschen" als eine aufsteigende Reihe immer höher entwickelter Formen dargestellt. Inwiefern unterscheidet sich der hier abgebildete Stammbaum von solchen Darstellungen?

BASISKONZEPT Geschichte und Verwandtschaft

Nach DARWIN liefert die Evolution den Schlüssel zum Verständnis der biologischen Vielfalt, der Geschichte und der Verwandtschaft zwischen den Arten. Alle heute existierenden Arten besitzen einen gemeinsamen Ursprung. Der Verwandtschaftsgrad zwischen Arten ist das Maß für deren gemeinsame Stammesgeschichte. Die evolutionären Beziehungen zwischen all den verschiedenen Lebewesen erklären sowohl die Einheitlichkeit als auch die Vielfalt des Lebens. Dieser Erklärungsansatz trägt dazu bei, die Systematik der Lebewesen, die Coevolution zwischen den Arten und auch die Herkunft des Menschen zu verstehen.

Prokaryotische Evolutionsgeschichte

Prokaryoten waren die ersten Lebewesen. Seit ihrer Entstehung vor über dreieinhalb Milliarden Jahren waren evolutionäre Veränderungen ein wesentliches Charakteristikum des Lebens. Die Prokaryoten lebten und entwickelten sich etwa eineinhalb Milliarden Jahre lang allein auf der Erde. Sie passten sich ständig neu an, verbreiteten sich und trugen ihrerseits dazu bei, die Erde zu verändern. Bacteria und die häufig in extremen Lebensräumen wie etwa Geysiren gefundenen Archae bilden die beiden Hauptzweige der prokaryotischen Evolution.

Die entscheidende Wende in der Geschichte des frühen Lebens brachte die Entstehung der *Fotosynthese*. Lebewesen, ähnlich den heute noch existierenden Cyanobakterien, konnten mithilfe der Energie des Sonnenlichts energiereiche Stoffe selbst herstellen. Dabei nutzten sie zunächst Schwefelwasserstoff als Elektronenlieferant. Erst später vor etwa zwei Milliarden Jahren wurde das Wasser als Elektronendonator verwendet. Dabei bildete sich als Abfallprodukt Sauerstoff, der in die Atmosphäre abgegeben wurde und für viele ursprüngliche Anaerobier ein „Giftstoff" war. Dadurch entstand aus der Uratmosphäre allmählich die Luft in ihrer heutigen Zusammensetzung. Anaerobe Lebewesen waren von nun an in der Konkurrenz den Aerobiern unterlegen, da deren Stoffwechsel mit einer viel höheren Energieausbeute arbeitet. In Biotopen mit geringem Sauerstoffgehalt zum Beispiel im Faulschlamm existieren aber heute noch anaerob lebende Bakterien.

Bei Prokaryoten gibt es weder Mitose noch Meiose. Sie reproduzieren sich ausschließlich asexuell durch Zweiteilung. Genetische Rekombination findet durch Transformation, Konjugation und Transduktion statt. Hauptquelle der genetischen Variabilität sind jedoch Mutationen. Die kurze Generationszeit ermöglicht es prokaryotischen Populationen, sich sehr schnell an Umweltveränderungen anzupassen, indem durch Mutationen und Rekombination entstandene neue Genotypen selektiert werden.

Entstehung der Eucyte

Die ältesten Fossilien von einzelligen Eukaryoten mit einem Zellkern sind mehr als zwei Milliarden Jahre alt. Mit diesem Zelltyp, der aufgrund seiner starken Kompartimentierung sehr differenzierungsfähig ist, war ein enormes Evolutionspotenzial entstanden. Die Ausbildung eines diploiden Chromosomensatzes, Meiose und sexuelle Fortpflanzung über haploide Gameten förderten die genetische Rekombination und ermöglichten die enorme Vielfalt der Genotypen. Die Raumaufteilung in der eukaryotischen Zelle wie zum Beispiel die Kernhülle, das Endoplasmatische Retikulum oder der GOLGI-Apparat könnte sich aus Einstülpungen der prokaryotischen Plasmamembran entwickelt haben.
Ein weiterer Prozess, Endosymbiose genannt, soll zu den Mitochondrien und Chloroplasten geführt haben. Nach der *Endosymbiontentheorie* von der Entstehung der Eukaryoten bestanden die Urformen der eukaryotischen Zellen aus einem symbiontischen „Konsortium" von Prokaryoten. In dieser Gemeinschaft lebten verschiedene kleine Arten im Inneren einer größeren. In diesem Symbiose-System entwickelten sie sich zu Zellorganellen. Chloroplasten und Mitochondrien sind demnach Nachkommen von Cyanobakterien beziehungsweise aeroben, heterotrophen Prokaryoten. Beide besitzen eine Hülle aus zwei Membranen, nackte DNA ohne Histone und Ribosomen 70S-Typ.

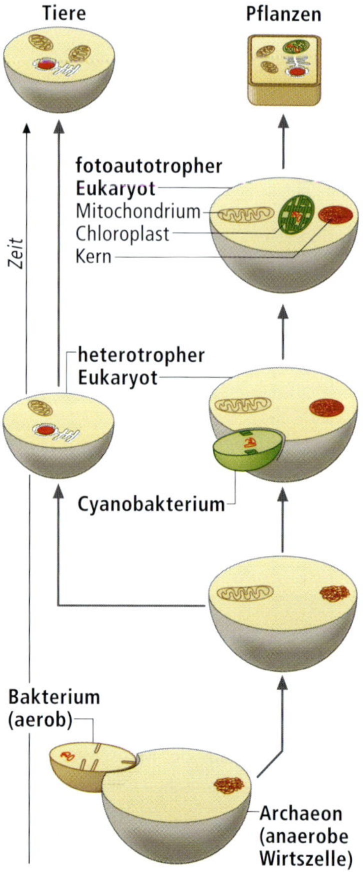

Natürliche Selektion als Mechanismus der Evolution

Die heutigen Lebewesen zeigen eine abgestufte Ähnlichkeit des Körperbaus, nach der sie in eine Ordnung, ein System, gebracht werden können. Die Grundeinheit des Systems ist die **Art.** In vielen Fällen gehen Merkmale, die zwei Arten miteinander teilen, auf ihre Abstammung von einem gemeinsamen Vorfahren zurück. Unterschiede zwischen Arten beruhen auf **natürlicher Selektion,** welche Merkmale allmählich abwandelt. Aber nur wenn ein Merkmal erblich ist, kann es seinem Träger einen Selektionsvorteil verleihen. Solche Abwandlungen sind jedoch nicht beliebig, sondern unterliegen starken konstruktiven Zwängen: Vergleichbar wäre der Umbau einer Maschine, während sie ununterbrochen läuft.

Die Resultate der natürlichen Selektion zeigen sich in den auffälligen Angepasstheiten von Lebewesen an spezielle Umweltbedingungen. Natürliche Selektion erzeugt aber keine Angepasstheiten, vielmehr ist sie ein Prüfprozess, bei dem erbliche Merkmale einer Kombination aus Umweltfaktoren und inneren Zwängen ausgesetzt werden, die den Fortpflanzungserfolg einiger Individuen gegenüber anderen begünstigen. So entwickelte sich das Tarnkleid des Fetzenfisches über viele Generationen hinweg, und zwar durch den größeren Fortpflanzungserfolg derjenigen Individuen in jeder Generation, die von Geburt an besser getarnt waren als ihre Artgenossen.

Evolutionstheorie im Wandel

In der ersten Ausgabe von *Die Entstehung der Arten* verwendete DARWIN das Wort *Evolution* erst im letzten Absatz und schrieb stattdessen von „gemeinsamer Abstammung mit fortwährender Modifikation". Er erkannte die Einheitlichkeit aller Lebensformen, indem er sie allesamt von einem unbekannten gemeinsamen Vorfahren herleitete, der in der fernen Vergangenheit gelebt hatte. Als sich die Abkömmlinge dieses Urlebewesens im Laufe von Jahrmillionen über verschiedene Lebensräume verteilten, häuften sie auf allen Organisationsebenen verschiedene Angepasstheiten an, durch die sie sich an spezielle Lebensräume adaptierten. Dabei auftretende Merkmalsähnlichkeiten, die auf einer gemeinsamen Abstammung beruhen – die **Homologien** – spiegeln die Geschichte der Entwicklung wider.

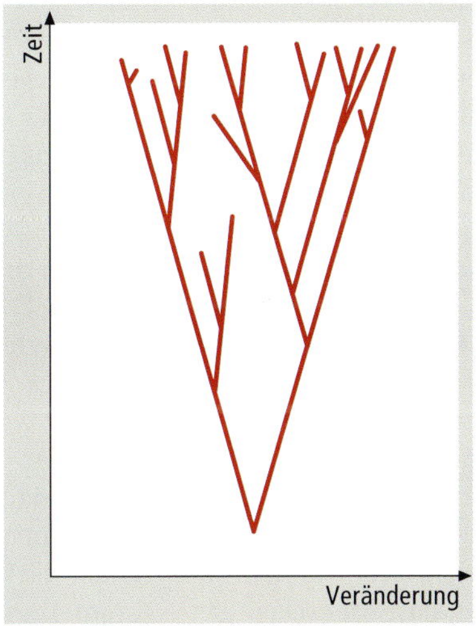

Aus Darwinistischer Sicht ähnelt die Geschichte des Lebens einem Baum, dessen Stamm zahlreiche Äste bildet, die sich immer weiter verzweigen bis hin zu den Spitzen der jüngsten Triebe, welche die gegenwärtige Mannigfaltigkeit an Lebewesen symbolisieren. An jeder Gabelung des evolutionären Stammbaumes steht ein Vorfahre, der allen Abstammungslinien, die von hier abzweigen, gemeinsam ist. Arten, die nahe miteinander verwandt sind, sind sich sehr ähnlich, weil sie bis zu einer relativ jungen Verzweigung von einem gemeinsamen Vorfahren die gleiche Abstammung aufweisen.

Mit den Fortschritten in der Populationsgenetik erkannte man, dass die Befunde der Genetiker mit der Selektionstheorie DARWINS vereinbar waren. Zu Beginn der 40er Jahre des 20. Jahrhunderts entstand die *Synthetische Evolutionstheorie*, die bis heute die beherrschende Evolutionstheorie ist. Sie ist eine Synthese, weil sie Entdeckungen aus vielen verschiedenen Gebieten etwa der Paläontologie, der Biogeographie oder der Populationsgenetik vereinigt. Danach lieferten Zufallsprozesse – Mutationen und Rekombinationen – das Rohmaterial, an dem dann in einem weiteren Prozess die natürliche Selektion ansetzen konnte. Hinzu kamen Evolutionsfaktoren wie Gendrift und reproduktive Isolation, die weitere Erklärungen für die Bildung neuer Arten und die Entstehung biologischer Vielfalt lieferten.

Auf molekularer Ebene haben selbst so morphologisch unterschiedliche Lebewesen wie Tiere und Pflanzen viele Gemeinsamkeiten. Alle nutzen sie die gleiche genetische Maschinerie aus DNA und RNA, und auch der genetische Code ist im Wesentlichen universell. Die entwicklungsgeschichtlichen Beziehungen zwischen den Arten sind in ihrer DNA und ihren Proteinen dokumentiert – in den Genen und deren Produkten. Die in der Basensequenz der DNA niedergelegte Information ist ein für jede Art spezifisches historisches Dokument. Die Verwandtschaftsnähe verschiedener Arten lässt sich durch Vergleiche der Basensequenzen ihrer DNA berechnen und auf diese Weise ebenfalls Stammbäume erstellen. Je mehr Übereinstimmungen zwischen homologen Sequenzen bestehen, desto enger sind die Organismen phylogenetisch verwandt. Die neuen Verfahren der Molekularbiologie haben die etwa anhand von anatomischen Homologien erstellten Stammbäume oftmals bestätigt und manchmal widerlegt. In vielen Fällen konnte eine Entscheidung zwischen unterschiedlichen Hypothesen zur stammesgeschichtlichen Verwandtschaft bestimmter Gruppen herbeigeführt werden.

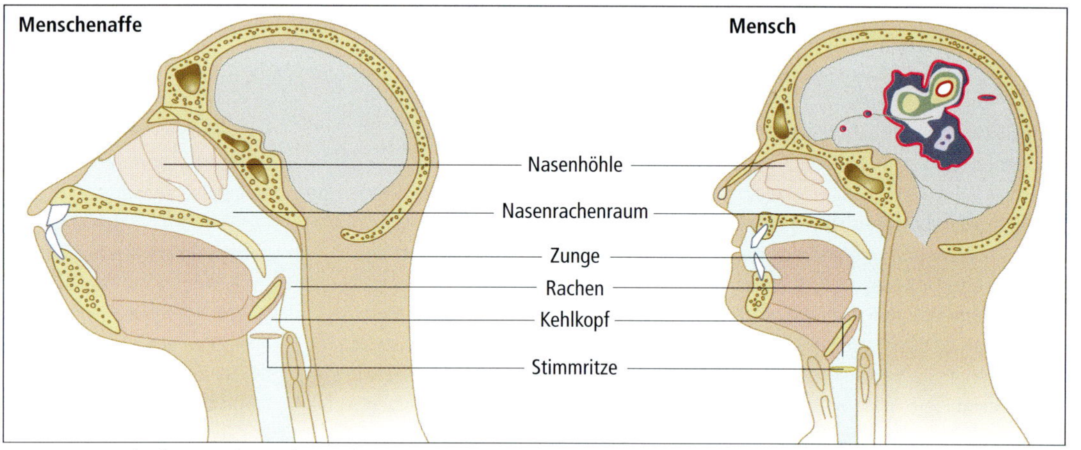

414.1 Anatomie der Sprache. Farbig markierte Bereiche im menschlichen Gehirn sind beim Sprechen von Wörtern aktiv.

6.3 Geistige und kulturelle Evolution

Homo sapiens wurde zu einer der biologisch erfolgreichsten Arten der Erde. Innerhalb kurzer Zeit besiedelte er (mit Ausnahme der Antarktis) sämtliche Kontinente und zahlreiche Lebensräume. Durch Landwirtschaft, Fortschritte in Technik und Wissenschaft sowie ein für Säugetiere beispielloses Populationswachstum veränderte er die Ökosysteme des Planeten mehr als jede andere Art.
Drei Merkmale waren an diesem Erfolg maßgeblich beteiligt: die Tatsache, dass Menschen (ohne Einsatz künstlicher Mittel zur Geburtenkontrolle) eine **höhere Geburtenrate** haben als ihre nächsten Verwandten im Tierreich (sie können sich also schneller vermehren als etwa Schimpansen), die **Intelligenz** des Menschen und seine **Sprachfähigkeit.** Manche Wissenschaftler meinen daher, dem Menschen komme eine „Sonderstellung" im Tierreich zu. DARWIN war in dieser Hinsicht anderer Meinung: „So groß [...] die Verschiedenheit an Geist zwischen dem Menschen und den höheren Tieren sein mag," schrieb er 1871 in seinem Buch „Die Abstammung des Menschen", „so ist sie doch sicher nur eine Verschiedenheit des Grads und nicht der Art." Die zu seiner Zeit gängige Auffassung, dass Menschen die einzigen Lebewesen seien, die Werkzeuge gebrauchen könnten, widerlegte er durch Beobachtungen, nach denen wilde Schimpansen mithilfe von Steinen und Knüppeln hartschalige Nüsse öffnen.

Heute weiß man, dass Schimpansen Werkzeuge nicht nur gebrauchen, sondern auch gezielt bearbeiten; *Werkzeugherstellung* ist demnach ebenfalls kein spezifisch menschliches Merkmal. Einsicht in Kausalzusammenhänge, Lernfähigkeit und andere geistige Fähigkeiten, die unter dem Oberbegriff „Intelligenz" subsummiert werden können, sind also keine evolutionären Neuerwerbungen des Menschen.

Anders verhält es sich mit der Sprachfähigkeit. Zwar verfügen viele Tiere ebenfalls über komplexe Kommunikationssysteme, und vor allem Primaten setzen Lautäußerungen gezielt ein, um Artgenossen bestimmte Informationen zu übermitteln und ihr Verhalten zu beeinflussen. Versuche, Menschenaffen das Sprechen beizubringen, sind jedoch gescheitert. Dabei sind Menschenaffen durchaus nicht, wie man früher glaubte, zu dumm, um sprechen zu lernen: Ihnen fehlen die anatomischen Voraussetzungen für das Hervorbringen einer artikulierten Wortsprache. Der entscheidende Unterschied ist die Lage des Kehlkopfes: Er sitzt bei Affen (und auch beim menschlichen Säugling) weit oben im Hals und ermöglicht so, die Verbindung zwischen Mund- und Nasenhöhle zu schließen. Dadurch ist es möglich, gleichzeitig zu atmen und zu schlucken – ohne sich zu *verschlucken.* Der für die Bildung von Vokalen und Konsonanten wichtige Rachenraum wird dadurch allerdings so klein, dass Wörter nicht hervorgebracht werden können.

Wann und warum die Sprachfähigkeit in der Evolution entstand, ist unklar und wird es vielleicht immer bleiben, da weder Sprache noch die aus Knorpel und anderen vergänglichen Geweben bestehenden Teile des Stimmapparates versteinern. Manche Wissenschaftler glauben, dass die Sprache erst vor etwa 40000 Jahren durch eine Mutation entstand, also lange nach der Entstehung des *Homo sapiens.* Zu jener Zeit ereignete sich nach Ansicht vieler Archäologen eine *„kreative Explosion":* Praktisch ohne Vorläufer entstanden plötzlich Schmuck, Musikinstrumente, kunstvoll geschnitzte Elfenbeinfiguren und grandiose Höhlenmalereien. Nur durch die plötzliche Entstehung der Sprache, so die Argumentation, sei die kreative Explosion zu erklären. Die Neandertaler konnten demnach noch nicht sprechen – was andere Wissenschaftler bezweifeln.

EXKURS Die Evolution der Kultur

Vor 50 Jahren begannen japanische Forscher das Verhalten der in Japan heimischen Rotgesichtsmakaken, einer Altweltaffenart, zu untersuchen. Um die anfangs noch scheuen Affen an sich zu gewöhnen, streuten sie am Strand einer kleinen Insel namens Koshima Süßkartoffeln und Weizenkörner aus. Die Affen nahmen die neue Nahrung an; die oft schmutzigen Kartoffeln wischten sie mit den Fingern leidlich sauber. Im September des Jahres 1953 begann jedoch ein Jungtier, das die Forscher „Imo" („Kartoffel") nannten, die Kartoffeln im nahen Bach zu waschen. Andere Tiere übernahmen die neue Methode, die Kartoffeln zu säubern; nur die meisten Erwachsenen, vor allem die Männchen, machten den „neumodischen Kram" nicht mit. Als aus den Jungtieren jedoch Erwachsene geworden waren, gaben Mütter die neue Verhaltensweise an ihre Kinder weiter: Kartoffelwaschen war zur **Tradition** geworden. Außerdem hatte es sich eingebürgert, die Kartoffeln nicht mehr im Bach, sondern im Meer zu waschen, und zwar auch dann, wenn sie gar nicht schmutzig waren: Die Affen hatten das Würzen erfunden.

Ist eine Tradition bereits Kultur? Manche Biologen verneinen dies und meinen, „unter Kultur sollte man sich etwas mehr vorstellen als nur Kartoffelwaschen." Was also ist Kultur? Das Lexikon der Biologie definiert Kultur „als ein auf den Menschen beschränktes und für ihn typisches Phänomen [. . .]. In diesem Sinne versteht man unter Kultur alle erworbenen und traditionellen Verhaltensweisen einer Population oder die Summe und Festlegung aller Denk-, Gefühls- und Aktionsnormen, besonders auch der Wertvorstellungen und Zielsetzungen. [. . .]
Im Gegensatz zur Natur stellt Kultur die selbstgeschaffene (‚künstliche') Welt des Menschen dar." Tiere sind dieser Sicht zufolge *per definitionem* kulturunfähig. Tieren von vornherein jede Kulturfähigkeit abzusprechen ist aber natürlich nicht logisch zwingend.
Viele Biologen bevorzugen daher eine andere Kulturdefinition, die 1980 der amerikanische Biologe John BONNER vorgeschlagen hat: „Kultur ist die Weitergabe von Information durch Verhalten, insbesondere durch den Vorgang von Lehren und Lernen."
Nach dieser Definition ist Kultur *kein* ausschließlich auf den Menschen beschränktes Phänomen: Auch die Tradition des Kartoffelwaschens der Affen auf Koshima ist die Weitergabe von Information durch Verhalten! Die neue Verhaltensweise wurde von den Affen gelernt.

Rotgesichtsmakake

Schimpanse

Schulklasse

Die BONNERsche Kulturdefinition legt den Schwerpunkt nicht auf die *Inhalte* von Kultur, sondern auf die *Mechanismen der Informationsübertragung.* Damit bietet sie zugleich einen Erklärungsansatz, wie Kultur in der Evolution zustande kam.

Prinzipiell gibt es zwei Mechanismen der Informationsweitergabe: genetische Vererbung und Lernen von einem Vorbild. Letzteres ist von drei Voraussetzungen abhängig: Erstens muss es Individuen geben, die *innovativ* sind, also in der Lage, etwas Neues zu erfinden. Zweitens muss die Art fähig sein, von anderen Individuen zu *lernen.* Und drittens muss die Art hinreichend *sozial* sein: Wer allein lebt, hat kaum Gelegenheit von andern zu lernen. Damit wird auch klar, warum Menschen die Kulturwesen „par excellence" geworden sind: Menschen sind innovativ, lernfähig und hochgradig sozial. Aber wie DARWIN schon sagte: Der Unterschied zu anderen Arten, insbesondere den Affen und Menschenaffen, ist nur ein Unterschied des Grads, und nicht der Art.

Vor allem Schimpansenforscher haben in den letzten Jahrzehnten eine Vielzahl von Unterschieden im Verhalten einzelner Populationen ausgemacht. Auch das von DARWIN beschriebene Nüsseknacken mithilfe von Hämmern und Ambossen aus Stein oder Holz gehört in die lange Liste lokaler Traditionen: Westlich des Sassandra-Flusses an der Elfenbeinküste knacken die Schimpansen Nüsse, auf der anderen Seite des Flusses dagegen nicht, obwohl sowohl die Nüsse als auch die erforderlichen Werkzeuge auf beiden Seiten des Flusses reichlich vorhanden sind. Die Knacktechnik ist nicht einfach: Schimpansenkinder müssen viele Jahre üben, bis sie sie perfekt beherrschen, und manchmal werden sie von ihren Müttern darin regelrecht unterrichtet. Experimentelle Untersuchungen an Schimpansen- und Menschenkindern zeigen, dass die Mechanismen der kulturellen Informationsübertragung bei beiden Arten die gleichen sind. Schimpansen- und Menschenkulturen sind also **homolog:** Die Kultur der Menschen wurzelt in der der Affen.

Ursachen und Verlauf der geistig-kulturellen Evolution geben auch heute noch viele Rätsel auf. Der aufrechte Gang entstand nach heutigen Erkenntnissen vor wenigstens sechs Millionen Jahren; Hinweise auf die Benutzung und Bearbeitung von Steinwerkzeugen – scharfkantige Abschläge von so genannten Kernsteinen – finden sich aber erst etwa vier Millionen Jahre später: vor 2,5 Millionen Jahren. Wer die Hersteller dieser Werkzeuge waren, ist unsicher. Traditionell werden sie *Homo habilis* zugeschrieben, der seinen Namen (der „geschickte Mensch") auch deshalb erhielt, weil man lange glaubte, nur Menschen seien in der Lage Werkzeuge herzustellen. Die scharfkantigen Abschläge ließen sich nutzen, um tote Tiere zu zerlegen, während die Kerne gut geeignet waren, Knochen zu zertrümmern, um an das nahrhafte Mark zu gelangen. Heute vermuten manche Forscher jedoch, es könnte sich auch um Reste von „Nussschmieden" handeln, wie man sie bei Schimpansen findet, denn die dort anfallenden Gesteinssplitter gleichen jenen in Form und Größe auffallend. Welche Interpretation auch immer richtig ist: Der aufrechte Gang war offenbar keine hinreichende Voraussetzung für die Entwicklung komplexerer Werkzeugkulturen und größerer Intelligenz.

Die ersten komplexeren Werkzeuge waren **Faustkeile,** die zusammen mit *Homo ergaster* vor etwa 1,5 Millionen Jahren erstmals in Afrika auftauchten. Faustkeile waren ein standardisierter Werkzeugtyp, der nach einer „geistigen Schablone" im Kopf des Herstellers angefertigt wurde. Zeitgleich mit dem Auftauchen der ersten Faustkeile gibt es aus Südafrika erste Hinweise für den Gebrauch von Feuer.

Ob die ersten „Lagerfeuer" dazu dienten, Raubtiere zu vertreiben, sich zu wärmen oder auch tierische Nahrung aufzubereiten, ist unklar; zweifellos jedoch handelte es sich um eine auch für die Besiedelung kühlerer Regionen bedeutsame Innovation.

Erwartungen an eine nunmehr stürmischer verlaufende kulturelle Evolution, die anders als die Weitergabe neuer Informationen durch Gene sehr viel schneller erfolgen kann, werden jedoch enttäuscht. Faustkeile blieben über mehr als eine Million Jahre das vorherrschende Werkzeug. Wirksame Fernwaffen – feuergehärtete Speere – sind erst aus der Zeit vor 400 000 Jahren in Europa nachgewiesen. Aus derselben Zeit stammen Spuren erster Pfahlbauten. Das plötzliche Aussterben mehrerer großer Wirbeltierarten auf der indonesischen Insel Flores vor 800 000 Jahren ist allerdings ein Hinweis darauf, dass sich schon *Homo erectus* als erfolgreicher Großwildjäger betätigt haben könnte.

Rätsel geben auch die Neandertaler immer noch auf. Obwohl ihr Gehirn mit im Mittel 1500 Kubikzentimetern größer war als das heutiger Europäer, war ihre Werkzeugkultur nur wenig komplexer als die ihrer Vorfahren, wenngleich die Vielfalt der einzelnen Werkzeugtypen – Schaber, Stichel, Spitzen und Bohrer – deutlich größer war. Hinweise auf die Herstellung von Schmuck oder Kunst finden sich aber bei ihnen kaum. Gleichzeitig waren sie jedoch möglicherweise die ersten Menschen, die über religiöse Vorstellungen verfügten: Sie bestatteten ihre Toten, und in einem Grab bei Shanidar im Irak fanden sich ungewöhnlich viele Pollenkörner von Heckenrosen, Lichtnelken und Traubenhyazinthen.

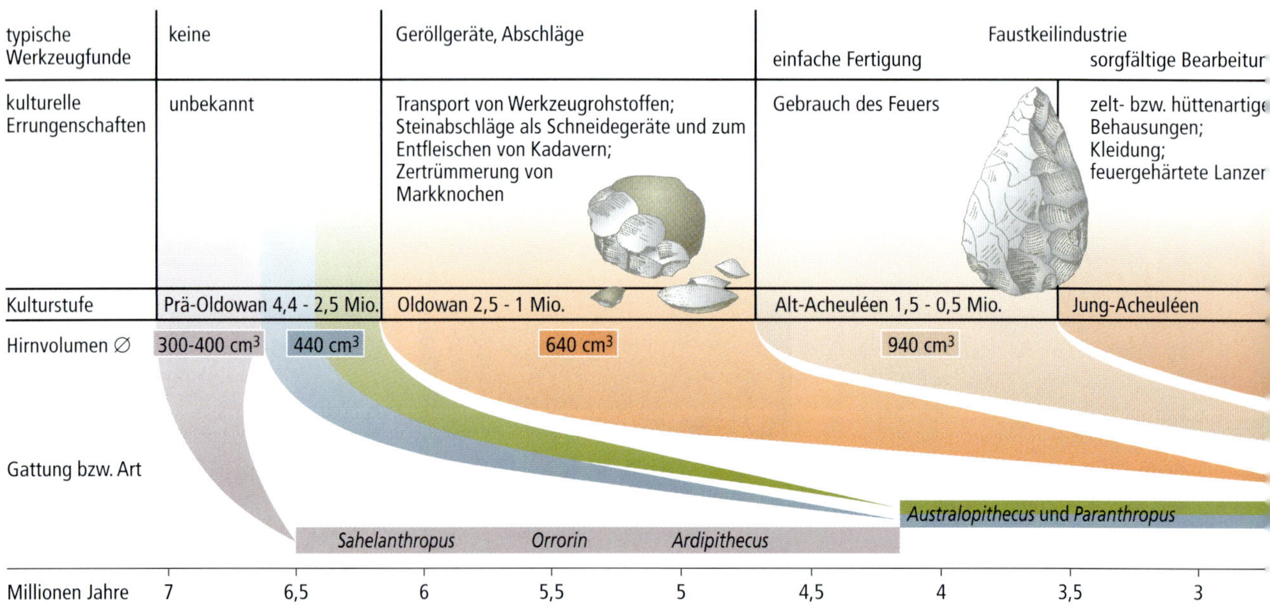

416.1 Gehirnevolution und kulturelle Entwicklung

Die „kreative Explosion“ vor 40 000 Jahren war das erste Anzeichen einer erheblich beschleunigten kulturellen Evolution. Ein weiterer Schub erfolgte vor knapp 12 000 Jahren mit der so genannten **neolithischen Revolution** – dem Beginn von Ackerbau und Viehzucht. Dieser Übergang, der auch mit einem Übergang von einer nomadischen zur sesshaften Lebensweise verbunden war, ereignete sich in verschiedenen Teilen der Erde: vor 11 500 Jahren in Zentralchina, vor 10 000 Jahren im Mittleren Osten und etwa zur selben Zeit auch in Mittelamerika und dem südamerikanischen Hochland. Vor kaum 50 Jahren wurden schließlich auch die letzten Jäger und Sammler von der „neolithischen“ Revolution erfasst. Mit ihr veränderten sich die Lebensverhältnisse drastisch: Es entstanden so genannte „Hochkulturen“, die sich nicht nur durch eine hoch entwickelte Kultur – Kunst, Religion, Gesetze, Wissenschaft – auszeichneten, sondern auch durch enorme, zuvor nicht bekannte soziale Unterschiede. Zum anderen beschleunigte sich das Bevölkerungswachstum erheblich: Während Frauen in Jäger-Sammler-Kulturen (irreführend oft auch als „Naturvölker“ bezeichnet) nur alle drei bis fünf Jahre ein Kind bekamen, verkürzte sich dieser Abstand nun auf durchschnittlich zwei Jahre.

Erst mit dem Einsetzen der Industrialisierung begannen die Geburtenraten – und damit das Bevölkerungswachstum – wieder zu sinken. Viele sehen in dem heute vielfach zu beobachtenden Verzicht auf eigene Fortpflanzung den Beweis dafür, dass sich der moderne Mensch endgültig von den „Fesseln der Evolution“ befreit habe. Evolutionsbiologen, die das Verhalten des modernen Menschen untersuchen, bleiben hier jedoch skeptisch.

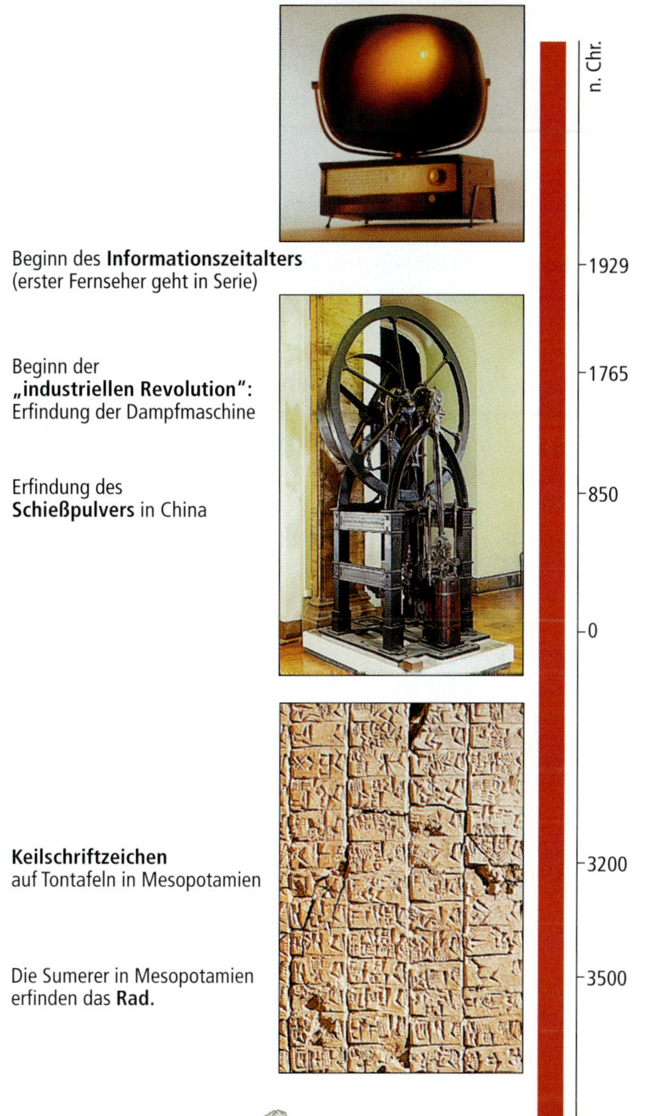

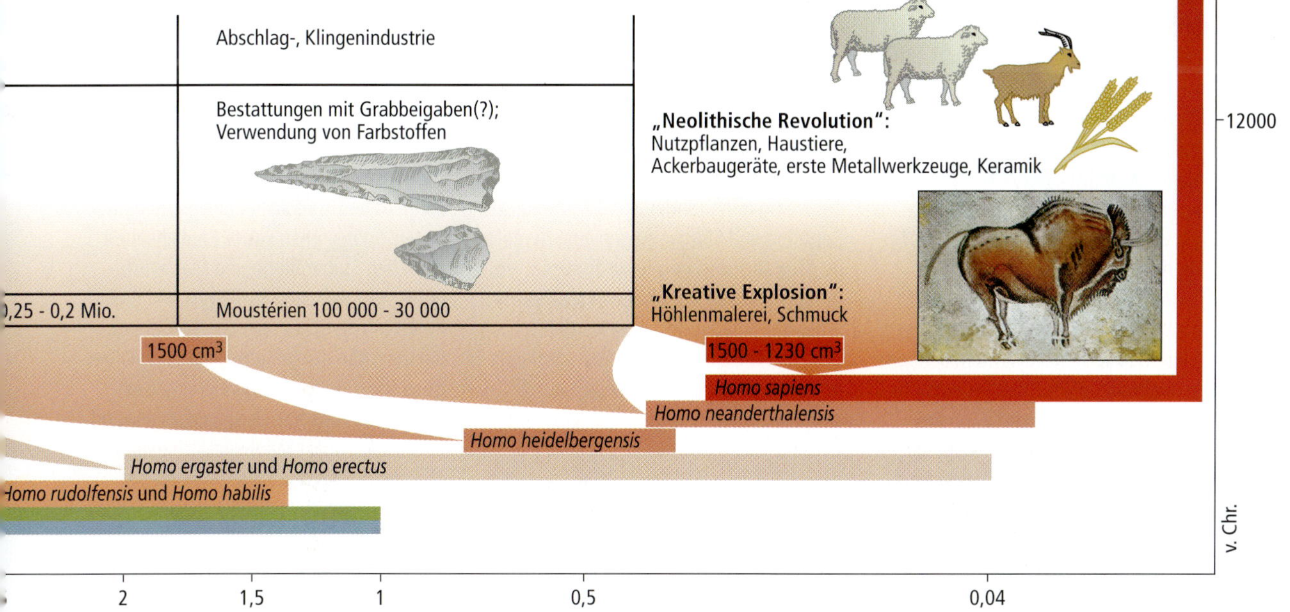

BASISKONZEPT Variabilität und Angepasstheit

Wenn jemand eine Uhr am Wegesrand findet, wird er kaum auf die Idee kommen, dass diese rein zufällig – durch seelenlose Naturkräfte – entstanden ist. Eine Uhr zeichnet sich durch intelligentes Design aus – und intelligentes Design kann nur das Produkt eines intelligenten Designers sein. Folglich muss es einen Uhrmacher gegeben haben. Dieses Argument des englischen Naturtheologen William PALEY (1743 bis 1804) findet auch heute wieder Anhänger: Lebewesen zeichnen sich durch „intelligentes Design" aus, und dieses kann nach Meinung von Kreationisten unmöglich durch die „blinden Kräfte" der Evolution entstanden sein. Charles DARWIN hatte eine andere Erklärung dafür, wie Lebewesen intelligentes Design zustande bringen: Es gibt einen „Uhrmacher" in der Natur, aber er ist blind und verfügt über keine vorausschauende Intelligenz. Der Name dieses „blinden Uhrmachers" lautet **natürliche Auslese** oder **Selektion.**

Drei bedeutende Evolutionstheorien

Als DARWIN im Jahr 1859 seine Evolutionstheorie präsentierte, warfen ihm andere Biologen vor, diese Theorie sei „ein wissenschaftlicher Missgriff, unlauter hinsichtlich der Fakten, unwissenschaftlich in den Methoden und schädlich in der Tendenz." Tatsächlich gibt es zwei weitere alternative Theorien über die Geschichte des Lebens, die ebenfalls „wahr" sein könnten: Nach der auf ARISTOTELES zurückgehenden Theorie von der **Konstanz der Arten** sind alle heute lebenden (rezenten) Arten unabhängig voneinander entstanden – oder erschaffen worden – und haben sich im Laufe der Erdgeschichte nicht verändert. Auch nach der zweiten, von LAMARCK vertretenen Theorie sind die heute lebenden Arten unabhängig voneinander entstanden, haben sich aber im Laufe der Erdgeschichte verändert. Diese Theorie bezeichnet man auch als **Transformismus-Theorie** (lat. *transformere*, umwandeln). DARWINS **Evolutionstheorie** geht ebenfalls von der Veränderung von Arten aus, behauptet aber im Gegensatz zu der LAMARCKs, dass die heute lebenden Arten von gemeinsamen Vorfahren abstammen. Wie lässt sich entscheiden, welche der drei Theorien die richtige ist?
Naturwissenschaftliche Theorien müssen eine wichtige Voraussetzung erfüllen: Sie müssen **Vorhersagen** ermöglichen, die sich durch Beobachtungen oder Experimente überprüfen lassen. Stimmen die beobachteten Fakten mit der Vorhersage überein, wird die Theorie gestützt, ist dies nicht der Fall, muss sie fallengelassen werden. Alle drei Theorien erfüllen diese Voraussetzung. Die erste Theorie steht aber im Widerspruch zur erfahrbaren Wirklichkeit: Arten sind veränderlich, und zwar sowohl durch *künstliche Zuchtwahl* als auch durch *natürliche Selektion*. Schon aufgrund dieser Tatsache muss die Theorie der Konstanz der Arten fallengelassen werden. Damit ist noch nicht entschieden, welche der beiden anderen Theorien mit größerer Wahrscheinlichkeit zutrifft. Beide machen die Vorhersage, dass Arten veränderlich sein sollten. Allerdings sollte es nach DARWIN Ähnlichkeiten zwischen verschiedenen Arten von Lebewesen geben, die sich allein durch gemeinsame Abstammung erklären lassen, nach LAMARCK dagegen nicht. Die Überprüfung dieser Vorhersage zeigt, dass alle Lebewesen durch abgestufte Ähnlichkeiten miteinander verbunden sind – wie man es bei Verwandten erwartet.
Diese als **Homologien** bezeichneten Ähnlichkeiten betreffen alle Organisationsebenen: von der Zelle über Gewebe, Organe und Organsysteme bis hin zu den Bauplänen der Organismen. Selbst Lebewesen, die wenig miteinander verwandt sind, wie Reptilien und Säuger, zeigen eine homologe **Abwandlung von Grundbauplänen.** Auch LAMARCKs Transformismus-Theorie muss daher fallengelassen werden. DARWINs Theorie, auch als Abstammungslehre bezeichnet, wird dagegen durch sämtliche verfügbaren Fakten gestützt.

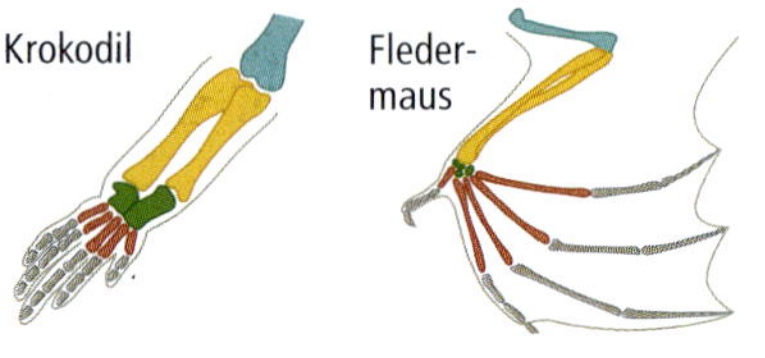

Verwandtschaftssysteme

Die Abstammungslehre sagt letztlich aus, dass es eine Stammesentwicklung oder Phylogenese gegeben hat, die die Arten in der Regel von einfacheren zu komplizierteren Formen führte. Die Betrachtung rein morphologisch-anatomischer Ähnlichkeiten allein kann jedoch nicht als Maß für eine Verwandtschaft angewendet werden, wie ein hypothetischer Stammbaum zeigt:

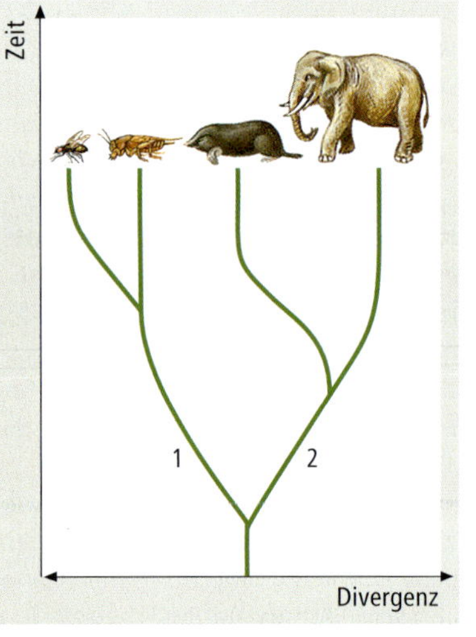

In der Frühzeit der Evolution haben sich zum Beispiel im Unterreich der Tiere zwei Linien aufgespalten: Aus der einen haben sich Gliedertiere und mit ihnen Insekten (1), aus der anderen Wirbeltiere und mit ihnen Säuger (2) entwickelt. Beide Gruppen differenzierten sich im Laufe der Zeit, sodass sowohl bei Insekten als auch bei Säugern heute verschiedene Formen auftreten. So bestehen kaum Ähnlichkeiten zwischen Stubenfliege und Maulwurfsgrille oder zwischen Maulwurf und Elefant. Innerhalb der Insekten oder Säuger beobachtet man also eine zunehmende **Divergenz** (lat. *divergere*, abweichen). Demgegenüber treten auch bei nicht verwandten Arten wie bei Maulwurfsgrille und Maulwurf Merkmale auf – wie die vorderen Grabbeine –, die sich einander verblüffend ähneln. Trotz früher Aufspaltung entwickelten sich beide Arten in diesem Merkmal zunehmend **konvergent** (lat. *convergere*, sich annähern).

Angepasstheit: Konvergenz – Divergenz

Die Gründe für konvergente und divergente Entwicklungen liegen in der Angepasstheit der Lebewesen an bestimmte ökologische Nischen. Umweltfaktoren üben nach der Theorie DARWINs einen Selektionsdruck auf Organismen aus, sodass nur die Formen überleben, die an diese Bedingungen angepasst oder „eingenischt" sind. So zeigt das Beispiel des Maulwurfs und der Maulwurfsgrille die **Einnischung** an Lebensräume unter der Erdoberfläche. Beide Tiere besitzen Grabschaufeln, die ihnen das Eingraben in den Boden ermöglichen. Diese haben sich aus dem Bauplan eines Insektenbeines beziehungsweise eines Wirbeltierbeines aus nicht homologen Bauelementen entwickelt.

Das Insektenbein besitzt unter anderem ein Exoskelett, das aus Chitin aufgebaut ist, während das Wirbeltierbein ein Endoskelett aus kalkhaltiger Knochensubstanz trägt. Man bezeichnet daher eine Beziehung wie zwischen den Beinen von Insekten und Wirbeltieren als **Analogie** (gr. *analogein*, „heran"führen). Maulwurf und Maulwurfsgrille sind demnach ein Beispiel für die Konvergenz analoger Organe.

Auch „enge" Nischen wie Trockengebiete oder aquatische Lebensräume lassen nur ganz bestimmte Lebensformen zu. So ist es zu erklären, dass gerade an extremen Standorten nicht verwandte Arten zunehmend konvergente Merkmale ausprägen können.
Beispiele liefern verschiedene Sukkulenten aus geografisch getrennten Trockengebieten. Während in Afrika Sukkulenz fast ausschließlich bei Wolfsmilchgewächsen *(Euphorbiaceae,* links) auftritt, ist in Amerika eine ganz andere Familie beheimatet, die der Kakteen *(Cactaceae,* rechts):

Die Sukkulenz täuscht aber hier nur eine Verwandtschaft vor, die nicht existiert. Erst bei näherer Untersuchung stellt man unterschiedliche Merkmale fest. *Cactaceen* besitzen büschelige Dornen und farblosen Pflanzensaft, während sich *Euphorbiaceen* durch paarige Dornen und milchigen Saft auszeichnen. Die Konvergenz betrifft in diesem Beispiel homologe Organe verschiedener Familien.

Ein Beispiel für Divergenz bei hochgradiger Angepasstheit an biotische und abiotische Faktoren zeigen die Merkmale von Wind- und Insektenblüten, die sich gegenteilig entwickelt haben. Dies ist ein Beleg dafür, wie intensiv Koevolution zwischen Pflanzen und verschiedenen Bestäubungsmöglichkeiten auf die homologen Bauteile der Blüten einiger Pflanzen eingewirkt hat. So sind fremdbestäubende Blüten wie die des Apfels mit Duft, Farbe und Nektar ausgestattet, während Wind bestäubende Blüten wie die des Roggens ohne Lockmittel auskommen, aber frei liegende Staubgefäße besitzen.

Variabilität innerhalb von Populationen

Die Individuen einer Art treten in mehr oder weniger abgrenzbaren Populationen auf. Zwischen den Populationen besteht häufig ein ständiger Genfluss. Fortpflanzungsgemeinschaften eines solchen gemeinsamen Genpools bilden also keine einheitliche Gruppe. Was ist der Antrieb einer solchen **Variabilität?**

Dazu sind **Modifikationen** durch Umwelteinflüsse von **Mutationen** einzelner Gene, Chromosomen oder des gesamten Genoms zu unterscheiden. Modifikationen kommen unter anderem beim Löwenzahn vor, der zum Beispiel in Pflasterritzen oder im Gebirge viel kleiner wächst als unter normalen Bedingungen. Sie sind nicht vererbbar. Mutationen kommen spontan vor, können aber auch züchterisch erzeugt werden, um in der Gärtnerei verschiedene Variationen einer Pflanze anbieten zu können, wie im Falle der Buntnessel. Sie sind vererbbar.

Treten Mutationen in freier Natur auf, tritt Selektion ein, sodass nur die neuen Variationen überleben, die aufgrund besserer Angepasstheit sich auch erfolgreich fortpflanzen. Bestehen Fortpflanzungsbarrieren zwischen genetisch unterschiedlichen Populationen, können dabei neue Arten entstehen. Die Vereinigung der Erkenntnisse DARWINs mit denen der Populationsgenetik bezeichnet man als **synthetische Evolutionstheorie.**

AUFGABEN **Evolutionsbiologie**

1 Mundwerkzeuge der Insekten

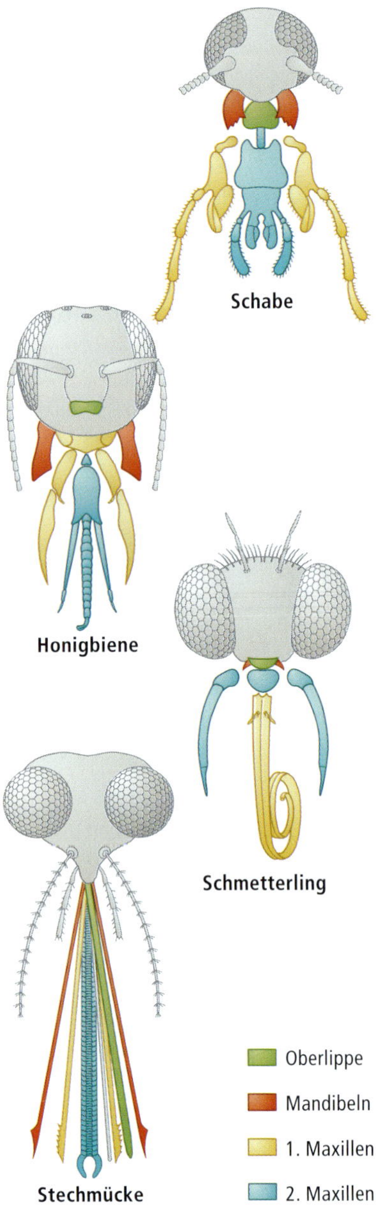

a) Tragen Sie in einer Tabelle stichpunktartig den Bau der Mundwerkzeuge der abgebildeten Insekten ein! Notieren Sie dabei auch die Art der Nahrungsaufnahme, die durch die jeweiligen Mundwerkzeuge ermöglicht wird!

b) Vergleichen Sie die Mundwerkzeuge der verschiedenen Insektenarten unter evolutionsbiologischen Gesichtspunkten!

2 Bedeutung von Fossilien

Auf die Frage eines Journalisten, in welchem Fall er den Kreationisten Glauben schenken würde, entgegnete ein bekannter Evolutionsbiologe einmal scherzhaft: „Wenn sie mir ein präkambrisches Kaninchen zeigen könnten."

a) Fossilien belegen, dass sich die Lebensformen im Verlaufe der Erdgeschichte verändert haben. Erläutern Sie diese Aussage!

b) Die Tatsache, dass sich Lebensformen im Laufe der Erdgeschichte verändert haben, ist kein Beweis dafür, dass eine Evolution stattgefunden hat. Begründen Sie diese Aussage!

c) Begründen Sie, inwiefern der Fund eines präkambrischen Kaninchens die Evolutionstheorie in ihrer heutigen Form widerlegen würde!

3 Altersbestimmung von Fossilien

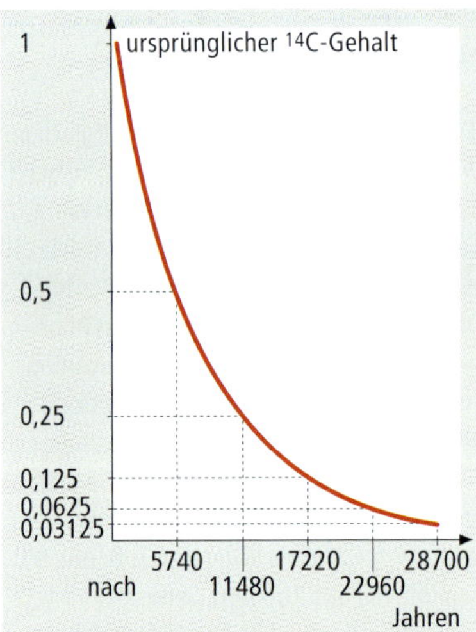

Das Alter eines Fossils wurde mit der ^{14}C-Methode auf 17 220 Jahre bestimmt.

a) Erläutern Sie das Vorgehen! Nehmen Sie die abgebildete Halbwertzeitkurve von ^{14}C zu Hilfe!

b) Erklären Sie, warum die ^{14}C-Methode nur für Fossilien geeignet ist, die nicht älter als 50 000 Jahre sind!

c) Wie lässt sich das Alter eines Dinosauriers bestimmen?

4 Evolutionsfaktoren

In einer berühmten Passage seines Buches über die Entstehung der Arten schrieb DARWIN:

> *„Ich bin fest davon überzeugt, dass die Arten nicht unveränderlich, sondern dass die zu einer Gattung gehörenden die Nachkommen anderer, meist schon erloschener Arten, und dass die anerkannten Varietäten einer bestimmten Art Nachkommen dieser sind. Und ebenso fest bin ich überzeugt, dass die natürliche Zuchtwahl das wichtigste, wenn auch nicht einzige Mittel der Abänderung war."*

a) Welche weiteren „Mittel der Abänderung" (Evolutionsfaktoren oder Evolutionsmechanismen) könnte DARWIN im Sinn gehabt haben?

b) Nennen Sie weitere, heute bekannte Evolutionsfaktoren!

5 Zufallsprozesse in der Vererbung

Bei seinen „Versuchen über Pflanzenhybriden" beobachtete MENDEL immer wieder leichte Abweichungen von den theoretisch zu erwartenden Zahlenverhältnissen. So ergab die Kreuzung von Erbsen mit runden, gelben Samen und solchen mit kantigen, grünen Samen nicht das erwartete Verhältnis von $^9/_{16} : ^3/_{16} : ^3/_{16} : ^1/_{16}$, sondern folgendes Ergebnis:

315 : 108 : 101 : 32

MENDELS Anzahlverhältnisse

In der Populationsgenetik sind solche Phänomene, die zu einer Veränderung der genetischen Struktur von Populationen führen können, unter einem bestimmten Namen bekannt.

a) Um welches Phänomen handelt es sich?

b) Welcher konkrete Prozess war für die Abweichung von dem erwarteten Zahlenverhältnis bei MENDELs Erbsenhybriden verantwortlich?

c) Nennen Sie weitere Zufallsphänomene, die den Verlauf der Evolution beeinflussen können!

6 Populationsgenetik von Erbkrankheiten

Phenylketonurie (PKU) ist eine Stoffwechselkrankheit, die auf einer autosomal-rezessiven Genmutation beruht und in homozygoter Form unbehandelt zu schwerer geistiger Behinderung führt. In Europa tritt PKU mit einer Häufigkeit von einer auf etwa 10 000 Geburten auf. Zwei andere Krankheiten, die auf autosomal-rezessiven Genmutationen beruhen, sind Mucoviscidose (auch cystische Fibrose genannt) und Sichelzellanämie.

Erbkrankheit	Häufigkeit
PKU	1 : 10 000
Mucoviscidose	
Europa	1 : 2 000
Afrika	1 : 90 000
Sichelzellanämie	
Europa	1 : 10 000
Afrika	1 : 500

a) Berechnen Sie mithilfe der HARDY-WEINBERG-Gleichung den Anteil der europäischen Bevölkerung, der das Gen für PKU in heterozygoter Form trägt!

b) Berechnen Sie die Häufigkeit von PKU nach einer Generation unter der Annahme, dass Betroffene trotz Behandlung 20 Prozent weniger Nachkommen haben als Nicht-Betroffene (Selektionskoeffizient = 0,2)!

c) Erklären Sie, weshalb das Gen für Sichelzellanämie im schwarzen Bevölkerungsanteil Afrikas häufiger ist als bei Europäern!

d) Nennen Sie mögliche Gründe dafür, weshalb Mucoviscidose in Europa verhältnismäßig häufig ist und weshalb sich die Häufigkeit der Gene für PKU und Mucoviscidose in der Bevölkerung trotz eines anzunehmenden Selektionsnachteils für homozygote Merkmalsträger nicht wesentlich verändert!

7 Artbildung auf Galapagos

Meerechse

Auf den Galapagos-Inseln sind neben den berühmten Finken eine Reihe weiterer Tierarten endemisch. Zu den bekanntesten gehören die Meerechsen, von denen es nur eine Art gibt, und die Galapagos-Riesenschildkröten, die in mehreren Unterarten auf verschiedenen Inseln des Archipels leben (nur auf der größten Insel Isabela kommen drei verschiedene Unterarten vor). Von den ebenfalls auf Galapagos heimischen Reisratten (mit den eigentlichen Ratten weitläufig verwandte Nagetiere) gibt es hingegen mehrere Arten.

a) Erklären Sie den Begriff „endemisch" und begründen Sie, weshalb endemische Arten auf ozeanischen Inseln besonders häufig zu finden sind!

b) Erklären Sie, weshalb die Meerechsen auf Galapagos alle zu einer Art gehören, die Riesenschildkröten dagegen in mehreren Unterarten vorkommen, und es bei den Reisratten verschiedene Arten gibt!

8 Das Rätsel der Pfauenaugen

„Die Schönheit der Lebewesen scheint sich hartnäckig gegen eine Erklärung unter einem bloßen evolutionären Nützlichkeitsaspekt zu sperren", heißt es in einem kreationistischen Evolutions-„Lehrbuch". Merkmale wie das Pfauenauge, das in ganz ähnlicher Form auch bei dem gleichnamigen Tagfalter und anderen Tieren vorkommt, sind nach Ansicht moderner Kreationisten „Design-Signale" oder „Nachrichten des Schöpfers an seine Geschöpfe" (wobei offen bleibt, was der Schöpfer seinen Geschöpfen mitteilen möchte).

a) Erklären Sie die Augenzeichnung auf den Schmuckfedern des Pfaus auf evolutionsbiologischer Grundlage!

b) Suchen Sie eine evolutionsbiologische Ursache für die augenähnlichen Zeichnungen auf den Flügeln mancher Schmetterlinge! Berücksichtigen Sie dabei, dass ähnliche Merkmale unterschiedliche Funktionen erfüllen können!

c) Nehmen Sie Stellung zu der Behauptung, dass sich „die Schönheit der Lebewesen gegen eine Erklärung unter evolutionärem Nützlichkeitsaspekt sperrt"! Was bedeutet „nützlich" evolutionsbiologisch?

9 Umwelten evolutionärer Angepasstheit

In seiner 1878 veröffentlichten „Biographischen Skizze eines Kindes" schrieb DARWIN:

„Es ist bekannt, wie stark Kinder [...] unter verschwommenen und unbestimmten Ängsten leiden [...]. Als Beispiel führe ich an, wie ich den Jungen, als er zweieinviertel Jahre alt war, in den Zoologischen Garten mitnahm und er alle Tiere vergnügt anschaute, die so aussahen wie jene, die er schon kannte, wie Rehe, Antilopen etc. [...], während die verschiedenen größeren Tiere in den Käfigen ihn sehr beunruhigten. Später sagte er oft, er wolle wieder hingehen, aber nicht »die wilden Tiere in den Häusern« sehen. Wir konnten uns diese Angst gar nicht erklären. Müssen wir nicht annehmen, dass die vagen, aber sehr realen Ängste von Kindern von Erfahrung ganz unabhängig und vielmehr ererbte Folge von wirklichen Ängsten [...] auf der Stufe der Wildheit sind?"

Knapp hundert Jahre später griff der englische Psychiater John BOWLBY DARWINS Gedanken mit der Bemerkung wieder auf,

„dass kein einziges morphologisches, physiologisches oder verhaltensmäßiges Merkmal einer Spezies verstanden oder überhaupt vernünftig erörtert werden kann, ohne dass auf die Umwelt der evolutionären Angepasstheit der betreffenden Spezies Bezug genommen wird."

Unter der „Umwelt der evolutionären Angepasstheit" des Menschen verstand BOWLBY die Umwelt, in der der Mensch entstanden war und an die er angepasst ist – und diese Umwelt ist mit den Umwelten, in denen Menschen heute leben, zweifellos nicht identisch.

a) Erklären Sie DARWINS Beobachtung mithilfe von BOWLBYS Konzept der Umwelt der evolutionären Angepasstheit!

b) Touristen, die die Galapagos-Inseln besuchen, sind immer wieder beeindruckt, wie wenig sich die dort lebenden Tiere vor Menschen fürchten. Vielen Tierarten auf ozeanischen Inseln wurde ihre Zutraulichkeit allerdings zum Verhängnis: Sie wurden innerhalb kurzer Zeit ausgerottet.
Erklären Sie diese Beobachtungen!

c) Der Verhaltensforscher Konrad LORENZ nannte die Art, wie sich heute viele Menschen ernähren – so fett wie möglich, so süß wie möglich und so wenig wie möglich mit unverdaulichen Ballaststoffen beladen –, „Selbstmord mit der Gabel"!
Erklären Sie das ungesunde Ernährungsverhalten mithilfe des Konzepts der Umwelt der evolutionären Angepasstheit!

10 Alte und neue Seuchen

Nachdem 1980 die Pocken für ausgerottet erklärt worden waren, hielten viele Mediziner die Gefahr großer Seuchen durch Infektionen für immer gebannt. Doch es kam anders. Allein 1998 starben fast fünf Millionen Menschen an Aids, Tuberkulose und Malaria, und weitere 3,5 Millionen fielen verschiedenen Atemwegsinfektionen zum Opfer. Darüber hinaus forderten bislang unbekannte Krankheiten wie Ebola (erste Fälle: 1976) und SARS („**s**chweres **a**kutes **r**espiratorisches **S**yndrom"; erste Fälle: November 2002) immer mehr Todesopfer. Die Ursachen waren bald klar: Altbekannte Erreger waren nach und nach resistent gegen Medikamente geworden, und andere hatten sich an einen neuen Wirt angepasst, indem sie von Tieren auf Menschen übergesprungen waren.

a) Erklären Sie das Entstehen von Resistenzen und neuartigen Infektionskrankheiten mithilfe der Theorien LAMARCKS und DARWINS!

b) Angepasstheiten von Parasiten und ihren Wirten sind Ergebnis eines Prozesses, den man auch als koevolutives „Wettrüsten" bezeichnet.
Erklären Sie die Begriffe Koevolution und „Wettrüsten"!

c) Viele Wissenschaftler halten die Sexualität für die wichtigste „Waffe", die Wirte im koevolutiven „Wettrüsten" mit ihren Parasiten entwickelt haben. Begründen Sie dies!

11 Kooperation und Konkurrenz

In DARWINS Erklärungsmodell der Evolution durch natürliche Selektion spielt der „Kampf ums Dasein" und die Konkurrenz um begrenzte Ressourcen eine zentrale Rolle. Dem hielt 1902 der russische Fürst, Anarchist und Darwinist Pjotr Alexejewitsch KROPOTKIN (1842 bis 1921) in seinem Buch „Gegenseitige Hilfe in der Tier- und Menschenwelt" entgegen, dass nicht Kampf und Konkurrenz das Erfolgsprinzip in der Natur seien, sondern Kooperation und gegenseitige Hilfe: „Wo ich auch immer das Tierleben in reicher Fülle auf engem Raum beobachtete [...], sah ich *gegenseitige Hilfe* und *gegenseitige Unterstützung* sich in einem Maße betätigen, dass ich ihnen einen Faktor von größter Wichtigkeit für die Erhaltung des Lebens und jeder Spezies, sowie ihrer Fortentwicklung zu ahnen begann."
KROPOTKINS Meinung wird heute von vielen DARWIN-Kritikern wieder aufgegriffen.
So behauptete 2002 ein deutsches Wissenschaftsmagazin, dass „nicht DARWINscher Egoismus, nicht Rivalität und gnadenloser Kampf" die „erfolgreichen Strategien der Evolution" seien, denn schließlich sei die Natur „voller Beispiele für Liebe, Freundschaft und Toleranz."

a) Nennen Sie Beispiele für Kooperation und gegenseitige Hilfe in der Natur!

b) Begründen Sie, warum Kooperation und gegenseitige Hilfe erfolgreiche evolutionäre Strategien sind!

c) Begründen Sie, weshalb die Tatsache, dass es in der Natur viele Beispiele für Kooperation, Altruismus und gegenseitige Hilfe gibt, nicht im Widerspruch zu DARWINS Erklärungsmodell der Evolution durch natürliche Selektion steht!

12 Stammbaumrekonstruktion

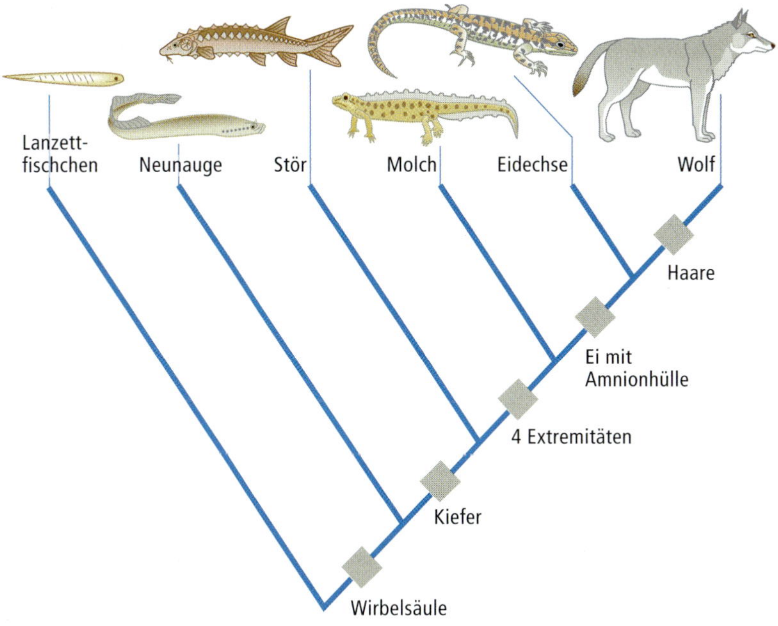

Um Verwandtschaftsbeziehungen zwischen Arten oder Gruppen von Arten zu rekonstruieren, bedienen sich Evolutionsbiologen einer Methode, die 1950 von dem deutschen Zoologen Willi HENNIG begründet wurde und als Kladistik (gr. *clados*, Zweig) bezeichnet wird. Die Kladistik beruht auf dem Vergleich der Merkmale von Lebewesen. Dabei werden ursprüngliche oder plesiomorphe Merkmale (gr. *plesios*, nahe, benachbart, *morphe*, Gestalt, Form) von neu in der Evolution entstandenen Merkmalen unterschieden, die man als abgeleitetet oder apomorph (griech. *apo*, fern, getrennt von) bezeichnet.

Ein ursprüngliches Merkmal von Menschen sind beispielsweise die fünfgliedrigen Extremitäten, die nicht nur bei vielen anderen Säugetieren, sondern auch schon bei Reptilien und Amphibien zu finden sind. Die Reduktion der Finger- und Zehenzahl, wie sie etwa Huftiere kennzeichnet, ist dagegen ein abgeleitetes Merkmal.
Zeichnen sich zwei Arten durch den gemeinschaftlichen Besitz von apomorphen Merkmalen oder Synapomorphien (griech. *syn*, zusammen) aus, ist dies ein Indiz für ihre Verwandtschaft.

Die Abbildung zeigt ein vereinfachtes Schema einer solchen Stammbaumrekonstruktion.

a) Zeichnen Sie ein Stammbaumschema (Kladogramm) mit den Arten Mensch, Pinguin, Känguru, Krokodil und Schnabeltier! Berücksichtigen Sie dabei folgende Merkmale:
- Eiablage
- Lebendgeburten
- Haare
- Federn
- Milchdrüsen
- Schnabel
- aufrechter Gang
- Fetalentwicklung im Mutterleib

b) Welche der genannten Merkmale sind für Säugetiere ursprünglich (Plesiomorphien), welche abgeleitet (Apomorphien)?

c) Zwei der genannten Merkmale sind Apomorphien, die bei jeweils zwei Arten auftreten. Dennoch handelt es sich nicht um Merkmale, die eine engere Verwandtschaft der entsprechenden Arten belegen. Um welche Merkmale und Arten handelt es sich?

d) Welche anderen Methoden gibt es, um Stammbäume zu rekonstruieren?

13 Vom Affen zum Menschen

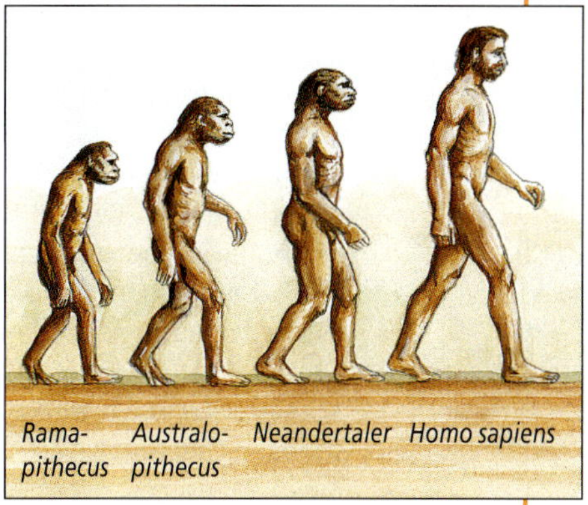

In einem berühmt gewordenen Wortwechsel auf einer Tagung der British Association for the Advancement of Science im Jahre 1860 fragte der englische Bischof Samuel WILBERFORCE den DARWIN-Anhänger Thomas HUXLEY, ob er großmütterlicherseits oder großväterlicherseits vom Affen abstamme. HUXLEY soll erwidert haben, er hätte „lieber einen erbärmlichen Affen zum Großvater als einen Mann, der eine ernsthafte Diskussion ins Lächerliche zieht!" Abbildungen wie die obige, untertitelt „Vom Affen zum Menschen", sind seither eine beliebte Darstellungsform der Evolution des Menschen. In einem 2001 erschienenen Lehrbuch der Evolutionsbiologie heißt es jedoch, dass „kein sachkundiger Biologe jemals behauptet hat, dass der Mensch vom Affen abstammt."

a) Nehmen Sie Stellung zu der oben gemachten Aussage! Äußern Sie sich insbesondere zu der Frage, ob der Mensch „vom Affen abstammt"!

b) Vergleichen Sie die obige Abbildung mit der Abbildung auf Seite 409! Welche Unterschiede ergeben sich bei diesem Vergleich?

c) „Lucy" und ihre Verwandten zeichneten sich durch einen starken Sexualdimorphismus in Größe und Gewicht aus. Welche Rückschlüsse lässt dies auf ihre Lebensweise zu?

6.4 Evolution und die Zukunft der Menschheit

Im Jahr 1894 schrieb DARWINs Freund und Mitstreiter ALFRED R. WALLACE: „In einer meiner letzten Unterhaltungen mit DARWIN sprach er sich sehr wenig hoffnungsvoll über die Zukunft der Menschheit aus, und zwar aufgrund der Beobachtung, dass in unserer Zivilisation eine natürliche Auslese nicht zustande komme und die Tüchtigsten nicht überlebten. Die Sieger im Kampf um das Geld sind keineswegs die Besten oder die Klügsten, und bekanntlich erneuert sich unsere Bevölkerung in jeder Generation in stärkerem Maße aus den unteren als aus den mittleren und oberen Klassen."

Wie das Zitat zeigt, ist die Befürchtung, bestimmte Begleiterscheinungen der Zivilisation wirkten sich zum biologischen Schaden der Menschheit aus, alt. Sie bewegt aber immer noch viele Menschen. Dahinter steckt – ausgesprochen oder unausgesprochen – die Vorstellung, biologische Evolution verlaufe nach dem Prinzip „Immer schneller, höher, weiter, besser", während fragwürdige „Segnungen" der Zivilisation dieses erstrebenswerte Ziel wieder zunichte machen. Aber diese Vorstellung ist falsch: Die Evolution hat kein „Ziel", und auch „Fortschritt" – was immer man darunter versteht – ist kein systemimmanentes Prinzip der Evolution. Zwar zeichnen sich viele Tier- und Pflanzenarten durch eine bewundernswerte Komplexität aus, und in vielen Entwicklungslinien ist auch eine Zunahme der Komplexität erkennbar. Die Evolution der Blutkreislaufsysteme bei den Wirbeltieren ist dafür ebenso ein Beispiel wie die Evolution von Sinnesorganen und Nervensystemen. Bei vielen Tier- und Pflanzengruppen findet man aber auch eine drastische Abnahme der Komplexität. Beispiele sind flugunfähige Vögel, Höhlenbewohner oder unterirdisch lebende Tiere, deren Augen reduziert sind, und vor allem viele parasitisch lebende Tier- und Pflanzenarten. Schließlich haben sich viele Arten seit Millionen von Jahren nicht verändert. Die „primitiven" Bakterien etwa sind seit Milliarden von Jahren unerhört erfolgreich.

Nicht Fortschritt ist also das Erfolgsrezept der Evolution, sondern Anpassung. Die natürliche Selektion begünstigt Merkmale, die es ihren Trägern gestatten, mehr überlebende Nachkommen zu produzieren als ihre Konkurrenten. Falsch ist auch die Vorstellung, die natürliche Selektion wirke sich automatisch zum „Wohl der Menschheit" oder irgendeiner anderen Art aus. Selektion ist ein durch und durch eigennütziger Prozess, der nur am reproduktiven Vorteil, den er einem Individuum verschafft, gemessen werden kann.

Zweifellos hat der Mensch durch die kulturelle Evolution die Selektionsbedingungen, unter denen er lebt, verändert. Die Rot-Grün-Blindheit ist ein relativ harmloses Beispiel. In Deutschland findet sich dieses Merkmal bei etwa 8 % aller Männer und 0,5 % aller Frauen (der Unterschied erklärt sich dadurch, dass die für den Defekt verantwortlichen Gene auf dem X-Chromosom liegen und rezessiv vererbt werden; die Wahrscheinlichkeit, dass beide X-Chromosomen betroffen sind, ist gering). In traditionellen Jäger- und Sammler-Gesellschaften ist das Merkmal erheblich seltener, und das hat einen einfachen Grund: Ein Jäger oder Sammler, der rote Objekte nicht von grünen unterscheiden kann, hat ein Problem und wird im Durchschnitt weniger Nachkommen zeugen als ein normalsichtiger Konkurrent. In einer bäuerlichen Gesellschaft war dieser Selektionsnachteil weit weniger bedeutend: Die Gene für Rot-Grün-Blindheit konnten sich ausbreiten.
Aber die natürliche Selektion sorgt nicht zwingend dafür, dass nachteilige Gene aus der Population verschwinden; sie kann paradoxerweise auch dafür sorgen, dass Gene, die für ihren Träger nachteilig sind, erhalten werden oder sogar zunehmen können. Bestimmte Formen manischer Depression sind beispielsweise genetisch bedingt. Während der manischen Phase werden manche Menschen, die an dieser Krankheit leiden, sexuell aggressiv. Andere vollbringen Höchstleistungen, die sie erfolgreich und attraktiv machen. Ein Gen aber, das die Wahrscheinlichkeit für eine erfolgreiche Fortpflanzung erhöht, wird sich unweigerlich ausbreiten – auch dann, wenn es für die Gesundheit des Betroffenen nachteilig ist.

Wie immer man es betrachtet: Für die Vorstellung, dass die natürliche Selektion – ließe man sie gewähren – für eine stetige „Höherentwicklung" der Menschheit sorgen würde, gibt es nicht den geringsten Anhaltspunkt. Ebenso wenig gibt es Anhaltspunkte dafür, dass wir uns gegenwärtig in einer Phase der genetischen „Degeneration" befinden. Die Gehirngröße des Menschen hat in den letzten 150000 Jahren zwar nicht zugenommen, sondern sogar leicht abgenommen; dass wir in dieser Zeit dümmer geworden wären, wird aber niemand behaupten können. Auch die schon zu DARWINs Zeiten geäußerte Befürchtung, geistig minderbemittelte Menschen würden sich überdurchschnittlich vermehren und damit für die geistige Degeneration der Menschheit sorgen, steht auf schwachen Füßen: Psychologen haben nämlich herausgefunden, dass der Intelligenzquotient in den letzten Jahrzehnten stetig zugenommen hat. Ob dies bedeutet, dass wir klüger geworden sind, ist freilich eine offene Frage.

EXKURS „Rassenkunde“ – Rassenwahn

Am 15. September 1935 wurde in Nürnberg das „Gesetz zum Schutze des deutschen Blutes und der deutschen Ehre“ verabschiedet. Es stellte die Eheschließung und jeglichen Geschlechtsverkehr zwischen „Juden und Staatsangehörigen deutschen oder artverwandten Blutes“ unter Strafe. Die meisten deutschen Anthropologen, die sich fast ganz der so genannten „Rassenkunde“ verschrieben hatten, begrüßten dieses Gesetz.

Dumpfer Rassismus, der nicht selten in brutale Gewalt gegen Fremde umschlägt, ist ein ebenso altes wie aktuelles Problem, das viele Ursachen hat. Trotz Holocaust und brennender Asylbewerberheime ist es auch kein spezifisch deutsches Problem – man denke nur an den jahrhundertelangen Sklavenhandel, die „Apartheid“ oder die „ethnischen Säuberungen“ im ehemaligen Jugoslawien. Auch das Verbot der so genannten „Rassenschande“ im Nationalsozialismus hatte Vorbilder. Im amerikanischen Bundesstaat Virginia wurde 1930 ein Gesetz erlassen, das Eheschließungen zwischen „Personen der kaukasischen (= europäischen) Rasse und Personen, die mehr als 1/16 Indianerblut oder eine Spur Negerblut in ihren Adern haben“, unter Androhung von Gefängnisstrafen verbot.

Die Wurzeln des wissenschaftlich verbrämten Rassismus reichen tief ins 18. und 19. Jahrhundert zurück. LINNÉ beispielsweise erlag den schon in seiner Zeit gängigen Vorurteilen: Er nannte Afrikaner „träge“, „schamlos“ und „von Launen regiert“, Europäer dagegen „lebhaft“, „erfinderisch“ und „von Sitten regiert“. Vor allem Schwarzafrikaner wurden immer wieder in die Nähe von Tieren gerückt, was einem Freibrief für ihre Versklavung gleichkam. Im 19. Jahrhundert legte der Franzose JOSEPH ARTHUR COMTE DE GOBINEAU den Grundstein für den Mythos von der angeblichen Überlegenheit der „nordischen Rasse“. In seinem „Essay über die Ungleichheit der menschlichen Rassen“ behauptete er, diese sei die „edelste“ von allen. Auch DARWIN war vor den rassistischen Anwandlungen seiner Zeit nicht gefeit, wandte sich aber scharf gegen die Sklaverei.

425.1 Volksverhetzung

Eine wertneutrale Behandlung der „Rassenfrage“ hat es zu keiner Zeit und in keinem Land der Welt gegeben. Nur in Deutschland aber gingen eine scheinbar wertfreie Wissenschaft und eine Ideologie, die den Rassenwahn zur Staatsdoktrin erhoben hatte, eine so enge Allianz ein. Anthropologen lieferten der menschenverachtenden Politik der Nationalsozialisten nicht nur das geistige Rüstzeug; sie waren auch hocherfreut über die Umsetzung ihrer „wissenschaftlichen“ Erkenntnisse. Juden und andere „Untermenschen“ bezeichneten sie als „Parasiten“, die zum „Schutze des eigenen Erbgutes“ „ausgemerzt“ gehörten. „Rassenkreuzungen“, so behaupteten sie, führten zu körperlichen und geistig-seelischen „Disharmonien“, obwohl ihre eigenen Untersuchungen an Mischlingsbevölkerungen in Südafrika und Südostasien nichts dergleichen erbracht hatten. Ihre massenhaft erstellten „Rassegutachten“ trugen nicht unerheblich zur Organisation der so genannten „Endlösung der Judenfrage“, dem organisierten Massenmord, bei. Mit Wissenschaft hatte all dies nichts zu tun.

BASISKONZEPT Reflexion zum Menschenbild

Mit den Erkenntnissen der Evolutionstheorie wandelte sich auch das Bild vom Menschen grundlegend. Viele Menschen waren der Ansicht, der Mensch sei neben den Bakterien, Pflanzen und Tieren etwas Besonderes im System der Lebewesen. Bei genauerer Betrachtung erkennt man jedoch, dass der Mensch, aus biologischer Sicht betrachtet, sich hinsichtlich der Merkmale des Körperbaus nicht von anderen Vertretern der Säugetiere unterscheidet. So besitzen Menschen Haare und säugen ihre Nachkommen.

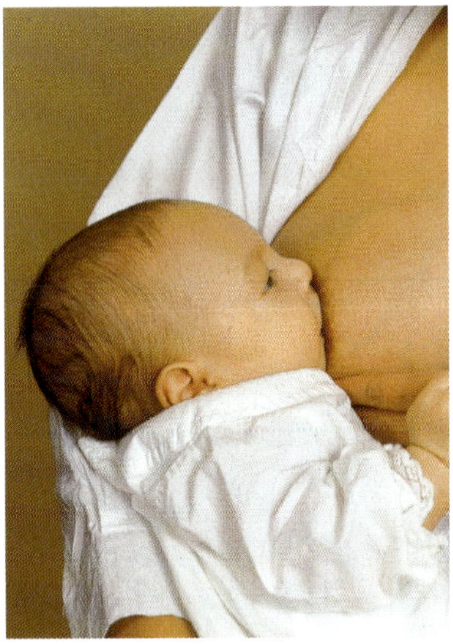

In seinen geistigen Fähigkeiten ist der Mensch anderen Lebewesen aber weit voraus. Der Mensch besitzt im Verhältnis zu seiner Körpermasse das größte Gehirn aller Lebewesen. Es ist Voraussetzung für die typisch menschlichen Fähigkeiten, zum Beispiel die ausgeprägte Lernfähigkeit, das komplexe Sozialverhalten und die Kommunikation durch Sprache und die sich daraus ergebende enorme Flexibilität und Anpassungsfähigkeit. So haben wir auch die Fähigkeit erlangt, die Natur – in bestimmten Grenzen – unseren Bedürfnissen anzupassen. Wir benutzen Werkzeuge, bauen Maschinen und bestellen Felder für unsere Nahrungsgewinnung. Der Mensch kann sogar in den Genpool anderer Organismen eingreifen, um deren Stoffwechselwege seinen Bedürfnissen nutzbar zu machen.

Aus dieser hervorgehobenen Stellung des Menschen resultiert eine besondere Verantwortung gegenüber unserer Umwelt.

Ökologie und Nachhaltigkeit

1795 propagierte der preußische Forstmeister GEORG L. HARTIG das Prinzip der **Nachhaltigkeit.** Es sollte nur so viel Holz genutzt werden, wie nachwuchs. Nachhaltigkeit ist auch Basis der **Agenda 21,** dem Handlungsprogramm der UNO für das 21. Jahrhundert. Vor allem durch die UNO-Konferenzen von Rio de Janeiro (1992) und Johannesburg (2002) ist Nachhaltigkeit als Ziel für die zukünftige globale Entwicklung ein wichtiges Leitbild geworden. Dieses Leitbild bezeichnet eine Entwicklung, welche den Bedürfnissen der heutigen Generation nach intakter Umwelt, sozialer Gerechtigkeit und wirtschaftlichem Wohlstand entspricht, ohne die Möglichkeiten künftiger Generationen zu gefährden, ihre eigenen Bedürfnisse zu befriedigen. Ziel der Agenda 21 ist es die drei „Säulen" der Nachhaltigkeit, die Ökologie, die Ökonomie und die soziale Gerechtigkeit in allen Lebensbereichen in Einklang zu bringen, national wie international. Eine nachhaltige Entwicklung erfordert, dass Umwelt- und Artenschutz Bestandteil des globalen Entwicklungsprozesses sind. Umweltschutz geht jeden Einzelnen an, und jeder ist von Umweltschutzmaßnahmen betroffen. Schließlich nimmt jeder Mensch täglich drei Kilogramm „Umwelt" als Nahrung, Getränke und Atemluft zu sich. Umwelteinflüsse gehören zu den wichtigsten Krankheitsursachen. Daher bedeutet Umweltschutz auch Schutz der Gesundheit. Artenschutz und damit die biologische Vielfalt hat nicht nur einen ethischen Wert, geht doch ein in seiner Eigenart einmaliger Organismus für immer verloren. Letztlich muss der Schutz der Artenvielfalt auch als Grundlage für die menschliche Existenz begriffen werden. So wird verhindert, dass zum Beispiel für künftige Züchtungsziele wichtige Allele unwiederbringlich verloren gehen.

Besonders in der **Landwirtschaft** sollte ein nachhaltiges Wirtschaften zum Tragen kommen. Sieht man den Boden auf dem Nutzpflanzen wie Weizen, Mais oder Obstbäume angebaut werden als natürliche Ressource, gehen dem Boden mit jeder Ernte wichtige Mineralstoffe verloren. In einem natürlichen Ökosystem, zum Beispiel einem Wald, werden dem Boden keine Nährstoffe entzogen, da sie durch mikrobielle Zersetzung von totem organischem Material, wieder regeneriert werden. Maßvolle Düngung, die zum Beispiel nicht zu einer Eutrophierung benachbarter Gewässer führt, ist daher für eine nachhaltige Landwirtschaft essentiell.

Auch auf die **Energiegewinnung** lässt sich das Leitbild der Nachhaltigkeit übertragen. Unsere so genannten fossilen Energieträger, wie Kohle, Erdgas und Erdöl, leisten durch ihre Verbrennung und die damit verbundene Kohlenstoffdioxid-Freisetzung einen erheblichen Beitrag zum globalen Treibhauseffekt. Aus ökologischer und ökonomischer Sicht betrachtet ist die Nutzung dieser fossilen Brennstoffe alles andere als nachhaltig, da durch den hohen Bedarf der weltweiten Industrie die Erdölvorkommen schätzungsweise nur noch 50 Jahre reichen werden. Jährlich verbrauchen wir derzeit etwa so viele fossile Brennstoffe, wie sich in einer Million Jahre gebildet haben. Die Hälfte des freigesetz-

ten Kohlenstoffdioxids verbleibt dabei in der Atmosphäre. Die Erforschung alternativer, nachhaltiger Energiequellen, die auch künftigen Generationen noch nutzbar sind, wie zum Beispiel die Sonnen-, Wasser-, Wind- oder Gezeitenenergie, wird von vielen Ländern intensiv gefördert.
Aber auch diese Energiequellen werden kontrovers betrachtet. Manche Menschen empfinden zum Beispiel Windkraftanlagen als störend im Landschaftsbild. Zudem ist die Nutzungsmöglichkeit dieser Energiequellen nicht konstant, und ihre Zugänglichkeit auf der Erde ist nicht überall in ausreichendem Maße gegeben.

Daher gewinnt der Einsatz von Biomasse als nachwachsendem Rohstoff zunehmend an Bedeutung. Aus Kulturpflanzen wie Sonnenblumen oder Raps wird Biodiesel als Treibstoff gewonnen. Bei der Verbrennung von Holz wird nur so viel Kohlenstoffdioxid freigesetzt, wie die Pflanzen zeitnah zu ihrer Nutzung aufgenommen haben.

Reproduktionsbiologie

Jede neue Technik bringt Chancen und Risiken mit sich. Ein besonders gutes Beispiel dafür sind die neuen mit Hilfe der Gentechnik entwickelten Gendiagnose-Verfahren. Durch die rasante Entwicklung im Bereich der Reproduktionsbiologie in den vergangenen Jahren ist es möglich geworden, einen Embryo nicht nur außerhalb des Mutterleibes zu zeugen, sondern ihn auch bereits in den ersten Tagen nach der Befruchtung auf das Geschlecht oder bestimmte genetische Anomalien wie Mukoviszidose oder Chorea HUNTINGTON zu untersuchen. Diese im Rahmen einer In-vitro-Fertilisation (IVF) mit anschließendem Embryonentransfer durchführbare Diagnostik – wird als Präimplantationsdiagnostik (PID) bezeichnet. Dem sich im Anschluss an eine IVF entwickelnden Embryo, werden dabei gewöhnlich am dritten Tag nach der Befruchtung zwei Zellen entnommen und deren Erbgut untersucht. Die entnommenen Zellen – pluripotente embryonale Stammzellen – werden dabei, bedingt durch die Untersuchungsverfahren, zerstört. In Deutschland ist die PID nach dem Embryonenschutzgesetz verboten, in anderen Ländern Europas jedoch erlaubt.
Das Beispiel der In-vitro-Fertilisation mit PID zeigt, dass wissenschaftliche Errungenschaften oftmals zwei Seiten aufweisen. Einerseits erfüllt die IVF vielen kinderlosen Paaren den Kinderwunsch. Zusätzlich wird durch die PID gewährleistet, dass ein Embryo in die Gebärmutter transferiert wird, der bezüglich der untersuchten Erbkrankheiten genetisch gesund ist.
Doch mit der Möglichkeit vor dem Embryotransfer in den Mutterleib bestimmte Erbdefekte mittels Gentest ausfindig zu machen, zeigt sich die Schattenseite dieser Technik. Die Methode der PID weckt Befürchtungen über die Auslese von vermeintlich nicht lebenswerten Lebens, denn es besteht zumindest die Gefahr, dass die PID dazu missbraucht wird „Kinder nach Maß" zu schaffen.
Andererseits erspart die PID einem Paar mit einer bestimmten genetischen Erkrankung eine während der Schwangerschaft, gesellschaftlich anerkannte, pränatale Diagnostik, und damit im Falle eines positiven Befundes einen schweren ethischen Konflikt um eine mögliche Abtreibung und die physiologische Belastung durch die Abtreibung selbst.

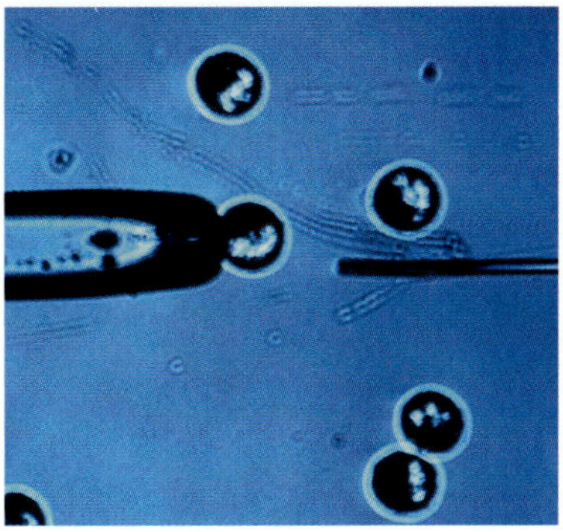

Eine weitere Frage bleibt noch offen: Was passiert mit den überzähligen Embryonen, die während einer künstlichen Befruchtung entstehen, aber nicht in den Mutterleib transferiert werden? Viele sprechen sich dafür aus, diese Embryonen der Forschung an embryonalen Stammzellen freizugeben. Andere wiederum sehen darin eine Tötung potentiell lebensfähiger Menschen.
Ein anderer Gesichtspunkt ist die Frage, wie mit den Ergebnissen von Gentests umgegangen wird. Die Ergebnisse ermöglichen in der Regel eine frühzeitigere medizinische Behandlung zum Wohle des Betroffenen. Sie könnten aber genauso gut auch dazu verwendet werden, Betroffenen den Zugang zur Krankenversicherung, zu Lebensversicherungen oder sogar zu bestimmten Arbeitsplätzen zu verwehren. Ein Mehr an Wissen kann in diesem Fall für manche vielleicht mehr ein Fluch, denn ein Segen sein. Die schwerwiegendsten ethischen Probleme bestehen bei gentherapeutischen Eingriffen in die menschliche Keimbahn, bei denen die Chance auf Beseitigung eines genetischen Defekts auch für spätere Generationen besteht. In Deutschland verbietet das Embryonenschutzgesetz die Keimbahntherapie.

Manche Kritiker lehnen die Gentherapie grundsätzlich ab, selbst wenn eine Therapie von Somazellen erfolgt, die nur dem therapierten Individuum zugute kommt und es sich um eine lebensbedrohliche Krankheit handelt. Andere sehen keinen grundlegenden Unterschied zwischen der Genmanipulation von Somazellen und der Transplantation von Organen.

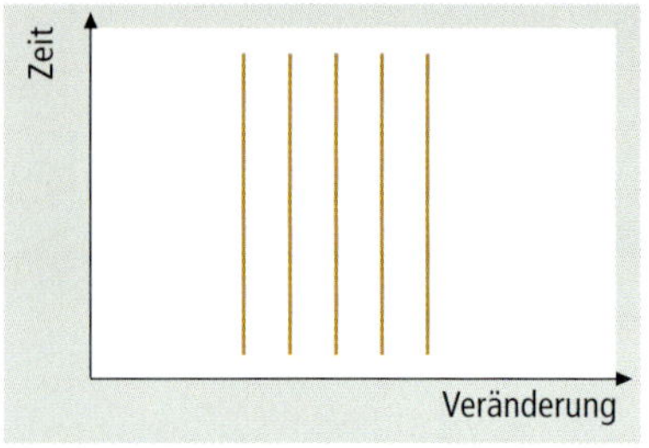

Theorie der Artkonstanz

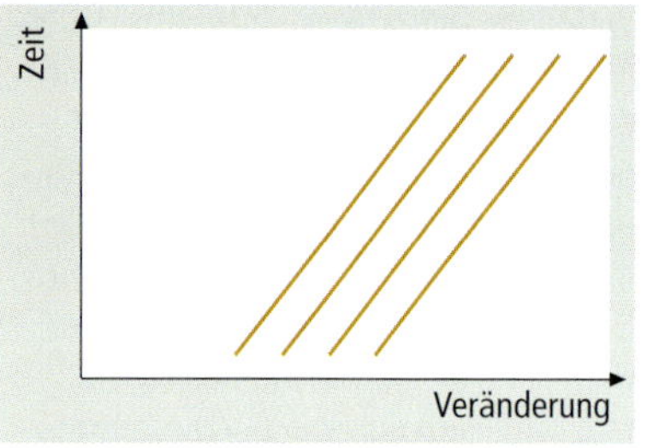

Transformismus-Theorie

DARWINs Evolutionstheorie

Wenn jemand eine Uhr am Wegesrand findet, wird er kaum auf die Idee kommen, dass diese rein zufällig – durch seelenlose Naturkräfte – entstanden ist. Eine Uhr zeichnet sich durch intelligentes Design aus – und intelligentes Design kann nur das Produkt eines intelligenten Designers sein. Folglich muss es einen Uhrmacher gegeben haben. Dieses Argument des englischen Naturtheologen William PALEY (1743 bis 1804) findet auch heute wieder Anhänger: Lebewesen zeichnen sich durch „intelligentes Design" aus, und dieses kann nach Meinung von Kreationisten unmöglich durch die „blinden Kräfte" der Evolution entstanden sein. Charles DARWIN hatte eine andere Erklärung dafür, wie „intelligentes Design" von Lebewesen zustande kommen kann: Es gibt einen „Uhrmacher" in der Natur, aber er ist blind und verfügt über keine vorausschauende Intelligenz. Der Name dieses „blinden Uhrmachers" lautet **natürliche Auslese** oder **Selektion**. Aber lässt sich diese Theorie beweisen?

Die Entwicklung des Lebens auf der Erde war ein **historischer Prozess,** der direkter Beobachtung nicht zugänglich ist. Daher könnte man zu der Auffassung gelangen, dass die Evolutionstheorie nichts weiter als eine unbewiesene Hypothese ist. Tatsächlich gibt es zwei weitere alternative Theorien über die Geschichte des Lebens, die prinzipiell ebenfalls „wahr" sein könnten: Nach der auf ARISTOTELES zurückgehenden Theorie von der **Konstanz der Arten** sind alle heute lebenden (rezenten) Arten unabhängig voneinander entstanden – oder erschaffen worden – und haben sich im Laufe der Erdgeschichte nicht verändert. Auch nach der zweiten, von LAMARCK vertretenen Theorie sind die heute lebenden Arten unabhängig voneinander entstanden, haben sich aber im Laufe der Erdgeschichte verändert. Diese Theorie bezeichnet man auch als **Transformismus-Theorie** (lat. *transformere*, umwandeln). DARWINs **Evolutionstheorie** geht ebenfalls von der Veränderung von Arten aus, behauptet aber im Gegensatz zu der LAMARCKs, dass die heute lebenden Arten von gemeinsamen Vorfahren abstammen. Wie lässt sich entscheiden, welche der drei Theorien die richtige ist?

Naturwissenschaftliche Theorien müssen eine wichtige Voraussetzung erfüllen: Sie müssen **Vorhersagen** ermöglichen, die sich durch Beobachtungen oder Experimente überprüfen lassen. Stimmen die beobachteten Fakten mit der Vorhersage überein, wird die Theorie gestützt, ist dies nicht der Fall, muss sie fallengelassen werden.
Alle drei Theorien erfüllen diese Voraussetzung. So sagt die Theorie von der Konstanz der Arten im Gegensatz zu denen LAMARCKs und DARWINs voraus, dass Arten unveränderlich sind. Diese Vorhersage stimmt aber mit der erfahrbaren Wirklichkeit nicht überein: **Arten sind veränderlich, und zwar sowohl durch künstliche Zuchtwahl als auch durch natürliche Selektion**. Allein aufgrund dieser Tatsache muss die Theorie von der Konstanz der Arten also fallengelassen werden.

Noch nicht entschieden ist damit freilich die Frage, welche der beiden anderen Theorien mit größerer Wahrscheinlichkeit zutrifft, denn die Vorhersage, dass Arten veränderlich sein sollten, machen beide. Beide unterscheiden sich allerdings in einer anderen Vorhersage: Nach DARWIN sollte es Ähnlichkeiten zwischen verschiedenen Arten von Lebewesen geben, die sich allein durch gemeinsame Abstammung erklären lassen, nach LAMARCK dagegen nicht. Die Überprüfung dieser Vorhersage zeigt, dass alle Lebewesen durch **abgestufte Ähnlichkeiten** miteinander verbunden sind – wie man es von Verwandten erwartet. Diese als **Homologien** bezeichneten Ähnlichkeiten betreffen sämtliche Organisationsebenen: von der Zelle über Gewebe, Organe und Organsysteme bis hin zu den Bauplänen ganzer Organismen. Die Betrachtung von Bau und Funktion homologer Strukturen ist ein Beispiel für das **Basiskonzept „Struktur und Funktion"**. Selbst Lebewesen mit ganz unterschiedlichen Bauplänen, wie Reptilien und Vögel, sind durch Zwischenformen miteinander verbunden. Auch die Transformismus-Theorie muss also fallengelassen werden. DARWINs Evolutionstheorie wird dagegen durch sämtliche verfügbaren Fakten gestützt. Fast alle Naturwissenschaftler betrachten daher die Evolution nicht mehr nur als „bloße Theorie", sondern als **hinreichend gesicherte Tatsache.**

DARWINs **Theorie der Evolution durch natürliche Selektion** war im Grunde einfach: Individuen unterscheiden sich, viele der Unterschiede sind erblich, und da die zum Überleben und zur Fortpflanzung notwendigen Ressourcen begrenzt sind, werden die Individuen, die aufgrund ihrer genetischen Anlagen besser an die momentanen Umweltbedingungen angepasst sind, mehr Nachkommen hinterlassen als andere. Das DARWINsche Konzept des Zusammenspiels von Reproduktion, Variabilität und Selektion bildet eine Grundlage für das **Basiskonzept „Reproduktion"**. Selektion lässt sich danach als **unterschiedlicher Fortpflanzungserfolg aufgrund unterschiedlicher Angepasstheit** definieren. Dies wiederum führt, wie Populationsgenetiker in den dreißiger Jahren des 20. Jahrhunderts erkannten, zur Veränderung der genetischen Struktur von Populationen. Fortpflanzungsbarrieren zwischen genetisch unterschiedlichen Populationen oder Teilpopulationen können dann zur Entstehung neuer Arten führen. Derartige Artbildungsprozesse sind ein Beispiel für das **Basiskonzept „Regelung und Steuerung"**. Die Vereinigung der Erkenntnisse DARWINs mit denen der Populationsgenetik bezeichnet man als **Synthetische Theorie der Evolution**.

Die Bedeutung der sexuellen Selektion wurde den Biologen erst klar, nachdem sie erkannt hatten, dass Selektion weder ein Prozess ist, der automatisch Fortschritt produziert, noch einer, der zwangsläufig das Wohl der Art oder auch nur das Überleben des Individuums fördert: Viele Merkmale, wie der rote Bauch des Stichlings oder das Rad des Pfaus sind für das Wohlergehen ihrer Träger keineswegs förderlich. Trotz negativer Folgen für das Individuum können sich solche Merkmale aber positiv auf seinen Fortpflanzungserfolg auswirken. Obwohl die Selektion am Individuum ansetzt, ist ihr eigentlicher Wirkungsort also nicht das Individuum, sondern dessen Gene: **Selektion ist ein Mechanismus, der die Frequenz von Genen in der Generationenfolge verändert.** Diese Erkenntnis lag auch der Erweiterung von DARWINs Theoriengebäude durch die **Theorie der Verwandtenselektion** zugrunde, mit der William HAMILTON die **Soziobiologie** begründete.

Als DARWIN im Jahr 1859 seine Evolutionstheorie präsentierte, warfen ihm andere Biologen vor, diese Theorie sei „ein wissenschaftlicher Missgriff, unlauter hinsichtlich der Fakten, unwissenschaftlich in den Methoden und schädlich in der Tendenz." Ganz ähnlich hörten sich die Vorwürfe an, die gut hundert Jahre später Soziobiologen entgegengehalten wurden. Vor allem Wissenschaftler, die sich mit den evolutionsbiologischen Grundlagen menschlichen Verhaltens beschäftigen, werden immer wieder als „neue Sozialdarwinisten" bezeichnet. Wer einen solchen Vorwurf erhebt, weiß aber offensichtlich weder, worum es in der Soziobiologie geht, noch was Sozialdarwinismus ist. Das erklärte **Ziel der Sozialdarwinisten war die Veränderung der genetischen Struktur menschlicher Bevölkerungen:** Angeblich „minderwertige Elemente" – im Klartext: Menschen! – sollten „ausgemerzt" werden. Dahinter stand die Befürchtung, dass die – wie man meinte – für das Volk „segensreichen" Wirkungen der natürlichen Selektion in modernen Gesellschaften durch medizinische und sozialpolitische Maßnahmen außer Kraft gesetzt würden und damit „Degeneration" drohe. Diese Befürchtungen sind ein Beispiel für Inhalte, die in besonderer Weise dem **Basiskonzept „Reflexion zum Menschenbild"** zuzuordnen sind. Von „segensreichen Wirkungen" der Selektion für Volk, „Rasse" oder Art ist in der Soziobiologie dagegen nicht die Rede; tatsächlich war erst sie es, die mit diesem folgenreichen Irrtum aufräumte.

Durch Fortschritte in der Molekulargenetik ist es heute möglich, die Verwandtschaftsnähe verschiedener Arten durch Vergleiche der Basensequenzen ihrer DNA zu berechnen und auf diese Weise Stammbäume zu erstellen. Solche Untersuchungen geben auch Aufschluss über die **Evolution des Menschen** und verdeutlichen das **Basiskonzept „Geschichte und Verwandtschaft"**. Viele Detailfragen zur menschlichen Evolution sind unter Fachleuten aber immer noch umstritten.

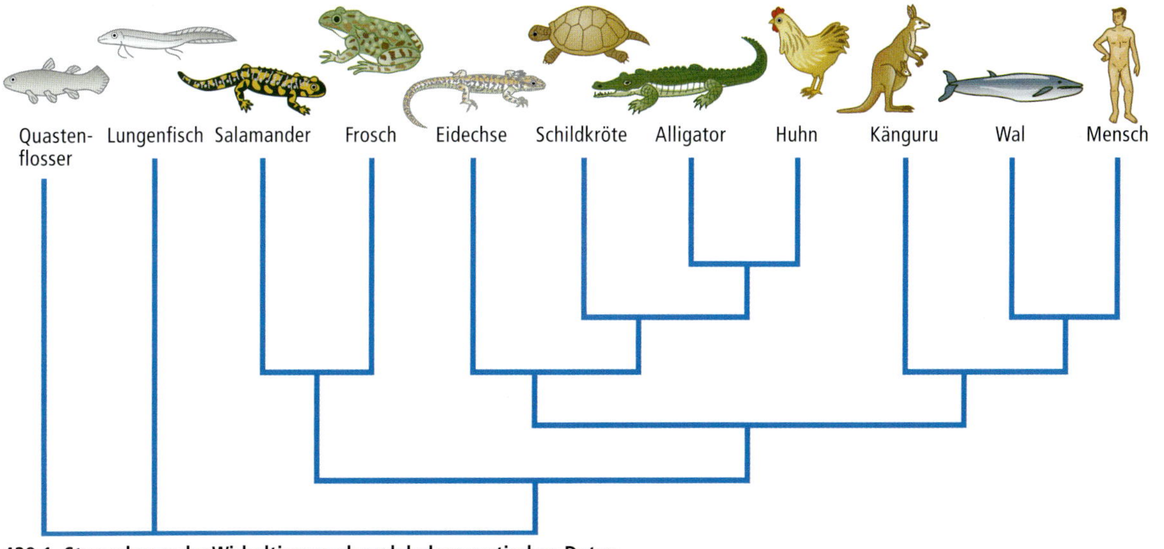

429.1 Stammbaum der Wirbeltiere nach molekulargenetischen Daten

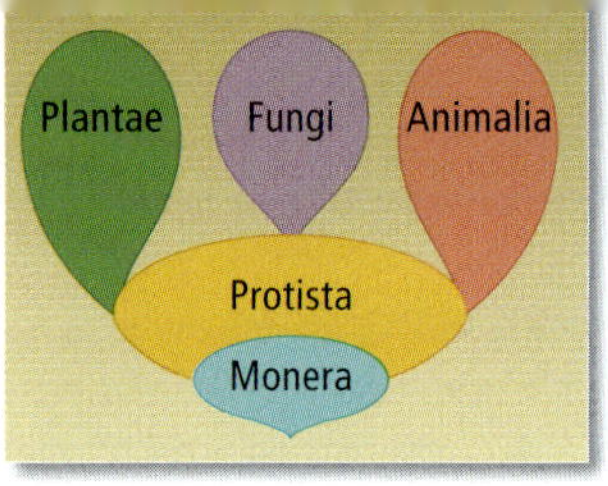

Das System der Lebewesen

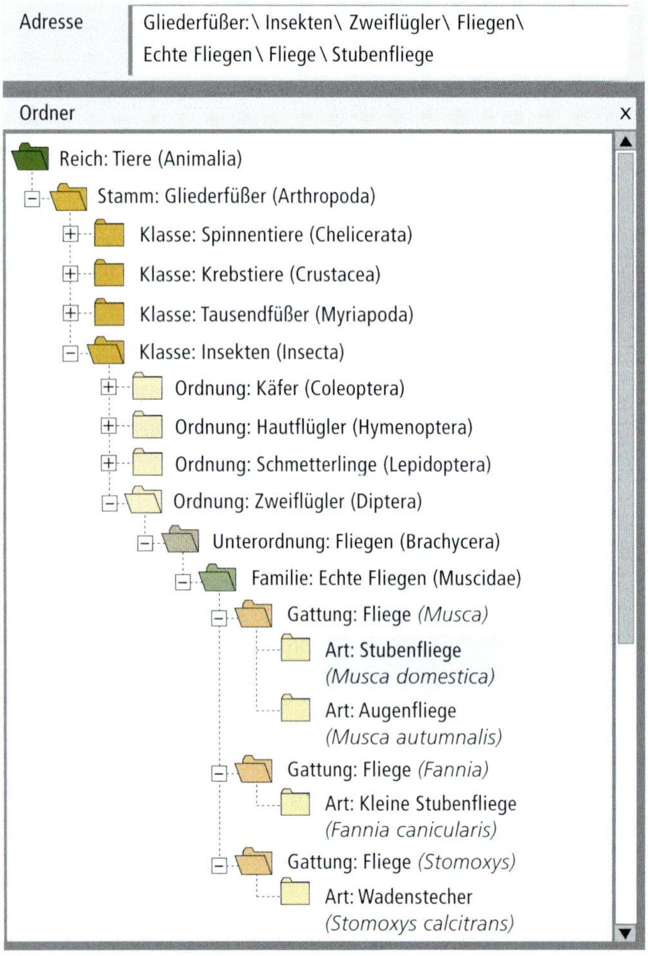

430.1 Systematische Einheiten am Beispiel der Stubenfliege

1 Ein Überblick

Die **Systematik** beschäftigt sich mit der Beschreibung, Benennung und Ordnung der Lebewesen. Begründer der modernen Systematik war Carl VON LINNÉ (1707 bis 1778). Er führte die **binäre Nomenklatur** ein, nach der jedes Lebewesen aufgrund bestimmter Merkmale einen **Gattungs-** und **Art**namen erhält. So heißt die Stubenfliege *Musca domestica* (Gattung: Musca, Art: domestica). Bis heute erhalten alle neu beschriebenen Arten einen solchen aus dem Lateinischen oder Griechischen abgeleiteten Doppelnamen. LINNÉ verwandte noch andere systematische Einheiten, **Taxa.** So unterschied er zwischen dem *Tierreich* und dem *Pflanzenreich.* Die Tiere gliederte er in *Säugetiere, Vögel, Amphibien, Fische, Insekten* und *Würmer.* LINNÉ ordnete die Lebewesen nach willkürlich gewählten Unterscheidungsmerkmalen, bei den Tieren beispielsweise nach der Farbe des Blutes. Ein solches Ordnungsschema bezeichnet man als **künstliches System.**

Heute weiß man, dass die verschiedenen Organisationsformen der Lebewesen ein Ergebnis der Evolution sind. Die **evolutionäre Systematik** versucht, die Lebewesen nach ihrer *natürlichen Verwandtschaft* zu ordnen. Allerdings basiert auch die Gliederung in einem solchen **natürlichen System** auf der Gewichtung von Merkmalen. So kann man die Lebewesen in drei, fünf oder acht Großgruppen gliedern. Bei der Gliederung in drei *Domänen* werden ausschließlich biochemische Unterschiede berücksichtigt. Andere Ordnungssysteme beziehen auch anatomische und physiologische Kriterien mit ein.

Bacteria (Bakterien)	**Archaea** (Archaeen)	**Archaezoa** (Ur-Eukaryoten)	**Protista (Protozoa)** (Protisten; Urtiere)	**Chromista** (Chromisten; Algen)	**Plantae** (Pflanzen)	**Fungi** (Pilze)	**Animalia** (Tiere)
Monera (Prokarya; Prokaryoten)		**Protista** (Protisten; eukaryotische Einzeller und Algen)			**Plantae** (Pflanzen)	**Fungi** (Pilze)	**Animalia** (Tiere)
Bacteria (Bakterien)	**Archaea** (Archaeen)	**Eukarya** (Eukaryoten)					

430.2 Möglichkeiten der Gliederung der Lebewesen in Großgruppen. (In diesem Buch basiert die Gliederung auf fünf Reichen.)

Reich: Prokarya (Monera)

Einzellige Kleinstlebewesen, die in der Regel nur in großen Individuenansammlungen (z. B. als Kolonien) mit bloßem Auge zu erkennen sind; die Zellen werden nach außen von einer Membran und meist auch von einer Zellwand abgeschlossen; von Membranen umschlossene Zellbestandteile fehlen; die DNA liegt als Ringchromosom frei im Cytoplasma; Vermehrung durch Zweiteilung; sexuelle Fortpflanzung ist nicht bekannt, Genaustausch (z. B. durch Konjugation) und Rekombination kommen aber vor; verschiedene Gruppen der Prokarya unterscheiden sich insbesondere durch ihre Stoffwechselleistungen (u.a. kommen vor: verschiedene Formen der Chemosynthese, Fotosynthese, Abbau organischer Verbindungen unter aeroben oder anaeroben Bedingungen); an den Stoff- und Energieflüssen in allen Ökosystemen sind Prokarya entscheidend beteiligt; es werden zwei große Evolutionslinien unterschieden: die **Bakterien** *(Bacteria)*, zu denen z. B. auch die Fotosynthese betreibenden Cyanobakterien zählen, sowie die **Archaeen** *(Archaea)*, die meist in extremen Lebensräumen (z. B. in heißen Quellen oder in sehr saurer Umgebung) vorkommen; Bakterien und Archaeen unterscheiden sich vorwiegend auf molekularbiologischer Ebene.

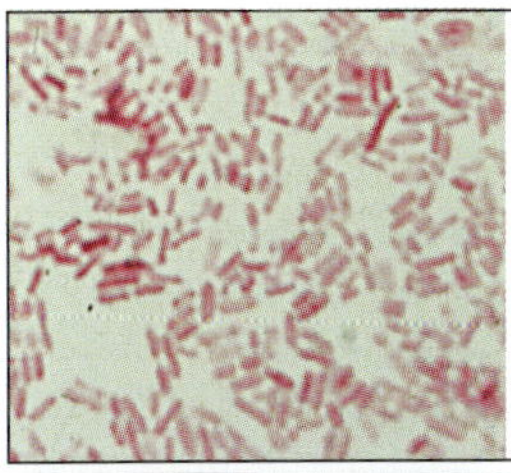

Bakterien: *Escherichia coli;*
fakultativ anaerobes Darmbakterium von Endothermen; einige Stämme sind pathogen und können z. B. Durchfallerkrankungen hervorrufen

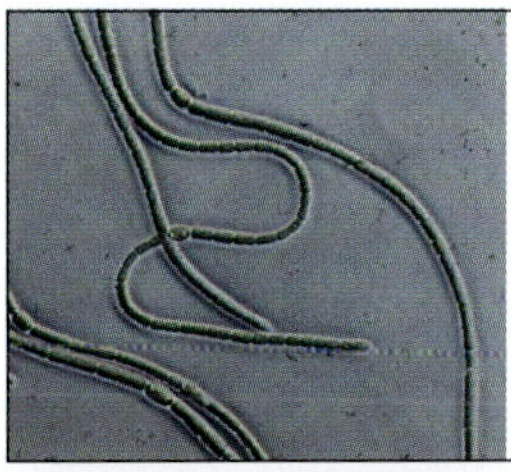

Bakterien: *Anabaena* (REM-Bild)
Fäden bildende Fotosynthese betreibende *Cyanobakterien* im Süßwasser; verursachen bei Massenvermehrung die „Wasserblüte"

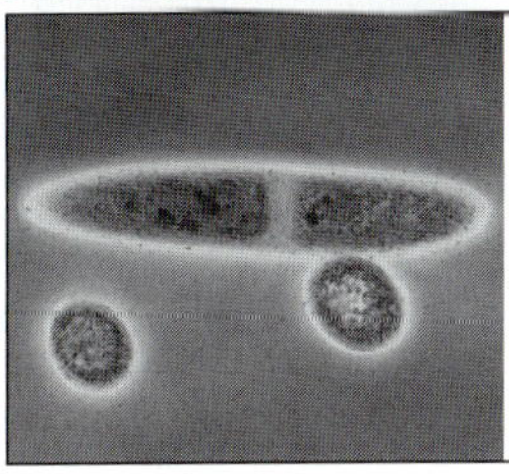

Archaeen: *Methanobrevibacter;*
lebt anaerob; reduziert Kohlenstoffdioxid und oxidiert molekularen Wasserstoff zu Methan (CH_4; Methanbildner) und Wasser

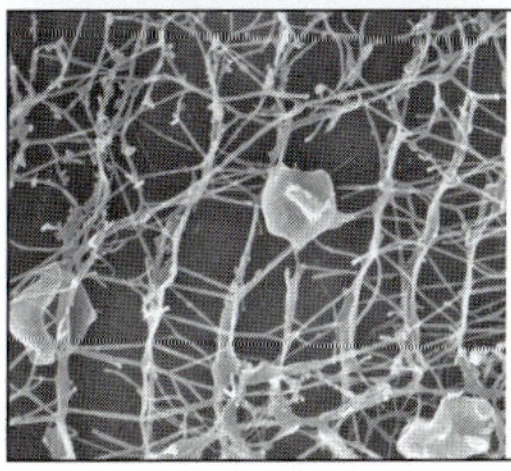

Archaeen: *Pyrodictyum* (REM-Bild)
kommt in heißen Quellen vor und wächst optimal bei 105 °C; bildet Zellaggregate, die durch Eiweißfäden zusammengehalten werden

431.1 Prokarya

Reich: Protista

Eukaryotische einzellige Lebewesen sowie Vielzeller, die sich evolutionsbiologisch direkt von einzelligen Prokaryoten ableiten lassen; Protisten leben vorwiegend im Wasser, manche Arten sind Parasiten oder Krankheitserreger (z. B. der Malariaerreger); viele Gruppen sind heterotrophe Aerobier (die meisten der früher den Tieren zugeordneten einzelligen „Urtiere"), die einzelligen oder vielzelligen **Algen** haben Chloroplasten und sind autotroph; in den Meeren und den meisten Ökosystemen des Süßwassers bilden einzellige Protisten die Hauptmasse der Produzenten (Phytoplankton); Vermehrung durch mitotische Teilung kommt bei vielen Einzellern vor, die meisten Protisten können auch Gameten bilden und sich sexuell fortpflanzen; bei vielen Arten liegt ein Generationswechsel zwischen einer sich geschlechtlich und einer sich ungeschlechtlich fortpflanzenden Generation vor (z. B. viele Algen).

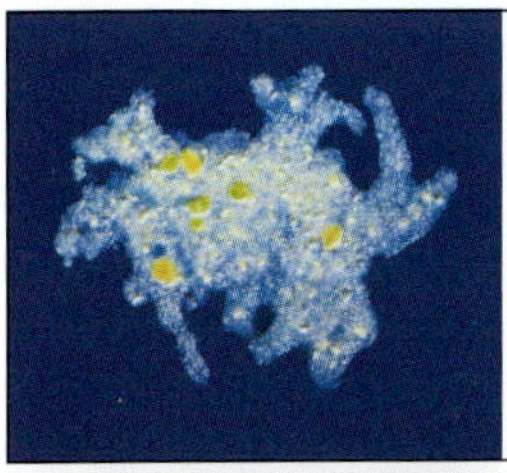

Wurzelfüßer: Wechseltierchen *(Amoeba);*
Wasser bewohnende Einzeller, die durch Verlagerung des Cytoplasmas Scheinfüßchen ausbilden und sich damit fortbewegen

Panzergeißler: Dreihornalge *(Ceratium);*
gehört zum Meeresplankton; die Zellen sind durch Celluloseabscheidungen wie von einem Panzer umgeben

Braunalgen: Blasentang *(Fucus);*
vielzellige Großalge (Tang) aus der Gezeitenzone an Meeresküsten; bei Braunalgen wird das grüne Chlorophyll vom olivbraunen Pigment Fucoxanthin überdeckt

Rotalgen: Seeampfer *(Delesseria);*
vielzellige Alge aus der Gezeitenzone an Meeresküsten; die rötliche Färbung wird bei den *Rotalgen* durch das Pigment Phycoerythrin hervorgerufen

431.2 Protista

Reich: Pflanzen (Plantae)

Eukaryotische Vielzeller, die zumindest in einigen Zelltypen Chloroplasten ausbilden und damit Fotosynthese betreiben können; die überwiegende Mehrheit der Pflanzen lebt auf dem Festland und bildet als autotrophe Produzenten die Basis der terrestrischen Ökosysteme; alle Pflanzen können sich sexuell fortpflanzen, die meisten haben aber auch Formen der ungeschlechtlichen Vermehrung ausgebildet (z. B. über Sporen); in der Regel ist ein Generationswechsel vorhanden, bei dem meist eine der Generationen dominiert (bei den Samenpflanzen z. B. der Sporophyt, die sich ungeschlechtlich fortpflanzende Generation, bei Moosen der Gametophyt, die sich geschlechtlich fortpflanzende Generation); innerhalb des Pflanzenreiches unterscheidet man drei große Gruppen, die **Moose**, die **Farnpflanzen** und die **Samenpflanzen;** Moose kommen vorwiegend in feuchten Lebensräumen vor; die Befruchtung kann nur erfolgen, wenn Wasser vorhanden ist; Moospflanzen sind nur wenig differenziert; sie haben noch keine echten Wurzeln und keine oder nur unvollständig ausgebildete Leitgewebe; Farnpflanzen und Samenpflanzen sind in Wurzel und Spross gegliedert; sie haben zum Transport spezielle Leitgewebe (Xylem und Phloem).

Moose: Lebermoos; Brunnenlebermoos ***(Marchantia);*** kommt an feuchten Mauern, Felsen und in Gräben vor; der flache, blattförmige Pflanzenkörper ist in mehrere Gewebe gegliedert

Moose: Laubmoos; Frauenhaarmoos ***(Polytrichum);*** bildet Polster an feuchten Stellen im Wald; Gliederung in Stängel und Blättchen

Farnpflanzen: Bärlapp; Keulenbärlapp ***(Lycopodium);*** am Boden kriechende Pflanzen mit gabelig verzweigten Trieben und schuppenförmigen Blättern; die Sporenbehälter sitzen auf langen Stielen

Farnpflanzen: Schachtelhalm; Ackerschachtelhalm ***(Equisetum);*** oberirdischer Trieb mit quirlförmig angeordneten Seitenästen; am oberen Ende entwickelt sich ein ährenförmiger Sporenbehälter

Farnpflanzen: Farn; Wurmfarn ***(Dryopteris);*** rosettenförmig angeordnete Blätter (Wedel), die anfangs eingerollt sind; die Sporenbehälter entwickeln sich an der Unterseite der Blätter

Samenpflanzen: Nacktsamer; Kiefer ***(Pinus);*** Holzpflanzen mit Nadelblättern; die Samenanlagen liegen offen auf den Fruchtblättern in zapfenförmigen Blütenständen

Samenpflanzen: Bedecktsamer; Zweikeimblättrige; Kirsche ***(Prunus);*** bei den Bedecktsamern liegen die Samenanlagen in einem Fruchtknoten, der Teil einer oft auffälligen Blüte ist; außer Bäumen wie dem Kirschbaum kommen auch Sträucher und Kräuter vor

Samenpflanzen: Einkeimblättrige; Knabenkraut ***(Orchis);*** Einkeimblättrige sind vorwiegend krautige Pflanzen; sie bilden im Gegensatz zu den Zweikeimblättrigen, die fieder- oder fingernervige Blätter haben, meist langgestreckte parallelnervige Blätter aus

432.1 Pflanzen

Reich: Pilze (Fungi)

Meist vielzellige Eukaryoten, die zu keinem Zeitpunkt ihrer Entwicklung begeißelte Zellen ausbilden; den Pilzen ähnliche Lebensformen, die in bestimmten Stadien über Geißeln verfügen (z. B. „Schleimpilze" und „Algenpilze") werden heute ins Reich der Protisten gestellt; die Zellen der Pilze sind meist von einer Zellwand umgeben, deren Gerüstsubstanz Chitin ist; Pilze bestehen aus Zellfäden, den *Hyphen;* diese können ein wenig differenziertes Flechtgewebe ausbilden, das *Mycel;* fast alle Pilze pflanzen sich ungeschlechtlich über Sporen fort; bei vielen Gruppen gibt es zusätzlich auch eine sexuelle Fortpflanzung; alle Pilze sind heterotroph; einige nehmen Reste abgestorbener Lebewesen auf (Saprophyten), andere leben als Parasiten, wieder andere in Symbiose mit anderen Lebensformen; durch die Symbiose zwischen bestimmten Pilzen und Algen entsteht eine besondere Organisationsform des Lebendigen, die **Flechten.**

Jochpilze: Köpfchenschimmel (*Mucor*; REM-Bild, gefärbt)*;* lebt saprophytisch z. B. auf Lebensmitteln; bildet am Ende besonderer Hyphen dunkle Sporenträger aus

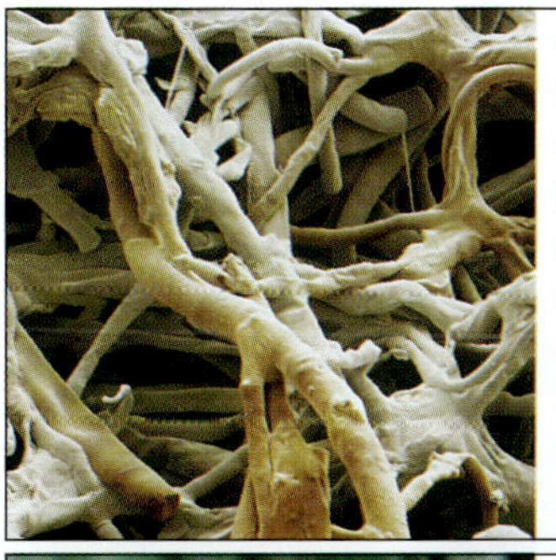

Unvollkommene Pilze: Pinselschimmel *(Penicillium;* REM-Bild, gefärbt*);* Saprophyten, die u. a. auf Früchten vorkommen (verursachen Fruchtfäule); die Bezeichnung unvollkommene Pilze bezieht sich auf das Fehlen einer sexuellen Fortpflanzung

Schlauchpilze: Hefe *(Saccharomyces;* REM-Bild, gefärbt*);* Hefen bilden keine Hyphen, sondern bleiben einzellig; unter anaeroben Bedingungen vergären sie Zucker zu Alkohol, ein aerober Abbau zu Kohlenstoffdioxid und Wasser ist ebenfalls möglich

Schlauchpilze: Speisemorchel *(Morchella);* vielzelliger Schlauchpilz mit einem hohlen, grob gefurchten Fruchtkörper (Hut); die Sporen entstehen in schlauchförmigen Sporenbehältern, den *Asci* (Ascosporen)

Ständerpilze: Pfifferling *(Cantharellus);* kommt in Wäldern vor und bildet mit den Baumwurzeln eine Symbiose (Mykorrhiza); die Sporen entstehen wie bei allen Ständerpilzen in keulenförmigen Sporenbehältern, den *Basidien* (Basidiosporen)

Ständerpilze: Schmetterlingstramete *(Coriolus);* Pilze mit flachen, ledrigen Fruchtkörpern, die an den Stämmen kranker oder abgestorbener Bäume sitzen; die Pilze zersetzen das Holz

Flechten: Wandflechte *(Xanthoria);* bildet blattartige Überzüge an Bäumen und Mauern; Fortpflanzung wie bei allen Flechten u. a. über Brutkörper *(Soredien)*, die sowohl Zellen der Alge wie des Pilzes enthalten

Flechten: Rentierflechte *(Cladonia);* aufrecht am Boden wachsende Flechte (Strauchflechte), vorwiegend in den baumlosen Tundrengebieten am Rande der Arktis verbreitet

433.1 Pilze

Reich: Tiere (Animalia)

Eukaryotische heterotrophe und grundsätzlich diploide Vielzeller; bei fast allen Tiergruppen sind viele verschiedene Zelltypen ausgebildet (z. B. Nerven-, Muskel- und Drüsenzellen), die meist zu leistungsfähigen Organen verknüpft sind; Sinnesorgane und Nervensystem ermöglichen die Aufnahme und Verarbeitung von Umweltreizen und sind die Grundlage für komplexe Bewegungs- und Verhaltensweisen bei vielen Tiergruppen; nur im Tierreich kommen Arten vor, die sich aktiv im Luftraum bewegen können; die meisten Gruppen der Tiere leben im Wasser, nur die **Gliederfüßer** und die **Wirbeltiere** sind vorwiegend Landbewohner; meist erfolgt die Fortpflanzung sexuell durch die Verschmelzung einer großen haploiden Eizelle mit einem kleineren haploiden männlichen Spermium; bei manchen Gruppen kommen zusätzlich auch Formen der ungeschlechtlichen Vermehrung vor, manchmal sind Generationswechsel ausgebildet; die Evolution der Tiere hat viele verschiedenartige Bauplantypen hervorgebracht; man unterscheidet etwa 30 verschiedene **Tierstämme**, von denen viele allerdings nur wenige Arten umfassen; der mit Abstand artenreichste Tierstamm sind die Gliederfüßer.

Schwämme: Süßwasserschwamm *(Ephydatia);*
fest sitzende Wassertiere von meist unregelmäßiger Gestalt ohne differenzierte Gewebe oder Organe; Skelettelemente aus Kalk, Kieselsäure oder Sponginfasern; erzeugen durch *Kragengeißelzellen* einen Wasserstrom durch den Körper und filtrieren daraus die Nahrung

Rippenquallen: Seestachelbeere *(Pleurobrachia);*
fast durchsichtige Meeresbewohner, die sich mithilfe von rippenartig angeordneten Wimpernplättchen fortbewegen können; Tentakel mit Klebzellen dienen dem Beutefang

Nesseltiere: Ohrenqualle *(Aurelia);*
Wasserbewohner, die ihre Nahrung mit Nesselzellen töten, die an Tentakeln sitzen; Quallen sind frei lebend, Polypen und Korallen fest sitzend; oft Generationswechsel zwischen Polypen und Quallen; manche Arten bilden *Tierstöcke* aus vielen miteinander verbundenen Individuen

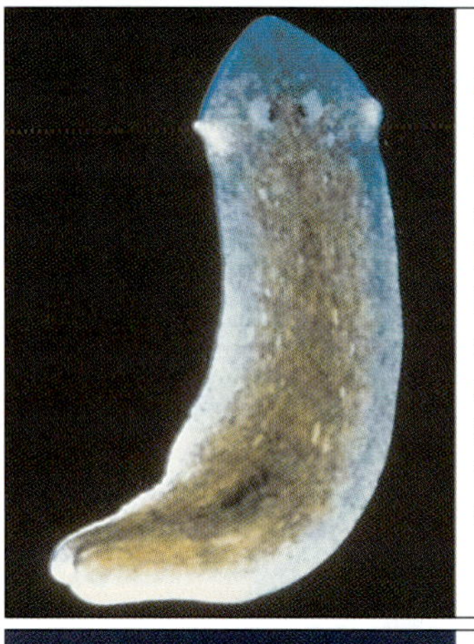

Plattwürmer: Strudelwurm *(Dugesia);*
wurmförmige Tiere mit abgeplattetem, meist bewimpertem Körper; neben frei lebenden Arten (Strudelwurm) kommen viele Parasiten vor (z. B. Bandwürmer, Leberegel); Parasiten haben häufig einen Generationswechsel

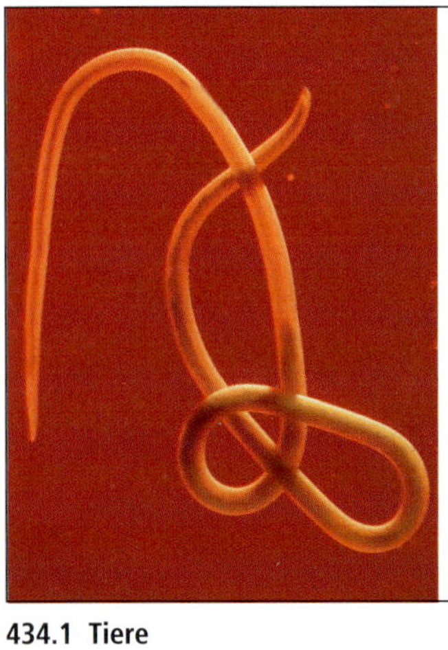

Fadenwürmer: Spulwurm *(Ascaris);*
spindelförmige ungegliederte Würmer ohne Bewimperung; Hautmuskelschlauch nur aus Längsmuskeln, daher ruckartige Bewegungen; frei lebend oder Parasiten (z. B. Spulwurm, Trichine)

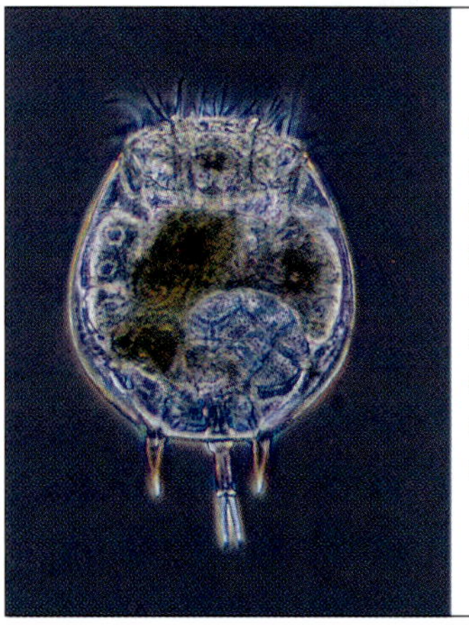

Rädertiere: *Keratella;*
mikroskopisch kleine, teils frei schwimmende, teils fest sitzende Wasserbewohner; am Vorderende befindet sich ein Wimpernapparat (Räderorgan) zur Fortbewegung und zum Nahrungsfang

434.1 Tiere

Weichtiere:
Weinbergschnecke *(Helix)*;
Schnecken sind Weichtiere des Wassers und des Landes mit einem breiten Kriechfuß und einer asymmetrischen Kalkschale; Verwandte sind die weitgehend fest sitzenden Muscheln sowie die frei schwimmenden Tintenfische

Ringelwürmer:
Seeringelwurm *(Nereis)*;
innen und außen in weitgehend gleichartig aufgebaute Segmente gegliedert; zu den Ringelwürmern gehören als Landbewohner auch die Regenwürmer sowie die Egel (Außenparasiten)

Gliederfüßer:
Spinnentiere;
Kreuzspinne *(Araneus)*;
alle Gliederfüßer verfügen über ein Außenskelett aus Chitin und geliederte Extremitäten; zur Verwandtschaft der Spinnentiere gehören Milben, Weberknechte und Skorpione

Gliederfüßer:
Krebstiere;
Taschenkrebs *(Cancer)*;
Krebse sind mit Ausnahme der auch das Land bewohnenden Asseln Wassertiere; Kleinkrebse machen einen Großteil der Biomasse des Zooplanktons aus

Gliederfüßer:
Tausendfüßer;
Steinläufer *(Lithobius)*;
äußerlich gleichartig segmentierte Landbewohner mit einem *(Hundertfüßer)* oder zwei Beinpaaren *(Doppelfüßer)*

Gliederfüßer:
Insekten;
Marienkäfer *(Coccinella)*;
der Körper der Insekten ist in Kopf, Brust und Hinterleib gegliedert; die meisten Insekten haben zwei Flügelpaare; sie sind vorwiegend Landbewohner und bilden die artenreichste Tiergruppe

Moostierchen:
Süßwassermoostierchen *(Plumatella)*;
kleine Kolonien bildende Wassertiere, die auf Pflanzen oder Steinen einen moosartigen Überzug bilden; ihre Mundöffnung ist von einer Tentakelkrone zum Nahrungsfang umgeben

Stachelhäuter:
Seestern *(Asterias)*;
Meerestiere mit einer fünfstrahligen Symmetrie; die Bewegung erfolgt hydraulisch über ein Wassergefäßsystem; unter der Haut liegt ein Innenskelett aus Kalk

Chordatiere:
Schädellose;
Lanzettfischchen *(Branchiostoma)*;
Meeresbewohner, die über eine Chorda dorsalis als zentrales Stützelement verfügen; die Nahrung wird in einem Kiemendarm aus dem Wasser filtriert

Chordatiere:
Wirbeltiere;
Orang Utan *(Pongo)*;
die Chorda wird während der Individualentwicklung durch eine Wirbelsäule ersetzt, die zentrales Stützelement eines knöchernen Innenskeletts ist

435.1 Tiere

Glossar

abiotische Faktoren: Gesamtheit der nicht lebenden Umweltfaktoren (z. B. Temperatur)

Absorptionsspektrum: grafische Darstellung des Absorptionsvermögens eines Pigmentes in Abhängigkeit von der Wellenlänge des Lichtes

Acetylcholin: Neurotransmitter; kommt vor im Gehirn, im → peripheren Nervensystem und an → motorischen Endplatten der Wirbeltiere

Adaption (Adaptation): Anpassung;
1) Sinnesphysiologie: Anpassung eines Rezeptors oder Sinnesorgans an eine konstante Reizintensität oder -dauer (z. B. Hell-Dunkel-Adaption des Auges);
2) Evolution: Anpassung einer Population an bestehende Umweltbedingungen

adaptive Radiation: Aufspaltung einer → Art in mehrere Tochterarten unter → Anpassung an unterschiedliche Lebensbedingungen

AIDS: erworbenes Immunschwächesyndrom; durch verminderte Anzahl von T-Zellen und Auftreten von Sekundärinfektionen gekennzeichnetes Spätstadium einer HIV-Infektion

Akkommodation: Einstellung des Auges auf verschiedene Entfernungen der gesehenen Gegenstände

Aktionspotenzial: kurzzeitige Änderung des → Membranpotenzials einer erregbaren Zelle als Folge einer plötzlichen Änderung der Durchlässigkeit der Zellmembran für Natrium- und Kalium-Ionen

aktiver Transport: Transport eines Stoffes durch eine → Biomembran gegen seinen Konzentrations- oder elektrochemischen Gradienten mithilfe von Energiezufuhr und spezifischen → Carriern

aktives Zentrum: Bereich an der Oberfläche eines → Enzyms, an der das → Substrat bindet und umgewandelt wird

Allel: eine von mehreren Zustandsformen eines → Gens

ALLENsche Regel: Regel, nach der Körperanhänge → endothermer Tiere in kälteren Klimazonen kleiner sind als in wärmeren Klimazonen

Allergie: Reaktion des → Immunsystems auf harmlose Stoffe wie Pollenkörner

Alles-oder-nichts-Prinzip: auf einen Reiz, der das → Schwellenpotenzial erreicht hat, erfolgt ein → Aktionspotenzial, unabhängig davon, ob der Reiz andauert, stärker oder schwächer wird

allopatrische Artbildung: durch geographische Trennung von → Populationen geförderte Artbildung

Aminosäure: Carbonsäure mit mindestens einer Amino(NH_2-)-Gruppe

Amyloplast: Leukoplast in Speicherzellen, der Stärke speichert (→ Plastiden)

Analogie: Ähnlichkeit von Merkmalen aufgrund ähnlicher → Angepasstheit

Angepasstheit: Fähigkeit eines Lebewesens aufgrund seiner genetischen Anlagen in einer gegebenen Umwelt zu überleben und sich fortzupflanzen

Anpassung: Prozess, der in der Evolution durch → Selektion zur → Angepasstheit führt

Antigen: körperfremder Stoff, der die Bildung von → Antikörpern auslöst

Antikörper: vom → Immunsystem gebildete Proteine, die spezifische Oberflächenstrukturen von → Antigenen erkennen und mit diesen reagieren

Apoenzym: Proteinanteil eines → Enzyms

Archaeen: Gruppe sehr ursprünglicher, an extreme Lebensräume angepasster → Prokaryoten, die den → Eukaryoten stammesgeschichtlich näher stehen als die Bakterien

Art: Gruppe von Individuen, die durch gemeinsame Abstammung miteinander verbunden sind und (bei Arten mit zweigeschlechtlicher Fortpflanzung) fruchtbare Nachkommen miteinander zeugen können (→ biologischer Artbegriff)

Assimilation: Umwandlung aufgenommener körperfremder Stoffe in körpereigene unter Aufwendung von Energie

Assoziationsfelder: Bereiche der Großhirnrinde, die mit der Verarbeitung komplexer Sinneseindrücke befasst sind

Atavismus: Wiederauftreten eines im Laufe der → Evolution verschwundenen Merkmals

Atmung (Respiration): Vorgang in einer Zelle, bei dem die Aufnahme von O_2-Molekülen mit der Bildung von CO_2-Molekülen gekoppelt ist (→ Dissimilation)

Atmungskette: Elektronentransportkette, die Elektronen von Substraten auf molekularen Sauerstoff überträgt

ATP (Adenosintriphosphat): adeninhaltiges Nucleosidtriphosphat, das bei der hydrolytischen Spaltung seiner Phosphatbindungen Energie freisetzt

Autoimmunkrankheit: Reaktion des → Immunsystems auf körpereigene Stoffe

Autökologie: Zweig der Ökologie, der sich mit der Wirkung von Umweltfaktoren auf Individuen befasst

Autoradiografie: Verfahren, bei dem ein radioaktiv markiertes Objekt ein Selbstabbild auf einem fotografischen Film erzeugt (Autoradiogramm)

Autosomen: Chromosomen, die nicht direkt an der Bestimmung des Geschlechts beteiligt sind

autothroph: „sich selbst ernährend"; Synthese von organischen aus anorganischen Stoffen

Axon (Neurit): bis zu einem Meter langer Fortsatz der Nervenzellen

BERGMANNsche Regel: Regel, nach der → endotherme Tiere in kälteren Klimazonen größer sind als verwandte → Arten in wärmeren Klimazonen

binäre Nomenklatur: von LINNÉ eingeführte Regel, nach der → Arten durch einen lateinischen Gattungs- und Artnamen gekennzeichnet werden

Biodiversität: Artenreichtum; Anzahl der → Arten in einem bestimmten Areal

biogenetisches Grundgesetz: von HAECKEL vertretene → Hypothese, nach der die → Ontogenese eine verkürzte Wiederholung der → Phylogenese ist

biologischer Artbegriff: Definition der → Art anhand der Zugehörigkeit zu einer natürlichen Fortpflanzungsgemeinschaft

Biomasse: Gesamtmenge der lebenden organischen Substanz in einem → Ökosystem

Biomembran: Struktur aus einer Doppellipidschicht (Bilayer) mit auf- und eingelagerten → Proteinen, die das → Cytoplasma nach außen und die → Kompartimente gegeneinander abgrenzt

Bionik: Disziplin, die sich mit der Umsetzung biologischer Konstruktionsprinzipien und Prozesse für die Technik befasst

Biosphäre: Gesamtheit des von Lebewesen besiedelten Teils der Erde

Biostratigrafie: relative Altersbestimmung von Gesteinsschichten anhand der in ihnen enthaltenen → Leitfossilien

Biotechnik: technische Verfahren zur Herstellung, Umwandlung oder zum Abbau organischer Stoffe unter Einsatz natürlich vorkommender oder gentechnisch veränderter Lebewesen

biotische Faktoren: Gesamtheit der lebenden Umweltfaktoren

Biotop: Lebensraum

Biozönose: Lebensgemeinschaft in einem → Biotop

Blastocyste: frühes Embryonalstadium der Säugetiere aus Embryo- und Trophoplast

Brückenform: → Art, die Merkmale verschiedener Gruppen von Lebewesen in sich vereinigt und damit ein hypothetisches Bindeglied zwischen den Gruppen darstellt

Bruttoprimärproduktion: Gesamtmenge des von den Pflanzen eines → Ökosystems gebundenen Kohlenstoffs

CALVIN-Zyklus: zyklischer Stoffwechselweg, über den Pflanzen Kohlenstoffdioxid fixieren und Kohlenhydrate aufbauen; lichtunabhängige Reaktionen der → Fotosynthese

Carrier: Transportprotein-Molekül in der → Biomembran zum gerichteten und selektiven Stofftransport

Centriol: zylindrische Struktur aus → Mikrotubuli in tierischen Zellen; ist an der Bildung des Spindelapparates beteiligt

Chemosynthese: Stoffwechselweg, bei dem die zur Fixierung von Kohlenstoffdioxid notwendige Energie aus der Oxidation anorganischer Stoffe umgewandelt wird

Chloroplast: von einer Doppelmembran umgebener Zellbestandteil in → Fotosynthese betreibenden Pflanzenzellen und Einzellern; enthält den Farbstoff Chlorophyll (→ Plastiden)

Chromatografie: Methode, ein Stoffgemisch durch Auftrennung einer flüssigen (mobilen) und einer stationären Phase zu trennen

Chromosom: fadenartige Struktur im → Zellkern von → Eukaryotenzellen; am besten sichtbar im kondensierten Zustand während → Mitose und → Meiose

Chromosomenanomalie: 1) numerisch: Über- oder Unterzahl von → Chromosomen; 2) strukturell: Mutationen einzelner Abschnitte durch Zerstörung, Anheftung oder Verdoppelung von → Basensequenzen

Citratzyklus: zyklischer Stoffwechselweg zur Oxidation von Acetylresten zu Kohlenstoffdioxid

Codon: Grundeinheit des → genetischen Codes, DNA- oder RNA-Sequenz aus drei Nucleotiden

Cofaktor: Nichtproteinmolekül oder Ion, das für die Wirkung eines Enzyms erforderlich ist; Cofaktoren können dauerhaft an das → aktive Zentrum gebunden sein (→ prosthetische Gruppe) oder sich lose mit dem Substrat (→ Cosubstrat) verbinden

Cosubstrat: organischer → Cofaktor (Coenzym); enthält oft ein Vitamin als Baustein

Cuticula: nicht zelluläre Schicht, die von einem → Epithel oder einer → Epidermis nach außen abgeschieden wird

Cytoplasma: der gesamte Inhalt einer Zelle innerhalb ihrer Zellmembran mit Ausnahme des → Zellkerns

Cytosol: flüssige Grundsubstanz des → Cytoplasmas

Darwinismus: → Theorie der → Evolution durch natürliche und sexuelle → Selektion

Deplasmolyse: Rückkehr einer → plasmolysierten Zelle durch → osmotische Wasseraufnahme bis in den turgeszenten Zustand

Depolarisation: elektrischer Zustand an einer → Zellmembran, bei der das Zellinnere weniger negativ zur extrazellulären Flüssigkeit ist als beim → Ruhepotenzial

Destruent: Lebewesen, das tote → Biomasse zersetzt

Determination (Determinierung): Festlegung einer embryonalen Zelle auf einen bestimmten Differenzierungsweg der Entwicklung

Dichtegradientenzentrifugation: Auftrennung eines Gemisches von Stoffteilchen unterschiedlicher Dichte durch Ultrazentrifugation in einem Gradienten beispielsweise von Saccharose

Dictyosom: Stapel flacher Membranzisternen, an deren Rändern sich Vesikel (GOLGI-Vesikel) abschnüren; Produktion von Sekretstoffen (→ GOLGI-Apparat)

Differenzialzentrifugation: Auftrennung eines Gemisches unterschiedlich großer und schwerer Partikel durch Ultrazentrifugation mit stufenweise steigender Beschleunigung

Differenzierung: Entwicklung ursprünglich gleichartiger Zellen zu Zellen unterschiedlichen Baus und unterschiedlicher Funktion

Diffusion: Bewegung von Teilchen in Richtung geringerer Konzentration

Dissimilation: Umwandlung körpereigener energiereicher Stoffe in körperfremde energieärmere unter Freisetzung von Energie

DNA, Desoxyribonucleinsäure: Makromolekül aus vier verschiedenen → Nucleotiden mit den Basen Adenin, Cytosin, Guanin und Thymin und dem Zucker Desoxyribose

Domäne: → Taxon der biologischen → Systematik; unterschieden werden drei Domänen (Bakterien, → Archaeen und → Eukaryoten)

Ecdyson: Häutungshormon bei Gliedertieren

ektotherm: wechselwarm; Körperwärme hängt von der Umgebungstemperatur ab

Elektrophorese: Auftrennung eines Gemisches gelöster geladener Teilchen in einem elektrischen Feld

ELISA (engl. *enzyme linked immunosorbient assay*): immunologische Nachweismethode mit → Antikörpern, an denen ein → Enzym gekoppelt ist, das eine Farbreaktion katalysiert

endergonische Reaktion: Aufnahme von Energie bei einer Reaktion (vgl. → exergonische Reaktion)

elterliche Effekte: Gesamtheit der nicht genetisch vermittelten Einflüsse von Eltern auf die Merkmale ihrer Nachkommen

Emission: Abgabe von Abgasen und anderen Stoffen in die Atmosphäre

Endocytose: Aufnahme extrazellulären Materials in die Zelle, indem sich ein Bereich der → Zellmembran einstülpt, das Material einschließt und sich dann als Vesikel nach innen ablöst

Endodermis: innerste Schicht der Wurzelrinde

Endoplasmatisches Retikulum (ER): Membransystem in der Zelle von → Eukaryoten mit Transport- und Synthesefunktion

Endorphine: Hormone des Gehirns sowie des Vorderlappens der → Hypophyse, die unter anderem Schmerzempfindungen dämpfen

Endosymbiontenhypothese: heute allgemein anerkannte → Hypothese, nach der → Mitochondrien und → Plastiden von ursprünglich freilebenden → Bakterien abstammen

endotherm: gleichwarm; Körperwärme wird durch eigenen Stoffwechsel erzeugt

Endprodukthemmung (Feedback-Hemmung): Hemmung der Aktivität eines → Enzyms am Beginn eines Stoffwechselweges durch das Endprodukt der Reaktionsfolge

Enhancer (Verstärker): Kontroll-DNA-Sequenz, die bestimmte Transkriptionsfaktoren erkennt, die die Geschwindigkleit der → Transkription eines Strukturgens verstärken können

Enzym: komplexe Eiweißverbindung, die als Katalysator in der Zelle dient; verändert die Reaktionsgeschwindigkeit, ohne nach der Reaktion chemisch verändert zu sein; → Substratspezifität, → Wirkungsspezifität, → Schlüssel-Schloss-Prinzip

Enzym-Substrat-Komplex: lockere kurzzeitige Verbindung zwischen → Enzym und → Substrat

Epidermis: Abschlussgewebe bei krautigen Pflanzen, bei Tieren die äußerste Hautschicht

Epithel: Deck- oder Abschlussgewebe eines → Organismus oder eines → Organs

Erbkoordination: „Instinktbewegung"; genetisch fixierter, formstarrer Bewegungsablauf

Erster Hauptsatz der Thermodynamik (Energieerhaltungssatz): Der Energieinhalt des Universums ist konstant. Energie lässt sich übertragen und in andere Energieformen umwandeln, jedoch nicht neu gewinnen noch verbrauchen. → Zweiter Hauptsatz der Thermodynamik

Eukaryot: Lebewesen, dessen Erbmaterial membranumhüllt ist

euryök: Bezeichnung für → Arten, die eine weite Toleranz hinsichtlich zahlreicher Umweltfaktoren haben

Eutrophierung: Übersättigung eines Gewässers mit Mineralstoffen

Evolution: stammesgeschichtliche Entwicklung und Veränderung der Lebewesen von ihrer Entstehung bis zur heutigen Vielfalt

evolutionäre Systematik: Schule der → Systematik, die Lebewesen anhand ihrer Abstammungsverhältnisse und ihrer äußeren Ähnlichkeit klassifiziert

Exkretion: Ausscheidung nicht mehr verwertbarer Stoffwechselprodukte aus einer Zelle

Exocytose: Verschmelzung (Fusion) eines Vesikels mit der → Zellmembran, wodurch sein Inhalt in den extrazellulären Raum ausgeschieden wird

Exon: codierende Sequenz eines Eukaryoten-Gens, wird exprimiert; meist unterbrochen durch nicht codierende Bereiche, die → Introns

Fermentation: industrieller Abbau oder Umbau organischer Stoffe durch Bakterien oder isolierte → Enzyme

Fitness: Maß für die relative Anzahl der → Gene, die ein Individuum durch eigene Fortpflanzung (direkte Fitness) oder durch Unterstützung der Fortpflanzung Verwandter (indirekte Fitness) in den → Genpool der nächsten Generation einbringt; die Summe aus direkter und indirekter Fitness ist die Gesamtfitness

Flüssig-Mosaik-Modell: Modell zu Veranschaulichung der Struktur von → Biomembranen, wonach die Membran ein Mosaik aus Proteinmolekülen darstellt, die einzeln in eine flüssige Phospholipid-Doppelschicht eingebettet sind und sich in ihr seitlich hin und her bewegen können

fossil: Bezeichnung für erhaltene Reste oder Spuren ausgestorbener Lebewesen vergangener Erdzeitalter

Fotolyse: lichtinduzierte Spaltung von Wasser in Protonen, Elektronen und Sauerstoff

Fotometrie: Ermittlung der Konzentration eines gelösten Stoffes durch Messung der Absorption von Licht bestimmter Wellenlänge

Fotoperiodik: Abhängigkeit physiologischer Prozesse von regelmäßigen Hell-Dunkel-Phasen

Fotosynthese: Produktion von → Kohlenhydraten aus Kohlenstoffdioxid und Wasser mithilfe von Licht und Chlorophyll

Fotosystem: funktionelle Gruppe von Licht absorbierenden Pigmenten und ihren Reaktionszentren auf der → Thylakoidmembran von → Chloroplasten

Gamet: Geschlechtszelle; auch Keimzelle (Begriff jedoch missverständlich)

Gametophyt: haploide Generation im Fortpflanzungszyklus der Pflanzen; produziert durch → Mitose → Gameten

Gärung: anaerobe → Dissimilation, bei der ein energiereiches Endprodukt (zum Beispiel Ethanol, Milchsäure) entsteht

Gastrula: zweischichtiges Furchungsstadium, das auf die Blastula folgt und aus ihr zum Beispiel durch Einstülpung entsteht

Gefrierbruch-Technik: Präparationsmethode für die Elektronenmikroskopie, bei der ein tiefgekühltes Objekt aufgebrochen wird

Gen: 1) Klassische Genetik: Abschnitt eines → Chromosoms, der ein Merkmal bestimmt; 2) Molekulargenetik: Kombination von → DNA-Abschnitten, die zusammen die Information für ein Polypeptid oder ein → RNA-Molekül codieren

Genbibliothek: Sammlung klonierter DNA-Fragmente eines Lebewesens

Gendrift: Veränderung des → Genpools einer → Population durch Zufallsprozesse

Generationswechsel: regelmäßiger Wechsel zwischen verschiedenen Generationen eines Tieres oder einer Pflanze, wobei sich die eine Generation ungeschlechtlich und die andere geschlechtlich fortpflanzt

genetischer Code: aus 64 → Codons bestehender Schlüssel für die Übersetzung der genetischen Information in → Proteine

genetischer Fingerabdruck: Bezeichnung für ein Muster hochgradig variabler und damit zur Personenidentifizierung geeigneter DNA-Sequenzen, die durch entsprechende → Sonden sichtbar gemacht werden

Genexpression: Ausführen der biologischen Information eines → Gens durch → Transkription und → Translation

Genfluss: ungehinderter Austausch von → Genen zwischen → Populationen

Genom: Gesamtheit der → DNA eines Virus, einer Zelle oder eines Organismus

Genotyp: Gesamtheit aller Erbanlagen eines Individuums

Genpool: Gesamtheit der Gene in einer → Population

Gentechnik: biologisch-technische Verfahren zur Isolierung, Neukombination und Übertragung von → DNA

Gentherapie: gentechnische Verfahren zur Behandlung von genetisch bedingten Krankheiten

Gentransfer: natürliche oder künstliche Übertragung von → Genen von einem Individuum auf ein anderes (auch über Artgrenzen hinweg)

Gewebe: Verband gleichartiger Zellen zur Erfüllung gleichartiger Funktion

Gleitfilament-Modell: veranschaulicht die Verkürzung eines → Sarkomers durch Ineinandergleiten von Filamentbündeln

Glykolyse: Abbau von Glucose zu Pyruvat; einziger Stoffwechselweg, der in allen lebenden Zellen vorkommt; dient als Ausgangspunkt für anaerobe → Gärung oder aerobe Atmung

GOLGI-Apparat: Gesamtheit aller → Dictyosomen einer Zelle

Gonosomen: Chromosomen, die das Geschlecht eines Individuums festlegen

Gradualismus: → Hypothese, nach der → Evolution durch allmähliche Akkumulation kleiner Veränderungen erfolgt

Grüne Gentechnik: Verfahren zur Erzeugung gentechnisch veränderter landwirtschaftlicher Produkte

Gruppenselektion: früher vorherrschende Auffassung, nach der die natürliche → Selektion ein Mechanismus ist, der Merkmale begünstigt, die dem Erhalt der Gruppe oder → Art dienen

Habitat: Aufenthaltsbereich einer → Art in einem → Biotop

Haupthistokompatibilitätskomplex (MHC): Gruppe von → Genen, die für die Immunabwehr wichtige Membranglykoproteide codieren

heterotroph: Ernährung durch Aufnahme organischer Stoffe

Hominiden: Familie der → Primaten, zu der neben den → rezenten und → fossilen Menschen und ihren direkten Vorfahren heute auch die Großen Menschenaffen gerechnet werden

Homogenisierung: Aufbrechen von Zellen als Vorbereitung einer Trennung von Zellbestandteilen

Homologie: Ähnlichkeit von Merkmalen aufgrund gemeinsamer Abstammung

Homöobox: DNA-Sequenzen, die auf die Musterbildung während der Embryogenese von → Organismen einwirken

Hormon: chemischer Signalstoff, der in besonderen Drüsen oder einzelnen Zellen gebildet und über das Blut im Körper verbreitet wird

Hyperpolarisation: elektrischer Zustand an einer → Zellmembran, bei der das Zellinnere stärker negativ zur extrazellulären Flüssigkeit ist als beim → Ruhepotenzial

Hyperzyklus: Abfolge einer zyklischen Reaktion zwischen einer → Nucleinsäure und einem → Protein

Hypophyse: endokrine Drüse des → Hypothalamus

Hypothalamus: unterer Teil des Zwischenhirns

Hypothese: begründete Vermutung über einen Sachverhalt; naturwissenschaftliche Hypothesen müssen prinzipiell überprüfbar und damit widerlegbar sein

Immungedächtnis: Bezeichnung für die schnellere und stärkere Reaktion des → Immunsystems bei wiederholtem Kontakt mit einem → Antigen

Immunreaktion: Abwehrreaktion des Körpers gegen Fremdstoffe

Immunsystem: aus verschiedenen Organen (u.a. Milz, Lymphknoten, Knochenmark) und ihren Produkten (→ Antikörper) bestehendes Abwehrsystem gegen körperfremde Stoffe

Indikatorlebewesen: Lebewesen, dessen Vorkommen etwas über den Zustand eines → Ökosystems aussagt

Individualselektion: DARWINs Erklärungsmodell für die → Evolution; → Selektion setzt an der Variabilität individueller → Phänotypen an

Induktion: entwicklungsbiologisch die Beeinflussung einer embryonalen Zellgruppe durch eine andere; genetisch die Steuerung der Genaktivität durch bestimmte → Enzyme (Induktoren)

Infantizid: Kindestötung; Tötung arteigenen, unselbstständigen Nachwuchses durch die eigenen Eltern oder nicht verwandte Individuen

innere Uhr: Bezeichnung für periodisch ablaufende physiologische Prozesse beim Fehlen äußerer Zeitgeber

Interphase: Teil des → Zellzyklus; umfasst G_1-, S- und G_2-Phase

interspezifisch: zwischen → Arten

Interzellulare: Hohlraum zwischen Pflanzenzellen

intraspezifisch: zwischen Angehörigen derselben → Art

Intron: nicht codierende Sequenz eines Eukaryoten-Gens, wird nicht exprimiert; unterbricht die codierenden Bereiche, die → Exons

In-vitro-Fertilisation (IVF): Befruchtung von Eizellen in künstlicher Nährlösung („im Reagenzglas")

Ionenpumpe: aktives Transportsystem, das unter ATP-Verbrauch Ionen gegen das Konzentrationsgefälle durch → Biomembranen schleust

Isolation: Evolutionsfaktor, der den → Genfluss zwischen Individuen oder → Populationen verhindert und so zur Artbildung beiträgt

Kalorimeter: Messgerät zur Bestimmung des Energieumsatzes

Kambium: → Meristem in der Sprossachse einer Pflanze (→ Leitbündel)

Karyogramm: Anordnung der angefärbten Metaphase- → Chromosomen nach Größe und Bänderung

katabolischer Stoffwechsel: abbauende Stoffwechselreaktion, z. B. → Dissimilation (vgl. → anabolischer Stoffwechsel)

Keimblätter: bei Pflanzen die ersten an der Keimachse angelegten Blätter; bei Tieren die Zellschichten der späten → Gastrula (Ektoderm, Entoderm, Mesoderm), aus denen sich alle Organe eines Tieres entwickeln

Keimscheibe: Ansammlung von Furchungszellen auf dem Dotter dotterreicher Eier (Vogeleier); aus der Keimscheibe entsteht der Embryo bzw. der Dottersack

Kernphasenwechsel: Wechsel zwischen einer haploiden und einer diploiden Entwicklungsphase bei geschlechtlicher Fortpflanzung

Klimax: Endstadium einer → Sukzession

Klon: Gruppe genetisch identischer Individuen, die von einem Vorfahren abstammen

Klonen: Verfahren zur Herstellung identischer DNA-Fragmente, genetisch identischer Zellen oder ganzer Lebewesen

Koevolution: wechselseitige Beeinflussung der → Evolution verschiedener → Arten

Kohlenhydrate: Monosaccharide (Einfachzucker) sowie ihre Dimere (Disaccharide) und Polymere (Polysaccharide)

Kompartiment: durch eine Membran abgegrenzter Reaktionsraum in einer Zelle

Komplexauge (Facettenauge): Augentyp bei Wirbellosen; aus vielen Einzelaugen (Ommatidien) zusammengesetzt

Konditionierung: Form des → Lernens, die auf wiederholter Konfrontation mit äußeren → Reizen (z. B. Belohnungen) beruht

Konjugation: Rekombinationsvorgang, der zur Übertragung von genetischem Material führt, wobei die Zellen zeitweilig miteinander verbunden sind

Konkurrenz: Wettbewerb zwischen Individuen um begrenzt verfügbare → Ressourcen

Konkurrenzausschlussprinzip: Verdrängungswettbewerb; → Konkurrenz zweier → Arten um dieselben → Ressourcen schließt eine längere Koexistenz im selben Lebensraum aus

Konsument: Lebewesen, das sich von → Produzenten ernährt

Konvergenz: konvergente → Evolution, Entstehung analoger Merkmale (→ Analogie) aufgrund ähnlicher Lebensweise

Kreationismus: religiös geprägte Vorstellung, nach der Lebewesen nicht durch Evolution sondern durch Schöpfung entstanden sind

Kryofixierung: Fixierung biologischen Materials durch extrem schnelle Abkühlung auf sehr tiefe Temperaturen (z. B. etwa –196 °C)

K-Selektion: → Selektion, die langsame Fortpflanzung und hohe Konkurrenzfähigkeit fördert

künstliches System: System, das Lebewesen allein anhand äußerer Ähnlichkeit klassifiziert und auf Verwandtschaftsbeziehungen keine Rücksicht nimmt

lebendes Fossil: → rezente → Art, die sich über lange geologische Zeiträume kaum verändert hat

Leitbündel: Organ zum Stofftransport in Pflanzen; setzt sich zusammen aus → Xylem und → Phloem sowie bei dikotylen Pflanzen einem → Kambium

Leitfossilien: Fossilien, die für bestimmte Zeitperioden charakteristisch sind und sich daher zur Altersbestimmung von Gesteinsschichten eignen

Lerndisposition: genetische Anlage für eine spezielle Lernbereitschaft

Lernen: Verhaltensänderung, die auf individueller Erfahrung beruht

Lichtkompensationspunkt: Lichtintensität, bei der der Zuwachs an → Kohlenhydraten durch die → Fotosynthese die durch die Dissimilation bedingten Verluste ausgleicht

Lipide: Stoffgruppe wasserunlöslicher Verbindungen, zu der Fette, Phospholipide und Steroide gehören

Lysosom: membranumschlossener Zellbestandteil im → Cytoplasma der → Eukaryotenzelle, der hydrolytische → Enzyme enthält

Meiose: Spezialform der Zellteilung bei Lebewesen mit geschlechtlicher Fortpflanzung; führt zur Bildung haploider Geschlechtszellen

Membranpotenzial: eine im Ruhezustand bestehende Potenzialdifferenz an der Zellmembran zwischen Cytoplasma und extrazellulärer Flüssigkeit, die auf eine unterschiedliche Verteilung von Ionen zurückzuführen ist (→ Ruhepotenzial)

Meristem: Bildungsgewebe bei Pflanzen aus embryonalen (teilungsfähigen) Zellen

Mikroorganismus: Sammelbegriff für mikroskopisch kleine, meist einzellige Lebewesen (Prokaryoten und eukaryotische Einzeller); keine Ausbildung von → Geweben und → Organen; daher sinnvoller die Verwendung des Begriffes Kleinstlebewesen

Mikrotubulus: dünnes Röhrchen aus dem Protein Tubulin im → Cytoplasma von → Eukaryotenzellen sowie in Cilien, Geißeln und im Cytoskelett

Mikrovilli: lange, dünne Ausstülpungen tierischer Zellen zur Oberflächenvergrößerung, häufig bei resorbierenden → Epithelien

Mimese: der Tarnung dienende Nachahmung eines belebten oder unbelebten Objektes („Schutztracht")

Mimikry: täuschende Nachahmung von Signalen; z. B. Nachahmung der Warntracht einer wehrhaften → Art durch eine harmlose Art („Scheinwarntracht")

Mineralstoffe: anorganische Ionen wie zum Beispiel Calcium- und Phosphat-Ionen

Mitochondrium: von einer Doppelmembran umgebener, zur Selbstvermehrung fähiger Zellbestandteil, in dem wesentliche Prozesse der Zellatmung ablaufen („Kraftwerk der Zelle")

Mitose: Teilung des → Zellkerns einer → Eukaryotenzelle in zwei Tochterkerne, die untereinander und mit dem Mutterkern genetisch identisch sind

Modell: (1) vereinfachte Nachbildung eines realen Systems; man unterscheidet Struktur- und Analogiemodelle sowie theoretische Modelle; Strukturmodelle sind künstliche (meist verkleinerte oder vergrößerte) Nachbildungen; Analogiemodelle sind dem realen Vorbild in wichtigen Eigenschaften funktionell ähnlich; theoretische Modelle sind Erklärungsmodelle, die zur Formulierung überprüfbarer → Hypothesen geeignet sein sollten; (2) in der Psychologie und Verhaltensbiologie auch „Vorbild" („Lernen am Modell")

Modifikation: Veränderung im → Phänotyp, hervorgerufen durch äußere Einflüsse; Erbgut wird nicht verändert

Morphogen: Verbindung, die im Embryo Positionsinformation in Form eines Konzentrationsgradienten entlang der Embryoachse liefert

motorische Endplatte: → Synapsen der motorischen Nervenfasern (neuromuskuläre Synapse mit → Acetylcholin als → Transmitter)

motorische Felder: Bereiche der Großhirnrinde, denen bestimmte Muskelbereiche des Körpers zugeordnet sind, deren Bewegung sie steuern

Mutation: Veränderung der → Nucleotidsequenz der DNA

Mutualismus: für beide Beteiligten vorteilhafte Beziehung zwischen zwei → Arten oder Artgenossen

Myelinscheide: schützende Hülle aus der Zellmembran SCHWANNscher Zellen, die das → Axon einer markhaltigen Nervenzelle umgibt

Mykorrhiza: → Symbiose zwischen Pilzen und Baumwurzeln

NAD^+ (Nicotinamid-Adenin-Dinucleotid): → Cosubstrat, das den → Enzymen in den Redoxreaktionen des Stoffwechsels bei der Elektronenübertragung hilft

Nährstoff: organische Verbindung der Stoffklassen → Kohlenhydrate, → Lipide und → Proteine, die als Baustoff oder Energielieferant dient

Nahrungskette: der Weg, auf dem organische Stoffe in einem → Ökosystem von den → Produzenten über → Konsumenten an die → Destruenten weitergegeben werden

Nahrungsnetz: Bezeichnung für die vernetzten Nahrungsbeziehungen innerhalb eines → Ökosystems

natürliches System: System, das die Lebewesen nach ihren evolutionären Verwandtschaftsbeziehungen klassifiziert

Nervensystem: dient der Steuerung und Regelung eines → Organismus (→ vegetatives, → peripheres, → zentrales Nervensystem)

Nervenzellen: auf die Weiterleitung von → Reizen spezialisierte → Zellen des → Nervensystems

Nettoprimärproduktion: Produktion organischer Substanz in einem → Ökosystem abzüglich des durch Zellatmung abgegebenen Kohlenstoffs

Netzhaut (Retina): Schicht im Auge, die Sehzellen enthält

Nondisjunction: Fehler bei → Meiose oder → Mitose, wodurch homologe → Chromosomen nicht voneinander getrennt werden

Nucleotid: Baustein der Nucleinsäuren, bestehend aus einem Zucker (Pentose), einer organischen stickstoffhaltigen Base und einer Phospatgruppe

ökologische Nische: System von Wechselbeziehungen zwischen Lebewesen und ihrer Umwelt; bezeichnet keinen Ort, sondern eher einen „Beruf"

ökologische Potenz: Reaktionsfähigkeit eines Lebewesens auf einen Umweltfaktor

Ökosystem: System, das alle Lebewesen in einem bestimmten Gebiet sowie die → abiotischen Faktoren, mit denen sie in Wechselbeziehung stehen, umfasst

oligotroph: mineralstoffarm

Onkogen: in Viren vorkommende oder im → Genom befindliche → Gene, die an der Auslösung von Krebs beteiligt sind

Ontogenese: Individualentwicklung

Oogenese: im Eierstock ablaufender Vorgang, der zur Bildung von Eizellen führt

Operator: kurzer Abschnitt der DNA in einem Bakterien-Chromosom, der die → Transkription eines benachbarten → Gens kontrolliert

Operon: genetische Funktionseinheit bei Bakterien aus Strukturgenen, → Promotor und → Operator

Organ: Verband verschiedenartiger → Gewebe, die sich bei der Erfüllung einer bestimmten Funktion ergänzen

Organellen: missverständliche Bezeichnung für von mit → Membranen begrenzten → Zellbestandteilen → eukaryotischer → Zellen

Organismus: Bezeichnung für Lebewesen, die über → Organe und → Organsysteme verfügen

Organsystem: Verband verschiedenartiger → Organe, die sich bei der Erfüllung einer bestimmten Funktion ergänzen

Osmoregulation: Aufrechterhaltung der Körperflüssigkeitskonzentration durch aktive Aufnahme und Ausscheidung von Wasser und Salzen

Osmose: → Diffusion von Wassermolekülen durch eine selektiv permeable (semipermeable) Membran

Östrogene: weibliche Sexualhormone, die im Follikel, im Gelbkörper sowie in der Nebennierenrinde hergestellt werden; sie stimulieren Entwicklung und Erhaltung des weiblichen Fortpflanzungssystems und der sekundären Geschlechtsmerkmale

Ovulation: Eisprung, Freisetzung einer Eizelle aus dem Eierstock

parapatrische Artbildung: Artbildungsprozess, der durch die Auseinanderentwicklung benachbarter → Populationen erfolgt

Parasit: Lebewesen, das auf oder in anderen Lebewesen lebt und sich von ihnen ernährt und sie dabei schädigt, aber nicht sofort tötet

Parasitismus: Beziehung zwischen → Arten (→ Parasit und Wirt), die nur dem Parasiten nützt, dem Wirt dagegen schadet

Parasympathikus: einer der beiden Teile des → vegetativen Nervensystems der Wirbeltiere

Parenchym: Grundgewebe eines → Organs

Parthenogenese: Jungfernzeugung; Form der Fortpflanzung, bei der aus unbefruchteten Eizellen Nachkommen hervorgehen

PCR: Polymerase-Kettenreaktion, Verfahren zur Vervielfältigung kurzer DNA-Sequenzen

peripheres Nervensystem: sensorische und motorische Nervenzellen, die mit dem → Zentralnervensystem verbunden sind

Peroxisom: membranumhüllter Zellbestandteil, der Enzyme zur Spaltung von Wasserstoffperoxid enthält

Phänotyp: Gesamtheit der körperlichen und physiologischen Merkmale eines Lebewesens

Pheromon: Botenstoff, der anders als → Hormone außerhalb des Köpers wirksam ist und das Verhalten von Artgenossen beeinflusst

Phloem (Siebteil): Bereich eines → Leitbündels, in dem Assimilate transportiert werden

Phospholipide: → Lipide, deren Moleküle einen polaren, hydrophilen Kopf und einen unpolaren, hydrophoben Schwanz besitzen; setzen die → Biomembran zusammen

Phosphorylierung: Reaktion, bei der eine Phosphatgruppe kovalent an ein anderes Molekül gebunden wird

Phylogenese: Stammesgeschichte

PID: Präimplantationsdiagnostik; umstrittenes (in Deutschland verbotenes) Verfahren zum Nachweis genetisch bedingter Krankheiten an künstlich befruchteten Eizellen bzw. Embryonen vor der Einnistung (Implantation) in die Gebärmutter (→ In-vitro-Fertilisation)

Plasmid: kleiner extrachromosomaler DNA-Ring bei Bakterien

Plasmolyse: Ablösung des Plasmalemmas einer Pflanzenzelle von der Zellwand in Folge → osmotischen Entzugs von Wasser aus dem → Cytoplasma

Plastiden: von einer Doppelmembran umgebene, zur Selbstvermehrung fähige Zellbestandteile, die als → Chloroplasten, Chromoplasten, Leukoplasten oder → Amyloplasten vorliegen können

Polygenie: der additive Einfluss von zwei oder mehreren → Genen auf die Ausprägung eines Merkmals

Polymerase: → Enzym, das die → Transkription von → DNA in → RNA katalysiert

Polymerase-Kettenreaktion: → PCR

Population: Gesamtheit der Individuen einer → Art in einem definierten Gebiet

Prägung: Lernvorgang, der nur in bestimmten (sensiblen) Phasen der Individualentwicklung erfolgen kann und weitgehend irreversibel ist

Primaten: Ordnung der Säugetiere, zu der Halbaffen, Affen und Menschen gehören

Produzent: Lebewesen, das durch → Chemosynthese oder → Fotosynthese → Biomasse erzeugt

Prokaryot: Lebewesen, dessen Erbmaterial nicht membranumhüllt ist

Promotor: Nucleotidsequenz in der DNA, an die die RNA-Polymerase zu Beginn der → Transkription bindet

prosthetische Gruppe: → Cofaktor, der kovalent an ein → Enzym gebunden ist

Proteine: Eiweißstoffe bestimmter räumlicher Konformation, die aus 20 verschiedenen Monomeren, den Aminosäuren, aufgebaut sind

Protonengradient: Differenz zwischen den Protonen-Konzentrationen auf den beiden Seiten einer → Biomembran, beispielsweise der inneren → Mitochondrienmembran oder der → Thylakoidmembran eines Chloroplasten

Protoplast: Pflanzenzelle ohne → Zellwand

proximate Ursache: „Wirkursache", physiologischer, genetischer oder jeder andere direkt ein Merkmal beeinflussende Mechanismus; „Wie-Frage": fragt danach, wie etwas funktioniert

Punktualismus: → Hypothese, nach der → Evolution durch einen Wechsel von Phasen mit raschen Veränderungen und langen Zeiten des Stillstandes gekennzeichnet ist

Räuber: Lebewesen, das sich von anderen Lebewesen ernährt und diese in der Regel sofort tötet

Reflex: eine unwillkürliche, automatische Reaktion auf einen Reiz, ausgelöst durch das → Zentralnervensystem

Refraktärphase (Refraktärzeit): Zeitspanne nach einem → Aktionspotenzial, in der eine erneute Reizung ohne Reaktion bleibt

Reich: → Taxon der biologischen → Systematik; unterschieden werden fünf Reiche (→ Prokaryoten, Protisten, Pflanzen, Pilze und Tiere)

Rekombination: Vorgang, bei dem → Chromosomen in einer neuen Kombination wieder zusammengeführt werden

Repressor: → Protein, das durch Binden an einen bestimmten Bereich der DNA die → Transkription eines benachbarten → Gens verhindert

Reproduktionsbiologie: biologisch-technische Verfahren zur gezielten Beeinflussung der Fortpflanzung von Lebewesen

reproduktives Klonen: Erzeugung von Lebewesen aus → Stammzellen

Resorption: Aufnahme von Stoffen aus dem Verdauungstrakt in die → Epithelzellen

Respiration: → Atmung

Respiratorischer Quotient (RQ): Quotient aus den Mengen von abgegebenem Kohlenstoffdioxid und aufgenommenem Sauerstoff in einem bestimmten Zeitintervall

Restriktionsfragmentlängenpolymorphismus (RFLP): beim Schneiden eines Genoms verschiedener Individuen mit → Restriktionsenzymen entstehen jeweils → DNA-Fragmente unterschiedlicher Längen, die auf individuellen Mutationen in den Erkennungssequenzen beruhen

Ressourcen: sämtliche Stoffe und sonstigen materiellen Grundlagen (z. B. Nistplätze, befruchtungsfähige Eizellen), die Lebewesen zum Überleben und zur Fortpflanzung benötigen und verbrauchen

Restriktionsenzyme: bakterielle → Enzyme, die → DNA an bestimmten Basensequenzen zerschneiden

rezent: heute lebend

Rezeptorpotenzial: Reaktion einer Rezeptorzelle auf einen Reiz in Form einer zur Reizstärke proportionalen Spannungsänderung über die Rezeptormembran

RGT-Regel: Reaktionsgeschwindigkeits-Temperatur-Regel; besagt, dass eine Erhöhung der Umgebungstemperatur um 10 °C die Stoffwechselprozesse → ektothermer Tiere um das zwei- bis dreifache beschleunigt

Ribosom: aus zwei Untereinheiten zusammengesetzter, membranloser Zellbestandteil, der im → Zellkern aufgebaut wird und an dem im → Cytoplasma die Proteinsynthese erfolgt

RNA, Ribonucleinsäure: einzelsträngiges Makromolekül aus vier verschiedenen Nucleotiden mit den Basen Adenin, Cytosin, Guanin und Uracil und dem Zucker Ribose

Rote Gentechnik: gentechnische Verfahren zur Erzeugung pharmazeutischer Produkte

Rote Liste: Liste vom Aussterben bedrohter Tier- oder Pflanzenarten

r-Selektion: → Selektion, die eine schnelle Vermehrung fördert und damit eine hohe Wachstumsrate der → Population zur Folge hat

Rudiment: funktionsloser Rest eines Organs oder Organteils

Ruhepotenzial: → Membranpotenzial

Samen: Verbreitungseinheit bei Samenpflanzen, besteht aus Samenschale, Embryo und Nährstoffvorrat

Saprobie: an Fäulnisbedingungen angepasstes Lebewesen

Sarkomer: funktionelle Struktureinheit einer Myofibrille, wird durch die Z-Scheiben begrenzt

Schlüssel-Schloss-Prinzip: Konformationsentsprechung zweier räumlicher Strukturen, die zueinander passen, beispielsweise die Konformationen von Enzym (→ aktives Zentrum) und → Substrat

Schwellenpotenzial: Potenzial, das eine Nervenzelle erreichen muss, damit ein → Aktionspotenzial ausgelöst wird

Selektion: „natürliche Auslese"; zentraler Begriff der DARWINschen Evolutionstheorie; unterschiedlicher Fortpflanzungserfolg der Individuen einer → Population aufgrund unterschiedlicher → Angepasstheit

sensorische Felder: Bereiche der Großhirnrinde, denen bestimmte Gefühlsbereiche des Körpers zugeordnet sind, deren Informationen sie auswerten

Sequenzierung: gentechnische Verfahren zur Bestimmung der Basenabfolge der DNA

sexuelle Selektion: Evolutionsmechanismus, der auf individuell unterschiedlichem Erfolg im Zugang zu Sexualpartnern beruht

Sonde: einzelsträngige, meist radioaktiv markierte synthetische DNA-Sequenz zur Identifizierung komplementärer DNA-Sequenzen

Soziobiologie: Zweig der → Verhaltensökologie, der die → ultimaten Ursachen des Sozialverhaltens untersucht

Spermatogenese: Produktion von reifen Spermien im Hoden

Spermienkonkurrenz: Wettbewerb zwischen den Spermien eines oder mehrerer männlicher Individuen um die Befruchtung einer Eizelle

Spinalganglion: seitlich des Rückenmarks gelegene Ansammlung von Nervenzellen des → peripheren Nervensystems

Sporophyt: diploide Generation im Fortpflanzungszyklus der Pflanzen; produziert durch Meiose haploide Sporen

Stammzelle: noch undifferenzierte Zelle, aus der sich unterschiedliche Zelltypen entwickeln

stenök: Bezeichnung für → Arten, die eine geringe Toleranz hinsichtlich zahlreicher Umweltfaktoren haben

Stoffkreislauf: zyklische Wiederkehr und erneute Verwendung von Stoffen und deren Verbindungen

Stoma (Spaltöffnung): ein mikroskopisch kleiner Spalt einschließlich der ihn umgebenden Schließzellen und angrenzenden Nebenzellen in der → Epidermis von Blättern und Sprossachsen; Plural Stomata

Substrat: chemische Verbindung, die spezifisch von einem → Enzym (→ Schlüssel-Schloss-Prinzip) umgesetzt wird

Substratspezifität: Eigenschaft von → Enzymen, nur jeweils ein bestimmtes → Substrat umzusetzen

Sukzession: zeitliche Abfolge verschiedener Lebensgemeinschaften in einem → Ökosystem

Symbiose: enges, für beide Beteiligten vorteilhaftes Zusammenleben zweier → Arten

Sympathikus: einer der beiden Teile des → vegetativen Nervensystems der Wirbeltiere

sympatrische Artbildung: Artbildungsprozess, der durch reproduktive → Isolation von Individuen innerhalb einer → Population erfolgt

Synapse: Stelle, an der eine Nervenzelle mit einer anderen oder einer Effektorzelle kommuniziert; bildet bei chemischen Synapsen einen synaptischen Spalt zwischen der prä- und der postsynaptischen → Zellmembran, sodass Information über → Transmitter übertragen wird; bei elektrischen Synapsen besteht eine Direktverbindung zweier Nervenzellen durch gap-junctions

Synökologie: Zweig der Ökologie, der die Wechselbeziehungen zwischen den → Arten einer → Biozönose untersucht

Synthetische Theorie: in den 40er Jahren des 20. Jahrhunderts erfolgte Synthese aus der Evolutionstheorie DARWINs und den Erkenntnissen der → Genetik

Systematik: Zweig der Biologie, der sich mit der Beschreibung und Klassifizierung der Lebewesen beschäftigt

Taxon (Plural: Taxa): Gruppe von Lebewesen, die eine systematische Einheit darstellen (z. B. → Art, Gattung, Familie, Ordnung)

Theorie: in sich widerspruchsfreies System von → Hypothesen, das überprüfbare Voraussagen ermöglicht und mit anderen Theorien verträglich ist

therapeutisches Klonen: Zucht und Übertragung von → Stammzellen zur Behandlung von Krankheiten

Thermodynamik: 1) Erster Hauptsatz (Energieerhaltungssatz): Energie lässt sich übertragen oder in andere Energieformen umwandeln, jedoch nicht neu gewinnen oder verbrauchen. 2) Zweiter Hauptsatz: Bei jeder Übertragung oder Umwandlung von Energie nimmt die → Entropie des Universums zu.

Thylakoid: Zisterne in einem → Chloroplasten mit Integration von Farbstoffmolekülen in die Doppellipidschicht

Tonoplast: → Biomembran, die eine → Vakuole zum → Cytoplasma hin begrenzt

Transduktion: 1) Genetik: natürlicher oder künstlicher → Gentransfer durch Viren; 2) Sinnesphysiologie: Umwandlung physikalischer oder chemischer Umweltreize in elektrische Signale

Transformation: Aufnahme von genetischem Material aus dem extrazellulären Bereich in eine Zelle

transgene Lebewesen: Lebewesen, denen durch künstlichen → Gentransfer ein fremdes → Gen eingeschleust wurde

Transkription: Kopieren eines Stranges der DNA in eine komplementäre RNA-Sequenz

Translation: Vorgang an einem Ribosom, bei dem die Information von einem RNA-Molekül auf ein Polypeptid übertragen wird

Transmitter (Überträgerstoff): chemischer Stoff, der die Erregung an den → Synapsen überträgt

Transpiration: Abgabe von Wasser durch Verdunstung

Treibhauseffekt: Bezeichnung für den durch Kohlenstoffdioxid und andere Gase verursachten globalen Temperaturanstieg

Trophiestufe: Einteilung der Angehörigen eines → Ökosystems anhand ihrer Ernährung (z. B. → Konsumenten 2. Ordnung)

Tumor-Suppressor-Gen: wachstumsregulierende → Gene, deren Genprodukte die Zellteilung hemmen

Turgor: Druck, der bei Zellen mit → Zellwänden auf die Zellwand ausgeübt wird, nachdem die Zelle durch → Osmose Wasser aufgenommen hat und angeschwollen ist

ultimate Ursache: „Zweckursache"; „Wozu-Frage": fragt nach der evolutionären → Angepasstheit eines Merkmales

Ultradünnschnitt-Technik: Präparationstechnik für die Elektronenmikroskopie, bei der mit einem Ultramikrotom (Schneidegerät) Ultradünnschnitte von in Kunstharz eingebettetem Material angefertigt werden

Ursuppe: Bezeichnung für eine an organischen Stoffen reiche, präbiotische wässrige Lösung, in der die Entstehung des Lebens erfolgt sein könnte

Vakuole: von einer Membran (→ Tonoplast) umgebener, mit Zellsaft gefüllter Raum in einer Pflanzenzelle mit Speicher- und Abbaufunktion

vegetatives Nervensystem (autonomes Nervensystem): Teil des Nervensystems der Wirbeltiere, das nicht der direkten willkürlichen Kontrolle unterliegt; versorgt vor allem Eingeweide, Blutgefäße, Herz, Ausscheidungs- und Geschlechtsorgane sowie Drüsen; gliedert sich in den → Sympathikus mit dem Grenzstrang und den → Parasympathikus

Vektor: „Genfähre", → Plasmid oder Virus zur Einschleusung von Fremd-Genen in das → Genom eines Lebewesens

Verhaltensökologie: Zweig der Verhaltensforschung, der die → Angepasstheit des Verhaltens an spezifische Lebensbedingungen untersucht

Verwandtenselektion: Förderung der indirekten → Fitness eines Individuums durch die Unterstützung der Fortpflanzung Verwandter

Verwandtschaftskoeffizient: genetischer Verwandtschaftsgrad zwischen zwei Individuen; Maß für den Anteil identischer → Gene, die von einem gemeinsamen Vorfahren stammen

Virus: Partikel aus einer Proteinhülle und → DNA oder → RNA, der Zellen infizieren kann, jedoch ohne eigenen Stoffwechsel

Wasserpotenzial: Druck, der aufgewendet werden muss, um Wasser am Abfluss aus einem System zu hindern; Bezugsgröße ist dabei destilliertes Wasser mit einem Wasserpotenzial von 0 kPa; Werte sind immer negativ

Wirkungsspektrum: grafische Darstellung der Fotosyntheserate in Abhängigkeit von der Wellenlänge des Lichtes

Wirkungsspezifität: Eigenschaften von → Enzymen, jeweils nur eine spezifische Reaktion ihres → Substrates zu katalysieren

Wurzeldruck: aktiver Vorgang in den Wurzeln zum Transport von Wasser in die Leitungsbahnen unabhängig vom Transpirationssog

Xenotransplantation: Transplantation artfremder Gewebe oder Organe

Xylem (Holzteil): Bereich eines → Leitbündels, der dem Transport von Wasser und darin gelösten Mineralstoffen dient

Zeigerpflanze: Pflanzenart, die bestimmte → abiotische Faktoren „anzeigt"

Zellkern: membranbegrenzter Zellbestandteil in → Eukaryotenzellen, der die → Chromosomen enthält

Zellorganelle: missverständliche Bezeichnung für Bestandteile eukaryotischer Zellen, die bestimmte Funktionen erfüllen; besser die Bezeichnung Zellbestandteil

Zelltheorie: Aussage, dass alle Lebewesen aus Zellen bestehen und Zellen nur aus Zellen hervorgehen

Zellwand: außerhalb der Zellmembran gelegene Hülle bei Pflanzenzellen, Bakterien, Pilzen und manchen Protisten

Zellzyklus: geordnete Folge von Vorgängen sich teilender Zellen; setzt sich zusammen aus → Mitose, Zellteilung und → Interphase

Zentralnervensystem (ZNS): Gehirn und Rückenmark der Wirbeltiere

Zonierung: Abfolge unterschiedlicher Lebensräume in einem → Ökosystem

Zweiter Hauptsatz der Thermodynamik: Die Entropie des Universums strebt einem Maximum zu. Bei jeder Übertragung oder Umwandlung von Energie nimmt die Entropie des Universums zu. → Erster Hauptsatz der Thermodynamik

Zygote: befruchtete Eizelle, diploid

Exkurs: Kleines Chemie-ABC für Biologen

Absorption: Aufnahme von Energie aus elektromagnetischer Strahlung (z. B. Licht)

Adhäsion: Anziehungsvermögen zwischen Teilchen verschiedener Stoffe (z. B. zwischen Wasser-Molekülen und der Gefäßwand bzw. Teilchen an der Gefäßwand). Der Zusammenhalt zwischen Teilchen derselben Art wird durch *Kohäsion* bewirkt (z. B. die Anziehung von Wassermolekülen untereinander über Dipolkräfte).

Adsorption: Anlagerung von Teilchen an die Oberfläche eines porösen Stoffes (z. B. Kieselgel oder Aluminiumoxid bei der Dünnschicht-Chromatografie)

Aktivierungsenergie: die Energiemenge, die Teilchen erhalten müssen, um in den reaktionsbereiten Zustand zu gelangen

Aldehyde: organische Verbindungen mit einer endständigen Carbonylgruppe (–CHO, Aldehydgruppe, wie z. B. Methanal oder Formaldehyd HCHO, Ethanal oder Acetaldehyd CH_3CHO).
Carbonyl-Verbindungen, bei denen die Carbonylgruppe nicht endständig ist, heißen Ketone (z. B. Propanon oder Aceton CH_3COCH_3).

Alkane: gesättigte kettenförmige und verzweigte Kohlenwasserstoff-Verbindungen mit der allgemeinen Formel C_nH_{2n+2} (z. B. Methan CH_4, Ethan C_2H_6)

Alkohole: organische Verbindungen mit einer (oder mehreren) Hydroxyl-Gruppe(n) (–OH, z. B. Ethanol C_2H_5OH, Glycerin oder Propan-1,2,3-triol $C_3H_5(OH)_3$)

Aminosäuren: organische Moleküle, die neben einer Carboxyl-Gruppe (–COOH) auch eine Amino-Gruppe ($-NH_2$) aufweisen; Bausteine der Eiweißstoffe

Atome: Grundbausteine der Materie. Nach dem Kern-Hülle-Modell ist der Atomkern das Massezentrum des Atoms (aus positiv geladenen Protonen und elektrisch neutralen Neutronen). Er ist von einer Atomhülle umgeben, dem Aufenthaltsbereich der Elektronen, die sich in bestimmten Schalen (Energieniveaus) um den Atomkern bewegen.
Die Elektronen der äußeren Schale eines Atoms bestimmen die chemischen Eigenschaften des jeweiligen Elementes.

Atommasse: Masse eines Atoms.
Sie wird in der atomaren Masseneinheit (= atomic mass unit) 1 u angegeben; $1\ u = 1{,}66 \cdot 10^{-24}$ g.

Basen: nach der Ionen-Theorie Stoffe, die alkalische Lösungen bilden, die neben Hydroxid-Ionen (OH^--Ionen) Metall-Ionen enthalten; nach BRÖNSTED Teilchen, die Protonen (H^+) anlagern können

Carbonsäuren: organische Moleküle mit einer Carboxyl-Gruppe (–COOH)

Carbonyl-Gruppe: funktionelle Gruppe der Aldehyde und Ketone (>C=O)

Carboxyl-Gruppe: funktionelle Gruppe der Carbonsäuren (–COOH)

chemische Reaktion: Umwandlung von Stoffen, bei der aus den Ausgangsstoffen (Edukten) Stoffe mit neuen Eigenschaften (Produkte) gebildet werden.
Chemische Reaktionen sind von einem Energieumsatz begleitet.

Dipol: Molekül mit polaren Elektronenpaarbindungen, bei dem die Ladungen nicht gleichmäßig verteilt sind

(z. B. 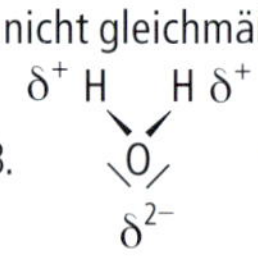)

Edelgase: Elemente der VIII. Hauptgruppe des Periodensystems. Edelgase sind besonders reaktionsträge (stabil).

Edelgaskonfiguration: energetisch besonders stabile Elektronenverteilung: Nach der Oktettregel erfolgt die Ausbildung von Elektronenpaarbindungen derart, dass die beteiligten Atome auf der äußeren Schale wie bei Edelgasen die Konfiguration von acht Elektronen erreichen (bei Helium zwei Elektronen).

Elektronegativität (EN): Maß für die Fähigkeit eines Atoms Bindungselektronen anzuziehen

Elektronenpaarbindung (Atombindung): Bindung von Atomen durch gemeinsame Elektronenpaare
(z. B. $H^{\cdot} + .H \rightarrow H : H$ oder $H - H$)

Element: Reinstoff, der mit chemischen Mitteln nicht weiter zerlegt werden kann. Jedem Element entspricht eine bestimmte Atomart.

Emulsion: heterogenes Gemisch zweier nicht mischbarer Flüssigkeiten (z. B. Öl und Wasser; Milch)

Energie: Fähigkeit eines Systems, aus sich heraus Arbeit zu leisten

Energieumsatz: Kennzeichen chemischer Reaktionen. Wird bei der Reaktion Wärme frei, spricht man von exothermer Reaktion ($\Delta H < 0$); wird Wärme zur Aufrechterhaltung der Reaktion hinzugefügt, ist die Reaktion endotherm ($\Delta H > 0$).

Enthalpie (H): Energieinhalt eines Systems bei konstantem Druck; gemessen werden Enthalpiedifferenzen (ΔH)

Entropie (S): Maß für die Unordnung eines Systems bzw. die Wahrscheinlichkeit eines Ordnungszustandes. Nach dem Energie- und Entropieprinzip stellt sich in natürlichen Systemen ein Zustand ein, der energiearm und möglichst ungeordnet ist.

freie Enthalpie (G): Wiedergabe der Änderungen von Enthalpie und Entropie eines Systems; Grundgleichung: $\Delta G = \Delta H - T\,\Delta S$ (T absolute Temperatur). Reaktionen mit einer negativen freien Enthalpieänderung ($\Delta G < 0$) laufen spontan ab und heißen *exergonische* Reaktionen; nicht spontan ablaufende Reaktionen heißen *endergonische* Reaktionen ($\Delta G > 0$).

Ester: organische Verbindungen, die aus einer Reaktion eines Alkohols mit einer Säure unter Abspaltung von Wasser entstanden sind

funktionelle Gruppe: Molekülteil, der das Reaktionsverhalten einer organischen Verbindung bestimmt

Gleichgewichtsreaktion: chemische Reaktion, bei der sich im Verlaufe der Zeit ein dynamischer Gleichgewichtszustand einstellt: Hin- und Rückreaktion verlaufen mit gleicher Geschwindigkeit.

Hydratation: Bildung einer Hülle von Wassermolekülen (Hydrathülle) um ein Ion oder ein polares Molekül im Verlaufe eines Lösungsvorganges

Hydrolyse: Spaltung eines Moleküls unter Aufnahme von Wassermolekülen

Hydronium-Ion: hydratisiertes Oxonium-Ion (H_3O^+); charakteristisches Ion in sauren Lösungen (z. B. $H{-}R + H_2O \rightarrow H_3O^+ + R^- \rightarrow H_3O^+ (aq) + R^- (aq)$)

Ionen: geladene Atome, Atomgruppen oder Moleküle. *Anionen* sind negativ, *Kationen* positiv geladen.

Ionenbindung: Bindungstyp in Ionenverbindungen. Der Zusammenhalt wird durch elektrostatische Kräfte der entgegengesetzt geladenen Ionen bedingt. Da diese Kräfte in alle Raumrichtungen wirken, ergibt sich die dreidimensionale Struktur eines *Ionengitters*. Solche *Ionenverbindungen* sind salzartige Stoffe mit einer relativ hohen Schmelz- und Siedetemperatur.

Isomere: Stoffe mit gleicher Molekülformel (Summenformel), aber unterschiedlicher Molekülstruktur

Isotope: Atome eines Elementes mit gleicher Protonenanzahl, aber unterschiedlicher Neutronenanzahl (z. B. ${}^1_1H$; ${}^2_1H$ oder ${}^2_1D$, *Deuterium;* ${}^3_1H$ oder ${}^3_1T$, *Tritium;* ${}^{14}_7N$, ${}^{15}_7N$)

Konzentration: Anzahl gelöster Teilchen pro Volumeneinheit. Die Stoffmengen-Konzentration gibt an, wie viel Mol (= Molekularmasse in Gramm) in einem Liter Lösung enthalten sind;
Einheit: mol/l

Laugen: Lösungen, die Hydroxid-Ionen (OH^-) enthalten

Oxidation: Reaktion, bei der ein Stoff Sauerstoff aufnimmt oder Elektronen abgibt

Periodensystem: tabellarische Anordnung der Elemente nach Merkmalen des Atombaus. Chemisch ähnliche Elemente mit der gleichen Anzahl an Außenelektronen stehen als *Gruppe* untereinander. Die nebeneinander stehenden Elemente mit der gleichen Anzahl an Elektronenschalen bilden jeweils eine *Periode*.

Puffer: Lösungen, die bei Zusatz von Säuren oder Laugen den pH-Wert weitgehend konstant halten

Radikale: Atome oder Moleküle mit einem ungepaarten Elektron; sehr reaktionsfreudige Teilchen

Redoxreaktion: Reaktion, bei der Elektronen ausgetauscht werden; gleichzeitige Reduktion und Oxidation bei einer chemischen Umsetzung (z. B. $Cu^{2+} + Fe \rightarrow Fe^{2+} + Cu$)

Reduktion: Reaktion, bei der ein Stoff Sauerstoff abgibt oder Elektronen aufnimmt

	Hauptgruppen							
Schale	I	II	III	IV	V	VI	VII	VIII
1 K-Schale	1,008 $_1H$ Wasserstoff (2,1)	← Atommasse in u ← Elementsymbol ← Ordnungszahl (Protonenanzahl) ← Elementname ← (Elektronegativitäts-Wert)						4,003 $_2He$ Helium (–)
2 L-Schale	6,94 $_3Li$ Lithium (1,0)	9,01 $_4Be$ Beryllium (1,5)	10,81 $_5B$ Bor (2,0)	12,01 $_6C$ Kohlenstoff (2,5)	14,00 $_7N$ Stickstoff (3,0)	16,00 $_8O$ Sauerstoff (3,5)	19,00 $_9F$ Fluor (4,0)	20,18 $_{10}Ne$ Neon (–)
3 M-Schale	22,99 $_{11}Na$ Natrium (0,9)	24,31 $_{12}Mg$ Magnesium (1,2)	26,98 $_{13}Al$ Aluminium (1,5)	28,09 $_{14}Si$ Silicium (1,8)	30,97 $_{15}P$ Phosphor (2,1)	32,07 $_{16}S$ Schwefel (2,5)	35,45 $_{17}Cl$ Chlor (3,0)	39,94 $_{18}Ar$ Argon (–)
4 N-Schale	39,10 $_{10}K$ Kalium (0,8)	40,08 $_{20}Ca$ Calcium (1,0)	69,72 $_{31}Ga$ Gallium (1,6)	72,61 $_{32}Ge$ Germanium (1,8)	74,92 $_{33}As$ Arsen (2,0)	78,96 $_{34}Se$ Selen (2,4)	79,90 $_{35}Br$ Brom (2,8)	83,8 $_{33}Kr$ Krypton (–)

Periodensystem der Elemente (Hauptgruppen, Ausschnitt)

pH-Wert: Maß für den Gehalt einer Lösung an H^+-(H_3O^+)-Ionen oder OH^--Ionen.
Bei pH 7 liegt eine neutrale Lösung vor,
bei pH < 7 ist die Lösung sauer,
bei pH > 7 alkalisch.

polare Elektronenpaarbindung: Bindung zwischen Atomen unterschiedlicher Elektronegativität durch gemeinsame Elektronenpaare, wobei eine ungleichmäßige Ladungsverteilung innerhalb des Moleküls erfolgt

Polymerisation: Bildung von Makromolekülen aus niedermolekularen Bausteinen (Monomeren)

Säuren: Stoffe, die in wässeriger Lösung Hydronium-Ionen im Überschuss enthalten; nach BRÖNSTED Teilchen, die Protonen (H^+) abgeben können

VAN-DER-WAALS-Bindung: Anziehung zwischen unpolaren oder schwach polaren Molekülen

Wasserstoffbrückenbindungen: zwischenmolekulare Bindungen zwischen stark polar gebundenen Wasserstoffatomen des einen und freien Elekronenpaaren von Sauerstoffatomen oder Stickstoffatomen eines anderen Teilchens

Hinweise zum sicheren Experimentieren

Den Praktikumversuchen ist in diesem Buch eine **Sicherheitsleiste** vorangestellt, die in bis zu sieben Symbolfeldern Hinweise zu den Gefahren und zur Entsorgung gibt.

Die *orangefarbenen* Felder enthalten die Gefahrensymbole der verwendeten Stoffe. Diese Symbole geben Hinweise auf die Gefahren beim Umgang mit den betreffenden Stoffen. Folgende Gefahrensymbole werden verwendet:

Kennbuchstabe **T**
giftig

Kennbuchstabe **T+**
sehr giftig

Kennbuchstabe **Xn**
gesundheitsschädlich

Kennbuchstabe **C**
ätzend

Kennbuchstabe **Xi**
reizend

Kennbuchstabe **O**
brandfördernd

Kennbuchstabe **F+**
hoch entzündlich

Kennbuchstabe **F**
leicht entzündlich

Kennbuchstabe **E**
explosionsgefährlich

Kennbuchstabe **N**
umweltgefährlich

Die *violetten* Felder geben *Hinweise zur sicheren Handhabung* der jeweiligen Stoffe.

Schutzbrille tragen

Schutzhandschuhe tragen

Versuch unter dem Abzug oder in einer geschlossenen Apparatur durchführen

Die *grünen* Felder geben *Hinweise zur sicheren* und *umweltschonenden Entsorgung*.

Entsorgung. Das für die Praktikumversuche in diesem Buch empfohlene Entsorgungssystem basiert auf folgenden Prinzipien:

- *gefährliche Abfälle vermeiden:*
  Zu den wichtigsten Regeln für einen verantwortungsvollen Umgang mit Stoffen gehört es, die Entstehung von unnötigen Abfällen oder unnötig großen Mengen an Abfällen zu vermeiden. Dazu ist eine sorgfältige Planung der experimentellen Arbeit in Hinblick auf Art und Menge der verwendeten Stoffe notwendig.

- *gefährliche Abfälle umwandeln:*
  Nicht vermeidbare gefährliche Abfallstoffe sollen in weniger gefährliche Stoffe umgewandelt werden: Säuren und Laugen werden neutralisiert. Lösliche Stoffe können zu schwer löslichen Stoffen umgesetzt werden.

- *gefährliche Abfälle sammeln:*
  Abfälle, die nicht an Ort und Stelle in ungefährliche Produkte umgewandelt werden können, sind zu sammeln, um sie später einer geordneten Entsorgung zuzuführen. Durch das Sammeln in getrennten Behältern wird zum einen die endgültige Beseitigung erleichtert und zum anderen eine Wiederaufbereitung ermöglicht.

Entsorgungskonzept. Gefährliche Abfälle, die nicht vermeidbar sind und nicht in ungefährliche Produkte umgewandelt werden können, werden getrennt gesammelt.
Eine gute Orientierung, was gesammelt werden sollte und was nicht, ergibt sich aus dem Umgang mit haushaltsüblichen Stoffen. So kann man kleinere Mengen an Essigsäure sicher bedenkenlos in den Ausguss geben.
Beim Sammeln von Abfallstoffen sollte man sich auf ein möglichst einfaches System beschränken. Das hier empfohlene Entsorgungssystem verwendet vier Sammelgefäße.
Bei den Behältern 2, 3 und 4 erfolgt die endgültige Entsorgung durch ein zugelassenes Entsorgungsunternehmen.

B1 – Im **Behälter 1** werden saure und alkalische Lösungen gesammelt. Der Inhalt dieses Behälters sollte neutralisiert werden, bevor er ganz gefüllt ist. Der neutralisierte Inhalt kann dann der Kanalisation zugeführt werden. Abfälle, die giftige Stoffe enthalten, etwa saure Chromat-Lösungen, dürfen deshalb nicht in diesen Behälter gegeben werden.

B2 – Im **Behälter 2** werden giftige anorganische Stoffe wie Schwermetallsalze oder Chromate gesammelt.

B3 – Im **Behälter 3** werden wasserlösliche und wasserunlösliche *halogenfreie* organische Verbindungen gesammelt.
Um das Volumen an brennbaren Flüssigkeiten gering zu halten, soll man im Einzelfall abwägen, ob nicht kleinere Mengen wasserlöslicher organischer Verbindungen wie Ethanol oder Aceton in den Ausguss gegeben werden können.

B4 – Im **Behälter 4** werden halogenhaltige organische Verbindungen gesammelt.

Stoffliste

Stoff	Gefahrensymbole, Sicherheitssymbole, Entsorgungssymbole	Ratschläge R/S-Sätze (S. 488)
Alkohol (Ethanol)	B3	R: 11 S: 7–16
Benzin	B3	R: 11 S: 9–16–29–33
Brennspiritus	B3	R: 11 S: 7–16
Calcium-hydroxid	B1	R: 41 S: 22–24–26–39
Diethylether	B3	R. 12–19–22–66–67 S: 9–16–29–33
Diphenylamin 3 % ≤ w < 25 %	B3	R: 23/24/25–33 S: 28–36/37–45
Essigsäure w ≥ 25 %	B1	R: 35 S: 24/25
FEHLINGsche Lösung I	B2	R: 22–36/38 S: 22
FEHLINGsche Lösung II	B1	R: 35 S: 26–27–37/39
Glycerin		R: – S: –
Heptan	B3	R: 11–38–50/53–65–67 S: 9–16–29–33–60–61–62
Iod-Kalium-iodid-Lösung		R: – S: –
Isopropanol	B3	R: 11–36–67 S: 7–16–24/25–26
Kalium-hydroxid	B1	R: 22–35 S: 2–26–37/39–45

Stoff	Gefahrensymbole, Sicherheitssymbole, Entsorgungssymbole	Ratschläge R/S-Sätze (S. 488)
Kaliumnitrat		R: 8 S: 16–41
Mangandioxid (Braunstein)	B2	R: 20/22 S: 25
Methylenblau		R: 22 S: –
Natriumcarbonat (Soda)		R: 36 S: 22–26
Natriumdithionit		R: 7–22–31 S: 7/8–26–28–43
Natriumhydroxid	B1	R: 35 S: 26–37/39–45
Natronlauge 0,5 % ≤ w < 2 %	B1	R: 36/38 S: –
Phenolphthalein-Lösung (alkohol.)		R: 11 S: 7–16
Propionsäure 10 % ≤ w < 25 %	B3	R: 36/37/38 S: –
Salzsäure 10 % ≤ w < 25 %	B1	R: 36/37/38 S: 28
Schwefelsäure w ≥ 15 %	B1	R: 35 S: 26–30–45
Schwefelsäure 5 % ≤ w < 15 %	B1	R: 36/38 S: 26
Wasserstoffperoxid 5 % ≤ w < 20 %		R: 34 S: 28–39
Wasserstoffperoxid (w = 3 %)		R: – S: –

Gefahrenhinweise und Sicherheitsratschläge für die in den Praktika dieses Werkes aufgeführten gefährlichen Stoffe

Gefahrenhinweise (R-Sätze)

Diese Hinweise geben in einer ausführlicheren Weise als die Gefahrensymbole Auskunft über die Art der Gefahr

R 7	kann Brand verursachen
R 8	Feuergefahr bei Berührung mit brennbaren Stoffen
R 11	leicht entzündlich
R 12	hoch entzündlich
R 19	kann explosionsfähige Peroxide bilden
R 20	gesundheitsschädlich beim Einatmen
R 22	gesundheitsschädlich beim Verschlucken
R 23	giftig beim Einatmen
R 24	giftig bei Berührung mit der Haut
R 25	giftig beim Verschlucken
R 31	entwickelt bei Berührung mit Säure giftige Gase
R 33	Gefahr kumulativer Wirkung
R 34	verursacht Verätzungen
R 35	verursacht schwere Verätzungen
R 36	reizt die Augen
R 37	reizt die Atmungsorgane
R 38	reizt die Haut
R 39	ernste Gefahr irreversiblen Schadens
R 41	Gefahr ernster Augenschäden
R 50	sehr giftig für Wasserlebewesen
R 53	kann in Gewässern längerfristig schädliche Wirkungen auf die Umwelt haben
R 65	gesundheitsschädlich: kann beim Verschlucken Lungenschäden verursachen
R 66	wiederholter Kontakt kann zu spröder oder rissiger Haut führen
R 67	Dämpfe können Schläfrigkeit und Benommenheit verursachen

Sicherheitsratschläge (S-Sätze)

Hier werden Empfehlungen gegeben, wie Gesundheitsgefahren beim Umgang mit gefährlichen Stoffen abgewehrt werden können.

S 2	darf nicht in die Hände von Kindern gelangen
S 7	Behälter dicht geschlossen halten
S 8	Behälter trocken halten
S 9	Behälter an einem gut gelüfteten Ort aufbewahren
S 16	von Zündquellen fernhalten, nicht rauchen
S 22	Staub nicht einatmen
S 23	Gas/Rauch/Dampf/Aerosol nicht einatmen (geeignete Bezeichnung(en) vom Hersteller anzugeben)
S 24	Berührung mit der Haut vermeiden
S 25	Berührung mit den Augen vermeiden
S 26	bei Berührung mit den Augen sofort gründlich mit Wasser abspülen und Arzt konsultieren
S 27	beschmutzte, getränkte Kleidung sofort ausziehen
S 28	bei Berührung mit der Haut sofort abwaschen mit viel ... (vom Hersteller anzugeben)
S 29	nicht in die Kanalisation gelangen lassen
S 30	niemals Wasser hinzugießen
S 33	Maßnahmen gegen elektrostatische Aufladung treffen
S 36	bei der Arbeit geeignete Schutzkleidung tragen
S 37	geeignete Schutzhandschuhe tragen
S 39	Schutzbrille/Gesichtsschutz tragen
S 41	Explosions- und Brandgase nicht einatmen
S 43	zum Löschen ... (vom Hersteller anzugeben) verwenden (wenn Wasser die Gefahr erhöht, anfügen: „kein Wasser verwenden")
S 45	bei Unfall oder Unwohlsein sofort Arzt hinzuziehen (wenn möglich, dieses Etikett vorzeigen)
S 60	Stoff und Behälter als gefährlichen Abfall entsorgen
S 61	Freisetzung in die Umwelt vermeiden, besondere Anweisungen einholen, Sicherheitsdatenblatt zu Rate ziehen
S 62	bei Verschlucken kein Erbrechen herbeiführen, sofort ärztlichen Rat einholen und Verpackung oder dieses Etikett zeigen

Register

Fette Seitenzahlen weisen auf eine ausführliche Behandlung im Text hin; violette Seitenzahlen auf eine Behandlung der Begriffe in den biologischen Prinzipien; ein * hinter den Seitenzahlen verweist auf das Glossar; f. = die folgende Seite; ff. = die folgenden Seiten. Begriffe des „kleinen Chemie-ABCs für Biologen“ sind auf den Seiten 444 und 445 aufgeführt.

A

B

C

D

E

F

Q

R

T

U

V

W

X

Y

Z